现代物理基础丛书·典藏版

实验物理中的概率和统计

(第二版)

朱永生 著

科学出版社

北京

内 容 简 介

本书介绍在分析处理实验或测量数据中涉及的概率和数理统计知识，内容包括：概率论初步，随机变量及其子样和它们的分布，参数估计(极大似然法、最小二乘法、矩法)，假设检验，蒙特卡罗方法，还简要介绍了参数估计必须用到的极小化的有关知识. 第二版中增加了若干章节讨论数据统计处理中的一些困难问题和近期国际上发展起来的新方法. 书中分析了取自普通物理、核物理、粒子物理和工程技术问题的许多实例，具体讲述了概率和数理统计方法在实际问题中的应用. 书末附有详尽的数理统计表，可供本书涉及的几乎所有概率统计问题之需要，而无需查阅专门的数理统计表书籍.

本书可供实验物理工作者和大专院校相关专业师生、理论物理研究人员、工程技术人员以及从事自然科学和社会科学的数据测量和分析研究人员参考.

图书在版编目(CIP)数据

实验物理中的概率和统计/朱永生著. —2 版. —北京：科学出版社，2006
(现代物理基础丛书·典藏版)
ISBN 978-7-03-016986-0

Ⅰ. 实… Ⅱ. 朱… Ⅲ. ①概率论–应用–物理学–实验 ②数理统计–应用–物理学–实验 Ⅳ. O411.1

中国版本图书馆 CIP 数据核字(2006)第 016593 号

责任编辑：胡 凯 / 责任校对：彭 涛
责任印制：吴兆东 / 封面设计：陈 敬

科 学 出 版 社 出版
北京东黄城根北街 16 号
邮政编码：100717
http://www.sciencep.com
北京凌奇印刷有限责任公司印刷
科学出版社发行 各地新华书店经销
*
1991 年 2 月第一版 开本：720 × 1000 1/16
2006 年 4 月第二版 印张：42 1/4
2024 年 4 月印 刷 字数：826 000

定价：198.00 元

(如有印装质量问题，我社负责调换)

第二版前言

自本书第一版问世以来，作者陆续收到全国不少研究所研究人员和大学师生来函或口头信息，从而得知拙作在一定程度上对于他们的研究、教学工作和学习有所帮助. 有些学校，如山东大学物理系和华中师范大学粒子物理研究所将它作为研究生相关课程的参考教材. 我本人也曾在中国高等科技中心讲习班、全国核电子学和探测器年会、四川大学物理系和高能物理研究所实验物理中心研究生学术讲座中作过若干次学术报告，反应堪称良好. 然而因出版年代已然长久，书店里已难觅踪迹，经常听到同事、好友和学生希望再版的呼声.

这些年来，由于研究工作的需要，研习了近期国际上针对一些实验数据分析中较为困难的问题发展起来的新方法，也觉得需要对第一版的内容作些扩充.

于是，自今年春节后，我开始整理手头的资料，除对第一版的内容做了少量修改之外，主要是增补了若干章节，包括“非正态型似然函数情形下多个实验结果的合并”(8.8.2 小节)、“协方差矩阵未知的多个实验结果的合并”(9.10 节)、“存在本底情形下小信号测量的区间估计”(第十一章)以及“信号的统计显著性”(12.5 节). 这些内容主要涉及实验数据的统计处理中的一些困难问题和近期国际上发展起来的新方法.

本书的再版得到了中国科学院高能物理研究所、中国高等科技中心、华中师范大学粒子物理研究所、中国科技大学近代物理系、山东大学物理系、清华大学工程物理系的领导和叶铭汉院士、王贻芳、李卫国、刘连寿、刘峰、张学尧、高原宁、陈宏芳、伍健诸教授的热情鼓励和鼎力支持，以及科学出版社胡凯同志的积极协助. 没有他们的努力，本书的再版是难以实现的.

朱永生

2005 年 8 月

第 一 版 序

科学观测或实验的任务，是通过适当的方法和测量手段对社会或自然现象进行观测，并对测量结果进行正确的分析处理，以抽象出对自然或社会现象的规律性认识. 这一过程中，在提出科学假设和适当的实验方案后，实验数据的获取和实验数据的分析处理便是缺一不可的两大环节. 随着人类对自然界和社会的研究日益广泛和深入，许多现象的观测变得极为复杂和困难，只有组织相当规模的科技队伍，耗费大量资金制作庞大精密的设备才能进行测量研究，有些课题甚至需经过多年努力才能获得少量资料和数据. 天文和宇航、核和粒子物理、国民经济和人口的统计，以及其他许多领域都不乏此种例证. 通过如此艰苦努力获得的珍贵资料，如果仅仅因为分析处理的失当而使研究工作功亏一篑，那无疑是科学工作者的严重失职. 可见，实验数据的正确分析处理之重要自不待言.

随机现象的发现和确认是认识史上的一大飞跃. 最初，人们熟悉的大多是确定性现象，匀速圆周运动可作为一例. 知道了初始位置和线速度，可以确定无疑地预期任一时刻的状态. 但如步枪打靶那样的事实告诉我们，无论使用多精确的瞄准具远距离的靶纸上弹着点总是呈现某种分布，不可能落在同一点上. 也许这可归之为风向、风速、湿度、气流等诸因素微小变化综合影响的结果. 但不稳定粒子的寿命并不受环境的影响，同时产生的许多同样的不稳定粒子，发生衰变的时刻却可以全然不同,对单个粒子而言,衰变的时刻是完全随机的,无规律可循. 可见，随机现象是客观的实在. 许多领域诸如核和粒子物理、原子能科学技术、固体物理、化学、遗传学、生物学和医学、地震学、经济学、统计学等，无不涉及随机现象. 可以说，掌握随机性数学的基本内容和方法，是从事实验物理和有关学科研究的科学工作者、工程技术人员的一项基本功.

该书作者长期从事实验物理研究工作，近几年又参加过著名实验物理学家丁肇中教授领导的国际合作实验研究组，在当时世界上能量最高的正负电子对撞加速器 PETRA 上进行有关胶子存在和精密验证量子电动力学等方面的实验工作，参加了实验数据的计算机分析处理. 他根据自己在科学实验中积累的经验和心得，从实验物理的角度着眼，撰写了《实验物理中的概率和统计》一书. 该书贯穿了数学与物理问题密切结合的思想，避免过于抽象和过于数学化的讨论，但又注意了包容为处理物理问题所需的较为广泛的随机性数学基础知识. 在内容的选择和安排，原理的阐述方式，研究实例的讨论诸方面，都适合于实验物理工作者的需要. 可以相信，该书的出版，对实验物理数据分析水平的提高会起到应有的作用，对于有关学科的理论工作者、大专院校师生和工程技术人员，也不失为一本好的参考书.

赵忠尧

1988 年 10 月 3 日

第一版前言

科学研究的基本手段之一，是通过科学实验对一定的物理量进行观察和测量，以得到一系列实验数据. 但只有运用一定的数学工具对实验数据进行正确的分析和整理，才能总结出所测定物理量之间的规律性联系，从而认识所研究对象的本质.

随着社会的发展，在自然科学和社会科学的许多领域中，随机现象的作用越来越重要. 大至广漠的宇宙，小至渺不可见的基本粒子，远至探索生命奥秘的遗传工程，近至有关国计民生的经济活动，概率和随机现象几乎处处存在. 因此，随机性数学就成为研究自然和社会客观规律，特别是实验科学的重要工具之一.

关于概率和数理统计的书籍一般侧重于数学上的严密和确切，但对于以随机性数学为工具研究客观规律的科学工作者而言，更为迫切的是了解随机性数学的基本内容和方法，并在自己的工作中正确地运用它们. 因此，本书力求从数学与物理问题相结合这一前提出发，阐述概率与数理统计的基本内容，而避免过于抽象和过于数学化的讨论. 重点是介绍基本概念、基本原理和方法，阐明方法的应用及适用条件，而不是对定理作严格的证明和推导，有些定理或结论只是直接引用，但与实验测量数据处理直接相关的内容则予以充实和强调. 例如 4.3 节, 6.4 节, 8.5 节~8.9 节, 9.4.4 小节, 9.5 节, 9.6 节, 9.9 节, 10.4 节, 12.8 节, 13.4.5 小节的内容，都是其他数理统计书籍中较少涉及而在实验测量数据处理中经常遇到的问题或处理方法. 书中的示例有双重目的：首先使所介绍的原理和方法具体化，以便加深理解；其次是阐明如何在实际问题中正确地运用它们. 一部分例子取自核物理和基本粒子物理，并对理解它们所需的知识作了简单的介绍，学过大学普通物理的读者对此不会感到困难. 非该专业的读者可以从正确应用概率统计原理处理问题的角度来阅读它们. 本书对数学准备知识的要求限于函数、微积分、向量和矩阵的运算.

当作者刚从事科学研究时，即有幸在我国核物理界著名前辈实验物理学家赵忠尧先生的指导下学习和工作. 他经常以亲身的经验强调实验观测和实验数据的正确分析整理对探索科学规律的极端重要性. 他对本书的写作始终给予热情地关怀和鼓励，并为之写了序言，作者谨表示衷心的感谢. 张竹湘同志协助绘制了本书的全部插图，在此谨致谢意.

限于本人水平，疏漏不足之处在所难免，诚恳欢迎专家和读者提出宝贵意见.

作　者

目　　录

第一章　概率论初步

1.1　随机试验，随机事件，样本空间

自然界存在着在一定条件下必然发生的现象. 例如，两个点电荷之间必定有相互作用力；高处的重物必定落向地面；水在一个大气压、100℃条件下必然沸腾，等等. 这些现象称为必然现象，它们的过程和后果是完全确定的，可以唯一地用一定的物理规律给以精确的描述. 如点电荷之间的作用力服从库仑定律，真空中物体的下落过程服从自由落体规律.

但自然界还存在另一类性质不同的现象，即使在“完全相同”的条件下对同一事物作多次测量或试验，我们发现，试验的结果并不一样，一次单独的试验结果是不确定的，因此无法用任何数学公式计算出来. 尽管每次试验的结果看来似乎杂乱无章，但如做大量重复试验，其结果却呈现出某种规律性. 我们来举例说明.

投掷一枚均匀硬币，其结果或者是正面朝上，或者是反面朝上. 我们无法预言任何一次投掷中硬币的哪一面朝上，但当投掷次数很多时，则正面朝上的次数约占 1/2.

掷一个骰子，骰子的六个面分别刻有 1，2，3，4，5，6 等数字. 每扔一次得到的点数是 1~6 中的哪一个数无法确定，但在大量投掷中，每一个点数的出现次数占总投掷数的 1/6 左右.

上述两例的共同特征是：个别试验中的结果是不确定的，但大量重复试验的结果即出现某种规律性. 这类现象称为**随机现象**，这种规律性称为**统计规律性**. 揭示随机现象的统计规律性的数学工具是概率论和数理统计.

扔骰子、扔硬币的试验有以下特性：试验可以“在相同条件”下重复进行；试验的结果不止一个，但所有结果都已明确地知道；每次试验结果究竟是其中的哪一种则无法肯定. 具有这些性质的试验称为**随机试验**，简称**试验**. 将某种随机试验 E 重复进行 n 次，若各次试验的结果互不影响，则称 n 次试验是**互相独立**的. 随机试验中可能出现的各种结果称为**随机事件**，简称**事件**. 随机试验中每一种可能出现的结果是最简单、最基本的事件，称为**基本事件**. 如扔骰子试验中，每扔一次即是一次随机试验；“出现 1 点”、“出现 2 点”……“出现 6 点”是 6 个基本事件；“出现大于 4 的点”、“出现偶数点”是事件，但不是基本事件. 试验中必定发生的事件叫**必然事件**，不会发生的事件叫**不可能事件**. 如“点数大于 0”

是必然事件，“点数大于 6”是不可能事件.

随机试验 E 的所有基本事件组成的集合称为 E 的**样本空间**，记为 S. S 的**元素**是试验 E 的所有基本事件，元素也称**样本点**. 例如，扔硬币和扔骰子试验的样本空间可记为 $S_{硬币}$：{正面，反面}，$S_{骰子}$：{1，2，3，4，5，6}. 引入样本空间的概念后，可以看到事件是样本空间的一个**子空间或子集**. 如“点数大于 4”是子集{5，6}，“偶数点”是子集{2，4，6}. 必然事件就是样本空间 S 的全域；不可能事件是空集，用 Ø 表示.

现在我们来规定事件之间的关系及运算. 设随机试验 E 的样本空间为 S，事件 A，B，$A_k(k=1, 2, \cdots)$为 E 的事件，我们用下述符号表示它们之间不同的关系：

$A \subset B$ (或 $B \supset A$)称为事件 B **包含**事件 A，表示事件 A 的发生必然导致事件 B 的发生. 这可用图 1.1 加以说明，图中长方形表示样本空间 S，圆 A 和圆 B 表示事件 A 和 B 的子集，子集 A 含于子集 B 内.

$A=B$ 称为事件 A 与事件 B **相等**，表示事件 A 包含事件 B 且事件 B 包含 A，即 $B \supset A$ 且 $A \supset B$.

$A \cup B$ 称为事件 A 与事件 B **之和**，表示事件 A 或事件 B 至少有一个发生. 图 1.2 中斜线部分表示 $A \cup B$. 类似地，$A_1 \cup A_2 \cup \cdots \cup A_n \cup \cdots \equiv \bigcup_{k=1}^{\infty} A_k$ 称为 A_1，A_2，…之和，表示这些事件中至少有一个发生.

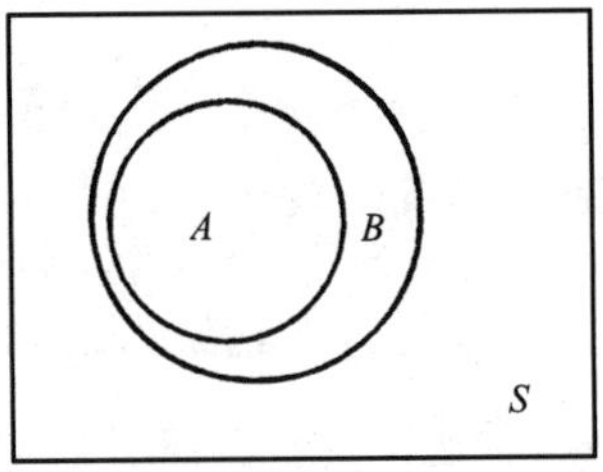

图 1.1　$A \subset B$

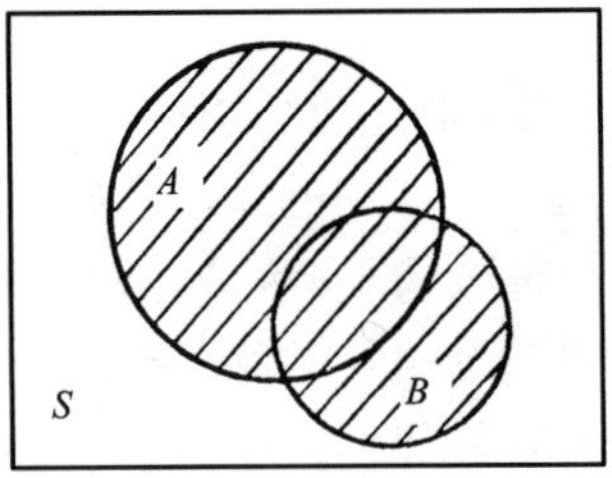

图 1.2　$A \cup B$

$A \cap B$ 或 AB 称为事件 A 与事件 B **之积**，表示事件 A 和事件 B 同时发生. 图 1.3 中斜线部分表示 AB.

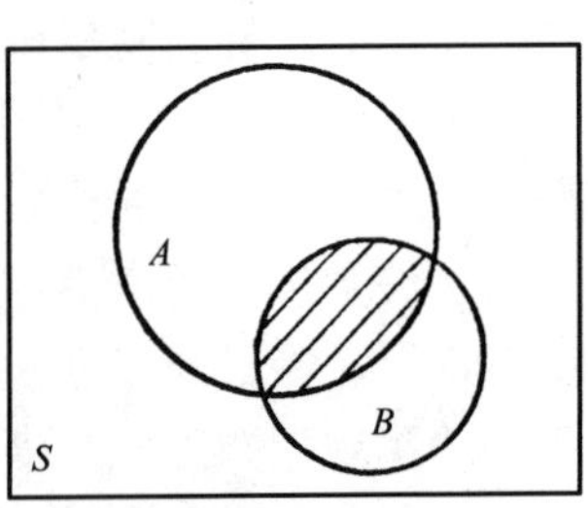

图 1.3　$A \cap B$

类似地，$A_1 \cap A_2 \cap \cdots \cap A_n \cap \cdots \equiv \bigcap_{k=1}^{\infty} A_k$ 为事件 A_1，A_2，…之积，表示这些事件同时发生.

$A-B$ 称为事件 A 与事件 B 之**差**，表示事件 A 发生而事件 B 不发生.

$A-B$ 如图 1.4 中斜线部分.

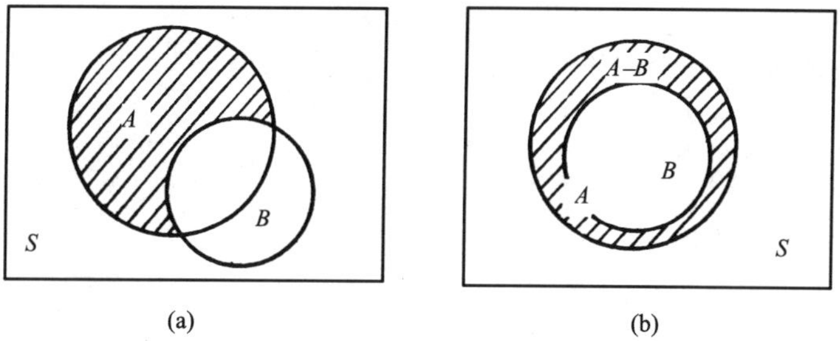

图 1.4　$A-B$

$AB=\varnothing$ 称为事件 A 与事件 B **互不相容**，表示事件 A 与事件 B 不可能同时发生. 图 1.5 是互不相容的两个事件 A 和 B 的图示. 基本事件之间是互不相容的.

$A=\overline{B}$ 或 $B=\overline{A}$ 称事件 A 与事件 B **互逆**，或 A, B 互为**对立事件**，表示事件 A 和 B 中必有且仅有一个发生, 也即 $A\cup B=S$，$AB=\varnothing$. 图 1.6 中斜线部分为事件 B 的对立事件 $A=\overline{B}$. 由此规定可知, 互逆事件一定互不相容.

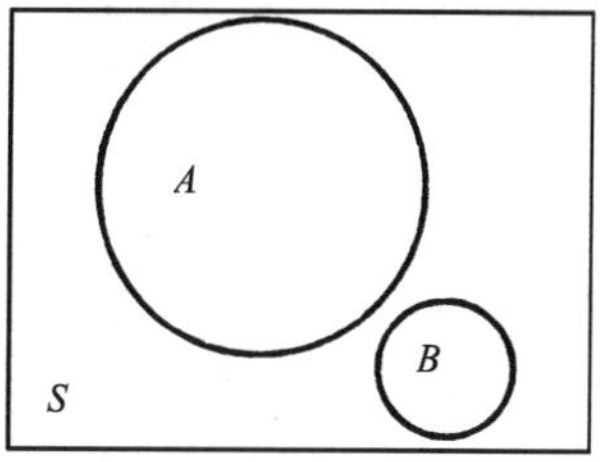

图 1.5　$AB=\varnothing$

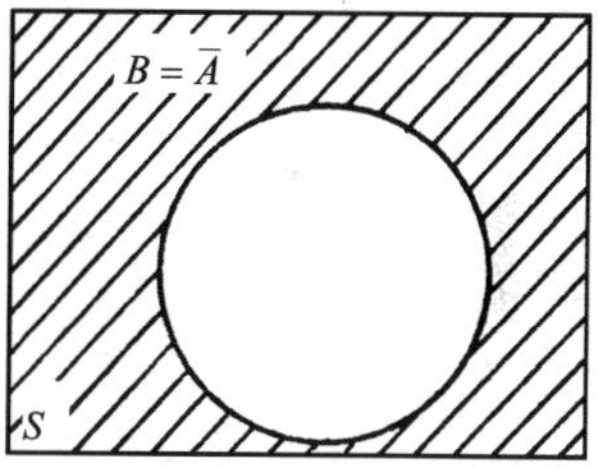

图 1.6　$A=\overline{B}$

样本空间的**划分**是十分有用的一个概念. 设 S 为随机试验 E 的样本空间，E 的一组事件 B_1，B_2，…，B_n 两两互不相容，且 B_1，B_2，…，B_n 之和等于样本空间的全域，即满足

$$\begin{cases} B_iB_j=\varnothing, & i\neq j, i, j=1,2,\cdots,n, \\ B_1\cup B_2\cup\cdots\cup B_n=S, \end{cases} \tag{1.1.1}$$

则称 B_1，B_2，…，B_n 为样本空间 S 的一个划分. 图 1.7 是样本空间 S 的一个划分的图示. 显然样本空间的所有元素构成它的一个划分；对立事件也是样本空间的

一个划分.

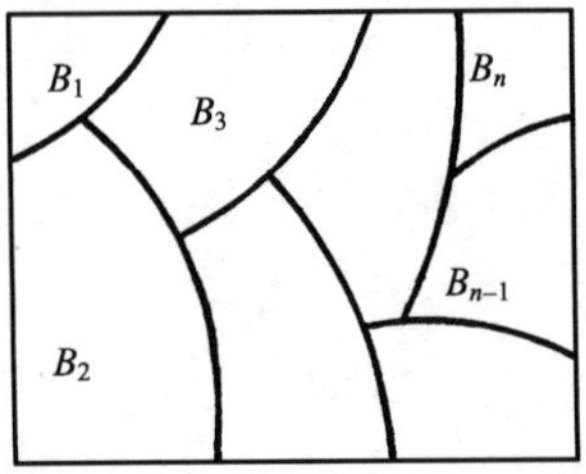

图 1.7　样本空间的划分

以扔骰子为例，骰子面朝上的点数作为随机试验，其样本空间是 $S=\{1,2,3,4,5,6\}$. 设一组事件 $B_1=\{1,2\},B_2=\{3,4\},B_3=\{5,6\}$，则 B_1,B_2,B_3 构成 S 的一个划分. 事件组 $C_1=\{1,2\},C_2=\{2,3\},C_3=\{4,5\}$ 不是 S 的划分，它不满足式(1.1.1)的要求.

1.2　概　　率

为了说明什么是概率，首先引入**频率**的概念. 重复进行一种随机试验，共作了 N 次，其中事件 A 出现 n 次(称为事件 A 的频数)，比值 n/N 称为事件 A 在 N 次试验中出现的频率. 随着试验次数 N 的增加，频率 n/N 的值将逐渐稳定于某个常数. 事件 A 的概率定义为试验次数 N 趋向无穷大的极限情形下的频率：

$$P(A)=\lim_{N\to\infty}\frac{n}{N}. \tag{1.2.1}$$

由以上定义可见，事件的概率是随机试验中该事件发生的可能性大小的数量表述.

概率的上述定义相当直观，但数学上不够严格；而且无穷多次试验事实上无法实行. 所以从上述分析中抽象出概率的下述严格定义，以反映概率的本质是事件发生可能性的数量表述.

设 S 为一随机试验 E 的样本空间，对于 E 的任一事件 A，满足如下条件的一个非负实函数 $P(A)$ 称为事件 A 的概率：

(1) $0\leqslant P(A)\leqslant 1$，对一切 $A\subset S$.　　(1.2.2)

(2) $P(S)=1$.　　(1.2.3)

(3) 对两两不相容的事件 $A_k\,(k=1,2,\cdots)$ 有

$$P\left(A_1 \cup A_2 \cup \cdots \cup A_n\right)=\sum_{k=1}^{n} P(A_k) \tag{1.2.4}$$

或

$$P\left(A_1 \cup A_2 \cup \cdots \cup A_n \cup \cdots\right)=\sum_{k=1}^{\infty} P(A_k). \tag{1.2.5}$$

式(1.2.4)和式(1.2.5)分别称为概率的**有限可加性**和**可列可加性**，它们分别适用于样本空间含有有限个元素和**无限可列个**元素的情形. 所谓无限可列个，指满足两个条件：有无限个元素，但可以与自然数列 1，2，3，… 建立起一一对应的关系. 式(1.2.3)也称为样本空间概率的归一性，它表示随机试验整个样本空间的概率和恒等于 1. 式(1.2.2)~式(1.2.5)表明了概率的定义可以简单地归结为：非负性、归一性和可加性.

概率的上述定义在数学上是严密的，但没有给出计算事件 A 的概率 $P(A)$ 的方法. 在第五章中，大数定律将证明，在相当广泛的情形中，当试验次数 N 趋向无穷时，事件 A 的频率 n/N 与其概率 $P(A)$ 的严格定义值十分接近. 在实际使用时，只要试验次数 N 充分大，可用频率 n/N 作为概率 $P(A)$ 的近似值.

根据概率的定义，立即可推导出概率的如下性质：

(1) 若 A，$\bar{A}$ 为一随机试验的互逆事件，则有

$$P(A)+P(\bar{A})=1. \tag{1.2.6}$$

(2) 不可能事件的概率为 0，即

$$P(\varnothing)=0. \tag{1.2.7}$$

(3) 若事件 A 包含事件 B，则

$$P(A)\geqslant P(B). \tag{1.2.8}$$

(4) 若 $A_1,\cdots,A_n$ 为一随机试验样本空间 S 的一个划分，则由式(1.2.3)和式(1.2.4)立即得到

$$\sum_{i=1}^{n} P(A_i)=1, \tag{1.2.9}$$

特别，样本空间的所有基本事件的概率和等于 1. 式(1.2.6)可视为本式的特例.

(5) 若 $A \supset B$，则

$$P(A-B)=P(A)-P(B). \tag{1.2.10}$$

(6)
$$P(A \cup B) = P(A) + P(B) - P(AB). \tag{1.2.11}$$

由图 1.2 和图 1.3 可知，$A \cup B = A + B - AB$，故得上式. 该公式也称为概率的加法定理. 推广到 n 个事件的一般情况，设 $A_1, A_2, \cdots, A_n$ 是随机试验 E 的 n 个事件，则有

$$\begin{aligned} P(A_1 \cup A_2 \cup A_3) = &P(A_1) + P(A_2) + P(A_3) - P(A_1A_2) \\ &- P(A_2A_3) - P(A_1A_3) + P(A_1A_2A_3). \end{aligned} \tag{1.2.12}$$

利用数学归纳法，令

$$S_1 = \sum_{i=1}^{n} P(A_i),$$

$$S_2 = \sum_{i<j=2}^{n} P(A_iA_j),$$

$$S_3 = \sum_{i<j<k=3}^{n} P(A_iA_jA_k)\ ^{①},$$

$$\vdots$$

则有

$$\begin{aligned} P\left(\bigcup_{i=1}^{n} A_i\right) &\equiv P(A_1 \cup A_2 \cup \cdots \cup A_n) \\ &= S_1 - S_2 + S_3 - \cdots - (-1)^n S_n. \end{aligned} \tag{1.2.13}$$

如果式(1.2.11)中的事件 A 和事件 B 互不相容，则加法定理的形式特别简单

$$P(A \cup B) = P(A) + P(B). \tag{1.2.14}$$

推广到 n 个互不相容的事件 $A_1, A_2, \cdots, A_n$，则有

$$P\left(\bigcup_{i=1}^{n} A_i\right) = \sum_{i=1}^{n} P(A_i). \tag{1.2.15}$$

一种特别简单的概率类型称为**等可能概型**或**古典概型**，它表示随机试验的样

---

① 这里记号的意义 $\sum\limits_{i<j<k=3}^{4} P(A_iA_jA_k) = P(A_1A_2A_3) + P(A_1A_2A_4) + P(A_1A_3A_4) + P(A_2A_3A_4)$.

本空间包含有限个元素，每个基本事件出现的可能性相等. 设随机试验的样本空间为 $S=\{e_1,e_2,\cdots,e_n\}$，每个基本事件的概率相等，则有

$$1=P(S)=\sum_{i=1}^{n}P(e_i)=nP(e_i),$$

即

$$P(e_i)=\frac{1}{n},\qquad i=1,2,\cdots,n. \tag{1.2.16}$$

若事件 A 包含 k 个基本事件，则事件 A 的概率为

$$P(A)=k/n. \tag{1.2.17}$$

前面提到的掷硬币和扔骰子试验都属于古典概型.

1.3　条件概率，独立性

设 A，B 为一随机试验的两个事件，事件 A 的概率为 $P(A)$，则在事件 A 发生的条件下事件 B 发生的概率称为**条件概率**，表示为

$$P(B|A)=\frac{P(AB)}{P(A)}. \tag{1.3.1}$$

我们用图 1.3 来说明条件概率的含义. 图中斜线部分的面积现在表示事件 $A\cap B$ 的概率 $P(AB)$，区域 A，B 的面积表示事件 A 和事件 B 的概率. 事件 A 发生条件下事件 B 发生的概率，即条件概率 $P(B|A)$ 为事件 A 和事件 B 的共有区域与事件 A 的区域之面积比，因此有式(1.3.1). 类似地，事件 B 发生条件下事件 A 发生的概率可表示为

$$P(A|B)=\frac{P(AB)}{P(B)}. \tag{1.3.2}$$

由上面两式立即得到

$$P(AB)=P(B|A)\cdot P(A)=P(A|B)\cdot P(B), \tag{1.3.3}$$

该式称为概率的**乘法定理**.

可以证明，条件概率具有概率的一般性质：非负性、归一性和可加性，即

$$0\leqslant P(A|B)\leqslant 1, \tag{1.3.4}$$

$$P(S \mid B) = 1, \tag{1.3.5}$$

$$P\left(\bigcup_{i=1}^{\infty} A_i \mid B\right) = \sum_{i=1}^{\infty} P(A_i \mid B). \tag{1.3.6}$$

还可导出其他一些性质，例如：

当 $A \supset B$

$$P(A \mid B) = 1; \tag{1.3.7}$$

当 A，B 互不相容，即 $AB = \varnothing$，有

$$P(A \mid B) = 0; \tag{1.3.8}$$

对于互逆事件有

$$P(A \mid B) = 1 - P(\bar{A} \mid B), \tag{1.3.9}$$

等等. 特别当 $B=S$ 时，条件概率 $P(A \mid B)$ 化为无条件概率 $P(A)$.

现在来定义事件的**独立性**. 设事件 A，B 为一随机试验的两个事件，如果满足

$$P(AB) = P(A) \cdot P(B), \tag{1.3.10}$$

则 A，B 为**相互独立**的事件. 若事件 A，B 相互独立，由式(1.3.1)和式(1.3.2)得到

$$P(B \mid A) = P(B), \qquad P(A \mid B) = P(A). \tag{1.3.11}$$

事件 A，B 相互独立，表示事件 A 的发生与否对事件 B 的概率没有影响，反之亦然.

对于一随机试验的三个事件 A，B，C，若满足

$$\begin{aligned} P(AB) &= P(A)P(B), \\ P(BC) &= P(B)P(C), \\ P(AC) &= P(A)P(C), \\ P(ABC) &= P(A)P(B)P(C), \end{aligned} \tag{1.3.12}$$

则称 A，B，C 是相互独立的事件. 需要注意的是，仅满足前三个等式的时候，称 A，B，C 两两相互独立，此时，$P(ABC) = P(A)P(B)P(C)$ 不一定成立，也即两两相互独立不能保证 A，B，C 相互独立.

推广到一随机试验的 n 个事件的一般情况，若对于 $1 \leqslant i < j < k < \cdots < n$, 下式

成立:

$$
\begin{aligned}
&P(A_iA_j)=P(A_i)P(A_j),\\
&P(A_iA_jA_k)=P(A_i)P(A_j)P(A_k),\\
&\qquad\vdots\\
&P(A_1A_2\cdots A_n)=P(A_1)P(A_2)\cdots P(A_n),
\end{aligned}
\tag{1.3.13}
$$

则称 $A_1,A_2,\cdots,A_n$ 相互独立.

在实际应用中，事件的独立性常常是根据试验的实际性质而不是根据定义来判断的.

1.4　概率计算举例

本节举几个实例来运用前面介绍的关于概率的概念及概率的运算法则.

例 1.1　继电器网路

设有图 1.8 所示的电路，其中 1，2，3 为继电器，每一继电器接通的概率均为 α，各继电器接通与否相互独立. 求 L 至 R 为通路的概率.

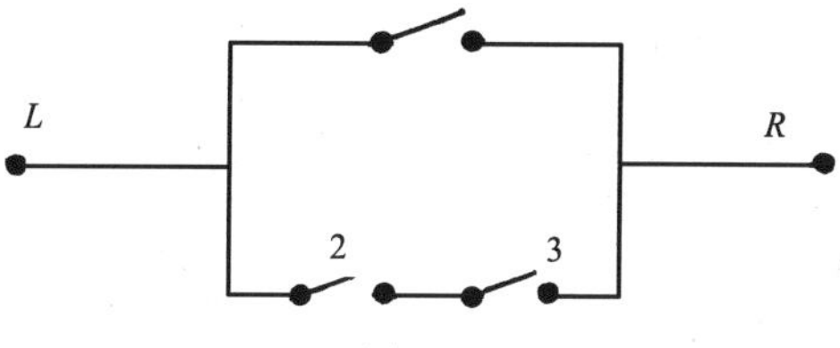

图 1.8

令第 i 个继电器接通用事件 $E_i(i=1,2,3)$ 表示，于是

$$P(E_1)=P(E_2)=P(E_3)=\alpha.$$

设事件 E 为“L 至 R 为通路”，则

$$E=E_1\bigcup E_2E_3.$$

运用概率加法定理，得

$$P(E)=P(E_1)+P(E_2E_3)-P(E_1E_2E_3)\ ,$$

注意 E_1,E_2,E_3 为独立事件，故

$$P(E)=P(E_1)+P(E_2)P(E_3)-P(E_1)P(E_2)P(E_3)$$
$$=\alpha+\alpha^2-\alpha^3.$$

例 1.2 契仑科夫计数器的探测效率

契仑科夫计数器中环绕着计数器轴线对称地配置着一圈共九个光电倍增管，如图 1.9 所示. 当一个带电粒子沿着计数器轴线穿过，产生契仑科夫辐射，则九个光电倍增管都能测量到这种辐射光，并产生输出电脉冲. 若没有带电粒子穿过，则光电倍增管没有输出信号. 为了防止单个光电倍增管的偶然触发导致的虚假信号，我们观测若干个光电倍增管的复合信号来确证是否有带电粒子穿过计数器. 这里各个光电倍增管的信号是相互独立的事件. 当一个带电粒子穿过计数器，一个光电倍增管有信号输出称为事件 A，设其概率为

$$P(A)=\varepsilon=0.93.$$

一个带电粒子穿过计数器，九个光电倍增管同时都有信号输出称为事件 B. 由于九个光电倍增管相互独立，由式(1.3.13)可知，事件 B 的概率为

$$P(B)=[P(A)]^9=\varepsilon^9=0.52.$$

显然，图 1.9(a)这种九重复合的安排大大降低了有效事件的探测效率.

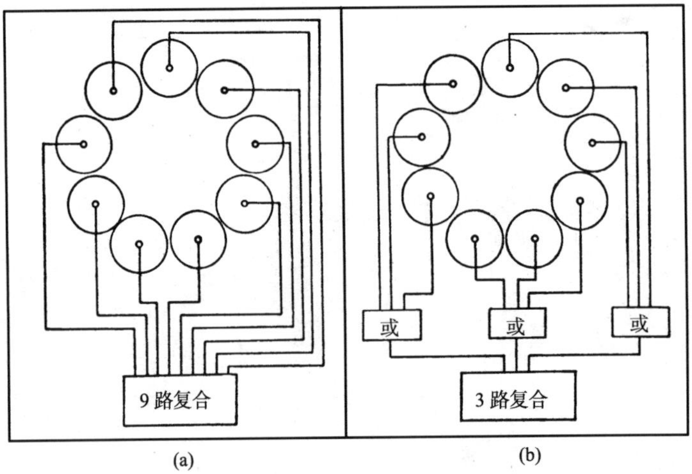

图 1.9 契仑科夫计数器中光电倍增管的复合安排

如果采用图 1.9(b)的复合安排，每三个光电倍增管组成一个组，每组中只要有一个光电倍增管有信号输出就能通过或门. 这样，九个光电倍增管三个组中，每组至少要有一个光电倍增管有信号输出，就确认为有带电粒子通过计数器，这

时的复合概率为(利用式(1.2.12))

$$P(B)=[P(A\cup A\cup A)]^3=(3\varepsilon-3\varepsilon^2+\varepsilon^3)^3=0.999.$$

这样一种复合方式既避免了单个光电倍增管的偶然触发导致的误计数，又使粒子的探测效率几乎达到 100%.

例 1.3　π^0 介子的探测

π^0 介子衰变为两个 γ 光子. γ 光子在物质中以一定的概率转变为一对正负电子 e^+e^-. 设在某个探测器中，$\gamma\to e^+e^-$ 的概率为 $P(\gamma)=\alpha$，利用该探测器测量 e^+e^- 的能量和飞行方向可以确认 γ 的存在并确定其能量和飞行方向，并进一步推断 π^0 的能量和方向. π^0 介子在此探测器内可观测到的衰变产物可表现为观测到两条，或一条 γ 射线，以及观测不到任何 γ 射线. 问这三类事件的概率各有多大.

π^0 衰变产生的两条 γ 射线，它们转变为 e^+e^- 对是相互独立的事件. 设 $P_1(1\gamma)$ 和 $P_1(0\gamma)$ 是一条 γ 射线被观测到和没有被观测到的概率. 从衰变 $\pi^0\to\gamma_1+\gamma_2$ 事例中观测到两条 γ 射线的概率 $P(2\gamma)$ 可表示为(运用式(1.3.10))

$$P(2\gamma)=P_1(1\gamma)\cdot P_2(1\gamma)=\alpha^2.$$

观测不到 γ 的概率 $P(0\gamma)$ 为

$$\begin{aligned}P(0\gamma)&=P_1(0\gamma)\cdot P_2(0\gamma)=[1-P_1(1\gamma)]\cdot[1-P_2(1\gamma)]\\&=(1-\alpha)^2.\end{aligned}$$

只观测到一条 γ 射线的概率是

$$\begin{aligned}P(1\gamma)&=P_1(0\gamma)\cdot P_2(1\gamma)+P_2(0\gamma)\cdot P_1(1\gamma)\\&=2\alpha(1-\alpha).\end{aligned}$$

至少看到一条 γ 的概率为

$$P(\geqslant 1\gamma)=P(2\gamma)+P(1\gamma)=2\alpha-\alpha^2.$$

应用概率的加法定理可得到相同的结果. 据式(1.2.11)，有

$$\begin{aligned}P(\gamma_1\cup\gamma_2)&=P_1(1\gamma)+P_2(1\gamma)-P_1(1\gamma)\cdot P_2(1\gamma)\\&=\alpha+\alpha-\alpha\cdot\alpha=2\alpha-\alpha^2.\end{aligned}$$

$P(\gamma_1\cup\gamma_2)$ 表示两个光子至少观测到一个的概率，也就是 $P(\geqslant 1\gamma)$，与前一式结果

相同. 显然,

$$P(0\gamma)+P(1\gamma)+P(2\gamma)=1.$$

这表明, 观测到的现象只可能是三者之一.

类似的方法可应用于出现多个 π^0 的复杂情况,例如,粒子 ω^0 衰变为三个 π^0 介子, 可产生多到六条 γ 射线. 由以上推导可知, 除非探测器对 γ 光子的探测效率达到 100%, 否则测量到所有六条 γ 射线的概率总是比较小的.

例 1.4　粒子束流沾污和 δ 射线

将 K 介子或反质子 $\overline{\mathrm{p}}$ 束流引入泡室可研究这些粒子导致的反应, 但这种粒子流中混杂有较轻的其他粒子如 π 介子, μ 子, 它们对于 K 或 $\overline{\mathrm{p}}$ 束的"沾污"会导致研究结果的误差. 束流一般都经过动量分析, 即具有相同的动量. 相同动量的粒子与泡室中物质的电子碰撞时, 轻粒子产生的 δ 电子平均能量较高, 利用这种性质可以估计轻粒子对重粒子束的沾污程度, 从而对实验结果作适当修正.

设重粒子(K 或 $\overline{\mathrm{p}}$)可产生的 δ 电子最大能量为 $E_{\max}$, 轻粒子 (π,μ) 产生的能量高于 $E_{\max}$ 的 δ 电子称为高能电子. 引入下述记号:

$P(1\delta)$ ——轻粒子产生一条高能 δ 射线的概率;

$P(2\delta)$ ——轻粒子产生两条高能 δ 射线的概率;

N——泡室中观测到的束流粒子径迹总数;

$N_1(N_2)$ ——观测到带一(二)条高能 δ 射线的束流粒子的径迹数;

N_π ——束流中沾污的"轻"粒子径迹数(未知待求量).

按照概率的定义, 在 N_π 很大的极限情形下, 有

$$P(1\delta)=\frac{N_1}{N_\pi},\qquad P(2\delta)=\frac{N_2}{N_\pi}.$$

两条高能 δ 射线是相互独立地产生的, 据独立性原理式(1.3.10), 有 $P(2\delta)=[P(1\delta)]^2$, 因而得到 $N_\pi=N_1^2/N_2$. 轻粒子对束流的沾污百分比为

$$F=\frac{N_\pi}{N}=\frac{N_1^2}{NN_2}.$$

例 1.5　扫描效率(1)

利用径迹探测方法的粒子物理实验(如泡室、核乳胶、火花室实验), 必须对所有记录到的事例进行扫描来寻找一定类型的反应事例. 由于识别一定类型的事

例是相当困难的一件事，一般不大可能将这类事例都识别出来，即扫描效率不可能为 100%，而且扫描效率是一个未知量. 为了估计扫描效率，需要对同样的客体实行两次或多次扫描.

设对一组泡室的照片作两次相互独立的扫描(如由两人分别扫描). 第一次扫描找到特定类型的事例数为 N_1+N_{12}，第二次扫描找到 N_2+N_{12}，其中 N_{12} 是两次扫描中都找到的事例的数目，N_1 和 N_2 是两次扫描中找到的不相重合的事例的数目. 进一步假定，每次扫描中找到任何一个该类型事例的概率相等，试估计该类事例的真实数目 N 和扫描效率.

当 N 足够大，依概率的定义，两次扫描中找到该类事例的概率分别为

$$P(1)=\frac{N_{12}+N_1}{N}, \qquad P(2)=\frac{N_{12}+N_2}{N}.$$

两次扫描中都找到的事例数给出事件积的概率(图 1.10)为

$$P(1\cap 2)=\frac{N_{12}}{N}.$$

由于两次扫描相互独立，故有

$$P(1\cap 2)=P(1)\cdot P(2).$$

将以上三式结合起来，求出事例总数

$$N=\frac{(N_{12}+N_1)(N_{12}+N_2)}{N_{12}}.$$

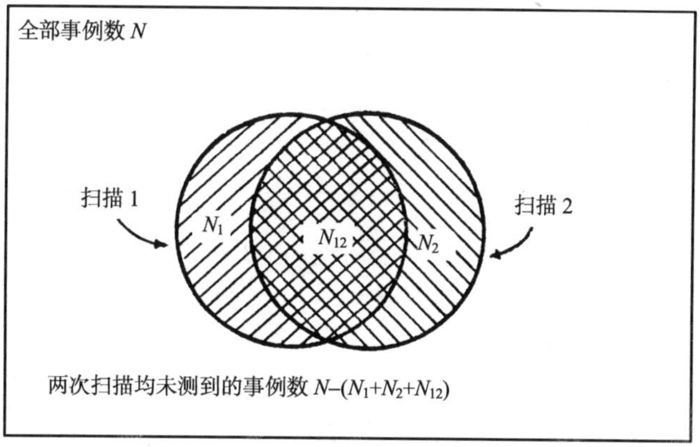

图 1.10　扫描效率的图示

将 N 代入 $P(1), P(2)$ 的表式中，求得两次扫描各自的扫描效率

$$P(1)=\frac{N_{12}}{N_{12}+N_2},\qquad P(2)=\frac{N_{12}}{N_{12}+N_1}.$$

可见，第一次扫描效率的估计值有赖于第二次扫描的结果，反过来，第二次扫描效率估计值亦与第一次扫描结果有关，其原因是总事例数的估计要利用两次扫描的信息.

两次扫描中发现的事例总数为 $N_{12}+N_1+N_2$，由此求得总的扫描效率为

$$P(1\cup 2)=\frac{N_{12}+N_1+N_2}{N}=\frac{N_{12}(N_{12}+N_1+N_2)}{(N_{12}+N_1)(N_{12}+N_2)}.$$

总扫描效率也可用概率加法定理(1.2.11)求出，结果相同

$$\begin{aligned}P(1\cup 2)&=P(1)+P(2)-P(1\cap 2)\\&=\frac{N_{12}}{N_{12}+N_2}+\frac{N_{12}}{N_{12}+N_1}-\frac{N_{12}}{N}\\&=\frac{N_{12}(N_{12}+N_1+N_2)}{(N_{12}+N_1)(N_{12}+N_2)}.\end{aligned}$$

1.5 边沿概率，全概率公式，贝叶斯公式

设随机试验 E 的样本空间为 S，S 可以按照不同的条件作不同的划分. 设按照条件 A，S 被划分为互不相容的事件 $A_1,A_2,\cdots,A_m$；按照条件 B，S 被划分为互不相容的事件 $B_1,B_2,\cdots,B_n$. 样本空间的总概率为 1，因而有

$$\sum_{i=1}^{m}P(A_i)=1=\sum_{j=1}^{n}P(B_j).$$

事件 A_i 的**边沿概率**定义为

$$P(A_i)=\sum_{j=1}^{n}P(A_i\cap B_j);\tag{1.5.1}$$

类似地，事件 B_j 的边沿概率可表示为

$$P(B_j)=\sum_{i=1}^{m}P(A_i\cap B_j).\tag{1.5.2}$$

我们用具体例子来说明边沿概率的概念.

例 1.6 pp 反应末态的分类

在气泡室中进行质子-质子反应产生奇异粒子的实验. 按所观测到的反应末态带电径迹数，可分为 2,4,6,8,⩾10 条径迹五种情形，称为划分 A. 而根据鉴别出的中性奇异粒子，可分为 K_s^0, $\Lambda, K_s^0K_s^0, K_s^0\Lambda$ 末态四种情况，称为划分 B. 假定同时属于类别 A_i 和 B_j 的事例概率 $P(A_i \cap B_j)$ 如下表所示，则末态产物为 K_s^0 的边沿概率可由该表第一行的各项求和得到

$$P(K_s^0) = P(B_1) = \sum_{i=1}^{5} P(A_i \cap B_1) = 0.347.$$

划分 B \ 划分 A	2 条径迹	4 条径迹	6 条径迹	8 条径迹	⩾10 条径迹
K_s^0	0.117	0.169	0.055	0.006	0
Λ	0.180	0.220	0.092	0.012	0.001
$K_s^0K_s^0$	0.017	0.014	0.002	0	0
$K_s^0\Lambda$	0.055	0.045	0.014	0.001	0

与此相似，末态产物有 6 个带电径迹的边沿概率可由表的第三列求和得到

$$P(6\text{ 带电径迹}) = P(A_3) = \sum_{j=1}^{4} P(A_3 \cap B_j) = 0.163.$$

全概率公式——设随机试验 E 的样本空间为 $S, B_1, B_2, \cdots, B_n$ 为 S 的一个划分，则 E 的任一事件 A 的概率 $P(A)$ 可表示为

$$P(A) = \sum_{j=1}^{n} P(A \mid B_j) \cdot P(B_j). \tag{1.5.3}$$

证明 如图 1.11 所示，因 $B_1, B_2, \cdots, B_n$ 是 S 的一个划分，故有

$$A = AS = A(B_1 \cup B_2 \cup \cdots \cup B_n) = AB_1 \cup AB_2 \cup \cdots \cup AB_n.$$

由概率的有限可加性得

$$P(A) = \sum_{j=1}^{n} P(A \cap B_j). \tag{1.5.4}$$

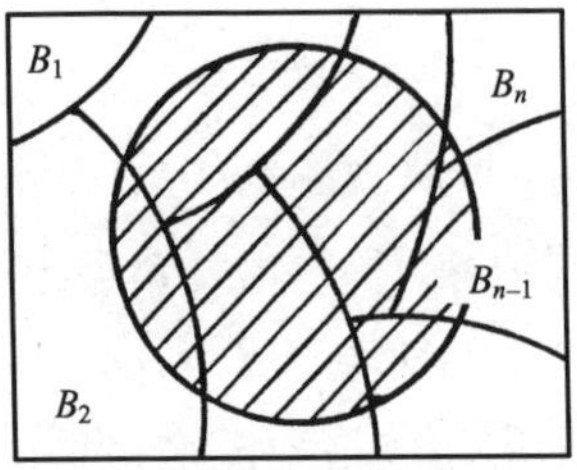

图 1.11　斜线部分表示事件 A

对每一项 $P(A\cap B_j)$ 应用概率乘法定理，则式(1.5.3)得证.

比较式(1.5.1)和式(1.5.4)可见，两者形式相似，这说明边沿概率是全概率公式应用的一种特例.

设 $B_1,B_2,\cdots,B_n$ 是随机试验 E 的样本空间 S 的一个划分，对于 E 的任一事件 A，由条件概率的定义(1.3.1)和乘法定理(1.3.3)，知

$$P(B_i\mid A)=\frac{P(B_iA)}{P(A)}=\frac{P(A\mid B_i)P(B_i)}{P(A)}.$$

将分母中的 $P(A)$ 用全概率公式代入，得

$$P(B_i\mid A)=\frac{P(A\mid B_i)P(B_i)}{\sum_{j=1}^{n}P(A\mid B_j)P(B_j)}.\tag{1.5.5}$$

该式称为贝叶斯公式.

例 1.7　摸钱币试验

有三个相同的钱袋 B_1,B_2,B_3. B_1 内装 2 枚金币，B_2 内装金、银币各一枚，B_3 内装 2 枚银币. 随机地选取一个钱袋并摸出一枚钱币，设摸到的是一枚金币，问该钱袋内余下的也是一枚金币的概率为多大?

令第一次摸得金币是事件 A，因为只有选取的钱袋是 B_1 时余下的才是金币，所以该问题实际上是要求条件概率 $P(B_1\mid A)$.

根据已知条件，从三个钱袋中摸得一枚金币的条件概率分别为

$$P(A\mid B_1)=1,\qquad P(A\mid B_2)=\frac{1}{2},\qquad P(A\mid B_3)=0.$$

由于钱袋是随机选定的，选中 B_1,B_2,B_3 的概率相等，故有

$$P(B_1)=P(B_2)=P(B_3)=\frac{1}{3}.$$

根据贝叶斯公式求出问题的解

$$P(B_1 \mid A) = \frac{P(A \mid B_1)P(B_1)}{\sum_{i=1}^{3} P(A \mid B_i)P(B_i)} = \frac{2}{3}.$$

本例中 $P(B_i)$ 是**先验概率**，它反映的一般是以往经验的总结，在这次试验之前已经知道. 条件概率 $P(B_1 \mid A)$ 称为**后验概率**，它是从得到了试验的信息之后推断出来的. 从本例可见，应用贝叶斯公式可从先验概率 $P(B_i)$ 和条件概率 $P(A \mid B_i)$ 求得后验概率 $P(B_i \mid A)$. 上述问题具有一般性，称为**贝叶斯问题**.

第二章　随机变量及其分布

2.1　随 机 变 量

一个随机试验有多于一种结果，出现一定结果的可能性大小即为其对应的概率. 为了定量地研究随机试验的结果，揭示随机试验中客观存在的统计规律性，需要引入随机变量的概念. 通常随机试验的不同结果可用一组实数来表示，如扔骰子试验中，试验结果“出现 i 点”(i=1,2,⋯,6)这一事件可用数字 i 表示. 这就在随机试验的基本事件(出现 i 点，i=1,2,⋯,6)与一组数值 1,2,⋯,6 之间建立了一一对应的关系. 一般地，随机试验样本空间的所有元素可用一组实数 $x_1,x_2,x_3,\cdots$ 来表示,任何一次试验的结果可用一个实数 X 表示，X 取值 $x_1,x_2,x_3,\cdots$ 的概率为 $P(x_1),P(x_2),P(x_3),\cdots,P(x_i)$ 是 x_i 对应的元素在随机试验中出现的概率. 因此，X 是定义在随机试验样本空间上的变量. 下面引入随机变量的定义.

设随机试验 E 的样本空间为 S，对于 S 中的任一元素 e 存在一个实数 $X(e)$ 与之对应, 得到一个定义在 S 上的单值实函数 $X(e)$，称为**随机变量**. 与样本空间 S 的所有元素$\{e\}$相对应，$X(e)$ 可取值的全体称为随机变量的**取值域**或**值域**，一般用符号 Ω 表示(图 2.1). 以后都简单地以 X 代替 $X(e)$，但应注意，随机变量 X 是定义在样本空间 S 上的；以相应的小写字母表示它的可取值，如随机变量 X 的取值为 $x_1,x_2,\cdots$.

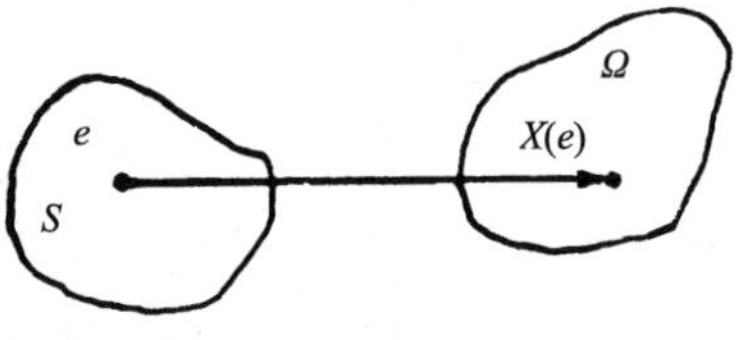

图 2.1　随机变量 $X(e)$及其值域 Ω

由以上定义可见，随机变量 X 与普通的变量有本质的不同. 普通的变量定义在实数轴上，而随机变量是定义在随机试验样本空间上的函数(样本空间的元素不一定是实数)；普通变量的值一旦确定便是唯一的. 而随机变量的取值是随机的，取某一数值的可能性取决于该数值所对应的概率.

引入随机变量后，随机事件可用随机变量描述，就能利用数学分析的方法来研究随机试验. 但由于随机变量与普通变量存在着前面所述的差异，将普通变量的运算规则移用到随机变量的运算中去时要注意它是否适用.

随机变量分为**离散型**和**连续型**两类. 离散随机变量的取值域是有限个或可列无限多个实数，如扔骰子这一随机试验，相应的随机变量的取值域是{1, 2, 3, 4, 5, 6}六个数. 连续随机变量的值域则是一个区间中的所有值，无法一一列出. 如在任何时刻观测时钟上某一指针(如时针)的角度，则该随机变量的值域为[0°, 360°]，这是一个连续随机变量.

2.2 随机变量的分布

要了解一个随机变量 X，不但要知道它的全体可取值，而且要知道它取任一特定值 x 的概率 $P(x)$，也即它的概率分布特性. 随机变量的概率分布特性可由它的累积分布函数和概率密度函数描述.

设 X 为一随机变量，其取值域的下限和上限分别记为 $x_{\min}$ 和 $x_{\max}$，对于任意实数 $x: x_{\min} \leqslant x \leqslant x_{\max}$，随机变量 X 取值小于等于 x 的概率称为 X 的**累积分布函数**或**分布函数**，用 $F(x)$ 表示为

$$F(x) = P(X \leqslant x). \tag{2.2.1}$$

累积分布函数有以下性质：

(1) $F(x)$ 是非负函数，且有

$$0 \leqslant F(x) \leqslant 1. \tag{2.2.2}$$

(2) $F(x)$ 是非减函数，对于任何 $x_2 > x_1$，有

$$F(x_2) - F(x_1) = P(x_1 < X \leqslant x_2) \geqslant 0. \tag{2.2.3}$$

(3) $F(x_{\min}) = 0,$ (2.2.4)

$$F(x_{\max}) = 1. \tag{2.2.5}$$

式(2.2.5)与随机试验的概率归一性相对应，也称为随机变量分布函数的归一性，表示随机变量的取值总落在其值域之内.

对于离散随机变量 X，它的可取值是分立的实数 $x_i, i = 1,2,3,\cdots$，取值 x_i 的概率记为 $P(X = x_i) = p_i$，则由概率的定义可知，

$$\begin{aligned} &p_i \geqslant 0, \qquad i = 1,2,\cdots \\ &\sum_i p_i = 1. \end{aligned} \tag{2.2.6}$$

根据分布函数的定义，离散随机变量的分布函数可表示为

$$F(x) = \sum_{x_i \leqslant x} p_i, \tag{2.2.7}$$

这里求和号表示对所有满足 $x_i \leqslant x$ 的概率 p_i 求和. 任何离散随机变量的分布函数都不连续，在 $X = x_i (i = 1,2,\cdots)$ 处出现跳跃点，是[0，1]之间的阶梯形折线. 如在扔骰子的随机试验中，骰子的点数作为随机变量 X，其分布函数 $F(x)$ 如图 2.2 所示.

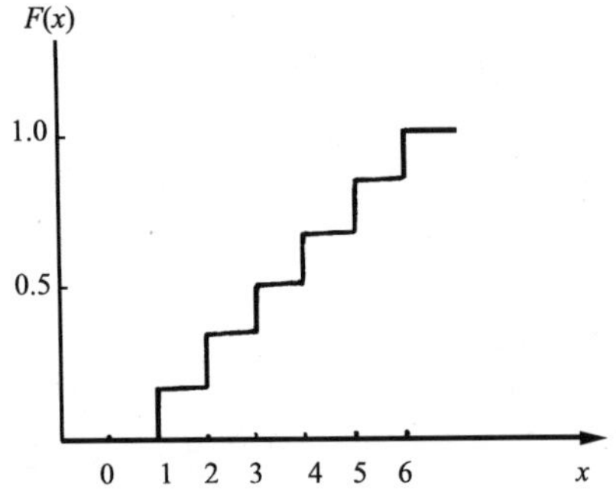

图 2.2　扔骰子随机试验中随机变量的分布函数 $F(x)$

对于离散型随机变量，知道了它的所有可取值及对应的概率，就唯一地确定了这个随机变量. 但对连续随机变量，取任一特定值的概率为 0，我们需要研究随机变量所取的值落在某个区间内的概率. 按分布函数的定义，连续随机变量 X 的取值落在区间$[x_1, x_2]$内的概率可由 $F(x_2)$ 与 $F(x_1)$ 之差求得，因而分布函数完整地描述了随机变量的概率分布性质. 连续随机变量的分布函数为[0，1]之间的单调上升连续曲线，如 2.1 节中表示时钟指针角度的随机变量，其分布函数如图 2.3(a) 所示.

设 X 为连续随机变量，其值域 Ω 的上、下限分别记为 $x_{\max}$ 和 $x_{\min}$，若存在非负连续实函数 $f(x)$，对于任何实数 x 下式成立：

$$F(x) = \int_{x_{\min}}^{x} f(t)\mathrm{d}t, \tag{2.2.8}$$

则 $f(x)$ 称为随机变量 X 的**概率密度函数**或**概率密度**. $f(x)$ 有如下性质：

(1) $f(x)$ 是连续非负函数，$f(x) \geqslant 0$.

(2) $\int_{\Omega} f(x)\mathrm{d}x = F(x_{\max}) = 1$，该性质也称为概率密度的归一性.

(3) $\int_{x_1}^{x_2} f(x)\mathrm{d}x = F(x_2) - F(x_1)$ 对任意 $x_2 > x_1$ 成立.

(4) $f(x) = F'(x)$.

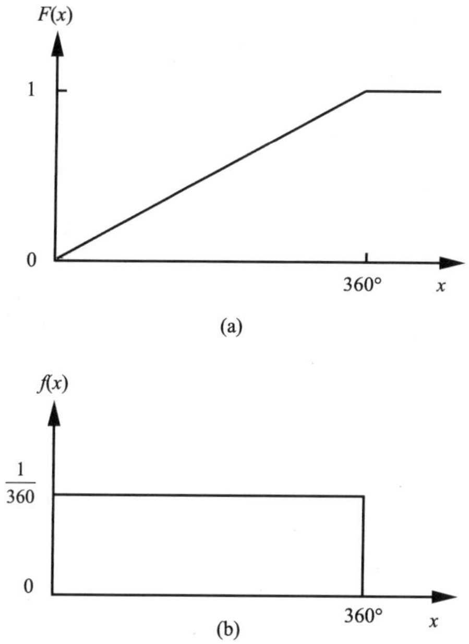

图 2.3 描述时钟指针角度的连续随机变量 X 的分布函数 $F(x)$(a)和概率密度 $f(x)$(b)

由于在随机变量值域 $[x_{\min}, x_{\max}]$ 之外的区间 $(-\infty, x_{\min})$ 和 $(x_{\max}, \infty)$ 中，概率密度 $f(x)=0$, 所以有

$$\int_{\Omega} f(x)\mathrm{d}x \equiv \int_{-\infty}^{+\infty} f(x)\mathrm{d}x,$$
$$F(-\infty) \equiv F(x_{\min}),$$
$$F(+\infty) \equiv F(x_{\max}).$$

在本书以后各章节中，概率密度的积分上下限有时写成 $\pm\infty$，这种表示方式的方便之处在于不需要注明随机变量的特定值域，因而公式的表述具有一般性. 但在理解这些公式时应当注意，$\pm\infty$ 实际上对应于随机变量值域的上下限.

2.1 节中表示时钟指针角度的随机变量概率密度画在图 2.3(b).

有时需要考虑随机变量取值落在无限小区间 $(x, x+\mathrm{d}x]$ 内的概率，由积分中值定理可证

$$P(x < X \leqslant x+\mathrm{d}x) = \int_{x}^{x+\mathrm{d}x} f(t)\mathrm{d}t \approx f(x)\mathrm{d}x. \tag{2.2.9}$$

当随机变量的概率密度形式已知(图 2.4), 对任意 x_0, 分布函数 $F(x_0)$ 由 $X=x_0$ 左边 $f(x)$ 曲线下的面积表示，如图中斜线的区域；随机变量取值落在 a,b 之间的概率则等于 $f(x)$ 曲线下 a,b 之间的面积.

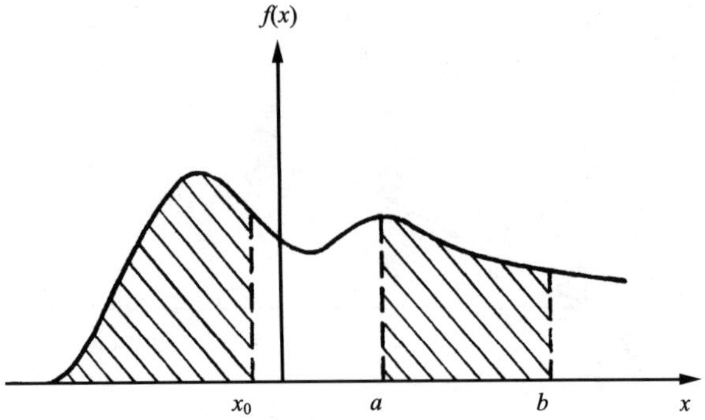

图 2.4

在核物理和基本粒子物理中，存在着许多随机过程，与此相应，许多物理量都是随机变量，因而可由其分布函数或概率密度来描述.

例 2.1　$e^+e^- \to \mu^+\mu^-$ 反应的角分布(1)

一对方向相反的正负电子对撞产生一对正负 μ 子的反应事例中(图 2.5)，末态粒子 μ^+ 对于初态粒子 e^+ 的夹角 (θ,φ) 是不确定的，但对大量这种事例，(θ,φ) 具有一定的分布，所以 μ^+ 的飞出方向是随机变量. 在粒子物理中，这种分布用微分截面 $\dfrac{d\sigma}{d\Omega}$ 描写，它表示 μ^+ 粒子在立体角元 $d\Omega = \sin\theta d\theta d\varphi$ 内飞出的反应截面值，θ 称为极角，φ 是方位角. 总截面为微分截面对全空间的积分

$$\sigma = \int_0^{4\pi} \frac{d\sigma}{d\Omega} d\Omega .$$

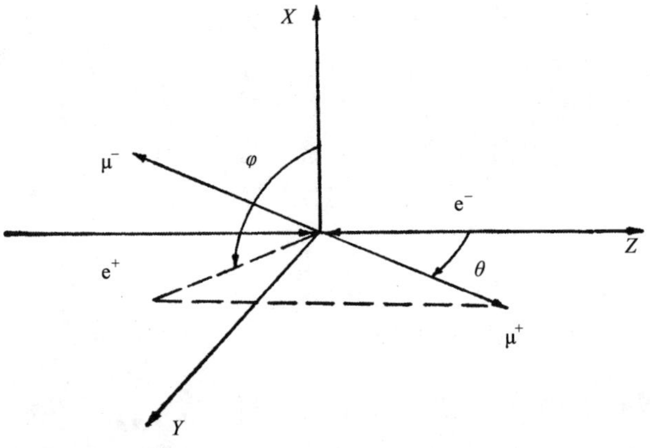

图 2.5　$e^+e^- \to \mu^+\mu^-$ 反应中，μ^+ 与 e^+ 之间的夹角 θ,φ

如果用随机变量来表示，那么为了满足归一性的要求，其概率密度应为

$$f(\Omega)=\frac{1}{\sigma}\frac{\mathrm{d}\sigma}{\mathrm{d}\Omega}.$$

$e^+e^- \to \mu^+\mu^-$ 反应的角分布可分解为 φ 和 θ 各自的分布. φ 的概率密度是 $(0,2\pi)$ 区间内的均匀分布，可表示为

$$f(\varphi)=\frac{1}{2\pi}.$$

ϑ 的分布可这样表示：令 $x\equiv\cos\theta, x$ 的概率密度正比于 $1+x^2(-1\leqslant x\leqslant 1)$，为满足归一化要求，概率密度为

$$f(x)=\frac{3}{8}(1+x^2).$$

粒子反应过程往往用各种微分截面来描述，如反应的角分布、能量分布、动量分布等，这反映了粒子反应是随机事件，反应末态粒子的角度、能量、动量是随机变量，它们的概率密度等于其微分截面函数除以归一化常数.

2.3　随机变量函数的分布

在研究概率统计问题时，经常会遇到随机变量的某个函数，该函数值取决于随机变量的随机试验结果，因此，它也是随机变量. 这时所面临的问题是怎样从原来的随机变量的分布及给定的函数关系，找出新的随机变量的分布.

设 X 为一随机变量，函数 Y 是与 X 一一对应的变换

$$y=y(x), \tag{2.3.1}$$

这时随机变量 Y 的分布可由 X 的分布导出. 所谓一一对应，指的是对于每个变量值 x，只存在唯一的对应函数值 $y=y(x)$；反之，对于每个函数值 y，只存在唯一的对应变量值 $x=x(y)$，这里，$x(y)$ 是 y 的反函数，通过解方程 $y=y(x)$ 求出，因此，已经要求反函数 $x(y)$ 存在并且唯一.

首先讨论 X 为离散随机变量的情形. X 取值 $x_1,x_2,\cdots$ 的概率假定为 $p(x_1),p(x_2),\cdots$, 由于 Y 与 X 的一一对应关系，显然，Y 取值 $y_i=y(x_i)$ 的概率与 X 取值 x_i 的概率相等，即随机变量 Y 的概率分布可表示为

$$p(y_i)=p(x_i)=p(x(y_i)). \tag{2.3.2}$$

当 X 为连续随机变量，其概率密度用 $f(x)$ 表示. 令 Y 的概率密度为 $g(y)$，Y 在区间 a,b 之间的概率是

$$P(a<Y<b)=\int_a^b g(y)\mathrm{d}y,$$

由于 X 与 Y 之间一一对应的关系，这一概率应与 X 在区间 $x(y=a),x(y=b)$ 内的概率相等

$$\int_a^b g(y)\mathrm{d}y=\left|\int_{x(y=a)}^{x(y=b)} f(x)\mathrm{d}x\right|,$$

等式右边取绝对值是为了保证积分概率的非负性. 将上式右边作 $x\to y$ 的变量代换

$$\mathrm{d}x\to\frac{\mathrm{d}x(y)}{\mathrm{d}y}\mathrm{d}y,$$

得到

$$\int_a^b g(y)\mathrm{d}y=\int_a^b f(x(y))\left|\frac{\mathrm{d}x(y)}{\mathrm{d}y}\right|\mathrm{d}y.$$

该关系式对于任意 (a,b) 区间成立，因而可知，随机变量 Y 的概率密度为

$$g(y)=f(x(y))\left|\frac{\mathrm{d}x(y)}{\mathrm{d}y}\right|. \tag{2.3.3}$$

如果 Y 与 X 不是一一对应的函数，X 的值域可分为 k 个不相重叠的子域，在每个子域内，X 与 Y 一一对应，则随机变量 Y 的概率密度可表示为

$$g(y)=\sum_{i=1}^{k} f(x_i(y))\left|\frac{\mathrm{d}x_i(y)}{\mathrm{d}y}\right|. \tag{2.3.4}$$

例 2.2　$Y=X^2$ 的概率密度

设随机变量 X 的概率密度为 $f(x)$，X 的值域为 $(-\infty,+\infty)$. 函数 $Y=X^2$ 不是一一对应的函数，对于同一个 y,x 可取 $\pm\sqrt{y}$ 两个值. 将 X 值域分成 $(-\infty,0)$ 和 $(0,\infty)$ 两个区间，每个区间内 Y 与 X 一一对应(图 2.6).

在 $(0,\infty)$ 区间内，$x=\sqrt{y}, f(x)=f\left(\sqrt{y}\right),$

$$\left|\frac{\mathrm{d}x}{\mathrm{d}y}\right| = \frac{1}{2}y^{-\frac{1}{2}};$$

在 $(-\infty,0]$ 区间内，$x=-\sqrt{y}, f(x)=f\left(-\sqrt{y}\right)$,

$$\left|\frac{\mathrm{d}x}{\mathrm{d}y}\right| = \frac{1}{2}y^{-\frac{1}{2}}.$$

代入式(2.3.4)，求得 Y 的概率密度

$$g(y)=\frac{1}{2\sqrt{y}}\left[f\left(\sqrt{y}\right)+f\left(-\sqrt{y}\right)\right].$$

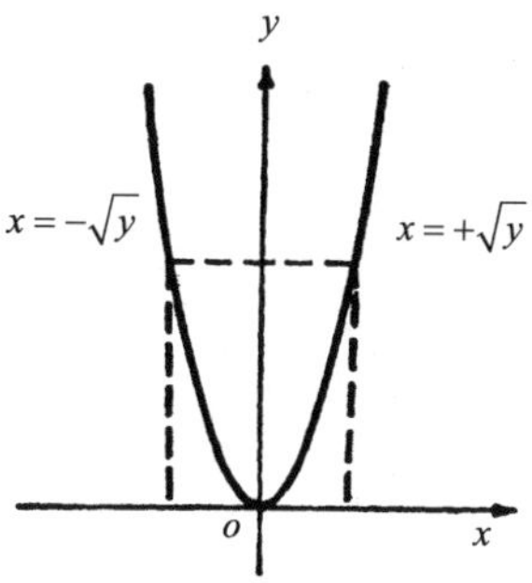

图 2.6

由于 $Y=X^2$ 是正值函数，与 X 值域 $(-\infty,\infty)$ 相对应，其值域是 $[0,\infty)$.

2.4　随机变量的数字特征

分布函数或概率密度完整地描述了随机变量的分布特性. 但在许多实际问题中，确定随机变量的分布函数或概率密度的具体函数形式相当困难，或者并不需要确切了解随机变量的分布，而只希望知道分布的某些特征. 同时，对某些特定的随机变量，只要知道了它的一个或几个数字特征，其分布函数和概率密度就完全确定了. 因此，随机变量的数字特征在理论和实际上都极为重要. 下面介绍随机变量的数学期望、方差、矩等数字特征.

设 Y 是随机变量 X 的函数 $Y=g(X), g$ 是某个连续实函数：

(1) X 是离散随机变量，取值 $x_i(i=1,2,\cdots)$ 的概率

$$p(x_i)=P(X=x_i),$$

则

$$E(Y)=E\{g(X)\}=\sum_i g(x_i)p(x_i) \tag{2.4.1}$$

称为随机变量 Y 的期望值；

(2) X 是连续随机变量，值域为 Ω，概率密度为 $f(x)$，则 Y 的期望值为

$$E(Y)=E\{g(X)\}=\int_{\Omega}g(x)f(x)\mathrm{d}x. \tag{2.4.2}$$

这一定理告诉我们，为求得随机变量 X 的函数 $Y=g(X)$ 的期望值，并不需要知道 Y 的分布，而可利用自变量 X 的概率密度算得.

求期望值的运算 E 是一个线性算子. 设 a_i 是常数， X_i 是随机变量， $i=1,2,\cdots,n$ ，则有

$$E\left\{\sum_{i=1}^{n} a_i X_i\right\}=\sum_{i=1}^{n} a_i E(X_i). \tag{2.4.3}$$

常数的期望值等于其自身

$$E(C)=\sum_i p(x_i)\cdot C=C\sum_i p(x_i)=C$$

或

$$E(C)=\int_\Omega C\cdot f(x)\mathrm{d}x=C\int_\Omega f(x)\mathrm{d}x=C \tag{2.4.4}$$

随机变量 X 本身的期望值称为它的**数学期望**或**平均值**、**均值**，用符号 $E(X)$ 或 μ 表示为

$$\mu=E(X)=\sum_i x_i p(x_i) \qquad \text{离散型} \tag{2.4.5}$$

$$=\int_\Omega xf(x)\mathrm{d}x \qquad \text{连续型}. \tag{2.4.6}$$

应当特别注意，这里平均值是概率含义上的平均，而非一般的算术平均.

满足不等式

$$P(X\leqslant x_{1/2})\geqslant\frac{1}{2}, \qquad P(X\geqslant x_{1/2})\geqslant\frac{1}{2} \tag{2.4.7}$$

的值 $x_{1/2}$ 称为随机变量 X 的**中位数**或**中值**. 当 X 为离散随机变量，这相当于(见式(2.2.7))

$$F(x_{1/2})\geqslant\frac{1}{2}, \qquad 1-F(x^*_{1/2})\geqslant\frac{1}{2}. \tag{2.4.8}$$

其中 $x^*_{1/2}$ 是 X 的一个元素值，它小于而邻近于 $x_{1/2}$.

当 X 为连续随机变量， $x_{1/2}$ 由下式确定：

$$F(x_{1/2})=\int_{x_{\min}}^{x_{1/2}} f(x)\mathrm{d}y=\frac{1}{2}. \tag{2.4.9}$$

类似地，称满足不等式

$$P(X \leqslant x_p) \geqslant p, \qquad P(X \geqslant x_p) \geqslant 1-p, \qquad 0<p<1$$

的值 x_p 为随机变量 X 的 **p 分位数**，这等价于

$$F(x_p) \geqslant p, \qquad 1-F(x^*_p) \geqslant 1-p \qquad \text{离散型}, \tag{2.4.10}$$

其中 x_p^* 与 x_p 的关系类同于 $x_{1/2}^*$ 与 $x_{1/2}$ 的关系.

$$F(x_p) = \int_{x_{\min}}^{x_p} f(x)\mathrm{d}x = p \qquad \text{连续型}. \tag{2.4.11}$$

满足

$$p(x_{\text{pro}}) = \max\{p(x_1), p(x_2), \cdots\} \qquad \text{离散型} \tag{2.4.12}$$

或

$$f(x_{\text{pro}}) = \max_{x\in\Omega}\{f(x)\} \qquad \text{连续型} \tag{2.4.13}$$

的值 x_{pro} 为随机变量 X 的**最可几值**，记号 $x \in \Omega$ 表示 X 的值域 Ω 中的所有 x 值.

在式(2.4.1)或式(2.4.2)中，如果选择函数

$$g(X) = (X-C)^l,$$

其中 C 为常数，l 为正整数，则其期望值

$$\alpha_l \equiv E\{(X-C)^l\} \tag{2.4.14}$$

称为随机变量 X 对于点 C 的 **l 阶矩**；当取 $C=0$，则称 X 的 **l 阶原点矩或代数矩**，记为

$$\lambda_l \equiv E(X^l). \tag{2.4.15}$$

特别重要的是对于平均值 μ 的 l 阶矩，称为 X 的 l 阶**中心矩**，表示为

$$\mu_l \equiv E\{(X-\mu)^l\}. \tag{2.4.16}$$

各阶原点矩和中心矩之间有如下关系：

$$\mu_n = \sum_{k=0}^{n} \binom{n}{k} \lambda_{n-k}(-\mu)^k, \tag{2.4.17}$$

$$\lambda_n = \sum_{k=0}^{n} \binom{n}{k} \mu_{n-k} (\mu)^k. \tag{2.4.18}$$

零阶和一阶中心矩容易求得

$$\mu_0 = \sum_i p(x_i) = 1 \qquad (\text{离散随机变量}),$$

$$\mu_0 = \int_{\Omega} f(x)\mathrm{d}x = 1 \qquad (\text{连续随机变量});$$

$$\mu_1 = \sum_i (x_i - \mu) p(x_i) = \sum_i x_i p(x_i) - \mu \sum_i p(x_i) = 0 \qquad (\text{离散随机变量}),$$

$$\mu_1 = \int_{\Omega} (x - \mu) f(x)\mathrm{d}x = 0 \qquad (\text{连续随机变量}),$$

随机变量 X 的二阶中心矩为

$$\mu_2 \equiv V(X) \equiv D(X) \equiv \sigma^2(X) \equiv E\{(X-\mu)^2\}, \tag{2.4.19}$$

称为 X 的**方差**；它的平方根 $\sigma(X)$ 称为**标准差**或**标准离差**，$\sigma(X)$ 表示 X 对于其数学期望 μ 的离散程度的大小．对于离散和连续随机变量 X，分别有

$$V(X) = \sum_i (x_i - \mu)^2 p(x_i), \tag{2.4.20}$$

$$V(X) = \int_{\Omega} (x - \mu)^2 f(x)\mathrm{d}x. \tag{2.4.21}$$

按照式(2.4.15)和式(2.4.16)可算出零阶、一阶和二阶原点矩、中心矩，它们在概率统计中经常用到，我们将它们列于表 2.1 中.

表 2.1

原点矩	中心矩
$\lambda_0 = 1$	$\mu_0 = 1$
$\lambda_1 = \mu$	$\mu_1 = 0$
$\lambda_2 = \sigma^2 + \mu^2$	$\mu_2 = \sigma^2$

方差的概念可以推广到随机变量的函数．设 $g = g(X)$ 是随机变量 X 的函数，则 $g(X)$ 的方差定义为

$$V\{g(X)\} \equiv E\{[g(x) - E(g(x))]^2\}. \tag{2.4.22}$$

随机变量X方差的计算常用到如下公式:

$$V(X) \equiv E\{(X-\mu)^2\} = E\{X^2 - 2\mu X + \mu^2\}$$
$$= E(X^2) - 2\mu E(X) + \mu^2,$$

$$V(X) = E(X^2) - \mu^2. \tag{2.4.23}$$

下面列出方差的几个重要性质:

(1) 常数的方差等于0:$V(C)=0, C$为常数.

(2) X为随机变量,有$V(CX)=C^2V(X)$.

(3) 相互独立的随机变量之和的方差等于各随机变量方差之和. 即当$X_1, X_2, \cdots, X_n$各随机变量相互独立,则有

$$V\left(\sum_{i=1}^{n} X_i\right) = \sum_{i=1}^{n} V(X_i).$$

随机变量相互独立的概念在3.1节中介绍.

在物理实验中,如被测物理量是随机变量,测量结果常表示成$\mu \pm \sigma$的形式,μ和σ分别是均值和标准差的估计值, 有时物理学家也称 σ为**统计误差**或**随机误差**.

除上述数字特征外,描述随机变量分布的数字特征还有**偏度(系数)**γ_1和**峰度(系数)**γ_2,它们的定义分别是

$$\gamma_1 \equiv \frac{\mu_3}{\mu_2^{3/2}} = \frac{E\{(X-\mu)^3\}}{\sigma^3}, \tag{2.4.24}$$

$$\gamma_2 \equiv \frac{\mu_4}{\mu_2^2} - 3 = \frac{E\{(X-\mu)^4\}}{\sigma^4} - 3. \tag{2.4.25}$$

偏度系数γ_1表征随机变量概率密度对其平均值的不对称程度或偏斜程度. 若概率密度函数对于平均值为对称,则所有奇数阶中心矩为0,故有$\mu_3=0$,偏度系数为0(注意,逆推理不成立,即随机变量$\gamma_1=0$,概率密度函数对于其平均值不一定对称). γ_1的绝对值越大,概率密度越不对称. 如概率密度在右端有长的“尾巴”(图2.7),则$\gamma_1>0$;反之,在左端有长尾巴,则$\gamma_1<0$.

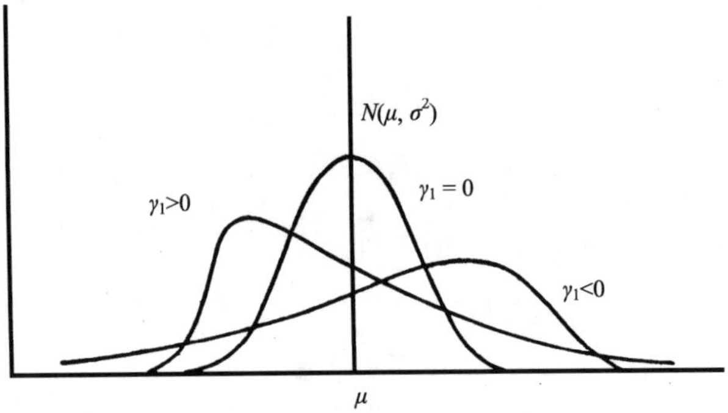

图 2.7　随机变量的偏度系数 γ_1

峰度系数 γ_2 反映了概率密度函数的尖锐程度与正态分布概率密度曲线(见4.10节)尖锐程度两者之间的对比，均值 μ 和标准差 σ 的正态分布用 $N(\mu,\sigma)$ 表示，其峰度系数 $\gamma_2=0$． 设随机变量 X 的均值亦为 μ 和 σ ，若其 $\gamma_2>0$ ，表示 X 的概率密度曲线比 $N(\mu,\sigma)$ 尖锐；反之，$\gamma_2<0$，则概率密度曲线比 $N(\mu,\sigma)$ 平缓(图 2.8).

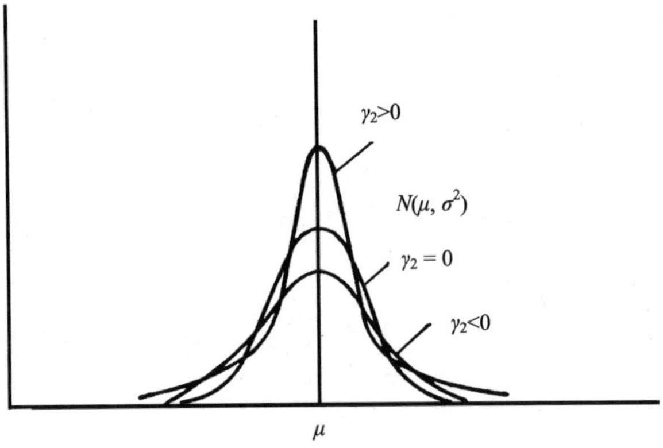

图 2.8　随机变量的峰度系数 γ_2

下面介绍一个在概率统计计算中有广泛应用的重要不等式，即所谓的**切比雪夫(Chebyshev)不等式**.

设随机变量 X 的数学期望和标准差为 μ 和 σ ，则对于任意正数 ε 均有

$$P\{|X-\mu|\geqslant\varepsilon\}\leqslant\frac{\sigma^2}{\varepsilon^2}. \tag{2.4.26}$$

我们就 X 为连续随机变量的情形加以证明

$$
\begin{aligned}
P\{|X-\mu|\geqslant\varepsilon\}&=P\{(X-\mu)\geqslant\varepsilon\}+P\{(X-\mu)\leqslant-\varepsilon\}\\
&=P\{X\geqslant(\mu+\varepsilon)\}+P\{X\leqslant(\mu-\varepsilon)\}\\
&=\int_{\mu+\varepsilon}^{x_{\max}}f(x)\mathrm{d}x+\int_{x_{\min}}^{\mu-\varepsilon}f(x)\mathrm{d}x,
\end{aligned}
$$

因为$|X-\mu|\geqslant\varepsilon$，所以$(X-\mu)^2/\varepsilon^2\geqslant1$，因此有

$$
\begin{aligned}
P\{|X-\mu|\geqslant\varepsilon\}&\leqslant\int_{\mu+\varepsilon}^{x_{\max}}\frac{(x-\mu)^2}{\varepsilon^2}f(x)\mathrm{d}x+\int_{x_{\min}}^{\mu-\varepsilon}\frac{(x-\mu)^2}{\varepsilon^2}f(x)\mathrm{d}x\\
&\leqslant\frac{1}{\varepsilon^2}\int_{\Omega}(x-\mu)^2f(x)\mathrm{d}x=\sigma^2/\varepsilon^2.
\end{aligned}
$$

式(2.4.26)得证. 该式也可写成

$$P\{|X-\mu|\geqslant\varepsilon\sigma\}\leqslant1/\varepsilon^2$$

或

$$P\{|X-\mu|<\varepsilon\sigma\}\geqslant1-1/\varepsilon^2. \tag{2.4.27}$$

当随机变量X的概率密度未知时，切比雪夫不等式给出了X的取值与均值μ的离差小于特定值$\varepsilon\sigma$的概率的估算方法. 就趋势而言，X取值偏离μ越远，则出现的概率越小，特别是

$$
\begin{aligned}
&P\{|X-\mu|<3\sigma\}\geqslant0.8889,\\
&P\{|X-\mu|<4\sigma\}\geqslant0.9375.
\end{aligned}
$$

这表明，随机变量取值与均值μ的离差大于3σ的概率已经相当小.

2.5　随机变量的特征函数

数字特征只能反映概率分布的某些性质，一般不能通过它来完全确定随机变量的分布函数. 本节引入特征函数的概念，它既能完全决定分布函数，又具有良好的解析性质.

为了定义特征函数，需要拓广随机变量的概念，引进复随机变量. 若X，Y是实随机变量，则称$Z=X+\mathrm{i}Y$为**复随机变量**，其数学期望是

$$E(Z)=E(X)+\mathrm{i}E(Y).$$

概率密度函数的傅里叶变换称为随机变量的**特征函数**. 设随机变量X的概率分布为$P(X=x_k)=p(x_k)$ (X为离散随机变量)，或其概率密度为$f(x)$ (连续随机变量)，其特征函数定义为

$$\varphi_X(t) \equiv E(\mathrm{e}^{\mathrm{i}tX})$$

$$= \sum_k p(x_k)\mathrm{e}^{\mathrm{i}tx_k} \qquad (离散型)$$

$$= \int_{-\infty}^{\infty} \mathrm{e}^{\mathrm{i}tx} f(x)\mathrm{d}x \qquad (连续型), \tag{2.5.1}$$

其中 t 是实数，$\mathrm{e}^{\mathrm{i}tX}$ 为

$$\mathrm{e}^{\mathrm{i}tX} = \cos tX + \mathrm{i}\sin tX.$$

$\varphi_X(t)$ 是 t 的一个连续函数，对一切实数 t 都有定义.

从傅里叶变换的反演公式，可从连续随机变量的特征函数求得其概率密度

$$f(x) = \frac{1}{2\pi}\int_{-\infty}^{\infty} \varphi_X(t)\mathrm{e}^{-\mathrm{i}xt}\mathrm{d}t\,; \tag{2.5.2}$$

而对离散随机变量，可从特征函数求出累积分布函数之差

$$F(b) - F(a) = \frac{\mathrm{i}}{2\pi}\int_{-\infty}^{\infty} \frac{1}{t}\left(\mathrm{e}^{-\mathrm{i}tb} - \mathrm{e}^{-\mathrm{i}ta}\right)\varphi_X(t)\mathrm{d}t. \tag{2.5.3}$$

特征函数具有如下性质：

(1) $\varphi(0) = E(\mathrm{e}^0) = 1$.

(2) $|\varphi(t)| \leqslant 1$.

证明

$$|\varphi(t)| = \left|E(\mathrm{e}^{\mathrm{i}tX})\right| \leqslant E\left(\left|\mathrm{e}^{\mathrm{i}tX}\right|\right)$$
$$= E\left(\left|\cos tX + \mathrm{i}\sin tX\right|\right) = 1.$$

(3) 设 $\varphi_X(t)$ 为随机变量 X 的特征函数，a,b 为常数，则随机变量 $Y = aX + b$ 的特征函数为

$$\varphi_Y(t) = \mathrm{e}^{\mathrm{i}bt}\varphi_X(at). \tag{2.5.4}$$

证明

$$\varphi_Y(t) = E\{\mathrm{e}^{\mathrm{i}t(aX+b)}\} = E\{\mathrm{e}^{\mathrm{i}tb}\cdot\mathrm{e}^{\mathrm{i}atX}\} = \mathrm{e}^{\mathrm{i}tb}\varphi_X(at).$$

(4) 设 X 和 Y 是相互独立的随机变量，其特征函数分别是 $\varphi_X(t)$ 和 $\varphi_Y(t)$，则随机变量 $Z = X + Y$ 的特征函数为

$$\varphi_Z(t) = \varphi_X(t) \cdot \varphi_Y(t), \tag{2.5.5}$$

即相互独立的随机变量之和的特征函数，等于它们各自的特征函数之积.

证明

$$\varphi_Z(t) = E\{e^{it(X+Y)}\} = E\{e^{itX} \cdot e^{itY}\},$$

当X，Y相互独立，由 3.3 节知

$$E(XY) = E(X)E(Y),$$

将此关系式推广到X，Y的函数，则有

$$\varphi_Z(t) = E(e^{itX}) \cdot E(e^{itY}) = \varphi_X(t) \cdot \varphi_Y(t).$$

式(2.5.5)所表示的性质可推广到 N 个相互独立的随机变量之和的情形，即若 $X_1, X_2, \cdots, X_N$ 相互独立，且 $Z = \sum_{i=1}^{N} X_i$，则有

$$\varphi_Z(t) = \prod_{i=1}^{N} \varphi X_i(t). \tag{2.5.6}$$

应用特征函数的这一性质，处理若干个相互独立的随机变量之和的问题变得较为简单. 设X，Y为相互独立的随机变量，概率密度分别是$f_X(x)$和$f_Y(y)$. 可以证明，随机变量$Z = X + Y$的概率密度为一卷积(见 3.4 节)

$$f_Z(z) = \int_{-\infty}^{\infty} f_X(z-t) f_Y(t) \mathrm{d}t,$$

卷积的计算往往很困难. 如果应用式(2.5.5)可方便地从 X 和 Y 的特征函数求出 Z 的特征函数，再由傅里叶变换反演公式(2.5.2)求出其概率密度$f_Z(z)$.

随机变量的矩与其特征函数有简单的关系. 按照式(2.5.1)的定义，对于连续随机变量 X(离散随机变量的证明相类似，且有相同的结果)，将$\varphi_X(t)$对t求n阶导数，得

$$\varphi_X^{(n)}(t) \equiv \frac{\mathrm{d}^n \varphi_X(t)}{\mathrm{d}t^n} = i^n \int_{-\infty}^{\infty} x^n \exp(itx) f(x) \mathrm{d}x,$$

于是

$$\varphi_X^{(n)}(0) = \varphi_X^{(n)}(t=0) = i^n \int_{-\infty}^{\infty} x^n f(x) \mathrm{d}x = i^n E\{X^n\},$$

由此求出 X 的 n 阶原点矩与其特征函数的关系如下：

$$\lambda_n = E(X^n) = \mathrm{i}^{(-n)} \varphi_X^{(n)}(0) = \mathrm{i}^{-n} \left[\frac{\mathrm{d}^n \varphi_X(t)}{\mathrm{d}t^n} \right]_{t=0}. \tag{2.5.7}$$

为求得特征函数与其 n 阶中心矩的关系式，引入随机变量 $Y = X - \mu, \mu$ 是 X 的数学期望，$Y = X - \mu$ 的特征函数由式(2.5.4)知

$$\varphi_{X-\mu}(t) = \mathrm{e}^{-\mathrm{i}\mu t} \varphi_X(t),$$

而

$$\begin{aligned}
\varphi_{X-\mu}^{(n)}(0) &= \left[\frac{\mathrm{d}^n}{\mathrm{d}t^n} \varphi_{X-\mu}(t) \right]_{t=0} = \left\{ \frac{\mathrm{d}^n}{\mathrm{d}t^n} \left[\mathrm{e}^{-\mathrm{i}\mu t} \varphi_X(t) \right] \right\}_{t=0} \\
&= \left\{ \frac{\mathrm{d}^n}{\mathrm{d}t^n} \left[\mathrm{e}^{-\mathrm{i}\mu t} \int_{-\infty}^{\infty} \mathrm{e}^{\mathrm{i}tx} f(x) \mathrm{d}x \right] \right\}_{t=0} \\
&= \left\{ \frac{\mathrm{d}^n}{\mathrm{d}t^n} \int_{-\infty}^{\infty} \mathrm{e}^{\mathrm{i}t(x-\mu)} f(x) \mathrm{d}x \right\}_{t=0} \\
&= \left\{ \int_{-\infty}^{\infty} \mathrm{i}^n (x-\mu)^n \mathrm{e}^{\mathrm{i}t(x-\mu)} f(x) \mathrm{d}x \right\}_{t=0} \\
&= \mathrm{i}^n \int_{-\infty}^{\infty} (x-\mu)^n f(x) \mathrm{d}x = \mathrm{i}^n E\{(x-\mu)^n\} = \mathrm{i}^n \cdot \mu_n.
\end{aligned}$$

故随机变量 X 的 n 阶中心矩 μ_n 可表示为

$$\mu_n = \mathrm{i}^{(-n)} \varphi_{X-\mu}^{(n)}(0) = \mathrm{i}^{(-n)} \cdot \left\{ \frac{\mathrm{d}^n}{\mathrm{d}t^n} \left[\mathrm{e}^{-\mathrm{i}\mu t} \varphi_X(t) \right] \right\}_{t=0}. \tag{2.5.8}$$

由以上讨论可见，由随机变量的特征函数可导出其概率密度和任意阶原点矩、中心矩，因此特征函数唯一地和完整地确定了随机变量的分布．可以证明，特征函数与分布函数是相互唯一确定的[22]①．

举一实例说明特征函数的应用．求两个相互独立的泊松分布随机变量之和的分布．泊松分布的形式(见第四章)为

$$P(X = k) = \frac{\lambda^k}{k!} \mathrm{e}^{-\lambda}, \qquad k = 0,1,2,\cdots,$$

其中 λ 是大于 0 的常数，也是泊松分布的数学期望．根据式(2.5.1)的定义，泊松

① 由于本书末所附参考文献是按书的分类编排的，所以正文中附注的文献序码未按顺序出现．

分布随机变量 X 的特征函数为

$$\begin{aligned}\varphi_X(t) &= \sum_{k=0}^{\infty} \mathrm{e}^{\mathrm{i}tk} \frac{\lambda^k}{k!} \mathrm{e}^{-\lambda} = \mathrm{e}^{-\lambda} \sum_{k=0}^{\infty} \frac{(\lambda \mathrm{e}^{\mathrm{i}t})^k}{k!} \\ &= \mathrm{e}^{-\lambda} \mathrm{e}^{\lambda \mathrm{e}^{\mathrm{i}t}} = \mathrm{e}^{\lambda(\mathrm{e}^{\mathrm{i}t}-1)}.\end{aligned} \tag{2.5.9}$$

根据性质(2.5.5)，两个相互独立的、数学期望分别为 λ_1 和 λ_2 的泊松分布随机变量 X_1 和 X_2 之和 Y 的特征函数为

$$\varphi_Y(t) = \varphi_{X_1}(t) \cdot \varphi_{X_2}(t) = \mathrm{e}^{(\lambda_1+\lambda_2)(\mathrm{e}^{\mathrm{i}t}-1)}.$$

该式与泊松分布的特征函数式(2.5.9)对比，形式完全相同，只是 λ 被 $\lambda_1+\lambda_2$ 所代替. 由于特征函数完全确定了随机变量的分布，因此得出结论：两个相互独立的泊松变量之和仍为泊松变量，其数学期望等于两个泊松变量数学期望之和.

2.6　离散随机变量的概率母函数

当研究只取有限个或无限可列个非负整数值的离散型随机变量时，用概率母函数来代替特征函数较为方便.

如上节所述，若 X 为离散随机变量，其特征函数为

$$\varphi_X(t) = \sum_k p(x_k) \mathrm{e}^{\mathrm{i}tx_k} = E(\mathrm{e}^{\mathrm{i}tX}),$$

现令 $Z = \mathrm{e}^{\mathrm{i}t}$，则可改写为

$$G(Z) \equiv E(Z^X) = \sum_k p(x_k) Z^{x_k}, \tag{2.6.1}$$

这样定义的函数 $G(Z)$ 称为离散随机变量的**概率母函数**.

概率母函数有与特征函数相似的性质[36]：

(1) $G(1) = E(1) = 1$.

(2) $|G(Z)| \leqslant 1$.

(3) 设 $G_X(Z)$ 为随机变量 X 的概率母函数，a,b 为常数，则随机变量 $Y = aX + b$ 的概率母函数

$$G_Y(Z) = Z^b G_{aX}(Z).$$

(4) 设随机变量 Y 为相互独立的离散随机变量 $X_i, i = 1,2,\cdots$ 之和，X_i 的概率母函数为 $G_i(Z)$，则 Y 的概率母函数 $G_Y(Z)$ 可表示为

$$G_Y(Z) = \prod_i G_i(Z).$$

由于该性质，概率母函数对研究相互独立的离散随机变量之和的问题十分适用.

与特征函数一样，离散随机变量的概率分布与其概率母函数是相互唯一确定的，因而对于概率分布的研究可以化为对其母函数的研究.

利用概率母函数可以方便地求得离散随机变量的数学期望和方差. 对 $G(Z)$ 求一阶和二阶导数

$$G'(Z) = \sum_k x_k Z^{x_k - 1} p(x_k),$$

$$G''(Z) = \sum_k x_k (x_k - 1) Z^{x_k - 2} p(x_k),$$

当 $Z = 1$ 时，

$$G'(Z=1) = \sum_k x_k p(x_k) = E(X),$$

$$\begin{aligned} G''(Z=1) &= \sum_k (x_k^2 - x_k) p(x_k) = \sum_k x_k^2 p(x_k) - \sum_k x_k p(x_k) \\ &= E(X^2) - E(X). \end{aligned}$$

由此得到离散随机变量数学期望和方差的一般表达式

$$E(X) = G'(1), \tag{2.6.2}$$

$$\sigma^2(X) = G''(1) + G'(1) - [G'(1)]^2, \tag{2.6.3}$$

例如，服从参数 n, p 的二项分布(见 4.1 节)的随机变量 X，其概率母函数为

$$G(Z) = (Zp + q)^n,$$

其中 $p, q > 0, p + q = 1, n$ 为正整数. 由上述二式得

$$E(X) = [n(Zp + q)^{n-1} \cdot p]_{Z=1} = np,$$

$$\begin{aligned} \sigma^2(X) &= [n(n-1)(Zp + q)^{n-2} \cdot p^2]_{Z=1} + np - n^2 p^2 \\ &= (n^2 - n) p^2 + np - n^2 p^2 = np(1 - p). \end{aligned}$$

这些结果与按照数学期望和方差的定义求出的表达式相同，但利用概率母函数来计算要简便得多.

第三章　多维随机变量及其分布

前一章中的讨论仅限于一个随机变量，但在许多实际问题中，随机试验的结果需要用多个随机变量来表示．例如，一个粒子穿过某一平面上的位置，需要用X，Y两个坐标值确定，由于粒子位置的测量存在不确定性，因此，X，Y都是随机变量．可见，多维随机变量是实际存在的．

设随机试验 E 的样本空间为 $S=\{e\}$，e 表示 S 的所有基本元素，$X_i=X_i(e),i=1,2,\cdots,n$ 是定义在 S 上的 n 个随机变量，它们构成的向量 $\boldsymbol{X}=\{X_1,X_2,\cdots,X_n\}$ 称为 n 维随机变量或 n 维随机向量，$X_1,X_2,\cdots,X_n$ 为它的 n 个分量．

一维随机变量的取值域是数轴上的一定区域，n 维随机变量的取值域 Ω 则是 n 维空间中的一定区域，相应地，第 i 个分量 X_i 的取值域 Ω_i 是第 i 根数轴上的一定区域，$i=1,2,\cdots,n$.

多维随机变量与一维随机变量的最大区别在于前者的性质不仅与各个分量有关,而且依赖于各个分量之间的相互联系,因此,必须将它作为一个整体来研究. 为简单起见，我们先讨论二维随机变量的性质，然后推广到 n 维的一般情形.

3.1　二维随机变量的分布，独立性

设 $\{X,Y\}$ 是二维随机变量，它的分布函数定义为

$$F(x,y)=P(X\leqslant x,Y\leqslant y). \tag{3.1.1}$$

$F(x,y)$ 也称为随机变量 X 和 Y 的联合分布函数,它有如下性质:

(1) $F(x,y)$ 对于其每一个自变量都是单调非降函数,即

对任意 x，有 $F(x,y_2)\geqslant F(x,y_1)$　　当 $y_2>y_1$；

对任意 y，有 $F(x_2,y)\geqslant F(x_1,y)$　　当 $x_2>x_1$.

(2) 对任意 x,y 有

$$\begin{aligned}&0\leqslant F(x,y)\leqslant 1,\\&F(x_{\min},y)=0=F(x,y_{\min}),\\&F(x_{\min},y_{\min})=0,\\&F(x_{\max},y_{\max})=1.\end{aligned}$$

(3) $F(x,y)$ 对其每一个自变量都是右连续的，即

$$F(x,y)=F(x+0,y), \qquad F(x,y)=F(x,y+0).$$

二维随机变量亦有离散型和连续型之分. 如果二维随机变量 $\{X,Y\}$ 的所有可取值为有限对或无限可列多对数值，则称为离散二维随机变量，它们对应于 xy 二维空间中相互孤立的点. 如果 $\{X,Y\}$ 的所有可取值为二维空间中的连续区域中所有可能值，则为连续二维随机变量.

设离散二维随机变量的所有可取值为 $(x_i,y_i), i=1,2,\cdots$，其对应的概率

$$P(X=x_i,Y=y_j)=p_{ij}, \qquad i,j=1,2,\cdots, \tag{3.1.2}$$

称为二维随机变量 $\{X, Y\}$ 的**概率分布**，或 X 和 Y 的**联合概率分布**. 按概率的定义，有

$$p_{ij}\geqslant 0, \qquad i,j=1,2,\cdots,$$

$$\sum_{i=1}^{\infty}\sum_{j=1}^{\infty}p_{ij}=1. \tag{3.1.3}$$

离散二维随机变量的概率分布与分布函数的关系是

$$F(x,y)=\sum_{\substack{x_i\leqslant x\\ y_j\leqslant y}}p_{ij}, \tag{3.1.4}$$

其中对一切满足 $x_i\leqslant x, y_j\leqslant y$ 的下标 i,j 求和.

与一维随机变量的概率密度的定义类似，对于连续二维随机变量 $\{X,Y\}$ 的分布函数 $F(x,y)$，如果存在非负的连续实函数 $f(x,y)$ 使

$$F(x,y)=\int_{y_{\min}}^{y}\int_{x_{\min}}^{x}f(u,v)\mathrm{d}u\mathrm{d}v, \tag{3.1.5}$$

成立，则称 $f(x,y)$ 是连续二维随机变量 $\{X,Y\}$ 的**概率密度(函数)**，它有如下性质：

(1) $f(x,y)$ 是非负函数，$f(x,y)\geqslant 0$.

(2) $\int_{\Omega_y}\int_{\Omega_x}f(x,y)\mathrm{d}x\mathrm{d}y=F(x_{\max},y_{\max})=1$. 即概率密度的归一性.

(3) $$f(x,y)=\frac{\partial^2 F(x,y)}{\partial x\partial y}. \tag{3.1.6}$$

(4) 随机变量 $\{X,Y\}$ 落在值域 Ω 的子域 Ω_0 内的概率为

$$P\{(X,Y)\in\Omega_0\}=\iint_{\Omega_0} f(x,y)\mathrm{d}x\mathrm{d}y. \tag{3.1.7}$$

二维随机变量$\{X,Y\}$的每一个分量 X，Y 也是随机变量，它们也有自己的分布函数. X的分布函数为

$$F_X(x)=P(X\leqslant x)=P(X\leqslant x,Y\leqslant y_{\max})=F(x,y_{\max}), \tag{3.1.8}$$

类似地，Y分布函数是

$$F_Y(y)=F(x_{\max},y). \tag{3.1.9}$$

$F_X(x)$ $(F_Y(y))$ 称为随机变量$\{X,Y\}$关于$X(Y)$的**边沿分布(函数)**.

对于离散二维随机变量，由式(3.1.4)、式(3.1.8)和式(3.1.9)，得

$$F_X(x)=\sum_{x_i\leqslant x}\sum_{j=1}^{\infty}p_{ij}\ ,$$

与式(2.2.7)比较可知，X的分布为

$$p_{i.}\equiv P(X=x_i)=\sum_{j=1}^{\infty}p_{ij},\qquad i=1,2,\cdots. \tag{3.1.10}$$

类似地有

$$p_{.j}\equiv P(Y=y_j)=\sum_{i=1}^{\infty}p_{ij},\qquad j=1,2,\cdots. \tag{3.1.11}$$

$p_{i.}$和$p_{.j}$称为离散二维随机变量$\{X,Y\}$关于X和Y的**边沿概率**.

对于连续二维随机变量$\{X,Y\}$，由关系式

$$F_X(x)=F(x,y_{\max})=\int_{x_{\min}}^{x}\left[\int_{\Omega_y} f(x,y)\mathrm{d}y\right]\mathrm{d}x$$
$$=\int_{x_{\min}}^{x} f_X(x)\mathrm{d}x$$

可知，随机变量X的概率密度是

$$f_X(x)=\int_{\Omega_y} f(x,y)\mathrm{d}y; \tag{3.1.12}$$

同理，随机变量Y的概率密度是

$$f_Y(y) = \int_{\Omega_x} f(x,y)\mathrm{d}x. \tag{3.1.13}$$

$f_X(x), f_Y(y)$ 称为二维随机变量 $\{X,Y\}$ 关于 X 和 Y 的**边沿概率密度**. 显然,

$$\frac{\mathrm{d}}{\mathrm{d}x}F_X(x) = f_X(x), \qquad \frac{\mathrm{d}}{\mathrm{d}y}F_Y(y) = f_Y(y). \tag{3.1.14}$$

现在我们来讨论两个随机变量相互独立的概念，在第二章中我们已经用到过它.

设二维随机变量 $\{X,Y\}$ 的分布函数和边沿分布分别为 $F(x,y)$ 和 $F_X(x)$，$F_Y(y)$，若

$$F(x,y) = F_X(x) \cdot F_Y(y) \tag{3.1.15}$$

成立，则称随机变量 X 和 Y **相互独立**.

对离散随机变量，X 和 Y 相互独立的条件(3.1.15)等价于

$$P(X = x_i, Y = y_j) = P(X = x_i) \cdot P(Y = y_j)\,, \qquad i, j = 1, 2, \cdots, \tag{3.1.16}$$

而对连续随机变量，相互独立的条件等价于

$$f(x,y) = f_X(x) \cdot f_Y(y). \tag{3.1.17}$$

3.2 条件概率分布

由条件概率自然引导我们考虑条件概率分布的概念.

设离散二维随机变量的概率分布为

$$P(X = x_i, Y = y_j) = p_{ij}, \qquad i, j = 1, 2, \cdots,$$

X,Y 对于 X 和 Y 的边沿概率由式(3.1.10)，式(3.1.11)表示. 现考察在事件 $Y = y_j$ 已发生的条件下，事件 $X = x_i$ 发生的概率 $P(X = x_i \mid Y = y_j)$，由条件概率公式(1.3.1)，可得

$$P(X = x_i \mid Y = y_j) = \frac{P(X = x_i, Y = y_j)}{P(Y = y_j)} = \frac{p_{ij}}{p_{\cdot j}}, \qquad i = 1, 2, \cdots. \tag{3.2.1}$$

$P(X = x_i \mid Y = y_j)$ 称为随机变量 X 在 $Y=y_j$ 条件下的**条件概率分布**；类似地，随机变量 Y 在 $X = x_i$ 条件下的条件概率分布为

$$P(Y=y_j \mid X=x_i)=\frac{p_{ij}}{p_{i\cdot}}, \qquad j=1,2,\cdots. \tag{3.2.2}$$

连续二维随机变量$\{X, Y\}$的条件概率分布用极限的方法来定义. 随机变量 X 在条件 $Y=y_j$ 下的**条件分布函数**定义为

$$\begin{aligned}
F(x\mid y) &\equiv P(X\leqslant x\mid Y=y)\\
&=\lim_{\varepsilon\to 0}P\left(X\leqslant x\mid y-\frac{\varepsilon}{2}<Y\leqslant y+\frac{\varepsilon}{2}\right)\\
&=\lim_{\varepsilon\to 0}\frac{P\left\{X\leqslant x,\left(y-\frac{\varepsilon}{2}\right)<Y\leqslant\left(y+\frac{\varepsilon}{2}\right)\right\}}{P\left\{\left(y-\frac{\varepsilon}{2}\right)<Y\leqslant\left(y+\frac{\varepsilon}{2}\right)\right\}}.
\end{aligned}$$

如果用二维随机变量的分布函数和概率密度来表示，则有

$$\begin{aligned}
F(x\mid y)&=\lim_{\varepsilon\to 0}\frac{F\left(x,y+\frac{\varepsilon}{2}\right)-F\left(x,y-\frac{\varepsilon}{2}\right)}{F_Y\left(y+\frac{\varepsilon}{2}\right)-F_Y\left(y-\frac{\varepsilon}{2}\right)}\\
&=\frac{\lim\limits_{\varepsilon\to 0}\left\{\left[F\left(x,y+\frac{\varepsilon}{2}\right)-F\left(x,y-\frac{\varepsilon}{2}\right)\right]\Big/\varepsilon\right\}}{\lim\limits_{\varepsilon\to 0}\left\{\left[F_Y\left(y+\frac{\varepsilon}{2}\right)-F_Y\left(y-\frac{\varepsilon}{2}\right)\right]\Big/\varepsilon\right\}}\\
&=\frac{\partial F(x,y)}{\partial y}\Big/\frac{\mathrm{d}}{\mathrm{d}y}F_Y(y)=\int_{x_{\min}}^{x}f(u,y)\mathrm{d}u\Big/f_Y(y)\\
&=\int_{x_{\min}}^{x}\frac{f(u,y)}{f_Y(y)}\mathrm{d}u.
\end{aligned}\tag{3.2.3}$$

由上式可知，条件 $Y=y$ 下随机变量 X 的**条件概率密度** $f(x\mid y)$ 为

$$f(x\mid y)=\frac{f(x,y)}{f_Y(y)}. \tag{3.2.4}$$

通过类似的推导，求得条件 $X=x$ 下随机变量 Y 的条件概率密度 $f(y\mid x)$ 为

$$f(y\mid x)=\frac{f(x,y)}{f_X(x)}. \tag{3.2.5}$$

利用条件概率密度，可以写出 X 落在小区间 $[x,x+\mathrm{d}x)$ 的条件下随机变量 Y 落

在小区间 $[y, y+\mathrm{d}y)$ 内的概率，以及随机变量 X 的相应表示，分别为

$$
\begin{aligned}
&P(y \leqslant Y < y+\mathrm{d}y \mid x \leqslant X < x+\mathrm{d}x) = f(y \mid x)\mathrm{d}y, \\
&P(x \leqslant X < x+\mathrm{d}x \mid y \leqslant Y < y+\mathrm{d}y) = f(x \mid y)\mathrm{d}x.
\end{aligned} \tag{3.2.6}
$$

还可以表示随机变量 X, Y 各自的边沿概率密度 $f_X(x)$ 和 $f_Y(y)$ 之间的相互联系

$$
\begin{aligned}
f_Y(y) &= \int_{\Omega_x} f(x,y)\mathrm{d}x = \int_{\Omega_x} f(y \mid x) f_X(x)\mathrm{d}x, \\
f_X(x) &= \int_{\Omega_y} f(x,y)\mathrm{d}y = \int_{\Omega_y} f(x \mid y) f_Y(y)\mathrm{d}y.
\end{aligned} \tag{3.2.7}
$$

当随机变量 X 和 Y 相互独立，由式(3.1.17)，式(3.2.4)和式(3.2.5)，得

$$
f(y \mid x) = f_Y(y), \qquad f(x \mid y) = f_X(x). \tag{3.2.8}
$$

这表明，在相互独立的两个随机变量之间，对于一个随机变量的约束不影响另一个随机变量的取值概率.

3.3　二维随机变量的数字特征

二维随机变量的数字特征可由一维随机变量数字特征定义的推广得到. 下面就连续二维随机变量进行讨论，但对离散二维随机变量有相同或对应的结果.

二维随机变量 $\{X,Y\}$ 的函数 $H(X,Y)$ 的期望值定义为

$$
E\{H(X,Y)\} = \int_{\Omega_y}\int_{\Omega_x} H(x,y) f(x,y)\mathrm{d}x\mathrm{d}y, \tag{3.3.1}
$$

$H(X,Y)$ 的方差为

$$
V\{H(X,Y)\} = E\{[H(X,Y) - E(H(X,Y))]^2\}. \tag{3.3.2}
$$

当选择 $H = X$ 和 $H = Y$ 时，得到 $E(X)$ 和 $E(Y)$ 的表达式

$$
E(X) = \int_{\Omega_y}\int_{\Omega_x} x f(x,y)\mathrm{d}x\mathrm{d}y, \tag{3.3.3}
$$

$$
E(Y) = \int_{\Omega_y}\int_{\Omega_x} y f(x,y)\mathrm{d}x\mathrm{d}y. \tag{3.3.4}
$$

当 $H(X,Y) = aX + bY, a, b$ 为常数，代入式(3.3.1)有

$$E(aX+bY)=\int_{\Omega_y}\int_{\Omega_x}(ax+by)f(x,y)\mathrm{d}x\mathrm{d}y$$
$$=aE(X)+bE(Y).$$

可见，对于二维随机变量，求任一随机变量期望值的运算也是线性运算. 这一原理可推广到任意多个随机变量线性组合的情形，即

$$E\left\{\sum_{i=1}^{n}a_iX_i\right\}=\sum_{i=1}^{n}a_iE(X_i). \tag{3.3.5}$$

选择 $H(X,Y)=X^lY^m, l,m$ 为非负整数，代入式(3.3.1)，求得该函数的期望值称为随机变量(X, Y)的 $\boldsymbol{l+m}$ **阶原点混合矩**，记为

$$\lambda_{lm}=E(X^lY^m), \tag{3.3.6}$$

特别有

$$\lambda_{00}=1,\qquad \lambda_{10}=E(X),\qquad \lambda_{01}=E(Y);$$
$$\lambda_{11}=E(XY)=\int_{\Omega_y}\int_{\Omega_x}xyf(x,y)\mathrm{d}x\mathrm{d}y.$$

若 X, Y 相互独立, 则 $f(x,y)=f_X(x)\cdot f_Y(y)$，从而

$$\begin{aligned}E(XY)&=\left[\int_{\Omega_x}xf_X(x)\mathrm{d}x\right]\cdot\left[\int_{\Omega_y}yf_Y(y)\mathrm{d}y\right]\\&=E(X)\cdot E(Y),\end{aligned} \tag{3.3.7}$$

即两个相互独立的随机变量乘积的数学期望等于它们各自的数学期望之积. 这一重要关系式在第二章中已经引用过. 该性质可推广到随机变量函数的情形. 设 X, Y 相互独立, 函数 $g(X,Y)$ 具有下面的形式:

$$g(X,Y)=U(X)\cdot V(Y),$$

则

$$\begin{aligned}E\{g(X,Y)\}&=\int_{\Omega_x}u(x)f_X(x)\mathrm{d}x\cdot\int_{\Omega_y}v(y)f_Y(y)\mathrm{d}y\\&=E[U(X)]\cdot E[V(Y)],\end{aligned} \tag{3.3.8}$$

而且 $U=U(X)$与 $V=V(Y)$也相互独立.

定义随机变量{X, Y}对于点 a, b 的 $\boldsymbol{l+m}$ **阶混合矩**为

$$\alpha_{lm} = E\{(X-a)^l (Y-b)^m\}, \tag{3.3.9}$$

其中 a,b 是常数. 特别重要的是随机变量 $\{X, Y\}$ 对于数学期望 $E(X) \equiv \mu_X$ 和 $E(Y) \equiv \mu_Y$ 的矩

$$\mu_{lm} = E\{(X-\mu_X)^l (Y-\mu_Y)^m\}, \tag{3.3.10}$$

称为 $\{X, Y\}$ 的 $\boldsymbol{l+m}$ **阶混合中心矩**. 容易求得

$$\begin{aligned} &\mu_{00} = \lambda_{00} = 1, \qquad \mu_{10} = \mu_{01} = 0, \\ &\mu_{11} = E\{(X-\mu_X)(Y-\mu_Y)\} \equiv \text{cov}(X,Y), \\ &\mu_{20} = E\{(X-\mu_X)^2\} = \sigma^2(X) = V(X), \\ &\mu_{02} = E\{(Y-\mu_Y)^2\} = \sigma^2(Y) = V(Y). \end{aligned} \tag{3.3.11}$$

其中 $\text{cov}(X,Y)$ 称为随机变量 X 和 Y 的**协方差**，写成明显的表达式是

$$\begin{aligned} \text{cov}(X,Y) &\equiv E\{[X-E(X)][Y-E(Y)]\} \\ &= E(XY) - E(X)E(Y) \\ &\quad - E(X)E(Y) + E(X)E(Y) \\ &= E(XY) - E(X)E(Y). \end{aligned} \tag{3.3.12}$$

当 X,Y 相互独立, 由式(3.3.7)可知,

$$\text{cov}(X,Y) = 0. \tag{3.3.13}$$

协方差有以下性质:

(1) $\text{cov}(X,Y) = \text{cov}(Y,X)$.

(2) $\text{cov}(aX,bY) = ab\,\text{cov}(X,Y), a,b$ 为常数.

(3) $\text{cov}(X_1+X_2,Y) = \text{cov}(X_1,Y) + \text{cov}(X_2,Y)$.

由式(3.3.12)随机变量 $\{X, Y\}$ 的协方差的定义可见，当 $x > E(X), y > E(Y)$ 同时出现和 $x < E(X), y < E(Y)$ 同时出现的概率比较大时， $\text{cov}(X,Y) > 0$；而当 $x > E(X), y < E(Y)$ 同时出现和 $x < E(X), y > E(Y)$ 同时出现的概率比较大时，$\text{cov}(X,Y) < 0$；协方差为 0 表示出现上述两种情形的概率大致相等. 图 3.1 直观地反映了这种关系.

随机变量 X 和 Y 的方差 $V(X), V(Y)$ 的表达式已由式(3.3.11)给出，现在求 X 和 Y 的线性函数 $aX+bY$ 的方差，其中 a,b 是常数

$$V(aX+bY)=E\{[(aX+bY)-E(aX+bY)]^2\}$$
$$=E\{[a(X-\mu_X)+b(Y-\mu_Y)]^2\}$$
$$=E\{a^2(X-\mu_X)^2+b^2(Y-\mu_Y)^2$$
$$+2ab(X-\mu_X)(Y-\mu_Y)\},$$

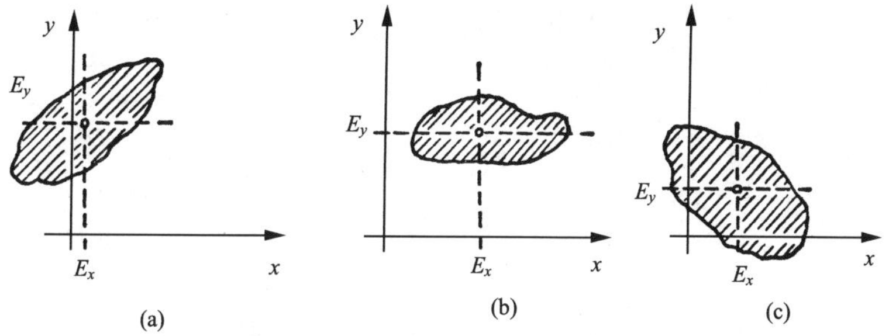

图 3.1　随机变量 X 和 Y 的协方差

(a) $\mathrm{cov}(X, Y)>0$; (b)$\mathrm{cov}(X, Y)\approx 0$; (c)$\mathrm{cov}(X, Y)<0$

将式(3.3.11)和式(3.3.12)代入，得

$$V(aX+bY)=a^2V(X)+b^2V(Y)+2ab\mathrm{cov}(X,Y). \tag{3.3.14}$$

可见，随机变量线性和的方差，不仅与系数和各随机变量的方差有关，而且与它们之间的协方差有关. 当 X,Y 相互独立，它们之间的协方差为 0，随机变量线性和的方差有如下的简单形式：

$$V(aX+bY)=a^2V(X)+b^2V(Y). \tag{3.3.15}$$

随机变量 X 和 Y 的**相关系数**或**标准协方差**定义为

$$\rho_{XY}\equiv\frac{\mathrm{cov}(X,Y)}{\sigma(X)\sigma(Y)}, \tag{3.3.16}$$

它是一个无量纲的数值，具有如下性质：

(1) $|\rho_{XY}|\leqslant 1$.

(2) $|\rho_{XY}|=1$ 的充分必要条件是 X 与 Y 线性相关，即可表示为 $Y=aX+b,a,b$ 为常数.

证明　这两个性质证明如下.

设 X, Y 为两个随机变量，随机变量 $\beta X+Y$ 的方差总是正值，故据式(3.3.14)，对任意 β 有

$$V(\beta X+Y)=\beta^2 V(X)+V(Y)+2\beta\mathrm{cov}(X,Y)\geqslant 0.$$

该式可视为参数 β 的二次方程，使该式成立的系数判别式为

$$[\mathrm{cov}(X,Y)]^2-V(X)V(Y)\leqslant 0, \tag{3.3.17}$$

于是有

$$\frac{[\mathrm{cov}(X,Y)]^2}{\sigma^2(X)\sigma^2(Y)}\leqslant 1, \qquad 即 |\rho_{XY}|\leqslant 1.$$

式(3.3.17)称为**施瓦茨(Schwarz)不等式**.

$|\rho_{XY}|=1$ 对应于 $V(\beta X+Y)=0$. 由方差的性质知，$V(Z)=0$ 的充要条件是 Z 为常数，故有 $\beta X+Y=b, b$ 为常数，此式可改写为 $Y=aX+b$，于是性质(1)，(2)得证.

当 $Y=aX+b$ 中的系数 $a>0$，则 $\rho_{XY}=+1; a<0$，则 $\rho_{XY}=-1$，它们分别称为随机变量 X 与 Y **完全正相关**和**完全负相关**；当 $\rho_{XY}=0,[\mathrm{cov}(X,Y)=0]$，则称 X 和 Y **互不相关**.

两个随机变量的相互独立性和不相关性是两个相互有联系但又不尽相同的概念. 相互独立的两个随机变量必定是互不相关的，但不相关的随机变量之间不一定相互独立.

我们举例说明这一点. 设随机变量 X 的概率密度 $f(x)$ 对于 $x=0$ 点为对称分布. 定义随机变量 $Y=X^2$，显然 Y 与 X 相互不独立，但相关系数却等于 0.

证明 由 $f(x)$ 对于 0 点为对称可知，$E(X)=0$, 又

$$E(Y)=\int_{-\infty}^{\infty} x^2 f(x)\mathrm{d}x=V(X),$$

$$E(X^3)=\int_{-\infty}^{\infty} x^3 f(x)\mathrm{d}x=\int_{-\infty}^{0} x^3 f(x)\mathrm{d}x+\int_{0}^{\infty} x^3 f(x)\mathrm{d}x,$$

在等式右边的第一项中作变换 $y=-x$，并注意由 $f(x)$ 对 0 点的对称性知，$f(y)=f(-y)$，可得

$$\begin{aligned}E(X^3)&=\int_{\infty}^{0} y^3 f(-y)\mathrm{d}y+\int_{0}^{\infty} x^3 f(x)\mathrm{d}x\\&=\int_{\infty}^{0} y^3 f(y)\mathrm{d}y+\int_{0}^{\infty} x^3 f(x)\mathrm{d}x=0.\end{aligned}$$

因此，

$$\begin{aligned}\operatorname{cov}(X,Y) &= E\{(X-E(X))(Y-E(Y))\}\\ &= E\{X[X^2-V(X)]\}\\ &= E\{X^3-X\cdot V(X)\}\\ &= E(X^3)-E(X)V(X)=0.\end{aligned}$$

证毕.

下面引入二维随机变量协方差矩阵的概念. 二维随机变量$\{X_1,X_2\}$共有四个二阶中心矩

$$\begin{aligned}V_{ij} &= \operatorname{cov}(X_i,X_j)\\ &= E\{[X_i-E(X_i)][X_j-E(X_j)]\}, \qquad i,j=1,2,\end{aligned} \tag{3.3.18}$$

排成矩阵的形式为

$$\underset{\sim}{V}=\begin{pmatrix} V_{11} & V_{12}\\ V_{21} & V_{22}\end{pmatrix}. \tag{3.3.19}$$

称为二维随机变量$\{X_1,X_2\}$的**协方差矩阵**，其对角元素V_{ii}是第i个分量的方差

$$V_{ii}=\operatorname{cov}(X_i,X_i)=V(X_i).$$

由协方差$\operatorname{cov}(X_1,X_2)$的对称性可知，

$$V_{ij}=V_{ji},$$

故二维随机变量的协方差矩阵是2×2对称矩阵.

从物理测量的观点来看，随机变量X_i通常代表某个被测的物理量，$(V_{ii})^{1/2}=\sigma(X_i)$是该物理量的(标准)误差，所以协方差矩阵也称为**误差矩阵**.

3.4　两个随机变量之和的分布，卷积公式

实验中测定的量往往是两个随机变量之和. 例如，用粒子位置探测器测量粒子反应中某种末态粒子的角分布，实际测定的是两个随机变量之和的分布，一个是描写粒子角分布的随机变量，一个是描写粒子位置探测器测定误差的随机变量. 又如测量某种粒子反应或衰变中产生的末态电子的能量，实际测定的是描写电子能谱的随机变量和描写仪器的能量测定误差的随机变量两者之和的分布.

2.5 节中已经提到，特征函数是处理随机变量求和问题的方便工具. 但直接利用随机变量的概率密度来处理有比较直观的好处，特别是对某些简单的分布，求

随机变量之和的分布并不困难.

设随机变量$\{X, Y\}$的概率密度为$f(x,y)$，则随机变量$Z=X+Y$的分布函数为

$$F_Z(z)=P(Z\leqslant z)=\iint\limits_{x+y\leqslant z} f(x,y)\mathrm{d}x\mathrm{d}y,$$

这里积分区域是直线$x+y=z$左边的半平面，如图 3.2 所示，所以有

$$F_Z(z)=\int_{\Omega_y}\left[\int_{x_{\min}}^{z-y} f(x,y)\mathrm{d}x\right]\mathrm{d}y,$$

求$F_Z(z)$对于z的导数，得到Z的概率密度

$$f_Z(z)=\frac{\mathrm{d}F_Z(z)}{\mathrm{d}z}=\int_{\Omega_y} f(z-y,y)\mathrm{d}y; \tag{3.4.1}$$

由X，Y的对称性，立即可得

$$f_Z(z)=\int_{\Omega_x} f(x,z-x)\mathrm{d}x. \tag{3.4.2}$$

特别当X，Y相互独立时，由式(3.1.17) $f(x,y)=f_X(x)\cdot f_Y(y)$知，

$$\begin{aligned} f_Z(z)&=\int_{\Omega_y} f_X(z-y)f_Y(y)\mathrm{d}y \\ &=\int_{\Omega_x} f_X(x)f_Y(z-x)\mathrm{d}x. \end{aligned} \tag{3.4.3}$$

该公式称为**卷积公式**，在实验测量的数据处理中经常用到.

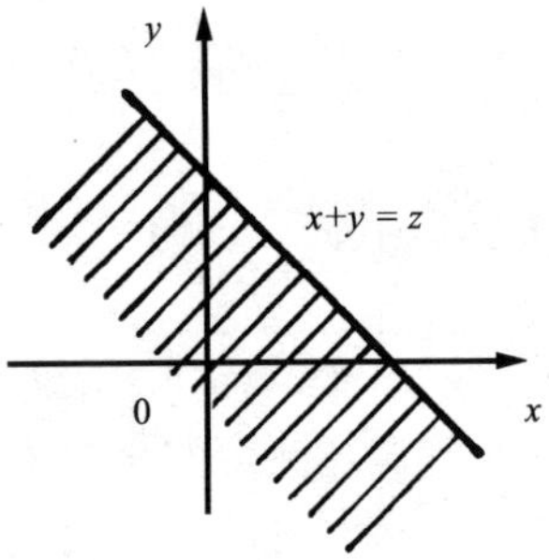

图 3.2

下面就X，Y的不同取值域给出相应的便于计算的公式.

(1) $0\leqslant X<\infty$，$-\infty<Y<\infty$.

因为$Y=Z-X$，当$X=x_{\min}=0$时，$Y=y_{\max}=z$，故由式(3.4.3)得

$$f_Z(z)=\int_{-\infty}^{z} f_X(z-y)f_Y(y)\mathrm{d}y. \tag{3.4.4}$$

(2) $0\leqslant X<\infty,\ \ 0\leqslant Y<\infty$，得

$$f_Z(z)=\int_0^z f_X(z-y)f_Y(y)\mathrm{d}y=\int_0^z f_X(x)f_Y(z-x)\mathrm{d}x. \tag{3.4.5}$$

(3) $x_{\min}\leqslant X<x_{\max},-\infty<Y<\infty$，得

$$f_Z(z)=\int_{x_{\min}}^{x_{\max}} f_X(x)f_Y(z-x)\mathrm{d}x. \tag{3.4.6}$$

(4) $x_{\min}\leqslant X<x_{\max},y_{\min}\leqslant Y<y_{\max}$，得

$$f_Z(z)=\int_{x'_{\min}}^{x'_{\max}} f_X(x)f_Y(z-x)\mathrm{d}x, \tag{3.4.7}$$

或

$$f_Z(z)=\int_{y'_{\min}}^{y'_{\max}} f_X(z-y)f_Y(y)\mathrm{d}y, \tag{3.4.8}$$

其中

$$\begin{aligned}x'_{\min}&=\max\{x_{\min},z-y_{\max}\},\\ x'_{\max}&=\min\{x_{\max},z-y_{\min}\};\end{aligned} \tag{3.4.9}$$

$$\begin{aligned}y'_{\min}&=\max\{y_{\min},z-x_{\max}\},\\ y'_{\max}&=\min\{y_{\max},z-x_{\min}\}.\end{aligned} \tag{3.4.10}$$

我们来证明其中的式(3.4.7). 由卷积公式知，在 $f_X(x)=0$ 或 $f_Y(z-x)=0$ 的区域对 $f_Z(z)$ 没有贡献，

$f_X(x)\neq 0$　　当 X 在区间 $[x_{\min},x_{\max}]$ 内；

$f_Y(z-x)\neq 0$　　当 $Y=Z-X$ 在区间 $[y_{\min},y_{\max}]$ 内；

即 X 在区间 $[z-y_{\max},z-y_{\min}]$ 内.

因此，$f_X(x)\cdot f_Y(z-x)$ 不为 0 的区间为 $[x'_{\min},x'_{\max}]$，$x'_{\min},x'_{\max}$ 如前面的表达式所示. 类似地，可导出式(3.4.8)的结果.

例 3.1　两个相互独立的[0，1]区间均匀分布的卷积

设 X，Y 是两个相互独立的[0，1]区间内的均匀分布随机变量，它们的概率密度函数为(见 4.7 节)

$$f_X(x)=f_Y(y)=1,\qquad 0\leqslant x,y\leqslant 1,$$

$$f_X(x)=f_Y(y)=0\ ,\qquad 其他.$$

要求的是 $Z=X+Y$ 的概率分布．显然，Z 的值域为[0，2]．由式(3.4.7)知

$$f_Z(z)=\int_{x'_{\min}}^{x'_{\max}} f_X(x)f_Y(z-x)\mathrm{d}x,$$

这一积分应分两个区间进行：

(i) $0\leqslant z<1$.

在这一区域中，按式(3.4.9)，积分上下限分别是

$$x'_{\min}=\max\{x_{\min},z-y_{\max}\}=\max\{0,z-1\}=0,$$
$$x'_{\max}=\min\{x_{\max},z-y_{\min}\}=\min\{1,z-0\}=z,$$

所以 Z 的概率密度

$$f_Z(z)=\int_0^z f_Y(z-x)\mathrm{d}x,$$

作变量代换 $v=z-x$,则有

$$f_Z(z)=-\int_z^0 f_Y(v)\mathrm{d}v=\int_0^z \mathrm{d}v=z.$$

(ii) $1\leqslant z<2$.

$$x'_{\min}=\max\{x_{\min},z-y_{\max}\}=\max\{0,z-1\}=z-1,$$
$$x'_{\max}=\min\{x_{\max},z-y_{\min}\}=\min\{1,z\}=1,$$

$$\begin{aligned}f_Z(z)&=\int_{z-1}^1 f_Y(z-x)\mathrm{d}x=\int_{z-1}^1 f_Y(v)\mathrm{d}v\\&=\int_{z-1}^1 \mathrm{d}v=2-z.\end{aligned}$$

所以 $Z=X+Y$ 的概率密度是

$$f_Z(z)=\begin{cases}z, & 0\leqslant z<1,\\ 2-z, & 1\leqslant z<2,\\ 0, & 其余.\end{cases}\tag{3.4.11}$$

该函数分布呈三角形，如图 3.3 所示．类似的推导可求得三个[0，1]区间均匀分布随机变量之和的概率密度

$$f_Z(z)=\begin{cases}\dfrac{z^2}{2}, & 0\leqslant z<1,\\ \dfrac{(-2z^2+6z-3)}{2}, & 1\leqslant z<2,\\ \dfrac{(z-3)^2}{2}, & 2\leqslant z<3,\\ 0, & \text{其余}.\end{cases} \tag{3.4.12}$$

它的图形也画在图 3.3 中.

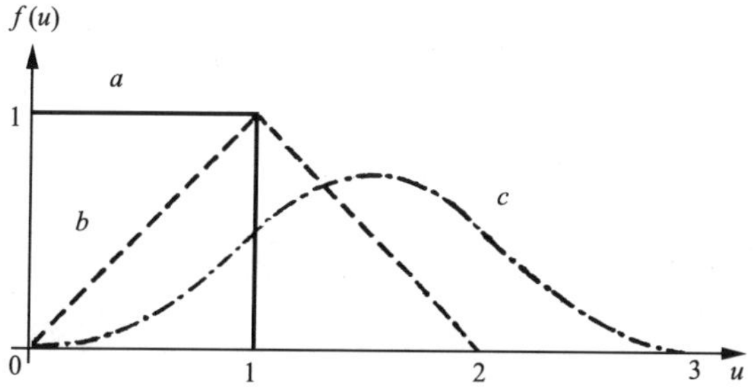

图 3.3　均匀分布的卷积

a: Z; b: $Z+Z$; c: $Z+Z+Z$

3.5　多维随机变量, 向量和矩阵记号

二维随机变量的许多性质都可以推广到 n 维随机变量的一般情形. 下面主要讨论连续型的多维随机变量, 离散的多维随机变量有相同或对应的结果.

n 维随机变量 $\{X_1, X_2, \cdots, X_n\}$ 的**(联合)分布函数**定义为

$$F(x_1, x_2, \cdots, x_n)=P(X_1\leqslant x_1, X_2\leqslant x_2, \cdots, X_n\leqslant x_n). \tag{3.5.1}$$

它有以下性质:

(1) $F(x_1, x_2, \cdots, x_n)$ 对于其每一个分量 X_i 都是单调非降函数, 即

$$F(x_1, \cdots, x_i^{(2)}, \cdots, x_n)\geqslant F(x_1, \cdots, x_i^{(1)}, \cdots, x_n)$$

$$\text{当 } x_i^{(2)}>x_i^{(1)}, i=1,2,\cdots,n.$$

(2) 对于任意 $x_1, x_2, \cdots, x_n$, 有

$$0\leqslant F(x_1, x_2, \cdots, x_n)\leqslant 1,$$

而且

$$F(-\infty,-\infty,\cdots,-\infty)=0, \quad F(\infty,\infty,\cdots,\infty)=1, \qquad i=1,2,\cdots,n.$$

如 2.2 节中所述，这里 $\pm\infty$ 实际上表示 n 维随机变量各分量值域 Ω_{x_i} 的上、下界 $x_{i\max}$ 和 $x_{i\min}$.

(3) $F(x_1,x_2,\cdots,x_n)$ 对其每一个分量 X_i 都是右连续的，即

$$F(x_1,\cdots,x_i,\cdots,x_n)=F(x_1,\cdots,x_i+0,\cdots,x_n), \qquad i=1,2,\cdots,n.$$

对于分布函数 $F(x_1,x_2,\cdots,x_n)$，如果存在非负的连续实函数 $f(x_1,x_2,\cdots,x_n)$ 使下式成立：

$$F(x_1,x_2,\cdots,x_n)=\int_{-\infty}^{x_1}\int_{-\infty}^{x_2}\cdots\int_{-\infty}^{x_n} f(x_1,x_2,\cdots,x_n)\mathrm{d}x_1\mathrm{d}x_2\cdots\mathrm{d}x_n, \tag{3.5.2}$$

则 $f(x_1,x_2,\cdots,x_n)$ 称为 n 维随机变量 $X_1,X_2,\cdots,X_n$ 的概率密度函数. 它具有如下性质：

(1) 对于任意一组 $x_1,x_2,\cdots,x_n$ 值，$f(x_1,x_2,\cdots,x_n)\geqslant 0$，即它是非负函数.

(2) $$\int_{-\infty}^{\infty}\int_{-\infty}^{\infty}\cdots\int_{-\infty}^{\infty} f(x_1,x_2,\cdots,x_n)\mathrm{d}x_1\mathrm{d}x_2\cdots\mathrm{d}x_n=F(\infty,\infty,\cdots,\infty)=1.$$

(3) $$f(x_1,x_2,\cdots,x_n)=\frac{\partial^n F(x_1,x_2,\cdots,x_n)}{\partial x_1\partial x_2\cdots\partial x_n}. \tag{3.5.3}$$

(4) 随机变量 $\{X_1,X_2,\cdots,X_n\}$ 落在其值域 Ω 中的子域 Ω_0 内的概率为

$$P\{(X_1,X_2,\cdots,X_n)\in\Omega_0\}=\iint\limits_{\Omega_0}\cdots\int f(x_1,x_2,\cdots,x_n)\mathrm{d}x_1\mathrm{d}x_2\cdots\mathrm{d}x_n. \tag{3.5.4}$$

n 维随机变量的每个分量 $X_i, i=1,2,\cdots,n$ 的分布函数，即**边沿分布函数**定义为

$$\begin{aligned}F_i(x_i)&\equiv P(X_i\leqslant x_i)=F(\infty,\infty,\cdots,x_i,\infty,\cdots,\infty)\\&=\int_{-\infty}^{x_i}\int_{-\infty}^{\infty}\cdots\int_{-\infty}^{\infty} f(x_1,x_2,\cdots,x_n)\mathrm{d}x_1\cdots\mathrm{d}x_{i-1}\mathrm{d}x_{i+1}\cdots\mathrm{d}x_n\mathrm{d}x_i.\end{aligned} \tag{3.5.5}$$

相应的**边沿概率密度**为

$$f_i(x_i)=\frac{\mathrm{d}}{\mathrm{d}x_i}F_i(x_i)$$
$$=\underbrace{\int_{-\infty}^{\infty}\cdots\int_{-\infty}^{\infty}}_{(n-1)\text{重}}f(x_1,x_2,\cdots,x_n)\mathrm{d}x_1\cdots\mathrm{d}x_{i-1}\mathrm{d}x_{i+1}\cdots\mathrm{d}x_n. \tag{3.5.6}$$

与此相仿，二维随机变量$\{X_i,X_j\},i\neq j,i,j=1,2,\cdots,n$的联合分布函数也称为$\{X_i,X_j\}$的边沿分布函数，定义为

$$F_{ij}(x_i,x_j)=P(X_i\leqslant x_i,Y_i\leqslant y_i)$$
$$=\int_{-\infty}^{x_i}\int_{-\infty}^{x_j}\int_{-\infty}^{\infty}\cdots\int_{-\infty}^{\infty}f(x_1,x_2,\cdots,x_n)$$
$$\times\mathrm{d}x_1\cdots\mathrm{d}x_{i-1}\mathrm{d}x_{i+1}\cdots\mathrm{d}x_{j-1}\mathrm{d}x_{j+1}\cdots\mathrm{d}x_n\mathrm{d}x_j\mathrm{d}x_i \tag{3.5.7}$$

$\{X_i,X_j\}$的边沿概率密度则为

$$f_{ij}(x_i,x_j)=\frac{\partial^2}{\partial x_i\partial x_j}F_{ij}(x_i,x_j). \tag{3.5.8}$$

随机变量$X_1,X_2,\cdots,X_n$之间相互独立的条件是

$$F(x_1,x_2,\cdots,x_n)=F_1(x_1)F_2(x_2)\cdots F_n(x_n),$$

或 (3.5.9)

$$f(x_1,x_2,\cdots,x_n)=f_1(x_1)f_2(x_2)\cdots f_n(x_n),$$

其中$f_i(x_i),i=1,2,\cdots,n$是式(3.5.6)所示的边沿概率密度.

若$X_1,X_2,\cdots,X_n$之间相互独立，则由式(3.5.7)~式(3.5.9)求得

$$f_{ij}(x_i,x_j)=f_i(x_i)\cdot f_j(x_j),\qquad i,j=1,2,\cdots,n. \tag{3.5.10}$$

即相互独立的随机变量$X_1,X_2,\cdots,X_n$之间两两相互独立.

与两维随机变量条件概率密度的定义(3.2.3)和式(3.2.4)相仿，在条件$X_i=x_i$下，n维随机变量$\{X_1,X_2,\cdots,X_n\}$的条件概率密度定义为

$$f(x_1,\cdots,x_{i-1},x_{i+1},\cdots,x_n\mid x_i)=\frac{f(x_1,x_2,\cdots,x_n)}{f_i(x_i)},\qquad i=1,2,\cdots,n, \tag{3.5.11}$$

这里x_i是一个固定值，故$f(x_1,\cdots,x_{i-1},x_{i+1},\cdots,x_n\mid x_i)$是其余变量$x_{j\neq i},j=1,2,\cdots,n$的函数.

现在讨论n维随机变量的数字特征.

设 $H(X_1, X_2, \cdots, X_n)$ 是随机变量 $X_1, X_2, \cdots, X_n$ 的函数，则 H 的期望值和方差分别为

$$E\{H(X_1, \cdots, X_n)\} = \int_{-\infty}^{\infty} \cdots \int_{-\infty}^{\infty} H(x_1, \cdots, x_n) f(x_1, \cdots, x_n) \mathrm{d}x_1 \cdots \mathrm{d}x_n, \tag{3.5.12}$$

$$\begin{aligned} V\{H(X_1, \cdots, X_n)\} = \int_{-\infty}^{\infty} \cdots \int_{-\infty}^{\infty} \{H(x_1, \cdots, x_n) \\ - E[H(X_1, \cdots, X_n)]\}^2 \cdot f(x_1, \cdots, x_n) \mathrm{d}x_1 \cdots \mathrm{d}x_n. \end{aligned} \tag{3.5.13}$$

利用条件概率的定义，还可定义条件期望值，如令

$$U = U(X_1, \cdots, X_n),$$

在 $X_i = x_i$ 条件下，函数 U 的条件期望值表示为

$$\begin{aligned} & E\{U(X_1, \cdots, X_{i-1}, X_{i+1}, \cdots, X_n \mid X_i)\} \\ & = \underbrace{\int_{-\infty}^{\infty} \cdots \int_{-\infty}^{\infty}}_{(n-1)\text{重}} u(x_1, \cdots, x_{i-1}, x_{i+1}, \cdots, x_n \mid x_i) f(x_1, \cdots, x_{i-1}, \\ & x_{i+1}, \cdots, x_n \mid x_i) \mathrm{d}x_1 \cdots \mathrm{d}x_{i-1} \mathrm{d}x_{i+1} \cdots \mathrm{d}x_n. \end{aligned} \tag{3.5.14}$$

当 $H = X_i$ 时，由式(3.5.13)得随机变量 X_i 的数学期望为

$$\begin{aligned} \mu_i = E(X_i) &= \int_{-\infty}^{\infty} \cdots \int_{-\infty}^{\infty} x_i f(x_1, \cdots, x_n) \mathrm{d}x_1 \cdots \mathrm{d}x_n \\ &= \int_{-\infty}^{\infty} x_i f_i(x_i) \mathrm{d}x_i, \qquad i = 1, 2, \cdots, n. \end{aligned} \tag{3.5.15}$$

当 $H = X_1^{l_1} X_2^{l_2} \cdots X_n^{l_n}$ 时，$l_1, l_2, \cdots, l_n$ 为正整数，H 的期望值

$$E\{x_1^{l_1} x_2^{l_2} \cdots x_n^{l_n}\} \equiv \lambda_{l_1 l_2 \cdots l_n} \tag{3.5.16}$$

称为随机变量 $\{X_1, X_2, \cdots, X_n\}$ 的 $l_1 + l_2 + \cdots + l_n$ 阶原点矩，各分量的数学期望可表示为

$$\begin{aligned} \lambda_{100\cdots0} &= E(X_1) = \mu_1, \\ \lambda_{010\cdots0} &= E(X_2) = \mu_2, \\ &\vdots \\ \lambda_{000\cdots1} &= E(X_n) = \mu_n. \end{aligned} \tag{3.5.17}$$

对于 $(\mu_1, \mu_2, \cdots, \mu_n)$ 的 $l_1 + l_2 + \cdots + l_n$ 阶中心矩定义为

$$\mu_{l_1 l_2 \cdots l_n} = E\{(X_1 - \mu_1)^{l_1} (X_2 - \mu_2)^{l_2} \cdots (X_n - \mu_n)^{l_n}\}, \tag{3.5.18}$$

随机变量 $X_1, X_2, \cdots, X_n$ 各分量的方差可表示为

$$\begin{aligned}
\mu_{200\cdots0} &= E\{(X_1-\mu_1)^2\} = V(X_1),\\
\mu_{020\cdots0} &= E\{(X_2-\mu_2)^2\} = V(X_2),\\
&\vdots\\
\mu_{000\cdots2} &= E\{(X_n-\mu_n)^2\} = V(X_n).
\end{aligned} \tag{3.5.19}$$

$V(X_i)$ 有如下的计算式:

$$V(X_i) = E(X_i^2) - [E(X_i)]^2 \tag{3.5.20}$$

对于多维随机变量，求期望值的运算也是线性运算，即下述关系式成立：

$$E = \left(\sum_{i=1}^{n} a_i X_i\right) = \sum_{i=1}^{n} a_i E(X_i), \qquad i = 1, 2, \cdots, n. \tag{3.5.21}$$

其中 a_i 为常数. 随机变量各分量的线性组合 $\sum_{i=1}^{n} a_i X_i$ 的方差公式为

$$V\left(\sum_{i=1}^{n} a_i X_i\right) = \sum_{i=1}^{n} a_i^2 V(X_i) + 2\sum_{i=1}^{n-1}\sum_{j=i+1}^{n} a_i a_j \operatorname{cov}(X_i, X_j), \tag{3.5.22}$$

其中

$$\begin{aligned}
\operatorname{cov}(X_i, X_j) &\equiv E\{(X_i-\mu_i)(X_j-\mu_j)\}\\
&= E(X_i, X_j) - E(X_i)E(X_j)\\
i \neq j,\ & i, j = 1, 2, \cdots, n,
\end{aligned} \tag{3.5.23}$$

称为随机变量 X_i 和 X_j 的协方差. 式(3.5.22)的证明如下：

$$\begin{aligned}
V\left(\sum_{i=1}^{n} a_i X_i\right) &= E\left\{\left[\sum_{i=1}^{n} a_i X_i - E\left(\sum_{i=1}^{n} a_i X_i\right)\right]^2\right\}\\
&= E\left\{\left(\sum_{i=1}^{n} a_i X_i - \sum_{i=1}^{n} a_i \mu_i\right)^2\right\} = E\left\{\left[\sum_{i=1}^{n} a_i (X_i-\mu_i)\right]^2\right\}\\
&= E\left\{\sum_{i=1}^{n} a_i^2 (X_i-\mu_i)^2 + \sum_{i\neq j} a_i a_j (X_i-\mu_i)(X_j-\mu_j)\right\}\\
&= \sum_{i} a_i^2 E\left\{(X_i-\mu_i)^2\right\} + \sum_{i\neq j} a_i a_j E\{(X_i-\mu_i)(X_j-\mu_j)\}\\
&= \sum_{i} a^2{}_i V(X_i) + \sum_{i\neq j} a_i a_j \operatorname{cov}(X_i, X_j).
\end{aligned}$$

注意到 $\mathrm{cov}(X_i, X_j) = \mathrm{cov}(X_j, X_i)$，故有

$$V\left(\sum_{i=1}^{n} a_i X_i\right) = \sum_{i=1}^{n} a_i^2 V(X_i) + 2\sum_{i=1}^{n-1}\sum_{j=i+1}^{n} a_i a_j \mathrm{cov}(X_i, X_j).$$

证毕.

当各随机变量 $X_1, X_2, \cdots, X_n$ 之间两两互不相关，方差公式简化为

$$V\left(\sum_{i=1}^{n} a_i X_i\right) = \sum_{i=1}^{n} a_i^2 V(X_i), \tag{3.5.24}$$

该性质称为**方差加法定理**.

与两维随机变量的情形相似，相关系数定义为

$$\rho_{ij} \equiv \rho_{ji} \equiv \rho(X_i, X_j) \equiv \frac{\mathrm{cov}(X_i, X_j)}{\sigma_i \sigma_j}, \qquad i, j = 1, 2, \cdots, n, \tag{3.5.25}$$

其中 $\sigma_i = [V(X_i)]^{1/2}$. 相关系数满足 $-1 \leqslant \rho_{ij} \leqslant 1$；当 $\rho_{ij} = +1\,(-1)$时，称随机变量 X_i 和 X_j 完全正(负)相关；$\rho_{ij} = 0$ 时，则 X_i, X_j 互不相关.

利用向量和矩阵记号，n 维随机变量的诸关系式可得到简练的表述. n 维随机变量 $\{X_1, X_2, \cdots, X_n\}$ 用 n 维空间中的向量记号 $\boldsymbol{X}$ 表示，$X_1, X_2, \cdots, X_n$ 是它的 n 个分量，$\boldsymbol{X}$ 的分布函数可写成

$$F(x_1, x_2, \cdots, x_n) \equiv F(\boldsymbol{x}),$$

相应地，概率密度是

$$f(\boldsymbol{x}) = \frac{\partial}{\partial \boldsymbol{x}} F(\boldsymbol{x}). \tag{3.5.26}$$

函数 $H(X_1, X_2, \cdots, X_n) \equiv H(\boldsymbol{X})$ 的期望值及方差分别为

$$E\{H(\boldsymbol{X})\} = \int H(\boldsymbol{x}) f(\boldsymbol{x}) \mathrm{d}\boldsymbol{x}, \tag{3.5.27}$$

$$V\{H(\boldsymbol{X})\} = \int \{H(\boldsymbol{x}) - E[H(\boldsymbol{x})]\}^2 f(\boldsymbol{x}) \mathrm{d}\boldsymbol{x}. \tag{3.5.28}$$

各分量的数学期望也可表示成向量形式

$$\begin{pmatrix} \mu_1 \\ \mu_2 \\ \vdots \\ \mu_n \end{pmatrix} = \boldsymbol{\mu}, \tag{3.5.29}$$

方差和协方差则表示成$n\times n$矩阵，称为协方差矩阵

$$\underset{\sim}{V} = \begin{pmatrix} V_{11} V_{12} \cdots V_{1n} \\ V_{21} V_{22} \cdots V_{2n} \\ \vdots \quad \vdots \quad \vdots \\ V_{n1} V_{n2} \cdots V_{nn}, \end{pmatrix}, \tag{3.5.30}$$

其中对角元素 V_{ii} 是 $\boldsymbol{X}$ 的第 i 个分量 X_i 的方差 $V(X_i), i=1,2,\cdots,n$, $V_{ij}\equiv V_{ji}\equiv \mathrm{cov}(X_i,X_j)$ 由式(3.5.23)计算，显然，协方差矩阵是对称矩阵. 引入行向量和列向量的概念：

行向量

$$\boldsymbol{X}^{\mathrm{T}} = (X_1, X_2, \cdots, X_n),$$

列向量

$$\boldsymbol{X} = \begin{pmatrix} X_1 \\ X_2 \\ \vdots \\ X_n \end{pmatrix},$$

则协方差矩阵可表示为

$$\underset{\sim}{V} = E\{(\boldsymbol{X}-\boldsymbol{\mu})(\boldsymbol{X}-\boldsymbol{\mu})^{\mathrm{T}}\}. \tag{3.5.31}$$

3.6　多维随机变量的联合特征函数

与一维随机变量的特征函数相类似，对多维随机变量可引入联合概率密度 $f(x_1,x_2,\cdots,x_n)$ 的联合特征函数 $\varphi(t_1,t_2,\cdots,t_n)$，其定义是

$$\varphi(t_1,t_2,\cdots,t_n)\equiv E\left[\mathrm{e}^{\mathrm{i}\sum_{j=1}^{n}t_jX_j}\right]$$

$$=\int_{-\infty}^{\infty}\int_{-\infty}^{\infty}\cdots\int_{-\infty}^{\infty}\mathrm{e}^{\mathrm{i}\sum_{j=1}^{n}t_jx_j}f(x_1,x_2,\cdots,x_n)\mathrm{d}x_1\mathrm{d}x_2\cdots\mathrm{d}x_n. \tag{3.6.1}$$

随机向量的联合特征函数有与一维随机变量特征函数相似的性质：

(1) $\varphi(0,0,\cdots,0)=E(\mathrm{e}^0)=1$.

(2) $|\varphi(t_1,t_2,\cdots,t_n)|\leqslant 1$.

(3) 随机变量$Y=\sum_{j=1}^{n}a_jX_j$ (a_j为常数)的特征函数为

$$\varphi_Y(t_1,t_2,\cdots,t_n)=E\left[\mathrm{e}^{\mathrm{i}\sum_{j=1}^{n}a_jt_jX_j}\right]=\varphi(a_1t_1,a_2t_2,\cdots,a_nt_n). \tag{3.6.2}$$

(4) 随机向量$\{a_1X_1+b_1,a_2X_2+b_2,\cdots,a_nX_n+b_n\}$ (a_j,b_j为常数)的特征函数为

$$\mathrm{e}^{\mathrm{i}\sum_{j=1}^{n}b_jt_j}\cdot\varphi(a_1t_1,a_2t_2,\cdots,a_nt_n). \tag{3.6.3}$$

(5) 若随机变量$X_1,X_2,\cdots,X_n$相互独立，它们的特征函数为$\varphi(t_1),\varphi(t_2),\cdots,\varphi(t_n)$，则$\boldsymbol{X}=(X_1,X_2,\cdots,X_n)^{\mathrm{T}}$的联合特征函数为

$$\varphi(t_1,t_2,\cdots,t_n)=\varphi(t_1)\varphi(t_2)\cdots\varphi(t_n), \tag{3.6.4}$$

即等于各分量特征函数之乘积. 反之，若式(3.6.4)成立，则各分量$X_1,X_2,\cdots,X_n$之间相互独立. 因此，该式是各随机变量之间相互独立的充要条件.

利用联合特征函数容易求得随机向量各个分量的任意阶原点矩和中心矩，其步骤与一维随机变量相类似(见2.5节). 为简单起见，以二维随机变量为例，它的特征函数依定义为

$$\varphi(t_1,t_2)=\int_{-\infty}^{\infty}\int_{-\infty}^{\infty}\mathrm{e}^{\mathrm{i}(t_1x_1+t_2x_2)}f(x_1,x_2)\mathrm{d}x_1\mathrm{d}x_2,$$

对t_1求导数，得

$$-i\frac{\partial\varphi(t_1,t_2)}{\partial t_1}=\int_{-\infty}^{\infty}\int_{-\infty}^{\infty}x_1\mathrm{e}^{\mathrm{i}(t_1x_1+t_2x_2)}f(x_1,x_2)\mathrm{d}x_1\mathrm{d}x_2,$$

上式中令 $t_1=t_2=0$，即得到 X_1 的数学期望

$$E(X_1)=-\mathrm{i}\left.\frac{\partial\varphi(t_1,t_2)}{\partial t_1}\right|_{t_1=t_2=0}.$$

对 t_1 求二阶导数，得 X_1^2 的期望值

$$E(X_1^2)=(-\mathrm{i})^2\left.\frac{\partial^2\varphi(t_1,t_2)}{\partial t_1}\right|_{t_1=t_2=0}.$$

以此类推，导出 X_1 和 X_2 的各阶原点矩的一般表达式

$$\lambda_n^{(1)}\equiv E(X_1^n)=(-\mathrm{i})^n\left.\frac{\partial^n\varphi(t_1,t_2)}{\partial t_1}\right|_{t_1=t_2=0},$$

$$\lambda_n^{(2)}\equiv E(X_2^n)=(-\mathrm{i})^n\left.\frac{\partial^n\varphi(t_1,t_2)}{\partial t_2}\right|_{t_1=t_2=0}.\tag{3.6.5}$$

对 t_1,t_2 求混合偏导数，可得混合原点矩

$$E(X_1X_2)=(-\mathrm{i})\cdot(-\mathrm{i})\left.\frac{\partial^2\varphi(t_1,t_2)}{\partial t_1\partial t_2}\right|_{t_1=t_2=0},$$

$$E(X_1^rX_2^s)=(-\mathrm{i})^{r+s}\left.\frac{\partial^{r+s}\varphi(t_1,t_2)}{\partial t_1^r\partial t_2^s}\right|_{t_1=t_2=0}.\tag{3.6.6}$$

引入随机变量 $Y_1=X_1-\mu_1$，其中 μ_1 是 X_1 的数学期望，由特征函数性质(3.6.3)知

$$\varphi_{X_1-\mu_1}(t_1,t_2)=\mathrm{e}^{-\mathrm{i}\mu_1t_1}\varphi(t_1,t_2),$$

因此随机变量 X_1 和 X_2 的 n 阶中心矩可表示为

$$\mu_n^{(1)}\equiv E\{(X_1-\mu_1)^n\}=\mathrm{i}^{-n}\left.\left\{\frac{\partial^n}{\partial t_1^n}[\mathrm{e}^{-\mathrm{i}\mu_1t_1}\varphi(t_1,t_2)]\right\}\right|_{t_1=t_2=0},$$

$$\mu_n^{(2)}\equiv E\{(X_2-\mu_2)^n\}=\mathrm{i}^{-n}\left.\left\{\frac{\partial^n}{\partial t_2^n}[\mathrm{e}^{-\mathrm{i}\mu_2t_2}\varphi(t_1,t_2)]\right\}\right|_{t_1=t_2=0}.\tag{3.6.7}$$

以上这些关系式可直接推广到 n 维随机变量的情形.

3.7 多维随机变量的函数的分布

第二章中已经提到，一维随机变量的连续实函数也是随机变量，并导出了从连续随机变量 X 的概率密度 $f(x)$ 求随机变量 $Y=Y(X)$ 概率密度 $g(y)$ 的公式. 现在推广到多维随机变量的一般情形.

首先考虑二维随机变量的函数,设二维随机变量$\{X, Y\}$的概率密度为 $f(x,y)$，二维随机变量$\{U, V\}$是$\{X, Y\}$的函数，即存在下列变换：

$$U=U(X,Y),V=V(X,Y). \tag{3.7.1}$$

如果该变换是一一对应的，$\{U, V\}$的反函数

$$x=x(u,v), \qquad y=y(u,v)$$

及偏导数$\frac{\partial x}{\partial u},\frac{\partial y}{\partial u},\frac{\partial x}{\partial v},\frac{\partial y}{\partial v}$存在并且唯一，而且雅可比行列式

$$J\left(\frac{x,y}{u,v}\right)=\frac{\partial(x,y)}{\partial(u,v)}=\begin{vmatrix}\frac{\partial x}{\partial u} & \frac{\partial y}{\partial u}\\ \frac{\partial x}{\partial v} & \frac{\partial y}{\partial v}\end{vmatrix}\neq 0, \tag{3.7.2}$$

则$\{U, V\}$的概率密度为

$$g(u,v)=f(x,y)\left|J\left(\frac{x,y}{u,v}\right)\right|. \tag{3.7.3}$$

雅可比行列式取绝对值是为了保证概率密度的非负性.

根据随机变量分布函数的归一性可知，

$$\iint_{\Omega} f(x,y)\mathrm{d}x\mathrm{d}y=1,$$

$$\iint_{\Omega'} g(u,v)\mathrm{d}u\mathrm{d}v=\iint_{\Omega'} f(x,y)\left|J\left(\frac{x,y}{u,v}\right)\right|\mathrm{d}u\mathrm{d}v=1,$$

其中 Ω 是随机变量$\{X, Y\}$的值域，Ω' 是 Ω 在 u,v 空间的映射，亦即$\{U, V\}$的值域.

如果函数$\{U, V\}$与随机变量$\{X, Y\}$不是一一对应的变换，方程组(3.7.1)有多组解 $x_i(u,v),y_i(u,v),i=1,2,\cdots$,则应对各组解求和

$$g(u,v)=\sum_i f(x_i,y_i)\left|J\left(\frac{x_i,y_i}{u,v}\right)\right|. \tag{3.7.4}$$

推广到n维随机变量的一般情形，若随机向量

$$\boldsymbol{X}=(X_1,X_2,\cdots,X_n)^{\mathrm{T}}$$

的概率密度为$f(\boldsymbol{x})$，随机向量$\boldsymbol{Y}=(Y_1,Y_2,\cdots,Y_n)^{\mathrm{T}}$是$\boldsymbol{X}$的函数，即

$$\begin{aligned}Y_1&=Y_1(X_1,X_2,\cdots,X_n),\\Y_2&=Y_2(X_1,X_2,\cdots,X_n),\\&\vdots\\Y_n&=Y_n(X_1,X_2,\cdots,X_n),\end{aligned} \tag{3.7.5}$$

则$\boldsymbol{Y}$的概率密度$g(\boldsymbol{y})$可表示为

$$g(\boldsymbol{y})=\Sigma f(\boldsymbol{x})\left|J\left(\frac{\boldsymbol{x}}{\boldsymbol{y}}\right)\right|, \tag{3.7.6}$$

其中符号Σ表示对方程组(3.7.5)的解

$$\begin{aligned}x_1&=x_1(y_1,y_2,\cdots,y_n),\\x_2&=x_2(y_1,y_2,\cdots,y_n),\\&\vdots\\x_n&=x_n(y_1,y_2,\cdots,y_n)\end{aligned}$$

的所有可能组合求和，雅可比行列式为

$$J\left(\frac{\boldsymbol{x}}{\boldsymbol{y}}\right)=J\left(\frac{x_1,x_2,\cdots,x_n}{y_1,y_2,\cdots,y_n}\right)=\begin{vmatrix}\dfrac{\partial x_1}{\partial y_1}&\dfrac{\partial x_2}{\partial y_1}\cdots&\dfrac{\partial x_n}{\partial y_1}\\\dfrac{\partial x_1}{\partial y_2}&\dfrac{\partial x_2}{\partial y_2}\cdots&\dfrac{\partial x_n}{\partial y_2}\\\vdots&\vdots&\vdots\\\dfrac{\partial x_1}{\partial y_n}&\dfrac{\partial x_2}{\partial y_n}\cdots&\dfrac{\partial x_n}{\partial y_n}\end{vmatrix} \tag{3.7.7}$$

例 3.2　达里兹图

考虑处于静止状态的粒子A(质量m)的三粒子衰变，

$$A \to 1+2+3.$$

各粒子的四动量分别记为 p_A, p_1, p_2, p_3. 粒子四动量定义为一个四维矢量 $p=(E, \mathrm{i}\boldsymbol{p})$，$E$ 为粒子能量，$\boldsymbol{p}$ 为粒子的动量. 粒子物理告诉我们，若干个粒子的四动量之和的平方称为这些粒子的不变质量(或有效质量)平方，

$$M^2 \equiv \left(\sum_j p_j\right)^2 = \left(\sum_j E_j\right)^2 - \left(\sum_j \boldsymbol{p}_j\right)^2. \tag{3.7.8}$$

它是洛伦兹变换下的不变量，即在不同的惯性系中 M^2 值不变. 利用不变质量平方可以描述三粒子衰变中各粒子能量、动量之间的关系，

$$\begin{aligned} M_{12}^2 &\equiv (p_1+p_2)^2 = m^2 + m_3^2 - 2mE_3, \\ M_{23}^2 &\equiv (p_2+p_3)^2 = m^2 + m_1^2 - 2mE_1, \\ M_{13}^2 &\equiv (p_1+p_3)^2 = m^2 + m_2^2 - 2mE_2. \end{aligned} \tag{3.7.9}$$

衰变的 M_{12}^2, M_{13}^2 可以用图形表示，以 M_{12}^2 和 M_{13}^2 作为两个坐标轴，平面上的每一个点表示一个衰变事例，如图 3.4 所示，这样的图形称为达里兹图(Dalitz plot)，衰变事例总是局限于一定区域 ω 之内，区域 ω 内的事例数的密度分布状况和区域 ω 的大小决定了衰变产物粒子 1，2，3 的能量、动量值及其相互关系. 在核物理和粒子物理中，达里兹图是描述粒子衰变或反应各运动学变量之间关系的常用方法.

粒子物理学预期，如果 A 衰变为粒子 1，2，3 通过某个中间亚稳态，即

$$\begin{aligned} A &\to B + 3 \\ &\quad \llcorner\!\!\longrightarrow 1+2, \end{aligned}$$

那么区域 ω 内事例数的密度分布是不均匀的，在某个 M_{12}^2 值附近出现密集区，该 M_{12}^2 与中间态 B 的质量相对应，利用这种方法很容易找到短寿命的粒子共振态. 例如，在图 3.4 中，$M_{12}^2=0.3$ 处点子很多，表明存在 $M_{12}=0.55\text{GeV}$ 的共振态，如果 A 不通过中间亚稳态直接衰变为粒子 1，2，3，反应仅由能量和动量守恒决定，描述这类反应的理论称为相空间模型，它预期在区域 ω 内事例数密度分布为一常数

$$f(M_{12}^2, M_{13}^2) = \pi^2 / 4m^2, \tag{3.7.10}$$

这种情形下，运动学变量 M_{12}^2, M_{13}^2 是随机变量. 也可以选择另外一对运动学变量作为随机变量，如 M_{12} 和 M_{13}. 根据式(3.7.2)，雅可比行列式为

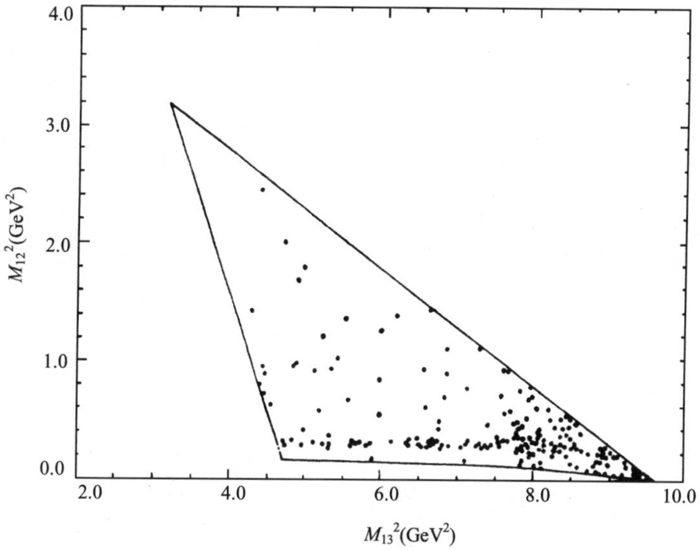

图 3.4　达里兹图

$M_{12}^2=0.3\mathrm{GeV}^2$ 处点子密集，即衰变事例很多

$$J\left(\frac{M_{12}^2,M_{13}^2}{M_{12},M_{13}}\right)=\begin{vmatrix}\dfrac{\partial M_{12}^2}{\partial M_{12}} & \dfrac{\partial M_{13}^2}{\partial M_{12}}\\ \dfrac{\partial M_{12}^2}{\partial M_{13}} & \dfrac{\partial M_{13}^2}{\partial M_{13}}\end{vmatrix}=\begin{vmatrix}2M_{12} & 0\\ 0 & 2M_{13}\end{vmatrix}=4M_{12}M_{13},$$

以 M_{12},M_{13} 为随机变量的概率密度，由式(3.7.3)知

$$g(M_{12},M_{13})=\left|J\left(\frac{M_{12}^2,M_{13}^2}{M_{12},M_{13}}\right)\right|f(M_{12}^2,M_{13}^2)$$
$$=\frac{\pi^2}{m^2}M_{12}M_{13}.$$

可见概率密度 $g(M_{12},M_{13})$ 不是常数，这表示相空间模型预期的结果用 M_{12}^2,M_{13}^2 作坐标轴来标绘比用 M_{12},M_{13} 作坐标轴来标绘要简明.

也可用末态粒子 2，3 的能量作为随机变量，这时雅可比行列式为

$$J\left(\frac{M_{12}^2,M_{13}^2}{E_2,E_3}\right)=\begin{vmatrix}0 & -2m\\ -2m & 0\end{vmatrix}=-4m^2,$$

相应的概率密度为

$$h(E_2,E_3)=|J|\cdot f(M_{12}^2,M_{13}^2)=\pi^2.$$

因此，用 E_2，E_3 作为坐标轴，相空间模型预期的事例数密度是常数.

3.8　线性变换和正交变换

我们经常遇到随机变量的线性函数，或称线性变换. 其原因首先是由于线性函数特别简单且易于处理；其次，许多其他变换可以用线性函数的泰勒展开作为近似，从而用线性函数来处理.

设随机向量 $\boldsymbol{Y}=(Y_1,Y_2,\cdots,Y_r)^{\mathrm{T}}$ 是随机向量 $\boldsymbol{X}=(X_1,X_2,\cdots,X_n)^{\mathrm{T}}$ 的线性函数，

$$\begin{aligned}
Y_1&=t_{11}X_1+t_{12}X_2+\cdots+t_{1n}X_n+a_1,\\
Y_2&=t_{21}X_1+t_{22}X_2+\cdots+t_{2n}X_n+a_2,\\
&\vdots\\
Y_r&=t_{r1}X_1+t_{r2}X_2+\cdots+t_{rn}X_n+a_r.
\end{aligned}\tag{3.8.1}$$

用矩阵的记号可写成

$$\boldsymbol{Y}=\underset{\sim}{T}\boldsymbol{X}+\boldsymbol{a},\tag{3.8.2}$$

其中 $\boldsymbol{Y},\boldsymbol{a}$ 是 r 个元素的列向量, $\boldsymbol{X}$ 是 n 个元素的列向量，$\underset{\sim}{T}$ 是 $r\times n$ 矩阵(变换矩阵).

$$\boldsymbol{Y}=\begin{pmatrix}Y_1\\Y_2\\\vdots\\Y_r\end{pmatrix},\quad \boldsymbol{a}=\begin{pmatrix}a_1\\a_2\\\vdots\\a_r\end{pmatrix},\quad \boldsymbol{X}=\begin{pmatrix}X_1\\X_2\\\vdots\\X_n\end{pmatrix},$$

$$\underset{\sim}{T}=\begin{pmatrix}t_{11}&t_{12}\cdots t_{1n}\\t_{21}&t_{22}\cdots t_{2n}\\\vdots&\vdots\quad\vdots\\t_{r1}&t_{r2}\cdots t_{rn}\end{pmatrix}.\tag{3.8.3}$$

由于求期望值的运算是线性运算(见式(3.5.21))，故 $\boldsymbol{Y}$ 的数学期望为

$$E(\boldsymbol{Y})=\boldsymbol{\mu}(\boldsymbol{Y})=\underset{\sim}{T}\boldsymbol{\mu}(\boldsymbol{X})+\boldsymbol{a}.\tag{3.8.4}$$

$\boldsymbol{Y}$ 的协方差矩阵根据式(3.5.31)有

$$\begin{aligned}\underset{\sim}{V}(\boldsymbol{Y}) &= E\{[\boldsymbol{Y}-\boldsymbol{\mu}(\boldsymbol{Y})][\boldsymbol{Y}-\boldsymbol{\mu}(\boldsymbol{Y})]^{\mathrm{T}}\} \\ &= E\{[\underset{\sim}{T}\boldsymbol{X}+\boldsymbol{a}-\underset{\sim}{T}\boldsymbol{\mu}(\boldsymbol{X})-\boldsymbol{a}][\underset{\sim}{T}\boldsymbol{X}+a-\underset{\sim}{T}\boldsymbol{\mu}(\boldsymbol{x})-\boldsymbol{a}]^{\mathrm{T}}\} \\ &= E\{\underset{\sim}{T}[\boldsymbol{X}-\boldsymbol{\mu}(\boldsymbol{X})][\boldsymbol{X}-\boldsymbol{\mu}(\boldsymbol{X})]^{\mathrm{T}}\underset{\sim}{T}^{\mathrm{T}}\} \\ &= \underset{\sim}{T}E\{[\boldsymbol{X}-\boldsymbol{\mu}(\boldsymbol{X})][\boldsymbol{X}-\boldsymbol{\mu}(\boldsymbol{X})]^{\mathrm{T}}\}\underset{\sim}{T}^{\mathrm{T}},\end{aligned}$$

注意到$E\{(\boldsymbol{X}-\boldsymbol{\mu}(\boldsymbol{X}))(\boldsymbol{X}-\boldsymbol{\mu}(\boldsymbol{X}))^{\mathrm{T}}\}$恰好是随机向量$\boldsymbol{X}$的协方差矩阵，因此，

$$\underset{\sim}{V}(\boldsymbol{Y}) = \underset{\sim}{T}\underset{\sim}{V}(\boldsymbol{X})\underset{\sim}{T}^{\mathrm{T}}. \tag{3.8.5}$$

$\underset{\sim}{V}(\boldsymbol{Y})$是一个$r\times r$对称矩阵，它的元素

$$V_{kl}(\boldsymbol{Y}) = \operatorname{cov}(Y_k, Y_l), \qquad k,l=1,2,\cdots,r$$

是随机向量$\boldsymbol{Y}$的第k和第l个分量之间的协方差，写成明显的表达式

$$V_{kl}(\boldsymbol{Y}) = \sum_{i=1}^{n}\sum_{j=1}^{n} t_{ki}t_{lj}V_{ij}(\boldsymbol{X}), \qquad k,l=1,2,\cdots,r, \tag{3.8.6}$$

其中$V_{ij}(\boldsymbol{X})$是随机向量$\boldsymbol{X}$的协方差矩阵的i行j列元素．注意到$\underset{\sim}{V}(\boldsymbol{X})$的对称性，上式可改写为

$$V_{kl}(\boldsymbol{Y}) = \sum_{i=1}^{n} t_{ki}^2 V_{ii}(\boldsymbol{X}) + 2\sum_{i<j,j=2}^{n} t_{ki}t_{lj}V_{ij}(\boldsymbol{X}), \qquad k,l=1,2,\cdots,r. \tag{3.8.7}$$

随机向量$\boldsymbol{Y}$的各分量$Y_1,Y_2,\cdots,Y_r$的方差等于协方差矩阵$\underset{\sim}{V}(\boldsymbol{Y})$的各对角项$V_{kk}(\boldsymbol{Y}),k=1,2,\cdots,r$.一般情况下，对角项$V_{kk}(\boldsymbol{Y})$将包含变量$\boldsymbol{X}$的协方差项$V_{ij}(\boldsymbol{X})$，

$$V_{kk}(\boldsymbol{Y}) = \sum_{i=1}^{n}\sum_{j=1}^{n} t_{ki}t_{kj}V_{ij}(\boldsymbol{X}),$$

或

$$V_{kk}(\boldsymbol{Y}) = \sum_{i=1}^{n} t_{ki}^2 V_{ii}(\boldsymbol{X}) + 2\sum_{i<j,j=2}^{n} t_{ki}t_{kj}V_{ij}(\boldsymbol{X}), \qquad k=1,2,\cdots,r. \tag{3.8.8}$$

如果$X_1,X_2,\cdots,X_n$相互独立，则上式简化为

$$V_{kk}(\boldsymbol{Y}) = \sum_{i=1}^{n} t_{ki}^2 V_{ii}(\boldsymbol{X}), \qquad k=1,2,\cdots,r. \tag{3.8.9}$$

应当强调，在$X_1,X_2,\cdots,X_n$相互独立的情况下，函数$\boldsymbol{Y}$的协方差矩阵$\underset{\sim}{V}(\boldsymbol{Y})$仍然有不等于0的非对角项.

现在讨论一种特殊的线性变换．考虑 n 维随机向量 $\boldsymbol{X}$ 的如下变换：

$$\begin{cases} Y_1 = r_{11}X_1 + r_{12}X_2 + \cdots + r_{1n}X_n, \\ Y_2 = r_{21}X_1 + r_{22}X_2 + \cdots + r_{2n}X_n, \\ \vdots \\ Y_n = r_{n1}X_1 + r_{n2}X_2 + \cdots + r_{nn}X_n, \end{cases}$$

写成矩阵形式为

$$\boldsymbol{Y} = \underset{\sim}{R}\boldsymbol{X}, \tag{3.8.10}$$

其中 $\underset{\sim}{R}$ 是 $n \times n$ 方阵．进一步设上述变换使随机向量 $\boldsymbol{X}$ 的模不变，即

$$\boldsymbol{Y}^2 = \sum_{i=1}^{n} Y_i^2 = \boldsymbol{X}^2 = \sum_{i=1}^{n} X_i^2, \tag{3.8.11}$$

利用矩阵运算上式，可写为

$$\boldsymbol{Y}^{\mathrm{T}}\boldsymbol{Y} = (\underset{\sim}{R}\boldsymbol{X})^{\mathrm{T}}(\underset{\sim}{R}\boldsymbol{X}) = \boldsymbol{X}^{\mathrm{T}}\underset{\sim}{R}^{\mathrm{T}}\underset{\sim}{R}\boldsymbol{X} = \boldsymbol{X}^{\mathrm{T}}\boldsymbol{X},$$

这就要求

$$\underset{\sim}{R}^{\mathrm{T}}\underset{\sim}{R} = \underset{\sim}{I}, \tag{3.8.12}$$

$\underset{\sim}{I}$ 是 $n \times n$ 单位矩阵．写成分量的形式，上式等价于

$$\sum_{i=1}^{n} r_{ik}r_{il} = \delta_{kl} = \begin{cases} 0, & 当 l \neq k \\ 1, & 当 l = k. \end{cases} \tag{3.8.13}$$

满足上述条件的变换 $\underset{\sim}{R}$ 称为**正交变换**.

考察变换 $\underset{\sim}{R}$ 的行列式

$$D = \begin{vmatrix} r_{11} & r_{12} \cdots r_{1n} \\ r_{21} & r_{22} \cdots r_{2n} \\ \vdots & \vdots \quad \vdots \\ r_{n1} & r_{n2} \cdots r_{nn} \end{vmatrix},$$

利用式(3.8.13)的关系，得到

$$D^2=\begin{vmatrix}1 & 0 & 0\cdots 0\\ 0 & 1 & 0 \quad \vdots\\ 0 & 0 & 1 \\ & & \ddots \\ 0 & & \cdots \quad 1\end{vmatrix},$$

即 $D=\pm 1$．D 就是变换式(3.8.10)的雅可比行列式，

$$J\left(\frac{\boldsymbol{Y}}{\boldsymbol{X}}\right)=\pm 1. \tag{3.8.14}$$

将等式(3.8.10)两边左乘 $\underset{\sim}{R}^{\mathrm{T}}$，则得

$$\underset{\sim}{R}^{\mathrm{T}}\boldsymbol{Y}=\underset{\sim}{R}^{\mathrm{T}}\underset{\sim}{R}\boldsymbol{X}=\boldsymbol{X}, \tag{3.8.15}$$

而由式(3.8.10)有 $\boldsymbol{X}=\underset{\sim}{R}^{-1}\boldsymbol{Y}, \underset{\sim}{R}^{-1}$ 是 $\underset{\sim}{R}$ 的逆变换，比较以上两式，即知

$$\underset{\sim}{R}^{-1}=\underset{\sim}{R}^{\mathrm{T}}, \tag{3.8.16}$$

即正交变换的逆变换矩阵等于变换矩阵的转置 $\underset{\sim}{R}^{\mathrm{T}}$.

3.9　误差传播公式

我们从比较简单的情形开始讨论．设 n 个直接测定值可由 n 维随机向量 $\boldsymbol{X}=(X_1,X_2,\cdots,X_n)^{\mathrm{T}}$ 的各个分量表示，其测量误差则由 $\boldsymbol{X}$ 的协方差矩阵 $\underset{\sim}{V}(\boldsymbol{X})$ 表示．现在要求 $\boldsymbol{X}$ 的函数 $Y=Y(\boldsymbol{X})$ (间接测定量)的方差.

假定 $\boldsymbol{X}=(X_1,X_2,\cdots,X_n)^{\mathrm{T}}$ 的测定误差是小量，这时近似地有

$$E\{Y(\boldsymbol{X})\}\approx Y(\boldsymbol{\mu}), \tag{3.9.1}$$

其中 $\boldsymbol{\mu}=(\mu,\mu,\cdots,\mu_n)^{\mathrm{T}}$，$\mu_i$ 是 X_i 的期望值．利用式(2.4.22)可求出 Y 的方差

$$V(Y)=E\{[Y(\boldsymbol{X})-E(Y(\boldsymbol{X}))]^2\}\approx E\{[Y(\boldsymbol{X})-Y(\boldsymbol{\mu})]^2\}. \tag{3.9.2}$$

将函数 $Y(\boldsymbol{X})$ 在 $\boldsymbol{\mu}$ 附近作泰勒展开

$$Y(\boldsymbol{X})\approx Y(\boldsymbol{\mu})+\sum_{i=1}^{n}(X_i-\mu_i)\left.\frac{\partial Y}{\partial X_i}\right|_{X=\boldsymbol{\mu}}+\text{高次项}, \tag{3.9.3}$$

略去高次项，代入式(3.9.2)，得

$$V[Y(\boldsymbol{X})] \approx \sum_{i=1}^{n}\sum_{j=1}^{n}\left(\frac{\partial Y}{\partial X_i}\cdot\frac{\partial Y}{\partial X_j}\right)_{\boldsymbol{X}=\boldsymbol{\mu}} \cdot E[(X_i-\mu_i)(X_j-\mu_j)]$$
$$= \sum_{i=1}^{n}\sum_{j=1}^{n}\left(\frac{\partial Y}{\partial X_i}\cdot\frac{\partial Y}{\partial X_j}\right)_{\boldsymbol{X}=\boldsymbol{\mu}} \cdot V_{ij}(\boldsymbol{X}). \tag{3.9.4}$$

由于协方差矩阵 $\underset{\sim}{V}(\boldsymbol{X})$ 是对称矩阵，上式也可写成

$$V[Y(\boldsymbol{X})] \approx \sum_{i=1}^{n}\left(\frac{\partial Y}{\partial X_i}\right)^2_{\boldsymbol{X}=\boldsymbol{\mu}} \cdot V_{ii}(\boldsymbol{X})$$
$$+2\sum_{i<j,j=2}^{n}\left(\frac{\partial Y}{\partial X_i}\cdot\frac{\partial Y}{\partial X_j}\right)_{\boldsymbol{X}=\boldsymbol{\mu}} \cdot V_{ij}(\boldsymbol{X}). \tag{3.9.5}$$

式(3.9.4)和式(3.9.5)就是误差传播公式. 一般情形下，它只是近似地正确，因为在推导过程中略去了高次项，但当 Y 是 $\boldsymbol{X}$ 的线性函数时，泰勒展开式中一阶以上的导数都为 0，故误差传播公式是严格正确的.

如果 $X_1, X_2, \cdots, X_n$ 相互独立，那么 $\underset{\sim}{V}(\boldsymbol{X})$ 中的所有非对角项等于 0，于是式(3.9.5)变成

$$V(Y) \approx \sum_{i=1}^{n}\left(\frac{\partial Y}{\partial X_i}\right)^2_{\boldsymbol{X}=\boldsymbol{\mu}} V_{ii}(\boldsymbol{X}) = \sum_{i=1}^{n}\left(\frac{\partial Y}{\partial X_i}\right)^2_{\boldsymbol{X}=\boldsymbol{\mu}} \sigma_i^2(X_i), \tag{3.9.6}$$

即函数 $Y(\boldsymbol{X})$ 的方差等于各变量 X_i 的方差的线性和.

现在讨论更一般的情况：设 m 个间接测定量可用直接测定值矢量 $\boldsymbol{X}$ 的函数 $\boldsymbol{Y} = (Y_1, Y_2, \cdots, Y_m)^{\mathrm{T}}$ 表示

$$Y_k = Y_k(X_1, X_2, \cdots, X_n) = Y_k(\boldsymbol{X}), \qquad k = 1, 2, \cdots, m. \tag{3.9.7}$$

在 $\boldsymbol{X}$ 的数学期望 $\boldsymbol{\mu}$ 附近对 Y_k 作泰勒展开

$$Y_k(\boldsymbol{X}) = Y_k(\boldsymbol{\mu}) + \sum_{i=1}^{n}(X_i-\mu_i)\left.\frac{\partial Y_k}{\partial X_i}\right|_{\boldsymbol{X}=\boldsymbol{\mu}} + \text{高次项}, \qquad k = 1, 2, \cdots, m, \tag{3.9.8}$$

当 $\boldsymbol{X}$ 的测定误差是小量时，则有

$$E(Y_k(\boldsymbol{X})) \approx Y_k(\boldsymbol{\mu}). \tag{3.9.9}$$

利用协方差的定义(3.5.23)知，$Y_k(\boldsymbol{X})$ 与 $Y_l(\boldsymbol{X})$ 之间的协方差为

$$V_{kl}(\boldsymbol{Y})=E\{(Y_k(\boldsymbol{X})-E[Y_k(\boldsymbol{X})])(Y_l(\boldsymbol{X})-E[Y_l(\boldsymbol{X})])\},$$

将式(3.9.8)略去高次项后代入上式，得

$$\begin{aligned}V_{kl}(\boldsymbol{Y})&\approx\sum_{i=1}^{n}\sum_{j=1}^{n}\left(\frac{\partial Y_k}{\partial X_i}\cdot\frac{\partial Y_l}{\partial X_j}\right)_{\boldsymbol{X}=\boldsymbol{\mu}}E[(X_i-\mu_i)(X_j-\mu_j)]\\&=\sum_{i=1}^{n}\sum_{j=1}^{n}\left(\frac{\partial Y_k}{\partial X_i}\cdot\frac{\partial Y_l}{\partial X_j}\right)_{\boldsymbol{X}=\boldsymbol{\mu}}V_{ij}(\boldsymbol{X}),\qquad k,l=1,2,\cdots,m.\end{aligned}\tag{3.9.10}$$

注意到$\underset{\sim}{V}(\boldsymbol{X})$是一对称矩阵，上式也可改写为

$$\begin{aligned}Y_{kl}(\boldsymbol{Y})\approx&\sum_{i=1}^{n}\left(\frac{\partial Y_k}{\partial X_i}\right)^2_{\boldsymbol{X}=\boldsymbol{\mu}}V_{ii}(\boldsymbol{X})\\&+2\sum_{i<j,j=2}^{n}\left(\frac{\partial Y_k}{\partial X_i}\cdot\frac{\partial Y_l}{\partial X_j}\right)_{\boldsymbol{X}=\boldsymbol{\mu}}V_{ij}(\boldsymbol{X}),\qquad k,l=1,2,\cdots,m.\end{aligned}\tag{3.9.11}$$

$V_{kl}(\boldsymbol{Y})$确定了函数 $\boldsymbol{Y}$ 的协方差矩阵$\underset{\sim}{V}(\boldsymbol{Y})$．式(3.9.10)和式(3.9.11)是**一般形式的误差传播公式**，是数据处理中误差计算的基本关系式．$\boldsymbol{Y}=\{Y_1,Y_2,\cdots,Y_m\}$各分量$Y_k$的方差等于$\underset{\sim}{V}(\boldsymbol{Y})$的各对角项$V_{kk}(\boldsymbol{Y})$．一般情况下，对角项$V_{kk}(\boldsymbol{Y})$将包含变量$\boldsymbol{X}$的协方差项$V_{ij}(\boldsymbol{X})$．

$$\begin{aligned}V_{kk}(\boldsymbol{Y})\approx&\sum_{i=1}^{n}\sum_{j=1}^{n}\left(\frac{\partial Y_k}{\partial X_i}\cdot\frac{\partial Y_k}{\partial X_j}\right)_{\boldsymbol{X}=\boldsymbol{\mu}}V_{ij}(\boldsymbol{X})=\sum_{i=1}^{n}\left(\frac{\partial Y_k}{\partial X_i}\right)^2_{\boldsymbol{X}=\boldsymbol{\mu}}V_{ii}(\boldsymbol{X})\\&+2\sum_{i<j,j=2}^{n}\left(\frac{\partial Y_k}{\partial X_i}\cdot\frac{\partial Y_k}{\partial X_j}\right)_{\boldsymbol{X}=\boldsymbol{\mu}}V_{ij}(\boldsymbol{X}),\qquad k=1,2,\cdots,m.\end{aligned}\tag{3.9.12}$$

如果$X_1,X_2,\cdots,X_n$相互独立，则上式简化为

$$V_{kk}(\boldsymbol{Y})=\sum_{i=1}^{n}\left(\frac{\partial Y_k}{\partial X_i}\right)^2_{\boldsymbol{X}=\boldsymbol{\mu}}V_{ii}(\boldsymbol{X})=\sum_{i=1}^{n}\left(\frac{\partial Y_k}{\partial X_i}\right)^2_{\boldsymbol{X}=\boldsymbol{\mu}}\sigma_i^2(X_i),\qquad k=1,2,\cdots,m.\tag{3.9.13}$$

但即使$X_1,X_2,\cdots,X_n$相互独立，函数$\boldsymbol{Y}(\boldsymbol{X})$的协方差矩阵$\underset{\sim}{V}(\boldsymbol{Y})$仍有非 0 的非对角项．

协方差矩阵$\underset{\sim}{V}(\boldsymbol{Y})$可写成简明的矩阵形式．令$m\times n$阶偏导数矩阵$S$为

$$\underset{\sim}{S}=\begin{pmatrix}\frac{\partial Y_1}{\partial X_1}\frac{\partial Y_1}{\partial X_2}\cdots\frac{\partial Y_1}{\partial X_n}\\ \frac{\partial Y_2}{\partial X_1}\frac{\partial Y_2}{\partial X_2}\cdots\frac{\partial Y_2}{\partial X_n}\\ \vdots\quad\vdots\quad\vdots\\ \frac{\partial Y_m}{\partial X_1}\frac{\partial Y_m}{\partial X_2}\cdots\frac{\partial Y_m}{\partial X_n}\end{pmatrix}_{X=\mu}, \tag{3.9.14}$$

即矩阵元素为

$$S_{ki}=\left(\frac{\partial Y_k}{\partial X_i}\right)_{X=\mu},\qquad k=1,2,\cdots,m,i=1,2,\cdots,n,$$

则式(3.9.10)成为

$$V_{kl}(Y)\approx\sum_{i=1}^{n}\sum_{j=1}^{n}S_{ki}V_{ij}(\boldsymbol{X})S_{lj},$$

或

$$\underset{\sim}{V}(\boldsymbol{Y})=\underset{\sim}{S}\underset{\sim}{V}(\boldsymbol{X})\underset{\sim}{S}^{\mathrm{T}}, \tag{3.9.15}$$

其中$\underset{\sim}{V}(\boldsymbol{Y})$是$m\times m$阶方阵，$\underset{\sim}{V}(\boldsymbol{X})$是$n\times n$阶方阵.

应当强调指出，计算协方差矩阵$\underset{\sim}{V}(Y)$的所有公式都应取$\boldsymbol{X}=\boldsymbol{\mu}$($\boldsymbol{\mu}$为$\boldsymbol{X}$的期望值)处的值. 从实验测量的角度而言，$\boldsymbol{\mu}$是未知的，实际计算时可用$\boldsymbol{X}$的某组实际测量值$(x_1,x_2,\cdots,x_n)^{\mathrm{T}}$或$\boldsymbol{X}$的估计值作为近似.

下面列出几种经常遇到的变量变换下的误差传播公式. 下面各式中，a,b为正常数，x和y是随机变量 X 和 Y 的测量值，U 是 X，Y 的函数$U=U(X,Y)$，$u=u(x,y)$.

(1) 加减$U=aX\pm bY$,

$$\sigma^2(U)=a^2\sigma_X^2+b^2\sigma_Y^2\pm 2ab\operatorname{cov}(X,Y).$$

(2) 乘除$U=\pm aXY$,

$$\frac{\sigma^2(U)}{u^2}=\frac{\sigma_X^2}{x^2}+\frac{\sigma_Y^2}{y^2}+\frac{2\operatorname{cov}(X,Y)}{xy}.$$

$$U=\pm\frac{aX}{Y},\qquad\frac{\sigma^2(U)}{u^2}=\frac{\sigma_X^2}{x^2}+\frac{\sigma_Y^2}{y^2}-\frac{2\operatorname{cov}(X,Y)}{xy}.$$

(3) 乘幂$U=aX^{\pm b},\sigma(U)/u=b\sigma_X/x$.

(4) 指数$U = ae^{\pm bX}, \sigma(U)/u = b\sigma_X$；

$$U = a^{\pm bX}，可改写为U = (e^{\ln a})^{\pm bX} = e^{\pm(b\ln a)X},$$

与上式对比，得

$$\sigma(U)/u = (b\ln a)\sigma_X.$$

(5) 对数$U = a\ln(\pm bX), \sigma(U) = a\sigma_X / X$.

例 3.3　放射性测量的误差

设一放射源在时刻t的衰变率为$A_t = A_0 e^{-t/\tau}$，A_0是$t=0$时的衰变率，平均寿命$\tau = 5$天，$A_0 = 1000$计数/秒. $t = 20$天时，$A_t = A_0 e^{-t/\tau} \approx 18.3$计数/秒. 问：

① t的测定误差$\sigma_t = 1$小时，求$A(t)$的误差(A_0的测定误差可以忽略)；

② 求衰变率下降到$A_{t'} = 10$计数/秒的时刻t'，如果衰变率的容许误差为$\sigma_{At^1} = 1$计数/秒，对应的容许时间误差多大？

解　① 根据第(4)种情形

$$\begin{aligned}\sigma_{At} &= A_t \cdot \frac{1}{\tau}\sigma_t = 18.3\text{计数/秒}\times 1\text{ 小时/5 天}\\ &= 0.15\text{ 计数/秒}.\end{aligned}$$

② 由$A_{t'} = A_0 e^{-t'/\tau}$求得

$$t' = -\tau\ln(A_{t'}/A_0) = -5\text{ 天}\times\ln\left(\frac{10}{1000}\right) \approx 23\text{ 天}.$$

对应的时间误差由第(5)种情况的公式求得

$$\sigma_{t'} = \frac{-\tau\sigma_{At'}}{At'} = \frac{-5\text{天}\times 1\text{计数/秒}}{10\text{计数/秒}} =- 0.5\text{ 天}.$$

例 3.4　直角坐标测定值和极坐标测定值间的误差转换

在极坐标系中，平面上任一点的位置由半径和极角表示. 假定用某种仪器独立地测量平面上某个点P的半径r和极角φ，测量的标准误差分别为σ_r和σ_φ，用概率的语言，这等价于用R，Φ两个相互独立的随机变量描述测量结果.

极坐标值可以方便地转换为直角坐标值

$$X = R\cos\Phi, \qquad Y = R\sin\Phi.$$

显然，X，Y 也是随机变量．由$\{X, Y\}$构成的随机向量 $\boldsymbol{Z}$ 和 $\{R,\Phi\}$ 构成的随机向量 $\boldsymbol{U}$ 的协方差矩阵之间的关系由误差传播公式给出

$$\underset{\sim}{V}(\boldsymbol{Z})=\begin{pmatrix} V_{xx} & V_{xy} \\ V_{yx} & V_{yy} \end{pmatrix}=\underset{\sim}{S}\underset{\sim}{V}(\boldsymbol{U})\underset{\sim}{S}^{\mathrm{T}},$$

其中

$$\underset{\sim}{V}(\boldsymbol{U})=\begin{pmatrix} \sigma_r^2 & 0 \\ 0 & \sigma_\varphi^2 \end{pmatrix},$$

$$\underset{\sim}{S}=\begin{pmatrix} \dfrac{\partial x}{\partial r} & \dfrac{\partial x}{\partial \varphi} \\ \dfrac{\partial y}{\partial r} & \dfrac{\partial y}{\partial \varphi} \end{pmatrix}=\begin{pmatrix} \cos\varphi & -r\sin\varphi \\ \sin\varphi & r\cos\varphi \end{pmatrix}.$$

容易求得

$$\begin{cases} V_{xx}=\sigma_r^2\cos^2\varphi+\sigma_\varphi^2 r^2\sin^2\varphi, \\ V_{yy}=\sigma_r^2\sin^2\varphi+\sigma_\varphi^2 r^2\cos^2\varphi, \\ V_{xy}=V_{yx}=(\sigma_r^2-\sigma_\varphi^2 r^2)\sin\varphi\cos\varphi. \end{cases}$$

由于$\underset{\sim}{V}(\boldsymbol{Z})$的非对角项不等于 0，随机变量 X，Y 不是相互独立的．

反之，当对 P 点的 x,y 坐标作相互独立的测量时，测量标准误差为 σ_x,σ_y，用类似的步骤可求出相应的矩阵 $\underset{\sim}{S}'$ 和极坐标 r,φ 的协方差，

$$\begin{cases} V_{rr}=\left(x^2\sigma_x^2+y^2\sigma_y^2\right)\Big/\left(x^2+y^2\right), \\ V_{\varphi\varphi}=\left(y^2\sigma_x^2+x^2\sigma_y^2\right)\Big/\left(x^2+y^2\right)^2, \\ V_{r\varphi}=V_{\varphi r}=\left(\sigma_y^2-\sigma_x^2\right)\cdot\dfrac{xy}{\left(x^2+y^2\right)^{3/2}}; \end{cases}$$

$$\begin{cases} r=\left(x^2+y^2\right)^{1/2},\varphi=\arctan(y/x); \\ \underset{\sim}{S}'=\begin{pmatrix} \dfrac{\partial r}{\partial x} & \dfrac{\partial r}{\partial y} \\ \dfrac{\partial \varphi}{\partial x} & \dfrac{\partial \varphi}{\partial y} \end{pmatrix}=\begin{pmatrix} \dfrac{x}{r} & \dfrac{y}{r} \\ \dfrac{-y}{r^2} & \dfrac{x}{r^2} \end{pmatrix}. \end{cases}$$

第四章　一些重要的概率分布

第二、第三两章我们讨论了随机变量及其分布的一般性质，它们普遍适用而不依赖于分布的特定形式. 本章将讨论在概率统计计算和实验数据的整理、分析中经常用到的一些重要的概率分布，以及它们各自特有的性质. 前六节介绍几种离散分布，然后讨论重要的连续分布. 在实验测量中测到的“实验分布”往往与理想的概率分布相接近，但又存在一些差别，本章最后一节将论述处理这类实验分布的一些方法.

4.1　伯努利分布和二项分布

设随机试验可能的结果只有两种：A 表示“成功”；$\overline{A}$ 表示“失败”. 出现事件 A 和 $\overline{A}$ 的概率分别为 $P(A)=p, P(\overline{A})=1-p\equiv q$, 这样的一次随机试验称为**伯努利试验**.

用随机变量 X 表示伯努利实验的结果，X=1 表示成功，X=0 表示失败，于是 X 的概率分布为

$$P(X=1)=p, \qquad P(X=0)=1-p, \qquad 0<p<1,$$

或记为

$$P(X=r)=p^r(1-p)^{1-r}, \qquad r=0,1,\ 0<p<1. \tag{4.1.1}$$

称随机变量 X 服从**伯努利分布**或**(0,1)分布**. 显然，式(4.1.1)满足离散随机变量概率分布的定义式(2.2.6).

根据定义，伯努利分布的均值和方差为

$$\boldsymbol{E}(X)=\sum_{i=1}^{2}x_i p_i=1\cdot p+0\cdot(1-p)=p, \tag{4.1.2}$$

$$\boldsymbol{V}(X)=\sum_{i=1}^{2}\left[x_i-E(X)\right]^2 p_i=(1-p)^2\cdot p+(-p)^2\cdot(1-p)=p(1-p). \tag{4.1.3}$$

伯努利分布是最简单的离散分布，它可以描写样本空间只包含两个元素的任何随机试验，如前面多次提到的投硬币试验.

独立地进行 n 次伯努利试验(称为 n 重伯努利试验)，事件 A 的发生次数 r 可

为 0 到 n 之间的任一个正整数，因此，r 是一个随机变量，它可以视为 n 个伯努利分布随机变量之和

$$r = X_1 + X_2 + \cdots + X_n. \tag{4.1.4}$$

计算表明，事件 A 发生 r 次 $(0 \leqslant r \leqslant n)$ 的概率等于

$$B(r;n,p) = \binom{n}{r} p^r (1-p)^{n-r}, \qquad r = 0,1,\cdots,n. \tag{4.1.5}$$

其中 p 是一次伯努利试验中出现事件 A 的概率. 由于 $B(r;n,p)$ 的表达式恰好是二项式 $(q+p)^n$ 的展开式

$$\begin{aligned}(q+p)^n &= \binom{n}{0} q^n + \binom{n}{1} pq^{n-1} + \binom{n}{2} p^2 q^{n-2} + \cdots + \binom{n}{n} p^n \\ &= B(0;n,p) + B(1;n,p) + B(2;n,p) + \cdots + B(n;n,p)\end{aligned}$$

中的第 r+1 项，故上述概率分布称为参数 n，p 的**二项分布**. 当 n=1，二项分布的概率表达式简化为

$$B(r;1,p) = p^r (1-p)^{1-r}, \qquad r = 0,1,$$

这正是伯努利分布.

根据式(4.1.5)，显然有

$$B(r;n,p) \geqslant 0, \qquad r = 0,1,2,\cdots,n,$$

$$\sum_{r=0}^{n} B(r;n,p) = \sum_{r=0}^{n} \binom{n}{r} p^r (1-p)^{n-r} = \left[p + (1-p)\right]^n = 1,$$

即满足离散随机变量概率分布的定义式(2.2.6).

二项分布有性质

$$B(r;n,p) = B(n-r;n,1-p). \tag{4.1.6}$$

证明　因为

$$\binom{n}{n-r} = \frac{n!}{r!(n-r)!} = \binom{n}{r},$$

故有

$$B(n-r;n,1-p)=\binom{n}{n-r}(1-p)^{n-r}\left[1-(1-p)\right]^{n-(n-r)}=\binom{n}{r}(1-p)^{n-r}p^r=B(r;n,p).$$

式(4.1.6)得证.

现在考察二项分布 $B(r;n,p)$ 随 r 变化的情况. 由于

$$\begin{aligned}&B(0;n,p)=q^n,\\&\frac{B(r;n,p)}{B(r-1;n,p)}=\frac{n-r+1}{r}\cdot\frac{p}{q}=1+\frac{(n+1)p-r}{rq},\end{aligned} \tag{4.1.7}$$

故当

$r<(n+1)p$ 时，　$B(r;n,p)>B(r-1;n,p)$;

$r=(n+1)p$ 时，　$B(r;n,p)=B(r-1;n,p)$;

$r>(n+1)p$ 时，　$B(r;n,p)<B(r-1;n,p)$.

由于 r 只取 0 或正整数，而 $(n+1)p$ 不一定是正整数，所以存在正整数 m，满足

$$(n+1)p-1<m\leqslant(n+1)p.$$

这时，$r=0\to m$ 时 $B(r;\ n,\ p)$单调上升，$r=m$ 时达到极大，然后单调下降；若 $(n+1)p=m$，则 $B(m;n,p)=B(m-1;n,p)$，同时达到概率分布的极大值.

根据递推关系式(4.1.7)很容易从某个已知的二项概率值 $B(r;\ n,\ p)$计算大于 r 的二项概率值，这通常比直接从式(4.1.5)计算要简单.

累积二项分布定义为

$$F(x;n,p)=\sum_{r=0}^{x}B(r;n,p),\qquad x=0,1,\cdots,n. \tag{4.1.8}$$

它有下述性质：

$$F(x;n,p)=1-F(n-x-1;n,1-p),\qquad 0\leqslant x\leqslant n-1. \tag{4.1.9}$$

因为

$$\begin{aligned}F(x;n,p)&=\sum_{r=0}^{x}B(r;n,p)=\sum_{r=0}^{x}B(n-r;n,1-p)\\&=\sum_{n-r=n-x}^{n}B(n-r;n,1-p)\\&=\sum_{n-r=0}^{n}B(n-r;n,1-p)-\sum_{n-r=0}^{n-x-1}B(n-r;n,1-p)\\&=1-F(n-x-1;n,1-p),\end{aligned}$$

上式得证.

附表 1 给出 p 从 0.01 到 0.50 的 11 种不同值，$n = 1,2,\cdots,20,25,30$ 对应的二项分布概率，附表 2 则给出相应的累积二项分布的数值. 对于 $p>0.5$ 的情形，二项分布和累积二项分布可由式(4.1.6)和式(4.1.9)并查阅附表 1，附表 2 得到.

当 $p=q=0.5$ 时，二项分布是对称的；否则是不对称的. 图 4.1 是 $p=0.2$, 0.5; $n=5,10,20$ 的二项分布的图形. 当 n 增大时，图形变得较为对称.

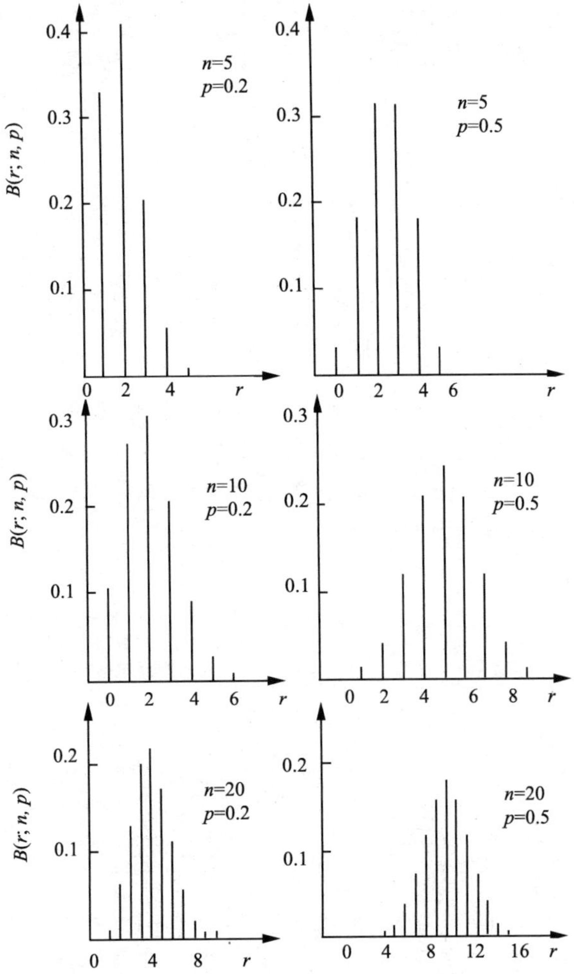

图 4.1　不同参数值 n, p 的二项分布

现在来求二项分布的数字特征. 由于二项分布随机变量是 n 个独立的伯努利分布之和，由后者的均值和方差以及独立随机变量和的均值和方差公式(见 2.4 节)，立即有

$$\mu \equiv E(r) = np, \qquad V(r) = np(1-p). \tag{4.1.10}$$

二项分布的偏度系数和峰度系数按定义(2.4.24)和式(2.4.25)，可得

$$\gamma_1 = \frac{1-2p}{[np(1-p)]^{\frac{1}{2}}}, \qquad \gamma_2 = \frac{1-6p(1-p)}{np(1-p)}.$$

从γ_1和γ_2的表达式可见，当p=0.5 时，$\gamma_1 = 0$, 即分布对于极大值为对称；当p<0.5 时，$\gamma_1 > 0$, 这表示二项分布的图形在右端有长的“尾巴”(见 2.4 节的讨论)；反之，若p>0.5，二项分布的左端有长的尾巴. 当$n \to \infty, \gamma_1, \gamma_2 \to 0$时，这表示在$n \to \infty$的极限情形下，二项分布趋近于正态分布，均值$np$,方差$npq$(见 4.10 节).

二项分布的概率母函数按定义(2.6.1)为

$$G(Z) = \sum_r Z^r \binom{n}{r} p^r q^{n-r} = (Zp+q)^n. \tag{4.1.11}$$

在n次独立的伯努利试验中，量r/n表示试验“成功”的相对比例，显然，它也是随机变量，其均值和方差分别是

$$E\left(\frac{r}{n}\right) = \frac{1}{n}E(r) = p,$$

$$V\left(\frac{r}{n}\right) = \frac{1}{n^2}V(r) = p(1-p)/n. \tag{4.1.12}$$

二项分布中的参数p(一次伯努利试验中出现事件A的概率)往往是未知的,须由实验来确定. 当试验次数n足够大，事件出现次数为r时，事件出现的频率近似于事件的概率，即

$$\frac{r}{n} \approx p \qquad \text{或} \qquad r \approx np. \tag{4.1.13}$$

r的方差由式(4.1.10)知

$$V(r) = np(1-p) \approx r\left(1 - \frac{r}{n}\right).$$

下面通过几个具体例子来说明二项分布的应用.

例 4.1　探测器的探测效率

有一类实验只测定一定种类的事例的出现概率，实验结果只有两种：或者是

出现这类事例(成功)，或者是不出现这类事例(失败). 实验只是对成功次数作计数，称为计数实验，显然，成功次数服从二项分布. 例如，用探测器对粒子作计数，当一个粒子穿过探测器时，测量结果只可能是记到一次计数，或者没记到计数，没有其他可能. 这样，n 个粒子穿过探测器时，探测器记到 r 次计数的概率由二项分布描述.

一个粒子穿过探测器时得到一次计数的概率称为探测效率ε，显然它就等于二项分布的参数 p. 事实上 ε 是依靠有限次测量确定的，即 $\varepsilon = r/n$. 当 n 足够大，$\varepsilon \approx p$. 有限次测量确定的 ε 是有误差的，由式(4.1.12)知 ε 的方差为

$$V(\varepsilon) = V\left(\frac{r}{n}\right) = \frac{p(1-p)}{n} \approx \frac{\varepsilon(1-\varepsilon)}{n},$$

所以探测效率的误差(标准偏差)为

$$\sigma_\varepsilon \approx \sqrt{\frac{\varepsilon(1-\varepsilon)}{n}} = \sqrt{\frac{r}{n^2}\left(1-\frac{r}{n}\right)}.$$

σ_ε 有如下性质：$\varepsilon = 0.5$ 时，σ_ε 达到极大值 $0.5/\sqrt{n}$；σ_ε 对于 $\varepsilon = 0.5$ 为对称分布；当 ε 接近 0 或 1 时，σ_ε 达到极小. 为了能实验地测定 ε，探测器计数 r 最小需等于 1，即 $\varepsilon_{\min} = 1/n$，此时

$$\sigma_{\varepsilon_{\min}} = \sigma_{\varepsilon=\frac{1}{n}} \approx \frac{1}{n}.$$

探测效率的相对误差则为

$$R = \frac{\sigma_\varepsilon}{\varepsilon} = \frac{1}{\sqrt{n}}\sqrt{\frac{1-\varepsilon}{\varepsilon}}.$$

当 $\varepsilon = \varepsilon_{\min} \approx 1/n, R = R_{\max} \approx 1$；随着 ε 的增大 R 迅速下降.

例 4.2　粒子反应产物的前后不对称性(1)

一对相对飞行的高能正负电子对撞时，产生下述粒子反应：

$$\mathrm{e}^+ + \mathrm{e}^- \to \mu^+ + \mu^-.$$

末态 $\mu^+\mu^-$ 粒子方向相反，μ^+ 与 e^+ 之间的夹角 θ (称为极角)是一随机变量. θ 落在 $(0,\pi/2)$ 区间内的事例称为前向事例，落在 $(\pi/2,\pi)$ 区间内称为后向事例(图 4.2). 设共测量了 N 个 $\mathrm{e}^+\mathrm{e}^- \to \mu^+\mu^-$ 事例，其中前向事例数和后向事例数分别

记为 F 和 B，$F+B=N$，前后不对称性 r 定义为

$$r=\frac{F-B}{F+B},$$

求 r 的数学期望和方差.

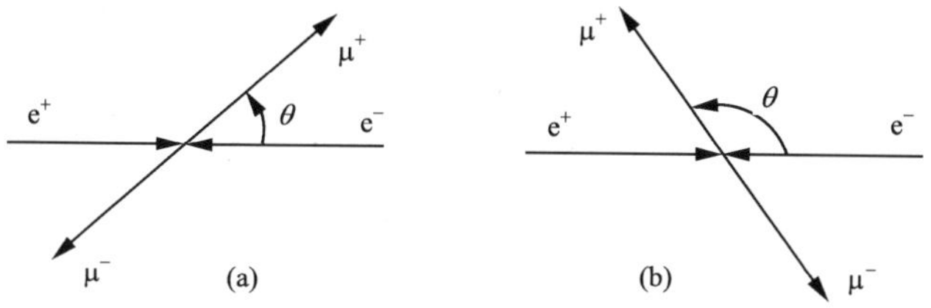

图 4.2　$e^+e^-\to\mu^+\mu^-$ 反应中的前向事例(a)和后向事例(b)

$e^+e^-\to\mu^+\mu^-$ 反应中前向事例和后向事例数之间的比例是由该反应的物理规律(反应截面的角分布)确定的，但对于单个事例，究竟是前向事例还是后向事例却是随机的. 由于事例只有两种可能结果，又作了 N 次独立的测量，所以前向事例数 F 服从参数 N ，p 的二项分布，p 为一次 $e^+e^-\to\mu^+\mu^-$ 事例是前向事例的概率，在 N 个 $e^+e^-\to\mu^+\mu^-$ 事例中出现 F 次前向事例的概率为

$$\binom{N}{F}p^F(1-p)^B,\qquad B=N-F.$$

于是不对称性 $r=\dfrac{F-B}{F+B}=\dfrac{F-N-F}{N}=\dfrac{2}{N}F-1$. 显然 r 也是一个随机变量，它的数学期望和方差等于

$$E(r)=E\left(\frac{2}{N}F\right)-E(1)=\frac{2}{N}\cdot Np-1=2p-1;$$

$$V(r)=V\left(\frac{2}{N}F-1\right)=V\left(\frac{2}{N}F\right)$$

$$=\frac{4}{N^2}V(F)=\frac{4p(1-p)}{N}.$$

当测量事例数 N 足够大，一次试验中前向事例的出现概率 p 可用频率 F/N 作为近似，所以

$$E(r) \approx \frac{2}{N}F - 1 = \frac{F-B}{F+B},$$

$$V(r) \approx \frac{1}{N} \cdot \frac{4F}{N} \cdot \frac{B}{N} = \frac{4FB}{N^3},$$

$$\sigma(r) \approx \frac{2}{N}\sqrt{\frac{FB}{N}}.$$

$\sigma(r)$是随机变量r的标准差. 由$\sigma(r)$的表达式可以求得$\sigma(r)$达到一定精度所要求收集的事例数；或者反过来，由收集到的事例数求出前后不对称性的标准误差.

例 4.3　试验次数的确定

在一次随机试验中，事例A出现的概率为p,为了使事例A至少出现一次的概率等于α，问至少需作多少次这样的随机试验?

设X是N次试验中事例A出现的次数，则X服从参数N，p的二项分布. 本例的问题归结为找到一个N值，使$P(X \geqslant 1) \geqslant \alpha$,亦即

$$1 - P(X=0) \geqslant \alpha, \qquad P(X=0) \leqslant 1-\alpha.$$

由二项分布的概率可知

$$P(X=0) = \binom{N}{0} p^0 (1-p)^N = (1-p)^N,$$

所以应有$(1-p)^N \leqslant 1-\alpha$,考虑到$(1-p)<1$,故问题的解为

$$N \geqslant \frac{\lg(1-\alpha)}{\lg(1-p)}.$$

满足上式的N即是所要求的试验次数.

例 4.4　扫描效率(2)

我们进一步讨论 1.4 节中例 1.5 的扫描效率问题. 设两次独立扫描的效率分别为ε_1和ε_2，则总的扫描效率为$\varepsilon = \varepsilon_1 + \varepsilon_2 - \varepsilon_1\varepsilon_2$(在 1.4 节中，$\varepsilon_1, \varepsilon_2$和$\varepsilon$分别用$P(1), P(2)$和$P(1 \cup 2)$表示). 试求$\varepsilon_1, \varepsilon_2$和$\varepsilon$的统计误差(即标准差).

在扫描过程中，一个有效事例或者被扫描者记录，或者不被记录，只有这两种可能性. 因此，N个有效事例被找出$N_{12}+N_1$(第一次扫描)和$N_{12}+N_2$(第二次扫描)个事例的概率可以用二项分布来求得. 根据本节的讨论，$\frac{N_{12}+N_1}{N} = \varepsilon_1$和

$\frac{N_{12}+N_2}{N}=\varepsilon_2$ 也是随机变量，且其方差为(见式(4.1.12))

$$V(\varepsilon_1)=\frac{p_1(1-p_1)}{N},\qquad V(\varepsilon_2)=\frac{p_2(1-p_2)}{N}.$$

当 N 充分大，p_1 和 p_2 可用频率 $\frac{N_{12}+N_1}{N}=\varepsilon_1$ 和 $\frac{N_{12}+N_2}{N}=\varepsilon_2$ 代替，于是求得扫描效率 ε_i 的标准差

$$\sigma(\varepsilon_i)=\left[\frac{\varepsilon_i(1-\varepsilon_i)}{N}\right]^{1/2},\qquad i=1,2.$$

由于两次扫描是相互独立的，故由 $\varepsilon=\varepsilon_1+\varepsilon_2-\varepsilon_1\varepsilon_2$，应用误差传播公式，可求出 ε 的方差

$$V(\varepsilon)=\left(\frac{\partial\varepsilon}{\partial\varepsilon_1}\right)^2V(\varepsilon_1)+\left(\frac{\partial\varepsilon}{\partial\varepsilon_2}\right)^2V(\varepsilon_2),$$

结果

$$\sigma(\varepsilon)=\left[\frac{(1-\varepsilon_1)(1-\varepsilon_2)(\varepsilon_1+\varepsilon_2-2\varepsilon_1\varepsilon_2)}{N}\right]^{1/2},$$

其中 N 为有效事例的实际数目，例 1.5 中已给出它的表达式.

4.2 多项分布

在二项分布中，一次随机试验的结果只有两种. 一般地，设一次随机试验的结果有 l 种，即

$$E=A_1+A_2+\cdots+A_l,$$

一次试验中出现事件 A_j 的概率为

$$P(A_j)=p_j,\qquad j=1,2,\cdots,l,$$

显然应满足

$$\sum_{j=1}^{l}p_j=1.$$

作 n 次独立的随机试验 E，事件 A_j 出现 r_j 次， $j=1,2,\cdots,l$ 的概率分布可表示为

$$M(\boldsymbol{r};n,\boldsymbol{p})=\frac{n!}{r_1!r_2!\cdots r_l!}p_1^{r_1}p_2^{r_2}\cdots p_l^{r_l}. \tag{4.2.1}$$

上式是 $(p_1+p_2+\cdots+p_l)^n$ 展开式的一般项，它称为随机变量 $\boldsymbol{r}=(r_1,r_2,\cdots,r_l)$ 的参数 n 和 $\boldsymbol{p}=(p_1,p_2,\cdots,p_l)$ 的**多项分布**. 这 l 个 r_j 值并不全都独立，它们必须满足下述条件：

$$\sum_{j=1}^{l}r_j=n. \tag{4.2.2}$$

显而易见，二项分布是 l=2 的多项分布之特例.

多项分布的一些性质列举如下：

均值

$$E(r_j)=np_j,\qquad j=1,2,\cdots,l,$$

方差

$$V(r_j)=np_j(1-p_j),\qquad j=1,2,\cdots,l,$$

协方差

$$\left.\begin{aligned}&\operatorname{cov}(r_i,r_j)=-np_ip_j\\&\rho_{ij}\equiv\frac{\operatorname{cov}(r_i,r_j)}{\sigma(r_i)\sigma(r_j)}=-\sqrt{\frac{p_ip_j}{(1-p_i)(1-p_j)}}\end{aligned}\right\}\begin{aligned}&i\neq j,\\&i,\ j=1,2,\cdots,l,\end{aligned} \tag{4.2.3}$$

概率母函数

$$G(Z_2,Z_3,\cdots,Z_l)=(p_1+p_2Z_2+\cdots+P_lZ_l)^n.$$

r_j 的均值和方差的表式容易证明.

证明　设每次试验中出现事件 A_j 的概率为 p_j，出现其他事件的概率为 $(1-p_j)$，于是 r_j 服从参数 n,p_j 的二项分布，应用二项分布的均值和方差的表达式即得证.

现在证明协方差项的公式. n 次试验中事件 A_i 出现 r_i 次，事件 A_j 出现 r_j 次而其余事件出现 $n-r_i-r_j$ 次的概率为

$$\frac{n!}{r_i!r_j!(n-r_i-r_j)!}p_i^{r_i}p_j^{r_j}(1-p_i-p_j)^{n-r_i-r_j},$$

于是当概率分布如式(4.2.1)所示时，乘积 r_ir_j 的期望值等于

$$E(r_ir_j)=n(n-1)p_ip_j.$$

根据协方差的定义(3.5.23)，

$$\begin{aligned}\mathrm{cov}(r_i,r_j)&=E(r_ir_j)-E(r_i)E(r_j)\\&=n(n-1)p_ip_j-np_inp_j=-np_ip_j.\end{aligned}$$

代入 $\sigma(r_i)=\sqrt{V(r_i)}$ 和 $\sigma(r_j)=\sqrt{V(r_j)}$，立即得到相关系数 ρ_{ij} 的表达式，证毕.

与二项分布中的情形相类似，在多项分布中，一次试验中出现事件 $A_j(j=1,2,\cdots,l)$ 的概率 p_j 往往是未知的，须由实验测量结果确定. 当试验次数 n 充分大，事件 A_j 的出现频率接近于它的概率

$$\frac{r_j}{n}\approx p_j \qquad 或 \qquad r_j\approx np_j, \tag{4.2.4}$$

该近似概率的归一性要求即 $\sum_{j=1}^{l}p_j=1$ 已由条件 $\sum_{j=1}^{l}r_j=n$ 自动满足，r_j 的方差由式(4.2.3)可知

$$V(r_j)\approx r_j\left(1-\frac{r_j}{n}\right).$$

当事件 A_j 的出现概率 p_j 很小即 $p_j\ll 1$ 时，近似地有

$$\sigma(r_j)\approx\sqrt{r_j}\,. \tag{4.2.5}$$

这些结果与二项分布中的相应结果相同.

当对任意 j 有 $p_j\ll 1$ 时，由 ρ_{ij} 的表达式可见，$\rho_{ij}\sim 0$，即任意两个 r_i,r_j 之间关联很弱.

例 4.5　事例直方图(1)

许多实验测量的结果可用直方图来表示. 例如，图 4.3 是某粒子反应中末态粒子的角分布直方图，飞出极角 θ 的余弦 $\cos\theta$ 被分成 18 等份，落在各区间内的

粒子数 $n_j(j=1,2,\cdots,18)$ 用高度表示，共记录了 $n=\sum_{j=1}^{18} n_j$ 个末态粒子的角度. 这时，第 j 个区间内出现 n_j 个粒子的概率 $(j=1,2,\cdots,18)$ 服从参数 n 和 $\boldsymbol{p}=(p_1,p_2,\cdots,p_{18})$ 的多项分布. 这时，$\boldsymbol{p}$ 是未知的，可用式(4.2.4)来估计

$$p_j \approx n_j / n, \qquad j=1,2,\cdots,18,$$

n_j 的标准误差由式(4.2.5)可知约为 $\sqrt{n_j}$.

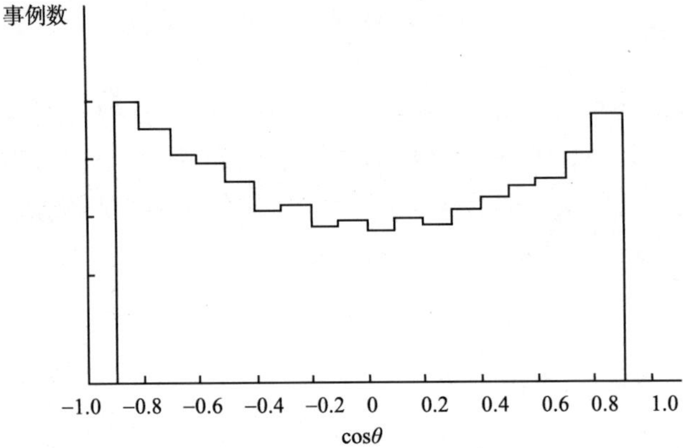

图 4.3　事例直方图

应当强调指出，事例总数 n 必须为常数；若 n 是随机变量，则多项分布不再适用(见例 4.11).

4.3　泊松分布，泊松过程

设随机变量 r 的可取值为 $r=0,1,2,\cdots$，取值 r 的概率为

$$P(r;\mu)=\frac{1}{r!}\mu^r \mathrm{e}^{-\mu}, \qquad r=0,1,2,\cdots, \tag{4.3.1}$$

其中 $\mu>0$ 是常数，称 r 服从参数 μ 的**泊松分布**. 上式符合离散随机变量概率分布的非负性和归一性要求式(2.2.6)，因为显然

$$P(r;\mu)\geqslant 0, \qquad r=0,1,2,\cdots,$$

并且 $\sum_{r=0}^{\infty} P(r;\mu)=\sum_{r=0}^{\infty}\frac{\mu^r \mathrm{e}^{-\mu}}{r!}=\mathrm{e}^{-\mu}\sum_{r=0}^{\infty}\frac{\mu^r}{r!}=\mathrm{e}^{-\mu}\cdot \mathrm{e}^{\mu}=1$. 泊松分布的概率母函数依定义

为

$$G(Z) \equiv E(Z^r) = \sum_{r=0}^{\infty} Z^r \frac{1}{r!} \mu^r \mathrm{e}^{-\mu}$$

$$= \sum_{r=0}^{\infty} \frac{1}{r!} (\mu Z)^r \mathrm{e}^{-\mu} = \mathrm{e}^{\mu(Z-1)}. \tag{4.3.2}$$

由母函数 $G(Z)$ 以及式(2.6.2)，式(2.6.3)，即得数学期望和方差

$$E(r) = G'(1) = \mu,$$

$$V(r) = G''(1) + G'(1) - \left[G'(1)\right]^2 = \mu.$$

由此得到泊松分布的一个极重要的性质,即它的均值和方差相等,且等于参数值 μ

$$E(r) = V(r) = \mu. \tag{4.3.3}$$

如果一个物理量服从泊松分布，它的某个测定值为 n，则 n 可作为数学期望的估计值，这时它的标准误差为

$$\sigma(n) = \sqrt{V(n)} \approx \sqrt{V(r)} \approx \sqrt{n}. \tag{4.3.4}$$

这一结果与多项分布的式(4.2.5)相似，在实验测量中有广泛的应用.

泊松分布的特征函数是

$$\varphi(t) = \mathrm{e}^{\mu\left(\mathrm{e}^{\mathrm{i}t}-1\right)}, \tag{4.3.5}$$

由 $\varphi(t)$ 可算出其偏度和峰度系数以及各阶原点矩之间的关系为

$$\gamma_1 = \frac{1}{\sqrt{\mu}}, \qquad \gamma_2 = \frac{1}{\mu}, \tag{4.3.6}$$

$$\lambda_{k+1} = \mu\left(\lambda_k + \frac{\mathrm{d}\lambda_k}{\mathrm{d}\mu}\right).$$

可以看到，泊松分布的数字特征都与参数 μ 相关，事实上，参数 μ 唯一地确定了泊松分布.

图 4.4 是参数 μ 取不同数值时的泊松分布图形. 当 μ 值小时，图形很不对称，在均值的右方有较长的“尾巴”. 随着 μ 的增大，由 γ_1 的表达式知偏度逐渐减小，图形趋向对称. 当 $\mu \to \infty$ 时，$\gamma_1, \gamma_2 \to 0$, 泊松分布趋近于正态分布.

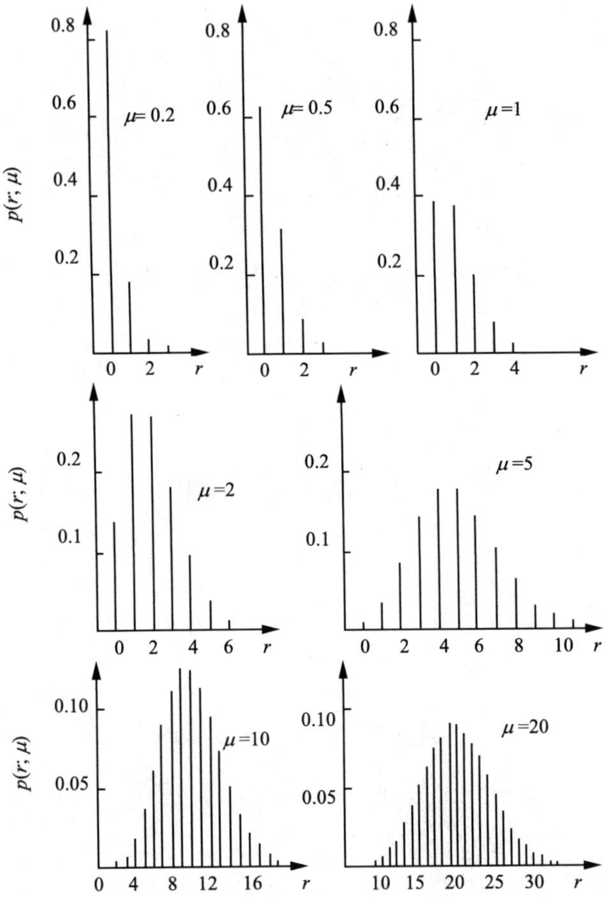

图 4.4　不同均值μ的泊松分布图形

由泊松分布的概率公式(4.3.1)可见到它有如下性质：

$$P(r;\mu)=P(r-1;\mu)\cdot\frac{\mu}{r}. \tag{4.3.7}$$

因此，当$r<\mu$时，随着r的增加，概率$P(r;\mu)$也增加，在$r=[\mu]_{整数}$处达到概率的极大，如果μ本身为整数，则

$$P(\mu;\mu)=P(\mu-1;\mu),$$

即$r=\mu-1$和$r=\mu$的概率相等，且都是极大概率值.

附表 3 列出了参数$\mu=0.1\to 20$的泊松概率分布值，附表 4 则是对应的累积泊松分布概率值

$$F(x;\mu)\equiv\sum_{r=0}^{x}P(r;\mu). \tag{4.3.8}$$

泊松分布是二项分布的一种极限情形，当 $n\to\infty, np=\mu$ 保持为常数(p 很小)时，二项分布趋向于泊松分布，这就是著名的泊松定理.

证明　在 $np=\mu$ 的条件下，二项分布的概率分布为

$$\begin{aligned}B(r;n,p)&=\frac{n!}{r!(n-r)!}p^r(1-p)^{n-r}\\&=\frac{n!}{r!(n-r)!}\left(\frac{\mu}{n}\right)^r\frac{\left(1-\frac{\mu}{n}\right)^n}{\left(1-\frac{\mu}{n}\right)^r}\\&=\frac{\mu^r}{r!}\cdot\frac{n(n-1)(n-2)\cdots(n-r+1)}{n^r}\cdot\frac{\left(1-\frac{\mu}{n}\right)^n}{\left(1-\frac{\mu}{n}\right)^r}\\&=\frac{\mu^r}{r!}\left(1-\frac{\mu}{n}\right)^n\frac{\left(1-\frac{1}{n}\right)\left(1-\frac{2}{n}\right)\cdots\left(1-\frac{r-1}{n}\right)}{\left(1-\frac{\mu}{n}\right)^r},\end{aligned}$$

当 $n\to\infty$ 时，$\frac{1}{n},\frac{2}{n},\cdots,\frac{r-1}{n}$ 和 $\frac{\mu}{n}$ 都趋于 0，而

$$\lim_{n\to\infty}\left(1-\frac{\mu}{n}\right)^n=\mathrm{e}^{-\mu},$$

所以有

$$\lim_{n\to\infty}B(r;n,p)=\frac{\mu^r}{r!}\mathrm{e}^{-\mu}.$$

证毕.

泊松定理表明，当 n 很大而 p 很小时，以下近似关系成立：

$$B(r;n,p)=\binom{n}{r}p^r(1-p)^{n-r}\approx\frac{\mu^r\mathrm{e}^{-\mu}}{r!},\qquad \mu=np. \tag{4.3.9}$$

当 n 很大时，二项分布的概率计算相当繁复，可以用便于计算的泊松概率作为近似. 在实际应用中，当 $n \geqslant 10, p \leqslant 0.1$, 式(4.3.9)的近似已相当好.

泊松变量的另一重要性质在 2.5 节中已经提到：两个相互独立的泊松变量之和仍是泊松变量，其均值等于两个泊松变量均值之和. 利用类似的推导可推广到更一般的情形：若 r_i 是均值 $\mu_i(i=1,2,\cdots,l)$ 的相互独立的泊松变量，则随机变量 $r=\sum_{i=1}^{l} r_i$ 是均值 $\mu=\sum_{i=1}^{l}\mu_i$ 的泊松变量，这就是**泊松分布的加法定理**.

自然界中许多过程可用泊松分布来描述. 如不稳定核两次相继衰变的时间间隔 t 是一随机变量，其概率密度是

$$f(t)=\frac{1}{\tau}\mathrm{e}^{-t/\tau}$$

(见 4.8 节). 通常实验测定的是在一定时间间隔内核衰变的计数. 设 n_0 为 $t=0$ 时刻的不稳定核的个数，1mg 放射性物质包含原子核数 $\sim 10^{19}$ 量级，所以 n_0 总是很大. 如记录 $t \to t+\Delta t$ 内核的衰变数，当 $\Delta t \ll \tau$ (τ 是不稳定核的平均寿命)，一个核在 Δt 内衰变的概率为 $f(t)\Delta t=\mathrm{e}^{-t/\tau}\cdot\dfrac{\Delta t}{\tau}\ll 1$. 由于一个不稳定核在 Δt 内或是衰变，或是不衰变，所以 n_0 个核在 Δt 内衰变次数为 r 的概率分布由参数 $n_0, p(=f(t)\Delta t)$ 的二项分布描述. 由于 n_0 很大，$p \ll 1$, 由泊松定理可知，r 近似地服从泊松分布. 又如在利用粒子加速器轰击靶子产生粒子反应的实验中，粒子束流强度往往高达 10^{13} 粒子/秒;而探测器记录反应产生的粒子数一般小于 10^5 计数/秒，这时，在一定时间间隔内测量的粒子数也可用泊松分布来描述. 这类实验中事例总数 n_0 和概率 p 一般都是未知的，即使 n_0 已知也因数值过大而实际上无法用二项分布进行计算，泊松分布却提供了合适的数学工具.

事实上，泊松分布与时间或空间尺度上事件随机出现的随机过程相对应，它们具有以下性质：

(1) 在一定时间或空间间隔内出现的事件数与此间隔外出现的事件数无关，即不相重叠的间隔中的事件相互独立；

(2) 在非常小的时间或空间间隔 Δt 内，出现一个事件的概率正比于 Δt ，即 $P(\Delta t)=\lambda\cdot\Delta t$ ，而 λ 为一常数；

(3) 在间隔 Δt 内，出现多于一个事件的概率小到可以忽略不计.

以上三个条件称为**泊松假设**. 满足泊松假设的随机过程称为**泊松过程**. 泊松过程中，一定时间或空间间隔中出现的事件数是一随机变量，称为**泊松变量**，它服从泊松分布.

下面介绍几个实际的泊松过程.

例 4.6　泡室中粒子径迹的气泡数目的分布

带电粒子在气泡室中沿其运动路径会形成微小的气泡. 假定气泡的大小可以忽略, 单位径迹长度内的平均气泡数目(称为径迹密度)为一常数 g. 适当选择径迹段的长度 Δl 使泊松假设得以满足，即

(1) 对任意 l，径迹段 $(l,l+\Delta l]$ 内最多产生一个气泡；

(2) 该径迹段内产生一个气泡的概率等于 $g\Delta l$；

(3) 该径迹段内产生气泡与别的径迹段内产生气泡是互相独立的.

由假定(1)，(2)可知，在 $(l,l+\Delta l]$ 内产生一个气泡的概率是

$$P_1(\Delta l)=g\Delta l,$$

而该径迹段内不产生气泡的概率是

$$P_0(\Delta l)=1-P_1(\Delta l)=1-g\Delta l.$$

假定(3)表示在 $(l,l+\Delta l]$ 内不产生气泡的概率与 $[0,l]$ 内不产生气泡的概率是无关的，因此，在 $[0,l+\Delta l]$ 内不产生气泡的概率是

$$P_0(l+\Delta l)=P_0(l)\cdot P_0(\Delta l),$$

合并以上两式，得到

$$\frac{P_0(l+\Delta l)-P_0(l)}{\Delta l}=-gP_0(l),$$

当 $\Delta l\to 0$, 上式左边是 $P_0(l)$ 对 l 的导数，即

$$\frac{\mathrm{d}P_0(l)}{\mathrm{d}l}=-gP_0(l).$$

该微分方程的不定解为

$$P_0(l)=\mathrm{e}^{-gl}+C.$$

当径迹长度 $l=0$ 时，显然不可能产生气泡，于是有 $P_0(l=0)=1$, 由这一条件得到定解

$$P_0(l)=\mathrm{e}^{-gl},$$

这一公式给出在长度为 l 的径迹中不产生任何气泡的概率.

下面讨论在长度 l 的径迹内产生 n 个气泡的概率 $P_n(l)$. 因为在径迹元 $(l,l+\Delta l]$ 内至多只能产生一个气泡，故有

$$P_n(l+\Delta l)=p_n(l)\cdot P_0(\Delta l)+P_{n-1}(l)\cdot P_1(\Delta l).$$

上式右边第一项表示所有 n 个气泡落在 $[0,l]$ 中的概率，第二项表示 $n-1$ 个气泡落在 $[0,l]$ 中，而另一个气泡落在 $(l,l+\Delta l]$ 中的概率. 将 $P_0(\Delta l)$ 和 $P_1(\Delta l)$ 的值代入，得

$$\frac{P_n(l+\Delta l)-P_n(l)}{\Delta l}=-gP_n(l)+gP_{n-1}(l),$$

当 $\Delta l\to 0$, 上式左边是 $P_n(l)$ 对 l 的导数，由此得到微分方程

$$\frac{\mathrm{d}P_n(l)}{\mathrm{d}l}=-gP_n(l)+gP_{n-1}(l),\tag{4.3.10}$$

它的解是

$$P_n(l)=\frac{1}{n!}(gl)^n\,\mathrm{e}^{-gl}.\tag{4.3.11}$$

这就是在长度 l 的径迹内产生 n 个气泡的概率. 与式(4.3.1)对照可知，这正是参数为 gl 的泊松分布. 对于 $n=0$ (在 $[0,l]$ 中不产生气泡)的特殊情形，其概率是

$$P_0(l)=\mathrm{e}^{-gl}.\tag{4.3.12}$$

例 4.7　放射性衰变规律

与上例距离标尺上的随机过程相仿，放射性衰变是时间标尺上的随机过程. 其对应的泊松假设是：

(i) 对任意时刻 t，在时间元 $(t,t+\Delta t]$ 内至多只发生一次核衰变；

(ii) 在该时间元内发生一次核衰变的概率等于 $\lambda\cdot\Delta t$, λ 是单位时间内核衰变的平均次数，它是一常数；

(iii) 该时间元内发生核衰变与其他时间间隔内发生核衰变是相互独立的.

在这些假定下，若 $P_0(t)$ 和 $P_n(t)$ 分别表示在时间 $[0,t]$ 内不发生任何核衰变的概率和发生 n 次核衰变的概率，按照例 4.5 类似的推导可知

$$\frac{\mathrm{d}P_n(t)}{\mathrm{d}t}=-\lambda P_n(t)+\lambda P_{n-1}(t),\tag{4.3.13}$$

该微分方程的解是

$$P_n(t)=\frac{1}{n!}(\lambda t)^n e^{-\lambda t}, \tag{4.3.14}$$

即在$[0,t]$内发生n次核衰变的概率服从参数λt的泊松分布. 对于$n=0$的特殊情况(在$[0,t]$内不发生核衰变的概率)有

$$P_0(t)=e^{-\lambda t}. \tag{4.3.15}$$

例 4.8　放射源和本底辐射的叠加

设用探测器记录放射源辐射的粒子计数，在给定时间间隔t记到的粒子数r_x服从均值$\lambda_x t$的泊松分布，即单位时间内粒子的平均计数为λ_x.探测器置于具有本底辐射的环境中，间隔t内记到的本底辐射粒子数r_b服从均值λ_{bt}的泊松分布. 因此，探测器实际记录的是放射源和本底辐射的叠加，设在t内的粒子计数为r,则变量r的分布应是

$$P(r;\lambda_x t,\lambda_b t)=\sum_{r_b=0}^{r}P(r-r_b;\lambda_x t)\cdot P(r_b;\lambda_b t)$$

$$=\sum_{r_b=0}^{r}\left[\frac{1}{(r-r_b)!}(\lambda_x t)^{r-r_b}e^{-\lambda_x t}\right]\left[\frac{1}{r_b!}(\lambda_b t)^{r_b}e^{-\lambda_b t}\right]$$

$$=\frac{1}{r!}\sum_{r_b=0}^{r}\frac{r!}{(r-r_b)!r_b!}(\lambda_x t)^{r-r_b}(\lambda_b t)^{r_b}e^{-(\lambda_x+\lambda_b)t}$$

$$=\frac{1}{r!}-t^r e^{-(\lambda x+\lambda_b)t}\sum_{r_b=0}^{r}\frac{r!}{(r-r_b)!r_b!}\lambda_x^{r-r_b}\lambda_b^{r_b}$$

注意上式中的求和项等于$(\lambda_x+\lambda_b)^r$,故有

$$P(r;\lambda_x t,\lambda_b t)=\frac{1}{r!}\left[(\lambda_x+\lambda_b)t\right]^r e^{-(\lambda_x+\lambda_b)t}$$

$$\equiv P(r;(\lambda_x+\lambda_b)t),$$

即r服从均值$(\lambda_x+\lambda_b)t$的泊松分布.

实际上，这一结果可应用泊松加法定理直接导出. 由于r_x和r_b是相互独立的泊松变量，而r是r_x和r_b之和，根据泊松加法定理，r仍是泊松变量，且其均值为r_x,r_b均值之和$(\lambda_x+\lambda_b)t$.

4.4 泊松分布与其他分布的相互联系

泊松分布与其他分布之间的相互联系，特别是与二项分布、多项分布之间的联系对于解许多物理问题是十分有用的. 本节通过一些物理问题的实例进行研究.

例 4.9 粒子探测器计数的分布

用探测器测量某种带电粒子，探测效率(即一个粒子穿过探测器时产生一个计数信号的概率)为一常数 $p<1$, 假定在给定的时间间隔 t 内穿过该探测器的粒子数服从参数 μ 的泊松分布，要求时间间隔 t 内探测器记录到的粒子计数 r 的分布.

显然，当至少有 r 个粒子穿过探测器时才有可能记录到 r 个计数. 当有 $n(\geqslant r)$ 个粒子穿过探测器，得到 r 个计数的概率由二项分布 $B(r;n,p)$ 表示；而穿过探测器的粒子数为 n 的概率由泊松分布 $P(n,\mu)$ 表示. 这样，探测器记录到粒子计数为 r 的概率可由 $n=r,r+1,\cdots,\infty$ 个粒子穿过探测器而计数为 r 的概率之和求出.

$$
\begin{aligned}
P(r) &= \sum_{n=r}^{\infty} B(r;n,p)\cdot P(n;\mu) \\
&= \sum_{n=r}^{\infty} \frac{n!}{r!(n-r)!} p^r (1-p)^{n-r} \cdot \frac{1}{n!}\mu^n \mathrm{e}^{-\mu} \\
&= \frac{1}{r!}(p\mu)^r \mathrm{e}^{-\mu} \sum_{n=r}^{\infty} \frac{1}{(n-r)!}\left[(1-p)\mu\right]^{n-r} \\
&= \frac{1}{r!}(p\mu)^r \mathrm{e}^{-\mu} \mathrm{e}^{(1-p)\mu},
\end{aligned}
$$

即

$$
P(r) = \frac{1}{r!}(p\mu)^r \mathrm{e}^{-p\mu}, \qquad r=0,1,\cdots. \tag{4.4.1}
$$

这正是参数为 $p\mu$ 的泊松分布. 因此，在时间间隔 t 内，探测器的计数 r 服从均值 $p\mu$ 的泊松分布.

本例表明，对于探测效率小于 1 的探测器，穿过的粒子数服从泊松分布(总体)，探测器选出的随机子样(粒子计数)也服从泊松分布. 反之，当随机子样是泊松型的，其总体也只可能是泊松型的. 总体和随机子样的概念见第六章.

例 4.10　计数时间间隔的细分

假定一探测器记录时间间隔 T 内的粒子数，所得计数 n 服从均值 $\nu=\lambda T$ 的泊松分布．求时间间隔 $t<T$ 中计数 r 的分布．

由上述假定可知，计数率(单位时间内的计数)的平均值为 λ．由于不相重叠的时间间隔内出现的事例是相互独立的，故在时间间隔 t 内有 r 次计数，余下的 $T-t$ 内有 $n-r$ 次计数的概率等于两个泊松概率之积

$$P(r)=P(r;\lambda t)\cdot P[n-r;\lambda(T-t)].$$

本问题相应于求解在给定时间 T 内计数为 n 的条件下，时间 t 内有 r 次计数、余下的 $T-t$ 内有 $n-r$ 次计数的概率．该条件概率可由 $P(r)$除以时间 T 内得到 n 次计数的泊松概率得出

$$P\left(r,n-r\middle|n\right)=\frac{P(r;\lambda t)\cdot P(n-r;\lambda(T-t))}{P(n;\lambda T)}.$$

将泊松分布的表达式代入并经整理后，有

$$\begin{aligned}P\left(r,n-r\middle|n\right)&=\frac{n!}{r!(n-r)!}\left(\frac{t}{T}\right)^r\left(1-\frac{t}{T}\right)^{n-r}\\&\equiv B\left(r;n,\frac{t}{T}\right).\end{aligned}\tag{4.4.2}$$

因此，时间 t 内计数 r 服从参数为 $n,p=t/T$ 的二项分布．

上述结果也可从另一途径导出．对于时间 T 内的任一次计数，可将时间 t 内有一次计数这一事件看作随机试验的“成功”，而在余下的时间 $T-t$ 内有一次计数看作试验“失败”，总计数 n 作为独立的随机试验的次数．显然，每一次试验可用伯努利分布描述，因为时间间隔 T 内的一次计数或者在 t 内发生，或者在余下的 $T-t$ 内发生，不可能有其他结果．由于平均计数率为 n/T，故时间 t 内得到一次计数的概率，即成功率为 $p=\frac{1}{n}(n/T)\cdot t=t/T$．根据 4.1 节二项分布的讨论可知，(时间 T 内)n 次独立试验中成功 r 次(时间 t 内有 r 次计数)，失败 $n-r$ 次(时间 $T-t$ 内有 $n-r$ 次计数)的概率由二项分布表示

$$P\left(r,n-r\middle|n\right)=B(r;n,p)=B\left(r;n,t/T\right).$$

这与式(4.4.2)的结果相同．

例 4.11　粒子反应产物的前后不对称性(2)

我们进一步研究 4.1 节中讨论的反应产物前后不对称性的问题. 设粒子反应

$$e^+ + e^- \to \mu^+ + \mu^-$$

中事例总数 n 服从均值 λ 的泊松分布，对于给定的 n 值，前向事例数 f 和后向事例数 b 由二项分布给出

$$B(f;n,p) = \frac{n!}{f!b!} p^f q^b, \qquad f + b = n, p + q = 1,$$

p 是一个事例为前向事例的概率. 于是事例数为 n，其中前向事例数为 f 的概率可表示为

$$P(f,b,n) = B(f;n,p) \cdot P(n;\lambda) = \frac{n!}{f!b!} p^f q^b \cdot \frac{1}{n!} \lambda^n e^{-\lambda}$$

$$= \left[\frac{1}{f!} (\lambda p)^f e^{-\lambda p} \right] \cdot \left[\frac{1}{b!} (\lambda q)^b e^{-\lambda q} \right].$$

该式是对于变量 f (均值 λp) 和变量 b (均值 λq) 的两个泊松概率的乘积

$$P(f,b,n) = P(f;\lambda p) \cdot P(b;\lambda q). \tag{4.4.3}$$

如果假定 f 和 b 是两个相互独立的泊松变量，则立即可得出式(4.4.3)的概率表达式. 于是{ n 为泊松变量和 f 服从二项分布}等价于{f 和 b 为两个独立的泊松变量}.

当将 f 和 b 考虑为相互独立的泊松变量，应用误差传播公式，可立即求得前后不对称性 $r \equiv \dfrac{f-b}{f+b}$ 的方差为

$$V(r) \approx \frac{4fb}{(f+b)^3},$$

这一表达式与例 4.2 中 n 为常数时 $V(r)$ 的近似表达式相一致.

例 4.12　事例直方图(2)

在 4.2 节中我们已经说明，当 n 个事例落在直方图的 l 个子区间中，则第 j 个

区间内事例数为 r_j 的概率 $(j=1,2,\cdots,l)$ 服从式(4.2.1)的多项分布.

现在假定事例总数 n 不是常数，而是服从参数 λ 的泊松分布的随机变量，求第 j 个区间出现 r_j 个事例的概率.

在这种情形下，事例总数为 n，第 j 个区间出现 r_j 个事例 $(j=1,2,\cdots,l)$ 的联合分布等于多项分布概率和泊松分布概率的乘积

$$
\begin{aligned}
P(r_1,r_2,\cdots,r_l,n) &= M(\boldsymbol{r};n,\boldsymbol{p})\cdot P(n;\lambda) \\
&= \frac{n!}{r_1!r_2!\cdots r_l!}p_1^{r_1}p_2^{r_2}\cdots p_l^{r_l}\cdot\frac{1}{n!}\lambda^n\mathrm{e}^{-\lambda}.
\end{aligned}
$$

由于 $\sum_{j=1}^{l}p_j=1,\sum_{j=1}^{l}r_j=n$, 上式可改写为

$$
\begin{aligned}
P(r_1,r_2,\cdots,r_l,n) &= \left[\frac{1}{r_1!}(\lambda p_1)^{r_1}\mathrm{e}^{-\lambda p_1}\right] \\
&\quad\cdot\left[\frac{1}{r_2!}(\lambda p_2)^{r_2}\mathrm{e}^{-\lambda p_2}\right]\cdots\left[\frac{1}{r_l!}(\lambda p_l)^{r_l}\mathrm{e}^{-\lambda p_l}\right] \qquad (4.4.4)\\
&= P(r_1;\lambda p_1)\cdot P(r_2;\lambda p_2)\cdots P(r_l;\lambda p_l),
\end{aligned}
$$

即联合分布等于 l 个泊松分布的乘积. 上式表明，在包含 l 个子区间的直方图中，如果总的事例数 n 不是常数而是一个泊松变量，则每一子区间中的事例数 $r_j, j=1,2,\cdots,l$ 可认为是相互独立的泊松变量. 于是在每个子区间中有

$$
E(r_j)=V(r_j)=\lambda p_j\approx r_j,\qquad j=1,2,\cdots,l.
$$

这一结果与式(4.2.5)相同.

由上述推导可知，当 l 个变量 $r_1,r_2,\cdots,r_l$ 服从多项分布，而 $\sum_{j=1}^{l}r_j$ 是均值为 λ 的泊松变量时，这 l 个变量是互相独立的泊松变量，其均值为 λp_j，$j=1,2,\cdots,l$.

4.5　复合泊松分布

设 $r_1,r_2,\cdots,r_n$ 是 n 个独立的泊松变量，它们的均值都等于 μ;进一步假定 n 服从均值 $\nu=\lambda t$ 的泊松分布，要求随机变量

$$r=\sum_{i=1}^{n}r_i \tag{4.5.1}$$

的分布.

根据上述假设知

$$P(r_i;\mu)=\frac{\mu^{r_i}\mathrm{e}^{-\mu}}{r_i!},\qquad P(n;\nu)=\frac{\nu^n\mathrm{e}^{-\nu}}{n!}.$$

利用全概率公式得

$$P(r)=\sum_{n=0}^{\infty}P\left(r=\sum_{i=1}^{n}r_i;\mu\right)\cdot P(n;\nu).$$

n 个独立的泊松变量之和仍是泊松变量，其均值等于各泊松变量均值之和，即 $P\left[r=\sum_{i=1}^{n}r_i;\mu\right]=P(r;n\mu)$，由此得出随机变量 r 的概率表达式，称为**复合泊松分布**.

$$P(r)=\sum_{n=0}^{\infty}\left[\frac{1}{r!}(n\mu)^r\mathrm{e}^{-n\mu}\right]\left(\frac{1}{n!}\nu^n\mathrm{e}^{-\nu}\right),\qquad r=0,1,\cdots. \tag{4.5.2}$$

该分布的性质列举如下：

均值

$$E(r)=\nu\mu,$$

方差

$$V(r)=\nu\mu(1+\mu), \tag{4.5.3}$$

概率母函数

$$G(Z,t)=\exp\left(\lambda t\mathrm{e}^{-\mu+\mu Z}-\lambda t\right) \tag{4.5.4}$$

复合泊松分布可作进一步的推广．设 $r_1,r_2,\cdots,r_n$ 是 n 个独立的同分布随机变量，均值都等于 μ；而 n 服从均值 $\nu=\lambda t$ 的泊松分布，则随机变量 $r=\sum_{i=1}^{n}r_i$ 服从**推广的复合泊松分布**，其概率表示为

$$P(r)=\sum_{n=0}^{\infty}P\left(r=\sum_{i=1}^{n}r_i;\mu\right)\cdot\left[\frac{1}{n!}(\lambda t)^n\mathrm{e}^{-\lambda t}\right],\qquad r=0,1,\cdots, \tag{4.5.5}$$

其中 $P\left(r=\sum_{i=1}^{n} r_{i;}\mu\right)$ 是给定 n 值时 $r_1,r_2,\cdots,r_n$ 的联合概率分布．它的概率母函数(令 r_i 的概率母函数为 $g(Z)$)

$$G(Z,t)=\exp\left[\lambda t g(Z)-\lambda t\right], \tag{4.5.6}$$

式(4.5.4)和式(4.5.6)所示的函数具有因子化性质

$$G(Z,t_1+t_2)=G(Z,t_1)\cdot G(Z,t_2). \tag{4.5.7}$$

$G(Z,t)$ 中的变量 t 标志着泊松过程中的时间或空间间隔，$G(Z,t)$ 对应的随机变量表示泊松过程在间隔 t 中的概率贡献．因此，复合泊松分布概率母函数的因子化性质表示，非重叠的区间 t_1,t_2 对概率的贡献是相互独立的(见 2.6 节).

复合泊松分布在核物理、遗传学、生态学和排队论中有广泛的应用，它描述的是一种链式的随机过程：第一代随机过程的产物本身又能导致新一代的随机过程，核物理中的链式反应是一个典型的例子.

例 4.13　云室中沿粒子径迹液滴数的分布

带电粒子与云室中液体的相互作用使得沿粒子运动路径形成一连串的小液滴．对液滴形成机制的研究表明[27]，带电粒子在运动过程中发生一连串的“基本散射”事件，事件数服从泊松分布.

在每一基本散射事件中形成的液滴数目亦服从泊松分布．假定在给定径迹长度 l 中，基本散射事件数的均值为 μ，而每一散射事件形成的液滴数均值为 ν，则在长度 l 中观测到 r 个液滴的概率由复合泊松分布给出

$$P(r)=\sum_{n=0}^{\infty}\left[\frac{1}{r!}(n\mu)^r\,\mathrm{e}^{-n\mu}\right]\left(\frac{\nu^n\mathrm{e}^{-\nu}}{n!}\right),\qquad r=1,2,\cdots.$$

若将该径迹长度 l 分成互不重叠的两段 l_1 和 $l_2, l=l_1+l_2$，由概率母函数的因子化性质立即知道，在 l_1 和 l_2 中的液滴 r_1 和 r_2 都服从复合泊松分布，而且相互独立，只是均值 μ 用 $\mu_i=\mu\cdot l_i/l, i=1,2$ 代替而已.

4.6　几何分布，负二项分布，超几何分布

本节简略地介绍在概率统计中占有重要地位的其他一些离散分布——几何分布、负二项分布和超几何分布.

1) 几何分布

设在一次伯努利试验中事件 A 出现的概率等于 p，作一系列独立的伯努利试验，事件 A 首次出现的试验次数记为 r，则 r 为随机变量，它所服从的分布称为**几何分布**. 其性质列举如下：

$$
\begin{aligned}
&\text{分布概率} && g(r;p)=p(1-p)^{r-1}, \qquad 0\leqslant p\leqslant 1, r=1,2,\cdots,\\
&\text{均值} && E(r)=p^{-1},\\
&\text{方差} && V(r)=(1-p)/p^2,\\
&\text{偏度} && \gamma_1=(2-p)/(1-p)^{1/2},\\
&\text{峰度} && \gamma_2=\left(p^2-6p+6\right)/(1-p),\\
&\text{概率母函数} && G(Z)=\frac{pZ}{1-(1-p)Z}.
\end{aligned}
\tag{4.6.1}
$$

$p=0.2,0.4,0.6$ 的几何分布见图 4.5 中 $k=1$ 的图形.

几何分布还具有**无记忆性**的特殊性质. 假定在前 m 次伯努利试验中没有出现事件 A，那么在此后的伯努利试验中，事件 A 首次出现的试验次数仍然服从几何分布，与前面的试验次数 m 无关. 形象地说，好像把过去的经历完全"遗忘"了.

2) 负二项分布

负二项分布也称为**帕斯卡(Pascal)分布**. 考虑重复的独立伯努利试验，在第 r 次试验中事件 A 出现第 k 次，则随机变量 r 服从**负二项分布**. 其性质列举如下：

$$
\begin{aligned}
&\text{分布概率} && P_k(r;p)=\binom{r-1}{k-1}p^k(1-p)^{r-k}, \qquad 0\leqslant p\leqslant 1, r=k,k+1,\cdots,\\
&\text{均值} && E(r)=k/p,\\
&\text{方差} && V(r)=k(1-p)/p^2,\\
&\text{偏度} && \gamma_1=(2-p)/\sqrt{k(1-p)},\\
&\text{峰度} && \gamma_2=\left(p^2-6p+6\right)/k(1-p),\\
&\text{概率母函数} && G(Z)=\left[\frac{pZ}{1-(1-p)Z}\right]^k.
\end{aligned}
\tag{4.6.2}
$$

将上式与式(4.6.1)对比可见，$k=1$ 的负二项分布即是几何分布，它可以视为几何分布的一种推广.

若在一系列独立的伯努利试验中出现了第 k 次成功(即事件 A)，其中失败的次数记为 s，则 s 亦是随机变量. 可以证明，s 服从的概率分布为

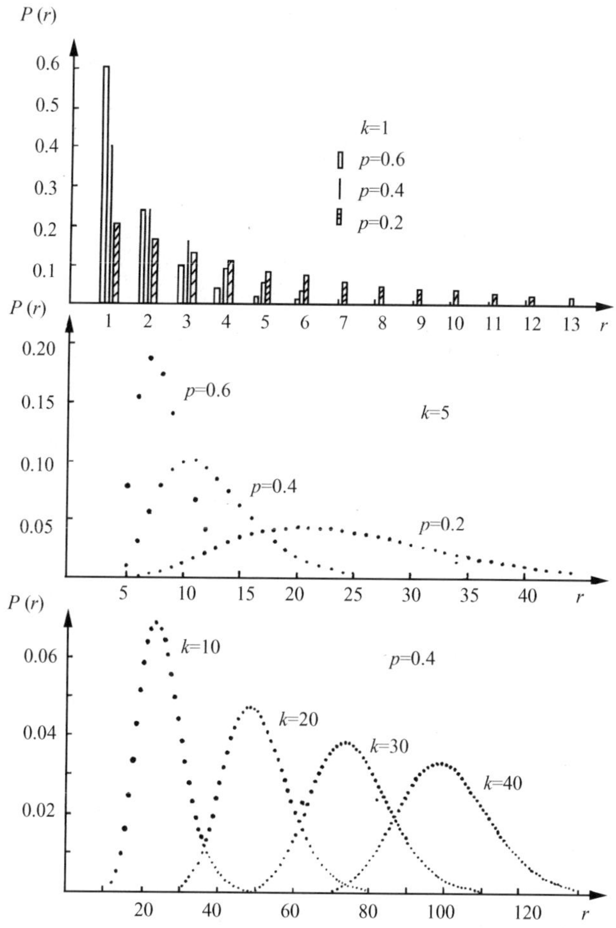

图 4.5　不同 k, p 值的负二项分布，k=1 相应于几何分布

$$P_k(s;p)=\binom{s+k-1}{s}p^k(1-p)^s, \qquad 0\leqslant p\leqslant 1, s=1,2,\cdots. \tag{4.6.3}$$

该分布的均值比负二项分布均值小 k

$$E(s)=\frac{k}{p}-k, \tag{4.6.4}$$

而方差和高阶矩与负二项分布的对应量相同.

负二项分布的图如图 4.5 所示.

3) 超几何分布

设有 N 个元素，其中 a 个元素表示事件 A (成功)，其余 $N-a$ 个元素表示事件

$\overline{A}$(失败). 当对这 N 个元素作不放回的 n 次随机抽样(随机抽样的概念见 6.1 节的讨论)，这 n 次抽样中包含 r 次成功、$n-r$ 次失败的概率称为**超几何分布**. 它的分布概率、均值和方差分别为

$$P(r;N,n,a)=\binom{N-a}{n-r}\binom{a}{r}\bigg/\binom{N}{n},\qquad r=0,1,2,\cdots,\min(a,n),$$
$$E(r)=\frac{na}{N},\qquad V(r)=\frac{N-n}{N-1}\cdot\frac{na}{N}\left(1-\frac{a}{N}\right). \tag{4.6.5}$$

超几何分布与二项分布相比较，其基本区别之一在于前者是不放回抽样而后者是放回抽样，在抽样结果只有成功和失败两种这一点上是一致的. 当抽样次数 $n\ll N$ 时，这 n 次抽样的结果对总体 N 个元素的分布改变很少，这样超几何分布可用二项分布作为近似，二项分布的参数为 n 和 $p=a/N$.

$$P(r;N,n,a)\approx B(r;n,p),$$
$$n\ll N,\qquad p=\frac{a}{N}, \tag{4.6.6}$$

其均值根据二项分布的公式为

$$E(r)=np=\frac{na}{N},$$
$$V(r)\approx np(1-p)=\frac{na}{N}\left(1-\frac{a}{N}\right). \tag{4.6.7}$$

与超几何分布的均值、方差公式(4.6.5)相比，均值表达式相同，方差只差一个因子 $(N-n)/(N-1)$，当 $N\gg n$ 时，显然接近于 1.

在实际抽样时，大多运用不放回抽样. 只要满足 $n\ll N$ 的条件，就可利用二项分布作为近似，以避免超几何概率分布的繁复计算.

超几何分布可作进一步推广. 设 N 个元素可分为 k 种事件 A_i，属于事件 A_i 的元素有 a_i 个，$i=1,2,\cdots,k,\sum_{i=1}^{k}a_i=N$. 对这 N 个元素作 n 次不放回的随机抽样，事件 A_i 出现的次数 $r_i(i=1,2,\cdots,k)$ 是随机变量，它服从**推广的超几何分布**

$$P(\boldsymbol{r};N,n;\boldsymbol{a})=\prod_{i=1}^{k}\binom{a_i}{r_i}\bigg/\binom{N}{n},\qquad r_i=0,1,\cdots,\min(a_i,n),$$
$$\sum_{i=1}^{k}r_i=n,\qquad \sum_{i=1}^{k}a_i=N. \tag{4.6.8}$$

当$n \ll N$，推广的超几何分布近似于$p_i = \frac{a_i}{N}$的多项分布.

举一个推广的超几何分布应用的例子. 设对 10 个人的血型检验的结果是 O 型 3 人，A 型 4 人，B 型 3 人. 从中随机地抽取 5 个人的血液，问得到 O 型 1 人，A 型、B 型各 2 人的概率多大.

本例中 $N=10,\ n=5,\ r_1=1,\ r_2=2,\ r_3=2,\ a_1=3,\ a_2=4,\ a_3=3$. 将这些数字代入式(4.6.8)得

$$P(1, 2, 2; 10, 5; 3, 4, 3) = \frac{\binom{3}{1}\binom{4}{2}\binom{3}{2}}{\binom{10}{5}} = \frac{3}{14}.$$

4.7 均 匀 分 布

从本节开始将讨论几种重要的连续分布.

设随机变量 X 的概率密度可表示为

$$f(x) = \begin{cases} \dfrac{1}{b-a}, & a \leqslant X \leqslant b, \\ 0, & \text{其他}, \end{cases} \tag{4.7.1}$$

则称 X 服从$[a, b]$区间内的均匀分布. 它的累积分布函数为

$$F(x) = \begin{cases} 0, & X < a, \\ \dfrac{x-a}{b-a}, & a \leqslant X \leqslant b, \\ 1, & X > b. \end{cases} \tag{4.7.2}$$

$f(x)$和 $F(x)$的形状如图 4.6 所示. 容易算出均匀分布的数字特征

$$E(X) = \int_a^b x f(x) \mathrm{d}x = \frac{a+b}{2},$$

$$V(X) = \int_a^b \left[x - E(X)\right]^2 f(x) \mathrm{d}x = \frac{(b-a)^2}{12},$$

$$\gamma_1 = 0, \qquad \gamma_2 = -1.2. \tag{4.7.3}$$

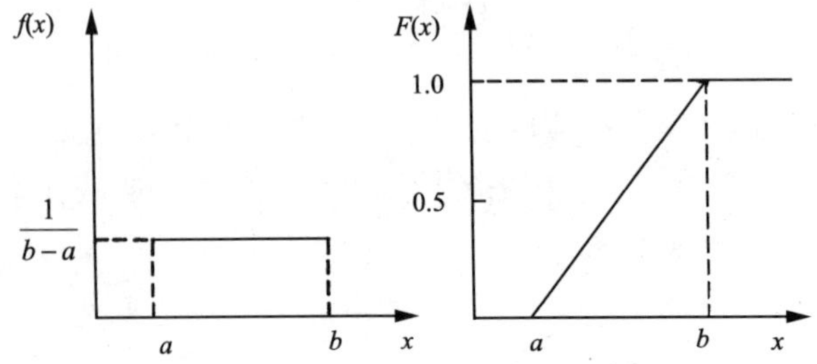

图 4.6　均匀分布的概率密度 $f(x)$ 和累积分布函数 $F(x)$

$f(x)$ 对于均值 $E(X)$ 是对称的，因而所有奇数阶中心矩等于 0，偶数阶中心矩

$$\mu_{2k}=\int_a^b\left[x-E(X)\right]^{2k}f(x)\mathrm{d}x$$

$$=\frac{1}{2k+1}\left(\frac{b-a}{2}\right)^{2k},\qquad k=0,1,\cdots. \tag{4.7.4}$$

均匀分布的特征函数

$$\varphi(t)=\frac{\mathrm{e}^{\mathrm{i}tb}-\mathrm{e}^{\mathrm{i}ta}}{\mathrm{i}t(b-a).} \tag{4.7.5}$$

均匀分布是最简单的连续随机变量，它表示在区间 $[a,b]$ 内任意等长度区间内事件出现的概率相同这样一种分布．数字计算中的舍入误差、时钟任一指针的角度值都是均匀分布的例子．它的计算极其简单，但是如下的一个重要性质使得均匀分布具有广泛的应用：任何连续随机变量的概率密度经过适当的变换都可转变为 $[0,1]$ 区间的均匀分布.

设任意连续随机变量 Y 的概率密度为 $g(y)$，令

$$x=G(y)=\int_{-\infty}^{y}g(t)\mathrm{d}t, \tag{4.7.6}$$

即 x 为随机变量 Y 的累积分布函数．x 可考虑为一随机变量，它是 y 的函数，根据随机变量的函数的概率密度公式(2.3.3)，x 的概率密度为

$$f(x)=g(y)\left|\frac{\mathrm{d}y}{\mathrm{d}x}\right|=g(y)\left|\left(\frac{\mathrm{d}G}{\mathrm{d}y}\right)^{-1}\right|=1.$$

$f(x)=1$ 正是 $[0,1]$ 区间均匀分布的概率密度，因此，x(即任意连续随机变量的累

积分布函数)服从$[0,1]$区间的均匀分布．这一性质广泛运用于蒙特卡罗计算(见第十四章).

4.8　指数分布

设随机变量X的概率密度为

$$f(x;\lambda)=\begin{cases}\lambda e^{-\lambda x}, & x\geqslant 0,\\ 0, & x<0,\end{cases} \tag{4.8.1}$$

其中λ是大于0的常数，于是称X为服从参数λ的指数分布．它的其他性质为：

累积分布　$F(x)=1-e^{-\lambda x}$,

均值　$E(X)=\dfrac{1}{\lambda}$,

方差　$V(X)=\dfrac{1}{\lambda^2}$,

偏度　$\gamma_1=2$,

峰度　$\gamma_2=6$,

k阶中心矩　$\mu_k=E\left[x-E(X)\right]^k=\dfrac{k!}{\lambda^k}\sum\limits_{i=0}^{k}(-1)^{k-i}\cdot\dfrac{1}{(k-i)!}$,

特征函数　$\varphi(t)=\left(1-\dfrac{\mathrm{i}t}{\lambda}\right)^{-1}$.　(4.8.2)

指数分布可以描述许多物理现象，特别是它与泊松过程有紧密的联系，泊松过程中两次相继发生的事件之间的(时间、空间)间隔服从指数分布.

例 4.14　泡室中粒子径迹气泡间的距离分布

在例4.6中，我们讨论了泡室中长度l的粒子径迹产生n个气泡的概率．现在将问题改变为求两个气泡之间的距离等于l时的概率表达式.

给定某一原点位置，考虑距离该点l处出现第一个气泡的概率．因为在间隔$[l,l+\Delta l]$内出现第一个气泡等价于在$[0,l]$内不出现气泡而$[l,l+\Delta l]$内出现一个气泡，根据泊松假设(见4.3节)，这两个事件相互独立，故此两个独立事件同时出现的联合概率是独立事件概率的乘积，它等于$g\Delta l\cdot e^{-gl}$(见例4.6)．因此，在位置l处单位长度内出现第一个气泡的概率(即概率密度)为

$$f(l)=ge^{-gl},\qquad 0\leqslant l<\infty, \tag{4.8.3}$$

其中 g 是单位径迹长度内的平均气泡数目.

位置原点的选择是任意的，可以把任意一个气泡出现的位置作为下一个气泡出现位置的原点，相邻两个气泡间距离分布仍然是式(4.8.3)所示的指数分布，该性质称为指数分布的无记忆性. 这时，式(4.8.3)应解释为粒子径迹上两个相邻气泡间距离等于 l 的概率密度函数，这就是我们要解的问题.

两个相邻气泡间距离 $\leqslant l$ 的概率由累积分布函数给出

$$F(l)=\int_0^l f(x)\mathrm{d}x=1-\mathrm{e}^{-gl}; \tag{4.8.4}$$

两相邻气泡间距离 $>l$ 的概率显然是

$$1-F(l)=\mathrm{e}^{-gl}; \tag{4.8.5}$$

两相邻气泡间的平均距离则为

$$E(l)=\int_0^\infty lf(l)\mathrm{d}l=\int_0^\infty gl\mathrm{e}^{-gl}\mathrm{d}l=\frac{1}{g}, \tag{4.8.6}$$

该结果与问题的原假设相一致：单位距离内的气泡平均数等于 g.

以上结论是在假定气泡大小可以忽略的情况下导出的. 若气泡大小不可忽略，但可认为是直径同为 d 的小球，则相邻两个气泡间的间隙 $x=l-d$ 的分布也可用指数分布表示

$$f(x)=g\mathrm{e}^{-gx}, \qquad 0\leqslant x<\infty .$$

例 4.15　两次相继的核衰变之间时间间隔的分布

由例 4.6、例 4.7 的讨论知道，两次相继的核衰变之间时间间隔的分布与上例中相邻气泡间距离分布的推导是一致的. 上例中的距离间隔 l 相应于时间间隔 t，单位距离内的气泡平均数 g 相应于单位时间内的核衰变平均次数 λ——核物理中称为衰变常数. 于是对核衰变现象，相继的两次衰变间时间间隔 t 的概率密度函数为

$$f(t)=\lambda\mathrm{e}^{-\lambda t}, \qquad 0\leqslant t<\infty, \tag{4.8.7}$$

t 的平均值(称为核的平均寿命 τ)等于

$$\tau\equiv E(t)=\frac{1}{\lambda}. \tag{4.8.8}$$

两次衰变间时间间隔 $>t$ (即在 t 内不发生任何衰变)的概率是

$$1-F(t)=\mathrm{e}^{-\lambda t}. \tag{4.8.9}$$

这些公式同样反映了指数分布的无记忆性，即分布概率的表达式与时间原点的选择无关. 这一性质在实际问题中极为重要，它使得我们能够在任何时刻测量不稳定核的平均寿命 τ. 假定在时刻 T_1 有 $N_1(T_1)$ 个不稳定核，若 N_1 充分大，在时刻 $T_2(>T_1)$ 由式(4.8.9)立即知道不稳定核个数 $N_2(T_2)$ 为

$$N_2(T_2)=N_1(T_1)\mathrm{e}^{-\lambda(T_2-T_1)},$$

将 N_1,N_2 对时间求导数，移项后，得

$$\frac{\mathrm{d}N_2/\mathrm{d}t}{\mathrm{d}N_1/\mathrm{d}t}=\mathrm{e}^{-\lambda(T_2-T_1)}.$$

于是得到平均寿命 τ 的表达式

$$\lambda=\tau^{-1}=\frac{1}{T_2-T_1}\ln\left(\frac{\mathrm{d}N_1/\mathrm{d}t}{\mathrm{d}N_2/\mathrm{d}t}\right).$$

$\mathrm{d}N/\mathrm{d}t$ 为单位时间内核衰变的次数，称为核衰变率. 因此，用核探测器测量任意两时刻 T_1,T_2 的核衰变率，即可求出核的平均寿命.

4.9　伽 马 分 布

设随机变量 X 的概率密度函数可表示为

$$f(x;\alpha,\beta)=\frac{1\beta^{\alpha}}{\Gamma(\alpha)}x^{\alpha-1}\mathrm{e}^{-\beta x},\qquad \alpha,\beta>0,\ \ 0\leqslant x<\infty, \tag{4.9.1}$$

α,β 为正常数，则称 X 服从参数 α,β 的**伽马分布**(Gamma distribution). 它的其他性质列举如下：

均值　　$E(X)=\alpha/\beta,$

方差　　$V(X)=\alpha/\beta^2,$

偏度　　$\gamma_1=\dfrac{2}{\sqrt{\alpha}},$　　(4.9.2)

峰度　　$\gamma_2=\dfrac{6}{\alpha},$

特征函数　　$\varphi(t)=(1-\mathrm{i}t/\beta)^{-\alpha}$.

式(4.9.1)中的 $\Gamma(\alpha)$ 是伽马函数，伽马分布的名称即来源于此. 它的显著表达式为

$$\Gamma(\alpha)\equiv\int_0^\infty y^{\alpha-1}\mathrm{e}^{-y}\mathrm{d}y,\qquad \alpha>0,$$

它有以下性质：

$$\Gamma(1)=1,\qquad \Gamma(1/2)=\sqrt{\pi},$$

$$\Gamma(\alpha)=(\alpha-1)\Gamma(\alpha-1),$$

$$\Gamma(n)=(n-1)!,\qquad n\text{ 为正整数}$$

$$\Gamma\left(n+\frac{1}{2}\right)=\frac{(2n-1)!!}{2^n}\sqrt{\pi}. \tag{4.9.3}$$

伽马分布的概率密度函数见图 4.7. 当 $\alpha\leqslant1$, 函数单调下降；当 $\alpha>1$, 概率密度为单峰函数，极大值在 $x=(\alpha-1)/\beta$ 处.

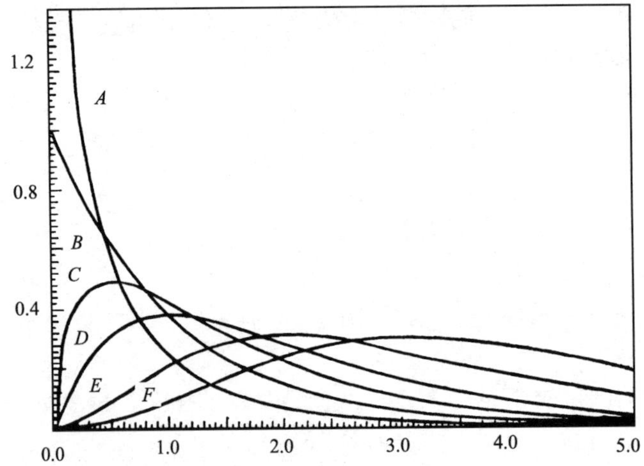

图 4.7　伽马分布的概率密度函数(β=1)，曲线 A，B，C，D，E，F 分别对应于α值 0.5, 1, 1.5, 2, 3, 4

指数分布是伽马分布 $(\alpha=1)$ 的特例；参数 $\beta=1/2,\alpha=\nu/2$ (ν 为正整数)的伽马分布即为自由度为 ν 的 χ^2 分布，后者将在 4.14 节进行讨论. α 等于正整数的伽马分布称为**厄兰分布**(Erlangian distribution)，它的概率密度由式(4.9.1)和式(4.9.3)

求得(令 $\lambda=\beta$)

$$f(t;k,\lambda)=\frac{\lambda^k}{(k-1)!}t^{k-1}\mathrm{e}^{-\lambda t},\qquad \lambda>0,k=1,2,\cdots,0\leqslant t<\infty. \tag{4.9.4}$$

这种分布可以从泊松假设推导出来，因而可描述泊松随机过程.

为确定起见，我们考虑描述时间上随机发生的过程，设事件的发生服从泊松假设，λ 为单位时间内发生的事件(如核衰变)平均数，于是时间间隔 t 内发生 r 个事件的概率服从泊松分布

$$P_r(t;\lambda)=\frac{1}{r!}(\lambda t)^r\mathrm{e}^{-\lambda t}.$$

这里 r 是个随机变量. 现在我们要求出现 k 个事例(k 是某个正整数常数)的时间间隔 t 的规律，也就是说，用 t 表示泊松过程中出现 k 个事件的时间间隔，求随机变量 t 的分布. 在泊松过程中，在 t 内出现 0，1，$\cdots,k-1$ 个事件的总概率是

$$\sum_{r=0}^{k-1}P_r(t;\lambda)=\sum_{r=0}^{k-1}\frac{(\lambda t)^r\mathrm{e}^{-\lambda t}}{r!},$$

因而在 t 内出现 $\geqslant k$ 个事例的概率为

$$F(t;k,\lambda)=1-\sum_{r=0}^{k-1}\frac{(\lambda t)^r\mathrm{e}^{-\lambda t}}{r!},$$

通过数学推导，上式右边的求和项可写成积分形式

$$\sum_{r=0}^{k-1}\frac{(\lambda t)^r\mathrm{e}^{-\lambda t}}{r!}=\int_{\lambda t}^{\infty}\frac{z^{k-1}\mathrm{e}^{-z}}{(k-1)!}\mathrm{d}z,$$

于是有

$$F(t;k,\lambda)=1-\int_{\lambda t}^{\infty}\frac{z^{k-1}\mathrm{e}^{-z}}{(k-1)!}\mathrm{d}z=\int_{0}^{\lambda t}\frac{z^{k-1}\mathrm{e}^{-z}}{(k-1)!}\mathrm{d}z,$$

作变量代换 $z=\lambda y$,得

$$F(t;k,\lambda)=\int_0^t\frac{\lambda^k y^{k-1}\mathrm{e}^{-\lambda y}}{(k-1)!}\mathrm{d}y=\int_0^t f(y;k,\lambda)\mathrm{d}y. \tag{4.9.5}$$

可见，$F(t;k,\lambda)$ 正是厄兰累积分布函数. 因此，$f(t;k,\lambda)$ 表示了在 t 内出现 k 个事

件的概率密度函数. 考虑到泊松过程中时间(或空间)原点的选择是任意的，所以 $f(t;k,\lambda)$ 实际上表示第 i 个事件与第 $k+i$ 个事件(相隔 k 个事件)之间的时间(或空间)间隔的分布. 厄兰分布的均值和方差容易求出

$$E(t)=k\lambda^{-1},\qquad V(t)=k\lambda^{-2}. \tag{4.9.6}$$

与式(4.8.8)比较可知，它的均值恰好是泊松过程中两相继事件间的时间间隔 λ^{-1} 的 k 倍.

例 4.16　成批数据的计算机在线处理

当前的许多物理实验常常需要长时间连续运行，研究不断出现的感兴趣事例，而每个事例通常包含一批实验数据. 例如，利用加速器粒子流轰击靶产生某种粒子反应，该反应需要用各种信息(末态粒子种类、个数、动量、能量、飞行方向等)来描述，即用一组固定的物理量数据描述该事例. 这种大数据量、长期运行的实验数据获取和处理要用在线计算机来完成. 其工作方式如此：一批批数据首先储存在计算机的缓冲器中，然后再转移到中央处理器(CPU)进行处理. 如果缓冲器已被前面事例的数据占满，同时又有新事例的数据等待输入，那么缓冲器被清零(缓冲器内数据丢失)，重新输入新的数据. 现在要问，在实验长期运行时如何计算丢失事例的比例.

本问题的三个要素是事例(数据)产生速率，计算机运算速度和缓冲器容量. 设各事例的产生符合泊松假设，事例产生的平均速率是每秒 λ 个，缓冲器容量等于 k 个事例的数据量，计算机在 T 秒内能处理 k 个事例. 进一步假定缓冲器的清零时间和数据从缓冲器到中央处理器的转移时间可以忽略.

在这些假定下，缓冲器内包含 j 个事例数据的时间间隔 t 的分布由厄兰分布给出. 被丢失的事例的比例 $F(T)$ 相当于在时间间隔 T 内缓冲器包含 $\geq k$ 个事例数据的概率，即

$$F(T)=\int_0^T f(t;k,\lambda)\mathrm{d}t=\int_0^T \frac{\lambda^k t^{k-1}}{(k-1)!}\mathrm{e}^{-\lambda t}\mathrm{d}t$$

(见式(4.9.5)的推导过程). 给定事例平均产生率 $\lambda=0.5/\mathrm{s}$，缓冲器容量 k=10，计算机每秒可处理一个事例即 T=10s. 这时厄兰分布等同于自由度 ν=2k=20 的 χ^2 分布，从累积 χ^2 分布(图 4.17)可以查到 $F(T)\approx 0.03$，即约 3%的事例将被丢失.

4.10　正 态 分 布

设随机变量 X 的概率密度为

$$f(x)\equiv N(\mu,\sigma^2)=\frac{1}{\sqrt{2\pi}\sigma}\mathrm{e}^{-\frac{(x-\mu)^2}{2\sigma^2}},\qquad -\infty<x<\infty, \tag{4.10.1}$$

其中 μ 为实数，σ 为大于 0 的实数，称 X 服从参数 μ,σ 的**正态分布**或**高斯分布**. 下面列出正态分布的分布函数、特征函数和数字特征：

$$F(x)=\frac{1}{\sqrt{2\pi}\sigma}\int_{-\infty}^{x}\mathrm{e}^{-\frac{(t-\mu)^2}{2\sigma^2}}\mathrm{d}t, \tag{4.10.2}$$

$$\varphi(t)=\exp\left(\mathrm{i}t\mu-\frac{1}{2}t^2\sigma^2\right), \tag{4.10.3}$$

$$E(X)=\mu, \tag{4.10.4}$$

$$V(X)=\sigma^2, \tag{4.10.5}$$

$$\gamma_1=\gamma_2=0. \tag{4.10.6}$$

奇数阶和偶数阶中心矩为

$$\left.\begin{aligned}\mu_{2k+1}&=0\\ \mu_{2k}&=\frac{(2k)!}{2^k\cdot k!}\sigma^{2k}\end{aligned}\right\}\quad k=0,1,2,\cdots. \tag{4.10.7}$$

利用特征函数可以证明，正态分布的原点矩 λ_k 和中心矩 μ_k 之间有下述递推关系：

$$\left.\begin{aligned}\mu_{2k+2}&=\sigma^2\mu_{2k}+\sigma^3\frac{\mathrm{d}\mu_{2k}}{\mathrm{d}\sigma}\\ \lambda_{k+2}&=2\mu\lambda_{k+1}+\left(\sigma^2-\mu^2\right)\lambda_k+\sigma^3\frac{\mathrm{d}\lambda_k}{\mathrm{d}\sigma}\end{aligned}\right\}\quad k=0,1,\cdots. \tag{4.10.8}$$

图 4.8 是正态分布的图形，不同的曲线对应于不同的标准差 σ 值. 正态概率密度对于其均值 $x=\mu$ 为对称，且在该点概率密度达到极大

$$f\left(x=\mu\right)=\frac{1}{\sqrt{2\pi}\sigma}; \tag{4.10.9}$$

偏离 μ 越远，概率密度越小．正态曲线在 $x=\mu\pm\sigma$ 处有拐点．

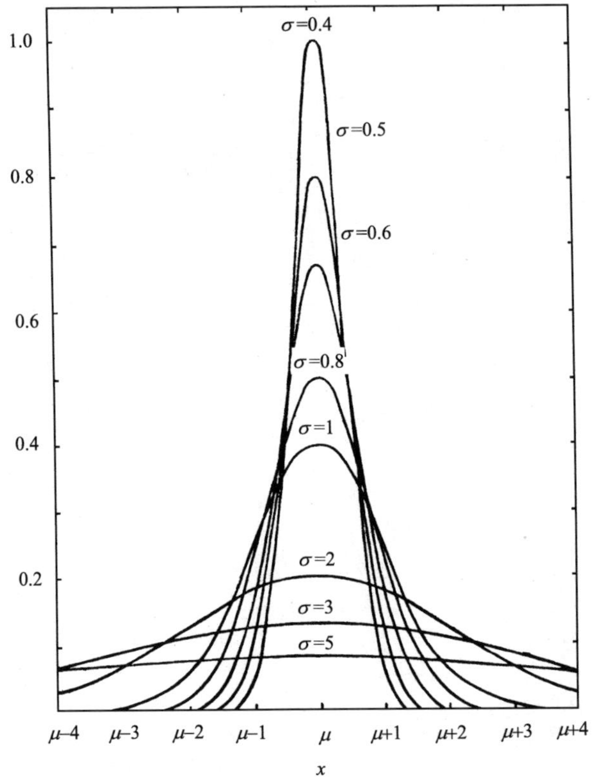

图 4.8　正态分布概率密度 $N(\mu, \sigma^2)$

如果固定 σ 而改变 μ，则 $f\left(x\right)$ 曲线沿 x 轴平移但形状不变，所以概率密度曲线的位置完全由均值 μ 决定；反之，若固定 μ 改变 σ，则曲线对称中心不变而形状发生变化，σ 越小曲线越尖锐，σ 越大则图形越平缓，可见曲线的尖锐程度完全由标准差 σ 决定．

实验测量中常用到分布曲线的**半峰宽度**(full width at half maximum, FWHM)概念，它指的是分布曲线峰值一半的两点间的宽度．若分布曲线是正态曲线，半峰值位于 $x=x_{\frac{1}{2}}$，则有

$$f\left(x_{\frac{1}{2}}\right)=\frac{1}{\sqrt{2\pi}\sigma}\exp\left\{\frac{-\left(x_{\frac{1}{2}}-\mu\right)^2}{2\sigma^2}\right\}=\frac{1}{\sqrt{2\pi}\sigma}\cdot\frac{1}{2},$$

解得

$$x_{\frac{1}{2}}=\mu\pm\sigma\sqrt{2\ln 2},$$

故有

$$\text{FWHM}=\sigma\sqrt{8\ln 2}\approx 2.355\sigma. \tag{4.10.10}$$

这一关系在实验测量中经常用到.

设 $X_i(i=1,2,\cdots,n)$ 为 n 个相互独立的正态变量，则它们的线性和

$$X=\sum_{i=1}^{n}a_iX_i$$

也服从正态分布，其均值和方差分别是

$$\mu=\sum_{i=1}^{n}a_i\mu_i,\qquad \sigma^2=\sum_{i=1}^{n}a_i^2\sigma_i^2. \tag{4.10.11}$$

这一性质称为正态变量的加法定理.

证明　a_iX_i 的特征函数根据式(4.10.2)知

$$\varphi_{a_iX_i}(t)=\exp\left[\mathrm{i}t\mu_ia_i-\frac{1}{2}t^2a_i^2\sigma_i^2\right],$$

由于 $X_1,X_2,\cdots,X_n$ 相互独立，故 X 的特征函数为

$$\begin{aligned}\varphi_X(t)&=\prod_{i=1}^{n}\varphi_{aiX_i}(t)=\prod_{i=1}^{n}\exp\left[\mathrm{i}ta_i\mu_i-\frac{1}{2}t^2a_i^2\sigma_i^2\right]\\&=\exp\left[\mathrm{i}t\sum_{i=1}^{n}a_i\mu_i-\frac{1}{2}t^2\sum_{i=1}^{n}a_i^2\sigma_i^2\right].\end{aligned}$$

与式(4.10.2)对比立即可知，X 服从正态分布 $N\left(\mu,\sigma^2\right)$，$\mu,\sigma^2$ 如式(4.10.11)所示. 定理得证.

$\mu=0,\sigma=1$ 的正态分布 $N(0,1)$ 称为**标准正态分布**，其概率密度和累积分布函数为

$$\phi(x)=\frac{1}{\sqrt{2\pi}}e^{-x^2/2}, \tag{4.10.12}$$

$$\Phi(x)=\frac{1}{\sqrt{2\pi}}\int_{-\infty}^{x}e^{-t^2/2}dt. \tag{4.10.13}$$

对任意正态随机变量 $X\sim N(\mu,\sigma^2)$ 作变换

$$Y=\frac{X-\mu}{\sigma}, \tag{4.10.14}$$

Y 就成为标准正态随机变量. 图 4.9 是标准正态分布的 $\phi(x)$ 和 $\Phi(x)$ 的曲线，它们的数值分别见附表 5 和附表 6.

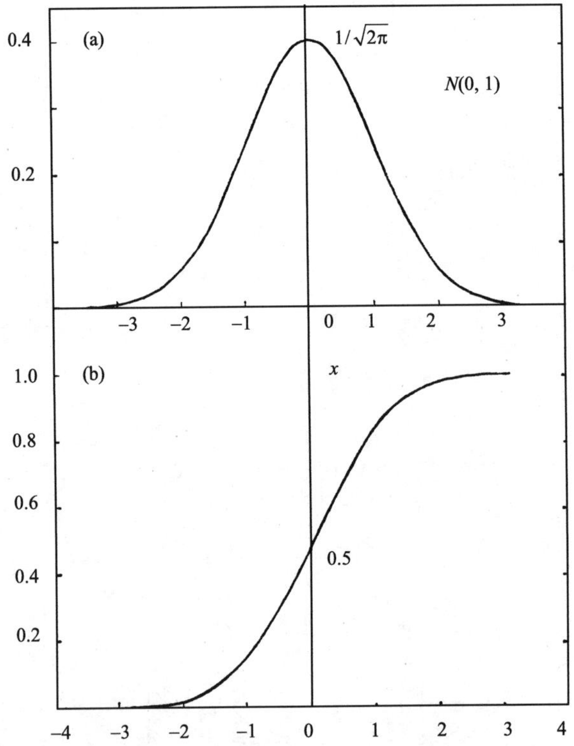

图 4.9　标准正态分布的概率密度 $\phi(x)$ 和累积分布函数 $\Phi(x)$

(a) $\phi(x)=\frac{1}{\sqrt{2\pi}}\exp\left(-\frac{x^2}{2}\right)$; (b) $\Phi(x)=\int_{-\infty}^{x}\frac{1}{\sqrt{2\pi}}\exp\left(-\frac{y^2}{2}\right)dy$

分布函数$\varPhi(x)$表示标准正态变量X取值小于x的概率

$$P(X \leqslant x) = \varPhi(x),$$

所以X落在任意区域(x_1, x_2)内的概率为

$$P(x_1 < X \leqslant x_2) = \int_{x_1}^{x_2} \phi(x) \mathrm{d}x = \varPhi(x_2) - \varPhi(x_1). \tag{4.10.15}$$

由概率密度$\phi(x)$的对称性得知

$$\varPhi(-x) + \varPhi(x) = 1, \tag{4.10.16}$$

因此，对$x > 0$有

$$P(|X| \leqslant x) = \int_{-x}^{x} \phi(t) \mathrm{d}t = 2\varPhi(x) - 1. \tag{4.10.17}$$

对于一般的正态随机变量$X \sim N(\mu, \sigma^2)$，作式(4.10.14)的变量代换，得

$$\begin{aligned} F(x) &= \frac{1}{\sqrt{2\pi}\sigma} \int_{-\infty}^{x} \mathrm{e}^{-\frac{(t-\mu)^2}{2\sigma^2}} \mathrm{d}t \\ &= \frac{1}{\sqrt{2\pi}} \int_{-\infty}^{\frac{x-\mu}{\sigma}} \mathrm{e}^{-\frac{y^2}{2}} \mathrm{d}y = \varPhi\left(\frac{x-\mu}{\sigma}\right). \end{aligned} \tag{4.10.18}$$

于是有

$$\begin{aligned} P(x_1 < X \leqslant x_2) &= \int_{x_1}^{x_2} \frac{1}{\sqrt{2\pi}\sigma} \mathrm{e}^{-\frac{(x-\mu)^2}{2\sigma^2}} \mathrm{d}x \\ &= \varPhi\left(\frac{x_2-\mu}{\sigma}\right) - \varPhi\left(\frac{x_1-\mu}{\sigma}\right). \end{aligned} \tag{4.10.19}$$

如令$x_2 = \mu + n\sigma, x_1 = \mu - n\sigma$，则有

$$\begin{aligned} P(\mu - n\sigma < X \leqslant \mu + n\sigma) &= \int_{\mu-n\sigma}^{\mu+n\sigma} \frac{1}{\sqrt{2\pi}\sigma} \mathrm{e}^{-\frac{(x-\mu)^2}{2\sigma^2}} \mathrm{d}x \\ &= \varPhi(n) - \varPhi(-n). \end{aligned} \tag{4.10.20}$$

上式表示服从正态分布$N(\mu, \sigma^2)$的随机变量X落入其均值μ左右$\pm n\sigma$（n个标准

离差)区域内的概率很容易用 Φ 函数值计算出来.

第五章我们将指明，在大量实际测量中，测量值对于真值的偏离服从或近似地服从正态分布，测量的平均值接近于真值(正态分布的数学期望). 因此，正态分布的标准差通常用来表示测量的误差. 正态变量落在 $\mu \pm n\sigma$ 区域内的概率便有了实际的重要性，特别是

$$\begin{aligned}
&P\{\mu-\sigma<X\leqslant\mu+\sigma\}\approx 68.3\%,\\
&P\{\mu-2\sigma<X\leqslant\mu+2\sigma\}\approx 95.5\%,\\
&P\{\mu-3\sigma<X\leqslant\mu+3\sigma\}\approx 99.7\%,
\end{aligned}\tag{4.10.21}$$

可见，随机变量落在 $\mu \pm 3\sigma$ 区域内的概率几乎达到 100%，这表明，如果被测的实验量服从正态分布，则几乎可以肯定，它的真值落在 $\mu \pm 3\sigma$ 区域之内. 这就是实验物理中普遍使用的 **3σ 规则**(图 4.10).

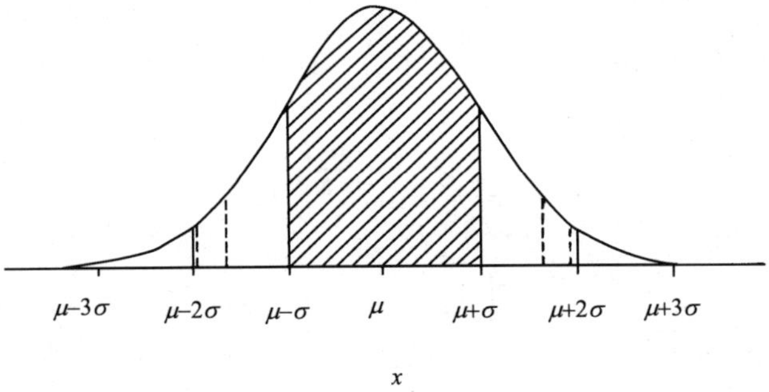

图 4.10　正态随机变量取值落在区间 $\mu \pm \sigma, \mu \pm 2\sigma, \mu \pm 3\sigma$ 的概率

虚线表示概率等于 0.90 和 0.95 相应的区间,对于均值 μ 为对称

在 2.4 节中我们已经提到，若对随机变量的分布不了解时，可用切比雪夫不等式来估计随机变量的取值与其均值的离差小于 $n\sigma$ 的概率，特别是

$$\begin{aligned}
&P\{\mu-2\sigma<X\leqslant\mu+2\sigma\}\geqslant 25\%,\\
&P\{\mu-3\sigma<X\leqslant\mu+3\sigma\}\geqslant 88.9\%,\\
&P\{\mu-4\sigma<X\leqslant\mu+4\sigma\}\geqslant 93.8\%.
\end{aligned}$$

与式(4.10.21)对比，显然切比雪夫不等式对于真值 μ 的限定要粗糙得多. 因此，若已知测量值的分布服从正态分布，利用式(4.10.21)能给出真值的较精确的表述.

下面引入标准正态函数的上侧 α 分位数和双侧 α 分位数的概念. 设 $X \sim N(0,1)$, 称满足

$$P(X > z_\alpha) = \alpha, \qquad 0 < \alpha < 1 \tag{4.10.22}$$

的点 z_α 为标准正态分布的**上侧 α 分位数**，满足

或

$$\left.\begin{aligned} &P(|X| > z_{\alpha/2}) = \alpha \\ &P(-z_{\alpha/2} \leqslant X \leqslant z_{\alpha/2}) = 1-\alpha \end{aligned}\right\} \qquad 0 < \alpha < 1 \tag{4.10.23}$$

的点 $z_{\alpha/2}$ 为**双侧 α 分位数**(图 4.11). 由于

$$P(X > z_\alpha) = 1 - P(X \leqslant z_\alpha) = 1 - \Phi(z_\alpha),$$

故式(4.10.22)相当于

$$\Phi(z_\alpha) = 1-\alpha; \tag{4.10.24}$$

双侧 α 分位数的对应表达式则为

$$\Phi(z_{\alpha/2}) = 1 - \frac{\alpha}{2}. \tag{4.10.25}$$

查阅附表 6 中 $\Phi(x)$ 的值即可得到 z_α 和 $z_{\alpha/2}$. 如上侧 α 分位数

$$z_{\alpha=0.01} = 2.33, \qquad z_{\alpha=0.001} = 3.09;$$

双侧 α 分位数

$$z_{\frac{\alpha}{2}=\frac{0.01}{2}} = 2.58, \qquad z_{\frac{\alpha}{2}=\frac{0.001}{2}} = 3.29.$$

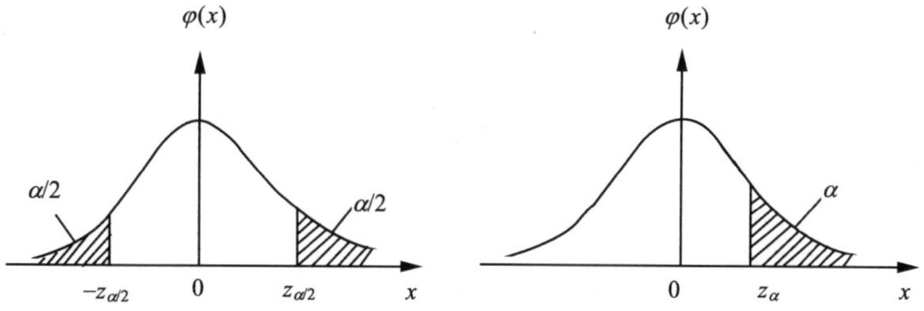

图 4.11　标准正态分布的上侧α分位数 z_α 和双侧α分位数 $z_{\alpha/2}$

4.11　二维正态分布

设二维随机变量 $\{X_1, X_2\}$ 的联合概率密度为

$$f(x_1,x_2)=\frac{1}{2\pi\sigma_1\sigma_2\sqrt{1-\rho^2}}\mathrm{e}^{-Q/2},$$
$$Q=\frac{1}{\left(1-\rho^2\right)}\left[\left(\frac{x_1-\mu_1}{\sigma_1}\right)^2+\left(\frac{x_2-\mu_2}{\sigma_2}\right)^2-2\rho\left(\frac{x_1-\mu_1}{\sigma_1}\right)\left(\frac{x_2-\mu_2}{\sigma_2}\right)\right], \tag{4.11.1}$$

其中 $\sigma_1,\sigma_2>0$, $|\rho|<1$, $-\infty<x_1$, $x_2<\infty$,则称变量 $\{X_1,X_2\}$ 服从二维正态分布.

根据多维随机变量特征函数的定义(3.6.1)，二维正态分布的联合特征函数为

$$\varphi(t_1,t_2)=\exp\left\{\mathrm{i}t_1\mu_1+\mathrm{i}t_2\mu_2+\frac{1}{2}\left[(\mathrm{i}t_1)^2\sigma_1^2+(\mathrm{i}t_2)^2\sigma_2^2+(\mathrm{i}t_3)(\mathrm{i}t_2)2\rho\sigma_1\sigma_2\right]\right\}. \tag{4.11.2}$$

随机变量 X_1,X_2 的各阶原点矩可由 $\varphi(t_1,t_2)$ 对于 t_1,t_2 的偏导数得到(见 3.6 节). 如 X_1 的数学期望为

$$E(X_1)=-\mathrm{i}\left.\frac{\partial\varphi(t_1,t_2)}{\partial t_1}\right|_{t_1=t_2=0}=\mu_1,$$

同样

$$E(X_2)=-\mathrm{i}\left.\frac{\partial\varphi(t_1,t_2)}{\partial t_2}\right|_{t_1=t_2=0}=\mu_2.$$

对于 X_1,X_2 的混合原点矩有

$$E(X_1,X_2)=(-\mathrm{i})^2\left.\frac{\partial^2\varphi(t_1,t_2)}{\partial t_1\partial t_2}\right|_{t_1=t_2=0}=\mu_1\mu_2+\rho\sigma_1\sigma_2.$$

二维正态随机变量的协方差为

$$\mathrm{cov}(X_1,X_2)=E(X_1X_2)-E(X_1)E(X_2)=\rho\sigma_1\sigma_2. \tag{4.11.3}$$

现在求 $\{X_1,X_2\}$ 的边沿概率密度，按定义(3.5.6),

$$f_{X_1}(x_1)=\int_{-\infty}^{\infty} f(x_1,x_2)\mathrm{d}x_2$$
$$=\frac{1}{2\pi\sigma_1\sigma_2\sqrt{1-\rho^2}}\int_{-\infty}^{\infty}\mathrm{d}x_2\cdot\exp\left\{\frac{-1}{2(1-\rho^2)}\right.$$
$$\left.\times\left[\left(\frac{x_1-\mu_1}{\sigma_1}\right)^2+\left(\frac{x_2-\mu_2}{\sigma_2}\right)^2-\frac{2\rho(x_1-\mu_1)(x_2-\mu_2)}{\sigma_1\sigma_2}\right]\right\},$$

由于

$$\frac{(x_2-\mu_2)^2}{\sigma_2^2}-2\rho\frac{(x_1-\mu_1)(x_2-\mu_2)}{\sigma_1\sigma_2}=\left(\frac{x_2-\mu_2}{\sigma_2}-\rho\frac{x_1-\mu_1}{\sigma_1}\right)^2-\rho^2\frac{(x_1-\mu_1)^2}{\sigma_1^2},$$

于是

$$f_{X_1}(x_1)=\frac{1}{2\pi\sigma_1\sigma_2\sqrt{1-\rho^2}}\mathrm{e}^{-\frac{(x_1-\mu_1)^2}{2\sigma_1^2}}$$
$$\times\int_{-\infty}^{\infty}\exp\left\{\frac{-1}{2(1-\rho^2)}\left[\frac{x_2-\mu_2}{\sigma_2}-\rho\frac{x_1-\mu_1}{\sigma_1}\right]^2\right\}\mathrm{d}x_2.$$

令 $t=\frac{1}{\sqrt{1-\rho^2}}\left(\frac{x_2-\mu_2}{\sigma_2}-\rho\frac{x_1-\mu_1}{\sigma_1}\right)$，并代入上式，则

$$\begin{aligned}f_{X_1}(x_1)&=\frac{1}{2\pi\sigma_1}\mathrm{e}^{\frac{-(x_1-\mu_1)^2}{2\sigma_1^2}}\int_{-\infty}^{\infty}\mathrm{e}^{-t^2/2}\mathrm{d}t\\&=\frac{1}{\sqrt{2\pi}\sigma_1}\mathrm{e}^{\frac{-(x_1-\mu_1)^2}{2\sigma_1^2}}=N\left(\mu_1,\sigma_1^2\right).\end{aligned}\tag{4.11.4}$$

同理

$$f_{X_2}(x_2)=N\left(\mu_2,\sigma_2^2\right).\tag{4.11.5}$$

由此得出结论，二维正态变量的每一个分量的边沿分布都是一维正态变量，其数学期望和标准差由式(4.11.1)中的 μ_1,μ_2 和 σ_1,σ_2 表示.

将 $V(X_1)=\sigma_1^2$ 和 $V(X_2)=\sigma_2^2$ 代入相关系数的表达式

$$\rho_{X_1X_2}=\frac{\operatorname{cov}(X_1,X_2)}{\sqrt{V(X_1)\cdot V(X_2)}}=\frac{\rho\sigma_1\sigma_2}{\sigma_1\sigma_2}=\rho,$$

可见式(4.11.1)中的 ρ 即为相关系数. 于是可写出二维正态随机变量的**协方差矩阵** $\underset{\sim}{V}$ 及其逆矩阵 $\underset{\sim}{V}^{-1}$

$$\underset{\sim}{V}=\begin{bmatrix}\sigma_1^2 & \rho\sigma_1\sigma_2\\ \rho\sigma_1\sigma_2 & \sigma_2^2\end{bmatrix},$$

$$\underset{\sim}{V}^{-1}=\frac{1}{\sigma_1^2\sigma_2^2(1-\rho^2)}\begin{bmatrix}\sigma_2^2 & -\rho\sigma_1\sigma_2\\ -\rho\sigma_1\sigma_2 & \sigma_1^2\end{bmatrix}. \tag{4.11.6}$$

这样，利用矩阵的符号，式(4.11.1)可改写为

$$f(x_1,x_2)=\frac{1}{2\pi|\underset{\sim}{V}|^{1/2}}\exp\left[-\frac{1}{2}(\boldsymbol{x}-\boldsymbol{\mu})^{\mathrm{T}}\underset{\sim}{V}^{-1}(\boldsymbol{x}-\boldsymbol{\mu})\right], \tag{4.11.7}$$

其中 $\boldsymbol{x}=\begin{pmatrix}x_1\\x_2\end{pmatrix}$, $\boldsymbol{\mu}=\begin{pmatrix}\mu_1\\\mu_2\end{pmatrix}$, $|\underset{\sim}{V}|$ 为矩阵 $\underset{\sim}{V}$ 的行列式.

二维正态分布的条件概率密度按定义(3.2.4)可由联合概率密度与边沿概率密度之比求出，如条件 $X_1=x_1$ 下随机变量 X_2 的条件概率密度是

$$f(x_2|x_1)=\frac{f(x_1,x_2)}{f_{X_1}(x_1)}=N\left(\mu_2+\frac{\sigma_2}{\sigma_1}\rho(x_1-\mu_1),\sigma_2^2(1-\rho^2)\right): \tag{4.11.8}$$

类似地，$X_2=x_2$ 条件下 X_1 的条件概率密度为

$$f(x_1|x_2)=N\left(\mu_1+\frac{\sigma_1}{\sigma_2}\rho(x_2-\mu_2),\sigma_1^2(1-\rho^2)\right). \tag{4.11.9}$$

因此，条件概率密度都是正态函数.

当相关系数 $\rho=0$, 式(4.11.1)和式(4.11.2)简化为

$$f(x_1,x_2)=N(\mu_1,\sigma_1^2)\cdot N(\mu_2,\sigma_2^2)=f_{X_1}(x_1)\cdot f_{X_2}(x_2), \tag{4.11.10}$$

$$\varphi(t_1,t_2)=\left[\mathrm{e}^{\mathrm{i}t_1\mu_1+\frac{1}{2}(\mathrm{i}t_1)^2\sigma_1^2}\right]\cdot\left[\mathrm{e}^{\mathrm{i}t_2\mu_2+\frac{1}{2}(\mathrm{i}t_2)^2\sigma_2^2}\right]. \tag{4.11.11}$$

二维正态变量的概率密度和特征函数等于两个一维正态变量的概率密度和特征函

数的乘积，这恰恰是两个分量 X_1, X_2 相互独立的条件(参见式(3.1.17))，因而对正态分布而言，两个随机变量互不相关等价于相互独立．这一性质是正态分布所特有的．对于一般的分布，两个随机变量相关系数为 0 并不一定相互独立．

当 $\rho=0$, 协方差矩阵及其逆矩阵有非常简单的形式

$$\underset{\sim}{V}=\begin{bmatrix}\sigma_1^2 & 0\\ 0 & \sigma_2^2\end{bmatrix},\qquad \underset{\sim}{V}^{-1}=\begin{bmatrix}1/\sigma_1^2 & 0\\ 0 & 1/\sigma_2^2\end{bmatrix}. \tag{4.11.12}$$

条件概率化简为

$$f\left(x_2 \middle| x_1\right)=N(\mu_2,\sigma_2^2),\qquad f\left(x_1 \middle| x_2\right)=N(\mu_1,\sigma_1^2).$$

这是 X_1, X_2 互相独立的自然结果.

由二维正态概率密度的表达式(4.11.1)可知，当

$$Q=\frac{1}{1-\rho^2}\left[\frac{(x_1-\mu_1)^2}{\sigma_1^2}+\frac{(x_2-\mu_2)^2}{\sigma_2^2}\right.$$

$$\left.-\frac{2\rho(x_1-\mu_1)(x_2-\mu_2)}{\sigma_1\sigma_2}\right]=C\ (常数) \tag{4.11.13}$$

概率密度是常数，该式是 x_1, x_2 构成的直角坐标系中的一个椭圆方程，中心在 $x_1=\mu_1, x_2=\mu_2$, 这就形成了一个**等概率椭圆**. 对应于不同的常数值 C，形成的等概率椭圆的概率值不相同，但椭圆中心仍在 (μ_1,μ_2) 点．这一族同心椭圆称为二维正态变量的等概率椭圆族，它们有共同的主轴方向．因此概率密度 $f(x_1,x_2)$ 可表示为 $x_1, x_2, f(x_1,x_2)$ 构成的三维空间中的一个表面，如图 4.12 所示．表面上每一点的高度即为 $X_1=x_1, X_2=x_2$ 对应的概率密度值；该表面与平面 $f(x_1,x_2)=A$ (常数)的截线是等概率椭圆. 平面 $X_1=\mu_1, X_2=\mu_2$ 相交构成的直线 $O'P$ 为同心椭圆的主轴，它与概率密度表面 $f(x_1,x_2)$ 的交点 P 是概率密度的极大值

$$f(x_1,x_2)_{\max}=f(\mu_1,\mu_2)=\frac{1}{2\pi\sigma_1\sigma_2\sqrt{1-\rho^2}}. \tag{4.11.14}$$

包含直线 $O'P$ 的任一平面与该表面的截线都是正态曲线． $x_1=$ 常数的平面与概率表面的截线相当于 $X_1=x_1$ 条件下 X_2 的条件概率，由式(4.11.8)可知是正态曲线，它的均值与常数值 x_1 有关，但其方差与 x_1 值没有联系．同样， $x_2=$ 常数的平面与概率表面的截线也是正态曲线，由式(4.11.9)表示.

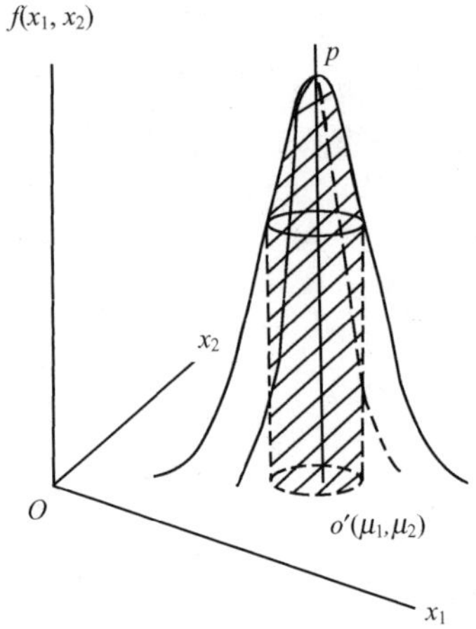

图 4.12　二维正态变量的概率密度

式(4.11.13)中常数 C 取为 C=1,此时有

$$Q=\frac{1}{1-\rho^2}\left[\left(\frac{x_1-\mu_1}{\sigma_1}\right)^2+\left(\frac{x_2-\mu_2}{\sigma_2}\right)^2-2\rho\frac{x_1-\mu_1}{\sigma_1}\frac{x_2-\mu_2}{\sigma_2}\right]=1. \quad (4.11.15)$$

所对应的等概率椭圆称为**协方差椭圆**，它的主轴与坐标轴之间的夹角 α 可由下式求得：

$$\tan 2\alpha=\frac{2\rho\sigma_1\sigma_2}{\sigma_1^2-\sigma_2^2}, \quad (4.11.16)$$

半长轴和半短轴的长度为

$$p_1^2=\frac{\sigma_1^2\sigma_2^2(1-\rho^2)}{\sigma_2^2\cos^2\alpha-2\rho\sigma_1\sigma_2\sin\alpha\cos\alpha+\sigma_1^2\sin^2\alpha},$$
$$p_2^2=\frac{\sigma_1^2\sigma_2^2(1-\rho^2)}{\sigma_2^2\sin^2\alpha+2\rho\sigma_1\sigma_2\sin\alpha\cos\alpha+\sigma_1^2\cos^2\alpha}. \quad (4.11.17)$$

图 4.13 是 $\sigma_1=1,\sigma_2=\sqrt{2}$ 时，$\rho=0.7,-0.3,0$ 的协方差椭圆. 对应于不同 ρ 值的协方差椭圆都落在中心点 (μ_1,μ_2)，边长 $2\sigma_1,2\sigma_2$ 的长方形之内，椭圆与长方形有四个点相切. 在 $\rho=\pm1$ 的情形下，椭圆退化成长方形的两条对角线.

随机变量 $\{X_1,X_2\}$ 的值落入等概率椭圆区域之内的概率可由积分

$$\int_A f(x_1, x_2)\mathrm{d}x_1\mathrm{d}x_2$$

表示，其中 A 表示等概率椭圆内的区域，该积分值等于图 4.12 中二维正态分布密度曲面下阴影部分的体积.

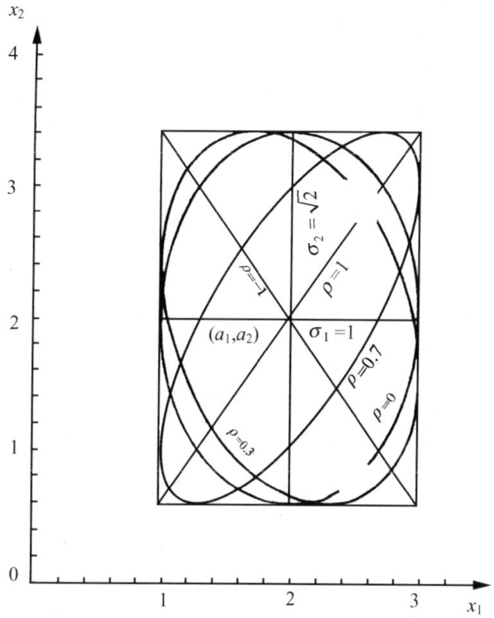

图 4.13　协方差椭圆

设 $\{X_1, X_2\}$ 为二维正态变量，令随机变量 Y 为 X_1, X_2 的线性函数，即

$$Y \equiv \boldsymbol{a}^{\mathrm{T}}\boldsymbol{X} = a_1X_1 + a_2X_2,$$

Y 的特征函数 $\varphi_Y(t)$ 可利用性质(3.6.2)求得，立即可知，Y 为一正态变量

$$Y \sim N\left(a_1\mu_1 + a_2\mu_2, a_1^2\sigma_1^2 + a_2^2\sigma_2^2 + 2a_1a_2\rho\sigma_1\sigma_2\right) = N\left(\boldsymbol{a}^{\mathrm{T}}\boldsymbol{\mu}, \boldsymbol{a}^{\mathrm{T}}\underset{\sim}{V}\boldsymbol{a}\right), \quad (4.11.18)$$

其中 $\underset{\sim}{V}$ 为 $\boldsymbol{X}$ 的协方差矩阵，$\boldsymbol{\mu}$是 $\boldsymbol{X}$ 的均值，

$$\boldsymbol{a} = \begin{pmatrix} a_1 \\ a_2 \end{pmatrix}, \qquad \boldsymbol{\mu} = \begin{pmatrix} \mu_1 \\ \mu_2 \end{pmatrix}.$$

若令 $Y_1 = a_1X_1 + a_2X_2$，$Y_2 = b_1X_1 + b_2X_2$，则随机向量 $\boldsymbol{Y} = \{Y_1, Y_2\}$ 亦构成二维正态随机变量，且其边沿概率密度为

$$f_{Y_1}(y_1)=N\left(\boldsymbol{a}^{\mathrm{T}}\boldsymbol{\mu},\boldsymbol{a}^{\mathrm{T}}\underset{\sim}{V}\boldsymbol{a}\right),$$
$$f_{Y_2}(y_2)=N\left(\boldsymbol{b}^{\mathrm{T}}\boldsymbol{\mu},\boldsymbol{b}^{\mathrm{T}}\underset{\sim}{V}\boldsymbol{b}\right),\tag{4.11.19}$$

Y_1 与 Y_2 的协方差

$$\operatorname{cov}(Y_1,Y_2)=\boldsymbol{a}^{\mathrm{T}}\underset{\sim}{V}\boldsymbol{b}.\tag{4.11.20}$$

显然，当 $\boldsymbol{a}^{\mathrm{T}}\underset{\sim}{V}\boldsymbol{b}=0$ 时，Y_1，Y_2 相互独立.

特别当对 X_1,X_2 作正交变换

$$Y_1=\frac{1}{\sqrt{2}}\left(\frac{X_1-\mu_1}{\sigma_1}+\frac{X_2-\mu_2}{\sigma_2}\right),$$
$$Y_2=\frac{1}{\sqrt{2}}\left(\frac{X_1-\mu_1}{\sigma_1}-\frac{X_2-\mu_2}{\sigma_2}\right)$$

时，二维正态随机变量 $\boldsymbol{Y}=\{Y_1,Y_2\}$ 的联合概率密度等于

$$g(y_1,y_2)=\frac{1}{2\pi\sqrt{1-\rho^2}}\exp\left[-\frac{1}{2}\left(\frac{y_1^2}{1+\rho}+\frac{y_2^2}{1-\rho}\right)\right]$$
$$=\left(\frac{1}{\sqrt{2\pi}\sqrt{1+\rho}}\mathrm{e}^{-\frac{y_1^2}{2(1+\rho)}}\right)\cdot\left(\frac{1}{\sqrt{2\pi}\sqrt{1-\rho}}\mathrm{e}^{-\frac{y_2^2}{2(1-\rho)}}\right),$$

这表明，Y_1,Y_2 是相互独立的正态变量.

作进一步的变换 $Z_1=Y_1/\sqrt{1+\rho},Z_2=Y_2/\sqrt{1-\rho}$，即

$$Z_1=\frac{1}{\sqrt{2}\sqrt{1+\rho}}\left(\frac{X_1-\mu_1}{\sigma_1}+\frac{X_2-\mu_2}{\sigma_2}\right),$$
$$Z_2=\frac{1}{\sqrt{2}\sqrt{1-\rho}}\left(\frac{X_1-\mu_1}{\sigma_1}-\frac{X_2-\mu_2}{\sigma_2}\right),\tag{4.11.21}$$

则二维正态随机变量 $\boldsymbol{Z}=\{Z_1,Z_2\}$ 的联合概率密度 $h(z_1,z_2)$ 等于

$$h(z_1,z_2)=\left(\frac{1}{\sqrt{2\pi}}\mathrm{e}^{-z_1^2/2}\right)\left(\frac{1}{\sqrt{2\pi}}\mathrm{e}^{-z_2^2/2}\right)\tag{4.11.22}$$

可见，Z_1,Z_2 是相互独立的标准正态变量. 这时，式(4.11.1)中的 Q 化为

$$Q(z_1,z_2)=z_1^2+z_2^2.$$

由 4.14 节知，Q 是自由度为 2 的 χ^2 变量.

上述变换性质可用来计算二维正态变量在等概率椭圆包围的区域内的概率量

$$P(Q<C)=\iint\limits_{Q<C} f(x_1,x_2)\mathrm{d}x_1\mathrm{d}x_2. \tag{4.11.23}$$

利用变换式(4.11.21)，上式化为

$$P(Q<C)=\iint\limits_{Q'<C} h(z_1,z_2)\mathrm{d}z_1\mathrm{d}z_2, \tag{4.11.24}$$

其中 $Q'=z_1^2+z_2^2$.将上式与式(4.14.14)，式(4.14.15)比较可知，它等于自由度 2 的 χ^2 累积分布函数

$$P(Q<C)=F(C;2). \tag{4.11.25}$$

这一事实可表述如下：在二维正态分布中，Q 服从自由度 2 的 χ^2 分布，$Q=C$ 等概率椭圆区域内的概率量等于 $\chi^2(2)$ 分布的累积分布函数 $F(C;2)$.

当常数 C 取为 1，4，9，$P(Q<C)$ 的值分别为 0.393，0.865，0.989(图 4.17). 其中 $C=1$ 对应于协方差椭圆.

4.12　多维正态分布

二维正态分布的许多性质可直接推广到 n 维正态随机向量的一般情形. 若随机向量 $\boldsymbol{X}=\{X_1,X_2,\cdots,X_n\}$ 的联合概率密度为

$$f(\boldsymbol{x})\equiv f(x_1,x_2,\cdots,x_n)=\frac{1}{(2\pi)^{n/2}|\underset{\sim}{V}|^{1/2}}\mathrm{e}^{-Q/2},$$

$$Q=(\boldsymbol{x}-\boldsymbol{\mu})^{\mathrm{T}}\underset{\sim}{V}^{-1}(\boldsymbol{x}-\boldsymbol{\mu})=\sum_{i=1}^{n}\sum_{j=1}^{n}V_{ij}^{-1}\left(\frac{x_i-\mu_i}{\sigma_i}\right)\left(\frac{x_j-\mu_j}{\sigma_j}\right),$$

$$-\infty<x_1,x_2,\cdots,x_n<\infty, \tag{4.12.1}$$

则称 $\boldsymbol{X}$ 服从 n 维正态分布. 上式中

$$\boldsymbol{\mu}=\begin{pmatrix}\mu_1\\ \mu_2\\ \vdots\\ \mu_n\end{pmatrix},\qquad \boldsymbol{x}=\begin{pmatrix}x_1\\ x_2\\ \vdots\\ x_n\end{pmatrix},$$

$$\underset{\sim}{V}=E\left\{(\boldsymbol{X}-\boldsymbol{\mu})(\boldsymbol{X}-\boldsymbol{\mu})^{\mathrm{T}}\right\}$$
$$=\begin{bmatrix}\sigma_1^2 & \rho_{12}\sigma_1\sigma_2 & \cdots & \rho_{1n}\sigma_1\sigma_n\\ \rho_{12}\sigma_1\sigma_2 & \sigma_2^2 & & \\ \vdots & \vdots & & \vdots\\ \rho_{1n}\sigma_1\sigma_n & \cdots & & \sigma_n^2\end{bmatrix}. \tag{4.12.2}$$

$\underset{\sim}{V}$ 是 $n\times n$ 阶对称协方差矩阵，其中 ρ_{ij} 是随机变量 X_i, X_j 之间的相关系数

$$\rho_{ij}=E\left[\left(X_i-\mu_i\right)\left(X_j-\mu_j\right)\right]/\sigma_i\sigma_j. \tag{4.12.3}$$

$|\underset{\sim}{V}|$ 表示 $\underset{\sim}{V}$ 的行列式. 显然 $|\underset{\sim}{V}|$ 必须不为 0. 为了使式(4.12.1)的概率密度具有归一性，即

$$\int_{-\infty}^{\infty} f(\boldsymbol{x})\mathrm{d}\boldsymbol{x}=1,$$

协方差矩阵 $\underset{\sim}{V}$ (以及 $\underset{\sim}{V}^{-1}$)必须是**正定矩阵**[①].

n 维正态随机向量的特征函数是

$$\varphi(\boldsymbol{t})=\exp\left(\mathrm{i}\boldsymbol{t}^{\mathrm{T}}\boldsymbol{\mu}-\frac{1}{2}\boldsymbol{t}^{\mathrm{T}}\underset{\sim}{V}\boldsymbol{t}\right), \tag{4.12.4}$$

由此容易求得各阶原点矩和混合原点矩，例如，

$$E\left(X_r\right)=(-\mathrm{i})\left.\frac{\partial\varphi}{\partial t_r}\right|_{t=0}=\mu_r,$$
$$E\left(X_rX_s\right)=(-\mathrm{i})(-\mathrm{i})\left.\frac{\partial^2\varphi}{\partial t_r\partial t_s}\right|_{t=0}=\mu_r\mu_s+V_{rs},\qquad r,s=1,2,\cdots,n. \tag{4.12.5}$$

若协方差矩阵为对角矩阵，即

---

① 所谓矩阵 $\underset{\sim}{A}$ 为正定矩阵,是指对于任何不为 0 的矢量 $\boldsymbol{x}\neq\boldsymbol{0}$ 总有 $\boldsymbol{x}^{\mathrm{T}}\underset{\sim}{A}\boldsymbol{x}>0$.

$$\underset{\sim}{V}=\begin{bmatrix}\sigma_1^2 & & & 0\\ & \sigma_2^2 & & \\ & & \ddots & \\ 0 & & & \sigma_n^2\end{bmatrix},\tag{4.12.6}$$

这时对 $i\neq j,i,j=1,2,\cdots,n$, 有 $\rho_{ij}=0$, 即随机向量 $\boldsymbol{X}$ 的所有分量之间两两互不相关，则联合概率密度简化为

$$\begin{aligned}f(\boldsymbol{x})&=\frac{1}{(2\pi)^{n/2}\sigma_1\cdots\sigma_n}\exp\left\{-\frac{1}{2}\sum_{i=1}^{n}\left(\frac{x_i-\mu_i}{\sigma_i}\right)^2\right\}\\&=N(\mu_1,\sigma_1)\cdot N(\mu_2,\sigma_2)\cdots N(\mu_n,\sigma_n),\end{aligned}\tag{4.12.7}$$

即等于 n 个正态变量 $X_i,i=1,2,\cdots,n$ 的概率密度的乘积，这表明，这 n 个正态随机变量相互独立. 因此，协方差矩阵为对角矩阵是 n 维正态随机向量各分量相互独立的充要条件. 在这种情形下，协方差矩阵的逆阵有简单的形式

$$\underset{\sim}{V}^{-1}=\begin{bmatrix}\sigma_1^{-2} & & & 0\\ & \sigma_2^{-2} & & \\ & & \ddots & \\ 0 & & & \sigma_n^{-2}\end{bmatrix}.\tag{4.12.8}$$

n 维正态随机向量中，任意 $r(<n)$ 个分量 $\{X_i,X_j,X_k,\cdots\}$ 的边沿分布是 r 维正态变量，将式(4.12.2) $\underset{\sim}{V}$ 的表达式中不等于 $i,j,k,\cdots$ 的各行各列去除即得到它的协方差矩阵. 特别是，n 维正态随机向量任一分量的边沿分布是一维正态分布 $N_i(\mu_i,\sigma_i^2)$, 概率密度是

$$\begin{aligned}f_{X_i}(x_i)&=\iint_{j\neq i}\cdots\int f(x_1,x_2,\cdots,x_n)\mathrm{d}x_1\cdots\mathrm{d}x_{i-1}\mathrm{d}x_{i+1}\cdots\mathrm{d}x_n\\&=N_i(\mu_i,\sigma_i^2).\end{aligned}$$

n 维正态随机向量的任一分量 X_i 等于常数时的条件概率密度服从 $n-1$ 维正态分布，其协方差矩阵可由式(4.12.2) $\underset{\sim}{V}$ 的逆矩阵中去除第 i 行、i 列再求逆阵得到. 类似地，l 个分量等于常数时的条件概率密度服从 $n-l$ 维正态分布，其协方差矩阵由 $\underset{\sim}{V}^{-1}$ 中去除相应的 l 行、l 列元素后求逆阵得到.

设 Y 是 n 维正态随机向量 $\boldsymbol{X}=\{X_1,X_2,\cdots,X_n\}$ 各分量的线性函数，即

$$Y = \sum_{i=1}^{n} a_i X_i = \boldsymbol{a}^{\mathrm{T}} \boldsymbol{X},$$

则 Y 是正态变量

$$Y \sim N\left(\boldsymbol{a}^{\mathrm{T}} \boldsymbol{\mu}, \boldsymbol{a}^{\mathrm{T}} \underset{\sim}{V} \boldsymbol{a}\right).$$

$X_1, X_2, \cdots, X_n$ 的一组线性函数构成一个多维正态分布．设

$$\begin{aligned}
Y_1 &= S_{11}X_1 + S_{12}X_2 + \cdots + S_{1n}X_n, \\
Y_2 &= S_{21}X_1 + S_{22}X_2 + \cdots + S_{2n}X_n, \\
&\vdots \\
Y_m &= S_{m1}X_1 + S_{m2}X_2 + \cdots + S_{mn}X_n
\end{aligned}$$

或写成矩阵形式

$$\boldsymbol{Y} = \underset{\sim}{S} \boldsymbol{X}, \tag{4.12.9}$$

其中 $\underset{\sim}{S}$ 是 $m \times n$ 阶变换矩阵($m \leqslant n$)，则 $\boldsymbol{Y} = \{Y_1, Y_2, \cdots, Y_m\}$ 是 m 维正态随机向量，其数学期望为 $\underset{\sim}{S}\boldsymbol{\mu}$, 协方差矩阵

$$\underset{\sim}{V}_{\boldsymbol{Y}} = \underset{\sim}{S}\underset{\sim}{V}\underset{\sim}{S}^{\mathrm{T}}, \tag{4.12.10}$$

其中 $\underset{\sim}{V}$ 是 $\boldsymbol{X}$ 的协方差矩阵.

与二维正态分布中的讨论类似，对 $\boldsymbol{X}$ 作适当的正交变换 $\underset{\sim}{U}$，

$$\boldsymbol{Y} = \underset{\sim}{U} \boldsymbol{X},$$

$\underset{\sim}{U}$ 是 $n \times n$ 阶变换矩阵，可使随机向量 $\boldsymbol{Y}$ 为 n 维正态随机向量，且各分量 $Y_1, Y_2, \cdots, Y_n$ 为相互独立的一维正态分布；它的数学期望为 $\underset{\sim}{U}\boldsymbol{\mu}$, 协方差矩阵是对角矩阵

$$\underset{\sim}{V}_{\boldsymbol{Y}} = \underset{\sim}{U}\underset{\sim}{V}\underset{\sim}{U}^{\mathrm{T}} \equiv D = \begin{pmatrix} d_1 & & 0 \\ & d_2 & \\ & & \ddots & \\ 0 & & & d_n \end{pmatrix},$$

其中 $d_i, i = 1, 2, \cdots, n$ 是矩阵 $\underset{\sim}{V}$ 的本征值．这一性质容易由矩阵论得证．这时，式(4.12.1)中的 Q 可表示成

$$Q = \sum_{i=1}^{n} y_i^2 / \sigma_{yi}^2 = \sum_{i=1}^{n} y_i^2 / d_i .$$

作进一步的变换，

$$Z_i = Y_i / \sqrt{d_i},$$

则 n 维随机向量 $\boldsymbol{Z} = \{Z_1, Z_2, \cdots, Z_n\}$ 中的各分量是相互独立的标准正态分布，协方差矩阵 $\underset{\sim}{V}_{\boldsymbol{Z}}$ 成为单位矩阵 $\boldsymbol{I}_n$, Q 可表示成 n 个标准正态变量的平方和

$$Q = \sum_{i=1}^{n} z_i^2 . \tag{4.12.11}$$

Q 称为 **n 维正态分布的二次型**，n 称为**二次型的秩**. 由 4.14 节的讨论可知，Q 服从 $\chi^2(n)$ 分布. 二次型 Q=C(常数)形成 n 维正态分布的**等概率 n 维椭球**，特别是当 $Q=1$ 时形成**协方差 n 维椭球**. 式(4.12.1)表示的 n 维正态随机向量 $\boldsymbol{X} = \{X_1, X_2, \cdots, X_n\}$ 落在等概率椭球 Q=C 区域内的概率可由 $\chi^2(n)$ 的累积分布函数求得

$$P(Q < C) = F(C; n), \tag{4.12.12}$$

其中自由度 n 即为二次型 Q 的秩(见式(4.11.25)).

4.13 柯 西 分 布

若随机变量 X 的概率密度为

$$f(x) = \frac{1}{\pi} \cdot \frac{1}{1+x^2}, \qquad -\infty < x < \infty, \tag{4.13.1}$$

称 X 服从**柯西分布**或**布雷特-维格纳**(Breit-Wigner)**分布**. 它的特征函数为

$$\varphi(t) = \mathrm{e}^{-|t|}. \tag{4.13.2}$$

从严格的数学意义上，柯西分布的各阶矩都是发散的，因为极限值

$$\lim_{\substack{L \to \infty \\ L' \to \infty}} \int_{-L}^{L'} x^k \frac{1}{\pi} \cdot \frac{1}{1+x^2} \mathrm{d}x$$

不存在. 因此，柯西分布的数学期望和方差都无定义.

在实际测定的任何分布中，它的值域总是有限的. 因此，可以将随机变量 X 的值域取为有限区间 $[-L, L]$, 在这一区间内，“柯西分布”的归一化概率密度可表示为

$$f'(x)=\frac{1}{2\arctan L}\cdot\frac{1}{1+x^2},\qquad -L\leqslant x\leqslant L,\tag{4.13.3}$$

从分布的对称性立即可知道，$f'(x)$ 的所有奇次阶原点矩等于 0，特别是 $E(X)=0$，其方差为

$$V(X)=\frac{L}{\arctan L}-1.\tag{4.13.4}$$

柯西分布的图形见图 4.14. 图中还画出了标准正态曲线作为对照. 柯西分布亦为钟形的对称曲线，但峰值较标准正态曲线低，当 $|x|$ 增大时，概率密度下降的速度较慢. 此外，柯西分布的 FWHM(半峰宽度)等于 2，而标准正态分布的 FWHM 等于

$$\sqrt{8\ln 2}=2.355$$

(见式(4.10.10)).

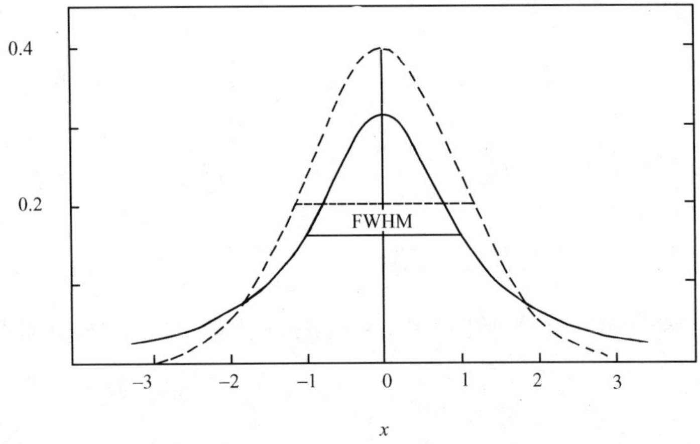

图 4.14　柯西分布(实线)与标准正态分布的比较

在粒子物理和核物理中，布雷特-维格纳公式用来描述核的共振能级和粒子的共振态. 例如，中心值为 M_0，半宽度(=FWHM/2)为 Γ 的共振曲线可表示为

$$f(M;M_0,\Gamma)=\frac{\Gamma}{\pi}\cdot\frac{1}{(M-M_0)^2+\Gamma^2}.\tag{4.13.5}$$

显然，若作变换

$$X=\frac{1}{\Gamma}(M-M_0),\tag{4.13.6}$$

$f(M;M_0,\Gamma)$ 立即化为柯西分布的形式，因此，柯西分布在核物理和基本粒子物理中有重要的作用.

如果将 M 作为随机变量，则有 $M=\Gamma X-M_0$. 根据特征函数的性质，

$$\varphi_M(t)=\mathrm{e}^{-\mathrm{i}M_0t}\varphi_X(\Gamma t)=\mathrm{e}^{-\mathrm{i}M_0t-\Gamma|t|},$$

它对应的概率密度如式(4.13.5)所示，表示中心值 M_0, 半宽度 Γ 的共振曲线. 如果 M_1,M_2 表示两个相互独立的随机变量，则

$$M^*=M_1+M_2$$

的特征函数为

$$\varphi_{M^*}(t)=\varphi_{M_1}(t)\cdot\varphi_{M_2}(t)=\mathrm{e}^{-\mathrm{i}(M_{01}+M_{02})t-(\Gamma_1+\Gamma_2)|t|}.$$

显然，M^* 也服从布雷特-维格纳分布，而且它的中心值为

$$M_0^*=M_{01}+M_{02},$$

半宽度为

$$\Gamma^*=\Gamma_1+\Gamma_2.$$

这一性质可推广到若干个相互独立的柯西变量之和的情形，称为柯西分布的加法定理.

4.14　χ^2 分　布

本节和 4.15 节，4.16 节中即将讨论的 χ^2 分布、t 分布和 F 分布在子样分布、参数估计、假设检验(见第六到十一章)问题中经常遇到，因而在数理统计中极为重要.

设随机变量 Y 的概率密度为

$$f(y;n)=\frac{1}{\Gamma\left(\frac{n}{2}\right)2^{n/2}}y^{\frac{n}{2}-1}\mathrm{e}^{-\frac{y}{2}},\qquad y\geqslant 0,\tag{4.14.1}$$

其中 n 为正整常数，则称 Y 服从**自由度 n 的 χ^2 分布**，记为 $Y\sim\chi^2(n)$. 它的累积分布函数是

$$F(y;n)=\frac{1}{\Gamma\left(\frac{n}{2}\right)2^{n/2}}\int_0^y u^{\frac{n}{2}-1}\mathrm{e}^{-\frac{u}{2}}\mathrm{d}u. \tag{4.14.2}$$

不同自由度n值的$f(y;n)$曲线见图 4.15. 当n=1 时,$f(y=0;1)$趋于无穷大;n=2,$f(y=0;2)=0.5$. 随着 y 的增大,n=1,2 的概率密度曲线都单调下降. 但对$n\geqslant 3, f(y=0;n)$都等于 0,而且概率密度曲线呈偏斜的钟形,在$y=n-2$处为概率密度的极大值;n越大,概率密度曲线越趋向于对称.

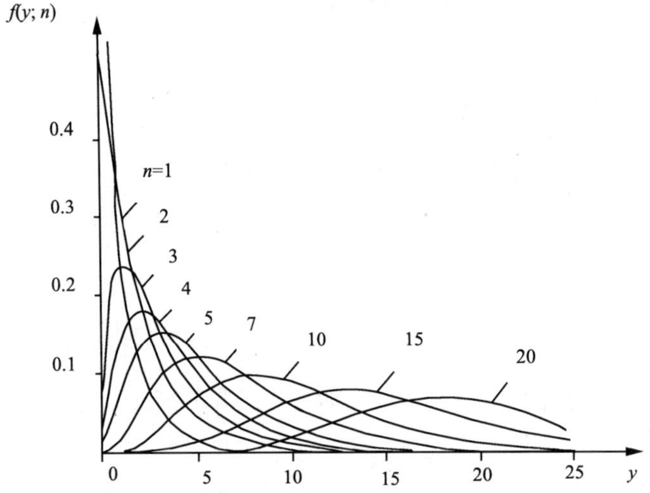

图 4.15 $\chi^2(n)$分布的概率密度

$\chi^2(n)$分布的特征函数为

$$\varphi(t)=(1-2\mathrm{i}t)^{-n/2}. \tag{4.14.3}$$

证明如下:由式(4.14.1)和特征函数的定义

$$\varphi(t)=E\left(\mathrm{e}^{\mathrm{i}tY}\right)=\int_0^\infty\frac{1}{\Gamma\left(\frac{n}{2}\right)2^{n/2}}y^{\frac{n}{2}-1}\exp\left(-\frac{y}{2}+\mathrm{i}ty\right)\mathrm{d}y,$$

作变量代换$v=\left(\frac{1}{2}-\mathrm{i}t\right)y$,则有

$$\varphi(t)=\frac{1}{\Gamma\left(\frac{n}{2}\right)2^{n/2}}\cdot 2^{n/2}(1-2\mathrm{i}t)^{-n/2}\int_0^{\infty}v^{\frac{n}{2}-1}\mathrm{e}^{-v}\mathrm{d}v$$

$$=\frac{(1-2\mathrm{i}t)^{-n/2}}{\Gamma\left(\frac{n}{2}\right)}\cdot\Gamma\left(\frac{n}{2}\right)=(1-2\mathrm{i}t)^{-n/2}.$$

式(4.14.3)得证.

利用特征函数容易求得 $\chi^2(n)$ 变量的各阶原点矩，特别是

$$E(Y)=(-\mathrm{i})\left.\frac{\mathrm{d}\varphi(t)}{\mathrm{d}t}\right|_{t=0}=(-\mathrm{i})\left(-\frac{n}{2}\right)(-2\mathrm{i})=n, \tag{4.14.4}$$

即 $\chi^2(n)$ 分布的数学期望等于其自由度.

$$E\left(Y^2\right)=(-\mathrm{i})^2\left.\frac{\mathrm{d}^2\varphi(t)}{\mathrm{d}t^2}\right|_{t=0}=n^2+2n,$$

故 $\chi^2(n)$ 分布的方差

$$V(Y)=E\left(Y^2\right)-\left[E(Y)\right]^2=n^2+2n-n^2=2n, \tag{4.14.5}$$

即方差等于自由度的两倍，一般地，$\chi^2(n)$ 分布的 k 阶原点矩为

$$\lambda_k=E\left(Y^k\right)=(-\mathrm{i})^k\left.\frac{\mathrm{d}^k\varphi(t)}{\mathrm{d}t^k}\right|_{t=0}$$

$$=n(n+2)\cdots\left[n+2(k-1)\right]$$

$$=2^k\frac{\Gamma\left(\frac{n}{2}+k\right)}{\Gamma\left(\frac{n}{2}\right)}. \tag{4.14.6}$$

由式(2.5.8)便可求得任意阶中心矩，特别有

$$\mu_3=8n,\quad \mu_4=48+12n^2.$$

根据偏度系数和峰度系数的定义，求得 $\chi^2(n)$ 分布的偏度系数 γ_1 和峰度系数 γ_2

$$\gamma_1 = \frac{\mu_3}{(\mu_2)^{3/2}} = 2\sqrt{\frac{2}{n}}, \qquad \gamma_2 = \frac{\mu_4}{\mu_2^2} - 3 = \frac{12}{n}. \tag{4.14.7}$$

由γ_1,γ_2的表达式可知，随着n的增大，偏度系数γ_1逐渐减小，故$\chi^2(n)$的概率密度随n的增大而趋向对称；当$n\to\infty$，γ_1，$\gamma_2\to 0$，χ^2分布趋向于正态分布．这一点可通过特征函数加以证明．令

$$Z = \frac{Y-n}{\sqrt{2n}}, \tag{4.14.8}$$

则随机变量Z的特征函数为

$$\begin{aligned}\varphi_Z(t) &= E\left(\mathrm{e}^{\mathrm{i}tz}\right) = E\left[\exp\left(\mathrm{i}t\frac{Y-n}{\sqrt{2n}}\right)\right] \\ &= \exp\left(\frac{-\mathrm{i}tn}{\sqrt{2n}}\right)E\left[\exp\left(\frac{\mathrm{i}tY}{\sqrt{2n}}\right)\right],\end{aligned}$$

考虑到$Y\left[x^2(n)\right]$的特征函数是$\varphi(t)=E\left(\mathrm{e}^{\mathrm{i}tY}\right)=(1-2\mathrm{i}t)^{-n/2}$，上式可改写为

$$\begin{aligned}\varphi_Z(t) &= \exp\left(\frac{-\mathrm{i}tn}{\sqrt{2n}}\right)\varphi\left(\frac{t}{\sqrt{2n}}\right) \\ &= \exp\left(\frac{-\mathrm{i}tn}{\sqrt{2n}}\right)\cdot\left(1-\frac{2\mathrm{i}t}{\sqrt{2n}}\right)^{-n/2},\end{aligned}$$

对等式两边取对数并将末一项作级数展开，得到

$$\begin{aligned}\ln\varphi_Z(t) &= \frac{-\mathrm{i}tn}{\sqrt{2n}} - \frac{n}{2}\left[\left(\frac{-2\mathrm{i}t}{\sqrt{2n}}\right) - \frac{1}{2}\left(\frac{-2\mathrm{i}t}{\sqrt{2n}}\right)^2 + \frac{1}{3}\left(\frac{-2\mathrm{i}t}{\sqrt{2n}}\right)^3 - \cdots\right] \\ &= \frac{-t^2}{2} + o\left(n^{-1/2}\right) - \cdots,\end{aligned}$$

当$n\to\infty$，$o\left(n^{-1/2}\right)$以及高级小量趋于 0，即$\varphi_Z(t)\to \mathrm{e}^{-t^2/2}$，故$Z$服从标准正态分布．由此可知，随机变量$Y$[服从$\chi^2(n)$分布]在$n\to\infty$的极限情形下服从数学期望$\mu=n$、方差$V=2n$的正态分布．

随机变量$Z=(Y-n)/\sqrt{2n}$逼近$N(0,1)$的收敛速度是比较慢的$\left[o\left(n^{-1/2}\right)\right]$；可以证明随机变量

$$Z_1 = \sqrt{2Y} - \sqrt{2n-1} \tag{4.14.9}$$

以 $o\left(n^{-3/2}\right)$ 的速度向 $N(0,1)$ 逼近，因而是对标准正态分布更好的近似.

χ^2 分布具有可加性，即若随机变量 $Y_1 \sim \chi^2(n_1)$，$Y_2 \sim \chi^2(n_2)$，Y_1与Y_2 相互独立，则随机变量 $Y = Y_1 + Y_2$ 服从自由度 $n_1 + n_2$的χ^2 分布. 这由特征函数容易证明

$$\varphi_Y(t) = \varphi_{Y_1}(t) \cdot \varphi_{Y_2}(t) = (1-2\mathrm{i}t)^{-\frac{n_1+n_2}{2}},$$

这正是 $\chi^2(n_1+n_2)$ 的特征函数. 这一定理显然可直接推广到任意多个相互独立的 χ^2 分布之和的情形，因此有 χ^2 分布的**加法定理**.

$$\chi^2\left(\sum_i n_i\right) = \sum_i \chi^2(n_i). \tag{4.14.10}$$

对于给定正数 $\alpha(0<\alpha<1)$, 称满足条件

$$\int_{\chi_\alpha^2(n)}^{\infty} f(y;n)\mathrm{d}y = \alpha \tag{4.14.11}$$

的点 $\chi_\alpha^2(n)$ 为 $\chi^2(n)$ 分布的**上侧 α 分位数**，它表示随机变量 $\chi^2(n)$ 取值超过 $\chi_\alpha^2(n)$ 的概率等于 α (图 4.16). 利用 $\chi^2(n)$ 的累积分布函数，该式可改写为

$$\alpha = 1 - F\left(\chi_\alpha^2; n\right). \tag{4.14.12}$$

对于给定的 α，可从累积分布函数求出相应的 $\chi_\alpha^2(n)$ 值. 对于不同的自由度，图 4.17 给出了 α 与 $\chi_\alpha^2(n)$ 的关系曲线，可以方便地查出与 α 对应的上侧 α 分位数 $\chi_\alpha^2(n)$ 值. 此外，书末附表 7 列出了 χ^2 分布的上侧 α 分位数 χ_α^2.

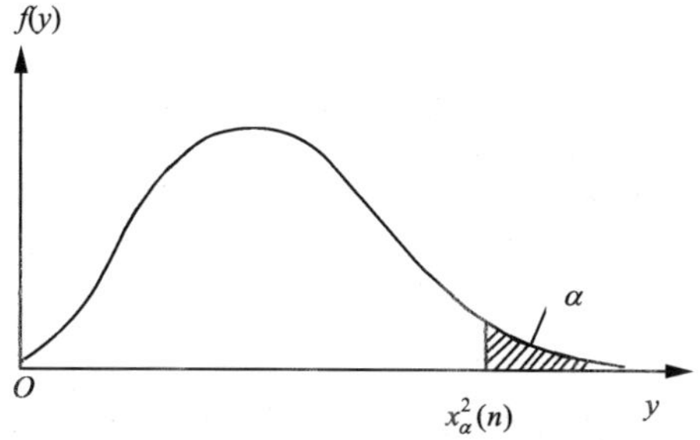

图 4.16　$\chi^2(n)$分布的上侧α分位数 $\chi_\alpha^2(n)$

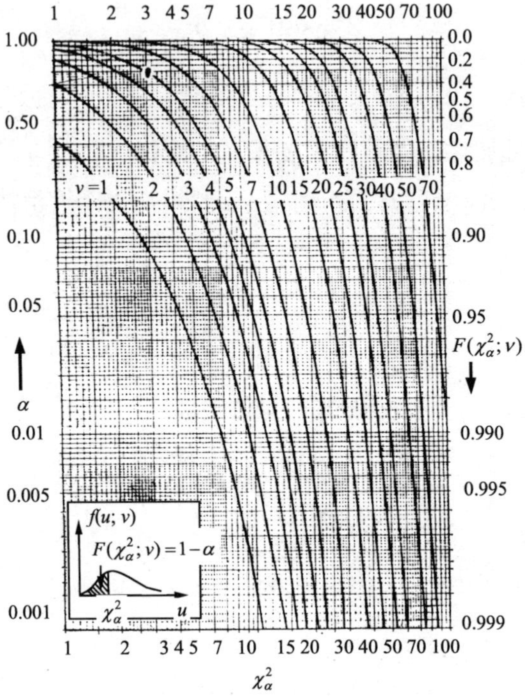

图 4.17　$\chi^2(\nu)$分布上侧 α 分位数 $\chi_\alpha^2(\nu)$ 与 α
和累积分布函数 $F(\chi_\alpha^2;\nu)$ 的关系曲线

由于当 $n\to\infty$ 时，$\chi^2(n)$ 分布趋近于正态分布，因此，当 n 很大(如 n>30)时 $\chi_\alpha^2(n)$ 可由标准正态分布的上侧 α 分位数 Z_α 逼近. 由式(4.14.9)可知

$$Z_\alpha \approx \sqrt{2\chi_\alpha^2(n)}-\sqrt{2n-1},$$

故得

$$\chi_\alpha^2(n)\approx\frac{1}{2}\left(Z_\alpha+\sqrt{2n-1}\right)^2. \tag{4.14.13}$$

Z_α 可由附表 6 查出.

下面我们来证明一个重要的定理. 设 $X_i, i=1,2,\cdots,n$ 服从标准正态分布，且各 X_i 之间相互独立，定义随机变量

$$\chi_n^2 \equiv \sum_{i=1}^{n} X_i^2, \tag{4.14.14}$$

则 χ_n^2 服从自由度 n 的 χ^2 分布，即 n 个独立的标准正态变量的平方和服从 $\chi^2(n)$ 分布. 证明如下：先计算 χ_n^2 的分布函数 $F(x)$，

$$F(x)=P\left\{\chi_n^2<x\right\}=P\left\{\sum_{i=1}^{n}X_i^2<x\right\}, \qquad x>0. \tag{4.14.15}$$

$X_1,X_2,\cdots,X_n$ 的联合概率密度为

$$f_n(x_1,x_2,\cdots,x_n)=\frac{1}{(2\pi)^{n/2}}\exp\left(-\frac{1}{2}\sum_{i=1}^{n}x_i^2\right),$$

所以对 $x>0$,

$$F(x)=\frac{1}{(2\pi)^{n/2}}\int_{\sum\limits_{i=1}^{n}x_i^2<x}\cdots\int\exp\left(-\frac{1}{2}\sum_{i=1}^{n}x_i^2\right)\mathrm{d}x_1\mathrm{d}x_2\cdots\mathrm{d}x_n. \tag{4.14.16}$$

为了计算该积分，作变换

$$\begin{cases}x_1=\rho\cos\vartheta_1\cos\vartheta_2\cdots\cos\vartheta_{n-1},\\ x_2=\rho\cos\vartheta_1\cos\vartheta_2\cdots\sin\vartheta_{n-1},\\ \qquad\vdots\\ x_n=\rho\sin\vartheta_1,\end{cases} \tag{4.14.17}$$

该变换的行列式为

$$J=\frac{\partial(x_1,x_2,\cdots,x_n)}{\partial(\rho,\vartheta_1,\cdots,\vartheta_{n-1})}=\rho^{n-1}D(\vartheta_1,\vartheta_2,\cdots,\vartheta_{n-1}),$$

其中 $D(\vartheta_1,\vartheta_2,\cdots,\vartheta_{n-1})$ 不包含变量 ρ. 代入式(4.14.16)，得

$$\begin{aligned}F(x)&=\frac{1}{(2\pi)^{n/2}}\int_0^{\sqrt{x}}\int_{-\frac{\pi}{2}}^{\frac{\pi}{2}}\cdots\int_{-\frac{\pi}{2}}^{\frac{\pi}{2}}\int_{-\pi}^{\pi}\mathrm{e}^{-\rho^2/2}\rho^{n-1}\mathrm{d}\rho D(\vartheta_1,\vartheta_2,\cdots,\vartheta_{n-1})\cdot\mathrm{d}\vartheta_1\mathrm{d}\vartheta_2\cdots\mathrm{d}\vartheta_{n-1}\\ &\equiv C_n\int_0^{\sqrt{x}}\mathrm{e}^{-\rho^2/2}\rho^{n-1}\mathrm{d}\rho,\end{aligned}$$

其中 C_n 是某个常数. 令 $y=\rho^2$，则上式变成

$$F(x)=\frac{C_n}{2}\int_0^{x}\mathrm{e}^{-\frac{y}{2}}y^{\frac{n}{2}-1}\mathrm{d}y, \tag{4.14.18}$$

利用累积分布函数的归一性

$$F(+\infty)=1=\frac{C_n}{2}\int_0^{\infty}\mathrm{e}^{-\frac{y}{2}}y^{\frac{n}{2}-1}\mathrm{d}y,$$

由于

$$\Gamma\left(\frac{n}{2}\right)=\int_0^{\infty}\mathrm{e}^{-y}y^{\frac{n}{2}-1}\mathrm{d}y,$$

求出

$$C_n=\frac{1}{2^{\frac{n}{2}-1}\Gamma\left(\frac{n}{2}\right)}.$$

代入式(4.14.18)，得到 χ_n^2 的累积分布函数表达式

$$F(x)=\frac{1}{2^{\frac{n}{2}}\Gamma\left(\frac{n}{2}\right)}\int_0^{x}\mathrm{e}^{-\frac{y}{2}}y^{\frac{n}{2}-1}\mathrm{d}y. \tag{4.14.19}$$

与式(4.14.2)对照即知，χ_n^2 服从自由度 n 的 χ^2 分布．定理得证.

若 n 个随机变量 $X_1,X_2,\cdots,X_n$ 相互独立，而且 $X_i\sim N\left(\mu,\sigma^2\right),i=1,2,\cdots,n,$ 由于随机变量 $(X_i-\mu)/\sigma$ 是标准正态变量，立即得到上述定理的一个推论

$$\chi_n^2\equiv\sum_{i=1}^{n}\left(\frac{X_i-\mu}{\sigma}\right)^2\sim\chi^2(n). \tag{4.14.20}$$

更一般地，若 $X_1,X_2,\cdots,X_n$ 相互独立而且 $X_i\sim N\left(\mu_i,\sigma_i^2\right),$ 则有

$$\chi_n^2\equiv\sum_{i=1}^{n}\left(\frac{X_i-\mu_i}{\sigma_i}\right)^2\sim\chi^2(n). \tag{4.14.21}$$

关于 χ^2 分布与均匀分布之间的联系，我们有如下的定理．设 $X_i,i=1,2,\cdots,n$ 是 n 个相互独立的[0,1]区间均匀分布随机变量，则

$$Z=-2\sum_{i=1}^{n}\ln X_i \tag{4.14.22}$$

服从自由度 $2n$ 的 χ^2 分布．证明如下：令

$$Y=-2\ln X, \tag{4.14.23}$$

X 为[0,1]均匀分布的随机变量，则 Y 的概率密度为

$$g(y)=f(x)\left|\frac{\mathrm{d}x}{\mathrm{d}y}\right|=\frac{1}{2}\mathrm{e}^{-y/2}. \tag{4.14.24}$$

与式(4.14.1)对比知，$Y\sim\chi^2(2)$．因此，Z 是 n 个相互独立的 $\chi^2(2)$ 之和，由 χ^2 分布的加法定理可知，$Z\sim\chi^2(2n)$．证毕.

如果 $X_1,X_2,\cdots,X_n$ 是 n 个相互独立的正态随机变量，而且 $X_i\sim N(\mu_i,1)$，则随机变量

$$Y=\sum_{i=1}^{n}X_i^2$$

服从**自由度 n、非中心参数 λ 的非中心 χ^2 分布**，记为

$$Y=\sum_{i=1}^{n}X_i^2\sim\chi'^2(n,\lambda), \tag{4.14.25}$$

其中

$$\lambda=\sum_{i=1}^{n}\mu_i^2.$$

它的特征函数为

$$\varphi(t)=(1-2\mathrm{i}t)^{-n/2}\exp\left(\frac{\mathrm{i}t\lambda}{1-2\mathrm{i}t}\right), \tag{4.14.26}$$

其数学期望和方差分别为

$$E\left\{\chi'^2(n,\lambda)\right\}=n+\lambda,$$
$$V\left\{\chi'^2(n,\lambda)\right\}=2n+4\lambda; \tag{4.14.27}$$

概率密度

$$f(y;n,\lambda)=\frac{1}{2^{n/2}\Gamma\left(\frac{1}{2}\right)}y^{\frac{n}{2}-1}\mathrm{e}^{-\frac{n+\lambda}{2}}\sum_{r=0}^{\infty}\frac{(\lambda y)^r}{(2r)!}\cdot\frac{\Gamma\left(\frac{1}{2}+r\right)}{\Gamma\left(\frac{n}{2}+r\right)},\qquad y\geqslant 0. \tag{4.14.28}$$

显然，当 $\mu_i=0, i=1,2,\cdots,n$, 则非中心参数 $\lambda=0$, 上述非中心 χ^2 分布的公式都简化

为(中心) χ^2 分布的相应公式.

可以证明，若 $Y \sim \chi'^2(n,\lambda)$, 则变量

$$\frac{Y}{\left(\dfrac{n+2\lambda}{n+\lambda}\right)}=\frac{Y}{\left(1+\dfrac{\lambda}{n+\lambda}\right)} \tag{4.14.29}$$

近似地服从自由度 $\nu'=(n+\lambda)^2/(n+2\lambda)$ 的 χ^2 分布，这里 ν' 一般是分数. 利用该关系式并通过 χ^2 分布的图表作内插，可计算非中心 χ^2 变量的概率.

4.15　t 分 布

设随机变量 t 的概率密度为

$$f(t;n)=\frac{\Gamma\left(\dfrac{n+1}{2}\right)}{\sqrt{n\pi}\,\Gamma\left(\dfrac{n}{2}\right)}\left(1+\frac{t^2}{n}\right)^{-\frac{n+1}{2}}, \qquad -\infty<t<\infty, \tag{4.15.1}$$

n 为正整常数，则称 t **服从自由度 n 的 t 分布**，记为 $t\sim t(n)$.

对于四种不同的 n 值, t 分布概率密度曲线如图 4.18 所示. 概率密度 $f(t;n)$ 有如下性质:

(1) $f(t;n)$ 是对于 $t=0$ 对称的单峰函数，在 $t=0$ 处达到极大.

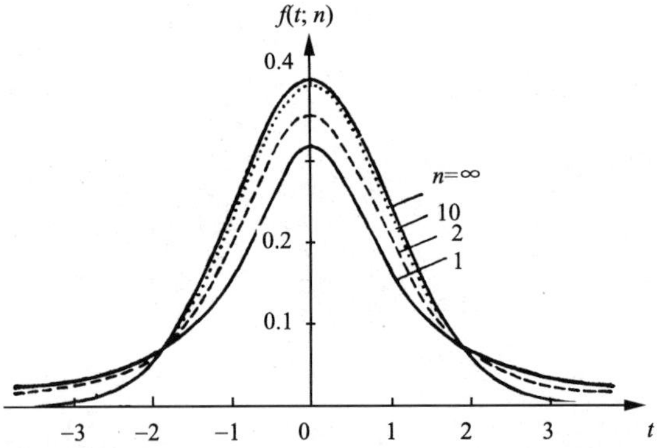

图 4.18　t 分布的概率密度，n=1 和 $n=\infty$ 分别对应于柯西分布和标准正态分布

(2) 自由度为 1 的 t 分布即为柯西分布，即

$$f(t;1)=\frac{1}{\pi}\cdot\frac{1}{1+t^2}. \tag{4.15.2}$$

(3) $n\to\infty$ 的极限情形下，t 分布趋向于标准正态分布

$$f(t;n\to\infty)\to\frac{1}{\sqrt{2\pi}}\mathrm{e}^{-t^2/2}.$$

(4) 当 t 分布的自由度 n 从 1 逐渐增大时，$f(t;n)$ 由柯西分布曲线向标准正态曲线逐渐变化.

t 分布的数字特征列举如下：

$$E(t)=0,\qquad V(t)=\frac{n}{n-2},\qquad n>2,$$

$$\gamma_1=0,\qquad \gamma_2=\frac{6}{n-4},\qquad n>4,$$

$$\mu_{2r}=\frac{n^r\Gamma\left(r+\frac{1}{2}\right)\Gamma\left(\frac{n}{2}-r\right)}{\Gamma\left(\frac{1}{2}\right)\Gamma\left(\frac{n}{2}\right)}\ ,\qquad 2r<n,$$

$$\mu_{2r+1}=0\ ,\qquad 2r+1<n. \tag{4.15.3}$$

t 分布只存在阶数 $m<n$ 的矩，$m\geqslant n$ 阶矩无定义.

若随机变量 $X\sim N(0,1)$， $Y\sim\chi^2(n)$,并且 X 与 Y 相互独立，则随机变量

$$t=\frac{X}{\sqrt{Y/n}} \tag{4.15.4}$$

服从自由度 n 的 t 分布．证明如下：由于 X 和 Y 相互独立，它们的联合概率密度为

$$f(x,y;n)=\left(\frac{1}{\sqrt{2\pi}}\mathrm{e}^{-x^2/2}\right)\left(\frac{1}{2^{n/2}\Gamma\left(\frac{n}{2}\right)}y^{\frac{n}{2}-1}\mathrm{e}^{-y/2}\right).$$

对 X,Y 作下列变换：

$$t=\frac{X}{\sqrt{Y/n}},Z=Y,\qquad -\infty<t<\infty,0<z<\infty,$$

该变换的雅可比行列式为

$$J\left(\frac{x,y}{t,z}\right)=\begin{vmatrix}\dfrac{\partial x}{\partial t} & \dfrac{\partial x}{\partial z}\\ \dfrac{\partial y}{\partial t} & \dfrac{\partial y}{\partial z}\end{vmatrix}=\begin{vmatrix}\sqrt{y/n} & 0\\ 0 & 1\end{vmatrix}=\sqrt{\frac{z}{n}},$$

根据式(3.7.3)，随机变量$\{t,Z\}$的概率密度为

$$f(t,z;n)=f(x,y;n)\cdot|J|$$

$$=\frac{1}{\sqrt{\pi n}\Gamma\left(\frac{n}{2}\right)2^{\frac{n+1}{2}}}z^{\frac{n+1}{2}-1}\mathrm{e}^{-\frac{z}{2}\left(1+\frac{t^2}{n}\right)}.$$

因为我们要求变量t的概率密度，故对z求积分

$$f(t;n)=\int_0^{\infty}f(t,z;n)\mathrm{d}z$$

$$=\frac{1}{\sqrt{\pi n}\Gamma\left(\frac{n}{2}\right)2^{\frac{n+1}{2}}}\int_0^{\infty}z^{\frac{n+1}{2}-1}\mathrm{e}^{-\frac{z}{2}\left(1+\frac{t^2}{n}\right)}\mathrm{d}z$$

$$=\frac{\Gamma\left(\frac{n+1}{2}\right)}{\sqrt{n\pi}\Gamma\left(\frac{n}{2}\right)}\left(1+\frac{t^2}{n}\right)^{-\frac{n+1}{2}},$$

即为式(4.15.1)的概率密度表达式．证毕．

t分布的**上侧α分位数**$t_\alpha(n)$表示满足

$$\int_{t_\alpha(n)}^{\infty}f(t;n)\mathrm{d}t=\alpha=1-F(t_\alpha;n),\qquad 0<\alpha<1 \tag{4.15.5}$$

的点$t_\alpha(n)$，式中$F(t_\alpha;n)$是t分布的累积分布函数在$t=t_\alpha(n)$处的值．式(4.15.5)表示随机变量$t(n)$超过给定值$t_\alpha(n)$的概率等于α(图4.19)．类似地，称满足

$$P\left\{|t|>t_{\frac{\alpha}{2}}(n)\right\}=\alpha \tag{4.15.6}$$

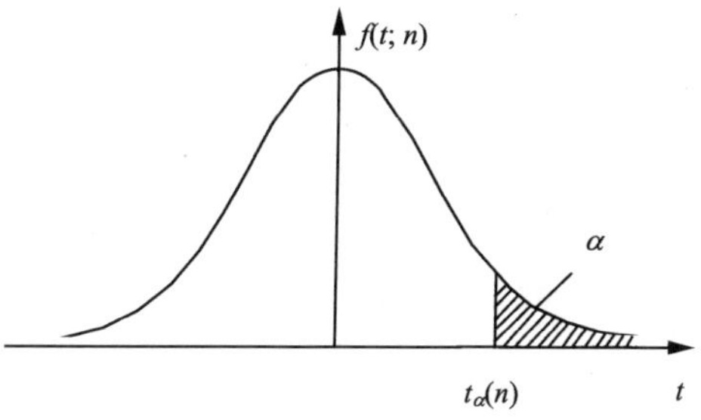

图 4.19　t 分布的上侧α分位数 $t_\alpha(n)$

的点 $t_{\frac{\alpha}{2}}(n)$ **为** $t(n)$分布的**双侧 α 分位数**. 由 $f(t;n)$对于 $t=0$ 的对称性立即有

$$P\left\{|t|>t_{\frac{\alpha}{2}}(n)\right\}=2\int_{t_{\frac{\alpha}{2}}(n)}^{\infty}f(t;n)\mathrm{d}t=2\left\{1-F\left(t_{\frac{\alpha}{2}};n\right)\right\}=\alpha,$$

故得

$$F\left(t_{\frac{\alpha}{2}};n\right)=1-\frac{\alpha}{2}. \tag{4.15.7}$$

对于给定的$\alpha, t_\alpha(n)$ 和 $t_{\frac{\alpha}{2}}(n)$ 可由书末附表 8 查到. 此外，由 t 分布的性质(3)可知，当 n 很大时，$N(0,1)$可作为 $t(n)$的近似，于是有

$$t_\alpha(n)\approx z_\alpha, \qquad t_{\frac{\alpha}{2}}(n)\approx z_{\frac{\alpha}{2}}. \tag{4.15.8}$$

z_α 和 $z_{\frac{\alpha}{2}}$ 是标准正态分布的上侧和双侧 α 分位数.

现在简要叙述非中心 t 分布. 若式(4.15.4)中标准正态分布 $X\sim N(0,1)$ 代之以均值不为 0 的正态分布 $X'\sim N(\mu,1), \mu\neq 0$, 则随机变量

$$t'=\frac{X'}{\sqrt{Y/n}} \tag{4.15.9}$$

服从**自由度 n,非中心参数 λ 的非中心 t 分布**，记为 $t'\sim t'(n,\lambda)$. 它的概率密度为

$$f(t';n,\lambda)=\mathrm{e}^{-\frac{\lambda}{2}}\sum_{r=0}^{\infty}\frac{1}{r!}\left(\frac{\lambda}{2}\right)^r\frac{\Gamma\left(\frac{n+1}{2}+r\right)}{\Gamma\left(\frac{n+1}{2}\right)\Gamma\left(\frac{n}{2}\right)}\times\left(\frac{1}{n}\right)^{\frac{1}{2}+r}\left(1+\frac{t'^2}{n}\right)^{-\left(\frac{n+1}{2}+r\right)},\tag{4.15.10}$$

其中 $\lambda=\mu^2$, 它的均值和方差分别为

$$E(t')=\mu\frac{\Gamma\left(\frac{n-1}{2}\right)}{\Gamma\left(\frac{n}{2}\right)}\sqrt{\frac{n}{2}},\qquad n>1,\tag{4.15.11}$$

$$V(t')=\frac{n(1+\lambda)}{n-2}-\frac{n\lambda}{2}\left[\frac{\Gamma\left(\frac{n-1}{2}\right)}{\Gamma\left(\frac{n}{2}\right)}\right]^2,\quad n>2.\tag{4.15.12}$$

当 $\mu=0$, 非中心 t 分布简化为一般的(中心)t 分布.

4.16　F　分　布

设 U_1 和 U_2 分别为自由度 n_1 和 n_2 的 χ^2 变量：$U_1\sim\chi^2(n_1),U_2\sim\chi^2(n_2)$, 并且 U_1,U_2 相互独立，则称随机变量

$$Y\equiv\frac{U_1/n_1}{U_2/n_2},\qquad y\geqslant 0\tag{4.16.1}$$

服从**自由度** (n_1,n_2) **的** F **分布**，记为 $Y\sim F(n_1,n_2)$, 其概率密度为

$$f(y;n_1,n_2)=\begin{cases}\dfrac{\Gamma\left(\frac{n_1+n_2}{2}\right)}{\Gamma\left(\frac{n_1}{2}\right)\Gamma\left(\frac{n_2}{2}\right)}\left(\dfrac{n_1}{n_2}\right)^{\frac{n_1}{2}}y^{\frac{n_1}{2}-1}\times\left(1+\dfrac{n_1}{n_2}y\right)^{-\frac{n_1+n_2}{2}}, & y\geqslant 0,\\ 0, & y<0.\end{cases}\tag{4.16.2}$$

证明如下：由于 U_1 和 U_2 相互独立，故 $\{U_1,U_2\}$ 的联合概率密度是

$$f(u_1,u_2)=\frac{1}{2^{\frac{n_1+n_2}{2}}\Gamma\left(\frac{n_1}{2}\right)\Gamma\left(\frac{n_2}{2}\right)}\mathrm{e}^{-\frac{u_1+u_2}{2}}u_1^{\frac{n_1}{2}-1}u_2^{\frac{n_2}{2}-1},u_1>0,u_2>0.$$

对U_1,U_2作如下变换：

$$\begin{cases} X = U_1 + U_2, & X > 0, \\ Y = \dfrac{U_1/n_1}{U_2/n_2}, & Y > 0. \end{cases}$$

该变换的雅可比行列式为(式(3.7.2))

$$J\left(\frac{u_1,u_2}{x,y}\right) = \begin{vmatrix} \dfrac{\partial u_1}{\partial x} & \dfrac{\partial u_1}{\partial y} \\ \dfrac{\partial u_2}{\partial x} & \dfrac{\partial u_2}{\partial y} \end{vmatrix} = \frac{-x\cdot\dfrac{n_2}{n_1}}{\left(y+\dfrac{n_2}{n_1}\right)^2} = \frac{-x\cdot\dfrac{n_1}{n_2}}{\left(1+\dfrac{n_1}{n_2}y\right)^2}.$$

故$\{X,Y\}$的联合分布密度函数是

$$f_1(x,y) = \frac{1}{2^{\frac{n_1+n_2}{2}}\Gamma\left(\frac{n_1}{2}\right)\Gamma\left(\frac{n_2}{2}\right)} e^{-\frac{x}{2}}\cdot x^{\frac{n_1+n_2}{2}-2}\left(\frac{n_1}{n_2}\right)^{\frac{n_1}{2}-1}$$

$$\times\frac{y^{\frac{n_1}{2}-1}}{\left(1+\dfrac{n_1}{n_2}y\right)^{\frac{n_1+n_2}{2}-2}}\cdot\frac{n_1}{n_2}\cdot\frac{x}{\left(1+\dfrac{n_1}{n_2}y\right)^2}$$

$$= \frac{1}{2^{\frac{n_1+n_2}{2}}\Gamma\left(\frac{n_1+n_2}{2}\right)} e^{-\frac{x}{2}} x^{\frac{n_1+n_2}{2}-1}$$

$$\times\frac{\Gamma\left(\frac{n_1+n_2}{2}\right)\left(\frac{n_1}{n_2}\right)^{n_{1/2}}}{\Gamma\left(\frac{n_1}{2}\right)\Gamma\left(\frac{n_2}{2}\right)}\cdot\frac{y^{\frac{n_1}{2}-1}}{\left(1+\dfrac{n_1}{n_2}y\right)^{\frac{n_1+n_2}{2}}}$$

$$= g(x)\cdot g(y),$$

其中

$$g(x)=\frac{1}{2^{\frac{n_1+n_2}{2}}\Gamma\left(\frac{n_1+n_2}{2}\right)}\mathrm{e}^{-\frac{x}{2}}x^{\frac{n_1+n_2}{2}-1}$$

是 X 的概率密度，恰好是自由度 n_1+n_2 的 χ^2 分布(式(4.14.1))；

$$g(y)=\frac{\Gamma\left(\frac{n_1+n_2}{2}\right)\left(\frac{n_1}{n_2}\right)^{n_{1/2}}}{\Gamma\left(\frac{n_1}{2}\right)\Gamma\left(\frac{n_2}{2}\right)}\cdot\frac{y^{\frac{n_1}{2}-1}}{\left(1+\frac{n_1}{n_2}y\right)^{\frac{n_1+n_2}{2}}}$$

是 $Y=\dfrac{U_1/n_1}{U_2/n_2}$ 的概率密度，与式(4.16.2)一致，而且 X 与 Y 是相互独立的．证毕．

图 4.20 是 $F(n_1,n_2)$ 的图形．F 分布有如下性质：

(1) 当 $n_1\leqslant 2, f(y;n_1,n_2)$ 是单调下降函数；而 $n_1>2$ 时，为一单峰函数，概率密度极大值对应的变量值为

$$y_m=\frac{n_1-2}{n_1}\frac{n_2}{n_2+2},\qquad n_1>2. \tag{4.16.3}$$

由式(4.16.3)可知，$y_m<1$.

(2) 均值和方差

$$E(Y)=\frac{n_2}{n_2-2},\qquad n_2>2,$$

$$V(Y)=\frac{2n_2^2(n_1+n_2-2)}{n_1(n_2-2)^2(n_2-4)},\qquad n_2>4. \tag{4.16.4}$$

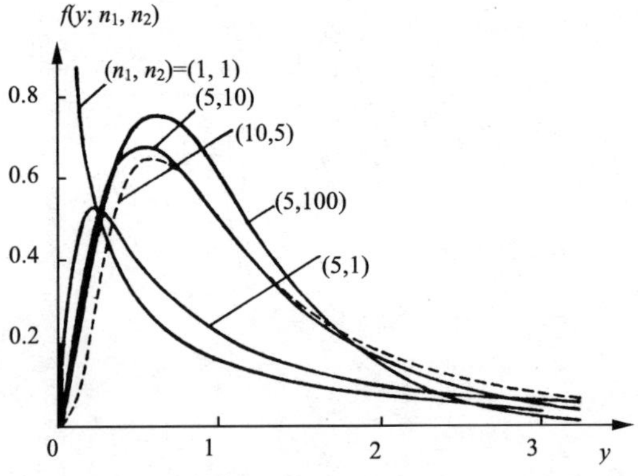

图 4.20　F 分布概率密度 $f(y;n_1,n_2)$

由式(4.16.4)可知，$E(Y)$恒大于 1.

(3) F 分布只存在 $k<\dfrac{n_2}{2}$ 阶原点矩，其表达式是

$$\lambda_k=\left(\frac{n_2}{n_1}\right)^k\frac{\Gamma\left(\frac{n_1}{2}+k\right)}{\Gamma\left(\frac{n_1}{2}\right)}\frac{\Gamma\left(\frac{n_2}{2}-k\right)}{\Gamma\left(\frac{n_2}{2}\right)},\quad k<\frac{n_2}{2}.\tag{4.16.5}$$

(4) 由 F 分布的定义(4.16.1)可知，随机变量 $Z=Y^{-1}$ 服从自由度 n_2,n_1 的 F 分布

$$Z=Y^{-1}=\frac{U_2/n_2}{U_1/n_1}\sim F(n_2,n_1).\tag{4.16.6}$$

(5) 当 $n_1=1$,F 分布简化为

$$f(y;1,n_2)=\frac{\Gamma\left(\frac{n_2+1}{2}\right)}{\sqrt{\pi n_2}\,\Gamma\left(\frac{n_2}{2}\right)}\frac{y^{-\frac{1}{2}}}{\left(1+\frac{y}{n_2}\right)^{\frac{n_2+1}{2}}},$$

令 $t^2=y$, 上式正是自由度 n_2 的 t 分布概率密度，因此，

$$\left[F(1,n)\right]^{1/2}\sim t(n).\tag{4.16.7}$$

(6) 当 n_1 为某个固定值，$n_2\to\infty$ 的极限情形下，$F(n_1,n_2)$ 的概率密度

$$f(y;n_1,n_2)\to\frac{1}{2^{\frac{n_1}{2}}\Gamma\left(\frac{n_1}{2}\right)}(n_1y)^{\frac{n_1}{2}-1}\mathrm{e}^{-\frac{n_1y}{2}}\cdot\frac{1}{n_1},$$

与 $\chi^2(n)$ 的概率密度表达式对照可知

$$\left[n_1F(n_1,n_2)\right]_{n_2\to\infty}\sim\chi^2(n_1).\tag{4.16.8}$$

(7) 当 $n_1,n_2\to\infty$ 时，F 分布趋近于正态分布.

F 分布的**上侧 α 分位数** $f_\alpha(n_1,n_2)$ 是指满足关系式

$$\int_{f_\alpha}^{\infty} f(y;n_1,n_2)\mathrm{d}y = \alpha, \qquad 0<\alpha<1 \tag{4.16.9}$$

的点 f_α，其中 α 是 F 分布的随机变量取值大于 f_α 的概率. 利用 F 分布的累积分布函数 $F(x;n_1,n_2)$, 式(4.16.9)可写成

$$F(f_\alpha;n_1,n_2)=1-\alpha. \tag{4.16.10}$$

书末附表 9 列出了 $\alpha=0.001-0.1$ 时的 f_α 值. 对于

$$\alpha=0.9-0.999$$

的 f_α 值，可利用关系式

$$f_{1-\alpha}(n_2,n_1)=\frac{1}{f_\alpha(n_1,n_2)}. \tag{4.16.11}$$

该式证明如下：设随机变量 Y 服从自由度 n_1,n_2 的 F 分布，由式(4.16.6)可知

$$Z=Y^{-1}\sim F(n_2,n_1).$$

对随机变量 Z，根据上侧分位数的定义(4.16.9)，有

$$\int_{f_{1-\alpha}}^{\infty} f(z;n_2,n_1)\mathrm{d}z = 1-\alpha,$$

该式可改写为

$$P\left\{z=\frac{1}{y}>f_{1-\alpha}(n_2,n_1)\right\}=1-\alpha,$$

$$P\left\{y<\frac{1}{f_{1-\alpha}(n_2,n_1)}\right\}=1-\alpha,$$

因此

$$P\left\{y>\frac{1}{f_{1-\alpha}(n_2,n_1)}\right\}=\alpha.$$

而对于随机变量 $Y\sim F(n_1,n_2)$, 应用式(4.16.9),

$$\int_{f_\alpha}^{\infty} f(y;n_1,n_2)\mathrm{d}y = \alpha, \qquad P\{y>f_\alpha(n_1,n_2)\}=\alpha.$$

与前一式比较，式(4.16.11)得证.

举一实际数值例子，从表 9 可查到

$$f_{0.05}(15,10)=2.85,$$

据此，我们可算得表中无法查得的 $f_{0.95}(10,15)$，

$$f_{0.95}(10,15)=1/f_{0.05}(15,10)=1/2.85\approx 0.351.$$

现在我们简要地介绍一下非中心 F 分布. 在 F 分布的定义(4.16.1)中，若 U_1 用 U_1' 代替，U_1' 服从自由度 n_1，非中心参数 λ 的 χ^2 分布 $U_1'\sim\chi'^2(n,\lambda)$，则随机变量

$$Y'=\frac{U_1'\ /n_1}{U_2/n_2} \tag{4.16.12}$$

服从**自由度 n_1,n_2，非中心参数 λ 的非中心 F 分布**，记为 $Y'\sim F'(n_1,n_2,\lambda)$. 它的概率密度为

$$f(y';n_1,n_2,\lambda)=\mathrm{e}^{-\frac{\lambda}{2}}\sum_{r=0}^{\infty}\frac{1}{r!}\left(\frac{\lambda}{2}\right)^r\frac{\Gamma\left(\frac{n_1+n_2}{2}+r\right)}{\Gamma\left(\frac{n_1}{2}+r\right)\Gamma\left(\frac{n_2}{2}\right)}$$

$$\times\left(\frac{n_1}{n_2}\right)^{\frac{n_1}{2}+r}\frac{(y')^{\frac{n_1}{2}-1+r}}{\left(1+\frac{n_1}{n_2}y'\right)^{\frac{n_1+n_2}{2}+r}}, \tag{4.16.13}$$

均值和方差

$$E(Y')=\frac{n_2(n_1+\lambda)}{n_1(n_2-2)},\qquad n_2>2, \tag{4.16.14}$$

$$V(Y')=\frac{2n_2^2}{n_1^2(n_2-2)^2(n_2-4)}\left[(n_1+\lambda)^2+(n_2-2)(n_1+2\lambda)\right],\qquad n_2>4. \tag{4.16.15}$$

当 $\lambda=0$，非中心 F 分布简化为一般的(中心)F 分布.

作为本节的结束，现将本章讨论过的离散分布和连续分布间的相互联系和极限性质示于图 4.21，其中正态分布占有中心地位.

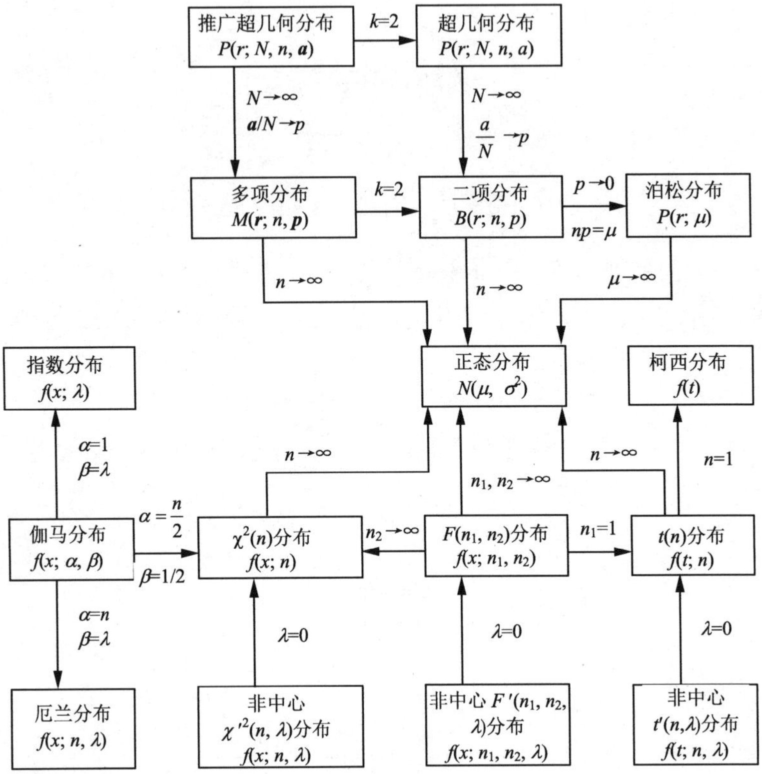

图 4.21

4.17 实 验 分 布

设用某种仪器或装置测量某个物理量，且该物理量是个随机变量，它所服从的分布称为原分布．由于实验测量存在测量误差，或测量装置对该物理量的探测效率(本节后面将讨论这一概念)不等于 1，或者其他影响测量的因素，实验测到的数据不能直接反映原分布的行为．只有考虑导致原分布发生畸变的诸因素，对原分布作适当的修正得到“**实验分布**”，才能与测量数据进行比较．因此，实验分布是原分布和导致测量畸变诸因素的分布的某种叠加．

4.17.1 实验分辨函数

原分布畸变的重要来源之一是测量误差．由于测量误差的存在，对于物理量的真值 x,测定值 x' 可能与 x 不同．我们用**实验分辨函数** $r(x,x')$ 描述测量误差，它表示待测量真值为 x 而得到测定值为 x' 的概率． $r(x,x')$ 是归一化的，即对于任意

x 满足

$$\int_{\Omega_{x'}} r(x,x')\mathrm{d}x' = 1, \tag{4.17.1}$$

其中 $\Omega_{x'}$ 表示 x' 的值域. 当实验测量的物理量是一随机变量 X, 它的概率密度(原分布)为 $f(x)$,那么实验测定值对应的概率密度(实验分布)为

$$g(x') = \int_{\Omega_x} r(x,x')f(x)\mathrm{d}x, \tag{4.17.2}$$

其中 Ω_x 是随机变量 X 的值域. 由于实验分辨函数(测量误差)的存在，原分布概率密度等于零的区域，实验分布 $g(x')$ 却可以是有限值，这表明实验测定值 x' 可以出现在真值 x 根本不可能出现的区域.

δ 函数是一种行为奇特的函数. 当原分布 $f(x)$ 或实验分辨函数 $r(x,x')$ 可用 δ 函数描述时，实验分布 $g(x')$ 具有简单的形式. 当实验分辨函数为 δ 函数时，$r(x,x') = \delta(x-x')$,则有

$$g(x') = \int_{\Omega_x} \delta(x-x')f(x)\mathrm{d}x = f(x').$$

即实验分布与原分布相同. 如果实验分辨函数与原分布相比非常之窄，即对量 X 的测定误差比 X 的标准差小很多，分辨函数 $r(x,x')$ 可近似地用 δ 函数描述，这时实验分布与原分布非常接近. 反之，若对量 X 的测定误差比 X 的标准差大得多，那么原分布可近似地视为 δ 函数： $f(x) = \delta(x-x_0)$, 这时有

$$g(x') = \int_{\Omega_x} \delta(x-x_0)r(x,x')\mathrm{d}x = r(x_0,x'),$$

即实验分布就是实验分辨函数本身，测量值不能给出原分布的任何信息.

在第五章中我们将阐明，根据中心极限定理，实验测量误差往往服从正态分布. 这时实验分辨函数可写成

$$r(x,x') = \frac{1}{\sqrt{2\pi}R}\exp\left[-\frac{(x-x')^2}{2R^2}\right], \tag{4.17.3}$$

实验测量值 x' 的数学期望是真值 x, 标准差是由测量仪器的精度决定的常数 R. 实验分布于是为

$$g(x') = \int_{\Omega_x} \frac{1}{\sqrt{2\pi}R}\exp\left[-\frac{(x-x')^2}{2R^2}\right]\cdot f(x)\mathrm{d}x, \tag{4.17.4}$$

与式(3.4.3)对比可知，$g(x')$ 正是原分布与正态分布的卷积.

下面讨论实验中经常遇到的几种原分布、实验分辨函数形成的实验分布.

1) 指数原分布和正态实验分辨函数

例如，不稳定粒子衰变时间的原分布服从指数律

$$f(t)=\lambda e^{-\lambda t}, \qquad 0\leqslant t<\infty.$$

假定时间 t 的测量误差为正态分布式$\left((4.17.3)\text{中}x,x'\to t,t'\right)$，作变换$\tau=t'-t$，则实验分布为

$$\begin{aligned}
g(t') &= \int_0^{\infty}\lambda e^{-\lambda t}\frac{1}{\sqrt{2\pi}R}e^{-\frac{(t'-t)^2}{2R^2}}dt=\int_{-\infty}^{t'}\frac{\lambda e^{-\lambda t'}}{\sqrt{2\pi}R}e^{-\frac{(\tau^2-2R^2\lambda\tau)}{2R^2}}d\tau \\
&= \lambda\exp\left[\frac{R^2\lambda^2}{2}-\lambda t'\right]\int_{-\infty}^{t'}\frac{1}{\sqrt{2\pi}R}\cdot\exp\left[-\frac{\left(\tau-R^2\lambda\right)^2}{2R^2}\right]d\tau \\
&= \lambda\exp\left[\frac{R^2\lambda^2}{2}-\lambda t'\right]\varPhi\left(\frac{t'}{R}-\lambda R\right), \qquad 0\leqslant t'<\infty,
\end{aligned} \tag{4.17.5}$$

其中$\varPhi$是累积标准正态函数. 当$R\to 0, g(t')\to\lambda\exp(-\lambda t')$，即实验分布与原分布一致. 而当$t'$很大时，满足

$$\frac{t'}{R}-\lambda R>3,$$

则有$\varPhi\left(\frac{t'}{R}-\lambda R\right)\approx 1$，故

$$g\left(t'\right)\approx\lambda\exp\left[\frac{R^2\lambda^2}{2}-\lambda t'\right],$$

等式两边取对数

$$\begin{aligned}
\ln g\left(t'\right) &= \ln\left(\lambda e^{-\lambda t'}\cdot e^{\frac{R^2\lambda^2}{2}}\right) \\
&= \ln f\left(t'\right)+\frac{R^2\lambda^2}{2}=a-\lambda t',
\end{aligned} \tag{4.17.6}$$

其中 a 是某个常数. 因此，对数坐标上，在

$$\frac{t'}{R}-\lambda R>3$$

处，原分布 $f(t)$ 和实验分布 $g(t')$ 是平行的直线．这一性质可用来从实验分布(实验数据)直接确定指数原分布的参数 λ (如不稳定粒子的衰变常数)．图 4.22 画出了 $\lambda=1,2$ 的指数原分布(R=0)和不同 R 值的实验分布．

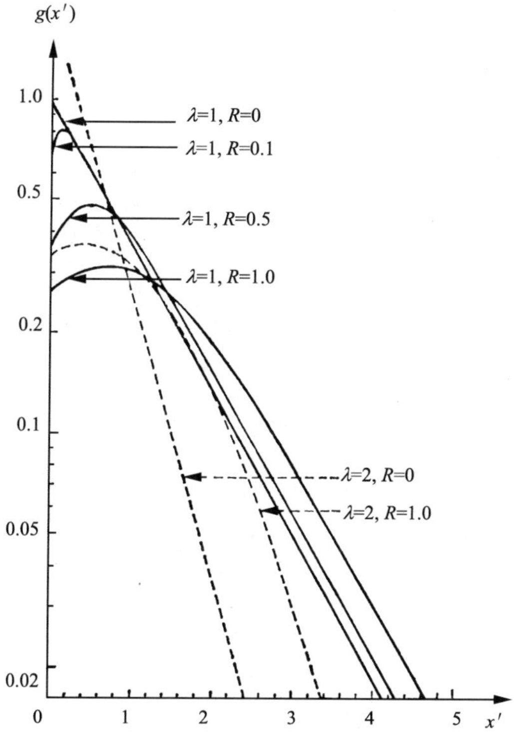

图 4.22　指数原分布(R=0)和正态实验分辨函数形成的实验分布($R\neq0$)

R 是正态实验分辨函数的标准差

2) 正态原分布和正态实验分辨函数

设待测量 X 的原分布为均值 x_0，标准差 σ_0 的正态分布

$$f(x)=\frac{1}{\sqrt{2\pi}\sigma_0}\mathrm{e}^{-\frac{(x-x_0)^2}{2\sigma_0^2}},\qquad -\infty<x<\infty,$$

分辨函数由式(4.17.3)表示．实验分布经推导，得

$$g(x')=\frac{1}{\sqrt{2\pi(\sigma_0^2+R^2)}}\mathrm{e}^{-\frac{(x'-x_0)^2}{2(\sigma_0^2+R^2)}},\qquad -\infty<x'<\infty,\tag{4.17.7}$$

即实验分布亦为正态函数，数学期望与原分布相同，方差等于原分布和分辨函数方差之和.

3) 原分布和分辨函数均为布雷特-维格纳分布

原分布和实验分辨函数的形式为

$$f(x)=\frac{\Gamma}{\pi}\frac{1}{(x-x_0)^2+\Gamma^2},\qquad -\infty<x<\infty;$$

$$r(x,x')=\frac{R}{\pi}\frac{1}{(x-x')^2+R^2},\qquad -\infty<x'<\infty.$$

由式(4.17.2)求出实验分布为

$$g(x')=\frac{\Gamma+R}{\pi}\frac{1}{(x'-x_0)^2+(\Gamma+R)^2},\qquad -\infty<x'<\infty.\tag{4.17.8}$$

即实验分布仍为布雷特-维格纳曲线，峰值位置与原分布峰值位置 x_0 相同，但峰宽度为原分布和实验分辨函数宽度之和 $\Gamma+R$.

4) 原分布为均匀分布，分辨函数为正态分布

原分布形式是

$$f(x)=\frac{1}{b-a},\qquad a\leqslant x\leqslant b,$$

实验分辨函数如式(4.17.3)所示．实验分布是

$$g(x')=\frac{1}{\sqrt{2\pi}R(b-a)}\int_a^b \mathrm{e}^{-\frac{(x'-x)^2}{2R^2}}\mathrm{d}x,$$

作变量代换 $u=(x-x')/R$, 则有

$$\begin{aligned}g(x')&=\frac{1}{\sqrt{2\pi}(b-a)}\int_{\frac{a-x'}{R}}^{\frac{b-x'}{R}}\mathrm{e}^{-\frac{u^2}{2}}\mathrm{d}u\\&=\frac{1}{b-a}\left\{\Phi\left(\frac{b-x'}{R}\right)-\Phi\left(\frac{a-x'}{R}\right)\right\}.\end{aligned}\tag{4.17.9}$$

$g(x')$ 对于 $x' = x'_{\mathrm{m}} \equiv \dfrac{a+b}{2}$ 为对称，且在此点达到极大

$$\begin{aligned} g(x'_{\mathrm{m}}) &= \frac{1}{b-a}\left\{\Phi\left(\frac{b-x'_{\mathrm{m}}}{R}\right) - \Phi\left(\frac{a-x'_{\mathrm{m}}}{R}\right)\right\} \\ &= \frac{1}{b-a}\left\{\Phi\left(\frac{b-a}{2R}\right) - \Phi\left(\frac{a-b}{2R}\right)\right\} \\ &= \frac{1}{b-a}\left\{2\Phi\left(\frac{b-a}{2R}\right) - 1\right\}. \end{aligned} \tag{4.17.10}$$

当 $\dfrac{(b-a)}{2R} > 3, \Phi\left(\dfrac{b-a}{2R}\right) \approx 1$, 则 $g(x'_{\mathrm{m}}) \approx \dfrac{1}{(b-a)}$. 图 4.23 是 $a=0, b=6, R=1$ 时的原分布 $f(x)$ 和实验分布 $g(x')$ 的图形.

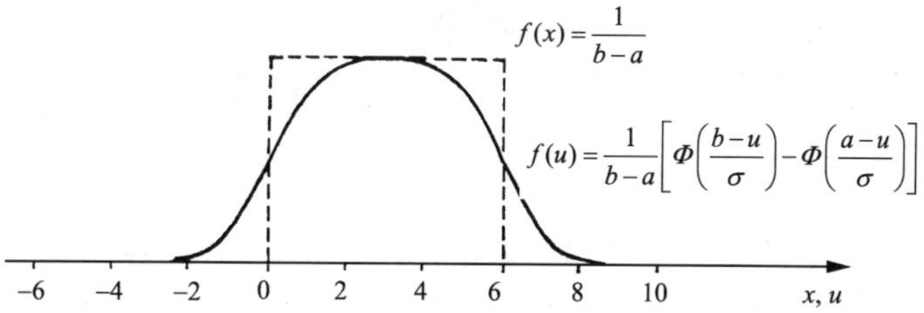

图 4.23　均匀原分布 $f(x)$ 和正态实验分辨函数形成的实验分布 $f(u)$

4.17.2　探测效率

利用某测量仪器记录某种事件，对于一个已经实际发生的这类事件，仪器可能记录到，也可能没有记录到. 仪器记录到一个真实事件的概率通常称为它的探测效率. 例如，用闪烁计数器测量某放射源辐射的 γ 光子(图 4.24)，当 γ 光子穿过闪烁体时，γ 光子与闪烁体发生作用的概率由核物理的知识得知为

$$\varepsilon = 1 - \mathrm{e}^{-\mu l}, \tag{4.17.11}$$

其中 μ 是闪烁体的线性吸收系数，与 γ 光子能量有关，l 是该 γ 光子在闪烁体内飞过的距离. 当 γ 光子与闪烁体发生作用，则在其中损失能量，使闪烁体产生荧光，被光电倍增管转化为电信号而被电子仪器记录，即测量到了一个 γ 光子. 因此，该装置对 γ 光子的探测效率即为式(4.17.11)所示的 ε.

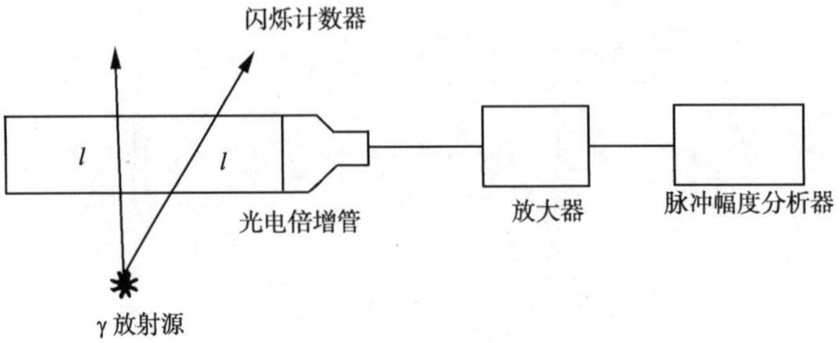

图 4.24

由这一例子可以知道探测效率有两个特点. 首先，仪器对测量对象的探测效率总是小于等于 1；其次，探测效率往往是个变量，比如上例中 ε 是 μ 和 l 的函数. 一般地，探测效率往往依赖于所测物理量 X (随机变量)以及其他变量 Y. 当 X 取不同值时，探测效率也不同，因此，实验测量中仪器的探测效率对原分布会造成畸变. 对于探测效率造成的畸变一般有两种不同的处理方式：

(1) 严格方法. 考虑探测效率对于原分布的修正得到实验分布，与测量数据直接比较.

(2) 近似方法. 将测量数据乘上权因子，使之适应原分布，与原分布比较.

首先讨论第一种方法. 令被测物理量 X (随机变量)的值域为 Ω_x，在 $X=x$ 处的探测效率用 $\varepsilon(x,y)$ 表示，y 是与探测效率有关的其他变量. 按照探测效率的定义，有

$$0\leqslant\varepsilon(x,y)\leqslant1,\qquad x\in\Omega_x, \tag{4.17.12}$$

令 Ω_y 是 y 的取值域，实验分布可表示为

$$g(x)=\frac{\int_{\Omega_y}f(x)\varepsilon(x,y)P(y|x)\mathrm{d}y}{\int_{\Omega_x}\int_{\Omega_y}f(x)\varepsilon(x,y)P(y|x)\mathrm{d}y\mathrm{d}x}, \tag{4.17.13}$$

其中 $P(y\,|\,x)$是 $X=x$ 的条件下变量 Y 取值 y 的条件概率. 当 X 与 Y 相互独立时，式(4.17.13)简化为

$$g(x)=\frac{\int_{\Omega_y}f(x)\varepsilon(x,y)\mathrm{d}y}{\int_{\Omega_x}\int_{\Omega_y}f(x)\varepsilon(x,y)\mathrm{d}y\mathrm{d}x}; \tag{4.17.14}$$

如果探测效率仅与 X 有关，则进一步简化为

$$g(x)=\frac{f(x)\varepsilon(x)}{\int_{\Omega_x} f(x)\varepsilon(x)\mathrm{d}x}. \tag{4.17.15}$$

实验分布 $g(x)$ 的上述三个表达式中的分母都是为了满足归一化条件

$$\int_{\Omega_x} g(x)\mathrm{d}x=1.$$

某些原分布(正态分布，指数分布，柯西分布等)是无界或半无界的，而实验分布的一个特征是任何测量值只可能是有限值. 设被测的物理量(随机变量)的概率密度为 $f(x)$, $-\infty<x<\infty$, 实验测量 x 的上下界为 A 和 B. 这可以看成探测效率的一种特殊情形，即 $\varepsilon(x>A)=\varepsilon(x<B)=0$, 为这样的实验分布是**截断分布**. 根据式(4.17.15)，实验分布可表示为

$$g(x)=\frac{f(x)}{\int_B^A f(x)\mathrm{d}x}=\frac{f(x)}{F(A)-F(B)}, \quad B\leqslant x\leqslant A. \tag{4.17.16}$$

它的累积分布函数为

$$G(x)=\int_B^x g(t)\mathrm{d}t=\frac{F(x)-F(B)}{F(A)-F(B)}.$$

显然，这个实验分布函数是归一的，因为

$$G(A)=\int_B^A g(x)\mathrm{d}x=1.$$

在 4.13 节中已经讨论过柯西分布的截断分布. 在核物理和粒子物理中观测有限区间内的共振曲线要用到这种截断柯西分布. 另一个常见的例子是不稳定粒子的衰变时间，原则上它服从 $0\leqslant t<\infty$ 的指数分布

$$f(t)=\lambda\mathrm{e}^{-\lambda t}.$$

实际测量中只能测到某个最大值 t_{m}，于是实验分布为一截断分布

$$g(t)=\frac{\lambda\mathrm{e}^{-\lambda t}}{\int_0^{t_{\mathrm{m}}}\lambda\mathrm{e}^{-\lambda t}\mathrm{d}t}=\frac{\lambda\mathrm{e}^{-\lambda t}}{1-\mathrm{e}^{-\lambda t_{\mathrm{m}}}}.$$

第二种途径即近似方法的主要想法如下. 如果在被测物理量 X(随机变量)取值

x_i 处观测到一个事件，由于在该处的探测效率是 $\varepsilon(x_i, y_i)$，那么当探测效率等于 1(这时观测值反映 X 的原分布)时，实际上应当存在

$$w_i = \frac{1}{\varepsilon(x_i, y_i)} \tag{4.17.17}$$

个事件，w_i 称为**权因子**. 可见，当在 $x_i(i=1,2,\cdots)$ 各观测到一个事件，那么对应的 $w_i(i=1,2,\cdots)$ 应当是原分布的较好的描述. 这种方法只是近似地正确，但由于它比较简单，实际中也经常使用.

4.17.3 复合概率密度

实验测量的物理量可能是若干个物理过程的共同贡献. 若这些物理过程都是随机过程，则可用随机变量描述并有相应的概率密度. 在这种情形下，实验分布显然是描述各随机过程的概率密度的某种叠加，称为**复合概率密度**. 设第 j 过程的概率密度记为 $f_j(x;\boldsymbol{\vartheta}_j), j=1,2,\cdots,X$ 为所测的物理量(随机变量)，$\boldsymbol{\vartheta}_j$ 是只与第 j 个过程有关的一个或几个参量，则 X 的概率密度可表示为

$$f(x;\boldsymbol{\alpha},\boldsymbol{\vartheta}) = \sum_j \alpha_j f_j(x;\boldsymbol{\vartheta}_j), \tag{4.17.18}$$

其中 α_j 表示第 j 个过程对待测物理量贡献的相对权因子，其取值应使 $f(x;\boldsymbol{\alpha},\boldsymbol{\vartheta})$ 满足归一化条件

$$\int_{\Omega_x} f(x;\boldsymbol{\alpha},\boldsymbol{\vartheta})\mathrm{d}x = 1. \tag{4.17.19}$$

在许多物理问题中，虽然测出的物理量涉及多种物理过程，但实验者只对其中的一种过程感兴趣，其余过程的贡献仅仅是感兴趣的有用“信号”的背景或称为本底. 由 $f(x;\boldsymbol{\alpha},\boldsymbol{\vartheta})$ 的表达式可以看到，为了对感兴趣的过程进行研究，必须对各种本底的分布亦有清楚的了解. 但实际上，这一点往往是很难或无法做到的. 在这种情况下，通常的做法是适当设计实验装置和实验数据的选取方法，使本底的贡献比有用事例的贡献小得多，再加上对本底分布的大致估计，可减小本底对实验结果的误差.

例 4.17 包含共振峰的有效质量谱

在粒子反应 $\pi^+ p \to \pi^+ p \pi^+ \pi^- \pi^0$ 中可产生共振态 $\eta(549)$ 和 $\omega(783)$，也就是说，其中包含下述事例:

$$\pi^+ p \to \pi^+ p\eta \qquad\qquad \pi^+ p \to \pi^+ p\omega$$
$$\hookrightarrow \pi^+\pi^-\pi^0, \qquad\qquad \hookrightarrow \pi^+\pi^-\pi^0.$$

由于 η,ω 的寿命极短，在实验中，仪器观测到的只是末态粒子 $\pi^+ p \to \pi^+ p \pi^+ \pi^- \pi^0$. 如果测量总电荷为 0 的三个π介子系统的有效质量谱，由于 η,ω 的产生，在它们的质量

$$M_\eta = 549\text{MeV}, \qquad M_\omega = 783\text{MeV}$$

附近出现明显的峰，而在其他质量值附近则是相对平坦的本底(图 4.25). 因此，中性 3π系统有效质量 M 的概率密度由三部分组成：描述η共振和ω共振的两个布雷特-维格纳函数 BW_η 和 BW_ω，描述本底的函数 B,

$$f(M;\boldsymbol{\alpha}) = \alpha_\eta BW_\eta(M;M_\eta,\Gamma_\eta) + \alpha_\omega BW_\omega(M;M_\omega,\Gamma_\omega) + \alpha_B B(M).$$

如果实验测量只在有限的质量区间(M_A,M_B)内进行，实验装置对于质量测量的分辨函数为 $r(M,M')$, 则实验测量得到的实验分布为

$$g(M';\boldsymbol{\alpha}) = \int_{M_A}^{M_B} f(M;\boldsymbol{\alpha}) r(M,M')\mathrm{d}M \Bigg/ \int_{M_A}^{M_B}\int_{M_A}^{M_B} f(M;\boldsymbol{\alpha}) r(M,M')\mathrm{d}M\mathrm{d}M'.$$

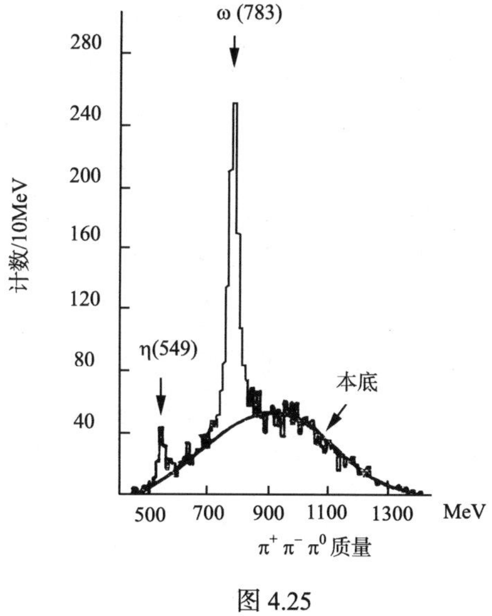

图 4.25

第五章　大数定律和中心极限定理

概率论和数理统计是研究随机现象的统计规律性的科学，但随机现象的统计规律性只有在大量重复的随机试验中才显示出来. 所谓随机试验中某种事件发生的频率具有稳定性，是指当试验次数无限增大时，事件的频率逼近某一常数. 同样，所谓随机试验可能发生的各种结果的频率分布近似于某一分布(如测量误差的分布近似于正态分布)，也是指试验次数无限增大时的极限性质. 这就引导到极限定理的研究. 极限定理的内容很广泛，其中最重要的是大数定律和中心极限定理. 本章介绍几种常用的大数定律和中心极限定理.

5.1　大 数 定 律

大数定律说明随机变量序列的平均结果具有稳定性；大量重复随机试验中事件发生的频率也具有稳定性，并且与事件的概率有确定的对应关系.

为了阐明大数定律，首先介绍依概率收敛的含义. 设$\{X_i\}$，$i=1，2，\cdots$为随机变量序列，若对任意$\varepsilon>0$，有

$$\lim_{n\to\infty} P\left\{\left|X_i-a\right|\geqslant\varepsilon\right\}=0, \tag{5.1.1}$$

则称随机变量序列$\left\{X_i\right\}, i=1，2，\cdots$ **依概率收敛于 a**，式中 a 是某个常数. 显然，式(5.1.1)等价于

$$\lim_{n\to\infty} P\left\{\left|X_i-a\right|<\varepsilon\right\}=1. \tag{5.1.2}$$

1) 切比雪夫大数定律

设$\left\{X_i\right\}, i=1，2，\cdots$为相互独立的随机变量序列，它们有有限的数学期望和方差

$$E\left(X_i\right)=\mu_i, \qquad V\left(X_i\right)=\sigma_i^2, \qquad i=1，2，\cdots$$

并且方差有公共上界

$$\sigma_i^2\leqslant C, \qquad i=1，2，\cdots$$

则对任意的 $\varepsilon>0$,

$$\lim_{n\to\infty} P\left\{\left|\frac{1}{n}\sum_{i=1}^{n} X_i-\frac{1}{n}\sum_{i=1}^{n}\mu_i\right|<\varepsilon\right\}=1. \tag{5.1.3}$$

该定理证明如下：因 $\{X_i\}, i=1, 2, \cdots$ 相互独立，故

$$V\left(\frac{1}{n}\sum_{i=1}^{n} X_i\right)=\frac{1}{n^2}\sum_{i=1}^{n} V(X_i)\leqslant\frac{C}{n},$$

利用切比雪夫不等式(2.4.26),

$$P\left\{\left|\frac{1}{n}\sum_{i=1}^{n} X_i-\frac{1}{n}\sum_{i=1}^{n}\mu_i\right|<\varepsilon\right\}\geqslant 1-\frac{V\left(\frac{1}{n}\sum_{i=1}^{n} X_i\right)}{\varepsilon^2}\geqslant 1-\frac{C}{n\varepsilon^2},$$

概率值不可能大于 1，故有

$$1\geqslant P\left\{\left|\frac{1}{n}\sum_{i=1}^{n} X_i-\frac{1}{n}\sum_{i=1}^{n}\mu_i\right|<\varepsilon\right\}\geqslant 1-\frac{C}{n\varepsilon^2},$$

令 $n\to\infty$, 定理得证.

对于 $\{X_i\}, i=1, 2, \cdots$ 具有相同的数学期望和方差的特殊情形，式(5.1.3)简化为

$$\lim_{n\to\infty} P\left\{\left|\frac{1}{n}\sum_{i=1}^{n} X_i-\mu\right|<\varepsilon\right\}=1. \tag{5.1.4}$$

这表明，当 n 充分大时，$X_1, X_2, \cdots, X_n$ 的算术平均接近于它们的数学期望 $\mu=\mu_1=\mu_2=\cdots=\mu_n.$

2) 辛钦大数定律

设相互独立的同分布随机变量序列 $X_1, X_2, \cdots$ 有相同的有限数学期望

$$E(X_i)=\mu, \qquad i=1, 2, \cdots,$$

则对任意 $\varepsilon>0$, 有

$$\lim_{n\to\infty} P\left\{\left|\frac{1}{n}\sum_{i=1}^{n} X_i-\mu\right|<\varepsilon\right\}=1. \tag{5.1.5}$$

证明从略.

辛钦大数定律表明，只要随机变量独立同分布，即使不存在有限方差，其数学期望仍可由 n 个随机变量的算术平均值作为近似(n 充分大).

3) 伯努利大数定律

设 m 是 n 次独立随机试验中事件 A 发生的次数，每次随机试验中事件 A 发生的概率是 p，则对任意的 $\varepsilon > 0$，有

$$\lim_{n\to\infty} P\left\{\left|\frac{m}{n}-p\right|<\varepsilon\right\}=1, \tag{5.1.6}$$

即当 n 无限增加时，事件 A 的出现频率 m/n 依概率收敛于事件 A 的概率.

证明 设用随机变量 X_i 描述第 i 次试验，当事件 A 发生，X_i 取值为 1，否则为 0. 故 X_i 服从伯努利分布，显然，n 次试验中事件 A 的发生次数 $m=\sum_{i=1}^{n}X_i$，由试验的独立性可知，$X_1, X_2, \cdots$ 相互独立，且其数学期望 $E(X_i)=p$. 应用式(5.1.4)得

$$\lim_{n\to\infty} P\left\{\left|\frac{1}{n}\sum_{i=1}^{n}X_i-p\right|<\varepsilon\right\}=\lim_{n\to\infty} P\left\{\left|\frac{m}{n}-p\right|<\varepsilon\right\}=1.$$

证毕.

伯努利定律在数学上严格地表述了频率的稳定性，即事件的频率以概率收敛于事件的概率. 当随机试验的次数 n 很大时，事件出现的频率与其概率十分接近，出现大的偏差的可能性很小. 因此，在实际应用时，当试验次数 n 充分大时，便可用事件出现的频率作为事件发生的概率的很好近似. 这一点 1.2 节中讨论概率的定义时已经指出.

伯努利定律的证明过程说明，它是切比雪夫大数定律的特例.

4) 泊松大数定律

设在一个独立随机试验的序列中，事件 A 在第 i 次试验中出现的概率为 p_i，记前 n 次试验中事件 A 出现的次数为 m，则对任意 $\varepsilon > 0$，有

$$\lim_{n\to\infty} P\left\{\left|\frac{m}{n}-\frac{p_1+p_2+\cdots+p_n}{n}\right|<\varepsilon\right\}=1. \tag{5.1.7}$$

证明 每次试验可用一随机变量 X_i 描述，X_i 服从伯努利分布，即

$$E(X_i)=p_i, \qquad V(X_i)=p_i(1-p_i)\leqslant\frac{1}{4}.$$

显然，前 n 次试验中事件 A 出现的次数 m 可由 $m=\sum_{i=1}^{n}X_i$ 求出. 随机变量 $\frac{1}{n}\sum_{i=1}^{n}X_i$ 的数学期望和方差为

$$E\left(\frac{1}{n}\sum_{i=1}^{n}X_i\right)=\frac{1}{n}\sum_{i=1}^{n}p_i,$$

$$V\left(\frac{1}{n}\sum_{i=1}^{n}X_i\right)=\frac{1}{n^2}\sum_{i=1}^{n}V(X_i)\leqslant\frac{1}{4n},$$

对随机变量 $\frac{1}{n}\sum_{i=1}^{n}X_i$ 应用切比雪夫不等式，得

$$P\left\{\left|\frac{1}{n}\sum_{i=1}^{n}X_i-\frac{1}{n}\sum_{i=1}^{n}p_i\right|<\varepsilon\right\}\geqslant 1-\frac{1}{4n\varepsilon^2}.$$

注意到 $m=\sum_{i=1}^{n}X_i$, 当 $n\to\infty$, 式(5.1.7)得证.

5.2　中心极限定理

在客观实际中，许多随机变量是大量相互独立的随机因素综合影响的结果，而其中每一个别因素所起的作用都很微小，这种随机变量往往近似地服从正态分布. 例如，射手打靶，影响射手击中点到靶心距离的因素是多方面的：瞄准点对靶心的偏离，风力的变化，子弹重量的差异，上升气流的大小……都是相互独立的随机变量，其总的效果是大量弹着点近似地服从正态分布. 又如单能电子束射入碘化钠晶体(NaI(Tl))，用光电倍增管测量晶体中的闪烁荧光，光电倍增管的输出电信号经过放大器等电子学线路，最后测量出脉冲幅度谱. 这一测量中涉及一系列相互独立的随机过程，如电子在晶体中的电离损失；光在晶体中的传输，晶体表面的反射折射；光子在光电倍增管阴极上产生光电子的效率，电子的倍增过程……. 因此，最后测到的脉冲幅度近似于正态分布. 后一个例子是对于一个完全确定的物理量(电子能量)进行测定，由于测量过程涉及许多随机过程，因而测量的结果呈现正态分布，该分布的标准差就成为测量误差. 这种情形在大量的测量问题中是具代表性的，是中心极限定理的客观表现，而这就是正态分布在概率统计理论和实际测量问题中具有重要意义的依据. 中心极限定理是大样本统计推断的理论基础.

1) 同分布的中心极限定理

设相互独立的随机变量序列 $X_1, X_2, \cdots$ 服从同分布，且有有限的数学期望和方差

$$E\left(X_j\right)=\mu,\ \sigma^2\left(X_j\right)=\sigma^2, \quad 0<\mu,\sigma^2<\infty,$$

则随机变量

$$Y=\frac{\sum_{j=1}^{n} X_j-n\mu}{\sqrt{n}\sigma} \tag{5.2.1}$$

的分布函数 $F(y)$ 对于任意 y 值满足

$$\lim_{n\to\infty} F\left(y\right)=\lim_{n\to\infty} P\left(Y\leqslant y\right)=\int_{-\infty}^{y}\frac{1}{\sqrt{2\pi}}\mathrm{e}^{-t^2/2}\mathrm{d}t,$$

即当 $n\to\infty$, 随机变量 Y 依概率收敛于标准正态函数 $N(0,\ 1)$，或随机变量 $\sum_{i=1}^{n} X_i$ 依概率收敛于正态函数 $N\left(n\mu, n\sigma^2\right)$.

证明 随机变量 X 的特征函数为

$$\begin{aligned}\varphi_X\left(t\right)&=E\left(\mathrm{e}^{\mathrm{i}tX}\right)=\int_{-\infty}^{\infty}\mathrm{e}^{\mathrm{i}tx}f(x)\mathrm{d}x\\&=\int_{-\infty}^{\infty}\left[1+\mathrm{i}tx+\frac{\mathrm{i}^2t^2x^2}{2}+O\left(t^3x^3\right)\right]f(x)\mathrm{d}x\\&=1+\mathrm{i}t\mu+\frac{\sigma^2+\mu^2}{2}(\mathrm{i}t)^2+O\left(t^3\right)+\cdots.\end{aligned}$$

根据特征函数的性质(见 2.5 节)可知，Y 的特征函数为

$$\varphi_Y\left(t\right)=\left[\varphi_X\left(\frac{t}{\sqrt{n}\sigma}\right)\right]^n\mathrm{e}^{-\mathrm{i}t\sqrt{n}\mu/\sigma},$$

$$\begin{aligned}\ln\varphi_Y\left(t\right)&=n\ln\varphi_X\left(\frac{t}{\sqrt{n}\sigma}\right)-\frac{\mathrm{i}t\sqrt{n}\mu}{\sigma}\\&=-\frac{\mathrm{i}t\sqrt{n}\mu}{\sigma}+n\ln\left\{1+\frac{\mathrm{i}t\mu}{\sigma\sqrt{n}}+\frac{(\mathrm{i}t)^2(\sigma^2+\mu^2)}{2\sigma^2n}+O\left(\frac{t^3}{n^{3/2}}\right)+\cdots\right\},\end{aligned}$$

利用关系式

$$\ln(1+x)=x-\frac{1}{2}x^2+\cdots,$$

得

$$\ln\varphi_Y(t)=-\frac{\mathrm{i}t\sqrt{n}\mu}{\sigma}+\frac{\mathrm{i}t\sqrt{n}\mu}{\sigma}+\frac{(\mathrm{i}t)^2(\sigma^2+\mu^2)}{2\sigma^2}-\frac{(\mathrm{i}t)^2\mu^2}{2\sigma^2}+O\left(\frac{1}{\sqrt{n}}\right)+\cdots$$

$$=\frac{(\mathrm{i}t)^2}{2}+O\left(\frac{1}{\sqrt{n}}\right)+\cdots,$$

当 $n\to\infty$,

$$\lim_{n\to\infty}\ln\varphi_Y(t)=\frac{(\mathrm{i}t)^2}{2},$$

即

$$\lim_{n\to\infty}\varphi_Y(t)=\mathrm{e}^{-t^2/2}.$$

这正是标准正态分布的特征函数. 证毕.

随机变量独立同分布在许多情形下是很苛刻的要求. 事实上，当相互独立的随机变量序列 $\{X_i\},i=1,2,\cdots$ 具有有限但不相同的数学期望和方差时，$Y=\sum_{i=1}^{n}X_i(n\to\infty)$ 仍服从正态分布. 故有更一般的中心极限定理如下.

2) 李雅普诺夫定理

设相互独立的随机变量序列 $X_1,X_2,\cdots$ 有有限的数学期望和方差

$$E(X_i)=\mu_i,V(X_i)=\sigma_i^2,\qquad 0<\mu_i,\ \sigma_i^2<\infty,\ i=1,2\cdots.$$

记 $B_n^2=\sum_{i=1}^{n}\sigma_i^2$，若存在 $\delta>0$, 使

$$\lim_{n\to\infty}\frac{1}{B_n^{2+\delta}}\sum_{i=1}^{n}E|X_i-\mu_i|^{2+\delta}=0,$$

则随机变量

$$Y=\frac{\sum_{i=1}^{n}X_i-\sum_{i=1}^{n}\mu_i}{B_n}\tag{5.2.2}$$

的分布函数 $F(y)$ 对于任意 y 满足

$$\lim_{n\to\infty}F(y)=\lim_{n\to\infty}P\left\{\frac{\sum_{i=1}^{n}X_i-\sum_{i=1}^{n}\mu_i}{B_n}\leqslant y\right\}$$

$$=\int_{-\infty}^{y}\frac{1}{\sqrt{2\pi}}e^{-\frac{t^2}{2}}dt.$$

即当 $n\to\infty, F(y)$ 依概率收敛于累积标准正态函数，$Y\sim N(0,1)$ 或 $\sum_{i=1}^{n}X_i\sim N\left(\sum_{i=1}^{n}\mu_i,\sum_{i=1}^{n}\sigma_i^2\right)$. 证明从略.

李雅普诺夫(Lyapunov)定理表明，无论各随机变量 X_i 具有怎样的分布，只要满足定理的条件，则当 n 很大时，随机变量 $\sum_{i=1}^{n}X_i$ 就近似地服从正态分布. 在许多物理量测量中，测量误差是由许多相互独立的随机因素合成的，根据该定理可知，测量误差近似地服从正态分布.

定理 1)，2)并没有规定随机变量的类型，它们对离散型和连续型均适用. 所谓 n 很大，在实际使用时，$n=10$ 的随机变量 $\sum_{i=1}^{n}X_i$ 已与正态分布相当接近.

例 5.1　正态随机数的产生

在蒙特卡罗方法中，经常需要产生服从正态分布的随机数，但一般计算机只备有[0, 1]区间均匀分布的随机数. 利用同分布中心极限定理，是通过[0, 1]随机数产生正态随机数的途径之一.

设 $r_i, i=1,2,\cdots$ 是相互独立的[0, 1]区间均匀分布随机变量，其数学期望为 $\mu=1/2$, 方差 $\sigma^2=1/12$. 根据式(5.2.1)定义随机变量

$$g\equiv\frac{\sum_{i=1}^{n}r_i-n\mu}{\sqrt{n}\sigma}=\frac{\sqrt{12}}{\sqrt{n}}\left(\sum_{i=1}^{n}r_i-\frac{n}{2}\right), \tag{5.2.3}$$

当 $n\to\infty$ 时，g 收敛于 $N(0,1)$. 实际上，当 $n=12$ 时，g 已与 $N(0, 1)$十分接近，此时，g 有简单的形式

$$g=\sum_{i=1}^{12}r_i-6\,. \tag{5.2.4}$$

g 的分布与 $N(0, 1)$的最大偏离出现在分布的两侧尾部，因为 $N(0,1)$的值域是 $(-\infty,\infty)$, 而 g 的值域是有限的

$$-\sqrt{3n}\leqslant g\leqslant\sqrt{3n},$$

当 $n=12$ 时，则有

$$-6\leqslant g\leqslant 6,$$

即出现最大偏差的区域在 ± 6 个标准差之外，在那里，$N(0,\ 1)$的概率密度值小于 10^{-8}，对于大多数实际应用的精度要求而言，这样的差别可以忽略. 所以式(5.2.4)是正态分布的很好近似. 因此，只要独立地产生 12 个[0，1]区间均匀分布随机数 r_i，依照式(5.2.4)就可得出一个标准正态随机数 g.

3) 棣莫弗-拉普拉斯(De Moivre-Laplace)定理

设随机变量序列 $\{Y_n\},n=1,2,\cdots$ 具有参数 $n,p(0<p<1)$ 的二项分布，则对任意 $a<b$，有

$$\lim_{n\to\infty}P\left\{a<\frac{Y_n-np}{\sqrt{np(1-p)}}\leqslant b\right\}=\int_a^b\frac{1}{\sqrt{2\pi}}\mathrm{e}^{-\frac{t^2}{2}}\mathrm{d}t,$$

即当 $n\to\infty$ 时，随机变量

$$\frac{Y_n-np}{\sqrt{np(1-p)}} \tag{5.2.5}$$

逼近标准正态分布，或 Y_n(参数 n，p 的二项分布)逼近数学期望和方差分别为 np 和 $np(1-p)$的正态分布. 证明如下：

由 4.1 节知，二项分布可看成 n 个相互独立的伯努利分布随机变量 X_i，$i=1,2,\cdots,n$ 之和

$$Y_n=\sum_{i=1}^{n}X_{i.}$$

其数学期望和方差分别为

$$E(X_i)=p,V(X_i)=p(1-p),\qquad i=1,2,\cdots,n.$$

应用式(5.2.1)，即得

$$\lim_{n\to\infty}P\left\{\frac{Y_n-np}{\sqrt{np(1-p)}}\leqslant a\right\}=\int_{-\infty}^{a}\frac{1}{\sqrt{2\pi}}\mathrm{e}^{-t^2/2}\mathrm{d}t=\Phi(a),$$

于是对任意 $a<b$，有

$$\begin{aligned}\lim_{n\to\infty}P\left\{a<\frac{Y_n-np}{\sqrt{np(1-p)}}\leqslant b\right\}&=\Phi(b)-\Phi(a)\\&=\int_a^b\frac{1}{\sqrt{2\pi}}\mathrm{e}^{-t^2/2}\mathrm{d}t.\end{aligned}$$

定理得证. 由证明过程可知，本定理是定理 1)的特殊情形.

$n\to\infty$时，二项分布逼近正态分布这一结论在 4.1 节中已经指出. 这一定理提供了一种计算二项分布若干项求和的近似方法. 例如，欲求二项分布 $B(k;n,p)=\binom{n}{k}p^k(1-p)^k$ 中 $k=k_1\to k_2$ 各项之和

$$\sum_{k=k_1}^{k_2}B(k;n,p),$$

直接逐步求和是十分烦琐的，但只要n充分大，应用式(5.2.5),有

$$\sum_{k=k_1}^{k_2}B(k;n,p)\approx\Phi(b)-\Phi(a), \tag{5.2.6}$$

$$b=\frac{k_2-np}{\sqrt{np(1-p)}},\qquad a=\frac{k_1-np}{\sqrt{np(1-p)}}. \tag{5.2.7}$$

$\Phi(b)$和$\Phi(a)$可由附表 6 查出. 对于n很大时的二项分布的概率计算问题，利用正态近似可方便地解出.

第六章　子样及其分布

从本章开始介绍数理统计的部分内容. 数理统计是以概率论为基础，根据研究对象的有限次观测或测量，对它的全体元素的性质作出合理的估计和推断. 数理统计是实验数据进行整理分析的理论基础和数学工具. 本章介绍总体，随机子样、统计量等数理统计中的重要概念，以及常用的统计量和抽样分布. 以下各章陆续讨论参数估计，假设检验等数理统计问题.

6.1　随机子样，子样分布函数

我们从一个具体例子来引入数理统计中的基本概念. 设想有一批晶体二极管，规定反向击穿电压小于V_0伏特为废品，问如何来确定废品率. 即使严格控制二极管的制作工艺，各二极管的反向电压V也不尽相同，而是服从某种分布. 因此，上述问题归结为求二极管反向电压V，这一随机变量取值小于V_0的概率

$$P\left(V<V_0\right)=F\left(V_0\right),$$

F为V的累计分布. 简单的做法是将所有的二极管的反向击穿电压测量出来，就可求出废品率.

但是在实际问题中，要直接、逐一地来测量事实上是不可行的. 因为测量本身具有破坏性，例如，二极管测量反向击穿电压后，二极管就损坏了；并且产品数量很大，例如，用同样的工艺生产的二极管成十万、百万计，它们的一些性能的测量相当复杂，耗费大量的人力、物资和时间，逐一测试是不经济或实际上不可行的. 因此，合理的做法是选出一部分二极管(个体)进行测试，根据这些个体的测试数据来推断这样生产出的所有二极管(整体)的有关性能. 这类问题在实验和生产中经常遇到，是典型的统计推断问题.

从数理统计的观点来看，这类问题中的研究对象是一个随机变量，例如，上例中的反向击穿电压V. 研究对象的全体元素，即随机变量取值的全体称为**总体**(或**母体**)；组成总体的每个元素，即随机变量的每一个可取值称为**个体**；表征总体的随机变量的分布函数称为**总体的分布**. 从总体中选取一个个体(元素)叫做**抽样**. 从有限次抽样选出的元素来推断总体的性质，如总体分布函数或数字特征等，这类问题称为**统计推断**. 为了达到这样的目的，抽样的方法就不能是随意的. 可以想象，倘若对总体的各次抽样相互独立地进行，总体中任何元素有均等的机会被抽

取，那么有限次抽样得到的元素能够反映总体的分布特征．这样的抽样称为**简单随机抽样**，抽取的一组元素称为**子样观测值**．显然，简单随机抽样实质上就是相互独立地作有限次重复的随机试验．

所研究的总体的元素(即随机变量的取值)可能是无限多个，称为**无限总体**．对无限总体作有限次抽样后，总体的成分并不发生变化，所以被抽取的元素是否放回总体对以后的抽样没有影响．所以无限总体的简单随机抽样可以是**不放回抽样**．但对于有限总体，一次抽样后必须把被抽取的元素放回总体，才能保证下一次抽样时总体成分不变．所以有限总体的简单随机抽样必定是**放回抽样**．但是，如果被抽取的元素个数 n 远小于总体的元素个数 N，即使作不**放回抽样**，总体也可近似地视为不变，即不放回抽样仍近似于简单随机抽样．以后若不特别说明，抽样都指简单随机抽样．

设总体 X 的分布函数为 $F(x)$，作 n 次抽样得到一组子样观测值 $x_1, x_2, \cdots, x_n$．由于每次抽样是一次随机试验，故每次抽样的结果可用一个随机变量 $X_i(i=1,2,\cdots,n)$ 来描述；又据抽样的随机性与独立性可知，$X_i(i=1,2,\cdots,n)$相互独立且与总体 X 有相同的分布，而 x_i，$i=1,2,\cdots,n$ 是它们的一组观测值．我们称 X_1，X_2，$\cdots$，X_n 为总体 X 的**容量 n 的简单随机子样**，简称**子样**，X_1，X_2，$\cdots$，X_n 可能取值的全体称为**子样空间**；观测值 x_1，x_2，$\cdots$，x_n 为子样观测值或子样的一个实现，它是子样空间中的一个点，是随机子样抽定后的一组具体数字．

由于子样 $X_1, X_2, \cdots, X_n$ 是相互独立又与总体 X 同分布的随机向量，据式(3.5.9)可知，它们的联合分布函数和联合概率密度分别为

$$F(x_1, x_2, \cdots, x_n) = \prod_{i=1}^{n} F(x_i), \tag{6.1.1}$$

$$f(x_1, x_2, \cdots, x_n) = \prod_{i=1}^{n} f(x_i). \tag{6.1.2}$$

统计推断问题要求子样能很好地反映总体的性质，为此，我们引入**子样分布函数**的概念．设对总体 X 作 n 次抽样，得到容量 n 的子样的一组观测值，将它们按数值从小到大的递增次序排列

$$x_1^* \leqslant x_2^* \leqslant \cdots \leqslant x_n^*. \tag{6.1.3}$$

令 k 是小于等于 x_k^* 的观测值个数，则在这 n 次试验中，事件 $x< x_k^*$ 的频率为

$$F_n^*(x) = \begin{cases} 0, & x < x_1^*, \\ k/n, & x_k^* \leqslant x < x_{k+1}^*, \quad k = 1, \cdots, n-1 \\ 1, & x \geqslant x_n^*. \end{cases} \tag{6.1.4}$$

$F_n^*(x)$是在[0，1]区间中的非减阶梯函数，它具备分布函数所要求的性质，称为**子样分布函数或经验分布函数**.

定义

$$D_n = \max_{-\infty<x<\infty}\left|F_n^*(x) - F(x)\right|, \tag{6.1.5}$$

其中$F(x)$为总体X的分布函数，D_n是x的所有可取值中子样分布函数与总体分布函数之差(绝对值)的极大值，D_n也是一个随机变量. **格利汶科定理**证明了当$n\to\infty$时，D_n以概率 1 收敛于 0.

$$P\left\{\lim_{n\to\infty} D_n = 0\right\} = 1. \tag{6.1.6}$$

因此，当子样容量n充分大，子样分布函数$F_n^*(x)$近似地等于总体的分布函数$F(x)$，这是利用子样对总体性质作统计推断的依据. 图 6.1 是子样分布函数及其对应的总体分布函数的图示.

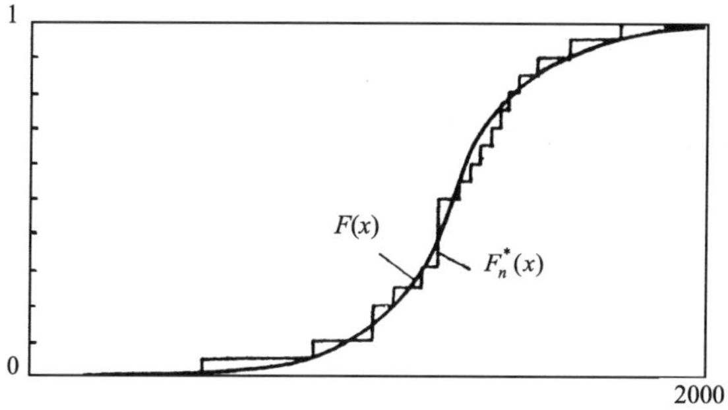

图 6.1　子样分布函数$F_n^*(x)$和总体分布函数$F(x)$

6.2　统计量及其数字特征

子样是总体的“代表”或反映. 在抽取子样之后，为了推断总体的性质，需要对子样进行“加工”、“提炼”，把子样中包含的有关总体的信息反映出来. 这在数学上便是针对不同的问题构造出子样的某种函数，来推断总体的有关性质. 因为子样是我们关于总体信息的唯一来源，所以这些函数除了子样观测值外不应包含其他未知参数. 这种函数一般称为统计量，其定义如下：

设X_1，X_2，…，X_n是总体X的一个子样，$g(X_1, X_2, \cdots, X_n)$是子样的连续函数，如果g不包含任何未知参数，则$g(X_1, X_2, \cdots, X_n)$称为随机变量X子样的**统计量**. 如x_1，x_2，…，x_n是子样X_1，X_2，…，X_n的观测值，则$g(x_1, x_2, \cdots, x_n)$

是统计量 $g(X_1, X_2, \cdots, X_n)$的一个观测值.

由于随机变量的函数也是随机变量，显然统计量本身是随机变量，它有自己的分布函数、数字特征等.

下面介绍几种重要的统计量.

设 X_1，X_2，…，X_n 是总体 X 的容量 n 的子样，x_1，x_2，…，x_n 是子样的任意一组观测值，将观测值按从小到大递增的次序排列

$$x_1^* \leqslant x_2^* \leqslant \cdots \leqslant x_n^*,$$

定义一组随机变量 $X_1^{(n)}, X_2^{(n)}, \cdots, X_n^{(n)}$，它们是子样 X_1，X_2，…，X_n 的函数，而且 $X_k^{(n)}$ 取值 x_k^*，$k=1, 2, \cdots, n$. $X_1^{(n)}, X_2^{(n)}, \cdots, X_n^{(n)}$ 称为子样 X_1，X_2，…，X_n 的**顺序统计量**. 由 6.1 节的讨论知道，子样分布函数是从顺序统计量得到的，并由此可推断出近似的总体分布函数.

经常用到的统计量有子样平均值、子样方差和子样矩等. **子样平均值**定义为

$$\bar{X} = \frac{1}{n}\sum_{i=1}^{n} X_i. \tag{6.2.1}$$

子样方差

$$S^2 = \frac{1}{n-1}\sum_{i=1}^{n}(X_i - \bar{X})^2 = \frac{1}{n-1}\left(\sum_{i=1}^{n} X_i^2 - n\bar{X}^2\right), \tag{6.2.2}$$

该定义中的第二个等式更易于计算，推导如下：

$$\begin{aligned}
S^2 &= \frac{1}{n-1}\sum_{i=1}^{n}(X_i - \bar{X})^2 = \frac{1}{n-1}\sum_{i=1}^{n}(X_i^2 - 2\bar{X}X_i + \bar{X}^2) \\
&= \frac{1}{n-1}\left\{\sum_{i=1}^{n} X_i^2 - 2\bar{X}\sum_{i=1}^{n} X_i + n\bar{X}^2\right\} \\
&= \frac{1}{n-1}\left\{\sum_{i=1}^{n} X_i^2 - 2n\bar{X}^2 + n\bar{X}^2\right\} \\
&= \frac{1}{n-1}\left(\sum_{i=1}^{n} X_i^2 - n\bar{X}^2\right).
\end{aligned}$$

证毕. **子样标准差** S 定义为 S^2 平方根的正值.

子样的 k 阶原点矩

$$\Lambda_k = \frac{1}{n}\sum_{i=1}^{n} X_i^k, \qquad k = 1, 2, \cdots, \tag{6.2.3}$$

子样的 k 阶中心矩

$$M_k = \frac{1}{n}\sum_{i=1}^{n}(X_i - \overline{X})^k, \qquad k = 1, 2, \cdots \tag{6.2.4}$$

可以证明，子样的 k 阶矩依概率收敛于总体的 k 阶矩. 还可以证明，中心矩和原点矩之间有如下关系：

$$
\begin{aligned}
M_1 &= 0, \\
M_2 &= \Lambda_2 - \Lambda_1^2, \\
M_3 &= \Lambda_3 - 3\Lambda_2\Lambda_1 + 2\Lambda_1^3, \\
M_4 &= \Lambda_4 - 4\Lambda_3\Lambda_1 + 6\Lambda_2\Lambda_1^2 - 3\Lambda_1^4, \\
&\vdots
\end{aligned}
\tag{6.2.5}
$$

这些子样的统计量的观测值是将子样 $X_1, X_2, \cdots, X_n$ 用其观测值代入，得到

$$\overline{x} = \frac{1}{n}\sum_{i=1}^{n}x_i, \qquad s^2 = \frac{1}{n-1}\sum_{i=1}^{n}(x_i - \overline{x})^2,$$

$$\lambda_k = \frac{1}{n}\sum_{i=1}^{n}x_i^k, \quad m_k = \frac{1}{n}\sum_{i=1}^{n}(x_i - \overline{x})^k, \quad k = 1, 2, \cdots, n.$$

仍称为子样平均值，子样方差，子样原点矩和子样中心矩，它们是相应统计量的一个观测值或一个实现. 对于其他的统计量也有类似的情形.

与随机变量的偏度系数和峰度系数的定义相类似，我们定义**子样偏度(系数)**g_1 和**子样峰度(系数)**g_2

$$g_1 = \frac{M_3}{(M_2)^{3/2}}, \tag{6.2.6}$$

$$g_2 = \frac{M_4}{M_2^2} - 3. \tag{6.2.7}$$

g_1 反映子样的频率分布对于子样平均 $\overline{X}$ 的对称程度. 若频率分布对于 $\overline{X}$ 对称，则 $g_1 = 0$；g_1 绝对值越大，频率分布的对称性越差. 子样峰度 g_2 则反映子样频率分布的形状，即分布比较平缓还是变化比较剧烈. 子样频率分布的概念将在 6.4 节叙述.

如果总体是二维随机变量 $\{X, Y\}$，抽取容量 n 的子样，得到 n 对子样观测值

$$(x_1, y_1), (x_2, y_2), \cdots, (x_n, y_n),$$

这时，随机变量 X 和 Y 各自的子样平均值是

$$\bar{X}=\frac{1}{n}\sum_{i=1}^{n}X_i,\qquad \bar{Y}=\frac{1}{n}\sum_{i=1}^{n}Y_i, \tag{6.2.8}$$

子样方差

$$\begin{aligned}S_X^2&=\frac{1}{n-1}\sum_{i=1}^{n}(X_i-\bar{X})^2=\frac{1}{n-1}\left(\sum_{i=1}^{n}X_i^2-n\bar{X}^2\right),\\ S_Y^2&=\frac{1}{n-1}\sum_{i=1}^{n}(Y_i-\bar{Y})^2=\frac{1}{n-1}\left(\sum_{i=1}^{n}Y_i^2-n\bar{Y}^2\right).\end{aligned} \tag{6.2.9}$$

这些公式与一维随机变量相同. X 与 Y 之间的**子样协方差** S_{XY} 定义为

$$S_{XY}=\frac{1}{n-1}\sum_{i=1}^{n}(X_i-\bar{X})(Y_i-\bar{Y}). \tag{6.2.10}$$

S_{XY} 可写成更便于计算的形式

$$\begin{aligned}S_{XY}&=\frac{1}{n-1}\sum_{i=1}^{n}(X_i-\bar{X})(Y_i-\bar{Y})\\ &=\frac{1}{n-1}\left\{\sum_{i=1}^{n}(X_iY_i-X_i\bar{Y}-\bar{X}Y_i+\bar{X}\bar{Y})\right\}\\ &=\frac{1}{n-1}\left\{\sum_{i=1}^{n}X_iY_i-\sum_{i=1}^{n}X_i\bar{Y}-\sum_{i=1}^{n}\bar{X}Y_i+n\bar{X}\bar{Y}\right\}\\ &=\frac{1}{n-1}\left\{\sum_{i=1}^{n}X_iY_i-n\bar{X}\bar{Y}-n\bar{X}\bar{Y}+n\bar{X}\bar{Y}\right\},\end{aligned}$$

所以

$$S_{XY}=\frac{1}{n-1}\left(\sum_{i=1}^{n}X_iY_i-n\bar{X}\bar{Y}\right). \tag{6.2.11}$$

子样相关系数 R 定义为

$$\begin{aligned}R=\frac{S_{XY}}{S_XS_Y}&=\frac{\sum_{i=1}^{n}(X_i-\bar{X})(Y_i-\bar{Y})}{\left[\sum_{i=1}^{n}(X_i-\bar{X})^2\sum_{i=1}^{n}(Y_i-\bar{Y})^2\right]^{1/2}}\\ &=\frac{\sum_{i=1}^{n}X_iY_i-n\bar{X}\bar{Y}}{\left(\sum_{i=1}^{n}X_i^2-n\bar{X}^2\right)^{1/2}\left(\sum_{i=1}^{n}Y_i^2-n\bar{Y}^2\right)^{1/2}}.\end{aligned} \tag{6.2.12}$$

子样相关系数 R 与随机变量$\{X, Y\}$的相关系数ρ有许多相似之处，它反映了子样中$\{X_1, X_2, \cdots, X_n\}$与$\{Y_1, Y_2, \cdots, Y_n\}$之间的相关程度；事实上，当 n 充分大，R 是ρ的恰当估计. 可以证明，子样相关系数满足 $-1\leqslant R\leqslant 1$. $R>0$ 称为正相关，$R<0$ 为负相关；$R=1$ 称为完全正相关，$R=-1$ 称为完全负相关. 以横轴表示随机变量 X 的子样观测值，纵轴表示 Y 的子样观测值，容量 n 的子样观测值在该二维图上是 n 个点. 当 $R=+1$，所有的点落在斜率为正值的一条直线上，$R=-1$，则落在斜率为负值的一条直线上(图 6.2). 当 $R>0$，X 与 Y 正相关，子样观测值 x_i 与 y_i 取值有相同的趋势，x_i 大则 y_i 也大，反之亦然；$R<0$，X 与 Y 负相关时，x_i 与 y_i 取值有相反的趋势，一个值大，另一个值小；当 $R\approx 0$，表示相关很弱. 见图 6.3.

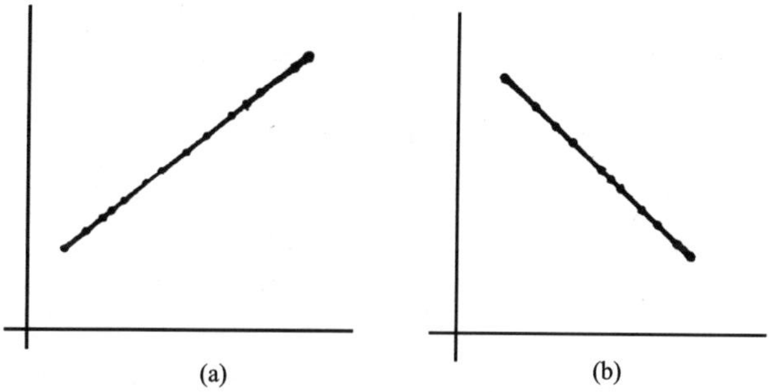

(a)　　(b)

图 6.2　直线相关

(a) $R=1$; (b) $R=-1$

(a)　　(b)　　(c)

图 6.3　子样相关系数 R 的不同情形

(a) $R>0$; (b) $R<0$; (c) $R\approx 0$

下面我们求子样平均值、子样方差这两个常用统计量的某些数字特征.

子样平均值 $\bar{X}$ 的数学期望 $\hat{X}$ 可表示为

$$\hat{X} = E(\bar{X}) = E\left\{\frac{1}{n}\left(\sum_{i=1}^{n} X_i\right)\right\},$$

由于 X_i 与总体 X 有相同的分布：$E(X_i) = E(X)$，故有

$$\hat{X} = E(\bar{X}) = E(X), \tag{6.2.13}$$

即子样平均与总体有相同的数学期望.

子样平均值 $\bar{X}$ 的特征函数 $\varphi_{\bar{X}}(t)$ 与总体特征函数 $\varphi_X(t)$ 有如下关系：

$$\varphi_{\bar{X}}(t) = \frac{1}{n}\{\varphi_X(t)\}^n = \left\{\varphi_X\left(\frac{t}{n}\right)\right\}^n. \tag{6.2.14}$$

子样平均值的方差 $V(\bar{X})$ 为

$$\begin{aligned} V(\bar{x}) &= E\left\{\left[\bar{X} - E(\bar{X})\right]^2\right\} \\ &= E\left\{\left(\frac{X_1 + X_2 + \cdots + X_n}{n} - \hat{X}\right)^2\right\} \\ &= \frac{1}{n^2}E\left\{\left[\left(X_1 - \hat{X}\right) + \left(X_2 - \hat{X}\right) + \cdots + \left(X_n - \hat{X}\right)\right]^2\right\}, \end{aligned}$$

考虑到各 X_i，$i = 1$，2，…，n 之间相互独立，故协方差

$$E\left\{\left(X_i - \hat{X}\right)\left(X_j - \hat{X}\right)\right\} = 0, \qquad i \neq j,$$

代入上式，可得

$$V(\bar{X}) = \frac{1}{n}V(X), \tag{6.2.15}$$

即子样平均值 $\bar{X}$ 的方差等于总体方差的 $1/n$.

现在求子样方差 S^2 的期望值. 由 S^2 的定义

$$\begin{aligned} S^2 &= \frac{1}{n-1}\sum_{i=1}^{n}\left(X_i - \bar{X}\right)^2 = \frac{1}{n-1}\sum_{i=1}^{n}\left[\left(X_i - \hat{X}\right) - \left(\bar{X} - \hat{X}\right)\right]^2 \\ &= \frac{1}{n-1}\sum_{i=1}^{n}\left[\left(X_i - \hat{X}\right) - \frac{1}{n}\sum_{j=1}^{n}\left(X_j - \hat{X}\right)\right]^2, \end{aligned}$$

当 $i \neq j$ 时，X_i，X_j 相互独立，即 $E\left\{\left(X_i - \hat{X}\right)\left(X_j - \hat{X}\right)\right\} = 0$，故

$$E(S^2)=E\left[\frac{1}{n-1}\sum_{i=1}^{n}\left(X_i-\hat{X}\right)^2\right]-E\left[\frac{1}{n(n-1)}\sum_{j=1}^{n}\left(X_j-\hat{X}\right)^2\right]$$
$$=\frac{1}{n-1}\sum_{i=1}^{n}E\left[\left(X_i-\hat{X}\right)^2\right]-\frac{1}{n(n-1)}\sum_{j=1}^{n}E\left[\left(X_j-\hat{X}\right)^2\right]$$
$$=\frac{1}{n-1}nV(X)-\frac{1}{n(n-1)}nV(X),$$

因此，子样方差 S^2 的数学期望等于总体的方差

$$E(S^2)=V(X). \tag{6.2.16}$$

6.3 抽样分布

统计量是随机变量，所以有自己的分布．统计量的分布称为**抽样分布**，该分布的标准差称为统计量的标准误差．由于统计量是子样的函数，子样与总体有相同的分布，故抽样分布与总体的分布有一定的联系．本节介绍几种重要的抽样分布．

6.3.1 子样平均值的分布

1) 泊松总体子样平均值的分布

设总体 X 服从参数μ的泊松分布，X_1，X_2，…，X_n是它的容量 n 的子样．由于X_1，X_2，…，X_n相互独立并与X同分布，应用泊松分布加法定理可知，随机变量$\sum_{i=1}^{n}X_i$服从参数 $n\mu$的泊松分布，故子样平均 $\bar{X}=\frac{1}{n}\sum_{i=1}^{n}X_i$ 的概率分布为

$$P\left(\bar{X}=\frac{k}{n}\right)=P(k;n\mu),\quad k=1,2,\cdots. \tag{6.3.1}$$

2) 正态总体子样平均值的分布

设总体 $X\sim N(\mu,\sigma^2)$, X_1，X_2，…，X_n为其子样．正态分布 X 的特征函数是

$$\varphi_X(t)=\exp\left(\mathrm{i}t\mu-\frac{1}{2}\sigma^2t^2\right),$$

由特征函数的性质(2.5.4)和(2.5.6)求得子样平均 $\bar{X}=\frac{1}{n}\sum_{i=1}^{n}X_i$ 的特征函数为

$$\varphi_{\bar{X}}(t)=\left\{\exp\left[\frac{\mathrm{i}t\mu}{n}-\frac{\sigma^2}{2}\left(\frac{t}{n}\right)^2\right]\right\}^n=\exp\left[\mathrm{i}t\mu-\frac{1}{2}\frac{\sigma^2}{n}t^2\right],$$

可见 $\bar{X}$ 也服从正态分布，其数学期望和方差分别是μ 和σ^2/n

$$\bar{X}\sim N\left(\mu,\frac{\sigma^2}{n}\right),\tag{6.3.2}$$

即子样平均值的数学期望与总体相同，但方差为总体方差的 $1/n$. 显然立即有

$$\frac{\bar{X}-\mu}{\sigma/\sqrt{n}}\sim N(0,1).$$

3) 任意总体子样平均值的分布

设总体 X 是有有限数学期望和方差μ, σ^2 的任一随机变量. 由于它的子样 X_1, $X_2,\cdots,X_n$ 相互独立而且有相同的分布，根据同分布的中心极限定理，当 $n\to\infty$ 时，$\sum_{i=1}^{n}X_i$ 服从正态分布 $N(n\mu,\ n\sigma^2)$，故当 n 很大时，子样平均 $\frac{1}{n}\sum_{i=1}^{n}X_i$ 近似地服从均值μ，方差 $\frac{\sigma^2}{n}$ 的正态分布

$$\bar{X}\sim N\left(\mu,\sigma^2/n\right).\tag{6.3.3}$$

4) 两个正态总体的子样平均值之差的分布

自两个不同的正态总体 $N(\mu_1,\sigma_1^2)$ 和 $N(\mu_2,\sigma_2^2)$ 各自独立地抽取容量 n_1 和 n_2 的随机子样，子样平均用 $\bar{X}_1$ 和 $\bar{X}_2$ 表示. 则两个子样平均之差 $\bar{X}_1-\bar{X}_2$ 也是正态变量，且其数学期望和方差分别为

$$E\left(\bar{X}_1-\bar{X}_2\right)=\mu_1-\mu_2,\qquad \sigma^2\left(\bar{X}_1-\bar{X}_2\right)=\frac{\sigma_1^2}{n_1}+\frac{\sigma_2^2}{n_2}.\tag{6.3.4}$$

证明　由 2)知

$$\bar{X}_1\sim N\left(\mu_1,\sigma_1^2/n_1\right),\qquad \bar{X}_2\sim N\left(\mu_2,\sigma_2^2/n_2\right),$$

故有

$$E\left(\bar{X}_1-\bar{X}_2\right)=E\left(\bar{X}_1\right)-E\left(\bar{X}_2\right)=\mu_1-\mu_2.$$

由于 $\bar{X}_1$ 和 $\bar{X}_2$ 相互独立，由方差的性质可知

$$V\left(\bar{X}_1-\bar{X}_2\right)=V\left(\bar{X}_1\right)+V\left(\bar{X}_2\right)=\frac{\sigma_1^2}{n_1}+\frac{\sigma_2^2}{n_2}.$$

证毕．这一性质可推广到任意多个相互独立的正态总体子样平均值之差的分布．

对于相互独立的正态总体的子样平均值之和的分布，显然式(6.3.4)中方差的表达式相同而数学期望应为$\mu_1+\mu_2$.

6.3.2　服从χ^2分布的统计量，自由度

1) 标准正态总体的子样平方和的分布

设总体$X\sim N(0, 1)$，X_1，X_2，…，X_n为容量n的一个子样，并记统计量

$$\chi_n^2\equiv\sum_{i=1}^{n}X_i^2, \tag{6.3.5}$$

则χ_n^2服从自由度n的χ^2分布：$\chi_n^2\sim\chi^2(n)$．由于X_1，X_2，…，X_n相互独立，而且与总体X有相同分布，由式(4.14.14)立即得出上述结果．

由此立即得到一个推论．若随机变量$X\sim N\left(\mu,\sigma^2\right)$，且$X_1$，…，$X_n$为其子样，则统计量

$$\sum_{i=1}^{n}\frac{(X_i-\mu)^2}{\sigma^2}\sim\chi^2(n). \tag{6.3.6}$$

考虑到随机变量$\dfrac{X_i-\mu}{\sigma}$服从标准正态分布，立即知本推论的正确性．

2) 正态总体的子样方差的分布

设$X_1,X_2,\cdots,X_n$是正态总体$X\sim N\left(\mu,\sigma^2\right)$的容量$n$的子样，子样方差(式(6.2.2))为

$$S^2=\frac{1}{n-1}\sum_{i=1}^{n}\left(X_i-\bar{X}\right)^2,$$

统计量

$$\frac{n-1}{\sigma^2}S^2\equiv\sum_{i=1}^{n}\left(\frac{X_i-\bar{X}}{\sigma}\right)^2 \tag{6.3.7}$$

服从自由度$n-1$的χ^2分布，即$\chi^2(n-1)$.

证明　对随机变量X_1，X_2，…，X_n作正交变换

$$
\begin{aligned}
Y_1 &= \frac{1}{\sqrt{1\cdot 2}}\left(X_1 - X_2\right), \\
Y_2 &= \frac{1}{\sqrt{2\cdot 3}}\left(X_1 + X_2 - 2X_3\right), \\
&\vdots \\
Y_{n-1} &= \frac{1}{\sqrt{(n-1)n}}\left(X_1 + X_2 + \cdots + X_{n-1} - (n-1)X_n\right), \\
Y_n &= \frac{1}{\sqrt{n}}\left(X_1 + X_2 + \cdots + X_n\right) = \sqrt{n}\,\bar{X},
\end{aligned}
$$

通过计算可知，满足$\sum_{i=1}^{n} X_i^2 = \sum_{i=1}^{n} Y_i^2$．由于$X_1$，$X_2$，…，$X_n$为相互独立的同分布正态变量，$Y_1$，$Y_2$，…，$Y_n$是$X_i$的线性函数，可以证明[23]，$Y_i$，$i = 1, 2, \cdots, n$也是正态变量，且相互独立，其数学期望为0，方差为$\sigma^2$，即

$$
Y_i \sim N\left(0, \sigma^2\right), \qquad i = 1, 2, \cdots, n.
$$

又

$$
\begin{aligned}
(n-1)S^2 &= \sum_{i=1}^{n}\left(X_i - \bar{X}\right)^2 = \sum_{i=1}^{n} X_i^2 - 2\bar{X}\sum_{i=1}^{n} X_i + n\bar{X}^2 \\
&= \sum_{i=1}^{n} X_i^2 - n\bar{X}^2 = \sum_{i=1}^{n} Y_i^2 - Y_n^2 = \sum_{i=1}^{n-1} Y_i^2,
\end{aligned}
$$

故

$$
\frac{n-1}{\sigma^2} S^2 = \frac{1}{\sigma^2}\sum_{i=1}^{n-1} Y_i^2,
$$

注意到$Y_i \sim N(0, \sigma)$，由式(6.3.6)知，$\frac{n-1}{\sigma^2} S^2$服从自由度$(n-1)$的χ^2分布.

现在来解释χ^2分布中自由度的含意.

自由度是与变量之间的约束相联系的概念. 对于一组变量Y_1，Y_2，…，Y_n，存在一组不全为0的常数C_1，C_2，…，C_n，使得约束方程

$$
\sum_{j=1}^{n} C_j Y_j = 0
$$

成立，则称变量Y_1，Y_2，…，Y_n之间存在一个线性约束条件. 如果存在k个约束方程

$$\sum_{j=1}^{n} C_{ij} Y_j = 0, \qquad i = 1, 2, \cdots, k,$$

其中对任何 i, C_{ij} 不全为 0,系数 C_{ij} 组成的矩阵$(C_{ij})_{kn}$的秩为 k,则称变量 $Y_1, Y_2, \cdots, Y_n$ 之间存在 k 个独立的线性约束条件. 这时，由线性代数可知，Y_1，Y_2，…，Y_n 这 n 个变量中，由于存在 k 个独立的约束，只有 $n-k$ 个独立变量. 这一结果十分有用. 包含 n 个变量的函数 $g(Y_1, Y_2, \cdots, Y_n)$，其中只有 $n-k$ 个独立变量，则称自由度为 $n-k$.

统计量 $\frac{n-1}{\sigma^2}S^2$ 的表达式中，包含 X_1，X_2，…，X_n 共 n 个变量，但存在一个线性约束方程

$$\sum_{i=1}^{n} \left(X_i - \bar{X} \right) = 0,$$

所以自由度为 $n-1$. 而在 χ_n^2 的表达式(6.3.5)中，n 个变量 $X_i^2 (i = 1, 2, \cdots, n)$ 相互独立，不存在约束条件，所以自由度为 n.

正态总体的子样平均值和子样方差 $\bar{X}$ 和 S^2 是相互独立的，这是正态总体特有的重要性质，证明如下.

通过简单的代数运算，下述等式独立：

$$\sum_{i=1}^{n} \left(\frac{X_i - \mu}{\sigma} \right)^2 = \frac{(n-1)S^2}{\sigma^2} + \left(\frac{\bar{X} - \mu}{\sigma / \sqrt{n}} \right)^2.$$

等式右边第一项服从自由度 $n-1$ 的χ^2分布(式(6.3.7))，其特征函数为 $(1-2\mathrm{i}t)^{-\frac{n-1}{2}}$. 随机变量 $\bar{X}$ 服从数学期望和方差μ，σ^2/n 的正态分布(式(6.3.2))，故有

$$\frac{\bar{X} - \mu}{\sigma / \sqrt{n}} \sim N(0,1),$$

由式(4.14.14)知，$\left(\frac{\bar{X} - \mu}{\sigma / \sqrt{n}} \right)^2 \sim \chi^2(1)$，其特征函数为

$$(1-2\mathrm{i}t)^{-1/2}.$$

由于 $\frac{X_i - \mu}{\sigma} \sim N(0,1)$，立即有

$$\sum_{i=1}^{n} \left(\frac{X_i - \mu}{\sigma} \right)^2 \sim \chi^2(n),$$

其特征函数为$(1-2\mathrm{i}t)^{-n/2}$.

由 2.5 节的讨论可知，若随机变量 $Z=X+Y$，且有 $\varphi_Z(t)=\varphi_X(t)\cdot\varphi_Y(t)$，则 X，Y 相互独立. 显然在这里有

$$(1-2\mathrm{i}t)^{-n/2}=(1-2\mathrm{i}t)^{-\frac{n-1}{2}}\cdot(1-2\mathrm{i}t)^{-1/2}.$$

故知$\left(\dfrac{\bar{X}-\mu}{\sigma/\sqrt{n}}\right)^2$与$\dfrac{(n-1)S^2}{\sigma^2}$相互独立，因此，$S^2$ 与 $\bar{X}$ 也相互独立.

6.3.3 服从 t 分布和 F 分布的统计量

(1) 设正态总体 $X\sim N(\mu、\sigma^2)$的子样平均值和子样方差为 $\bar{X}$ 和 S^2，子样容量为 n，则统计量

$$\frac{\left(\bar{X}-\mu\right)\sqrt{n}}{S}\sim t(n-1). \tag{6.3.8}$$

证明 由 6.3.3 节已知

$$\frac{\bar{X}-\mu}{\sigma/\sqrt{n}}\sim N(0,1), \qquad \frac{n-1}{\sigma^2}S^2\sim\chi^2(n-1),$$

而且它们互相独立. 由式(4.15.4)立即有

$$\frac{\dfrac{\bar{X}-\mu}{\sigma/\sqrt{n}}}{\left(\dfrac{n-1}{\sigma^2}S^2\Big/(n-1)\right)^{1/2}}=\frac{\left(\bar{X}-\mu\right)\sqrt{n}}{S}\sim t(n-1).$$

(2) 设 X_1，X_2，…，X_{n1} 和 Y_1，Y_2，…，Y_{n2} 分别是从方差相同的两个正态总体 $N(\mu_1, \sigma^2)$, $N(\mu_2, \sigma^2)$独立地抽取的容量 n_1 和 n_2 的子样，子样平均值和子样方差分别用 $\bar{X},\bar{Y}$ 和 S_1^2,S_2^2 表示，则统计量

$$\frac{\left(\bar{X}-\bar{Y}\right)-\left(\mu_1-\mu_2\right)}{S_w\sqrt{\dfrac{1}{n_1}+\dfrac{1}{n_2}}}\sim t(n_1+n_2-2), \tag{6.3.9}$$

其中

$$S_w^2=\frac{(n_1-1)S_1^2+(n_2-1)S_2^2}{n_1+n_2-2}.$$

证明 因为 $\bar{X}\sim N\left(\mu_1,\sigma^2/n_1\right),\bar{Y}\sim N\left(\mu_2,\sigma^2/n_2\right)$,

$$\bar{X}-\bar{Y}\sim N\left(\mu_1-\mu_2,\frac{\sigma^2}{n_1}+\frac{\sigma^2}{n_2}\right),$$

故

$$U\equiv\frac{\left(\bar{X}-\bar{Y}\right)-\left(\mu_1-\mu_2\right)}{\sigma\sqrt{\frac{1}{n_1}+\frac{1}{n_2}}}\sim N(0,1).$$

又

$$\frac{n_1-1}{\sigma^2}S_1^2\sim\chi^2\left(n_1-1\right),\qquad \frac{n_2-1}{\sigma^2}S_2^2\sim\chi^2\left(n_2-1\right),$$

并且它们之间相互独立，由χ^2分布的可加性知

$$V\equiv\frac{n_1-1}{\sigma^2}S_1^2+\frac{n_2-1}{\sigma^2}S_2^2\sim\chi^2\left(n_1+n_2-2\right).$$

由式(4.15.4)立即有

$$\frac{U}{\sqrt{V/(n_1+n_2-2)}}=\frac{\left(\bar{X}-\bar{Y}\right)-\left(\mu_1-\mu_2\right)}{S_w\sqrt{\frac{1}{n_1}+\frac{1}{n_2}}}\sim t(n_1+n_2-2).$$

证毕.

对于两个子样容量相同的特殊情况，$n_1=n_2=n$，上式可简化为

$$\frac{\left(\bar{X}-\bar{Y}\right)-\left(\mu_1-\mu_2\right)}{\sqrt{S_1^2+S_2^2}\Big/\sqrt{n}}\sim t(2n-2). \tag{6.3.10}$$

(3) 设从两个正态总体$N(\mu_1,\sigma_1^2)$和$N(\mu_2,\sigma_2^2)$分别独立地抽取容量n_1和n_2的子样，子样方差用S_1^2和S_2^2表示，则统计量

$$\frac{S_1^2/\sigma_1^2}{S_2^2/\sigma_2^2}\sim F(n_1-1,n_2-1). \tag{6.3.11}$$

证明　由 6.3.2 节知

$$\frac{n_1-1}{\sigma_1^2}S_1^2\sim\chi^2(n_1-1),\qquad \frac{n_2-1}{\sigma_2^2}S_2^2\sim\chi^2(n_2-1),$$

而且两者相互独立，由 4.16 节的讨论知

$$\frac{\frac{n_1-1}{\sigma_1^2}S_1^2\Big/(n_1-1)}{\frac{n_2-1}{\sigma_2^2}S_2^2\Big/(n_2-1)}=\frac{S_1^2/\sigma_1^2}{S_2^2/\sigma_2^2}\sim F(n_1-1,n_2-1).$$

6.3.4 正态总体子样偏度、子样峰度、子样相关系数的分布

我们不加证明地给出正态总体的子样偏度、子样峰度、子样相关系数的分布.

设 g_1 和 g_2 (定义见式(6.2.6)和式(6.2.7))分别是正态总体容量 n 的子样的偏度系数和峰度系数，则 g_1，g_2 近似地服从正态分布[54]

$$g_1\sim N\left(0,\frac{6(n-2)}{(n+1)(n+3)}\right), \tag{6.3.12}$$

$$g_2\sim N\left(\frac{-6}{n+1},\frac{24n(n-2)(n-3)}{(n+1)^2(n+3)(n+5)}\right). \tag{6.3.13}$$

子样容量 n 越大，近似程度越好.

若总体(X, Y)为二维正态分布，R 为容量 n 的子样的相关系数(定义见式(6.2.12)). 定义统计量

$$Z\equiv\frac{1}{2}\ln\frac{1+R}{1-R}\equiv \mathrm{arth}R,$$

当 n 充分大时，近似地有

$$Z\sim N\left(\frac{1}{2}\ln\frac{1+\rho}{1-\rho}+\frac{\rho}{2(n-1)},\frac{1}{n-3}\right), \tag{6.3.14}$$

其中ρ是总体随机变量 X 和 Y 的相关系数. n 越大，近似程度越好，实际使用中，当 $n\geqslant 10$，Z 的分布与正态分布已相当接近.

对$\rho=0$ 的特殊情形，统计量

$$\frac{R}{\sqrt{1-R^2}}\sqrt{n-2}\sim t(n-2). \tag{6.3.15}$$

6.4 抽样数据的图形表示，频率分布

设我们对一个具有随机分布的物理量作 n 次测量，得到 n 个测定数据. 从数理统计的观点来看，这就是对于描述该物理量的随机变量作 n 次随机抽样，n 个

测定数据是容量 n 的随机子样的测定值．显然，直接从这 n 个数值很难看出总体的性质，有必要对它们作适当的统计整理，以使测量的结果能反映总体的特征．一种重要而方便的方法是将测定数据用图形来表示．

6.4.1　一维散点图和直方图，频率分布

一维随机变量子样测定值最简单的图形表示方法是，子样每一测定值 x_1, x_2, …, x_n 用 x 轴的相应数值处的一根短竖线表示，这样的图称为**一维散点图**．核物理中低能电子射入闪烁计数器，通过电子学放大后得到一定幅度的输出脉冲．由于电子探测过程是随机过程，相同能量的电子射入探测器，输出脉冲幅度不可能严格相同，而呈现一定的分布．图 6.4(a)是所测到的 100 个脉冲幅度的一维散点图．这种图形表示虽然包含了子样的全部信息，但很难反映总体分布的特征．

比较好地反映总体分布的图形表示是**一维直方图**．其构成方法如下．选择上限和下限为

$$x_{\min} \leq \min(x_1, x_2, \cdots, x_n), \qquad x_{\max} \geq \max(x_1, x_2, \cdots, x_n). \tag{6.4.1}$$

将$[x_{\min}, x_{\max}]$划分为若干个互不相交但首尾相接的子区间，最通常的划分法是分成 r 个等间隔子区间

$$\begin{aligned} &x_j = x_{j-1} + \Delta x, &&j = 1, 2, \cdots, r, \\ &x_0 = x_{\min}, &&\Delta x = \frac{x_{\max} - x_{\min}}{r}. \end{aligned} \tag{6.4.2}$$

落在第 j 个子区间内的子样测定值 x_i 满足

$$x_{j-1} \leqslant x_i \leqslant x_j, \qquad j = 1, 2, \cdots, r, i = 1, 2, \cdots, n. \tag{6.4.3}$$

落在第 j 个子区间内的子样测定值个数 n_j(j = 1, 2, …, r)称为**频数**，n_j/n 称为**相对频数**．可以看到，相对频数与第一章中讨论概率时引入的频率概念是相似的，相对频数是随机变量 X 的取值 X_i 取值满足式(6.4.3)这一事件的频率．在直角坐标系上横轴 x 表示子样测定值，用纵坐标等于 n_j，横坐标从 $x_{j-1} \to x_j$ (长度Δx)的平行于 x 轴的短横线代表第 j 个子区间内的子样测定值频数，各短横线端点之间用竖直线连接起来，就构成一维直方图．脉冲幅度测定值的直方图如图 6.4(b)所示．

在一维直方图中，每一子区间内短横线下的面积是 $n_j\Delta x$，所以折线下的总面积为

$$S = \sum_{j=1}^{r} n_j \cdot \Delta x = n \cdot \Delta x. \tag{6.4.4}$$

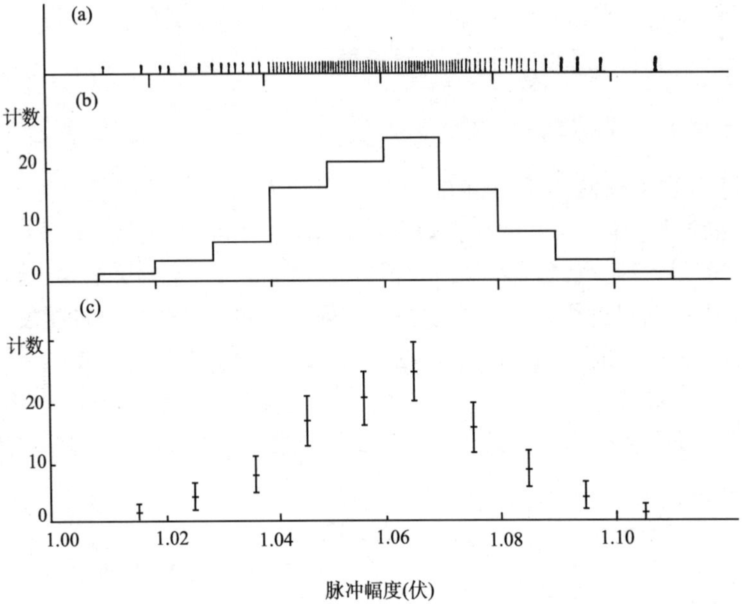

图 6.4

(a) 一维散点图；(b) 一维直方图；(c) 带误差杆的数据点图

将一维直方图的纵坐标值除以 S，所得到的分布图称为**子样频率分布**. 它有如下性质：

(1) 每个子区间内的面积大于等于 0.

(2) 子样测定值落在任一子区间内的频率等于该子区间的面积.

(3) 所有子区间的面积之和等于 1.

这些特性与第二章随机变量的概率密度 $f(x)$的性质相类似，可见子样频率分布与随机变量概率密度是相似的. 可以想象，若大大增加子样容量 n，并将子区间间隔Δx 取得很小，则子样频率分布依概率趋近于总体的概率密度曲线. 由此可见，子样测定值的一维直方图或频率分布较之一维散点图更能反映总体的性质.

当子样容量 n 为一确定值，由 4.2 节例 4.4 的讨论可知，一维直方图中落入第 j 个子区间的子样测定值的频数 $n_j(j = 1, 2, \cdots, r)$是一随机变量，它服从多项分布. 如果子样容量 n 足够大，则 n_j 的标准差(统计误差)为 $\sigma(n_j) \approx \sqrt{n_j}$ ，所以对子样测定值的另一种图形表示为带误差杆的数据点图，这是物理学家普遍采用的数据图形表示方法. 对于前面脉冲幅度测定值的例子，带误差杆的数据点图示于图 6.4(c). 它的构成方法是在横坐标为第 j 个子区间的中心值为 $x_j - \dfrac{\Delta x}{2}$、纵坐标为 n_j 的地方画一圆点，表示该区间频数 n_j，用通过该圆点的短竖线表示 n_j 的统计误差，圆点上下的线段长度都等于 $\sqrt{n_j}$．这种图的优点在于同时表述了子样的频数分布和误差.

为了使一维直方图或带误差杆的数据点图能正确地反映总体的分布，选择适当的子区间宽度Δx (等价于选择适当的子区间数目 r)是十分重要的．Δx 过大，无法反映总体分布的细致结构；Δx 过小，落在每一子区间内的频数 n_j 过小，则相对统计误差

$$\sigma(n_j)/n_j \approx 1/\sqrt{n_j} \tag{6.4.5}$$

增大，直方图的形状与总体分布的形状会产生较大的偏离．一般要求所有子区间内的频数 $n_j > 5(j=1,2,\cdots,n)$．这一要求的统计学上的含义见 9.5 节和 11.4 节的讨论.

利用直方图数据，可以求得子样平均值和子样方差的近似值，定义直方图数据平均值 $\hat{x}$ 和方差 $\hat{s}^2$ 为

$$\hat{x} = \frac{1}{n}\sum_{j=1}^{r} x_{j0}\cdot n_j, \quad x_{j0} = x_j - \frac{\Delta x}{2}, \tag{6.4.6}$$

$$\hat{s}^2 = \frac{1}{n-1}\sum_{j=1}^{r} n_j (x_{j0} - \hat{x})^2. \tag{6.4.7}$$

与子样平均值 $\bar{X}$ 和子样方差 S^2 的公式(6.2.1)，(6.2.2)对比，差别在于用第 j 个子区间内的中点值x_{j0}代替了落在该区间内 n_j个实际上数值不等的子样测定值,因此，$\hat{x},\hat{s}^2$ 只是 $\bar{X},S^2$ 的近似．$\hat{s}^2$ 可进一步化为更易于计算的形式

$$\begin{aligned}\hat{s}^2 &= \frac{1}{n-1}\sum_{j=1}^{r} n_j (x_{j0} - \hat{x})^2 \\ &= \frac{1}{n-1}\left\{\sum_{j=1}^{r} n_j x_{j0}^2 - \sum_{j=1}^{r} 2 n_j x_{j0}\hat{x} + \sum_{j=1}^{r} n_j \hat{x}^2\right\} \\ &= \frac{1}{n-1}\left\{\sum_{j=1}^{r} n_j x_{j0}^2 - 2n\hat{x}^2 + n\hat{x}^2\right\},\end{aligned}$$

所以

$$\hat{s}^2 = \frac{1}{n-1}\left\{\sum_{j=1}^{r} n_j x_{j0}^2 - n\hat{x}^2\right\}. \tag{6.4.8}$$

对于直方图数据，子样原点矩和子样中心矩A_k, M_k(见式(6.2.3)和(6.2.4))的近似计算式是

$$A_k \approx \frac{1}{n}\sum_{j=1}^{r} n_j x_{j0}^k, \qquad k=1,2,\cdots, \tag{6.4.9}$$

$$M_k \approx \frac{1}{n}\sum_{j=1}^{r} n_j (x_{j0}-\hat{x})^k, \quad k=1,2,\cdots. \tag{6.4.10}$$

6.4.2　二维散点图和直方图

对于总体为二维随机变量$\{X, Y\}$的情形，设测得容量 n 的子样测定值

$$(x_i, y_i), \qquad i=1, 2, \cdots, n.$$

最简单的图形表示方法是将直角坐标的 x 轴作为 X 测定值，y 轴作为 Y 测定值，n 对测定值是该坐标系中的 n 个点，这样的图称为**二维散点图**，如图 6.5(a)所示. 从

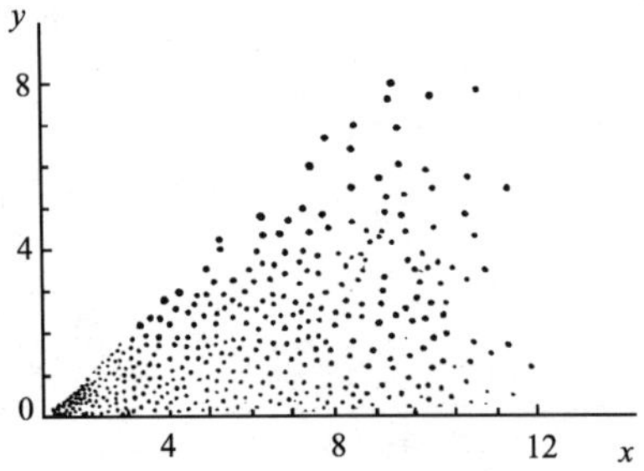

(a)

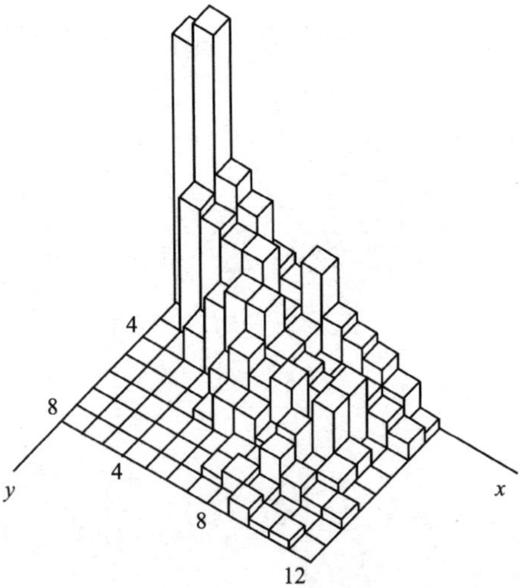

(b)

图 6.5

(a) 二维散点图；(b) 二维直方图

二维散点图可以大致判断子样分布的某些性质，如子样平均值 $\bar{X},\bar{Y}$ 的大致位置，X 与 Y 的相关系数的符号等. 但从二维散点图很难得到总体分布的数字特征的具体数值.

与一维直方图类似，对于二维总体，可以将 x, y 轴划分为等宽度 $\Delta x, \Delta y$ 的 n_x, n_y 个子间隔，这样，x-y 平面被划分为 $n = n_x \cdot n_y$ 个矩形面积元，落在每个面积元内的频数 $n_{ij}(i = 1, 2, \cdots, n_x; j = 1, 2, \cdots, n_y)$ 作为第三个坐标值，这就构成了**二维直方图**，如图 6.5(b)所示. 二维直方图也可以用平面图的方式表示，即把频数值 n_{ij} 标在对应的面积元内，如图 6.6 所示. 图中还画出了二维直方图的一维投影，这两个一维直方图表示子样的边沿频数分布，反映变量 $\{X, Y\}$ 关于 X 和 Y 的边沿概率密度 $f_X(x)$ 和 $f_Y(y)$ 的分布特性. 显然，二维直方图能比较完整地反映总体 $\{X, Y\}$ 的分布特性.

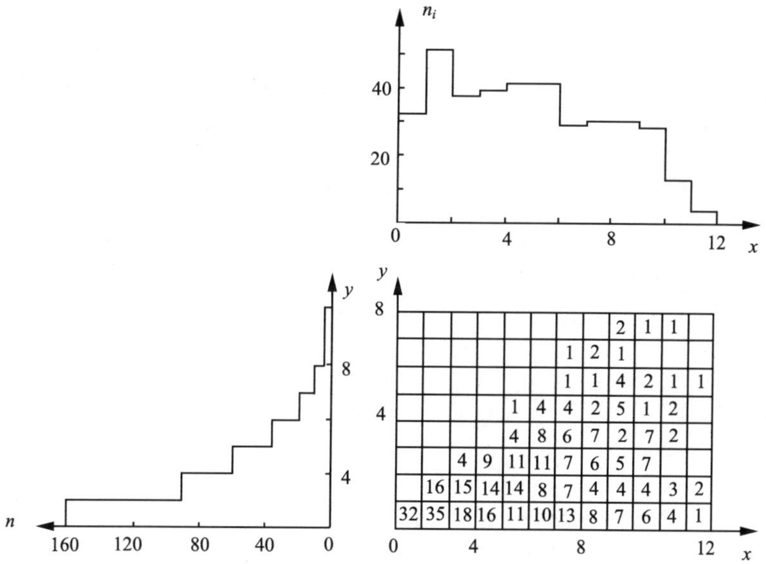

图 6.6　二维直方图的平面表示及其一维投影

从二维直方图数据计算平均值 $\hat{x},\hat{y}$，方差 $\hat{s}_x,\hat{s}_y$，协方差 $\hat{s}_{xy}$，相关系数 $\hat{r}$，其定义如下：

$$\hat{x} = \frac{1}{n}\sum_{i=1}^{n_x}\left[x_{i0}\left(\sum_{j=1}^{n_y} n_{ij}\right)\right], \tag{6.4.11}$$

$$\hat{y} = \frac{1}{n}\sum_{j=1}^{n_y}\left[y_{j0}\left(\sum_{i=1}^{n_x} n_{ij}\right)\right], \tag{6.4.12}$$

$$\hat{s}_x^2 = \frac{1}{n-1}\left\{\sum_{i=1}^{n_x}\sum_{j=1}^{n_y}(x_{i0} - \hat{x})^2 n_{ij}\right\}, \tag{6.4.13}$$

$$\hat{s}_y^2 = \frac{1}{n-1}\left\{\sum_{i=1}^{n_x}\sum_{j=1}^{n_y}\left(y_{j0}-\hat{y}\right)^2 n_{ij}\right\}, \tag{6.4.14}$$

$$\hat{s}_{xy} = \frac{1}{n-1}\left\{\sum_{i=1}^{n_x}\sum_{j=1}^{n_y}\left(x_{i0}-\hat{x}\right)\left(y_{j0}-\hat{y}\right)n_{ij}\right\}, \tag{6.4.15}$$

$$\hat{r} = \frac{\hat{s}_{xy}}{\hat{s}_x\hat{s}_y}, \tag{6.4.16}$$

其中

$$x_{i0} = x_i - \frac{\Delta x}{2}, \qquad y_{j0} = y_j - \frac{\Delta y}{2}.$$

与二维随机变量$\{X, Y\}$的子样平均值$\overline{X},\overline{Y}$，子样方差$S_X^2, S_Y^2$，子样协方差$S_{XY}$和子样相关系数$R$的表达式(6.2.8)~(6.2.12)对比可知，两者的差别在于将第(i, j)面积元中 n_{ij} 对不同的$\{x_i, y_j\}$值都用中心值$\{x_{i0}, y_{j0}\}$代替．当Δx，Δy 足够小，$\hat{x}, \hat{y}, \hat{s}_x^2, \hat{s}_y^2, \hat{s}_{xy}, \hat{r}$分别是子样的$\overline{X},\overline{Y}$，$S_X^2, S_Y^2$，$S_{XY}$，$R$的近似值．

$\hat{s}_x^2, \hat{s}_y^2, \hat{s}_{xy}$可写成较为易于计算的形式．例如，

$$\begin{aligned}
\hat{s}_x^2 &= \frac{1}{n-1}\left\{\sum_{i=1}^{n_x}\sum_{j=1}^{n_y}\left(x_{i0}-\hat{x}\right)^2 n_{ij}\right\} \\
&= \frac{1}{n-1}\sum_{i=1}^{n_x}\sum_{j=1}^{n_y}n_{ij}\left(x_{i0}^2+\hat{x}^2-2x_{i0}\hat{x}\right) \\
&= \frac{1}{n-1}\left\{\sum_{i=1}^{n_x}x_{i0}^2\sum_{j=1}^{n_y}n_{ij}+n\hat{x}^2-2\hat{x}\sum_{i=1}^{n_x}x_{i0}\sum_{j=1}^{n_y}n_{ij}\right\} \\
&= \frac{1}{n-1}\left\{\sum_{i=1}^{n_x}x_{i0}^2\sum_{j=1}^{n_y}n_{ij}+n\hat{x}^2-2\hat{x}\cdot n\hat{x}\right\},
\end{aligned}$$

所以有

$$\hat{s}_x^2 = \frac{1}{n-1}\left\{\sum_{i=1}^{n_x}x_{i0}^2\left(\sum_{j=1}^{n_y}n_{ij}\right)-n\hat{x}^2\right\}; \tag{6.4.17}$$

类似地

$$\hat{s}_y^2 = \frac{1}{n-1}\left\{\sum_{j=1}^{n_y}y_{j0}^2\left(\sum_{i=1}^{n_x}n_{ij}\right)-n\hat{y}^2\right\}, \tag{6.4.18}$$

而对$\hat{s}_{xy}$则有

$$
\begin{aligned}
\hat{s}_{xy} &= \frac{1}{n-1}\sum_{i=1}^{n_x}\sum_{j=1}^{n_y}(x_{i0}-\hat{x})(y_{j0}-\hat{y})n_{ij} \\
&= \frac{1}{n-1}\sum_{i=1}^{n_x}\sum_{j=1}^{n_y}n_{ij}\left(x_{i0}y_{j0}-\hat{x}y_{j0}-\hat{y}x_{i0}+\hat{x}\hat{y}\right) \\
&= \frac{1}{n-1}\left\{\sum_{i=1}^{n_x}\sum_{j=1}^{n_y}n_{ij}x_{i0}y_{j0}-\hat{x}\sum_{i=1}^{n_x}\sum_{j=1}^{n_y}n_{ij}y_{j0}-\hat{y}\sum_{i=1}^{n_x}\sum_{j=1}^{n_y}n_{ij}x_{i0}+n\hat{x}\hat{y}\right\} \\
&= \frac{1}{n-1}\left\{\sum_{i=1}^{n_x}\sum_{j=1}^{n_y}n_{ij}x_{i0}y_{j0}-\hat{x}n\hat{y}-\hat{y}n\hat{x}+n\hat{x}\hat{y}\right\},
\end{aligned}
$$

所以

$$
\hat{s}_{xy} = \frac{1}{n-1}\left\{\sum_{i=1}^{n_x}\sum_{j=1}^{n_y}n_{ij}x_{i0}y_{j0}-n\hat{x}\hat{y}\right\}. \tag{6.4.19}
$$

将 $\hat{s}_x^2, \hat{s}_y^2, \hat{s}_{xy}$ 的上述表达式代入式(6.4.16)，得

$$
\hat{r} = \frac{\displaystyle\sum_{i=1}^{n_x}\sum_{j=1}^{n_y}n_{ij}x_{i0}y_{j0}-n\hat{x}\hat{y}}{\left\{\displaystyle\sum_{i=1}^{n_x}x_{i0}^2\left(\sum_{j=1}^{n_y}n_{ij}\right)-n\hat{x}^2\right\}^{1/2}\left\{\displaystyle\sum_{j=1}^{n_y}y_{j0}^2\left(\sum_{j=1}^{n_x}n_{ij}\right)-n\hat{y}^2\right\}^{1/2}}. \tag{6.4.20}
$$

将二维直方图中每一面积元内的频数 n_{ij} 除以 s，得

$$
s = n\cdot\Delta x\cdot\Delta y,
$$

所得到的分布称为**二维总体的子样频率分布**. 与 6.4.1 节对一维子样频率分布的讨论相类似，它近似地表征了二维总体的概率密度. 当子样容量 n 无限增大，Δx，Δy 取得很小，二维子样频率分布趋近于总体概率密度；它的两个一维投影趋近于总体两个分量 X，Y 的边沿概率密度 $f_X(x), f_Y(y)$; $\hat{x}, \hat{y}, \hat{s}_x^2, \hat{s}_y^2, \hat{r}$ 趋近于它们的对应量 $\overline{X}, \overline{Y}, S_X^2, S_Y^2, R$.

对于二维以上的总体，虽然无法用这种图形来直观地表示测量数据，但可以用多维数组来表示测量数据. 总体各分量的平均值、方差，各分量相互间的相关系数的近似值的求法是类似的. 当子样容量 n 趋于无限大时，它们趋近于总体的对应量. 以后我们用**直方图数据和直方图方法**来称呼一维或多维随机变量子样测定值的这种表达和处理方法.

第七章　参 数 估 计

设总体分布的函数形式为已知，但它与一个或几个未知参数有关，比如总体服从正态分布，但其均值和方差是未知参数. 如果对总体进行有限次观测而得到子样的一组观测值，很自然会想到利用这组数据来确定这些未知参数的数值(**点估计**)，或者确定包含参数真值的某个区间(**区间估计**). 这样的问题称为**参数估计**，它是统计推断的基本问题之一.

本章讨论参数估计中的一般性问题，如未知参数的最优点估计量应有的性质，区间估计的一般概念和方法. 有关参数估计的不同方法(极大似然法、最小二乘法、矩法)将在后面各章详加讨论.

7.1　估计量，似然函数

设 ϑ 是某个随机变量总体 X 的未知参数(对多个未知参数，用参数向量 $\boldsymbol{\vartheta}$ 表示)，它的估计值用 $\hat{\vartheta}$ 表示，$\hat{\vartheta}$ 的所有可能值构成了**参数空间**. 实验测定的是子样观测值，因此，要根据总体的子样来估计参数 ϑ 或 ϑ 的某个函数，也就是要构造子样的某个函数来估计 ϑ 或 ϑ 的函数. 显然用以估计 ϑ 的子样函数应只与子样 X_1，X_2，…，X_n 有关而不能直接包含参数 ϑ. 根据 6.2 节的讨论可知，这样的函数就是子样的统计量. 当用子样的某个统计量

$$T = T(X_1, X_2, \cdots, X_n)$$

估计参数 ϑ (或 ϑ 的函数)，称 T 是 ϑ (或 ϑ 的函数)的**估计量**，对应于子样的一组观测值，估计量的值 $T(x_1, x_2, \cdots, x_n)$称为 ϑ (或 ϑ 的函数)的**估计值**. 有时，估计量和估计值这两个名词不强调它们的区别而通称**估计**. 因此，点估计就是寻找未知参数 ϑ 的适当估计量 $T(X_1, X_2, \cdots, X_n)$ 的问题. 一组实际的观测值 $x_1, x_2, \cdots, x_n$ 是相互独立的、与总体同分布的随机子样 $X_1, X_2, \cdots, X_n$ 的一个实现，或者说一组现实值. 作多次重复观测，得到子样 $X_1, X_2, \cdots, X_n$ 的不同观测值，于是从未知参数 ϑ 的同一个估计量 $T(X_1, X_2, \cdots, X_n)$ 产生不同的估计值 $\hat{\vartheta}$，换言之，将产生估计值 $\hat{\vartheta}$ 的一个分布. 估计值 $\hat{\vartheta}$ 的分布反映了估计量的性质，可以由 $\hat{\vartheta}$ 的分布来判断估计量 $T(X_1, X_2, \cdots, X_n)$ 的优劣.

显然，未知参数 ϑ 的一个好的估计量，当进行多次重复的观测，用不同的子样观测值代入时所求得不同的估计值 $\hat{\vartheta}$，应当与参数的真值没有系统的偏差，并

且估计值 $\hat{\vartheta}$ 与真值的差异应当随着观测次数的增多而改善. 通常对于同一个未知参数，存在着满足上述要求的多个估计量. 在这种情形下，哪一个估计量的估计值分布的方差较小，就认为它对参数的真值接近程度更好，比其他估计量更为优良.

下面几节讨论一个最优估计量应有的性质：一致性、无偏性、最小方差、有效性和充分性. 但同时具有这些性质的参数估计量往往很难求得，有时则根本不存在；因此，必须依照实际问题的需要来决定，其中哪些要求可以放松以至舍弃，以求得问题的合理解.

在进一步讨论之前，首先引入参数估计中的一个重要概念：似然函数.

设某个连续或离散总体 X 的概率密度用 $f(x,\vartheta)$ 表示(对离散型总体，$f(x,\vartheta)$ 表示概率 $P(X=x;\vartheta)$)，其中 ϑ 是待估计的未知参数(或未知参数向量，下同). 对于一个特定的 ϑ 值，容量 n 的子样 $X_1, X_2, \cdots, X_n$ 的联合概率密度为

$$L = L(X_1, X_2, \cdots, X_n \mid \vartheta) = \prod_{i=1}^{n} f(X_i \mid \vartheta) \equiv L(\boldsymbol{X} \mid \vartheta). \tag{7.1.1}$$

它是未知参数 ϑ 的函数，称为**似然函数**. 考虑到观测值 $x_1, x_2, \cdots, x_n$ 是随机子样 $X_1, X_2, \cdots, X_n$ 的一组现实值，对于随机子样的不同实现，$X_1, X_2, \cdots, X_n$ 可取不同的数值，因此，记

$$L = L(x_1, x_2, \cdots, x_n \mid \vartheta) = L(\boldsymbol{x} \mid \vartheta), \tag{7.1.2}$$

称为**似然函数值**. 似然函数值是似然函数的一个实现. 在以后的讨论中，一般对这两者不加区别.

7.2　估计量的一致性

未知参数估计量的一个应有性质是，当观测次数增大时，它的估计值收敛到参数的真值. 用概率的语言来表达即是，设 $T(X_1, X_2, \cdots, X_n)$ 是参数 ϑ 的估计量，若 T 依概率收敛于 ϑ，则称 T 是参数 ϑ 的**一致估计量**. 这表示，对于一组观测值 $x_1, x_2, \cdots, x_n$，由估计量 T 求得 ϑ 的估计值

$$\hat{\vartheta}_n = T(x_1, x_2, \cdots, x_n),$$

对于任意给定正数 ε，η，总存在某个正整数 N，当 $n>N$ 时，有

$$P\left(\left|\hat{\vartheta}_n - \vartheta\right| > \varepsilon\right) < \eta. \tag{7.2.1}$$

其含义是，给定一个任意小量ε，总可以找到一个正整数N，当子样容量$n>N$时，估计值$\hat{\vartheta}_n$与参数真值的差别大于ε的概率可以任意小地接近于零.

作为例子，我们来证明，总体的子样平均值是总体数学期望的一致估计量. 在6.2 节中已经证明，子样平均值的数学期望与总体数学期望相同，方差为σ^2/n，σ^2是总体方差，n是子样容量，对子样平均值$\frac{1}{n}\sum_{i=1}^{n}X_i$应用切比雪夫不等式(2.4.26)，则有

$$P\left\{\left|\frac{1}{n}\sum_{i=1}^{n}X_i-\mu\right|>\varepsilon\right\}\leqslant\sigma^2/n\varepsilon^2,$$

与式(7.2.1)对比，取子样平均为μ的估计量，并取

$$n>\sigma^2/\eta\varepsilon^2,$$

则定理得证.

一致性是当子样容量$n\to\infty$时逐渐逼近的性质，即使估计量具有一致性，当n增大时，估计值$\hat{\vartheta}_n$与参数真值的差别总的趋势是减小，但并非单调减小，大体如图 7.1 所示.

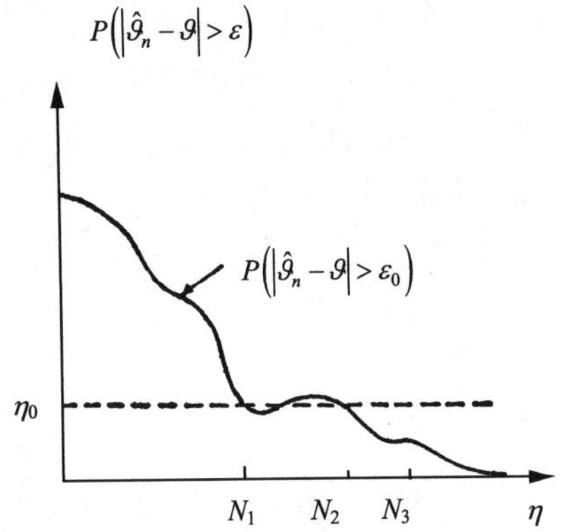

图 7.1

7.3　估计量的无偏性

估计量的一致性是子样容量n趋于无穷时的极限性质，但n为有限值时，估计量的特性没有给出任何信息. 例如，我们已经见到子样平均值$\bar{X}=\frac{1}{n}\sum_{i=1}^{n}X_i$是总体数学期望$\mu$的一致估计量. 但我们也可以构作估计量$\bar{X}'$，

$$\bar{X}'=\frac{1}{n-a}\sum_{i=1}^{n}X_i,\qquad a=\text{常数},$$

$\bar{X}'$也是μ的一致估计量，即有$\lim_{n\to\infty}\bar{X}'=\mu$. 但是我们宁愿选择$\bar{X}$作为$\mu$的估计量，原因在于必须考虑估计量的无偏性.

无偏性是估计量在子样容量n为有限值时的性质. 由于估计量是随机变量，

对于子样的不同实现(多次观测)得到不同的估计值. 我们希望估计值在未知参数的真值附近徘徊，即希望估计量的数学期望等于未知参数真值，这就是**无偏性**的概念. 用概率的语言来讲，对于有限的子样容量 n，未知参数 ϑ 的估计量为 $T(X_1, X_2, \cdots, X_n)$，若估计量 T 的数学期望等于参数 ϑ 的真值

$$E(T) = \vartheta, \tag{7.3.1}$$

则称 T 为参数 ϑ 的**无偏估计量**. 如果

$$E(T) = \vartheta + b(\vartheta), \qquad b \neq 0, \tag{7.3.2}$$

则 T 为参数 ϑ 的**有偏估计量**，T 对于参数真值 ϑ 的偏差为 $b(\vartheta)$. 参数 ϑ 的任何合理的估计量 T，偏差 $b(\vartheta)$ 应当比 ϑ 小得多，或者

$$b(\vartheta) \sim 1/n^k, \qquad k > 1.$$

这样，当子样容量很大时，偏差趋近于 0.

如果下式成立：

$$\lim_{n\to\infty} E(T) = \vartheta, \tag{7.3.3}$$

则称 T 为 ϑ 的**渐近无偏估计量**. 如果一致估计量的渐近分布具有有限的均值，则该估计量是渐近无偏的.

应当指出，如果统计量 T 是参数 ϑ 的一个无偏估计，且 $f(\vartheta)$ 是 ϑ 的任一函数，我们不能推得 $f(T)$ 是 $f(\vartheta)$ 的无偏估计的结论.

容易看到，子样平均 $\bar{X} = \frac{1}{n}\sum_{i=1}^{n} X_i$ 是总体数学期望 μ 的无偏估计量，而 $\bar{X}' = \frac{1}{n-a}\sum_{i=1}^{n} X_i$ 则是 μ 的有偏估计量，但它是渐近无偏的.

一致性和无偏性是估计量的两个相互独立的性质，互相并不关联. 一般认为一致性比无偏性更为重要，因为只要有偏估计量的偏差可以求得，则可对它进行修正.

例 7.1　总体均值已知时，其方差的无偏估计量

设总体均值和方差记为 μ 和 σ^2，μ 为已知而 σ^2 为待估计参数. 试求 σ^2 的无偏估计量. 因为

$$E\left\{\frac{1}{n}\sum_{i=1}^{n}\left(X_i-\mu\right)^2\right\}=E\left\{\frac{1}{n}\sum_{i=1}^{n}X_i^2-\frac{2\mu}{n}\sum_{i=1}^{n}X_i+\frac{1}{n}\sum_{i=1}^{n}\mu^2\right\}$$
$$=E\left(\frac{1}{n}\sum_{i=1}^{n}X_i^2\right)-2\mu^2+\mu^2$$
$$=\frac{1}{n}E\left(\sum_{i=1}^{n}X_i^2\right)-\mu^2,$$

注意各 X_i 相互独立，且与总体 X 有相同的分布，故有

$$E\left\{\frac{1}{n}\sum_{i=1}^{n}\left(X_i-\mu\right)^2\right\}=E\left(X^2\right)-\mu^2=\sigma^2(X),$$

即总体方差 σ^2 的无偏估计量是 $\frac{1}{n}\sum_{i=1}^{n}\left(X_i-\mu\right)^2$.

例 7.2　总体均值未知时，其方差的无偏估计量

我们在 6.2 节中已经证明，总体的子样方差 S^2 的数学期望等于总体方差(式(6.2.16))

$$E(S^2) = \sigma^2(X).$$

因此，子样方差是总体方差的无偏估计. 可见 S^2 定义中的因子 $1/(n-1)$ 保证了它的无偏性. 直觉上可能会取因子 $1/n$，即以子样的二阶中心矩作为 σ^2 的估计量

$$S^{2'}=\frac{1}{n}\sum_{i=1}^{n}\left(X_i-\bar{X}\right)^2,$$

但

$$E(S^{2'})=E\left(\frac{n-1}{n}S^2\right)=\left(1-\frac{1}{n}\right)\sigma^2\neq\sigma^2,$$

可见，$S^{2'}$ 是 σ^2 的有偏估计量，其偏差是

$$b(\sigma^2)=-\frac{1}{n}\sigma^2,$$

但它是 σ^2 的渐近无偏估计量.

例 7.3　三阶中心矩的无偏估计量

通过本例可以表明，如何从直觉的猜测来构造无偏估计量的正确形式.

为了构造三阶中心矩的估计量，按照例 7.1 的思路，我们考虑 $(X_i-\bar{X})^3$ 的求和

$$\begin{aligned}\sum_{i=1}^{n}\left(X_i-\bar{X}\right)^3&=\sum_{i=1}^{n}\left[\left(X_i-\mu\right)-\left(\bar{X}-\mu\right)\right]^3\\&=\sum_{i=1}^{n}\left(X_i-\mu\right)^3-3\sum_{i=1}^{n}\left(X_i-\mu\right)^2\left(\bar{X}-\mu\right)\\&\quad+3\sum_{i=1}^{n}\left(X_i-\mu\right)\left(\bar{X}-\mu\right)^2-\sum_{i=1}^{n}\left(\bar{X}-\mu\right)^3.\end{aligned}$$

考虑到三阶中心矩的定义 $\mu_3=E[(X-\mu)^3]$，并注意不同的 X_i 之间的相互独立性，上式右边的四项的期望值可分别写成

$$\begin{aligned}&E\left[\sum_{i=1}^{n}\left(X_i-\mu\right)^3\right]\\&=\sum_{i=1}^{n}E\left[\left(X_i-\mu\right)^3\right]=n\mu_3,\\&E\left[-3\sum_{i=1}^{n}\left(X_i-\mu\right)^2\left(\bar{X}-\mu\right)\right]\\&=-3E\left[\left(\sum_{i=1}^{n}\left(X_i-\mu\right)^2\right)\left(\frac{1}{n}\sum_{j=1}^{n}\left(X_j-\mu\right)\right)\right]=-3\mu_3,\\&E\left[3\sum_{i=1}^{n}\left(X_i-\mu\right)\left(\bar{X}-\mu\right)^2\right]\\&=3E\left[\left(\sum_{i=1}^{n}\left(X_i-\mu\right)\right)\left(\frac{1}{n}\sum_{j=1}^{n}\left(X_j-\mu\right)\right)\left(\frac{1}{n}\sum_{k=1}^{n}\left(X_k-\mu\right)\right)\right]\\&=\frac{3}{n}\mu_3,\\&E\left[-\sum_{i=1}^{n}\left(\bar{X}-\mu\right)^3\right]\\&=-E\left\{\sum_{i=1}^{n}\left[\frac{1}{n}\sum_{j=1}^{n}\left(X_j-\mu\right)\right]\left[\frac{1}{n}\sum_{k=1}^{n}\left(X_k-\mu\right)\right]\cdot\left[\frac{1}{n}\sum_{l=1}^{n}\left(X_l-\mu\right)\right]\right\}\\&=-\frac{1}{n}\mu_3.\end{aligned}$$

因此有

$$E\left[\sum_{i=1}^{n}\left(X_i-\bar{X}\right)^3\right]=\mu_3\left(n-3+\frac{3}{n}-\frac{1}{n}\right)$$
$$=\frac{(n-1)(n-2)}{n}\mu_3.$$

故μ_3的无偏估计量为

$$T=\frac{n}{(n-1)(n-2)}\sum_{i=1}^{n}\left(X_i-\bar{X}\right)^3.$$

7.4　估计量的有效性和最小方差

一致性和无偏性的要求并不能唯一地确定如何去选择一个好的估计量. 例如，对于正态总体而言，子样平均和子样中位数都是数学期望μ的一致、无偏估计量. 所谓**子样中位数** $\tilde{X}$, 定义为容量为 n 的子样 $X_1, X_2, \cdots, X_n$ 的函数，如 $X_1^{(n)}, X_2^{(n)}, \cdots, X_n^{(n)}$ 为子样的顺序统计量(6.2 节)，则有

$$\begin{aligned}&\tilde{X}=X_{k+1}^{(n)}, && n=2k+1,\\ &\tilde{X}=X_k^{(n)}\text{和 } X_{k+1}^{(n)}, && n=2k.\end{aligned} \tag{7.4.1}$$

但在这两个一致、无偏估计量中，可以证明，子样平均的方差比子样中位数的方差要小，即利用子样平均计算得到的μ的估计值比μ真值的离散程度小. 因此，对于不同的无偏估计量而言，方差的大小可以作为它们的有效性的尺度.

一般地说，设 T_1，T_2是参数ϑ的两个无偏估计量，若

$$V(T_1)<V(T_2), \tag{7.4.2}$$

则称 T_1较 T_2为**有效**.

当总体满足**正规条件**，参数的估计量的方差存在一个最小的下界，称为**方差下界**. 所谓正规条件是指：

(1) 对于未知参数ϑ的所有可能值，总体的概率密度函数对于ϑ的一阶和二阶导数存在，也即总体子样 $X_1, X_2, \cdots, X_n$ 的联合概率密度(似然函数) $L(\boldsymbol{X}\mid\vartheta)$ 对于ϑ的一阶、二阶导数存在.

(2) 总体 X 的值域与参数无关，亦即子样 $X_1, X_2, \cdots, X_n$ 的取值域(子样空间)与参数ϑ无关. 这样，似然函数对于ϑ的求导与对 $X_1, X_2, \cdots, X_n$ 的求积次序可以交换，即有

$$\frac{\partial}{\partial \vartheta}\int_{-\infty}^{\infty}\cdots\int_{-\infty}^{\infty}\prod_{i=1}^{n} f(x_i;\vartheta)\mathrm{d}x_1\cdots\mathrm{d}x_n$$
$$=\int_{-\infty}^{\infty}\cdots\int_{-\infty}^{\infty}\frac{\partial}{\partial \vartheta}\left[\prod_{i=1}^{n} f(x_i;\vartheta)\right]\mathrm{d}x_1\cdots\mathrm{d}x_n. \tag{7.4.3}$$

我们来证明方差下界的存在及其表示式. 令 T 是参数 ϑ 的某个函数 $\tau(\vartheta)$ 的有偏估计量，其偏差为 $b(\vartheta)$ (式(7.3.2))，故有

$$E(T)=\int\cdots\int T(X_1,\cdots,X_n)L(X_1,\cdots,X_n\mid\vartheta)\mathrm{d}X_1\cdots\mathrm{d}X_n$$
$$=\tau(\vartheta)+b(\vartheta).$$

将上式两边对参数 ϑ 求导，并注意 $\boldsymbol{X}$ 的取值区间与 ϑ 无关，有

$$\int\cdots\int T\frac{\partial L}{\partial\vartheta}\mathrm{d}\boldsymbol{X}=\int\cdots\int T\frac{\partial \ln L}{\partial\vartheta}\cdot L\mathrm{d}\boldsymbol{X}$$
$$=\frac{\partial\tau}{\partial\vartheta}+\frac{\partial b}{\partial\vartheta}, \tag{7.4.4}$$

因为 L 是 n 次观测的联合概率密度，由概率密度的归一性，应有

$$\int\cdots\int L\mathrm{d}\boldsymbol{X}=1,$$

将上式两边对 ϑ 求导，得

$$\int\cdots\int\frac{\partial L}{\partial\vartheta}\mathrm{d}\boldsymbol{X}=\int\cdots\int\frac{\partial\ln L}{\partial\vartheta}L\mathrm{d}\boldsymbol{X}=0. \tag{7.4.5}$$

从式(7.4.4)减去式(7.4.5)与 $\tau(\vartheta)$ 的乘积，有

$$\int\cdots\int[T-\tau(\vartheta)]\frac{\partial\ln L}{\partial\vartheta}L\mathrm{d}\boldsymbol{X}=\frac{\partial\tau}{\partial\vartheta}+\frac{\partial b}{\partial\vartheta},$$

利用施瓦茨不等式(式(3.3.17))

$$V(X)\cdot V(Y)\geqslant\left[\mathrm{cov}(X,Y)\right]^2.$$

将上式中的 $T-\tau(\vartheta)$ 看作随机变量 X，$\dfrac{\partial\ln L}{\partial\vartheta}$ 看作随机变量 Y，可得

$$\int\cdots\int[T-\tau(\vartheta)]^2L\mathrm{d}\boldsymbol{X}\cdot\int\cdots\int\left(\frac{\partial\ln L}{\partial\vartheta}\right)^2L\mathrm{d}\boldsymbol{X}\geqslant\left(\frac{\partial\tau}{\partial\vartheta}+\frac{\partial b}{\partial\vartheta}\right)^2.$$

上式左边第一项乘子是估计量 T 的方差，第二项乘子是 $\left(\frac{\partial \ln L}{\partial \vartheta}\right)^2$ 的期望值，于是有

$$V(T) \geqslant \frac{\left(\frac{\partial \tau}{\partial \vartheta} + \frac{\partial b}{\partial \vartheta}\right)^2}{E\left[\left(\frac{\partial \ln L}{\partial \vartheta}\right)^2\right]}. \tag{7.4.6}$$

这个关于估计量方差的不等式称为**克拉美-罗**(Cramer-Rao)**不等式**.

将式(7.4.5)对 ϑ 求导，并注意正规条件，有

$$\begin{aligned}
0 &= \frac{\partial}{\partial \vartheta}\int\cdots\int \frac{\partial \ln L}{\partial \vartheta} L\mathrm{d}\boldsymbol{X} = \int\cdots\int \frac{\partial}{\partial \vartheta}\left(\frac{\partial \ln L}{\partial \vartheta}\cdot L\right)\mathrm{d}\boldsymbol{X} \\
&= \int\cdots\int\left[\frac{\partial^2 \ln L}{\partial \vartheta^2}\cdot L + \frac{\partial L}{\partial \vartheta}\frac{\partial \ln L}{\partial \vartheta}\right]\mathrm{d}\boldsymbol{X} \\
&= \int\cdots\int\left[\frac{\partial^2 \ln L}{\partial \vartheta^2} + \left(\frac{\partial \ln L}{\partial \vartheta}\right)^2\right]L\mathrm{d}\boldsymbol{X} \\
&= E\left(\frac{\partial^2 \ln L}{\partial \vartheta^2}\right) + E\left[\left(\frac{\partial \ln L^2}{\partial \vartheta}\right)\right],
\end{aligned}$$

所以在满足正规条件时，有等式

$$E\left[-\frac{\partial^2 \ln L}{\partial \vartheta^2}\right] = E\left[\left(\frac{\partial \ln L}{\partial \vartheta}\right)^2\right], \tag{7.4.7}$$

于是克拉美-罗不等式可写成较易于计算的形式

$$V(T) \geqslant \frac{\left(\frac{\partial \tau}{\partial \vartheta} + \frac{\partial b}{\partial \vartheta}\right)^2}{E\left[-\frac{\partial^2 \ln L}{\partial \vartheta^2}\right]}. \tag{7.4.8}$$

显然，当式(7.4.6)或(7.4.8)取等号时，估计量 T 的方差达到极小，称为**最小方差界**或**方差下界**，用符号 MVB 表示. 达到方差下界的估计量称为**最小方差估计量**，或**有效估计量**.

未知参数 ϑ 的函数 $\tau(\vartheta)$ 的估计量 T 达到方差下界的充要条件是似然函数 L 满

足以下条件：

$$\frac{\partial \ln L}{\partial \vartheta}=A(\vartheta)\left[T-\tau(\vartheta)-b(\vartheta)\right], \tag{7.4.9}$$

其中 $A(\vartheta)$ 是参数 ϑ 的任意函数. 这时，有

$$\begin{aligned}\frac{\partial^2 \ln L}{\partial \vartheta^2}=&\frac{\partial A(\vartheta)}{\partial \vartheta}\left[T-\tau(\vartheta)-b(\vartheta)\right]\\&-A(\vartheta)\left[\frac{\partial \tau(\vartheta)}{\partial \vartheta}+\frac{\partial b(\vartheta)}{\partial \vartheta}\right].\end{aligned}$$

对上式的两边求期望值，考虑到

$$E(T)=\tau(\vartheta)+b(\vartheta)$$

(见式(7.3.2))，所以右边第一项的期望值为 0，故

$$\begin{aligned}E\left(-\frac{\partial^2 \ln L}{\partial \vartheta^2}\right)&=E\left[A(\vartheta)\cdot\left(\frac{\partial \tau}{\partial \vartheta}+\frac{\partial b}{\partial \vartheta}\right)\right]\\&=A(\vartheta)\left(\frac{\partial \tau}{\partial \vartheta}+\frac{\partial b}{\partial \vartheta}\right).\end{aligned}$$

将该结果代入式(7.4.8)得到最小方差界的一个简单公式

$$\mathrm{MVB}\equiv\min[V(T)]=\frac{\dfrac{\partial \tau}{\partial \vartheta}+\dfrac{\partial b}{\partial \vartheta}}{A(\vartheta)}. \tag{7.4.10}$$

仅当似然函数满足式(7.4.9)时才存在有效估计量，否则估计量的方差将大于最小方差界. 在这种情形下，将估计量的 MVB 与实际方差之比定义为估计量的**有效率** $e(T)$，

$$e(T)=\frac{\mathrm{MVB}}{V(T)}\leqslant 1. \tag{7.4.11}$$

显然，当 $e(T)=1$ 时，$V(T)$达到方差下界. 如果当子样容量 n 趋于无穷时，有

$$\lim_{n\to\infty} e(T)=1, \tag{7.4.12}$$

则称 T 为**渐近有效估计量**.

应当强调指出，仅当总体满足正规条件时才存在估计量的方差下界. 如果不

满足正规条件，估计量的最小可达到的方差既可能大于，也可能小于最小方差界.

当统计量 T 是参数 ϑ 本身的估计量时，有 $\frac{\partial\tau}{\partial\vartheta}=1$，于是一系列的公式得以简化. 克拉美-罗不等式(7.4.6)，(7.4.8)变成

$$V(T)\geqslant\frac{\left(1+\frac{\partial b}{\partial\vartheta}\right)^2}{E\left[\left(\frac{\partial\ln L}{\partial\vartheta}\right)^2\right]} \tag{7.4.13}$$

或

$$V(T)\geqslant\frac{\left(1+\frac{\partial b}{\partial\vartheta}\right)^2}{E\left[-\frac{\partial^2\ln L}{\partial\vartheta^2}\right]}. \tag{7.4.14}$$

存在有效估计量(即存在方差下界)的充要条件(7.4.9)变成

$$\frac{\partial\ln L}{\partial\vartheta}=A(\vartheta)[T-\vartheta-b(\vartheta)]. \tag{7.4.15}$$

最小方差界式(7.4.10)简化为

$$\text{MVB}=\frac{1+\frac{\partial b}{\partial\vartheta}}{A(\vartheta)}. \tag{7.4.16}$$

因此，若总体满足正规条件，并且能写出似然函数对未知参数 ϑ 导数 $\partial\ln L/\partial\vartheta$ 的显著表达式，与式(7.4.9)或式(7.4.15)对比，便可知道参数 ϑ 或它的函数 $\tau(\vartheta)$ 是否存在有效估计量，如果存在的话，可从式(7.4.10)或式(7.4.16)求出该估计量的方差(方差下界).

例 7.4　二项分布总体参数的有效无偏估计量

设总体服从参数 m, p 的二项分布，p 为未知，现在要求从容量 n 的子样 $\boldsymbol{X}=\{X_1,X_2,\cdots X_n\}$ 来估计未知参数 p.

二项分布的概率分布(取值 x 的概率)为

$$f(x,p)=\binom{m}{x}p^x(1-p)^{m-x},\qquad x=0,1,\cdots,m.$$

它满足正规条件，即 $f(x, p)$ 对 p 的一阶、二阶导数存在，且 X 的值域与参数 p 无

关. 这时似然函数为

$$L\left(X_1, X_2, \cdots, X_n \mid p\right)=\prod_{i=1}^{n}\binom{m}{X_i} p^{X_i}(1-p)^{m-X_i}.$$

对似然函数取对数并求导

$$\begin{aligned}\frac{\partial \ln L}{\partial p}&=\frac{\partial}{\partial p}\sum_{i=1}^{n}\ln\left\{\binom{m}{X_i} p^{X_i}(1-p)^{m-X_i}\right\}\\&=\sum_{i=1}^{n}\left\{p^{X_i}(1-p)^{m-X_i}\right\}^{-1}\\&\quad\times\left\{X_i p^{X_i-1}(1-p)^{m-X_i}-p^{X_i}(m-X_i)(1-p)^{m-X_i-1}\right\}\\&=\sum_{i=1}^{n}\left(\frac{X_i}{p}-\frac{m-X_i}{1-p}\right)=\frac{1}{p(1-p)}\left(\sum_{i=1}^{n}X_i-nmp\right)\\&=\frac{nm}{p(1-p)}\left(\frac{\bar{X}}{m}-p\right),\end{aligned}$$

其中 $\bar{X}$ 是子样平均值. 与式(7.4.15)对比，立即可知，$T=\bar{X}/m$ 是参数 p 的有效无偏估计量，而且 $A(p)=mn/p(1-p)$，代入式(7.4.16)，求出该估计量的方差(方差下界)

$$V(T)=\frac{1}{A(p)}=\frac{p(1-p)}{nm}. \qquad (7.4.17)$$

例 7.5　泊松总体均值的有效无偏估计量

设总体服从泊松分布，但它的均值为待估计的未知参数 ϑ. 总体的概率分布(取值 x 的概率)为

$$f(x;\vartheta)=\frac{1}{x!}\vartheta^{x}\mathrm{e}^{-\vartheta}, \qquad x=1,2,\cdots.$$

容易看出，该概率分布 $f(x;\vartheta)$ 满足正规条件. 对于容量 n 的子样 $X_1, X_2, \cdots, X_n$，其似然函数是

$$L\left(X_1, X_2, \cdots, X_n \mid \vartheta\right)=\prod_{i=1}^{n}\frac{1}{X_i!}\vartheta^{X_i}\mathrm{e}^{-\vartheta}.$$

对似然函数取对数并求导

$$\frac{\partial \ln L}{\partial \vartheta}=\frac{\partial}{\partial \vartheta}\sum_{i=1}^{n}\ln\left(\frac{1}{X_i!}\vartheta^{X_i}\mathrm{e}^{-\vartheta}\right)=\sum_{i=1}^{n}\left(\frac{X_i}{\vartheta}-1\right),$$

由于子样平均 $\bar{X}=\frac{1}{n}\sum_{i=1}^{n}X_i$，上式可改写成

$$\frac{\partial \ln L}{\partial \vartheta}=\frac{n}{\vartheta}\left(\bar{X}-\vartheta\right).$$

与式(7.4.15)对比，立即知道，$\bar{X}$ 是参数 ϑ 的有效无偏估计量，且 $A(\vartheta)=n/\vartheta$，由式(7.4.16)求得估计量 $T=\bar{X}$ 的方差(方差下界)

$$V(T)=\mathrm{MVB}=\vartheta/n. \tag{7.4.18}$$

例 7.6　正态总体均值的估计量

设正态总体 $N(\mu,\sigma^2)$中均值 μ 为未知参数，σ^2 为已知，试求 μ 的估计量.

正态概率密度

$$f(x;\mu)=\frac{1}{\sqrt{2\pi}\sigma}\exp\frac{-(x-\mu)^2}{2\sigma^2},\qquad -\infty<x<\infty,$$

x 的值域与参数 μ 无关，且 $f(x;\mu)$对未知参数 μ 的一阶、二阶导数存在，故符合正规条件，存在方差下界.

对于容量 n 的子样 $X_1,X_2,\cdots,X_n$ 似然函数为

$$L\left(X_1,X_2,\cdots,X_n\mid\mu\right)=\prod_{i=1}^{n}\frac{1}{\sqrt{2\pi}\sigma}\exp\left[\frac{-\left(X_i-\mu\right)^2}{2\sigma^2}\right],$$

与上面例子的步骤相似，有

$$\frac{\partial}{\partial\mu}\ln L=\frac{\partial}{\partial\mu}\ln\left\{\prod_{i=1}^{n}\frac{1}{\sqrt{2\pi}\sigma}\exp\left[\frac{-\left(X_i-\mu\right)^2}{2\sigma^2}\right]\right\}$$
$$=\frac{n}{\sigma^2}\left(\bar{X}-\mu\right).$$

于是 $\bar{X}$ 是总体均值 μ 的有效无偏估计量，估计量的方差等于方差下界

$$V\left(\bar{X}\right)=\mathrm{MVB}=\frac{\sigma^2}{n}=\frac{V(X)}{n}. \tag{7.4.19}$$

这一结果与式(6.3.2)一致.

本节开头提到，子样中位数是μ的一致无偏估计量. 可以证明[22]，当子样容量很大时，子样中位数 $\tilde{X}$ 近似地服从正态分布

$$\tilde{X} \sim N\left(\mu, \pi\sigma^2/2n\right).$$

因此，利用 $\tilde{X}$ 作为μ的估计量时，其方差为

$$V\left(\tilde{X}\right) = \pi\sigma^2/2n,$$

依估计量有效率的定义式(7.4.11)，$\tilde{X}$ 的有效率

$$e\left(\tilde{X}\right) = \frac{\sigma^2/n}{\pi\sigma^2/2n} = \frac{2}{\pi} \approx 0.64.$$

而且易见，$\tilde{X}$ 作为μ的估计量不是渐近有效的，因此，$\tilde{X}$ 不是μ的好估计量. 但子样中位数的求得不需要进行什么计算，所以使用比较方便.

例 7.7 正态总体方差和标准差的估计量

设总体服从均值为 0，方差为σ^2的正态分布，σ^2为未知待估计参数. 按照与上述各例相同的步骤可得

$$\frac{\partial}{\partial\sigma^2}\ln L = \frac{\partial}{\partial\sigma^2}\ln\left[\prod_{i=1}^{n}\frac{1}{\sqrt{2\pi\sigma^2}}\exp\left(\frac{-X_i^2}{2\sigma^2}\right)\right]$$
$$= \frac{n}{2\sigma^4}\left(\frac{1}{n}\sum_{i=1}^{n}X_i^2 - \sigma^2\right),$$

与式(7.4.15)对比，统计量

$$T = \frac{1}{n}\sum_{i=1}^{n}X_i^2$$

是σ^2的有效无偏估计量，方差达到方差下界

$$V(T) = \text{MVB} = 2\sigma^4/n.$$

若以σ作为待估计参数，则有

$$\frac{\partial}{\partial\sigma}\ln L = \frac{n}{\sigma^3}\left(\frac{1}{n}\sum_{i=1}^{n}X_i^2 - \sigma^2\right).$$

该式与式(7.4.15)的形式不同，因而正态总体 $N(0, \sigma^2)$不存在标准差σ的有效估计

量；但上式可与式(7.4.9)对比，其中σ^2是未知参数σ的函数$\tau(\sigma)$，它的有效无偏估计量是$T=\frac{1}{n}\sum_{i=1}^{n}X_i^2$，并可由式(7.4.10)求出$T$的方差(方差下界)

$$V(T)=\frac{\partial\sigma^2}{\partial\sigma}\bigg/\frac{n}{\sigma^3}=\frac{2\sigma^4}{n}, \tag{7.4.20}$$

与前面的结果完全相同.

上述讨论完全适用于总体为$N(\mu,\sigma^2)$的情形,只要将上述结果中的X_i用$X_i-\mu$(μ已知)代替即可

$$T=\frac{1}{n}\sum_{i=1}^{n}\left(X_i-\mu\right)^2,$$

估计量T的方差仍为式(7.4.20)所表示.

在例 7.2 中已经证明，子样方差S^2是正态总体方差σ^2的无偏估计，我们来证明它又是渐近有效估计. 因为在 6.3.2 节中已证明$Y\equiv\frac{n-1}{\sigma^2}S^2$服从自由度$n-1$的$\chi^2$分布，故随机变量$Y$的方差为$2(n-1)$，于是

$$V(S^2)=\left(\frac{\sigma^2}{n-1}\right)^2V(Y)=\frac{\sigma^4}{(n-1)^2}\cdot 2(n-1)=\frac{2\sigma^4}{n-1}.$$

估计量S^2的有效率据定义(7.4.11)，有

$$e(S^2)=\frac{\text{MVB}}{V(S^2)}=\frac{2\sigma^4/n}{2\sigma^4/(n-1)}=\frac{n-1}{n}=1-\frac{1}{n},$$

$$\lim_{n\to\infty}e(S^2)=1-\frac{1}{n}=1.$$

证毕.

7.5 估计量的充分性

由前面各节的讨论可以看到，为了估计总体的未知参数ϑ，总要利用容量n的随机子样$X_1,X_2,\cdots,X_n$来构造一个统计量T作为参数ϑ的估计量. 例如，子样平均$\bar{X}=\frac{1}{n}\sum_{i=1}^{n}X_i$可作为总体数学期望$E(X)$的估计量，这样做的后果是对子样的$n$个值$X_1,X_2,\cdots,X_n$进行了精简和压缩. 问题在于这种精简和压缩是否合理，即估

计量 $\bar{X}$ 是否包含了子样 $X_1, X_2, \cdots, X_n$ 关于待估计参数 $E(X)$的全部信息. 一般地说，如果统计量 $T(X_1, X_2, \cdots, X_n)$利用了子样 $X_1, X_2, \cdots, X_n$ 关于参数 ϑ 的全部信息，则称 T 是参数 ϑ 的充分统计量.

无疑，这样的叙述不具有数学上的严格性，而且实际上无法确定某个统计量是不是参数的充分统计量. 为此，我们引入下述定义.

设总体 X 的概率密度为 $f(x;\vartheta)$, ϑ 为未知参数， $X_1, X_2, \cdots, X_n$ 为总体容量 n 的子样，给定统计量 $T(X_1, X_2, \cdots, X_n)$，若子样$(X_1, X_2, \cdots, X_n)$的条件概率密度

$$f(X_1, X_2, \cdots, X_n \mid T)$$

与参数 ϑ 无关,则称 T 为 ϑ 的**充分统计量**. 当利用 ϑ 的充分统计量 $T(X_1, X_2, \cdots, X_n)$ 对参数 ϑ 作估计，T 称为 ϑ 的**充分估计量**. 对于离散型总体，只需用概率分布和条件概率分布 $P(x;\vartheta)$ ， $P(X_1, X_2, \cdots, X_n \mid T)$ ，定义同样适用.

如果 T 是参数 ϑ 的充分统计量，则 T 的任意单值可逆函数也是 ϑ 的充分统计量. 因此，充分统计量不是唯一的. 为了在这些充分统计量之间决定哪一个比较优良，必须检验它们的一致性、无偏性和有效性.

在实际进行参数估计时，需要解决的问题是，怎样从似然函数或总体分布的形式来判断是否存在充分统计量；如果存在，它的表式如何求得.

费希尔-奈曼(Fisher-Neyman)**准则**告诉我们，记总体的未知参数为 ϑ ，概率密度 $f(x;\vartheta)$, $X_1, X_2, \cdots, X_n$ 为其容量 n 的子样,则统计量 $T(X_1, X_2, \cdots, X_n)$为参数 ϑ 充分统计量的充要条件是，子样的联合概率密度(似然函数)可表为下述因子化形式：

$$\begin{aligned} L(X_1, X_2, \cdots, X_n \mid \vartheta) &= \prod_{i=1}^{n} f(X_i;\vartheta) \\ &= G(T \mid \vartheta) H(X_1, X_2, \cdots, X_n), \end{aligned} \tag{7.5.1}$$

其中 $H(X_1, X_2, \cdots, X_n)$是子样的非负函数且与参数 ϑ 无关， $G(T \mid \vartheta)$ 是非负函数，与 ϑ 有关且仅通过统计量 $T(X_1, X_2, \cdots, X_n)$与子样发生联系，特别是，$G(T \mid \vartheta)$ 是给定 ϑ 时统计量 T 的条件概率密度函数.

如果从总体分布来考虑问题，可以证明[27]，当总体概率密度 $f(x;\vartheta)$ 具有**指数族**形式，即

$$f(x;\vartheta) = \exp\left[\alpha(x)a(\vartheta) + \beta(x) + c(\vartheta)\right] \tag{7.5.2}$$

才存在充分统计量. 该准则称为**达莫斯**(Darmois)**原理**.

对于满足指数族形式的总体概率密度，式(7.5.1)的因子化条件意味着参数的

一个充分统计量 $T(X_1, X_2, \cdots, X_n)$ 必定具有下述形式：

$$T(X_1, X_2, \cdots, X_n) = \sum_{i=1}^{n} \alpha(X_i). \tag{7.5.3}$$

因为当 $f(x;\vartheta)$ 为指数族类型，似然函数为

$$\begin{aligned} &L(X_1, X_2, \cdots, X_n \mid \vartheta) \\ &= \exp\left[\sum_{i=1}^{n} \alpha(X_i) a(\vartheta) + \sum_{i=1}^{n} \beta(X_i) + nc(\vartheta)\right] \\ &= \exp\left[nc(\vartheta)\right] \cdot \exp\left[\sum_{i=1}^{n} \alpha(X_i) a(\vartheta)\right] \cdot \exp\left[\sum_{i=1}^{n} \beta(X_i)\right], \end{aligned} \tag{7.5.4}$$

与式(7.5.1)对比，知

$$G(T \mid \vartheta) = \exp\left[nc(\vartheta)\right] \cdot \exp\left[\sum_{i=1}^{n} \alpha(X_i) a(\vartheta)\right].$$

因 $G(T \mid \vartheta)$ 仅通过统计量 T 与子样 $X_1, X_2, \cdots, X_n$ 发生联系，所以必定有

$$T = \sum_{i=1}^{n} \alpha(X_i).$$

证毕.

下面我们来证明，参数 ϑ 的有效估计量总是 ϑ 的充分估计量. 对式(7.5.1)两边取对数，并对 ϑ 求导，得

$$\frac{\partial \ln L}{\partial \vartheta} = \frac{\partial \ln G}{\partial \vartheta}.$$

可以看到，有效性条件(7.4.9)相当于同时满足充分性条件(7.5.1)和条件

$$\frac{\partial \ln G}{\partial \vartheta} = A(\vartheta)\left[T - \tau(\vartheta) - b(\vartheta)\right]. \tag{7.5.5}$$

所以有效估计量总是充分估计量.

当总体满足正规条件，必定存在有效估计量. 若总体概率密度具有式(7.5.2)的指数族形式，则存在参数 ϑ 的充分统计量，但这些充分统计量中只有一个满足式(7.5.5)，即只存在参数 ϑ 的某个函数 $\tau(\vartheta)$ 的一个有效估计量. 函数 $\tau(\vartheta)$ 的形式为

$$\tau(\vartheta)=-\frac{\left(\dfrac{\mathrm{d}c}{\mathrm{d}\vartheta}\right)}{\left(\dfrac{\mathrm{d}a}{\mathrm{d}\vartheta}\right)},\tag{7.5.6}$$

它的充分、有效、无偏估计量是

$$T=\frac{1}{n}\sum_{i=1}^{n}\alpha(X_i),\tag{7.5.7}$$

估计量的方差

$$V(T)=\frac{\left(\dfrac{\partial\tau}{\partial\vartheta}\right)}{n\left(\dfrac{\mathrm{d}a}{\mathrm{d}\vartheta}\right)}.\tag{7.5.8}$$

这就提供了从总体概率密度构造未知参数 ϑ 的某个函数的最优估计量的途径. 我们来证明这一点. 当总体概率密度具有指数族形式，子样 $X_1,X_2,\cdots,X_n$ 的似然函数如式(7.5.4)所表示. 等式两边取对数，并对 ϑ 求导，

$$\begin{aligned}\frac{\partial\ln L}{\partial\vartheta}&=n\frac{\mathrm{d}c}{\mathrm{d}\vartheta}+\sum_{i=1}^{n}\alpha(X_i)\frac{\mathrm{d}a}{\mathrm{d}\vartheta}\\&=n\frac{\mathrm{d}a}{\mathrm{d}\vartheta}\left[\frac{1}{n}\sum_{i=1}^{n}\alpha(X_i)+\frac{\left(\dfrac{\mathrm{d}c}{\mathrm{d}\vartheta}\right)}{\left(\dfrac{\mathrm{d}a}{\mathrm{d}\vartheta}\right)}\right]\\&\equiv n\frac{\mathrm{d}a}{\mathrm{d}\vartheta}\left[\frac{1}{n}\sum_{i=1}^{n}\alpha(X_i)-\tau(\vartheta)\right].\end{aligned}$$

与式(7.4.9)，式(7.4.10)对照，即得 $\tau(\vartheta),T(\tau)$ 和 $V(T)$的以上表达式. 证毕.

以上所讨论的仅适用于总体只含一个待估计参数的情形，但容易推广到更普遍的场合：总体分布含有 k 个未知参数 $\vartheta_1,\vartheta_2,\cdots,\vartheta_k$. 如果似然函数可表为下述因子化形式：

$$L(\boldsymbol{X}\mid\boldsymbol{\vartheta})=G(\boldsymbol{T}\mid\boldsymbol{\vartheta})H(\boldsymbol{X}),\tag{7.5.9}$$

其中

$$\boldsymbol{X}=\{X_1,X_2,\cdots,X_n\},$$

$$\boldsymbol{T}=\boldsymbol{T}(\boldsymbol{X})=\{T_1(\boldsymbol{X}),T_2(\boldsymbol{X}),\cdots,T_r(\boldsymbol{X})\},$$

r 小于、等于子样容量 n，但可以大于、等于或小于 k，$H(\boldsymbol{X})$ 是子样的非负函数

且与参数 $\boldsymbol{\vartheta}$ 无关，$G(\boldsymbol{T}|\boldsymbol{\vartheta})$ 是非负函数且仅通过统计量 $\boldsymbol{T}(\boldsymbol{X})$ 与子样发生联系．这种条件下存在一组 r 个联合充分统计量 $T_1, T_2 \cdots, T_r$．单个参数的因子化形式似然函数(7.5.1)可视为本式的特殊情形.

如果从总体概率密度来考虑，则 k 个未知参数存在一组 k 个充分统计量的充要条件是总体概率密度属指数族，即有

$$f(x;\boldsymbol{\vartheta}) = \exp\left\{\sum_{j=1}^{k}\alpha_j(x)a_j(\boldsymbol{\vartheta}) + \beta(x) + c(\boldsymbol{\vartheta})\right\}, \tag{7.5.10}$$

其中 $\boldsymbol{\vartheta} = \{\vartheta_1, \vartheta_2, \cdots, \vartheta_k\}$．本式是式(7.5.2)的推广．对于这样的总体，因子化条件(7.5.9)意味着，k 个参数的 k 个联合充分统计量必可表示为

$$T_j = \sum_{i=1}^{n}\alpha_j(X_i), \qquad j = 1, 2, \cdots, k. \tag{7.5.11}$$

将式(7.5.10)代入似然函数，并与因子化条件(7.5.9)对照，立即得到上述结论.

例 7.8　柯西分布总体中参数不存在有效估计量和充分估计量

为了得到上述结论，只需证明总体的概率密度和似然函数不具有式(7.5.2)和式(7.4.9)的形式即可．该分布的概率密度写成指数形式

$$\begin{aligned} f(x;\vartheta) &= \frac{1}{\pi}\cdot\frac{1}{1+(x-\vartheta)^2} \\ &= \exp\left\{-\ln\pi - \ln\left[1+(x-\vartheta)^2\right]\right\}, \end{aligned}$$

不满足存在充分统计量的式(7.5.2)．对于容量 n 的子样 X_1, X_2, $\cdots$, X_n，似然函数为

$$L = \prod_{i=1}^{n}\left\{\frac{1}{\pi}\frac{1}{1+(X_i-\vartheta)^2}\right\} = \frac{1}{\pi^n}\prod_{i=1}^{n}\frac{1}{1+(X_i-\vartheta)^2},$$

$$\ln L = -n\ln\pi - \sum_{i=1}^{n}\ln\left[1+(X_i-\vartheta)^2\right],$$

$$\frac{\partial\ln L}{\partial\vartheta} = \sum_{i=1}^{n}\frac{2(X_i-\vartheta)}{1+(X_i-\vartheta)^2},$$

它不符合有效性条件(7.4.9)．因此，参数 ϑ 不存在充分估计量和有效估计量.

例 7.9　泊松总体中参数的充分、有效估计量

将泊松总体的概率分布化成指数形式

$$
\begin{aligned}
P(x;\vartheta) &= \frac{1}{x!}\cdot\vartheta^{x}\mathrm{e}^{-\vartheta} \\
&= \exp\left\{-\ln\left[x(x-1)\cdots 1\right]\right\}\exp(\ln\vartheta^{x})\cdot\mathrm{e}^{-\vartheta} \\
&= \exp\left\{x\ln\vartheta-\sum_{k=1}^{x}\ln k-\vartheta\right\},
\end{aligned}
$$

与充分性条件(7.5.2)对照，取

$$
\alpha(x)=x,\qquad \beta(x)=-\sum_{k=1}^{x}\ln k,
$$

$$
a(\vartheta)=\ln\vartheta,\qquad c(\vartheta)=-\vartheta,
$$

则两者相符，故 ϑ 存在充分统计量.

将上述 $a(\vartheta)$, $c(\vartheta)$的表达式代入式(7.5.6)，知

$$
\tau(\vartheta)=-\frac{\left(\dfrac{\mathrm{d}c}{\mathrm{d}\vartheta}\right)}{\left(\dfrac{\mathrm{d}a}{\mathrm{d}\vartheta}\right)}=\vartheta
$$

的有效无偏估计量是

$$
T=\frac{1}{n}\sum_{i=1}^{n}\alpha\left(X_i\right)=\frac{1}{n}\sum_{i=1}^{n}X_i=\bar{X},
$$

该估计量的方差由式(7.5.8)求得

$$
V(T)=\frac{\left(\dfrac{\partial\tau}{\partial\vartheta}\right)}{n\left(\dfrac{\mathrm{d}a}{\mathrm{d}\vartheta}\right)}=\frac{\vartheta}{n}.
$$

这些结果与例 7.4 通过似然函数得到的结论完全一致.

例 7.10　正态总体参数的充分统计量

在 7.4 节中已证明子样平均 $\bar{X}$ 是正态总体均值μ的有效估计量. 按照本节的讨论，它也必定是μ的充分估计量，我们来直接证明这一点. 因为

$$\sum_{i=1}^{n}\left(X_i-\mu\right)^2=\sum_{i=1}^{n}\left[\left(\bar{X}-\mu\right)+\left(X_i-\bar{X}\right)\right]^2$$
$$=\sum_{i=1}^{n}\left(\bar{X}-\mu\right)+2\left(\bar{X}-\mu\right)\sum_{i=1}^{n}\left(X_i-\bar{X}\right)+\sum_{i=1}^{n}\left(X_i-\bar{X}\right)^2$$
$$=n\left(\bar{X}-\mu\right)^2+\sum_{i=1}^{n}\left(X_i-\bar{X}\right)^2,$$

所以当σ^2已知时，对未知参数μ的似然函数可写成

$$L\left(\boldsymbol{X};\sigma^2\mid\mu\right)=\prod_{i=1}^{n}\frac{1}{\sqrt{2\pi}\sigma}\exp\left[-\frac{\left(X_i-\mu\right)^2}{2\sigma^2}\right]$$
$$=\left\{\frac{1}{\sqrt{2\pi}\sigma/\sqrt{n}}\exp\left[-\frac{1}{2}\left(\frac{\bar{X}-\mu}{\sigma/\sqrt{n}}\right)^2\right]\right\}$$
$$\times\left\{\frac{n^{-1/2}}{\left(\sqrt{2\pi}\sigma\right)^{n-1}}\exp\left[-\frac{1}{2}\sum_{i=1}^{n}\left(\frac{X_i-\bar{X}}{\sigma}\right)^2\right]\right\}.$$

该式正是式(7.5.1)的因子化形式，其中第一个大括号表示$G\left(\bar{X}\mid\mu\right)$，它表明随机变量$\bar{X}$的概率密度为$N(\mu,\sigma^2/n)$，由于$G$仅通过统计量与子样发生联系，所以$\bar{X}$是充分统计量. 第二个大括号只与子样值有关，对应于$H(X_1,\cdots,X_n)$. 所以从似然函数的因子化形式证明了$\bar{X}$是参数μ的充分统计量.

还可以直接从总体概率密度来确证充分统计量的存在. 当μ作为未知参数时，正态概率密度可写成

$$N(\mu,\sigma^2)=\exp\left[\frac{\mu}{\sigma^2}X-\frac{\mu^2}{2\sigma^2}-\frac{X^2}{2\sigma^2}-\frac{1}{2}\ln\left(2\pi\sigma^2\right)\right],$$

与充分性条件(7.5.2)对比，取

$$\alpha(X)=X,\qquad a(\mu)=\frac{\mu}{\sigma^2},$$
$$\beta(X)=-\frac{X^2}{2\sigma^2}-\frac{1}{2}\ln(2\pi\sigma^2),\qquad c(\mu)=-\frac{\mu^2}{2\sigma^2},$$

则两者相符，所以充分统计量存在；并由式(7.5.6)，式(7.5.7)可知

$$T\equiv\frac{1}{n}\sum_{i=1}^{n}\alpha\left(X_i\right)=\frac{1}{n}\sum_{i=1}^{n}X_i=\bar{X}$$

是

$$\tau(\mu)=-\frac{\left(\dfrac{\mathrm{d}c}{\mathrm{d}\mu}\right)}{\left(\dfrac{\mathrm{d}a}{\mathrm{d}\mu}\right)}=\mu$$

的有效无偏估计量，方差由式(7.5.8)给定

$$V(T)=\frac{\left(\dfrac{\partial\tau}{\partial\mu}\right)}{\left(n\dfrac{\mathrm{d}a}{\mathrm{d}\vartheta}\right)}=\frac{\sigma^2}{n}.$$

这些结果与例 7.6 完全吻合.

现在再看正态总体方差σ^2作为未知参数的情形. 似然函数可写成

$$\begin{aligned}L\left(\boldsymbol{X};\mu\,|\,\sigma^2\right)&=\prod_{i=1}^{n}\frac{1}{\sqrt{2\pi}\sigma}\exp\left[-\frac{1}{2}\left(\frac{X_i-\mu}{\sigma}\right)^2\right]\\&=\left\{\left(\frac{1}{\sigma^2}\right)^{\frac{n}{2}}\exp\left[-\frac{1}{2}\sum_{i=1}^{n}\left(X_i-\mu\right)^2\cdot\frac{1}{\sigma^2}\right]\right\}\left\{\left(2\pi\right)^{-\frac{1}{2}n}\right\}.\end{aligned}$$

这仍然是式(7.5.1)的因子化形式，其中第一个大括号项与参数σ^2有关，并仅通过量$\sum\limits_{i=1}^{n}\left(X_i-\mu\right)^2$与子样发生关系，因而表明$\sum\limits_{i=1}^{n}\left(X_i-\mu\right)^2$是$\sigma^2$的充分统计量. 第一个大括号内的表达式乘上适当的因子，可看成是随机变量$\sum\limits_{i=1}^{n}\left(X_i-\mu\right)^2\big/\sigma^2$的自由度 n 的χ^2概率密度函数.

也可以直接从总体概率密度来确证充分统计量的存在. 当σ^2为未知参数时，正态概率密度可写成

$$N(\mu,\sigma^2)=\exp\left[\left(X-\mu\right)^2\cdot\frac{-1}{2\sigma^2}-\frac{1}{2}\ln\left(2\pi\sigma^2\right)\right],$$

当取

$$\begin{aligned}&\alpha(X)=\left(X-\mu\right)^2, &&a(\sigma^2)=\frac{-1}{2\sigma^2},\\&\beta(X)=0, &&c(\sigma^2)=-\frac{1}{2}\ln(2\pi\sigma^2)\end{aligned}$$

时，与充分性条件(7.5.2)一致，所以充分统计量存在. 进一步利用式(7.5.7)，式(7.5.6)可知

$$T \equiv \frac{1}{n}\sum_{i=1}^{n}\alpha(X_i) = \frac{1}{n}\sum_{i=1}^{n}(X_i - \mu)^2$$

是

$$\tau(\sigma^2) = -\frac{\left(\dfrac{\mathrm{d}c}{\mathrm{d}\sigma^2}\right)}{\left(\dfrac{\mathrm{d}a}{\mathrm{d}\sigma^2}\right)} = \sigma^2$$

的有效无偏估计量，方差由式(7.5.8)确定

$$V(T) = \frac{\left(\dfrac{\partial\tau}{\partial\sigma^2}\right)}{\left(n\dfrac{\mathrm{d}a}{\mathrm{d}\sigma^2}\right)} = \frac{2\sigma^4}{n}.$$

这些结果与例 7.7 完全一致.

例 7.11　正态总体 $N(\mu, \sigma^2)$的μ，σ^2联合充分统计量

为了证明正态总体存在μ和σ^2的一对联合充分统计量，只要证明 $N(\mu, \sigma^2)$可写成式(7.5.10)的指数族类型就可以了，而

$$N(\mu, \sigma^2) = \exp\left\{\frac{\mu}{\sigma^2}X - \frac{1}{2\sigma^2}X^2 - \frac{\mu^2}{2\sigma^2} - \frac{1}{2}\ln(2\pi\sigma^2)\right\},$$

取

$$a_1(\mu, \sigma^2) = \frac{\mu}{\sigma^2}, \qquad \alpha_1(X) = X,$$

$$a_2(\mu, \sigma^2) = \frac{-1}{2\sigma^2}, \qquad \alpha_2(X) = X^2,$$

$$\beta(X) = 0, \quad c(\mu, \sigma^2) = -\frac{\mu^2}{2\sigma^2} - \frac{1}{2}\ln(2\pi\sigma^2),$$

则与充分性条件(7.5.10)相符，由式(7.5.11)知道，μ和σ^2的一对联合充分统计量是

$$t_1 = \prod_{i=1}^{n}\alpha_1(X_i) = \sum_{i=1}^{n}X_i, \qquad t_2 = \prod_{i=1}^{n}\alpha_2(X_i) = \sum_{i=1}^{n}X_i^2.$$

这一对充分统计量既不是无偏的，又不是一致的. 考虑 t_1 和 t_2 的变换 Z_1 和 Z_2，其定义是

$$Z_1 = \frac{1}{n}t_1 = \frac{1}{n}\sum_{i=1}^{n} X_i = \bar{X},$$

$$Z_2 = \frac{1}{n-1}\left(t_2 - \frac{1}{n}t_1^2\right) = \frac{1}{n-1}\sum_{i=1}^{n}\left(X_i - \bar{X}\right)^2 = S^2,$$

即 Z_1，Z_2 为子样平均值和子样方差. 可以看到，Z_1，Z_2 与 t_1，t_2 是一一对应的，而且 $Z_1(\bar{X})$ 和 $Z_2(S^2)$ 除子样值外不包含任何未知参数，所以 Z_1，Z_2 也是 μ，σ^2 的一组联合充分估计量. 在 6.2 节中已经证明(见式(6.2.13)和式(6.2.16))

$$E\left(\bar{X}\right) = E\left(X\right) = \mu, \qquad E\left(S^2\right) = V(X) = \sigma^2,$$

所以它们是正态总体参数 μ, σ^2 的无偏估计量.

7.6 区 间 估 计

本章前面各节所讨论的是从子样值估计未知参数的数值，属于点估计问题. 在实际问题中，对于未知参数常常不以得出参数估计值 $\hat{\vartheta}$ 为满足，还希望找出可能包含参数真值的一个区间，以及该区间包含参数真值的可信程度. 这种估计问题称为**区间估计**. 为了处理区间估计问题，首先引入置信区间及有关的概念.

设某一总体分布含有未知参数 ϑ，$X_1,\cdots,X_n$ 为容量 n 的一个子样，希望从子样对参数 ϑ 作区间估计. 对于给定值 $\gamma(0<\gamma<1)$，由子样确定的两个统计量 $\vartheta_a(X_1,\cdots,X_n)$ 和 $\vartheta_b(X_1,\cdots,X_n)$ 满足

$$\gamma = P\left(\vartheta_a \leqslant \vartheta \leqslant \vartheta_b\right), \tag{7.6.1}$$

则称随机区间 $\left[\vartheta_a, \vartheta_b\right]$ 为参数 ϑ 的**概率量 γ 的置信区间**. γ 也**称为置信水平或置信概率，$1-\gamma$ 称为显著性(水平)**，ϑ_b, ϑ_a 称为**上，下置信限**. 对于总体包含多个未知参数 $\boldsymbol{\vartheta}=\left\{\vartheta_1,\vartheta_2,\cdots,\vartheta_k\right\}$ 的情形，只需将 ϑ_a, ϑ_b 改为随机向量 $\boldsymbol{\vartheta}_a(X_1,X_2,\cdots,X_n)$ 和 $\boldsymbol{\vartheta}_b(X_1,X_2,\cdots,X_n)$ 即可，$\left[\boldsymbol{\vartheta}_a,\boldsymbol{\vartheta}_b\right]$ 为参数 $\boldsymbol{\vartheta}$ 的置信水平 γ 的**置信域**.

应当强调指出，式(7.6.1)中参数 ϑ (真值)是某个固定的常数，置信区间长度及其上下限 ϑ_a, ϑ_b 才是随机变量. 因此，必须严格区别置信区间及它的观测值. 前者是一个随机区域；而它的某一观测值则是一个确定的区间，它包含参数 ϑ 真值的概率只可能是 0 或 1.

参数 ϑ 的区间估计的意义可说明如下：若对总体作 N 次抽样，每次抽样得到

一组 n 个观测值，代入统计量 $\vartheta_a(X_1, X_2,\cdots, X_n)$ 和 $\vartheta_b(X_1, X_2,\cdots, X_n)$ 得到 N 个区间. 每个这样的区间有两种可能性，或者包含参数 ϑ 的真值，或者不包含 ϑ 的真值. 按伯努利大数定律，当抽样次数 N 很大时，这 N 个区间中包含 ϑ 真值的区间个数除以 N(频率)约为 $100\gamma\%$，不包含 ϑ 真值的区间数频率约为 $100(1-\gamma)\%$. 也就是说，随机区间

$$\left[\vartheta_a(X_1, X_2,\cdots, X_n), \vartheta_b(X_1, X_2,\cdots, X_n)\right] \tag{7.6.2}$$

包含参数 ϑ 真值的概率为 γ. 在这种情形下，如果我们认为“区间 $[\vartheta_a, \vartheta_b]$ 包含着参数 ϑ 的真值”，那么这种说法犯错误的概率是

$$\alpha = 1-\gamma.$$

在对参数 ϑ 作区间估计时，如果选择高的置信概率 γ，即要求区间 $[\vartheta_a, \vartheta_b]$ 包含参数真值的概率值高，那么区间 $[\vartheta_a, \vartheta_b]$ 长度必然相应地大，故我们对参数值本身的了解比较粗糙；相反，给定一个小的置信区间(置信水平较低)意味着对参数值本身有比较精确的表达，但这种表述的置信概率较小，即可靠性比较差. 所以这是一个两难问题. 置信水平的确定取决于实际问题的特定要求，但一般倾向于选取较高的置信水平，以使置信区间以较大的概率包含参数的真值，常取的值如 $\gamma = 0.90, 0.95, 0.99$.

区间估计的一般问题可以归结为：给定置信水平 γ，要求从总体的子样 $\{X_1, X_2,\cdots, X_n\}$ 给出未知参数 ϑ 的置信区间 $[\vartheta_a(X_1, X_2,\cdots, X_n), \vartheta_b(X_1, X_2,\cdots, X_n)]$；或者反过来，已知置信区间的上下限 $\vartheta_a(X_1, X_2,\cdots, X_n)$, $\vartheta_b(X_1, X_2,\cdots, X_n)$，要求区间 $[\vartheta_a, \vartheta_b]$ 包含参数真值的概率 γ.

求解区间估计问题的一般方法说明如下[27]：设有一个总体随机子样 $X_1, X_2,\cdots, X_n$ 和未知参数 ϑ 的函数 t

$$t = t(X_1, X_2,\cdots, X_n; \vartheta). \tag{7.6.3}$$

它是 ϑ 的单调(增加或减少)函数，与 ϑ 一一对应. t 的概率密度 $g(t)$ 为已知，且与参数 ϑ 无关，因此 t 是子样统计量. 当参数 ϑ 取值 $\vartheta_a(X_1, X_2,\cdots, X_n)$ 和 $\vartheta_b(X_1, X_2,\cdots, X_n)$ 时，函数 t 有对应值

$$t_a = t(\vartheta_a), \qquad t_b = t(\vartheta_b),$$

因此，事件 $\{\vartheta_a \leqslant \vartheta \leqslant \vartheta_b\}$ 与事件 $\{t_a \leqslant t(\vartheta) \leqslant t_b\}$ 等价，两者有相同的概率. 与参数 ϑ 置信水平为 γ 的定义式(7.6.1)

$$\gamma = P(\vartheta_a \leqslant \vartheta \leqslant \vartheta_b)$$

相对应，有

$$\gamma = P\left(t_a \leqslant t(\vartheta) \leqslant t_b\right). \tag{7.6.4}$$

当 t 为 ϑ 的单调增加函数，

$$\begin{aligned}\gamma &= \int_{t_a}^{t_b} g(t)\mathrm{d}t, \quad g(t)\text{连续分布}, \\ &= \sum_{t_a \leqslant t_k \leqslant t_b} g(t_k), \ g(t_k)\text{离散分布};\end{aligned} \tag{7.6.5}$$

当 t 为 ϑ 的单调减少函数，

$$\begin{aligned}\gamma &= \int_{t_b}^{t_a} g(t)\mathrm{d}t, \quad g(t)\text{连续分布}, \\ &= \sum_{t_b \leqslant t_k \leqslant t_a} g(t_k), \ g(t_k)\text{离散分布}.\end{aligned} \tag{7.6.6}$$

这样，当给定置信水平γ，由式(7.6.4)可确定 t_a，t_b，并通过 t - ϑ 之间的变换可求得参数 ϑ 的置信区间$[\vartheta_a, \vartheta_b]$；或者反过来，当给定置信区间$[\vartheta_a, \vartheta_b]$，由式(7.6.3)和式(7.6.4)立即得到置信概率γ.

由以上的讨论可见，区间估计上述方法的核心问题是要构造一个概率密度函数 $g(t)$已知的、适当的函数(子样统计量) $t = t(X_1, X_2, \cdots, X_n; \vartheta)$，其余的步骤利用 $g(t)$十分容易处理.

当区间估计问题是从已知置信区间$[\vartheta_a, \vartheta_b]$计算置信概率$\gamma$时，由于 t 与 ϑ 一一对应，故由式(7.6.4)求得的解是唯一的. 对于给定置信水平γ求置信区间$[\vartheta_a, \vartheta_b]$的问题，则解有无穷多组. 通常采用如下几种置信区间的解：

1) 最短置信区间

对于给定的置信概率γ，使置信区间长度最短的解$[\vartheta_a, \vartheta_b]$. 在 7.7 节中我们将说明，如果总体符合正规条件，待估计参数存在有效估计量，则在所有可能的置信区间中，从有效估计量得到的置信区间最短.

2) 中心置信区间

给定置信概率γ，使置信区间$[\vartheta_a, \vartheta_b]$对应的$[t_a, t_b]$满足(假定 t 是 ϑ 的增加函数)

$$\frac{\alpha}{2} \equiv \frac{1-\gamma}{2} = P\left(-\infty < t \leqslant t_a\right) = P\left(t_b \leqslant t < \infty\right), \tag{7.6.7}$$

即

$$\frac{\alpha}{2} \equiv \frac{1-\gamma}{2} = \int_{-\infty}^{t_a} g(t)\mathrm{d}t = \int_{t_b}^{\infty} g(t)\mathrm{d}t, \qquad \text{连续分布}$$

或

$$\frac{\alpha}{2} \equiv \frac{1-\gamma}{2} = \sum_{-\infty<t_k \leqslant t_a} g(t_k) = \sum_{t_b \leqslant t_k<\infty} g(t_k), \qquad \text{离散分布.}$$

当 t 是 ϑ 的减少函数时，有相应的公式(图 7.2(a)).

中心置信区间是最常用的区间估计值.

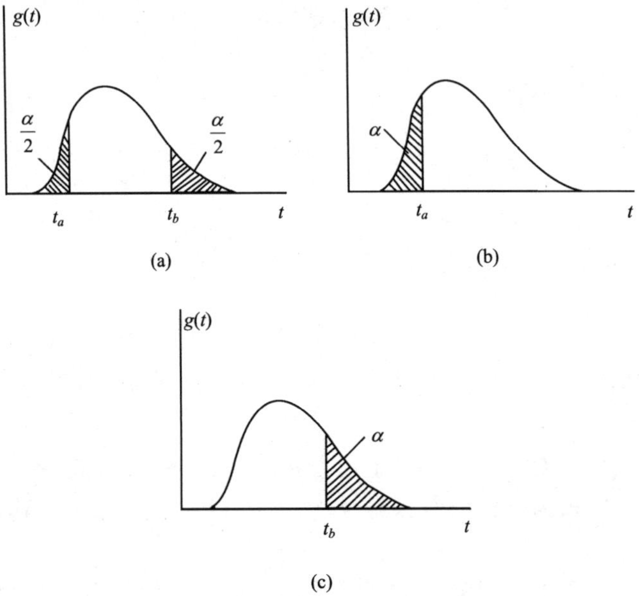

图 7.2　置信区间的确定

3) 单侧置信区间

对于给定的置信概率γ，选择置信区间为$[\vartheta_a, \infty)$，使得满足

$$P(\vartheta \geqslant \vartheta_a) = \gamma, \tag{7.6.8}$$

相应地有

$$P(t \geqslant t_a) = \gamma. \tag{7.6.9}$$

这样确定的是置信水平γ的**上侧置信区间**，ϑ_a是置信区间的下限.

或者选择**下侧置信区间**$(-\infty, \vartheta_b]$，满足

$$P(\vartheta \leqslant \vartheta_b) = \gamma, \tag{7.6.10}$$

相应地有

$$P(t \leqslant t_b) = \gamma. \tag{7.6.11}$$

ϑ_b 是下侧置信区间的上限(图 7.2(b)，(c)).

最后一种方法确定的是单侧置信限，其余两种方法一般确定的是双侧置信限. 利用哪一种方法取决于实际问题的要求.

例 7.12 指数分布参数的置信区间

设对指数分布总体

$$f(x;\lambda)=\lambda e^{-\lambda x}$$

的参数λ求置信水平γ的置信区间.

假定 $X_1, X_2, \cdots, X_n$ 是总体的随机子样，故它们相互独立且都服从指数分布. 令

$$Y=\sum_{j=1}^{n}Y_j\equiv\sum_{j=1}^{n}2\lambda X_j,$$

由于指数分布的特征函数为

$$\varphi_X(t)=\left(1-\frac{\mathrm{i}t}{\lambda}\right)^{-1},$$

因此随机变量 Y 的特征函数为

$$\varphi_Y(t)=\prod_{j=1}^{n}\varphi_{Y_j}(t)=\prod_{j=1}^{n}\varphi_{X_j}(2\lambda t)=(1-2\mathrm{i}t)^{-n},$$

与χ^2分布的特征函数式(4.14.3)对比可知，随机变量 Y 服从自由度 $2n$ 的χ^2分布.

因此，本例中的 $Y=\sum_{j=1}^{n}2\lambda X_j$ 就是符合式(7.6.3)要求的函数 t，它的概率密度已知且与参数λ无关，Y 是参数λ 的单调一一对应的函数. 从书末附表 7 可以查到 $\chi^2(2n)$的分位数 $\chi^2_{\alpha/2}$ 和 $\chi^2_{1-\alpha/2}$，使得下式满足：

$$P\left\{\chi^2_{\alpha/2}\geqslant Y\geqslant\chi^2_{1-\alpha/2}\right\}=1-\alpha\equiv\gamma,$$

该概率表述等同于

$$P\left\{\frac{\chi^2_{\alpha/2}}{2\sum\limits_{j=1}^{n}X_j}\geqslant\lambda\geqslant\frac{\chi^2_{1-\alpha/2}}{2\sum\limits_{j=1}^{n}X_j}\right\}=1-\alpha\equiv\gamma.$$

因此，对于给定的置信水平 $\gamma\equiv1-\alpha$，参数λ的置信区间是

$$\left[\frac{\chi^2_{\alpha/2}}{2n\overline{X}}, \frac{\chi^2_{1-\alpha/2}}{2n\overline{X}}\right].$$

作为指数分布参数区间估计的具体例子，假定某种电子仪器的有效使用期服从指数分布. 用 10 台仪器独立地进行测试，观测到有效使用期分别为 607.5, 1947.0, 37.6, 129.9, 409.5, 529.5, 109.0, 582.4, 499.0, 188.1 小时. 试估计未知参数λ的置信水平$\gamma = 1-\alpha = 0.90$ 的置信区间.

容易求出

$$\sum_{i=1}^{10} x_i = 5039.5,$$

对于自由度 $2n = 20$ 的χ^2分布，

$$\chi^2_{0.05} = 31.41, \qquad \chi^2_{0.95} = 10.85,$$

故λ的置信水平 90%的置信区间是

$$\left[\frac{10.85}{2(5039.5)}, \frac{31.4}{2(5039.5)}\right] = [0.001076, 0.003116];$$

而仪器平均有效使用期 $1/\lambda$ 的相应置信区间等于

$$\left[\frac{1}{0.003116}, \frac{1}{0.001076}\right] = [320.9, 929.4]\text{ 小时}.$$

7.7　正态总体均值的置信区间

从中心极限定理可知，客观实际中许多测定量的分布为正态分布，因此，正态总体特征参数，尤其是均值和方差的区间估计具有重要的实际意义. 本节介绍均值区间估计的方法，方差的置信区间在下节叙述.

(1) σ^2 已知，求均值μ的置信区间.

设 $X_1, \cdots, X_n$ 是正态总体 $N(\mu, \sigma^2)$的容量 n 的随机子样，给定置信水平γ，要求从子样对未知参数μ作统计推断求出置信区间.

我们知道，子样平均 $\overline{X} = \frac{1}{n}\sum_{i=1}^{n} X_i$ 的分布是 $N(\mu, \sigma^2/n)$(见式(6.3.2)). 定义随机变量

$$Y=\frac{\bar{X}-\mu}{\sigma/\sqrt{n}}, \tag{7.7.1}$$

它的分布为标准正态函数 $N(0, 1)$. Y 是子样 $X_1,\cdots,X_n$ 和未知参数μ的函数，它的概率分布 $N(0, 1)$与参数μ无关而且已知，Y 与参数μ是一一对应的关系，这正符合式(7.6.3)统计量

$$t=t\left(X_1,\cdots,X_n;\vartheta\right)$$

的条件. 因此，对于给定的置信概率$\gamma\equiv 1-\alpha$，按照式(7.6.4)可求出中心区间的上下置信限

$$P\left(-z_{\alpha/2}\leqslant Y\leqslant z_{\alpha/2}\right)=\int_{-z_{\alpha/2}}^{z_{\alpha/2}} g(y)\mathrm{d}y=\gamma=1-\alpha, \tag{7.7.2}$$

这里 $g(y)$是 Y 的概率密度(标准正态函数)，$z_{\alpha/2}$是标准正态分布的双侧α分位数(见 4.10 节). 为了求得参数μ的置信区间，通过变量 Y 与μ之间的变换，将式(7.7.2)改写为

$$P\left(\bar{X}-z_{\alpha/2}\frac{\sigma}{\sqrt{n}}\leqslant\mu\leqslant\bar{X}+z_{\alpha/2}\frac{\sigma}{\sqrt{n}}\right)=\gamma=1-\alpha. \tag{7.7.3}$$

这样，随机区间

$$\left[\bar{X}-z_{\alpha/2}\frac{\sigma}{\sqrt{n}},\bar{X}+z_{\alpha/2}\frac{\sigma}{\sqrt{n}}\right]$$

构成了置信水平γ的置信区间，该区间包含未知参数μ的真值的概率为γ. 显然，当σ已知并有一组容量 n 的子样的情形下，置信限都是统计量，不包含任何未知参数，符合上节中对置信区间所下的定义.

在例 7.6 中已经提到，子样中位数 $\tilde{X}$ 是正态总体均值μ的一致无偏估计量. 当子样容量 n 很大时，$\tilde{X}$ 近似地为正态分布

$$\tilde{X}\sim N\left(\mu,\frac{\pi\sigma^2}{2n}\right).$$

略去该分布的渐近性质所引起的误差，给定置信水平γ，正态总体均值μ的中心置信区间可由下法求出. 令

$$Z=\frac{\tilde{X}-\mu}{\sqrt{\pi\sigma^2/2n}},$$

Z 服从正态分布 $Z\sim N(0, 1)$，因此有

$$P(-z_{\alpha/2} \leqslant Z \leqslant z_{\alpha/2}) = \gamma \equiv 1-\alpha,$$

$z_{\alpha/2}$ 是标准正态分布的双侧α分位数. 该概率表达式可改写为

$$\left\{\tilde{X} - z_{\alpha/2}\sqrt{\frac{\pi\sigma^2}{2n}} \leqslant \mu \leqslant \tilde{X} + z_{\alpha/2}\sqrt{\frac{\pi\sigma^2}{2n}}\right\} = \gamma,$$

即置信区间是

$$\left[\tilde{X} - z_{\alpha/2}\sqrt{\frac{\pi\sigma^2}{2n}},\ \tilde{X} + z_{\alpha/2}\sqrt{\frac{\pi\sigma^2}{2n}}\right],$$

区间长度

$$l_{\tilde{X}} = \sqrt{\frac{2\pi\sigma^2}{n}}z_{\alpha/2}.$$

而由式(7.7.3)知，当利用子样平均 $\overline{X}$ 对均值μ作区间估计时，对于同样的置信水平γ，其置信区间的长度为

$$l_{\overline{X}} = \frac{2\sigma}{\sqrt{n}}z_{\alpha/2},$$

因此

$$\frac{l_{\tilde{X}}}{l_{\overline{X}}} = \frac{\sqrt{2\pi}\sigma/\sqrt{n}}{2\sigma/\sqrt{n}} = \sqrt{\frac{\pi}{2}} > 1,$$

即 $l_{\tilde{X}} > l_{\overline{X}}$. 记得 $\tilde{X}$ 的有效率为 $e_{\tilde{X}} = 2/\pi$，而 $\overline{X}$ 的有效率等于 1，故在本例中，$l_{\tilde{X}}/l_{\overline{X}}$ 正好等于 $e_{\tilde{X}}/e_{\overline{X}}$ 的平方根的倒数.

一般地，给定置信水平γ，置信区间的长度与所使用的估计量的有效率存在必然的联系. 未知参数估计量的有效率愈高，相应的置信区间就愈短. 对于符合正规条件的总体，存在最小方差界，有效估计量的有效率 1 达到极大值，因此，它所对应的置信区间较之用其他估计量得到的置信区间而言必定为最短.

对于非中心区间的一般情形，可以写

$$P(a \leqslant Y \leqslant b) = \int_a^b g(y)\mathrm{d}y = \gamma,$$

通过 Y 与 $\overline{X}$ 的变量代换，有

$$P\left(\overline{X} - \frac{b\sigma}{\sqrt{n}} \leqslant \mu \leqslant \overline{X} - \frac{a\sigma}{\sqrt{n}}\right) = \gamma. \tag{7.7.4}$$

对于给定的γ，积分限 a, b 的值可从附表 6 查出，从而定出μ的信置区间

$$\left[\bar{X}-\frac{b\sigma}{\sqrt{n}}, \bar{X}-\frac{a\sigma}{\sqrt{n}}\right].$$

从上面的推导可以清楚地看到，正态总体方差σ^2为已知是一个重要条件，否则置信限 $\bar{X}-\frac{b\sigma}{\sqrt{n}}$ 和 $\bar{X}-\frac{a\sigma}{\sqrt{n}}$ 就无法算出．在实际问题中，总体方差常常并不严格地知道．但若子样容量 n 充分大，由于子样方差的数学期望等于总体方差(式(6.2.16))，故σ^2可用子样方差 S^2 作为近似，仍可用以上步骤求出μ的置信区间．如果σ^2未知而子样容量又较小(如 $n \le 20$)，则应采用下述方法．

(2) σ^2未知，求均值μ的置信区间．

与问题(1)相同，$X_1, X_2, \cdots, X_n$ 为正态总体 $N(\mu, \sigma^2)$的容量 n 的随机子样，但现在σ^2未知，给定置信水平γ，要从子样值估计未知参数μ的置信区间．

在 6.3.3 节中已经证明(式(6.3.8))，统计量

$$\frac{(\bar{X}-\mu)\sqrt{n}}{S} \sim t(n-1),$$

其中 S^2 是子样方差．该统计量是子样(通过 $\bar{X}$ 和 S)和未知参数μ的函数，但它的分布为已知且不依赖于参数μ，作为μ的函数，它与参数值μ一一对应，因此，该统计量符合式(7.6.3)中函数 t 的条件．

于是可写出以下概率表述(见式(7.6.4))：

$$P\left(a \leqslant \frac{\bar{X}-\mu}{S/\sqrt{n}} \leqslant b\right)=\int_a^b f(t; n-1)\mathrm{d}t=\gamma,$$

其中 $f(t; n-1)$是自由度 $n-1$ 的 t 分布的概率密度函数，于是对于未知参数μ的概率表述为

$$P\left(\bar{X}-\frac{bS}{\sqrt{n}} \leqslant \mu \leqslant \bar{X}-\frac{aS}{\sqrt{n}}\right)=\gamma. \tag{7.7.5}$$

a, b 值可从附表 8 查出．μ 的置信区间则为

$$\left[\bar{X}-\frac{bS}{\sqrt{n}}, \bar{X}-\frac{aS}{\sqrt{n}}\right].$$

由于 t 分布是关于 $t=0$ 对称的，因而容易求得中心区间

$$P\left(-b\leqslant\frac{\bar{X}-\mu}{S/\sqrt{n}}\leqslant b\right)=\int_{-b}^{b}f(t;n-1)\mathrm{d}t=\gamma,$$

其中 b 等于 $t(n-1)$的双侧α分位数 $t_{\alpha/2}(n-1)$(见 4.15 节)，对于一定的 n 值和$\gamma=1-\alpha$ 可从附表 8 查出．于是参数μ的概率表述为

$$P\left(\bar{X}-\frac{bS}{\sqrt{n}}\leqslant\mu\leqslant\bar{X}+\frac{bS}{\sqrt{n}}\right)=\gamma,\tag{7.7.6}$$

相应的置信水平γ的随机区间为

$$\left[\bar{X}-\frac{bS}{\sqrt{n}},\ \bar{X}+\frac{bS}{\sqrt{n}}\right].$$

例 7.13　束流动量的置信区间

单能带电粒子束流通过磁场，利用磁场中粒子径迹的偏转程度可测定粒子动量，测得的十个数值(单位 GeV/c)

$$18.87,19.55,19.32,18.70,19.41,19.37,$$
$$18.84,19.40,18.78,18.76.$$

假定它们产生于正态总体，求以下两种情形下置信水平 95%的置信区间：(1)测量误差(标准差)$\sigma=0.3\mathrm{GeV/c}$；(2)测量误差未知．

解：(1) 总体方差已知(即测量误差已知)，子样平均

$$\bar{X}=\frac{1}{10}\sum_{i=1}^{10}X_i=19.10,$$
$$\frac{\alpha}{2}=\frac{(1-\gamma)}{2}=\frac{(1-0.95)}{2}=0.025.$$

双侧α分位数 $z_{\alpha/2}$ 由附表 6 查得为 1.96．由式(7.7.3)求得置信区间

$$\begin{aligned}&\left[\bar{X}-z_{\alpha/2}\frac{\sigma}{\sqrt{n}},\bar{X}+z_{\alpha/2}\frac{\sigma}{\sqrt{n}}\right]\\&=\left[19.10-\frac{1.96\cdot0.3}{\sqrt{10}},19.10+\frac{1.96\cdot0.3}{\sqrt{10}}\right]\\&=[18.91,19.29].\end{aligned}$$

(2) 总体方差未知，

$$S=\left[\frac{1}{10-1}\sum_{i=1}^{10}\left(x_i-\bar{X}\right)^2\right]^{1/2}=0.3347.$$

由附表 8 可查得自由度 $n-1=9$ 时的双侧α分位数

$$t_{\alpha/2}(9)=2.262.$$

由式(7.7.6)求得置信区间

$$\begin{aligned}&\left[\bar{X}-\frac{t_{\alpha/2}S}{\sqrt{n}},\bar{X}+\frac{t_{\alpha/2}S}{\sqrt{n}}\right]\\&=\left[19.10-\frac{2.262\cdot 0.3347}{\sqrt{10}},19.10+\frac{2.262\cdot 0.3347}{\sqrt{10}}\right]\\&=[18.86,19.34].\end{aligned}$$

这一区间比总体方差已知情况下确定的区间[18.91, 19.29]要大.

7.8　正态总体方差的置信区间

设 $X_1,X_2,\cdots,X_n$ 是正态总体 $N(\mu,\sigma^2)$的容量 n 的随机子样，利用 $X_1,X_2,\cdots,X_n$ 对方差σ^2 的置信区间进行统计推断. 以下分别就总体均值μ 为已知和未知两种情况进行讨论.

1) 均值μ 已知时正态总体方差的置信区间

从 6.3.2 节所述已经知道，若总体 $X\sim N(\mu,\sigma^2)$，则统计量

$$\sum_{i=1}^{n}\frac{\left(X_i-\mu\right)^2}{\sigma^2}\sim\chi^2(n)$$

(见式(6.3.6)). 该统计量是子样 $X_1,X_2,\cdots,X_n$ 和未知参数σ^2 的函数，它的分布为已知，且与参数σ^2 无关，因此可用来对参数σ^2 进行区间估计. 对于给定的置信水平γ，$0\leqslant\gamma\leqslant 1$，可以找到上下限 b，a，使得下式成立：

$$P\left[a\leqslant\sum_{i=1}^{n}\left(\frac{X_i-\mu}{\sigma}\right)^2\leqslant b\right]=\int_a^b f(u;n)\mathrm{d}u=\gamma,\tag{7.8.1}$$

其中 $f(u;\ n)$是$\chi^2(n)$分布的概率密度函数. 因而总体方差的置信区间的概率表述可写成

$$P\left[\frac{\sum_{i=1}^{n}(X_i-\mu)^2}{b}\leqslant\sigma^2\leqslant\frac{\sum_{i=1}^{n}(X_i-\mu)^2}{a}\right]=\gamma. \tag{7.8.2}$$

对于一个给定的γ值，从式(7.8.1)可确定的积分限 a 和 b 存在无限多对．如果取中心区间，则有

$$\int_{-\infty}^{a}f(u;n)\mathrm{d}u=\int_{b}^{\infty}f(u;n)\mathrm{d}u=\frac{1}{2}(1-\gamma)\equiv\frac{\alpha}{2}.$$

由 4.14 节知，积分限可由$\chi^2(n)$的上侧分位数表示

$$a=\chi^2_{1-\alpha/2}(n),\qquad b=\chi^2_{\alpha/2}(n),$$

它们可从附表 7 查出，从而确定置信水平为γ时σ^2的置信区间

$$\left[\frac{\sum_{i=1}^{n}(X_i-\mu)^2}{b},\frac{\sum_{i=1}^{n}(X_i-\mu)^2}{a}\right].$$

均值μ已知时，正态总体方差的区间估计问题相当于利用误差未知的测量装置对一已知量做重复测量．例如，为了对一台测量长度的仪器的测量误差作出鉴定，可利用该仪器对一已知长度作重复测量，假定测量值是正态总体的子样测定值，可利用上述方法对测量误差(总体标准差)作出推断.

2) 均值μ未知时正态总体方差的置信区间

由于μ是未知量，所以统计量$\sum_{i=1}^{n}\frac{(X_i-\mu)^2}{\sigma^2}$包含有未知参数，不能再用作区间估计的统计量．由式(6.3.7)有

$$\frac{n-1}{\sigma^2}S^2\equiv\sum_{i=1}^{n}\left(\frac{X_i-\bar{X}}{\sigma}\right)^2\sim\chi^2(n-1).$$

该统计量仅是子样 $X_1,X_2,\cdots,X_n$ 和未知参数σ^2的函数，不含其他未知量，它的分布为已知又与参数σ^2无关，故可用来对σ^2作区间估计．利用与 1)完全相同的步骤，对于给定的置信水平γ，有

$$P\left[a\leqslant\sum_{i=1}^{n}\left(\frac{X_i-\bar{X}}{\sigma}\right)^2\leqslant b\right]=\int_a^b f(u;n-1)\mathrm{d}u=\gamma\equiv1-\alpha, \tag{7.8.3}$$

$$P\left[\frac{\sum_{i=1}^{n}\left(X_i-\bar{X}\right)^2}{b}\leqslant\sigma^2\leqslant\frac{\sum_{i=1}^{n}\left(X_i-\bar{X}\right)^2}{a}\right]=\gamma, \tag{7.8.4}$$

其中 $a=\chi^2_{1-\alpha/2}(n-1), b=\chi^2_{\alpha/2}(n-1)$. 利用附表 7 可查出 a，b 的值，从而求出置信水平γ时σ^2的置信区间

$$\left[\frac{1}{b}\sum_{i=1}^{n}\left(X_i-\bar{X}\right)^2, \frac{1}{a}\sum_{i=1}^{n}\left(X_i-\bar{X}\right)^2\right].$$

下面用一具体例子来说明以上公式的应用. 为鉴定一台长度测定仪的测量精度，对一物体的长度做 10 次独立测量，设测量服从正态分布，测定值为

1002，1000，997，1001，1001，999，998，999，1000，1003.

求下述两种情形下置信水平 95%的置信区间：(1)物体长度已知为 1000；(2)物体长度未知.

解：(1) 已知物体长度 (正态总体均值μ已知) $\mu=1000$，子样容量 $n=10$，$\alpha=1-\gamma=0.05$. 由附表 7 查出

$$a=\chi^2_{1-\alpha/2}(n)=3.247, \qquad b=\chi^2_{\alpha/2}(n)=20.483.$$

由式(7.8.2)可知，置信水平 95%的置信区间为

$$\left[\frac{1}{20.483}\sum_{i=1}^{10}(x_i-\mu)^2, \frac{1}{3.247}\sum_{i=1}^{10}(x_i-\mu)^2\right]=[1.46, 9.23].$$

(2) 物体长度μ未知，对于$\alpha=0.05, n-1=9$ 可查出

$$a=\chi^2_{1-\alpha/2}(9)=2.700, \qquad b=\chi^2_{\alpha/2}(9)=19.023.$$

根据式(7.8.4)，置信水平 95%的置信区间为

$$\left[\frac{1}{19.023}\sum_{i=1}^{10}\left(X_i-\bar{X}\right)^2, \frac{1}{2.700}\sum_{i=1}^{10}\left(X_i-\bar{X}\right)^2\right]=[1.58, 11.11].$$

这一区间比μ已知时的置信区间要宽，说明μ未知时对于σ^2的了解将比较不精确.

7.9　正态总体均值和方差的联合置信域

设 $X_1, X_2, \cdots, X_n$ 是正态总体 $N(\mu, \sigma^2)$的容量 n 的随机子样，μ, σ^2 均为未知参数．希望从子样 $X_1, X_2, \cdots, X_n$ 对总体均值和方差的联合置信域进行统计推断．

从例 7.11 的讨论中可知，子样平均 $\bar{X}$ 和子样方差 S^2 是正态总体 $N(\mu, \sigma^2)$的一对联合无偏估计量，并由 6.3.2 节知 $\bar{X}$ 与 S^2 相互独立，也即

$$\frac{\bar{X}-\mu}{\sigma/\sqrt{n}}, \qquad \frac{n-1}{\sigma^2}S^2 \equiv \sum_{i=1}^{n}\left(\frac{X_i-\bar{X}}{\sigma}\right)^2$$

相互独立，它们的联合概率密度等于各自概率密度的乘积．已知(见式(6.3.2)和式(6.3.7))

$$\frac{\bar{X}-\mu}{\sigma/\sqrt{n}} \sim N(0,1), \qquad \sum_{i=1}^{n}\left(\frac{X_i-\bar{X}}{\sigma}\right)^2 \sim \chi^2(n-1).$$

这两个统计量的分布与未知参数μ, σ^2 无关，而它们又是子样 $X_1, \cdots, X_n$ 和未知参数μ, σ^2 的函数，因此可用来作区间估计．

对于给定的联合置信水平γ，可写出两个概率表达式

$$P\left(-a \leqslant \frac{\bar{X}-\mu}{\sigma/\sqrt{n}} \leqslant a\right) = \sqrt{\gamma},$$

$$P\left(b \leqslant \sum_{i=1}^{n}\left(\frac{X_i-\bar{X}}{\sigma}\right)^2 \leqslant b'\right) = \sqrt{\gamma}, \tag{7.9.1}$$

a 可从标准正态分布附表 6 确定，b 和 b' 从$\chi^2(n-1)$的累积分布附表 7 确定．由于这两个统计量的独立性，立即有

$$P\left(-a \leqslant \frac{\bar{X}-\mu}{\sigma/\sqrt{n}} \leqslant a, b \leqslant \sum_{i=1}^{n}\left(\frac{X_i-\bar{X}}{\sigma}\right)^2 \leqslant b'\right) = \gamma. \tag{7.9.2}$$

该式左面括号中的两个不等式确定了参数μ, σ^2 空间中的一个域，它由两条直线

$$\sigma^2 = \frac{\sum_{i=1}^{n}\left(X_i-\bar{X}\right)^2}{b'}, \qquad \sigma^2 = \frac{\sum_{i=1}^{n}\left(X_i-\bar{X}\right)^2}{b}$$

和表示σ^2与μ之间函数关系的抛物线

$$\sigma^2 = n\left(\mu - \bar{X}\right)^2 / a^2$$

所围成，如图 7.3 中阴线的面积所示.

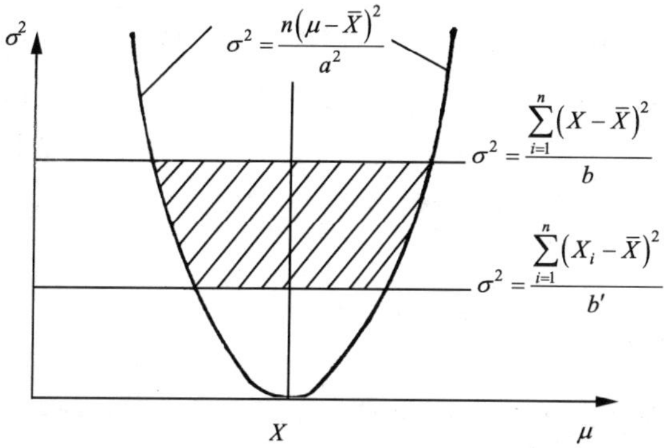

图 7.3　正态总体 $N(\mu, \sigma^2)$的μ, σ^2联合置信域

第八章　极大似然法

在参数估计方法中，费歇尔引入的极大似然法占有重要地位．第七章中已叙述了未知参数的一个好的估计量应有一致性、无偏性、有效性和充分性．极大似然估计量往往具有大部分的这些性质；同时在子样容量 $n\to\infty$的极限下，极大似然估计量服从正态分布．因此，在子样容量 n 很大的所谓**大样问题**中，可以利用正态近似，十分方便地确定极大似然估计量的方差．

8.1　极大似然原理

设连续总体 X 的概率密度或离散总体的概率分布 $f(x|\vartheta)$函数形式为已知，ϑ 是待估计的未知参数，待求解的问题是从容量n的子样X_1，…，X_n对参数作估计．在以下的讨论中，X_i可以是一组变量，代表对事件 $i(i=1,\ 2,\ \cdots,\ n)$的一组测量：例如，X_i可以是描述空间方向的两个变量：方位角φ_i和极角ϑ_i.

如 7.1 节所述，子样 $X_1, X_2,\cdots, X_n$ 的联合概率密度由似然函数给出

$$L(\boldsymbol{X}\mid\vartheta)=L(X_1,\cdots,X_n\mid\vartheta)=\prod_{i=1}^{n}f(X_i\mid\vartheta). \tag{8.1.1}$$

因为$f(X_i|\vartheta)$是归一化的概率密度函数，将似然函数视为X_i的函数，对于任何ϑ值，在整个子样空间 $\Omega_{\boldsymbol{X}}$ 作积分，应有

$$\int_{\Omega_{\boldsymbol{X}}}L(\boldsymbol{X}\mid\vartheta)\,\mathrm{d}\boldsymbol{X}=1. \tag{8.1.2}$$

设$(x_1, x_2,\cdots, x_n)$是子样 $X_1, X_2,\cdots, X_n$ 的一个观测值，那么子样落在子样空间中点$(x_1, x_2,\cdots, x_n)$的邻域里的概率为

$$L(\boldsymbol{x}\mid\vartheta)\mathrm{d}\boldsymbol{x}=\prod_{i=1}^{n}f(x_i\mid\vartheta)\mathrm{d}x_i.$$

参数ϑ的取值不同，这个概率的值也不同，因而似然函数是参数ϑ的函数．按照**极大似然原理**，在参数ϑ的空间内，应当选择使似然函数 $L(\boldsymbol{x}\mid\vartheta)$ 达到极大的参数值 $\hat{\vartheta}$ 作为未知参数的估计值，即

$$L(\boldsymbol{x} \mid \hat{\vartheta}) \geqslant L(\boldsymbol{x} \mid \vartheta). \tag{8.1.3}$$

由于 $\hat{\vartheta}$ 是观测值(x_1, …, x_n)的函数，对于子样 $X_1, X_2,\cdots, X_n$ 的不同实现，得到不同的估计值，所以 $\hat{\vartheta}$ 可表示成子样 $X_1, X_2,\cdots, X_n$ 的函数

$$\hat{\vartheta} = \hat{\vartheta}(\boldsymbol{x}_1, \cdots, \boldsymbol{x}_n)$$

称为**极大似然估计量**.

如果似然函数 L 对 ϑ 的二阶导数存在，极大似然估计量 $\hat{\vartheta}$ 可通过求解下列方程组得到：

$$\begin{cases} \dfrac{\partial L(\boldsymbol{X} \mid \vartheta)}{\partial \vartheta} = \dfrac{\partial}{\partial \vartheta} \displaystyle\prod_{i=1}^{n} f(X_i \mid \vartheta) = 0, & (8.1.4) \\ \left.\dfrac{\partial^2 L(\boldsymbol{X} \mid \vartheta)}{\partial \vartheta^2}\right|_{\vartheta=\hat{\vartheta}} = \dfrac{\partial^2}{\partial \vartheta^2} \displaystyle\prod_{j=1}^{n} f(X_i \mid \vartheta)_{\vartheta=\hat{\vartheta}} < 0. & (8.1.5) \end{cases}$$

如果该方程组只有一个解，那么参数 ϑ 的估计值 $\hat{\vartheta}$ 就唯一地确定了；如果存在多个极大值，则应根据问题的具体要求从中选出合理的解来.

由于 $\ln y$ 是 y 的单调上升函数，故 $\ln L$ 与 L 有相同的极大值点. 上述方程组可改写成

$$\begin{cases} \dfrac{\partial}{\partial \vartheta} \ln L(\boldsymbol{X} \mid \vartheta) = \dfrac{\partial}{\partial \vartheta} \displaystyle\sum_{i=1}^{n} \ln f(X_i \mid \vartheta) = 0, & (8.1.6) \\ \left.\dfrac{\partial^2}{\partial \vartheta^2} \ln L(\boldsymbol{X} \mid \vartheta)\right|_{\vartheta=\hat{\vartheta}} = \dfrac{\partial^2}{\partial \vartheta^2} \displaystyle\sum_{i=1}^{n} \ln f(X_i \mid \vartheta)\Big|_{\vartheta=\hat{\vartheta}} < 0. & (8.1.7) \end{cases}$$

其中式(8.1.6)称为**似然方程**，利用似然方程求解极大似然估计量 $\hat{\vartheta}$ 比处理式(8.1.4)的乘积要容易得多.

以上论述可直接推广到总体 X 的概率密度函数包含多个未知参数的一般情形. 记 k 个未知参数为 $\boldsymbol{\vartheta} = \{\vartheta_1, \vartheta_2, \cdots, \vartheta_k\}$，子样 $\boldsymbol{X} = \{X_1, X_2,\cdots, X_n\}$的似然函数为

$$L(\boldsymbol{X} \mid \boldsymbol{\vartheta}) = \prod_{i=1}^{n} f(X_i \mid \boldsymbol{\vartheta}).$$

这时，必须解一组 k 个似然方程

$$\frac{\partial}{\partial \vartheta_j} \ln L(\boldsymbol{X} \mid \boldsymbol{\vartheta}) = \frac{\partial}{\partial \vartheta_j} \sum_{i=1}^{n} \ln f(X_i \mid \boldsymbol{\vartheta}) = 0, \quad j = 1, \cdots, k \tag{8.1.8}$$

来找到极大似然估计量 $\hat{\boldsymbol{\vartheta}} = \{\hat{\vartheta}_1, \hat{\vartheta}_2, \cdots, \hat{\vartheta}_k\}$. 由式(8.1.8)求得的解使似然函数为极大值的充分条件是二次矩阵 $\underset{\sim}{U}(\hat{\boldsymbol{\vartheta}})$ 必须是负定的①，$\underset{\sim}{U}(\hat{\boldsymbol{\vartheta}})$ 的元素为

$$U_{ij}(\hat{\boldsymbol{\vartheta}}) = \left.\frac{\partial^2 \ln L}{\partial \vartheta_i \partial \vartheta_j}\right|_{\boldsymbol{\vartheta}=\hat{\boldsymbol{\vartheta}}}. \tag{8.1.9}$$

在许多实际问题中，方程(8.1.6)和(8.1.8)无法用解析方法求出，只能求助于数值方法.

例 8.1　不稳定粒子平均寿命的估计值

设在一无限大的探测器中观测不稳定粒子的产生和衰变. 令粒子的平均寿命为 τ，则粒子从产生点到衰变点之间的飞行时间 t 服从指数分布，其概率密度为

$$f(t \mid \tau) = \frac{1}{\tau} \mathrm{e}^{-t/\tau}, \qquad 0 \leqslant t < \infty.$$

每个事例中粒子的飞行时间 t_i 可由粒子产生点到衰变点之间的距离和粒子动量确定. 设观测了 n 个事例，得到 n 个飞行时间值 t_i, $i = 1, 2, \cdots, n$. 试求粒子平均寿命的极大似然估计值.

按似然函数的定义，有

$$L(t \mid \tau) = \prod_{i=1}^{n} \frac{1}{\tau} \mathrm{e}^{-t_i/\tau},$$

似然方程为

$$\frac{\partial \ln L}{\partial \tau} = \frac{\partial}{\partial \tau} \sum_{i=1}^{n} \left(-\ln \tau - \frac{t_i}{\tau} \right) = \sum_{i=1}^{n} \left(-\frac{1}{\tau} + \frac{t_i}{\tau^2} \right) = 0,$$

由该方程求得平均寿命的估计值

$$\hat{\tau} = \frac{1}{n} \sum_{i=1}^{n} t_i = \overline{t}.$$

因为

$$\left.\frac{\partial^2 \ln L}{\partial \tau^2}\right|_{\tau=\hat{\tau}} = \frac{-n}{\hat{\tau}^2} < 0,$$

故知 $\hat{\tau} = \overline{t}$ 对应于似然函数的极大值. 可见，平均寿命的极大似然估计值 $\hat{\tau}$ 等于所

① 设矩阵 $\underset{\sim}{A}$ 为 $n \times n$ 矩阵，对于任何含 n 个元素的向量 x 总有 $\boldsymbol{x}^{\mathrm{T}} \underset{\sim}{A} \boldsymbol{x} < 0$，称矩阵 $\underset{\sim}{A}$ 为负定的.

观测到的 n 个飞行时间值的算术平均.

由 4.8 节可知，τ 是指数(总体)分布的数学期望，极大似然估计量 $\hat{\tau}=\bar{t}$ 为子样平均，与总体有相同的数学期望(见式(6.2.13))，因而平均寿命 τ 的极大似然估计量是无偏估计量.

平均寿命的倒数 $\lambda=1/\tau$ 称为粒子的衰变常数，也可将 λ 作为待估计的未知参数. 这时概率密度为 $f(t\mid\lambda)=\lambda e^{-\lambda t}$，似然函数为

$$L(t\mid\lambda)=\prod_{i=1}^{n}\lambda e^{-\lambda t_i}.$$

由似然方程得到

$$\frac{\partial \ln L}{\partial\lambda}=\frac{\partial}{\partial\lambda}\sum_{i=1}^{n}(\ln\lambda-\lambda t_i)=\sum_{i=1}^{n}\left(\frac{1}{\lambda}-t_i\right)=\frac{n}{\lambda}-\sum_{i=1}^{n}t_i=0.$$

于是 λ 的极大似然估计为

$$\hat{\lambda}=(\bar{t})^{-1}=1/\hat{\tau}.$$

在实际的实验中，测量粒子寿命的探测器尺寸只能是有限的，因此，最大可测量的粒子飞行时间 T 为一有限值. 这样，飞行时间的概率密度应为(见 4.17.2 节)

$$f(t;T\mid\tau)=\frac{1}{\tau}e^{-t_i/\tau}/(1-e^{-T/\tau}),\qquad 0\leqslant t\leqslant T.$$

按照相似的步骤容易求得 τ 的极大似然估计为

$$\hat{\tau}=\bar{t}+\frac{1}{n}\sum_{i=1}^{n}T_i e^{-T_i/\tau}/(1-e^{-T_i/\tau}),$$

其中 T_i 是第 i 个事例中最大可测量的粒子飞行时间，它取决于不稳定粒子在体积有限的探测器中的产生位置和粒子飞行方向. 可以看到，未知参数 τ 出现于等式的两边，在这种情形下，τ 可用迭代法求解，而以 $\bar{t}$ 作为初始迭代值.

例 8.2　柯西分布中参数的估计

设 $X_1,X_2,\cdots,X_n$ 为柯西分布

$$f(x\mid\vartheta)=\frac{1}{\pi}\frac{1}{1+(x-\vartheta)^2}$$

的容量 n 的子样，ϑ 为待估计参数.

显然，似然函数为

$$L(\boldsymbol{X}\mid\vartheta)=\prod_{i=1}^{n}\frac{1}{\pi}\ \frac{1}{1+(X_i-\vartheta)^2},$$

根据似然方程，得到

$$\frac{\partial \ln L}{\partial \vartheta}=\sum_{i=1}^{n}\frac{2(X_i-\vartheta)}{1+(X_i-\vartheta)^2}=0.$$

该方程有$(2n-1)$个不同的解，其中 n 个解对应于似然函数的局部极大值，而对应于似然函数的全域极大值的最佳参数值近似于子样中位数. 因而可以将子样中位数作为迭代过程的初值，利用最优化方法寻找似然函数的极大值，从而稳定 ϑ 的极大似然估计量. 最优化方法见第十二章.

例 8.3　泊松分布中参数的估计

设 $X_1, X_2,\cdots, X_n$ 是服从泊松分布的容量 n 的子样，总体概率分布为

$$p(x\mid\lambda)=\frac{\lambda^x}{x!}\mathrm{e}^{-\lambda},\qquad \lambda>0.$$

试求参数λ的极大似然估计量.

按似然函数的定义式(8.1.1)，有

$$L(\lambda)=\prod_{i=1}^{n}\left[\frac{\lambda^{X_i}}{X_i!}\mathrm{e}^{-\lambda}\right]=\mathrm{e}^{-n\lambda}\,\frac{(\lambda)^{\sum\limits_{i=1}^{n}X_i}}{\prod\limits_{i=1}^{n}(X_i!)}.$$

由似然方程得

$$\frac{\partial \ln L(\lambda)}{\partial \lambda}=-n+\frac{1}{\lambda}\sum_{i=1}^{n}X_i=0,$$

$$\hat{\lambda}=\frac{1}{n}\sum_{i=1}^{n}X_i=\bar{X},$$

即子样平均是参数λ的极大似然估计量. 由 7.1~7.5 节的讨论得知，$\bar{X}$ 是λ的有效、充分、一致、无偏估计量，其方差为$V(\hat{\lambda})=\lambda/n$.

例 8.4　(0, 1)分布中的参数估计

假定 $X_1, X_2,\cdots, X_n$ 是(0, 1)分布的容量 n 的子样，(0, 1)分布的概率分布

$$P(x\mid p)=p^x q^{1-x},\qquad x=0,1,\quad 0\leqslant p\leqslant 1,\quad q=1-p.$$

试求参数 p 的极大似然估计量.

似然函数为

$$L(p)=\prod_{i=1}^{n}p^{X_i}q^{1-X_i}=p^{\Sigma X_i}q^{n-\Sigma X_i},$$

令

$$Y=\sum_{i=1}^{n}X_i,$$

得

$$\ln L(p)=Y\ln p+(n-Y)\ln q,$$

$$\frac{\partial \ln L(p)}{\partial p}=\frac{Y}{p}-\frac{n-Y}{1-p}.$$

由似然方程解出

$$\hat{p}=Y/n=\frac{1}{n}\sum_{i=1}^{n}X_i=\bar{X}.$$

故参数 p 的极大似然估计量即为子样平均.

在 7.4 节的例子中已经证明，参数 m, p 的二项分布中 p 的无偏、有效估计量为 $\bar{X}/m$. 因(0, 1)分布即为 $m=1$ 的二项分布，因此，(0, 1)分布的极大似然估计量即是无偏有效估计量.

例 8.5　均匀分布中的参数估计

设总体 X 为区间$[\alpha, \beta]$的均匀分布，抽取容量 n 的子样 $X_1, X_2,\cdots, X_n$. 试从子样求参数α, β的极大似然估计量.

由于总体概率密度是

$$f(x\mid\alpha,\beta)=\begin{cases}\dfrac{1}{\beta-\alpha}, & \alpha\leqslant x\leqslant\beta,\\ 0, & \text{其他},\end{cases}$$

故似然函数为

$$L(\alpha,\beta)=\begin{cases}\dfrac{1}{(\beta-\alpha)^n}, & \alpha\leqslant X_i\leqslant\beta,\\ 0, & \text{其他},\end{cases}$$

似然方程

$$\frac{\partial \ln L}{\partial \alpha}=\frac{-n}{\beta-\alpha}=0,\qquad \frac{\partial \ln L}{\partial \beta}=\frac{+n}{\beta-\alpha}=0.$$

虽然，从该似然方程无法求出α, β的极大似然估计量，我们转而从似然函数的定义来求解．从似然函数 $L(\alpha,\ \beta)$的表式可以看到，当$\beta-\alpha$越小，则似然函数值越大．定义

$$X_1^* = \min(X_1, X_2, \cdots, X_n),$$

$$X_n^* = \max(X_1, X_2, \cdots, X_n).$$

为使似然函数 $L(\alpha, \beta)$不等于零，必须有

$$\alpha \leqslant X_1^*, \qquad \beta \geqslant X_n^*.$$

因此，$\beta-\alpha$的最小可能值是$X_n^* - X_1^*$，即极大似然估计量为

$$\hat{\alpha} = X_1^*, \qquad \hat{\beta} = X_n^*.$$

8.2 正态总体参数的极大似然估计

1) 均值μ的极大似然估计

设一个实验对同一个未知量μ作 n 次独立的观测得到观测值 $x_1, x_2, \cdots, x_n$，各次测量的误差相同并且已知为σ, 要求μ的估计值．根据中心极限定理，在相当普遍的场合下，可以认为测量服从正态分布，故 $x_1, x_2, \cdots, x_n$ 可以看成是正态分布$N(\mu, \sigma^2)$容量 n 的子样观测值．因此，这类问题属于正态总体的均值估计．

利用极大似然法，似然函数为

$$L(\boldsymbol{X}; \sigma \mid \mu) = \prod_{i=1}^{n} \frac{1}{\sqrt{2\pi}\,\sigma} \exp\left[-\frac{1}{2}\left(\frac{X_i-\mu}{\sigma}\right)^2\right],$$

据似然方程(8.1.6)，有

$$\frac{\partial \ln L}{\partial \mu} = \frac{\partial}{\partial \mu} \sum_{i=1}^{n} \left[-\frac{1}{2}\ln(2\pi\,\sigma^2) - \frac{1}{2}\left(\frac{X_i-\mu}{\sigma}\right)^2\right] = 0,$$

方程的解是

$$\hat{\mu} = \frac{1}{n}\sum_{i=1}^{n} X_i = \bar{X}. \tag{8.2.1}$$

可见，正态总体均值的极大似然估计量等于子样平均值，由 7.1~7.5 节知，$\hat{\mu}$是参数 μ 的一致、无偏、有效、充分估计量，其方差为$V(\hat{\mu}) = \dfrac{\sigma^2}{n}$.

如果对同一未知量μ作 n 次独立观测，但每次观测具有不相等的已知误差σ_i，这时观测值 x_i 可看作是服从正态总体 $N(\mu, \sigma_i^2)$ 的一个观测值，似然函数为

$$L(X_1, \cdots, X_n; \sigma_1, \cdots, \sigma_n \mid \mu) = \prod_{i=1}^{n} \frac{1}{\sqrt{2\pi}\,\sigma_i} \exp\left[-\frac{1}{2}\left(\frac{X_i - \mu}{\sigma_i}\right)^2\right],$$

由似然方程可求出μ的极大似然估计量为

$$\hat{\mu} = \frac{\sum_{i=1}^{n} \frac{X_i}{\sigma_i^2}}{\sum_{i=1}^{n} \frac{1}{\sigma_i^2}} = \frac{\sum_{i=1}^{n} w_i X_i}{\sum_{i=1}^{n} w_i}, \tag{8.2.2}$$

称为观测的**加权平均**，每个观测值的加权因子 w_i 反比于观测误差的平方，即

$$w_i = \frac{1}{\sigma_i^2}. \tag{8.2.3}$$

显然，当各次测量的误差相同，式(8.2.2)简化为式(8.2.1). 在 8.3.4 节中将推导式(8.2.2)对μ的估计量 $\hat{\mu}$ 的方差为

$$V(\hat{\mu}) = \frac{1}{\sum_{i=1}^{n} \frac{1}{\sigma_i^2}} = \frac{1}{\sum_{i=1}^{n} w_i}. \tag{8.2.4}$$

2) 方差σ^2的极大似然估计

设 $X_1, X_2, \cdots, X_n$ 是正态总体容量 n 的子样，总体均值μ为已知，方差σ^2为未知的待估计参数. 则似然方程可表示为

$$\frac{\partial \ln L}{\partial(\sigma^2)} = \sum_{i=1}^{n} \left[-\frac{1}{2\sigma^2} + \frac{1}{2\sigma^4}(X_i - \mu)^2\right] = 0.$$

解得

$$\hat{\sigma}^2 = \frac{1}{n} \sum_{i=1}^{n} (X_i - \mu)^2, \tag{8.2.5}$$

即$\hat{\sigma}^2$是参数σ^2的极大似然估计量. 由 7.1~7.5 节的讨论可知，$\hat{\sigma}^2$是σ^2的有效、充分、无偏估计量，方差为

$$V(\hat{\sigma}^2) = \frac{2\sigma^4}{n}.$$

3) μ,σ^2 的同时估计

若各次观测的误差虽然相同但都未知，则需要根据一组 n 个观测对均值和方差同时作极大似然估计. 这时似然函数为

$$L(\boldsymbol{X}\mid\mu,\sigma^2)=\prod_{i=1}^{n}\frac{1}{\sqrt{2\pi\sigma^2}}\exp\left[-\frac{1}{2}\left(\frac{X_i-\mu}{\sigma}\right)^2\right],$$

μ,σ^2 均为待估计参数. 根据式(8.1.8)应当求两个方程的解

$$\frac{\partial\ln L}{\partial\mu}=\sum_{i=1}^{n}\frac{X_i-\mu}{\sigma^2}=0,$$

$$\frac{\partial\ln L}{\partial(\sigma^2)}=\sum_{i=1}^{n}\left[-\frac{1}{2\sigma^3}+\frac{1}{2\sigma^4}(X_i-\mu)^2\right]=0.$$

由第一个式子求出 μ 的极大似然估计量

$$\hat{\mu}=\frac{1}{n}\sum_{i=1}^{n}X_i=\bar{X}.$$

将该结果代入后一式子，求得 σ^2 的估计量

$$\hat{\sigma}^2=\frac{1}{n}\sum_{i=1}^{n}(X_i-\bar{X})^2.$$

可以看出，μ 的估计量与式(8.2.1)相同，$\hat{\mu}$ 是一致、无偏、有效、充分估计量；但 σ^2 的极大似然估计量是有偏的. 总体方差的无偏估计量应是

$$S^2=\frac{1}{n-1}\sum_{i=1}^{n}(X_i-\bar{X})^2=\frac{n}{n-1}\hat{\sigma}^2.$$

(见 7.3 节)当 n 很大时，$\hat{\sigma}^2\sim S^2$，但对子样容量不大的**小样问题**，两者有明显的不同.

μ,σ^2 的联合极大似然估计量 $\hat{\mu},\hat{\sigma}^2$ 的方差将在 8.4.2 节中推导.

8.3　极大似然估计量的性质

在本章开头指出，极大似然估计量具有一个好的估计量应有的大部分性质；在 8.1 节和 8.2 节中，我们求解了一些特定总体的参数的极大似然估计量，并指明

了这些估计量的最优性质如无偏性、一致性、充分性、有效性等. 本节讨论任意总体参数的极大似然估计量具有的一般性质.

8.3.1　参数变换下的不变性

在实际问题中, 往往存在一些等价的物理量, 它们之间存在一一对应的关系, 并且仅仅通过一些常数或已知量联系起来. 例如, 粒子的平均寿命与衰变常数是等价的, 它们互为倒数; 粒子的速度、动量和能量是等价的(假定粒子质量已知), 它们之间由常数联系起来. 在这些等价的物理量之中, 哪一个作为待估计参数具有任意性, 如例 8.1, 粒子平均寿命的确定, 不论τ还是$\lambda=1/\tau$都可作为待估计参数, 该例子表明这两者有相同的结果.

一般, 设待估计参数为ϑ, 其极大似然估计量为$\hat{\vartheta}$, 若选择ϑ的任意单值函数$g(\vartheta)$作为待估计参数, 其极大似然估计量令为$\hat{g}(\vartheta)$. 显然希望下式成立:

$$\hat{g}(\vartheta)=g(\hat{\vartheta}), \tag{8.3.1}$$

这样, 选择ϑ的任意单值函数(包括ϑ自身)作为待估计参数都能得到ϑ的相同估计值$\hat{\vartheta}$. 这种性质称为**参数变换下(估计量)的不变性**.

极大似然估计量恰好具有这种不变性. 因为对于任意ϑ, 有

$$\frac{\partial L}{\partial \vartheta}=\frac{\partial L}{\partial g}\frac{\partial g}{\partial \vartheta},$$

由似然方程知

$$\left.\frac{\partial L}{\partial \vartheta}\right|_{\vartheta=\hat{\vartheta}}=0,$$

故当$\dfrac{\partial g}{\partial \vartheta}\neq 0$时, $\left.\dfrac{\partial L}{\partial \vartheta}\right|_{\vartheta=\hat{\vartheta}}=0$成立, 从而必定有

$$\hat{g}(\vartheta)=g(\hat{\vartheta}).$$

例 8.1 就是这种不变性的实例.

8.3.2　一致性和无偏性

可以证明, 当似然函数满足正规条件时(参见 7.4 节), 极大似然估计量是一致估计量[1], 即子样容量 n 趋于无穷时, 极大似然估计量将收敛于待估计参数的真值. 这一结论对于一个或多个待估计未知参数的场合都正确. 当似然函数存在多个极大值, 其中必有一个极大值对应的解是一致估计量. 例如, 8.1 节中柯西分布

的例子.

有限次观测(子样容量 n 为有限值)求得的极大似然估计量一般不是无偏估计量. 如 8.2 节中已述，对于参数 μ, σ^2 未知的正态总体，方差 σ^2 的极大似然估计量 $\hat{\sigma}^2$ 不是无偏估计量，但一般能够把它修正为无偏估计量. 例如，$\dfrac{n\hat{\sigma}^2}{(n-1)}$ 是无偏的. 对于容量 n 趋于无穷的极限情形，所有的极大似然估计量都是无偏的.

由极大似然估计量参数变换下的不变性可知，若 $g(\vartheta)$ 是参数 ϑ 的一一对应函数，有

$$\hat{g}(\vartheta) = g(\hat{\vartheta}),$$

但对 $g(\vartheta)$ 的期望值，一般地

$$E[g(\vartheta)] \neq g[E(\vartheta)]. \tag{8.3.2}$$

因此，即使 $\hat{\vartheta}$ 是参数 ϑ 的无偏估计，$\hat{g}(\vartheta)$ 却不一定是 $g(\vartheta)$ 的无偏估计.

8.3.3　充分性

在 7.6 节中已经介绍，如果似然函数可以表示成因子化形式

$$L(\boldsymbol{X} \mid \vartheta) = G(T \mid \vartheta) H(\boldsymbol{X}), \tag{8.3.3}$$

其中 T 是子样的统计量 $T = T(X_1, X_2, \cdots, X_n)$，那么 T 就是参数 ϑ 的一个充分统计量，它包含了子样 $X_1, X_2, \cdots, X_n$ 关于参数 ϑ 的全部信息；函数 $G(T \mid \vartheta)$ 仅通过统计量 T 与子样发生联系. 充分统计量存在的条件是总体概率密度可表示成指数族形式(见式(7.5.2)).

从式(8.3.3)可见，由于 $H(\boldsymbol{X})$ 与参数 ϑ 无关，故由 $L(\boldsymbol{X} \mid \vartheta)$ 来估计 ϑ 和由 $G(T \mid \vartheta)$ 来估计 ϑ 是等价的，似然函数 L 关于 ϑ 的极大化等同于 $G(T \mid \vartheta)$ 关于 ϑ 的极大化

$$\frac{\partial L(\boldsymbol{X} \mid \vartheta)}{\partial \vartheta} = 0 = \frac{\partial G(T \mid \vartheta)}{\partial \vartheta}.$$

因此，若 ϑ 存在充分统计量(即式(8.3.3)成立)，由上式可知，极大似然估计量 $\hat{\vartheta}$ 必是充分统计量 T 的函数，即 $\hat{\vartheta}$ 是一个充分估计量.

可以证明，不论是否存在方差下界(即不论是否存在参数 ϑ 的有效估计量)，如果存在参数 ϑ 的充分统计量，则极大似然估计量(充分估计量)有最小的方差. 这一性质使得极大似然法被广泛地利用. 这一结论也适用于总体包含多个未知参数的情形. 当有 k 个未知参数，$r(r \leqslant k)$ 个极大似然估计量 $t_1, t_2, \cdots, t_r$，同时具有它

们各自的可能最小方差.

利用本节的方法来处理例 8.1 的问题，似然函数可写成

$$L(t\mid\tau)=\prod_{i=1}^{n}\frac{1}{\tau}\ \mathrm{e}^{-t_i/\tau}=\left(\frac{1}{\tau}\right)^n\ \mathrm{e}^{-\sum\limits_{i=1}^{n}t_i/\tau}=\left(\frac{1}{\tau}\right)^n\ \mathrm{e}^{-n\bar{t}/\tau},$$

这恰好是式(8.3.3)的形式，其中

$$H(\boldsymbol{X})=1,\qquad G(\bar{t}\mid\tau)=\left(\frac{1}{\tau}\right)^n\ \mathrm{e}^{-n\bar{t}/\tau}.$$

因此，统计量 $\bar{t}$ 或 $\bar{t}$ 的函数是参数 τ 的充分统计量. 例 8.1 已经证明 τ 的极大似然估计量正是 $\bar{t}$ ，即为充分估计量.

8.3.4 有效性

7.4 节的讨论告诉我们，参数 ϑ 存在有效估计量 T 的充分必要条件是似然函数满足

$$\frac{\partial\ln L}{\partial\vartheta}=A(\vartheta)[T-\vartheta-b(\vartheta)],$$

其中 $b(\vartheta)$ 是估计量的偏差. 故当 ϑ 存在有效估计量时，似然方程的形式为

$$\frac{\partial\ln L}{\partial\vartheta}=A(\vartheta)[T-\vartheta-b(\vartheta)]=0. \tag{8.3.4}$$

上式中唯有 $T=T(X_1,X_2,\cdots,X_n)$是待估计参数的统计量，由该方程求得的极大似然估计量必为

$$\hat{g}(X_1,X_2,\cdots,X_n)=T(X_1,X_2,\cdots,X_n)=\vartheta+b(\vartheta).$$

由此得出结论，若参数存在有效估计量，则必定是极大似然估计量，该估计量的方差由式(7.4.13)、(7.4.14)和式(7.4.16)得出

$$V(\hat{\vartheta})=\frac{\left(1+\dfrac{\partial b}{\partial\vartheta}\right)^2}{E\left[\left(\dfrac{\partial\ln L}{\partial\vartheta}\right)^2\right]}=\frac{\left(1+\dfrac{\partial b}{\partial\vartheta}\right)^2}{E\left(-\dfrac{\partial^2\ln L}{\partial\vartheta^2}\right)}=\frac{\left(1+\dfrac{\partial b}{\partial\vartheta}\right)}{A(\vartheta)}. \tag{8.3.5}$$

例如，设总体概率密度是指数分布

$$f(t\,|\,\tau)=\frac{1}{\tau}\mathrm{e}^{-t/\tau},$$

τ 为未知参数. 若 τ 存在有效估计量 $\hat{\tau}$，则似然函数应能写成如下形式:

$$\frac{\partial \ln L}{\partial \tau}=A(\tau)[\hat{\tau}(t_1,t_2,\cdots,t_n)-\tau-b(\tau)],$$

其中 $t_1, t_2,\cdots, t_n$ 是子样. 事实上，在例 8.1 中我们看到，

$$\frac{\partial \ln L}{\partial \tau}=\sum_{j=1}^{n}\left(-\frac{1}{\tau}+\frac{t_i}{\tau^2}\right)=\frac{n}{\tau^2}(\bar{t}-\tau),$$

与上式比较，有

$$A(\tau)=\frac{n}{\tau^2},\qquad \hat{\tau}=\bar{t},$$

因此，参数 τ 的极大似然估计量 $\bar{t}$ 是无偏、有效估计量，其方差由式(8.3.5)求出

$$V(\bar{t})=1/A(\tau)=\tau^2/n. \tag{8.3.6}$$

如果以 $\lambda\equiv 1/\tau$ 作为待估计的未知参数，则概率密度函数的形式为 $f(t\,|\,\lambda)=\lambda\mathrm{e}^{-\lambda t}$，相应的似然函数是

$$L(t_1,t_2,\cdots,t_n\,|\,\lambda)=\prod_{i=1}^{n}\lambda\mathrm{e}^{-\lambda t_i},$$

从而有

$$\frac{\partial \ln L}{\partial \lambda}=\frac{n}{\lambda}-\sum_{i=1}^{n}t_i=-n\left(\bar{t}-\frac{1}{\lambda}\right).$$

与式(8.3.4)对比得知，只有 $1/\lambda=\tau$ 存在有效估计量，而 λ 不存在有效估计量.

又如，设 $X_1, X_2,\cdots, X_n$ 是正态总体 $N(\mu,\sigma_i^2), i=1,2,\cdots,n$ 的子样，μ 为待估计的未知参数. 似然函数为

$$L(X_1,\cdots,X_n;\sigma_1,\cdots,\sigma_n\,|\,\mu)=\prod_{i=1}^{n}\frac{1}{\sqrt{2\pi}\,\sigma_i}\cdot\exp\left[-\frac{1}{2}\left(\frac{X_i-\mu}{\sigma_i}\right)^2\right],$$

$$\ln L=\sum_{i=1}^{n}\left[-\frac{1}{2}\ln 2\pi\sigma_i^2-\frac{1}{2}\left(\frac{X_i-\mu}{\sigma_i}\right)^2\right].$$

似然方程

$$\frac{\partial \ln L}{\partial \mu}=\sum_{i=1}^{n}\frac{X_i-\mu}{\sigma_i^2}=\sum_{i=1}^{n}\frac{1}{\sigma_i^2}\left[\frac{\sum_{i=1}^{n}\frac{X_i}{\sigma_i^2}}{\sum_{i=1}^{n}\frac{1}{\sigma_i^2}}-\mu\right]$$

$$\equiv\sum_{i=1}^{n}\frac{1}{\sigma_i^2}[\hat{\mu}-\mu]=0.$$

与式(8.3.4)对比知，极大似然估计量

$$\hat{\mu}=\frac{\sum_{i=1}^{n}\frac{X_i}{\sigma_i^2}}{\sum_{i=1}^{n}\frac{1}{\sigma_i^2}}$$

是参数μ的有效无偏估计量，由式(8.3.5)求出$\hat{\mu}$的方差

$$V(\hat{\mu})=\frac{1}{A(\mu)}=\left(\sum_{i=1}^{n}\frac{1}{\sigma_i^2}\right)^{-1},$$

这些结果已在 8.2 节 1)中指出.

有时，参数ϑ本身不存在有效估计量，但它的某个函数$\tau(\vartheta)$存在有效估计量. 根据式(7.4.9)，这时似然方程必可写成

$$\frac{\partial \ln L}{\partial \vartheta}=A(\vartheta)[T(X_1,X_2,\cdots,X_n)-\tau(\vartheta)-b(\vartheta)]=0, \tag{8.3.7}$$

极大似然估计量

$$\tau(X_1,X_2,\cdots,X_n)=T(X_1,X_2,\cdots,X_n)=\tau(\vartheta)+b(\vartheta)$$

是$\tau(\vartheta)$的有效估计量(偏差$b(\vartheta)$)，其方差由式(7.4.10)给出

$$V(T)=\frac{\left(\frac{\partial\tau}{\partial\vartheta}+\frac{\partial b}{\partial\vartheta}\right)^2}{E\left[\left(\frac{\partial \ln L}{\partial\vartheta}\right)^2\right]}=\frac{\left(\frac{\partial\tau}{\partial\vartheta}+\frac{\partial b}{\partial\vartheta}\right)^2}{E\left[-\frac{\partial^2 \ln L}{\partial\vartheta^2}\right]}=\frac{\frac{\partial\tau}{\partial\vartheta}+\frac{\partial b}{\partial\vartheta}}{A(\vartheta)}. \tag{8.3.8}$$

例如，在 7.4 节中关于正态总体参数的估计量的例子中已经证明，总体标准差σ不存在有效估计量，而总体方差σ^2存在有效估计量，可由似然方程解出.

总体X的概率密度若属于指数族

$$f(x \mid \vartheta) = \exp[\alpha(x)a(\vartheta) + \beta(x) + c(\vartheta)],$$

则其参数 ϑ 存在充分统计量，而且充分统计量 $\frac{1}{n}\sum_{i=1}^{n}\alpha(X_i)$ 是参数的函数

$$\tau(\vartheta) = \frac{-(\mathrm{d}c/\mathrm{d}\vartheta)}{(\mathrm{d}a/\mathrm{d}\vartheta)}$$

的有效无偏估计量(见 7.5 节). 我们来证明，若参数存在充分统计量，则极大似然法求得的解必是 $\tau(\vartheta)$ 的有效估计量. 因为在这种情形下，似然函数的对数为

$$\begin{aligned}\ln L(\boldsymbol{X} \mid \vartheta) &= \ln \prod_{i=1}^{n} f(X_i \mid \vartheta) \\ &= \sum_{i=1}^{n} [\alpha(X_i)a(\vartheta) + \beta(X_i) + c(\vartheta)],\end{aligned}$$

似然方程为

$$\frac{\partial \ln L(\boldsymbol{X} \mid \vartheta)}{\partial \vartheta} = \sum_{i=1}^{n} \alpha(X_i) \cdot \frac{\mathrm{d}a(\vartheta)}{\mathrm{d}\vartheta} + n\frac{\mathrm{d}c(\vartheta)}{\mathrm{d}\vartheta} = 0,$$

其解为

$$\tau(\hat{\vartheta}) \equiv \left.\frac{-\left(\dfrac{\mathrm{d}c}{\mathrm{d}\vartheta}\right)}{\left(\dfrac{\mathrm{d}a}{\mathrm{d}\vartheta}\right)}\right|_{\vartheta=\hat{\vartheta}} = \frac{1}{n}\sum_{i=1}^{n} \alpha(X_i). \tag{8.3.9}$$

由参数变换下的不变性 $\hat{\tau}(\vartheta) = \tau(\hat{\vartheta})$ 可知，极大似然法求出的解正是 $\tau(\vartheta)$ 的有效估计量，其方差(见式(7.5.8))为

$$V(\hat{\tau}) = \left(\frac{\partial \tau}{\partial \vartheta}\right) \Bigg/ \left(n\frac{\mathrm{d}a}{\mathrm{d}\vartheta}\right). \tag{8.3.10}$$

以指数分布总体为例，概率密度可写成

$$f(t \mid \lambda) = \lambda \mathrm{e}^{-\lambda t} = \exp[-\lambda t + \ln \lambda],$$

其中待估计参数是 λ. 由上述推导可知

$$\tau(\lambda) = \frac{-\dfrac{\mathrm{d}\ln \lambda}{\mathrm{d}\lambda}}{\dfrac{\mathrm{d}(-\lambda)}{\mathrm{d}\lambda}} = \frac{1}{\lambda}$$

的有效估计量(极大似然估计量)为

$$\frac{1}{n}\sum_{i=1}^{n}\alpha(t_i)=\frac{1}{n}\sum_{i=1}^{n}t_i=\overline{t},$$

这一结果与例 8.1 完全一致；其方差为

$$V\left(\frac{1}{\lambda}\right)=\frac{\dfrac{\partial\lambda^{-1}}{\partial\lambda}}{n\dfrac{\mathrm{d}(-\lambda)}{\mathrm{d}\lambda}}=\frac{1}{n\lambda^2}.$$

8.3.5　唯一性

如果参数 ϑ 的某个函数 $\tau(\vartheta)$ 存在有效估计量，那么极大似然估计 $\hat{\vartheta}$ 有唯一解. 我们来证明这一性质.

设 T 为 $\tau(\vartheta)$ 的有效估计量，则应有(见式(7.4.9))

$$\frac{\partial\ln L}{\partial\vartheta}=A(\vartheta)[T-\tau(\vartheta)-b(\vartheta)].$$

在 $\vartheta=\hat{\vartheta}$ 处对等式两边求导

$$\left.\frac{\partial^2\ln L}{\partial\vartheta^2}\right|_{\vartheta=\hat{\vartheta}}=\left[\frac{\partial A(\vartheta)}{\partial\vartheta}(T-\tau(\vartheta)-b(\vartheta))\right]_{\vartheta=\hat{\vartheta}}-A(\hat{\vartheta})\left[\frac{\partial\tau}{\partial\vartheta}+\frac{\partial b}{\partial\vartheta}\right]_{\vartheta=\hat{\vartheta}}.$$

上式右边第一项为 0. 据式(7.4.10)，有

$$\frac{\partial\tau}{\partial\vartheta}+\frac{\partial b}{\partial\vartheta}=A(\vartheta)V(T),$$

因此

$$\left.\frac{\partial^2\ln L}{\partial\vartheta^2}\right|_{\vartheta=\hat{\vartheta}}=-V(T)[A(\hat{\vartheta})]^2<0.$$

可见，似然方程 $\dfrac{\partial\ln L}{\partial\vartheta}=0$ 的每一个解都对应于似然函数的极大值. 对于正规的函数，两个极大值之间必然存在一个极小，该极小也应当是似然方程的解. 但现在条件下不存在极小解，因此不可能有一个以上的极大值. 可见极大似然解 $\hat{\vartheta}$ 是唯一的.

事实上，只要存在参数 ϑ 的充分统计量，且似然函数满足正规条件，极大似然估计 $\hat{\vartheta}$ 就是唯一的；如果充分统计量不存在，则极大似然估计不一定有唯一解. 推广到总体含有 k 个未知参数的一般情形，若存在一组 k 个联合充分统计量，且似然函数满足正规条件，则似然方程组有唯一的一组解.

8.3.6 渐近正态性

设总体的概率分布为 $f(x\mid\vartheta)$, ϑ 为未知参数，$X_1, X_2,\cdots, X_n$ 为容量 n 的子样，似然函数用 $L(\boldsymbol{X}\mid\vartheta)$ 表示. 若似然函数满足正规条件，当子样容量 n 很大时，则参数 ϑ 的极大似然估计 $\hat{\vartheta}$ 的分布渐近地服从正态分布，它的均值等于参数的真值 ϑ_0，方差为最小方差界.

我们来证明极大似然估计量的这一渐近正态性质. 将 $\left.\dfrac{\partial\ln L}{\partial\vartheta}\right|_{\hat{\vartheta}}$（$\vartheta$ 等于极大似然估计量 $\hat{\vartheta}$ 处的 $\dfrac{\partial\ln L}{\partial\vartheta}$ 值)在参数真值 $\vartheta=\vartheta_0$ 的邻域作泰勒展开

$$\left.\frac{\partial\ln L}{\partial\vartheta}\right|_{\hat{\vartheta}}=\left.\frac{\partial\ln L}{\partial\vartheta}\right|_{\vartheta_0}+(\hat{\vartheta}-\vartheta_0)\left.\frac{\partial^2\ln L}{\partial\vartheta^2}\right|_{\vartheta^*}=0, \tag{8.3.11}$$

其中 ϑ^* 是 $\hat{\vartheta}$ 与 ϑ_0 之间的某个值.

已经阐明，似然函数满足

$$\int\cdots\int\frac{\partial\ln L}{\partial\vartheta}L\mathrm{d}\boldsymbol{X}=E\left(\frac{\partial\ln L}{\partial\vartheta}\right)=0$$

(见式(7.4.5))，而 $\partial\ln L/\partial\vartheta$ 的方差为

$$\begin{aligned}V\left(\frac{\partial\ln L}{\partial\vartheta}\right)_{\hat{\vartheta}}&=E\left[\left(\frac{\partial\ln L}{\partial\vartheta}\right)^2\right]-\left[E\left(\frac{\partial\ln L}{\partial\vartheta}\right)\right]^2\\&=E\left[\left(\frac{\partial\ln L}{\partial\vartheta}\right)^2\right],\end{aligned}$$

当似然函数满足正规条件，则有(见式(7.4.7))

$$V\left(\frac{\partial\ln L}{\partial\vartheta}\right)=E\left[\left(\frac{\partial\ln L}{\partial\vartheta}\right)^2\right]=E\left(-\frac{\partial^2\ln L}{\partial\vartheta^2}\right). \tag{8.3.12}$$

记

$$\left.\frac{\partial \ln L}{\partial \vartheta}\right|_{\vartheta_0}=\sum_{i=1}^{n}\left.\frac{\partial \ln f(X_i\,|\,\vartheta)}{\partial \vartheta}\right|_{\vartheta_0}, \tag{8.3.13}$$

式(8.3.13)右边是 n 个相互独立变量 $\dfrac{\partial \ln f(X_i\,|\,\vartheta)}{\partial \vartheta}$ 求和，该求和量均值为 0，方差由式(8.3.12)表示．根据中心极限定理，随机变量

$$u=\frac{\partial \ln L}{\partial \vartheta}\Bigg/\left[E\left(-\frac{\partial^2 \ln L}{\partial \vartheta}\right)\right]^{\frac{1}{2}} \tag{8.3.14}$$

在 $\vartheta=\vartheta_0$ 处渐近地服从标准正态分布 $N(0, 1)$．记

$$v=-\left.\frac{\partial^2 \ln L}{\partial \vartheta^2}\right|_{\vartheta^*}=\sum_{i=1}^{n}\left(\frac{\partial^2 \ln f}{\partial \vartheta^2}\right)_{\vartheta^*}. \tag{8.3.15}$$

因为 ϑ^* 位于 $\hat{\vartheta}$ 和 ϑ_0 之间，由于极大似然估计量 $\hat{\vartheta}$ 是一致估计量(见 8.3.2 节)，故当 $n\to\infty$ 时，$\hat{\vartheta}$ 收敛于 ϑ_0．因此有

$$v\to E\left(-\frac{\partial^2 \ln L}{\partial \vartheta^2}\right),\qquad 当\,n\to\infty. \tag{8.3.16}$$

将 v 的渐近表式代入式(8.3.11)，得

$$(\hat{\vartheta}-\vartheta_0)\left[E\left(-\frac{\partial^2 \ln L}{\partial \vartheta^2}\right)\right]^{\frac{1}{2}}=\frac{\partial \ln L}{\partial \vartheta}\Bigg/\left[E\left(-\frac{\partial^2 \ln L}{\partial \vartheta^2}\right)\right]^{\frac{1}{2}}, \tag{8.3.17}$$

其中各项都应在 $\vartheta=\vartheta_0$ 处计算．该式右边正是 u 的表式，它渐近地服从 $N(0, 1)$分布．因此，从式(8.3.15)可知，极大似然估计 $\hat{\vartheta}$ 服从正态分布

$$\hat{\vartheta}\sim N(\vartheta_0,\ V(\hat{\vartheta})),$$

$$V(\hat{\vartheta})=\left[E\left(-\frac{\partial^2 \ln L(\boldsymbol{X}\,|\,\vartheta)}{\partial \vartheta^2}\right)\right]_{\vartheta=\hat{\vartheta}}^{-1}, \tag{8.3.18}$$

即极大似然估计量 $\hat{\vartheta}$ 的数学期望为参数真值，其方差如式(8.3.18)所表示，该式在 $\vartheta=\vartheta_0$ 处计算，由于参数真值 ϑ_0 未知，可用极大似然估计量 $\vartheta=\hat{\vartheta}$ 处的值作为近似．与式(7.4.12)对比知道，$V(\hat{\vartheta})$ 等于 $\dfrac{\partial b}{\partial \vartheta}=0$ 条件下的最小方差界．

对于总体含有 k 个未知参数 $\vartheta_1,\cdots,\vartheta_k$ 的一般情形，可以证明，极大似然估计 $\hat{\vartheta}_1,\cdots,\hat{\vartheta}_k$ 也是渐近地多维正态分布的，数学期望是参数的真值 $\vartheta_{10},\vartheta_{20},\cdots,\vartheta_{k0}$，协方差可表示为

$$V_{ij}^{-1}(\hat{\boldsymbol{\vartheta}})=E\left(-\frac{\partial^2\ln L(\boldsymbol{X}\mid\boldsymbol{\vartheta})}{\partial\vartheta_i\partial\vartheta_j}\right)_{\boldsymbol{\vartheta}=\hat{\boldsymbol{\vartheta}}},\qquad i,j=1,2,\cdots,k. \tag{8.3.19}$$

例 8.6　粒子平均寿命的极大似然估计量的渐近正态性质

在本章前面各节中我们已经看到，总体概率密度 $f(t\mid\tau)=\dfrac{1}{\tau}\mathrm{e}^{-t/\tau}$ 中的未知参数(粒子平均寿命)τ 的极大似然估计量 $\hat{\tau}=\bar{t}$ 有极其优良的性质，它是一致、无偏、充分、有效和唯一的估计量，并且在变换为衰变常数 $\lambda=1/\tau$ 时具有不变性. τ 的极大似然估计量比 λ 的极大似然估计量要优越，因为后者不是有效估计量.

现在我们来直接证明，对于大子样容量(n 值很大)，τ 的极大似然估计 $\hat{\tau}=\bar{t}$ 渐近地服从正态分布，其均值为 τ 的真值，方差达到最小方差界.

显然，总体概率密度 $f(t\mid\tau)=\dfrac{1}{\tau}\mathrm{e}^{-t/\tau}$ 对于参数 τ 的二阶导数存在，而且变量 t 的取值域(子样空间)与参数 τ 无关，所以满足渐近正态所要求的正规条件. 为陈述方便起见，暂时将变量 t 用 X 代替. 概率密度 $f(X\mid\tau)$ 的特征函数 $\varphi_X(t)$ 为

$$\varphi_X(t)\equiv E(\mathrm{e}^{\mathrm{i}tX})=(1-\mathrm{i}t\tau)^{-1}.$$

而随机变量 $\hat{\tau}=\bar{X}=\dfrac{1}{n}\sum\limits_{i=1}^{n}X_i$ 的特征函数为

$$\varphi_{\bar{X}}(t)=\prod_{i=1}^{n}E\left[\exp\left(\mathrm{i}\frac{t}{n}X_i\right)\right]=\left[\varphi_X\left(\frac{t}{n}\right)\right]^n=\left(1-\frac{\mathrm{i}t\tau}{n}\right)^{-n}.$$

显然，当 $n\to\infty$ 时，$\varphi_{\bar{X}}(t)\to\exp(\mathrm{i}t\tau)$，这正是均值为 τ、方差为 0 的正态变量的特征函数(见 4.10 节). 因此，极大似然估计 $\hat{\tau}=\bar{X}$ 当 $n\to\infty$ 的渐近分布是参数 τ 的真值处无限尖锐的峰.

当子样容量 n 很大但为有限值的情形，我们来考察 $\varphi_{\bar{X}}(t)$ 的展开式

$$\varphi_{\bar{X}}(t)=\left(1-\frac{\mathrm{i}t\tau}{n}\right)^{-n}=1+\mathrm{i}t\tau+\frac{1}{2}(\mathrm{i}t)^2(\tau^2+\tau^2/n)+\cdots,$$

与正态变量 $N(\mu,\sigma^2)$ 的特征函数

$$\exp\left(\mathrm{i}t\mu+\frac{1}{2}(\mathrm{i}t)^2\sigma^2\right)=1+\mathrm{i}t\mu+\frac{1}{2}(\mathrm{i}t)^2(\mu^2+\sigma^2)+\cdots$$

对比可见，$\hat{\tau}=\bar{X}$ 服从 $N(\tau,\tau^2/n)$ 分布，其方差为 $V(\hat{\tau})=\tau^2/n$，正是最小方差界(见式(8.3.6))．因此，当子样容量 n 很大时，有

$$u\equiv\frac{\hat{\tau}-\tau}{\tau/\sqrt{n}}\sim N(0,1).$$

8.4　极大似然估计量的方差

通过实验测量给出未知参数的数值只完成了事情的一半，求出估计值的误差(未知参数的方差)往往具有同样的重要性．如果未知参数估计值的方差很大，即使参数估计值极其精确也没有任何实际意义．极大似然估计量方差的最佳确定方法取决于总体概率密度的性质和实验子样容量 n 的大小．本节将介绍在什么条件下使用哪种方法来确定方差是最适当的.

确定方差的公式可以分为两类．一类是**大样公式**，它仅当 $n\to\infty$ 时才是严格正确的，但当 n 为充分大的有限值时，它们提供了方差的很好的近似表达式．另一类公式对于任意 $n\geqslant 1$ 的子样容量皆为正确，称为**小样公式**.

如果概率密度函数仅仅描写随机性物理量本身的分布，那么所估计的误差显然只反映统计不确定性；如果构成似然函数的概率密度是物理量本身的概率分布与测量仪器的实验分辨函数的适当叠加(见 4.17 节的讨论)，则从似然函数计算得到的误差将同时包含统计不确定性和实验测量的不确定性．实验测量得到的数据一般总是包含测量误差的．由这些数据进行误差估计(如 8.5 节中将介绍的图像法)显然同时包含了实验测量和统计的不确定性.

8.4.1　方差估计的一般方法

对于总体概率密度包含 k 个未知参数 $\boldsymbol{\vartheta}=\{\vartheta_1,\vartheta_2\cdots,\vartheta_k\}$ 的一般情形，似然函数

$$L(\boldsymbol{X}\mid\boldsymbol{\vartheta})=\prod_{i=1}^{n}f(X_i\mid\boldsymbol{\vartheta})$$

可考虑为包含 k 个未知参数，n 个变量 $\boldsymbol{X}=\{X_1,\cdots,X_n\}$ 的联合概率密度．如果参数的极大似然估计可表示成子样 $X_1,X_2,\cdots,X_n$ 的显著函数

$$\hat{\vartheta}_i=\hat{\vartheta}_i(X_1,\cdots,X_n),\qquad i=1,2,\cdots,k,$$

则参数 $\hat{\vartheta}_i$ 和 $\hat{\vartheta}_j$ 之间的协方差为

$$V_{ij}(\hat{\boldsymbol{\vartheta}}) = \int_{\Omega(\boldsymbol{X})} (\hat{\vartheta}_i - \vartheta_i)(\hat{\vartheta}_j - \vartheta_j) L(\boldsymbol{X} \mid \boldsymbol{\vartheta}) \mathrm{d}\boldsymbol{X}, \qquad i, j = 1, 2, \cdots, k, \tag{8.4.1}$$

其中 $\boldsymbol{\vartheta} = \{\vartheta_1, \vartheta_2, \cdots, \vartheta_k\}$ 表示参数的真值，积分对所有的变量 $X_1, X_2, \cdots, X_n$ 施行. 每个参数估计值 $\hat{\vartheta}_i$ 的方差可由 $V_{ii}(\hat{\boldsymbol{\vartheta}})$ 得到.

通过对式(8.4.1)作变换，还可导出对参数估计量 $\hat{\vartheta}$ 作积分来表示的协方差计算公式. n 个变量 $\{X_1, \cdots, X_n\}$ 的联合概率密度 $L(\boldsymbol{X} \mid \boldsymbol{\vartheta})\mathrm{d}\boldsymbol{X}$ 利用雅可比行列式变换为 k 个变量 $\{\vartheta_1, \cdots, \vartheta_k\}$ 的联合概率 $L'(\hat{\boldsymbol{\vartheta}} \mid \boldsymbol{\vartheta})\mathrm{d}\hat{\boldsymbol{\vartheta}}$,其中 $L'(\hat{\boldsymbol{\vartheta}} \mid \boldsymbol{\vartheta})$ 包含 $\hat{\boldsymbol{\vartheta}}$ 与 $\boldsymbol{X}$ 的变换行列式(见 3.7 节). 于是式(8.4.1)变换为

$$V_{ij}(\hat{\boldsymbol{\vartheta}}) = \int_{\Omega(\hat{\boldsymbol{\vartheta}})} (\hat{\vartheta}_i - \vartheta_i)(\hat{\vartheta}_j - \vartheta_j) L'(\hat{\boldsymbol{\vartheta}} \mid \boldsymbol{\vartheta}) \mathrm{d}\boldsymbol{\vartheta}. \tag{8.4.2}$$

从变量 $\boldsymbol{X}$ 变换到 $\hat{\boldsymbol{\vartheta}}$ 通常相当复杂，因此，由式(8.4.1)求协方差比较容易. 一般说来，式(8.4.1)和式(8.4.2)的积分只对比较简单的似然函数才可能积出，求得的协方差表达式是参数真值的函数.

现在将似然函数 $L(\boldsymbol{X} \mid \boldsymbol{\vartheta})$ 考虑为给定 $\boldsymbol{X}$ 下变量 $\boldsymbol{\vartheta} = \{\vartheta_1, \cdots, \vartheta_k\}$ 的函数. 似然函数 $L(\boldsymbol{X} \mid \boldsymbol{\vartheta})$ 对于子样空间 $\Omega(\boldsymbol{X})$ 是归一化的，但对参数空间 $\Omega(\boldsymbol{\vartheta})$ 一般却不是归一化的，因此，协方差的计算公式为

$$V_{ij}(\hat{\boldsymbol{\vartheta}}) = \frac{\int_{\Omega(\boldsymbol{\vartheta})} (\vartheta_i - \hat{\vartheta}_i)(\vartheta_j - \hat{\vartheta}_j) L(\boldsymbol{X} \mid \boldsymbol{\vartheta}) \mathrm{d}\boldsymbol{\vartheta}}{\int_{\Omega(\boldsymbol{\vartheta})} L(\boldsymbol{X} \mid \boldsymbol{\vartheta}) \mathrm{d}\boldsymbol{\vartheta}}, \tag{8.4.3}$$

积分在 k 个参数 $\{\vartheta_1, \cdots, \vartheta_k\}$ 的参数空间内施行，分母是为了归一化. 在无法求出该积分的解析表式时，可用数值方法求得协方差的近似值

$$V_{ij}(\boldsymbol{\vartheta}) = \frac{1}{N} \sum_{\Delta\vartheta_1} \cdots \sum_{\Delta\vartheta_k} (\vartheta_i - \hat{\vartheta}_i)(\vartheta_j - \hat{\vartheta}_j) L(\boldsymbol{X} \mid \boldsymbol{\vartheta}) \hat{\vartheta} \Delta\vartheta_1 \cdots \Delta\vartheta_k,$$
$$i, j = 1, 2, \cdots, k,$$

$$N = \sum_{\Delta\vartheta_1} \cdots \sum_{\Delta\vartheta_k} L(\boldsymbol{X} \mid \boldsymbol{\vartheta}) \Delta\vartheta_1 \cdots \Delta\vartheta_k, \tag{8.4.4}$$

其中 $\Delta\vartheta_s (s = 1, \cdots, k)$ 是参数 ϑ_s 的子区间宽度，N 是归一化因子.

在式(8.4.3)或式(8.4.4)中，如果某几个参数固定于它的估计值而不作积分或求和运算，求出的协方差将是条件协方差，显然，后者比一般的协方差的值小.

例 8.7　粒子平均寿命极大似然估计量的方差

例 8.1 已求出粒子平均寿命τ的极大似然估计为

$$\hat{\tau}=\frac{1}{n}\sum_{i=1}^{n}t_i.$$

根据式(8.4.1)，$\hat{\tau}$的方差为

$$\begin{aligned}V(\hat{\tau})&=\int_0^{\infty}\cdots\int_0^{\infty}(\hat{\tau}-\tau)^2\prod_{i=1}^{n}\frac{1}{\tau}\mathrm{e}^{-t_i/\tau}\mathrm{d}t_i\\&=\int_0^{\infty}\cdots\int_0^{\infty}\left(\frac{1}{n}\sum_{k=1}^{n}t_k\right)\left(\frac{1}{n}\sum_{j=1}^{n}t_j\right)\prod_{i=1}^{n}\frac{1}{\tau}\mathrm{e}^{-t_i/\tau}\mathrm{d}t_i\\&\quad-2\tau\int_0^{\infty}\cdots\int_0^{\infty}\left(\frac{1}{n}\sum_{k=1}^{n}t_k\right)\prod_{i=1}^{n}\frac{1}{\tau}\mathrm{e}^{-t_i/\tau}\mathrm{d}t_i\\&\quad+\tau^2\int_0^{\infty}\cdots\int_0^{\infty}\prod_{i=1}^{n}\frac{1}{\tau}\mathrm{e}^{-t_i/\tau}\mathrm{d}t_i.\end{aligned}$$

对 $t_i, i=1,2,\cdots,n$, 取值区间$0\to\infty$. 通过直接计算，得到

$$V(\hat{\tau})=\left(\frac{2}{n}\tau^2+\frac{n-1}{n}\tau^2\right)-2\tau^2+\tau^2=\frac{\tau^2}{n}.$$

这一公式给出的$\hat{\tau}$的方差正是有效估计量的最小方差界(见式(8.3.6)).

也可以利用式(8.4.3)计算$\hat{\tau}$的方差，这时，

$$V(\hat{\tau})=\frac{\displaystyle\int_0^{\infty}(\hat{\tau}-\tau)^2\left(\prod_{i=1}^{n}\frac{1}{\tau}\mathrm{e}^{-t_i/\tau}\right)\mathrm{d}\tau}{\displaystyle\int_0^{\infty}\left(\prod_{i=1}^{n}\frac{1}{\tau}\mathrm{e}^{-t_i/\tau}\right)\mathrm{d}\tau},$$

直接计算的结果是

$$V(\hat{\tau})=\frac{\hat{\tau}^2}{n}\frac{1+\dfrac{6}{n}}{\left(1-\dfrac{2}{n}\right)\left(1-\dfrac{3}{n}\right)}.$$

仅当$n\to\infty$极限情形下，式(8.4.1)与(8.4.3)的结果才互相一致.

8.4.2 充分和有效估计量的方差公式

8.4.1 节给出的方差计算公式对于任何极大似然估计量都是正确的，而且与子样容量 n 无关. 在某些特定情形下，可以推导出计算方差更为方便的公式.

我们考虑参数 ϑ 的极大似然估计量为有效估计量的特殊情形，这时似然方程必有式(8.3.4)的形式

$$\frac{\partial \ln L}{\partial \vartheta} = A(\vartheta)[T - \vartheta - b(\vartheta)].$$

由式(8.3.5)已知，极大似然估计量 $\hat{\vartheta}$ 的方差是

$$V(\hat{\vartheta}) = \frac{\left(1 + \dfrac{\partial b}{\partial \vartheta}\right)^2}{E\left(-\dfrac{\partial^2 \ln L}{\partial \vartheta}\right)} = \frac{1 + \dfrac{\partial b}{\partial \vartheta}}{A(\vartheta)},$$

利用式(8.3.4)可以求得

$$E\left(-\frac{\partial^2 \ln L}{\partial \vartheta^2}\right) = A(\vartheta)\left(1 + \frac{\partial b}{\partial \vartheta}\right) = -\left.\frac{\partial^2 \ln L}{\partial \vartheta^2}\right|_{\vartheta=\hat{\vartheta}},$$

于是方差公式简化为

$$V(\hat{\vartheta}) = \frac{\left(1 + \dfrac{\partial b}{\partial \vartheta}\right)^2}{\left(-\dfrac{\partial^2 \ln L}{\partial \vartheta^2}\right)_{\vartheta=\hat{\vartheta}}}. \tag{8.4.5}$$

特别是，当 $\hat{\vartheta}$ 为无偏有效估计量时，

$$V(\hat{\vartheta}) = \frac{1}{\left(-\dfrac{\partial^2 \ln L}{\partial \vartheta^2}\right)_{\vartheta=\hat{\vartheta}}}. \tag{8.4.6}$$

这两个公式对于任意 $n \geqslant 1$ 的子样容量都正确，所以在实际问题中经常用到.

当总体概率密度函数包含多个未知参数时，情况比较复杂. 若对 k 个未知参数 $\{\vartheta_1, \vartheta_2, \cdots, \vartheta_k\}$ 存在 k 个联合充分统计量 $\{T_1, T_2, \cdots, T_k\}$，可以证明，在大子样容量 n 的情形下，极大似然估计的协方差矩阵之逆阵的元素 $V_{ij}^{-1}(\hat{\boldsymbol{\vartheta}})$ 可表示为

$$V_{ij}^{-1}(\hat{\boldsymbol{\vartheta}})=\left(-\frac{\partial^2 \ln L}{\partial \vartheta_i \partial \vartheta_j}\right)_{\vartheta=\hat{\vartheta}}. \tag{8.4.7}$$

例 8.8　加权平均的方差

若 $X_1, X_2, \cdots, X_n$ 是正态总体 $N(\mu, \sigma_i^2)\ (i=1,2,\cdots,n)$ 的子样，μ 为待估计的未知参数．在 8.3.4 节中已经证明，μ 的极大似然估计

$$\hat{\mu}=\frac{\sum_{i=1}^{n}\frac{X_i}{\sigma_i^2}}{\sum_{i=1}^{n}\frac{1}{\sigma_i^2}}$$

是有效无偏估计量，$\hat{\mu}$ 称为加权平均，它的方差可直接从式(8.4.6)导出．由于似然函数为

$$\begin{aligned}&L(X_1,\cdots,X_n;\sigma_1,\cdots,\sigma_n\mid\mu)\\&=\prod_{i=1}^{n}\frac{1}{\sqrt{2\pi}\,\sigma_i}\exp\left[-\frac{1}{2}\left(\frac{X_i-\mu}{\sigma_i}\right)^2\right],\end{aligned}$$

故有

$$V(\hat{\mu})=\frac{1}{\left(-\frac{\partial^2 \ln L}{\partial \mu^2}\right)_{\mu=\hat{\mu}}}=\frac{1}{\sum_{i=1}^{n}\frac{1}{\sigma_i^2}}.$$

该表达式与 8.3.4 节的结果完全一致．

例 8.9　正态总体 $N(\mu,\sigma^2)$ 中 μ 和 σ^2 的极大似然估计量的方差

在 8.2 节中已经证明，当正态总体中 μ, σ^2 均为未知参数时，其极大似然估计量为

$$\hat{\mu}=\bar{X},\qquad \hat{\sigma}^2=\frac{1}{n}\sum_{i=1}^{n}(X_i-\bar{X})^2.$$

根据 7.5 节的讨论可知，$t_1=\sum_{i=1}^{n}X_i, t_2=\sum_{i=1}^{n}X_i^2$ 是 μ, σ^2 的一对联合充分统计量．由于 $\hat{\mu}, \hat{\sigma}^2$ 是 t_1, t_2 的一一对应的变换，故它们也是 μ, σ^2 的联合充分统计量．若子样容量 n 很大，可利用式(8.4.7)来估计协方差．总体概率密度为

$$N(\mu,\sigma^2)=\frac{1}{\sqrt{2\pi}\,\sigma}\exp\left(-\frac{1}{2}\frac{(x-\mu)^2}{\sigma^2}\right),$$

似然函数的对数可写成

$$\ln L=\sum_{i=1}^{n}\left[-\frac{1}{2}\ln(2\pi)-\frac{1}{2}\ln\sigma^2-\frac{1}{2}\left(\frac{X_i-\mu}{\sigma}\right)^2\right],$$

由式(8.4.7)求出协方差矩阵 $V(\hat{\mu},\hat{\sigma}^2)$ 的逆矩阵元素

$$V_{11}^{-1}=\frac{-\partial^2\ln L}{\partial\mu^2}=\frac{n}{\sigma^2},$$

$$V_{22}^{-1}=-\frac{\partial^2\ln L}{\partial(\sigma^2)^2}=-\frac{n}{2\sigma^4}+\frac{1}{\sigma^6}\sum_{i=1}^{n}(X_i-\mu)^2$$

$$=-\frac{n}{2\sigma^4}+\frac{n\sigma^2}{\sigma^6}=\frac{n}{2\sigma^4},$$

$$V_{12}^{-1}=V_{21}^{-1}=-\frac{\partial^2\ln L}{\partial\mu\partial\sigma^2}=\frac{1}{\sigma^4}\sum_{i=1}^{n}(X_i-\mu)=\frac{n}{\sigma^4}(\hat{\mu}-\mu).$$

上述式子中都应在 $\mu=\hat{\mu}$ 和 $\sigma^2=\hat{\sigma}^2$ 处求值，故有 $V_{12}^{-1}=V_{21}^{-1}=0$．因此，可写

$$\underset{\sim}{V}^{-1}(\hat{\mu},\hat{\sigma}^2)=\begin{pmatrix}\dfrac{n}{\sigma^2} & 0\\ 0 & \dfrac{n}{2\sigma^4}\end{pmatrix},$$

从而求得协方差矩阵为

$$\underset{\sim}{V}(\hat{\mu},\hat{\sigma}^2)=\begin{pmatrix}\dfrac{\sigma^2}{n} & 0\\ 0 & \dfrac{2\sigma^4}{n}\end{pmatrix}.\tag{8.4.8}$$

可见，$\hat{\mu}$ 和 $\hat{\sigma}^2$ 的极大似然估计的渐近协方差矩阵是对角矩阵，这是由于正态总体的子样平均 $\bar{X}(=\hat{\mu})$ 和子样方差 $S^2\left(=\dfrac{n}{n-1}\hat{\sigma}^2\right)$ 是两个独立变量的缘故(见6.3.2节)．事实上，由6.3节知道，$\bar{X}(=\hat{\mu})$ 是 $N\left(\mu,\dfrac{\sigma^2}{n}\right)$ 的正态变量，显然极大似

然估计 $\hat{\mu}$ 对于任意子样容量 n，其方差都是 $\dfrac{\sigma^2}{n}$，即最小方差界．而随机变量 $\dfrac{n-1}{\sigma^2}S^2=\dfrac{n}{\sigma^2}\hat{\sigma}^2$ 服从 $\chi^2(n-1)$ 分布(见 6.3.2 节)，其方差为 $2(n-1)$，因此，对于任意 n，有

$$V(\hat{\sigma}^2)=\left(\frac{\sigma^2}{n}\right)^2 V\left(\frac{n\hat{\sigma}^2}{\sigma^2}\right)=2\sigma^4\frac{n-1}{n^2}.$$

当子样容量 n 很大时，上式与公式(8.4.8)中 $\hat{\sigma}^2$ 的方差 $\dfrac{2\sigma^4}{n}$ 十分接近.

8.4.3 大子样情形下的方差公式

在 8.3.6 节中已经表明，当似然函数满足正规条件，即 $\ln L$ 对 $\boldsymbol{\vartheta}$ 的二阶导数存在，而且 $\boldsymbol{X}$ 的取值域与参数 $\boldsymbol{\vartheta}$ 无关，则 $\boldsymbol{\vartheta}$ 的极大似然估计 $\hat{\boldsymbol{\vartheta}}$ 趋近于均值为参数真值，方差为最小方差界的正态分布，对于总体包含一个和多个未知参数的情形，方差分别由式(8.3.18)和式(8.3.19)表示

$$V^{-1}(\hat{\vartheta})=\left[E\left(-\frac{\partial^2\ln L(\boldsymbol{X}\mid\vartheta)}{\partial\vartheta^2}\right)\right]_{\boldsymbol{\vartheta}=\hat{\boldsymbol{\vartheta}}},$$

$$V_{ij}^{-1}(\hat{\boldsymbol{\vartheta}})=\left[E\left(-\frac{\partial^2\ln L(\boldsymbol{X}\mid\boldsymbol{\vartheta})}{\partial\vartheta_i\partial\vartheta_j}\right)\right]_{\boldsymbol{\vartheta}=\hat{\boldsymbol{\vartheta}}},\qquad i,j=1,2,\cdots,k.$$

这两个式子在 $\boldsymbol{\vartheta}=\hat{\boldsymbol{\vartheta}}$ 处计算，但有时极大似然估计量不能解析地求得．当然，在这种情况下可用数值方法求解，这时则需要子样测定值，即只能在收集实验数据之后进行．如果希望在实验进行之前对方差作估计，该公式不适用．为此，我们将它改写成更方便的形式.

首先讨论总体 X 包含一个未知参数 ϑ 的情形，对于容量 n 的子样 $X_1, X_2,\cdots, X_n$，似然函数为

$$L(X_1,\cdots,X_n\mid\vartheta)=\prod_{i=1}^{n}f(X_i\mid\vartheta),$$

$\ln L$ 对 ϑ 的二阶导数可表示为

$$-\frac{\partial^2\ln L}{\partial\vartheta^2}=\sum_{i=1}^{n}\left(-\frac{\partial^2\ln f(X_i\mid\vartheta)}{\partial\vartheta^2}\right)\equiv\sum_{i=1}^{n}\left(-\frac{\partial^2\ln f_i}{\partial\vartheta^2}\right),$$

它的期望值

$$E\left(-\frac{\partial^2 \ln L}{\partial \vartheta^2}\right)=\int\cdots\int\sum_{i=1}^{n}\left(-\frac{\partial^2 \ln f_i}{\partial \vartheta^2}\right)\prod_{i=1}^{n} f_i \mathrm{d}X_i,$$

注意到 X_1，X_2，…，X_n 是与总体同分布的独立随机变量以及

$$\int f_i \mathrm{d}X_i=1,$$

上式可写为

$$\begin{aligned}E\left(-\frac{\partial^2 \ln L}{\partial \vartheta^2}\right)&=\sum_{i=1}^{n}\int\left(-\frac{\partial^2 \ln f_i}{\partial \vartheta^2}\right) f_i \mathrm{d}X_i\\&=n\int\left(-\frac{\partial^2 \ln L}{\partial \vartheta^2}\right) f \mathrm{d}X,\end{aligned}$$

其中 f 为总体概率密度函数. 由于

$$-\frac{\partial^2 \ln f}{\partial \vartheta^2}=-\frac{\partial}{\partial \vartheta}\left(\frac{1}{f}\frac{\partial f}{\partial \vartheta}\right)=\frac{1}{f^2}\left(\frac{\partial f}{\partial \vartheta}\right)^2-\frac{1}{f}\frac{\partial^2 f}{\partial \vartheta^2},$$

代入上述积分，得

$$E\left(-\frac{\partial^2 \ln L}{\partial \vartheta^2}\right)=n\int\frac{1}{f}\left(\frac{\partial f}{\partial \vartheta}\right)^2 \mathrm{d}X-n\int\frac{\partial^2 f}{\partial \vartheta^2}\mathrm{d}X,$$

当似然函数满足正规条件，X 的取值域与参数 ϑ 无关，对 ϑ 的求导与对 X 的求积次序可以交换，故有

$$\begin{aligned}E\left(-\frac{\partial^2 \ln L}{\partial \vartheta^2}\right)&=n\int\frac{1}{f}\left(\frac{\partial f}{\partial \vartheta}\right)^2 \mathrm{d}X-n\frac{\partial^2}{\partial \vartheta^2}\int f\mathrm{d}X\\&=n\int\frac{1}{f}\left(\frac{\partial f}{\partial \vartheta}\right)^2 \mathrm{d}X.\end{aligned}$$

代入式(8.3.18)，求得方差 $V(\hat{\vartheta})$ 的表达式为

$$V^{-1}(\hat{\vartheta})=n\int\frac{1}{f}\left(\frac{\partial f}{\partial \vartheta}\right)^2 \mathrm{d}X. \tag{8.4.9}$$

在总体含 k 个未知参数的情况下，最大似然估计量 $\hat{\boldsymbol{\vartheta}}$ 的协方差公式为

$$V_{ij}^{-1}\left(\hat{\boldsymbol{\vartheta}}\right)=n\int\frac{1}{f}\left(\frac{\partial f}{\partial\vartheta_i}\right)\left(\frac{\partial f}{\partial\vartheta_j}\right)\mathrm{d}X,\qquad i,\ j=1,\ 2,\cdots,\ k. \tag{8.4.10}$$

由式(8.4.9)和式(8.4.10)可看到，参数 ϑ 估计值的误差(标准差)，与测量次数 n(子样容量)的平方根成反比.

这两个方差公式利用总体概率密度来表示，无须子样测量值，而且一般比较容易计算. 因此，这种方法十分适合于在实验的规划阶段用作参数的误差估计，或者确定为了达到一定的实验精度所必需的测量次数(子样容量 n).

从另一种途径还可以写出大子样容量的极限情形下，极大似然估计量方差的简单表式. 在正态概率密度表达式

$$\frac{1}{\sqrt{2\pi}\sigma}\exp\left[-\frac{1}{2}\left(\frac{x-\mu}{\sigma}\right)^2\right]$$

中，变量 x 和均值 μ 具有形式上的对称性. 因此，极大似然估计 $\hat{\vartheta}$ 趋近于均值为参数真值 ϑ、方差为最小方差界 $V(\hat{\vartheta})$的正态分布这一事实，可以形式上表达为参数真值 ϑ 服从均值为极大似然估计 $\hat{\vartheta}$、方差为 $V(\hat{\vartheta})$的正态分布.

对于总体含单个未知参数的情形，似然函数(子样 X_1，X_2，…，X_n 的联合概率密度)可写为

$$L\propto\exp\left[-\frac{1}{2}\frac{(\vartheta-\hat{\vartheta})^2}{V(\hat{\vartheta})}\right],$$

于是立即得到方差的简单关系式

$$V(\hat{\vartheta})=\frac{1}{-\partial^2\ln L/\partial\vartheta^2}. \tag{8.4.11}$$

显然，正态型的似然函数对应于 $\ln L$-ϑ之间存在抛物线的函数关系，而且 $\ln L$ 对 ϑ 的二阶导数等于常数.

当总体含有多个未知参数时，似然函数为渐近的多维正态分布，极大似然估计 $\hat{\boldsymbol{\vartheta}}$ 的协方差矩阵的元素 $V_{ij}(\hat{\boldsymbol{\vartheta}})$可由下式表示：

$$V_{ij}^{-1}\left(\hat{\boldsymbol{\vartheta}}\right)=\frac{-\partial^2\ln L}{\partial\vartheta_i\partial\vartheta_j}. \tag{8.4.12}$$

式(8.4.11)和式(8.4.12)与极大似然估计量为充分和有效估计量时的方差公式(8.4.6)

和(8.4.7)有相似的形式.

例 8.10 反质子极化实验(1)

粒子的自旋在空间取向具有一定的方向性，称为**极化**. 如果一束粒子团，其中粒子自旋的方向分布是各向同性的，则称为非极化的；若所有粒子自旋方向相同，则称为完全极化的；两者之间的情形属于部分极化.

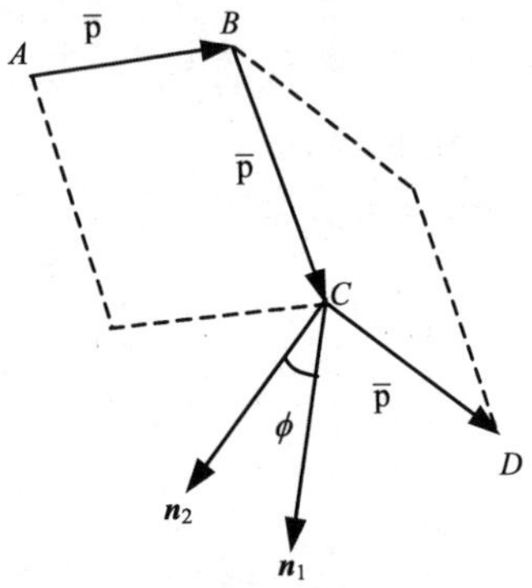

图 8.1 反质子双散射实验

研究反质子极化通常利用入射反质子束与靶物质中质子的两次接连的弹性散射来进行，称为双散射实验. 设反质子束和靶物质的质子都是非极化的. 在反质子束与靶质子第一次弹性碰撞后，在与入射反质子方向成一定角度处射出的反质子将是部分极化的，而极化了的反质子与非极化靶质子的弹性碰撞(第二次碰撞)其截面有空间分布上的不对称性. 图 8.1 中，设在 B 点和 C 点发生接连两次 $\bar{\mathrm{p}}\,\mathrm{p}$ 碰撞，$\bar{\mathrm{p}}, \mathrm{p}$ 分别表示反质子和质子. 测量两次散射平面(ABC 平面和 BCD 平面)的法线 $\boldsymbol{n}_1$ 和 $\boldsymbol{n}_2$ 之间的夹角 ϕ 可以求得反质子的极化量 P. 已知 ϕ 的分布可用概率密度

$$f(x|\alpha)=\frac{1}{2}(1+\alpha x), \qquad -1\leqslant x\leqslant 1 \tag{8.4.13}$$

来描述，其中 $x=\cos\phi, \alpha=P^2$. 为了使 α 估计值的误差小于某一给定常数 $\Delta\alpha$，问需要收集多少双散射事例?

本问题中事例数的估算要在实验之前进行，为此，需用通过概率密度计算方差的式(8.4.9)来估计参数 α 的极大似然估计 $\hat{\alpha}$ 的方差. 计算积分

$$\begin{aligned}\int_{-1}^{1}\frac{1}{f}\left(\frac{\partial f}{\partial\alpha}\right)^2\mathrm{d}x&=\int_{-1}^{1}\frac{x^2}{2(1+\alpha x)}\mathrm{d}x\\&=\frac{1}{2\alpha^3}\{\ln(1+\alpha)-\ln(1-\alpha)-2\alpha\},\end{aligned}$$

于是有

$$V(\hat{\alpha})=\frac{1}{n}\frac{2\alpha^3}{\ln\left(\dfrac{1+\alpha}{1-\alpha}\right)-2\alpha}. \tag{8.4.14}$$

当 $\alpha\ll 1$，式(8.4.14)可近似地写成

$$V(\hat{\alpha}) \geqslant \frac{1}{n}\left(3-\frac{9}{5}\alpha^2+\cdots\right). \tag{8.4.15}$$

如果在实验前对 α 值已有初步了解，则容易由式(8.4.15)算得给定误差 $\Delta\alpha\left(=\sqrt{V(\hat{\alpha})}\right)$ 所必须收集的最少双散射事例数 n.

8.5　极大似然估计及其误差的图像确定

在许多实际问题中，极大似然估计及其方差无法解析地求出．当未知参数的个数不多(一个或两个)时，似然函数 $L(\boldsymbol{X}|\boldsymbol{\vartheta})$ 的数值作为参数 $\boldsymbol{\vartheta}$ 的函数，可通过图像方法来确定极大似然估计 $\hat{\boldsymbol{\vartheta}}$ 及其误差 $\Delta\hat{\boldsymbol{\vartheta}}$.

8.5.1　总体包含单个未知参数

当总体只含一个未知参数 ϑ 时，对于一组特定的子样 X_1，X_2，…，X_n，其似然函数为 $L(\boldsymbol{X}|\vartheta)$．将参数 ϑ 值作为横坐标，似然函数 $L(\boldsymbol{X}|\vartheta)$ 值作为纵坐标，对于不同的参数值 ϑ，画出似然函数 $L(\boldsymbol{X}|\vartheta)$ 的曲线．于是图中曲线极大值对应的 ϑ 可作为参数的极大似然估计 $\hat{\vartheta}$．一般情况下，曲线只有一个极大，这对应于极大似然估计有唯一解．若在物理上容许的 ϑ 取值域内似然函数曲线出现一个以上的极大，一般取 L 值最高的极大对应的参数值作为极大似然估计 $\hat{\vartheta}$.

当似然函数曲线只有一个极大，或者虽存在多个极大，但其主极大与其他次极大相当清晰地分开而又相距较远时，可以通过

$$L=\mathrm{e}^{-0.5}L_{\max}$$

的直线与似然函数曲线的两个交点所对应的两个 ϑ 值来推断 $\hat{\vartheta}$ 的误差(见图 8.2).

当似然函数为正态型曲线时，如图 8.2(a)所示，这样确定的两个值 $\hat{\vartheta}\pm\Delta\hat{\vartheta}$ 相当于正态变量 $N(\mu,\sigma^2)$ 中的 $\mu\pm\sigma$，于是参数真值落在 $\hat{\vartheta}-\Delta\hat{\vartheta}$ 和 $\hat{\vartheta}+\Delta\hat{\vartheta}$ 之间的概率为 0.683，即 $\Delta\hat{\vartheta}$ 为标准差.

在实际测量中，当观测次数 n 为有限值时，似然函数 $L(X_1,\cdots,X_n|\vartheta)$ 不大可能为严格的正态曲线，而且似然函数对不同的 ϑ 值往往呈现不对称性．由 $L=L_{\max}\mathrm{e}^{-0.5}$ 与似然函数曲线的两个交点求得的区间对于 $\hat{\vartheta}$ 是不对称的(见图 8.2(b))．但 ϑ 的真值落在 $\hat{\vartheta}-\Delta\hat{\vartheta}_a$ 和 $\hat{\vartheta}+\Delta\hat{\vartheta}_b$ 之间的概率仍然~0.68，这一点将在 8.6 节中讨论.

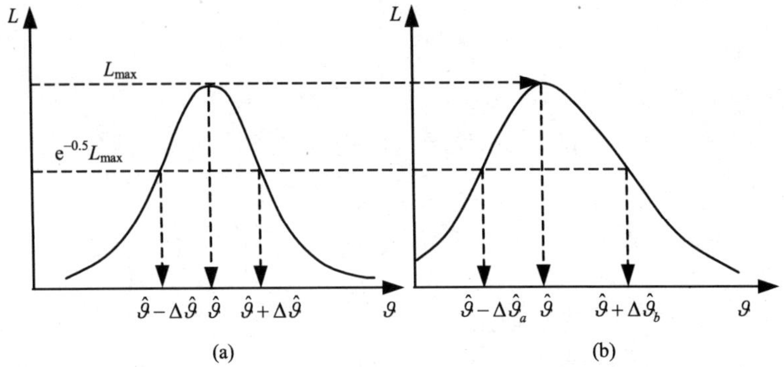

图 8.2　极大似然估计 $\hat{\vartheta}$ 及其误差 $\Delta\hat{\vartheta}$ 的图像确定

(a) 对称的正态型似然函数；(b) 非对称似然函数

例 8.11　扫描效率(3)

在第一、第四章中，我们已经两次讨论过怎样对一批泡室照片进行两次独立的扫描，寻找一定种类的事例，确定扫描效率的问题. 在 1.4 节中讨论了怎样从两次独立扫描查得的事例数确定各次扫描的效率、两次扫描的总效率和总的事例数. 在 4.1 节中，我们推导了各次扫描效率和总扫描效率的误差公式. 应当指出的是：这些公式仅适用于事例数很大，扫描效率不太低的情形.

现在我们利用极大似然法从两次独立扫描的数据来估计扫描效率和事例总数. 这种方法也适用于低统计实验，即事例数不多、扫描效率不高的场合；而且从同样的数据能获得比前面介绍的常规方法更多的信息.

同以前一样，假定泡室照片经过两次相互独立的扫描，每次扫描中所有有效事例被查找到的概率是相同的. 两次扫描的结果如下：

N_{12}——两次扫描都找到的事例；

N_1——在扫描 1 中找到但在扫描 2 中未找到的事例；

N_2——在扫描 2 中找到但在扫描 1 中未找到的事例.

因此，

$n_1 = N_1 + N_{12}$ 为扫描 1 中找到的事例数；

$n_2 = N_2 + N_{12}$ 是扫描 2 中找到的事例数；

$n_{12} = N_1 + N_2 + N_{12}$ 是两次扫描中找到的事例数.

设 N(未知)为胶片中存在的事例总数，则 $N-n_{12}$ 是两次扫描均未找到的事例数.

在扫描中，一个事例或者被扫描者发现，或者没被发现，没有别的可能，所以扫描过程服从二项分布. 设 ε_1 是扫描 1 中观测到事例的概率，则在全部 N 个事

例中观测到 n_1 个事例的概率由二项分布求得

$$P_1(n_1|N,\varepsilon_1)=\frac{N!}{n_1!(N-n_1)!}\varepsilon^{n_1}{}_1(1-\varepsilon_1)^{N-n_1}. \tag{8.5.1}$$

对于第二次扫描，观测到的 n_2 个事例分可为两部分：(I) n_2 中 N_{12} 个事例已在扫描 1 中观测到；(II) 其余的 N_2 个事例在扫描 1 中没有发现. 对这两部分分别应用二项概率分布公式. 于是第 I 部分，n_1 个事例中观测到 N_{12} 个事例的概率是

$$P_{\mathrm{I}}(N_{12}|n_1,\varepsilon_2)=\frac{n_1!}{N_{12}!(n_1-N_{12})!}\varepsilon_2^{N_{12}}(1-\varepsilon_2)^{n_1-N_{12}}, \tag{8.5.2}$$

对第 II 部分，从总共 $N-n_1$ 个事例中观测到 N_2 个事例(扫描 1 中未找到的事例)的概率为

$$P_{\mathrm{II}}(N_2|N-n_1,\varepsilon_2)=\frac{(N-n_1)!}{N_2!(N-n_1-N_2)!}\varepsilon_2^{n_2}(1-\varepsilon_2)^{N-n_1-N_2}. \tag{8.5.3}$$

在以上 P_1，P_{I}，P_{II} 的表式中，量 N, ε_1，ε_2 都是未知的待估计参数. 扫描 1 中找到 n_1 个事例，扫描 2 中找到 n_2 个事例，两次扫描找到 N_{12} 个公共事例这样一个“事件”的联合概率是 P_1，P_{I}，P_{II} 的乘积

$$P=P(n_1,n_2,N_{12}|N,\varepsilon_1,\varepsilon_2)=P_1P_{\mathrm{I}}P_{\mathrm{II}},$$

它可改写为

$$P=\frac{N!}{(N-n_{12})!}\varepsilon_1^{n_1}\varepsilon_2^{n_2}(1-\varepsilon_1)^{N-n_1}(1-\varepsilon_2)^{N-n_2}\cdot\frac{1}{N_1!N_2!N_{12}!}. \tag{8.5.4}$$

该式对于下标 1，2 在形式上完全对称.

联合概率 P 可解释为未知参数为 N, ε_1，ε_2，子样观测值为 n_1,n_2 和 $n_{12}=n_1+n_2-N_{12}$ 的似然函数值 $L(n_1,\ n_2,\ n_{12}|N,\varepsilon_1,\varepsilon_2)$. 于是可以通过似然函数对三个参数的似然方程来求解极大似然估计值 $\hat{N},\hat{\varepsilon}_1,\hat{\varepsilon}_2$

$$\frac{\partial\ln L}{\partial\varepsilon_1}=0,\quad \frac{\partial\ln L}{\partial\varepsilon_2}=0,\quad \frac{\partial\ln L}{\partial N}=0.$$

前两个方程的解给出两次独立扫描各自的扫描效率

$$\hat{\varepsilon}_1=n_1/N,\quad \hat{\varepsilon}_2=n_2/N.$$

第三个方程不能得出解析解. 但我们可将式(8.5.4)所示的联合概率对变量 $\varepsilon_1,\varepsilon_2$ 求

积分，以求得仅包含参数 N 的似然函数，积分的结果为

$$L(N)=\frac{N!(N-n_1)!(N-N_2)}{(N-n_{12})![(N+1)!]^2}\cdot\frac{n_1!n_2!}{N_1!N_2!N_{12}!}. \tag{8.5.5}$$

当观测到的事例数 n_1，n_2 很大时，上式不易计算，但它可改写为递推关系

$$L(N)=\frac{N(N-n_1)(N-n_2)}{(N-n_{12})(N+1)^2}L(N-1), \tag{8.5.6}$$

该公式对于数值计算是十分方便的. 因为照片中事例总数 N 至少大于或等于两次扫描中找到的事例数 n_{12}，所以可取

$$L(N-1)=L(n_{12})=1$$

作为初始值计算 $L(N)$ 值，然后用式(8.5.6)计算 $N=n_{12}+1$，$n_{12}+2$，…对应的 $L(N)$ 值. 在曲线 $L(N)-N$ 上的极大值 $L_{\max}$ 对应的 N 值即为问题的解.

作为一个数字实例，假定两次独立扫描得到 $n_1=43$，$n_2=48$，$N_{12}=25$. 于是两次扫描观测到的事例数为 $n_{12}=n_1+n_2-N_{12}=66$. 取 $L(N=66)=1$，按式(8.5.6)算得 $N=67$，68，…对应的似然函数值 $L(N)$，结果如图 8.3 所示. 从 $L(N)$-N 曲线可得照片中事例总数 N 的极大似然估计及其误差为

$$\hat{N}=81^{+8}_{-6},$$

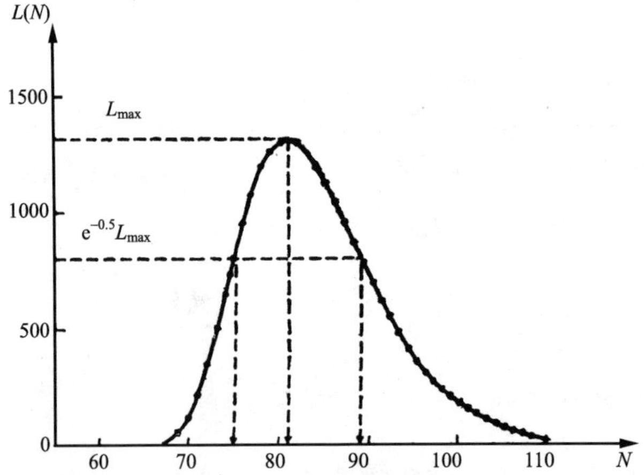

图 8.3

扫描效率的估计值为

$$\hat{\varepsilon}_1 = \frac{43}{81} = 0.53,$$

$$\hat{\varepsilon}_2 = \frac{48}{81} = 0.59.$$

8.5.2　总体包含两个未知参数

当总体概率密度包含两个未知参数 ϑ_1, ϑ_2 时，以 ϑ_1, ϑ_2 作为两个自变量，似然函数 $L(\boldsymbol{X}|\vartheta_1, \vartheta_2)$ 作为应变量，在 $L, \vartheta_1, \vartheta_2$ 三根轴构成的空间中，似然函数形成一个空间表面，这用图形来表示比较困难. 但似然函数的形状可用该表面与 L 值等于一系列常数的平面相截的截线(似然函数等值线)表示出来. 在似然函数极大值附近，这些等值线是围绕似然函数极大值点 $(\hat{\vartheta}_1, \hat{\vartheta}_2)$ 的一系列封闭曲线. 利用这些等值线，可以在所要求的精度内确定似然函数极大值对应的参数估计值 $(\hat{\vartheta}_1, \hat{\vartheta}_2)$.

在包含两个未知参数的情形下，似然函数往往存在一个以上的极大值. 但对许多实际问题，确定符合问题要求的那个极大值可能不很困难. 例如，某些极大似然值对应的参数值可能出现在不合乎问题要求的区域，因而可以排除；或者似然函数的主极大比次极大的值要高得多，则可取主极大对应的参数值作为估计值等. 对于存在多个极大而似然函数各极大值又很接近的情况，则要依靠其他信息来判断哪个极值点的参数值是问题所要求的参数估计值.

如果适合于问题解的参数取值域中只存在似然函数的一个极大值，似然函数又足够正规，则可用似然函数等于 $L_{\max}e^{-0.5}$ 的等值线来求得参数 ϑ_1, ϑ_2 的极大似然估计值的误差. 确定误差有两种方法. 第一种称为**切线法**，如图 8.4(a)所示. 图中标出了似然函数 $L = L_{\max}e^{-0.5}$ 的等值线，$L_{\max}$ 是似然函数的极大值，它所对应的参数值 $\hat{\vartheta}_1, \hat{\vartheta}_2$ 是极大似然估计. 与坐标轴 ϑ_1, ϑ_2 平行并与等值线相切的四条切线给出了 ϑ_1 和 ϑ_2 估计值的上下限. 如果似然函数是参数 ϑ_1, ϑ_2 的二维正态函数，用这种方法确定的参数的误差(估计值上下限距离之半)等于参数的标准差，这一点将在 8.6 节讨论. 确定参数估计值误差的第二种途径可称为**交点法**，如图 8.4(b)所示. 它是由 $\vartheta_1 = \hat{\vartheta}_1$ 和 $\vartheta_2 = \hat{\vartheta}_2$ 两条直线与等值线 $L = L_{\max}e^{-0.5}$ 的两对交点作为估计值的上下限. 交点法确定的误差一般比切线法为小. 等值线对于坐标轴 ϑ_1, ϑ_2 的不对称性反映了两个参数 ϑ_1, ϑ_2 之间的关联不等于 0；如果 ϑ_1, ϑ_2 之间互不关联，等值线对于坐标轴(通过适当的平移)将是对称的，这时两种方法将得出相同的结果.

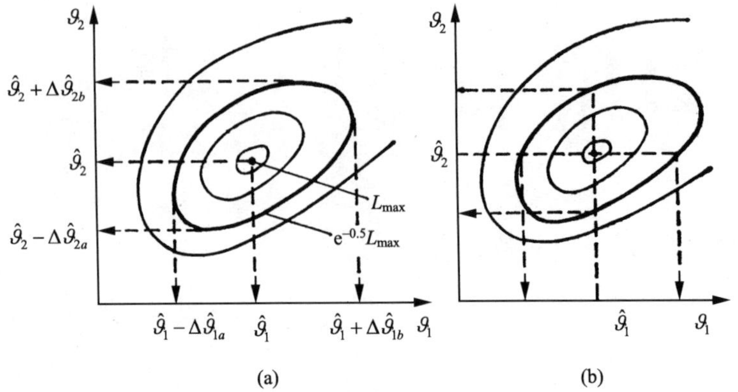

图 8.4　总体包含两个参数时，参数极大似然估计及其误差的图像确定

(a) 切线法；(b) 交点法

在无限大容量子样的极限情况下，似然函数为二维正态函数

$$L(\vartheta_1,\vartheta_2)=L_{\max}\exp\left\{\frac{-1}{2(1-\rho^2)}\left[\left(\frac{\vartheta_1-\hat{\vartheta}_1}{\sigma_1}\right)^2+\left(\frac{\vartheta_2-\hat{\vartheta}_2}{\sigma_2}\right)^2\right.\right.$$

$$\left.\left.-2\rho\left(\frac{\vartheta_1-\hat{\vartheta}_1}{\sigma_1}\right)\left(\frac{\vartheta_2-\hat{\vartheta}_2}{\sigma_2}\right)\right]\right\},\tag{8.5.7}$$

其中 σ_1^2,σ_2^2 是极大似然估计 $\hat{\vartheta}_1,\hat{\vartheta}_2$ 的方差， ρ 是 $\hat{\vartheta}_1,\hat{\vartheta}_2$ 之间的相关系数. (见 4.11 节的讨论). 这时 $L=L_{\max}e^{-0.5}$ 的等值线方程为

$$\frac{1}{1-\rho^2}\left[\left(\frac{\vartheta_1-\hat{\vartheta}_1}{\sigma_1}\right)^2+\left(\frac{\vartheta_2-\hat{\vartheta}_2}{\sigma_2}\right)^2-2\rho\left(\frac{\vartheta_1-\hat{\vartheta}_1}{\sigma_1}\right)\left(\frac{\vartheta_2-\hat{\vartheta}_2}{\sigma_2}\right)\right]=1.\tag{8.5.8}$$

与 4.11 节中的讨论对比立即知道，该式表示了 ϑ_1,ϑ_2 平面上的协方差椭圆；在现在的情形下称为两维正态似然函数的协方差椭圆. 椭圆中心为参数 ϑ_1,ϑ_2 的极大似然估计 ϑ_1,ϑ_2 ，它的主轴与坐标轴的夹角 α 为

$$\tan 2\alpha=\frac{2\rho\sigma_1\sigma_2}{\sigma_1^2-\sigma_2^2}.$$

对应于不同 ρ 值的协方差椭圆都落在四条直线

$$\vartheta_1 = \hat{\vartheta}_1 \pm \sigma_1, \vartheta_2 = \hat{\vartheta}_2 \pm \sigma_2$$

构成的长方形中，图 8.5 画出了几种不同 ρ 值的协方差椭圆. 换句话说，不管相关系数 ρ 取什么值，与协方差椭圆相切且平行于坐标轴的直线到 $(\hat{\vartheta}_1, \hat{\vartheta}_2)$ 的距离总是 $\pm\sigma_1$ 或 $\pm\sigma_2$. 这说明，当似然函数为二维正态函数时，用切线法确定的误差恰好等于参数的标准差. 如果使用交点法，$\vartheta_1 = \hat{\vartheta}_1$ 和 $\vartheta_2 = \hat{\vartheta}_2$ 两条直线与协方差椭圆的交点到 $(\hat{\vartheta}_1, \hat{\vartheta}_2)$ 的距离等于 $\pm\sigma_1\sqrt{1-\rho^2}$ 或 $\pm\sigma_2\sqrt{1-\rho^2}$ (参数估计值 $\hat{\vartheta}_1$ 和 $\hat{\vartheta}_2$ 的误差). 这样的误差只是在某种确定的条件下才是正确的. 故通常用切线法确定的误差比较可靠.

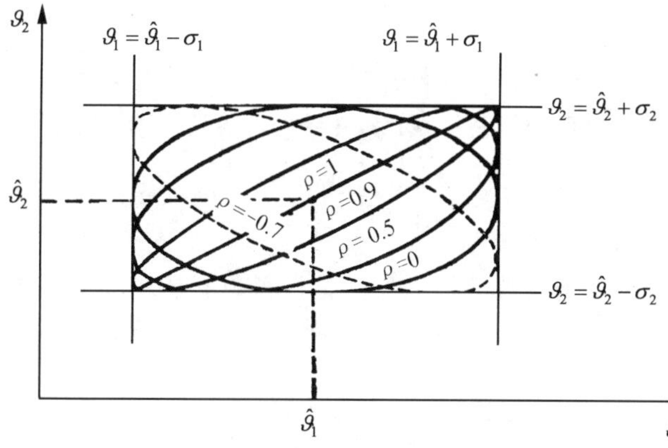

图 8.5　二维正态似然函数的协方差椭圆，$\sigma_1^2 = 4, \sigma_2^2 = 1$

不同 ρ 值的协方差椭圆都与长方形 $\vartheta_1 = \hat{\vartheta}_1 \pm \sigma_1, \vartheta_2 = \hat{\vartheta}_2 \pm \sigma_2$ 相切. 当 $\rho = \pm 1$ 椭圆退化为长方形的两条对角线

可以证明，若利用切线法确定了参数估计值 $\hat{\vartheta}_i$ 的误差为 $\Delta\hat{\vartheta}_i (i=1,2)$，如果其中一个参数 ϑ_i 可取任意值，则另一个参数 $\vartheta_{j\neq i}$ 落在 $[\hat{\vartheta}_j - \Delta\hat{\vartheta}_j, \hat{\vartheta}_j + \Delta\hat{\vartheta}_j]$ 区间内的概率为 68.3%. 两个参数 ϑ_1, ϑ_2 落在相应的协方差椭圆等值线所包围的区域内的概率并不等于 68.3%，而是要低得多. 这一点将在 8.6.3 节中作进一步的讨论.

8.6　利用似然函数作区间估计，似然区间

本章的前面各节讨论了如何利用极大似然原理求得未知参数的点估计，以及计算它的误差的各种方法. 我们看到，确定方差的途径不是唯一的，而且不同的方法求出的结果略有不同. 因此，在引用参数的极大似然估计 $\hat{\vartheta} \pm \Delta\hat{\vartheta}$ 时，应当说明误差求得的方法.

对于同样一组物理测量值，既可以用未知参数的点估计及其误差 $\hat{\vartheta}\pm\Delta\hat{\vartheta}$ 来表示实验结果，也可以对未知参数作区间估计，给出参数的置信水平 γ 的随机置信区间，它的概率含义已在 7.6 节中阐明.

当子样容量 $n\to\infty$ 的极限情形下，从 8.3.6 节知道，参数的极大似然估计 $\hat{\vartheta}$ 服从均值等于参数真值 ϑ、方差为最小方差界 σ^2 的正态分布，于是有

$$P(\vartheta-m\sigma\leqslant\hat{\vartheta}\leqslant\vartheta+m\sigma)=\varPhi(m)-\varPhi(-m)=2\varPhi(m)-1\equiv\gamma. \tag{8.6.1}$$

这表示随机变量 $\hat{\vartheta}$ 落在参数真值 ϑ 附近 $\pm m\sigma$ 区间中的概率为 γ. 将式(8.6.1)中左边括号内的不等式加以改写，得

$$P(\hat{\vartheta}-m\sigma\leqslant\vartheta\leqslant\hat{\vartheta}+m\sigma)=2\varPhi(m)-1=\gamma. \tag{8.6.2}$$

这表示区间 $[\hat{\vartheta}-m\sigma,\hat{\vartheta}+m\sigma]$ 包含参数真值 ϑ 的概率亦是 γ. 按照 7.6 节中对于参数置信区间的定义，区间 $[\hat{\vartheta}-m\sigma,\hat{\vartheta}+m\sigma]$ 是参数 ϑ 置信水平 γ 的置信区间. 由于正态概率密度 $N(\mu,\sigma^2)=\dfrac{1}{\sqrt{2\pi}\sigma}\exp\left[-\dfrac{1}{2}\left(\dfrac{X-\mu}{\sigma}\right)^2\right]$ 中，变量 X 和数学期望 μ 之间形式上的对称性，所以当参数的极大似然估计量 $\hat{\vartheta}$ 服从均值为参数真值 ϑ 正态分布时，从式(8.6.1)(变量 $\hat{\vartheta}$ 的概率表示)变换为式(8.6.2)(数学期望 ϑ 的概率表示)极其简单.

对于多个未知参数的情形，在子样容量 $n\to\infty$ 的极限情形下，参数的极大似然估计服从多维正态分布，因此可以按类似于一维的方法求得一定置信水平的多参数置信域.

子样容量为有限值但充分大时，从 $n\to\infty$ 情形导出的置信区间可以作为很好的近似；但当子样容量 n 比较小时，ϑ 的极大似然估计 $\hat{\vartheta}$ 不能用渐近正态分布来描述，而且我们一般不知道 $\hat{\vartheta}$ 的严格分布，因而无法给出如式(8.6.1)那样 $\hat{\vartheta}$ 对于真值 ϑ 的概率表述，也就无法变换为式(8.6.2)那样的真值 ϑ 对于极大似然估计 $\hat{\vartheta}$ 的概率表述以求得置信域.

下面我们将利用似然函数对未知参数 ϑ 作区间估计. 为此我们对似然函数的含义作必要的引伸. 对于总体 $f(x|\vartheta)$ 的一个子样 $X_1, X_2, \cdots, X_n$，参数 ϑ 的不同数值所对应的似然函数值 $L(\boldsymbol{X}|\vartheta)=\prod\limits_{i=1}^{n}f(X_i|\vartheta)$ 可视为 ϑ 取该数值之**可信度**的度量，即未知参数 ϑ 取作一可能值 ϑ' 的可信度正比于

$$L(X_1,X_2,\cdots,X_n|\vartheta').$$

于是参数 ϑ 真值落在区间 $[\vartheta_a, \vartheta_b]$ 内的可信度 γ 可定义为

$$\gamma = \frac{\int_{\vartheta_a}^{\vartheta_b} L(\boldsymbol{X}|\vartheta)\mathrm{d}\vartheta}{\int_{-\infty}^{\infty} L(\boldsymbol{X}|\vartheta)\mathrm{d}\vartheta}. \tag{8.6.3}$$

在该定义下，参数 ϑ 真值落在 $(-\infty,\infty)$ 的可信度等于 1. 式(8.6.3)的定义在形式上可表示为

$$P(\vartheta_a \leqslant \vartheta \leqslant \vartheta_b) = \gamma, \tag{8.6.4}$$

即与置信水平 γ 的置信区间的概率表述式(7.6.1)有相同的形式. 用这种方法从似然函数定义的区间 $[\vartheta_a, \vartheta_b]$ 称为**似然区间**，γ 表示参数 ϑ 落在 $[\vartheta_a, \vartheta_b]$ 范围内的**可信度**，由式(8.6.3)求出. 应当强调指出，似然区间与 7.6 节中阐述的置信区间在实际含义上是不同的.

假定似然函数为正态函数，均值 $\hat{\vartheta}$，方差 σ^2. 依据式(8.6.3)的定义，参数 ϑ 真值落在区间 $[\hat{\vartheta} - m\sigma, \hat{\vartheta} + m\sigma]$ 的可信度为

$$P\left(\hat{\vartheta} - m\sigma \leqslant \hat{\vartheta} \leqslant \hat{\vartheta} + m\sigma\right) = -\frac{\int_{\hat{\vartheta}-m\sigma}^{\hat{\vartheta}+m\sigma} N(\hat{\vartheta}, \sigma^2)\mathrm{d}\vartheta}{\int_{-\infty}^{\infty} N(\hat{\vartheta}, \sigma^2)\mathrm{d}\vartheta} = 2\Phi(m) - 1 \equiv \gamma. \tag{8.6.5}$$

8.6.1　单个参数的似然区间

似然函数满足正规条件且，当子样容量趋于无穷时，似然函数 $L(\boldsymbol{X}|\vartheta) = \prod_{i=1}^{n} f(X_i|\vartheta)$ 与子样值 X_1, X_2, …, X_n 无关，且具有 ϑ 的正态分布的形式，分布的均值为极大似然估计 $\hat{\vartheta}$，方差 σ^2 达到最小方差界(见 8.3.6 节和 8.4.3 节)，即

$$L(\boldsymbol{X}|\vartheta) \to L(\vartheta) = L_{\max} \mathrm{e}^{-\frac{1}{2}Q}, \tag{8.6.6}$$

$$Q = \left(\frac{\vartheta - \hat{\vartheta}}{\sigma}\right)^2. \tag{8.6.7}$$

式(8.6.7)可等价地写成

$$\ln L(\vartheta) = \ln L_{\max} - \frac{1}{2}Q, \tag{8.6.8}$$

即 $\ln L(\vartheta)$是 ϑ 的抛物线型函数.

对于这样的渐近正态似然函数，或者说抛物线型 $\ln L$ 函数，很容易求出一定可信度的似然区间 $[\vartheta_a, \vartheta_b]$

$$P(\vartheta_a \leqslant \vartheta \leqslant \vartheta_b) = \Phi\left(\frac{\vartheta_b - \hat{\vartheta}}{\sigma}\right) - \Phi\left(\frac{\vartheta_a - \hat{\vartheta}}{\sigma}\right), \tag{8.6.9}$$

其中 Φ 是累积标准正态函数. 通常选择对于极大似然估计 $\hat{\vartheta}$ 为对称的似然区间，因为对于一定的可信度 γ，这一对称似然区间的长度最短. 正态似然函数在该似然区间的左部和右部的积分都等于 $\frac{1}{2}(1-\gamma)$，于是表示

$$P(\hat{\vartheta} - m\sigma \leqslant \vartheta \leqslant \hat{\vartheta} + m\sigma) = 2\Phi(m) - 1 \equiv \gamma \tag{8.6.10}$$

对应于可信度 γ，中心 $\hat{\vartheta}$ 的 $\pm m$ 个标准差的对称似然区间 $[\hat{\vartheta} - m\sigma, \hat{\vartheta} + m\sigma]$. 这一似然区间可以在 $L(\vartheta) - \vartheta$ 或 $\ln L(\vartheta) - \vartheta$ 的标绘上用图像法确定. 如图 8.6(a)所示，抛物线 $\ln L = \ln L_{\max} - \frac{Q}{2}$ 与直线 $\ln L = \ln L_{\max} - \frac{m^2}{2}$ 的两个交点对应的 ϑ 值即等于 $\hat{\vartheta} - m\sigma$ 和 $\hat{\vartheta} + m\sigma$，给出参数 ϑ 的 $m\sigma$ 似然区间. 特别对 $m = 1, 2, 3$，似然区间的可信度分别是 0.683，0.954，0.997.

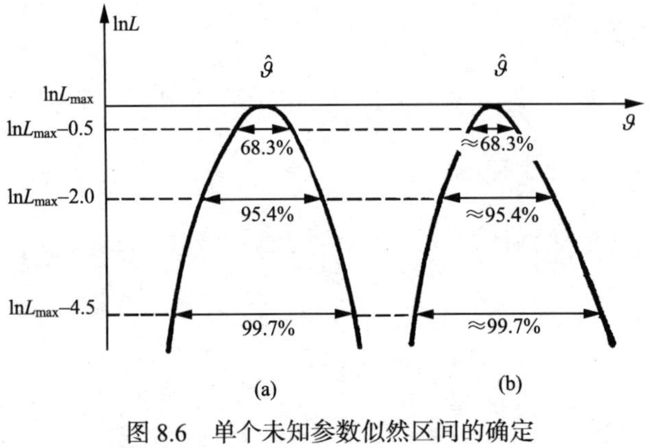

图 8.6　单个未知参数似然区间的确定

(a) 对称的抛物线型 $\ln L(\vartheta)$ 函数；(b) 不对称的 $\ln L(\vartheta)$ 函数

当似然函数不是正态曲线时，上述方法也可用来确定似然区间. 假定似然函数 $L_\vartheta(\boldsymbol{X}|\vartheta)$ 是参数 ϑ 的连续单峰函数，而且存在某个与 ϑ 一一对应的变换

$$g = g(\vartheta),$$

它可将似然函数 L_ϑ 变换为均值为 $\bar{g}$ 、方差为 1 的正态分布，即

$$L_g(\boldsymbol{X}|g) \propto \mathrm{e}^{-\frac{1}{2}(g-\bar{g})^2}.$$

根据极大似然估计在参数变换下的不变性(8.3.1 节)，$g(\vartheta)$ 的极大似然解为

$$\bar{g} = g(\hat{\vartheta}).$$

这样就可按正态似然函数求似然区间的方法从 $L_g(\boldsymbol{X}|g)$ 寻找出 $\bar{g}$ 的可信度 γ 的似然区间，若后者记为 $[g_a, g_b]$，则从 $g = g(\vartheta)$ 的逆变换可求得参数 ϑ 的可信度 γ 的似然区间 $[\vartheta_a, \vartheta_b]$.

由此可见，当似然函数不是正态型时，首先要通过一个变换将似然函数转化为正态型函数，求得该函数的似然区间后，再通过逆变换求出参数 ϑ 的似然区间. 但事实上这种变换——逆变换的步骤是不必要的. 我们知道，似然函数表示得到一个特定子样 X_1，X_2，…，X_n 的联合概率，这一概率对于参数 ϑ 直接用它自身来表示，还是通过它的一一对应的函数 $g(\vartheta)$ 来表示是完全相同的. 换言之，对于任何 ϑ，必定有

$$L_\vartheta(\boldsymbol{X}|\vartheta) = L_g(\boldsymbol{X}|g(\vartheta)). \tag{8.6.11}$$

对于正态的似然函数 $L_g(\boldsymbol{X}|g)$，可以通过它与直线

$$L_g = L_g(\max)\mathrm{e}^{-\frac{m^2}{2}}$$

的两个交点来找到 $\bar{g}$ 的 $m\sigma$ 的似然区间，然后通过 $\vartheta - g(\vartheta)$ 的逆变换求得参数 ϑ 的相应似然区间. 而通过 $L_\vartheta(\boldsymbol{X}|\vartheta)$ 与

$$L_\vartheta = L_\vartheta(\max)\mathrm{e}^{-m^2/2}$$

的交点则可直接找出参数 ϑ 的 $m\sigma$ 似然区间.

严格地说，上述说法只是近似地正确，因为不能保证变换函数 $g(\vartheta)$ 一定存在，而是有赖于总体概率密度的函数形式和子样观测值. 不过在实际问题中，只要 $\ln L(\boldsymbol{X}|\vartheta)$ 在所关心的参数取值域内是单峰函数，而且与抛物线的差别不很大，我们就可以求得由式(8.6.10)表示的近似的 $m\sigma$ 似然区间，如图 8.6(b)所示.

由似然函数 $L(\boldsymbol{X}|\vartheta)$ 与函数 $L_{\max}\mathrm{e}^{-m^2/2}$ 的交点(或 $\ln L(\vartheta)$ 与直线 $\ln L_{\max} - \dfrac{1}{2}m^2$ 的交点)求参数 ϑ 的 $m\sigma$ 似然区间这一方法极为简单，因此为许多物理学家所采用.

另一种方法是直接由似然函数的显著积分来求似然区间. 选择参数 ϑ 的两个值 $\vartheta_a < \vartheta_b$，使得下式成立：

$$\left.\begin{aligned}\frac{1}{C}\int_{-\infty}^{\vartheta_a} L(\boldsymbol{X}|\vartheta)\mathrm{d}\vartheta = \frac{1}{C}\int_{\vartheta_b}^{\infty} L(\boldsymbol{X}|\vartheta)\mathrm{d}\vartheta = \frac{1}{2}(1-\gamma),\\ C = \int_{-\infty}^{\infty} L(\boldsymbol{X}|\vartheta)\mathrm{d}\vartheta,\end{aligned}\right\} \tag{8.6.12}$$

根据式(8.6.3)对似然区间的定义，$[\vartheta_a, \vartheta_b]$是参数 ϑ 的可信度 γ 的中心似然区间.

在似然函数曲线高度不对称的情形下，似然区间对于 ϑ 的点估计 $\hat{\vartheta}$ 也是高度不对称的，这种情形下同时给出点估计 $\hat{\vartheta}$ 和区间估计$[\vartheta_a, \vartheta_b]$能提供较为全面的信息.

除了似然函数具有正态形式的理想情况之外，一般地从似然函数确定的可信度 γ 的似然区间不一定是长度最短的区间. 如果希望找到一定可信度的最短区间，应当找到某个变换函数，将似然函数变换为接近于正态形式，这样求得的区间经逆变换后得到的参数 ϑ 似然区间接近于最短区间. 下一节中将讨论这种变换的一个示例.

8.6.2　由巴特勒特(Bartlett)函数求置信区间

在 8.3.6 节中已经阐明，随机变量

$$S(\vartheta) \equiv u = \frac{\partial \ln L}{\partial \vartheta} \Bigg/ \left[E\left(-\frac{\partial^2 \ln L}{\partial \vartheta^2}\right)\right]^{1/2} \tag{8.6.13}$$

当 $n \to \infty$ 时服从 $N(0,\ 1)$分布. $S(\vartheta)$ 称为巴特勒特函数. 当 n 为充分大的有限值时，可利用 $S(\vartheta)$ 来确定极大似然估计 $\hat{\vartheta}$，以及参数 ϑ 的给定置信水平的置信区间.

对于小样问题，更为适用的函数是

$$S_\gamma(\vartheta) \equiv S(\vartheta) - \frac{1}{6}\gamma_1 (S(\vartheta)^2 - 1), \tag{8.6.14}$$

$S_\gamma(\vartheta)$ 当 n 为有限值时渐近地服从 $N(0,\ 1)$分布. 其中不对称系数 γ_1 利用 $\dfrac{\partial \ln L}{\partial \vartheta}$ 的二阶和三阶中心矩定义

$$\gamma_1 \equiv \frac{\mu_3}{(\mu_2)^{3/2}}, \tag{8.6.15}$$

$$\mu_2 = V\left(\frac{\partial \ln L}{\partial \vartheta}\right) = E\left[\left(\frac{\partial \ln L}{\partial \vartheta}\right)^2\right] = E\left(-\frac{\partial^2 \ln L}{\partial \vartheta^2}\right),$$

$$\mu_3 = E\left[\left(\frac{\partial \ln L}{\partial \vartheta}\right)^3\right] = 2E\left(\frac{\partial^3 \ln L}{\partial \vartheta^3}\right) + 3\frac{\partial}{\partial \vartheta}E\left(-\frac{\partial^2 \ln L}{\partial \vartheta^2}\right).$$

以上表达式中的期望值都是对联合概率密度 $L(\boldsymbol{X}|\vartheta)$ 进行的，例如

$$\mu_2 = E\left(-\frac{\partial^2 \ln L}{\partial \vartheta^2}\right) = -\int\left(\frac{\partial^2 \ln L}{\partial \vartheta^2}\right)\cdot L(\boldsymbol{X}|\vartheta)\mathrm{d}\boldsymbol{X}.$$

例 8.12　不稳定粒子平均寿命的置信区间

为了考察巴特勒特函数的应用，考察 8.1 节中不稳定粒子平均寿命的问题. 对于无限大的探测器，粒子飞行时间的概率密度为

$$f(t|\tau) = \frac{1}{\tau}\mathrm{e}^{-t/\tau}.$$

对于飞行时间 t 的 n 个观测值 t_i，$i=1$，2，…，n，似然函数为

$$\ln L = \ln\prod_{i=1}^{n}\frac{1}{\tau}\mathrm{e}^{-t_i/\tau} = -n\ln\tau - \frac{n\bar{t}}{\tau},$$

极大似然估计是

$$\hat{\tau} = \bar{t} = \frac{1}{n}\sum_{i=1}^{n}t_i.$$

还可求出不对称系数为 $\gamma_1 = 2/\sqrt{n}$，因此巴特勒特函数的形式为

$$S(\tau) = \frac{\hat{\tau}-\tau}{\tau/\sqrt{n}}, \tag{8.6.16}$$

以及

$$S_\gamma(\tau) = \frac{\hat{\tau}-\tau}{\tau/\sqrt{n}} - \frac{1}{3\sqrt{n}}\left[\left(\frac{\hat{\tau}-\tau}{\tau/\sqrt{n}}\right)^2 - 1\right]. \tag{8.6.17}$$

其中 $S(\tau)$ 当 n 很大时趋近于 $N(0, 1)$分布，因此有如下的概率表达式：

$$P\left(-m \leqslant \frac{\hat{\tau}-\tau}{\tau/\sqrt{n}} \leqslant m\right) = 2\Phi(m) - 1, \tag{8.6.18}$$

式(8.6.18)可变换为参数 τ 的概率表述

$$P\left(\frac{\hat{\tau}}{1+\frac{m}{\sqrt{n}}} \leqslant \tau \leqslant \frac{\hat{\tau}}{1-\frac{m}{\sqrt{n}}}\right) = 2\Phi(m) - 1.$$

因此，参数τ的置信水平$2\Phi(m)-1$的$m\sigma$置信区间可表示为

$$\left[\frac{\hat{\tau}}{1+\frac{m}{\sqrt{n}}},\quad \frac{\hat{\tau}}{1-\frac{m}{\sqrt{n}}}\right]. \tag{8.6.19}$$

如果用$S_\gamma(\tau)$写出类似于式(8.6.18)的概率表述，则有

$$P\left\{-m \leqslant \frac{\hat{\tau}-\tau}{\tau/\sqrt{n}} - \frac{1}{3\sqrt{n}}\left[\left(\frac{\hat{\tau}-\tau}{\tau/\sqrt{n}}\right)^2 - 1\right] \leqslant m\right\} = 2\Phi(m) - 1. \tag{8.6.20}$$

为了将上式变换为参数τ的概率表述，求出τ的置信区间的上下限，对上(下)限值要解一个二次方程，每个方程有两个解. 因为当$n\to\infty$时，$S_\gamma(\tau)\to S(\tau)$，所以只能取其中一个$n\to\infty$时与式(8.6.19)的上下限相同的那个解. 所得的结果是

$$P\left\{\frac{2\hat{\tau}}{5-\sqrt{9-\frac{12m}{\sqrt{n}}+\frac{4}{n}}} \leqslant \tau \leqslant \frac{2\hat{\tau}}{5-\sqrt{9+\frac{12m}{\sqrt{n}}+\frac{4}{n}}}\right\}$$
$$= 2\Phi(m) - 1,$$

故参数τ的置信水平$2\Phi(m)-1$的$m\sigma$置信区间为

$$\left[\frac{2\hat{\tau}}{5-\sqrt{9-\frac{12m}{\sqrt{n}}+\frac{4}{n}}},\quad \frac{2\hat{\tau}}{5-\sqrt{9+\frac{12m}{\sqrt{n}}+\frac{4}{n}}}\right]. \tag{8.6.21}$$

与式(8.6.19)的区间相比，式(8.6.21)所确定的区间长度较短，而且对于$\tau=\hat{\tau}$较为对称.

式(8.6.19)和式(8.6.21)给定的区间是从参数τ的某个特定函数(巴特勒特函数)的概率表述作适当的逆变换求出的，它们表示了参数τ的真值包含在一定区间内

的概率，因而该区间是第七章中所定义的严格的置信区间. 它们比从似然函数导出的似然区间要精确.

当探测器的尺寸为有限值，粒子飞行时间的概率密度为(见例 8.1)

$$f(t;T|\lambda)=\lambda e^{-\lambda t}/(1-e^{-\lambda T}),\qquad 0\leqslant t\leqslant T,$$

其中 $\lambda=1/\tau$. 此时巴特勒特函数为

$$S(\lambda)=\frac{\hat{\lambda}-\lambda}{\frac{\hat{\lambda}}{\sqrt{n}}\left[1-\frac{1}{n}\sum_{i=1}^{n}(\lambda T_i)^2 e^{-\lambda T_i}/(1-e^{-\lambda T_i})^2\right]^{1/2}},$$

当 $T_i\to\infty$，即探测器无限大时，

$$S(\lambda)\to\frac{\hat{\lambda}-\lambda}{\hat{\lambda}/\sqrt{n}}.$$

8.6.3　两个参数的似然域

现在讨论总体包含两个未知参数 ϑ_1,ϑ_2 的区间估计问题. 设 $\boldsymbol{X}=\{X_1,X_2,\cdots,X_n\}$ 是容量 n 的子样，其似然函数用 $L(\boldsymbol{X}|\vartheta_1,\vartheta_2)$ 表示，利用似然函数根据如下的概率表述进行参数 ϑ_1,ϑ_2 的区间估计：

$$P(\vartheta_1^a\leqslant\vartheta_1\leqslant\vartheta_1^b,\vartheta_2^a\leqslant\vartheta_2\leqslant\vartheta_2^b)=\gamma.\qquad(8.6.22)$$

首先讨论比较简单的无限大容量子样的情形，这时似然函数为二维正态分布(见 8.5.2 节)

$$L(\vartheta_1,\vartheta_2)=L_{\max}\cdot\exp\left\{\frac{-1}{2(1-\rho^2)}\left[\left(\frac{\vartheta_1-\hat{\vartheta}_1}{\sigma_1}\right)^2+\left(\frac{\vartheta_2-\hat{\vartheta}_2}{\sigma_2}\right)^2-2\rho\left(\frac{\vartheta_1-\hat{\vartheta}_1}{\sigma_1}\right)\left(\frac{\vartheta_2-\hat{\vartheta}_2}{\sigma_2}\right)\right]\right\},$$

写成对数形式，有

$$\ln L(\vartheta_1,\vartheta_2)=\ln L_{\max}-\frac{1}{2}Q,\qquad(8.6.23)$$

$$Q=\frac{1}{1-\rho^2}\left[\left(\frac{\vartheta_1-\hat{\vartheta}_1}{\sigma_1}\right)^2+\left(\frac{\vartheta_2-\hat{\vartheta}_2}{\sigma_2}\right)^2-2\rho\left(\frac{\vartheta_1-\hat{\vartheta}_1}{\sigma_1}\right)\left(\frac{\vartheta_2-\hat{\vartheta}_2}{\sigma_2}\right)\right],\qquad(8.6.24)$$

$\hat{\vartheta}_1,\hat{\vartheta}_2$ 是极大似然估计值，σ_1^2,σ_2^2,是 $\hat{\vartheta}_1$、$\hat{\vartheta}_2$ 的方差，ρ是ϑ_1,ϑ_2 之间的相关系数. 当

Q 等于常数(似然函数等于常数)，式(8.6.24)表示了中心为 $\hat{\vartheta}_1,\hat{\vartheta}_2$ 的椭圆，如图 8.7 所示．特别当 $Q=1$ 时，成为式(8.5.8)的协方差椭圆．

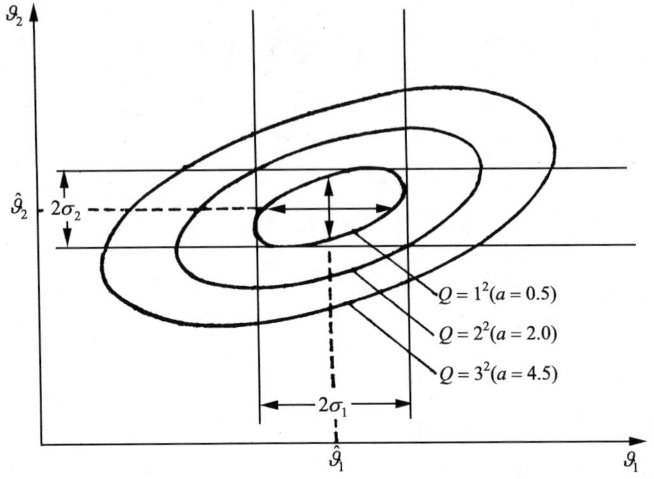

图 8.7　二维正态似然函数的似然域

图中椭圆是 $\ln L(\vartheta_1,\vartheta_2)$ 表面与平面 $\ln L=\ln L_{\max}-\dfrac{Q}{2}$ 的截线，椭圆中心 $(\hat{\vartheta}_1,\hat{\vartheta}_2)$ 是参数 ϑ_1,ϑ_2 的极大似然估计．这些椭圆围成的区域是参数 ϑ_1,ϑ_2 的联合似然域，可信度分别为 0.393, 0.865, 0.989(对应于 $Q=1,4,9$)．$\vartheta_1=\hat{\vartheta}_1\pm\sigma_1$ 两条垂直线之间的区域是 ϑ_1 的可信度 68.3%的似然域 $(-\infty<\vartheta_2<+\infty)$；类似地，$\vartheta_2=\hat{\vartheta}_2\pm\sigma_2$ 的两条水平线之间的区域是 ϑ_2 的可信度 68.3%的似然域

随机变量 Q 是二维正态变量 $\{\vartheta_1,\vartheta_2\}$ 的二次函数．利用变量变换，Q 可写成较为简单的形式．令

$$Z_1=\frac{1}{\sqrt{2(1+\rho)}}\left(\frac{\vartheta_1-\hat{\vartheta}_1}{\sigma_1}+\frac{\vartheta_2-\hat{\vartheta}_2}{\sigma_2}\right),$$

$$Z_2=\frac{1}{\sqrt{2(1-\rho)}}\left(\frac{\vartheta_1-\hat{\vartheta}_1}{\sigma_1}-\frac{\vartheta_2-\hat{\vartheta}_2}{\sigma_2}\right),$$

则有

$$Q=Z_1^2+Z_2^2,$$

而且

$$L(Z_1,Z_2)=\left[\frac{1}{\sqrt{2\pi}}\exp\left(-\frac{Z_1^2}{2}\right)\right]\left[\frac{1}{\sqrt{2\pi}}\exp\left(-\frac{Z_2^2}{2}\right)\right].$$

这表示变量 Z_1 和 Z_2 是两个独立的标准正态变量，因此，Q 服从自由度为 α 的 χ^2

分布(6.3.2 节). 所以随机变量 Q 可直接用$\chi^2(2)$分布的累积积分来表示其概率

$$P(Q \leqslant Q_\gamma) = \int_0^{Q_\gamma} f(Q; v=2)\mathrm{d}Q \equiv \gamma, \tag{8.6.25}$$

其中 $f(Q; v=2)$是 $\chi^2(2)$分布的概率密度. 由式(4.14.1)可直接求出

$$f(Q; v=2) = \frac{1}{2}\mathrm{e}^{-Q/2},$$

代入上式，得到

$$P(Q \leqslant Q_\gamma) = 1 - \mathrm{e}^{-Q_\gamma/2} \equiv \gamma. \tag{8.6.26}$$

显然，条件 $Q \leqslant Q_\gamma$ 相当于变量 ϑ_1和 ϑ_2 同时落在椭圆 $Q = Q_\gamma$ 包围的区域之内，于是

$$P(\vartheta_1\text{、}\vartheta_2\text{位于中心}\hat{\vartheta}_1\text{、}\hat{\vartheta}_2\text{的椭圆}Q=Q_\gamma\text{内}) = \gamma,$$

这就是具有式(8.6.22)形式的对于参数 ϑ_1、ϑ_2 的概率表述. 椭圆 $Q = Q_\gamma$ 同时覆盖 ϑ_1 和 ϑ_2 真值的概率等于 γ，所以该椭圆是参数 ϑ_1 和 ϑ_2 的可信度 γ 的联合似然域.

可见，如果包含两个参数 ϑ_1、ϑ_2 的似然函数具有二维正态分布的形式,那么在以 ϑ_1、ϑ_2，$\ln L$ 为坐标轴构成的空间中，$\ln L$ 曲面与平面

$$\ln L = \ln L_{\max} - \frac{Q_\gamma}{2}$$

相截形成的椭圆等值线是参数 ϑ_1, ϑ_2 的联合似然域的边界，其对应的可信度 γ (概率)如式(8.6.26)所表示. 特别对于协方差椭圆，$Q_\gamma = 1$，其对应的可信度为 $\gamma = 1 - \mathrm{e}^{-1/2} = 0.393$，即协方差椭圆是参数 ϑ_1, ϑ_2 的可信度 0.393 联合似然域. 我们有表 8.1.

表 8.1

$a \equiv Q_\gamma/2$	Q_γ	参数 ϑ_1, ϑ_2 联合似然域的可信度
0.5	1	0.393
2.0	4	0.865
4.5	9	0.989

当似然函数为三维正态型，很容易由式(8.6.26)求出给定可信度 γ 的 ϑ_1, ϑ_2 似然域，它即是式(8.6.24)所表示的椭圆，其中

$$Q = Q_\gamma = -2\ln(1-\gamma). \tag{8.6.27}$$

除了选择椭圆作为两个未知参数 ϑ_1, ϑ_2 的联合似然域，有时还可选择与椭圆相切的长方形作为似然域，这种似然域比较方便. 显然该长方形内包含 ϑ_1, ϑ_2 的概率值比与它相切的椭圆要大，而且它与相关系数 ρ 有关. 它的概率表述可写成

$$P(\hat{\vartheta}_1 - m\sigma_1 \leqslant \vartheta_1 \leqslant \hat{\vartheta}_1 + m\sigma_1, \hat{\vartheta}_2 - m\sigma_2 \leqslant \vartheta_2 \leqslant \hat{\vartheta}_2 + m\sigma_2) = \gamma(\rho, m). \quad (8.6.28)$$

当似然函数 $L(\vartheta_1, \vartheta_2)$ 为式(8.5.7)所示的二维正态型，可证明有以下公式：

$$\gamma(\rho, m) = \frac{1}{\sqrt{2\pi}} \int_{-m}^{m} \mathrm{d}y \left\{ \mathrm{e}^{-\frac{1}{2}y^2} \cdot \left[\Phi\left(\frac{m - \rho y}{\sqrt{1-\rho^2}} \right) - \Phi\left(\frac{-m - \rho y}{\sqrt{1-\rho^2}} \right) \right] \right\}, \quad (8.6.29)$$

Φ 是累积标准正态函数. 根据对称性可知

$$\gamma(-\rho, m) = \gamma(\rho, m).$$

特别是对于 $\vartheta_1(\vartheta_2)$ 在 $\hat{\vartheta}_1 \pm \sigma_1 (\hat{\vartheta}_2 \pm \sigma_2)$ 内的概率，有

$$\gamma(\rho, 1) = \left[2\pi\sigma_1\sigma_2\sqrt{1-\rho^2} \cdot L_{\max} \right]^{-1} \int_{\hat{\vartheta}_1 - \sigma_1}^{\hat{\vartheta}_1 + \sigma_1} \int_{\hat{\vartheta}_2 - \sigma_2}^{\hat{\vartheta}_2 + \sigma_2} L(\vartheta_1, \vartheta_2) \mathrm{d}\vartheta_1 \mathrm{d}\vartheta_2 .$$

表 8.2 列出了相关系数 ρ 取不同数值时，以一组椭圆以及与其相切的长方形作为参数 ϑ_1, ϑ_2 的似然区间的可信度 γ 的数值.

表 8.2

m	似然域椭圆 $Q_\gamma = m^2$ 的可信度 $\gamma = 1 - \mathrm{e}^{-Q_\gamma/2}$	长方形似然域的可信度 $\gamma(\rho,m)$ $\lvert\rho\rvert$	0.0	0.2	0.4	0.5	0.6	0.7	0.8	0.9	0.95	0.99	1.00
0.5	.1175		.147	.149	.158	.165	.176	.191	.216	.258	.294	.343	.383
1.0	.3935		.466	.471	.486	.498	.514	.534	.561	.596	.622	.655	.683
1.5	.6753		.751	.754	.763	.770	.778	.789	.802	.821	.834	.852	.866
2.0	.8647		.911	.912	.915	.917	.920	.924	.929	.936	.941	.948	.954
2.5	.9561		.975	.975	.976	.977	.977	.978	.979	.982	.983	.986	.988
3.0	.9889		.995	.995	.995	.995	.995	.995	.995	.996	.996	.997	.997

注：表中小数点前均系“0”，因版面关系省略.

从该表可见，对于小的 $m(=\sqrt{Q_\gamma})$ 值，$\gamma(\rho,m)$是$|\rho|$的相当灵敏的增加函数；但当 $m \geq 3$时，$\gamma(\rho,m)$却几乎与$|\rho|$无关. 这表示，长方形的 γ 值当 m 小时强烈地依赖于参数 ϑ_1, ϑ_2 之间的相关系数，而 $m \geqslant 3$ 时则与相关系数几乎无关. 另一方面，与该长方形内接的椭圆似然域的可信度 γ 与相关系数 ρ(ρ 表示椭圆的面积大小和椭圆主轴的倾角，见图 8.5)无关，具有相同的数值.

有时在两个未知参数 ϑ_1,ϑ_2 中，其中之一可取任何容许值，而对另一个作区间估计．例如，仅对参数 ϑ_1 作区间估计，则概率表述为

$$P(\hat{\vartheta}_1 - m\sigma_1 \leqslant \vartheta_1 \leqslant \hat{\vartheta}_1 + m\sigma_1, -\infty < \vartheta_2 < +\infty) = \gamma. \tag{8.6.30}$$

此时可将 $L(\vartheta_1,\vartheta_2)$ 对 ϑ_2 作积分，产生 ϑ_1 的边沿分布．当似然函数 $L(\vartheta_1,\vartheta_2)$ 是关于均值 $\hat{\vartheta}_1,\hat{\vartheta}_2$ 的二维正态分布时，该边沿分布为 $N(\hat{\vartheta}_1,\sigma_1^2)$ (见 4.11 节的推导)．这样可用通常的一维似然区间的计算方法求得关于参数 ϑ_1 的给定可信度的似然区间．特别是对 ϑ_1 的一个标准差(可信度 0.683)的似然区间 $[\hat{\vartheta}_1-\sigma_1,\hat{\vartheta}_2+\sigma_1]$ 是与协方差椭圆相切的无限长垂直带(见图 8.7)；同样，对于 ϑ_2 的一个标准差的似然区间是图 8.7 上的无限长水平带．

如果 ϑ_1,ϑ_2 相互独立，$\rho=0$，则给定可信度对应的椭圆的长轴和短轴平行于 ϑ_1,ϑ_2 坐标轴，在这种情形下，关于两个参数 ϑ_1,ϑ_2 的联合概率可表示为它们各自的边沿概率之乘积

$$\begin{aligned}
&P(\hat{\vartheta}_1 - m\sigma_1 \leqslant \vartheta_1 \leqslant \hat{\vartheta}_1 + m\sigma_1,\ \hat{\vartheta}_2 - m\sigma_2 \leqslant \vartheta_2 \leqslant \hat{\vartheta}_2 + m\sigma_2) \\
&= P(\hat{\vartheta}_1 - m\sigma_1 \leqslant \vartheta_1 \leqslant \hat{\vartheta}_1 + m\sigma_1,\ -\infty < \vartheta_2 < \infty) \\
&\quad \times P(-\infty < \vartheta_1 < \infty,\ \hat{\vartheta}_2 - m\sigma_2 \leqslant \vartheta_2 \leqslant \hat{\vartheta}_2 + m\sigma_2).
\end{aligned}$$

对于 $m=1$ 的特殊情况，边沿概率为 0.683，联合概率为 $0.683^2=0.466$．

用类似的方法可以推导出一个参数为固定值的条件下另一个参数的**条件似然区间**．例如，第一个参数固定于它的极大似然估计值 $\hat{\vartheta}_1$，则 ϑ_2 具有条件分布 $N(\hat{\vartheta}_2,\sigma_2^2(1-\rho^2))$ (见 4.11 节的推导)，于是根据式(8.6.10)，概率表述为

$$\begin{aligned}
&P\left\{\hat{\vartheta}_2 - m\sigma_2(1-\rho^2)^{1/2} \leqslant \vartheta_2 \leqslant \hat{\vartheta}_2 + m\sigma_2(1-\rho^2)^{1/2}\right\} \\
&= 2\varPhi(m) - 1 \equiv \gamma;
\end{aligned} \tag{8.6.31}$$

若参数 ϑ_1 固定于任意的 ϑ_1^* 处，则条件分布(见式(4.11.8))为

$$N\left(\hat{\vartheta}_2 + \frac{\sigma_2}{\sigma_1}\rho(\vartheta_1^* - \hat{\vartheta}_1),\quad \sigma_2^2(1-\rho^2)\right),$$

相应的概率表述是

$$\begin{aligned}
&P\left\{\hat{\vartheta}_2 + \frac{\sigma_2}{\sigma_1}\rho(\vartheta_1^* - \hat{\vartheta}_1) - m\sigma_2(1-\rho^2)^{1/2} \leqslant \vartheta_2 \leqslant \hat{\vartheta}_2\right. \\
&\quad \left. + \frac{\sigma_2}{\sigma_1}\rho(\vartheta_1^* - \hat{\vartheta}_1) + m\sigma_2(1-\rho^2)^{1/2}\right\} = 2\varPhi(m) - 1 \equiv \gamma.
\end{aligned} \tag{8.6.32}$$

由式(8.6.31)和式(8.6.32)立即求出 ϑ_1 为固定值时，参数 ϑ_2 的可信度 γ 的似然区间.

迄今为止，本节所有的结论都是建立在二维正态似然函数的假设上的. 在实际问题中，子样容量为有限值，似然函数不可能是理想的二维正态函数. 但如同 8.6.1 节对于单个参数的似然区间中所述，如果在感兴趣的 ϑ_1,ϑ_2 参数空间中，似然函数充分正规且是 ϑ_1,ϑ_2 的单峰函数，可以通过某种变换使似然函数变换为二维正态型，从而可以使用同样的方法对参数 ϑ_1,ϑ_2 作区间估计，即 $\ln L$ 表面与 $\ln L=\ln L_{\max}-\dfrac{Q_\gamma}{2}$ 的截线(等值线)围成的区域作为参数 ϑ_1,ϑ_2 的可信度 γ 的近似联合似然域. 不过这种情形下的联合似然域不一定是椭圆.

当似然函数不够正规，不能用以上方法决定联合似然域. 特别当似然函数存在多个极大时，$\ln L$ 表面与平面 $\ln L=\ln L_{\max}-\dfrac{Q_\gamma}{2}$ 的相交等值线可能是参数空间中互不相连的多个孤立区域. 在这种情形下，表示实验结果比较好的方法是给出一系列似然函数的等值线图.

例 8.13　正态总体 $N(\mu,\sigma^2)$ 中参数 μ,σ^2 的联合似然域

8.2 节中已经确定，正态总体 $N(\mu,\sigma^2)$ 的均值 μ，方差 σ^2 的联合极大似然估计为

$$\hat{\mu}=\bar{X}=\frac{1}{n}\sum_{i=1}^{n}X_i,\qquad \hat{\sigma}^2=\frac{n-1}{n}S^2=\frac{1}{n}\sum_{i=1}^{n}(X_i-\bar{X}).$$

当子样容量 n 很大，它们的协方差矩阵是对角阵，矩阵元素是 $V_{11}=\sigma^2/n$, $V_{22}=2\sigma^4/n$, $\rho=0$ (见式(8.4.8)). 现在我们利用这些结果对参数 μ,σ^2 作区间估计.

将以上数值代入式(8.6.24)，并将 V_{11}，V_{22} 中 σ^2 用极大似然估计 $\hat{\sigma}^2$ 代替，则得

$$Q=(\mu-\hat{\mu})^2\frac{n}{\hat{\sigma}^2}+(\sigma^2-\hat{\sigma}^2)^2\frac{n}{2(\hat{\sigma}^2)^2},$$

这是 (μ,σ^2) 平面上中心为 $(\hat{\mu},\ \hat{\sigma}^2)$、半轴长度正比于 $\hat{\sigma}/\sqrt{n}$ 和 $\hat{\sigma}^2/\sqrt{n}$ 的椭圆方程. 由式(8.6.27)知，可信度为 γ 的 μ, σ^2 联合似然域椭圆的半轴为

$$\sqrt{Q_\gamma}\cdot\sqrt{\frac{\hat{\sigma}^2}{n}},\qquad \sqrt{2Q_\gamma}\,\frac{\hat{\sigma}^2}{\sqrt{n}},$$

其中 $Q_\gamma=-2\ln(1-\gamma)$.

在 7.9 节中，我们利用统计量 $\bar{X}$ 和 S^2 的相互独立性，求出了 μ, σ^2 的置信水平 γ 的联合置信域，如图 7.3 中划阴线的面积所示. 这里将它与本节求得的联合似然域作一比较.

设子样容量 $n=100$，子样平均和子样方差的观测值为 $\bar{X}=1$，$S^2=1$. 对于这些数据，图 8.8 中的椭圆为可信度 95%的联合似然域，而抛物线与两条直线围成的区域则是置信水平 95%的联合置信域，抛物线方程和直线方程中的有关参数见 7.9 节的讨论.

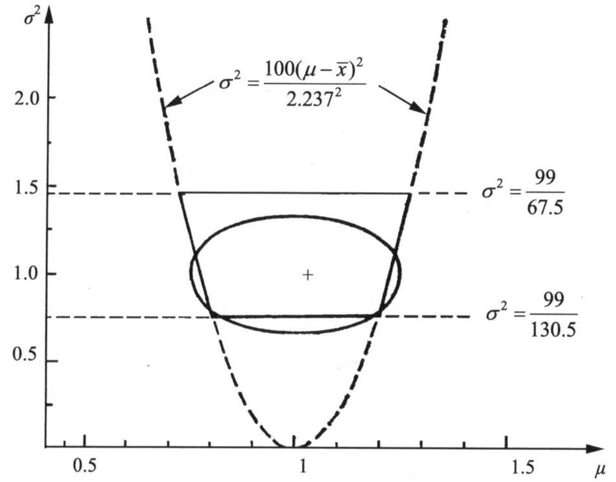

图 8.8　正态总体 $N(\mu,\sigma^2)$ 中参数 μ,σ^2 的联合似然域(椭圆)和联合置信域

8.6.4　多个参数的似然域

设总体含有 k 个未知参数 $\boldsymbol{\vartheta}=\{\vartheta_1,\vartheta_2,\cdots,\vartheta_k\}$，为了确定这 k 个参数的似然域，必须根据 k 维似然函数 $L=L(\boldsymbol{X}|\vartheta_1,\cdots,\vartheta_k)$ 写出对于 $\boldsymbol{\vartheta}$ 的如下概率表述：

$$P(\vartheta_1^a\leqslant\vartheta_1\leqslant\vartheta_1^b,\cdots,\vartheta_k^a\leqslant\vartheta_k\leqslant\vartheta_k^b)=\gamma. \tag{8.6.33}$$

于是$[\vartheta_i^a,\vartheta_i^b]$ $(i=1，2，\cdots，k)$构成了 $\boldsymbol{\vartheta}$ 的可信度为 γ 的联合似然域.

假定 $\boldsymbol{\vartheta}$ 的极大似然估计记为 $\hat{\boldsymbol{\vartheta}}$，可将 $\ln L$ 在 $\boldsymbol{\vartheta}=\hat{\boldsymbol{\vartheta}}$ 的邻域作泰勒展开

$$\ln L=\ln L\Big|_{\boldsymbol{\vartheta}=\hat{\boldsymbol{\vartheta}}}+\sum_{i=1}^{k}\frac{\partial\ln L}{\partial\vartheta_i}\Big|_{\boldsymbol{\vartheta}=\hat{\boldsymbol{\vartheta}}}(\vartheta_i-\hat{\vartheta}_i)$$
$$+\frac{1}{2}\sum_{i=1}^{k}\sum_{j=1}^{k}\frac{\partial^2\ln L}{\partial\vartheta_i\partial\vartheta_j}\Big|_{\boldsymbol{\vartheta}=\hat{\boldsymbol{\vartheta}}}(\vartheta_i-\hat{\vartheta}_i)(\vartheta_j-\hat{\vartheta}_j)+\cdots.$$

由于 $\hat{\vartheta}_i$ 是似然方程 $\dfrac{\partial \ln L}{\partial \vartheta_i}=0(i=1,2,\cdots,k)$ 的解，故上式右边第二项为 0. 如果子样容量充分大，由式(8.4.7)可知

$$V_{ij}^{-1}(\hat{\boldsymbol{\vartheta}})=\left(-\frac{\partial^2 \ln L}{\partial \vartheta_i \partial \vartheta_j}\right)_{\hat{\vartheta}=\hat{\boldsymbol{\vartheta}}},$$

于是

$$\ln L=\ln L_{\max}-\frac{1}{2}\sum_{i=1}^{k}\sum_{j=1}^{k}(\vartheta_i-\hat{\vartheta}_i)V_{ij}^{-1}(\hat{\boldsymbol{\vartheta}})(\vartheta_j-\hat{\vartheta}_j)+\cdots. \tag{8.6.34}$$

当略去高次项，就得出似然函数具有渐近正态分布的形式

$$L(\boldsymbol{\vartheta})=L_{\max}\exp\left[-\frac{1}{2}(\boldsymbol{\vartheta}-\hat{\boldsymbol{\vartheta}})^{\mathrm{T}}\underset{\sim}{V}^{-1}(\boldsymbol{\vartheta})(\boldsymbol{\vartheta}-\hat{\boldsymbol{\vartheta}})\right], \tag{8.6.35}$$

其中 $\underset{\sim}{V}^{-1}(\boldsymbol{\vartheta})$ 代替了 $\underset{\sim}{V}^{-1}(\hat{\boldsymbol{\vartheta}})$.

与二维正态似然函数的情况类似，多维正态似然函数 $L(\boldsymbol{\vartheta})$ 的超表面与超平面 $L=L_{\max}\mathrm{e}^{-Q_\gamma/2}$ 的截线是似然函数等于某一常数的等值线，该等值线限定了 $\boldsymbol{\vartheta}$ 参数空间中的一个超椭圆区域. 式(8.6.35)中的量

$$Q=(\boldsymbol{\vartheta}-\hat{\boldsymbol{\vartheta}})^{\mathrm{T}}\underset{\sim}{V}^{-1}(\boldsymbol{\vartheta})(\boldsymbol{\vartheta}-\hat{\boldsymbol{\vartheta}}) \tag{8.6.36}$$

是服从 $\chi^2(k)$ 的随机变量(见 4.12 节和 4.14 节的讨论)，因此可以通过对 $\chi^2(k)$ 的概率密度求积分得到 Q 取 0~Q_γ 数值的概率

$$P(Q\leqslant Q_\gamma)=\int_0^{Q_\gamma} f(Q;\nu=k)\mathrm{d}Q=F_{1-\gamma}(Q=Q_\gamma;\nu=k)=\gamma, \tag{8.6.37}$$

其中 f 和 F 分别是 $\chi^2(k)$ 的概率密度函数和累积分布函数. 显然，$Q\leqslant Q_\gamma$ 相当于 k 个参数 $\{\vartheta_1,\cdots,\vartheta_k\}$ 同时位于超椭圆 $Q=Q_\gamma$ 区域内. 这个超椭圆由超表面 $\ln L(\boldsymbol{\vartheta})$ 与超平面 $\ln L=\ln L_{\max}-\dfrac{Q_\gamma}{2}$ 的截线求得，超椭圆中心位于 $\boldsymbol{\vartheta}=\hat{\boldsymbol{\vartheta}}$. 这个超椭圆等值线是 k 个参数 $\vartheta_1,\vartheta_2,\cdots,\vartheta_k$ 的可信度 γ 的联合似然域的边界，γ 值可根据式(8.6.37)由图 4.17 或附表 7 确定. 对于一定的 Q_γ 值，随着待估计参数个数 k 的增多，可信度 γ 的数值迅速下降，例如，当 $Q_\gamma=1$ 时，有以下对应关系：

$k=1$	2	3	4	5
$\gamma=0.683$	0.393	0.20	0.10	0.05

反过来，随着参数的增多，为了得到相同的可信度γ，Q_γ值迅速增大. 例如，对于$\gamma = 0.683$的似然区间或联合似然域，有以下对应关系：

$k=1$	2	3	4	5
$Q_\gamma=1$	2.3	3.54	4.76	6.60

如果k个未知参数中有l个参数可取容许的任意值，只对其余$k-l$个参数作区间估计，那么就需对这l个参数作积分，得到其余$k-l$个参数的边沿分布，再用类似的方法确定$k-l$个参数的似然区间. 另一种可能的情形是有m个参数固定于它的极大似然估计值，则其余$k-m$个参数的条件分布是渐近的$k-m$维正态分布，其协方差矩阵$\underset{\sim}{V}^*$($k-m$阶)将与原协方差矩阵$\underset{\sim}{V}$(k阶)不同，$\underset{\sim}{V}^*$可由$\underset{\sim}{V}^{-1}$中扣去对应的m行m列元素后求逆矩阵求出(见 4.12 节). 这个$k-m$维正态似然函数可提供m个参数等于其极大似然值为条件的、其余$k-m$个参数的联合似然域. 更复杂的情形是k个未知参数中有m个参数为固定值、l个参数可取容许的任意值，对其余$k-m-l$个参数作联合似然域的估计，这种情形下的估计问题可按照上述的原则推导出相应的公式.

8.7　极大似然法应用于直方图数据

当观测个数(子样容量)很大时，似然函数值的计算将变得十分繁杂费力，总体概率密度函数$f(x|\vartheta)$的形式很复杂时尤其如此. 在这种情形下，可以将随机变量X的取值域划分成为数不多的N个子区间，只要在每个子区间中$f(x|\vartheta)$的变化比较小，落在每个子区间内的观测用“平均”的概率密度来表示，这就大大简化了似然函数的计算. 直方图型的数据就采用这种做法. 显然，对数据的这种分组必定使信息有某种损失，但只要每个子区间内$f(x|\vartheta)$变化很小，这种损失不大.

设事件的总数n为一常数，第i个子区间内的事件数为n_i个($i=1$，2，…，N)，显然有

$$\sum_{i=1}^{N} n_i = n.$$

根据 4.2 节的讨论，第i个子区间内事件数为n_i($i=1$，2，…，N)的联合概率(似然函数)由多项分布给出

$$L(n_1,\cdots,n_N|\vartheta) = n!\prod_{i=1}^{N}\frac{1}{n_i!}p_i^{n_i}, \tag{8.7.1}$$

其中 p_i 是第 i 个子区间中出现一个事例的概率. p_i 可由概率密度 $f(x|\vartheta)$ 在第 i 子区间中的积分求出

$$p_i = p_i(\vartheta) = \int_{\Delta x_i} f(x|\vartheta)\mathrm{d}x. \tag{8.7.2}$$

于是

$$\ln L(n_1, \cdots, n_N|\vartheta) = \sum_{i=1}^{N} n_i \ln p_i(\vartheta) - \sum_{i=1}^{N} \ln n_i! + \ln n!,$$

似然方程变成

$$\left.\frac{\partial \ln L}{\partial \vartheta}\right|_{\vartheta=\hat{\vartheta}} = \frac{\partial}{\partial \vartheta}\left[\sum_{i=1}^{N} n_i \ln p_i(\vartheta)\right]_{\vartheta=\hat{\vartheta}} = 0.$$

该方程的解即是参数 ϑ 的极大似然估计 $\hat{\vartheta}$.

如果事件总数 n 不是常数而是均值为 λ 的泊松变量(见 4.4 节的叙述)，这时，第 i 个子区间内的事件数 n_i 是均值 λ_i 的泊松变量. 第 i 个子区间内观测到 n_i 个事件($i = 1$，2，…，N)的联合概率为

$$L(n_1, \cdots, n_N|\vartheta) = \prod_{i=1}^{N} \frac{1}{n_i!} \lambda_i^{n_i} \mathrm{e}^{-\lambda_i},$$

其中 λ_i 由总体的概率密度在 i 子区间内的积分表示

$$\lambda_i = n\int_{\Delta x_i} f(x|\vartheta)\mathrm{d}x,$$

而且有 $\sum_{i=1}^{N} \lambda_i = \sum_{i=1}^{N} n_i = n$. 可以证明，当 $n_i \gg 1(i = 1, 2, \cdots, N)$ 时，

$$\ln L \approx \sum_{i=1}^{N} [n_i \ln(n_i - 1) - \ln(n_i!)] - \frac{1}{2} X^2,$$

其中

$$X^2 = \sum_{i=1}^{N} \left(\frac{n_i - \lambda_i}{\sqrt{n_i}}\right)^2.$$

显然，似然函数只是通过 λ_i 与参数 ϑ 发生关联. 在这种情形下，求 $\ln L$ 对 ϑ 的极大值与 $X^2(\lambda_i)$ 对 ϑ 求极小值是等同的，而后者是参数的最小二乘估计. 我们将在第九章中介绍最小二乘估计方法.

8.8　极大似然法应用于多个实验结果的合并

同一个物理量，常常可以通过不同的方法加以测定. 例如，带电粒子的动量，既可以通过粒子在气体中的电离损失来测定，也可以通过粒子在磁场中的偏转来确定. 为了充分利用不同的实验对同一物理量的测定结果，通常的做法是将各个实验对该物理量的极大似然估计值求加权平均(见 8.2 节)作为各实验结果的合并值. 但是对低统计的实验，记录到的事例数很少，似然函数与正态型相去甚远，采用下面叙述的方法要比加权平均值更为合理.

设两个相互独立的实验中各自的一组观测分别用 $\boldsymbol{X}=\{X_1, \cdots, X_n\}$和 $\boldsymbol{Y}=\{Y_1, \cdots, Y_m\}$表示，它们的总体分布分别是$f_1(X|\vartheta)$和$f_2(Y|\vartheta)$，依赖同一个未知参数 ϑ(即实验所要确定的物理量)，相应的似然函数分别是$L(\boldsymbol{X}|\vartheta)$和$L(\boldsymbol{Y}|\vartheta)$. 这样，对于这两个实验，所有观测值 $\boldsymbol{X}$ 和 $\boldsymbol{Y}$ 的联合似然函数可表示为

$$L(\boldsymbol{X},\boldsymbol{Y}|\vartheta)=\prod_{i=1}^{n}f_1(X_i|\vartheta)\prod_{j=1}^{m}f_2(Y_j|\vartheta)=L(\boldsymbol{X}|\vartheta)\cdot L(\boldsymbol{Y}|\vartheta). \tag{8.8.1}$$

利用该似然函数，可通过似然方程求得 ϑ 的极大似然估计 $\hat{\vartheta}$，它是两个实验对参数 ϑ 的**合并估计**.

8.8.1　正态型似然函数

当两个实验的总体分布都是(或近似地)正态分布，联合似然函数为两个正态函数的乘积. 这种情形下的两个相互独立的实验结果的合并特别简单.

两个独立的实验所测量的同一物理量可视为两个总体均值(未知量)相等，两个实验有不同的误差(即方差不同)，且已知为σ_x,σ_y, 令n,m 是两个实验中测量值个数(子样容量)，故联合似然函数式(8.8.1)可写成

$$L(\boldsymbol{X},\boldsymbol{Y}|\mu)=\prod_{i=1}^{n}\frac{1}{\sqrt{2\pi}\sigma_x}\exp\left[-\frac{1}{2}\left(\frac{X_i-\mu}{\sigma_x}\right)^2\right]$$
$$\times\prod_{j=1}^{m}\frac{1}{\sqrt{2\pi}\sigma_y}\exp\left[-\frac{1}{2}\left(\frac{Y_j-\mu}{\sigma_y}\right)^2\right], \tag{8.8.2}$$

似然方程为

$$\frac{\partial\ln L}{\partial\mu}=\sum_{i=1}^{n}\frac{(X_i-\mu)}{\sigma_x^2}+\sum_{j=1}^{m}\frac{(Y_j-\mu)}{\sigma_y^2},$$

由此求得两个实验对 μ 的合并极大似然估计

$$\hat{\mu}=\frac{\dfrac{n}{\sigma_x^2}\bar{X}+\dfrac{m}{\sigma_y^2}\bar{Y}}{\dfrac{n}{\sigma_x^2}+\dfrac{m}{\sigma_y^2}}, \tag{8.8.3}$$

其中

$$\bar{X}=\frac{1}{n}\sum_{i=1}^{n}X_i,\qquad \bar{Y}=\frac{1}{m}\sum_{j=1}^{m}Y_j$$

是两个实验各自对均值 μ 的极大似然估计.

事实上,上述结论可从式(8.2.2)直接导出. 当对未知参数 μ 作 l 次独立观测时,每次观测 Z_i 具有不相等的误差 σ_i ,即 z_i 是正态总体 $N(\mu,\sigma_i^2)$ 的一个观测值, 则 μ 的极大似然估计是

$$\hat{\mu}=\frac{\sum_{i=1}^{l}Z_i/\sigma_i^2}{\sum_{i=1}^{l}1/\sigma_i^2}.$$

对于现在讨论的两个独立实验测量同一个物理量 μ 的情形，相当于

$$1\leqslant i\leqslant n,\quad \sigma_i=\sigma_x,\quad Z_i=X_i,\quad n+1\leqslant i\leqslant n+m=l,$$
$$\sigma_i=\sigma_y,\quad Z_i=Y_i,$$

于是立即有

$$\hat{\mu}=\frac{\sum_{i=1}^{n}\dfrac{X_i}{\sigma_x^2}+\sum_{j=1}^{m}\dfrac{Y_j}{\sigma_y^2}}{\sum_{i=1}^{n}\dfrac{1}{\sigma_x^2}+\sum_{j=1}^{m}\dfrac{1}{\sigma_y^2}}=\frac{\dfrac{n}{\sigma_x^2}\bar{X}+\dfrac{m}{\sigma_y^2}\bar{Y}}{\dfrac{n}{\sigma_x^2}+\dfrac{m}{\sigma_y^2}},$$

即式(8.8.3). 式(8.8.3)所示的 $\hat{\mu}$ 的方差由式(8.2.3)给出

$$V(\hat{\mu})=\frac{1}{\sum_{i=1}^{l}\dfrac{1}{\sigma_i^2}};$$

在两个独立实验测量的情形下，则是

$$V(\hat{\mu})=\frac{1}{\sum_{i=1}^{n}\frac{1}{\sigma_x^2}+\sum_{j=1}^{m}\frac{1}{\sigma_y^2}}=\frac{1}{\frac{n}{\sigma_x^2}+\frac{m}{\sigma_y^2}}. \tag{8.8.4}$$

更为一般的情况是，两个独立的实验测量同一个物理量(总体均值)，但测量误差不同而且未知. 虽然可根据式(8.8.2)的似然函数对 μ,σ_x,σ_y 求偏导数写出似然方程，但不能得到 μ,σ_x,σ_y 的解析解. 我们可采用如下方法求出合并的极大似然估计 $\hat{\mu}$ 及其方差 $V(\hat{\mu})$. 首先利用 8.2 节 3)所描述的方法求出每个实验中均值和方差的同时估计

$$\hat{\mu}_x=\bar{X},\qquad \hat{\sigma}_x^2=\frac{1}{n}\sum_{i=1}^{n}(X_i-\bar{X})^2;$$

$$\hat{\mu}_y=\bar{Y},\qquad \hat{\sigma}_y^2=\frac{1}{m}\sum_{j=1}^{m}(Y_j-\bar{Y})^2. \tag{8.8.5}$$

按照式(8.8.2)和式(8.8.3)，$\hat{\mu}$, $V(\hat{\mu})$ 可写为

$$\hat{\mu}=\frac{\frac{n}{\hat{\sigma}_x^2}\bar{X}+\frac{m}{\hat{\sigma}_y^2}\bar{Y}}{\frac{n}{\hat{\sigma}_x^2}+\frac{m}{\hat{\sigma}_y^2}},\qquad V(\hat{\mu})=\frac{1}{\frac{n}{\hat{\sigma}_x^2}+\frac{m}{\hat{\sigma}_y^2}}. \tag{8.8.6}$$

对于多个实验测定同一个物理量，可按上述原则作类似的推导，得出合并估计值及其方差.

8.8.2　非正态型似然函数

在上面的讨论中,我们假设了各个实验测量中总体概率密度为正态分布式(8.8.2),因而各次实验测量中似然函数为正态型，它们的联合似然函数也是正态型. 事实上，实验中似然函数不为正态型是常见的现象. 例如，在子样容量不大的实验中泊松分布往往是概率密度函数比较好的近似. 这种情况下，在待估计参数 θ 和它的似然函数曲线 $L(\theta)$ 标绘上，似然函数往往是不对称的(见 8.5、8.6 节). θ 的极大似然估计 $\hat{\theta}$ 由似然函数的极大值确定 $L_{\max}=L(\hat{\theta})$ ，而其误差 θ^+,θ^- 则由直线 $L=\mathrm{e}^{-0.5}L_{\max}$ 与似然函数曲线 $L(\theta)$ 两个交点对应的两个 θ 值 θ^+,θ^- 确定

$$\Delta\ln L(\hat{\theta})=\ln L(\theta^+)-\ln L(\hat{\theta})=\ln L(\theta^-)-\ln L(\hat{\theta})=-\frac{1}{2}, \tag{8.8.7}$$

$$\sigma^+=\theta^+-\hat{\theta},\qquad \sigma^-=\hat{\theta}-\theta^-. \tag{8.8.8}$$

而且σ^+与σ^-往往不相等.

假定对同一个物理量θ的两组测量中各自的总体概率密度$f_1(x/\theta)$和$f_2(x/\theta)$形式都为已知，那么原则上我们仍可用式(8.8.1)所示的似然函数求得两个实验对参数θ的合并估计，但实际上对非正态的概率密度的情形，解析求解极为困难，甚至不可能.

在许多情形下，实验测量中的概率密度往往并不确切地知道. 对同一个待估计参数θ，不同的实验只是报道其测量结果$\mu^{+\sigma^+}_{-\sigma^-}$. 应当认为对该实验而言，$\mu$是$\theta$的最佳估计，而$(\mu-\sigma^-,\mu+\sigma^+)$是可信度为 68.3%的似然区间. 因此，怎样从几个实验的测量值$\mu_i,\sigma_i^+,\sigma_i^-(i=1,\cdots,n)$求得参数$\theta$的正确的合并估计$\mu,\sigma^+,\sigma^-$，是一个需要解决的问题.

R. Barlow[55]建议利用实验测量值$\mu_i,\sigma_i^+,\sigma_i^-$来构造参数化的似然函数来逼近实验中的实际似然函数. 尝试了多种形式的参数化似然函数之后，发现宽度可变的正态函数是比较好的选择，即真值为μ，而测量值为$\mu_i,\sigma_i^+,\sigma_i^-$的似然函数可以用下述形式的正态函数来逼近：

$$\ln L(\mu_i\mid\mu)=-\frac{(\mu-\mu_i)^2}{2V_i(\mu)}, \tag{8.8.9}$$

对于线性离差的正态函数方案

$$V_i(\mu)=\left[\sigma_i(\mu)\right]^2,\qquad \sigma_i(\mu)=\sigma_i+\sigma_i'(\mu-\mu_i), \tag{8.8.10}$$

$$\sigma_i=\frac{2\sigma_i^+\sigma_i^-}{\sigma_i^++\sigma_i^-},\qquad \sigma_i'=\frac{\sigma_i^+-\sigma_i^-}{\sigma_i^++\sigma_i^-}, \tag{8.8.11}$$

即标准离差$\sigma_i(\mu)$在真值μ附近是线性变化的. 当$\sigma_i^+=\sigma_i^-$正、负误差对称，$\sigma_i'=0$，$\sigma_i(\mu)=\sigma_i^+=\sigma_i^-$，回复到通常的正态似然函数的情形.

对于线性方差正态函数方案

$$V_i(\mu)=V_i+V_i'(\mu-\mu_i), \tag{8.8.12}$$

$$V_i=\sigma_i^+\sigma_i^-,\qquad V_i'=\sigma_i^+-\sigma_i^-, \tag{8.8.13}$$

即方差$V_i(\mu)$在真值μ附近是线性变化的. 同样在正、负误差对称的情况下，$\sigma_i^+=\sigma_i^-$，则$V_i=(\sigma_i^+)^2=(\sigma_i^-)^2$，$V_i'=0$，回复到正态似然函数的情形.

这样，对同一物理量μ的n个不同测量值$\mu_i,\sigma_i^+,\sigma_i^-(i=1,\cdots,n)$，其联合似然

函数为

$$\ln L(\mu) = -\frac{1}{2}\sum_i \frac{(\mu-\mu_i)^2}{V_i(\mu)}, \tag{8.8.14}$$

物理量 μ 的最佳估计 $\hat{\mu}$ 由该似然函数的极大值位置决定. 对于线性离差正态似然函数方案，$\hat{\mu}$ 的解为

$$\hat{\mu} = \sum_i \omega_i \mu_i \Big/ \sum_i \omega_i, \tag{8.8.15}$$

$$\omega_i = \frac{\sigma_i}{\left[\sigma_i + \sigma_i'\ (\hat{\mu}-\mu_i)\right]^3}. \tag{8.8.16}$$

我们注意到 $\hat{\mu}$ 的表达式与 n 次独立测量时正态总体期望值 $\hat{\mu}$ 的极大似然估计形式相同，只不过权因子稍有不同而已(见式(8.2.4)、(8.2.5)). 对于线性方差正态似然函数方案，$\hat{\mu}$ 的解为

$$\hat{\mu} = \sum_i \omega_i \left[\mu_i - \frac{V_i'}{2V_i}(\hat{\mu}-\mu_i)^2\right] \Big/ \sum_i \omega_i, \tag{8.8.17}$$

$$\omega_i = V_i \big/ \left[V_i + V_i'(\hat{\mu}-\mu_i)\right]^2. \tag{8.8.18}$$

作为一个例子，图 8.9 给出了我们构造的参数化似然函数与泊松分布似然函数(期望值$\mu=5$)的对比，图 8.10 给出了与对数正态分布似然函数($x=\ln y$, y 是 $\mu=8$，$\sigma=3$ 的正态变量)的对比. 由图可见离差可变或者方差可变的正态似然函数所确定的可信度 68.3%的正、负误差，与这两种原分布似然函数确定的正、负误差，数值是极为接近的. 由于对数正态分布，特别是泊松分布对于描述子样容量

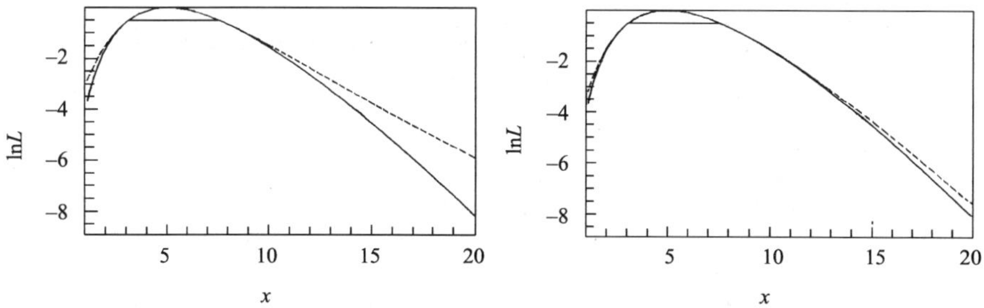

图 8.9　泊松分布似然函数(期望值$\mu=5$，用实线表示)与参数化方法构造的似然函数(虚线)的对比

$\Delta\ln L=-1/2$ 的横线确定可信度 68.3%的似然区间. 左图是线性离差似然函数方案，右图是线性方差似然函数方案

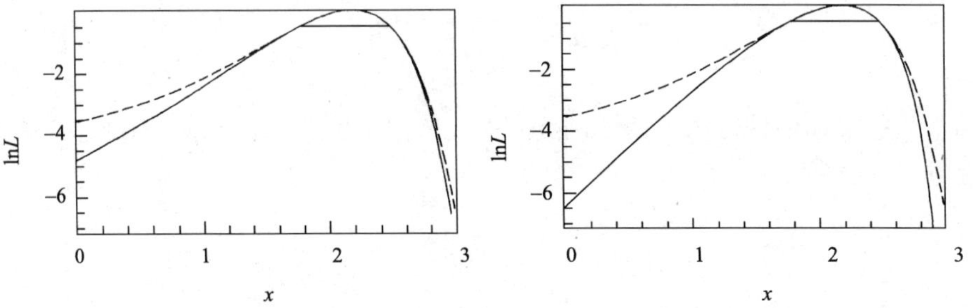

图 8.10 对数正态分布似然函数($x = \ln y$，y 是$\mu = 8$，$\sigma = 3$ 的正态变量，用实线表示)与参数化方法构造的似然函数(虚线)的对比

左图是线性离差正态似然函数方案，右图是线性方差似然函数方案

较小的实验的似然函数往往是相当好的近似，这就说明了参数化似然函数确定的正、负误差一般是相当精确的. 但是由图也可以看到，对于高的可信度，如 95.4%(相应于$\Delta\ln L = -2$)，参数化似然函数方案确定的正、负误差与实际值就有比较明显的差别，这也表明了这种方法适用范围的局限.

式(8.8.15)、(8.8.16)和式(8.8.17)、(8.8.18)各是一组非线性方程组，$\hat{\mu}$ 需要用迭代法求得数值解. $\hat{\mu}$ 的初值 $\hat{\mu}(0)$ 可取为 $\frac{1}{n}\sum_i \mu_i$，代入 ω_i 表达式右端中的 $\hat{\mu}$ 计算 $\omega_i^{(0)}$，再代入 $\hat{\mu}$ 的表达式的右边计算 $\hat{\mu}(1)$. 较之 $\hat{\mu}(0)$，$\hat{\mu}(1)$ 应当是 $\hat{\mu}$ 的更好的近似. 经过 k 次迭代后，如满足

$$\left|\hat{\mu}(k+1) - \hat{\mu}(k)\right| < 10^{-6}L,$$

即可认为达到收敛，$\hat{\mu}(k+1)$ 可取为 $\hat{\mu}$ 的解. 这里 L 定义为区间($\mu_l - 3\sigma_l^-$，$\mu_u + 3\sigma_u^+$)的长度，μ_l 是 n 个测量值 μ_i 中的最小值，而 μ_u 是最大值.

求得了 μ 的估计值 $\hat{\mu}$ 后，其正、负误差 σ^+，σ^- 仍需数值地求解. 受正态总体期望值误差式(8.2.4)的启发，正、负误差的初值可由下式决定：

$$\sigma^+(0) = \left[\sum_i \frac{1}{(\sigma_i^+)^2}\right]^{-\frac{1}{2}}, \qquad \sigma^-(0) = \left[\sum_i \frac{1}{(\sigma_i^-)^2}\right]^{-1}. \tag{8.8.19}$$

计算 $\Delta\ln L(\hat{\mu}(0))^{+/-} = \ln L(\hat{\mu}(0))^{+/-} - \ln L(\hat{\mu})$ (其中 $\hat{\mu}(0)^+ = \hat{\mu} + \sigma^+(0)$，$\hat{\mu}(0)^- = \hat{\mu} - \sigma^-(0)$)，看它们与$-1/2$ 相差多大，再调节 $\hat{\mu}(1)^{+/-}$ 的值，如此迭代，使 $\Delta\ln L(\hat{\mu}(k))^{+/-}$ 与$-1/2$ 的差别小于 0.5×10^{-7}，即可认为结果收敛，$\hat{\mu}(k)^{+/-}$ 对应的 $\sigma^{+/-}(k)$ 即是 $\sigma^{+/-}$ 的正确估计.

将 μ 的估计值 $\hat{\mu}$ 代入式(8.8.14)求得 $\ln L(\hat{\mu})$，它代表了不同测量结果用同一个理论模型描述时的差异程度，即等同于皮尔逊拟合优度检验中的 χ^2 变量观测值(见 12.4.2 节)，可以用自由度 $n-1$ 的 χ^2 分布作拟合优度检验.

现在再来讨论另外一种经常遇到的问题——两个(或多个)物理量不对称误差的合并估计问题. 假设待测的物理量需要从实验测定的某种分布来确定，该分布中的事例(子样)除了待测物理量的信号之外，还包含有其他过程的污染(称之为本底)事例，而且本底的来源不止一种. 我们只知道若干种本底各自的测量值及其不对称误差，怎样求得所有本底的总误差. 因为这一信息对于确定信号(即待测物理量)的大小及误差是至关重要的.

设有 n 项本底来源，用 $x_i\ (i=1,2,\cdots,n)$ 表示本底测量值与其期望值间的差别，即离差. 与式(8.8.14)类似，我们可构造这 n 次测量的联合似然函数

$$\ln L(\boldsymbol{x}) = -\frac{1}{2}\sum_{i=1}^{n}\left(\frac{x_i}{\sigma_i+\sigma_i' x_i}\right)^2, \tag{8.8.20}$$

或

$$\ln L(\boldsymbol{x}) = -\frac{1}{2}\sum_{i=1}^{n}\frac{x_i^2}{V_i+V_i' x_i}, \tag{8.8.21}$$

其中 σ_i，σ_i'，V_i 和 V_i' 由式(8.8.11)和式(8.8.13)确定，n 项测量离差 x_i 之总和表示为

$$u = \sum_{i=1}^{n} x_i . \tag{8.8.22}$$

为了找到 u 的似然函数 $L(u)$，对似然函数 $\ln L(\boldsymbol{x})$ 在约束方程(8.8.22)条件下求极大值，利用不定乘子法得到的解是

$$x_i = \frac{u\omega_i}{\sum_{i=1}^{n}\omega_i}, \tag{8.8.23}$$

$$\omega_i = \frac{(\sigma_i+\sigma_i' x_i)^3}{2\sigma_i} \quad 或 \quad \omega_i = \frac{(V_i+V_i' x_i)^2}{2V_i+V_i' x_i}. \tag{8.8.24}$$

这是一组非线性方程，$L(u)$ 可用以下方法逐点地计算出来. 以 $u_0=0$ 作为起点，这时 $x_i=0,\ \ i=1,2,\cdots,n$. 由式(8.8.20)、(8.8.21)知 $\ln L(u_0=0)=0$. 将 u 的值增加一个小量变为 u_1，利用式(8.8.23)、(8.8.24)迭代逐次逼近，直到计算出 u_1 相应的 x_i 值为止，于是代入式(8.8.20)、(8.8.21)计算出 u_1 处的 $\ln L(u_1)$ 值. 如此重复便可计

算出整条$L(u)$-u曲线，再利用$\Delta\ln(u)=-\frac{1}{2}$的关系就可求得$n$项本底的正负总误差.

本节讨论的利用参数化似然函数方法进行多次测量的不对称误差合并计算已编为程序包，读者可从 http://www. slac. stanford. edu/~barlow/statistics. html 下载.

8.9 极大似然法应用于实验测量数据

本章前面各节对极大似然法的讨论中，事实上我们都假定了观测值所服从的总体概率密度具有某种理想的数学函数形式，如正态函数、指数函数等. 但如我们在 4.17 节中所阐明的那样，实验测量得到的数据所反映的分布——实验分布比较复杂，一般要考虑两种因素对理想的原分布的畸变：

(1) 由于测量的随机误差导致对于原分布的畸变，这一般用实验分辨函数加以描述；

(2) 由于测量仪器的不完善，对实际发生的事例会发生漏记，这用探测效率加以描述.

如果分辨函数和探测效率的函数形式为已知，并可求出描述实验观测值的“实验分布”之解析式，那么可利用“实验分布”来构造似然函数，然后用前面各节叙述的方法作极大似然估计.

例 8.14　实验分辨对极大似然估计的影响

设在某粒子反应中，某种粒子出射的方位角ϕ有如下的原分布：

$$f(\phi|\alpha)=\frac{1}{2\pi}(1+\alpha\cos\phi),\qquad 0\leqslant\phi\leqslant 2\pi,$$

其中α是未知待估计参数. 实验中ϕ角的测量值(由于测量误差的存在)本身也是一个随机变量，它可由均值为真值ϕ、标准差(实验中称为分辨宽度)为R的正态变量描述，即分辨函数的形式为

$$r(\phi',\phi)=\frac{1}{\sqrt{2\pi}R}\exp[-(\phi'-\phi)^2/2R^2].$$

这样，实验分布可写成(见 4.17.1 节)

$$f'(\phi'|\alpha)=\frac{1}{(2\pi)^{3/2}R}\int_0^{2\pi}(1+\alpha\cos\phi)\mathrm{e}^{-\frac{(\phi'-\phi)^2}{2R^2}}\mathrm{d}\phi.$$

当$R\ll 2\pi$，近似地有

$$f'(\phi'|\alpha) \approx \frac{1}{2\pi}\left[1+\alpha\cdot\exp\left(-\frac{R^2}{2}\right)\cos\phi'\right], \qquad 0 \leqslant \phi' \leqslant 2\pi.$$

由实验分布 $f'(\phi'|\alpha)$ 与原分布 $f(\phi|\alpha)$ 比较可知，实验分布中的 $\alpha\cdot\exp\left(-\frac{R^2}{2}\right)$ 与原分布中的 α 相当. 故若原分布对 α 的极大似然估计为 $\hat{\alpha}$，则实验分布对 α 的极大似然估计 $\hat{\alpha}'$ 可表示为

$$\hat{\alpha}' = \hat{\alpha}\exp\left(-\frac{R^2}{2}\right).$$

可见，ϕ 的实验测定误差将影响参数的极大似然估计值. 但当测量误差 R 比较小时，估计值变化不大. 例如，分辨宽度 $R=10°$，$\hat{\alpha}'$与 $\hat{\alpha}$ 的差别只有 1.5%.

对于无法写出“实验分布”函数的解析形式的情形，可以将实验观测值乘上一个权因子(函数)来适应原分布，用原分布来构造似然函数，进行极大似然估计. 我们以探测效率对极大似然估计的影响具体加以说明.

设在随机变量 X 的取值域内，探测仪器对事件的探测效率用 $\varepsilon(x)$ 表示. 如果在 $x=x_i$ 处观测到一个事件，因为探测效率为 $\varepsilon(x_i)$，故当探测效率为 1 时(原分布)，应近似地观测到 $w_i \equiv 1/\varepsilon(x_i)$ 个事件，因此，近似于实验分布的似然函数为

$$L'(\bar{X}|\boldsymbol{\vartheta}) = \prod_{i=1}^{n}[f(X_i|\boldsymbol{\vartheta})]^{w_i}, \tag{8.9.1}$$

其对数可写成

$$\ln L'(\boldsymbol{X}|\boldsymbol{\vartheta}) = \sum_{i=1}^{n} W_i \cdot \ln f(X_i|\boldsymbol{\vartheta}) = \sum_{i=1}^{n} W_i \ln f_i. \tag{8.9.2}$$

然后用似然方程求得 $\boldsymbol{\vartheta}$ 的极大似然估计.

可以证明，这种近似方法求得的极大似然估计 $\hat{\boldsymbol{\vartheta}}$ 是对参数真值渐近地正态分布的. 但是式(8.9.1)中的 L' 与真实的实验分布似然函数不同，而且不是简单地相差一个常数乘因子，因此，前面介绍的确定 $\hat{\boldsymbol{\vartheta}}$ 误差的方法不再适用.

当只有一个待估计参数时，可按以下方法确定 $\hat{\vartheta}$ 的近似方差：先从似然函数 L' 用前面介绍的任一种方法求出方差 $V'(\hat{\vartheta})$，这时估计量 $\hat{\vartheta}$ 的方差 $V(\hat{\vartheta})$ 可表示为

$$V(\hat{\vartheta}) = \left(\frac{1}{n}\sum_{i=1}^{n} W_i\right)\cdot V'(\hat{\vartheta}). \tag{8.9.3}$$

例如，在大子样的极限情形下，根据方差公式(8.4.11)可得

$$V(\hat{\vartheta})=\left(\frac{1}{n}\sum_{i=1}^{n}W_i\right)\Bigg/\left(-\frac{\partial^2\ln L}{\partial\vartheta^2}\right). \tag{8.9.4}$$

若所有的权因子都等于 1，则有 $V(\hat{\vartheta})=V'(\hat{\vartheta})$，即化简为通常的方差公式.

当总体包含 k 个未知参数，索尔米兹(F. Solmitz)[35]证明了 $\hat{\boldsymbol{\vartheta}}$ 的方差矩阵有渐近表达式

$$V(\hat{\boldsymbol{\vartheta}})=\underset{\sim}{H}^{-1}\underset{\sim}{H}'\underset{\sim}{H}^{-1}, \tag{8.9.5}$$

其中 $\underset{\sim}{H}^{-1}$ 是从 L' 导出的方差矩阵

$$H_{lm}=-\frac{\partial^2\ln L'}{\partial\vartheta_l\partial\vartheta_m},\qquad l,m=1,2,\cdots,k, \tag{8.9.6}$$

矩阵 H' 定义为

$$H'_{lm}=\sum_{i=1}^{n}W_i^2\left(\frac{\partial\ln f_i}{\partial\vartheta_l}\right)\left(\frac{\partial\ln f_i}{\partial\vartheta_m}\right),\qquad l,m=1,2,\cdots,k. \tag{8.9.7}$$

可以看到，当 $k=1$，式(8.9.5)~(8.9.7)简化为式(8.9.4)；对于所有 $W_i=1$ 的特殊情形，则与通常的多个参数极大似然估计的方差公式(8.4.12)相同.

以上这些公式的使用有一个限制条件，即各个权因子 W_i 的值应相差不很大，尤其是不能出现数值特别大的权因子. 权因子 W_i 数值很大意味着探测效率 $\varepsilon(x_i)$ 很低，用 $f(x_i)^{W_i}$ 来表示实验分布会导致很大的误差，相应地极大似然估计 $\hat{\boldsymbol{\vartheta}}$ 的方差 $V(\hat{\boldsymbol{\vartheta}})$ 变得很大. 为了改善估计精度，可将 W_i 很大(探测效率 $\varepsilon(x_i)$ 很低)的少数事例从子样中舍弃，再通过上述方法估计 $\hat{\boldsymbol{\vartheta}}$ 和 $V(\hat{\boldsymbol{\vartheta}})$.

第九章　最小二乘法

长时间以来，最小二乘法是最广泛使用的参数估计方法之一. 与极大似然估计量不同，最小二乘法得到的估计量并没有一般意义上的最优性质或者是渐近的最优性质. 但是对于**线性模型**，即观测值所服从的分布与待估计参数具有线性关系这一类经常遇到的重要问题，最小二乘法具有突出的优点，最小二乘估计量是达到最小方差界的无偏估计量，并且这一性质与子样容量无关. 同时，最小二乘估计量又与观测所服从的总体分布无关，因而，当总体分布的函数形式并不严格知道、无法进行极大似然估计时，运用最小二乘法是十分方便的.

下面我们首先考虑参数的线性模型这种最简单的情形，然后研究非线性模型的最小二乘估计，最后讨论包含约束条件(线性约束和一般约束方程)的最小二乘估计问题.

9.1　最小二乘原理

最小二乘估计的基本思想可陈述如下.

在 N 个观测点 X_1，X_2，$\cdots$，X_N，通过测量得到一组 N 个相互独立的观测值 Y_1，Y_2，$\cdots$，Y_N，相应的观测值真值η_1，η_2，$\cdots$，η_N 为未知. 假定存在某个理论模型，可预测与点 X_i 相对应的观测值真值η_i，

$$\eta_i = f(\vartheta_1, \cdots, \vartheta_L; X_i), \qquad L \leqslant N,$$

该函数与待估计的未知参数 $\boldsymbol{\vartheta} = \{\vartheta_1, \cdots, \vartheta_L\}$ 有关. 按照**最小二乘原理**，未知参数 $\boldsymbol{\vartheta}$ 的最优估计值是使量

$$Q^2 = \sum_{i=1}^{N} (Y_i - \eta_i)^2 w_i \tag{9.1.1}$$

达到极小 $(Q^2 = Q^2_{\min})$ 的参数值 $\hat{\boldsymbol{\vartheta}}$. 式(9.1.1)中的 w_i 是第 i 个观测值的权因子，或简称为权，所求得的参数值 $\hat{\boldsymbol{\vartheta}}$ 称为参数 $\boldsymbol{\vartheta}$ 的**(加权)最小二乘估计**.

可以看到，若将 X_1，X_2，$\cdots$，X_N 和η_1，η_2，$\cdots$，η_N 看成变量 X 和η (Y 的真值)的个别值，最小二乘估计实际上是确定描述变量 X 和η之间的函数(理论模型)

$$\eta = f(\vartheta_1, \cdots, \vartheta_L; X) \tag{9.1.2}$$

中的参数 $\boldsymbol{\vartheta}=\{\vartheta_1,\cdots,\vartheta_L\}$. 一般地说，任意两个变量之间的函数关系可以用某个曲线来表示，所以最小二乘估计有时也称为**曲线拟合**. 在许多实际问题中，函数 f 的具体形式是未知的，因而恰当地选择描写变量 X 和 η 之间的理论模型(函数 f)是曲线拟合中的一个重要问题，而这往往取决于研究人员的经验.

式(9.1.1)中的权因子 w_i 一般取为第 i 次观测的误差平方(方差)的倒数. 如果已知各次观测中误差相等，则式(9.1.1)中的 w_i 可提到求和号之前，在对 Q^2 求极小时 w_i 不起作用. 故求极小的量可表示为

$$Q^2=\sum_{i=1}^{N}(Y_i-\eta_i)^2. \tag{9.1.3}$$

$Y_i-\eta_i$ 表示测量值对于真值的偏离，称为**离差**. 最小二乘估计量在这种情形下通过求离差平方和的极小来求得. 式(9.1.3)称为**等权最小二乘估计**. 式(9.1.1)的一般最小二乘估计则是通过**加权离差平方和**的极小求得.

若各次观测中误差虽然不相等但为已知，则 Q^2 的表达式是

$$Q^2=\sum_{i=1}^{N}\left(\frac{Y_i-\eta_i}{\sigma_i}\right)^2. \tag{9.1.4}$$

通常的情形是各次观测中误差未知且不一定相等. 如果可将观测值考虑为数学期望等于真值的泊松变量，由于其方差与数学期望相等(见 4.3 节)，故 $\sigma_i^2\approx\eta_i$，这时，

$$Q^2=\sum_{i=1}^{N}\frac{(Y_i-\eta_i)^2}{\eta_i}. \tag{9.1.5}$$

当 η_i 是一个复杂函数，为了计算方便，可利用近似关系 $\sigma_i^2\approx Y_i$，故

$$Q^2=\sum_{i=1}^{N}\left(\frac{Y_i-\eta_i}{Y_i}\right)^2. \tag{9.1.6}$$

这称为**简化最小二乘估计**.

如果 Y_i 的各次观测之间是相关联的，其方差和协方差由对称协方差矩阵 $\underset{\sim}{V}(\boldsymbol{Y})$ 给出，那么找到未知参数 $\boldsymbol{\vartheta}$ 的最优估计值的最小二乘原理是使量

$$Q^2=\sum_{i=1}^{N}\sum_{j=1}^{N}(Y_i-\eta_i)(\underset{\sim}{V}^{-1})_{ij}(Y_j-\eta_j) \tag{9.1.7}$$

达到极小. 这是最小二乘法的最一般表达式.

在以上这些 Q^2 的表达式中，实际上假定了测量点 X_i 的值是精确值，不存在

任何误差；而与 X_i 对应的观测值 Y_i 则存在测量误差. X_i 称为“自变量”，是确定量；Y_i 称为“应变量”，它是随机变量. 但对于 X_i，Y_i 均是随机变量的情形，只要 X_i 的相对误差比 Y_i 的相对误差小得多，近似地可将 X_i 看成确定值，于是以上公式依然近似地适用. 对于相反的情形(X_i 的相对误差比 Y_i 的相对误差大得多)，由于自变量 X 和应变量 Y 是人为地任意确定的，只需要将相对误差小的变量作为自变量就可以了. 观测“点” X_i 还可以代表一个确定的小区间，比如 $X_i \sim X_i + \Delta X_i$，这时以上公式中的 η_i 应用 $\int_{X_i}^{X_i+\Delta X_i} f\mathrm{d}x_i / \Delta X_i$ 代替，如果在此小区间内函数变化不大，则可用近似值 f_i 或平均值 $\overline{f_i}$ 代替；相应地观测值 Y_i 可采用该区间内若干次观测的平均值.

由以上所述可见，参数的最小二乘估计方法对于观测所服从的分布特性没有要求，从这个意义上来说，最小二乘估计是**分布无关或分布自由**的. 另一方面，如果观测值服从正态分布，Q^2 的极小值 $Q^2_{\min}$ 在一定条件下是一个 χ^2 变量，故可根据 χ^2 分布的性质对观测值和理论模型进行统计推断. 有些书籍将 χ^2 估计看成最小二乘估计的同义语，应当指出，这种说法只有在一定条件下才正确.

可以证明，在一定条件下，最小二乘原理与极大似然原理是等价的. 假定各次独立的观测值 Y_i 是关于其未知真值 η_i 的正态分布，即 $Y_i \sim N(\eta_i, \sigma_i^2)$，对于一组 N 个观测 $\boldsymbol{Y} = \{Y_1, \cdots, Y_N\}$，其似然函数

$$L = \prod_{i=1}^{N} \frac{1}{\sqrt{2\pi}\sigma_i} \exp\left[-\frac{1}{2}\left(\frac{Y_i - \eta_i}{\sigma_i}\right)^2\right]$$

$$\propto \exp\left[-\frac{1}{2}\sum_{i=1}^{N}\left(\frac{Y_i - \eta_i}{\sigma_i}\right)^2\right].$$

按照极大似然原理，未知量 η_i 的极大似然估计值 $\hat{\eta}_i$ 使得 L 成为极大，故应有

$$\sum_{i=1}^{N}\left(\frac{Y_i - \eta_i}{\sigma_i}\right)^2\Bigg|_{\eta_i = \hat{\eta}_i} = \text{minimum}.$$

上式相当于最小二乘估计式(9.1.4)，对应的权因子为 $w_i = 1/\sigma_i^2$.

9.2　线性最小二乘估计

如果式(9.1.2)中的理论模型 f 是参数 $\vartheta_1, \cdots, \vartheta_L$ 的线性函数，而且权因子 w_i 与参数无关，这样的估计问题称为**线性模型的最小二乘估计**. 线性最小二乘估计量

提供了参数的严格解，而且具有理论上的最优性质：唯一性、无偏性和最小方差.

我们通过一个具体例子来说明线性等权最小二乘估计问题.

例 9.1　直线拟合(1)

给定一组 N 对实验观测值(x_1, y_1), …, (x_N, y_N)，假定测量误差可以忽略(或 y_i 的测量误差相等)，要求找出最佳的拟合直线.

直线方程可写成

$$\eta = \vartheta_1 + \vartheta_2 x, \tag{9.2.1}$$

它是参数 ϑ_1, ϑ_2 的线性函数. 利用等权最小二乘估计式(9.1.3)，有

$$Q^2 = \sum_{i=1}^{N}(y_i - \eta_i)^2 = \sum_{i=1}^{N}(y_i - \vartheta_1 - \vartheta_2 x_i)^2 .$$

为了求 Q^2 的极小，需解线性方程组

$$\begin{cases} \dfrac{\partial Q^2}{\partial \vartheta_1} = \displaystyle\sum_{i=1}^{N}(-2)(y_i - \vartheta_1 - \vartheta_2 x_i) = 0, \\ \dfrac{\partial Q^2}{\partial \vartheta_2} = \displaystyle\sum_{i=1}^{N}(-2x_i)(y_i - \vartheta_1 - \vartheta_2 x_i) = 0. \end{cases} \tag{9.2.2}$$

式(9.2.2)可改写为

$$N\vartheta_1 + \sum_{i=1}^{N} x_i \vartheta_2 = \sum_{i=1}^{N} y_i , \qquad \sum_{i=1}^{N} x_i \vartheta_1 + \sum_{i=1}^{N} x_i^2 \vartheta_2 = \sum_{i=1}^{N} x_i y_i . \tag{9.2.3}$$

由此求得参数 ϑ_1, ϑ_2 的最小二乘估计

$$\begin{cases} \hat{\vartheta}_1 = \dfrac{\displaystyle\sum_{i=1}^{N} x_i^2 \sum_{i=1}^{N} y_i - \sum_{i=1}^{N} x_i y_i \sum_{i=1}^{N} x_i}{\displaystyle N\sum_{i=1}^{N} x_i^2 - \left(\sum_{i=1}^{N} x_i\right)^2}, \\ \hat{\vartheta}_2 = \dfrac{\displaystyle N\sum_{i=1}^{N} x_i y_i - \sum_{i=1}^{N} x_i \sum_{i=1}^{N} y_i}{\displaystyle N\sum_{i=1}^{N} x_i^2 - \left(\sum_{i=1}^{N} x_i\right)^2}. \end{cases} \tag{9.2.4}$$

9.2.1　正规方程

在大多数实际问题中，观测点 X_i 处的观测值 Y_i 具有测量误差 σ_i，对于 $i=1,2,\cdots,N$ 误差不一定相等，这时必须利用加权最小二乘法.

在线性模型的情形下，理论模型的预测值 η_i 可表示成 L 个未知参数的 $\vartheta_1,\cdots,\vartheta_L$ 的线性函数

$$\eta_i = f(\vartheta_1,\cdots,\vartheta_L;X_i)=\sum_{l=1}^{L}a_{il}\vartheta_l,\qquad i=1,2,\cdots,N, \tag{9.2.5}$$

其中 a_{il} 是 X_i 的函数. 由式(9.1.4)得出 Q^2 的表达式为

$$Q^2=\sum_{i=1}^{N}\left(\frac{Y_i-\eta_i}{\sigma_i}\right)^2=\sum_{i=1}^{N}\frac{1}{\sigma_i^2}\left[Y_i-\sum_{l=1}^{L}a_{il}\vartheta_l\right]^2. \tag{9.2.6}$$

为求得 Q^2 的极小值，令 $\partial Q^2/\partial\vartheta_k=0$，$k=1,\cdots,L$，得到 L 个方程

$$\frac{\partial Q^2}{\partial\vartheta_k}=\sum_{i=1}^{N}(-2)a_{ik}\frac{1}{\sigma_i^2}\left(Y_i-\sum_{l=1}^{L}a_{il}\vartheta_l\right)=0,\qquad k=1,\cdots,L, \tag{9.2.7}$$

该式可改写成

$$\sum_{l=1}^{L}\left(\sum_{i=1}^{N}\frac{a_{ik}a_{il}}{\sigma_i^2}\right)\vartheta_l=\sum_{i=1}^{N}\frac{a_{ik}Y_i}{\sigma_i^2},\qquad k=1,\cdots,L. \tag{9.2.8}$$

方程(9.2.7)、(9.2.8)是简单的等权直线拟合公式(9.2.2)、(9.2.3)的一般化形式.

式(9.2.8)称为 L 个参数的**正规方程**，它是关于 L 个未知参数的 L 个非齐次线性方程，因而给出了 L 个参数的严格、唯一解. 一般计算机配备的软件库都有现成的求解线性方程组的子程序，由此容易得到参数的最小二乘估计 $\hat{\boldsymbol{\vartheta}}=\{\hat{\vartheta}_1,\cdots,\hat{\vartheta}_L\}$.

式(9.2.8)写成明显的形式为

$$\begin{cases}\displaystyle\sum_{i=1}^{N}\frac{a_{i1}a_{i1}}{\sigma_i^2}\vartheta_1+\sum_{i=1}^{N}\frac{a_{i1}a_{i2}}{\sigma_i^2}\vartheta_2+\cdots+\sum_{i=1}^{N}\frac{a_{i1}a_{iL}}{\sigma_i^2}\vartheta_L=\sum_{i=1}^{N}\frac{a_{i1}Y_i}{\sigma_i^2},\\ \displaystyle\sum_{i=1}^{N}\frac{a_{i2}a_{i1}}{\sigma_i^2}\vartheta_1+\sum_{i=1}^{N}\frac{a_{i2}a_{i2}}{\sigma_i^2}\vartheta_2+\cdots+\sum_{i=1}^{N}\frac{a_{i2}a_{iL}}{\sigma_i^2}\vartheta_L=\sum_{i=1}^{N}\frac{a_{i2}Y_i}{\sigma_i^2},\\ \displaystyle\sum_{i=1}^{N}\frac{a_{iL}a_{i1}}{\sigma_i^2}\vartheta_1+\sum_{i=1}^{N}\frac{a_{iL}a_{i2}}{\sigma_i^2}\vartheta_2+\cdots+\sum_{i=1}^{N}\frac{a_{iL}a_{iL}}{\sigma_i^2}\vartheta_L=\sum_{i=1}^{N}\frac{a_{iL}Y_i}{\sigma_i^2}.\end{cases} \tag{9.2.9}$$

利用矩阵记号使问题的表述更为明晰、简单，故用矩阵记号重新描述线性最小二乘估计问题. 测量值和理论估计值 Y_i，$\eta_i (i=1,\cdots,N)$ 表示为 N 个元素的列向量，参数 $\vartheta_j (j=1,\cdots,L)$ 表示为含 $L(\leqslant N)$ 个元素的列向量

$$\boldsymbol{Y}=\begin{pmatrix} Y_1 \\ \vdots \\ Y_N \end{pmatrix}, \qquad \boldsymbol{\eta}=\begin{pmatrix} \eta_1 \\ \vdots \\ \eta_N \end{pmatrix}, \qquad \boldsymbol{\vartheta}=\begin{pmatrix} \vartheta_1 \\ \vdots \\ \vartheta_L \end{pmatrix}. \tag{9.2.10}$$

测量值 $\boldsymbol{Y}$ 的协方差矩阵是一 $N\times N$ 阶矩阵. 当观测是相互独立进行时，它是一个对角矩阵 $\underset{\sim}{V}$.

$$\underset{\sim}{V}=\underset{\sim}{V}(\boldsymbol{Y})=\begin{pmatrix} \sigma_1^2 & & & \cdot \\ & \sigma_2^2 & & \\ & & \ddots & \\ & & & \sigma_N^2 \end{pmatrix}. \tag{9.2.11}$$

系数矩阵 $\underset{\sim}{A}$ 定义为 N 行 L 列矩阵

$$\underset{\sim}{A}=\begin{pmatrix} a_{11} & a_{12} & \cdots & a_{1L} \\ a_{21} & a_{22} & \cdots & a_{2L} \\ \vdots & \vdots & & \vdots \\ a_{N1} & a_{N2} & \cdots & a_{NL} \end{pmatrix}. \tag{9.2.12}$$

于是理论模型预期值的线性函数式(9.2.5)可表示为

$$\boldsymbol{\eta}=\underset{\sim}{A}\boldsymbol{\vartheta}. \tag{9.2.13}$$

待求极小的量

$$Q^2=(\boldsymbol{Y}-\underset{\sim}{A}\boldsymbol{\vartheta})^{\mathrm{T}}\underset{\sim}{V}^{-1}(\boldsymbol{Y}-\underset{\sim}{A}\boldsymbol{\vartheta}). \tag{9.2.14}$$

令 Q^2 对于参数 $\boldsymbol{\vartheta}$ 的导数为 0，以求 Q^2 的极小，得到式(9.2.7)的矩阵表示

$$\nabla_{\boldsymbol{\vartheta}}Q^2=-2(\underset{\sim}{A}^{\mathrm{T}}\underset{\sim}{V}^{-1}\boldsymbol{Y}-\underset{\sim}{A}^{\mathrm{T}}\underset{\sim}{V}^{-1}A\boldsymbol{\vartheta})=0, \tag{9.2.15}$$

从而有正规方程的矩阵表述

$$(\underset{\sim}{A}^{\mathrm{T}}\underset{\sim}{V}^{-1}\underset{\sim}{A})\boldsymbol{\vartheta}=\underset{\sim}{A}^{\mathrm{T}}\underset{\sim}{V}^{-1}\boldsymbol{Y}. \tag{9.2.16}$$

如果矩阵 $(\underset{\sim}{A}^{\mathrm{T}}\underset{\sim}{V}^{-1}\underset{\sim}{A})$ 是非奇异的，其行列式不等于 0，则可以求出它的逆阵，最后得到参数向量 $\boldsymbol{\vartheta}$ 的最小二乘估计 $\hat{\boldsymbol{\vartheta}}$，

$$\hat{\boldsymbol{\vartheta}} = (\underset{\sim}{A}^{\mathrm{T}}\underset{\sim}{V}^{-1}\underset{\sim}{A})^{-1}\underset{\sim}{A}^{\mathrm{T}}\underset{\sim}{V}^{-1}\boldsymbol{Y}. \tag{9.2.17}$$

该式虽然是从观测相互独立这一假设直接导出的，实际上适用于$\boldsymbol{Y}$的测量值不是相互独立的一般情形．此时，协方差矩阵$\underset{\sim}{V}(\boldsymbol{Y})$中包含不等于 0 的非对角元素项．式(9.2.16)和式(9.2.17)对应于式(9.1.7)表示的一般最小二乘原理的正规方程和参数$\boldsymbol{\vartheta}$的估计量.

现在来推导式(9.2.17)给出的估计量$\hat{\boldsymbol{\vartheta}}$的不确定性．由于$\hat{\boldsymbol{\vartheta}}$是观测量$\boldsymbol{Y}$的函数，$\hat{\boldsymbol{\vartheta}}$的误差显然与$\boldsymbol{Y}$的误差相关．对式(9.2.17)所示的$\hat{\boldsymbol{\vartheta}}$应用误差传播的一般公式(3.9.15)，得出$\hat{\boldsymbol{\vartheta}}$的协方差矩阵

$$\underset{\sim}{V}(\hat{\boldsymbol{\vartheta}}) = [(\underset{\sim}{A}^{\mathrm{T}}\underset{\sim}{V}^{-1}\underset{\sim}{A})^{-1}\underset{\sim}{A}^{\mathrm{T}}\underset{\sim}{V}^{-1}]\,\underset{\sim}{V}(\boldsymbol{Y})[(\underset{\sim}{A}^{\mathrm{T}}\underset{\sim}{V}^{-1}\underset{\sim}{A})^{-1}\underset{\sim}{A}^{\mathrm{T}}\underset{\sim}{V}^{-1}]^{\mathrm{T}}.$$

注意$\underset{\sim}{V}(\boldsymbol{Y})$，$\underset{\sim}{V}^{-1}(\boldsymbol{Y})$，$(\underset{\sim}{A}^{\mathrm{T}}\underset{\sim}{V}^{-1}\underset{\sim}{A})$都是对称矩阵，即与其转置矩阵相同，上式经化简后，得到

$$\underset{\sim}{V}(\hat{\boldsymbol{\vartheta}}) = (\underset{\sim}{A}^{\mathrm{T}}\underset{\sim}{V}^{-1}(\boldsymbol{Y})\underset{\sim}{A})^{-1}. \tag{9.2.18}$$

在计算最小二乘估计$\hat{\boldsymbol{\vartheta}}$时，必须算出矩阵$(\underset{\sim}{A}^{\mathrm{T}}\underset{\sim}{V}^{-1}\underset{\sim}{A})^{-1}$(见式(9.2.17))，因此，由上式确定$\hat{\boldsymbol{\vartheta}}$的误差并不需要额外的计算.

如果测量值$\boldsymbol{Y}$的协方差矩阵可表示成

$$\underset{\sim}{V}(\boldsymbol{Y}) = \sigma^2\underset{\sim}{V}_{\sigma}(\boldsymbol{Y}), \tag{9.2.19}$$

其中$\underset{\sim}{V}_{\sigma}(\boldsymbol{Y})$为已知，常数乘子$\sigma^2$未知．由式(9.2.17)可见，在$(\underset{\sim}{A}^{\mathrm{T}}\underset{\sim}{V}^{-1}\underset{\sim}{A})^{-1}$和$\underset{\sim}{V}^{-1}$中的$\sigma^2$项可以对消，因此

$$\hat{\boldsymbol{\vartheta}} = (\underset{\sim}{A}^{\mathrm{T}}\underset{\sim}{V}_{\sigma}^{-1}\underset{\sim}{A})^{-1}\underset{\sim}{A}^{\mathrm{T}}\underset{\sim}{V}_{\sigma}^{-1}\boldsymbol{Y}. \tag{9.2.20}$$

对于等权最小二乘估计

$$\underset{\sim}{V}_{\sigma} = \underset{\sim}{V}_{\sigma}^{-1} = \underset{\sim}{I}_N,$$

$\underset{\sim}{I}_N$为$N \times N$阶单位矩阵，上式进一步简化为

$$\hat{\boldsymbol{\vartheta}} = (\underset{\sim}{A}^{\mathrm{T}}\underset{\sim}{A})^{-1}\underset{\sim}{A}^{\mathrm{T}}\boldsymbol{Y}. \tag{9.2.21}$$

其方差为

$$\underset{\sim}{V}(\hat{\boldsymbol{\vartheta}}) = \sigma^2(\underset{\sim}{A}^{\mathrm{T}}\underset{\sim}{A})^{-1}. \tag{9.2.22}$$

9.2.2 线性最小二乘估计量的性质

对于一般的线性问题，方程(9.2.17)给出了最小二乘估计的严格解，只要矩阵 $\underset{\sim}{A}^T\underset{\sim}{V}^{-1}\underset{\sim}{A}$ 的逆矩阵存在，参数的最小二乘估计 $\hat{\boldsymbol{\vartheta}}$ 就是唯一的，而且不存在任何近似. 所得到的解 $\hat{\boldsymbol{\vartheta}}$ 称为**线性估计量**，因为 $\hat{\boldsymbol{\vartheta}}$ 是测量值 $\boldsymbol{Y}$ 的线性函数.

$\hat{\boldsymbol{\vartheta}}$ 是参数 $\boldsymbol{\vartheta}$ 的无偏估计量. 对 $\hat{\boldsymbol{\vartheta}}$ 求期望值

$$\begin{aligned}E(\hat{\boldsymbol{\vartheta}}) &= E[(\underset{\sim}{A}^{\mathrm{T}}\underset{\sim}{V}^{-1}\underset{\sim}{A})^{-1}\underset{\sim}{A}^{\mathrm{T}}\underset{\sim}{V}^{-1}\boldsymbol{Y}] = (\underset{\sim}{A}^{\mathrm{T}}\underset{\sim}{V}^{-1}\underset{\sim}{A})^{-1}\underset{\sim}{A}^{\mathrm{T}}\underset{\sim}{V}^{-1}E(\boldsymbol{Y}) \\ &= (\underset{\sim}{A}^{\mathrm{T}}\underset{\sim}{V}^{-1}\underset{\sim}{A})^{-1}\underset{\sim}{A}^{\mathrm{T}}\underset{\sim}{V}^{-1}\underset{\sim}{A}\boldsymbol{\vartheta} = \boldsymbol{\vartheta}.\end{aligned} \tag{9.2.23}$$

其中利用了性质

$$E(\boldsymbol{Y}) = \boldsymbol{\eta} = \underset{\sim}{A}\boldsymbol{\vartheta}. \tag{9.2.24}$$

可见，$\hat{\boldsymbol{\vartheta}}$ 的期望值正是参数的真值，因而式(9.2.17)是参数 $\boldsymbol{\vartheta}$ 的无偏估计.

线性最小二乘估计量的另一最优性质又称为**高斯-马尔可夫**(Gauss-Markov)**原理**：利用观测值的线性函数构成参数 $\hat{\boldsymbol{\vartheta}}$ 的所有无偏估计量中，式(9.2.17)所示的最小二乘估计量的方差最小. 证明如下：

设矢量 $\boldsymbol{t}$ 是观测值 $\boldsymbol{Y}$ 的线性函数，并且是参数 $\boldsymbol{\vartheta}$ 的无偏估计量，即有

$$\boldsymbol{t} = \underset{\sim}{S}\boldsymbol{Y} \tag{9.2.25}$$

和

$$E(\boldsymbol{t}) = \underset{\sim}{S}E(\boldsymbol{Y}) = \underset{\sim}{S}\underset{\sim}{A}\boldsymbol{\vartheta} = \boldsymbol{\vartheta},$$

故必有 $\underset{\sim}{A} = \underset{\sim}{S}^{-1}$. $\boldsymbol{t}$ 的协方差矩阵为

$$\begin{aligned}\underset{\sim}{V}(\boldsymbol{t}) &= E[(\underset{\sim}{S}\boldsymbol{Y} - \boldsymbol{\vartheta})(\underset{\sim}{S}\boldsymbol{Y} - \boldsymbol{\vartheta})^{\mathrm{T}}] \\ &= E[(\underset{\sim}{S}\boldsymbol{Y} - \underset{\sim}{S}\underset{\sim}{A}\boldsymbol{\vartheta})(\underset{\sim}{S}\boldsymbol{Y} - \underset{\sim}{S}\underset{\sim}{A}\boldsymbol{\vartheta})^{\mathrm{T}}] \\ &= E[\underset{\sim}{S}(\boldsymbol{Y} - \underset{\sim}{A}\boldsymbol{\vartheta})(\boldsymbol{Y} - \underset{\sim}{A}\boldsymbol{\vartheta})^{\mathrm{T}}\underset{\sim}{S}^{\mathrm{T}}] \\ &= \underset{\sim}{S}E[(\boldsymbol{Y} - \underset{\sim}{A}\boldsymbol{\vartheta})(\boldsymbol{Y} - \underset{\sim}{A}\boldsymbol{\vartheta})^{\mathrm{T}}]\underset{\sim}{S}^{\mathrm{T}}.\end{aligned}$$

注意到 $\underset{\sim}{A}\boldsymbol{\vartheta}$ 是 $\boldsymbol{Y}$ 的期望值(见式(9.2.24))，故有

$$\underset{\sim}{V}(\boldsymbol{t}) = \underset{\sim}{S}\underset{\sim}{V}(\boldsymbol{Y})\underset{\sim}{S}^{\mathrm{T}}. \tag{9.2.26}$$

该等式可改写成

$$\underset{\sim}{S}\underset{\sim}{V}(\boldsymbol{Y})\underset{\sim}{S}^{\mathrm{T}} \equiv [(\underset{\sim}{A}^{\mathrm{T}}\underset{\sim}{V}^{-1}\underset{\sim}{A})^{-1}\underset{\sim}{A}^{\mathrm{T}}\underset{\sim}{V}^{-1}]\underset{\sim}{V}[(\underset{\sim}{A}^{\mathrm{T}}\underset{\sim}{V}^{-1}\underset{\sim}{A})^{-1}\underset{\sim}{A}^{\mathrm{T}}\underset{\sim}{V}^{-1}]^{\mathrm{T}}$$
$$+[\underset{\sim}{S}-(\underset{\sim}{A}^{\mathrm{T}}\underset{\sim}{V}^{-1}\underset{\sim}{A})^{-1}\underset{\sim}{A}^{\mathrm{T}}\underset{\sim}{V}^{-1}]$$
$$\times \underset{\sim}{V}[\underset{\sim}{S}-(\underset{\sim}{A}^{\mathrm{T}}\underset{\sim}{V}^{-1}\underset{\sim}{A})^{-1}\underset{\sim}{A}^{\mathrm{T}}\underset{\sim}{V}^{-1}]^{\mathrm{T}}. \tag{9.2.27}$$

式(9.2.27)中右边的两项都是二次型 $\underset{\sim}{U}\underset{\sim}{V}\underset{\sim}{U}^{\mathrm{T}}$，根据矩阵代数，二次型矩阵的对角元素都是非负值. 上式中只有第二项与 $\underset{\sim}{S}$ 有关. 当第二项的对角元素为 0 时，$\underset{\sim}{V}(\boldsymbol{t}) = \underset{\sim}{S}\underset{\sim}{V}(\boldsymbol{Y})\underset{\sim}{S}^{\mathrm{T}}$ 的各对角元素达到极小，也即参数 $\boldsymbol{\vartheta}$ 的方差最小，这要求

$$\underset{\sim}{S} = (\underset{\sim}{A}^{\mathrm{T}}\underset{\sim}{V}^{-1}\underset{\sim}{A})^{-1}\underset{\sim}{A}^{\mathrm{T}}\underset{\sim}{V}^{-1}.$$

代入式(9.2.25)得知，这样的估计量 $\boldsymbol{t}$ 正是式(9.2.17)最小二乘估计量 $\hat{\boldsymbol{\vartheta}}$ 的表达式；代入式(9.2.26)得知，该估计量 $\boldsymbol{t}$ 的方差正是式(9.2.18) $\underset{\sim}{V}(\hat{\boldsymbol{\vartheta}})$ 的表达式. 证毕.

9.2.3　线性最小二乘估计举例

例 9.2　抛物线拟合

设我们有一组相互独立的观测值，如表 9.1 所示.

表 9.1

i	1	2	3	4
x_i	−0.6	−0.2	0.2	0.6
$y_i\pm\sigma_i$	5±2	3±1	5±1	8±2

根据对于观测量的了解，y 与 x 应当有抛物线函数关系. 因此，问题化为对抛物线方程

$$f(\vartheta_1,\vartheta_2,\vartheta_3;x) = \vartheta_1+\vartheta_2 x+\vartheta_3 x^2 \tag{9.2.28}$$

中参数 $\vartheta_1,\vartheta_2,\vartheta_3$ 的估计问题. 理论模型 f 是参数 $\boldsymbol{\vartheta}=\{\vartheta_1,\vartheta_2,\vartheta_3\}$ 的线性函数，可用线性最小二乘估计的公式. 由观测值可写出 4×3 系数矩阵 $\underset{\sim}{A}$ (见式(9.2.12)和式(9.2.13))

$$\underset{\sim}{A} = \begin{bmatrix} 1 & x_1 & x_1^2 \\ 1 & x_2 & x_2^2 \\ 1 & x_3 & x_3^2 \\ 1 & x_4 & x_4^2 \end{bmatrix} = \begin{bmatrix} 1 & -0.6 & (-0.6)^2 \\ 1 & -0.2 & (-0.2)^2 \\ 1 & 0.2 & 0.2^2 \\ 1 & 0.6 & 0.6^2 \end{bmatrix}.$$

测量值矢量 $\boldsymbol{Y}$ 和对角协方差矩阵则为

$$\boldsymbol{Y}=\begin{bmatrix}5\\3\\5\\8\end{bmatrix},\qquad \underset{\sim}{V}=\begin{bmatrix}\sigma_1^2 & & & 0\\ & \sigma_2^2 & & \\ & & \sigma_3^2 & \\ 0 & & & \sigma_4^2\end{bmatrix}=\begin{bmatrix}2^2 & & & 0\\ & 1^2 & & \\ & & 1^2 & \\ 0 & & & 2^2\end{bmatrix},$$

对角阵 $\underset{\sim}{V}$ 的逆阵 $\underset{\sim}{V}^{-1}$ 容易由下式求得：

$$V_{ii}^{-1}=(V_{ii})^{-1}.$$

为了计算 $\boldsymbol{\vartheta}$ 的最小二乘估计，根据式(9.2.17)，必须首先知道矩阵 $\underset{\sim}{A}^{\mathrm{T}}\underset{\sim}{V}^{-1}\underset{\sim}{A}$ 是否为非奇异矩阵. 写出 $\underset{\sim}{A}^{\mathrm{T}}\underset{\sim}{V}^{-1}\underset{\sim}{A}$ 为

$$\underset{\sim}{A}^{\mathrm{T}}\underset{\sim}{V}^{-1}\underset{\sim}{A}=\begin{bmatrix}1 & 1 & 1 & 1\\ -0.6 & -0.2 & 0.2 & 0.6\\ (-0.6)^2 & (-0.2)^2 & (0.2)^2 & (0.6)^2\end{bmatrix}$$

$$\times\begin{bmatrix}0.25 & & & 0\\ & 1 & & \\ & & 1 & \\ 0 & & & 0.25\end{bmatrix}\begin{bmatrix}1 & -0.6 & (-0.6)^2\\ 1 & -0.2 & (-0.2)^2\\ 1 & 0.2 & 0.2^2\\ 1 & 0.6 & 0.6^2\end{bmatrix}$$

$$=\begin{bmatrix}2.5 & 0 & 0.26\\ 0 & 0.26 & 0\\ 0.26 & 0 & 0.068\end{bmatrix}.$$

该矩阵是非奇异的，行列式不为 0，求得其逆阵为

$$(\underset{\sim}{A}^{\mathrm{T}}\underset{\sim}{V}^{-1}\underset{\sim}{A})^{-1}=\begin{bmatrix}0.664 & 0 & -2.54\\ 0 & 3.85 & 0\\ -2.54 & 0 & 24.42\end{bmatrix}.$$

由式(9.2.17)求得 $\boldsymbol{\vartheta}$ 的最小二乘估计 $\hat{\boldsymbol{\vartheta}}$，

$$\hat{\boldsymbol{\vartheta}} = (\underset{\sim}{A}^{\mathrm{T}}\underset{\sim}{V}^{-1}\underset{\sim}{A})^{-1}\underset{\sim}{A}^{\mathrm{T}}\underset{\sim}{V}^{-1}\boldsymbol{Y}$$

$$= \begin{bmatrix} 0.664 & 0 & -2.54 \\ 0 & 3.85 & 0 \\ -2.54 & 0 & 24.42 \end{bmatrix} \begin{bmatrix} 1 & 1 & 1 & 1 \\ -0.6 & -0.2 & 0.2 & 0.6 \\ 0.36 & 0.04 & 0.04 & 0.36 \end{bmatrix}$$

$$\times \begin{bmatrix} 0.25 & & & 0 \\ & 1 & & \\ & & 1 & \\ 0 & & & 0.25 \end{bmatrix} \begin{bmatrix} 5 \\ 3 \\ 5 \\ 8 \end{bmatrix} = \begin{bmatrix} 3.68 \\ 3.27 \\ 7.81 \end{bmatrix}.$$

于是对于数据点的最小二乘拟合的抛物线方程为

$$\hat{\eta} = f(\hat{\boldsymbol{\vartheta}}; x) = 3.68 + 3.27x + 7.81x^2 .$$

$\hat{\boldsymbol{\vartheta}}$ 的误差由协方差矩阵 $\underset{\sim}{V}(\hat{\boldsymbol{\vartheta}})$ 表示，它就是前面已求出的 $(\underset{\sim}{A}^{\mathrm{T}}\underset{\sim}{V}^{-1}\underset{\sim}{A})^{-1}$．$\hat{\boldsymbol{\vartheta}}$ 的误差估计由 $\underset{\sim}{V}(\hat{\boldsymbol{\vartheta}})$ 的对角元素的平方根表示，即

$$\Delta\hat{\vartheta}_1 = 0.81, \qquad \Delta\hat{\vartheta}_2 = 1.96, \qquad \Delta\hat{\vartheta}_3 = 4.94.$$

由于协方差矩阵中存在不等于零的 $V_{13}(\hat{\boldsymbol{\vartheta}})$，故知参数 ϑ_1 与 ϑ_3 是相关的．依照相关系数的定义，有

$$\hat{\rho}_{13} = \frac{V_{13}(\hat{\boldsymbol{\vartheta}})}{\Delta\vartheta_1\Delta\vartheta_3} = \frac{-2.54}{0.81 \times 4.94} = -0.63 .$$

例 9.3　两个独立的实验结果的合并

粒子物理实验表明，奇异粒子的半轻子弱衰变一般地遵从 $\Delta S = \Delta Q = \pm 1$ 选择规则，ΔS 、ΔQ 分别表示衰变前后强子的奇异数变化量和电荷变化量．该规则表明，$\Delta S = \Delta Q = \pm 1$ 的衰变发生的可能性比较大．以 K^0 介子的衰变为例，令

$$x = \frac{\text{反应振幅}\,(K^0 \to \pi^+ 1^- \bar{\mathrm{v}})}{\text{反应振幅}\,(K^0 \to \pi^- 1^+ \mathrm{v})},$$

x 值的大小反映了对于该规则“破坏”的程度，其中π，1，v 分别表示π介子，轻子和中微子．x 是一个复数量，设其实部和虚部的真值用 η_1 ，η_2 表示．实验 A 对

η_1，η_2 的测量结果是

$$y_1^A = 0.12\,, \qquad y_2^A = -0.25\,,$$

误差(协方差)矩阵是

$$\underset{\sim}{V}(\boldsymbol{y}^A) = \begin{pmatrix} 0.01 & -0.01 \\ -0.01 & 0.04 \end{pmatrix};$$

实验 B 只测量了 η_1

$$y_1^B \pm \sigma_1^B = 0.01 \pm 0.08.$$

求两个实验结果的最佳合并数据.

该问题中，未知参数矢量 $\boldsymbol{\eta}$ 、观测值矢量 $\boldsymbol{y}$ 及其真值 $\boldsymbol{f}$ 分别为

$$\boldsymbol{\eta} = \begin{pmatrix} \eta_1 \\ \eta_2 \end{pmatrix}, \qquad \boldsymbol{y} = \begin{bmatrix} y_1^A \\ y_2^A \\ \vdots \\ y_1^B \end{bmatrix} = \begin{bmatrix} 0.12 \\ -0.25 \\ \vdots \\ 0.01 \end{bmatrix}, \qquad \boldsymbol{f} = \begin{bmatrix} \eta_1 \\ \eta_2 \\ \vdots \\ \eta_1 \end{bmatrix}.$$

观测值矢量 $\boldsymbol{y}$ 的协方差矩阵扩展为

$$\underset{\sim}{V}(\boldsymbol{y}) = \left[\begin{array}{cc:c} 0.01 & -0.01 & 0 \\ -0.01 & 0.04 & 0 \\ \hdashline 0 & 0 & 0.08^2 \end{array}\right].$$

由于系数矩阵由 $\boldsymbol{f} = \underset{\sim}{A}\boldsymbol{\eta}$ 确定(见式(9.2.13))，故有

$$\underset{\sim}{A} = \left[\begin{array}{cc} 1 & 0 \\ 0 & 1 \\ \hdashline 1 & 0 \end{array}\right].$$

于是可求得 $\boldsymbol{\eta}$ 的最小二乘估计 $\hat{\boldsymbol{\eta}}$ 及协方差矩阵 $\underset{\sim}{V}(\hat{\boldsymbol{\eta}})$，

$$\underset{\sim}{V}(\hat{\boldsymbol{\eta}}) = (\underset{\sim}{A}^{\mathrm{T}}\underset{\sim}{V}^{-1}\underset{\sim}{A})^{-1} = \begin{bmatrix} 0.0039 & -0.0039 \\ -0.0039 & 0.0346 \end{bmatrix},$$

$$\hat{\boldsymbol{\eta}}=(\underset{\sim}{A}^{\mathrm{T}}\underset{\sim}{V}^{-1}\underset{\sim}{A})^{-1}\underset{\sim}{A}\underset{\sim}{V}^{-1}\boldsymbol{y}=\begin{pmatrix}0.052\\-0.183\end{pmatrix}.$$

由协方差矩阵存在不等于 0 的非对角项可知，η_1 与 η_2 相互关联. 因此，尽管 η_2 的测量值只有一次 y_2^A，但 η_2 的估计值 $\hat{\eta}_2$ 却与 y_2^A 不同，这是由于 η_1 的测量值在两个实验中 y_1^A 与 y_1^B 不相同，而 η_1 与 η_2 存在相互关联造成的.

9.2.4　一般多项式和正交多项式拟合

在例 9.1 和例 9.2 中，讨论了变量 x 的一次和二次多项式(直线、抛物线)的最小二乘拟合. 但常常会遇到 x 的高次多项式的拟合问题，即理论模型可写成

$$\eta_i=\sum_{l=1}^{L}x_i^{l-1}\vartheta_l\,. \tag{9.2.29}$$

这里，η_i 仍然是参数 $\boldsymbol{\vartheta}$ 的线性函数，问题的求解仍可沿用 9.2.2 节叙述的方法和公式. 但当多项式幂次增高，矩阵求逆的问题越来越复杂，而且运算中的舍入误差导致的不精确性也越来越严重.

利用变量 x 的正交多项式，可将形式如式(9.2.29)的线性模型重新改写. 引入正交多项式的好处在于能产生容易求逆阵的对角矩阵，从而避免矩阵运算中的舍入误差.

我们来考虑测量互相独立、而且测量误差 σ 相同的情形. 这时，测量值的协方差矩阵及其逆阵可写为

$$\underset{\sim}{V}(\boldsymbol{Y})=\sigma^2\underset{\sim}{I}_N,\qquad \underset{\sim}{V}^{-1}(\boldsymbol{Y})=\frac{1}{\sigma^2}\underset{\sim}{I}_N.$$

$\underset{\sim}{I}_N$ 表示 $N\times N$ 阶单位矩阵. 对式(9.2.5)表示的线性模型，将上述 $\underset{\sim}{V}^{-1}(\boldsymbol{Y})$ 表达式代入式(9.2.17)，求得等权最小二乘估计为

$$\hat{\boldsymbol{\vartheta}}=(\underset{\sim}{A}^{\mathrm{T}}\underset{\sim}{A})^{-1}\underset{\sim}{A}^{\mathrm{T}}\boldsymbol{Y}\,. \tag{9.2.30}$$

设存在一组 L 个多项式 $\xi_l(x)$，它们是相互正交的，即满足

$$\sum_{i=1}^{N}\xi_k(x_i)\xi_l(x_i)=\delta_{kl},\qquad k,l=1,2,\cdots,L\,. \tag{9.2.31}$$

代入线性模型式(9.2.29)，有

$$\eta_i = \sum_{l=1}^{L} \xi_l(x_i)\omega_l, \tag{9.2.32}$$

其中 ω_l 是 L 个新参数；利用这些新参数，系数矩阵 $\underset{\sim}{A}$ 的元素为

$$A_{il} = (\underset{\sim}{A}^{\mathrm{T}})_{lil} = a_i = \xi_l(x_i).$$

矩阵 $\underset{\sim}{A}^{\mathrm{T}}\underset{\sim}{A}$ 的元素可写成

$$(\underset{\sim}{A}^{\mathrm{T}}\underset{\sim}{A})_{kl} = \sum_{i=1}^{N}(\underset{\sim}{A}^{\mathrm{T}})_{ki}(\underset{\sim}{A})_{il} = \sum_{i=1}^{N}\xi_k(x_i)\xi_l(x_i) = \delta_{kl},$$

即

$$\underset{\sim}{A}^{\mathrm{T}}\underset{\sim}{A} = \underset{\sim}{I}_L.$$

代入式(9.2.30)，得到新参数矢量 $\boldsymbol{\omega}$ 的最小二乘估计

$$\hat{\boldsymbol{\omega}} = \underset{\sim}{A}^{\mathrm{T}}\boldsymbol{Y}, \tag{9.2.33}$$

对于参数矢量的各分量，写出显著表达式

$$\hat{\omega}_l = (\underset{\sim}{A}^{\mathrm{T}}\boldsymbol{Y})_l = \sum_{i=1}^{N}\xi_l(x_i)y_i, \qquad l = 1, 2, \cdots, L;$$

而 $\hat{\boldsymbol{\omega}}$ 的协方差矩阵变成

$$\underset{\sim}{V}(\hat{\boldsymbol{\omega}}) = (\underset{\sim}{A}^{\mathrm{T}}\underset{\sim}{V}^{-1}(\boldsymbol{Y})\underset{\sim}{A})^{-1} = \sigma^2\underset{\sim}{I}_L, \tag{9.2.34}$$

而 $\hat{\boldsymbol{\omega}}$ 各分量之间不相关联，是互相独立的.

可见，在这种条件下，参数的最小二乘估计非常容易求出，关键在于能找到满足正交条件(9.2.31)的正交多项式，并将理论模型式(9.2.29)用正交多项式表示为式(9.2.32)的形式

例 9.4　直线拟合(2)

利用正交多项式方法求解直线拟合问题. 设有 N 对独立的实验观测值 $(x_1, y_1), \cdots, (x_N, y_N)$，其中 $y_i (i = 1, \cdots, N)$ 有相同的测量误差 σ. 求最佳的拟合直线.

直线的理论模型现在用两个参数 ω_1, ω_2 和两个正交多项式 $\xi_1(x_i), \xi_2(x_i)$ 写出. 取

$$\xi_1(x_i) = 1, \qquad \xi_2(x_i) = x_i - \overline{x}, \qquad i = 1, 2, \cdots, N,$$

其中

$$\overline{x}=\frac{1}{N}\sum_{i=1}^{N}x_i\,,$$

则$\xi_1(x_i)$和$\xi_2(x_i)$有正交性，即

$$\sum_{i=1}^{N}\xi_1(x_i)\xi_2(x_i)=0\,.$$

但它们没有归一性，因为

$$\sum_{i=1}^{N}[\xi_1(x_i)]^2=N,\qquad \sum_{i=1}^{N}[\xi_2(x_i)]^2=\sum_{i=1}^{V}(x_i-\overline{x})^2\,.$$

由此带来的与本节导出的公式的不一致将在下面很容易地加以处理.

利用$\xi_1(x_i)$和$\xi_2(x_i)$直线的参数表示是

$$\eta_i=\sum_{l=1}^{2}\xi_l(x_i)\omega_l=\sum_{l=1}^{2}a_{il}\omega_l=\omega_1+(x_i-\overline{x})\omega_2\,.$$

系数矩阵$\underset{\sim}{A}$是$N\times 2$矩阵

$$\underset{\sim}{A}=\begin{bmatrix}1 & x_1-\overline{x}\\ 1 & x_2-\overline{x}\\ \vdots & \vdots\\ 1 & x_N-\overline{x}\end{bmatrix}.$$

由于归一条件不再成立，维数2×2的矩阵乘积$\underset{\sim}{A}^{\mathrm{T}}\underset{\sim}{A}$不再是单位矩阵

$$\underset{\sim}{A}^{\mathrm{T}}\underset{\sim}{A}=\begin{pmatrix}1 & 1 & \cdots & 1\\ x_1-\overline{x} & x_2-\overline{x} & \cdots & x_N-\overline{x}\end{pmatrix}\begin{bmatrix}1 & x_1-\overline{x}\\ 1 & x_2-\overline{x}\\ \vdots & \vdots\\ 1 & x_N-\overline{x}\end{bmatrix}=\begin{pmatrix}N & 0\\ 0 & \sum\limits_{i=1}^{N}(x_i-\overline{x})^2\end{pmatrix},$$

容易求出它的逆阵

$$(\underset{\sim}{A}^{\mathrm{T}}\underset{\sim}{A})^{-1}=\begin{pmatrix}N^{-1} & 0\\ 0 & \left[\sum\limits_{i=1}^{N}(x_i-\overline{x})\right]^{-1}\end{pmatrix}.$$

因此，参数$\boldsymbol{\omega}$的最小二乘解为

$$\hat{\boldsymbol{\omega}} = (A^{\mathrm{T}} A)^{-1} A^{\mathrm{T}} \boldsymbol{y} = \begin{bmatrix} \sum_{i=1}^{N} y_i / N \\ \dfrac{\sum_{i=1}^{N} x_i y_i - \overline{x} \sum_{i=1}^{N} y_i}{\sum_{i=1}^{N} (x_i - \overline{x})^2} \end{bmatrix}.$$

通过简单的代数运算可知，上述结果与例 9.1 相一致.

由于 N 对实验观测值是独立地得到的，观测值的协方差矩阵是对角矩阵

$$\underset{\sim}{V}(\boldsymbol{y}) = \sigma^2 \underset{\sim}{I}_N .$$

因此，$\boldsymbol{\omega}$ 的协方差矩阵为

$$\underset{\sim}{V}(\hat{\boldsymbol{\omega}}) = (\underset{\sim}{A}^{\mathrm{T}} \underset{\sim}{V}^{-1}(\boldsymbol{y}) \underset{\sim}{A})^{-1} = (\sigma^{-2} A^{\mathrm{T}} A)^{-1}$$

$$= \sigma^2 \begin{pmatrix} N^{-1} & 0 \\ 0 & \left[\sum_{i=1}^{N} (x_i - \overline{x})^2 \right]^{-1} \end{pmatrix}.$$

如果利用通常的方法(9.2.22)，则 $\hat{\boldsymbol{\vartheta}}$ 的协方差矩阵可表示为

$$\underset{\sim}{V}(\hat{\boldsymbol{\vartheta}}) = \frac{\sigma^2}{N \sum_{i=1}^{N} x_i^2 - \left(\sum_{i=1}^{N} x_i \right)^2} \begin{bmatrix} \sum_{i=1}^{N} x_i^2 & -\sum_{i=1}^{N} x_i \\ -\sum_{i=1}^{N} x_i & N \end{bmatrix}.$$

可见，利用正交多项式协方差矩阵是对角矩阵，比通常的方法简单.

9.3　非线性最小二乘估计

现在我们来讨论更一般的最小二乘估计问题：理论模型 f 是待估计参数 $\boldsymbol{\vartheta}$ 的**非线性函数**. 在这种情形下，不可能如线性模型那样写出参数 $\boldsymbol{\vartheta}$ 的严格解，通常利用迭代法求出 Q^2 的极小来寻找 $\hat{\boldsymbol{\vartheta}}$ 的近似值.

在第十二章中我们将介绍求函数极小值的一般方法；这里将引用该章的结果来讨论最小二乘估计中形式为

$$Q^2 = (\boldsymbol{Y} - \boldsymbol{\eta})^{\mathrm{T}} \underset{\sim}{V}^{-1}(\boldsymbol{Y})(\boldsymbol{Y} - \boldsymbol{\eta})$$

的极小化方法. 在上式中，$\boldsymbol{Y}$ 是观测值矢量，$\underset{\sim}{V}(\boldsymbol{Y})$ 是其协方差矩阵，$\boldsymbol{\eta}$ 是理论模型的预测值，它是待估计参数 $\boldsymbol{\vartheta}=\{\vartheta_1,\vartheta_2,\cdots,\vartheta_L\}$ 的非线性函数

$$\boldsymbol{\eta}=f(\boldsymbol{\vartheta},\boldsymbol{X}). \tag{9.3.1}$$

我们用 13.3.2 节将介绍的**牛顿法**求 Q^2 的极小. 假定在第 v 次迭代后找到了参数 $\boldsymbol{\vartheta}$ 的一组比较好的近似值

$$\boldsymbol{\vartheta}^{v}=\{\vartheta_1^{v},\vartheta_2^{v},\cdots,\vartheta_L^{v}\}. \tag{9.3.2}$$

对应于这组参数值的 Q^2 值等于 Q_v^2. 我们希望在第 $v+1$ 次迭代中找到更好的近似值 $\boldsymbol{\vartheta}^{v+1}$，使得

$$Q_{v+1}^2<Q_v^2,$$

并且在多次迭代后趋近于 $Q_{\min}^2$. 如 12.3.2 节所述，满足这一要求的迭代公式是

$$\boldsymbol{\vartheta}^{v+1}=\boldsymbol{\vartheta}^{v}-\underset{\sim}{G}^{-1}(\boldsymbol{\vartheta}^{v})\cdot\boldsymbol{g}(\boldsymbol{\vartheta}^{v}), \tag{9.3.3}$$

其中 $\boldsymbol{g}(\boldsymbol{\vartheta}^{v})$ 和 $\underset{\sim}{G}(\boldsymbol{\vartheta}^{v})$ 分别是量 Q^2 对于 $\boldsymbol{\vartheta}$ 的梯度矢量和二阶导数矩阵在 $\boldsymbol{\vartheta}=\boldsymbol{\vartheta}^{v}$ 处的值，即

$$g_i=\left.\frac{\partial Q^2(\boldsymbol{\vartheta})}{\partial\vartheta_i}\right|_{\vec{\vartheta}=\boldsymbol{\vartheta}^{v}}, \tag{9.3.4}$$

$$G_{ij}=\left.\frac{\partial^2 Q^2(\boldsymbol{\vartheta})}{\partial\vartheta_i\partial\vartheta_j}\right|_{\boldsymbol{\vartheta}=\boldsymbol{\vartheta}^{v}}. \tag{9.3.5}$$

终止迭代的判据一般是使得下式成立：

$$\left\|\boldsymbol{\vartheta}^{v+1}-\boldsymbol{\vartheta}^{v}\right\|\equiv\left[\sum_{i=1}^{L}(\vartheta_i^{v+1}-\vartheta_i^{v})^2\right]^{1/2}<\varepsilon,$$

ε 是一个给定的小数，或者是

$$\left|Q_{v+1}^2-Q_v^2\right|<\varepsilon.$$

如果 Q^2 是 $\boldsymbol{\vartheta}$ 的二次函数(即 $\boldsymbol{\eta}$ 是参数的线性函数)，那么二阶导数矩阵 G 的矩阵元是常数，与参数 $\boldsymbol{\vartheta}$ 无关，只需要一次迭代就能得到 Q^2 的严格极小，因而 $\boldsymbol{\vartheta}$ 的解是严格的，与 9.2 节中线性最小二乘估计的结果完全一致.

对于非线性模型，即 f 是 $\boldsymbol{\vartheta}$ 的非线性函数，最小二乘估计量没有线性模型情形下的最优性质，一般地它是有偏估计量，其方差不是最小方差.

例 9.5　带电粒子的螺旋线径迹参数

作为迭代法求未知参数的一个例子，我们来讨论带电粒子在均匀、恒定的磁场中运动轨迹参数的最小二乘估计. 为简单起见，假定粒子动量为常数，粒子的轨迹是轴线平行于磁场方向的螺旋线. 待解的问题是根据粒子径迹的一系列测定点坐标来确定螺旋线参数的最优值.

设磁场沿着直角坐标的 z 方向. 假定粒子径迹的起始点坐标(A, B, C)为已知，粒子径迹上的 N 个测定点的坐标记为(X_i, Y_i, Z_i)，$i=1, 2, \cdots, N$. 将起始点(A, B, C)作为第二个坐标系(X', Y', Z')的原点，Z' 轴平行于 Z 轴，Y' 轴通过点(A, B, C)且平行于径迹在 XY 平面内投影的切线方向(图 9.1). 在(X', Y', Z')坐标系中，螺旋线方程可表示为

$$x' = \rho(\cos\phi - 1), \qquad y' = \rho\sin\phi, \qquad z' = \rho\phi\tan\lambda;$$

其中ρ是径迹在 $X'Y'$ 平面中投影圆弧的曲率半径，λ 是 $X'Y'$ 平面与螺旋线切线之间的夹角(称为倾角)，ϕ 是轨迹在 XY 平面上的投影从起始点到某一测量点之间的圆弧对于 xyz 坐标系原点所张的角度. 而在(X, Y, Z)坐标系中，螺旋线方程是

$$\begin{aligned} x &= A + x'\cos\beta - y'\sin\beta, \\ y &= B + x'\sin\beta + y'\cos\beta, \\ z &= C + z', \end{aligned}$$

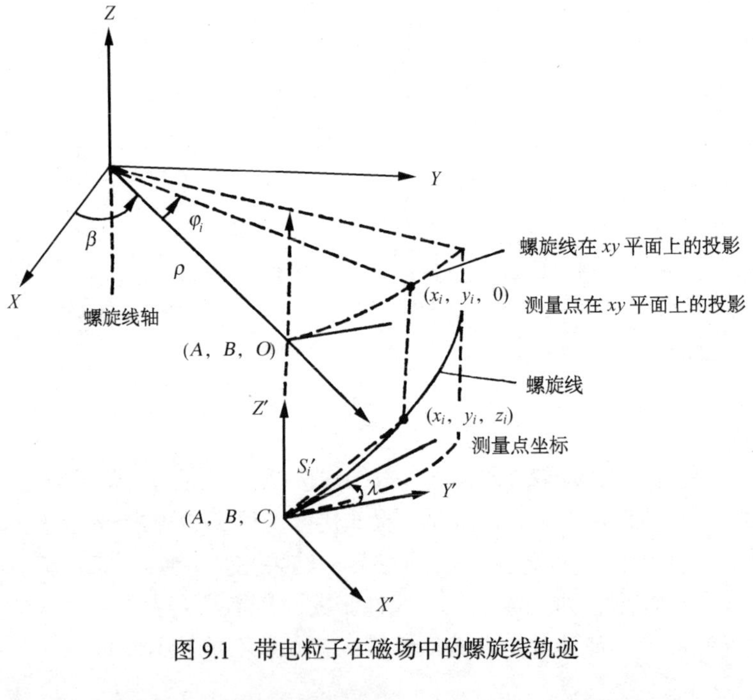

图 9.1　带电粒子在磁场中的螺旋线轨迹

其中β是X与X'轴之间的夹角.

对应于一组观测值(X_i, Y_i, Z_i)，$i=1, 2, \cdots, N$，相应的ϕ角记为ϕ_i，$i=1,2,\cdots,N$. 可得到一组模型预测的坐标值x_i，y_i，z_i，分别为

$$\left.\begin{aligned} x_i &= A+\rho(\cos\phi_i - 1)\cos\beta - \rho\sin\phi_i\sin\beta, \\ y_i &= B+\rho(\cos\phi_i - 1)\sin\beta + \rho\sin\phi_i\cos\beta, \\ z_i &= C+\rho\phi_i\tan\lambda. \end{aligned}\right\} i=1,2,\cdots,N. \tag{9.3.6}$$

为简单起见，首先我们考虑测量误差可以忽略的情形，根据式(9.1.3)，待求极小的量为

$$Q^2=\sum_{i=1}^{N}[(X_i-x_i)^2+(Y_i-y_i)^2+(Z_i-z_i)^2]. \tag{9.3.7}$$

用ρ，β和$\tan\lambda$作为螺旋线的未知参数，对Q^2的极小化最易于实现. 在这种情形下，Q^2的梯度矢量$\boldsymbol{g}$的分量$g_\rho, g_\beta, g_\lambda$有如下表达式：

$$g_\rho=\frac{\partial Q^2}{\partial\rho}=\frac{-2}{\rho}\sum_{i=1}^{N}[(X_i-x_i)(x_i-A)+(Y_i-y_i)(y_i-B)+(Z_i-z_i)(z_i-C)],$$

$$g_\beta=\frac{\partial Q^2}{\partial\beta}=-2\sum_{i=1}^{N}[-(X_i-x_i)(y_i-B)+(Y_i-y_i)(x_i-A)],$$

$$g_\lambda=\frac{\partial Q^2}{\partial\tan\lambda}=-2\rho\sum_{i=1}^{N}(Z_i-z_i)\phi_i .$$

二阶导数矩阵$\underset{\sim}{G}$的各个元素为

$$G_{\rho\rho}=\frac{\partial^2 Q^2}{\partial\rho^2}=\frac{2}{\rho^2}\sum_{i=1}^{N}[(x_i-A)^2+(y_i-B)^2+(z_i-C)^2],$$

$$G_{\rho\beta}=G_{\beta\rho}=\frac{2}{\rho^2}\sum_{i=1}^{N}[(X_i-x_i)(y_i-B)-(Y_i-y_i)(x_i-A)],$$

$$G_{\rho\lambda}=G_{\lambda\rho}=2\sum_{i=1}^{N}[(z_i-C)-(Z_i-z_i)]\phi_i ,$$

$$G_{\beta\beta}=\frac{\partial^2 Q^2}{\partial\beta^2}=2\sum_{i=1}^{N}[(X_i-A)(x_i-A)+(Y_i-B)(y_i-B)],$$

$$G_{\lambda\lambda}=\frac{\partial^2 Q^2}{\partial(\tan\lambda)^2}=2\rho^2\sum_{i=1}^{N}\phi_i^2,$$

$$G_{\beta\lambda}=G_{\lambda\beta}=0.$$

迭代的初始值 $\tan\lambda^0, \rho^0$ 和 β^0 可按如下方法求得：在 (X', Y', Z') 坐标系中，N 个测定点到原点的距离令为 $S_i'(i=1,2,\cdots,N)$，由 N 对 (S_i', Z_i') 作直线最小二乘拟合所得的值可作为 $\tan\lambda_0$.

曲率半径 ρ 和角度 β 的初值 ρ^0 和 β^0，可对通过测定点在 XY 平面上投影值 (X_i, Y_i) 的圆作线性最小二乘拟合求出. 圆的方程可表示为

$$(x-A)^2+(y-B)^2+2a(x-A)+2b(y-B)=0,$$

参数 a，b 的估计值给出 ρ^0 和 β^0，

$$\rho^0=(\hat{a}^2+\hat{b}^2)^{1/2}, \qquad \beta^0=\arctan(\hat{b}/\hat{a}).$$

测定点的方位角 ϕ_i^0 可表示为

$$\phi_i=\arctan\frac{Y_i-(B-b)}{X_i-(A-a)}-\beta, \qquad i=1,2,\cdots,N.$$

根据初始值 ρ^0，β^0，$\tan\lambda^0$，可按一阶导数矢量和二阶导数矩阵 $\mathbf{g}$，$\underset{\sim}{G}$ 的表达式求出 $\mathbf{g}^0$，$\underset{\sim}{G}^0$，然后按迭代公式(9.3.3)算得迭代后的值 ρ^1，β^1，$\tan\lambda^1$. 重复迭代下去，直到获得 Q^2 的满意的极小值为止.

在实际问题中，径迹起始点(A, B, C)为已知这一假定并不一定能满足. 因此，我们容许坐标 A，B，C 变化，这样，螺旋线的待估计参数可以取为 A，C，ρ，β，$\tan\lambda$ 或者 B，C，ρ，β，$\tan\lambda$，A(或 B)和 C 的初始值可选为第一个测定点的坐标值，ρ 和 β 的初始值的确定与前面描述的方法相同，但此时需对投影圆作待估计参数的非线性最小二乘拟合.

更为一般的情况是，粒子径迹上各点位置的测定值存在一定的误差 ΔX_i，$\Delta Y_i, \Delta Z_i$，而且它们之间存在相互关联，这样，要利用式(9.1.7)关于 Q^2 的一般性公式来求极小，相应的公式也就更为复杂，这里不再介绍. 求得螺旋线参数的最小二乘估计值之后，可以根据这些估计的参数值求得与原来 N 个测量点相对应的测量拟合值. 由于原测定值存在测定误差，而这些拟合值是通过 Q^2 的极小化求得的，可以认为拟合值较之原测量值更接近于真值，因此，也可称为**优化测量值**.

例 9.6　圆弧径迹的拟合

在粒子物理的正负电子对撞实验中，往往利用螺旋管磁场，带电粒子作螺旋线运动. 粒子轨迹通过粒子击中探测器(漂移室、多丝正比室)的位置来确定. 这些探测器的安排一般沿 z (磁场)方向测量误差较大，而击中点的 x，y 坐标测量误

差很小. 因此，粒子寻迹主要依赖于从许多击中点的 x，y 坐标来拟合出螺旋线径迹在 x，y 平面上的投影圆弧.

设圆弧径迹的圆心坐标为 ϑ_1, ϑ_2，半径为 ϑ_3，这是要求的三个未知参数. 利用探测器测量到粒子径迹的 N 个击中点坐标为 $(x_i, y_i), i=1,2,\cdots,N$. 半径的“测量值” r_i 可表示为

$$r_i = [(\vartheta_1 - x_i)^2 + (\vartheta_2 - y_i)^2]^{1/2}, \qquad i=1,2,\cdots,N.$$

各击中点坐标独立地测定，故当 $i \neq j$ 时，$\sigma(r_i)$ 与 $\sigma(r_j)$ 相互独立. 根据误差传播法则，$\sigma(r_i)$ 可由 x_i，y_i 的测量误差 $\sigma(x_i)$，$\sigma(y_i)$ 表示

$$\begin{aligned}\sigma^2(r_i) &= \left(\frac{\partial r_i}{\partial x_i}\right)^2 \sigma^2(x_i) + \left(\frac{\partial r_i}{\partial y_i}\right)^2 \sigma^2(y_i) + 2\left(\frac{\partial r_i}{\partial x_i} \cdot \frac{\partial r_i}{\partial y_i}\right)\mathrm{cov}(x_i, y_i) \\ &= \frac{1}{r_i^2}\Big[\sigma^2(x_i)(\vartheta_1 - x_i)^2 + \sigma^2(y_i)(\vartheta_2 - y_i)^2 \\ &\quad + 2(\vartheta_1 - x_i)(\vartheta_2 - y_i)\mathrm{cov}(x_i, y_i)\Big], \end{aligned} \tag{9.3.8}$$

其中 $\mathrm{cov}(x_i, y_i)$ 是 x_i, y_i 之间的协方差.

按照最小二乘原理，使

$$Q^2(\boldsymbol{\vartheta}) = \sum_{i=1}^{N}\left[\frac{\vartheta_3 - r_i}{\sigma(r_i)^2}\right]^2, \tag{9.3.9}$$

达到极小的参数值 $\hat{\boldsymbol{\vartheta}} = (\hat{\vartheta}_1, \hat{\vartheta}_2, \hat{\vartheta}_3)$ 即是它的最优拟合值. 一般地，该 Q^2 函数的极小化不能解析地求得，而需求助于迭代方法(第十三章).

下面对击中点位置的两种测定方法分别进行讨论：

(1) 每个击中点的 x，y 坐标独立地测定.

每个击中点的两个坐标值 x_i, y_i 相互独立地测定，并且测定误差相同，即

$$\sigma(x_i) = \sigma(y_i) = \sigma, \qquad i=1,2,\cdots,N.$$

此时，$Q^2(\boldsymbol{\vartheta})$ 函数简化为

$$Q^2(\boldsymbol{\vartheta}) = \frac{1}{\sigma^2}\sum_{i=1}^{N}(\theta_3 - r_i)^2,$$

由于常数 σ^2 在求极小时不起作用，故 $Q^2(\boldsymbol{\vartheta})$ 可表示成

$$Q^2(\boldsymbol{\vartheta}) = \sum_{i=1}^{N}(\vartheta_3 - r_i)^2 = \sum_{i=1}^{N}\left[\vartheta_3 - \sqrt{(x_i - \vartheta_1)^2 + (y_i - \vartheta_2)^2}\right]^2. \tag{9.3.10}$$

该式比式(9.3.9)简单了许多，但由于存在平方根项，仍然需用迭代方法求解. 如果考虑函数

$$Q^{2'}(\boldsymbol{\vartheta}) = \sum_{i=1}^{N} (\vartheta_3^2 - r_i^2)^2 , \tag{9.3.11}$$

使 $Q^{2'}(\boldsymbol{\vartheta})$ 对 $\vartheta_1, \vartheta_2, \vartheta_3$ 的偏导数等于零，以求它的极小

$$\frac{\partial Q^{2'}}{\partial \vartheta_1} = 4\sum_{i=1}^{N}(x_i - \vartheta_1)\{\vartheta_3^2 - (x_i - \vartheta_1)^2 - (y_i - \vartheta_2)^2\} = 0, \tag{9.3.12}$$

$$\frac{\partial Q^{2'}}{\partial \vartheta_2} = 4\sum_{i=1}^{N}(y_i - \vartheta_2)\{\vartheta_3^2 - (x_i - \vartheta_1)^2 - (y_i - \vartheta_2)^2\} = 0, \tag{9.3.13}$$

$$\frac{\partial Q^{2'}}{\partial \vartheta_3} = 4\vartheta_3\sum_{i=1}^{N}\{\vartheta_3^2 - (x_i - \vartheta_1)^2 - (y_i - \vartheta_2)^2\} = 0 . \tag{9.3.14}$$

这三个联立的三次方程组初看起来难以求解. 但式(9.3.14)表明，在 $Q^{2'}(\boldsymbol{\vartheta})$ 的极小值处有

$$\sum_{i=1}^{N}\{\vartheta_3^2 - (x_i - \vartheta_1)^2 - (y_i - \vartheta_2)^2\} = 0 ,$$

这时式(9.3.12)、(9.3.13)可化简为 $\vartheta_1, \vartheta_2, \vartheta_3$ 的二次方程

$$\begin{aligned}
&\sum_{i=1}^{N} x_i\{\vartheta_3^2 - (x_i - \vartheta_1)^2 - (y_i - \vartheta_2)^2\} \\
&= \sum_{i=1}^{N} x_i\{\vartheta_3^2 - \vartheta_1^2 - \vartheta_2^2 - x_i^2 - y_i^2 + 2\vartheta_1 x_i + 2\vartheta_2 y_i\} = 0, \\
&\sum_{i=1}^{N} y_i\{\vartheta_3^2 - (x_i - \vartheta_1)^2 - (y_i - \vartheta_2)^2\} \\
&= \sum_{i=1}^{N} y_i\{\vartheta_3^2 - \vartheta_1^2 - \vartheta_2^2 - x_i^2 - y_i^2 + 2\vartheta_1 x_i + 2\vartheta_2 y_i\} = 0.
\end{aligned}$$

由式(9.3.14)还可求得

$$\vartheta_3^2 - \vartheta_1^2 - \vartheta_2^2 = \frac{1}{N}\left\{\sum_{i=1}^{N} x_i^2 + \sum_{i=1}^{N} y_i^2 - 2\vartheta_1\sum_{i=1}^{N} x_i - 2\vartheta_2\sum_{i=1}^{N} y_i\right\}, \tag{9.3.15}$$

代入以上两式，整理后得

$$a\vartheta_1 + b\vartheta_2 = c, \qquad a'\vartheta_1 + b'\vartheta_2 = c',$$

其中

$$a = \sum_{i=1}^{N} x_i^2 - \frac{1}{N}\left(\sum_{i=1}^{N} x_i\right)^2,$$

$$a' = b = \sum_{i=1}^{N} x_i y_i - \frac{1}{N}\left(\sum_{i=1}^{N} x_i\right)\left(\sum_{i=1}^{N} y_i\right),$$

$$b' = \sum_{i=1}^{N} y_i^2 - \frac{1}{N}\left(\sum_{i=1}^{N} y_i\right)^2,$$

$$c = \frac{1}{2}\left[\sum_{i=1}^{N} x_i^3 + \sum_{i=1}^{N} x_i y_i^2 - \frac{1}{N}\sum_{i=1}^{N} x_i\left(\sum_{i=1}^{N} x_i^2 + \sum_{i=1}^{N} y_i^2\right)\right],$$

$$c' = \frac{1}{2}\left[\sum_{i=1}^{N} x_i^2 y_i + \sum_{i=1}^{N} y_i^3 - \frac{1}{N}\sum_{i=1}^{N} y_i\left(\sum_{i=1}^{N} x_i^2 + \sum_{i=1}^{N} y_i^2\right)\right]. \tag{9.3.16}$$

由此立即得到参数 ϑ_1, ϑ_2 的估计

$$\hat{\vartheta}_1 = \frac{bc' - b'c}{b^2 - ab'}, \qquad \hat{\vartheta}_2 = \frac{bc - ac'}{b^2 - ab'}. \tag{9.3.17}$$

代入式(9.3.15)，即求出 $\hat{\vartheta}_3$ 的估计.

上述结果可进一步简化. 作坐标平移

$$x_i = X_i + \overline{x}, \qquad y_i = Y_i + \overline{y},$$

其中

$$\overline{x} = \frac{1}{N}\sum_{i=1}^{N} x_i, \qquad \overline{y} = \frac{1}{N}\sum_{i=1}^{N} y_i,$$

则有

$$\sum_{i=1}^{N} X_i = 0, \qquad \sum_{i=1}^{N} Y_i = 0.$$

在 x-y 和 X-Y 坐标系中，圆弧径迹的圆心和半径分别是 ϑ_1，ϑ_2，ϑ_3 和 ϑ_1'，ϑ_2'，ϑ_3，故有

$$\vartheta_1 = \vartheta_1' + \overline{x}, \qquad \vartheta_2 = \vartheta_2' + \overline{y}.$$

将这些表达式代入式(9.3.16)与式(9.3.17)，即得

$$\hat{\vartheta}_1 = \overline{x} + \frac{BC' - B'C}{B^2 - AB'} \equiv \overline{x} + \vartheta_1',$$

$$\hat{\vartheta}_2 = \overline{y} + \frac{BC - AC'}{B^2 - AB'} \equiv \overline{y} + \vartheta_2',$$

$$\hat{\vartheta}_3 = \left[\vartheta_1'^2 + \vartheta_2'^2 + \frac{A + B'}{N}\right]^{1/2}.$$

其中

$$A = \sum_{i=1}^{N} X_i^2, \qquad B = \sum_{i=1}^{N} X_i Y_i; \qquad B' = \sum_{i=1}^{N} Y_i^2,$$

$$C = \frac{1}{2}\left(\sum_{i=1}^{N} X_i^3 + \sum_{i=1}^{N} X_i Y_i^2\right), \qquad C' = \frac{1}{2}\left(\sum_{i=1}^{N} X_i^2 Y_i + \sum_{i=1}^{N} Y_i^3\right).$$

这些式子的计算量比式(9.3.10)~(9.3.17)要小得多.

由于求 $Q^{2'}(\boldsymbol{\vartheta})$ 极小得到的参数估计完全是解析运算，故比通常的 $Q^2(\boldsymbol{\vartheta})$ 极小化(见式(9.3.10))的迭代解法速度快得多．另一方面，这两者有如下联系．令 $\delta r_i = r_i - \vartheta_3$，于是

$$\begin{aligned} Q^{2'}(\boldsymbol{\vartheta}) &= \sum_{i=1}^{N}(\vartheta_3^2 - r_i^2)^2 = \sum_{i=1}^{N}[\vartheta_3^2 - (\vartheta_3 + \delta r_i)^2]^2 \\ &= \sum_{i=1}^{N}[2\vartheta_3 \delta r_i + (\delta r_i)^2]^2 \approx 4\vartheta_3^2 \sum_{i=1}^{N}(\delta r_i)^2 \\ &= 4\vartheta_3^2 \sum_{i=1}^{N}(r_i - \vartheta_3)^2, \end{aligned}$$

所以在 $\theta_3 \gg \delta r_i$ 的近似下，即圆弧半径比半径测量误差大得多的情形下，有

$$Q^{2'}(\boldsymbol{\vartheta}) \approx 4\vartheta_3^2 Q^2(\boldsymbol{\vartheta}).$$

这样，求 $Q^{2'}(\boldsymbol{\vartheta})$ 的极小是与求 $Q^2(\boldsymbol{\vartheta})$ 的极小是相当的，而且 $Q^2_{\min}(\boldsymbol{\vartheta})$ 可由下式求得：

$$Q^2_{\min}(\boldsymbol{\vartheta}) \approx \frac{Q^{2'}_{\min}(\boldsymbol{\vartheta})}{4\vartheta_3^2}.$$

(2) 每个击中点的 ρ, ϕ 坐标独立地测定.

正负电子对撞实验中普遍使用轴线相同、半径不同的多层圆柱面漂移室，它

所测量的是粒子径迹在各层圆柱探测面上击中点的 ρ, ϕ 坐标，而且两者相互独立(见图 9.2). 设测量标准误差为 σ_ρ 和 σ_ϕ，这相当于用 ρ, φ 两个相互独立的随机变量来描述击中点的位置.

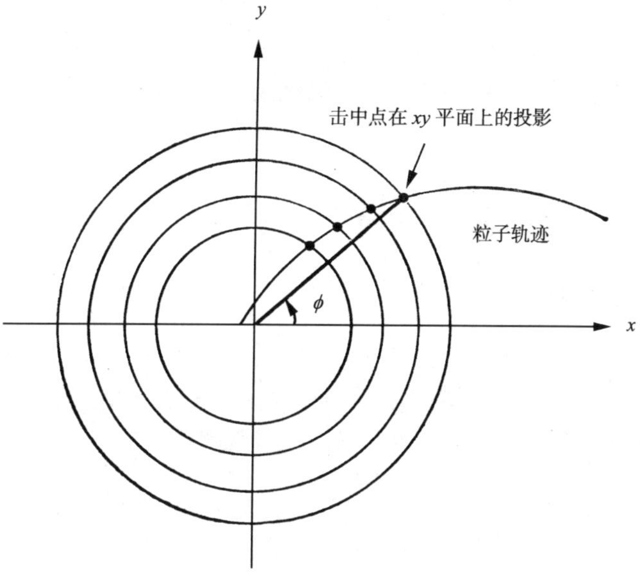

图 9.2 粒子螺旋线轨迹击中多层圆柱面漂移室，击中点在 xy 平面上的投影

极坐标可方便地转换为直角坐标

$$x = \rho\cos\varphi, \qquad y = \rho\sin\varphi .$$

由 (x, y) 构成的随机向量 $\boldsymbol{Z}$ 和 (ρ, φ) 构成的随机向量 $\boldsymbol{U}$ 的协方差矩阵间的关系，由误差传播公式给出

$$\underset{\sim}{V}(\boldsymbol{Z}) \equiv \begin{pmatrix} V_{xx} & V_{xy} \\ V_{yx} & V_{yy} \end{pmatrix} = \underset{\sim}{S}\underset{\sim}{V}(\boldsymbol{U})\underset{\sim}{S}^{\mathrm{T}} ,$$

其中

$$\underset{\sim}{V}(\boldsymbol{U}) = \begin{pmatrix} \sigma_\rho^2 & 0 \\ 0 & \sigma_\phi^2 \end{pmatrix}, \qquad \underset{\sim}{S} = \begin{pmatrix} \dfrac{\partial x}{\partial \rho} & \dfrac{\partial x}{\partial \phi} \\ \dfrac{\partial y}{\partial \rho} & \dfrac{\partial y}{\partial \phi} \end{pmatrix} = \begin{pmatrix} \cos\phi & -\rho\sin\phi \\ \sin\phi & \rho\cos\phi \end{pmatrix}.$$

因此

$$\sigma_x^2 \equiv V_{xx} = \sigma_\rho^2 \cos^2 \phi + \sigma_\phi^2 \rho^2 \sin^2 \phi,$$

$$\sigma_y^2 \equiv V_{yy} = \sigma_\rho^2 \sin^2 \phi + \sigma_\phi^2 \rho^2 \cos^2 \phi,$$

$$\mathrm{cov}(x, y) \equiv V_{xy} = V_{yx} = (\sigma_\rho^2 - \sigma_\phi^2 \rho^2) \sin\phi \cos\phi .$$

代入式(9.3.8)、(9.3.9)，求得 $Q^2(\boldsymbol{\vartheta})$，用迭代法求 $Q^2(\boldsymbol{\vartheta})$ 的极小，即得出参数 $\boldsymbol{\vartheta}$ 的最优拟合.

9.4 最小二乘拟合

9.4.1 测量拟合值和残差

本章前面各节阐明了如何应用最小二乘原理从 N 个测量点 $\boldsymbol{X} = \{X_1, \cdots, X_N\}$ 的观测值 $\boldsymbol{Y} = \{Y_1, \cdots, Y_N\}$ 确定未知参数 $\boldsymbol{\vartheta} = \{\theta_1, \cdots, \theta_L\}(L \leqslant N)$ 的估计值. 其中参数 $\boldsymbol{\vartheta}$ 不可直接测量，而是通过某个确定的函数与观测量 $\boldsymbol{Y}$ 的真值 $\boldsymbol{\eta}$ 发生联系(见 9.1 节)

$$\eta_i = f(\boldsymbol{\vartheta}, X_i) . \tag{9.4.1}$$

特别对于线性模型，有(见式(9.2.13))

$$\boldsymbol{\eta} = \underset{\sim}{A}\boldsymbol{\vartheta} .$$

测量值 $\boldsymbol{Y}$ 与真值 $\boldsymbol{\eta}$ 之差定义为测量误差 $\boldsymbol{\varepsilon}$，

$$\boldsymbol{\varepsilon} = \boldsymbol{Y} - \boldsymbol{\eta} , \tag{9.4.2}$$

表达式(9.1.7)可改写为

$$Q^2 = (\boldsymbol{Y} - \boldsymbol{\eta})^{\mathrm{T}} \underset{\sim}{V}^{-1} (\boldsymbol{Y} - \boldsymbol{\eta}) = \boldsymbol{\varepsilon}^{\mathrm{T}} \underset{\sim}{V}^{-1} \boldsymbol{\varepsilon} . \tag{9.4.3}$$

最小二乘原理表示，参数 $\boldsymbol{\vartheta}$ 的估计值 $\hat{\boldsymbol{\vartheta}}$ 可对 Q^2 求极小求得，因此 Q^2 的极小值可表示为

$$Q_{\min}^2 = [\boldsymbol{Y} - \boldsymbol{\eta}(\hat{\boldsymbol{\vartheta}})]^{\mathrm{T}} \underset{\sim}{V}^{-1} [\boldsymbol{Y} - \boldsymbol{\eta}(\hat{\boldsymbol{\vartheta}})] .$$

对 Q^2 的极小化求得的 $\boldsymbol{\eta}$ 的估计值 $\hat{\boldsymbol{\eta}} \equiv \boldsymbol{\eta}(\hat{\boldsymbol{\vartheta}})$. 称为测量**拟合值**，可以认为，它比存在测量误差的原观测值 $\boldsymbol{Y}$ 更接近真值 $\boldsymbol{\eta}$.

最小二乘估计的**残差** $\hat{\boldsymbol{\varepsilon}}$ 定义为原观测值 $\boldsymbol{Y}$ 与拟合值 $\hat{\boldsymbol{\eta}}$ 之差

$$\hat{\boldsymbol{\varepsilon}} = \boldsymbol{Y} - \hat{\boldsymbol{\eta}}, \tag{9.4.4}$$

于是 Q^2 的极小值 $Q^2_{\min}$ 可表示为**加权残差平方和**

$$Q^2_{\min} = \hat{\boldsymbol{\varepsilon}}^{\mathrm{T}} \underset{\sim}{V}^{-1} \hat{\boldsymbol{\varepsilon}} = (\boldsymbol{Y} - \hat{\boldsymbol{\eta}})^{\mathrm{T}} \underset{\sim}{V}^{-1} (\boldsymbol{Y} - \hat{\eta}). \tag{9.4.5}$$

如果协方差矩阵 $\underset{\sim}{V}(\boldsymbol{Y})$ 具有常数乘因子 σ^2，即

$$\underset{\sim}{V}(\boldsymbol{Y}) = \sigma^2 \underset{\sim}{V}_{\sigma}(\boldsymbol{Y}),$$

定义量 $Q^{2'}_{\min}$ 为**残差平方和**

$$Q^{2'}_{\min} = \hat{\boldsymbol{\varepsilon}}^{\mathrm{T}} \underset{\sim}{V}_{\sigma}^{-1} \hat{\boldsymbol{\varepsilon}}, \tag{9.4.6}$$

显然，$Q^2_{\min}$ 与 $Q^{2'}_{\min}$ 有简单的关系

$$Q^2_{\min} = \sigma^{-2} Q^{2'}_{\min}. \tag{9.4.7}$$

对于 9.2 节所叙述的线性最小二乘估计问题，显然测量值 $\boldsymbol{Y}$ 的拟合量 $\hat{\boldsymbol{\eta}}$ 及其协方差矩阵可表示为

$$\begin{aligned} \hat{\boldsymbol{\eta}} &= \underset{\sim}{A} \hat{\boldsymbol{\vartheta}} = \underset{\sim}{A} (\underset{\sim}{A}^{\mathrm{T}} \underset{\sim}{V}^{-1} \underset{\sim}{A})^{-1} \underset{\sim}{A}^{\mathrm{T}} \underset{\sim}{V}^{-1} \boldsymbol{Y}, \\ \underset{\sim}{V}(\hat{\boldsymbol{\eta}}) &= \underset{\sim}{A} (\underset{\sim}{A}^{\mathrm{T}} \underset{\sim}{V}^{-1} \underset{\sim}{A})^{-1} \underset{\sim}{A}^{\mathrm{T}}. \end{aligned} \tag{9.4.8}$$

加权残差平方和 $Q^2_{\min}$ 和 Q^2 可表示为

$$Q^2_{\min} = (\boldsymbol{Y} - \underset{\sim}{A} \hat{\boldsymbol{\vartheta}})^{\mathrm{T}} \underset{\sim}{V}^{-1} (\boldsymbol{Y} - \underset{\sim}{A} \hat{\boldsymbol{\vartheta}}), \tag{9.4.9}$$

$$Q^2 = Q^2_{\min} + (\boldsymbol{\vartheta} - \hat{\boldsymbol{\vartheta}})^{\mathrm{T}} A^{\mathrm{T}} \underset{\sim}{V}^{-1} \underset{\sim}{A} (\boldsymbol{\vartheta} - \hat{\boldsymbol{\vartheta}}). \tag{9.4.10}$$

残差 $\hat{\boldsymbol{\varepsilon}}$ 可表示为

$$\hat{\boldsymbol{\varepsilon}} = \underset{\sim}{D} \boldsymbol{\varepsilon} \equiv (\underset{\sim}{I}_N - \underset{\sim}{A} (\underset{\sim}{A}^{\mathrm{T}} \underset{\sim}{V}^{-1} \underset{\sim}{A})^{-1} \underset{\sim}{A}^{\mathrm{T}} \underset{\sim}{V}^{-1}) \boldsymbol{\varepsilon}. \tag{9.4.11}$$

我们来证明最后一个公式. 应用式(9.4.4)、(9.2.13)、(9.4.2)和式(9.4.9)，得

$$\begin{aligned} \hat{\varepsilon} &= \boldsymbol{Y} - \hat{\boldsymbol{\eta}} = (\underset{\sim}{A} \boldsymbol{\vartheta} + \boldsymbol{\varepsilon}) - \underset{\sim}{A} (\underset{\sim}{A}^{\mathrm{T}} \underset{\sim}{V}^{-1} \underset{\sim}{A})^{-1} \underset{\sim}{A}^{\mathrm{T}} \underset{\sim}{V}^{-1} (\underset{\sim}{A} \boldsymbol{\vartheta} + \boldsymbol{\varepsilon}) \\ &= \boldsymbol{A} \boldsymbol{\vartheta} + \boldsymbol{\varepsilon} - \underset{\sim}{A} (\underset{\sim}{A}^{\mathrm{T}} \underset{\sim}{V}^{-1} \underset{\sim}{A})^{-1} \underset{\sim}{A}^{\mathrm{T}} \underset{\sim}{V}^{-1} \underset{\sim}{A} \boldsymbol{\vartheta} - \underset{\sim}{A} (\underset{\sim}{A}^{\mathrm{T}} \underset{\sim}{V}^{-1} \underset{\sim}{A})^{-1} \underset{\sim}{A}^{\mathrm{T}} \underset{\sim}{V}^{-1} \boldsymbol{\varepsilon} \\ &= \underset{\sim}{A} \boldsymbol{\vartheta} + \boldsymbol{\varepsilon} - \underset{\sim}{A} \boldsymbol{\vartheta} - \underset{\sim}{A} (\underset{\sim}{A}^{\mathrm{T}} \underset{\sim}{V}^{-1} \underset{\sim}{A})^{-1} \underset{\sim}{A}^{\mathrm{T}} \underset{\sim}{V}^{-1} \boldsymbol{\varepsilon} \\ &= (\underset{\sim}{I}_N - \underset{\sim}{A} (\underset{\sim}{A}^{\mathrm{T}} \underset{\sim}{V}^{-1} \underset{\sim}{A})^{-1} \underset{\sim}{A}^{\mathrm{T}} \underset{\sim}{V}^{-1}) \boldsymbol{\varepsilon}. \end{aligned}$$

证毕.

当各测量点的观测相互独立，而且测量误差 σ 相同的情形，测量的协方差矩阵为 $V(\boldsymbol{Y})=\sigma^2 \underset{\sim}{I}_N$. 如线性模型利用正交多项式 $\xi_l(x)$ 改写(见 9.2.4 节)，待估计参数令为 $\boldsymbol{\omega}=\{\omega_1,\cdots,\omega_L\}$，则容易证明，残差平方和有简单的形式

$$Q_{\min}^{2'}=\sum_{i=1}^{N} Y_i^2-\sum_{l=1}^{L}\omega_l^2=\boldsymbol{Y}^{\mathrm{T}}\boldsymbol{Y}-\hat{\boldsymbol{\omega}}^{\mathrm{T}}\hat{\boldsymbol{\omega}}. \tag{9.4.12}$$

在许多问题中，未知参数本身就是可测量的，但测量具有一定的误差，如例 9.3 的情况. 这时，观测值 $\boldsymbol{Y}$ 及其协方差矩阵 $V(\boldsymbol{Y})$ 可以作为待估计参数 $\boldsymbol{\eta}$ 真值及其协方差矩阵的初步估计. 把 $\boldsymbol{\eta}$ 作为未知参数，式(9.4.2)~(9.4.8)仍然适用.

例 9.7　直线拟合(3)

给定一组 N 对相互独立的实验观测值 $(x_1, y_1),\cdots,(x_N, y_N)$， y_i 的测量误差 σ_i， $i=1,2,\cdots,N$. 假定 x_i 与 y_i 的真值 η_i 服从直线关系

$$\eta_i=\vartheta_1+\vartheta_2 x_i,$$

求最优拟合参数 $\hat{\vartheta}_1,\hat{\vartheta}_2$ 及其误差，以及测量值 y_i 的拟合量 $\hat{\eta}_i$ 的误差.

本问题中理论模型表示为

$$\boldsymbol{\eta}=\underset{\sim}{A}\vartheta,$$

故系数矩阵为

$$\underset{\sim}{A}=\begin{pmatrix} 1 & x_1 \\ 1 & x_2 \\ \vdots & \vdots \\ 1 & x_N \end{pmatrix},$$

由 y_i 测量独立性和测量误差知

$$\underset{\sim}{V}(\boldsymbol{Y})=\begin{pmatrix} \sigma_1^2 & & & 0 \\ & \sigma_2^2 & & \\ & & \ddots & \\ 0 & & & \sigma_N^2 \end{pmatrix}.$$

由 9.2.1 节的加权最小二乘法，本问题的解如式(9.2.17)和式(9.2.18)给出

$$\underset{\sim}{V}(\hat{\boldsymbol{\vartheta}})=(\underset{\sim}{A}^{\mathrm{T}}\underset{\sim}{V}^{-1}\underset{\sim}{A})^{-1}=\frac{1}{D}\begin{bmatrix}\sum_{i=1}^{N}\frac{x_i^2}{\sigma_i^2} & -\sum_{i=1}^{N}\frac{x_i}{\sigma_i^2}\\ -\sum_{i=1}^{N}\frac{x_i}{\sigma_i^2} & \sum_{i=1}^{N}\frac{1}{\sigma_i^2}\end{bmatrix},$$

其中

$$D=\sum_{i=1}^{N}\frac{1}{\sigma_i^2}\sum_{i=1}^{N}\frac{x_i^2}{\sigma_i^2}-\left(\sum_{i=1}^{N}\frac{x_i}{\sigma_i^2}\right)^2.$$

参数估计值 $\hat{\boldsymbol{\vartheta}}$ 则是

$$\hat{\boldsymbol{\vartheta}}=(\underset{\sim}{A}^{\mathrm{T}}\underset{\sim}{V}^{-1}\underset{\sim}{A})^{-1}\underset{\sim}{A}^{\mathrm{T}}\underset{\sim}{V}^{-1}\boldsymbol{Y}=\frac{1}{D}\begin{bmatrix}\sum_{i=1}^{N}\frac{x_i^2}{\sigma_i^2} & -\sum_{i=1}^{N}\frac{x_i}{\sigma_i^2}\\ -\sum_{i=1}^{N}\frac{x_i}{\sigma_i^2} & \sum_{i=1}^{N}\frac{1}{\sigma_i^2}\end{bmatrix}\begin{bmatrix}\sum_{i=1}^{N}\frac{y_i}{\sigma_i^2}\\ \sum_{i=1}^{N}\frac{x_iy_i}{\sigma_i^2}\end{bmatrix}$$

$$=\frac{1}{D}\begin{bmatrix}\sum_{i=1}^{N}\frac{x_i^2}{\sigma_i^2}\sum_{i=1}^{N}\frac{y_i}{\sigma_i^2}-\sum_{i=1}^{N}\frac{x_i}{\sigma_i^2}\sum_{i=1}^{N}\frac{x_iy_i}{\sigma_i^2}\\ -\sum_{i=1}^{N}\frac{x_i}{\sigma_i^2}\sum_{i=1}^{N}\frac{y_i}{\sigma_i^2}+\sum_{i=1}^{N}\frac{1}{\sigma_i^2}\sum_{i=1}^{N}\frac{x_iy_i}{\sigma_i^2}\end{bmatrix}.$$

测量点 y_i 的拟合值

$$\hat{\eta}_j=\hat{\vartheta}_1+\hat{\vartheta}_2x_j,\qquad j=1,2,\cdots,N;$$

该拟合量 $\hat{\eta}$ 的协方差矩阵由式(9.4.8)知

$$\underset{\sim}{V}(\hat{\boldsymbol{\eta}})=\underset{\sim}{A}(\underset{\sim}{A}^{\mathrm{T}}\underset{\sim}{V}^{-1}\underset{\sim}{A})^{-1}\underset{\sim}{A}^{\mathrm{T}}=\underset{\sim}{A}\underset{\sim}{V}(\hat{\boldsymbol{\vartheta}})\underset{\sim}{A}^{\mathrm{T}}$$

$$=\frac{1}{D}\begin{pmatrix}1 & x_1\\ 1 & x_2\\ \vdots & \vdots\\ 1 & x_N\end{pmatrix}\begin{pmatrix}\sum_{i=1}^{N}\frac{x_i^2}{\sigma_i^2} & -\sum_{i=1}^{N}\frac{x_i}{\sigma_i^2}\\ -\sum_{i=1}^{N}\frac{x_i}{\sigma_i^2} & \sum_{i=1}^{N}\frac{1}{\sigma_i^2}\end{pmatrix}\times\begin{pmatrix}1 & 1 & \cdots & 1\\ x_1 & x_2 & \cdots & x_N\end{pmatrix}.$$

计算结果表明，$\underset{\sim}{V}(\hat{\boldsymbol{\eta}})$ 的对角元素，即 y_j 的拟合值 $\hat{\eta}_j$ 的方差为

$$V_{jj}(\hat{\boldsymbol{\eta}})=\frac{1}{D}\left[\sum_{i=1}^{N}\frac{x_i^2}{\sigma_i^2}-2x_j\sum_{i=1}^{N}\frac{x_i}{\sigma_i^2}+x_j^2\sum_{i=1}^{N}\frac{1}{\sigma_i^2}\right].$$

当从点 x_i 处的测量拟合值 $\hat{\eta}_i(i=1,2,\cdots,N)$ 外推到 $x_j=0$ 处的测量拟合值 $\hat{\eta}_j$，其标准误差有简单的表达式

$$\sigma_{xj}=\sqrt{\frac{1}{D}\sum_{i=1}^{N}\frac{x_i^2}{\sigma_i^2}}, \qquad x_j=0.$$

9.4.2 线性模型中 σ^2 的估计

在 9.2.1 节里我们已经指出，为了求得线性最小二乘问题中未知参数的解 $\hat{\boldsymbol{\vartheta}}$，如果测量值 $\boldsymbol{Y}$ 的协方差矩阵可表示成

$$\underset{\sim}{V}(\boldsymbol{Y})=\sigma^2\underset{\sim}{V}_{\sigma}(\boldsymbol{Y}),$$

其中 σ^2 是未知的常数乘因子，那么只需要知道 $\underset{\sim}{V}_{\sigma}$ 就可以了(见式(9.2.20)). 但是要找出估计值 $\hat{\boldsymbol{\vartheta}}$ 的协方差 $\underset{\sim}{V}(\hat{\boldsymbol{\vartheta}})$，就必须知道 $\underset{\sim}{V}(\boldsymbol{Y})$ (见式(9.2.18)).

然而，在只了解 $\underset{\sim}{V}_{\sigma}(\boldsymbol{Y})$ 的情形下，我们可以从残差平方和 $Q_{\min}^2$ 来估计未知的 σ^2 值，从而求出 $\underset{\sim}{V}(\boldsymbol{Y})$ 的近似表达式，以得到 $\hat{\boldsymbol{\vartheta}}$ 的协方差矩阵.

我们来证明，量

$$S^2=Q_{\min}^{2'}/(N-L) \tag{9.4.13}$$

是 σ^2 的无偏估计. 这里 N 是观测数，L 是待估计参数的个数，这样就可以将 S^2 作为 σ^2 的估计值.

首先，就测量具有相同误差并且相互独立这种最简单的情况证明式(9.4.13). 这种情形下，有

$$\underset{\sim}{V}(\boldsymbol{Y})=\sigma^2\underset{\sim}{I}_N.$$

代入式(9.4.11)，得

$$\hat{\boldsymbol{\varepsilon}}=\underset{\sim}{D}\boldsymbol{\varepsilon},$$

其中 $\underset{\sim}{D}$ 定义为

$$\underset{\sim}{D}\equiv\underset{\sim}{I}_N-\underset{\sim}{A}(\underset{\sim}{A}^{\mathrm{T}}\underset{\sim}{A})^{-1}\underset{\sim}{A}^{\mathrm{T}}.$$

矩阵 $\underset{\sim}{D}$ 是幂等矩阵，满足

$$\underset{\sim}{D}^{\mathrm{T}}=\underset{\sim}{D}, \qquad \underset{\sim}{D}^{\mathrm{T}}\underset{\sim}{D}=\underset{\sim}{D}.$$

于是残差平方和变成

$$Q_{\min}^{2'}=\hat{\boldsymbol{\varepsilon}}^{\mathrm{T}}\underset{\sim}{I}_N\hat{\boldsymbol{\varepsilon}}=(\underset{\sim}{D}\boldsymbol{\varepsilon})^{\mathrm{T}}(\underset{\sim}{D}\boldsymbol{\varepsilon})=\boldsymbol{\varepsilon}^{\mathrm{T}}\underset{\sim}{D}\boldsymbol{\varepsilon}=\sum_{i=1}^{N}D_{ii}\varepsilon_i^2+\sum_{i\neq j}D_{ij}\varepsilon_i\varepsilon_j.$$

已经假定测量是相互独立的，所以

$$E(\varepsilon_i\varepsilon_j)=0,\qquad i\neq j.$$

因此，对 $Q^{2'}_{\min}$ 求期望值时，$\sum\limits_{i\neq j}D_{ij}\varepsilon_i\varepsilon_j$ 这一项的贡献等于 0，

$$E(Q^{2'}_{\min})=E\left(\sum_{i=1}^{N}D_{ii}\varepsilon_i^2\right)=\sigma^2\sum_{i=1}^{N}D_{ii}=\sigma^2\mathrm{tr}\underset{\sim}{D}.$$

符号 $\mathrm{tr}\underset{\sim}{D}$ 表示矩阵 $\underset{\sim}{D}$ 的**迹**(对角元素之和). 由 $\underset{\sim}{D}$ 的定义得知

$$\begin{aligned}\mathrm{tr}\underset{\sim}{D}&=\mathrm{tr}(\underset{\sim}{I}_N)-\mathrm{tr}\{\underset{\sim}{A}(\underset{\sim}{A}^{\mathrm{T}}\underset{\sim}{A})^{-1}\underset{\sim}{A}^{\mathrm{T}}\}\\&=\mathrm{tr}(\underset{\sim}{I}_N)-\mathrm{tr}\{\underset{\sim}{A}^{\mathrm{T}}\underset{\sim}{A}(\underset{\sim}{A}^{\mathrm{T}}\underset{\sim}{A})^{-1}\}\\&=\mathrm{tr}(\underset{\sim}{I}_N)-\mathrm{tr}(\underset{\sim}{I}_L)=N-L.\end{aligned}$$

故

$$E(Q^{2'}_{\min})=\sigma^2(N-L).$$

注意到无偏估计量的定义式(7.3.1)，$Q^{2'}_{\min}/(N-L)$ 是 σ^2 的无偏估计量.

现在再就测量误差互不相等、测量不相独立的一般情形证明式(9.4.13). 这时，残差平方和可写成

$$Q^{2'}_{\min}=\hat{\boldsymbol{\varepsilon}}^{\mathrm{T}}\underset{\sim}{V}_{\sigma}^{-1}\hat{\boldsymbol{\varepsilon}}=(D\boldsymbol{\varepsilon})^{\mathrm{T}}\underset{\sim}{V}_{\sigma}^{-1}(D\boldsymbol{\varepsilon})=\boldsymbol{\varepsilon}^{\mathrm{T}}(\underset{\sim}{D}^{\mathrm{T}}\underset{\sim}{V}_{\sigma}^{-1}\underset{\sim}{D})\boldsymbol{\varepsilon},$$

其中

$$\underset{\sim}{D}\equiv\underset{\sim}{I}_N-\underset{\sim}{A}(\underset{\sim}{A}^{\mathrm{T}}\underset{\sim}{V}_{\sigma}^{-1}\underset{\sim}{A})^{-1}\underset{\sim}{A}^{\mathrm{T}}\underset{\sim}{V}_{\sigma}^{-1}.$$

该矩阵有如下性质：

$$\underset{\sim}{D}^{\mathrm{T}}\underset{\sim}{V}_{\sigma}^{-1}\underset{\sim}{D}=\underset{\sim}{V}_{\sigma}^{-1}\underset{\sim}{D}=\underset{\sim}{D}^{\mathrm{T}}\underset{\sim}{V}_{\sigma}^{-1}.$$

由协方差的定义 $E(\varepsilon_i\varepsilon_j)=V_{ij}$，若 $\underset{\sim}{G}$ 为与 $\underset{\sim}{V}(\boldsymbol{Y})$ 维数相同的 $N\times N$ 矩阵，那么有

$$E(\boldsymbol{\varepsilon}^{\mathrm{T}}\underset{\sim}{G}\boldsymbol{\varepsilon})=E\left\{\sum_{i=1}^{N}\sum_{j=1}^{N}\varepsilon_iG_{ij}\varepsilon_j\right\}=\sum_{i=1}^{N}\sum_{j=1}^{N}G_{ij}T_{ij}=\mathrm{tr}(\underset{\sim}{V}\underset{\sim}{G}).$$

利用上面这两个公式，残差平方和的期望值为

$$\begin{aligned}E(Q^{2'}_{\min})&=E(\hat{\boldsymbol{\varepsilon}}^{\mathrm{T}}\underset{\sim}{V}_{\sigma}^{-1}\hat{\boldsymbol{\varepsilon}})=E\{\boldsymbol{\varepsilon}^{\mathrm{T}}(\underset{\sim}{D}^{\mathrm{T}}\underset{\sim}{V}_{\sigma}^{-1}\underset{\sim}{D})\boldsymbol{\varepsilon}\}=E\{\boldsymbol{\varepsilon}^{\mathrm{T}}\underset{\sim}{V}_{\sigma}^{-1}\underset{\sim}{D}\boldsymbol{\varepsilon}\}\\&=\mathrm{tr}(\underset{\sim}{V}\underset{\sim}{V}_{\sigma}^{-1}\underset{\sim}{D})=\sigma^2\mathrm{tr}(\underset{\sim}{V}_{\sigma}\underset{\sim}{V}_{\sigma}^{-1}\underset{\sim}{D})=\sigma^2\mathrm{tr}\underset{\sim}{D};\end{aligned}$$

而

$$\mathrm{tr}\underset{\sim}{D}=\mathrm{tr}\{\underset{\sim}{I}_N\}-\mathrm{tr}\{\underset{\sim}{A}(\underset{\sim}{A}^{\mathrm{T}}\underset{\sim}{V}_{\sigma}^{-1}\underset{\sim}{A})^{-1}\underset{\sim}{A}^{\mathrm{T}}\underset{\sim}{V}_{\sigma}^{-1}\}$$
$$=N-\mathrm{tr}\{\underset{\sim}{A}^{\mathrm{T}}\underset{\sim}{V}_{\sigma}^{-1}\underset{\sim}{A}(\underset{\sim}{A}^{\mathrm{T}}\underset{\sim}{V}_{\sigma}^{-1}\underset{\sim}{A})^{-1}\}$$
$$=N-\mathrm{tr}\{I_L\}=N-L.$$

因此，有

$$E(Q_{\min}^{2'})=N-L.$$

证毕.

9.4.3 正态性假设，自由度

在 9.2.2 节已经证明，对于线性模型，最小二乘估计给出了参数 $\boldsymbol{\vartheta}$ 的无偏、最小方差估计量，在 9.4.2 节又给出了 σ^2 的无偏估计量 S^2 (见式(9.4.13)). 推导这些性质时引入的唯一假定是测量误差 $\boldsymbol{\varepsilon}$ 的期望值 $E(\boldsymbol{\varepsilon})=0$，而与测量值的具体分布无关. 因此，线性模型的最小二乘估计量的这些性质是分布自由的.

现在我们假定，测量误差的各分量 $\varepsilon_i, i=1,2,\cdots,N$ 是相互独立的，并服从均值为 0、方差 σ_i^2 的正态分布. 这等价于 N 个测量值 Y_i 相互独立，并且是均值 η_i，方差 σ_i^2 的正态分布. 这时，Q^2 的表达式可写成(见式(9.1.4))

$$Q^2=\sum_{i=1}^{N}\frac{(Y_i-\eta_i)^2}{\sigma_i^2}=\sum_{i=1}^{N}\left(\frac{\varepsilon_i}{\sigma_i}\right)^2. \tag{9.4.14}$$

Q^2 是 N 个独立的标准正态变量的平方和，因而是自由度 N 的 χ^2 变量(见式(4.14.14)).

但是参数的真值 η_i 是未知的. 我们可以通过求 Q^2 的极小值 $Q_{\min}^2$ 得到 η_i 的估计值 $\hat{\eta}_i$，代入 Q^2 的表达式得到加权残差平方和

$$Q_{\min}^2=\sum_{i=1}^{N}\left(\frac{Y_i-\hat{\eta}_i}{\sigma_i}\right)^2=\sum_{i=1}^{N}\left(\frac{\hat{\varepsilon}_i}{\sigma_i}\right)^2. \tag{9.4.15}$$

可以证明，在包含 L 个独立参数的线性模型中，利用 N 个独立测量 Y_i 的正态假设，$Q_{\min}^2$ 可表示为 $(N-L)$ 个相互独立的标准正态变量的平方和，于是 $Q_{\min}^2$ 是自由度 $N-L$ 的 χ^2 变量 $\chi^2(N-L)$.

如果 L 个未知参数不独立，而由 K 个线性方程相互关联，则独立参数只有 $L-K$ 个，上式中的 $Q_{\min}^2$ 只含 $N-(L-K)$ 个独立项，此时 $Q_{\min}^2$ 服从 $\chi^2(N-L+K)$ 分布. 因此，不论是否存在参数的约束方程，线性模型中 $Q_{\min}^2$ 的自由度数总是等

于独立测量个数与独立参数个数之差.

对于 N 次测量不独立的一般情形，只要测量值是多维正态变量，即测量误差 $\boldsymbol{\varepsilon}=\boldsymbol{Y}-\boldsymbol{\eta}$ 是均值为 $\mathbf{0}$ 的多维正态变量，并且存在非奇异(行列式不为 0)的协方差矩阵 $\underset{\sim}{V}(\boldsymbol{Y})$，则可以证明，加权平方和

$$Q_{\min}^2=\hat{\boldsymbol{\varepsilon}}^{\mathrm{T}}\underset{\sim}{V}^{-1}\hat{\boldsymbol{\varepsilon}}=\sum_{i=1}^{N}\sum_{j=1}^{N}(Y_i-\hat{\eta}_i)(\underset{\sim}{V}^{-1})_{ij}(Y_j-\hat{\eta}_j) \tag{9.4.16}$$

对于 L 个参数、存在 K 个约束的线性模型将是自由度 $N-L+K$ 的 χ^2 变量.

需要强调指出，以上这些结论仅适用于参数的线性模型. 对于非线性模型，如 9.3 节所述，最小二乘估计是有偏估计量，方差也不是最小可能的方差，它的 $Q_{\min}^2$ 的严格分布是未知的. 但是可以证明，当 N 值很大时，它的 $Q_{\min}^2$ 渐近于 χ^2 分布.

9.4.4　拟合优度

9.4.3 节已经阐明，当测量值向量 $\boldsymbol{Y}$ 服从正态分布时，加权残差平方和 $Q_{\min}^2$ 是 χ^2 变量，这一事实具有重要的实际意义. 这意味着，利用最小二乘法进行参数估计得出的 $Q_{\min}^2$ 值定量地表征了拟合量 $\hat{\boldsymbol{\eta}}$ 和测量值 $\boldsymbol{Y}$ 之间的整体一致性，换句话说，$Q_{\min}^2$ 表征了**拟合的优度**.

由式(9.4.16)可见，如果测量值与拟合值完全相同，则 $Q_{\min}^2$ 等于 0. 由于存在测量误差 $\boldsymbol{\varepsilon}$，实际上 $Q_{\min}^2$ 不可能等于 0. 但若理论模型正确地描述了测量值 $\boldsymbol{Y}$ 的真值与参数 $\boldsymbol{\vartheta}$、自变量 $\boldsymbol{X}$ 之间的函数关系，那么 $Q_{\min}^2$ 应当合理地小，这表示拟合优度较好；反之，过高的 $Q_{\min}^2$ 值显然反映了理论模型与测量值之间存在明显的差别，两者的一致性很差，即拟合优度差.

假定我们处理的是包含 ν 个自由度的问题，$Q_{\min}^2$ 服从 $\chi^2(\nu)$ 分布，定义其对应的 χ^2 概率 P_{χ^2} 为

$$P_{\chi^2}=\int_{Q_{\min}^2}^{\infty}f(u;\nu)\mathrm{d}u=1-F(Q_{\min}^2;\nu), \tag{9.4.17}$$

其中 $F(Q_{\min}^2;\nu)$ 是自由度 ν 的累积 χ^2 分布函数. 对于一组特定的观测值 $\boldsymbol{Y}$，利用最小二乘法求得其 $Q_{\min}^2$ 为 $Q_{\min}^{2*}$，由上式求出其对应的 P_{χ^2}. 显然较小的 P_{χ^2} 值(大的 $Q_{\min}^{2*}$)对应于较差的拟合，而较大的 P_{χ^2} (小的 $Q_{\min}^{2*}$)对应于较好的拟合. 因此，最小二乘法中的理论模型和对观测值的正态假设是否正确地反映 $\boldsymbol{Y}$ 的分布，取决于 P_{χ^2} 值(相应地 $Q_{\min}^2$ 值)的大小，大致地说，当 $Q_{\min}^2$ 与自由度数 ν 接近，或比

ν 大出不多，拟合是比较好的. 从观测值求得的 $Q_{\min}^2$ 提供了关于未知参数估计值的拟合优度，这是最小二乘法的特点，其他的参数估计方法则不能提供这种可能性.

由于任意连续随机变量的累积分布函数服从[0, 1]区间的均匀分布(见 4.7 节)，因而由式(9.4.17)知，P_{χ^2} 也应当服从相同的分布. 利用这一性质可以对测量的正态性假设或最小二乘估计中的理论模型的合理性作出推断. 对于多组 $\boldsymbol{Y}$ 测量值，求出其对应的 P_{χ^2}. 如果 P_{χ^2} 不服从[0, 1]区间的近似均匀分布，那么有理由怀疑测量值不服从正态分布，或者理论模型不恰当，或者两者兼而有之. 这时需作适当的修正，例如，P_{χ^2} 在[0, 1]区间 0.5~1 内出现较高的密度，可能反映了测量值 $\boldsymbol{Y}$ 的误差 $\boldsymbol{\sigma}$ 取得过大，而 P_{χ^2} 集中于 0~0.5 区域，则可能是 $\boldsymbol{\sigma}$ 取得过小的表现.

当利用 $Q_{\min}^2$ 作为拟合优度时，应当注意到一种在实际测量中不太少见的情况. 有时 $Q_{\min}^2$ 非预想地大，但如检查一下全部 N 个测量点的残差 $\hat{\boldsymbol{\varepsilon}}$ 会发现，大部分点的残差 $\hat{\varepsilon}_i$ 数值比较小而且接近，只有个别点的残差 $\hat{\varepsilon}_i$ 例外地大，因而对 $Q_{\min}^2$ 的贡献很大，使得 $Q_{\min}^2$ 的值超过了容许的水平. 在这种情况，首先应当考虑检查这个别实验点数据的可靠性，而不是简单地否定最小二乘估计中采用的假设和理论模型. 有时对数据的检查会立即发现这个别点的数据由于某种原因是错误的，改正这一错误或舍弃这一错误数据即得到满意的拟合.

各测量点数据的合理性可用如下方法来检查. 设观测值 $Y_i, i=1,2,\cdots,N$ 相互独立，那么对于每个观测点

$$Z_i \equiv \frac{\hat{\varepsilon}_i}{\sigma(\hat{\varepsilon}_i)} \equiv \frac{Y_i - \hat{\eta}_i}{\sigma(\hat{\varepsilon}_i)}, \qquad i=1,2,\cdots,N, \tag{9.4.18}$$

反映了测量值 Y_i 对于拟合值 $\hat{\eta}_i$ 的相对偏差的大小，对于 N 次独立的测量值 $Y_1, Y_2, \cdots, Y_N$ 和线性估计问题，我们有

$$\begin{aligned}\sigma^2(\hat{\varepsilon}_i) &= V_{ii}(\boldsymbol{Y} - \hat{\boldsymbol{\eta}}) \\ &= V_{ii}(\boldsymbol{Y}) - 2\mathrm{cov}(\boldsymbol{Y}, \hat{\boldsymbol{\eta}})_{ii} + V_{ii}(\hat{\boldsymbol{\eta}}) \\ &= V_{ii}(\boldsymbol{Y}) - V_{ii}(\hat{\boldsymbol{\eta}}).\end{aligned} \tag{9.4.19}$$

于是 Z_i 可表示成

$$Z_i = \frac{Y_i - \hat{\eta}_i}{\sqrt{\sigma^2(Y_i) - \sigma^2(\hat{\eta}_i)}} \tag{9.4.20}$$

式(9.4.20)的分母中的减号是由于 Y_i 和 $\hat{\eta}_i$ 之间完全正相关所决定的. 预期 Z_i 的分布非常接近于标准正态函数 $N(0,1)$. 对于一组特定的测量作最小二乘估计，如果大

多数测量点的 Z_i 相互接近，而个别测量点 Z_i 相差甚远，则可以合理地认为，最小二乘估计的理论模型是对测量值的正确描述，而个别 Z_i 值例外的点远离了模型的预测，很可能该测量值是不正确的.

如果对一个特定的测量点作多次观测，求得的 Z_i 的分布比 $N(0,1)$ 宽(或窄)得多，则该测量点的误差 $\hat{\varepsilon}_i$ 可能选得过小(或过大)；如果 Z_i 的平均值不等于零，则反映了该点的观测值 Y_i 可能有系统的偏差.

9.5　最小二乘法应用于直方图数据

在许多实际问题中，在对参数进行估计之前，测量数据往往已按照某种分类方式作了归并和分组，例如，测量数据以直方图的形式表示.

设随机变量 X(表示一维或多维变量)的取值域按某种方式划分为 N 个互不相容的子区域，并将 n 个观测值 $X_1, X_2, \cdots, X_n$ 中落入第 i 个子区域内的个数记为 n_i. 对于 X 是一维变量的情形，这就构成了一维直方图形的数据，当 X 是 S 维变量，n_i 相当于 N 个 S 维子体积(不一定是 S 维超立方体)内的计数值. 在 6.4 节中已经说明，我们用**直方图数据**这一名称来表示这类广泛意义上的数据表示方法. 第八章极大似然法中 8.7 节所指的直方图数据亦应作如此理解.

假定我们知道一个观测落在第 i 子区间的概率是未知参数 $\boldsymbol{\vartheta}=\{\vartheta_1,\cdots,\vartheta_L\}$ 的函数：$p_i = p_i(\boldsymbol{\vartheta})$. 若 X 是连续变量，p_i 可由 X 的概率密度在 i 子区间 Δx_i 上的积分求得. 当共有 n 次观测，i 子区间内的观测数的理论频数为

$$f_i(\boldsymbol{\vartheta}) = np_i(\boldsymbol{\vartheta}), \tag{9.5.1}$$

归一化条件 $\sum_{i=1}^{N} p_i = 1$ 要求

$$\sum_{i=1}^{N} n_i = \sum_{i=1}^{N} f_i(\boldsymbol{\vartheta}) = n. \tag{9.5.2}$$

对于一个给定的 n 值，N 个子区间内出现 n_i 个 $(i=1,2,\cdots,N)$ 观测值的概率服从多项分布(见 4.2 节)，其协方差矩阵可表示为

$$\underset{\sim}{V}(\boldsymbol{Y}) = \begin{bmatrix} np_1(1-p_1) & -np_1p_2 & \cdots & -np_1p_N \\ -np_1p_2 & np_2(1-p_2) & \cdots & -np_2p_N \\ \vdots & \vdots & & \vdots \\ -np_1p_N & -np_2p_N & \cdots & np_N(1-p_N) \end{bmatrix}. \tag{9.5.3}$$

由于归一化条件的存在，矩阵 $\underset{\sim}{V}(\boldsymbol{Y})$ 是奇异的，即 $|\underset{\sim}{V}|=0$. 归一化条件相当于一个

线性约束，任意略去一个 n_i (如 n_N)，余下的 $(N-1)$ 个 n_i 将是独立的，相应的协方差矩阵为 $(N-1)\times(N-1)$ 阶，记为 $\underset{\sim}{V}^*(\boldsymbol{Y})$，可由 $\underset{\sim}{V}(\boldsymbol{Y})$ 删去第 N 行 N 列得到. $\underset{\sim}{V}^*(\boldsymbol{Y})$ 一般是非奇异的. 于是对量

$$
\begin{aligned}
Q^2 &= (\boldsymbol{Y}-n\boldsymbol{p})^{\mathrm{T}}(\underset{\sim}{V}^*)^{-1}(\boldsymbol{Y}-n\boldsymbol{p}) \\
&= \sum_{i=1}^{N-1}\sum_{j=1}^{N-1}(n_i-np_i)(\underset{\sim}{V}^{*-1})_{ij}(n_j-np_j)
\end{aligned}
\tag{9.5.4}
$$

求极小，可得到参数 $\boldsymbol{\vartheta}$ 的最小二乘估计，注意该式中向量 $\boldsymbol{Y}$ 和 $\boldsymbol{p}$ 只含 $N-1$ 个分量. 容易证明，$\underset{\sim}{V}^*$ 的逆矩阵是

$$
(\underset{\sim}{V}^*)^{-1} = \frac{1}{n}\begin{bmatrix}
p_1^{-1}+p_N^{-1} & p_N^{-1} & \cdots & p_N^{-1} \\
p_N^{-1} & p_2^{-1}+p_N^{-1} & \cdots & p_N^{-1} \\
\vdots & \vdots & & \vdots \\
p_N^{-1} & p_N^{-1} & \cdots & p_{N-1}^{-1}+p_N^{-1}
\end{bmatrix}
\tag{9.5.5}
$$

于是式(9.5.4)可改写为

$$
\begin{aligned}
Q^2 &= \frac{1}{n}\left\{\sum_{i=1}^{N-1}\frac{(n_i-np_i)^2}{p_i}+\frac{1}{p_N}\sum_{i=1}^{N-1}\sum_{j=1}^{N-1}(n_i-np_i)(n_j-np_j)\right\} \\
&= \frac{1}{n}\left\{\sum_{i=1}^{N-1}\frac{(n_i-np_i)^2}{p_i}+\frac{1}{p_N}\left[\sum_{i=1}^{N-1}(n_i-np_i)\right]^2\right\} \\
&= \frac{1}{n}\left\{\sum_{i=1}^{N-1}\frac{(n_i-np_i)^2}{p_i}+\frac{1}{p_N}(n_N-np_N)^2\right\} \\
&= \sum_{i=1}^{N}\frac{(n_i-np_i)^2}{np_i} = \sum_{i=1}^{N}\left(\frac{n_i-np_i}{\sqrt{np_i}}\right)^2 .
\end{aligned}
\tag{9.5.6}
$$

注意上式的求和从 $i=1$ 直到 N. 该式与式(9.1.4)形式相同，其中 $\eta_i=np_i$，$\sqrt{np_i}$ 对应于观测误差 σ_i，这相当于将 n_i 看作真值为 np_i 的泊松变量. 由式(9.5.1)，立即有

$$
Q^2 = \sum_{i=1}^{N}\frac{(n_i-f_i)^2}{f_i}. \tag{9.5.7}
$$

令 Q^2 对参数 $\{\vartheta_1,\cdots,\vartheta_L\}$ 的导数等于零，可求出 $\boldsymbol{\vartheta}$ 的最小二乘估计

$$\frac{\partial Q^2}{\partial \vartheta_l} = -2\sum_{i=1}^{N}\left[\frac{n_i - f_i}{f_i} + \frac{1}{2}\frac{(n_i - f_i)^2}{f_i^2}\right]\frac{\partial f_i}{\partial \vartheta_l} = 0, \qquad l = 1, 2, \cdots, L. \tag{9.5.8}$$

该方程组解析求解通常相当困难，因此需利用第十二章介绍的数值极小化方法求得参数的最小二乘估计值.

当观测总事例数 n 充分大，每个子区间内的理论频数 f_i 不太小时，应有 $|n_i - f_i|/f_i < 1$，因此，式(9.5.8)方括号内第二项比第一项的贡献要小. 如果作为近似忽略第二项的贡献，则得到较为简单的表达式

$$\frac{\partial Q^2}{\partial \theta_l} = -2\sum_{i=1}^{N}\frac{n_i - f_i}{f_i}\cdot\frac{\partial f_i}{\partial \theta_l} = 0, \qquad l = 1, 2, \cdots, L. \tag{9.5.9}$$

式(9.5.9)的求解显然比式(9.5.8)容易得多.

可以将式(9.5.7)中分母 f_i 用观测值 n_i 作为近似，于是有

$$Q^2 \approx \sum_{i=1}^{n}\frac{(n_i - f_i)^2}{n_i}. \tag{9.5.10}$$

用它来估计参数 $\hat{\boldsymbol{\vartheta}}$ 时，观测数据 n_i 的统计涨落的影响更为灵敏. 但当 n 很大，每个子区间内观测到的事例数 n_i 不太小的情形下，式(9.5.7)和式(9.5.10)求得的参数估计值是十分接近的. 还可以证明，由这两个公式求得的解具有渐近的最优性质，它们是一致估计量，具有最小方差，而且渐近地服从正态分布[1].

由于 n_i 可看作真值 np_i 的泊松变量，在 n 很大的极限情形下，n_i 近似地服从正态分布，于是 $(n_i - f_i)/\sqrt{f_i}$ 或 $(n_i - f_i)/\sqrt{n_i}$ 为近似的标准正态变量. 从而式(9.5.7)所示的 Q^2 将是 $\chi^2(N-1)$ 变量. 自由度等于 $N-1$ 是因为在 N 个观测值中，归一化条件 $\sum_{i=1}^{N} n_i = n$ 的存在相当于一个线性约束条件，故只有 $N-1$ 个观测是独立的.

按照 9.4.3 节的讨论，对式(9.5.7)所示的 Q^2 函数求极小得到的 $Q^2_{\min}$ 近似地服从 $\chi^2(N-1-L)$ 分布，L 是待估计的独立参数的个数. $Q^2_{\min}$ 以及相应的 P_{χ^2} 值可作为拟合优度的标志.

对于随机变量值域划分为互不相容的 N 个子区间，子区间数目、边界和大小如何确定没有严格的方法. 在许多实验中，测量仪器本身已对数据作了分组处理，例如，为了测量从某一中心点飞出的各个方向的粒子，可以围绕该中心点在 4π 立体角内布置多个粒子探测器. 每个粒子探测器所占的空间立体角就是对粒子飞出方向的自然划分. 如果这种划分没有事先给定，一般可以通过两种方式来进行：①等宽度(对

多维随机变量是等体积)方式——变量取值域剖分为等宽度的 N 个子区间. 如果取值域为无穷，可对观测到的数据所对应的变量值域作等宽度划分. ②等概率方式——变量取值域划分为理论概率值相等 $(1/N)$ 的 N 个子区间.

为了能够利用 $Q^2_{\min}$ 来估计拟合优度，如前面所述，$(n_i-f_i)\big/\sqrt{f_i}$ 或 $(n_i-f_i)\big/\sqrt{n_i}$ 应近似于标准正态变量，这样，每个子区间内的观测数 n_i 必须足够大，通常应该有 $n_i>5$. 如果自由度 ν 比较大，如 $\nu>6$，利用等宽度划分，一个或两个子区间内的观测频数 n_i 可容许小于 5 而不至于严重影响正态性假设. 变量 X 取值域的上下两端尾部的概率一般比较小，在这些区域常常将子区间取得比较宽，以获得足够大的观测频数 n_i. 此外，在确定子区间的划分时，还应考虑到计算的方便.

例 9.8　反质子极化实验(2)

我们用 8.4.3 节中利用极大似然法讨论过的反质子极化的例子来说明直方图数据的最小二乘法处理.

假定观测到 n 个双散射事例，两次散射平面的法线间夹角为 ϕ，令 $x=\cos\phi$，x 的取值域为 $[-1,1]$，将 x 取值域剖分为 N 个子区间，第 i 区间(x 值为 $x_i-x_i+\Delta x_i$)内包含 n_i 个双散射事例. 已经知道 x 的概率密度为

$$f(x)=\frac{1}{2}(1+\alpha x),$$

α 为待估计参数. 第 i 区间中的理论频数由 $f(x)$ 在 $x_i-x_i+\Delta x_i$ 中的积分求得

$$f_i=n\int_{x_i}^{x_i+\Delta x_i}\frac{1}{2}(1+\alpha x)\mathrm{d}x=n(a_i+b_i\alpha),$$

其中 $a_i\equiv\frac{1}{2}\Delta x_i, b_i\equiv\frac{1}{2}\Delta x_i\left(x_i+\frac{1}{2}\Delta x_i\right)$.

利用式(9.5.7)表示的 Q^2 求 α 的最小二乘估计，必须解方程组(9.5.8)或(9.5.9). 将上述 f_i 的表达式代入，得到的是参数 α 的 $2N$ 次和 N 次方程，难以用解析方法求解. 因此，参数估计值 $\hat{\alpha}$ 及其误差必须用第十二章的数值极小化方法求出.

但若利用式(9.5.10)的 Q^2 表示作最小二乘估计，则有

$$Q^2=\sum_{i=1}^{N}\frac{[n_i-n(a_i+b_i\alpha)]^2}{n_i},\tag{9.5.11}$$

由方程 $\mathrm{d}Q^2/\mathrm{d}\alpha=0$ 求得参数 α 的估计值

$$\hat{\alpha}=\frac{1}{n}\frac{\sum_{i=1}^{N}\left(b_i-\frac{na_ib_i}{n_i}\right)}{\sum_{i=1}^{N}\frac{b_i^2}{n_i}}. \tag{9.5.12}$$

利用估计值 $\hat{\alpha}$ ，Q^2 可表示为

$$Q^2=Q_{\min}^2+\left(\sum_{i=1}^{N}\frac{n^2b_i^2}{n_i}\right)(\alpha-\hat{\alpha})^2, \tag{9.5.13}$$

这是一个关于参数 α 的二次(抛物线)函数，由 9.9.1 节的讨论将知道，式(9.5.13)右边第二项中 $(\alpha-\hat{\alpha})^2$ 项的系数正是参数估计值 $\hat{\alpha}$ 方差的倒数，因此，$\hat{\alpha}$ 的误差的公式为

$$\Delta\hat{\alpha}=\frac{1}{n}\left(\sum_{i=1}^{N}\frac{b_i^2}{n_i}\right)^{-1/2}. \tag{9.5.14}$$

例 9.9　粒子角动量分析(1)

设有如下粒子反应：

$$\begin{array}{l}\pi+N\to N+B\\ \qquad\qquad\quad\ \ \llcorner\!\!\to \pi_a+\pi_b,\end{array} \tag{9.5.15}$$

其中 π , N 分别表示 π 介子和核子, B 表示自旋整数的玻色子. B 只是一个中间态, 很快衰变为两个 π 介子. 该反应可观测到的产物是 N, π_a 和 π_b , 但我们可通过对粒子末态的研究来推定 B 的存在及它的某些性质. 方法之一是测量粒子 B 的静止系统(即 π_a 和 π_b 总动量等于 0 的系统)中 π_a 或 π_b 的角分布.

设 J 为粒子 B 的自旋角动量, 衰变角 $\Omega=(\vartheta,\phi)$ 定义为 B 粒子静止系统中 π_a 粒子飞行方向与 B 的自旋量子轴的夹角. 按照量子力学的一般原理, 衰变角分布 $W(\Omega)$ 可写成球谐函数 $Y_j^m(\cos\vartheta,\varphi)$ 的线性和

$$W(\Omega)\equiv f(\cos\vartheta,\varphi)=\sum_{j=0,2,4,\cdots}^{j=2J}\ \sum_{m=-j}^{m=+j}c_{jm}Y_j^m(\cos\vartheta,\varphi). \tag{9.5.16}$$

该式只包含 j 为偶数的球谐函数，这表示自旋为 J 的玻色子 B 衰变为两个 π 介子时，角分布是 $\cos\vartheta$ 的偶次幂多项式，最高次数是 $2J$. 式(9.5.16)中的系数 c_{jm} 构成了待估计的一组未知参数. 对于一定的 J 值, 式中的双求和号共包含 $(2J+1)(J+1)$ 项，因此，参数向量 $\boldsymbol{c}$ 的元素个数也是 $(2J+1)(J+1)$. 它们并不都是独立参数，

因为尚需满足归一化条件

$$\int_{4\pi} W(\Omega)\mathrm{d}\Omega = 1. \tag{9.5.17}$$

在式(9.5.15)所示的反应中，π_a 和 π_b 是由 B 粒子衰变而来，因此，$(\pi_a + \pi_b)$ 系统的不变质量与粒子 B 的质量一致．在实际测量中，由于存在着测量误差，只要 $(\pi_a + \pi_b)$ 系统的不变质量落在 B 粒子质量附近的一个区域内，就可能是一个式(9.5.15)所示的事例．现假定共测到 n 个这样的事例．将 4π 立体角空间划分为 N 个互不相容的立体角元 $\Delta\Omega_i$，一个事例落入 $\Delta\Omega_i$ 中的概率是

$$p_i(\boldsymbol{C}) = \int_{\Delta\Omega_i} W(\Omega)\mathrm{d}\Omega = \sum_{j,m} C_{jm}\int_{\Delta\Omega_i} Y_j^m(\Omega)\mathrm{d}\Omega, \qquad i = 1, 2, \cdots, N, \tag{9.5.18}$$

对下标 j, m 的求和遍及 $(2J+1)(J+1)$ 种组合．于是 n 个事例中落入立体角元 $\Delta\Omega_i$ 的理论预测事例数 $f_i(\boldsymbol{C})$ 为

$$f_i(\boldsymbol{C}) = np_i(\boldsymbol{c}), \qquad i = 1, 2, \cdots, N, \tag{9.5.19}$$

而观测到的事例数是

$$\boldsymbol{Y} = \{n_1, n_2, \cdots, n_N\},$$

而且必然有

$$\sum_{i=1}^{N} n_i = \sum_{i=1}^{N} f_i(\boldsymbol{c}) = n. \tag{9.5.20}$$

将 n_i, f_i 的这些值代入式(9.5.7)或式(9.5.10)的 Q^2 表达式，并解方程组

$$\frac{\partial Q^2}{\partial c_{j,m}} = 0, \qquad j = 0, 2, \cdots, 2J, \qquad m = -j, -(j-1), \cdots, j-1, j,$$

就得到 $\boldsymbol{c}$ 的估计值．求解方程组都需要利用第十二章的数值极小化方法．

在实际实验测量中，确定系数 c_{jm} 值可用于不同的目的．首先，如果粒子 B 的自旋 J 为未知，可通过系数 c_{jm} 的研究来确定．从最低可能的自旋值开始逐渐增大，如 $J = 1, 2, 3, \cdots$，计算出相应的参数值 $\hat{c}_{jm}^{(1)}, \hat{c}_{jm}^{(2)}, \hat{c}_{jm}^{(3)}, \cdots$，$j = 0, 2, \cdots, 2J$，$m = -j, \cdots, j$；以及对应的拟合优度 $Q_{\min}^2(1), Q_{\min}^2(2), Q_{\min}^2(3), \cdots$．当 J 到达某个值如 $J = J_{\max}$ 以后，J 再继续增大其拟合优度 $Q_{\min}^2(J > J_{\max})$ 将不比 $Q_{\min}^2(J_{\max})$ 有明显的改善，所有的 $j \geqslant 2J_{\max}$ 的系数 c_{jm} 接近于零．这样，$J_{\max}$ 就确定了玻色子 B 的自旋值的下限，换句话说，反应(9.5.15)中的 B 如果存在，它的自旋角动量 $J \geqslant J_{\max}$．反之，如果反应中 B 的自旋 J 已经知道，那么系数 $\hat{c}_{jm}$ 的数值

可以给出 B 粒子产生过程的信息，从而检验这一产生过程的物理模型. 此外，不同 j,m 的系数 C_{jm} 的行为有时提供了在系统的某个质量区内存在一个以上的共振的证据.

9.6　最小二乘法应用于实验测量数据

迄今为止，本章各节的讨论是基于如下的假设：最小二乘法中采用的理论模型直接描述了实验观测的真值. 事实上，实验观测得到的分布——实验分布(见4.17节的讨论)与理论模型往往有所不同，一般要考虑两种修正. 一种是测量的随机误差导致的畸变；另一种是探测仪器的探测效率的修正. 前者可由测量的实验分辨函数对理论模型进行修正得到"修正"理论模型,然后与观测值作直接比较. 后者可通过两种途径加以处理：

(1) 严格方法. 如果对于被观测量的整个可能取值区间探测效率的函数形式都为已知，并且可对理论模型作修正写出"修正"理论模型，则可直接与观测值比较.

(2) 近似方法. 如果(1)的条件不满足，则只能采用近似方法，即对每个观测到的事例，指定不同的权因子，修改原始观测值后再与理论模型比较. 对第 i 个观测事例，其权因子 W_i 等于探测到该事例的探测效率的倒数. 换句话说，如果在探测效率 ε_i 时，观测到一个事例，则当探测效率是 100%时，实际应存在 W_i 个事例，后者才可与理论模型作比较.

显然，只要理论模型可以正确地修正，得到的"修正"理论模型可与实际测量的数据一起，直接用前面各章描述的方法作最小二乘估计. 事实上，最小二乘法对理论模型的唯一重要限制是：理论模型的预期值与观测值的期望值应当一致. 如果原理论模型满足这一要求，那么"修正"理论模型同样满足这一要求. 但若利用近似方法，参数的最小二乘估计就出现一些问题，特别是求得参数估计值的误差比较困难.

我们来讨论直方图实验数据. 设变量 X 的取值域被划分为 N 个互不相容的子区间，i 子区间内观测到的事例数为 n_i，理论模型预期该子区间内的事例数是 f_i. 由于探测仪器的探测效率不是处处为 100%，n_i 与 f_i 不能直接比较. 按照近似方法，如果探测效率为 100%，那么 i 子区间内观测到的事例数不是 n_i，而应当是

$$n_i' = \sum_{j=1}^{n_i} W_{ij}\,, \tag{9.6.1}$$

W_{ij} 是 i 子区间中事例 j 的探测效率的倒数. 对照式(9.5.7)和式(9.5.10)，可以通

过对量

$$Q^2=\sum_{i=1}^{N}\frac{(n_i'-f_i)^2}{f_i} \tag{9.6.2}$$

或

$$Q^2=\sum_{i=1}^{N}\frac{(n_i'-f_i)^2}{n_i'} \tag{9.6.3}$$

求极小，得到未知参数的最小二乘估计. 如果有 $E(n_i')=f_i$，并且正态假定近似地得到满足，那么 $Q^2_{\min}$ 可以表征拟合优度.

如果所有的权因子 W_{ij} 数值不大，而且相互差别不大，那么式(9.6.2)、(9.6.3)求得的估计值比较可靠. 经验表明，如果某些事例有很大的权因子值，则参数估计值及其误差不太可靠. 在这种情形下，舍弃个别权因子值很大的事例再作最小二乘估计可改善估计值的可靠性. 一般地说，将权因子大的事例包含在内会增大估计值的误差(见 9.4.4 节的讨论).

最后，我们提一下处理探测效率的介于严格方法和近似方法之间的途径. 它的基本思想是：观测值保持不变，而“修正”理论模型对 i 子区间内的事例数 f_i' 用原理论模型预期值 f_i 乘上 i 子区间内的平均探测效率 D_i 来表示

$$f_i'=f_i\cdot D_i,\qquad D_i=\frac{1}{n_i}\sum_{j=1}^{n_i}\frac{1}{W_{ij}}. \tag{9.6.4}$$

这样，Q^2 的表达式成为

$$Q^2=\sum_{i=1}^{N}\frac{(n_i-f_i')^2}{f_i'}. \tag{9.6.5}$$

显然，引入平均探测效率本身就包含着误差，因此，用式(9.6.5)的 Q^2 作最小二乘估计得到的参数估计可靠性不够好. 相对地说，如果权重 W_{ij} 值都很小而且接近，估计结果比较可信. 如果所有 W_{ij} 都相等，式(9.6.5)和式(9.6.2)得到相同的结果.

9.7 线性约束的线性最小二乘估计

在许多参数估计问题中，观测量的真值 $\boldsymbol{\eta}=\{\eta_1,\eta_2,\cdots,\eta_N\}$ 的各分量之间存在必须满足的某种约束方程，而待估计的参数与这些真值之间存在着函数关系. 实际的观测值由于存在测量误差，因而只是近似地满足约束方程. 在进行参数估计时，使测量拟合值 $\hat{\boldsymbol{\eta}}$ 严格地满足约束方程是比较合理的. 因此，这种情形下需要处理的是满足约束方程的 Q^2 极小化问题.

约束极小化问题的解法有许多种，在 13.7 节中将介绍**变量代换法**和**罚函数法**，这里对**消去法**和**拉格朗日乘子法**作一简短的讨论.

所谓消去法，是利用约束方程消去几个未知参数(即用其余未知参数来表示)，然后由余下的参数构成Q^2函数，实行极小化后求得参数的估计值. 而拉格朗日乘子法则是将每个约束方程乘上一个拉格朗日乘子，后者为一个附加的待估计参数，与原有参数一起构成Q^2实行极小化. 通过未知参数的“消去”或“增加”，这两种方法都将**约束极小化**问题化为**无约束极小化**问题，然后用本章前面各种描述的方法作参数估计.

我们先从两个简单的例子着手，对有约束的这两种最小二乘估计方法加以说明，然后对拉格朗日乘子法作一般性的讨论.

例 9.10 通过固定点的直线拟合

设有 N 对测量数据 $(x_i, y_i), i=1,2,\cdots,N$, y_i 的测量误差为 σ_i, y_i 与 x_i 符合直线关系，并必须通过某固定点 (x_0, y_0)，求最佳的拟合直线.

直线通过固定点 (x_0, y_0) 相当于一个约束条件，满足该约束的最小二乘估计是

$$Q^2(\vartheta_1, \vartheta_2) = \sum_{i=1}^{N}\left(\frac{y_i - \vartheta_1 - \vartheta_2 x_i}{\sigma_i}\right)^2 = \min,$$

$$y_0 = \vartheta_1 + \vartheta_2 x_0 .$$

用消去法求解，根据约束方程，参数 ϑ_1 可用 ϑ_2 表示

$$\vartheta_1 = y_0 - \vartheta_2 x_0 ,$$

代入 $Q^2(\vartheta_1, \vartheta_2)$，即有

$$Q^2(\vartheta_2) = \sum_{i=1}^{N}\frac{[y_i - y_0 + \vartheta_2(x_0 - x_i)]^2}{\sigma_i^2}.$$

使 $Q^2(\vartheta_2)$ 对 ϑ_2 的导数等于零，得到 ϑ_2 的估计

$$\frac{\partial Q^2(\vartheta_2)}{\partial \vartheta_2} = 0 = \sum_{i=1}^{N}\frac{2}{\sigma_i^2}[y_i - y_0 + \vartheta_2(x_0 - x_i)](x_0 - x_i),$$

即得

$$\hat{\vartheta}_2 = \frac{\sum_{i=1}^{N}(x_i - x_0)(y_i - y_0)/\sigma_i^2}{\sum_{i=1}^{N}(x_i - x_0)^2/\sigma_i^2}.$$

代入约束方程，求出

$$\hat{\vartheta}_1 = y_0 - \hat{\vartheta}_2 x_0 .$$

根据误差传播法，则求出 $\hat{\vartheta}_1$，$\hat{\vartheta}_2$ 的误差

$$V(\hat{\vartheta}_2) = \frac{1}{\sum_{i=1}^{N} \frac{(x_i - x_0)^2}{\sigma_i^2}}, \qquad V(\hat{\vartheta}_1) = x_0^2 V(\hat{\vartheta}_2) .$$

例 9.11　三角形的角

对一个三角形的三个角作独立测量，得到的测量值为 $y_1 = 63°, y_2 = 34°$，$y_3 = 85°$．测量误差相等 $\sigma = 1°$．求三个角真值 η_1, η_2, η_3 的最小二乘估计.

因为三角形三个角之和必须为 180°(约束条件)，故满足约束的最小二乘估计是

$$Q^2(\eta_1, \eta_2, \eta_3) = \sum_{i=1}^{3} \left(\frac{y_i - \eta_i}{\sigma_i} \right)^2 = \text{minimum},$$

$$\sum_{i=1}^{3} \eta_i - 180° = 0 . \tag{9.7.1}$$

首先用消去法求解．待估计参数 η_3 可用另两个参数 η_1 和 η_2 表示

$$\eta_3 = 180° - \eta_1 - \eta_2 ,$$

代入式(9.7.1)，即有

$$Q^2(\eta_1, \eta_2) = \left(\frac{y_1 - \eta_1}{\sigma} \right)^2 + \left(\frac{y_2 - \eta_2}{\sigma} \right)^2 + \frac{[y_3 - (180° - \eta_1 - \eta_2)]^2}{\sigma^2}$$
$$= \text{minimum}. \tag{9.7.2}$$

这就成为无约束的 $Q^2(\eta_1, \eta_2)$ 极小化问题．由

$$\frac{\partial^2 Q^2}{\partial \eta_1} = 0, \qquad \frac{\partial^2 Q^2}{\partial \eta_2} = 0$$

容易解出

$$\hat{\eta}_1 = \frac{1}{3}(180° + 2y_1 - y_2 - y_3) = 62\frac{1}{3}° ,$$

$$\hat{\eta}_2 = \frac{1}{3}(180° - y_1 + 2y_2 - y_3) = 33\frac{1}{3}° .$$

然后根据约束方程求得 $\hat{\eta}_3$ 的估计值

$$\hat{\eta}_3 = 180° - \hat{\eta}_1 - \hat{\eta}_2 = 84\frac{1}{3}^{\circ}.$$

如果采用拉格朗日乘子法，待求极小的量 Q^2 需写成

$$Q^2(\eta_1, \eta_2, \eta_3, \lambda) = \sum_{i=1}^{3}\left(\frac{y_i - \eta_i}{\sigma_i}\right)^2 + 2\lambda\left(\sum_{i=1}^{3}\eta_i - 180°\right), \tag{9.7.3}$$

即等于无约束条件下的 Q^2 加上拉格朗日乘子 λ 与约束方程函数的乘积. 因为对于待估计参数的估计值 $\boldsymbol{\eta}$,式(9.7.3)右边第二项等于0,所以无约束的 $Q^2(\eta_1, \eta_2, \eta_3, \lambda)$ 的极小化与有约束的 $Q^2(\eta_1, \eta_2, \eta_3)$ 的极小化是等同的. 利用 $Q^2(\eta_1, \eta_2, \eta_3, \lambda)$ 对四个参数 $\eta_1, \eta_2, \eta_3, \lambda$ 作最小二乘估计，正规方程变成

$$\left.\begin{aligned} 0 &= \frac{\partial Q^2}{\partial \eta_1} = -\frac{2}{\sigma^2}(y_1 - \eta_1) + 2\lambda, \qquad 0 = \frac{\partial Q^2}{\partial \eta_2} = -\frac{2}{\sigma^2}(y_2 - \eta_2) + 2\lambda, \\ 0 &= \frac{\partial Q^2}{\partial \eta_3} = -\frac{2}{\sigma^2}(y_3 - \eta_3) + 2\lambda, \qquad 0 = \frac{\partial Q^2}{\partial \lambda} = 2\left(\sum_{i=1}^{3}\eta_i - 180°\right), \end{aligned}\right\} \tag{9.7.4}$$

消去三个参数 η_1, η_2, η_3 得到关于 λ 的方程

$$\frac{2}{\sigma_1}\left(\sum_{i=1}^{3} y_i - 180°\right) = 6\lambda.$$

由此得到 λ 的估计

$$\hat{\lambda} = \frac{1}{3\sigma^2}\left(\sum_{i=1}^{3} y_i - 180°\right).$$

代入式(9.7.4)求出角度 η_j 的估计值 $\hat{\eta}_j$

$$\hat{\eta}_j = y_j - \sigma^2\hat{\lambda} = y_j - \frac{1}{3}\left(\sum_{i=1}^{3} y_i - 180°\right).$$

如果用测量值 y_i 代入上式，即得到与消去法相同的结果.

由 $\hat{\eta}_i$ 与 y_1, y_2, y_3 的上述函数关系，应用误差传播公式容易写出估计值 $\hat{\boldsymbol{\eta}}$ 的协方差矩阵

$$\underset{\sim}{V}(\hat{\boldsymbol{\eta}}) = \underset{\sim}{V}(\boldsymbol{y}) - \frac{1}{3}\sigma^2\begin{pmatrix}1\\1\\1\end{pmatrix}(1\ 1\ 1) = \sigma^2\begin{pmatrix} 2/3 & -1/3 & -1/3 \\ -1/3 & 2/3 & -1/3 \\ -1/3 & -1/3 & 2/3 \end{pmatrix}.$$

与测量值的协方差矩阵 $\underset{\sim}{V}(\hat{\boldsymbol{\eta}})$ 相比，

$$\underset{\sim}{V}(\boldsymbol{y})=\sigma^2\begin{pmatrix}1&0&0\\0&1&0\\0&0&1\end{pmatrix},$$

可以看到，估计值 $\hat{\eta}_i$ 的方差($\underset{\sim}{V}(\hat{\boldsymbol{\eta}})$ 的对角项)比原测量误差小，但增加了非零的关联项(非对角项).

现在我们来讨论线性约束条件下，线性最小二乘估计的拉格朗日乘子法的一般公式. 估计问题可表示为

$$Q^2(\boldsymbol{\vartheta})=(\boldsymbol{Y}-\underset{\sim}{A}\boldsymbol{\vartheta})^{\mathrm{T}}\underset{\sim}{V}^{-1}(\boldsymbol{Y}-\underset{\sim}{A}\boldsymbol{\vartheta})=\text{minimum},$$
$$\underset{\sim}{B}\boldsymbol{\vartheta}-\boldsymbol{b}=\boldsymbol{0}. \tag{9.7.5}$$

其中第二个式子表示 L 个参数 $\boldsymbol{\vartheta}=\{\vartheta_1,\vartheta_2,\cdots,\vartheta_L\}$ 的 K 个线性约束方程，矢量 $\boldsymbol{b}$ 有 K 个分量，$\underset{\sim}{B}$ 是 $K\times L$ 阶矩阵，其他符号与无约束线性最小二乘估计问题中有相同的含义(见 9.2 节).

引入有 K 个分量的拉格朗日乘子矢量 $\boldsymbol{\lambda}=\{\lambda_1,\lambda_2,\cdots,\lambda_k\}$，式(9.7.5)代表的约束极小化问题可改写为 $L+K$ 个未知参数 $\boldsymbol{\vartheta}=\{\vartheta_1,\cdots,\vartheta_L\},\boldsymbol{\lambda}=\{\lambda_1,\cdots,\lambda_k\}$ 的无约束线性极小化问题

$$Q^2(\boldsymbol{\vartheta},\boldsymbol{x})=(\boldsymbol{Y}-\underset{\sim}{A}\boldsymbol{\vartheta})^{\mathrm{T}}\underset{\sim}{V}^{-1}(\boldsymbol{Y}-\underset{\sim}{A}\boldsymbol{\vartheta})+2\boldsymbol{\lambda}^{\mathrm{T}}(\underset{\sim}{B}\boldsymbol{\vartheta}-\boldsymbol{b})$$
$$=\text{minimum}. \tag{9.7.6}$$

令 Q^2 对 $\vartheta_l(l=1,\cdots,L)$ 和 $\lambda_k(k=1,\cdots,K)$ 的偏导数等于 0，得到正规方程，用矢量记号可写为

$$\nabla_\theta Q^2=-2(\underset{\sim}{A}^{\mathrm{T}}\underset{\sim}{V}^{-1}\boldsymbol{Y}-\underset{\sim}{A}^{\mathrm{T}}\underset{\sim}{V}^{-1}A\boldsymbol{\vartheta})+2\underset{\sim}{B}^{\mathrm{T}}\boldsymbol{\lambda}=\boldsymbol{0}, \tag{9.7.7}$$

$$\nabla_\lambda Q^2=2(\underset{\sim}{B}\boldsymbol{\vartheta}-\boldsymbol{b})=\boldsymbol{0}. \tag{9.7.8}$$

这是 $L+K$ 个未知参数的 $L+K$ 个线性方程. 式(9.7.8)正是约束方程，而式(9.7.7)相当于无约束情形中的式(9.2.15)，由于存在着约束，增加了含拉格朗日乘子 $\boldsymbol{\lambda}$ 的修正项. 式(9.7.4)是这两个公式的特殊情形.

引入记号

$$\underset{\sim}{C}\equiv\underset{\sim}{A}^{\mathrm{T}}\underset{\sim}{V}^{-1}\underset{\sim}{A},\qquad \boldsymbol{c}\equiv\underset{\sim}{A}^{\mathrm{T}}\underset{\sim}{V}^{-1}\boldsymbol{Y} \tag{9.7.9}$$

上面两个式子可写成

$$\underset{\sim}{C}\boldsymbol{\vartheta}+\underset{\sim}{B}^{\mathrm{T}}\boldsymbol{\lambda}=\boldsymbol{c},\qquad \underset{\sim}{B}\boldsymbol{\vartheta}=\boldsymbol{b}. \tag{9.7.10}$$

如果$\underset{\sim}{C}$的逆矩阵存在，将式(9.7.10)中的第一个式子左乘$\underset{\sim}{B}\underset{\sim}{C}^{-1}$，求得$\underset{\sim}{B}\boldsymbol{\vartheta}$的表达式再代入第二个公式，则得到乘子$\boldsymbol{\lambda}$的方程

$$\boldsymbol{b}+\underset{\sim}{B}\underset{\sim}{C}^{-1}\underset{\sim}{B}^{\mathrm{T}}\boldsymbol{\lambda}=\underset{\sim}{B}\underset{\sim}{C}^{-1}\boldsymbol{c}.$$

记

$$\underset{\sim}{V}_B\equiv\underset{\sim}{B}\underset{\sim}{C}^{-1}\underset{\sim}{B}^{\mathrm{T}},\tag{9.7.11}$$

$\underset{\sim}{V}_B$是个对称矩阵，假定$\underset{\sim}{V}_B^{-1}$存在，则拉格朗日乘子的解为

$$\hat{\boldsymbol{\lambda}}=\underset{\sim}{V}_B^{-1}(\underset{\sim}{B}\underset{\sim}{C}^{-1}\boldsymbol{c}-\boldsymbol{b}).\tag{9.7.12}$$

将$\hat{\boldsymbol{\lambda}}$代入式(9.7.10)导出参数$\boldsymbol{\vartheta}$的估计

$$\underset{\sim}{C}=\hat{\boldsymbol{\vartheta}}^{-1}\boldsymbol{c}-\underset{\sim}{C}^{-1}\underset{\sim}{B}^{\mathrm{T}}\underset{\sim}{V}_B^{-1}(\underset{\sim}{B}\underset{\sim}{C}^{-1}\boldsymbol{c}-\boldsymbol{b}).\tag{9.7.13}$$

式(9.7.12)、(9.7.13)右边的所有矩阵和矢量都是已知量，因而给出了线性约束的线性最小二乘估计问题的严格解. 将式(9.7.9)与无约束问题中的公式(9.2.17)、(9.2.18)对照可以知道，$\underset{\sim}{C}^{-1}\boldsymbol{c}$和$\underset{\sim}{C}^{-1}$是无约束条件下线性估计问题中的参数估计值$\hat{\boldsymbol{\vartheta}}$及其方差$\underset{\sim}{V}(\hat{\boldsymbol{\vartheta}})$. 式(9.7.12)、(9.7.13)中的因子$(\underset{\sim}{B}\underset{\sim}{C}^{-1}\boldsymbol{c}-\boldsymbol{b})$事实上代表了约束问题中观测值$\boldsymbol{Y}$对于约束方程的偏离程度(见例 9.8). 约束条件下的参数估计值$\hat{\vartheta}$的表达式(9.7.13)表明，它可以看成无约束条件下的解$\underset{\sim}{C}^{-1}\boldsymbol{c}$和正比于对约束方程的偏离的修正项所组成.

从$\hat{\boldsymbol{\lambda}}$和$\hat{\boldsymbol{\vartheta}}$的表达式可知，它们是观测值矢量$\boldsymbol{Y}$的线性函数(注意$\boldsymbol{c}$的表达式(9.7.9)). 作期望值运算，有

$$E(\underset{\sim}{C}^{-1}\boldsymbol{c})=\underset{\sim}{C}^{-1}E(\boldsymbol{c})=\underset{\sim}{C}^{-1}\underset{\sim}{A}^{\mathrm{T}}\underset{\sim}{V}^{-1}E(\boldsymbol{Y})=\underset{\sim}{C}^{-1}\underset{\sim}{A}^{\mathrm{T}}\underset{\sim}{V}^{-1}\underset{\sim}{A}\boldsymbol{\vartheta}=\boldsymbol{\vartheta}.$$

对$\hat{\boldsymbol{\lambda}}$求期望值

$$\begin{aligned}E(\hat{\boldsymbol{\lambda}})&=E\{\underset{\sim}{V}_B^{-1}(\underset{\sim}{B}\underset{\sim}{C}^{-1}\boldsymbol{c}-\boldsymbol{b})\}\underset{\sim}{V}=\underset{\sim}{V}_B^{-1}E(\underset{\sim}{B}\underset{\sim}{C}^{-1}\boldsymbol{c}-\boldsymbol{b})\\&=\underset{\sim}{V}_B^{-1}(\underset{\sim}{B}\boldsymbol{\vartheta}-\boldsymbol{b})=\boldsymbol{0}.\end{aligned}$$

将这些期望值代入式(9.7.13)，显然有

$$E(\hat{\boldsymbol{\lambda}})=\boldsymbol{0},\qquad E(\hat{\boldsymbol{\vartheta}})=\boldsymbol{\vartheta}.\tag{9.7.14}$$

这表明线性约束条件下的线性最小二乘估计是无偏估计，与无约束时的情形一样.

由于$\hat{\boldsymbol{\vartheta}}$是测量值矢量$\boldsymbol{Y}$的线性函数，可以运用通常的误差传播法则来求$\hat{\boldsymbol{\vartheta}}$的协方差矩阵. 注意到$\boldsymbol{c}$的表达式(9.7.9)，我们有

$$\underset{\sim}{V}(\hat{\boldsymbol{\vartheta}})=[\underset{\sim}{C}^{-1}\underset{\sim}{A}^{\mathrm{T}}\underset{\sim}{V}^{-1}-\underset{\sim}{C}^{-1}\underset{\sim}{B}^{\mathrm{T}}\underset{\sim}{V}_B^{-1}\underset{\sim}{B}\underset{\sim}{C}^{-1}\underset{\sim}{A}^{\mathrm{T}}\underset{\sim}{V}^{-1}]V[\underset{\sim}{C}^{-1}\underset{\sim}{A}^{\mathrm{T}}\underset{\sim}{V}^{-1}$$
$$-\underset{\sim}{C}^{-1}\underset{\sim}{B}^{\mathrm{T}}\underset{\sim}{V}_B^{-1}\underset{\sim}{B}\underset{\sim}{C}^{-1}\underset{\sim}{A}^{\mathrm{T}}\underset{\sim}{V}^{-1}]^{\mathrm{T}}.$$

注意$\underset{\sim}{V}_B$的定义以及$\underset{\sim}{C}$，$\underset{\sim}{C}^{-1}$，$\underset{\sim}{V}_B$，$\underset{\sim}{V}_B^{-1}$都是对称矩阵，上述表达式可简化为

$$V(\hat{\boldsymbol{\vartheta}})=\underset{\sim}{C}^{-1}(\underset{\sim}{I}_N-\underset{\sim}{B}^T\underset{\sim}{V}_B^{-1}\underset{\sim}{B}\underset{\sim}{C}^{-1})$$

或

$$V(\hat{\boldsymbol{\vartheta}})=\underset{\sim}{C}^{-1}-(\underset{\sim}{B}\underset{\sim}{C}^{-1})^{\mathrm{T}}\underset{\sim}{V}_B^{-1}(\underset{\sim}{B}\underset{\sim}{C}^{-1}). \tag{9.7.15}$$

前面已述，$\underset{\sim}{C}^{-1}$是无约束情形下参数$\hat{\boldsymbol{\theta}}$的协方差矩阵，上式中第二项$(\underset{\sim}{B}\underset{\sim}{C}^{-1})^{\mathrm{T}}\underset{\sim}{V}_B^{-1}(\underset{\sim}{B}\underset{\sim}{C}^{-1})$的对角元素总是非负的. 因此，由式(9.7.15)可知，约束条件下参数$\hat{\boldsymbol{\vartheta}}$的误差(即协方差矩阵的对角元素)比无约束条件下$\hat{\boldsymbol{\vartheta}}$的误差为小. 但对于非对角元素一般不能作出同样的结论.

类似地可以证明，拉格朗日乘子λ的估计值$\hat{\boldsymbol{\lambda}}$的协方差矩阵可表示成

$$\underset{\sim}{V}(\hat{\boldsymbol{\lambda}})=\underset{\sim}{V}_B^{-1}, \tag{9.7.16}$$

而且参数$\hat{\boldsymbol{\vartheta}}$和拉格朗日乘子$\boldsymbol{\lambda}$的估计值是互不相关的，即

$$\mathrm{cov}(\hat{\boldsymbol{\vartheta}},\hat{\boldsymbol{\lambda}})=\mathbf{0}. \tag{9.7.17}$$

测量的拟合值$\hat{\boldsymbol{\eta}}=\underset{\sim}{A}\hat{\boldsymbol{\vartheta}}$及其误差由下式给定：

$$\hat{\boldsymbol{\eta}}=\underset{\sim}{A}[\underset{\sim}{C}^{-1}\boldsymbol{c}-\underset{\sim}{C}^{-1}\underset{\sim}{B}^{\mathrm{T}}\underset{\sim}{V}_B^{-1}(\underset{\sim}{B}\underset{\sim}{C}^{-1}\boldsymbol{c}-\boldsymbol{b})],$$
$$V(\hat{\boldsymbol{\eta}})=\underset{\sim}{A}\underset{\sim}{C}^{-1}\underset{\sim}{A}^{\mathrm{T}}-\underset{\sim}{A}(\underset{\sim}{B}\underset{\sim}{C}^{-1})^{\mathrm{T}}\underset{\sim}{V}_B^{-1}(\underset{\sim}{B}\underset{\sim}{C}^{-1})\underset{\sim}{A}^{\mathrm{T}}. \tag{9.7.18}$$

其残差可表示为

$$\hat{\boldsymbol{\varepsilon}}\equiv\boldsymbol{Y}-\boldsymbol{\eta}=\underset{\sim}{D}\boldsymbol{\varepsilon}$$
$$\underset{\sim}{D}\equiv\underset{\sim}{I}_N-\underset{\sim}{A}\underset{\sim}{C}^{-1}\underset{\sim}{A}^{\mathrm{T}}\underset{\sim}{V}^{-1}+\underset{\sim}{A}\underset{\sim}{C}^{-1}\underset{\sim}{B}^{\mathrm{T}}\underset{\sim}{V}_B^{-1}\underset{\sim}{B}\underset{\sim}{C}^{-1}\underset{\sim}{A}^{\mathrm{T}}\underset{\sim}{V}^{-1}. \tag{9.7.19}$$

其中$\boldsymbol{\varepsilon}$是$\boldsymbol{Y}$的测量误差. 与无约束条件下对应的表达式(9.4.11)相比较，只增加了最末一项.

当各个测量$Y_1,Y_2,\cdots,Y_N$互不相关，而且测量误差相等，则有

$$\underset{\sim}{V}(\boldsymbol{Y})=\sigma^2\underset{\sim}{I}_N,$$

$\underset{\sim}{D}$的表达式可简化为

$$\underset{\sim}{D}\equiv\underset{\sim}{I}_N-\underset{\sim}{A}(\underset{\sim}{A}^{\mathrm{T}}\underset{\sim}{A})^{-1}\underset{\sim}{A}^{\mathrm{T}}$$
$$+\underset{\sim}{A}(\underset{\sim}{A}^{\mathrm{T}}\underset{\sim}{A})^{-1}\underset{\sim}{B}^{\mathrm{T}}[\underset{\sim}{B}(\underset{\sim}{A}^{\mathrm{T}}\underset{\sim}{A})^{-1}\underset{\sim}{B}^{\mathrm{T}}]^{-1}\underset{\sim}{B}(\underset{\sim}{A}^{\mathrm{T}}\underset{\sim}{A})^{-1}\underset{\sim}{A}^{\mathrm{T}}.$$

与无约束条件下的情形相比，$\underset{\sim}{D}$ 的表达式增加了最末一项(见 9.4.2 节的讨论)，而且这里 $\underset{\sim}{D}$ 也是一个幂等矩阵，即满足

$$\underset{\sim}{D}^{\mathrm{T}} = \underset{\sim}{D}, \qquad \underset{\sim}{D}^{\mathrm{T}}\underset{\sim}{D} = \underset{\sim}{D}.$$

参照 9.4.2 节的讨论，可以证明，不论测量是否相互独立，量

$$\frac{Q_{\min}'^2}{N-L+K} \quad (Q_{\min}'^2 = \hat{\boldsymbol{\varepsilon}}^{\mathrm{T}}\, \underset{\sim}{V}_{\sigma}^{-1}\hat{\boldsymbol{\varepsilon}} \text{ 残差平方和})$$

是 σ^2 的无偏估计量，其中测量的协方差矩阵 $\underset{\sim}{V}(\boldsymbol{Y})$ 与 σ^2 和 $\underset{\sim}{V}_{\sigma}$ 有如下关系：

$$\underset{\sim}{V}(\boldsymbol{Y}) = \sigma^2 \underset{\sim}{V}_{\sigma}.$$

L 和 K 分别是独立参数和独立约束方程的个数. 因此，如果 $\underset{\sim}{V}_{\sigma}(\boldsymbol{Y})$ 已知而 σ^2 未知，则后者可从残差平方和 $Q_{\min}'^2$ 估计.

9.8 非线性约束的最小二乘估计

本节讨论最一般的最小二乘估计问题.

设观测值向量为 $\boldsymbol{Y} = \{Y_1, \cdots, Y_N\}$，测量误差由其协方差矩阵 $\underset{\sim}{V}(\boldsymbol{Y})$ 表示，它的真值 $\boldsymbol{\eta} = \{\eta_1, \cdots, \eta_N\}$ 是未知的待估计参数. 此外，还存在一组 J 个不可直接测量的变量 $\boldsymbol{\xi} = \{\xi_1, \cdots, \xi_J\}$，$N$ 个可测定参数 $\boldsymbol{\eta}$ 和 J 个不可测定参数 $\boldsymbol{\xi}$ 是相关的，满足一组 K 个约束方程

$$f_k(\boldsymbol{\eta}, \boldsymbol{\xi}) = 0, \qquad k = 1, 2, \cdots, K.$$

要求参数 $\boldsymbol{\eta}$ 和 $\boldsymbol{\xi}$ 的估计值.

按照最小二乘原理，未知量 $\boldsymbol{\eta}$ 和 $\boldsymbol{\xi}$ 的最好估计应使下式得以满足：

$$Q^2(\boldsymbol{\eta}) = (\boldsymbol{Y} - \boldsymbol{\eta})^{\mathrm{T}} \underset{\sim}{V}^{-1}(\boldsymbol{Y})(\boldsymbol{Y} - \boldsymbol{\eta}) = \text{minimum},$$
$$\boldsymbol{f}(\boldsymbol{\eta}, \boldsymbol{\xi}) = \boldsymbol{0}. \tag{9.8.1}$$

式(9.8.1)可用消去法求解，即利用 K 个约束方程消去 K 个未知参数，代入 Q^2 并对其余的 $N+J-K$ 个参数求极小值. 这种方法的缺点是消去的 K 个参数是可以任意选择的，而当约束方程为非线性时，消去的 K 个变量的不同选择会导致估计值有不同的结果. 但在拉格朗日乘子法中，任何未知参数具有“同等”的地位，即正规方程对于未知参数有形式上的对称性. 因此，尽管这种方法在对 Q^2 极小化的过程中引入了附加的未知参数(即拉格朗日乘子向量)，但在实际中仍然广

泛地使用.

9.8.1 拉格朗日乘子法

利用拉格朗日乘子法求解式(9.8.1)的估计问题，需要引入 K 个拉格朗日乘子 $\boldsymbol{\lambda}=\{\lambda_1,\cdots,\lambda_k\}$，约束极小化问题于是可以重新表述为无约束极小化问题

$$Q^2(\boldsymbol{\eta},\boldsymbol{\xi},\boldsymbol{\lambda})=(\boldsymbol{Y}-\boldsymbol{\eta})^{\mathrm{T}}\underset{\sim}{V}^{-1}(\boldsymbol{Y}-\boldsymbol{\eta})+2\boldsymbol{\lambda}^{\mathrm{T}}\boldsymbol{f}(\boldsymbol{\eta},\boldsymbol{\xi})$$
$$=\text{minimum}. \tag{9.8.2}$$

现在共有 $N+J+K$ 个未知参数，令 Q^2 对所有这些未知参数的偏导数等于 0，得到如下的一组方程：

$$\nabla_\eta Q^2=-2\underset{\sim}{V}^{-1}(\boldsymbol{Y}-\boldsymbol{\eta})+2\underset{\sim}{E}_\eta^{\mathrm{T}}\boldsymbol{\lambda}=\boldsymbol{0} \quad (N\text{ 个方程}),$$
$$\nabla_\xi Q^2=2\underset{\sim}{E}_\xi^{\mathrm{T}}\boldsymbol{\lambda}=\boldsymbol{0} \quad (J\text{ 个方程}),$$
$$\nabla_\lambda Q^2=2\boldsymbol{f}(\boldsymbol{\eta},\boldsymbol{\xi})=\boldsymbol{0} \quad (K\text{ 个方程}). \tag{9.8.3}$$

其中矩阵 $\underset{\sim}{E}_\eta$($K\times N$ 维)和 $\underset{\sim}{E}_\xi$($K\times J$ 维)定义为

$$(\underset{\sim}{E}_\eta)_{ki}=\frac{\partial f_k}{\partial \eta_i},\qquad (\underset{\sim}{E}_\xi)_{kj}=\frac{\partial f_k}{\partial \xi_j}. \tag{9.8.4}$$

去掉不必要的常数 2，式(9.8.3)可重写为

$$\underset{\sim}{V}^{-1}(\boldsymbol{\eta}-\boldsymbol{Y})+\underset{\sim}{E}_\eta^{\mathrm{T}}\boldsymbol{\lambda}=\boldsymbol{0}, \tag{9.8.5}$$

$$\underset{\sim}{E}_\xi^{\mathrm{T}}\boldsymbol{\lambda}=\boldsymbol{0}, \tag{9.8.6}$$

$$\boldsymbol{f}(\boldsymbol{\eta},\boldsymbol{\xi})=\boldsymbol{0}. \tag{9.8.7}$$

对于不存在不可测量的未知参数 $\boldsymbol{\xi}$ 以及线性约束的估计问题，式(9.8.5)~(9.8.7)立即简化为式(9.7.10).

一般情形下，$N+J+K$ 个未知参数的方程组(9.8.5)~(9.8.7)必须用迭代法求解. 假定已进行了 ν 次迭代，$N+J+K$ 个未知参数的近似解表为 $\boldsymbol{\eta}^\nu,\boldsymbol{\xi}^\nu,\boldsymbol{\lambda}^\nu$，相应的 Q^2 值用 $Q^2(\nu)$ 表示. 现在的问题是怎样进行下一次迭代，使得迭代后的近似解 $\boldsymbol{\eta}^{\nu+1},\boldsymbol{\xi}^{\nu+1},\boldsymbol{\lambda}^{\nu+1}$ 是比 $\boldsymbol{\eta}^\nu,\boldsymbol{\xi}^\nu,\boldsymbol{\lambda}^\nu$ 更好的近似，也即 $Q^2(\nu+1)<Q^2(\nu)$，并当迭代不断进行下去时收敛向 $Q^2_{\min}$，从而得到 $\boldsymbol{\eta},\boldsymbol{\xi},\boldsymbol{\lambda}$ 的最小二乘估计. 具体方法如下：

在点 $(\boldsymbol{\eta}^\nu,\boldsymbol{\xi}^\nu)$ 对约束方程(9.8.7)作泰勒展开

$$f_k^\nu + \sum_{i=1}^{N}\left(\frac{\eta f_k}{\partial \eta_i}\right)^\nu (\eta_i^{\nu+1} - \eta_i^\nu) + \sum_{j=1}^{J}\left(\frac{\partial f_k}{\partial \xi_j}\right)^\nu (\xi_j^{\nu+1} - \xi_j^\nu) + \cdots = 0,$$

$$k = 1, 2, \cdots, K.$$

作为近似只取一次项，上式变成

$$\boldsymbol{f}^\nu + \underset{\sim}{E}_\eta^\nu (\boldsymbol{\eta}^{\nu+1} - \boldsymbol{\eta}^\nu) + \underset{\sim}{E}_\xi^\nu (\boldsymbol{\xi}^{\nu+1} - \boldsymbol{\xi}^\nu) = 0. \tag{9.8.8}$$

式(9.8.5)、(9.8.6)现在可写为

$$\underset{\sim}{V}^{-1}(\boldsymbol{\eta}^{\nu+1} - \boldsymbol{Y}) + (\underset{\sim}{E}_\eta^{\mathrm{T}})^\nu \boldsymbol{\lambda}^{\nu+1} = \boldsymbol{0}, \tag{9.8.9}$$

$$(\underset{\sim}{E}_\xi^{\mathrm{T}})^\nu \boldsymbol{\lambda}^{\nu+1} = \boldsymbol{0}. \tag{9.8.10}$$

利用这三个公式可从 ν 次迭代参数值 $\boldsymbol{\eta}^\nu, \boldsymbol{\xi}^\nu, \boldsymbol{\lambda}^\nu$ 导出 $\nu+1$ 次迭代的相应值 $\boldsymbol{\eta}^{\nu+1}$, $\boldsymbol{\xi}^{\nu+1}, \boldsymbol{\lambda}^{\nu+1}$.

从式(9.8.9)中消去 $\boldsymbol{\eta}^{\nu+1}$，并代入式(9.8.8)，得到只含 $\boldsymbol{\lambda}^{\nu+1}$ 和 $\boldsymbol{\xi}^{\nu+1}$ 的关系式

$$\boldsymbol{f}^\nu + \underset{\sim}{E}_\eta^\nu [(\boldsymbol{Y} - \underset{\sim}{V}(\underset{\sim}{E}_\eta^{\mathrm{T}})^\nu \boldsymbol{\lambda}^{\nu+1}) - \boldsymbol{\eta}^\nu] + \underset{\sim}{E}_\xi^\nu (\boldsymbol{\xi}^{\nu+1} - \boldsymbol{\xi}^\nu) = \boldsymbol{0}.$$

记

$$\boldsymbol{r} \equiv \boldsymbol{f}^\nu + \underset{\sim}{E}_\eta^\nu (\boldsymbol{Y} - \boldsymbol{\eta}^\nu), \tag{9.8.11}$$

$$\underset{\sim}{S} \equiv \underset{\sim}{E}_\eta^\nu \underset{\sim}{V} (\underset{\sim}{E}_\eta^{\mathrm{T}})^\nu, \tag{9.8.12}$$

式(9.8.12)可写为

$$\boldsymbol{r} + F_\xi^\nu (\boldsymbol{\xi}^{\nu+1} - \boldsymbol{\xi}^\nu) = \underset{\sim}{S} \boldsymbol{\lambda}^{\nu+1}. \tag{9.8.13}$$

显然 $\underset{\sim}{S}$ 是 $K \times K$ 阶对称矩阵. 用 $\underset{\sim}{S}^{-1}$ 左乘式(9.8.13)，得 $\boldsymbol{\lambda}^{\nu+1}$ 的表达式并代入式(9.8.10)，导出只含未知参数 $\boldsymbol{\xi}^{\nu+1}$ 的方程

$$(\underset{\sim}{E}_\xi^{\mathrm{T}})^\nu \underset{\sim}{S}^{-1} [\boldsymbol{r} + \underset{\sim}{E}_\xi^\nu (\boldsymbol{\xi}^{\nu+1} - \boldsymbol{\xi}^\nu)] = \boldsymbol{0}.$$

由该式求得 $\boldsymbol{\xi}^{\nu+1}$ 的解，代回式(9.8.13)，求出 $\boldsymbol{\lambda}^{\nu+1}$；再将 $\boldsymbol{\xi}^{\nu+1}$，$\boldsymbol{\lambda}^{\nu+1}$ 的解代入式(9.8.9)得 $\boldsymbol{\eta}^{\nu+1}$. 它们依次可表示为

$$\boldsymbol{\xi}^{\nu+1} = \boldsymbol{\xi}^\nu - (\underset{\sim}{E}_\xi^{\mathrm{T}} \underset{\sim}{S}^{-1} \underset{\sim}{E}_\xi)^{-1} \underset{\sim}{E}_\xi^{\mathrm{T}} \underset{\sim}{S}^{-1} \boldsymbol{r}, \tag{9.8.14}$$

$$\boldsymbol{\lambda}^{\nu+1} = \underset{\sim}{S}^{-1} [\boldsymbol{r} + \underset{\sim}{E}_\xi (\boldsymbol{\xi}^{\nu+1} - \boldsymbol{\xi}^\nu)], \tag{9.8.15}$$

$$\boldsymbol{\eta}^{\nu+1} = \boldsymbol{Y} - \underset{\sim}{V}\underset{\sim}{F}_{\eta}^{\mathrm{T}}\boldsymbol{\lambda}^{\nu+1} . \tag{9.8.16}$$

由此可见，方程(9.8.8)~(9.8.10)的求解过程是：首先解出不可测的未知参数$\boldsymbol{\xi}^{\nu+1}$，然后是拉格朗日乘子$\boldsymbol{\lambda}^{\nu+1}$，最后才是测量的拟合值$\boldsymbol{\eta}^{\nu+1}$.

在式(9.8.14)~(9.8.16)的表达式中，矩阵$\underset{\sim}{F}_{\eta}, \underset{\sim}{F}_{\xi}, \underset{\sim}{S}$和矢量$\boldsymbol{r}$是在点$(\boldsymbol{\eta}^{\nu}, \boldsymbol{\xi}^{\nu})$计算的，而且$\underset{\sim}{S}$和$\underset{\sim}{F}_{\xi}^{\mathrm{T}}\underset{\sim}{S}^{-1}\underset{\sim}{F}_{\xi}$的逆矩阵必须存在.

利用$\nu+1$次迭代的参数估计值$\boldsymbol{\xi}^{\nu+1}, \boldsymbol{\lambda}^{\nu+1}$和$\boldsymbol{\eta}^{\nu+1}$可计算出$Q^2(\nu+1)$，并与$Q^2(\nu)$进行比较. 一般地有$Q^2(\nu+1) < Q^2(\nu)$. 迭代可按照上述步骤重复进行，直到找出$Q^2_{\min}$为止. 很难给出已经达到$Q^2_{\min}$的一般性收敛判据，是否已经接近$Q^2_{\min}$要视具体问题具体地确定. 通常使用的判据是在接连两次迭代中，求极小的目标函数值(Q^2)之差足够小(见第十三章的讨论)，在我们的情形下，检查$\boldsymbol{\eta}, \boldsymbol{\xi}$估计值之差是否充分小也是必要的.

为了使得达到$Q^2_{\min}$所需的迭代次数尽可能少，选择一组好的迭代初始值$\boldsymbol{\eta}^0, \boldsymbol{\xi}^0$十分重要. 对于可测量的参数$\boldsymbol{\eta}$，初值可选为测量值$\boldsymbol{\eta}^0 = \boldsymbol{Y}$；对不可测量的未知参数$\boldsymbol{\xi}$，初始值$\boldsymbol{\xi}^0$可由$\boldsymbol{\eta}^0$(代替$\boldsymbol{\eta}$)代入最容易计算的约束方程得到.

概括起来，迭代步骤可陈述如下：

(1) 确定初值$\boldsymbol{\xi}^0$和$\boldsymbol{\eta}^0$，$0 \to \nu$；

(2) 由式(9.8.11)、(9.8.12)计算矢量$\boldsymbol{r}$和矩阵$\underset{\sim}{S}$；

(3) 根据式(9.8.14)~(9.8.16)计算$\boldsymbol{\xi}^{\nu+1}, \boldsymbol{\lambda}^{\nu+1}$和$\boldsymbol{\eta}^{\nu+1}$；

(4) 按式(9.8.2)计算$Q^2(\nu+1) = Q^2(\boldsymbol{\xi}^{\nu+1}, \boldsymbol{\lambda}^{\nu+1}, \boldsymbol{\eta}^{\nu+1})$；

(5) 比较$Q^2(\nu+1)$和$Q^2(\nu)$，根据某种判据，确定$Q^2(\nu+1)$是否为$Q^2_{\min}$的满意近似. 若近似不满意，则令$\nu+1 \to \nu$，转向(2)进行新的迭代；否则迭代终止，$\boldsymbol{\eta}^{\nu+1}$和$\boldsymbol{\xi}^{\nu+1}$即为未知参数估计值$\hat{\boldsymbol{\eta}}$，$\hat{\boldsymbol{\xi}}$，并按 9.8.2 节的方法计算$\hat{\boldsymbol{\eta}}$，$\hat{\boldsymbol{\xi}}$的协方差. $Q^2_{\min}$的收敛判据可以是满足下列三个不等式：

$$\left| Q^2(\nu+1) - Q^2(\nu) \right| < \varepsilon_Q,$$

$$\sum_{i=1}^{N} (\eta_i^{\nu+1} - \eta_i^{\nu})^2 < \varepsilon_\eta,$$

$$\sum_{j=1}^{J} (\xi_j^{\nu+1} - \xi_j^{\nu})^2 < \varepsilon_\xi .$$

其中$\varepsilon_Q, \varepsilon_\eta, \varepsilon_\xi$为指定的小正数.

可以证明，$\nu+1$ 次迭代的 Q^2 值可表示为

$$Q^2(\nu+1)=(\boldsymbol{\lambda}^{\nu+1})^{\mathrm{T}}\underset{\sim}{S}\boldsymbol{\lambda}^{\nu+1}+2(\boldsymbol{\lambda}^{\nu+1})^{\mathrm{T}}\boldsymbol{f}^{\nu+1}, \tag{9.8.17}$$

其中矩阵 $\underset{\sim}{S}$ 是 ν 次迭代中的计算值. 这样，上述步骤(4)也可按该式计算 $Q^2(\nu+1)$.

例 9.12 V^0 事例的运动学分析(1)

设在泡室中观测中性粒子 Λ^0 的衰变

$$\Lambda^0 \to \mathrm{p}^+ + \pi^-,$$

泡室中看不到中性粒子 Λ^0 的径迹，只能看到它的衰变粒子(带电粒子) p^+ 和 π^- 形成的径迹，这两条径迹形成英文字母 V 形，称为 V^0 事例，如图 9.3 所示.

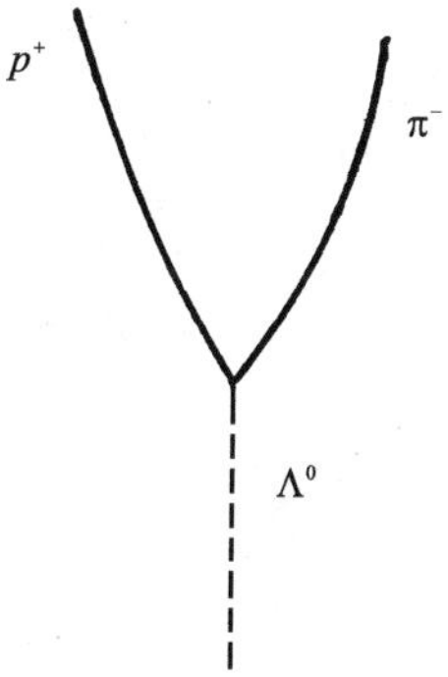

图 9.3 Λ^0 粒子衰变在泡室中形成的径迹

通过径迹的曲率半径(假定泡室处于磁场中)求出了 p^+ 和 π^- 的动量 p_p, p_π，极角 $\theta_{\mathrm{p}}, \theta_\pi$ 和方位角 $\phi_{\mathrm{p}}, \phi_\pi$ 的近似值，以及这几个变量的协方差矩阵. 现在要求 Λ^0 粒子的三个未知参数(不可测量的参数)

$$\boldsymbol{\xi}=\{p_\Lambda, \theta_\Lambda, \phi_\Lambda\}$$

和六个可测量的参数

$$\boldsymbol{\eta}=\{p_{\mathrm{p}}, \vartheta_{\mathrm{p}}, \phi_{\mathrm{p}}, p_\pi, \vartheta_\pi, \phi_\pi\}$$

的最小二乘估计.

按照物理规律，衰变过程必须满足动量守恒和能量守恒定律，于是有

$$f_1=-p_\Lambda \sin\vartheta_\Lambda \cos\phi_\Lambda + p_{\mathrm{p}} \sin\vartheta_{\mathrm{p}} \cos\phi_{\mathrm{p}} + p_\pi \sin\vartheta_\pi \cos\phi_\pi = 0,$$

$$f_2=-p_\Lambda \sin\theta_\Lambda \sin\phi_\Lambda + p_{\mathrm{p}} \sin\theta_{\mathrm{p}} \sin\phi_{\mathrm{p}} + p_\pi \sin\vartheta_\pi \sin\phi_\pi = 0,$$

$$f_3 = -p_\Lambda \cos\vartheta_\Lambda + p_\mathrm{p}\cos\vartheta_\mathrm{p} + p_\pi \cos\vartheta_\pi = 0,$$

$$f_4 = -\sqrt{p_\Lambda^2 + m_\Lambda^2} + \sqrt{p_\mathrm{p}^2 + m_\mathrm{p}^2} + \sqrt{p_\pi^2 + m_\pi^2} = 0;$$

其中$m_\Lambda, m_\mathrm{p}, m_\pi$表示$\Lambda^0, \mathrm{p}^+, \pi^-$的静止质量，是已知常数. 因为问题含有三个不可测量的未知参数的四个约束条件，实际上独立的约束条件只有一个. 可以看到，这些约束对于待估计的参数$\boldsymbol{\xi}, \boldsymbol{\eta}$是非线性的.

根据式(9.8.4)的定义，矩阵$\underset{\sim}{F}_\eta(4\times 6$ 阶$)$和$\underset{\sim}{F}_\xi(4\times 3$ 阶$)$是四个约束函数$f_k(k=1,2,3,4)$对可测量的六个未知参数$\boldsymbol{\eta}$和不可测量的三个参数$\boldsymbol{\xi}$求偏导数求得，具体形式为

$$\underset{\sim}{F}_\eta = \begin{bmatrix} \sin\vartheta_\mathrm{p}\cos\phi_\mathrm{p} & -p_\mathrm{p}\cos\vartheta_\mathrm{p}\cos\phi_\mathrm{p} & -p_\mathrm{p}\sin\vartheta_\mathrm{p}\sin\phi_\mathrm{p} & \sin\vartheta_\pi\cos\phi_\pi & -p_\pi\cos\vartheta_\pi\cos\phi_\pi & -p_\pi\sin\vartheta_\pi\sin\phi_\pi \\ \sin\vartheta_\mathrm{p}\sin\phi_\mathrm{p} & -p_\mathrm{p}\cos\vartheta_\mathrm{p}\sin\phi_\mathrm{p} & p_\mathrm{p}\sin\vartheta_\mathrm{p}\cos\phi_\mathrm{p} & \sin\vartheta_\pi\sin\phi_\pi & -p_\pi\cos\vartheta_\pi\sin\phi_\pi & p_\pi\sin\vartheta_\pi\cos\phi_\pi \\ \cos\vartheta_\mathrm{p} & p_\mathrm{p}\sin\vartheta_\mathrm{p} & 0 & \cos\vartheta_\pi & p_\pi\sin\vartheta_\pi & 0 \\ \dfrac{p_\mathrm{p}}{\sqrt{p_\mathrm{p}^2 + m_\mathrm{p}^2}} & 0 & 0 & \dfrac{p_\pi}{\sqrt{p_\pi^2 + m_\pi}} & 0 & 0 \end{bmatrix}$$

$$\underset{\sim}{F}_\xi = \begin{bmatrix} -\sin\vartheta_\Lambda\cos\phi_\Lambda & p_\Lambda\cos\vartheta_\Lambda\cos\phi_\Lambda & p_\Lambda\sin\vartheta_\Lambda\sin\phi_\Lambda \\ -\sin\vartheta_\Lambda\sin\phi_\Lambda & p_\Lambda\cos\vartheta_\Lambda\sin\phi_\Lambda & -p_\Lambda\sin\vartheta_\Lambda\cos\phi_\Lambda \\ -\cos\vartheta_\Lambda & -p_\Lambda\sin\vartheta_\Lambda & 0 \\ \dfrac{-p_\Lambda}{\sqrt{p_\Lambda + m_\Lambda}} & 0 & 0 \end{bmatrix}$$

为了进行迭代，参数$\boldsymbol{\eta}$的初始值$\boldsymbol{\eta}^0$取为等于测量值$\boldsymbol{Y}$，即

$$\boldsymbol{\eta}^0 = \boldsymbol{Y} = \{p_\mathrm{p}^0, \vartheta_\mathrm{p}^0, \phi_\mathrm{p}^0, p_\pi^0, \vartheta_\pi^0, \phi_\pi^0\},$$

代入约束方程$f_1=0, f_2=0, f_3=0$，可求得$\boldsymbol{\xi}$的初值$\xi^0=\{p_\Lambda^0, \vartheta_\Lambda^0, \phi_\Lambda^0\}$. 从$f_1, f_2, f_3$来确定$\boldsymbol{\xi}^0$是因为它们的表达式比较简单，$\boldsymbol{\xi}^0$容易求出；$f_4$的表达式含参数的根号项，处理起来要麻烦得多. 这样选定的$\boldsymbol{\eta}^0$和$\boldsymbol{\xi}^0$显然使动量守恒定律得到满足($f_1^0=f_2^0=f_3^0=0$)，但约束函数f_4^0则不一定等于 0. 于是根据式(9.8.11)将有矢量

$\boldsymbol{r}$ 的初值

$$\boldsymbol{r}^0 = \boldsymbol{f}^0 = (0, 0, 0, f_4^0).$$

利用式(9.8.12)，将近似值$(\boldsymbol{\eta}^0, \boldsymbol{\xi}^0)$代入$\underset{\sim}{E}_\eta, \underset{\sim}{E}_\xi$，可求出矩阵$\underset{\sim}{E}_\eta^0, \underset{\sim}{E}_\xi^0$以及$4\times4$阶矩阵

$$\underset{\sim}{S} = \underset{\sim}{E}_\eta^0 \underset{\sim}{V} (\underset{\sim}{E}_\eta^0)^{\mathrm{T}}.$$

求出$\underset{\sim}{S}$的逆阵$\underset{\sim}{S}^{-1}$之后，由式(9.8.14)~(9.8.16)可求得$\boldsymbol{\xi}^1, \boldsymbol{\lambda}^1, \boldsymbol{\eta}^1$的值，这就容易求出$Q^2(1)$．重复以上迭代过程，直到找出满意的$Q^2_{\min}$为止，其对应的$\hat{\boldsymbol{\xi}}, \hat{\boldsymbol{\lambda}}, \hat{\boldsymbol{\eta}}$即为问题的解.

9.8.2　误差估计

假定根据上节描述的迭代步骤在第$\nu+1$次迭代后的未知参数值$\boldsymbol{\eta}^{\nu+1}, \boldsymbol{\xi}^{\nu+1}$是满意的估计值，即

$$\hat{\boldsymbol{\eta}} = \boldsymbol{\eta}^{\nu+1}, \qquad \hat{\boldsymbol{\xi}} = \boldsymbol{\xi}^{\nu+1}.$$

它们的误差可利用误差传播法则导出，将$\boldsymbol{\eta}, \boldsymbol{\xi}$考虑为测量值$\boldsymbol{Y}$的函数

$$\hat{\boldsymbol{\eta}} = \boldsymbol{g}(\boldsymbol{Y}), \qquad \hat{\boldsymbol{\xi}} = \boldsymbol{h}(\boldsymbol{Y}), \tag{9.8.18}$$

函数$\boldsymbol{g}$和$\boldsymbol{h}$的具体形式由式(9.8.14)和式(9.8.16)表示，如将其中的$\boldsymbol{r}$用式(9.8.11)代入，则有

$$\left.\begin{aligned}
\boldsymbol{g} &= \boldsymbol{Y} - \underset{\sim}{V}\underset{\sim}{E}_\eta^{\mathrm{T}} \underset{\sim}{S}^{-1}[\underset{\sim}{I}_k - \underset{\sim}{E}_\xi(\underset{\sim}{E}_\xi^{\mathrm{T}}\underset{\sim}{S}^{-1}\underset{\sim}{E}_\xi)^{-1}\underset{\sim}{E}_\xi^{\mathrm{T}}\underset{\sim}{S}^{-1}][\boldsymbol{f} + \underset{\sim}{E}_\eta(\boldsymbol{Y} - \boldsymbol{\eta})],\\
\boldsymbol{h} &= \boldsymbol{\xi} - (\underset{\sim}{E}_\xi^{\mathrm{T}}\underset{\sim}{S}^{-1}\underset{\sim}{E}_\xi)^{-1}\underset{\sim}{E}_\xi^{\mathrm{T}}\underset{\sim}{S}^{-1}[\boldsymbol{f} + \underset{\sim}{E}_\eta(\boldsymbol{Y} - \boldsymbol{\eta})],
\end{aligned}\right\} \tag{9.8.19}$$

其中矢量$\boldsymbol{\eta}, \boldsymbol{\xi}$，函数$\boldsymbol{f}$和矩阵$\underset{\sim}{E}, \underset{\sim}{S}$都是$\nu$次迭代中的值．在$\hat{\boldsymbol{\eta}}, \hat{\boldsymbol{\xi}}$考虑为$\boldsymbol{Y}$的线性函数的近似下，由误差传播法则(3.9.15)可导出$\hat{\boldsymbol{\eta}}$和$\hat{\boldsymbol{\xi}}$的协方差矩阵

$$\left.\begin{aligned}
\underset{\sim}{V}(\hat{\boldsymbol{\eta}}) &= \left(\frac{\mathrm{d}\boldsymbol{g}}{\mathrm{d}\boldsymbol{Y}}\right)\underset{\sim}{V}(\boldsymbol{Y})\left(\frac{\mathrm{d}\boldsymbol{g}}{\mathrm{d}\boldsymbol{Y}}\right)^{\mathrm{T}},\\
\underset{\sim}{V}(\hat{\boldsymbol{\xi}}) &= \left(\frac{\mathrm{d}\boldsymbol{h}}{\mathrm{d}\boldsymbol{Y}}\right)\underset{\sim}{V}(\boldsymbol{Y})\left(\frac{\mathrm{d}\boldsymbol{h}}{\mathrm{d}\boldsymbol{Y}}\right)^{\mathrm{T}},\\
\mathrm{cov}(\hat{\boldsymbol{\eta}}, \hat{\boldsymbol{\xi}}) &= \left(\frac{\mathrm{d}\boldsymbol{g}}{\mathrm{d}\boldsymbol{Y}}\right)\underset{\sim}{V}(\boldsymbol{Y})\left(\frac{\mathrm{d}\hat{\boldsymbol{\eta}}}{\mathrm{d}\boldsymbol{Y}}\right)^{\mathrm{T}},
\end{aligned}\right\} \tag{9.8.20}$$

其中 $\boldsymbol{g}$ 和 $\boldsymbol{h}$ 对 $\boldsymbol{Y}$ 的导数分别是 $N\times N$ 阶矩阵和 $J\times N$ 阶矩阵. 由式(9.8.19)可直接求出

$$\left.\begin{aligned}\frac{\mathrm{d}\boldsymbol{h}}{\mathrm{d}\boldsymbol{Y}}&=\underset{\sim}{I}_N-\underset{\sim}{V}(\boldsymbol{Y})[\underset{\sim}{F}_\eta^{\mathrm{T}}S^{-1}\underset{\sim}{F}_\eta-F_\eta^{\mathrm{T}}\underset{\sim}{S}^{-1}\underset{\sim}{F}_\xi(\underset{\sim}{F}_\xi^{\mathrm{T}}\underset{\sim}{S}^{-1}\underset{\sim}{F}_\xi)^{-1}\underset{\sim}{F}_\xi^{\mathrm{T}}\underset{\sim}{S}^{-1}\underset{\sim}{F}_\eta],\\ \frac{\mathrm{d}\boldsymbol{h}}{\mathrm{d}\boldsymbol{Y}}&=-(\underset{\sim}{F}_\xi^{\mathrm{T}}\underset{\sim}{S}^{-1}\underset{\sim}{F}_\xi)^{-1}\underset{\sim}{F}_\xi^{\mathrm{T}}\underset{\sim}{S}^{-1}\underset{\sim}{F}_\eta\,.\end{aligned}\right\}\qquad(9.8.21)$$

引入下列记号:

$$\underset{\sim}{G}\equiv\underset{\sim}{F}_\eta^{\mathrm{T}}\underset{\sim}{S}^{-1}\underset{\sim}{F}_\eta,\qquad \underset{\sim}{H}\equiv\underset{\sim}{F}_\eta^{\mathrm{T}}\underset{\sim}{S}^{-1}\underset{\sim}{F}_\xi,\qquad U^{-1}\equiv\underset{\sim}{F}_\xi^{\mathrm{T}}\underset{\sim}{S}^{-1}\underset{\sim}{F}_\xi\,,\qquad(9.8.22)$$

经过简单的运算，式(9.8.20)可写为

$$\begin{aligned}&\underset{\sim}{V}(\hat{\boldsymbol{\eta}})=\underset{\sim}{V}(\boldsymbol{Y})[\underset{\sim}{I}_N-(\underset{\sim}{G}-\underset{\sim}{H}\underset{\sim}{U}\underset{\sim}{H}^{\mathrm{T}})\underset{\sim}{V}(\boldsymbol{Y})],\\ &\underset{\sim}{V}(\hat{\boldsymbol{\xi}})=\underset{\sim}{U}\,,\\ &\mathrm{cov}(\hat{\boldsymbol{\eta}},\hat{\boldsymbol{\xi}})=-\underset{\sim}{V}(\boldsymbol{Y})\underset{\sim}{H}\underset{\sim}{U}\,.\end{aligned}\qquad(9.8.23)$$

从这些误差公式可以知道，一般地拟合值 $\hat{\boldsymbol{\eta}}$ 的误差($\underset{\sim}{V}(\hat{\boldsymbol{\eta}})$ 的对角元素)小于观测值 $\boldsymbol{Y}$ 的误差；同时，即使测量是相互独立的，但拟合值之间也将是相关的，因为协方差矩阵一般有不等于 0 的非对角项.

利用误差传播公式还可证明，当 $\hat{\boldsymbol{\eta}}$ 和 $\boldsymbol{Y}$ 之间考虑为线性近似时，残差 $\boldsymbol{\varepsilon}=\boldsymbol{Y}-\boldsymbol{\eta}$ 的协方差矩阵可表示为

$$\begin{aligned}\underset{\sim}{V}(\hat{\boldsymbol{\varepsilon}})&\equiv\underset{\sim}{V}(\boldsymbol{Y})+V(\hat{\boldsymbol{\eta}})-2\mathrm{cov}(\boldsymbol{Y},\hat{\boldsymbol{\eta}})\approx\underset{\sim}{V}(\boldsymbol{Y})-V(\hat{\boldsymbol{\eta}})\\ &=\underset{\sim}{V}(\boldsymbol{Y})(\underset{\sim}{G}-\underset{\sim}{H}\underset{\sim}{U}\underset{\sim}{H}^{\mathrm{T}})\underset{\sim}{V}(\boldsymbol{Y})\,.\end{aligned}\qquad(9.8.24)$$

9.9 最小二乘法求置信区间

在讨论最小二乘法对未知参数作区间估计之前，首先回顾一下前面已经导出而下面还将用到的一些结果.

对于参数 $\boldsymbol{\vartheta}$ 的线性模型，Q^2 函数的一般表达式为

$$Q^2(\boldsymbol{\vartheta})=(\boldsymbol{Y}-\underset{\sim}{A}\boldsymbol{\vartheta})^{\mathrm{T}}\underset{\sim}{V}^{-1}(\boldsymbol{Y})(\boldsymbol{Y}-\underset{\sim}{A}\boldsymbol{\vartheta})\,.$$

如果测量值向量 $\boldsymbol{Y}$ 的协方差矩阵 $\underset{\sim}{V}(\boldsymbol{Y})$ 与待估计参数 $\boldsymbol{\vartheta}$ 无关，则 $\boldsymbol{\vartheta}$ 的最小二乘估计

及其误差可表示为

$$\hat{\boldsymbol{\vartheta}} = (\underset{\sim}{A}^{\mathrm{T}} \underset{\sim}{V}^{-1} \underset{\sim}{A})^{-1} \underset{\sim}{A}^{\mathrm{T}} \underset{\sim}{V}^{-1} \boldsymbol{Y}, \qquad \underset{\sim}{V}(\hat{\boldsymbol{\vartheta}}) = (\underset{\sim}{A}^{\mathrm{T}} \underset{\sim}{V}^{-1} \underset{\sim}{A})^{-1}$$

(参见 9.1、9.2 节). 而按式(9.4.10)，Q^2 与加权残差平方和 $Q^2_{\min}$ 有如下关系：

$$Q^2(\boldsymbol{\vartheta}) = Q^2_{\min} + (\boldsymbol{\vartheta} - \hat{\boldsymbol{\vartheta}})^{\mathrm{T}} \underset{\sim}{V}^{-1}(\hat{\boldsymbol{\vartheta}})(\boldsymbol{\vartheta} - \hat{\boldsymbol{\vartheta}}) . \tag{9.9.1}$$

该式是利用最小二乘法确定未知参数 $\boldsymbol{\vartheta}$ 置信区间的一个基本关系式.

当观测值矢量 $\boldsymbol{Y}$ 是期望值为真值 $\boldsymbol{\eta} = \underset{\sim}{A}\boldsymbol{\vartheta}$ 的多维正态分布时，估计值 $\hat{\boldsymbol{\vartheta}}$(它是 $\boldsymbol{Y}$ 的线性函数)也将服从正态分布(见 4.12 节)，这时式(9.9.1)中的三个项 $Q^2(\boldsymbol{\vartheta})$，$Q^2_{\min}$ 和 $(\boldsymbol{\vartheta} - \hat{\boldsymbol{\vartheta}})^{\mathrm{T}} \underset{\sim}{V}^{-1}(\hat{\boldsymbol{\vartheta}})(\boldsymbol{\vartheta} - \hat{\boldsymbol{\vartheta}})$ 都是 χ^2 变量. 例如，在 9.4.3 节中已经阐明，当观测值 $\boldsymbol{Y} = \{Y_1, \cdots, Y_N\}$ 之间相互独立，$Q^2(\boldsymbol{\vartheta})$ 服从 $\chi^2(N)$ 分布. 若存在 L 个独立的待估计参数(参数之间不存在约束方程)，则 $Q^2_{\min} \sim \chi^2(N-L)$；若参数间存在 K 个独立的线性约束，则 $Q^2_{\min} \sim \chi^2(N-L+K)$. 由 χ^2 分布的可加性立即知道，在存在约束和不存在约束这两种情形下，式(9.9.1)的第三项分别为 $\chi^2(L)$ 和 $\chi^2(L-K)$ 变量. 一般我们所要寻找的置信区间是由 $Q^2(\boldsymbol{\vartheta})$ 表面与

$$Q^2(\boldsymbol{\vartheta}) = Q^2_{\min} + a \tag{9.9.2}$$

平面的截线求得，该置信区间包含参数 $\boldsymbol{\vartheta}$ 真值的概率量由自由度等于独立的待估计参数个数(L 或 $L-K$)的 χ^2 分布和 a 值决定(参见 7.6 节的讨论).

如果 $Q^2(\boldsymbol{\vartheta})$ 不是参数 $\boldsymbol{\vartheta}$ 的二次函数，例如，描述测量值真值 $\boldsymbol{\eta}$ 的理论模型不是参数 $\boldsymbol{\vartheta}$ 的线性函数，或者测量值向量 $\boldsymbol{Y}$ 的协方差矩阵 $\underset{\sim}{V}(\boldsymbol{Y})$ 不独立于参数 $\boldsymbol{\vartheta}$，这时，$Q^2(\boldsymbol{\vartheta})$ 的严格分布是未知的，故利用式(9.9.2)来确定置信区间不是严格正确的. 但习惯上仍使用这种方法来建立参数的近似置信区间.

9.9.1　单个参数的误差和置信区间

当参数估计问题只含一个未知参数时，将 $Q^2(\hat{\vartheta})$ 函数在极小点 $\vartheta = \hat{\vartheta}$ 作泰勒展开，由于在该点一阶导数等于 0. 所以有

$$Q^2(\vartheta) = Q^2_{\min} + \frac{1}{2} \left. \frac{\mathrm{d}^2 Q^2}{\mathrm{d}\vartheta^2} \right|_{\theta = \vartheta} (\vartheta - \hat{\vartheta})^2 + \cdots . \tag{9.9.3}$$

为了保证所求得的 $Q^2_{\min}$ 是 $Q^2(\vartheta)$ 的极小值，Q^2 对 ϑ 的二阶导数在 $\vartheta = \hat{\vartheta}$ 点的值应大于 0.

对于线性最小二乘估计问题，并且观测值的协方差矩阵等于常数(与参数θ无关)，则函数$Q^2(\vartheta)$是参数ϑ的二次函数(见关于Q^2的一般表示式(9.1.7))，这时，Q^2对ϑ的二阶导数等于常数，泰勒级数式(9.9.3)中只包含两项

$$Q^2(\vartheta)=Q^2_{\min}+\frac{1}{2}\frac{\mathrm{d}^2Q^2}{\mathrm{d}\theta^2}\bigg|_{\vartheta=\hat{\vartheta}}(\vartheta-\hat{\vartheta})^2. \tag{9.9.4}$$

这是关于ϑ的一个抛物线方程. 从式(9.9.1)知，这时应有

$$Q^2(\vartheta)=Q^2_{\min}+\frac{1}{V(\hat{\vartheta})}(\vartheta-\hat{\vartheta})^2. \tag{9.9.5}$$

比较式(9.9.4)和式(9.9.5)立即得到

$$V(\hat{\vartheta})=2\left(\frac{\mathrm{d}^2Q^2}{\mathrm{d}\theta^2}\right)^{-1}_{\vartheta=\hat{\vartheta}}=2\left(\frac{\mathrm{d}^2Q^2}{\mathrm{d}\theta^2}\right)^{-1}. \tag{9.9.6}$$

对于非线性最小二乘估计问题，或者$Q^2(\vartheta)$函数不是严格的抛物线方程的一般情况，仍可从公式

$$V(\hat{\vartheta})\approx 2\left(\frac{\mathrm{d}^2Q^2}{\mathrm{d}\theta^2}\right)^{-1}_{\vartheta=\hat{\vartheta}} \tag{9.9.7}$$

找到估计值$\hat{\vartheta}$的近似方差，只要式(9.9.3)中的高次项很小，上述结果是相当好的近似.

如果观测值是期望值为真值η的正态分布，可以通过(严格的或近似的)抛物型函数$Q^2(\vartheta)$与直线

$$Q^2(\vartheta)=Q^2_{\min}+a \tag{9.9.8}$$

的两个相交点来求出(严格的或近似的)θ的置信区间. a的值等于$1^2,2^2,3^2$对应于置信概率68.3%，95.4%，99.7%. 当$Q^2(\vartheta)$是θ的严格二次(抛物型)函数时，这对应于一个、二个和三个标准差($1\sigma,2\sigma,3\sigma$)的置信区间. 可以看到，从Q^2函数作区间估计与8.6.1节中讨论的单个未知参数的似然区间的确定方法十分相像.

9.9.2 多个参数的误差和置信域

9.9.1节的讨论可以直接推广到多个参数的估计问题. 将$Q^2(\boldsymbol{\vartheta})$函数在极小点$\boldsymbol{\vartheta}=\hat{\boldsymbol{\vartheta}}$的邻域作泰勒展开

$$Q^2(\boldsymbol{\vartheta}) = Q^2_{\min} + \frac{1}{2}\sum_{i,j}\left(\frac{\partial^2 Q^2}{\partial\vartheta_i\partial\vartheta_j}\right)_{\boldsymbol{\vartheta}=\hat{\boldsymbol{\vartheta}}}(\vartheta_i - \hat{\vartheta}_i)(\vartheta_j - \hat{\vartheta}_j) + \cdots. \tag{9.9.9}$$

对于线性模型，在协方差矩阵 $\underset{\sim}{V}(\boldsymbol{Y})$ 与参数 $\boldsymbol{\vartheta}$ 无关的条件下，$Q^2(\boldsymbol{\vartheta})$ 是 $\boldsymbol{\vartheta}$ 的二次函数，$Q^2(\boldsymbol{\vartheta})$ 只含两项

$$Q^2(\boldsymbol{\vartheta}) = Q^2_{\min} + \frac{1}{2}\sum_{i,j}\left(\frac{\partial^2 Q^2}{\partial\vartheta_i\partial\vartheta_j}\right)_{\boldsymbol{\vartheta}=\hat{\boldsymbol{\vartheta}}}(\vartheta_i - \hat{\vartheta}_i)(\vartheta_j - \hat{\vartheta}_j). \tag{9.9.10}$$

从而估计值的协方差矩阵可表示为

$$V_{ij}^{-1}(\hat{\boldsymbol{\vartheta}}) = \frac{1}{2}\left(\frac{\partial^2 Q^2}{\partial\theta_i\partial\theta_j}\right)_{\boldsymbol{\vartheta}=\hat{\boldsymbol{\vartheta}}}. \tag{9.9.11}$$

在不满足上述两项条件时，式(9.9.11)只是近似地正确.

在观测值服从期望值为真值的正态分布、并满足上述两项条件这种最简单情形下，式(9.9.10)右边的第二项是 $\chi^2(L-K)$ 变量，L 是待估计参数的个数，K 是独立的线性约束方程个数. 特别当只有两个独立参数 $(L-K=2)$ 时，$Q^2(\boldsymbol{\vartheta})$ 表面和一组平面

$$Q^2(\boldsymbol{\vartheta}) = Q^2_{\min} + a$$

(a 取不同数值)的截线构成一组同心椭圆，这组同心椭圆确定了两个参数的联合置信域，该置信域包含参数 $\boldsymbol{\vartheta}$ 真值的概率量由 $\chi^2(2)$ 和 a 的数值决定. 当 $a=1^2, 2^2, 3^2$ 时，求得的椭圆置信域的联合置信概率量为 39.3%，86.5%和 98.9%. 这与 8.6.3 节中讨论的两个参数的联合似然域的确定方法相似. 在一般的多个未知参数的估计问题中，$Q^2(\boldsymbol{\vartheta})$ 超表面与

$$Q^2(\boldsymbol{\vartheta}) = Q^2_{\min} + a \tag{9.9.12}$$

超平面的截线构成了参数 $\boldsymbol{\vartheta} = \{\vartheta_1, \cdots, \vartheta_L\}$ 的超椭圆联合置信域，置信概率由 $\chi^2(L-K)$ 的概率密度的积分(下限为 $-\infty$，上限为 a)给定. 对于同样的 a 值，独立参数越多，对应的置信概率越小；反之，要保持相同的置信概率，独立参数越多，a 值就越大.

对于非线性模型的估计问题，置信区间仍由式(9.9.12)确定，不论 $Q^2(\boldsymbol{\vartheta})$ 是不是参数的二次函数，也不论观测值是否服从正态分布，置信概率都可由相应自由度的 χ^2 分布概率密度积分来估计(下限为 $-\infty$，上限为给定值 a，其中 $a=1$ 对应的置信域相当于参数的标准误差). 显然，这些都只是近似的结果，近似程度的好坏

取决于$Q^2(\boldsymbol{\vartheta})$表达式中$\boldsymbol{\vartheta}$高次项的大小，以及观测的分布对于正态的偏离程度.

9.10 协方差矩阵未知的多个实验结果的合并

如 9.1 节所述，若在N个观测点$X_1,\cdots,X_N$得到测量值$Y_1,\cdots,Y_N$,相应的测量值真值$\eta_1,\cdots,\eta_N$为未知. 假定理论模型

$$\eta_i = f(\vartheta_1,\cdots,\vartheta_L; X_i), \qquad L \leqslant N$$

描述了真值η_i与X_i的函数关系，该函数与待估计的未知参数$\boldsymbol{\vartheta}=\{\vartheta_1,\cdots,\vartheta_L\}$相关，则最小二乘原理告诉我们，$\boldsymbol{\vartheta}$的最优估计值是使量

$$Q^2 = \sum_{i=1}^{N}\sum_{j=1}^{N}(Y_i-\eta_i)(\underset{\sim}{V}^{-1}(\boldsymbol{Y}))_{ij}(Y_j-\eta_j)$$

达到极小的参数值$\hat{\boldsymbol{\vartheta}}$. 其中$\underset{\sim}{V}(\boldsymbol{Y})$是$N$个观测值$Y_1,\cdots,Y_N$的协方差矩阵.

本章此前的全部讨论都建立在协方差矩阵$\underset{\sim}{V}(\boldsymbol{Y})$已知的基础之上. 然而实际情况中不乏只知道$\boldsymbol{Y}$的数值、并知道不同的测量值$Y_i$之间存在相互关联，但其协方差矩阵$\underset{\sim}{V}(\boldsymbol{Y})$不确切知道或无法定量确定的情况. 这样，此前叙述的方法不能用来求得未知参数$\boldsymbol{\vartheta}$的估计及其误差.

本节将讨论测量值协方差矩阵$\underset{\sim}{V}(\boldsymbol{Y})$未知情形下估计未知参数及其误差的方法. 我们来讨论一种比较简单的情形. 假定N个实验对同一个物理量进行测量得到了N个测量值$Y_i \pm \sigma_i\ (i=1,\cdots,N)$. 按照惯常的理解，$Y_i$是第$i$个实验对物理量$\eta$的最优估计，$Y_i \pm \sigma_i$确定了$\eta$的 68.3%置信度的区间. 我们的问题是怎样从这N个测量结果求得物理量及其误差的合并估计.

在这一问题中，观测值真值η是一个数值而不是矢量，而且它本身就是待估计的未知参数. 由上述的一般最小二乘原理可知，这种情形下η的最优估计是使量

$$Q^2 = \sum_{i=1}^{N}\sum_{j=1}^{N}(Y_i-\eta)(\underset{\sim}{V}^{-1})_{ij}(Y_j-\eta) \tag{9.10.1}$$

达到极小来求得，其解为

$$\hat{\eta} = \left[\sum_{i,j=1}^{N}(\underset{\sim}{V}^{-1})_{ij}\right]^{-1}\left[\sum_{i,j=1}^{N}(\underset{\sim}{V}^{-1})_{ij}Y_j\right], \tag{9.10.2}$$

而$\hat{\eta}$的方差则为

$$\sigma_{\hat{\eta}}^2 = \left[\sum_{i,j=1}^{N} (\underset{\sim}{V}^{-1})_{ij}\right]^{-1}. \tag{9.10.3}$$

(见(9.1.7)式，注意此时仅有一个未知参量η，即式中的η_i需用η代替). 若协方差矩阵$\underset{\sim}{V}(\boldsymbol{Y})$已知，据此即可求得物理量及其方差的最优估计$\hat{\eta}$，$\sigma_{\hat{\eta}}^2$.

当这N次实验测量结果是相互独立、不相关联的，协方差矩阵仅对角元不为0，式(9.10.1)简化为

$$Q^2(\eta) = \sum_{i=1}^{N}\left(\frac{Y_i - \eta}{\sigma_i}\right)^2, \tag{9.10.4}$$

η的最优估计及其方差则为

$$\hat{\eta} = \frac{\sum_{i=1}^{N}\omega_i Y_i}{\sum_{i=1}^{N}\omega_i}, \tag{9.10.5}$$

$$\sigma_{\hat{\eta}}^2 = \frac{1}{\sum_{i=1}^{N}\omega_i}, \tag{9.10.6}$$

$$\omega_i = \frac{1}{\sigma_i^2}. \tag{9.10.7}$$

可以看到，这与利用极大似然法对同一物理量作N次独立观测求期望值及其方差的公式(8.2.2)~(8.2.4)完全相同.

假定测量值Y_i是期望值η，方差σ_η^2的正态变量，式(9.10.4)表示的Q^2是N–1个独立的标准正态变量的平方和(有一个待定参数η)，因而是自由度N–1的χ^2变量，$Q^2(\hat{\eta})$的期望值为N–1(见4.14节). 可见，在测量值服从正态分布的假设下，量$Q^2(\hat{\eta})$的值与自由度N–1的差异可以反映不同测量值Y_i之间的关联程度. 当$Q^2(\hat{\eta})$接近N–1，各测量值之间是相互近似独立的. 反之，若$Q^2(\hat{\eta})$与N–1差别明显，则可能是各次测量报导的误差σ_i不精确，或者各次测量之间存在不可忽略的相互关联. 下面我们来讨论后一种情况.

即使在多次测量存在关联的情形下，式(9.10.5)求得的参数估计值虽然不一定是最优估计，但仍然是η的一个有效估计. 由于我们现在处理的是协方差矩阵未知的情形，无法用式(9.10.2)求得η的精确估计，所以我们仍然用式(9.10.5)计算η的估计值$\hat{\eta}$. 以下的讨论集中在如何处理多次测量存在关联，但协方差矩阵未知

条件下方差 $\sigma_{\hat{\eta}}^2$ 的估计问题.

(1) $Q^2(\hat{\eta}) > N-1$ 的情形.

这种情形对应于多次测量值之间存在负关联，即协方差矩阵的非对角矩阵元为负值．文献[56]建议的处理方法是定义标度因子 f

$$f = Q^2(\hat{\eta})/(N-1), \tag{9.10.8}$$

将式(9.10.7)中的 σ_i^2 用 $f\sigma_i^2$ 代替来求得 $\sigma_{\hat{\eta}}^2$，这相当于将原来的方差增大了 f 倍. 这样得到的方差可能是偏大的，因而是保守的，因为在负关联的情形下，式(9.10.6)求得的方差值已经大于真实的方差了．这种保守的处理是为了保证实验结果的稳健性(robustness).

(2) $Q^2(\hat{\eta}) < N-1$ 的情形.

这种情形对应于多次测量值之间存在正关联，即协方差矩阵的非对角矩阵元为正值．这时用式(9.10.6)求得的方差 $\sigma_{\hat{\eta}}^2$ 可能比真实的方差小．文献[57]对这种情况建议的处理方法是建立一个等效的协方差矩阵 $\underset{\sim}{C}$，其矩阵元为

$$C_{ii} = \sigma_i^2, \qquad C_{ij} = f\sigma_i\sigma_j, \qquad i \neq j, \quad i, j = 1, \cdots, N, \tag{9.10.9}$$

即认为不同测量之间的关联系数同为正常数 f, f 由下式求得：

$$\chi^2(f) = \sum_{i,j=1}^{N} (Y_i - \hat{\eta})(Y_j - \hat{\eta})(\underset{\sim}{C}^{-1})_{ij} = N - 1. \tag{9.10.10}$$

由此可求得估计量 $\hat{\eta}$ 的方差

$$\sigma_{\hat{\eta}}^2 = \frac{\sum_{i,j=1}^{N} \omega_i \omega_j C_{ij}}{\left(\sum_{i=1}^{N} \omega_i\right)^2}. \tag{9.10.11}$$

当 $f = 0$，$C_{ij} = 0 (i \neq j)$，$\sum_{i,j=1}^{N} \omega_i \omega_j C_{ij} = \sum_{i=1}^{N} \omega_i^2 C_{ii} = \sum_{i=1}^{N} \omega_i$，式(9.10.11)回复到 N 次独立测量情况下 $\sigma_{\hat{\eta}}^2$ 的表达式(9.10.6).

第十章　矩法，三种估计方法的比较

皮尔逊引入的矩法是最古老的估计方法. 应用矩法求未知参数的估计量直观而又简便，它不需要知道总体的分布函数，而是只包含子样测定值的特定函数的计算. 矩法估计量是一致估计量，但由于没有利用总体的分布函数，矩法估计量一般不是有效或充分估计量. 虽然它缺乏理论上的最优性质，由于其易行性，在某些问题中仍然广泛地使用.

10.1　简单的矩法

从辛钦大数定理知道(5.1 节)，若总体 X 有有限的数学期望 $E(X)=\mu$，则子样平均 $\frac{1}{n}\sum_{i=1}^{n}X_i$ 依概率收敛于 μ. 这使我们可以设想，在利用子样(测定值)对总体中包含的未知参数 $\boldsymbol{\vartheta}$ 作估计时，可以用各阶子样矩作为总体 X 的各阶矩的估计.

设 $X_1, X_2, \cdots, X_n$ 是总体 X 的一组观测(子样)，总体 X 的概率密度函数 $f(x\,|\,\boldsymbol{\vartheta})$ 中包含待估计的未知参数 $\boldsymbol{\vartheta}=\{\vartheta_1,\cdots,\vartheta_k\}$. 总体的 r 阶原点矩按定义为(2.4 节)

$$\lambda_r(\boldsymbol{\vartheta})=\int_{\Omega_x} x^r f(x\,|\,\boldsymbol{\vartheta})\mathrm{d}x\,,\qquad r=1,2,\cdots,\tag{10.1.1}$$

其中 Ω_x 为变量 X 的取值域. 而子样 $\{X_1, X_2, \cdots, X_n\}$ 的各阶原点矩定义为(6.2 节)

$$\varLambda_r=\frac{1}{n}\sum_{i=1}^{n}X_i^r,\qquad r=1,2,\cdots.\tag{10.1.2}$$

将子样的各阶矩作为总体各阶矩(它们是参数 $\boldsymbol{\vartheta}$ 的函数)的估计量，即令它们的数值相等，得到一组方程

$$\begin{aligned}
\lambda_1(\boldsymbol{\vartheta})&=\varLambda_1(X_1, X_2, \cdots, X_n)\,,\\
\lambda_2(\boldsymbol{\vartheta})&=\varLambda_2(X_1, X_2, \cdots, X_n)\,,\\
&\;\vdots\\
\lambda_k(\boldsymbol{\vartheta})&=\varLambda_k(X_1, X_2, \cdots, X_n)\,.
\end{aligned}\tag{10.1.3}$$

该方程组的解 $\hat{\vartheta}_j=\hat{\vartheta}_j(X_1, X_2, \cdots, X_n)$，$j=1,\cdots,k$ 称为参数 $\boldsymbol{\vartheta}$ 的**矩法估计量**

$\hat{\boldsymbol{\vartheta}} = \{\vartheta_1, \cdots, \vartheta_k\}$．因为有限阶的子样矩不能包含总体的全部信息，一般说来，矩法估计量不是总体的充分估计量，其有效性也较极大似然估计量为差.

式(10.1.2)中 Λ_r 是 λ_r 的无偏估计量，因为

$$E(\Lambda_r) = E\left(\frac{1}{n}\sum_{i=1}^{n} X_i^r\right) = \lambda_r \tag{10.1.4}$$

与无偏性的要求一致.

现在推导 Λ_r 的方差

$$\begin{aligned}
V(\Lambda_r) &= E[(\Lambda_r - \lambda_r)^2] = E(\Lambda_r^2) - \lambda_r^2 \\
&= E\left[\left(\frac{1}{n}\sum_{i=1}^{n} X_i^r\right)\left(\frac{1}{n}\sum_{j=1}^{n} X_j^r\right)\right] - \lambda_r^2 \\
&= \frac{1}{n^2} E\left[\sum_{i=1}^{n} X_i^{2r} + \sum_{i=1}^{n}\sum_{j\neq i} X_i^r X_j^r\right] - \lambda_r^2 \\
&= \frac{1}{n^2}[n\lambda_{2r} + n(n-1)\lambda_r^2] - \lambda_r^2 ,
\end{aligned}$$

其中已用到了各 X_i 之间的相互独立性，于是最后有

$$V(\Lambda_r) = \frac{1}{n}(\lambda_{2r} - \lambda_r^2). \tag{10.1.5}$$

由相似的推导可得协方差的表达式

$$\operatorname{cov}(\Lambda_r, \Lambda_s) = \frac{1}{n}(\lambda_{r+s} - \lambda_r\lambda_s). \tag{10.1.6}$$

显然，当 $r=1$ 时，得到总体一阶原点矩(即总体期望值)的矩法估计量

$$\hat{\mu} = \Lambda_1 = \frac{1}{n}\sum_{i=1}^{n} X_i = \bar{X} .$$

而总体方差可表示为(见 2.4 节)

$$\sigma^2(X) = \mu_2 = \lambda_2 - \lambda_1^2 .$$

所以它的矩法估计量为

$$\hat{\sigma}^2 = \Lambda_2 - \Lambda_1^2 = \frac{1}{n}\sum_{i=1}^{n} X_i^2 - \bar{X}^2 ,$$

而 $\hat{\mu}$ 的方差根据式(10.1.5)有

$$V(\hat{\mu}) = \frac{1}{n}(\lambda_2 - \lambda_1^2) = \frac{\sigma^2}{n} \approx \frac{\hat{\sigma}^2}{n} .$$

式(10.1.5)表明，r 阶子样矩的方差与总体更高的 $2r$ 阶原点矩有关．因此，即

使子样容量n很大，如果总体概率密度有比较长的尾巴，$V(\Lambda_r)$的值与Λ_r的值相比仍然不很小，即估计量的误差不很小. 因此，式(10.1.3)的简单矩法估计在实际中使用不多.

10.2　一般的矩法

对于总体X，简单的矩法是利用X的各阶子样矩作为X的各阶矩的估计量，由于后者是总体包含的未知参数ϑ的函数，故通过各阶矩与参数ϑ的适当变换即得到ϑ的矩法估计量. 而在一般的矩法中，首先要选择总体X的一组适当函数，然后用子样测定值构造这些函数的估计量，通过函数与待估计参数ϑ之间的变换，即得到ϑ的估计量. 由此可见，简单矩法是一般矩法的特例.

在下面的讨论中，变量x可以包含一个以上的分量(即x可以是矢量)，X_i表示第i个事件中所有分量的测量值.

首先讨论总体只含一个待估计参数的情形. 这时只需考虑选择一个函数$g(x)$. 令总体概率密度为$f(x|\vartheta)$，则$g(x)$的期望值是

$$E[g(x)] \equiv \gamma(\vartheta) = \int_{\Omega} g(x) f(x|\vartheta) \mathrm{d}x . \tag{10.2.1}$$

取$g(x)$的子样平均作为$\gamma(\vartheta)$的估计量

$$\hat{\gamma}(\vartheta) = \overline{g}(x) \equiv \frac{1}{n}\sum_{i=1}^{n} g(X_i) , \tag{10.2.2}$$

其方差为

$$V(\hat{\gamma}) = \left(\frac{1}{n}\right)^2 V\left[\sum_{i=1}^{n} g(X_i)\right] = \frac{1}{n} V[g(x)], \tag{10.2.3}$$

其中$V[g(x)]$可代之以从子样得到的估计值

$$V[g(x)] \approx S_g^2 = \frac{1}{n-1}\sum_{i=1}^{n}[g(X_i) - \overline{g}(x)]^2 . \tag{10.2.4}$$

于是有

$$V(\hat{\gamma}) \approx \frac{1}{n(n-1)}\sum_{i=1}^{n}[g(X_i) - \overline{g}(x)]^2 , \tag{10.2.5}$$

或

$$V(\hat{\gamma}) \approx \frac{1}{n(n-1)}\left\{\sum_{i=1}^{n} g^2(X_i) - \frac{1}{n}\left[\sum_{i=1}^{n} g(X_i)\right]^2\right\}. \tag{10.2.6}$$

这样，式(10.2.2)和式(10.2.6)给出了函数$\gamma(\vartheta)$及其方差的矩法估计量，通过参数ϑ与$\gamma(\vartheta)$之间的变换，便可求得ϑ及其方差的矩法估计量.

现在假定总体概率密度$f(x|\boldsymbol{\vartheta})$中含$k$个未知参数$\boldsymbol{\vartheta}=\{\vartheta_1,\cdots,\vartheta_k\}$，选择一组$k$个线性独立的函数$g_1(x), g_2(x),\cdots,g_k(x)$，它们的期望值是

$$E[g_r(x)]\equiv\gamma_r(\boldsymbol{\vartheta})\equiv\int_\Omega g_r(x)f(x|\boldsymbol{\vartheta})\mathrm{d}x,\qquad r=1,\cdots,k. \tag{10.2.7}$$

这些期望值是参数$\boldsymbol{\vartheta}$的函数，它们的估计值可取为

$$\hat{\gamma}_r(\boldsymbol{\vartheta})=\overline{g_r}(x)\equiv\frac{1}{n}\sum_{i=1}^{n}g_r(X_i),\qquad r=1,\cdots,k. \tag{10.2.8}$$

对于$\hat{\boldsymbol{\gamma}}=\{\hat{\gamma}_1,\cdots,\hat{\gamma}_k\}$中各分量之间的协方差矩阵元素，我们有

$$\begin{aligned}V_{rs}(\hat{\boldsymbol{\gamma}})&\approx\frac{1}{n(n-1)}\sum_{i=1}^{n}\left[g_r(X_i)-\overline{g_r}(x)\right]\left[g_s(X_i)-\overline{g_s}(x)\right]\\&=\frac{1}{n(n-1)}\left\{\sum_{i=1}^{n}g_r(X_i)g_s(X_i)-\frac{1}{n}\left[\sum_{i=1}^{n}g_r(X_i)\right]\left[\sum_{i=1}^{n}g_s(X_i)\right]\right\}.\end{aligned} \tag{10.2.9}$$

如果总体概率密度可用一组k个正交函数$\xi_r(x)$来表示，

$$f(x|\boldsymbol{\vartheta})=\beta+\sum_{r=1}^{k}\vartheta_r\xi_r(x), \tag{10.2.10}$$

其中β是归一化常数，则矩法估计变得十分简单. 正交函数$\xi_r(x)$满足

$$\int_\Omega\xi_r(x)\xi_s(x)\mathrm{d}x=\delta_{rs},\qquad r,s=1,2,\cdots,k, \tag{10.2.11}$$

$$\int_\Omega\xi_r(x)\mathrm{d}x=0,\qquad r=1,2,\cdots,k. \tag{10.2.12}$$

$\xi_r(x)$的期望值为

$$\begin{aligned}E[\xi_r(x)]&=\int_\Omega\xi_r(x)f(x|\boldsymbol{\vartheta})\mathrm{d}x\\&=\beta\int_\Omega\xi_r(x)\mathrm{d}x+\sum_{s=1}^{k}\vartheta_s\int_\Omega\xi_r(x)\xi_s(x)\mathrm{d}x=\vartheta_r.\end{aligned} \tag{10.2.13}$$

因此，参数θ_r的无偏估计量可用函数$\xi_r(x)$的子样平均表示

$$\hat{\vartheta}_r=\overline{\xi_r}(x)\equiv\frac{1}{n}\sum_{i=1}^{n}\xi_r(X_i),\qquad r=1,\cdots,k. \tag{10.2.14}$$

由函数$\xi_r(x)$的正交性可知，当$r \neq s$时，有$\mathrm{cov}(\hat{\vartheta}_r, \hat{\vartheta}_s) = 0$．故$\hat{\vartheta}_r$的误差由方差的近似公式(10.2.9)求得

$$V_{rr}(\hat{\boldsymbol{\vartheta}}) \equiv S_r^2 = \frac{1}{n-1}\left[\frac{1}{n}\sum_{i=1}^{n}\xi_r^2(X_i) - \hat{\vartheta}_r^2\right], \qquad r = 1, 2, \cdots, k. \tag{10.2.15}$$

如果n充分大，方括号中第一项近似地等于1，于是有

$$V_{rr}(\hat{\boldsymbol{\vartheta}}) \equiv S_r^2 \approx \frac{1}{n-1}(1 - \hat{\vartheta}_r^2), \qquad r = 1, 2, \cdots, k, \tag{10.2.16}$$

其中S_r^2是$\xi_r(x)$的子样方差.

利用正交函数的另一个突出优点表现在对参数作区间估计十分方便. 从中心极限定理可知，当n很大时，有

$$\frac{\sum_{i=1}^{n}\xi_r(X_i) - n\vartheta_r}{\sqrt{n}\sigma_r} = \frac{\boldsymbol{\vartheta} - \vartheta_r}{\sigma_r / \sqrt{n}} \sim N(0,1), \qquad r = 1, 2, \cdots, k, \tag{10.2.17}$$

其中σ_r^2是$\xi_r(x)$关于ϑ_r的方差. 当n很大时，未知量σ_r^2可用子样方差S_r^2作为近似，后者如式(10.2.16)所示，代入上式，即得

$$\frac{\hat{\vartheta}_r - \theta_r}{S_r / \sqrt{n}} \sim N(0,1), \qquad r = 1, 2, \cdots, k. \tag{10.2.18}$$

因此，从观测值算得$\hat{\vartheta}_r$和S_r后，即可由标准正态分布来求出θ_r的近似置信区间. 当$r \neq s$，ϑ_r与ϑ_s之间是相互独立的，故这样求得的参数$\boldsymbol{\vartheta} = \{\vartheta_1, \cdots, \vartheta_k\}$的各个分量的置信区间也是相互独立的.

10.3　举　　例

例 10.1　反质子极化实验(3)

在8.4.3节和9.5节中已经分别用极大似然法和最小二乘法讨论了反质子极化中极化量的估计问题，这里用正交函数的矩法来进行估计. 两次散射平面的法线之间的夹角ϕ的分布已知为式(8.4.13)所示

$$f(\cos\phi \mid \alpha) = \frac{1}{2}(1 + \alpha\cos\phi), \qquad -1 \leqslant \cos\phi \leqslant 1,$$

其中待估计的未知参数是α，它等于极化量P的平方，即$\alpha = P^2$.

$f(\cos\phi|\alpha)$ 的形式与用正交函数表示的概率密度式(10.2.10)不同．为此，我们引入新的变量

$$x=\cos\varphi,\quad \xi(x)=\sqrt{\frac{3}{2}}x,\quad \alpha'=\frac{\alpha}{\sqrt{6}}. \tag{10.3.1}$$

于是 $f(\cos\varphi|\alpha)$ 可写成

$$f(x|\alpha')=\frac{1}{2}+\alpha'\xi(x).$$

函数 $\xi(x)$ 满足式(10.2.11)、(10.2.12)的要求，因此，可直接引用式(10.2.14)、(10.2.16)的结果，得到 α' 的无偏估计

$$\hat{\alpha}'=\overline{\xi}(x)=\frac{1}{n}\sum_{i=1}^{n}\sqrt{\frac{3}{2}}\cos\varphi_i,$$

其方差近似地等于

$$V(\hat{\alpha}')\approx\frac{1}{n-1}(1-\hat{\alpha}'^2).$$

根据 α 与 α' 的关系，立即有

$$\hat{\alpha}=\frac{3}{n}\sum_{i=1}^{n}\cos\varphi_i, \tag{10.3.2}$$

$$V(\hat{\alpha})\approx\frac{1}{n-1}(3-\hat{\alpha}^2). \tag{10.3.3}$$

如果利用较为精确的式(10.2.15)来估计方差，则有

$$V(\hat{\alpha})=\frac{1}{n-1}\left(\frac{9}{n}\sum_{i=1}^{n}\cos^2\varphi_i-\hat{\alpha}^2\right). \tag{10.3.4}$$

将这些结果与极大似然估计值作一比较．由 8.4.3 节的讨论可知，当 n 充分大时，α 的极大似然估计值的方差达到最小方差界，其表达式由(8.4.14)给出

$$V_{\mathrm{ML}}(\hat{\alpha})=\frac{1}{n}\frac{2\alpha^3}{\ln(1+\alpha)-\ln(1-\alpha)-2\alpha}.$$

下标 ML 是极大似然法的缩写．用 MM 表示矩法的缩写，α 的矩法估计量的有效率 $e(\hat{\alpha}_{\mathrm{MM}})$ 可表示为

$$e(\hat{\alpha}_{\mathrm{MM}})=\frac{V_{\mathrm{ML}}(\hat{\alpha})}{V_{\mathrm{MM}}(\hat{\alpha})}=\frac{\dfrac{1}{n}\dfrac{2\hat{\alpha}^3}{\ln(1+\hat{\alpha})-\ln(1-\hat{\alpha})-2\hat{\alpha}}}{\dfrac{1}{n-1}(3-\hat{\alpha}^2)}. \tag{10.3.5}$$

当 n 充分大并且 $\hat{\alpha} \ll 1$，有近似式

$$e(\hat{\alpha}_{\mathrm{MM}}) \approx 1 - \frac{4}{15}\hat{\alpha}^2 . \tag{10.3.6}$$

因此，当极化量 $P(=\sqrt{\alpha})$ 很小时，矩法估计量的有效率接近于 1. 如 $P=0.1$ 和 0.3，矩法估计量的有效率分别是 0.99997 和 0.998.

例 10.2　粒子角动量分析(2)

在 9.5 节中利用最小二乘法对粒子反应

$$\pi + N \to N + B$$
$$\qquad\qquad\qquad \hookrightarrow \pi_a + \pi_b$$

中粒子 B 的自旋角动量 J 进行了分析，现在我们用正交函数的矩法来进行讨论.

自旋为 J 的 B 粒子衰变为两个 π 介子的角分布公式如式(9.5.16)所示，

$$W(\Omega) = f(\cos\vartheta, \varphi) = \sum_{j=0,2,4\cdots}^{j=2J} \sum_{m=-j}^{m=j} C_{jm} Y_j^m(\cos\vartheta, \varphi),$$

其中 Y_j^m 是球谐函数，它有如下性质：

$$\int_{4\pi} Y_j^m(\Omega) Y_{j'}^{m'}(\Omega)^* \mathrm{d}\Omega = \delta_{jj'}\delta_{mm'},$$

$$\int_{4\pi} Y_j^m(\Omega)\mathrm{d}\Omega = 0,$$

其中*号表示复数共轭. 特别是 $Y_0^0(\cos\vartheta, \varphi)$ 为一常数 $Y_0^0 = \dfrac{1}{\sqrt{4\pi}}$. 故当 $J=0$ 时

$$W(\Omega) = C_{00} Y_0^0 = \frac{1}{\sqrt{4\pi}} C_{00} .$$

为了满足归一化条件 $\int_{4\pi} W(\Omega)\mathrm{d}\Omega = 1$，必有 $C_{00} = \dfrac{1}{\sqrt{4\pi}}$，所以上面 $W(\Omega)$ 的公式可改写为

$$W(\Omega) = \frac{1}{4\pi} + \sum_{j=2,4,\cdots}^{j=2J} \sum_{m=-j}^{m=j} C_{jm} Y_j^m(\Omega) . \tag{10.3.7}$$

上述概率密度 $W(\Omega)$ 具有式(10.2.10)的形式，因为 $Y_j^m(\Omega)$ 具有正交性，故可用式(10.2.14)和式(10.2.16)来估计参数 C_{jm} 及其方差

$$\left.\begin{aligned}&C_{jm}=\overline{Y_j^m}(\Omega)=\frac{1}{n}\sum_{i=1}^{n}Y_j^m(\cos\theta_i,\varphi_i),\\&V(\hat{c}_{jm})\approx\frac{1}{n-1}(1-C_{jm}^2),\qquad j=2,4,\cdots,2J,\qquad m=-j,\cdots,j.\end{aligned}\right\}\tag{10.3.8}$$

可见，对系数 C_{jm} 的正交函数矩法估计比 9.5 节叙述的最小二乘估计的计算要容易得多.

例 10.3　矩法应用于多个实验结果的合并

假定利用同一组正交函数在两个实验中求得同样参数 $\boldsymbol{\vartheta}$ 的矩法估计 $\boldsymbol{\vartheta}^{(1)}$ 和 $\boldsymbol{\vartheta}^{(2)}$，两个实验的事例数分别是 n_1 和 n_2，那么 $\boldsymbol{\vartheta}$ 的第 r 个分量的实验合并结果可表示为

$$\hat{\vartheta}_r=\frac{1}{n_1+n_2}\sum_{i=1}^{n_1+n_2}\xi_r(X_i)=\frac{n_1}{n_1+n_2}\hat{\vartheta}_r^{(1)}+\frac{n_2}{n_1+n_2}\hat{\vartheta}_r^{(2)},$$
$$r=1,2,\cdots,k.\tag{10.3.9}$$

这正是两个实验各自的矩法估计量的加权求和. 其方差是

$$V(\hat{\vartheta}_r)\approx\frac{1}{n_1+n_2-1}(1-\hat{\vartheta}_r^2),\qquad r=1,2,\cdots,k.\tag{10.3.10}$$

如果利用非正交函数的矩法对参数 $\boldsymbol{\vartheta}$ 作估计，则每个实验的估计量将与非对角的协方差矩阵元素有关，就不存在式(10.3.9)、(10.3.10)的简单关系. 合并估计值及其误差必须用更精细的计算方法，例如，用 9.2.3 节描述的最小二乘途径.

10.4　矩法、极大似然法和最小二乘法的比较

当根据一组实验数据来确定一组未知参数的估计值及其误差时，可以选择不同的参数估计方法，例如，第八章、第九章和本章讨论的极大似然法、最小二乘法和矩法. 选择哪一种方法首先取决于该方法所得估计量的统计性质. 第七章里已经阐明，一个好的估计量应有如下的一般统计性质：

(1) 一致性——当观测数目 n (子样容量)增大时，由估计量算得的估计值收敛于参数真值；

(2) 无偏性——不论子样容量 n 的大小，估计量算得的估计值与参数真值不存在系统的偏离；

(3) 有效性——估计量服从的分布对于它的期望值(对于无偏估计即为参数真值)具有最小方差；

(4) 充分性——估计量包含了观测值对于未知参数的全部信息.

其次，估计方法的选择还应考虑到一些实际的因素，例如，(a)估计量的公式应当尽可能简单、易行；(b)所需的计算机程序应当不太复杂，尽可能利用计算机程序库的现有程序，例如矩阵求逆，函数极小化程序大多现成可得；(c)计算估计值所需的计算机内存和机时应当尽可能节省等.

估计量的统计最优性质与实际因素的考虑在实际问题中有时会互相抵触. 必须根据问题的要求来决定哪些因素放在优先的地位，从而选择适当的参数估计方法.

本节通过一个简单的例子，即 8.4.3、9.5 和 10.3 节中讨论过的反质子极化实验的模拟数据，利用三种不同参数估计方法估计同一个待定参数及其误差，以对这三种方法进行比较.

10.4.1　反质子极化实验的模拟

在质子、反质子双散射中，两次散射的散射平面法线之间的夹角α的理论分布是(见式(8.4.13))

$$f(x \mid \alpha)=\frac{1}{2}(1+\alpha x), \qquad -1 \leqslant x \leqslant 1, \tag{10.4.1}$$

其中 $x=\cos\phi$. 符合这种理论分布的双散射事例可以用蒙特卡罗方法(见第十四章)用计算机进行模拟. 设 r 为[0，1]区间内均匀分布的随机数，令

$$\cos\phi_i = 2r_1 - 1. \tag{10.4.2}$$

对于给定的α值，如果满足

$$f(\cos\phi_i \mid \alpha)=\frac{1}{2}(1+\alpha\cos\phi_i) > r_2, \tag{10.4.3}$$

那么就构成一个模拟“事例”，该“事例”的 $\cos\phi$ 测量值如式(10.4.2)所示.

对于两个α值: $\alpha=0.09$ (极化量 $P=\sqrt{\alpha}=0.3$)和 $\alpha=0.25$ ($P=0.5$)各产生了容量 $n=10,100,1000,10000$ 四组模拟子样值，这也就是八个模拟的反质子极化实验的“事例数据”. 图 10.1 是这八个模拟实验中“测量”到的事例 $\cos\phi$ 值的直方图，图中虚线是“理论”分布 $f(x \mid \alpha)$，以“实验事例”总数 n 作为归一化因子. 由图可直观地看到，“实验测量”与“理论分布”合理地一致. 下面利用这些子样观测值通过三种不同的参数估计方法来估计“未知”参数 α 及其误差，并考察所得结果与 α 的实际值 ($\alpha=0.09$ 和 0.25)的符合程度.

10.4.2　不同估计方法的应用

通过不同的估计方法，利用图 10.1 所示的模拟数据对参数 α 及其误差进行估计，其结果列于表 10.1 中. 下面我们逐一地说明这些结果是如何求得的.

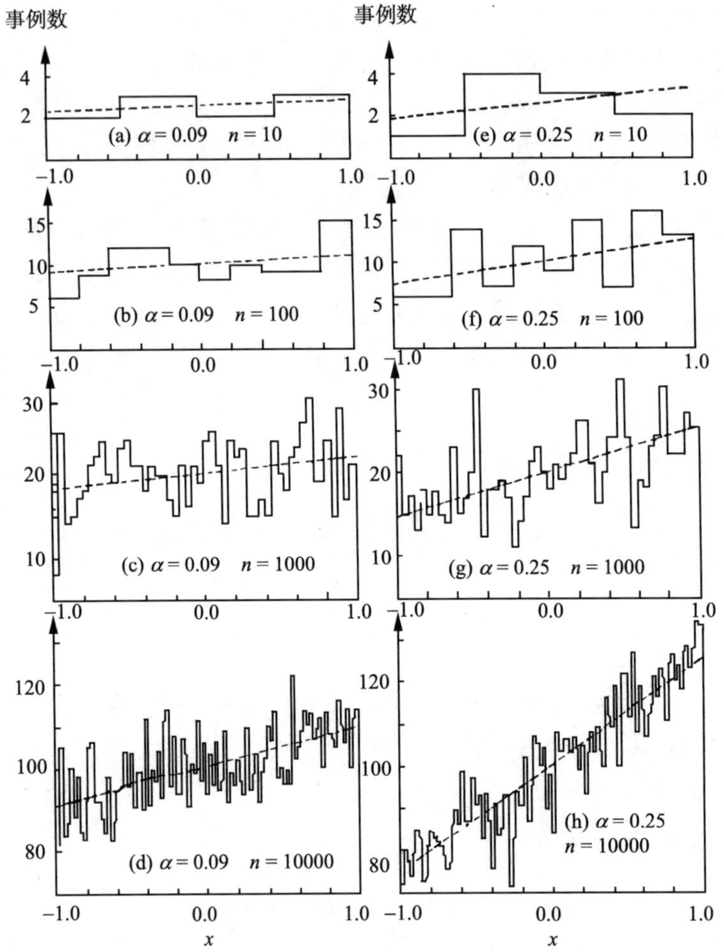

图 10.1　反质子极化实验的蒙特卡罗模拟数据的直方图

图中 $x = \cos\phi, \alpha$ 是与极化量 P 有关的参数，n 表示事例数，虚线表示理论分布 $f(x|\alpha)$

(1) 矩法.

由 10.2 节讨论的正交函数矩法可知，α 的估计是

$$\hat{\alpha} = \frac{3}{n}\sum_{i=1}^{n} X_i . \tag{10.4.4}$$

当子样容量 n 很大时，$\hat{\alpha}$ 的方差

$$V(\hat{\alpha}) = \frac{1}{n-1}(3 - \hat{\alpha}^2) . \tag{10.4.5}$$

对于 $n \leqslant 100$，采用小样公式

$$V(\hat{\alpha}) = \frac{1}{n-1}\left(\frac{9}{n}\sum_{i=1}^{n} X_i^2 - \hat{\alpha}^2\right) . \tag{10.4.6}$$

(2) 极大似然法.

本问题中似然函数为

$$L(X_1, X_2, \cdots, X_n \mid \alpha) = \prod_{i=1}^{n} \frac{1}{2}(1+\alpha X_i),$$

似然函数的对数为

$$\ln L = -n\ln 2 + \sum_{i=1}^{n} \ln(1+\alpha x_i). \tag{10.4.7}$$

α 的估计值及其误差可由图像法确定. 图 10.2 是八个实验的 $\ln L$ - α 标绘. $\ln L$ 的峰值对应的 α 值即为其极大似然估计值 $\hat{\alpha}$，$\hat{\alpha}$ 的误差由 $\ln L$ 曲线与直线 $\ln L =$

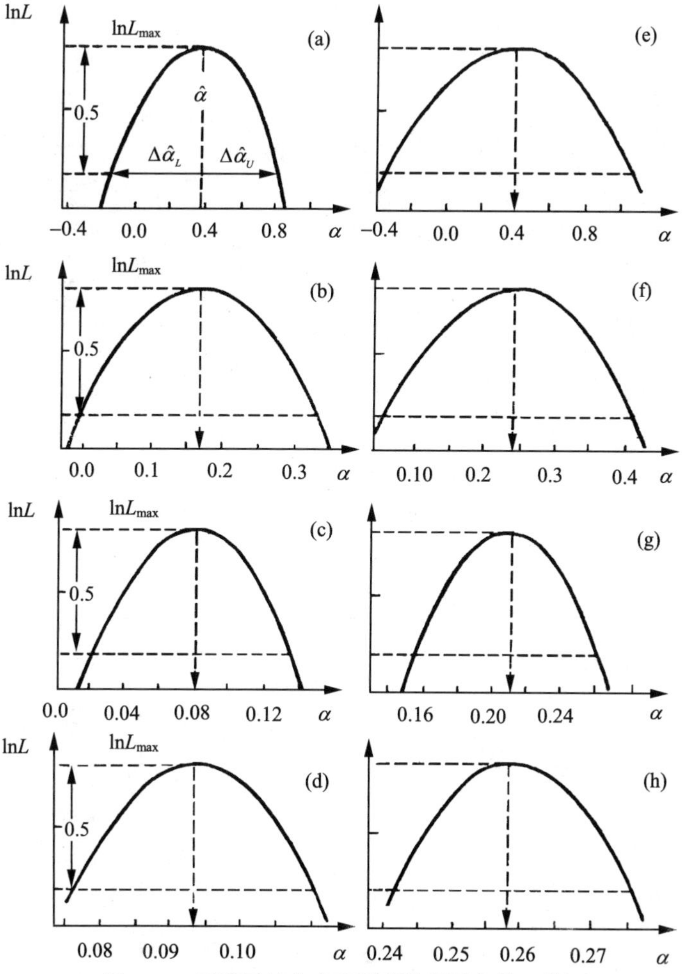

图 10.2　反质子极化实验模拟数据的似然函数图

$\ln L$ 由文中式(10.4.7)表示，α 为待估计参数. 图中 $\hat{\alpha}$ 为极大似数估计值，$\Delta\hat{\alpha}_U$，$\Delta\hat{\alpha}_L$ 分别是“上差”和“下差”

$\ln L_{max}-0.5$ 的两个交点确定，两个交点对应的 α 值与 $\hat{\alpha}$ 之差构成了“上差” $\Delta\hat{\alpha}_U$ 和“下差” $\Delta\hat{\alpha}_L$. 由图可见，即使子样容量小到 $n=10$，$\ln L$ 也几乎是对称的抛物线，因此，误差 $\Delta\hat{\alpha}$ 可近似地取为 $\Delta\hat{\alpha}_U$ 和 $\Delta\hat{\alpha}_L$ 的平均值.

除了用图像法确定 $\hat{\alpha}$ 的误差外，表 10.1 还列出了根据解析的大样公式(8.4.14)求得的 $\Delta\hat{\alpha}$ 数值

表 10.1　反质子极化实验模拟数据用不同的估计方法得到的参数 α 估计值及其误差

模拟实验的参数	估计方法	子区间数 N	参数估计值 $\hat{\alpha}$	参数估计值的误差 $\Delta\hat{\alpha}$		
				解析公式	图像法	方差下界
(a) $\alpha=0.09$ $n=10$	MM	—	0.42	0.62	—	0.54
	ML	—	0.38	0.52	0.47	
	ML(直方图)	—	—	—	—	
	LS	(4)	(0.15)	—	(0.53)	
	LS(简化)	(4)	(0.16)	(0.55)	—	
(b) $\alpha=0.09$ $n=100$	MM	—	0.172	0.175	—	0.173
	ML	—	0.170	0.171	0.173	
	ML(直方图)	—	0.177	—	0.174	
	LS	10	0.175	—	0.172	
	LS(简化)	10	0.183	0.165	—	
(c) $\alpha=0.09$ $n=1000$	MM	—	0.078	0.055	—	0.054
	ML	—	0.080	0.054	0.056	
	ML(直方图)	50	0.080	—	0.056	
	LS	50	0.075	—	0.054	
	LS(简化)	50	0.109	0.052	—	
(d) $\alpha=0.09$ $n=10000$	MM	—	0.093	0.0173	—	0.0173
	ML	—	0.093	0.0173	0.0173	
	ML(直方图)	100	0.093	—	0.0172	
	LS	100	0.092	—	0.0175	
	LS(简化)	100	0.095	0.0172	—	
(e) $\alpha=0.25$ $n=10$	MM	—	0.21	0.44	—	0.54
	ML	—	0.40	0.52	0.71	
	ML(直方图)	—	—	—	—	
	LS	(4)	(0.05)	—	(0.69)	
	LS(简化)	(4)	(0.40)	(0.43)	—	
(f) $\alpha=0.25$ $n=100$	MM	—	0.215	0.164	—	0.170
	ML	—	0.240	0.170	0.178	
	ML(直方图)	10	0.251	—	0.180	
	LS	10	0.250	—	0.180	
	LS(简化)	10	0.224	0.154	—	
(g) $\alpha=0.25$ $n=1000$	MM	—	0.211	0.055	—	0.054
	ML	—	0.210	0.054	0.054	
	ML(直方图)	50	0.207	—	0.054	
	LS	50	0.200	—	0.057	
	LS(简化)	50	0.215	0.054	—	
(h) $\alpha=0.25$ $n=10000$	MM	—	0.262	0.0171	—	0.0170
	ML	—	0.258	0.0170	0.0172	
	ML(直方图)	100	0.259	—	0.0168	
	LS	100	0.258	—	0.0170	
	LS(简化)	100	0.260	0.0169	—	

注：表中 MM 为矩法，ML 为极大似然法，LS 为最小二乘法.

$$V(\hat{\alpha})=\frac{1}{n}\frac{2\alpha^3}{\ln(1+\alpha)-\ln(1-\alpha)-2\alpha}. \tag{10.4.8}$$

(3) 直方图数据的极大似然估计.

将 $x=\cos\phi$ 的取值域[−1，1]划分为 N 个子区间，第 i 个子区间中包含 n_i 个事例，于是未知参数 α 的极大似然估计可对函数求极大值得出(见 8.7 节)，式中 $p_i(\alpha)$ 是对于给定的参数 α 值，事例落在 i 子区间的概率. 第 i 子区间中变量 x 的取值为 $x_i\sim x_i+\Delta x_i$，故概率 $p_i(\alpha)$ 可由概率密度在该子区间的积分值表示

$$p_i(\alpha)=\int_{x_i}^{x_i+\Delta x_i}\frac{1}{2}(1+\alpha x)\mathrm{d}x=a_i+ab_i, \tag{10.4.9}$$

其中 $a_i\equiv\frac{1}{2}\Delta x_i, b_i\equiv\frac{1}{2}\Delta x_i\left(x_i+\frac{1}{2}\Delta x_i\right)$. 代入 $\ln L$ 的表达式，有

$$\ln L(n_1,\cdots,n_N\,|\,\alpha)=\sum_{i=1}^{N}n_i\ln\left\{1+\alpha\left(x_i+\frac{1}{2}\Delta x_i\right)\right\}+\text{常数}. \tag{10.4.10}$$

直方图数据的极大似然法只对大子样容量才有实际意义，可节省计算时间而估计量的误差与实际误差很接近. 这里我们对 $n\leqslant 100$ 的小子样事例也作这样的处理，目的只是为了进行比较. 所得结果列于表 10.1，其中估计值的误差是由图像法(曲线 $\ln L$ 与直线 $\ln L=\ln L_{\max}-0.5$ 的交点)求出的.

(4) 最小二乘法.

与(3)相同，第 i 子区间中的事例数用 n_i 表示，全部 N 个子区间中共有 n 个事例，用最小二乘法作参数估计时，Q^2 函数的形式为

$$Q^2=\sum_{i=1}^{N}\frac{[n_i-np_i(\alpha)]^2}{np_i(\alpha)}, \tag{10.4.11}$$

其中 $p_i(\alpha)$ 已由式(10.4.9)给定.

对于八个实验，函数 Q^2 作为 α 的函数的标绘见图 10.3，极小值 $Q^2_{\min}$ 对应的 α 值即最小二乘估计 $\hat{\alpha}$. 函数 Q^2 的曲线与直线 $Q^2=Q^2_{\min}+1$ 的两个交点确定了估计值 $\hat{\alpha}$ 的误差. $n=10$ 的两个实验中的某些观测频数过小，不满足应用最小二乘法的必要条件(见 9.5 节的讨论)，故其数值在表 10.1 中用括号括起来以示区别.

(5) 简化最小二乘法.

如 9.1 节所述，对于简化最小二乘法，Q^2 函数的形式为

$$Q^2=\sum_{i=1}^{N}\frac{[n_i-np_i(\alpha)]^2}{n_i}. \tag{10.4.12}$$

本问题中，$np_i(\alpha)$对参数α有线性关系，故Q^2是α的二次函数，最小二乘估计$\hat{\alpha}$及其误差由解析表达式(9.5.12)和式(9.5.14)表示

$$\hat{\alpha}=\frac{1}{n}\sum_{i=1}^{N}\left(b_i-\frac{na_ib_i}{n_i}\right)\Bigg/\sum_{i=1}^{N}\frac{b_i^2}{n_i}, \tag{10.4.13}$$

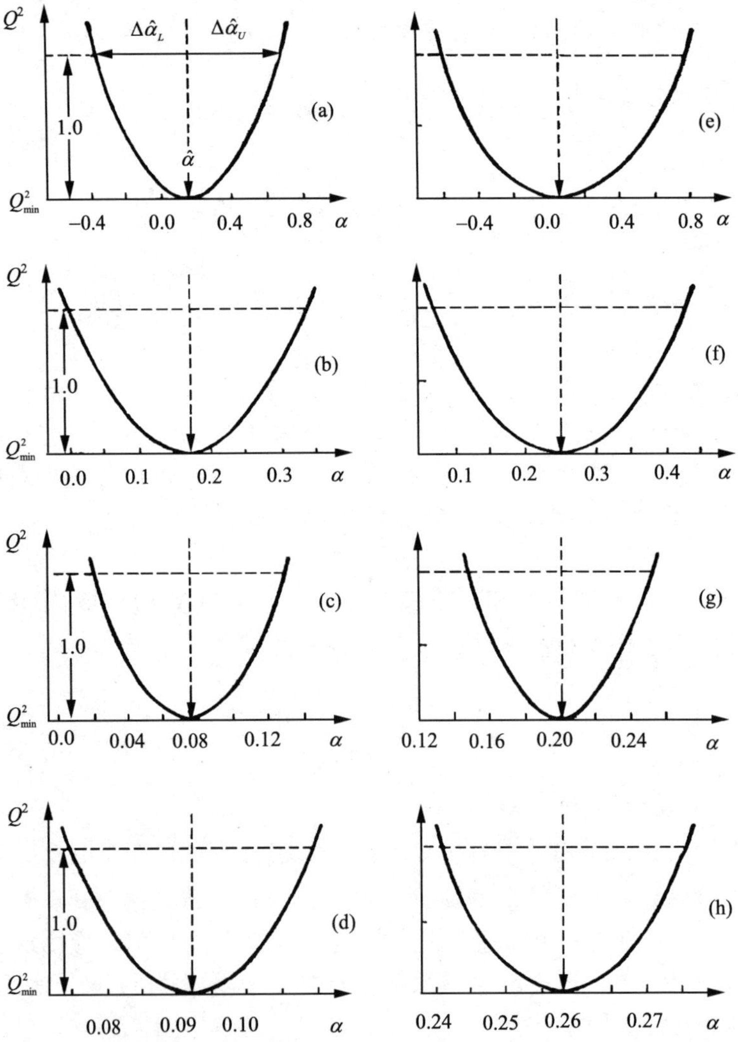

图 10.3　反质子极化实验模拟数据的最小二乘估计

Q^2函数由式(10.4.11)表示，α为待估计乘数，$\hat{\alpha}$为最小二乘估计值，

$\Delta\hat{\alpha}_U$，$\Delta\hat{\alpha}_L$分别是“上差”和“下差”

$$\Delta\hat{\alpha}=\frac{1}{n}\left(\sum_{i=1}^{N}\frac{b_i^2}{n_i}\right)^{-1/2},\tag{10.4.14}$$

其中 a_i,b_i 的意义与式(10.4.9)中相同．简化最小二乘法求出的 $\hat{\alpha}$ 及其误差列于表10.1中，其中 $n=10$ 的两个实验观测频数过小，不满足应用最小二乘法的条件(见9.5节的讨论)，故其结果用括号括起来以示区别．

10.4.3　讨论

(1) 参数估计值及其误差．

根据表10.1的数值结果，可以得出以下结论：

(a) 除子样容量过小($n=10$)的情形外，对每个模拟实验，不同估计方法求得的参数估计值 $\hat{\alpha}$ 一般符合得较好．

(b) 对同样的子样容量 n，不同估计方法求出的参数误差 $\Delta\hat{\alpha}$ 大致相同．

(c) 估计误差 $\Delta\hat{\alpha}$ 大体上反比于 $\sqrt{n}$．

结论(a)是很自然的，因为当子样容量充分大时，这五种估计量都是一致的和渐近无偏的．当 n 很小($n=10$)，即使利用了数据全部信息的极大似然法，其估计值 $\hat{\alpha}$ 与真值($\alpha=0.09$，0.25)仍有很大差别．考虑到估计误差 $\Delta\hat{\alpha}$ 相当大，所以估计值在误差范围内与真值并非不一致．

估计误差 $\Delta\hat{\alpha}$ 的方差下界可从克拉美-罗不等式(7.4.6)计算，对于本问题的总体分布，方差下界就是极大似然估计的大子样方差公式(10.4.8)，方差下界也已列在表10.1中．可以看到，对于四种 n 值，不同估计方法求得的 $\Delta\hat{\alpha}$ 与方差下界很接近，这表示这五种估计方法对于小样问题也有很高的有效性．但是式(10.4.1)的概率密度不属于指数族，因而参数 α 的充分估计量不存在，这五种方法没有一种是完全有效的(见7.5节的讨论)．

由于各种估计方法求出的 $\Delta\hat{\alpha}$ 值与式(10.4.8)代表的方差下界相近，而由式(10.4.8)知

$$V(\hat{\alpha})\propto\frac{1}{n},$$

所以结论(c)是完全合理的．

表10.1中某些误差 $\Delta\hat{\alpha}$ 值小于方差下界并不是不合理的，因估计方差是一个随机变量，而方差下界是估计方差的**期望值**的下界．因而，若有 K 组容量 n 的子样(测量值)，对每组测量值求得误差估计值，这 K 个误差值的**平均**(当 K 充分大)总是**高于**方差下界对应的误差值，但其中个别误差值却可以比方差下界小．

(2) 拟合优度．

第九章中我们已经指出，最小二乘法比其他参数估计方法的优越之处在于，

最小二乘函数$Q^2_{\min}$的值是实验数据与理论模型之间拟合优度的定量表述，因为在一定条件下，$Q^2_{\min}$具有确定的分布性质. 如果事例数n不很小，$Q^2_{\min}\sim\chi^2(N-L)$，$N$表示独立的测量个数，$L$为待估计的独立参数(见9.4.3节的讨论). 对于一定的$Q^2_{\min}$值，有与之一一对应的χ^2概率P_{χ^2}，$Q^2_{\min}$比较小(P_{χ^2}比较大)，相应于比较好的拟合优度(见9.4.4节).

表10.2列出了$n=100,1000,10000$的六个实验用一般的和简化的最小二乘法求出的$Q^2_{\min}$值及对应概率P_{χ^2}. 本问题中自由度是$(N-1)-1=N-2$，N表示子区间数，因为存在一个约束条件$\sum\limits_{i=1}^{N}n_i=n$，所以独立测量数只有$N-1$个. 表10.2的数据表明，这两种最小二乘法在本问题中求出的P_{χ^2}概率是相近的. 随着子样容量n的增大，P_{χ^2}值也增大，即拟合优度改善；特别对$n=10000$的大样情形，P_{χ^2}接近于可能的最大值1，这表明，蒙特卡罗模拟产生的模拟事例的分布非常接近于式(10.4.1)的理想分布.

表10.2　反质子极化实验模拟数据的最小二乘估计拟合优度

模拟实验的参数	子区间数N	最小二乘法		简化最小二乘法	
		$Q^2_{\min}$	P_{χ^2}	$Q^2_{\min}$	P_{χ^2}
(b) $\alpha=0.09$　$n=100$	10	4.6	0.80	4.5	0.82
(c) $\alpha=0.09$　$n=1000$	50	38.5	0.82	47.3	0.56
(d) $\alpha=0.09$　$n=10000$	100	49.0	>0.99	47.9	>0.99
(f) $\alpha=0.25$　$n=100$	10	11.7	0.18	11.8	0.17
(g) $\alpha=0.25$　$n=1000$	50	39.5	0.80	41.7	0.72
(h) $\alpha=0.25$　$n=10000$	100	39.0	>0.99	39.5	>0.99

对于小样问题，$Q^2_{\min}$的分布性质未知，因而它不能表征最小二乘估计量的拟合优度. 此外，矩法和极大似然法不能给出拟合优度.

在实际问题中，如果统计量$\ln L_{\max}$的分布性质为已知，从$\ln L_{\max}$的数值也可得到拟合优度的信息. 一般地说，$\ln L_{\max}$的分布是未知的，但对于一定的$\hat{\alpha}$和n值，可以构造$\ln L_{\max}$的近似概率分布. 方法如下：利用蒙特卡罗技巧产生若干组容量n的子样，并确定其α的估计值，选出估计值与给定的$\hat{\alpha}$值相近的K组事例(子样)，如K充分大，这K组事例的$\ln L_{\max}$值就可构成$\ln L_{\max}$的频率分布. 如果某一组实测数据对应的$\ln L_{\max}$值为$\ln L'_{\max}$，那么该组实测数据的拟合优度近似地可用$\ln L_{\max}$的频率分布从$-\infty\to\ln L'_{\max}$的积分值(累积分布)来表示，称为“极大似然概率”.

图 10.4 是根据 100 组子样容量 $n=10$，参数估计值 $\hat{\alpha}$ 在区间[0.37，0.41]内的独立模拟试验得出的 $\ln L_{\max}$ 频率分布及其累积分布. 表 10.1 中的实验(a)和(e)的参数估计值 $\hat{\alpha}$ 分别是 0.39 和 0.40，所以这一频率分布及其累积分布可以作为这两个实验中 $\ln L_{\max}$ 的近似分布. 实验(a)和(e)的 $\ln L_{\max}$ 的实际值分别是−6.68 和−6.79，从图 10.4(b)可以看到，表征这两个实验的 $\hat{\alpha}$ 值拟合优度的“极大似然概率”分别是 0.46 和 0.04. 如果用同样的方法对 $n=100$ 的两个实验(b)和(f)产生近似的 $\ln L_{\max}$ 的分布，相应的“极大似然概率”分别是 0.55 和 0.12. 这两个数值与表 10.2 中给出的最小二乘 χ^2 概率 $P_{\chi^2}\approx 0.80$ 和 0.18 相对应.

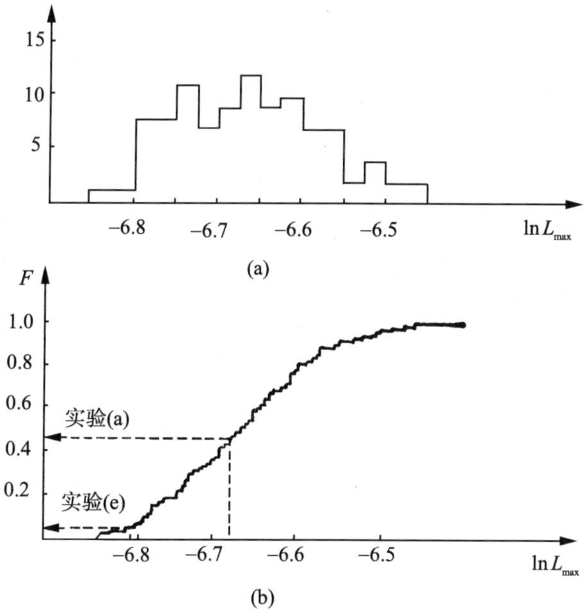

图 10.4　$n=10, \bar{\alpha}\in[0.37, 0.41]$ 的 100 个反质子极化模拟实验得出的 $\ln L_{\max}$ 分布

(a) 频率分布；(b) 累积频率分布

第十一章 小信号测量的区间估计

科学实验中经常遇到小信号测量的统计推断问题. 所谓小信号测量，可以是待测物理量本身数值很小(接近于零)，或者待测量的现象(信号)出现的概率很小. 同时，实验测量值往往不但包含信号的贡献，还有来自非信号过程(本底)的贡献，有时，后者的贡献甚至要大于前者，或者两者具有相同的量级. 问题的复杂性还在于信号和本底往往是随机变量，都存在统计涨落导致的统计误差；同时，由于测量仪器、测量方法的有限精度导致测量值存在系统误差.

此外，小信号测量的统计推断常常需要考虑测量值真值的物理边界约束. 例如，根据粒子物理当前的理论预期和实验测量，中微子质量 m_ν 可能等于零、或不为零的小量. 实验测量中中微子的能量、动量(从而它的质量)只能由包含中微子的粒子反应中其他粒子的能量、动量推算出来. 由于粒子能量、动量测量中存在误差，m_ν 的值甚至有出现负值的可能性. 然而粒子的质量只可能大于或等于零，因此在利用测量值对 m_ν 真值作点估计和区间估计时，必须考虑到这一物理约束.

北京谱仪国际合作组利用 e^+e^- 对撞机测量质心能量 $E_{cm} = 3650, 3686, 3773\text{MeV}$ 处 $e^+e^- \to \rho\eta'$ 的反应截面[58]，后者可由下式计算：$\sigma = n_{sig}/L\varepsilon$，式中 n_{sig} 是 $e^+e^- \to \rho\eta'$ 反应信号事例数，L 是对撞机的积分亮度，ε 是探测器对该反应末态 $\rho\eta'$ 的探测效率. L, ε 都是可测量的已知量，则待测量 σ 完全由 n_{sig} 所决定. 实验分析中，先从反应末态中选出一个 ρ 粒子，研究 ρ 反冲的 $\eta\pi^+\pi^-$ 不变质量谱 $M_{\eta\pi^+\pi^-}$ (η' 粒子可衰变为 $\eta\pi^+\pi^-$ 末态)可以知道是否存在 η' 粒子. 图 11.1(a)、(b)、(c)分别是 $E_{cm} = 3650,\ 3686,\ 3773\text{MeV}$ 的 $M_{\eta\pi^+\pi^-}$ 分布. 图(b)中存在 $M_{\eta\pi^+\pi^-} \sim 958\,\text{MeV}$ (η' 粒子的质量)的一个小峰，表明存在 η' 粒子，而图(a)、(c)中看不到 η' 质量峰. 此外从图(b)、(c)可见在 η' 信号区间里(取为 η' 粒子质量 958MeV 左右各 50 MeV 的区间，相应于 $M_{\eta\pi^+\pi^-}$ 不变质量正态分布标准偏差的 ±2.5 倍)显然存在本底的贡献. 根据以上实验观测可知，在 $E_{cm} = 3686\text{MeV}$ 处，在 η' 信号区间内 $e^+e^- \to \rho\eta'$ 信号事例数 n_{sig} 是一个有限的正数，实验可给出反应截面 σ 的测量值及误差，而在 $E_{cm} = 3650,\ 3773\text{MeV}$ 处，n_{sig} 可能是一个非常接近零的小数，实验只能给出一定置信水平下反应截面的上限. 这里 n_{sig} 最小只可能是零，在对 n_{sig} 的真值进行参数估计时，必须考虑这一物理约束. 对于 $e^+e^- \to \rho\eta'$ 反应截面测量而言，每一个

$e^+e^- \to \rho\eta'$反应事例是其总体的一个子样，所以信号区间内子样容量即为 n_{sig}. 在这三个质心能量处，子样容量 n_{sig} 都很小，实验对于这三个质心能量处的反应截面都只给出一次测量值.

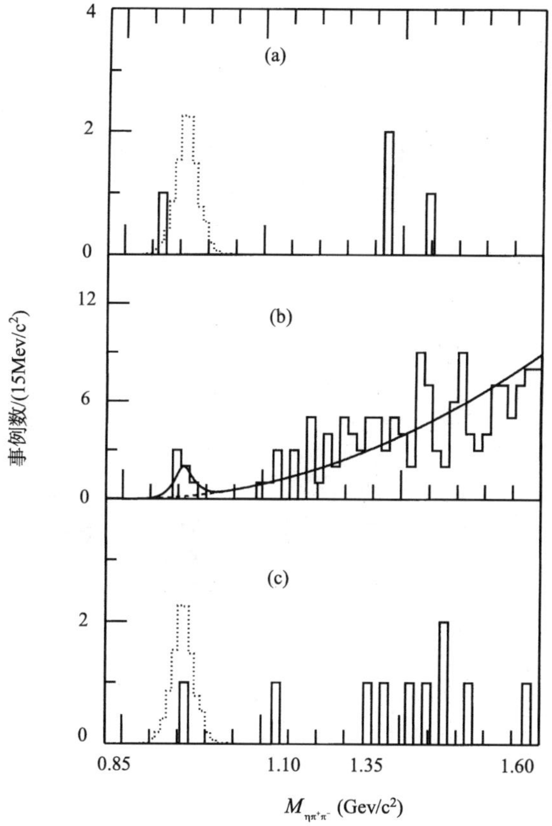

图 11.1　$E_{cm} = 3650$(a), 3686(b), 3773(c) MeV 处 $e^+e^- \to \rho\eta'$候选事例的 $M_{\eta\pi^+\pi^-}$ 不变质量谱

图中虚线所示的峰指示如果η′存在其相应的位置和形状

综上所述，我们可以归纳出小信号测量的参数估计的以下特点：

(1) 信号的实验测量值(如信号事例数)通常是小量，因此对待测信号的实验报道，有时只能给出一定置信水平下的上限.

(2) 实验测量值通常同时包含信号和本底的贡献，而且信号和本底的测量都存在统计涨落和系统误差.

(3) 信号的测量值存在物理边界值(不失一般性，后面的讨论中假定它是信号下界，且数值为 0).

(4) 子样容量小，实验对待测量物理量只能给出少数，甚至只有一个测量值.

本章针对小信号测量问题的这些特点，对其参数估计问题进行讨论. 由于信号真值的点估计总是利用第八、第九、第十章中介绍的极大似然法，最小二乘法和矩法之一来进行的，所以本章着重讨论区间估计问题，而且主要讨论一维区间估计问题，即实验只对一个未知参数进行测量的情形.

11.1 经典方法

经典方法的基本思想是奈曼(J. Neyman)提出的，所以也称为奈曼方法[59]. 区间估计经典方法的一般原则在 7.6 节中已经叙述. 对于实验只对一个未知参数进行测量的简单情形，设待估计参数为 μ，实验观测值为 x，所谓区间估计问题，是要从实验观测值 x 来确定 μ 的一个区间 $\mu \in [\mu_1, \mu_2]$，满足

$$P\left(\mu \in [\mu_1, \mu_2]\right) = \gamma, \tag{11.1.1}$$

γ 称为置信水平，也称为涵盖 (coverage)概率. 显然 μ_1, μ_2 是观测值 x 的函数. 在 μ - x 的标绘上，对于一个确定的置信水平 γ，满足式(11.1.1)的置信区间形成一个置信带(confidence belt)，如图 11.2 所示.

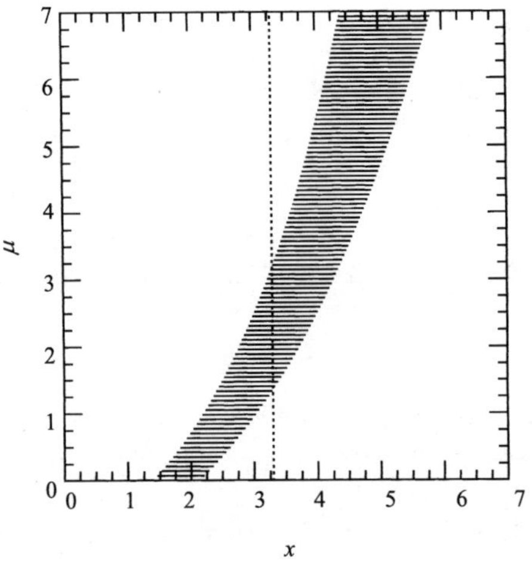

图 11.2 未知参数 μ 和观测值 x 的置信水平 γ 的置信带

置信带是这样构造的，对任一特定的 μ 值，找到相应的 x 接受区间 $[x_1, x_2]$ 满足关系式

$$P\left(x \in [x_1, x_2] \middle| \mu\right) = \gamma, \tag{11.1.2}$$

所有可能的 μ 值相应的 x 接受区间 $[x_1, x_2]$ 的集合即构成置信水平 γ 的置信带. 显然满足式(11.1.2)的接受区间有无穷多个. 通常使用的中心置信区间和上限置信区

间则是唯一确定的. 所谓中心置信区间，是指$[x_1,x_2]$满足

$$P(x<x_1|\mu)=P(x>x_2|\mu)=\frac{1-\gamma}{2}; \tag{11.1.3}$$

而上限置信区间$[x_{\rm up},\infty]$定义为(图 11.3)

$$P(x>x_{\rm up}|\mu)=\gamma. \tag{11.1.4}$$

对于任一观测值x，这样确定的中心置信区间满足

$$P(x|\mu<\mu_1)=P(x|\mu>\mu_2)=\frac{1-\gamma}{2}, \tag{11.1.5}$$

而上限置信区间满足

$$P(x|\mu<\mu_{\rm up})=\gamma. \tag{11.1.6}$$

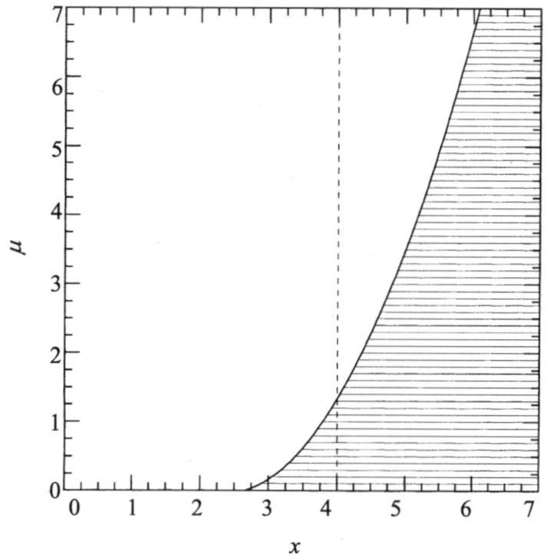

图 11.3　置信水平γ的上限置信带

当我们完成了置信水平γ的置信带的构造之后，对任一特定的实验观测值x_0，画一条平行于μ轴的直线$x=x_0$，立即由它与置信带的交点求得未知参量μ的中心置信区间$[\mu_1,\mu_2]$或上限值$\mu_{\rm up}$. 于是未知参数μ的区间估计问题实际上是置信带的构造问题，为此必须了解观测值x和待估计参数μ之间的概率密度函数.

11.1.1　正态总体

首先讨论一种常见的物理测量问题，即实验中的观测值x服从正态分布，其期望值是待估计的未知参数μ，而且它的方差σ^2已知(不失一般性，这里假定

$\sigma=1$). 故观测值与未知参数之间的概率密度函数为

$$P(x|\mu)=\frac{1}{\sqrt{2\pi}}\exp\left[-\frac{(x-\mu)^2}{2}\right], \tag{11.1.7}$$

而且μ的物理下界为 0(μ为$\geqslant 0$的正数). 知道了概率密度函数式(11.1.7), 根据式(11.1.3)、(11.1.4)立即可画出$\gamma=90\%$的中心置信带和上限置信带如图 11.4(a)、(b)所示.

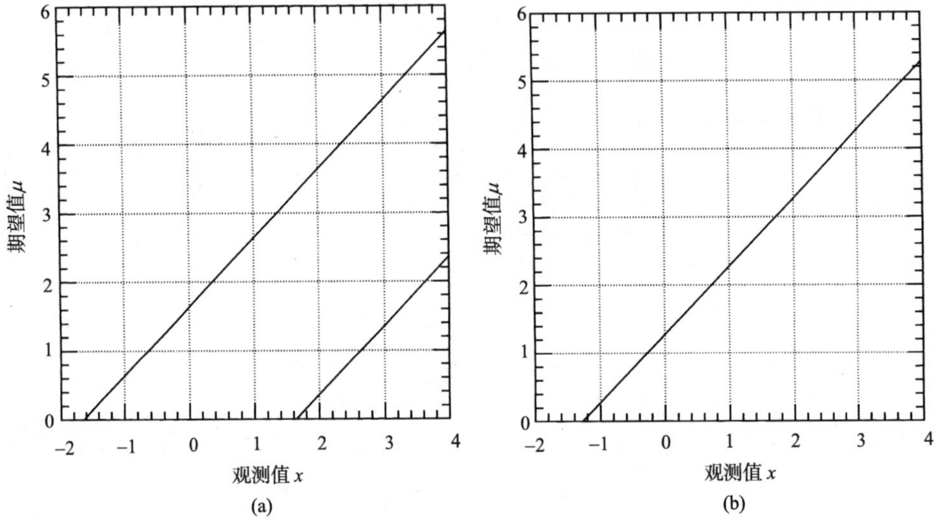

图 11.4

(a) $\gamma=90\%$中心置信带; (b) $\gamma=90\%$上限置信带

但是对于一个特定的实验测量值x, 究竟是报道μ的中心区间$[\mu_1,\mu_2]$还是上限区间$[0,\mu_{up}]$, 到目前为止没有答案, 而需要由实验者根据某种附加的要求来确定. 实验者或许可以采取如下的方式来决定: 若测量值$x<3\sigma$, 报道 90%上限区间; $x\geqslant 3\sigma$报道中心区间. 这种方式我们称为基于观测值的突变方式(flip-flopping). 同时由于μ的物理下界限定, 当测定值x为负值时, 为了保险起见, 把x视为 0 并据此来确定其置信区间. 根据这种策略确定的置信带如图 11.5 所示.

根据这种 flip-flopping 策略构造的置信带存在两个缺陷. 第一个缺陷称为涵盖概率不足, 即对于待估计参量的某些值, 其涵盖概率小于所规定的γ值. 例如, 当$\mu=2.0$, 由图 11.5 确定的接收区间为$x_1=2-1.28$和$x_2=2+1.64$, 这一区间内的概率含量$\int_{x_1}^{x_2}P(x\,|\,\mu=2.0)\mathrm{d}x=0.85$, 没有达到规定的$\gamma=90\%$置信水平的要

求. 经典方法确定的置信带的另一个缺陷是所谓的空集问题. 例如，当观测值 $x=-1.8$ (这在实验中是可能出现的)，从图 11.4 中找不到相应的 $[\mu_1,\mu_2]$ 或 μ_{up}，即 μ 的置信水平 90%的置信区域是空集，或者说对于观测值 $x=-1.8$，用经典方法推断得到的期望值落在了物理上不容许的区域.

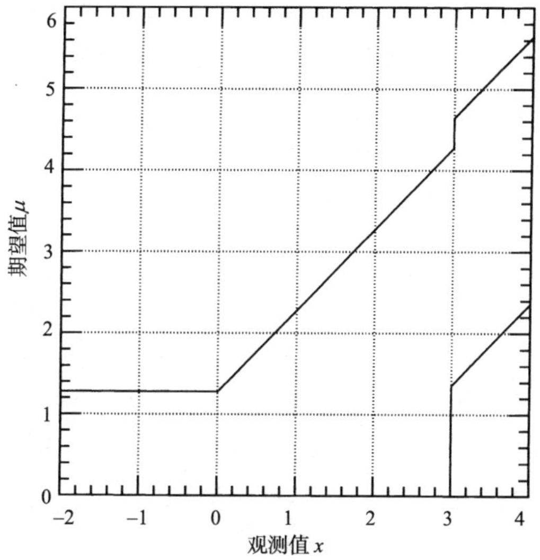

图 11.5　正态假设下 flip-flopping 策略相应的 $\gamma=90\%$ 置信带

11.1.2　泊松总体

假定观测值 x (现改写为观测总事例数 n)，服从期望值 $\mu+b$ 的泊松分布

$$P(n|\mu)=\frac{(\mu+b)^n\,\mathrm{e}^{-(\mu+b)}}{n!}\ ,\tag{11.1.8}$$

其中待估计的信号事例数服从泊松分布，期望值为 μ；本底事例数则服从期望值 b (已知值)的泊松分布. 利用泊松分布的性质可计算出一定置信水平 γ，一定 b 值的置信带，例如，图 11.6 给出了 $\gamma\geqslant0.9$, $b=3.0$ 的中心置信带和上限置信带.

因为泊松分布是离散分布，现在中心置信带和上限置信带的构成要求是

$$P\big(\mu\in[\mu_1,\mu_2]\big)\geqslant\gamma\ ,\qquad P\big(\mu<\mu_{\text{up}}\big)\geqslant\gamma\ ,\tag{11.1.9}$$

这是比较保守的做法，即要求实际涵盖概率略大于名义的涵盖概率量.

但利用图 11.6 的置信带来确定一定 n 值对应的待估计参数 μ 的置信区间时，会出现正态分布观测量中类似的问题. 例如，这里采用 $n<3b$ 时报道 $\gamma=90\%$ 上限置信区间，$n\geqslant3b$ 时报道中心置信区间的 flip-flopping 策略，同样会导致实际涵盖

概率低于名义涵盖概率量的问题. 其次，当 $b=3$，观测值 $n=0$ 时，μ 的 $\gamma=90\%$ 置信区间为空集.

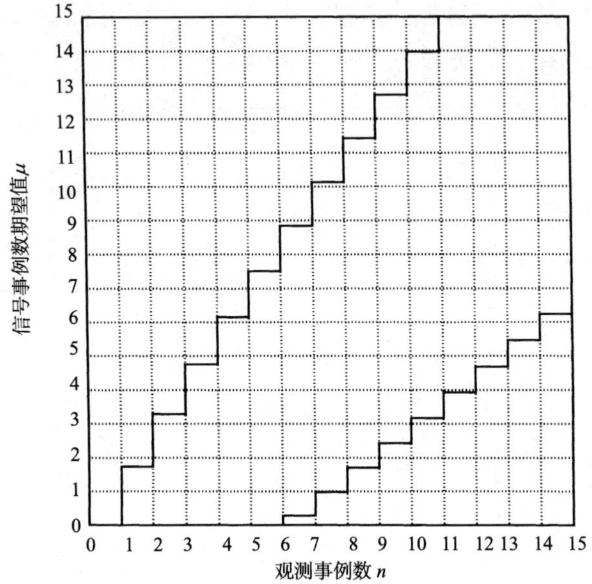

(a)

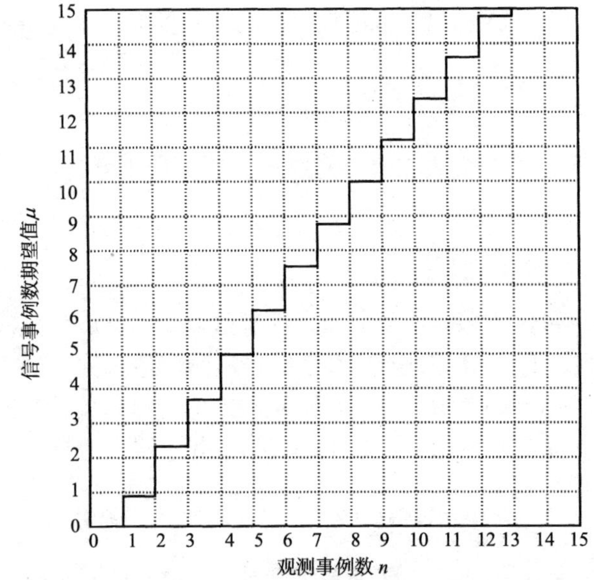

(b)

图 11.6　泊松变量的 $\gamma \geqslant 90\%$ 的中心置信带(a)和上限置信带(b)

(本底期望值 $b=3.0$)

由此可以得出结论，对于实验观测量服从正态分布和泊松分布这种大量遇到的实验测量而言，对于我们所讨论的小信号的区间估计问题，经典方法既不能在报道待估计参数的中心置信区间或是上限置信区间之间作出合理的选择，又存在涵盖概率不足和存在空集的缺陷，因此不是一种适宜的区间估计方法，有必要发展新的方法来解决小信号的区间估计问题.

11.2　似然比顺序求和方法

G. Feldman 和 R. Cousins[60]发展了一种区间估计方法可以克服经典方法的以上困难和缺陷. 其基本思想是按照似然比大小的顺序对概率密度求和，以满足式(11.1.1)、(11.1.2)的要求构造置信带. 对于规定的置信水平γ，这一方法根据实验测量值x的大小可自动确定对于待估计参量μ应该报道中心置信区间还是应报道上限，因此这一方法被称为似然比顺序(likelihood ratio ordering)求和方法或统一方法(unified approach).

我们首先从观测值为泊松变量的情况出发来讨论该方法的基本思想，然后推广到正态分布观测值的情况.

11.2.1　泊松总体

按照式(11.1.8)定义的泊松概率分布，对任一给定的观测总事例数n和已知的平均本底b，使概率$P(n\,|\,\mu)$达到极大的那个μ值定义为μ_{best}，即

$$P(n\,|\,\mu_{\text{best}}) > P(n\,|\,\mu), \qquad \mu \neq \mu_{\text{best}}. \tag{11.2.1}$$

又根据物理边界要求$\mu_{\text{best}} \geqslant 0$(即待估计参数值必须$\geqslant 0$)，可得到$\mu_{\text{best}}$的表达式为

$$\mu_{\text{best}}(n,b) = \max(0, n-b). \tag{11.2.2}$$

定义似然比

$$R(\mu,n) \equiv \frac{P(n\,|\,\mu)}{P(n\,|\,\mu_{\text{best}})} = \left(\frac{\mu+b}{\mu_{\text{best}}+b}\right)^n \mathrm{e}^{\mu_{\text{best}}-\mu}, \tag{11.2.3}$$

于是对任一特定的μ值，其置信区间$[n_1,n_2]$可以这样求得：首先用式(11.2.3)算出所有可能的观测值$n=0,1,2,\cdots$对应的似然比$R(\mu,n)$值，按R值从大到小的顺序决定每个观测值的秩r，即R值最大的n值其秩r定义为1，R值次大的n值其$r=2$，如此等等. 然后按r从小到大的顺序对观测值n的概率$P(n\,|\,\mu)$求和，直到满足

$$\sum_r P(n(r)\,|\,\mu) \geqslant \gamma, \tag{11.2.4}$$

$n(r)$ 中的最小值 n_1 和最大值 n_2 即构成该 μ 值对应的置信水平 γ 的置信区间. 对所有 μ 值算出相应的 n_1 和 n_2，即构成了置信水平 γ 的置信带.

利用似然比顺序求和方法，编制了计算机程序计算了 $\gamma = 0.6827$，0.90，0.95，0.99，本底事例数期望值 $b = 0\sim15$，观测总事例数 $n = 0\sim20$ 情况下的信号事例期望值 μ 的置信区间，列于书末附录表 10.1 到表 10.4. 其中置信区间上、下限的精度好于 0.01. 图 11.7 则给出平均本底 $b = 3.0$ 时置信水平 $\gamma = 90\%$ 的置信带.

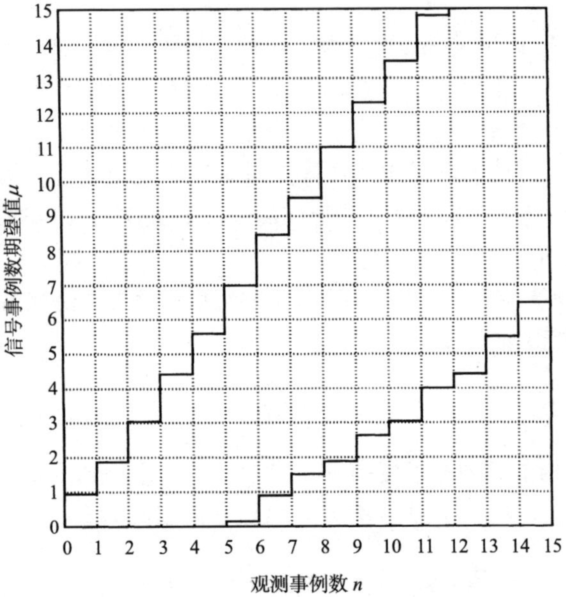

图 11.7　平均本底 $b = 3.0$，置信水平 $\gamma = 90\%$ 泊松变量的置信带

与经典方法的相应置信带图 11.6 相比较，对于大的观测值 n，两者的结果是相近的，似然比方法给出的区间近似于经典方法的中心置信区间. 当观测值 n 比较小，与本底期望值 b 接近时，似然比方法自动给出 μ 的上限，即 μ 的下限为 0. 例如，在图 11.7 中，当 $n \leqslant 5$ 时，μ 的下限均为零. 对于任何观测值 n，似然比方法确定的置信水平 γ 的置信区间的上、下限是唯一的，它的涵盖概率量要求由式(11.2.4)得到了保证，而且不会出现空集的困难. 因此似然比方法克服了经典方法的所有困难.

11.2.2　正态总体

泊松变量的似然比顺序求和方法能以十分相似的方法应用于正态变量. 按照式(11.1.7)定义的正态分布，对任一给定的观测值 x，使 $P(x|\mu)$ 达到极大的那个 μ

值定义为 μ_{best}，即

$$P\left(x\middle|\mu_{\text{best}}\right)=\max P\left(x\middle|\mu\right); \tag{11.2.5}$$

并根据物理边界要求 $\mu_{\text{best}}\geqslant 0$，可得到 μ_{best} 的表达式

$$\mu_{\text{best}}=\max(0,x), \tag{11.2.6}$$

于是有

$$P\left(x\middle|\mu_{\text{best}}\right)=\begin{cases}\dfrac{1}{\sqrt{2\pi}}, & \text{当 } x\geqslant 0,\\ \exp\left(-\dfrac{x^2}{2}\right)\Big/\sqrt{2\pi}, & \text{当 } x<0.\end{cases} \tag{11.2.7}$$

似然比 $R(x)$ 定义为

$$R(x)=\begin{cases}\dfrac{P(x\mid\mu)}{P(x\mid\mu_{\text{best}})}=\exp\dfrac{(x-\mu)^2}{2}, & \text{当 } x\geqslant 0,\\ \exp\left(x\mu-\dfrac{\mu^2}{2}\right), & \text{当 } x<0.\end{cases} \tag{11.2.8}$$

对于任一给定的 μ 值，置信水平 γ 的置信区间 $[x_1,x_2]$ 由

$$\int_{x_1}^{x_2}\frac{1}{\sqrt{2\pi}}\exp\left[-\frac{(x-\mu)^2}{2}\right]\mathrm{d}x=\gamma,\qquad R(x_1)=R(x_2) \tag{11.2.9}$$

决定. 对所有可能的 μ 值求出相应的置信区间 $[x_1,x_2]$，就构成置信水平 γ 的置信带.

Feldman 和 Cousins 利用数值方法求解式(11.2.9)，对于观测值 $x\in(-3,3)$ 的情形，$\gamma=68.27\%, 90\%, 95\%, 99\%$的置信区间 $[\mu_1,\mu_2]$ 的数值列于书末附录表 11. 其中 $\mu_1=0$ 相当于上限置信区间.

图 11.8 给出了正态变量期望值 μ 的置信水平 $\gamma=0.90$ 的置信带. 由图 11.8 可见，当测量值 $x\leqslant 1.28$ 时，μ 的置信区间下界为 0，则应报道 90%置信水平的上限值；反之，当 $x>1.28$ 时，则应报道 $\mu_{-\sigma_e}^{+\sigma_u}$ 的实验结果，σ_u,σ_e 是相应的正、负误差.

似然比方法构造的 $\gamma=0.90$ 的置信带(见图11.8)与经典方法构造的对应置信带(图11.4)相比较，对于观测值 x 大的区域，两者的置信区间 $[\mu_1,\mu_2]$ 是相近的；而在 $x\leqslant 0$ 和 $x\approx 0$ 的区域两者有明显的差别. 在似然比顺序求和方法中，上限和中心置信区是自然地形成的，式(11.2.9)保证了置信带有正确的涵盖概率量，不存在空集的困难，因而克服了经典方法中的缺陷.

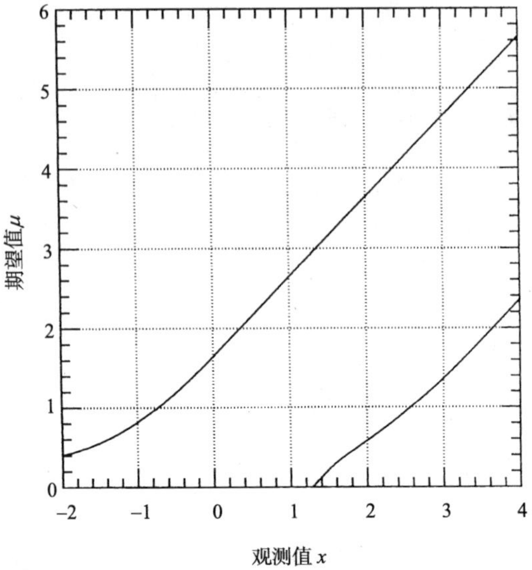

图 11.8　正态变量期望值置信水平$\gamma = 0.90$的置信带

11.3　改进的似然比顺序求和方法

似然比顺序求和方法虽然解决了经典方法中的困难，但在实际应用中发现它仍有缺陷. 例如对于观测值服从泊松分布的情形，当观测事例数n小于平均本底b时，对应于一定置信水平γ的信号事例的置信区间上限依赖于平均本底b的大小. 举一个具体例子，例如，观测总事例数$n=0$，当$b=0,1,2,3,4$时，信号事例的$\gamma = 0.90$的置信区间分别为(0~2.44)，(0~1.61)，(0~1.26)，(0~1.08)，(0~1.01). 但从实际出发来考虑问题，既然总的观测事例数$n=0$，实际的信号事例数和本底事例数的期望值都应当是零，这时的置信区间基本上不应随预期的平均本底b而变化.

为了克服似然比顺序求和方法的这一缺陷，B. P. Roe 和 M. B. Woodroofe[61]提出了一个改进方案，其基本思想是对于任一特定观测总事例数n，本底事例数不可能大于n. 将这一要求考虑到置信区间的构造上，原来的概率密度函数

$$p(n)_{\mu+b} = \frac{(\mu+b)^n \mathrm{e}^{-(\mu+b)}}{n!} \tag{11.3.1}$$

要用条件概率密度$q^n_{\mu+b}(k)$代替

$$q_{\mu+b}^{n}(k)=\begin{cases}\dfrac{p(k)_{\mu+b}}{\sum\limits_{j=0}^{n}p(j)_b}, & \text{当 } k\leqslant n;\\[2ex] \dfrac{\sum\limits_{j=0}^{n}p(j)_b\,p(k-j)_\mu}{\sum\limits_{j=0}^{n}p(j)_b}, & \text{当 } k>n.\end{cases} \tag{11.3.2}$$

类似于似然比顺序求和方法，对给定观测值 n，使 $q_{\mu+b}^{n}(k)$ 达到极大的那个 μ 值定义为 μ_{best}，即满足

$$q_{\mu_{\text{best}}+b}^{n}(k)>q_{\mu+b}^{n}(k)\,, \tag{11.3.3}$$

则似然比定义为

$$\tilde{R}^{n}(\mu,k)=\frac{q_{\mu+b}^{n}(k)}{q_{\mu_{\text{best}}+b}^{n}(k)}\,. \tag{11.3.4}$$

然后按照似然比顺序求和方法中的步骤可构造特定置信水平 γ 相应的置信带.

对于 $b=3,\ \gamma=0.90$ 的特定情况，似然比顺序求和方法和改进方案求出的置信带见图 11.9. 相应的数值见表 11.1. 两者的差别主要出现在总观测事例数 n 比较小的区域，改进方案构造的置信区间比较宽. 特别对于 $n=0$ 的情况，改进方案给出

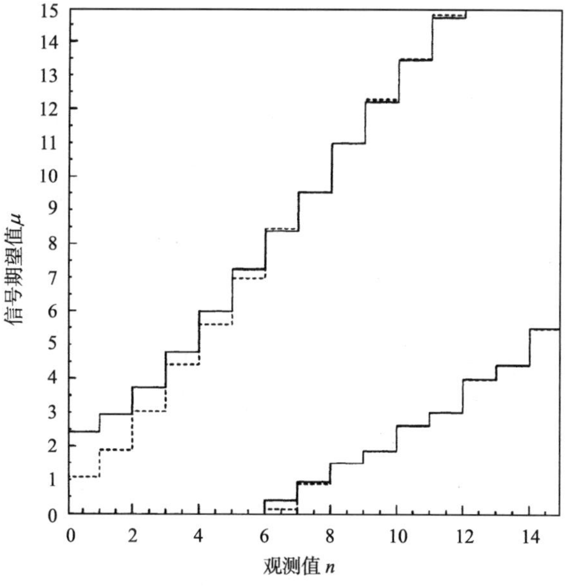

图 11.9　似然比顺序求和方法(虚线)和改进方案(实线)构造的置信带的比较

观测值服从泊松分布，$\gamma=0.90$，$b=3$

的 $b=3$ 对应的 $\gamma=0.90$ 的 μ 的上限为 $\mu_{\text{up}}=2.42$，与似然比顺序求和方法中 $n=0$, $b=0$ 的 $\gamma=0.90$ μ 的上限 $\mu_{\text{up}}=2.44$ 相近，而比 $n=0$, $b=3$ 的 $\gamma=0.90$ 上限 $\mu_{\text{up}}=1.08$ 要大出很多.

表 11.1　似然比顺序求和方法和改进方案构造的置信区间的比较($\gamma=0.90$, $b=3$)

n	似然比顺序求和方法		改进方案	
	μ_1	μ_2	μ_1	μ_2
0	0.0	1.08	0.0	2.42
1	0.0	1.88	0.0	2.94
2	0.0	3.04	0.0	3.74
3	0.0	4.42	0.0	4.78
4	0.0	5.60	0.0	6.00
5	0.0	6.99	0.0	7.26
6	0.15	8.47	0.42	8.40
7	0.89	9.53	0.96	9.56
8	1.51	11.0	1.52	11.0
9	1.88	12.3	1.88	12.22
10	2.63	13.5	2.64	13.46

11.4　考虑系统误差时泊松总体的区间估计

在本章前两节的讨论中，对于泊松总体，我们都假定信号区内本底事例数服从期望值 b 的泊松分布，且 b 为已知；信号事例数服从期望值 μ 的泊松分布.

在许多实际问题中，本底事例数期望值 b 具有不确定性. 例如，本章开头所举的例子中，图 11.1 信号区内的本底事例数期望值 b 可以由信号区外的本底事例数分布确定. 由于信号区外的本底事例数很少，或者其分布有相当明显的涨落，因此本底函数的行为有明显的不确定性，相应地信号区内的本底事例数期望值 b 有不确定性，或者说，期望值 b 存在系统误差. 当考虑 b 存在系统误差的情况下，J.Conrad[62]提出，在对信号事例数期望值 μ 作区间估计时，其概率密度函数的形式应为

$$q(n)_{\mu+b}=\frac{1}{\sqrt{2\pi}\sigma_b}\int_0^{\infty}p(n)_{\mu+b'}\mathrm{e}^{-(b-b')^2/2\sigma_b^2}\mathrm{d}b', \tag{11.4.1}$$

其中 $p(n)_{\mu+b}$ 的定义见(11.3.1)，σ_b 是 b 的标准离差.

本章开头所举的例子中，反应截面由式 $\sigma=n_{\text{sig}}/L\varepsilon$ 确定，其中 ε 是探测装置

对所研究的反应(这里是$e^+e^- \to \rho\eta'$)信号事例的探测效率. 类似地，探测效率ε的确定也会有系统误差，这就会导致反应截面的不确定性. 当考虑探测效率ε的系统误差时，概率密度函数的形式应进一步修改为

$$q(n)_{\mu+b} = \frac{1}{\sqrt{2\pi}\sigma_b\sigma_\varepsilon}\int_0^\infty \int_0^\infty p(n)_{\mu\varepsilon'+b'} \mathrm{e}^{-(b-b')^2/2\sigma_b^2} \mathrm{e}^{-(1-\varepsilon')^2/2\sigma_\varepsilon^2} \mathrm{d}b'\mathrm{d}\varepsilon' , \tag{11.4.2}$$

其中σ_ε是信号事例探测效率ε的(相对)系统误差. 利用式(11.4.1)、(11.4.2)的概率密度函数，再按照 11.2 节和 11.3 节叙述的(改进的)似然比顺序求和方法，即可求得信号事例数期望值的置信区间.

在式(11.4.1)、(11.4.2)的概率密度函数表式中，系统误差的分布被假定为正态分布. 原则上，其他分布的系统误差相应的概率密度函数也可以按类似于式(11.4.1)、(11.4.2)的方式得到.

按照以上原则，J.Conrad 等编制了计算机程序包 POLE(Poissonian Limit Estimator，参见 http://www3.tsl.uu.se/~conrad/pole.html)，可计算$n \leqslant 100$，$\mu \leqslant 50$情形下，用经典方法、似然比求和方法或改进的似然比求和方法构造的置信带，系统误差的分布可以是正态分布、对数-正态分布或均匀分布.

第十二章　假 设 检 验

12.1　假设检验的一般概念

从第七章到第十一章我们讨论了参数估计问题．在这类问题中，随机变量的分布函数的形式一般为已知，但其中包含着待估计的未知参数，参数估计就是根据子样观测值对未知参数的数值或置信区间进行统计推断．如果被观测的随机变量的分布函数的确切形式未知，我们只能以假设的方式提出它所服从的分布，并从统计的观点根据观测值来判断这一假设的合理性．这类问题是数理统计的又一重要内容，称为**统计假设的检验**．

举例来说，方向相反的高能量正负电子对撞，产生一对μ介子

$$e^+ + e^- \longrightarrow \mu^+ + \mu^-.$$

出射的μ^-粒子与负电子 e^-之间的极角ϑ是一个随机变量．假定测量了 n 个反应事例的ϑ值为ϑ_1，ϑ_2，…，ϑ_n，要求确定ϑ的分布是否具有

$$C(1 + a\cos^2\vartheta), \qquad 0 \leqslant \vartheta \leqslant \pi \tag{12.1.1}$$

的形式，其中 C 是归一化常数，a 是某个参数．这就是一个假设检验问题．

假设检验可以分为**参数检验**和**非参数检验**两类．如果有待检验的是分布的某个参数是否等于某个规定值(分布函数形式已知，但包含未知参数)，那么这属于参数检验问题．比如上例中已知随机变量ϑ具有式(12.1.1)的分布，要求根据观测值ϑ_1，ϑ_2，…，ϑ_n检验未知参数 a 是否等于某个特定值 a_0．非参数检验所处理的问题是：被观测的随机变量所服从的分布是否具有某个特定的函数形式，或是从两个总体的各自一组观测值来检验这两个总体是否有相同的分布等，在这种情况下，待检验总体的分布的函数形式，在假设检验完成前是无所知的．上例中，如果要根据一组观测值ϑ_1，ϑ_2，…，ϑ_n来确定随机变量ϑ是否服从式(12.1.1)的分布(事先并不知道ϑ分布的函数形式)，则就是非参数检验问题．

12.1.1　原假设和备择假设

参数检验的一般问题可表述如下：设总体 X 的概率分布 $F(x;\vartheta)$的函数形式为已知，但其中包含未知参数ϑ，要求从总体的子样测量值(x_1，x_2，…，x_n)来检验

未知参数ϑ是否等于某个指定值ϑ_0. 对我们要验证的假设记为

$$H_0:\vartheta=\vartheta_0, \tag{12.1.2}$$

称为**原假设**或**零假设**. 参数假设检验问题的提出本身就意味着，总体X的真实分布的参数值既可能是H_0规定的ϑ_0，也可能是不同于ϑ_0的其他值. 因此，与原假设相对，有

$$H_1:\vartheta=\vartheta', \qquad \vartheta'\neq\vartheta_0$$

称为**备择假设**或**备选假设**. 参数ϑ所有可能值的全体称为**容许假设**，容许假设(除原假设H_0以外)都可作为备择假设. 常见的参数备择假设有如下类型：

$$H_1:\vartheta=\vartheta_1 \quad (\vartheta_1\text{为不等于}\vartheta_0\text{的常数}), \tag{12.1.3}$$

$$H_1:\vartheta>\vartheta_0, \tag{12.1.4}$$

$$H_1:\vartheta<\vartheta_0, \tag{12.1.5}$$

$$H_1:\vartheta\neq\vartheta_0. \tag{12.1.6}$$

如果假设对于参数的规定值是一个常数，或者说是参数空间中的单点集，则该假设称为**简单假设**；相反，假设对参数的规定值是参数空间中的非单点集，则称为**复合假设**或**复杂假设**. 于是式(12.1.2)和式(12.1.3)是简单原假设和简单备择假设，而式(12.1.4)~式(12.1.6)是复合备择假设.

非参数检验的一类问题是，待检验的总体X的分布$F(x)$是否等于某个特定函数$G(x)$，或者总体X的分布$F(x)$与总体Y的分布$G(x)$是否相同. 其原假设可表述为

$$H_0:F(x)=G(x), \tag{12.1.7}$$

备择假设可有不同的类型

$$H_1:F(x)>G(x), \tag{12.1.8}$$

$$H_1:F(x)<G(x), \tag{12.1.9}$$

$$H_1:F(x)\neq G(x). \tag{12.1.10}$$

一个假设检验问题，就是利用待检验总体的子样观测值来决定，究竟应当接受原假设(拒绝备择假设)还是应当拒绝原假设(接受备择假设). 至于原假设和备择假设怎样选择，则是根据所要解决的具体问题来决定的.

式(12.1.4)，式(12.1.5)的备择假设对于待检验的参数ϑ的规定值，完全落在原假设$\vartheta=\vartheta_0$的一侧(上侧或下侧)，这样的检验称为**单侧检验**；式(12.1.6)备择假设

对 ϑ 的规定值落在 $H_0:\vartheta=\vartheta_0$ 的两侧，称为**双侧检验**. 对于非参数检验的情形，式(12.1.8)，式(12.1.9)是单侧检验，式(12.1.10)是双侧检验.

12.1.2 假设检验的一般方法

设 $\boldsymbol{X}=\{X_1,X_2,\cdots,X_n\}$ 是从待检验总体抽取的随机子样，而 $U=U(\boldsymbol{X})$ 为子样统计量(参见 6.2 节统计量的定义)，在假设检验中称为**检验统计量**，令 W 是 U 的值域. 当零假设 H_0 为真时，U 落入 W 的一个子域 R 的概率用 α 表示，$0\leqslant\alpha\leqslant1$，

$$\alpha=P(U\in R\mid H_0)=\int_R g(u\mid H_0)\mathrm{d}u, \tag{12.1.11}$$

其中 $g(u\mid H_0)$ 是 H_0 为真时统计量 U 的概率密度. 一般 α 为一接近于零的正数. 判断待检验的假设是否定还是接受，是根据所谓小概率事件的原理，即概率很小的事件在一次随机试验中被认为是几乎不可能发生的. 因此，当我们有一组实际观测值 $x_1,x_2,\cdots,x_n$ 并求出 U 的实际观测值 U_{obs}，如果它落在区域 R 之中，由于 α 很小，这一事件是小概率事件，因此，假设 H_0 不大可能是正确的，我们称在**显著性(水平)**α 上拒绝零假设 H_0 而接受备选假设 H_1；反之，当 U_{obs} 落在子域 W-R 内，则在水平 α 上接受 H_0 而拒绝 H_1，对零假设 H_0 作出接受或否定的判断，通常称为对 H_0 作**显著性检验**. 子域 R 称为**拒绝域**或**临界域**，子域 $W-R$ 则称为**接受域**. 临界域与接受域分界点的统计量 U 的值 U_c 称为**临界点**或**临界值**(图 12.1(a)). 应当指出，在某些检验问题中，特别在某些双侧检验问题中，存在两个分隔开的临界域，因而有两个临界点，如图 12.1(b)所示.

由假设检验的上述判断准则可知，即使零假设 H_0 为真，但检验统计量 U 的实际观测值仍然有 α 的概率落入拒绝域 R，也就是说，当用 U_{obs} 来检验正确地反映观测值的零假设时，有 $100\alpha\%$的可能性将拒绝 H_0. 这类错误称为**第一类错误**，亦即**弃真**的错误，把本来正确的假设给否定了. 为了减少弃真的错误，α 应当取得尽可能地小.

此外，还可能出现**第二类错误**，即**取伪的错误**，当 H_0 不为真但却接受了 H_0. 出现取伪错误的概率取决于备择假设 H_1，它等于 H_1 为真而 U 落入接收域 $W-R$ 的概率 β，

$$\beta=P(U\in W-R\mid H_1)=\int_{W\text{-}R} g(u\mid H_1)\mathrm{d}u, \tag{12.1.12}$$

其中 $g(u\mid H_1)$ 表示 H_1 为真时统计量 U 的概率密度. 零假设 H_0 对备择假设 H_1 的**检验势**或**势函数**定义为

$$\text{检验势}=1-\beta=P(U\in R\mid H_1)=\int_R g(u\mid H_1)\mathrm{d}u, \tag{12.1.13}$$

即 H_1 为真而统计量 U 落入零假设拒绝域 R 的概率.

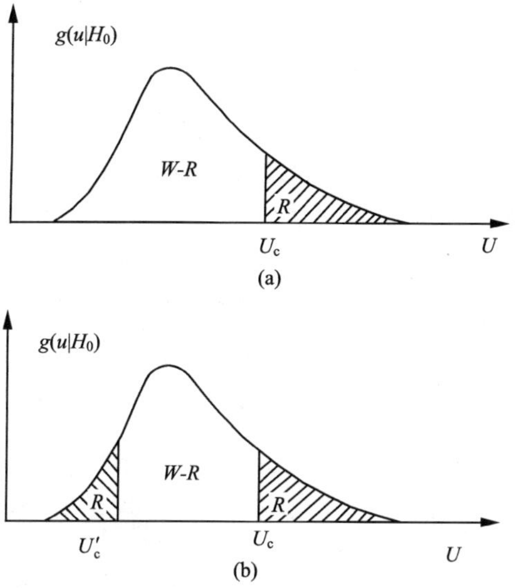

图 12.1　检验统计量 U 的临界域 R 和接受域 W-R

U_c(U_c')为临界值，$g(u|H_0)$ 是 H_0 为真时 U 的概率密度

图 12.2 是假设检验中犯第一类错误的概率 α 和犯第二类错误的概率 β 的图示. 显然，检验统计量 U 及临界值 U_c 的合理选择应当是使 α 尽可能地小，使检验势 $1-\beta$ 尽可能大. 因而假设检验问题的症结在于选择适当的检验统计量 U 及其适当的临界值 U_c.

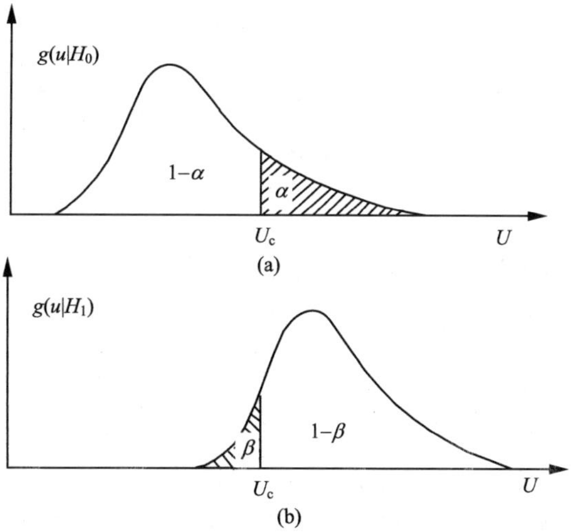

图 12.2　参数假设检验中第一类错误的概率 α 和第二类错误的概率 β

例 12.1 单个π^0和多个π^0事例的区分

考察在氢气泡室中质子反质子湮灭产生的粒子. 泡室只能显示带电粒子的径迹，通过对径迹的测量可确定带电粒子的种类、飞行方向和动量；中性粒子则不能显示和鉴别. $p\overline{p}$ 反应的产物有许多事例观测到四条径迹，并可鉴别出它们是$\pi^\pm$介子. 但测定了这些π介子的动量后发现，反应初态($p\overline{p}$)和反应末态(4 个π介子)之间不满足能量和动量守恒. 这表明，反应末态中还有“丢失”了的中性粒子没有被观测到. 根据反应初态的能、动量和反应末态四个π介子的能、动量可以求出所谓的“丢失质量”(“丢失”的中性粒子的静止能量之和)，事例数的丢失质量分布称为丢失质量谱. 分析丢失质量谱可知，丢失的中性粒子可能是一个或多个中性π^0介子，因此，$p\overline{p}$ 反应事例可以分为产生一个π^0和产生多个π^0两类. 按照假设检验的概念，现在的问题可用下述零假设和备择假设来表示：

$$H_0:\ p\overline{p} \to \pi^+\pi^+\pi^-\pi^-\pi^0,$$

$$H_1:\ p\overline{p} \to \pi^+\pi^+\pi^-\pi^- M \qquad (M\text{ 表示多个}\pi^0),$$

丢失质量的平方m^2作为检验统计量. 如果H_0成立，即丢失了一个π^0，那么m^2应当等于π^0质量的平方，即$m_{\pi^0}^2$. 显然，临界值m_c^2的合理选择应该是略高于$m_{\pi^0}^2$. 这样，如果一个事例的丢失质量平方小于m_c^2，就有很大可能是产生一个π^0的事例，故接受H_0是合理的；反过来若事例的丢失质量平方m^2大于m_c^2，那么有很大可能产生一个以上的π^0，故应当拒绝H_0而接受备择假设H_1，认为该事例是一个多π^0事件.

实验中观测到的全部事例的丢失质量谱一般都是连续分布，例如，图 12.3(a)就是一个典型的丢失质量谱直方图. 这是一个实验分布，其中包含了测量误差即实验分辨函数的效应(见 4.17.1 节). 这样，尽管真实的丢失质量小于$m_{\pi^0}^2$，但由于测量误差，测得的m^2却有一定的概率大于$m_{\pi^0}^2$；反之，真实的丢失质量大于$m_{\pi^0}^2$时，也有一定的概率实验测定值却小于$m_{\pi^0}^2$. 这就模糊了单π^0事件与多π^0事件的界限，使m_c^2的选择面临两难的境地. 如果m_c^2选得稍高于$m_{\pi^0}^2$，可以保证多π^0事例被误认为单π^0事例的概率很小，即取伪错误的概率很小，但真实的单π^0事例却有较大的可能损失掉(弃真的概率较大)；反过来，若m_c^2比$m_{\pi^0}^2$大得多，虽然减小了弃真错误的概率，但取伪错误的概率却由此增大了. 这种情况在假设检验问题中是有代表性的，减小α和减小β这两个要求常常互相抵触，必须根据实际问题作适当的折中.

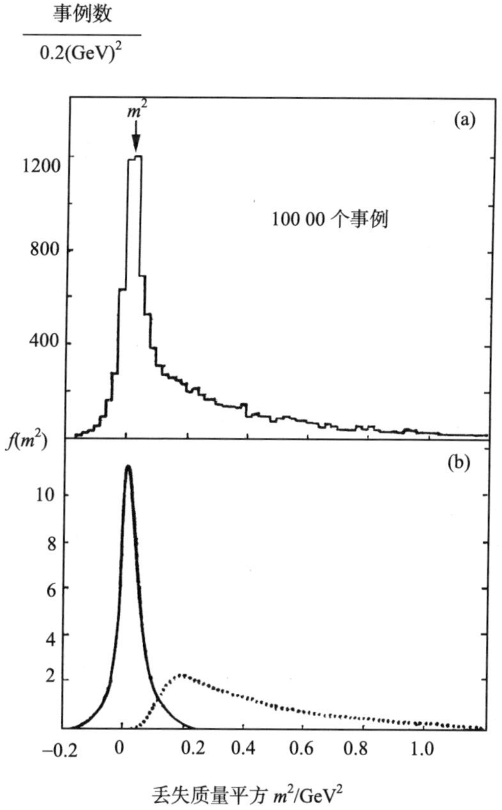

图 12.3

(a) $p\bar{p}$ 反应的丢失质量谱；(b) 丢失质量平方 m^2 的概率密度

实线——单π^0事例；虚线——多π^0事例

假定我们已知单π^0事例的 m^2 概率密度为 $f\left(m^2 \mid H_0\right)$，多$\pi^0$事例的 m^2 概率密度为 $f\left(m^2 \mid H_1\right)$，它们如图 12.3(b)所示. 对于一个给定的显著性水平α，由式(12.2.1)得到 m^2 的临界值 m_c^2，

$$\alpha = \int_{m_c^2}^{\infty} f(m^2 \mid H_0) \mathrm{d}m^2,$$

代入式(12.2.2)，求得 β

$$\beta = \int_0^{m_c^2} f\left(m^2 \mid H_1\right) \mathrm{d}m^2.$$

计算表明，当α由 0~0.1 时，$1-\beta$由 0 非常迅速地增大；当$\alpha \lesssim 0.15$，检验势 $1-\beta$非常接近于 1. 如果希望单π^0事件的纯度高，即多π^0事件的“沾污”很少，则可取较大的α；如果要求少丢失单π^0事例，则应取较小的α (较高的 m_c^2). 可见，

临界值的选取要视问题的要求而定.

12.1.3 检验的比较

12.1.2 节已经提到，应当适当选择检验统计量及其临界值，使得α，β同时尽可能地小. 因此，不同检验统计量(检验方法)的优劣可以根据势函数$p=1-\beta$来鉴定，对于指定的(相同)显著性水平α，势函数越大，检验方法越优越.

对于简单原假设、简单备择假设的参数检验问题：

$$H_0:\vartheta=\vartheta_0, \qquad H_1:\vartheta=\vartheta_1.$$

由于β是统计量U概率密度$g(u\,|\,H_1)$的函数，故势函数可表示为

$$p(\vartheta_1)=1-\beta(\vartheta_1).$$

对于复合备择假设

$$H_1:\vartheta\neq\vartheta_0,$$

有

$$p(\vartheta)=1-\beta(\vartheta).$$

于是在$\vartheta=\vartheta_0$处，有

$$p(\vartheta_0)=1-\beta(\vartheta_0)=\alpha.$$

图 12.4(a)给出三种可能的势函数曲线，它们对应于三种不同的检验方法(检验统计量).

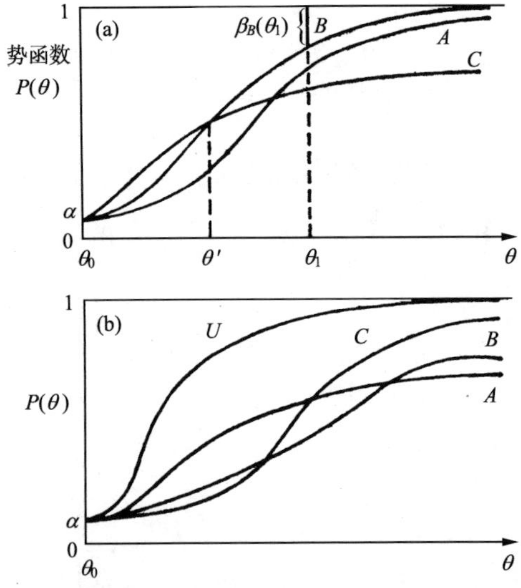

图 12.4 势函数和最佳势检验

对于简单原假设$H_0:\vartheta=\vartheta_0$和简单备择假设$H_1:\vartheta=\vartheta_1$的参数检验问题，对

于给定的显著性水平 α，当势函数 $1-\beta(\vartheta_1)$ 达到极大，称为水平为 α 的**最佳势检验**，简称为最佳势检验，记为 MP 检验(most powerful 的缩写). 例如，图 12-4(a)中 B 检验是对 $H_1:\vartheta=\vartheta_1$ 的 MP 检验. 如果在参数 ϑ 的某个子空间 D 中势函数 $1-\beta(\vartheta)$, $\vartheta\in D$ 达到极大，则称为**关于 D 的一致最佳势检验**. 记为关于 D 的 UMP 检验(uniform most powerful 的缩写). 这时，备择假设可以是子空间 D 中的任意值或任意区间，即可以是简单假设，也可以是复合假设. 例如，B 检验是关于 $\vartheta>\vartheta'$ 的 UMP 检验，C 检验是 (ϑ_0,ϑ') 区间内的 UMP 检验. 如果在 ϑ 的整个空间中势函数 $1-\beta(\vartheta)$ 达到极大，则是**一致最佳势检验**，简称 UMP 检验. 图 12.4(b)中，任何检验统计量的势函数曲线对所有 ϑ 值都落在曲线 U 的下方，U 检验是 UMP 检验.

12.1.4 分布自由检验

在假设检验中，核心问题是构造子样统计量 U. 知道了 U 的概率分布，便可根据子样的测定值推断在显著性水平 α 上应接受还是拒绝原假设 H_0. 如果统计量 U 的概率分布并不显著地依赖于原假设 H_0 规定的待检验总体的分布函数的具体形式，则称为检验是**分布自由**或**分布无关**的. 它的含义是，只要原假设 H_0 为真，不管 H_0 对待检验总体的分布规定的是什么函数形式，统计量 U 的概率分布都相同，并且是已知的. 因此，对于给定的显著性水平 α，临界域都相同. 这样，对任意的原假设 H_0，或者说，对任意分布的总体，都可使用这个检验统计量. 这就使得该检验方法有极大的普适性. 许多假设检验问题，特别是非参数假设检验，广泛地应用了分布自由的检验.

应当强调指出，分布自由的性质只与检验的显著性水平相关联，而不适用于检验的其他特征量. 特别是，检验的势函数不具有分布自由的性质，而是强烈地依赖于 H_0，H_1 对总体分布的具体规定.

本章的以后各节具体地讨论不同的假设检验问题. 其中 12.2 节，12.3 节讨论参数假设检验，12.4~12.7 节则处理非参数假设检验.

12.2 参数假设检验

12.2.1 简单假设的奈曼-皮尔逊检验

首先我们来讨论简单原假设和简单备择假设这种最简单的情形. 令 ϑ 是待检验的总体分布中的未知参数，于是有

$$H_0:\vartheta=\vartheta_0,\qquad H_1:\vartheta=\vartheta_1. \tag{12.2.1}$$

根据式(12.1.13)H_0 对 H_1 的检验势可表示为

$$1-\beta=\int_R g(u\mid\vartheta_1)\mathrm{d}u=\int_R \frac{g(u\mid\vartheta_1)}{g(u\mid\vartheta_0)}\cdot g(u\mid\vartheta_0)\mathrm{d}u$$
$$=\left[\frac{g(u\mid\vartheta_1)}{g(u\mid\vartheta_0)}\right]_{U=\xi}\cdot\int_R g(u\mid\vartheta_0)\mathrm{d}u=\alpha\left[\frac{g(u\mid\vartheta_1)}{g(u\mid\vartheta_0)}\right]_{U=\xi} \tag{12.2.2}$$

其中 ξ 是临界域中的某个点，$\left[\frac{g(u\mid\vartheta_1)}{g(u\mid\vartheta_0)}\right]_{U=\xi}$ 实际上是临界域中 $\frac{g(u\mid\vartheta_1)}{g(u\mid\vartheta_0)}$ 的某种平均值. 由式(12.2.2)可知，对于给定的显著性水平 α，为了使势函数达到极大，必须适当选择检验方法或检验统计量 U，使得它的概率密度之比值 $\frac{g(u\mid\vartheta_1)}{g(u\mid\vartheta_0)}$ 在临界域 R 内尽可能地大. 这一原理称为**奈曼-皮尔逊**(Neyman-Pearson)**定理**.

使势函数达到极大的临界域称为**最佳临界域**，它由满足下面不等式的点组成：

$$\frac{g(u\mid\vartheta_1)}{g(u\mid\vartheta_0)}>k, \tag{12.2.3}$$

其中 k 是由给定的显著性 α 确定的常数.

如果检验统计量 U 取为观测值随机变量 X 自身，那么 $g(u\mid\vartheta)$ 就是观测值所服从的总体的概率密度 $f(x\mid\vartheta)$. 当进行一系列测量得到观测值 $X=\{X_1,X_2,\cdots,X_n\}$，概率密度函数 $f(x\mid\vartheta)$ 需用联合概率密度即似然函数代替

$$L(X\mid\vartheta)=\prod_{i=1}^{n}f(X_i\mid\vartheta),$$

判据式(12.2.3)于是需改写为

$$\frac{L(X\mid\vartheta_1)}{L(X\mid\vartheta_0)}>k, \tag{12.2.4}$$

这时，显著性水平 α 为

$$\int_R L(\boldsymbol{X}\mid\vartheta_0)\mathrm{d}\boldsymbol{X}=\alpha. \tag{12.2.5}$$

按照式(12.2.3)~式(12.2.5)建立的临界域，对于给定的显著性水平 α，将给出简单零假设对于简单备择假设的最佳势检验(势函数值达到极大)，该临界域称为**最佳临界域**. 它使得犯第二类错误(取伪的错误)的概率达到极小.

对于多次测量的情形，观测值随机变量的最佳临界域很难找到，因为式(12.2.5)是一个 n 维积分，有时很难求出. 在实际问题中，应当寻找适当的检验统计量(观测量的某个函数)的最佳临界域. 例如，当对总体的均值 μ 进行检验时，比较方便的是寻求子样平均 $\overline{X}$ 的临界域；而检验总体方差 σ^2 则可寻求子样方差 s^2 的临界域等. 这时应对所使用的统计量的概率密度函数作积分.

例 12.2 粒子平均寿命的尼曼-皮尔逊检验

假定不稳定粒子的衰变时间 t 有 n 个观测值 $t_1, t_2 \cdots, t_n$. 粒子衰变时间 t 的概率密度形式为

$$f(t\,|\,\tau) = \frac{1}{\tau}\exp\left(\frac{-t}{\tau}\right), \tag{12.2.6}$$

其中 τ 为粒子平均寿命. 要求对下列简单零假设和备择假设进行检验:

$$H_0 : \tau = 1, \qquad H_1 : \tau = 2. \tag{12.2.7}$$

根据式(12.2.4)最佳临界域应满足

$$\frac{L(\boldsymbol{t}\,|\,\tau=2)}{L(\boldsymbol{t}\,|\,\tau=1)} = \frac{\prod_{i=1}^{n}\frac{1}{2}\exp\left(-\frac{t_i}{2}\right)}{\prod_{i=1}^{n}\exp(-t_i)} = \left(\frac{1}{2}\right)^n \exp\left(\frac{1}{2}\sum_{i=1}^{n} t_i\right) > k.$$

利用子样平均的记号 $\overline{t} = \frac{1}{n}\sum_{i=1}^{n} t_i$, 上式可写成

$$\overline{t} > 2\left(\frac{1}{n}\ln k + \ln 2\right) \equiv T_n, \tag{12.2.8}$$

即在 $\overline{t}$ 的空间中, 最佳临界域是满足不等式(12.2.8)的一组值, 其中 T_n 是一个由选定的显著性 α 决定的常数. 我们知道, 平均寿命 τ 是粒子衰变时间 t 的期望值, 用子样平均 $\overline{t}$ 作为检验统计量是十分自然的. 为了找出最佳临界域对应的 T_n 值, 必须知道 $\overline{t}$ 的概率密度 $f_n(\overline{t})$. 对于 $n=1$ 和 n 很大这两种极限情形, $f_n(\overline{t})$ 的形式特别简单. 下面, 我们选定显著性水平 $\alpha = 5\%$, 就这两种情形分别加以讨论.

(1) $n=1$. 这时 $\overline{t}$ 与 t 的概率密度相同

$$f_1(\overline{t}) = \frac{1}{\tau}\exp\left(\frac{-\overline{t}}{\tau}\right).$$

$\overline{t}$ 的临界域的下限 T_1 可由显著性 α 的定义(12.1.11)确定

$$0.05 = \alpha = \int_{T_1}^{\infty} \mathrm{e}^{-\overline{t}}\,\mathrm{d}\overline{t}, \qquad T_1 = -\ln\alpha \approx 3.00\,.$$

于是零假设 H_0: $\tau = 1$ 对备择假设 $H_1 : \tau = 2$ 的检验势由式(12.1.13)得到

$$1-\beta = \int_{T_1}^{\infty} \frac{1}{2}\mathrm{e}^{-\overline{t}/2}\,\mathrm{d}\overline{t} = \sqrt{2} \approx 0.22.$$

在实验中，对粒子衰变时间作一次测量，如果测量值大于 $T_1 = 3.00$，即落入临界域，则拒绝零假设 H_0. 但是在这种检验中，取伪的错误(H_1 为真却接受 H_0)的可能性很大，其概率由 β 表示，$\beta \approx 0.78$.

(2) n 很大. 这种情形下检验统计量 $\bar{t}$ 的概率密度可用均值 τ，方差 τ^2/n 的正态函数作为近似(见 8.3.6 节)

$$f_n(\bar{t}) = N(\tau,\ \tau^2/n) = \frac{1}{2\pi\tau/\sqrt{n}} \exp\left[-\frac{1}{2}\frac{(\bar{t}-\tau)^2}{\tau^2/n}\right].$$

$\bar{t}$ 的临界域的下限 T_n 由下式求得：

$$0.05 = \alpha = \int_{T_n}^{\infty} N\left(1, \frac{1}{n}\right) \mathrm{d}\bar{t} = 1 - \int_{-\infty}^{T_n} N\left(1, \frac{1}{n}\right) \mathrm{d}\bar{t}$$

$$= 1 - \Phi\left(\frac{T_n - 1}{1/\sqrt{n}}\right),$$

其中 Φ 是累积标准正态函数. 查表可得

$$T_n = 1 + \frac{1.645}{\sqrt{n}}.$$

$H_0: \tau = 1$ 对于 $H_1: \tau = 2$ 的检验势则为

$$1 - \beta = \int_{T_n}^{\infty} N\left(2, \frac{4}{n}\right) \mathrm{d}\bar{t} = 1 - \Phi\left(\frac{T_n - 2}{2/\sqrt{n}}\right)$$

$$= 1 - \Phi\left(0.8225 - \frac{\sqrt{n}}{2}\right).$$

因此，临界值 T_n 和检验势 $1-\beta$ 两者都有赖于观测次数 n. 若取 $n = 100$，则有 $T_{100} = 1.16$，$1-\beta = 0.999\,99$. 由势函数 $1-\beta$ 的表达式可见，当观测次数 n 趋于无穷，势函数趋向 1，即取伪的错误概率等于 0，这称为一致检验(consistent test).

由以上讨论可以看出，对于给定的显著性水平 $\alpha = 0.05$，随着观测数 n 的增加 $(n = 1 \to 100)$，H_0 对 H_1 的检验势迅速增加($1-\beta = 0.22 \to 0.999\,99$)；如果取较小的 α 值(减小弃真错误的概率)，例如，$\alpha = 0.01$，当 $n = 1 \to 100$，检验势的值下降为 $1-\beta = 0.10 \to 0.9994$.

12.2.2 复合假设的似然比检验

奈曼-皮尔逊检验仅适用于 H_0 和 H_1 都是简单假设的情形，如果 H_0 和 H_1 中至少有一个是复合假设，则必须用似然比检验.

设随机变量 X 的概率密度为 $f(x|\boldsymbol{\vartheta})$，未知参数 $\boldsymbol{\vartheta} = \{\vartheta_1, \cdots, \vartheta_k\}$，$\boldsymbol{\vartheta} \in \Omega, \Omega$ 为

参数空间. 假定零假设 H_0 是对 $\vartheta_1,\cdots,\vartheta_k$ 中至少一个参数加上某个约束条件(如等于某个常数)，使得 $\boldsymbol{\vartheta}$ 被限制在参数空间 Ω 的一个子空间 ω 中. 我们的问题是根据总体 X 的容量 n 的子样 $\boldsymbol{X}=\{X_1,\cdots,X_n\}$ 来检验假设

$$H_0:\boldsymbol{\vartheta}\in\omega\,,\qquad H_1:\boldsymbol{\vartheta}\in\Omega-\omega. \tag{12.2.9}$$

对于子样值 $\boldsymbol{X}=\{X_1,\cdots,X_n\}$，似然函数为

$$L=\prod_{i=1}^{n}f(x_i\,|\,\boldsymbol{\vartheta})\,.$$

记似然函数在参数空间 Ω 中的极大值为 $L(\hat{\Omega})$，而在零假设 H_0 为真的条件下得到的子空间 ω 中似然函数的极大值记为 $L(\hat{\omega})$. **似然比** λ 定义为

$$\lambda\equiv\frac{L(\hat{\omega})}{L(\hat{\Omega})}. \tag{12.2.10}$$

由概率密度的非负性可知，λ 为非负值；同时，在子空间 ω 中的极大值 $L(\hat{\omega})$ 不可能大于整个参数空间 Ω 中的极大值 $L(\hat{\Omega})$，故有 $0\leqslant\lambda\leqslant 1$.

似然比 λ 是观测值 $x_1,x_2,\cdots,x_n$ 的函数. 若 λ 的观测值接近于 1，那么 H_0 为真时的极大值 $L(\hat{\omega})$ 与整个参数空间的极大值 $L(\hat{\Omega})$ 相接近，这表示 H_0 为真的可能性很大；反之，若 λ 很小，则 H_0 为真的可能性很小. 直观地就可知道，似然比 λ 是零假设 H_0 的合理的检验统计量.

似然比检验的方法可陈述如下：令 H_0 为真时，似然比 λ 的概率密度为 $g(\lambda\,|\,H_0)$，对于给定的显著性水平 α，λ 的临界域由

$$0<\lambda<\lambda_\alpha \tag{12.2.11}$$

确定，其中 λ_α 满足

$$\alpha=\int_0^{\lambda_\alpha}g(\lambda\,|\,H_0)\mathrm{d}\lambda\,. \tag{12.2.12}$$

如果 λ 的观测值 λ_{obs} 大于 λ_α，则在水平 α 上接受零假设 H_0；反之，则拒绝 H_0.

如果函数 $g(\lambda\,|\,H_0)$ 为未知，只要知道 λ 的某个单调函数的概率密度，仍然可以进行似然比检验. 设 $y=y(\lambda)$ 是 λ 的单调函数，y 的概率密度 $h(y\,|\,H_0)$ 为已知，则有

$$\alpha=\int_0^{\lambda_\alpha}g(\lambda\,|\,H_0)\mathrm{d}\lambda=\int_{y(0)}^{y(\lambda_\alpha)}h(y\,|\,H_0)\mathrm{d}y\,, \tag{12.2.13}$$

求出变量 y 的临界域

$$y(0)<y<y(\lambda_\alpha), \tag{12.2.14}$$

通过 λ 与 $y(\lambda)$ 的逆变换容易求出临界值 λ_α.

通常似然比 λ (或它的函数)的严格分布是很难找到的，这时，H_0 的检验问题相当复杂，一般可以尝试采用近似方法. 例如，假定零假设使参数 $\boldsymbol{\vartheta}=\{\vartheta_1,\vartheta_2,\cdots,\vartheta_k\}$ 中 r 个参数取固定值,可以证明,当 H_0 为真时,如子样容量 n 很大,则统计量 $-2\ln\lambda$ 趋近于 $x^2(r)$ 分布[27]，因此，可利用统计量 $-2\ln\lambda$ 来检验零假设 H_0，通过 $\chi^2(r)$ 分布概率密度函数的积分来确定 λ 的临界域.

例 12.3　正态分布均值的似然比检验

设总体分布为正态函数

$$N(\theta_1,\theta_2)=\frac{1}{\sqrt{2\pi\vartheta_2}}\exp\left[-\frac{1}{2}\frac{(x-\vartheta_1)^2}{\vartheta_2}\right],\qquad \vartheta_2>0,$$

给定 n 个观测值 $X_1,X_2,\cdots,X_n$，要求检验其分布的均值是否等于常数 μ_0.

检验的零假设和备择假设可表为

$$H_0:\vartheta_1=\mu_0, \tag{12.2.15}$$

$$H_1:\vartheta_1\neq\mu_0, \tag{12.2.16}$$

参数空间 Ω 是 $\vartheta_2>0$ 的半平面中所有点的集合，即

$$-\infty<\vartheta_1<\infty,\qquad \vartheta_2>0.$$

当零假设 H_0 成立，参数 $\vartheta_1=\mu_0$，故子空间 ω 是 $\vartheta_1=\mu_0,\vartheta_2>0$ 的一条半无界直线. n 个观测值的似然函数为

$$L(\boldsymbol{X}\mid\vartheta_1,\vartheta_2)=\prod_{i=1}^{n}\frac{1}{\sqrt{2\pi\vartheta_2}}\exp\left[-\frac{1}{2}\frac{(X_i-\vartheta_1)^2}{\vartheta_2}\right]. \tag{12.2.17}$$

参数空间 Ω 中 ϑ_1,ϑ_2 的极大似然估计量可由 8.2 节 3)的方法求出

$$\hat{\vartheta}_1=\frac{1}{n}\sum_{i=1}^{n}X_i=\overline{X}, \tag{12.2.18}$$

$$\hat{\vartheta}_2=\frac{1}{n}\sum_{i=1}^{n}(X_i-\overline{X})^2. \tag{12.2.19}$$

代入式(12.2.17),得到似然函数在 Ω 中的极大值

$$L(\hat{\Omega})=\left(\frac{n}{2\pi\sum_{i=1}^{n}(X_i-\overline{X})^2}\right)^{n/2}\mathrm{e}^{-n/2}. \tag{12.2.20}$$

在子空间 ω 中，似然函数的极大值可将 $\vartheta_1=\mu_0$ 代入式(12.2.17)再对 ϑ_2 求极大

得到，其结果是

$$\hat{\vartheta}_2 = \frac{1}{n}\sum_{i=1}^{n}(X_i - \mu_0)^2. \tag{12.2.21}$$

这一表达式与式(12.2.19)不同，即在参数空间Ω和ω中，ϑ_2的极大似然估计量是不同的. 这样，当H_0为真，似然函数极大值由式(12.2.21)代入式(12.2.17)得出

$$L(\hat{\omega}) = \left(\frac{n}{2\pi\sum_{i=1}^{n}(X_i - \mu_0)^2}\right)^{n/2} \mathrm{e}^{-n/2}. \tag{12.2.22}$$

根据似然比λ的定义，我们有

$$\lambda = \left(\frac{\sum_{i=1}^{n}(X_i - \overline{X})^2}{\sum_{i=1}^{n}(X_i - \mu_0)^2}\right)^{n/2}. \tag{12.2.23}$$

因为$\sum_{i=1}^{n}(X_i - \mu_0)^2 = \sum_{i=1}^{n}(X_i - \overline{X})^2 + n(\overline{X} - \mu_0)^2$，所以$\lambda$可以写为

$$\lambda = \left(\frac{1}{1 + \frac{t^2}{n-1}}\right)^{n/2}, \tag{12.2.24}$$

$$t = \frac{\sqrt{n}(\overline{X} - \mu_0)}{\sqrt{\sum_{i=1}^{n}(X_i - \overline{X})^2 \Big/ (n-1)}} = \frac{\dfrac{\overline{X} - \mu_0}{\sigma/\sqrt{n}}}{\sqrt{\dfrac{(n-1)s^2}{\sigma^2} \Big/ (n-1)}}. \tag{12.2.25}$$

由 6.3.3 节所述可知，式(12.2.25)中的t正是自由度$(n-1)$的t分布变量，其概率密度$f(t; n-1)$在 4.15 节中给定. 由式(12.2.24)可求得t与λ的函数关系$t = t(\lambda)$,于是变量λ的概率密度$g(\lambda)$可从t分布导出,从而按式(12.2.13)求出给定显著性α时λ的临界域. 但这一变量代换并不必须实行，因为从式(12.2.24)可知，λ是t^2的单调函数. 当H_0不为真时λ很小，t^2很大，因此，$0 < \lambda < \lambda_\alpha$所确定的临界域对应于$t^2 > t_\alpha^2$. 这样，对于给定的显著性水平$\alpha$，$t$的临界域由两个子区间构成

$$-\infty < t < -t_{\alpha/2}, \qquad t_{\alpha/2} < t < \infty. \tag{12.2.26}$$

$t_{\alpha/2}$定义为

$$\frac{\alpha}{2} = \int_{-\infty}^{-t_{\alpha/2}} f(t; n-1)\mathrm{d}t \equiv \int_{t_{\alpha/2}}^{\infty} f(t; n-1)\mathrm{d}t. \tag{12.2.27}$$

如果观测值 $x_1, x_2, \cdots, x_n$ 对应的 t 值 t_{obs} 满足

$$-t_{\alpha/2} < t_{obs} < t_{\alpha/2},$$

则接受零假设 H_0；否则 t_{obs} 落入式(12.2.26)定义的临界域，H_0 被拒绝.

例如，考察一个子样容量 $n = 20$ 的实验，选定显著性 $\alpha = 0.05$. 由附表 8 查得 $t_{\alpha/2} = t_{0.025} = 2.093$. 如果由式(12.2.25)算出的 $|t_{obs}|$ 值大于 2.093，则应当拒绝零假设 H_0. 将 $t_{0.025} = 2.093$ 代入式(12.2.24)，可求出对应的 λ 临界值为 $\lambda_{0.05} = 0.125$.

我们将 λ 临界值的上述似然比计算与本节中提到的近似计算作一比较. 按近似方法，统计量 $-2\ln\lambda$ 近似地服从 χ^2 分布，自由度等于 H_0 中取确定值的参数个数，在现在的情形中，自由度等于 1. 根据式(12.2.23)可知

$$-2\ln\lambda = n\ln\left[1 + \frac{n(\overline{X} - \mu_0)^2}{\sum_{i=1}^{n}(X_i - \overline{X})^2}\right].$$

将上式右边的对数作幂级数展开并只取第一项，用 σ^2 代替子样方差，得出近似表达式

$$-2\ln\lambda \approx \left(\frac{\overline{X} - \mu_0}{\sigma/\sqrt{n}}\right)^2.$$

对于 $\chi^2(1)$ 变量，显著性 $\alpha = 0.05$ 对应的临界值为 $-2\ln\lambda_{0.05} = 3.841$，$\lambda_{0.05} = 0.147$. 与似然比方法求出的数值 $\lambda_{0.05} = 0.125$ 对比可见，对于子样容量小到 $n = 20$ 的场合，$-2\ln\lambda$ 近似还是合理的.

为了计算检验势 $1-\beta$，必须考虑备择假设 $H_1: \vartheta_1 \neq \mu_0$. 式(12.2.25)定义的变量仍作为检验统计量，但当 H_1 为真时，t 表达式中的

$$\frac{\overline{X} - \mu_0}{\sigma/\sqrt{n}}$$

不再是 $N(0,1)$ 分布，而是 $N(\delta,1)$ 正态变量

$$\delta = \frac{\vartheta_1 - \mu_0}{\sigma/\sqrt{n}}. \tag{12.2.28}$$

所以统计量 t 服从自由度 $n-1$ 的非中心 t 分布，非中心参数为 δ(参见 4.15 节). 于是势函数为

$$\begin{aligned} 1-\beta(\delta) &= \int_0^{\lambda_\alpha} g(\lambda \mid H_1, \delta)\mathrm{d}\lambda \\ &= \int_{-\infty}^{-t_{\alpha/2}} f(t; n-1, \delta)\mathrm{d}t + \int_{t_{\alpha/2}}^{\infty} f(t; n-1, \delta)\mathrm{d}t, \end{aligned}$$

其中 $g(\lambda|H_1,\delta)$ 是 H_1 为真时对于给定的 δ 值似然比 λ 的概率密度，$f(t;n-1,\delta)$ 是自由度 $n-1$ 、非中心参数 δ 的非中心 t 分布概率密度．参考文献[67]可查到 $f(t;n-1,\delta)$ 的累积分布函数值．图 12.5 画出了不同的 α ，n 值对应的势函数．由图可知，本问题中的势函数有以下特点：

(1) 势函数对 $\delta=0$ 为对称，在 $\delta=0$ 处达到极小，随着 $|\delta|$ 的增加而增加.

(2) 势函数随着显著性 α 的增加而增加.

(3) 对于给定的 δ 值，势 $1-\beta$ 随着子样容量 n 的增加而增加.

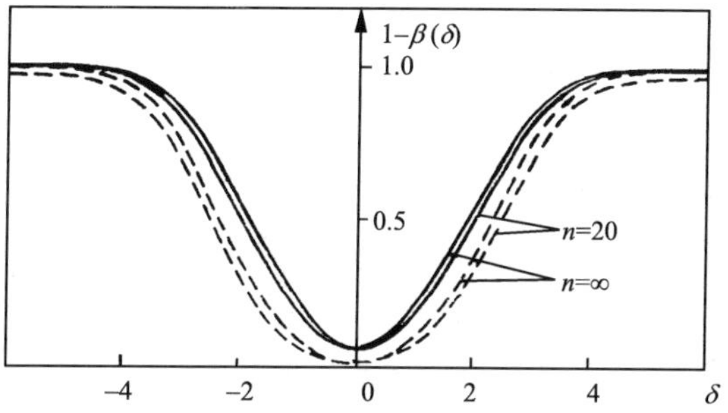

图 12.5　正态变量均值的 t 检验中的势函数

显著性 $\alpha=0.05$(实线)和 0.02(虚线)，子样容量 $n=20$ 和 $n=\infty$

值得指出，本问题中 λ 的临界域由

$$0<\lambda<\lambda_\alpha$$

确定，因为 $0\leqslant\lambda\leqslant1$ ，所以临界域 $[0,\lambda_\alpha]$ 处于 λ 值域的下侧，称为**下侧临界域**，相应地 λ_α 称为**下侧临界值**．而对于变量 t ，它的临界域由式(12.2.26)确定，分别处于 t 值域的上、下两侧，存在**双侧临界域**，相应地存在**上侧临界值** $t_{\alpha/2}$ 和**下侧临界值** $-t_{\alpha/2}$ ．双侧和单侧临界域在以后的讨论中经常会遇到.

例 12.4　粒子平均寿命的似然比检验

现在考虑例 12.2 讨论过的粒子平均寿命问题．原假设仍为简单假设，但备择假设是复合假设

$$H_0:\tau=1,\qquad H_1:\tau\neq1.$$

对于子样值 $\boldsymbol{t}=\{t_1,t_2,\cdots,t_n\}$ ，似然函数是

$$L=\prod_{i=1}^{n}\frac{1}{\tau}\exp\left(\frac{-t_i}{\tau}\right).$$

由 8.1 节知，τ 的极大似然估计为 $\bar{t}$. 似然函数中 τ 代之以 $\bar{t}$ 即得到 τ 的值域中似然函数的极大值

$$L(\hat{\Omega})=\prod_{i=1}^{n}\frac{1}{\bar{t}}\exp\left(\frac{-t_i}{\bar{t}}\right)=\frac{1}{(\bar{t})^n}\exp\left\{\sum_{i=1}^{n}\frac{-t_i}{\bar{t}}\right\}=(\bar{t})^{-n}\exp(-n).$$

零假设为真时，$\tau=1$，代入似然函数，即得

$$L(\hat{\omega})=\prod_{i=1}^{n}\exp(-t_i)=\exp\left(\sum_{i=1}^{n}-t_i\right)=\exp(-n\bar{t}),$$

于是似然比为

$$\lambda=\frac{L(\hat{\omega})}{L(\hat{\Omega})}=(\bar{t})^n\exp\left[-n(\bar{t}-1)\right].$$

当 n 很大，统计量 $\bar{t}$ 的概率密度近似于正态分布(见例 12.2)：

$$f_n(\bar{t})\sim N\left(\tau,\frac{\tau^2}{n}\right).$$

根据式(12.2.13)，当取显著性水平 $\alpha=0.05$，应有

$$\begin{aligned}0.05=\alpha&=\int_{\bar{t}_0(\lambda=0)}^{\bar{t}_\alpha(\lambda=\lambda_\alpha)}f_n\left(\bar{t}\mid H_0\right)\mathrm{d}\bar{t}=\int_{\bar{t}_0}^{\bar{t}_\alpha}N\left(1,\frac{1}{n}\right)\mathrm{d}\bar{t}\\&=\int_{-\infty}^{\bar{t}_\alpha}N\left(1,\frac{1}{n}\right)\mathrm{d}\bar{t}=\Phi\left[\sqrt{n}(\bar{t}_\alpha-1)\right].\end{aligned}$$

查表得到 $\sqrt{n}\left(\bar{t}_\alpha-1\right)=1.645$，于是得出临界值

$$\bar{t}_\alpha=1+\frac{1.645}{\sqrt{n}},$$

$$\lambda_\alpha=\left(1+\frac{1.645}{\sqrt{n}}\right)^n\exp\left(-1.645\sqrt{n}\right)$$

当 λ 的观测值 λ_{obs} 小于 λ_α，或 $\bar{t}$ 的观测值 $\bar{t}_{\text{obs}}$ 小于 $\bar{t}_\alpha$，则在显著性水平 $\alpha=0.05$ 上拒绝零假设. 显然，当 $n\to\infty,\bar{t}_\alpha$ 和 $\lambda_\alpha\to1$.

12.3　正态总体的参数检验

本节集中讨论正态总体的参数检验问题，包括单个正态总体均值、方差的检验，两个以上正态总体参数比较的检验等. 重点在于研究怎样构造适当的检验统

计量.

12.3.1 正态总体均值和方差的检验

设 $X_1, X_2, \cdots, X_n$ 是正态总体 $N(\mu, \sigma^2)$ 的一个随机子样，我们要从这组子样值来确定分布的均值是否为某一确定值 μ_0，故零假设和备择假设分别是

$$H_0 : \mu = \mu_0, \qquad H_1 : \mu \neq \mu_0. \tag{12.3.1}$$

这类检验问题的处理与 7.7 节中求正态总体均值的置信区间的过程十分相像. 检验零假设 $H_0 : \mu = \mu_0$ 的适当检验统计量取决于总体方差 σ^2 是否为一已知量. 由 7.7 节所述可知

$$\sigma^2 \text{ 已知}, \quad Z \equiv \frac{\overline{X} - \mu_0}{\sigma / \sqrt{n}} \sim N(0,1),$$

$$\sigma^2 \text{ 未知}, \quad Z \equiv \frac{\overline{X} - \mu_0}{S / \sqrt{n}} \sim t(n-1). \tag{12.3.2}$$

故 Z 可作为检验统计量. 式中 $\overline{X}$ 和 S^2 是子样平均和子样方差

$$\overline{X} = \frac{1}{n}\sum_{i=1}^{n} X_i, \qquad S^2 = \frac{1}{n-1}\sum_{i=1}^{n}(X_i - \overline{X})^2.$$

式(12.3.1)显然是一个双侧检验问题. 对于给定的显著性水平 α，可利用标准正态分布(σ^2 已知)或 t 分布(σ^2 未知)的概率密度的积分来确定检验统计量的双侧临界值，即使

$$\frac{\alpha}{2} = \int_{-\infty}^{z_d} f(z)\mathrm{d}z = \int_{z_u}^{\infty} f(z)\mathrm{d}z \tag{12.3.3}$$

成立，则 z_d 和 z_u 分别为下侧临界值和上侧临界值，其中 $f(z)$ 是变量 Z 的概率密度，对于 σ^2 为已知和未知时分别为 $N(0,1)$ 和 $t(n-1)$ 的概率密度，由于它们对 0 点为对称，故有

$$z_d = -z_u.$$

如果 Z 的观测值 Z_{obs} 满足

$$z_d < Z_{\text{obs}} < z_u,$$

即 Z_{obs} 落入接受域，则在显著性 α 上接受零假设；否则就拒绝 H_0.

正态总体方差的检验可采用类似于 7.8 节所描述的方法. 零假设和备择假设分别是

$$H_0:\sigma^2=\sigma_0^2,\qquad H_1:\sigma^2\neq\sigma_0^2. \tag{12.3.4}$$

由 7.8 节可知

$$\mu\text{已知，}\quad Z\equiv\frac{(n-1)s^2}{\sigma_0^2}=\frac{\sum_{i=1}^{n}(X_i-\mu)^2}{\sigma_0^2}\sim\chi^2(n),$$

$$\mu\text{未知，}\quad Z\equiv\frac{(n-1)s^2}{\sigma_0^2}=\frac{\sum_{i=1}^{n}(X_i-\overline{X})^2}{\sigma_0^2}\sim\chi^2(n-1). \tag{12.3.5}$$

因而Z可作为检验统计量. 利用式(12.3.3)($f(z)$现在是$\chi^2(n)$和$\chi^2(n-1)$的概率密度)可求出双侧临界值z_d和z_u. 由于χ^2是非对称分布，故$z_d\neq -z_u$.

如果备选假设的形式为

$$H_1:\sigma^2>\sigma_0^2\quad\text{或}\quad\sigma^2<\sigma_0^2,$$

则称为单侧检验，其z_d或z_u由下式确定：

$$\alpha=\int_{-\infty}^{z_d}f(z)\mathrm{d}z\quad(\text{下侧临界值}), \tag{12.3.6}$$

$$\alpha=\int_{z_u}^{\infty}f(z)\mathrm{d}z\quad(\text{上侧临界值}). \tag{12.3.7}$$

12.3.2　两个正态总体均值的比较

设$X_1,X_2,\cdots,X_n$是正态总体$N(\mu_1,\sigma_1^2)$容量n的子样，$Y_1,Y_2,\cdots,Y_m$是$N(\mu_2,\sigma_2^2)$容量m的子样. 希望检验两个正态总体是否有相同的均值，因此，有

$$H_0:\mu_1=\mu_2,\qquad H_1:\mu_1\neq\mu_2. \tag{12.3.8}$$

这类检验对应的实际问题是，希望知道两组实验测量数据实际上是否同一个物理量的测量值. 这一问题看起来似乎很简单，实际上，除非对方差σ_1^2和σ_2^2作某些假定，否则很难作检验. 我们来考虑如下三种情形：

1) σ_1^2和σ_2^2为已知

由正态分布的性质知道，子样平均$\overline{X}$和$\overline{Y}$服从正态分布$N(\mu_1,\sigma_1^2/n)$和$N(\mu_2,\sigma_2^2/m)$. 按照正态变量的加法原理，$\overline{X}-\overline{Y}$也是正态变量，其均值和方差分别为$\mu_1-\mu_2,\dfrac{\sigma_1^2}{n}+\dfrac{\sigma_2^2}{m}$. 于是

$$\frac{(\overline{X}-\overline{Y})-(\mu_1-\mu_2)}{\sqrt{\sigma_1^2/n+\sigma_2^2/m}} \sim N(0,1). \tag{12.3.9}$$

为了检验 $\mu_1-\mu_2=0$ 的零假设 H_0，适当的检验统计量为

$$Z \equiv \frac{\overline{X}-\overline{Y}}{\sqrt{\sigma_1^2/n+\sigma_2^2/m}}. \tag{12.3.10}$$

若 H_0 为真，它应是 $N(0,1)$ 变量. 这是方差已知的正态分布均值检验问题，12.3.1 节已经加以讨论.

例如，两组实验的结果分别表示为 $\overline{x}\pm\Delta\overline{x}$ 和 $\overline{y}\pm\Delta\overline{y}$，$n_x$ 和 n_y 是两组实验的子样容量(测量次数)，假定两组测量都服从正态分布，那么 $\Delta\overline{x}$ 和 $\Delta\overline{y}$ 分别等于 $\sqrt{\sigma_x^2/n_x}$ 和 $\sqrt{\sigma_y^2/n_y}$. 当检验两个实验是否测量了同一物理量时，适当的检验统计量为

$$Z \equiv \frac{\overline{x}-\overline{y}}{\sqrt{(\Delta\overline{x})^2+(\Delta\overline{y})^2}}. \tag{12.3.11}$$

如果 H_0 为真(测量的是同一物理量)，则 Z 应服从 $N(0,1)$. 式(12.3.11)的 Z 是物理学家利用实验结果来表示的检验统计量的方便形式.

2) σ_1^2 和 σ_2^2 未知但相等

由 6.3.1 节和 6.3.2 节知道，利用 $N(\mu_1,\sigma_1^2)$ 的子样 $X_1,X_2,\cdots,X_n$ 和 $N(\mu_2,\sigma_2^2)$ 的子样 $Y_1,Y_2,\cdots,Y_m$，可得到四个相互独立且分布已知的变量

$$\overline{X} \sim N(\mu_1,\sigma_1^2/n), \qquad \overline{Y} \sim N(\mu_2,\sigma_2^2/m),$$

$$\frac{(n-1)S_1^2}{\sigma_1^2} \sim \chi^2(n-1), \qquad \frac{(m-1)S_2^2}{\sigma_2^2} \sim \chi^2(m-1).$$

我们利用这四个变量来构造检验统计量. 两个正态变量 $\overline{X}$，$\overline{Y}$ 可构成标准正态变量

$$\frac{(\overline{X}-\overline{Y})-(\mu_1-\mu_2)}{\sqrt{\sigma_1^2/n+\sigma_2^2/m}} \sim N(0,1);$$

根据 χ^2 分布的加法原理，两个 χ^2 变量之和产生一个新的 χ^2 变量

$$\frac{(n-1)S_1^2}{\sigma_1^2}+\frac{(m-1)S_2^2}{\sigma_2^2} \sim \chi^2(n+m-2).$$

上述两个 $N(0,1)$ 变量和 $\chi^2(n+m-2)$ 变量也相互独立，它们可按 4.15 节式(4.15.4)的方式构成一个 t 变量

$$\frac{\dfrac{(\overline{X}-\overline{Y})-(\mu_1-\mu_2)}{\sqrt{\sigma_1^2/n+\sigma_2^2/m}}}{\sqrt{\left[(n-1)s_1^2/\sigma_1^2+(m-1)s_2^2/\sigma_2^2\right]/(n+m-2)}}\sim t(n+m-2)\,. \tag{12.3.12}$$

其中包含未知参数 σ_1^2 和 σ_2^2 因而不能作为检验统计量. 但当 $\sigma_1^2=\sigma_2^2$ 时，它可进一步简化为

$$\frac{(\overline{X}-\overline{Y})-(\mu_1-\mu_2)}{S\sqrt{\dfrac{1}{n}+\dfrac{1}{m}}}\sim t(n+m-2)\,, \tag{12.3.13}$$

其中 S 定义为

$$\begin{aligned}S^2 &\equiv \frac{1}{n+m-2}\left[(n-1)S_1^2+(m-1)S_2^2\right]\\ &=\frac{1}{n+m-2}\left[\sum_{i=1}^{n}(X_i-\overline{X})^2+\sum_{i=1}^{m}(Y_i-\overline{Y})^2\right].\end{aligned} \tag{12.3.14}$$

它是总体方差 $\sigma^2(=\sigma_1^2=\sigma_2^2)$ 的估计.

因此，当检验零假设 $H_0:\mu_1=\mu_2$ 时，取

$$Z\equiv\frac{\overline{X}-\overline{Y}}{S\sqrt{\dfrac{1}{n}+\dfrac{1}{m}}} \tag{12.3.15}$$

作为检验统计量. 若 H_0 为真，则 Z 服从自由度 $n+m-2$ 的 t 分布. 于是问题化为 12.3.1 节中讨论过的方差未知的正态总体均值的检验问题.

从以上推导过程中可以看到，除非两个正态总体的未知方差相等，一般无法求出具有已知分布的变量作为检验统计量. 因此，$\sigma_1^2\neq\sigma_2^2$ 的一般情形无法严格求解，只能求助于近似方法.

3) σ_1^2,σ_2^2 未知且不相等

在这种情形下，若子样容量 $n,\ m$ 足够大，子样方差可以作为总体方差的估计. 在式(12.3.9)中用子样方差 S_1^2,S_2^2 代替 σ_1^2,σ_2^2，则有

$$\frac{(\overline{X}-\overline{Y})-(\mu_1-\mu_2)}{\sqrt{S_1^2/n+S_2^2/m}}\sim N(0,1)\,. \tag{12.3.16}$$

当检验零假设 $H_0: \mu_1 = \mu_2$ 时，取

$$Z \equiv \frac{\overline{X} - \overline{Y}}{\sqrt{S_1^2 / n + S_2^2 / m}} \tag{12.3.17}$$

作为检验统计量. 若 H_0 为真，则近似地 Z 服从标准正态分布 $N(0,1)$. 问题化为方差已知的正态分布均值的检验问题.

12.3.3　两个正态总体方差的比较

设两个正态总体 $N(\mu_1, \sigma_1^2)$ 和 $N(\mu_2, \sigma_2^2)$ 的各自的子样是 $X_1, X_2, \cdots, X_n$ 和 $Y_1, Y_2, \cdots, Y_m$. 要求检验它们是否有相同的方差. 于是零假设和备择假设为

$$H_0: \sigma_1^2 = \sigma_2^2, \quad H_1: \sigma_1^2 \neq \sigma_2^2. \tag{12.3.18}$$

首先讨论两个总体均值 μ_1, μ_2 未知的情形. 已经知道

$$\frac{(n-1)S_1^2}{\sigma_1^2} = \frac{1}{\sigma_1^2}\sum_{i=1}^{n}(X_i - \overline{X})^2 \sim \chi^2(n-1),$$

$$\frac{(m-1)S_2^2}{\sigma_2^2} = \frac{1}{\sigma_2^2}\sum_{i=1}^{m}(Y_i - \overline{Y})^2 \sim \chi^2(m-1),$$

这两个变量相互独立，由 4.16 节可知

$$\frac{\dfrac{(n-1)S_1^2}{\sigma_1^2} \Big/ (n-1)}{\dfrac{(m-1)S_2^2}{\sigma_2^2} \Big/ (m-1)} = \frac{S_1^2}{S_2^2} \cdot \frac{\sigma_2^2}{\sigma_1^2} \sim F(n-1, m-1). \tag{12.3.19}$$

因此，当 H_0 成立，则有

$$Z \equiv \frac{S_1^2}{S_2^2} = \frac{\sum\limits_{i=1}^{n}(X_i - \overline{X})^2 \Big/ (n-1)}{\sum\limits_{i=1}^{m}(Y_i - \overline{Y})^2 \Big/ (m-1)} \sim F(n-1, m-1), \tag{12.3.20}$$

变量 Z 不含任何未知参数，而且分布已知，可作为检验统计量·

如果两个总体的期望值 μ_1, μ_2 都已知，只需将式(11.3.20)中的子样平均改为期望值即可

$$Z \equiv \frac{S_1^2}{S_2^2} = \frac{\sum_{i=1}^{n}(X_i-\mu_1)^2 \Big/ (n-1)}{\sum_{i=1}^{m}(Y_i-\mu_2)^2 \Big/ (m-1)} \sim F(n,m). \tag{12.3.21}$$

注意，此时统计量 Z 服从自由度 n,m 的 F 分布.

总结 12.3.1 节~12.3.3 节正态总体的参数检验问题，将不同检验的有关结论汇总于表 12.1.

表 12.1　正态总体均值和方差的检验

检验参数	零假设	条件	检验统计量	统计量分布	编号
μ	$\mu=\mu_0$	σ^2 已知	$\frac{\overline{X}-\mu_0}{\sigma/\sqrt{n}}$	$N(0,1)$	1
		σ^2 未知	$\frac{\overline{X}-\mu_0}{S/\sqrt{n}}$	$t(n-1)$	2
	$\mu_1=\mu_2$	$\sigma_1^2=\sigma_2^2=\sigma^2$ σ^2 已知	$\frac{\overline{X}-\overline{Y}}{\sigma\sqrt{\frac{1}{n}+\frac{1}{m}}}$	$N(0,1)$	3
		$\sigma_1^2\neq\sigma_2^2$ σ_1^2,σ_2^2 已知	$\frac{\overline{X}-\overline{Y}}{\sqrt{\sigma_1^2/n+\sigma_2^2/m}}$	$N(0,1)$	4
		$\sigma_1^2=\sigma_2^2=\sigma^2$ σ^2 未知	$\frac{\overline{X}-\overline{Y}}{S\sqrt{\frac{1}{n}+\frac{1}{m}}}$ $S^2\equiv\frac{1}{n+m-2}\left[(n-1)S_1^2+(m-1)S_2^2\right]$	$t(n+m-2)$	5
		$\sigma_1^2\neq\sigma_2^2$ σ_1^2,σ_2^2 未知	$\frac{\overline{X}-\overline{Y}}{\sqrt{S_1^2/n+S_2^2/m}}$	$\cong N(0,1)$	6
σ^2	$\sigma^2=\sigma_0^2$	μ已知	$\frac{(n-1)S^2}{\sigma_0^2}=\sum_{i=1}^{n}(X_i-\mu)^2/\sigma_0^2$	$\chi^2(n)$	7
		μ未知	$\frac{(n-1)S^2}{\sigma_0^2}=\sum_{i=1}^{n}(X_i-\overline{X})^2/\sigma_0^2$	$\chi^2(n-1)$	8
	$\sigma_1^2=\sigma_2^2$	μ_1，μ_2 已知	$\frac{S_1^2}{S_2^2}=\frac{\sum_{i=1}^{n}(X_i-\mu_1)^2/(n-1)}{\sum_{i=1}^{m}(Y_i-\mu_2)^2/(m-1)}$	$F(n,m)$	9
		μ_1，μ_2 未知	$\frac{S_1^2}{S_2^2}=\frac{\sum_{i=1}^{n}(X_i-\overline{X})^2/(n-1)}{\sum_{i=1}^{m}(Y_i-\overline{Y})^2/(m-1)}$	$F(n-1,m-1)$	10

例 12.5　两个测量装置测量结果的比较

设动量 p_0=24.90GeV/c 的单能粒子束流射入泡室，利用两个测量装置 A 和 B 测量 20 条粒子径迹在磁场中的曲率半径，从而确定粒子的动量 p. 测到的动量倒数 $1/p$ 的平均值和子样标准差 S 如表 12.2 所示. 假定 $1/p$ 是一近似的正态变量，径迹动量的测定误差仅仅由装置的误差决定，但数值未知.

表 12.2

装　置	$\left\langle \frac{1}{p} \right\rangle = \frac{1}{20}\sum_{i=1}^{20}\frac{1}{p_i}$ $10^{-3}(\mathrm{GeV/c})^{-1}$	$S = \left[\frac{1}{20-1}\sum_{i=1}^{20}\left(\frac{1}{p_i} - \left\langle \frac{1}{p} \right\rangle\right)^2\right]^{1/2}$ $10^{-3}(\mathrm{GeV/c})^{-1}$
A	40.12	0.46
B	40.32	0.25

首先我们想知道，两个装置的测量值 $\langle 1/p \rangle$ 是否与粒子动量 p_0 的倒数相一致. 这是一个方差未知的正态分布的均值检验问题，即

$$H_0 : \frac{1}{p} = \frac{1}{p_0}, \qquad H_1 : \frac{1}{p} \neq \frac{1}{p_0}.$$

按表 12.1，这属于编号 2 的检验问题. 合适的检验统计量为

$$t = \frac{\left\langle \frac{1}{p} \right\rangle - \frac{1}{p_0}}{S/\sqrt{20}},$$

当 H_0 为真，$t \sim t(19)$. 选定显著性水平 $\alpha = 0.05$，从附表 8 查得双侧检验的临界域是

$$|t| > t_{0.025} = 2.09 .$$

将上表中的数据代入 t 的表式，得到两个实验的观测值分别为

$$t_A = -0.40, \qquad t_B = 1.60 .$$

这两个值都位于接受域内. 因此可以认为，在 $\alpha = 0.05$ 的显著性水平上，两台装置对粒子动量的测定是合理的.

其次我们想了解两台装置的测量精度是否一致. 于是待检验的假设为

$$H_0 : \frac{1}{\sigma_A^2} = \frac{1}{\sigma_B^2}, \qquad H_1 : \frac{1}{\sigma_A^2} \neq \frac{1}{\sigma_B^2}.$$

这里 σ 表示装置对粒子动量测量的精度. 已经知道这两个正态分布的均值是 $\mu_A = \mu_B = 1/p_0$，根据表 12.1，该检验问题属于编号 9 的检验问题，检验统计量是

$$F = S_A^2 / S_B^2 .$$

当 H_0 为真，它服从自由度(20，20)的 F 分布．选定显著性水平 $\alpha = 0.05$ ，由附表 9 查得 $f_{0.975} = 2.46$ ，再由 4.16 节的式(4.16.11)求得 $f_{0.025} = 0.4065$ ，因此，假设 H_0 的接受域为[0.4065，2.46].由观测值 S_A 和 S_B 知

$$f_{\text{obs}} = \frac{0.46^2}{0.25^2} = 3.39 ,$$

f_{obs} 落在 H_0 的临界域内，故在显著性水平 $\alpha = 0.05$ 上拒绝两台装置精度相等的零假设，并由 $S_A > S_B$ 知道装置 A 对粒子动量的测量精度比较高.

12.3.4　多个正态总体均值的比较

设有 N 个实验对同一个物理量进行观测，得到的测量值及其误差表示为 $X_i \pm \Delta X_i, i = 1, \cdots, N$. 其中每个实验的测量值 X_i 通常是一组观测值的平均值，ΔX_i 是平均值的误差．待检验的问题是，这 N 个测量结果是否在误差范围内一致．假定每个实验中观测服从正态分布，于是这是一个 N 个正态总体均值的检验问题，零假设可表示为

$$H_0 : \mu_1 = \mu_2 = \cdots = \mu_N , \tag{12.3.22}$$

备择假设 H_1 为任何其他的可能性.

如果 H_0 规定了 $\mu_1 = \cdots = \mu_N = \mu$ 的数值，并且每个实验中的方差 σ_i^2 为已知，那么变量

$$\sum_{i=1}^{N} \frac{(X_i - \mu)^2}{\sigma_i^2} \tag{12.3.23}$$

不含任何未知参数，而且服从 $\chi^2(N)$ 分布(见式(4.14.21))故可以作为检验统计量．但现在 σ_i 和 μ 都为未知量，必须用实验观测值来作为近似． ΔX_i 可作为 σ_i 的估计，而总体均值 μ 的估计值可取为 N 次测量的加权平均

$$\hat{\mu} = \overline{X} = \frac{\sum_{i=1}^{N} w_i X_i}{\sum_{i=1}^{N} w_i} , \tag{12.3.24}$$

μ 的误差的估计值则可取为

$$\hat{\sigma} = \Delta \overline{X} = \left(\sum_{i=1}^{N} w_i \right)^{-1/2} , \tag{12.3.25}$$

其中权因子等于每次实验观测值误差平方的倒数

$$w_i = \frac{1}{(\Delta X_i)^2}.$$

当 H_0 为真，并且每个实验中观测服从正态分布时，$\hat{\mu}$ 和 $\hat{\sigma}$ 是总体参数的极大似然估计(见式(8.2.2)和式(8.2.3)).

若 H_0 为真，变量 X^2 (定义为各测量值 X_i 对加权平均 $\overline{X}$ 的离差平方的加权求和)近似地服从 $\chi^2(N-1)$ 分布

$$X^2 \equiv \sum_{i=1}^{N} w_i (X_i - \overline{X})^2 = \sum_{i=1}^{N} \frac{(X_i - \overline{X})^2}{(\Delta X_i)^2} \tag{12.3.26}$$

(与式(12.3.23)对照). 因此，X^2 可作为 N 个测量具有相同均值的零假设 H_0 的检验统计量. 当 H_0 不为真，X^2 的值倾向于偏大，因此，临界域在 $\chi^2(N-1)$ 分布的上侧(见 12.4 节的讨论). 给定显著性水平，利用式(12.3.7)可确定上侧检验的临界域(式中的 $Z \equiv X^2, f(z)$ 为 X^2 的概率密度). 利用测量值 $X_i, \Delta X_i$ 从式(12.3.26)求得 X^2 的观测值 X^2_{obs}，若 X^2_{obs} 落在临界域内，则拒绝零假设；否则可认为零假设 H_0 成立，并由式(12.3.24)和式(12.3.25)求出总体均值 μ 和方差 σ^2 的最佳估计值.

如果在选定的显著性水平上，X^2_{obs} 落在临界域内，这时应当检查各个实验测定量 $X_i, \Delta X_i$ 对式(12.3.26)所表示的 X^2_{obs} 的贡献. 有时 X^2_{obs} 过大的原因在于一、二个实验测量值与其他测量值偏离过远，使得它们对 X^2_{obs} 的贡献很大. 如果这种现象没有合理的解释，建议去掉这些偏离很大的测量值，对其余实验的结果重新进行检验.

例 12.6　Ω^- 超子质量

五个实验测得 Ω^- 超子质量值分别是 $1673.0 \pm 8.0\text{MeV}$，$1673.3 \pm 1.0\text{MeV}$，$1671.8 \pm 0.8\text{MeV}$，$1674.2 \pm 1.6\text{MeV}$，$1671.9 \pm 1.2\text{MeV}$. 问在显著性水平 5%上这些结果是否一致.

由式(12.3.26)可算出 $X^2_{\text{obs}} = 3.24$. 作上侧检验，由附表 7 查得 $\chi^2(N-1) = \chi^2(4)$ 累积分布函数值等于 $1-\alpha = 0.95$ 对应的上侧临界域为 $X^2 > 9.488$. 可见，X^2_{obs} 落在接受域内，即在显著性 $\alpha = 0.05$ 上五个实验的结果是一致的.

由式(12.3.24)和式(12.3.25)确定 Ω^- 超子质量及其误差的估计值为 $1672.8 \pm 0.5\text{MeV}$. 可见，五个实验结果合并后，其误差小于任何单个实验测定值的误差.

12.4　拟合优度检验

到目前为止，本章前面各节讨论的内容属于参数检验问题，要求解决的任务是根据一组观测值来确定某个概率分布的某一参数是否与零假设规定的参数值相一致. 在参数检验中，分布的形式已经确定，有待检验的是参数的数值.

本章的其余各节将讨论**非参数的假设检验**. 这有两方面的问题：一是本节将要讨论的**拟合优度检验**；二是随机变量的**独立性**、**一致性检验**，后者将在 12.6 节和 12.7 节中介绍.

拟合优度检验问题可表述如下：随机变量 X 的概率密度 $f(x)$ (连续或离散函数) 为未知，$X_1, X_2, \cdots, X_n$ 为变量 X 的一组随机子样. 令 $f_0(x)$ 为某个给定的概率密度函数，现要求根据观测值 $X_1, X_2, \cdots, X_n$ 来检验 X 的概率密度是否可用 $f_0(x)$ 表示，即零假设

$$H_0 : f(x) = f_0(x) \tag{12.4.1}$$

是否成立. 因此，拟合优度检验的对象是概率密度的函数形式.

在作拟合优度检验时，如同参数检验一样，需要确定一个概率密度已知的检验统计量. 当 H_0 为真，可根据该统计量的概率密度函数的积分和给定的显著性水平 α 来确定临界域. 与参数检验不同的是，备择假设 H_1 只可能是与 H_0 不同的所有假设，而不可能以某种特定的分布作为备择假设，因此，在拟合优度检验中，备择假设一般不专门给出. 由于检验的势函数取决于 H_1 的分布(见 12.1.2 节的讨论)，因此，拟合优度检验中对势函数不加考虑.

广泛采用的拟合优度检验是似然比检验和皮尔逊 χ^2 检验，它们对于大样问题是严格正确的，其他情形下只是近似地正确. 对于小子样容量的情形，我们将讨论小样问题适用的柯尔莫哥洛夫检验.

12.4.1　似然比检验

将随机变量(总体)X 的值域划分为互不相容的 N 个子区间，设 $X_1, \cdots, X_{n_t}$ 为随机变量 X 的容量为 n_t 的一组子样观测值(注：为叙述方便，本小节中子样容量记为 n_t，其他小节中则记为 n)，落在 N 个子区间的事例数(子样观测值个数)为 $\boldsymbol{n} = (n_1, \cdots, n_N)$，显然我们有

$$\sum_{i=1}^{N} n_i = n_t . \tag{12.4.2}$$

当 H_0 为真，$\boldsymbol{n} = (n_1, \cdots, n_N)$ 的期望值 $\boldsymbol{\nu} = (\nu_1, \cdots, \nu_N)$ 由零假设概率密度函数

决定

$$\nu_i = n_t \int_{x_i^{\min}}^{x_i^{\max}} f_0(x)\mathrm{d}x \text{ ,} \tag{12.4.3}$$

其中 $x_i^{\max}$ 和 $x_i^{\min}$ 是 i 子区间的上、下界. 利用观测数据 $\boldsymbol{n}$ 及其期望值 $\boldsymbol{\nu}$ 可以构造零假设 H_0 的拟合优度检验统计量.

对于 n_t 为固定常数的情形，在 N 个子区间出现事例数期望值为 $\boldsymbol{\nu} = (\nu_1,\cdots,\nu_N)$ 而观测事例数为 $\boldsymbol{n} = (n_1,\cdots,n_N)$ 的联合概率密度(似然函数)服从多项分布(见 4.2 节)

$$L(\boldsymbol{n} \mid \boldsymbol{\nu}) = n_t ! \prod_{i=1}^{N} \frac{1}{n_i !} \left(\frac{\nu_i}{n_t} \right)^{n_i} . \tag{12.4.4}$$

定义似然比

$$\lambda_M = \frac{L(\boldsymbol{n} \mid \boldsymbol{\nu})}{L(\boldsymbol{n} \mid \boldsymbol{n})} = \prod_{i=1}^{N} \left(\frac{\nu_i}{n_i} \right)^{n_i} , \tag{12.4.5}$$

当零假设 H_0 为真，在子样容量 n_t 很大的极限情形下，统计量 χ_M^2

$$\chi_M^2 = -2\ln \lambda_M = 2\sum_{i=1}^{N} n_i \ln \frac{n_i}{\nu_i} \tag{12.4.6}$$

服从自由度 N–1 的 χ^2 分布[27, 49]. 自由度比子区间数 N 减少 1 是因为存在一个约束条件式(12.4.2). 如果待检验的零假设 $H_0 : f(x) = f_0(x)$ 的概率密度函数中包含 k 个待估计参数 $\boldsymbol{\theta} = (\theta_1,\cdots,\theta_k)$ ，它们用极大似然法求得其估计值 $\hat{\boldsymbol{\theta}}$ ，代入式(12.4.3)求得 $\boldsymbol{\nu} = (\nu_1,\cdots,\nu_N)$ 的极大似然估计

$$\hat{\nu}_i = n_t \int_{x_i^{\min}}^{x_i^{\max}} f_0(x,\hat{\boldsymbol{\theta}})\mathrm{d}x . \tag{12.4.7}$$

当式(12.4.6)中的 ν_i 用极大似然估计 $\hat{\nu}_i$ 代替，则统计量 χ_M^2 服从 $\chi^2(N-k-1)$ 分布[27, 49].

对于子样容量 n_t 为泊松变量(期望值为 ν_t)的情形，落在 N 个子区间的事例数(子样观测值个数)为 $\boldsymbol{n} = (n_1,\cdots,n_N)$ ，当 H_0 为真，其期望值 $\boldsymbol{\nu} = (\nu_1,\cdots,\nu_N)$ 由零假设概率密度函数决定

$$\nu_i = \nu_t \int_{x_i^{\min}}^{x_i^{\max}} f_0(x)\mathrm{d}x \text{ ,} \tag{12.4.8}$$

那么，在 N 个子区间出现事例数期望值为 $\boldsymbol{\nu} = (\nu_1,\cdots,\nu_N)$ 而观测事例数为 $\boldsymbol{n} = (n_1,\cdots,n_N)$ 的概率分布是泊松分布与多项分布的乘积[49]

$$L(\boldsymbol{n}|\boldsymbol{\nu})=\frac{\nu_t^{n_t}\mathrm{e}^{-\nu_t}}{n_t}n_t!\prod_{i=1}^{N}\frac{1}{n_i!}\left(\frac{\nu_i}{\nu_t}\right)^{n_i}, \tag{12.4.9}$$

其中 $\nu_t=\sum_{i=1}^{N}\nu_i$，$n_t=\sum_{i=1}^{N}n_i$，代入式(12.4.9)得

$$L(\boldsymbol{n}|\boldsymbol{\nu})=\prod_{i=1}^{N}\frac{\nu_i^{n_i}}{n_i!}\mathrm{e}^{-\nu_i}. \tag{12.4.10}$$

由该式表示的联合概率密度可以看到，现在的情况相当于各子区间中的事例数 n_i 是相互独立的期望值为 ν_i 的泊松变量. 这一点在 4.4 节中已经提到：当 N 个变量 $n_1,\cdots,n_N$ 服从多项分布，而 $n_t=\sum_{i=1}^{N}n_i$ 服从泊松分布时，这 N 个变量是相互独立的泊松变量.

类似于式(12.4.5)和式(12.4.6)，定义似然比 λ_P 和统计量 χ_P^2

$$\lambda_P=\frac{L(\boldsymbol{n}|\boldsymbol{\nu})}{L(\boldsymbol{n}|\boldsymbol{n})}=\mathrm{e}^{n_t-\nu_t}\prod_{i=1}^{N}\left(\frac{\nu_i}{n_i}\right)^{n_i}, \tag{12.4.11}$$

$$\chi_P^2=-2\ln\lambda_P=2\sum_{i=1}^{N}\left(n_i\ln\frac{n_i}{\nu_i}+\nu_i-n_i\right). \tag{12.4.12}$$

当零假设 H_0 为真，在子样容量 n_t 很大的极限情形下，统计量 χ_P^2 服从自由度 N 的 χ^2 分布[27, 49]. 如果待检验的零假设 $H_0: f(x)=f_0(x)$ 的概率密度函数中包含 k 个待估计参数 $\boldsymbol{\theta}=(\theta_1,\cdots,\theta_k)$，它们用极大似然法求得其估计值 $\hat{\boldsymbol{\theta}}$，代入式(12.4.8)求得 $\boldsymbol{\nu}=(\nu_1,\cdots,\nu_N)$ 的极大似然估计

$$\hat{\nu}_i=\nu_t\int_{x_i^{\min}}^{x_i^{\max}}f_0(x,\hat{\boldsymbol{\theta}})\mathrm{d}x. \tag{12.4.13}$$

当式(12.4.12)中的 ν_i 用极大似然估计 $\hat{\nu}_i$ 代替，则统计量 χ_P^2 服从 $\chi^2(N-k)$ 分布[27, 49].

这样，就可以用检验统计量 χ_M^2 和 χ_P^2 来进行拟合优度检验. 给定显著性水平 α，χ^2 检验的上侧临界域的临界值由

$$\alpha=\int_{\chi_\alpha^2}^{\infty}f(u;v)\mathrm{d}v \tag{12.4.14}$$

决定，其中 $f(u;v)$ 是自由度 v 的 χ^2 分布概率密度函数. 当 $\chi_M^2>\chi_\alpha^2$ 或 $\chi_P^2>\chi_\alpha^2$，

则在显著性水平 α 上拒绝零假设 H_0.

12.4.2 皮尔逊 χ^2 检验

将变量 X 的值域划分为互不相容的 N 个子区间(如一维直方图中 N 个互不重叠的连续子区间)，第 i 子区间的变量值在 $x_{i-1} \to x_i$ 之间，落入 i 子区间的事例数记为 n_i (观测频数)，事例总数为 n，(注意：与 12.4.1 节的记号 n_t 不同)则显然有

$$\sum_{i=1}^{N} n_i = n.$$

如果 H_0 成立，第 i 子区间的理论频数为 np_{0i}，p_{0i} 是事例落入 i 子区间的概率

$$p_{0i} = \int_{x_{i-1}}^{x_i} f_0(x)\mathrm{d}x, \qquad \sum_{i=1}^{N} p_{0i} = 1. \tag{12.4.15}$$

这相当于要求观测频数之和与理论频数之和相等

$$\sum_{i=1}^{N} n_i = n = \sum_{i=1}^{N} np_{0i}.$$

定义统计量

$$X^2 \equiv \sum_{i=1}^{N} \frac{(n_i - np_{0i})^2}{np_{0i}} \equiv \frac{1}{n}\sum_{i=1}^{N} \frac{n_i^2}{p_{0i}} - n. \tag{12.4.16}$$

我们知道，频率是概率分布的反映，当子样容量 n 越来越大，如果 H_0 为真，频率 n_i/n 与概率 p_{0i} 之间的差别越来越小，因此，式(12.4.16)定义的 X^2 可以衡量子样观测值与总体分布 $f_0(x)$ 的差异程度，于是 X^2 可考虑作为检验式(12.4.1) H_0 假设的检验统计量. 为了确定临界域，必须知道统计量 X^2 的分布，定性地我们可作如下考虑：在每一子区间中的观测频数 n_i 可考虑为泊松变量，当 H_0 为真，其均值和方差均为 np_{0i}. 当 np_{0i} 足够大，泊松变量近似于均值和方差等于 np_{0i} 的正态变量 $N(np_{0i}, np_{0i})$，因此

$$Y_i = \frac{n_i - np_{0i}}{\sqrt{np_{0i}}} \sim N(0,1), \qquad i = 1,\ 2,\ \cdots,\ N. \tag{12.4.17}$$

X^2 正是这 N 个标准正态变量的平方和，由于条件(12.4.15)的存在，这 N 个变量中只有 $N-1$ 个是独立的. 因此，X^2 近似地服从 $\chi^2(N-1)$ 分布(参见 4.14 节). 统计量的这一性质称为**皮尔逊定理**：不论分布 $f_0(x)$ 是何种函数，当 H_0 为真，统计量 X^2 的渐近分布(当 $n \to \infty$)是自由度 $N-1$ 的 χ^2 分布. 该定理的严格证明见文献[27].

从皮尔逊定理可知，式(12.4.16)定义的检验统计量 X^2 渐近地服从 $\chi^2(N-1)$ 分

布这一性质与随机变量的分布函数 $f(x)$ 的形式无关，因此，这种检验是分布自由的，适用于任何总体分布的随机变量的拟合优度检验问题.

根据以上的讨论，在同样条件下，实验重复多次得到各自的 n 个观测值，如 H_0 为真，按式(12.4.16)计算的 X^2 近似于 $\chi^2(N-1)$ 分布，特别 X^2 的期望值 $\approx N-1$，方差 $\approx 2(N-1)$. 若 H_0 不为真，n_i 的期望值不等于 np_{0i}，则 $(n_i-np_{0i})^2$ 比 H_0 为真时要大，即式(12.4.16)确定的 X^2 比 H_0 为真时要大，因此，对 H_0 应采用上侧检验. 这一点可从统计量 X^2 的期望值计算得到理论上的依据.

当 n 个观测值被分配在 N 个互不相容的连续子区间中，第 i 个子区间内观测数为 n_i 个，设事例落入第 i 子区间的概率为 p_i，按 4.2 节所述，随机变量 $(n_1,n_2,\cdots,n_N)$ 服从参数 n 和 $\boldsymbol{p}=(p_1,p_2,\cdots,p_N)$ 的多项分布. 统计量 X^2 的期望值是

$$E(X^2)=\frac{1}{n}\sum_{i=1}^{N}\frac{1}{p_{0i}}E(n_i^2)-n.$$

又

$$E(n_i^2)=np_i(1-p_i)+n^2p_i^2,$$

故得

$$E(X^2)=\sum_{i=1}^{N}\frac{p_i(1-p_i)}{p_{0i}}+n\left(\sum_{i=1}^{N}\frac{p_i^2}{p_{0i}}-1\right).$$

当 H_0 为真，即 $p_i=p_{0i}, i=1,2,\cdots,N$，对任意子样容量 n 均有

$$E(X^2\,|\,H_0)=N-1.$$

将 $E(X^2)$ 的表式对 p_i 求导数并等于 0，以求得 $E(X^2)$ 的极小值，并考虑到约束条件

$$\sum_{i=1}^{N}p_i=1,$$

利用拉格朗日乘子法求解，可发现，当 $n\to\infty$ 时，其极小值对应于 $p_i=p_{0i}$，即 $E(X^2\,|\,H_0)=\min\left[E(X^2)\right]$. 因此，对任何不同于原假设 H_0 的假设 H_1，渐近地总有

$$E(X^2\,|\,H_1)>E(X^2\,|\,H_0).$$

该结果表明，皮尔逊 χ^2 检验的临界域应当在 χ^2 分布的上侧.

给定显著性水平 α，利用 $\chi^2(N-1)$ 的累积分布可确定临界值 $\chi^2_\alpha(N-1)$

$$\alpha = \int_{\chi^2_\alpha(N-1)}^{\infty} f(y;N-1)\mathrm{d}y\,, \tag{12.4.18}$$

其中 $f(y;N-1)$ 是 $\chi^2(N-1)$ 的概率密度，临界域是 $\chi^2(N-1)$ 大于 $\chi^2_\alpha(N-1)$ 的区域. 对于一个实验的实际观测值 $n_i, i=1,2,\cdots,N$，按照式(12.4.16)算出 X^2 的观测值 X^2_{obs}，若 X^2_{obs} 大于 $\chi^2_\alpha(N-1)$，则在显著性水平 α 上拒绝零假设；当 $X^2_{\text{obs}} < \chi^2_\alpha(N-1)$，则可认为总体的分布函数可由原假设 H_0 规定的 $f_0(x)$ 所描述.

由前面的讨论可见，皮尔逊 χ^2 检验依赖于变量

$$Y_i = \frac{n_i - np_{0i}}{\sqrt{np_{0i}}}$$

渐近地服从标准正态分布这一假定[见式(12.4.17)]，这就要求落在每一子区间中的事例观测频数 n_i 充分大；但另一方面，将 n_i 个观测值归并到同一子区间中，相当于用随机变量 X 在该子区间中的平均值代替 n_i 个不同的观测值，这必定导致数据信息的某种损失. 这两者是相互矛盾的. 在实际选择子区间的大小时，一般遵循的原则是，使每个子区间内的理论频数≥5 的条件下，子区间数目以较多为宜. 当自由度不太小(如 $N-1 \geqslant 6$，N 子区间数)，在一个或两个子区间中理论频数甚至可以小于 5.

子区间的划分有两种方法. 一种是等宽度划分，即各子区间宽度相等. 当随机变量 X 的取值域为(−∞，∞)，一般在两端概率密度极低，故两端的两个子区间取为 $(-\infty, x_1)$ 和 (x_{N-1}, ∞). 这种划分方法的好处是十分简单，采用得较为广泛. 另一种是等概率划分方法，即在零假设 H_0 成立的条件下，使每个子区间内的理论概率相等 $p_1 = p_2 = \cdots = p_N$. 当子样容量 n 充分大，在等概率划分的条件下，可以确定出子区间数目 N 的一个最佳值，使得皮尔逊 χ^2 检验的近似势函数达到极大(参考文献[1]). 因此一般说来，等概率方法在理论上较为优越，但它的计算较为繁杂，实际上使用不多.

在皮尔逊 χ^2 检验中，差值 $n_i - np_{0i}$ 的符号对检验统计量 X^2 没有影响，这表示该方法对数据所提供的信息尚没有充分地加以利用，相应地，检验的有效性会受到一定影响. 因此，即使根据 X^2_{obs} 的值已接受 H_0 零假设的情况，最好也检查一下观测频数与理论频数是否存在系统的偏差，即 $n_i - np_{0i}$ 是否普遍地取相同的符号. 事实上，即使皮尔逊 χ^2 检验中，X^2_{obs} 落入了接受域，但零假设仍有可能被 $n_i - np_{0i}$ $(i=1,\cdots,N)$ 符号的一致性所排除，这时游程检验可作为皮尔逊 χ^2 检验的必要补充(见 12.7.3 节)

12.4.3 最小二乘、极大似然估计中的皮尔逊 χ^2 检验

12.4.2 节的讨论中我们假定了零假设 $H_0: f(x) = f_0(x)$ 完全规定了 $f_0(x)$，即 $f_0(x)$ 中不含未知参数. 但在许多实际问题中，零假设 H_0 往往只给定了 $f_0(x)$ 的函数形式，但含有若干个未知参数. 例如，要求检验总体是否服从正态分布 $N(\mu,\sigma^2)$，其中 μ 和 σ^2 均为未知. 这时式(12.4.16)检验统计量 X^2 的表式中 p_{0i} 值无法求得，因此，12.4.2 节描述的检验方法不可能原封不动地采用，而需要作某种修改. 一种自然的做法是利用这些未知参数的估计量来代替未知参数.

可以利用最小二乘估计量来代替未知参数. 当

$$Y_i = (n_i - np_{0i}) \big/ \sqrt{np_{0i}}$$

近似地服从标准正态分布时，皮尔逊 χ^2 检验的统计量 X^2 的表式与 9.4.3 节中 Q^2 的表式一致(见式(9.4.14)). 在 Q^2 表式中，N 个测量值是相互独立的，Q^2 是 $\chi^2(N)$ 变量；而现在 X^2 表式中 N 个测量值 n_i 只有 $N-1$ 个是独立的，因而 $X^2 \sim \chi^2(N-1)$，这一点已经在 12.4.2 节阐明. 如果总体中存在 L 个未知参数，可通过求 Q^2 的极小值 $Q^2_{\min}$ 得到这 L 个参数的最小二乘估计，代入 Q^2 的表式得到 $Q^2_{\min}$，而 $Q^2_{\min} \sim \chi^2(N-L)$ (见 9.4.3 节). 在现在的情形下，可通过求 X^2 的极小值 $X^2_{\min}$ 得到 L 个参数的最小二乘估计，而 $X^2_{\min}$ 近似地服从 $\chi^2(N-1-L)$ 分布. 因此，对于零假设中含有 L 个独立参数的情形，当给定显著性水平 α 后，临界域由 $\chi^2(N-L-1)$ 的概率密度的积分(积分限为 $\chi^2_\alpha(N-1-L)$ 和 ∞)决定. 当 $X^2_{\min}$ 的实际观测值落入临界域中，则在水平 α 上拒绝零假设；反之则接受零假设，零假设的未知参数由最小二乘估计确定. 需要指出的是，以上结论仅适用于参数的线性模型；对于非线性的最小二乘估计，上述方法只是一种近似.

也可以利用极大似然法来对未知参数进行估计，并由此求得式(12.4.16)中 p_{0i} 的值. 可以考虑两种可能性：①在作参数估计时，观测数据划分为 N 个子区间，L 个未知参数用 8.7 节描述的方法进行估计. 这样求出的 p_{0i} 的估计值 $\hat{p}_{0i}$ 代入式(12.4.16)求出统计量 X^2，这时，X^2 服从 $\chi^2(N-1-L)$ 分布，如同用最小二乘法估计参数的情形相同. ② L 个未知参数用一般的极大似然法进行估计，求出的 $\hat{p}_{0i}$ 代入式(12.4.16)得到统计量 X^2，这时，X^2 的分布不再是简单的 χ^2 分布，而是位于 $\chi^2(N-1)$ 和 $\chi^2(N-1-L)$ 之间(见参考文献[1]). 但当 N 足够大时，$\chi^2(N-1)$ 和 $\chi^2(N-1-L)$ 的差别不显著. 当给定显著性水平 α 时，X^2 的临界域可从 $\chi^2(N-1)$ 的概率密度找出. 对于 N 不够大的场合，为可靠起见，可要求 X^2_{obs} 同时超过 $\chi^2(N-1)$ 和 $\chi^2(N-1-L)$ 求出的临界值再否定零假设 H_0.

12.4.4 拟合优度的一般 χ^2 检验

在 12.4.2 节~12.4.3 节的讨论中，为了构造检验统计量，我们将随机变量的值域划分为 N 个子区间，并要求这 N 个子区间中理论频数总和与观测频数总和相等，即要求 $\sum_{i=1}^{N} p_{0i} = 1$．这一归一化要求使得检验统计量 X^2 的自由度减少了 1.

但在某些问题中，这种归一化的要求是不合理或不必要的. 例如，随机变量 X 的值域为$(-\infty,\infty)$，但在实验中，由于测量仪器的限制，只可能测到有限的区间，因此，合理的作法是在有限的区间内进行拟合检验. 这时，归一化要求便是不合理的，检验的模型预期的理论频数总和不要求与观测频数总和相等. 因此，一般地待检验的零假设可表示为

$$H_0 : f_1 = f_{01}, \quad f_2 = f_{02}, \cdots, \quad f_N = f_{0N}, \tag{12.4.19}$$

其中 $f_1, f_2, \cdots, f_N$ 为理论频数. 检验统计量现在是

$$X^2 = \sum_{i=1}^{N} \frac{(n_i - f_{0i})^2}{f_{0i}}. \tag{12.4.20}$$

当 H_0 为真且所有的观测频数 n_i 充分大(如大于 5)，式(12.4.20)右边求和号中的每一项近似地服从 $N(0, 1)$ 分布，X^2 近似地为 $\chi^2(N)$ 变量. 如果零假设 H_0 包含 L 个独立的未知参数，可用一般的估计方法求得参数的估计值后再进行拟合优度检验，将估计值 $\hat{f}_{0i}$ 代替 f_{0i} 求得的 X^2 表达式近似地服从 $\chi^2(N-L)$ 分布. 这样，当给定了显著性 α 后，容易求出相应的临界域.

对于更为复杂的问题，例如，各测量值真值之间不相独立而是存在着相互关联，N 个测量值真值与不可直接测量的 L 个未知参数之间存在着 K 个独立约束方程的情形(见 9.8 节的讨论)，拟合优度检验可选择下述检验统计量：

$$X^2 = (Y - f_0)^{\mathrm{T}} \underset{\sim}{V}^{-1}(Y)(Y - f_0), \tag{12.4.21}$$

式中 $Y = (Y_1, Y_2, \cdots, Y_N)$ 是观测值向量，$\underset{\sim}{V}(Y)$ 是它的协方差矩阵，f_0 是零假设 H_0 对 Y 的拟合量向量. 当用最小二乘法作参数估计时，待估计的未知量共 $N+L$ 个(N 个测量值真值 f_{0i}，$i = 1,2,\cdots,N$，L 个未知参数)，利用 K 个约束方程消去 K 个未知量，独立的未知量为 $N+L-K$ 个. 将它们的最小二乘估计代入式(12.4.21)，求得 $X^2_{\min}$，它服从 $\chi^2(\nu)$ 分布，其自由度为测量个数 N 减去独立的未知量个数

$$\nu = N - (N + L - K) = K - L.$$

给定显著性水平 α, χ^2 检验的临界域的临界值 χ_α^2 由

$$\alpha = \int_{\chi_\alpha^2}^{\infty} f(u;v)\mathrm{d}u = 1 - F(u = \chi_\alpha^2; v) \tag{12.4.22}$$

给定，其中 $v = K - L$，$f(u;v)$ 是 $\chi^2(v)$ 的概率密度，$F(u;v)$ 是其累积分布函数. 如果由观测值算得的 X_{obs}^2 超过 χ_α^2，则在显著性水平 α 上拒绝假设 H_0.

物理学家普遍采用的一种做法是将实际观测值 X_{obs}^2 对应的积分概率 P_{x^2} 作为表征拟合优度的特征量(见 9.4.4 节)

$$P_{x^2} = \int_{X_{\text{obs}}^2}^{\infty} f(u;v)\mathrm{d}u = 1 - F(u = X_{\text{obs}}^2; v). \tag{12.4.23}$$

容易看到下面两式是等价的：

$$X_{\text{obs}}^2 > \chi_\alpha^2, \qquad P_{x^2} < \alpha. \tag{12.4.24}$$

因此，后一个式子同样可作为在显著性水平 α 上拒绝 H_0 的判别式.

应当强调，当 $X_{\text{obs}}^2 > \chi_\alpha^2 (P_{x^2} < \alpha)$ 时，表示拟合很坏，有充分的理由在显著性水平 α 上拒绝零假设. 相反，$X_{\text{obs}}^2 < \chi_\alpha^2 (P_{x^2} > \alpha)$ 时却不能肯定地接受假设 H_0. 因为正如我们在 12.4.2 节中所指出的，皮尔逊 χ^2 检验对差值 $Y_i - f_{0i}$ 的符号信息没有加以利用. 因此，比较恰当的说法是，$X_{\text{obs}}^2 < \chi_\alpha^2 (P_{x^2} > \alpha)$ 时，在显著性水平 α 上不能排除假设 H_0. 如果两个物理学家仅仅从皮尔逊检验得出接受某个零假设的结论，可能不是仅仅从纯粹统计学的观点出发，而是加上了物理上的考虑.

利用检验统计量的观测值 X_{obs}^2 到 ∞ 的积分概率 P_{x^2} 作为检验 H_0 成立与否的判别量(式(12.4.24))，可推广到更一般的场合. 令检验零假设 H_0 的检验统计量为 Q，H_0 为真时，Q 的概率密度和累积分布分别为 $f(Q)$ 和 $F(Q)$，Q 的观测值为 Q_{obs}，Q_{obs} 的积分概率定义为

$$P_{\text{obs}} = \int_{Q_{\text{obs}}}^{\infty} f(Q)\mathrm{d}Q = 1 - F(Q_{\text{obs}}). \tag{12.4.25}$$

给定显著性水平 α，检验可分下列三种情况：

(1) 上侧检验：Q 的临界值 Q_α 由下式决定：

$$\alpha = \int_{Q_\alpha}^{\infty} f(Q)\mathrm{d}Q = 1 - F(Q_\alpha).$$

于是当

$$P_{\text{obs}} < \alpha \qquad (\text{即 } Q_{\text{obs}} > Q_\alpha) \tag{12.4.26}$$

时拒绝 H_0.

(2) 下侧检验：Q_α 为临界值，则满足

$$\alpha = \int_{-\infty}^{Q_\alpha} f(Q)\mathrm{d}Q = F(Q_\alpha).$$

当

$$P_{\text{obs}} > 1-\alpha \quad (\text{即}\, Q_{\text{obs}} < Q_\alpha) \tag{12.4.27}$$

时拒绝 H_0.

(3) 双侧检验：Q 的上、下临界值为 Q_u，Q_d，

$$\frac{\alpha}{2} = \int_{-\infty}^{Q_d} f(Q)\mathrm{d}Q = F(Q_d) = \int_{Q_u}^{\infty} f(Q)\mathrm{d}Q = 1-F(Q_u).$$

拒绝 H_0 的条件为

$$P_{\text{obs}} > 1-\frac{\alpha}{2} \qquad (\text{即}\, Q_{\text{obs}} < Q_d) \tag{12.4.28}$$

或

$$P_{\text{obs}} < \frac{\alpha}{2} \qquad (\text{即}\, Q_{\text{obs}} > Q_u).$$

例 12.7 $e^+e^- \to \mu^+\mu^-$ 反应的角分布(2)

设正、负电子在同一直线上相向“碰撞”，而且它们有相等的能量，该反应的可能末态之一是产生一对 $\mu^+\mu^-$ 粒子，能量相同而方向相反．令 e^+ 与 μ^+ 之间的夹角为 ϑ，φ (ϑ 是极角，φ 是方位角)．根据量子电动力学(下面以 QED 表示)理论，当 e^+e^- 的能量不高时，反应的角分布为

$$\frac{\mathrm{d}\sigma}{\mathrm{d}\Omega} = \frac{\mathrm{d}\sigma}{\mathrm{d}\varphi\mathrm{d}\cos\vartheta} = \frac{\alpha^2}{16E^2}(1+\cos^2\vartheta),$$

其中 E 是入射 e^+ (或 e^-)的能量，该分布对 $\cos\vartheta = 0$ 为对称．当能量 E 高时，除了 QED 考虑的电磁作用外，还需考虑弱作用项的贡献，因此，弱电统一理论(以下用 EW 表示)预期角分布为

$$\frac{\mathrm{d}\sigma}{\mathrm{d}\Omega} = \frac{\alpha^2}{16E^2}\left[(1+a_1)(1+\cos^2\vartheta) + a_2\cos\vartheta\right],$$

其中 a_1，a_2 是与 E 有关的量．上式第二项对于 $\cos\vartheta = 0$ 不对称，而且 a_1，a_2 的值使得当 E 增大时不对称性也增大．通过对 $e^+e^- \to \mu^+\mu^-$ 反应角分布的测量，可对弱作用进行研究.

在 $E = 7\text{GeV}$, 11GeV, 17.3GeV 三种能量下，测量了 $e^+e^- \to \mu^+\mu^-$ 事例的角分布，用直方图的形式示于图 12.6(a), (b), (c)，其中还给出了 QED(虚线)和 EW(实线)理论的预期值，N 表示总的事例数，$\Delta N/\Delta\cos\vartheta$ 表示落在 $\Delta\cos\vartheta$ 间隔内的事例数，因此，$\dfrac{1}{N}\dfrac{\Delta N}{\Delta\cos\vartheta}$ 为归一分布. 具体测量数据见下表，其中理论值 f_i 表示 EW

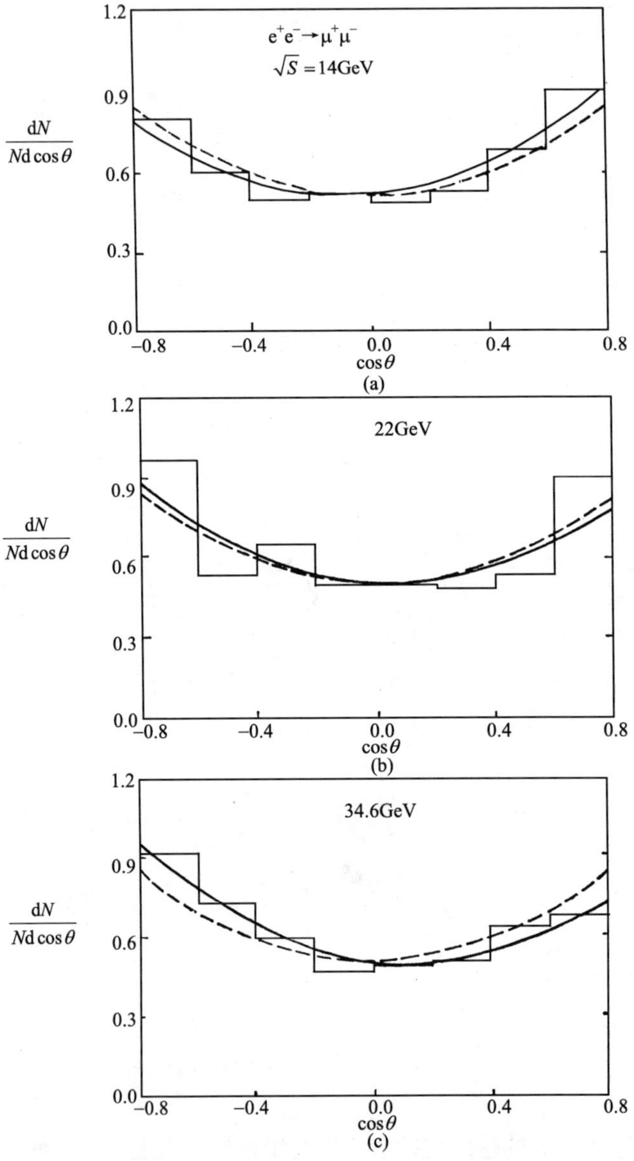

图 12.6　三种能量下的 $e^+e^- \to \mu^+\mu^-$ 角分布

(a) $E = 7$ GeV；(b) $E = 11$ GeV；(c) $E = 17.3$ GeV

直方图——测量值；虚线——量子电动力学预期值；实线——弱电统一理论预期值

理论对落在子区间 $\Delta\cos\vartheta_i$ 中事例数的预期，并且有

$$\sum_{i=1}^{8} n_i = \sum_{i=1}^{8} f_i ,$$

n_i 为相应的实测值，见表 12.3.

表 12.3

$\Delta\cos\vartheta$ \ E/GeV	7		11		17.3	
	实验 n_i	理论 f_i	实验 n_i	理论 f_i	实验 n_i	理论 f_i
−0.8/−0.6	74	66.5	71	60.4	426	404
−0.6/−0.4	55	56.0	39	50.1	336	334
−0.4/−0.2	46	50.0	48	43.0	277	280
−0.2/0	48	47.8	36	38.6	219	245
0/0.2	45	49.1	36	38.0	227	232
0.2/0.4	49	54.1	36	40.8	234	243
0.4/0.6	63	63.3	39	46.5	295	295
0.6/0.8	82	75.2	67	54.6	313	313
总事例数	462		372		2327	

我们用皮尔逊χ^2方法来检验理论与实测值的一致性. 由于共有 8 个子区间，并且有关系式 $\sum_{i=1}^{8} n_i = \sum_{i=1}^{8} f_i$ ，因此，量

$$X^2 = \sum_{i=1}^{8} \frac{(n_i - f_i)^2}{f_i}$$

服从 $\chi^2(7)$ 分布. 对于三种能量值 $E = 7$ GeV, 11GeV, 17.3GeV, 观测值 X^2_{obs} =2.62, 9.77，5.95. 若取显著性水平 $\alpha = 0.10$ ，则临界值为 $\chi^2_\alpha(7)$ =12.02，故三种能量值的观测数据都满足

$$X^2_{\text{obs}} < \chi^2_{\alpha=0.10}(7),$$

即没有理由认为实验测量的结果与弱电统一理论不相一致.

如果将实验数据与 QED 的预期相比较，由图可以直观地看到对于 $E = 7$ GeV, 11GeV 的情形，两者相当好地一致，皮尔逊检验得出同样的结论；而当 E =17.3GeV 时，两者相差甚大，事实上，通过计算可知， $X^2_{\text{obs}} \approx 48$ ，在一般采用的显著性水平上(α =0.10，0.05)，都排除了实测值与 QED 理论一致的可能性.

以上结果反映出，在能量 E 较低时，由于弱作用贡献的不对称项比较小，EW 与 QED 理论对角分布的预期值差别不大，实验测量又不够精确，因而无法在两种

理论中作出鉴别；但当能量升高时，弱作用项的贡献足够大，实验数据只能用弱电统一理论才能解释.

例 12.8 $e^+e^- \to \mu^+\mu^-$ 反应总截面随能量的分布

QED 理论预期，$e^+e^- \to \mu^+\mu^-$ 反应总截面可表示为

$$\sigma_{\mu\mu} = \frac{21.714\text{nb}}{E^2},$$

其中 nb(10^{-33}cm^2)是反应截面单位. 在不同能量处观测到的事例数 n_i 如表 12.4 所示. 表中 L_i 表示实验测量时在能量 E_i 处的积分亮度，理论事例数 f_i 与 L_i 有简单的关系

$$f_i = AL_i\sigma_{\mu\mu},$$

A 是由实验装置决定的一个常数.

表 12.4

E_i /GeV	L_i /nb^{-1}	$\sigma_{\mu\mu}$ /nb	f_i (理论)	n_i (实验)
6	97.7	0.603	26.7	31
6.5	53	0.514	11.6	13
8.5	60	0.301	7.7	16
11	51.5	0.179	3.9	3
13.7	483	0.116	23.8	18
15	623	0.0965	25.6	28
15.3	2015	0.0928	84.5	91
15.8	238	0.0870	8.8	7
16.7	1785	0.0779	64	66
17.24	2257	0.0731	76.3	58
17.72	3084	0.0692	99.2	110
18.2	1854	0.0656	56.8	49

现在来检验实验测量与理论的一致性. 由于测量是在若干个能量点进行的，显然不可能覆盖 E 的全部区域，因此，理论值与观测值之间的归一既不可能也不必要，应当使用本节描述的拟合优度的一般 χ^2 检验. QED 对 $e^+e^- \to \mu^+\mu^-$ 反应的截面公式作为零假设，那么在实验给定的积分亮度下，对反应事例数的理论预期值如表 12.4 中的 f_i 所表示. 根据式(12.4.20)，量

$$X^2 = \sum_{i=1}^{12} \frac{(n_i - f_i)^2}{f_i}$$

近似地服从 $\chi^2(12)$ 分布．由于自由度 $N=12$ 相当大，虽然 $E=11\text{GeV}$ 的理论事例数(3.9 个)小于 5，按照 12.4.2 节的讨论，该近似仍然适用．取显著性水平 $\alpha=0.05$，确定出临界值 $\chi_{\alpha=0.05}(12)=21.03$．实验观测值 X^2_{obs} 计算结果为

$$X^2_{\text{obs}}=19.22<21.03,$$

所以在显著性 $\alpha=0.05$ 水平上没有理由认为实验与理论不一致．

利用事例数与积分亮度的简单关系容易算出 $\sigma_{\mu\mu}$ 的实验测定值，画在图 12.7 中．可以看到，理论与测量的最大偏差出现在 $E\equiv\sqrt{S}/2=8.5\text{GeV}$ 处，在此情形下，对该点的实验数据作仔细的检查是必要的．

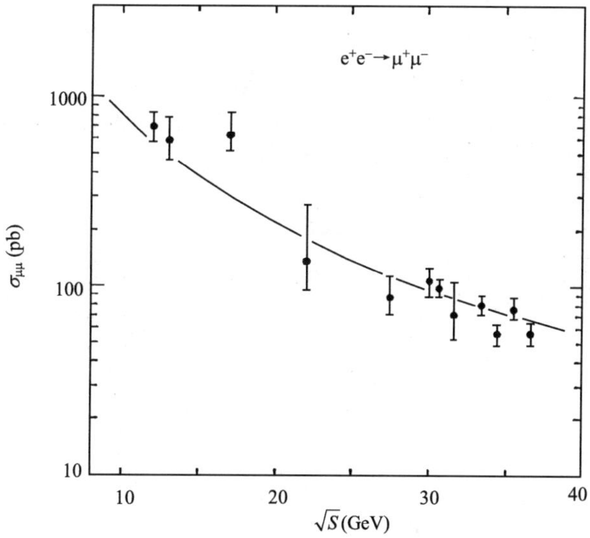

图 12.7　$e^+e^-\to\mu^+\mu^-$ 反应截面的理论预期和测量值

例 12.9　V^0 事例的运动学分析(2)

中性奇异粒子 Λ^0 和 K^0_s 的衰变方式分别为

$$\Lambda^0\to p^++\pi^-,\qquad K^0_s\to\pi^++\pi^-.$$

它们在气泡室中观测到的都是 V^0 形事例(见例 9.12 的说明)．我们可以用拟合优度的皮尔逊 χ^2 检验来鉴别衰变的中性粒子是 Λ^0 还是 K^0_s．对每个 V^0 事例，假定只存在两种假设

$$H_0:\Lambda^0\to p^++\pi^-,\qquad H_1:K^0_s\to\pi^++\pi^-.$$

每个粒子由三个运动学变量描述：动量 p，飞行方向的极角 ϑ 和方位角 φ．假定中性粒子 V^0 的 ϑ、φ 已从该粒子的产生点和衰变点确定，衰变产生的两个带电粒子的动量和飞行方向 ϑ、φ 也根据气泡室的径迹分析测量到了，于是测量值 $\boldsymbol{\eta}$ 是一个 8 个分量的向量，唯一的未知参数 ξ 是中性粒子动量数值．对于这 9 个运动学变量，由于衰变前后必须服从能量、动量守恒，故共存在四个独立的约束方程．

利用最小二乘法求得拟合值，$\boldsymbol{f}_0=\hat{\boldsymbol{\eta}}$，代入式(12.4.21)求出 $X^2_{\min}$，$X^2_{\min}$ 将服从 $\chi^2(3)$ 分布．当给定显著性水平 α，即可求出临界域，对零假设作出接受或拒绝的结论．

设一个特定的 V^0 事例有以下数据：V^0 粒子的产生点和衰变点坐标分别为 $(-44.40\pm0.14,\ -1.80\pm0.17,\ -16.20\pm0.26)$ 和 $(-28.80\pm0.15,\ -5.30\pm0.16,\ -16.00\pm0.26)$，单位是厘米．由这些数据可求得 V^0 粒子的飞行极角和方位角 ϑ、φ．两个带电粒子的动量值，极角 ϑ 和方位角 φ 如表 12.5 所列，当带正电的粒子考虑为质子 p 和介子 π^+ 时，ϑ、φ 值有微小的差别，这是由于物理上的考虑(粒子径迹的多次散射修正)．所有测量值的误差互不相关．

表 12.5

		动量(MeV/c)	极角 ϑ/弧度	方位角 φ/弧度
测量值	正粒子设为 p	1535±72	1.549±0.006	6.107±0.007
	设为 π^+	1479±60	1.552±0.006	6.111±0.006
	负粒子 π^-	378±18	1.668±0.016	5.768±0.014
H_0 为真时的拟合值	p	1564±72	1.549±0.006	6.106±0.007
	π^-	354±11	1.662±0.016	5.781±0.012
H_1 为真时的拟合值	π^+	1831±51	1.547±0.006	6.124±0.006
	π^-	381±18	1.689±0.016	5.719±0.011

给定显著性水平 $\alpha=0.01$ 由附表 7 查得上侧临界值为 $\chi^2_{0.01}(3)=11.345$，而观测值 $X^2_{\text{obs}}(H_0)=3.6$，$X^2_{\text{obs}}(H_1)=26.7$．显然应当排除 H_1 而接受 H_0，故这一事例为 $\Lambda^0\to \text{p}+\pi^-$ 衰变事例．

本例中，$X^2_{\text{obs}}(H_0)$ 和 $X^2_{\text{obs}}(H_1)$ 相差很大，明显地落在临界值 $\chi^2_{0.01}(3)=11.345$ 的两边，这使得事例的鉴别十分容易．但有的情况下事情并非这样截然分明．例如，两个假设都满足 $X^2_{\text{obs}}<\chi^2_\alpha$，则在显著性水平 α 上这两种假设都可接受，这个事例便是模棱两可的．如果无法用其他测量作进一步的判别，一般的做法是取 X^2_{obs} 较小的那个假设．当两个假设都满足 $X^2_{\text{obs}}>\chi^2_\alpha$，则该事例应当排除于这两个假设规定的事例之外．

12.4.5 柯尔莫哥洛夫检验

皮尔逊 χ^2 检验无疑是物理学家使用得最普遍的非参数检验方法. 但正如前面所指出的，它只适用于子样容量大的场合，而且由于将数据归并到 N 个子区间中，导致某种程度的信息损失，降低了检验的有效性. 本节所要阐述的柯尔莫哥洛夫(Kolmogorov)检验方法，避免了对数据的分组划分，因而更充分地利用了数据的信息；同时该方法对任何子样容量都适用，故对小样问题明显地比皮尔逊 χ^2 检验优越. 当零假设给定的分布不包含待估计的未知参数时，利用柯尔莫哥洛夫检验比 χ^2 检验更为合适.

设 $x_1,x_2,\cdots,x_n$ 是随机变量 X 的顺序统计量(顺序统计量的定义见 6.2 节)的一组观测值，即

$$x_1 \leqslant x_2 \leqslant x_3,\cdots,\leqslant x_n .$$

子样分布函数 $S_n(x)$ 定义为(见 6.1 节)

$$S_n(x)=\begin{cases}0, & x<x_1, \\ \dfrac{k}{n}, & x_k \leqslant x<x_{k+1}, \quad k=1,\cdots,n-1, \\ 1\ , & x_n \leqslant x.\end{cases} \tag{12.4.29}$$

$S_n(x)$ 是一上升的阶梯函数，在每一观测值 $x_1,x_2,\cdots,x_n$ 处阶梯增高 $1/n$.

柯尔莫哥洛夫检验是将子样分布函数 $S_n(x)$ 与某个理论累积分布函数 $F_0(x)$ 进行比较，即零假设取为

$$H_0: S_n(x)=F_0(x) . \tag{12.4.30}$$

在 6.1 节中已经指出，格利汶科定理证明了当 $n \to \infty$ 时，$S_n(x)$ 依概率 1 收敛于总体 X 的累积分布函数 $F(x)$. 可以预计，当 H_0 为真，即 $F(X)=F_0(x)$，则在任一 x_i，$i=1$，$\cdots$，n 处，$S_n(x)$ 与 $F_0(x)$ 的值应当十分接近；相反，若在某些 x_i 处 $S_n(x)$ 与 $F_0(x)$ 的值差异很大，则总体 x 的分布与给定分布 $F_0(x)$ 处处相符的可能性很小，即原假设很可能不为真. 因此，$S_n(x)$ 与 $F_0(x)$ 的差值可以作为检验统计量.

我们定义如下三个随机变量来表征 $S_n(x)$ 与 $F_0(x)$ 的差值：

$$\begin{aligned} D_n^+ &= \max_{-\infty<x<+\infty}(S_n(x)-F_0(x)), \\ D_n^- &= \max_{-\infty<x<+\infty}(F_0(x)-S_n(x)), \\ D_n &= \max_{-\infty<x<+\infty}\left|S_n(x)-F_0(x)\right|=\max(D_n^+,D_n^-). \end{aligned} \tag{12.4.31}$$

当总体 X 的分布 $F(x)$ 为连续函数，则 D_n 和 D_n^+ 的概率分布为(D_n^+ 与 D_n^- 有相同的分布)[14]

$$P\left(D_n < z+\frac{1}{2n}\right)=\begin{cases}0, & z\leqslant 0\\ 1, & z\geqslant 1-\dfrac{1}{2n}\\ \displaystyle\int_{\frac{1}{2n}-z}^{\frac{1}{2n}+z}\int_{\frac{3}{2n}-z}^{\frac{3}{2n}+z}\cdots\int_{\frac{2n-1}{2n}-z}^{\frac{2n-1}{2n}+z} f(y_1,\cdots,y_n)\mathrm{d}y_1\cdots\mathrm{d}y_n, & 0<z<1-\dfrac{1}{2n}\end{cases}$$

$$P(D_n^+ \leqslant z)=\begin{cases}0, & z\leqslant 0\\ 1, & z\geqslant 1\\ \displaystyle\int_{1-z}^{1}\int_{\frac{n-1}{n}-z}^{y_n}\cdots\int_{\frac{2}{n}-z}^{y_3}\int_{\frac{1}{n}-z}^{y_2} f(y_1,\cdots,y_n)\mathrm{d}y_1\cdots\mathrm{d}y_n; & 0<z<1\end{cases}$$

式中

$$f(y_1,\cdots,y_n)=\begin{cases}n!, & 0<y_1<\cdots<y_n<1,\\ 0, & \text{其他}.\end{cases}$$

在子样容量 n 很大时的极限分布为

$$\lim_{n\to\infty} P\left(D_n \leqslant \frac{z}{\sqrt{n}}\right)=1-2\sum_{i=1}^{\infty}(-1)^{i-1}\mathrm{e}^{-2i^2z^2}\ (z>0), \tag{12.4.32}$$

$$\lim_{n\to\infty} P\left(D_n^+ \leqslant \frac{z}{\sqrt{n}}\right)=1-\mathrm{e}^{-2z^2}\ (z>0), \tag{12.4.33}$$

由式(12.4.33)立即有

$$\lim_{n\to\infty}\left\{4n(D_n^+)^2\leqslant z\right\}=1-\mathrm{e}^{-\frac{z}{2}}.$$

与式(4.14.2) $\chi^2(n)$ 的累积分布函数对比，即知，当 $n\to\infty$ 时

$$D_n^+ \sim \sqrt{\frac{\chi^2(2)}{4n}}. \tag{12.4.34}$$

可见，统计量 D_n ， D_n^+ ， D_n^- 的分布与总体分布 $F(x)$ 无关，且这一结论对任意子样容量 n 皆为正确. 因此，利用 D_n ， D_n^+ ， D_n^- 作为检验统计量的柯尔莫哥洛夫检验是分布自由的，适用于任何连续总体.

对于不同的备择假设，需选用不同的检验统计量，见表 12.6. 当 H_0 为真，D_n(D_n^+，D_n^-)接近于 0；当 H_0 不为真而备择假设 H_1 为真，D_n(D_n^+，D_n^-)有增大的趋势. 因此，D_n(D_n^+，D_n^-)的临界域在其分布的上侧. 给定显著性水平 α，其临界值 $D_{n,\alpha}^{(+,-)}$ 由

$$P\left\{D_n^{(+,-)} > D_{n,\alpha}^{(+,-)}\right\} \leqslant \alpha \tag{12.4.35}$$

给出. 对于五种不同的显著性水平 α 值，$D_n^{(+,-)}$ 的临界值列于附表 12，表的最后一行给出了 n 趋于 ∞ 时的临界值 $D_{n,\alpha,n\to\infty}$，并且总有

$$D_{n,\alpha} < D_{n,\alpha,n\to\infty}.$$

对于单侧备择假设的情形，当 n 很大时，还可利用式(12.4.34)来确定临界值

$$D_{n,\alpha}^{+,-} = \sqrt{\frac{\chi_\alpha^2(2)}{4n}}, \tag{12.4.36}$$

其中 $\chi_\alpha^2(2)$ 是 $\chi^2(2)$ 分布的上侧 α 分位数.

表 12.6

原假设	备择假设	检验统计量	注
$H_0: F(x) = F_0(x)$	$H_1: F(x) \neq F_0(x)$	D_n	双侧备择假设
$H_0: F(x) = F_0(x)$	$H_1: F(x) > F_0(x)$	D_n^+	单侧备择假设
$H_0: F(x) = F_0(x)$	$H_1: F(x) < F_0(x)$	D_n^-	单侧备择假设

这样，根据一组观测值 $x_1,\cdots,x_n$ 来检验零假设 H_0 就变得十分简单. 对于所需要的备择假设选择适当的统计量 D_n 或 D_n^+，D_n^-，将观测值 $x_1,\cdots,x_n$ 代入式(12.4.31)得到 $D_n^{(+,-)}$ 的实际观测值 $D_{n,\text{obs}}^{(+,-)}$，如果 $D_{n,\text{obs}}^{(+,-)} > D_{n,\alpha}^{(+,-)}$，则在显著性水平 α 上拒绝 H_0 而接受备择假设；反之，则接受原假设 H_0.

对 $H_1: F(x) \neq F_0(x)$ 的情形，式(12.4.35)结合式(12.4.31)可重新表述为

$$P\left\{S_n(x) - D_{n,\alpha} \leqslant F_0(x) \leqslant S_n + D_{n,\alpha}\right\} \geqslant 1-\alpha \text{，对所有 } x. \tag{12.4.37}$$

该式表示累积分布函数 $F_0(x)$ 大于 $S_n(x) - D_{n,\alpha}$ 而小于 $S_n(x) + D_{n,\alpha}$ 的概率大于 $1-\alpha$，即真的累积分布函数 $F_0(x)$ 落在 $\left[S_n(x) - D_{n,\alpha}, S_n(x) + D_{n,\alpha}\right]$ 区域内的置信概率大于 $1-\alpha$. 这一关系可以用来估计为了使测量值能反映总体分布达到一定的精度，需要多少次测量(即子样容量 n). 例如，要求在置信水平 90%上，实验测量得到的分布反映真实分布 $F_0(x)$ 的精度好于 0.20. 因为 D_n 是子样分布与真分布 $F_0(x)$ 的差值，它是测量值反映 $F_0(x)$ 的精度的直接表示，所以上述要求相当于

$\alpha=10\%$，$D_n\leqslant 0.20$. 从附表 12 可以查到，为了使 $D_n\leqslant 0.20$，子样容量必须满足 $n>35$. 也就是说，36 次测量构成的子样分布与总体真分布的差别在置信水平 90% 时小于 20%. 类似地，当要求精度好于 0.05 时，由附表 12 可查得 n 需大于等于 600.

例 12.10　低统计实验的拟合优度检验

作为柯尔莫哥洛夫检验的一个例子，我们来考察一个低统计实验. 假定观测了中性 K 介子衰变为 $\pi^+e^-\nu$ 的 30 个事例，其衰变时间谱如图 12.8(a)中折线 $S_{30}(t)$ 所示. 希望检验该中性 K 介子是不是 $\overline{K}^0$. 当认为这些介子是 $\overline{K}^0$ 时(零假设 H_0)，衰变时间谱如图 12.8(a)中的连续曲线 $F_0(t)$ 所示.

从测量和理论曲线确定了

$$D_{30,\text{obs}}=\max_{0<t<\infty}\left|S_{30}(t)-F_0(t)\right|=0.17\ .$$

选定显著性水平 $\alpha=0.10$，从附表 12 查得

$$D_{30,\alpha=0.10}=0.2176,$$

因此不能拒绝零假设 H_0.

作为对比，利用同样的观测数据对 H_0 作皮尔逊 χ^2 检验. 将衰变时间划分为 4 个子区间：0~3，3~5，5~7，7~18(单位 0.89×10^{-10}s)如图 12.8(b)所示，这样的划分满足每一子区间内观测频数≥5 的要求，而且每一子区间内的理论概率积分值大致相等. 这时，式(12.4.16)表示的统计量 X^2 渐近地服从 $\chi^2(3)$ 分布，由 χ^2 分布表查得

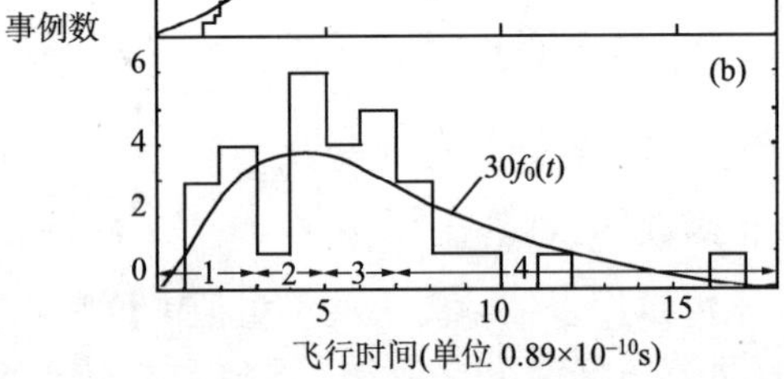

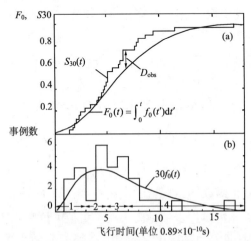

图 12.8　衰变时间谱的理论预期和实验测量值

(a) 累积分布(柯尔莫哥洛夫检验)；(b) 微分分布(皮尔逊 χ^2 检验)

$$\chi^2_{\alpha=0.10}(3) = 6.251,$$

而观测值算出

$$X^2_{\text{obs}} = 3.0 < \chi^2_{0.10}(3),$$

因此，皮尔逊检验同样得到不能拒绝原假设 H_0 的结论.

12.5　信号的统计显著性

如我们在第十一章小信号测量问题中提到的，实验测量值通常同时包含信号和本底的贡献，而且信号和本底的测量都存在统计涨落，即它们都是随机变量. 当我们在信号区观测到的事例数 n 明显地高于预期的本底事例数 b，我们会判断观测到了信号事例. 例如，在图 11.1(b)中不变质量 $m_{\eta\pi^+\pi^-} \approx 958\,\text{MeV}$ 附近观测到了 η' 粒子的信号. 显然，n 比 b 大出越多，对于“观测到了信号事例”这一判断的可信程度越高. 信号的**统计显著性**(statistical significance)是物理学家对“观测到了信号事例”这一判断的定量化表征.

在讨论信号的统计显著性问题时，零假设 H_0 通常表示为观察到的实验现象可以只用已知的现象或本底函数圆满地描述，备择假设 H_1 则表示观察到的实验现象需要用已知的现象或本底函数，加上未知、待寻找的新信号过程的贡献才能完整地描述. 信号的统计显著性就是观察到的实验现象偏离已知的现象或本底函数、发现新信号、新过程的定量表征. 信号的统计显著性越高，发现新过程的可信度越大. 在粒子物理实验中，基本上达成了一种共识，如果实验中观察到一种新信号其显著性 $S \geqslant 5$，则可以认为“发现”了一种新信号；当新信号的显著性 $S \geqslant 3$ ($S \geqslant 2$)，则只能说新信号的存在有强(弱)的证据. 所以在寻找新现象的实验测量中，信号的统计显著性尤为重要.

12.5.1　实验 *P* 值

粒子物理实验中，对是否观测到信号事例这一判断的定量表征方法之一是给出实验 P 值，它定义为

$$P(u_{\text{obs}}) = P(u \geqslant u_{\text{obs}} \mid H_0) = \int_{u \geqslant u_{\text{obs}}} f(u \mid H_0)\mathrm{d}u, \tag{12.5.1}$$

其中 u 是实验观测量(随机变量)或用实验观测量构造的统计量，u_{obs} 是某个实验测量到的 u 值，$f(u \mid H_0)$ 是零假设 H_0 为真时 u 的概率密度函数， 实验 P 值是 H_0 为真时 $u > u_{\text{obs}}$ 的概率. 不失一般性，我们设定 u 值越大，H_0 为真的可能性越小. 那么，$P(u_{\text{obs}})$ 值就是该实验测量值 u_{obs} 与零假设 H_0 不一致性的某种定量表征，

$P(u_{\text{obs}})$ 值越小，H_0 为真的可能性越小.

假定存在某种信号事例，它的 u 值集中地出现在一个特定的区域称为信号区. 实验中信号区内观测到的信号事例数可视为期望值 s 的泊松变量，信号区内观测到的本底事例数可视为期望值 b 的泊松变量，则信号区内观测到总事例数 n 的概率为

$$f(n;s,b)=\frac{(s+b)^n}{n!}\mathrm{e}^{-(s+b)}. \tag{12.5.2}$$

假定实验观测到的信号区内总事例数为 n_{obs}，令零假设 H_0 为观测到的事例仅仅是由于本底的贡献，则相应的实验 P 值为

$$P(n_{\text{obs}})=P(n>n_{\text{obs}}\mid H_0)=\sum_{n=n_{\text{obs}}}^{\infty}f(n;s=0,b)=1-\sum_{n=0}^{n_{\text{obs}}-1}\frac{b^n}{n!}\mathrm{e}^{-b}. \tag{12.5.3}$$

实验 P 值越小，H_0 为真(观测到的事例仅仅是由于本底的贡献)的可能性越小. 举一个数值例子：假定 $b=0.6, n_{\text{obs}}=5$，则相应的实验 P 值约等于 4×10^{-4}，这表示实验观测到 $n\geqslant n_{\text{obs}}=5$ 个事例仅仅是由于本底涨落导致的概率小到只有 4×10^{-4}.

在实际应用中需要注意信号区内平均本底事例数(即期望值) b 可能存在系统误差(见第十一章的讨论). 通常信号区内平均本底事例数是由信号区外附近的本底区(称为边带区 sideband)的事例数分布确定的，这实际上隐含着两个假设：边带区内不包含信号事例，且能相当好地反映信号区内的本底贡献. 然而实际的测量数据中边带区内观测到的事例数分布往往不够平滑(如参见图 11.1)，边带区的宽度也没有严格的规则加以判定，而是依赖于实验者对“边带区内不包含信号事例，且能相当好地反映信号区内的本底贡献”的主观判断予以确定，因此存在不确定性，通常利用不同的本底函数形式、不同的边带区宽度来确定 b 的系统误差. 例如，在上面的例子中，$b=0.6$，假定考虑了系统误差后信号区内平均本底事例数 b 的范围为 0.5~0.7，则相应的实验 P 值范围为 $2\times10^{-4}\sim8\times10^{-4}$. 作为最后结果，可以报道实验 P 值的这一范围，或者保守地仅仅报道实验 P 值为 8×10^{-4}.

另一个问题是信号区的宽度. 不同的信号区宽度给出不同的 n_{obs} 和 b 值，从而得到不同的实验 P 值. 一般信号区的宽度取为足以包含绝大部分信号事例(如果存在的话). 例如，对于信号的实验分布为正态函数的情形，信号区间取为 $x_{\text{c}}\pm2.5\sigma$ 或 $x_{\text{c}}\pm3\sigma$ 都是合理的选择，这里 x_{c} 和 σ 分别是正态函数的中心值和标准偏差，它们分别包含了全部信号事例的 98.8%和 99.7%. 报道最终结果时推荐同时给出信号区间的宽度和实验 P 值.

12.5.2 信号的统计显著性

实验 P 值表示的是实验观测到的现象仅仅是由于本底涨落导致的概率，但是实验观测到的现象与待寻找的新现象、新信号之间的关系表达的不直观，后者通常用信号的统计显著性 S 来表示. 然而在粒子物理实验数据分析的发展过程中，使用了不同的统计显著性 S 的定义. 例如，对于 12.5.1 节中讨论的信号区内观测到的信号和本底事例数都服从泊松分布的情形，文献[63]对于信号统计显著性 S 有如下各种定义：

$$S_1 = (n-b)/\sqrt{b}, \tag{12.5.4}$$

$$S_2 = (n-b)/\sqrt{n}, \tag{12.5.5}$$

$$S_{12} = \sqrt{n} - \sqrt{b}, \tag{12.5.6}$$

$$S_{B1} = S_1 - k(\alpha)\sqrt{n/b}, \tag{12.5.7}$$

$$S_{B12} = 2S_{12} - k(\alpha), \tag{12.5.8}$$

$$\int_{-\infty}^{S_N} \frac{1}{\sqrt{2\pi}} \mathrm{e}^{-x^2/2} \mathrm{d}x = \sum_{i=0}^{n-1} \frac{b^i}{i!} \mathrm{e}^{-b}, \tag{12.5.9}$$

其中 n 是信号区内观测到的总事例数，b 是信号区内观测到的本底事例数的期望值，它被认为是一个已知值. S 的不同角标表示来源于不同的定义，$k(\alpha)$是一个与观察到信号事例的确定程度相关的系数，对于它们的详细说明请阅读文献[63]. 以上 S 的不同定义都是基于实验测量中信号区内的计数来检验零假设 H_0 和备择假设 H_1，这样的实验被称为“计数实验”.

在许多情形下，通过实验测量值或它的统计量的分布来检验零假设 H_0 和备择假设 H_1 比简单地通过信号区内的计数来检验要更为准确和精确，这时，需要用似然比方法进行检验. 假定 $L(b)$ 和 $L(s+b)$ 分别为用零假设 H_0 和备择假设 H_1 的概率密度构造的似然函数，$L_{\mathrm{m}}(b)$ 和 $L_{\mathrm{m}}(s+b)$ 分别为用 $L(b)$ 和 $L(s+b)$ 拟合实验数据得到的似然函数极大值，I.Narsky[63]在 $-2\ln[L_{\mathrm{m}}(b)/L_{\mathrm{m}}(s+b)]$ 服从自由度为 1 的 χ^2 分布的假定下给出了信号的统计显著性

$$S = [2(\ln L_{\mathrm{m}}(s+b) - \ln L_{\mathrm{m}}(b))]^{1/2}. \tag{12.5.10}$$

似然函数可以取为标准的形式

$$L(s+b) = \prod_{i=1}^{N} [\omega_s f_s(u_i) + (1-\omega_s) f_b(u_i)], \tag{12.5.11}$$

$$L(b)=\prod_{i=1}^{N} f_b(u_i)\,, \tag{12.5.12}$$

其中 N 为实验中观察到的总事例数，s 和 b 分别表示信号和本底事例数，实验测量值或它的统计量表示为 u ，u_i 为第 i 个事例的测量值，$f_s(u)$ 和 $f_b(u)$ 分别表示信号和本底的概率密度函数，ω_s 为信号事例数的权因子.

但一般取扩展的似然函数更为适当，因为它考虑了观察事例数泊松分布的不确定性

$$L(s+b)=\frac{\mathrm{e}^{-(s+b)}}{N!}\prod_{i=1}^{N}[sf_s(u_i)+bf_b(u_i)]\,, \tag{12.5.13}$$

$$L(b)=\frac{\mathrm{e}^{-b}b^N}{N!}\prod_{i=1}^{N} f_b(u_i)\,. \tag{12.5.14}$$

由于实验 P 值表示的是实验数据与零假设之间的不一致性，实验 P 值越小，零假设为真的可能性越小，备择假设为真的可能性越大. 因此文献[64]将信号显著性与实验 P 值联系起来，对信号显著性作了如下的定义：

$$\int_{-S}^{S}\frac{1}{\sqrt{2\pi}}\mathrm{e}^{-x^2/2}\mathrm{d}x=1-P(u\geqslant u_{\text{obs}}\mid H_{bg})\equiv 1-P(u_{\text{obs}})\,. \tag{12.5.15}$$

该式的左边是正态分布在 $\pm S$ 个标准差($\pm S\sigma$)内的积分概率. 在这样的定义下，相对应的 S 值和实验 P 值如表 12.7.

对于计数实验的情形，实验 P 值为

$$P(n_{\text{obs}})=P(n>n_{\text{obs}}\mid H_0)=\sum_{n=n_{\text{obs}}}^{\infty}\frac{b^n}{n!}\mathrm{e}^{-b}=1-\sum_{n=0}^{n_{\text{obs}}-1}\frac{b^n}{n!}\mathrm{e}^{-b}\,. \tag{12.5.16}$$

代入式(12.5.15)，立即有

$$\int_{-S}^{S}\frac{1}{\sqrt{2\pi}}\mathrm{e}^{-x^2/2}\mathrm{d}x=\sum_{n=0}^{n_{\text{obs}}-1}\frac{b^n}{n!}\mathrm{e}^{-b}\,. \tag{12.5.17}$$

与式(12.5.9)比较，积分下限有所不同.

表 12.7　实验 P 值与统计显著性 S 的对应关系

S 值	实验 P 值
1	0.3173
2	0.0455
3	0.0027
4	6.3×10^{-5}
5	5.7×10^{-7}
6	2.0×10^{-9}

对于似然比方法的情形，如前所述，假定零假设 H_0 是实验数据仅仅由本底似然函数 $L(b)$ 描述，备择假设 H_1 是实验数据由 $L(s+b)$ 描述，假定 $L(b)$ 有 m 个待定参数(描述本底概率密度 $f_b(u)$ 的参数)，$L(s+b)$ 有 $k(>m)$ 个待定参数(描述本底概率密

度 $f_b(u)$ 和信号概率密度 $f_s(u)$ 的参数以及它们之间的相对权重因子). 按照 12.2.2 节的叙述，H_0(似然函数 $L(b)$)是对 H_1(似然函数 $L(s+b)$)中 k 个待定参数中的 r 个参数加以固定，或加上了 r 个约束条件，于是似然比统计量

$$\lambda = L_m(b)/L_m(s+b) \tag{12.5.18}$$

是零假设 H_0 的合理的检验统计量，这里 $L_m(b)$ 是利用 $L(b)$ 拟合实验数据得到的极大似然函数值. 文献[27]证明了，当 H_0 为真，在子样容量很大的情形下，统计量

$$u = -2\ln\lambda = 2(\ln L_m(s+b) - \ln L_m(b)) \tag{12.5.19}$$

渐近地服从 $\chi^2(r)$ 分布. 当 λ 的观测值接近于 1，H_0 为真的可能性很大；当 λ 的观测值接近于 0，H_0 为真的可能性很小. 所以，λ的临界域在λ值接近 0 的区域，相应地，u 的临界域在 u 值大的区域. 倘若 u 的实验观测值为 u_{obs}，则由式(12.5.1)知实验 P 值为

$$P(u_{obs}) = \int_{u_{obs}}^{\infty} \chi^2(u;r)\mathrm{d}u, \tag{12.5.20}$$

代入式(12.5.15)立即得到利用似然比统计量计算信号统计显著性 S 的表达式

$$\int_{-S}^{S} \frac{1}{\sqrt{2\pi}} e^{-x^2/2}\mathrm{d}x = 1 - P(u_{obs}) = \int_0^{u_{obs}} \chi^2(u;r)\mathrm{d}u. \tag{12.5.21}$$

对于 $r=1$ 的特殊情形，有

$$\int_{-S}^{S} \frac{1}{\sqrt{2\pi}} e^{-x^2/2}\mathrm{d}x = \int_0^{u_{obs}} \chi^2(u;1)\mathrm{d}u = 2\int_0^{\sqrt{u_{obs}}} \frac{1}{\sqrt{2\pi}} e^{-x^2/2}\mathrm{d}x,$$

立即可得

$$S = \sqrt{u_{obs}} = [2(\ln L_m(s+b) - \ln L_m(b))]^{1/2}, \tag{12.5.22}$$

它与 I. Narsky 的式(12.5.10)完全一致.

由以上讨论可知，式(12.5.15)定义的信号统计显著性无论对于计数实验或似然比方法都是适用的，因此避免了多重定义. 利用似然比统计量计算信号统计显著性的式(12.5.21)的优点在于避免了确定信号区和本底边带区时带来的不确定因素，但由以上的推导过程可知必须满足大子样容量的要求. 对于小子样容量的情形，仍然应当用式(12.5.17)计算信号统计显著性 S.

由于 S 值有多种定义，因此实验结果的报道中，在陈述某个信号的统计显著性 S 值为多大时，应当说明其明确的定义.

12.6 独立性检验

第三章中我们提到，n 维随机向量与一维随机变量的最大区别，在于前者的性质不仅与各分量有关，而且依赖于各分量间的相互关联. 当各分量间相互独立，随机向量实际上是互不关联的 n 个一维随机变量，问题的处理就大大简化. 独立性检验就是利用随机向量的子样观测值来决定各分量是否相互独立的问题. 独立性检验最常见的是 χ^2 检验法.

设二维随机变量 $\{X,Y\}$ 的分布函数及边沿分布函数分别是 $F(x,y)$ 及 $F_X(x)$，$F_Y(y)$. 由 3.1 节所述，随机变量 X, Y 相互独立的条件是对一切 x 和 y，下式成立：

$$F(x,y) = F_X(x) \cdot F_Y(y) .$$

因此，两个随机变量之间独立性检验的零假设和备择假设可表示为

$$H_0 : F(x,y) = F_X(x) \cdot F_Y(y),$$
$$H_1 : F(x,y) \neq F_X(x) \cdot F_Y(y).$$

设有一个二维总体，随机地抽取容量 n 的二维子样 $(x_1, y_1), \cdots, (x_n, y_n)$. 将 X 和 Y 的值域分别划分为 I 和 J 个子区间，子样中 X 属于第 i 子区间，Y 值属于第 j 子区间的事例数记为 n_{ij}，并记

$$n_{i\cdot} \equiv \sum_{j=1}^{J} n_{ij} , \qquad n_{\cdot j} \equiv \sum_{i=1}^{J} n_{ij} . \tag{12.6.1}$$

子样容量 n 值满足归一化条件

$$\sum_{i=1}^{I}\sum_{j=1}^{J} n_{ij} = \sum_{i=1}^{I} n_{i\cdot} = \sum_{j=1}^{J} n_{\cdot j} = n . \tag{12.6.2}$$

这些数目可方便地写成**联列表**的形式如表 12.8 所示.

表 12.8

n_{ij} \ j i	1	2	3	…	J	$n_{i\cdot}$
1	n_{11}	n_{12}	n_{13}	…	n_{1J}	$n_{1\cdot}$
2	n_{21}	n_{22}	n_{23}		n_{2J}	$n_{2\cdot}$
3	n_{31}	n_{32}	n_{33}		n_{3J}	$n_{3\cdot}$
⋮	⋮					⋮
I	n_{I1}	n_{I2}	n_{I3}		n_{IJ}	$n_{I\cdot}$
$n_{\cdot j}$	$n_{\cdot 1}$	$n_{\cdot 2}$	$n_{\cdot 3}$	…	$n_{\cdot J}$	n

从总体$\{X, Y\}$中任意抽取一个元素，它的x值落入第i子区间，y值落入第j个子区间这一事件的概率记为p_{ij}，以$p_{i\cdot}$和$p_{\cdot j}$分别表示相应的边沿概率，则有

$$p_{i\cdot}=\sum_{j=1}^{J}p_{ij}\,,\qquad p_{\cdot j}=\sum_{i=1}^{I}p_{ij}\,,\tag{12.6.3}$$

$$\sum_{i=1}^{I}\sum_{j=1}^{J}p_{ij}=\sum_{i=1}^{I}p_{i\cdot}=\sum_{j=1}^{I}p_{\cdot j}=1.\tag{12.6.4}$$

这样，独立性检验的零假设可表示为

$$H_0: p_{ij}=p_{i\cdot}p_{\cdot j}\,,\qquad i=1,\cdots,I\,;\qquad j=1,\cdots,J\,.\tag{12.6.5}$$

由于条件式(12.6.4)的存在，I个$p_{i\cdot}$和J个$p_{\cdot j}$中只有$(I-1)$个$p_{i\cdot}$和$(J-1)$个$p_{\cdot j}$是独立的. $p_{i\cdot}$和$p_{\cdot j}$可用极大似然法估计. 当H_0为真，似然函数为

$$\begin{aligned}L&=\prod_{i=1}^{I}\prod_{j=1}^{J}(p_{ij})^{n_{ij}}=\prod_{i=1}^{I}\prod_{j=1}^{J}(p_{i\cdot})^{n_{ij}}(p_{\cdot j})^{n_{ij}}=\prod_{i=1}^{I}(p_{i\cdot})^{n_{i\cdot}}\prod_{j=1}^{J}(p_{\cdot j})^{n_{\cdot j}}\\&=\left(1-\sum_{i=1}^{I-1}p_{i\cdot}\right)^{n_{I\cdot}}\left(1-\sum_{j=1}^{J-1}p_{\cdot j}\right)^{n_{\cdot J}}\left(\sum_{i=1}^{I-1}p_{i\cdot}^{n_{i\cdot}}\right)\left(\sum_{j=1}^{J-1}p_{\cdot j}^{n_{\cdot j}}\right).\end{aligned}$$

由似然方程

$$\begin{cases}\dfrac{\partial\ln L}{\partial p_{i\cdot}}=0, & i=1,\cdots,I-1,\\[2ex]\dfrac{\partial\ln L}{\partial p_{\cdot j}}=0, & j=1,\cdots,J-1.\end{cases}$$

解出$p_i.$和$p._j$的极大似然估计值为

$$\begin{cases}\hat{p}_{\cdot i}=n_{i\cdot}/n, & i=1,\cdots,I-1,\\ \hat{p}_{\cdot j}=n_{\cdot j}/n, & j=1,\cdots,J-1.\end{cases}\tag{12.6.6}$$

因此，H_0为真时，据式(12.6.5)，应有

$$\hat{p}_{ij}=\hat{p}_{i\cdot}\cdot\hat{p}_{\cdot j}=n_{i\cdot}n_{\cdot j}/n^2\,.$$

现在$n\hat{p}_{ij}$可作为“理论频数”，n_{ij}可作为观测频数，当H_0为真，这两者的差别将很小. 类似于12.4.2节皮尔逊χ^2检验，我们可构作检验统计量X^2

$$X^2=\sum_{i=1}^{I}\sum_{j=1}^{J}\frac{(n_{ij}-n_{i\cdot}n_{\cdot j}/n)^2}{n_{i\cdot}n_{\cdot j}/n}=n\left(\sum_{i=1}^{I}\sum_{j=1}^{J}\frac{n_{ij}^2}{n_{i\cdot}n_{\cdot j}}-1\right). \tag{12.6.7}$$

当H_0为真，并且对所有的i,j,n_{ij}充分大，则X^2渐近地服从χ^2分布，自由度ν等于独立观测数和独立的未知参数个数之差. 在$I\cdot J$个观测数n_{ij}中，由于归一化条件$\sum_{i,j}n_{ij}=1$的存在，只有$IJ-1$个是独立的；未知参数$\hat{p}_{i\cdot}$和$\hat{p}_{j\cdot}$中只有$I-1$个和$J-1$个是独立的(见式(12.6.6))，因此，自由度ν等于

$$\nu=(IJ-1)-\left[(I-1)+(J-1)\right]=(I-1)(J-1). \tag{12.6.8}$$

这样，给定显著性水平α后，可从$\chi^2(\nu)$分布表查得临界值$\chi_\alpha^2(\nu)$. 当观测值$X_{\mathrm{obs}}^2>\chi_\alpha^2(\nu)$，则在显著性水平$\alpha$上拒绝零假设$H_0$.

例 12.11　动量分量的独立性

图 12.9 是一个二维散点图，它表示 19GeV/c 的质子-质子碰撞中产生的 670 个Λ超子，在质子-质子的质心系中，纵向动量p_l和横向动量p_t的分布. 所谓纵向动量p_l，是指Λ超子动量在入射质子方向上的动量分量；p_t则为垂直于该方向的动量分量，要求根据这些信息来检验p_l与p_t是否相互独立.

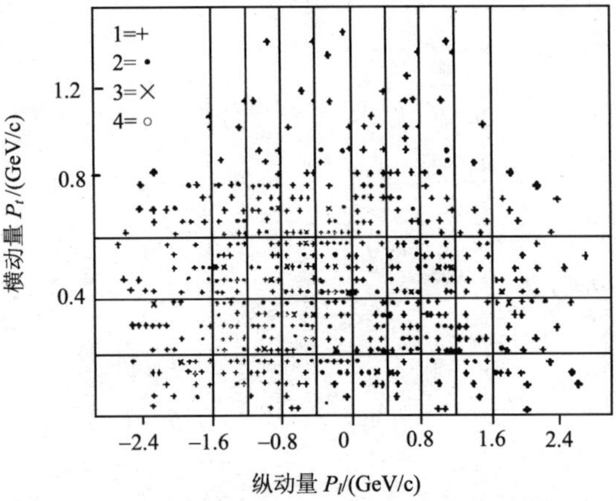

图 12.9　Λ超子的纵向动量p_l和横向动量p_t的分布

图中数字表示该动量值处Λ超子的计数. +表示数字 1

将横动量p_t覆盖的范围划分为 4 个互不相容的子区间(标以A_{1-4})；纵动量p_l覆盖的范围划分为 10 个子区间(标以B_{1-10})，如图 12.9 中相互垂直的线所划分的区域所示. 得出联列表，见表 12.9.

表 12.9

	B_1	B_2	B_3	B_4	B_5	B_6	B_7	B_8	B_9	B_{10}	$n_{i\cdot}$
A_1	20	8	13	12	13	11	7	5	7	10	106
A_2	20	23	22	26	15	14	21	20	9	21	191
A_3	21	22	15	24	35	10	19	22	8	15	191
A_4	20	18	25	19	25	25	19	18	6	7	182
$n_{\cdot j}$	81	71	75	81	88	60	66	65	30	53	670

按表中的数据和式(12.6.7)算得 $X^2_{\text{obs}}=39.8$. 由式(12.6.8)可知，自由度为 $(4-1)\times(10-1)=27$. 当给定显著性水平 $\alpha=0.05$，临界值 $\chi^2_{\alpha=0.05}(27)=40.11$. 故在显著性水平 $\alpha=0.05$ 上不能拒绝零假设,即纵动量 p_l 与横动量 p_t 可认为相互独立.

12.7　一致性检验

实验工作者经常遇到一致性的检验问题. 例如，我们利用某种加速器的粒子流研究粒子反应，为了得到粒子反应的充分多的事例，数据的收集要持续相当长的时间. 要想获得可靠的实验结论，必须保证实验条件在收集数据的过程中是始终相同的，这可以通过收集到的数据的一致性检验得到反映. 如果某些实验条件不是始终一致，观测值就会产生系统的偏移，应当对这种偏移作适当的修正. 又比如不同的实验对同一个物理量作了测定，如果要从各测定数据求出该物理量的合并测量值，则首先要对各实验的子样测定值作一致性检验，以保证它们之间不存在系统的差别.

下面介绍的一致性检验方法都是分布自由的，即所使用的检验统计量与总体分布无关. 因而对任何总体都适用.

对于单个总体 X 根据其一组子样观测值来确定它的 p 分位数(定义见 2.4 节)是否等于指定常数这样的问题，**符号检验**提供了一种简单易行的方法. 总体的均值可以视为“特殊”的 p 分位数，因而也适用此法. 这是一种“位置”检验问题，只对总体 p 分位数的位置感兴趣，而不关心总体分布函数的形式. 符号检验还可用来比较两个总体 p 分位数的一致性；**威尔科克森符号秩和检验**可应用于同样的目的，而且后者更充分地利用了测量数据提供的信息，因而检验更灵敏也更可靠.

12.4 节拟合优度检验解决的问题是单个总体的分布是否与原假设规定的函数形式一致，本节所要讨论的是多个总体分布的一致性，即它们是否具有相同的分布函数. 于是原假设可表示为

$$H_0: f_1(x) = f_2(x) = \cdots.$$

这里 $f(x)$ 是待检验总体的概率密度. 检验的重点是各总体分布函数是否相同，至于 $f(x)$ 的具体形式怎样我们并不关心.

对于两个子样的一致性比较，我们介绍三种不同的检验方法. 最简单的是**游程检验**，如果怀疑两个子样的一致性，可首先用游程检验来决定是否排除零假设 H_0. 如果游程检验不能作出结论，则应利用**斯米尔诺夫检验**和**威尔科克森秩和检验**[20]，它们的计算虽较游程检验复杂，但对数据信息的利用比较充分，因而检验两个子样之间的不一致性的效能更强. 对于多于两个子样之间的一致性检验问题，当总体为连续函数，可用**克鲁斯卡尔-瓦列斯**[18]检验法；当总体为离散型，则应用 χ^2 检验.

在某种条件下，利用同一组观测值，游程检验与皮尔逊 χ^2 检验相互独立(一般基于同一组数据作不同的检验是互相不能独立的)，这一不寻常的性质使得游程检验成为拟合优度的皮尔逊 χ^2 检验的有益补充，这一点在 12.4 节中已经提到.

12.7.1　符号检验

1) 单子样问题的符号检验

单个子样的分布拟合问题在皮尔逊 χ^2 检验和柯尔莫哥洛夫检验中已经作了介绍. 但在有些场合，我们不关心总体分布是否为一特定的函数形式，而是需要了解总体分布的分位数(特别是中位数)或均值(可视为“特殊”的分位数)是否为某一指定值. 分位数和中位数的定义见式(2.4.7)~式(2.4.11). 对于这种“位置”检验问题，符号检验非常适用.

设 $F(x)$ 为连续总体 X 的累积分布函数， X_p 是总体 X 的 p 分位数，即满足

$$F(X_p) = p.$$

$X_1, \cdots, X_n$ 是 X 的随机子样，要根据随机子样的观测值来确定，总体 X 的 p 分位数是否等于指定常数 X_p^0. 因此，待检验的零假设为

$$H_0: X_p = X_p^0, \qquad 0 < X_p^0 < 1. \tag{12.7.1}$$

用 z_i 表示 $X_i - X_p^0$ 的符号，即

$$z_i \equiv \operatorname{sign}(X_i - X_p^0) = \begin{cases} 1, & 若 X_i - X_p^0 \geqslant 0, \\ -1, & 若 X_i - X_p^0 < 0, \end{cases}$$

$$i = 1, 2, \cdots, n,$$

则有

$$P\{z_i=1\}=P\{X_i\geqslant X_p^0\}=1-F(X_p^0)\equiv 1-p_0,$$

$$P\{z_i=-1\}=P\{X_i<X_p^0\}=F(X_p^0)\equiv p_0,$$

其中 $p_0\equiv F(X_p^0)$. 当 H_0 为真，应有

$$P\{z_i=1\}=1-p\,,\qquad P\{z_i=-1\}=p\,.$$

令 r 为子样 $X_1,X_2,\cdots,X_n$ 中小于 X_p^0 (即 $z_i=-1$)的个数，显然 r 是服从二项分布 $B(r;n,p_0)$ 的随机变量；当 H_0 为真，应有 $r\sim B(r;n,p\ )$. 这样，检验零假设 $X_p=X_p^0$ 的问题化简为检验假设 $p=p_0$ 的问题，或者 r 的期望值 $E(r)=np_0$ 等于 np 的问题. 当 H_0 为真，$p=p_0$，r 的观测值远离 np 的可能性很小；反之，H_0 不为真，r 值远离 np 的可能性变大. 于是 r 可作为零假设 H_0 的检验统计量.

临界域的确定有赖于备择假设 H_1 的选择. H_1 可以是 $X_p<X_p^0$，或 $X_p>X_p^0$，或 $X_p\neq X_p^0$. 对于 $X_p<X_p^0$ 的情形，有

$$p=F(X_p)<F(X_p^0)=p_0,$$

即 $np<np_0$，二项分布随机变量 r 的观测值倾向于比 np 大. 反之，当 $X_p>X_p^0$，则有

$$p=F(X_p)>F(X_p^0)=p_0\,,$$

r 的观测值倾向于比 np 小. 因此，根据参数假设检验的一般方法(参见 12.2 节)和二项分布的性质，给定显著性水平 α，对于不同的备择假设，临界域可按下法求得：

(1) $H_0:X_p=X_p^0$, $H_1:X_p>X_p^0$. 临界域为 $r\leqslant r_\alpha, r_\alpha$ 满足

$$\sum_{r=0}^{r_\alpha}B(r;n,p_0)\leqslant\alpha<\sum_{r=0}^{r_\alpha+1}B(r;n,p_0). \tag{12.7.2}$$

(2) $H_0:X_p=X_p^0$, $H_1:X_p<X_p^0$. 临界域为 $r\geqslant r_\alpha, r_\alpha$ 满足

$$\sum_{r=r_\alpha}^{n}B(r;n,p_0)\leqslant\alpha<\sum_{r=r_\alpha-1}^{n}B(r;n,p_0)$$

或

$$\sum_{r=0}^{r_\alpha-1}B(r;n,p_0)\geqslant 1-\alpha>\sum_{r=0}^{r_\alpha-2}B(r;n,p_0). \tag{12.7.3}$$

(3) $H_0: X_p = X_p^0$， $H_1: X_p \neq X_p^0$. 临界域为$r \leqslant r_1$和$r \geqslant r_2, r_1, r_2$满足

$$\sum_{r=0}^{r_1} B(r; n, p_0) \leqslant \frac{\alpha}{2} < \sum_{r=0}^{r_1+1} B(r; n, p_0),$$

$$\sum_{r=r_2}^{n} B(r; n, p_0) \leqslant \frac{\alpha}{2} < \sum_{r=r_2-1}^{n} B(r; n, p_0). \tag{12.7.4}$$

或

$$\sum_{r=0}^{r_2-1} B(r; n, p_0) \geqslant 1 - \frac{\alpha}{2} > \sum_{r=0}^{r_2-2} B(r; n, p_0).$$

当检验总体分布的中位数$X_{1/2}$是否等于某一特定值$X_{1/2}^0$时，当H_0为真，应有

$$P\{z_i = -1\} = p = \frac{1}{2} = P\{z_i = 1\} = 1 - p.$$

这时，式(12.7.2)~式(12.7.4)中的p代之以 1/2 即可.

对于子样的一组实际观测值$x_1, x_2, \cdots, x_n$,其中小于X_p^0的观测值个数记为r_{obs}, r_{obs}落在水平α的临界域内，则在水平α上拒绝零假设H_0；反之则没有理由否定零假设，即可认为总体的p分位数与给定值X_p^0一致.

由第四章的讨论知道，当子样容量n很大时，二项分布的计算很繁复，可以应用近似性质. 当p接近于 0 或 1, 二项分布可用参数$\mu = np$的泊松分布作为近似；p不接近于 0 或 1，而n很大的情形下，均值$\mu = np$，方差$np(1-p)$的正态分布是二项分布的很好近似. 这时，可利用标准正态变量

$$z = \frac{r - np_0}{\sqrt{np_0(1-p_0)}} \tag{12.7.5}$$

来确定临界域，我们有

$H_1: X_p > X_p^0$, 临界域 $z < -z_\alpha$;

$H_1: X_p < X_p^0$, 临界域 $z > z_\alpha$;

$H_1: X_p \neq X_p^0$, 临界域 $z < -z_{\alpha/2}$ 和 $z > z_{\alpha/2}$.

其中z_α为标准正态分布的上侧α分位数. 当

$$z_{\text{obs}} = \frac{r_{\text{obs}} - np_0}{\sqrt{np_0(1-p_0)}}$$

落在临界域内，则在水平α上拒绝零假设H_0.

作为符号检验应用的一个例子，我们来研究束流强度随时间变化的问题. 用加速器粒子流来研究某种粒子反应，为了在一定的时间间隔内获取较多的事例，希望粒子流强高. 但另一方面，实验装置可承受的粒子流强有一定的限制. 因此，要求实验期间加速器束流强度维持在某个最佳值μ_0附近. 如果在实验过程中流强对于μ_0有明显的偏离，则应调整加速器，以对流强作相应的调整.

选定显著性水平$\alpha = 0.2$. 实验期间在20个相等的时间间隔内对粒子反应的次数作计数(它对应于加速器流强)，其中小于最佳反应次数的个数为r_{obs}. 对于容量20的子样作中位数的双侧检验，根据式(12.7.4)，从附表2的累积二项分布查得

$$r_1 = 6, \qquad r_2 = 14.$$

如果$r_{\text{obs}} \leqslant 6$或$r_{\text{obs}} \geqslant 14$，则束流流强显著地偏离最佳流强，应当作适当调整.

2) 两子样问题的符号检验

有些场合下，我们感兴趣的问题是比较两个总体的p分位数是否一致，也可以利用符号检验，方法与单子样问题的符号检验有许多类似之处.

设两个总体X和Y分别有连续的累积分布函数$F(x)$和$G(y)$. 从两个总体中成对地抽取容量n的子样，得到n对数据$(X_1, Y_1), \cdots, (X_n, Y_n)$. 对每一对数据记录其差值$X_j - Y_j$的符号，即令

$$z_j = \text{sign}(X_j - Y_j) = \begin{cases} +1, & X_j - Y_j \geqslant 0, \\ -1, & X_j - Y_j < 0. \end{cases}$$

待检验的原假设是

$$H_0 : X_p = Y_p, \tag{12.7.6}$$

X_p, Y_p分别是总体X, Y的p分位数. 若原假设为真，则$z_j=1$和$z_j=-1$的个数应当十分接近；如果$z_j=1$的个数比$z_j=-1$的个数明显地多或者明显地少，那么X_p, Y_p相差较大，应当否定原假设. 令r为$z_j=-1$的个数，则它可以作为零假设$H_0 : X_p = Y_p$的检验统计量. 显然，r是服从二项分布的随机变量，特别当H_0为真，r服从$p=1/2$的二项分布$r \sim B(r;\ n, p=1/2)$. 因此，给定了显著性水平α，可利用二项分布的性质确定临界域.

临界域的确定依赖于备择假设H_1的选择. 对于$H_1 : X_p > Y_p$的情形，$X_j - Y_j$倾向于大于零，即z_j取+1的个数较多，r倾向于取较小的数值；相反，对$H_1 : X_p < Y_p$的情形，r倾向于取大的数值. 因此，对

(1) $H_0 : X_p = Y_p, H_1 : X_p > Y_p$;

(2) $H_0 : X_p = Y_p, H_1 : X_p < Y_p$;

(3) $H_0: X_p = Y_p, H_1: X_p \neq Y_p$

的两子样 p 分位数检验问题，其临界域可由式(12.7.2)~式(12.7.4)分别决定，只需将其中的 X_p^0 改成 Y_p, p_0 改成 1/2 即可.

如 1)中所述，当子样容量 n 大时，可利用正态近似确定临界域.

该方法还可用来检验原假设 $H_0: X_p - Y_p = C, C$ 为常数，这时，取 $z_j = \text{sign}\left(X_j - Y_j - C\right)$, 其余步骤完全相同.

例 12.12　汽车发动机耗油量(1)

为了比较两种型号的汽车发动机的油耗量，将它们各安装在 13 辆同型号的汽车上，每辆汽车安装两种型号发动机后由同一驾驶员驾驶，行驶后获得每升油行车公里数的数据如表 12.10 所示.

表 12.10

1#发动机	4.27	4.75	6.63	7.03	6.78	4.55	5.71	6.00	7.44	4.95	6.16	5.20	4.88
2#发动机	4.14	4.90	6.22	6.90	6.87	4.41	5.79	5.80	6.91	4.70	6.20	4.90	4.91

设 μ_1, μ_2 表示装备 1#、2#发动机的汽车每消耗 1 升油行驶的平均公里数，现在检验的原假设和备择假设是

$$H_0: \mu_1 = \mu_2, H_1: \mu_1 > \mu_2.$$

子样容量 n 为 13. 其中 $z = -1$ 的个数 $r_{\text{obs}} = 5$. 取水平 $\alpha = 0.05$，根据式(12.7.2)，从附表 2 查得 $r_\alpha < 4$, 临界域为 $r \leqslant r_\alpha$ 的区域. 所以 r_{obs} 落在临界域外，应接受原假设而拒绝备择假设 H_1，即 1# 型发动机并不比 2# 型省油.

3) 中位数检验法

两子样的符号检验中，从两个总体中抽取的子样容量必须相同. 在两子样容量不等的情形下，只能利用容量小的子样观测值构成检验统计量，一则浪费了测量数据提供的信息，二则从容量大的子样中去除若干个观测值可能引起人为的偏差而影响检验的客观性和正确性. 在这种情形，利用中位数检验法是比较合适的.

设 $X_1, \cdots, X_m$ 和 $Y_1, \cdots, Y_n$ 分别是从总体 X, Y 独立地抽取的随机子样，X 和 Y 的累积分布是连续函数 $F(x)$和 $G(y)$. 待检验的原假设是

$$H_0: \mu_x = \mu_y. \tag{12.7.7}$$

μ_x, μ_y 分别是总体 X, Y 的中位数.

将 $X_1, \cdots, X_m$ 和 $Y_1, \cdots, Y_n$ 按数值递增的次序排列，构成总体 X 和 Y 的混合子样，

记为

$$z_1 \leqslant z_2 \leqslant \cdots \leqslant z_{m+n}.$$

令 l 是满足下式的正整数：

$$l = \begin{cases} \dfrac{m+n}{2}, & m+n=\text{偶数}, \\ \dfrac{m+n+1}{2}, & m+n=\text{奇数}, \end{cases} \tag{12.7.8}$$

这时，z_l 是混合子样的子样中位数.

令 r 是 X 的子样 $X_1,\cdots,X_m$ 中数值小于等于中位数 z_l 的个数. 如果原假设成立，即 $\mu_x=\mu_y$,那么 r 应当接近于 $m/2$. 若 r 接近于 m,则总体 X 的中位数比 Y 的中位数要小，倾向于拒绝原假设 $H_0:\mu_x=\mu_y$ 而接受备择假设 $H_1:\mu_x<\mu_y$；相反，当 r 接近于 0，则倾向于接受备择假设 $H_1:\mu_x>\mu_y$.因此，r 可作为原假设 H_0 的检验统计量.

随机变量 r 的分布为[14]

$$P_{H_0}(r) = \frac{\dbinom{m}{r}\dbinom{n}{l-r}}{\dbinom{m+n}{l}}, \qquad r=0,1,\cdots,m. \tag{12.7.9}$$

根据以上讨论，可得到临界域如下：

(1) $H_0:\mu_x=\mu_y, H_1:\mu_x>\mu_y$，临界域 $r\leqslant r_\alpha$, r_α 满足

$$P_{H_0}(r\leqslant r_\alpha)\leqslant \alpha. \tag{12.7.10}$$

(2) $H_0:\mu_x=\mu_y, H_1:\mu_x<\mu_y$，临界域 $r\geqslant r_\alpha$, r_α 满足

$$P_{H_0}(r\geqslant r_\alpha)\leqslant \alpha. \tag{12.7.11}$$

(3) $H_0:\mu_x=\mu_y, H_1:\mu_x\neq\mu_y$，临界域 $r\leqslant r_1$ 和 $r\geqslant r_2$ 满足

$$P_{H_0}(r\leqslant r_1)\leqslant \alpha/2, \qquad P_{H_0}(r\geqslant r_2)\leqslant \alpha/2. \tag{12.7.12}$$

作为中位数检验法的一个应用,我们来考察两种牌号的电池寿命问题. 牌号 A 和 B 的电池寿命(小时)有如下数据：

$$A:\ 40, 30, 40, 45, 55, 30;$$
$$B:\ 50, 50, 45, 55, 60, 40.$$

问它们的平均寿命是否可认为相同.

在本问题中，原假设和备择假设是

$$H_0: \mu_A = \mu_B, \qquad H_1: \mu_A < \mu_B.$$

混合子样序列是

$30 \leqslant 30 \leqslant 40 \leqslant 40 \leqslant 40 \leqslant 45 \leqslant 45 \leqslant 50 \leqslant 50 \leqslant 55 \leqslant 55 \leqslant 60$, $m = n = 6$, $l = m + n / 2 = 6$. 混合子样中值是 45，$r_{\text{obs}} = 5$. 选定 $\alpha = 0.05$, 因为

$$P_{H_0}(r \geqslant r_{\text{obs}}) = \sum_{r=5}^{6} P_{H_0}(r)$$
$$= \frac{\binom{6}{5}\binom{6}{1}}{\binom{12}{6}} + \frac{\binom{6}{6}\binom{6}{0}}{\binom{12}{6}} \approx 0.04,$$

由式(12.7.11)可知，r_{obs} 落在临界域内，故在水平 $\alpha = 0.05$ 上拒绝原假设，而接受牌号 A 的电池寿命短于 B 的备择假设.

12.7.2　两子样的游程检验

设从两个连续总体 X 和 Y 得到容量分别为 n 和 m 的随机子样，按照观测值增加的次序排列得到子样的顺序统计量 $X_1, \cdots, X_n$ 和 $Y_1, \cdots, Y_m$. 不失一般性，可假定 $n \leqslant m$(当 $n>m$ 时可交换随机变量 X 和 Y 的记号). 现在的问题是要根据这两组顺序统计量来检验总体 X 和 Y 是否有相同的分布. 于是检验的零假设为

$$H_0: f(x) = f(y). \tag{12.7.13}$$

将 X 和 Y 各自的顺序统计量合并为子样观测值顺序增加的**混合顺序统计量**，其中共含 $n+m$ 个观测值. 例如，它可以是这样的一串数值：

$$X_1 X_2 Y_1 X_3 Y_2 X_4 X_5 X_6 Y_3 Y_4 Y_5 X_7. \tag{12.7.14}$$

如果变量 X 与 Y 具有相同的分布，即 H_0 为真，那么 X_i和Y_i 可以看成是同一总体中抽取的子样观测值，因此，在混合顺序统计量中，X 的观测 X_i 和 Y 的观测 Y_i 应该是充分混合的，即 X_i 和 Y_i 在混合顺序统计量中出现的位置是比较均匀的；相反，若 X_i(或 Y_i)在混合顺序统计量中集中地出现，则指示出这两组数据之间存在系统的差异，X_i 和 Y_i 来源于相同总体的可能性很小.

如果在混合顺序统计量中，将 X 的观测 X_i 用 0 代替，Y 的观测 Y_i 用 1 代替，就得到一个由 0 和 1 两种元素组成的序列

$$u_1,u_2,\ u_3,\cdots,u_{n+m}. \qquad u_i=\begin{cases}0, & \text{观测值为 } X_i,\\ 1, & \text{观测值为 } Y_i.\end{cases} \tag{12.7.15}$$

如果

$$u_{j-1}\neq u_j=u_{j+1}=\cdots=u_{j+l-1}\neq u_{j+l}, \tag{12.7.16}$$

则称$u_j,\cdots,u_{j+l-1}$构成一个**游程**. 式(12.7.16)中若j=1，则左边的不等号($u_{j-1}\neq$)是多余的；若$j+l-1=m+n$，则右边的不等号($\neq u_{j+l}$)是多余的. 换句话说，一串位置相连、数值相同的元素构成一个游程，其中元素的个数称为**游程长度**. 在由 0，1 两种元素构成的序列中，只有 0 游程和 1 游程两种类型. 例如，式(12.7.14)的混合顺序统计量可表示为

$$\underbrace{00}\ 1\,0\ 1\underbrace{000}\ \underbrace{111}0;$$

其中共有 7 个游程，4 个 0 游程(2 个长度为 1，长度为 2，3 的游程各 1 个)；3 个 1 游程(2 个长度为 1，另一个长度为 3). 一个混合顺序统计量数字序列的总游程数用 R 表示，它取决于混合顺序统计量中 X_i和Y_i 的散布状况以及子样容量 n、m，所以 R 是随机变量.

从前面的讨论可以看到，当零假设H_0不为真时，X_i、Y_i分属不同的总体，X_i(以及Y_i)在混合顺序统计量中倾向于集中出现，相应地总游程数 R 值就比较小；而当H_0为真，X_i和Y_i均匀地散布于混合顺序统计量中，R 值就比较大. 因此，总游程数R起到指示总体X和Y之间差异的作用，可以作为两个总体一致性检验的统计量.

为了利用 R 对两个总体的一致性作显著性检验，必须求得H_0为真时 R 的概率分布. 混合顺序统计量数列式(12.7.14)共有 $n+m$ 个元素，共有$(n+m)!$种排列方式. 因为在 X 的顺序统计量中，n 个 X_i 的相互次序已经固定；同样 m 个 Y_i 的顺序也已固定，这使排列方式减少到

$$(n+m)!/n!m!=\binom{m+n}{n}$$

种. 当H_0为真，这$\binom{m+n}{n}$种排列方式出现的概率是相同的.

为了找到游程数等于 R 的概率，只需要在这些排列方式中找出游程数等于 R 的排列的个数就可以了. 通过直接计算求得游程数 R 的概率分布由下式给定：

$$2\leqslant R\leqslant 2\min(n,m)+1,$$

$$P(R=2k)=\frac{2\binom{n-1}{k-1}\binom{m-1}{k-1}}{\binom{n+m}{n}},$$

$$P(R=2k+1)=\frac{\binom{n-1}{k-1}\binom{m-1}{k}+\binom{n-1}{k}\binom{m-1}{k-1}}{\binom{n+m}{n}},$$

$$k=1,2,\cdots,\min(n,m). \tag{12.7.17}$$

其中第一个式子表示游程数 R 的最小值为 2(X_i 全部集中于混合顺序统计量的一端，Y_i 全部集中于另一端)，最大值由总体 X 和 Y 中子样容量较小的容量值 $\min(n,m)$ 决定. 游程数分布的均值和方差是

$$E(R)=1+\frac{2nm}{n+m},\qquad V(R)=\frac{2nm(2nm-n-m)}{(n+m)^2(n+m-1)}. \tag{12.7.18}$$

对于 $m,n\to\infty$ 的极限情形，变量

$$Z\equiv\frac{R-E(R)}{\sqrt{V(R)}} \tag{12.7.19}$$

趋近于标准正态分布 $N(0,1)$. 因此，当 n、m 充分大，如 m，$n>10$，可近似地利用 Z 作为检验统计量；否则需利用 R 作为检验统计量.

给定显著性水平 α，对于小样问题，临界值 R_α 取为满足下述不等式的整数：

$$\sum_{R=2}^{R_\alpha}P(R)\leqslant\alpha<\sum_{R=2}^{R_\alpha+1}P(R). \tag{12.7.20}$$

书末的附表 13 给出了 n，$m=2\to 20$，四种不同的显著性水平 α 的游程数临界值 R_α. 对于大样问题，临界值 Z_α 由标准正态函数的积分确定

$$\alpha=\int_{-\infty}^{Z_\alpha}\frac{1}{\sqrt{2\pi}}\mathrm{e}^{-x^2/2}\mathrm{d}x=\Phi(Z_\alpha).$$

临界域应为临界值下侧的区域，因为前面已经阐明，当 H_0 不为真，游程数有偏小的趋向. 当根据观测值求得的游程数 $R_{\text{obs}}<R_\alpha$ (或 $Z_{\text{obs}}<Z_\alpha$)，则在显著性水平 α 上拒绝零假设 H_0，其中

$$Z_{\text{obs}}=\frac{R_{\text{obs}}-E(R)}{\sqrt{V(R)}}. \tag{12.7.21}$$

故 $Z_{\text{obs}}<Z_\alpha$ 等价于

$$\Phi(Z_{\text{obs}})<\Phi(Z_\alpha)=\alpha. \tag{12.7.22}$$

应当指出，在两个子样容量 n, m 的数值相差很大的情形下，游程检验对于两

总体一致性的检验效能比较差. 因为在这种情形下，在混合顺序统计量中，小容量子样的观测有很大的可能性被大容量子样的观测所隔开，使得游程数倾向于变大(倾向于两总体一致性的零假设被接受)，但这种状况与两个子样是否属于同一总体却很少有关联. 因此，游程检验应在 n、m 比较接近时使用. 即使如此，由于它只利用了数据的很少一部分信息，故游程检验对于两子样一致性检验的效能不够强. 有时，游程检验不能排除一致性假设 H_0，而利用数据信息更充分的其他检验(如后面将要介绍的斯米尔诺夫检验和威尔科克森检验)却可能排除 H_0.

例 12.13　两组有效质量测量值之间的一致性

π^0 介子的主要衰变方式是衰变为两个光子

$$\pi^0 \to \gamma\gamma.$$

测量 $\gamma\gamma$ 对的"有效质量"(见例 3.2 中有效质量的定义) $M_{\gamma\gamma}$ 可以鉴别π^0的存在. 两个实验室对产生π^0的相同反应中测量了 $M_{\gamma\gamma}$ 值，得到的顺序测量值(单位 MeV)如下所示：

实验 A 　81,82,87,93,102,104,108,112,116,122,125,
($n=28$) 131,131,133,134,139,139,142,144,146,152,
156,182,202,206,216,226,270.

实验 B 　8,12,14,16,22,26,26,50,64,68,76,79,83,
($m=32$) 88,96,97,98,99,103,105,107,113,114,115,
126,128,130,132,138,150,169,171.

要求检验两个实验的结果是否一致.

两组数据的混合顺序测量值可列出数列：

$$b_1\ b_2\ b_3\ b_4\ b_5\ b_6\ b_7\ b_8\ b_9\ b_{10}\ b_{11}\ b_{12}\ a_1\ a_2\ b_{13}\ a_3\ b_{14}\ a_4\ b_{15}$$
$$b_{16}\ b_{17}\ b_{18}\ a_5\ b_{19}\ a_6\ b_{20}\ b_{21}\ a_7\ a_8\ b_{22}\ b_{23}\ b_{24}\ a_9\ a_{10}\ a_{11}\ b_{25}\ b_{26}$$
$$b_{27}\ a_{12}\ a_{13}\ b_{28}\ a_{14}\ a_{15}\ b_{29}\ a_{16}\ a_{17}\ a_{18}\ a_{19}\ a_{20}\ b_{30}\ a_{21}\ a_{22}\ b_{31}\ b_{32}$$
$$a_{23}\ a_{24}\ a_{25}\ a_{26}\ a_{27}\ a_{28}.$$

该数列的游程数 $R_{\text{obs}}=24$. 因为两子样容量 n、m 很大，可以利用大样近似公式(12.7.21)，式(12.7.22). 游程数 R 的期望值和方差由式(12.7.18)求得

$$E(R)=1+\frac{2\times 28\times 32}{28+32}\approx 30.87.$$

$$V(R)=\frac{2\times 28\times 32(2\times 28\times 32-28-32)}{(28+32)^2-(28+32-1)}\approx 14.62.$$

Z 的观测值

$$Z_{\text{obs}} = \frac{R_{\text{obs}} - E(R)}{\sqrt{V(R)}} \approx -1.80.$$

查累积标准正态函数表，得

$$\Phi(Z_{\text{obs}}) = \Phi(-1.80) = 1 - \Phi(1.80) \approx 0.036.$$

如果给定显著性水平 $\alpha = 0.05$，则这两组数据一致性的假设被拒绝.

观察两组测量值可以发现，它们之间最明显的差别在于实验室 B 的数据中有许多数值很小的 $M_{\gamma\gamma}$ 值. 这些小 $M_{\gamma\gamma}$ 值的事例可能是实验 B 的系统偏差造成的. 例如，π^0 衰变成两个 γ 光子，一个 γ 转化为 e^+e^-，其中一个 e 发生轫致辐射，实验中错误地将轫致辐射光子与另一个 γ 合并在一起求出 $M_{\gamma\gamma}$ 值，它的数值就一定偏小.

假如从 B 实验的数据中除去 7 个 $M_{\gamma\gamma} < 40$ 的"错误"事例，尔后应用类似的步骤，这样，子样容量变成 28 和 25，其结果为 $\Phi(Z_{\text{obs}}) \approx 0.17$. 即使在 $\alpha = 0.10$ 显著性水平上，两组观测值也可视为一致.

12.7.3　游程检验作为皮尔逊 χ^2 检验的补充

在拟合优度的皮尔逊 χ^2 检验中，检验统计量

$$X^2 \equiv \sum_{i=1}^{N} \frac{(n_i - np_i)^2}{np_i}$$

是实验频数与零假设的理论频数之差(离差)的平方和. 在这一检验统计量中，离差的符号，正负离差出现的先后次序和排列状况不起作用，数据的这些信息在皮尔逊 χ^2 检验中被损失了. 而游程检验正好利用了数据的这些信息，因而两者联合使用时，对拟合优度的检验更为有效.

考虑图 12.10 中所示的三种情况，其中平滑曲线表示待检验的零假设预期的分布，直方图为观测到的分布. 假定直方图有 N 个小区间，定义变量

$$u_i = \begin{cases} 0, & \text{若} n_i - np_i < 0 \\ 1, & \text{若} n_i - np_i \geqslant 0 \end{cases}, \qquad i = 1, 2, \cdots, N. \tag{12.7.23}$$

由此得到 0，1 两种元素组成的序列

$$u_1, u_2, \cdots, u_N. \tag{12.7.24}$$

在图 12.10(a)的情形下，观测的分布与零假设 H_0 的分布十分接近，理论频数与观测频数也十分接近，离差的符号经常变换，正离差和负离差的散布是均匀而随机

的，序列u_1，u_2，⋯，u_N的游程数将比较大. 如果零假设的理论分布与观测到的分布虽然形状相近，但位置上有明显的偏移，如图 12.10(b)所示，则将出现一连串符号相同的离差；若零假设的理论分布与测定的分布在形状上不同，如图 12.10(c)所示，也将出现一连串符号相同的离差. 这两种情况都将导致游程数减小. 所以序列(12.7.24)的游程数R可作为零假设H_0是否正确的检验统计量.

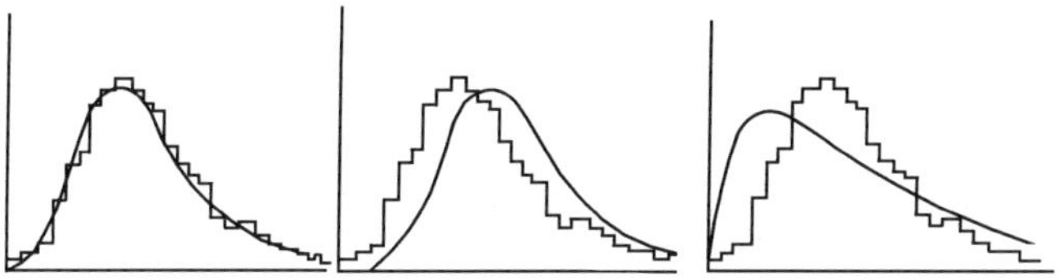

(a)　(b)　(c)

图 12.10　零假设的分布与观测到的分布之比较

(a) 两者的形状和位置相符合；(b) 形状符合，但位置有偏移；(c) 形状不一致

在序列u_1, u_2，⋯，u_N中，$u_i=0$的个数记为n，$u_i=1$的个数记为m，则游程数R的概率分布由式(12.7.17)表示；当n、m充分大，则由式(12.7.19)表示. 显然，这时公式中的$n+m$应由N代替. 利用 12.7.2 节中描述的步骤，可以决定是否应当在给定的显著性水平α上排除零假设H_0.

可以证明，当H_0为简单零假设时，游程检验与χ^2检验是渐近地相互独立的；如果H_0中包含未知参数，其数值要从观测数据来估计，则两种检验互相不独立[31]. 在后一种情况下，两种检验同时使用的意义不大；如果两者相互独立，则能互为补充；事实上，它们可以合并为一个单独的检验. 令P_1是皮尔逊χ^2检验中统计量X^2大于观测值X^2_{obs}的概率，P_2是游程检验中游程数R小于观测值R_{obs}的概率，当子样容量N充分大，P_1和P_2近似地可视为[0, 1]区间内均匀分布的随机变量. 这时，有

$$U=-2\left(\ln P_1+\ln P_2\right)\sim\chi^2(4). \tag{12.7.25}$$

证明如下：设x是[0，1]区间内均匀分布的随机变量，定义$u\equiv-2\ln x$，则u的概率密度可表示为(见式(2.3.2))

$$g(u)=f(x)\left|\frac{\mathrm{d}x}{\mathrm{d}u}\right|=\frac{1}{2}\exp\left(-\frac{u}{2}\right).$$

这正是自由度为 2 的χ^2分布的概率密度，即$u\sim\chi^2(2)$.若$u_1,u_2,\cdots,u_r$是相互独立的$\chi^2(2)$变量，由χ^2分布自由度的可加性知

$$\sum_{i=1}^{I}u_i=-2\sum_{i=1}^{I}\ln x_i\sim\chi^2(2r),$$

证毕.

因此，式(12.7.25)定义的随机变量U可作为拟合优度的皮尔逊χ^2检验和游程数检验的统一检验统计量. 对于给定的显著性水平α，临界值$\chi^2_\alpha(4)$由$\chi^2(4)$的概率密度$f(y)$的积分求得：

$$\alpha = \int_{\chi^2_\alpha(4)}^{\infty} f(y)\mathrm{d}y. \tag{12.7.26}$$

当U的观测值$U_{\text{obs}} > \chi^2_\alpha(4)$，则在水平$\alpha$上排除零假设$H_0$.

例 12.14　实验直方图与理论分布的比较

图 12.11 是粒子反应

$$\overline{\mathrm{p}} + \mathrm{p} \to \pi^+ + \pi^+ + \pi^- + \pi^-$$

中靶质子 p 到π^-的四动量转移平方(用符号t表示)的分布，其中直方图是测量数据，平滑曲线是零假设H_0的理论分布，入射反质子$\overline{\mathrm{p}}$的动量为$1.2\mathrm{GeV/c}$. 曲线下的面积和直方图下的面积(测量到的总事例数)同为$n = 990$. 直观地审视图 12.11 可以得到一个印象：观测到的分布在$t = 0$附近比理论分布有更多的事例.

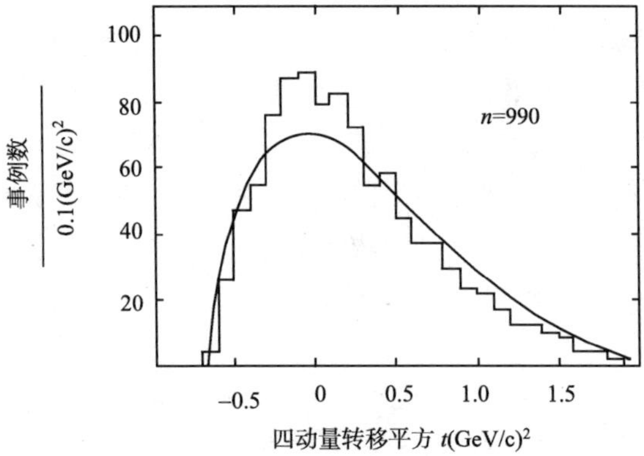

图 12.11　四动量转移平方的分布

为了定量地检验零假设，首先用皮尔逊χ^2检验方法. 为了满足每个子区间中事例数不能太少这一要求，将$t > 1.6(\mathrm{GeV/c})^2$的数据归并到一个子区间中，这样，共计有 24 个子区间，只有第一个子区间内理论频数小于 5，符合χ^2检验的要求. 每个子区间内的理论频数np_i可由曲线的数值积分求出，计算的结果为

$$X^2_{\text{obs}} = \sum_{i=1}^{24} \frac{(n_i - np_i)^2}{np_i} = \sum_{i=1}^{24} \frac{n_i^2}{np_i} - n \approx 30.6.$$

由于对理论分布归一化条件的存在，χ^2 检验的自由度 $\nu = 24 - 1 = 23$. 观测值 X^2_{obs} 对应的积分 χ^2 概率 $P_{\chi^2} = P_1 = 0.14$ (见式(12.4.23)的定义). 因此，χ^2 检验的结果表明，在通常选定的显著性水平上 $(\alpha = 0.05 - 0.10)$，没有理由拒绝 H_0.

现在再对同样的数据作游程检验. 从图 12.11 可见，在 7 个子区间中观测值高于理论曲线，17 个子区间中则恰恰相反，游程数的观测值 $R_{\text{obs}} = 5$. 将 $n = 7, m = 17, R \leqslant R_{\text{obs}} = 5$ 代入式(12.7.17)，求得在 7+17 个元素序列中出现不多于 5 个游程的积分概率为

$$P_2 = 0.0034.$$

从附表 13 查到，对于 $\alpha = 0.05 - 0.10$，相应的临界值 $R_\alpha > 6$，所以游程检验倾向于排除零假设 H_0.

在本例中，H_0 是简单原假设，理论分布没有待定的未知参数，故可以作联合检验. 联合检验统计量 U 的观测值是

$$U_{\text{obs}} = -2(\ln P_1 + \ln P_2) \approx 15.3.$$

因为 $U \sim \chi^2(4)$，所以 U_{obs} 对应的积分 χ^2 概率

$$P_{U_{\text{obs}}} \lesssim 0.005,$$

它远小于通常选定的显著性水平 $\alpha = 0.05 - 0.10$，所以应当拒绝 H_0. 该结论与游程检验的结果一致而与 χ^2 检验的结果相反，这说明本例中游程检验作为 χ^2 检验的补充对零假设 H_0 的检验是完全必要的.

12.7.4 两子样的斯米尔诺夫检验

在许多实际问题中，常常希望根据两个总体各自的一组子样测定值来确定这两个总体是否具有相同的分布. 斯米尔诺夫(Smirnov)检验利用两个总体的子样分布函数给出了与柯尔莫哥洛夫检验相类似的检验统计量.

设总体 X 和 Y 的累积分布函数分别是 $F(x)$ 和 $G(x)$，则两总体一致性检验的零假设和备择假设为

$$\begin{cases} H_0: F(x) = G(x), H_1: F(x) \neq G(x), \\ H_0: F(x) = G(x), H_1: F(x) > G(x), \\ H_0: F(x) = G(x), H_1: F(x) < G(x). \end{cases} \tag{12.7.27}$$

设 $X_1, \cdots, X_m$ 和 $Y_1, \cdots, Y_l$ 分别是总体 X 和 Y 的子样，$S_m(x)$ 和 $S_l(x)$ 分别是它们的子样分布函数. 统计量 $D_{m,l}, D^+_{m,l}, D^-_{m,l}$ 定义为

$$\begin{cases} D_{m,l}^{+} = \max\limits_{-\infty<x<\infty}\left[S_m(x)-S_l(x)\right], \\ D_{m,l}^{-} = \max\limits_{-\infty<x<\infty}\left[S_l(x)-S_m(x)\right], \\ D_{m,l} = \max\limits_{-\infty<x<\infty}\left|S_m(x)-S_l(x)\right| = \max(D_{m,l}^{+}, D_{m,l}^{-}). \end{cases} \tag{12.7.28}$$

参考 12.4.5 节的讨论可知，这三个统计量反映了 $F(x)$ 和 $G(x)$ 之间的差异，可作为两个总体一致性的检验统计量.

当 H_0 为真，且 $F(x)$，$G(x)$ 为连续函数，子样容量 $m=l$，则 $D_{m,m}^{+}$ 和 $D_{m,m}$ 的概率分布为($D_{m,l}^{+}$ 与 $D_{m,l}^{-}$ 有相同分布)

$$P(D_{m,m}^{+}<z)=\begin{cases} 0, & \text{当 } z\leqslant 0, \\ 1, & \text{当 } z>1, \\ 1-\dfrac{\dbinom{2m}{m-c}}{\dbinom{2m}{m}}, & \text{当 } 0<z\leqslant 1; \end{cases}$$

$$P(D_{m,m}<z)=\begin{cases} 0, & \text{当} z<\dfrac{1}{m}, \\ 1, & \text{当} z>1, \\ \displaystyle\sum_{j=-\left[\frac{m}{c}\right]}^{\left[\frac{m}{c}\right]}(-1)^j\dfrac{\dbinom{2m}{m-j}}{\dbinom{2m}{m}}, & \text{当} \dfrac{1}{m}<z\leqslant 1, \end{cases}$$

其中 $c=-[-zm]$.

当 $m\neq l$，但 $m,l\to\infty$ 的极限情形下，则有

$$\lim_{\substack{m\to\infty\\ l\to\infty}} P\left(D_{m,l}^{+}<\frac{z}{\sqrt{n}}\right)=1-\mathrm{e}^{-2z^2}, \qquad z>0$$

$$\lim_{\substack{m\to\infty\\ l\to\infty}} P\left(D_{m,l}<\frac{z}{\sqrt{n}}\right)=1-2\sum_{i=1}^{\infty}(-1)^{i-1}\mathrm{e}^{-2i^2z^2}, \qquad z>0 \tag{12.7.29}$$

其中

$$n = \frac{ml}{m+l}.$$

$D_{m,l}^{+}$、$D_{m,l}$ 的极限分布与柯尔莫哥洛夫检验统计量 D_n^{+}、D_n 的极限分布形式相同. 类似地，由 $D_{m,l}^{+}$ 极限分布的表达式，立即有$(m,l \to \infty)$

$$D_{m,l}^{+} \sim \sqrt{\frac{\chi^2(2)}{4n}}. \tag{12.7.30}$$

由以上概率分布可知，斯米尔诺夫检验是分布自由的，适用于任何连续总体.

对于不同的备择假设，适当的检验统计量如下：

原假设	备择假设	检验统计量
$H_0: F(x) = G(x)$	$H_1: F(x) \neq G(x)$	$D_{m,l}$
$H_0: F(x) = G(x)$	$H_1: F(x) > G(x)$	$D_{m,l}^{+}$
$H_0: F(x) = G(x)$	$H_1: F(x) < G(x)$	$D_{m,l}^{-}$

检验的方法与柯尔莫哥洛夫检验完全相似. 给定显著性水平 α，大于临界值 $D_{m,l;\alpha}^{(+,-)}$ 的区域为临界域. 对于五种不同的显著性水平 α 值，附表 14 给出临界值 $D_{m,m;\alpha}^{(+)}$，附表 15 给出临界值 $D_{m,l;\alpha}^{(+)}$. 两个表的最后一行都给出了 m，$l \to \infty$ 极限情形下的临界值表达式. 对于单侧备择假设的情形，当 m、l 很大时，还可利用式(12.7.30)确定临界值

$$D_{m,l;\alpha}^{+,-} = \sqrt{\frac{\chi_\alpha^2(2)}{4n}}, \qquad n = \frac{ml}{m+l}.$$

$\chi_\alpha^2(2)$ 是 $\chi^2(2)$ 分布的上侧 α 分位数.

作为斯米尔诺夫检验应用的一个例子，我们回过头来讨论例 12.13 两组不变质量测量值之间的一致性检验问题. 两个实验室测定值的分布 S_{28} (实验 A)和 S_{32} (实验 B)示于图 12.12. 两个阶梯函数的最大差值是

$$D_{\text{obs}} = \max\left|S_{32}(M_{\gamma\gamma}) - S_{28}(M_{\gamma\gamma})\right| = \frac{24}{32} - \frac{8}{28} = 0.46,$$

选定显著性水平 $\alpha = 0.05$. 从附表 15 查得 $D_{28,32;0.05}$ 的值为 0.352. 因此，D_{obs} 落在临界域内，在显著性水平 $\alpha = 0.05$ 上必须拒绝两个子样一致性的零假设，这与游程检验的结论一致.

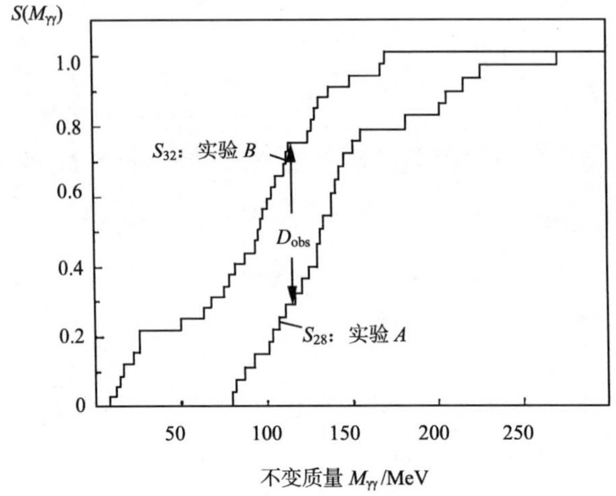

图 12.12　例 12.13 中两组不变质量测量值的累积分布

假如像例 12.13 中所述，实验 B 可能有系统的偏差，$M_{\gamma\gamma}$ 过小的 7 个事例可能是错误的而必须舍弃，这样，实验 B 的子样容量变成 25. 游程检验的结果是，对于修正后的两组测量值，即使在 $\alpha = 0.10$ 的显著性水平上也可视为一致. 现在使用斯米尔诺夫检验，对于修正后的两组测量值

$$D_{\text{obs}} = \max\left|S_{25}(M_{\gamma\gamma}) - S_{28}(M_{\gamma\gamma})\right| = \frac{17}{25} - \frac{8}{28} = 0.39.$$

由附表 15 查得 $D_{25,28;0.05} = 0.374, D_{25,28;0.10} = 0.336$. 对于显著性水平 $\alpha = 0.05$ 或 $\alpha = 0.10$，D_{obs} 都落在临界域内. 所以斯米尔诺夫检验的结果是应当排除两组测量值(B 实验的测量数据经过修正)一致性的零假设，该结论与游程检验的结果矛盾. 由于游程检验对数据信息的利用不充分，我们宁可采用斯米尔诺夫检验的结果.

12.7.5　两子样的威尔科克森检验

1) 分布函数一致性的检验

设两个连续总体各自的子样顺序统计量分别为 $X_1,\cdots,X_n$ 和 $Y_1,\cdots,Y_m$，不失一般性可假定 $n \leqslant m$. 待检验的零假设是这两个子样产生于同样的总体.

将这 $n+m$ 个观测按数值的递增次序排列为混合顺序统计量，每一个观测值的**秩**定义为该值在混合顺序统计量这个数列中的**顺序号**，若该数列中有 l 个观测值相等，则它们的秩都规定为它们的顺序号的平均值. 威尔科克森(Wilcoxon)检验中的检验统计量 W 等于子样 $X_1,\cdots,X_n$ 的**秩的总和**，所以这种检验也称为**秩和检验**.

如 12.7.2 节游程检验中所述，若 H_0 不为真，即两子样产生于不同的总体，则 $X_1,\cdots,X_n$ 与 $Y_1,\cdots,Y_m$ 之间存在着系统的差异．在混合顺序统计量数列中，X 子样值将比较集中于数列的某一边．两种极端的情况是 X 子样观测值全部出现于数列左端，以及全部出现于数列右端．对于第一种情形，秩总和达到极小，即头 n 个正整数之和

$$W_{\min}=n(n+1)/2. \tag{12.7.31}$$

对于第二种情形，秩总和达到极大

$$W_{\max}=\sum_{j=m+1}^{m+n} j=\frac{n(n+1)}{2}+mn. \tag{12.7.32}$$

当 H_0 为真，X 子样和 Y 子样产生于同一总体，那么在混合顺序统计量中，它们将充分地均匀地混合出现，秩总和 W 应当远离 $W_{\min}$ 和 $W_{\max}$ 这两个极端值，而比较接近于这两者的平均．因此，统计量 W 对于 H_0 是否为真敏感，可以作为 H_0 的检验统计量．而且由上述讨论可知，W 接近 $W_{\min}$ 和 $W_{\max}$ 的区域都将是临界域，故必须作双侧检验．

秩总和 W 在 $W_{\min}\sim W_{\max}$ 的概率分布可按照类似游程检验中游程分布的方法导出．其结果是 W 对均值为对称分布，其均值和方差为

$$E(W)\equiv\bar{W}=\frac{n}{2}(n+m+1)\,,\qquad V(W)=\frac{nm}{12}(n+m+1). \tag{12.7.33}$$

注意到 $\bar{W}$ 恰好是 $W_{\min}$ 和 $W_{\max}$ 的算术平均．

当子样容量 $m\leqslant 25$，对于六种不同的显著性水平 α 值，附表 16 给出了统计量 W 的临界值 W_α．W_α 的定义是满足下式的整数：

$$\sum_{W_{\min}}^{W_\alpha} P(W)\leqslant\alpha<\sum_{W_{\min}}^{W_\alpha+1} P(W). \tag{12.7.34}$$

这样定义的临界值只适合作下侧检验．为了得到显著性水平 α 的双侧临界值，可首先从表中查得显著性 $\alpha/2$ 的下侧临界值 W_l；上侧临界值 W_u 根据分布的对称性算出

$$W_u=\bar{W}+(\bar{W}-W_l)=2\bar{W}-W_l. \tag{12.7.35}$$

附表 16 中也列出了一定 n、m 对应的 $2\bar{W}$ 值．

当 n、m 很大时，可以证明 W 的分布趋近于正态分布．故对大样问题，威尔科克森检验可利用渐近统计量

$$Z = \frac{W - \overline{W} \pm \frac{1}{2}}{\sqrt{V(W)}} \sim N(0,1). \tag{12.7.36}$$

计算下侧积分概率时，式(12.7.36)分子中取+1/2；计算上侧积分概率时取−1/2. 对于实际问题，当 n、$m>10$，正态分布便是很好的近似. 倘若 m 比 n 大得不多，而显著性 α 又不太小(比如 $\alpha>0.01$)，即使 $n<10$，这一近似仍然可用.

例 12.15　π^0 寿命两组测量值的一致性检验

若干个实验组用两种不同的方法测量 π^0 介子的平均寿命. 一类实验利用核乳胶作为探测装置，另一类实验则用计数器. 平均寿命的两组测量结果汇总如下(忽略测量误差)：

计数器测定值(10^{-16} s)：0.56　0.6　0.73　0.9　1.05

核乳胶测定值(10^{-16} s)：1.0　1.6　1.7　1.9　2.3　2.8

问在显著性水平 $\alpha=0.05$ 上两种方法的测量结果是否一致.

应用秩和检验方法来检验两子样总体的一致性零假设. 现在 $n=5, m=6$, 由附表 16 查得，当 $\alpha=0.05$ 时，统计量 W 的下侧和上侧临界值是

$$W_l = W_{.025} = 18\,, \qquad W_u = 2\overline{W} - W_l = 60-18 = 42.$$

混合顺序统计量的数列是

$$\underline{0.56}\ \ \underline{0.6}\ \ \underline{0.73}\ \ \underline{0.9}\ \ 1.0\ \ \underline{1.05}\ \ 1.6\ \ 1.7\ \ 1.9\ \ 2.3\ \ 2.8$$

其中有横线的数据是计数器实验的测量值. 于是秩总和的观测值为

$$W_{obs} = 1+2+3+4+6 = 16.$$

显然，$W_{obs} < W_l$，即 W_{obs} 落入下侧临界域. 因此，根据秩和检验，π^0 平均寿命的两组测量值在 $\alpha=5\%$ 显著性水平上是不一致的.

如果对上述数据作游程检验，则混合顺序统计量数列的游程数观测值 $R_{obs}=4$. 从附表 13 可查出 $n=5, m=6, \alpha=0.05$ 对应的游程数临界值是 $R_{.05}=3$. 因此，根据游程检验，在 $\alpha=0.05$ 显著性水平上不能拒绝两组实验结果一致的零假设，这与威尔科克森检验的结果不同. 由于后者利用数据的信息比游程检验充分，它对一致性检验的效能较强，所以宁可采用秩和检验的结论.

2) 分位数一致性的检验

威尔科克森方法还可应用于检验两个总体 X 和 Y 的分位数的一致性，即待检验的原假设为

$$H_0 : X_p = Y_p\,. \tag{12.7.37}$$

与两子样的符号检验(见 12.7.1 节)中相同，X 和 Y 的子样必须成对地抽取. 设有 n 对随机抽样值 $(X_1,Y_1),\cdots,(X_n,Y_n)$, 用 z_j 表示 X_j-Y_j 的符号

$$z_j=\text{sign}(X_j-Y_j)=\begin{cases}+1, & X_j-Y_j>0\\ -1, & X_j-Y_j<0.\end{cases} \tag{12.7.38}$$

需要注意，与符号检验中不同的是对于 $X_j-Y_j=0$ 的数据在这里必须被舍弃. 记

$$d_j=X_j-Y_j, \qquad D_j=\left|d_j\right|, \qquad j=1,2,\cdots,n. \tag{12.7.39}$$

将 n 个 D_j 按数值递增的次序排成一个数列，每个 D_j 对应的序号被规定为它的秩 R_j，若序号 $m+1$ 到 $m+l$ 的 l 个 D_j 数值相等，则它们的秩都规定为序号的平均值 $m+(l+1)/2$.

定义

$$W_-=\sum_{j=1}^{n}\left|z_j\right|R_j, \ 对\ z_j=-1,$$

$$W_+=\sum_{j=1}^{n}z_jR_j, \quad 对\ z_j=+1, \tag{12.7.40}$$

则 W_- 与 W_+ 分别是 z_j 为负与正的秩的总和. 当 H_0 为真，两总体分位数 X_p 与 Y_p 相等，直观地可知 W_- 和 W_+ 应当很接近，而且有

$$W_-\approx W_+\approx\frac{1}{2}\sum_{i=1}^{n}R_j=\frac{1}{2}\sum_{j=1}^{n}j=\frac{n}{4}(n+1).$$

相反，若 H_0 不为真，则 W_- 与 W_+ 的差别增大，特别对于所有 z_j 都大于(小于)零的极端情形，$W_-(W_+)$ 等于它的极大值

$$(W_-)_{\max}=(W_+)_{\max}=\sum_{j=1}^{n}R_j=\sum_{j=1}^{n}j=\frac{n}{2}(n+1).$$

显然，$X_p=Y_p$ 的原假设不成立. 因此，W_- 或 W_+ 可作为原假设 $H_0:X_p=Y_p$ 的检验统计量. 当 H_0 为真，由于对称性，W_- 和 W_+ 有相同的分布. 我们利用随机变量

$$W=\min(W_-,W_+) \tag{12.7.41}$$

作为检验统计量，称为**威尔科克森符号秩和检验统计量**. 只要知道了 W 在 H_0 为真情形下的概率分布，根据假设检验的一般方法(见 12.1.2 节)，便可求出显著性

水平α上的临界域. 对于单侧备择假设

$$H_1: X_p < Y_p, \qquad (W = W_+), \tag{12.7.42}$$

$$H_1: X_p > Y_p, \qquad (W = W_-); \tag{12.7.43}$$

临界域为$W \leqslant W_\alpha, W_\alpha$满足

$$P_{H_0}(W \leqslant W_\alpha) < \alpha. \tag{12.7.44}$$

对于双侧备择假设

$$H_1: X_p \neq Y_p, \qquad \left[W = \min\left(W_-, W_+\right)\right], \tag{12.7.45}$$

临界域为$W \leqslant W_\alpha, W_\alpha$满足

$$P_{H_0}(W \leqslant W_\alpha) < \alpha / 2. \tag{12.7.46}$$

当从n对子样观测值$(x_j, y_j)(j = 1,2,\cdots,n)$计算出$W$的观测值$W_{\text{obs}}$，若$W_{\text{obs}}$落在临界域内，则在显著性水平$\alpha$上拒绝原假设$H_0$.

现在来推导W的分布. 当H_0为真,则每个d_j取正号和取负号的概率均为 1/2，与d_j对应的秩值$z_j R_j$取正号或负号的可能性相等，也就是有两种等可能的方式

$$z_j R_j, z_j = -1, +1.$$

现在有n个差值d_j，对应于n个秩值，将他们排成数列

$$z_1 R_1, z_2 R_2, \cdots, z_n R_n.$$

每个$z_j R_j$有两种等可能的方式$+R_j$、$-R_j$，故该数列共有2^n种等可能的方式. 设这2^n种方式中使得$W \leqslant W_\alpha$成立的方式个数是$m(W \leqslant W_\alpha)$，变量W的概率分布可表示为

$$P_{H_0}(W \leqslant W_\alpha) = \frac{m(W \leqslant W_\alpha)}{2^n}. \tag{12.7.47}$$

基于这种考虑，对于子样容量$5 \leqslant n \leqslant 30$，附表 17 给出了三种显著性水平$\alpha$的近似临界值$W_\alpha$. 在$n \to \infty$的极限情形下，当$H_0$为真，$W$趋近于正态分布，均值和方差分别为

$$\mu_W = \frac{n(n+1)}{4}, \qquad \sigma_W^2 = \frac{n(n+1)(2n+1)}{24}. \tag{12.7.48}$$

故对于$n > 30$的情形，可利用性质

$$z = \frac{W - \mu_W}{\sigma_W} \sim N(0,1) \tag{12.7.49}$$

来确定临界值.

上述方法也可用来检验原假设 $H_0: X_p - Y_p = C$（常数），只需将 d_j 定义为 $X_j - Y_j - C$ 即可；同样还适用于单子样的分位数 X_p 是否等于某个常数 X_p^0 的检验问题，此时 d_j 定义为 $X_j - X_p^0$，其余步骤则完全相同.

由以上讨论可见，符号检验中只利用了两总体 n 对子样观测值之差的符号信息，而威尔科克森符号秩和检验则同时利用了 n 对观测值之差的符号和数值，因此，后者对于两个总体分位数差别的检验更加灵敏，结果自然也更为可靠.

例 12.16　汽车发动机耗油量(2)

现在我们用威尔科克森符号秩和方法来重新检验 12.7.1 节中(符号检验)的发动机油耗问题，对于同样的数据，采用本节的符号，如表 12.11 所示.

表 12.11

X_i	Y_i	d_i	z_i	R_i
4.27	4.14	0.13	1	5.5
4.75	4.90	−0.15	−1	8
6.63	6.22	0.41	1	12
7.03	6.90	0.13	1	5.5
6.78	6.87	−0.09	−1	4
4.55	4.41	0.14	1	7
5.71	5.79	−0.08	−1	3
6.00	5.80	0.20	1	9
7.44	6.91	0.53	1	13
4.95	4.70	0.25	1	10
6.16	6.20	−0.04	−1	2
5.20	4.90	0.30	1	11
4.88	4.91	−0.03	−1	1

与 12.7.1 节中相同，原假设和备择假设是

$$H_0: \mu_x = \mu_y, \qquad H_1: \mu_x > \mu_y.$$

显著性水平选为 $\alpha = 0.05$. 由表 12.10 可知

$$W_{\text{obs}} = (W_-)_{\text{obs}} = 8 + 4 + 3 + 2 + 1 = 18.$$

查阅附表 17，当子样容量 $n = 13$，$\alpha = 0.05$，临界值是 $W_\alpha = 21$，临界域为 $W \leqslant W_\alpha$ 的区域. 因此，W_{obs} 落在临界域内，应接受备择假设，即 $1^{\#}$ 发动机比 $2^{\#}$ 发动机省油，该结论与符号检验的结果不同. 由于威尔科克森方法比符号检验更灵敏，我们宁可采用前者的结论.

如果我们仔细检查一下数据 X_j、Y_j，就不难了解两种检验方法得出不同结论的原因. 符号检验只利用 X_j-Y_j 的符号信息(即 z_j)，13 对数据中 $z_j=-1$ 的数据有 5 对，与 $z_j=+1$ 的数据 8 对相比相差不大，因而得出两者均值大体相同的结论. 但在 $z_j=-1$ 的 5 对数据中，X_j-Y_j 之差的数值大多比较小，因而它们的秩比较小. 将这一因素考虑在内，威尔科克森方法得到 $\mu_x>\mu_y$ 的结论. 显然后者更为合理. 事实上，分别对 X_j 和 Y_j 的数据作简单平均得到 $\bar{X}=5.73$，$\bar{Y}=5.59$，两者的差别达到 2.5%.

12.7.6　多个连续总体子样的克鲁斯卡尔-瓦列斯秩检验

当需要对 $J>2$ 组测量数据作总体一致性检验时，可以应用威尔科克森的子样检验方法对每两组数组作一致性检验，这样共需要作 $\frac{J}{2}(J-1)$ 次检验. 当 J 不很小时，检验次数很多，整个过程很繁琐. 同时，即使所有各组测量值确实来源于同一总体，但由于随机涨落的存在，仍有可能某两组数据被秩和检验判定为不一致，这就大大增加了排除真实假设的可能性. 最后，这种“两两成对”检验一致性的方法不能给出所有各组测量值之间整体一致性的数值表示. 因此，简单地将两子样一致性的检验方法应用于多个子样一致性检验是不适当的.

对任意多个子样作一致性检验的有效方法是克鲁斯卡尔-瓦列斯(Kruskal-Wallis)秩检验. 设从 J 个连续总体抽取了各自的随机子样，总共包含 N 个观测，按数值递增次序排列成混合顺序统计量数列，每个观测的秩等于它在该数列中的顺序号 $(1\to N)$. 第 j 个子样的容量记为 n_j，它的秩和为 W_j，平均秩 $\bar{W}_j=W_j/n_j(j=1,\cdots,J)$. 如果 H_0 为真，即所有 J 个子样属于同一个总体，预期这 J 个子样大致上有相同的平均秩和相同的平均秩方差

$$E(\bar{W}_j)=\frac{1}{N}\sum_{i=1}^{N}i=\frac{1}{2}(N+1), \tag{12.7.50}$$

$$V(\bar{W}_j)=\frac{1}{N-1}\sum_{i=1}^{N}\left[i-E(\bar{W}_j)\right]^2=\frac{1}{12}N(N+1). \tag{12.7.51}$$

K-W (即克鲁斯卡尔-瓦列斯)秩检验使用的检验统计量是

$$H\equiv\sum_{j=1}^{J}n_j(\bar{W}_j-E(\bar{W}_j))^2/V(\bar{W}_j). \tag{12.7.52}$$

写成易于计算的形式有

$$H=\sum_{j=1}^{J}n_j\left(\bar{W}_j-\frac{1}{2}(N+1)\right)^2\bigg/\left(\frac{1}{12}N(N+1)\right)$$
$$=\frac{12}{N(N+1)}\sum_{j=1}^{J}\frac{W_j^2}{n_j}-3(N+1), \tag{12.7.53}$$

在推算过程中用到关系式

$$\sum_{j=1}^{J}n_j=N, \qquad \sum_{j=1}^{J}W_j=\sum_{i=1}^{N}i=\frac{1}{2}N(N+1).$$

当 J 个子样的容量都相等，即 $n_j=N/J(j=1,\cdots,J)$，则式(12.7.53)简化为

$$H=\frac{12J}{N^2(N+1)}\sum_{j=1}^{J}W_j^2-3(N+1)$$

如果在按多个总体子样观测值的数值递增次序排列成的混合顺序统计量数列中，出现几个相同的数值(因而排列在一起)，这几个数值形成一个**连**(tie)，每个数值对应的秩都规定为它们的顺序号的平均值，如同威尔科克森秩和检验中的情形相同. 当连数多于 2 个，需将统计量 H 修正为

$$H_0=\frac{H}{C}, \qquad C=1-\frac{\sum^{t}f_t(f_t^2-1)}{N(N^2-1)} \tag{12.7.54}$$

其中 t 是连的个数，f_t 是每个连中数值相同子样测量值的个数. 例如，对混合顺序统计量数列

$$0.8, 0.9, 1.1, \underbrace{1.2, 1.2, 1.2}, 1.4, 1.5, \underbrace{1.7, 1.7}, 1.9, 2.1, 2.3, \underbrace{2.4, 2.4}, 2.7$$

有三个连，$f_{t_1}=3, f_{t_2}=2, f_{t_3}=2.$

$$C=1-\frac{3(9-1)+2\times2(4-1)}{16(16^2-1)}=1-0.0088=0.9912.$$

这三个连对应的秩分别是 5，9.5 和 14.5.

当 H_0 为真，对所有 j 应有 $\bar{W}_j\sim E(\bar{W}_j)$，由式(12.7.52)可知，$H$ 应接近于 0；反之，若 H_0 不为真，对于不同的 j，$\bar{W}_j-E(\bar{W}_j)$ 的差值有很大差别，故 $H>0$.这样，统计量 H 的值对于 J 个子样是否抽自同一总体相当敏感，可以作为 J 个子样一致性的检验统计量. 而且由以上分析可知，对于给定的显著性水平 α，临界域

应在临界值 H_α 的上侧.

为了求出临界值 H_α，必须知道零假设 H_0 为真(J 个子样来源于同一总体)时统计量 H 的概率分布. 这是一个求组合方式个数的问题，原则上不难解出；但当子样个数 J 增大时，计算量迅速增大，实际上很难实现.

克鲁斯卡尔-瓦列斯给出了子样数 $J=3$，每个子样容量 $n_j(j=1,2,3)\leqslant 5$ 的临界值 H_α 的表(见附表 18)，其中显著性水平 α 大都在 0.01~0.10.

当 H_0 为真，并且各子样容量 n_j 充分大，统计量 H 渐近地服从自由度 $J-1$ 的 χ^2 分布，因此可利用 $\chi^2(J-1)$ 的概率密度 $f(u;J-1)$ 的积分求出 K-W 检验的临界值 $H_\alpha=\chi^2_\alpha(J-1)$，且

$$\begin{aligned}\alpha &= \int_{\chi^2_\alpha(J-1)}^{\infty} f(u;J-1)\mathrm{d}u = 1-\int_0^{\chi^2_\alpha(J-1)} f(u;J-1)\,\mathrm{d}u \\ &= 1-F(H_\alpha:J-1),\end{aligned} \tag{12.7.55}$$

其中 $F(H_\alpha:J-1)$ 表示 $\chi^2(J-1)$ 的累积分布函数值. 在实际问题中，当 $J=3$ 且所有子样容量 $\geqslant 5$ 或 $J\geqslant 4$ 且所有子样容量 $\geqslant 4$ 时，上述 $\chi^2(J-1)$ 近似一般是可以接受的.

对于并非所有子样容量都 $\geqslant 5$，而从附表 18 无法查到 H_α 的情形(如 $J>3$, 或 $J=3$ 但有一个或两个子样容量 >5)，可采用下述近似方法求得一定显著性水平 α 的临界值 H_α. 当零假设 H_0 为真，统计量 H 的期望值 E，方差 V 和极大值 M 分别为

$$\begin{aligned} E &= J-1, \\ V &= 2(J-1)-\frac{2\left[3J^2-6J+N(2J^2-6J+1)\right]}{5N(N+1)}-\frac{6}{5}\sum_{j=1}^{J}\frac{1}{n_j}, \\ M &= \frac{N^3-\sum\limits_{j=1}^{J}n_j^3}{N(N+1)}; \end{aligned} \tag{12.7.56}$$

令

$$\begin{aligned} F &= \frac{H_\alpha(M-E)}{E(M-H_\alpha)}, \\ f_1 &= \frac{2E}{MV}\left[E(M-E)-V\right], \\ f_2 &= \frac{M-E}{E}f_1, \end{aligned} \tag{12.7.57}$$

$$k_p = \frac{\left(1-\frac{2}{9f_2}\right)F^{1/3} - \left(1-\frac{2}{9f_1}\right)}{\left[\frac{2F^{2/3}}{9f_2} + \frac{2}{9f_1}\right]^{1/2}}, \tag{12.7.58}$$

于是 H_0 为真时，统计量 $H \geqslant H_\alpha$ 的概率可表示为

$$\alpha = P(H \geqslant H_\alpha | H_0) \cong \int_{k_p}^{\infty} N(0,\ 1)\mathrm{d}x, \tag{12.7.59}$$

其中 $N(0,1)$ 是标准正态分布. 换句话说，如果将 H 的观测值 H_{obs} 代入式(12.7.57)中的 H_α，并由式(12.7.58)、式(12.7.59)计算出相应的 α 值 α_{obs}，那么若取定的显著性水平 $\alpha > \alpha_{\text{obs}}$，则可接受 H_0；反之，如 $\alpha < \alpha_{\text{obs}}$，则应拒绝零假设 H_0.

在利用附表 18 或 χ^2 近似的情形下，给定显著性水平 α，由附表 18 或式(12.7.55)可求得临界值 H_α，利用各子样观测值按式(12.7.53)计算统计量 H 的观测值 H_{obs}，若有

$$H_{\text{obs}} > H_\alpha,$$

则在显著性水平 α 上拒绝零假设；反之，则应认为各组观测来源于同一总体.

12.7.7　多个离散总体子样的 χ^2 检验

12.7.5 节和 12.7.6 节讨论的秩检验方法仅适用于待检验一致性的两个或多个总体均为连续分布的情形. 当被比较的总体是离散分布，各个总体的子样中可以有多个数值相同的观测值，每个观测值对应的秩不是唯一的. 基于秩而确定的统计量的分布难以导出，因而秩检验无法应用. 同样，如果多个连续总体的子样观测值在进行相互比较之前已经归并为直方图型数据，比较这 J 个直方图的一致性与比较 J 个离散总体子样的一致性问题相当，也不能用秩检验，而可应用 χ^2 检验.

设有 J 个直方图，它们的 I 个子区间是相同的. 对于第 j 个直方图 ($j=1,\cdots,J$)，假定观测值落在第 $i(i=1,\cdots,I)$ 个子区间内的概率用 p_{ij} 表示，归一化条件要求

$$\sum_{i=1}^{I} p_{ij} = 1, \qquad j=1,\cdots,J. \tag{12.7.60}$$

各子区间内的观测频数用 $n_{ij}\,(i=1,\cdots,I)$ 表示，第 j 个直方图中观测到的事例总数为

$$\sum_{i=1}^{I} n_{ij} = n_{\cdot j}, \qquad j=1,\cdots,J. \tag{12.7.61}$$

对于全部 J 个直方图，观测事例总数为

$$n = \sum_{i=1}^{J} n_{\cdot j} = \sum_{j=1}^{J}\sum_{i=1}^{I} n_{ij}. \tag{12.7.62}$$

待检验的问题是，这 J 个直方图所代表的总体具有相同的分布，这相当于对所有 J 个总体，在子区间 $i(i=1,\cdots,I)$ 中事件发生的概率相同，即

$$H_0: p_{i1} = p_{i2} = \cdots = p_{iJ}, \qquad i=1,\cdots,I. \tag{12.7.63}$$

当 H_0 为真，记 $p_{i\cdot} = p_{i1} = \cdots = p_{iJ}, i=1,\cdots,I.$ 由极大似然法可求得它们的极大似然估计是 J 个直方图中第 i 个子区间内的平均观测频率值，即

$$\hat{p}_{i\cdot} = \sum_{j=1}^{J} n_{ij}/n, \qquad i=1,\cdots,I. \tag{12.7.64}$$

由式(12.7.62)的约束可知

$$\sum_{i=1}^{I} \hat{p}_{i\cdot} = \sum_{i=1}^{I}\sum_{j=1}^{J} n_{ij}/n = 1,$$

因此，$\hat{p}_{i\cdot}\ (i=1,\cdots,I)$ 中只有 $(I-1)$ 个是独立的. 令

$$X^2 \equiv \sum_{j=1}^{J}\sum_{i=1}^{I} \frac{\left(n_{ij} - \hat{p}_{i\cdot} n_{\cdot j}\right)^2}{\hat{p}_{i\cdot} n_{\cdot j}}, \tag{12.7.65}$$

它是 J 个直方图共 IJ 个子区间内观测频数 n_{ij} 和 H_0 为真时的估计频数 $\hat{p}_{i\cdot}\, n_{\cdot j}$ 离差的平方，除以估计频数并求和. 这个统计量与单子样 χ^2 检验中的检验统计量 X^2 有相似的形式. 当 H_0 为真，对不同的直方图，第 i 个子区间内事件发生的概率 $p_{i1}, p_{i2}, \cdots, p_{iJ}$ 趋向于同一估计值 $\hat{p}_{i\cdot}$，离差 $n_{ij} - \hat{p}_{i\cdot}\, n_{\cdot j}$ 趋向于零，因此，X^2 趋近于零；反之，离差则增大. 因此，X^2 对 J 个直方图所服从的总体之间的一致性敏感，可作为检验它们的一致性的统计量. 而且由以上讨论可以确定，临界域应在临界值的上侧.

若 H_0 为真，且所有直方图的各子区间内事例数的估计值 $\hat{p}_{i\cdot}\, n_{\cdot j}$ 足够大，式(12.7.65)定义的统计量 X^2 近似地满足 χ^2 分布，自由度为 $(I-1)(J-1)$，因为总共 IJ 个观测值 n_{ij} 中存在 J 个约束条件(见式(12.7.61))，故只有 $IJ-J$ 个独立观测，并且有 $(I-1)$ 个独立的待估计参数(见式(12.7.64))，自由度数等于独立观测数减去独立参数的个数，于是

$$\nu = IJ - J - (I-1) = (I-1)(J-1).$$

对于给定的显著性水平 α，由 $\chi^2(\nu)$ 分布查得对应的临界值 $\chi_{\alpha}^2(\nu)$

$$1-\alpha = F(\chi_{\alpha}^{2}(\nu);\nu),$$

其中 $F(u;\nu)$ 是 $\chi^2(\nu)$ 分布的累积分布函数. 根据观测数据 n_{ij} $(i=1,\cdots,I;\ j=1,\cdots,J)$ 和式(12.7.65)可算出 X^2 的观测值 X_{obs}^2，如

$$X_{\text{obs}}^2 > \chi_{\alpha}^2(\nu),$$

则在显著性水平 α 上拒绝 J 个直方图一致性的零假设.

在 $X_{\text{obs}}^2 > \chi_{\alpha}^2(\nu)$ 的情形下，J 个直方图的一致性被排除，如果检查各个直方图数据对 X_{obs}^2 的贡献，有时可能发现某个直方图的贡献异乎寻常地大. 将该直方图的数据摒弃后，重新作 χ^2 检验，可能其余 $J-1$ 个直方图在给定显著性 α 上是一致的. 这时应对贡献过大的那个直方图数据作仔细的检查，从物理上找出数据可能错误的原因并加以修正.

对于 J 个离散总体子样的一致性检验问题，如果 J 个总体含有相同的 I 个元素，第 $j(j=1,\cdots,J)$ 个总体第 $i(i=1,\cdots,I)$ 个元素的观测频数记为 n_{ij}，则可以比照直方图一致性检验的步骤进行.

例 12.17　多组实验数据之间的一致性

某两种粒子碰撞后有五种不同的末态，即可看成五种不同的反应类型. 四个实验组分别对这粒子碰撞做实验研究，观测到的不同反应类型的事例数如表 12.12，问他们的实验数据是否互相一致.

表 12.12

实验组 \ 反应类型	1	2	3	4	5
A	202	150	107	51	18
B	152	131	70	48	17
C	189	161	108	42	25
D	105	78	52	32	12

这是四个离散分布的一致性检验问题. 将上表中 n_{ij} 的数据代入式(12.7.61)，式(12.7.64)，式(12.7.65)，求得 $X_{\text{obs}}^2 = 8.64$, 自由度 $\nu=(5-1)(4-1)=12$. 由附表 7 查得，$\alpha = 0.05$ 和 0.10 时临界值分别为

$$\chi_{\alpha}^2 = 21.03 \quad \text{和} \quad 18.55.$$

显然，在通常选取的显著性水平 $\alpha = 0.05 \sim 0.10$ 上不能排除四个实验组数据相互一致的原假设.

第十三章　极小化方法

13.1　引　　言

在科学研究和实验测量的数据处理中，经常遇到最优化问题，它所研究的问题是在众多可供选择的方案中选择最优方案. 最优方案通常是使描述物理问题的一个特定函数——称为目标函数——达到极大或极小. 例如，我们前面讨论了利用测量数据对理论模型的未知参数进行估计的极大似然法和最小二乘法，就是认为使似然函数达到极大和使最小二乘函数 Q^2 达到极小的参数值是最优估计值. 函数的求极小与极大是完全相当的运算，对目标函数 $f(\boldsymbol{x})$ 求极大，相当于对目标函数 $-f(\boldsymbol{x})$ 求极小. 最优化问题有些书籍称为极值问题或数学规划问题，本书中采用极小化这一称呼.

最优化方法已发展成为应用数学的一个专门分支，希望深入了解这一方法的读者应参阅有关的专门书籍和文献. 鉴于极小化方法在极大似然法和最小二乘法作参数估计中的关键性作用，在本章中我们选择较有代表性的算法作一简略的介绍.

函数极小化问题一般地可表述为求**目标函数** $f(\boldsymbol{x})$ 达到极小时自变量 $\boldsymbol{x}$ 的值 $\boldsymbol{x}^*$，即

$$\min f(\boldsymbol{x}) = f(\boldsymbol{x}^*), \qquad \boldsymbol{x} \in E^n, \tag{13.1.1}$$

并满足约束条件方程

$$h_i(\boldsymbol{x}) = 0, \qquad i = 1, 2, \cdots, l, \qquad l < n, \tag{13.1.2}$$

$$g_j(\boldsymbol{x}) \geqslant 0, \qquad j = 1, 2, \cdots, m, \tag{13.1.3}$$

其中 $\boldsymbol{x} \in E^n$ 表示 $\boldsymbol{x}$ 是 n 维欧氏(即欧几里得)空间中的一个点，或者说是 n 维向量，$x_1, x_2, \cdots, x_n$ 是 $\boldsymbol{x}$ 的 n 个分量. $f(\boldsymbol{x}), h_i(\boldsymbol{x}), g_j(\boldsymbol{x})$ 都是 $\boldsymbol{x}$ 的函数. 如果不存在约束条件，即 $l, m = 0$，称为无约束极小化问题；反之则称为约束极小化问题. 式(13.1.2)称为等式约束；式(13.1.3)为不等式约束. 对于 $g'_j(\boldsymbol{x}) \leqslant 0$ 这类不等式约束，可令 $g_j(\boldsymbol{x}) = -g'_j(\boldsymbol{x})$ 化为式(13.1.3)的形式，因此，式(13.1.2)和式(13.1.3)的约束方程具有一般性.

在极大似然法中，若 $\boldsymbol{\vartheta}$ 是待估计的未知参数，则其极大似然估计值 $\hat{\boldsymbol{\vartheta}}$ 满足

$$\min\left[-L(\boldsymbol{\vartheta})\right]=-L(\hat{\boldsymbol{\vartheta}});$$

而在最小二乘法中，则应有

$$\min Q^2(\boldsymbol{\vartheta})=Q^2(\hat{\boldsymbol{\vartheta}}).$$

与式(13.1.1)对照知道，本章中的 $\boldsymbol{x}$ 相当于参数估计问题中的待估计未知参数，而 $\boldsymbol{x}^*$ 则是未知参数的最优估计值. 至于未知参数服从某种约束方程的问题，在 9.7 节，9.8 节中已作过简略的讨论.

从数学分析知道，若目标函数 $f(\boldsymbol{x})$ 存在连续的一阶偏导数，变量值 $\boldsymbol{x}^*$ 为 $f(\boldsymbol{x})$ 稳定点的必要条件是函数在 $\boldsymbol{x}^*$ 点的梯度向量等于 $\boldsymbol{0}$，即

$$\nabla f(\boldsymbol{x}^*)=\left(\frac{\partial f(\boldsymbol{x})}{\partial x_1},\frac{\partial f(\boldsymbol{x})}{\partial x_2},\cdots,\frac{\partial f(\boldsymbol{x})}{\partial x_n}\right)^{\mathrm{T}}_{\boldsymbol{x}=\boldsymbol{x}^*}=\boldsymbol{0}. \tag{13.1.4}$$

为了对目标函数极小化，它在某一点 $\boldsymbol{x}_0$ 附近的行为利用泰勒级数来逼近

$$\begin{aligned}f(\boldsymbol{x})\approx{}& f(\boldsymbol{x}_0)+(\boldsymbol{x}-\boldsymbol{x}_0)^{\mathrm{T}}\nabla f(\boldsymbol{x}_0)\\&+\frac{1}{2}(\boldsymbol{x}-\boldsymbol{x}_0)^{\mathrm{T}}\nabla^2 f(\boldsymbol{x}_0)(\boldsymbol{x}-\boldsymbol{x}_0)+\cdots,\end{aligned} \tag{13.1.5}$$

其中 $\nabla^2 f(\boldsymbol{x}_0)$ 是目标函数 $f(\boldsymbol{x})$ 在 $\boldsymbol{x}_0$ 点的二阶导数矩阵，也称为**黑塞**(Hesse)**矩阵**. 这是一个 $n\times n$ 对称方矩阵，其元素是

$$\left.\frac{\partial^2 f(\boldsymbol{x})}{\partial x_i \partial x_j}\right|_{\boldsymbol{x}=\boldsymbol{x}^*},\qquad i,j=1,2,\cdots,n. \tag{13.1.6}$$

式(13.1.5)右边级数的第一项是常数，对极小点的确定不能提供任何信息. 第二项是函数在 $\boldsymbol{x}_0$ 点的梯度，它指示出函数在该点附近上升或下降最快的方向；当函数处于稳定点时，其梯度值为 0，即如式(13.1.4)所示. $\boldsymbol{x}^*$ 成为 $f(\boldsymbol{x})$ 的极小点的充分条件是除了式(13.1.4)成立之外，还要求 $f(\boldsymbol{x})$在$\boldsymbol{x}^*$ 点的黑塞矩阵为**正定矩阵**. 所谓矩阵 $\underset{\sim}{\boldsymbol{A}}$ 为正定，是指对于任何向量 $\underline{\boldsymbol{x}}\neq\boldsymbol{0}$, 总有

$$\boldsymbol{x}^{\mathrm{T}}\underset{\sim}{\boldsymbol{A}}\boldsymbol{x}>0 \tag{13.1.7}$$

通过黑塞矩阵的正定性来判断稳定点是极小点在数学上是很重要的，但在许多实际问题中，由于种种原因(如目标函数无法用解析函数表示，二阶偏导数难以求出

等)很难实现，这时可从所得的解就问题本身作出判断.

由以上介绍可知，求函数极小值的问题可化为求解

$$\nabla f(\boldsymbol{x})=\mathbf{0} \tag{13.1.8}$$

的问题,这是含 n 个未知变量、n 个方程组成的方程组. 除了目标函数是二次函数、该方程组是线性方程组，可以求得解析解之外，一般情形下这是非线性方程组，很难用解析方法求解. 有时，目标函数的行为可能十分复杂和奇特，甚至无法写出一阶导数的解析形式. 所以求极小值一般用数值方法，其中最常见的是迭代法，其基本思想如下：首先给出极小值点的估计初值 $\boldsymbol{x}_0$，然后根据某种算法计算一系列的 $\boldsymbol{x}_k(k=1,2,\cdots)$，使得点列 $\{x_k\}$ 的极限就是 $f(\boldsymbol{x})$ 的一个极小值点 $\boldsymbol{x}^*$. 在实际运算时需要给定一个判据，当迭代进行到满足该判据时终止迭代，求出的变量值认为是极小值点 $\boldsymbol{x}^*$ 的近似值. 终止迭代的判据要视具体的算法和问题的性质而定，常用的判据可以是两次相连迭代中函数值之差小于给定的正数

$$\left\|f(\boldsymbol{x}_{k+1})-f(\boldsymbol{x}_k)\right\|\leqslant\varepsilon,$$

或者梯度的长度小于给定的正数

$$\left\|\nabla f(\boldsymbol{x}_k)\right\|\leqslant\varepsilon,$$

其中符号 $\|\boldsymbol{z}\|$ 称为变量 $\boldsymbol{z}$ 的**模**或**长度**，其定义是

$$\|\boldsymbol{z}\|=\sqrt{\sum_{j=1}^{n}z_j^2}. \tag{13.1.9}$$

求得目标函数 $f(\boldsymbol{x})$ 的近似极小值点 $\boldsymbol{x}_k^*$ 后，余下的问题是确定 $\boldsymbol{x}_k^*$ 对于实际极小值点 $\boldsymbol{x}^*$ 的误差,它可由 $\boldsymbol{x}$ 的协方差矩阵及求出的 $\boldsymbol{x}_k^*$ 求得. 如果所采用的极小化方法的迭代步骤中求出了黑塞矩阵在近似极小点值 $\boldsymbol{x}_k^*$ 处的值,则 $\boldsymbol{x}$ 的协方差矩阵可由 $\underset{\sim}{H}^{-1}(\boldsymbol{x}_k^*)$ 表示(见 13.8 节)，这里 $\underset{\sim}{H}(\boldsymbol{x})$ 表示 $\boldsymbol{x}$ 的黑塞矩阵. 如果极小化方法迭代步骤中没有作黑塞矩阵的计算，则必须对目标函数作一些合理的假定来进行协方差矩阵的计算.

由以上所述可知，极小化方法的核心在于找到一种计算 $\boldsymbol{x}_k$ 的算法，使得点列 $\{\boldsymbol{x}_k\}$ 能逼近目标函数 $f(\boldsymbol{x})$ 的极小点 $\boldsymbol{x}^*$，逼近的速度越快，算法的效率就越高. 迭代过程需要多次重复计算不同点 $\boldsymbol{x}_k$ 处的目标函数值，甚至导数值，这种大量重复的计算不利用高速电子计算机事实上是无法完成的. 各种极小化方法的效率，可以用对于同一个问题求出达到同样精确度的解所需的计算机机时来衡量. 需要注

意的是，计算机由于字长的限制导致数字的舍入误差，由于计算机对整数和实数的表示存在上界和下界，因此存在“上溢”(大于计算机最大可表示的数判为无穷大)和“下溢”(小于计算机最小可表示的数判为零)的现象. 在极小法算法中必须考虑到它们对算法的精度、效率、极小值点解的收敛性、稳定性等造成的影响.

13.2　无约束极小化的一维搜索

我们首先介绍无约束极小化的一维搜索方法，这是后面各节 n 维极小化问题求解的基础. 一维搜索问题就是求解方程

$$\min f(x)=f(x^*), \qquad -\infty<x<+\infty,$$

或写为

$$\min f(x)=f(x^*), \qquad x\in E^1. \tag{13.2.1}$$

由极值的必要条件可知，极小值点必为稳定点，故一维极小化问题又可表为求解方程

$$f'(x)=0. \tag{13.2.2}$$

各种一维搜索方法通过求解式(13.2.1)或式(13.2.2)，得到近似极小值点. 一维搜索方法可以分为两类，一类需要计算目标函数的导数，它们一般收敛向极小值点的速度较快，但对不易求导的复杂函数及设有解析表式的函数无法使用；另一类只需要计算点列$\{x_R\}$的目标函数值，因而通用性较强，但一般说来收敛向极小值点的速度不如前一类快，这类方法可称为直接搜索. 本节将介绍的黄金分割法、斐波那契法、二次函数插值法和成功-失败法等四种方法属于直接搜索法；属于第一类的牛顿法在 n 维无约束极小化方法中介绍，因为对于 n=1 的特殊情形同样适用.

13.2.1　黄金分割法(0.618 法)

假定目标函数在所考虑的区间$[a,b]$内是单峰函数，即在$[a,b]$内只存在一个局部极小点. 在$[a,b]$内任选两点 $x_1,x'_1(x_1<x'_1)$. 若 $f(x_1)<f(x'_1)$; 则极小值点 $\boldsymbol{x}^*$ 必在区间$[a,x'_1]$内；反之，x^* 必在$[x_1,b]$内. 所以比较 $f(x_1)$ 和 $f(x'_1)$ 的大小可以确定 x^* 所在的区间，将该区间记为$[a_1,b_1]$. 重复上述步骤可得到新的区间$[a_2,b_2]$，$[a_3,b_3],\cdots$,使包含 x^* 的区间不断缩小. 当迭代到第 k 次，满足$|b_k-a_k|<\varepsilon,\varepsilon$ 为给定正数时，可停止迭代，取

$$x_k^* = \frac{a_k + b_k}{2}$$

作为 x^* 的近似最优解. 由于区间 $[a_k, b_k]$ 包含极小值点 x^*，显然有

$$\left|x_k^* - x^*\right| \leqslant \varepsilon / 2,$$

即解 x_k^* 的绝对误差 $\varepsilon_0 \leqslant \varepsilon / 2$.

问题是如何选取点列 $\{x_i, x_i'\}$ 才能减少运算量. 每次选定了 x_i 和 x'_i，并比较 $f(x_i)$ 和 $f(x'_i)$ 后可求得包含 x^* 的长度减小的新区间，如果在 x_i 和 x'_i 中的一个点在下一次迭代中仍能使用，则每步只需计算一次目标函数值，从而节省了一半运算. 达到这一目的的方法如下：

如图 13.1 所示，在长度 t_0 的单峰区间$[a,b]$内选定两点 x_1，x'_1，使得线段 ax_1'和x_1b 长度都等于 $t_1,(t_1 > t_0/2)$并且$x_1 < x_1'$. 这样，不论 $f(x_1') > f(x_1)$ 还是 $f(x_1') < f(x_1)$，包含 x^* 的区间 ax_1' 或 x_1b 长度都是 t_1，即包含 x^* 区间的长度由 t_0 缩小到 t_1，或者说经过一次迭代运算的**区间缩短因子** $\alpha = t_1 / t_0$. 不失一般性，假定 $f(x_1') > f(x_1)$，则 x^* 落在区间$[a, x_1']$内. 在该区间内选择两点 x_2, x_2'，满足 $x_2 < x_2', \overline{ax_2'} = \overline{x_2x_1'} = t_2(t_2 > t_1/2)$. 为了使第一次迭代中选出的 x_1 在本次迭代中能继续使用，令 $x_2' = x_1$, 由图 13.1 可知，$t_2 = t_0 - t_1$. 为了使区间缩短因子在本次迭代与上次迭代中相同，应有$\alpha = t_2/t_1 = t_1/t_0$. 由这些关系可求出

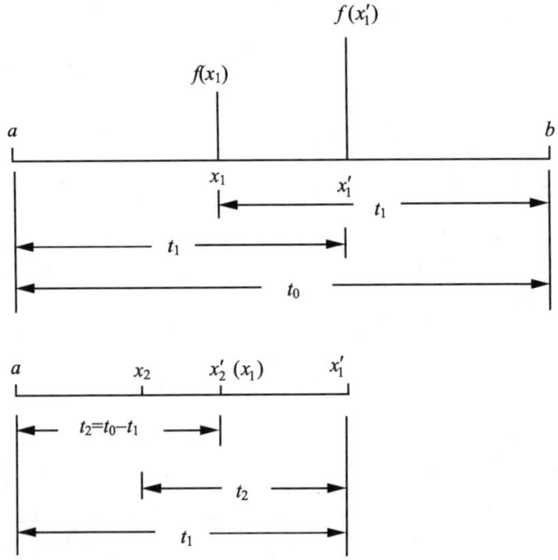

图 13.1　一维搜索的黄金分割法

$$\begin{cases} \alpha = \left(\sqrt{5}-1\right)/2 \approx 0.618, \\ x_i = b_i - \alpha(b_i - a_i), \\ x_i' = a_i + \alpha(b_i - a_i). \end{cases} \tag{13.2.3}$$

其中 a_i, b_i 表示第 i 次迭代中包含极小值点 x^* 的区间，x_i 和 x'_i 表示该次迭代应选的两点的坐标值，α 是一次迭代的区间缩短因子，由于它的值近似地等于 0.618，所以也称为 0.618 方法. 式(13.2.3)唯一地确定了黄金分割法中迭代点的选取. 若共迭代了 $n-1$ 次，共计算目标函数值 n 次(第一次迭代需计算两次目标函数值)，最后得到包含 x^* 的区间长度为

$$\left|b_{n-1} - a_{n-1}\right| = (b-a)0.618^{n-1} \leqslant \varepsilon,$$

定义黄金分割法的效率(经过 n 次函数值计算)为

$$E_n = \frac{b-a}{b_{n-1} - a_{n-1}} = 0.618^{-(n-1)}, \tag{13.2.4}$$

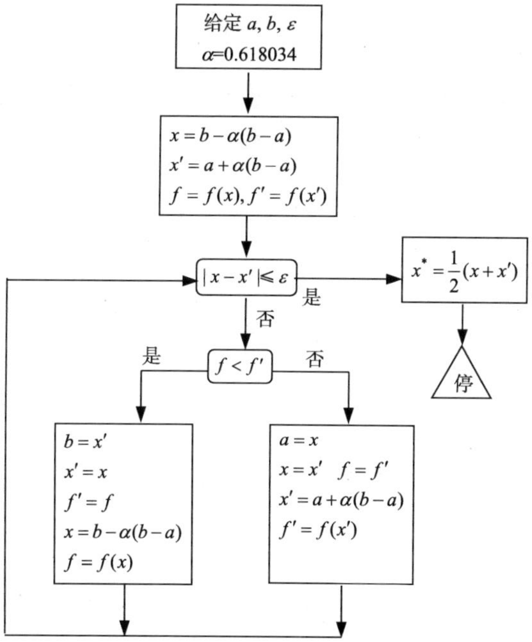

图 13.2　黄金分割法程序框图

显然有

$$n-1 \geqslant \frac{\lg\left(\dfrac{\varepsilon}{b-a}\right)}{\lg 0.618} \geqslant \frac{\lg\left(\dfrac{2\varepsilon_0}{b-a}\right)}{\lg 0.618}. \tag{13.2.5}$$

当 x^* 的近似解的误差要求 ε_0 确定之后，由式(13.2.5)可求得必要的迭代次数 $n-1$.

图 13.2 给出黄金分割法计算近似极小值点的程序框图，由此容易编制计算机程序.

13.2.2 斐波那契法

在某些实际问题中，要求限定迭代的次数. 显然，对于一定的迭代次数，如果某种极小化方法确定的近似极小值点误差最小，这种方法是比较理想的. 斐波那契法符合这一要求.

由 13.2.1 节所述可知，0.618 法有两个特点. 一个是每次迭代只需计算一次目标函数值，使计算量减少了一半，这一点应当保留；其次是每迭代一次包含极小值点的区间缩短因子等于常数 0.618，这一点未必见得符合最佳方案.

在斐波那契搜索中，用到所谓斐波那契数列 F_k，其定义是

$$F_0 = F_1 = 1, \qquad F_k = F_{k-1} + F_{k-2}, \qquad k = 2,3,\cdots. \tag{13.2.6}$$

设 $f(x)$ 为区间 $[a,b]$ 上的单峰函数，规定共进行 n 次函数值计算. 在斐波那契法中，第一次迭代取

$$x_1 = \frac{F_{n-2}}{F_n}(b-a)+a, \qquad x'_1 = \frac{F_{n-1}}{F_n}(b-a)+a.$$

比较 $f(x_1)$ 和 $f(x'_1)$ 值的大小，即可知道包含极小值点的区间是 $[a,x'_1]$ 还是 $[x_1,b]$. 设该区间为 $[a,x'_1]$，此时，区间缩短因子为

$$\alpha_1 = \frac{[a,x'_1]}{[a,b]} = \frac{x'_1-a}{b-a} = \frac{F_{n-1}(b-a)}{F_n(b-a)} = \frac{F_{n-1}}{F_n},$$

或包含极小值点区间是 $[x_1,b]$，则

$$\alpha_1 = \frac{[x_1,b]}{[a,b]} = \frac{b-x_1}{b-a} = \frac{b-\dfrac{F_{n-2}}{F_n}(b-a)-a}{b-a}$$
$$= 1-\frac{F_{n-2}}{F_n} = \frac{F_{n-1}}{F_n}.$$

记缩短了的区间为$[a_1,b_1]$，依照上述方法取两个插入点x_2和x'_2为

$$x_2=\frac{F_{n-3}}{F_{n-1}}(b_1-a_1)+a_1,\qquad x'_2=\frac{F_{n-2}}{F_{n-1}}(b_1-a_1)+a_1.$$

为了使每次迭代只计算一个函数值，要求下列情况之一发生：

$$x_1=x_2,\qquad x'_1=x_2,\qquad x_1=x'_2,\qquad x'_1=x'_2.$$

我们来验证这一点是否成立. 当$f(x_1)\leqslant f(x'_1)$时，$a_1=a,b_1=x'_1$, 于是

$$x'_2=\frac{F_{n-2}}{F_{n-1}}(b_1-a_1)+a_1=\frac{F_{n-2}}{F_{n-1}}(x'_1-a)+a=\frac{F_{n-2}}{F_n}(b-a)+a=x_1,$$

即x'_2与x_1是同一个点. 而当$f(x'_1)<f(x_1)$时，$a_1=x_1,b_1=b$，故

$$\begin{aligned}x_2&=\frac{F_{n-3}}{F_{n-1}}(b_1-a_1)+a_1=\frac{F_{n-3}}{F_{n-1}}(b-x_1)+x_1\\&=\frac{F_{n-3}}{F_{n-1}}\left[b-\frac{F_{n-2}}{F_n}(b-a)-a\right]+\frac{F_{n-2}}{F_n}(b-a)+a\\&=\frac{F_{n-3}}{F_{n-1}}(b-a)\left[1-\frac{F_{n-2}}{F_n}\right]+\frac{F_{n-2}}{F_n}(b-a)+a\\&=\frac{F_{n-3}}{F_{n-1}}(b-a)\frac{F_{n-1}}{F_n}+\frac{F_{n-2}}{F_n}(b-a)+a\\&=(b-a)\frac{F_{n-2}+F_{n-3}}{F_n}+a=(b-a)\frac{F_{n-1}}{F_n}+a=x'_1,\end{aligned}$$

即x_2与x'_1是同一个点. 区间缩短因子为

$$\alpha_2=\frac{[a_1,x'_2]}{[a_1,b_1]}=\frac{x'_2-a_1}{b_1-a_1}=\frac{\dfrac{F_{n-2}}{F_{n-1}}(b_1-a_1)}{(b_1-a_1)}=\frac{F_{n-2}}{F_{n-1}}$$

或

$$\begin{aligned}\alpha_2&=\frac{[x_2,b_1]}{[a_1,b_1]}=\frac{b_1-x_2}{b_1-a_1}=\frac{b_1-\dfrac{F_{n-3}}{F_{n-1}}(b_1-a_1)-a_1}{b_1-a_1}\\&=1-\frac{F_{n-3}}{F_{n-1}}=\frac{F_{n-2}}{F_{n-1}}.\end{aligned}$$

利用数学归纳法可以证明，在第 $i+1$ 次迭代中，第 i 次迭代中的一个点可以作为保留点

$$x'_{i+1}=x'_i=\frac{F_{n-i-1}}{F_{n-i}}(b_i-a_i)+a_i,\qquad 若f(x_i)\leqslant f(x'_i) \tag{13.2.7}$$

或

$$x_{i+1}=x'_i=\frac{F_{n-i-2}}{F_{n-i}}(b_i-a_i)+a_i,\qquad 若f(x_i)>f(x'_i). \tag{13.2.8}$$

因此，每次迭代只需计算一个新的目标函数值. 第 i 次迭代中的区间缩短因子为

$$\alpha_i=\frac{F_{n-i}}{F_{n-i+1}}. \tag{13.2.9}$$

当进行到 $n-2$ 次迭代时，根据式(13.2.7)、式(13.2.8)，有

$$x_{n-2}=a_{n-3}+\frac{F_1}{F_3}(b_{n-3}-a_{n-3})=a_{n-3}+\frac{1}{3}(b_{n-3}-a_{n-3}),$$

$$x'_{n-2}=a_{n-3}+\frac{F_2}{F_3}(b_{n-3}-a_{n-3})=a_{n-3}+\frac{2}{3}(b_{n-3}-a_{n-3}).$$

计算 x_{n-2} 和 x'_{n-2} 点的目标函数值并作比较，分两种情况：

(1) $f(x_{n-2})>f(x'_{n-2})$，包含极小值点的区间是 $[a_{n-2},b_{n-2}]=[x_{n-2},b_{n-3}]$，保留点是

$$x'_{n-2}=a_{n-3}+\frac{2}{3}(b_{n-3}-a_{n-3})=\frac{a_{n-2}+b_{n-2}}{2};$$

(2) $f(x_{n-2})\leqslant f(x'_{n-2})$，含极小值点区间为 $[a_{n-2},b_{n-2}]=[a_{n-3},x'_{n-2}]$，保留点是

$$x_{n-2}=a_{n-3}+\frac{1}{3}(b_{n-3}-a_{n-3})=\frac{a_{n-2}+b_{n-2}}{2}.$$

可见，第 $n-2$ 次迭代完成时，保留点都等于区间 $[a_{n-2},b_{n-2}]$ 的中点，记为 $x_{n-2}^{(m)}$. 这时，总共已作了 $n-1$ 次目标函数值的计算(第一次迭代计算两个函数值，其余迭代各计算一次). 在第 $n-1$ 次迭代中，选取

$$x_{n-1}=x_{n-2}^{(m)}+\delta,\qquad 0<\delta<\frac{b_{n-2}-a_{n-2}}{2}.$$

计算 $f(x_{n-1})$ 并与 $f(x_{n-2}^{(m)})$ 比较，得到近似极小值点 x_n^* 为

$$x_n^* = \begin{cases} \dfrac{1}{2}\left(x_{n-2}^{(m)} + b_{n-2}\right), & f(x_{n-1}) < f(x_{n-2}^{(m)}), \\ \dfrac{1}{2}\left(x_{n-2}^{(m)} + a_{n-2}\right), & f(x_{n-1}) \geqslant f(x_{n-2}^{(m)}), \end{cases} \tag{13.2.10}$$

这样确定的 x_n^* 与真实极小值点 x^* 的误差 ε_0 为

$$\varepsilon_0 \equiv \left|x_n^* - x^*\right| \leqslant \frac{1}{2}\left(b_{n-2} - a_{n-2}\right).$$

由式(13.2.9)可求得

$$\begin{aligned}(b_{n-2} - a_{n-2}) &= (b_{n-3} - a_{n-3})\frac{F_2}{F_3} = (b_{n-4} - a_{n-4})\frac{F_3}{F_4}\frac{F_2}{F_3} = \cdots \\ &= (b-a)\frac{F_{n-1}}{F_n}\cdot\frac{F_{n-2}}{F_{n-1}}\cdot \cdots \cdot\frac{F_3}{F_4}\cdot\frac{F_2}{F_3} = (b-a)\frac{F_2}{F_n} \\ &= 2(b-a)/F_n.\end{aligned}$$

因此

$$\varepsilon_0 \equiv \left|x_n^* - x^*\right| \leqslant \frac{b-a}{F_n}. \tag{13.2.11}$$

在搜索区间$[a,b]$和目标函数的计算次数 n 确定之后，式(13.2.11)唯一地确定了最后求出的近似极小值点 x_n^* 的误差；反过来，也可以由要求的精度 ε_0 求出所需的迭代次数 $n-1$.

经过 $n-1$ 次迭代(n 次目标函数值计算)，斐波那契法的效率为

$$E_n = \frac{b-a}{\dfrac{1}{2}(b_{n-2} - a_{n-2})} = F_n\,. \tag{13.2.12}$$

与黄金分割法的效率 $E_n = 0.618^{-(n-1)}$ 相比，通过直接计算可知

$$F_n > (0.618)^{-(n-1)},$$

所以斐波那契搜索的效率高于 0.618 法.

利用数学归纳法可以证明：

$$F_k = \frac{1}{\sqrt{5}}\left\{\left(\frac{1+\sqrt{5}}{2}\right)^{k+1} - \left(\frac{1-\sqrt{5}}{2}\right)^{k+1}\right\},$$

故

$$\lim_{k\to\infty}\frac{F_{k-1}}{F_k}=\lim_{k\to\infty}\frac{\left(\frac{1+\sqrt{5}}{2}\right)^k-\left(\frac{1-\sqrt{5}}{2}\right)^k}{\left(\frac{1+\sqrt{5}}{2}\right)^{k+1}-\left(\frac{1-\sqrt{5}}{2}\right)^{k+1}}$$

$$=\frac{1}{\frac{1+\sqrt{5}}{2}}=\frac{\sqrt{5}-1}{2},$$

这正是黄金分割法中的区间缩短因子，所以黄金分割法是斐波那契搜索的极限情形. 表 13.1 给出 F_{k-1}/F_k 数列.

表 13.1

k	F_k	F_{k-1}/F_k	k	F_k	F_{k-1}/F_k
1	1	1	9	55	0.618 18
2	2	0.5	10	89	0.617 98
3	3	0.666 67	11	144	0.618 06
4	5	0.6	12	233	0.618 026
5	8	0.625	13	377	0.618 037
6	13	0.615 38	14	610	0.618 033
7	21	0.619 05	⋮		⋮
8	34	0.617 65	∞		0.618 034

由表 13.1 可见，当 $k>7$, 斐波那契法的区间缩短因子 F_{k-1}/F_k 的数值取小数点后三位都是 0.618. 因此，尽管从理论上讲，斐波那契法较为有效，但因黄金分割法的计算程序简单得多，而两者的效率相差不大，故一般宁愿采用黄金分割法.

图 13.3 给出了斐波那契法的程序框图，其中用到了下述关系式：

$$\begin{aligned}x_i+x_i'&=\frac{F_{n-i-1}}{F_{n-i+1}}(b_{i-1}-a_{i-1})+a_{i-1}+\frac{F_{n-i}}{F_{n-i+1}}(b_{i-1}-a_{i-1})+a_{i-1}\\&=\frac{F_{n-i-1}+F_{n-i}}{F_{n-i+1}}(b_{i-1}-a_{i-1})+2a_{i-1}=b_{i-1}-a_{i-1}+2a_{i-1}\\&=b_{i-1}+a_{i-1}.\end{aligned}\tag{13.2.13}$$

13.2.3　二次函数插值法(抛物线法)

二次函数插值法(也称抛物线法)是利用二次函数 $\varphi(x)$ 逼近目标函数 $f(x)$，并

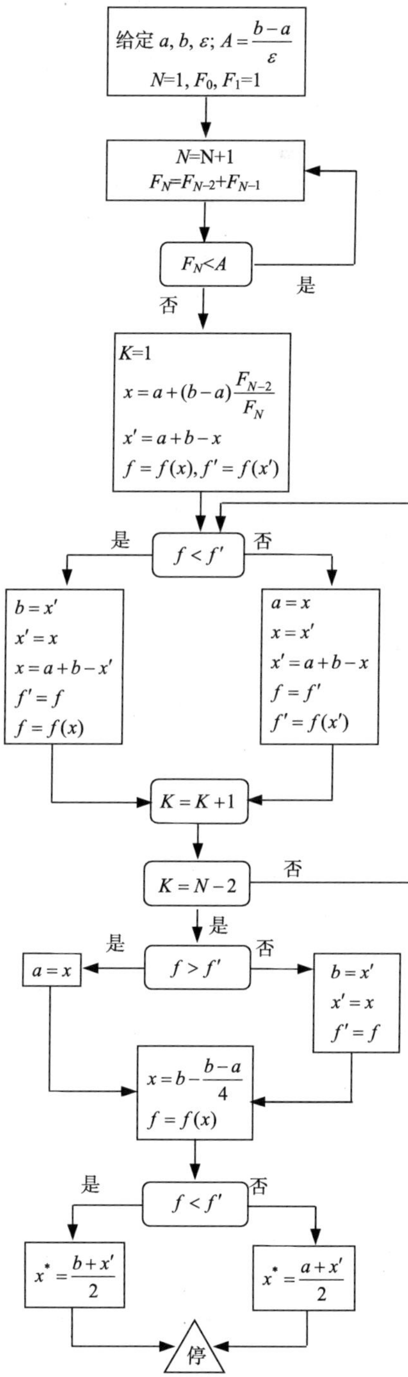

图 13.3　斐波那契法程序框图

取 $\varphi(x)$ 的极小值点作为 $f(x)$ 极小值点的近似，从而构造出迭代算法，直到得出符合终止迭代判据的结果为止. 本方法中，二次函数是利用三个不同点上的目标函数值来构造的.

设已有三个点 x_1,x_2,x_3，对应的目标函数值为 f_1,f_2,f_3. 通过三个点 $(x_1,f_1),(x_2,f_2),(x_3,f_3)$ 的抛物线(二次函数)方程是

$$\varphi(x)=\frac{(x-x_2)(x-x_3)}{(x_1-x_2)(x_1-x_3)}f_1+\frac{(x-x_1)(x-x_3)}{(x_2-x_1)(x_2-x_3)}f_2+\frac{(x-x_1)(x-x_2)}{(x_3-x_1)(x_3-x_2)}f_3.$$

令 $\varphi'(x)=0$, 得 $\varphi(x)$ 的极值点为

$$\bar{x}=\frac{1}{2}\frac{f_1\left(x_2^2-x_3^2\right)+f_2\left(x_3^2-x_1^2\right)+f_3\left(x_1^2-x_2^2\right)}{f_1(x_2-x_3)+f_2(x_3-x_1)+f_3(x_1-x_2)}. \tag{13.2.14}$$

当满足

$$x_1<x_2<x_3,\qquad f_1>f_2>f_3 \tag{13.2.15}$$

的条件时，$\bar{x}$ 为 $\varphi(x)$ 的极小值点. 式(13.2.15)相当于函数值两边高中间低. 特别当 x_1,x_2,x_3 为等间距的情形，$\bar{x}$ 的表达式简化为

$$\bar{x}=x_2+\frac{d}{2}\frac{f_1-f_3}{f_1+f_3-2f_2},\qquad x_2-x_1=x_3-x_2=d. \tag{13.2.16}$$

如果区间长度 $|x_3-x_1|$ 足够小，即对于给定常数 ε 有 $|x_3-x_1|<\varepsilon$，则 $\bar{x}$ 可作为 $f(x)$ 极小值点 x^* 的近似值，两者的差别为

$$\left|x^*-\bar{x}\right|<\left|x_3-x_1\right|<\varepsilon, \tag{13.2.17}$$

这时可终止迭代. 也可以根据目标函数值来决定迭代的终止

$$\left|f(\bar{x})-f_2\right|<\varepsilon'. \tag{13.2.18}$$

当 $f(\bar{x})<f_2$, 取 $\bar{x}$ 为 x^* 的近似值；否则以 x_2 作为 x^* 的近似值.

如果迭代终止，判据(13.2.17)或(13.2.18)未得到满足，则应寻找三个新的点 x_1',x_2',x_3' 继续作上述的计算，直到求出满意的解为止. 为了能减少目标函数值的计算，x_1',x_2',x_3' 的选择应满足如下条件：

(1) $x_1'<x_2'<x_3',f_1'<f_2'<f_3'$;

(2) $x_3'-x_1'<x_3-x_1$;

(3) x_1',x_2',x_3' 的选择应充分利用原有的四个点 $x_1,x_2,x_3,\bar{x}$ 的信息.

x_1',x_2',x_3' 的一种可能的方案表示在图 13.4 的二次插值法程序框图中.

对于一般的目标函数，抛物线法一般地说比斐波那契法的收敛速度快；特别当目标函数接近于二次函数时，抛物线法能迅速地逼近极小值点. 它的不足之处是当三个点处于同一直线上，即满足

$$f_1(x_2-x_3)+f_2(x_3-x_1)+f_3(x_1-x_2)=0 \tag{13.2.19}$$

时导致发散；当三个点接近于同一直线上，求出的极小值点可能偏离真正的极值点相当远. 但是一般地说，在极小值点附近用抛物线来逼近目标函数是相当好的近似，只要利用目标函数值满足式(13.2.15)的要求选择 x_1, x_2, x_3，利用抛物线法求出近似极小值点是比较迅速和可靠的.

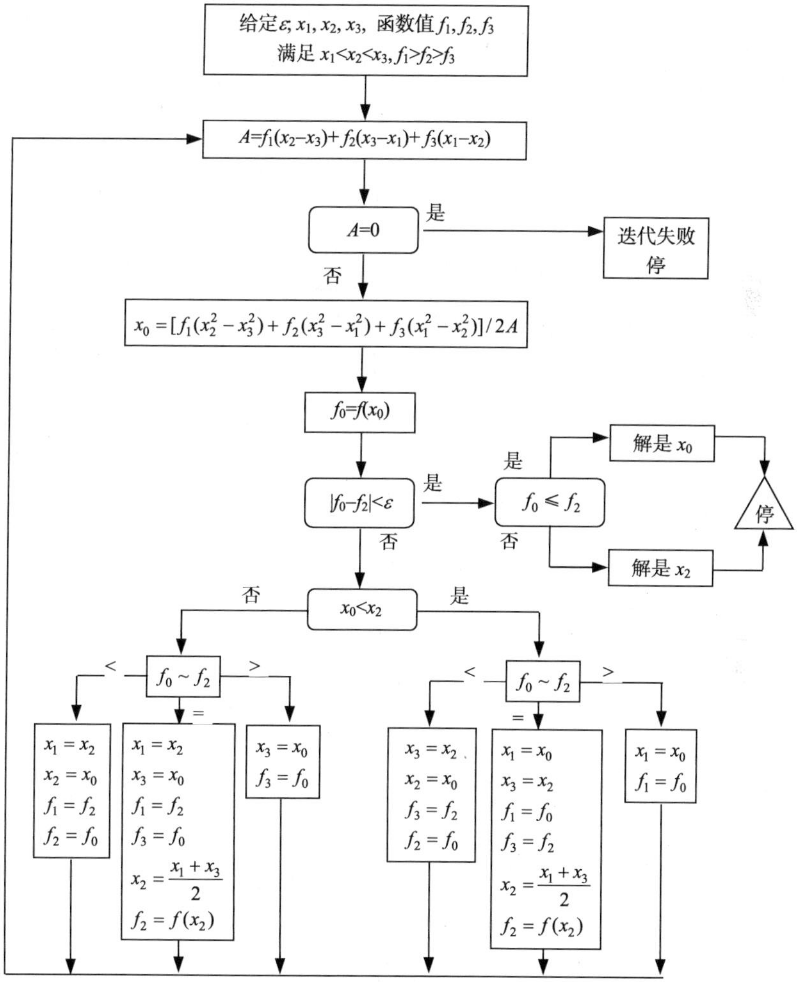

图 13.4　二次插值法程序框图

13.2.4　进退法

进退法又称成功-失败法，它的基本思想如下：任选一个初始点 x_0 和初始步长 d_0，取 x_0+d_0 为新的试探点，计算目标函数值 $f_0=f(x_0)$ 和 $f_1=f(x_1)=f(x_0+d_0)$. 如果 $f_1<f_0$，则从 x_0 到 x_1 目标函数值下降，称为试验成功；反之，则称为试验失败. 在试验成功的情形下，搜索方向是函数下降方向，可沿该方向增大步长继续搜索，故可以 x_1 为新的初始点，$\alpha d_0(\alpha>1)$ 作为新的步长 d_1 进行新的试验. α 称为扩展因子，一般取 $\alpha\approx 3.0$. 如果试验失败，则原搜索方向是目标函数增大的方向，故应沿反向搜索，以 x_0 为初始点，以 $-\beta d_0$ 作为新的步长 $d_0(0<\beta<1)$，β 称为收缩因子，一般取 $\beta\approx 0.4$. 如此重复迭代下去，直到搜索步长小于给定正数 δ，或者两次接连试验中的目标函数值之差小于给定正数 ε，即

$$\left|f_k-f_{k+1}\right|<\varepsilon$$

迭代中止，取 $\bar{x}=(x_k+x_{k+1})/2$ 作为近似极小值点.

一般说来，用进退法求函数极小值点的效率较低，实用意义不大. 但若把它稍加改进，可用于寻找包含极小值点的区间. 前面介绍的 0.618 法，斐波那契法和抛物线法，都是在包含一个极小值点的区间之内寻求 x^* 的方法，因此用进退法确定这样的区间为这些更有效的一维搜索作好必要的准备. 其步骤如下：

设进行第 k 次试验时的初始点和步长分别为 x_{k-1} 和 d_{k-1}（d_{k-1} 可大于 0 或小于 0)，并且第 k 次试验成功，即 $f_k<f_{k-1}$. 然后以 $x_k=x_{k-1}+d_{k-1}$ 作为第 k+1 次试验的初始点，以 $d_k=\alpha d_{k-1}$ 作为步长. 假定该次试验失败，即 $f_k<f_{k+1}=f(x_{k+1})$，$x_{k+1}=x_k+d_k$. 显然这时有

$$\begin{cases}x_{k-1}<x_k<x_{k+1}(\text{或}x_{k-1}>x_k>x_{k+1}),\\ f_{k-1}>f_k<f_{k+1}.\end{cases}\tag{13.2.20}$$

因而区间 $[x_{k-1},x_{k+1}]$ 内一定含有极小值点. 简而言之，若一次试验成功之后紧接着一次试验失败，由此确定的变量 x 的三个点构成的区间一定包含极小值点. 这三个点可以作为抛物线内插的三个初始点. 进退法与抛物线法的这种组合，对于一般的目标函数而言可能是普遍适用的最有效的一维搜索方法. 图 13.5 给出进退法确定搜索区间及三个初始点 x_1,x_2,x_3 的程序框图.

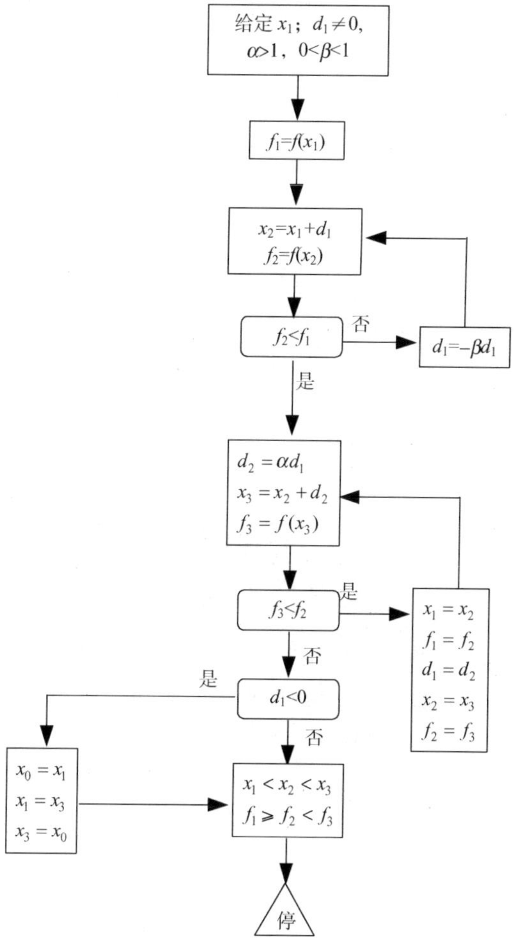

图 13.5　进退法确定包含极小值点区间的程序框图

13.3　无约束 n 维极值的解析方法

无约束 n 维极值的计算方法所讨论的问题是

$$\min f(\boldsymbol{x}), \qquad \boldsymbol{x} \in E^n. \tag{13.3.1}$$

解法可以分为解析方法和直接方法两类. 利用目标函数一阶和二阶导数的方法称为解析方法. 因为函数的导数描述函数的变化规律，所以利用导数的信息可加速向极小值点收敛的速度. 但在实际问题中，有时目标函数难以给出导数的解析形式，甚至目标函数本身就给不出解析表式，而只是知道若干特定变量值对应的目标函数值. 这时可以只利用函数值来求极小值点，称为极小化的直接方法；或者利用数值方法估计导数，然后用解析法求解.

数值方法估计导数即利用差分作为导数的近似. 函数 $f(x)$的梯度 $g(x)$的第 i 个分量近似地等于

$$g_i = \frac{\partial f(\boldsymbol{x})}{\partial x_i} \approx \frac{f(x_1,\cdots,x_i+\Delta x_i,\cdots,x_n) - f(x_1,\cdots,x_i,\cdots,x_n)}{\Delta x_i}$$

或

$$g_i = \frac{\partial f(\boldsymbol{x})}{\partial x_i} \approx \frac{f(x_1,\cdots,x_i,\cdots,x_n) - f(x_1,\cdots,x_i-\Delta x_i,\cdots,x_n)}{\Delta x_i},$$

$$i=1,2,\cdots,n. \tag{13.3.2}$$

Δx_i 的有限大小导致的误差

$$\delta \approx \frac{\Delta x_i}{2}\frac{\partial^2 f(\boldsymbol{x})}{\partial x_i^2}\bigg|_{\boldsymbol{x}=(x_1,\cdots,x_i,\cdots,x_n)}.$$

Δx_i 应选得足够小以减小误差，但同时应使 δ 不小于计算机计算 f 值的舍入误差(由计算机的有限字长所引起). 在二阶导数未知或不进行计算的情形下，Δx_i 的选择通常靠估计和猜测. 估计一阶导数比较保险的算式是

$$g_i = \frac{\partial f(\boldsymbol{x})}{\partial x_i} \approx \frac{f(x_1,\cdots,x_i+\Delta x_i,\cdots,x_n) - f(x_1,\cdots,x_i-\Delta x_i,\cdots,x_n)}{2\Delta x_i},$$

$$i=1,2,\cdots,n. \tag{13.3.3}$$

这样计算得到的 g_i 值误差大致正比于 $f(\boldsymbol{x})$ 的三阶导数，因而误差较小；但式(13.3.3)需要 $2n$ 个函数值，而式(13.3.2)计算 g_i 只需 $(n+1)$ 个函数值，比较省时.

二阶导数的计算更为费时，幸运的是，如果利用对称方法(13.3.3)计算 g_i，则二阶导数可借用其中的函数值，因为二阶导数矩阵的对角元素可写成

$$G_{ii} = \frac{\partial^2 f(\boldsymbol{x})}{\partial x_i^2} \approx \left[f(x_1,\cdots,x_i+\Delta x_i,\cdots,x_n) - f(x_1,\cdots,x_i-\Delta x_i,\cdots,x_n)\right.$$

$$\left.-2f(\boldsymbol{x})\right]/(\Delta x_i)^2,\qquad i=1,2,\cdots,n. \tag{13.3.4}$$

对非对角元素，则有

$$G_{ij} = \frac{\partial^2 f(\boldsymbol{x})}{\partial x_i \partial x_j} \approx \left[f(x_i+\Delta x_i, x_j+\Delta x_j) + f(x_i-\Delta x_i, x_j-\Delta x_j)\right.$$

$$-f(x_i+\Delta x_i,x_j-\Delta x_j)-f(x_i-\Delta x_i,x_j+\Delta x_j)\big]/4\Delta x_i\Delta x_j,$$
$$i\neq j,i,\quad j=1,2,\cdots,n. \tag{13.3.5}$$

注意，其中已使用了简化的记号. 由于二阶导数矩阵为对称矩阵，即 $G_{ij}=G_{ji}$，故共有 $n(n-1)/2$ 个独立的非对角线元素，由式(13.3.5)可知，需计算 $2n(n-1)$ 个目标函数值(加上计算 g_i 时的 $2n$ 个目标函数值)才能得到二阶导数矩阵 $\underset{\sim}{\boldsymbol{G}}$ 的完整表式.

如果目标函数的二阶导数在 $\boldsymbol{x}$ 附近的小区域内可近似地视为常数，可以用下式代替式(13.3.5)估计非对角元素：

$$\begin{aligned}G_{ij}&=\frac{\partial^2 f(\boldsymbol{x})}{\partial x_i\partial x_j}\\&\approx\frac{f(x_i+\Delta x_i,x_j+\Delta x_j)+f(x_i,x_j)-f(x_i+\Delta x_i,x_j)-f(x_i,x_j+\Delta x_j)}{\Delta x_i\cdot\Delta x_j},\\&\qquad i\neq j,\qquad i,j=1,2,\cdots,n.\end{aligned} \tag{13.3.6}$$

这样，只需要 $n(n-1)/2$ 个函数值就能得到全部非对角元素 G_{ij}.

本节将介绍几种 n 维极值的解析方法，直接方法留在 13.4 节叙述.

13.3.1　最速下降法(梯度法)

设已有目标函数 $f(\boldsymbol{x})$ 的某个初始点 $\boldsymbol{x}_0$，与一维极值算法一样，我们要求产生一系列迭代点 $\boldsymbol{x}_1,\boldsymbol{x}_2,\cdots$ 向极小值点 $\boldsymbol{x}^*$ 收敛，也就是希望从迭代点 $\boldsymbol{x}_k$ 出发，利用某种算法规则找到新的迭代点 $\boldsymbol{x}_{k+1}$，它比 $\boldsymbol{x}_k$ 是 $\boldsymbol{x}^*$ 的更好近似. 为此，将目标函数 $f(\boldsymbol{x})$ 在 $\boldsymbol{x}_k$ 附近作泰勒展开

$$f(\boldsymbol{x})=f(\boldsymbol{x}_k)+(\boldsymbol{x}-\boldsymbol{x}_k)^{\mathrm{T}}\nabla f(\boldsymbol{x}_k)+0\left(\|\boldsymbol{x}-\boldsymbol{x}_k\|\right), \tag{13.3.7}$$

其中最后一项表示 $\|\boldsymbol{x}-\boldsymbol{x}_k\|$ 的高阶小量. 当 $\|\boldsymbol{x}_{k+1}-\boldsymbol{x}_k\|$ 足够小并且

$$(\boldsymbol{x}_{k+1}-\boldsymbol{x}_k)^{\mathrm{T}}\nabla f(\boldsymbol{x}_k)<\boldsymbol{0}$$

时，有

$$f(\boldsymbol{x}_{k+1})<f(\boldsymbol{x}_k),$$

即自变量 $\boldsymbol{x}$ 从 $\boldsymbol{x}_k$ 变到 $\boldsymbol{x}_{k+1}$ 时函数是下降的. 取 $(\boldsymbol{x}_{k+1}-\boldsymbol{x}_k)$ 与负梯度方向一致

$$\boldsymbol{x}_{k+1}-x_k\propto-\nabla f(\boldsymbol{x}_k),$$

则 $-(\boldsymbol{x}_{k+1}-\boldsymbol{x}_k)^{\mathrm{T}}\nabla f(\boldsymbol{x}_k)$ 达到极大，这是函数值下降最迅速的方向. 一个自然的想

法是沿着函数值下降最迅速的方向进行极小值点的搜索是比较有效的，根据这一原理可构造最迅速下降法的迭代方法如下：设已有了迭代点$\boldsymbol{x}_k$，则构造下一迭代点$\boldsymbol{x}_{k+1}$的迭代公式为

$$\boldsymbol{x}_{k+1}-\boldsymbol{x}_k=-\lambda_k\cdot\nabla f(\boldsymbol{x}_k),$$

或写成

$$\boldsymbol{x}_{k+1}=\boldsymbol{x}_k-\lambda_k\cdot\nabla f(\boldsymbol{x}_k), \tag{13.3.8}$$

其中λ_k是一正常数，决定$\|\boldsymbol{x}_{k+1}-\boldsymbol{x}_k\|$的长度，称为**迭代步长**；$\boldsymbol{p}_k\equiv-\nabla f(\boldsymbol{x}_k)$称为搜索方向，故式(13.3.8)亦可用$\lambda_k$，$\boldsymbol{p}_k$表述为

$$\boldsymbol{x}_{k+1}=\boldsymbol{x}_k+\lambda_k\boldsymbol{p}_k. \tag{13.3.9}$$

式(13.3.8)的又一种表达形式是

$$\boldsymbol{x}_{k+1}=\boldsymbol{x}_k-\alpha_k\frac{\nabla f(\boldsymbol{x}_k)}{\|\nabla f(\boldsymbol{x}_k)\|}\equiv\boldsymbol{x}_k-\alpha_k\boldsymbol{s}_k, \tag{13.3.10}$$

其中$\boldsymbol{s}_k$是模为 1 的单位矢量，方向为目标函数在$\boldsymbol{x}_k$点的梯度方向，而

$$\alpha_k=\lambda_k\|\nabla f(\boldsymbol{x}_k)\|>0.$$

迭代过程的终止可用如下的判据之一：

$$|f(\boldsymbol{x}_{k+1})-f(\boldsymbol{x}_k)|<\varepsilon_1,$$

$$\left|\frac{\partial f(\boldsymbol{x}_k)}{\partial x_i}\right|<\varepsilon_2,\qquad i=1,2,\cdots,n, \tag{13.3.11}$$

$$\|\boldsymbol{x}_{k+1}-\boldsymbol{x}_k\|<\varepsilon_3.$$

$\varepsilon_1,\varepsilon_2,\varepsilon_3$为给定的正数，它们决定了近似极小值点的精确程度.

迭代法的收敛速度用量γ表示. 设函数极小值点为$\boldsymbol{x}^*$，第k和$k+1$次迭代点分别是$\boldsymbol{x}_k$和$\boldsymbol{x}_{k+1}$，γ定义为

$$\gamma=\lim_{k\to\infty}\frac{\|\boldsymbol{x}^*-\boldsymbol{x}_{k+1}\|}{\|\boldsymbol{x}^*-\boldsymbol{x}_k\|^p}. \tag{13.3.12}$$

$p=1$称为线性收敛，$p=n$称为n次收敛. p值越大，点列$\boldsymbol{x}_1,\boldsymbol{x}_2,\cdots$向$\boldsymbol{x}^*$收敛速度越快.

现在求最速下降法的收敛速度. 将 $\nabla f(\boldsymbol{x}+\Delta\boldsymbol{x})$ 在 $\boldsymbol{x}$ 点展开为泰勒级数并取一次近似项

$$\nabla f(\boldsymbol{x}+\Delta\boldsymbol{x})=\nabla f(\boldsymbol{x})+\Delta\boldsymbol{x}\cdot\nabla^2 f(\boldsymbol{x}),$$

在极小值点附近有 $\Delta\boldsymbol{x}=\boldsymbol{x}^*-\boldsymbol{x}_k$, 即 $\boldsymbol{x}^*=\boldsymbol{x}_k+\Delta\boldsymbol{x}$, 于是

$$\nabla f(\boldsymbol{x}^*)=\nabla f(\boldsymbol{x}_k)+(\boldsymbol{x}^*-\boldsymbol{x}_k)\nabla^2 f(\boldsymbol{x}_k)=0.$$

据式(13.3.10)，得

$$\begin{aligned}\boldsymbol{x}^*-\boldsymbol{x}_{k+1}&=\boldsymbol{x}^*-\boldsymbol{x}_k+\alpha_k\frac{\nabla f(\boldsymbol{x}_k)}{\|\nabla f(\boldsymbol{x}_k)\|}\\&=(\boldsymbol{x}^*-\boldsymbol{x}_k)+\frac{\alpha_k(\boldsymbol{x}_k-\boldsymbol{x}^*)\nabla^2 f(\boldsymbol{x}_k)}{\|\nabla f(\boldsymbol{x}_k)\|}\\&=(\boldsymbol{x}^*-\boldsymbol{x}_k)\left[\underset{\sim}{I}-\alpha_k\frac{\nabla^2 f(\boldsymbol{x}_k)}{\|\nabla f(\boldsymbol{x}_k)\|}\right].\end{aligned}$$

代入式(13.3.12)可知， $p=1$，即最速下降法是收敛速度较慢的线性收敛.

现在回过来讨论迭代公式(13.3.8)或式(13.3.9)中步长 λ_k 的选取方法.

最简单的方法是每次迭代中步长为常数 λ，这称为**定步长梯度法**. 在这种情况下可以证明, 存在一个与步长 λ 和目标函数 $f(\boldsymbol{x})$ 有关的正数 ε, 当 $\|\boldsymbol{x}_k-\boldsymbol{x}^*\|>\varepsilon$, 一定有 $f(\boldsymbol{x}_k)>f(\boldsymbol{x}_{k+1})$, 即每次迭代中目标函数值是下降的， $\boldsymbol{x}_{k+1}$ 较之 $\boldsymbol{x}_k$ 是 $\boldsymbol{x}^*$ 的更好近似. 但当 $\|\boldsymbol{x}_k-\boldsymbol{x}^*\|<\varepsilon$ 时，只能保证

$$\|\boldsymbol{x}_r-\boldsymbol{x}^*\|\leqslant\varepsilon,\qquad r\geqslant k,$$

即继续迭代下去并不能进一步逼近极小值点 $\boldsymbol{x}^*$, 而是在 $\boldsymbol{x}^*\pm\varepsilon$ 的区间内围绕 $\boldsymbol{x}^*$ 来回振荡. 这就是说，在定步长梯度法中，步长一经给定， $\boldsymbol{x}^*$ 的近似值点的精确度也就确定了. 作为一种简单的补救办法，在远离极小值点时，步长可取得大一些，以加速收敛；当接近极小值点时步长应当减小，以提高结果的精度.

由定步长梯度法得到一个启示，迭代过程中应当取不同的步长值，这种方案称为**变步长梯度法**. 如果每次迭代中使目标函数达到沿搜索方向的最小值点，显然能加快计算速度，这样的步长称**最优步长**. 因此，**最优梯度法**的迭代公式与式(13.3.8)有相同的形式，但其中的 λ_k 是一维函数 $\varphi(\lambda)\equiv f\left[\boldsymbol{x}_k-\lambda\nabla f(\boldsymbol{x}_k)\right]$ 的极小值点，即

$$\varphi'(\lambda_k)=0. \tag{13.3.13}$$

这是一个一维搜索问题，可用任一种一维搜索方法求解，这里使用解析方法. 将 $f\left[\boldsymbol{x}_k-\lambda\nabla f(\boldsymbol{x}_k)\right]$ 在 $\boldsymbol{x}_k$ 的邻域作泰勒展开，根据式(13.1.5)，得

$$f(\boldsymbol{x}_k-\lambda\nabla f(\boldsymbol{x}_k))=f(\boldsymbol{x}_k)-\lambda\left[\nabla f(\boldsymbol{x}_k)\right]^{\mathrm{T}}\nabla f(\boldsymbol{x}_k)+\frac{\lambda^2}{2}\left[\nabla f(\boldsymbol{x}_k)\right]^{\mathrm{T}}\nabla^2 f(\boldsymbol{x}_k)\nabla f(\boldsymbol{x}_k),$$

将 $f\left[\boldsymbol{x}_k-\lambda\nabla f(\boldsymbol{x}_k)\right]$ 对 λ 求导数并令其等于 0，求得 λ 的解 λ_k

$$-\left[\nabla f(\boldsymbol{x}_k)\right]^{\mathrm{T}}\nabla f(\boldsymbol{x}_k)+\lambda_k\left[\nabla f(\boldsymbol{x}_k)\right]^{\mathrm{T}}\nabla^2 f(\boldsymbol{x}_k)\nabla f(\boldsymbol{x}_k)=0,$$

$$\lambda_k=\frac{\left[\nabla f(\boldsymbol{x}_k)\right]^{\mathrm{T}}\cdot\nabla f(\boldsymbol{x}_k)}{\left[\nabla f(\boldsymbol{x}_k)\right]^{\mathrm{T}}\nabla^2 f(\boldsymbol{x}_k)\nabla f(\boldsymbol{x}_k)}. \tag{13.3.14}$$

λ_k 即为最优步长.

由于负梯度方向具有最速下降性质，一般容易认为这是理想的搜索方向. 实际上 $\boldsymbol{x}_k$ 点的负梯度方向仅在 $\boldsymbol{x}_k$ 点附近才具有最速下降性质，是局部最优而不是全局最优. 最优步长法的实际使用表明，开始几次迭代中，步长比较大，自变量的改变和函数值的下降也比较明显，即收敛速度比较快. 但当接近极小点时步长很小，目标函数值下降很慢，即收敛速度很慢. 特别是，最优梯度法是沿着锯齿形的路径向极小值点逼近的，这一点可证明如下：由 $\varphi(\lambda)\equiv f\left[\boldsymbol{x}_k-\lambda\nabla f(\boldsymbol{x}_k)\right]$ 对 λ 求导，得

$$\frac{\partial\varphi(\lambda)}{\partial\lambda}=\frac{\partial f(\boldsymbol{x}_k-\lambda\nabla f(\boldsymbol{x}_k))}{\partial(\boldsymbol{x}_k-\lambda\nabla f(\boldsymbol{x}_k))}\cdot\frac{\partial(\boldsymbol{x}_k-\lambda\nabla f(\boldsymbol{x}_k))}{\partial\lambda}=-\left\{\nabla f\left[\boldsymbol{x}_k-\lambda\nabla f(\boldsymbol{x}_k)\right]\right\}^{\mathrm{T}}\nabla f(\boldsymbol{x}_k),$$

由 $\varphi'(\lambda_k)=0$ 并注意 $\boldsymbol{x}_{k+1}=\boldsymbol{x}_k-\lambda_k\nabla f(\boldsymbol{x}_k)$，得

$$\left[\nabla f(\boldsymbol{x}_{k+1})\right]^{\mathrm{T}}\nabla f(\boldsymbol{x}_k)=0. \tag{13.3.15}$$

可见，在相继的两个迭代点上，函数 $f(\boldsymbol{x})$ 的两个梯度方向 $\nabla f(\boldsymbol{x}_k)$ 和 $\nabla f(\boldsymbol{x}_{k+1})$ 是相互正交的. 例如，用最优梯度法搜索一个二维目标函数极小值点的过程如图 13.6 中的锯齿线所示，图中的曲线表示目标函数的等值线. 由于梯度是函数的局部性质，局部看来在一点附近目标函数下降虽然快了，但从整体来看反而走了弯路.

梯度法虽然收敛速度较慢，但这只在极小值点附近才比较明显. 它的优点是迭代过程简单，一次迭代计算量小，而且从远离极小值点 $\boldsymbol{x}^*$ 处的初始点开始，迭

代也能收敛到极小值点，即对迭代初始点要求不严，因此，利用它来求得 $\boldsymbol{x}^*$ 的近似解还是合适的. 可以在该近似解的基础上再使用收敛速度更快的其他方法，如 13.3.2 节介绍的牛顿法，来求得 $\boldsymbol{x}^*$ 的更好的近似解.

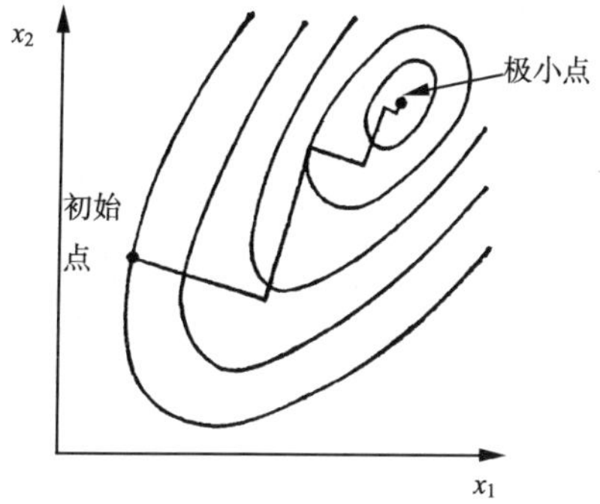

图 13.6　最优梯度法搜索二维函数极小值点的图示

13.3.2　牛顿法

如 13.1 节引言所述，求函数极值问题可化为求解 $\nabla f(\boldsymbol{x}^*)=\boldsymbol{0}$ 的问题，这是 n 个变量的非线性方程组. 求解非线性方程组的最古老方法是牛顿法，它不但利用了函数在搜索点的梯点,而且利用了它的二阶导数，即考虑了梯度变化的趋势. 因此，牛顿法的每一步搜索方向比最优梯度法有所改进.

首先以一维搜索为例. 假定已给出极小值点 x^* 的较好近似 x_k，因为连续可导函数在极小值点附近的行为与二次函数很接近,所以在 x_k 附近可用二次函数来逼近目标函数 $f(x)$，即在点 x_k 对 $f(x)$ 作泰勒展开并取到二次项，

$$f(x)\approx\varphi(x)=f(x_k)+f'(x_k)(x-x_k)+\frac{1}{2}f''(x_k)(x-x_k)^2.$$

然后以二次函数 $\varphi(x)$ 的极小值点作为 $f(x)$ 极小值点的新的近似值 x_{k+1}. 由极值的必要条件 $\varphi'(x_{k+1})=0$ 可得

$$f'(x_k)+f''(x_k)(x_{k+1}-x_k)=0.$$

由此求出一维搜索牛顿法的迭代公式

$$x_{k+1}=x_k-\frac{f'(x_k)}{f''(x_k)}.\tag{13.3.16}$$

上述步骤可直接推广到 n 维极值的情形，以上两式变为

$$\nabla f(\boldsymbol{x}_k)+\nabla^2 f(\boldsymbol{x}_k)(\boldsymbol{x}_{k+1}-\boldsymbol{x}_k)=0,$$

$$\boldsymbol{x}_{k+1}=\boldsymbol{x}_k-\left[\nabla^2 f(\boldsymbol{x}_k)\right]^{-1}\nabla f(\boldsymbol{x}_k). \tag{13.3.17}$$

牛顿法中止迭代的判据可选为

$$\left\|\boldsymbol{x}_{k+1}-\boldsymbol{x}_k\right\|<\varepsilon.$$

当目标函数 $f(\boldsymbol{x})$ 是二次函数，$f(\boldsymbol{x})\equiv\varphi(\boldsymbol{x})$，牛顿法求出的极值点解是严格正确的，不管初始点选得怎样，只需一次迭代就可求得极小值点. 对于非二次函数，由于在极小值点附近它的行为与二次函数很接近，故牛顿法的收敛速度也很快. 可以证明，对于牛顿法有

$$\left\|\boldsymbol{x}^*-\boldsymbol{x}_{k+1}\right\|\sim\left\|\boldsymbol{x}^*-\boldsymbol{x}_k\right\|^2$$

即牛顿法是二次收敛的.

牛顿法在每次迭代中要计算目标函数 $f(\boldsymbol{x})$ 的二阶导数(黑塞)矩阵并求逆，因而黑塞矩阵必须是非奇异的，否则就不能用牛顿法计算. 为了保证迭代过程收敛，黑塞矩阵的逆阵必须正定. 计算黑塞矩阵要计算 $\frac{1}{2}n(n+1)$ 个二阶偏导数，对于高维的目标函数工作量很大，占用计算机内存较多；求黑塞矩阵的逆矩阵也是既困难又费时的问题. 牛顿法的另一缺点是，当目标函数不是二次函数时，要求初始点离极小值点不能太远，否则不能保证迭代有好的收敛性，或可能收敛向非极小值点，但在极小值点未知的情形下要做到这一点是困难的. 如 13.3.1 节所述，可以首先使用最速下降法找到一个较好的极小值点的近似作为牛顿法的初始值，以此克服这一困难. 克服对初始点要求苛刻的另一种途径是利用**阻尼牛顿法**.令

$$\boldsymbol{p}_k=-\left[\nabla^2 f(\boldsymbol{x}_k)\right]^{-1}\nabla f(\boldsymbol{x}_k), \tag{13.3.18}$$

代入牛顿法迭代公式(13.3.17)并与最速下降法迭代公式(13.3.9)作比较可知，牛顿法相当于搜索方向 $\boldsymbol{p}_k$ (由式(13.3.18)定义)，定步长 $\lambda_k=1$ 的最速下降法. 这里 $\boldsymbol{p}_k$ 和 λ_k 分别称为牛顿搜索方向和牛顿步长. 在阻尼牛顿法中，是将定步长改变为最优步长，因而它的迭代公式可写成

$$\boldsymbol{x}_{k+1}=\boldsymbol{x}_k+\lambda_k\boldsymbol{p}_k, \tag{13.3.19}$$

其中 λ_k 满足

$$f(\boldsymbol{x}_k+\lambda_k\boldsymbol{p}_k)=\min_{\lambda} f(\boldsymbol{x}_k+\lambda\ \boldsymbol{p}_k). \tag{13.3.20}$$

λ_k 可用一维搜索方法或式(13.3.14)求出．阻尼牛顿法保持了牛顿法的二次收敛特性，对初始点又没有过于苛刻的要求，但需要计算黑塞矩阵的逆阵的要求仍然存在.

13.3.3　共轭方向法和共轭梯度法

当目标函数是 n 维二次函数时，应用**共轭方向法**可以在最多 n 次一维搜索内找到极小值点，这种性质称为二次截止性质(注意与二次收敛相区别)．对于非二次函数，只要它具有连续二阶导数，在极小值点附近目标函数可用二次函数作为近似，因而**共轭方向**法也相当有效.它克服了梯度法收敛慢、牛顿法计算量大的缺点.

首先介绍**共轭方向**的概念. 设 $\underset{\sim}{H}$ 为 $n\times n$ 对称正定矩阵,如任意 n 维向量 $\boldsymbol{p}_i,\boldsymbol{p}_j$ 满足

$$\begin{aligned}&\boldsymbol{p}_i^{\mathrm{T}}\underset{\sim}{H}\boldsymbol{p}_j=\boldsymbol{0}, \qquad i\neq j,\\&\boldsymbol{p}_i^{\mathrm{T}}\underset{\sim}{H}\boldsymbol{p}_i\neq\boldsymbol{0},\end{aligned} \tag{13.3.21}$$

则称向量 $\boldsymbol{p}_i\boldsymbol{p}_j$ 是 $\underset{\sim}{H}$ -共轭的．如果取 $\underset{\sim}{H}=\underset{\sim}{I}_n$ (单位矩阵)，则有

$$\boldsymbol{p}_i^{\mathrm{T}}\boldsymbol{p}_j=\boldsymbol{0}\ \ (i\neq j);\qquad \boldsymbol{p}_i^{\mathrm{T}}\boldsymbol{p}_i\neq\boldsymbol{0}.$$

即 $\boldsymbol{p}_i,\boldsymbol{p}_j(i\neq j)$ 是相互正交的向量．所以 $\underset{\sim}{H}$ -共轭是正交概念的推广，正交是 $\underset{\sim}{H}$ -共轭的特殊情形.

现在对共轭向量的性质稍加讨论. 设有-组 m 个 n 维向量 $\boldsymbol{p}_1,\boldsymbol{p}_2,\cdots,\boldsymbol{p}_m$ 彼此 $\underset{\sim}{H}$ -共轭，则 $\boldsymbol{p}_1,\cdots,\boldsymbol{p}_m$ 一定线性无关，证明如下：如有一组数 $\alpha_1,\cdots,\alpha_m$ 满足

$$\alpha_1\boldsymbol{p}_1+\cdots+\alpha_m\boldsymbol{p}_m=0,$$

则一定有

$$\boldsymbol{p}_i^{\mathrm{T}}\underset{\sim}{\boldsymbol{H}}(\alpha_1\boldsymbol{p}_1+\cdots+\alpha_m\boldsymbol{p}_m)=\boldsymbol{p}_i^{\mathrm{T}}\underset{\sim}{\boldsymbol{H}}\boldsymbol{0}=\boldsymbol{0},\qquad i=1,\cdots,m,$$

即

$$\sum_j\alpha_j\boldsymbol{p}_i^{\mathrm{T}}\underset{\sim}{\boldsymbol{H}}\boldsymbol{p}_j=\boldsymbol{0},\qquad i,j=1,2,\cdots,m.$$

将式(13.3.21)代入得

$$\alpha_i=0,\qquad i=1,2,\ \cdots,m.$$

所以$\boldsymbol{p}_1,\boldsymbol{p}_2,\cdots,\boldsymbol{p}_m$线性无关.

由于n维向量组最大的线性无关的向量个数是n，所以n维向量空间最多可以找出n个彼此$\underset{\sim}{H}$-共轭的向量，这n个向量构成n维空间的一个基.

很容易由一组m个线性无关的n维向量$\boldsymbol{d}_1,\cdots,\boldsymbol{d}_m$来构造一组$m$个彼此$\underset{\sim}{H}$-共轭的向量$\boldsymbol{p}_1,\cdots,\boldsymbol{p}_m$. 令$\boldsymbol{p}_1=\boldsymbol{d}_1$(实际上可令$\boldsymbol{p}_i=\boldsymbol{d}_i,i$为$1\to m$中的任意指标，这表示$\boldsymbol{p}_1$的选择有很大的自由度)，容易证明

$$\boldsymbol{p}_2=\boldsymbol{d}_2+\alpha\boldsymbol{p}_1,\qquad \alpha=\frac{-\boldsymbol{p}_1^{\mathrm{T}}\underset{\sim}{H}\boldsymbol{d}_2}{\boldsymbol{p}_1^{\mathrm{T}}\underset{\sim}{H}\boldsymbol{p}_1}$$

与$\boldsymbol{p}_1$是$\underset{\sim}{H}$-共轭的. 事实上，$\boldsymbol{d}_2$可用$\boldsymbol{d}_3,\cdots,\boldsymbol{d}_m$中任一个代替，所以$\boldsymbol{p}_1$的构成也有很大的自由度. 进一步，设已求出$\boldsymbol{p}_1,\cdots,\boldsymbol{p}_k$是彼此$\underset{\sim}{H}$-共轭的，而且它们中的每一个都是$\boldsymbol{d}_1,\cdots,\boldsymbol{d}_m$的线性组合，通过简单的计算知道

$$\boldsymbol{p}_{k+1}=\boldsymbol{d}_{k+1}-\sum_{i=1}^{k}\frac{\boldsymbol{p}_i^{\mathrm{T}}\underset{\sim}{H}\boldsymbol{d}_{k+1}}{\boldsymbol{p}_i^{\mathrm{T}}\underset{\sim}{H}\boldsymbol{p}_i}\boldsymbol{p}_i \tag{13.3.22}$$

与$\boldsymbol{p}_1,\cdots,\boldsymbol{p}_k$ $\underset{\sim}{H}$-共轭. 由于$\boldsymbol{p}_1,\cdots,\boldsymbol{p}_k$是$\boldsymbol{d}_1,\cdots,\boldsymbol{d}_m$的线性组合，式(13.3.22)右边第二项中$\boldsymbol{p}_1$的系数是一标量，所以$\boldsymbol{p}_{k+1}$也是$\boldsymbol{d}_1,\cdots,\boldsymbol{d}_m$的线性组合. 如$\boldsymbol{p}_1$，$\boldsymbol{p}_2$的构成所表明的，在构成$\boldsymbol{p}_i,i=1,\cdots,m-1$时，$\boldsymbol{d}_i$的选择都有一定的自由度，所以共轭向量$\boldsymbol{p}_1,\boldsymbol{p}_2,\cdots,\boldsymbol{p}_m$不是唯一的.

利用式(13.3.22)，取$k=1,\cdots,m-1$, 从一组m个线性无关的向量$\boldsymbol{d}_1,\cdots,\boldsymbol{d}_m$构成$m$个彼此$\underset{\sim}{H}$-共轭的向量$\boldsymbol{p}_1,\cdots,\boldsymbol{p}_m$称为共轭化过程.

现在讨论二次函数的极小化问题. n维的二次函数的一般形式可表为

$$f(\boldsymbol{x})=\frac{1}{2}\boldsymbol{x}^{\mathrm{T}}\underset{\sim}{H}\boldsymbol{x}+\boldsymbol{b}^{\mathrm{T}}\boldsymbol{x}+c,\qquad \overline{x}\in E^n, \tag{13.3.23}$$

其中$\underset{\sim}{H}$为$n\times n$矩阵，$\boldsymbol{b}$为n维向量. 设$f(\boldsymbol{x})$的极小值点为$\boldsymbol{x}^*,\boldsymbol{x}_0$为任一给定的初始点. 若向量$\boldsymbol{p}_0,\cdots,\boldsymbol{p}_{n-1}$彼此$\underset{\sim}{H}$-共轭，它们构成$n$维空间的一个基，任何一个$n$维向量可唯一地表示成这组向量的线性组合. 因此，向量$\boldsymbol{x}^*-\boldsymbol{x}_0$可表示为

$$\boldsymbol{x}^*-\boldsymbol{x}_0=\alpha_0\boldsymbol{p}_0+\cdots+\alpha_{n-1}\boldsymbol{p}_{n-1},$$

或写成

$$\boldsymbol{x}^*=\boldsymbol{x}_0+\alpha_0\boldsymbol{p}_0+\cdots+\alpha_{n-1}\boldsymbol{p}_{n-1}, \tag{13.3.24}$$

这就将$f(\boldsymbol{x})$的极小化问题转化为求n个数$\alpha_0,\cdots,\alpha_{n-1}$的问题.

我们分析一下将彼此 $\underset{\sim}{H}$ -共轭的 n 个方向作为基所带来的好处. 设 $\boldsymbol{x}_k$ 为第 k 次迭代点，从 $\boldsymbol{x}_k$ 出发，沿方向 $\boldsymbol{p}_k$ 求下一迭代点 $\boldsymbol{x}_{k+1}$ ，按最优梯度法，其最优步长 λ_k^* 应满足

$$f(\boldsymbol{x}_k+\lambda_k^*\boldsymbol{p}_k)=\min_{\lambda} f(\boldsymbol{x}_k+\lambda\boldsymbol{p}_k),$$

亦即

$$\left.\frac{\partial f(\boldsymbol{x}_k+\lambda\boldsymbol{p}_k)}{\partial\lambda}\right|_{\lambda=\lambda_k^*}=0.$$

记 $\boldsymbol{x}_{k+1}=\boldsymbol{x}_k+\lambda_k^*\boldsymbol{p}_k$, 上式相当于

$$\left[\nabla f(\boldsymbol{x}_{k+1})\right]^{\mathrm{T}}\boldsymbol{p}_k=0. \tag{13.3.25}$$

即任一次迭代中的搜索方向 $\boldsymbol{p}_k$ 与下一迭代点的梯度方向正交. 这一结果事实上已在最优梯度法中导出(见式(13.3.15)并注意 $\boldsymbol{p}_k=-\nabla f(\boldsymbol{x}_k)$).

对于式(13.3.23)所表示的二次函数，有

$$\nabla f(\boldsymbol{x})=\underset{\sim}{H}\boldsymbol{x}+\boldsymbol{b}, \tag{13.3.26}$$

代入式(13.3.25)，可求得

$$\lambda_k^*=\frac{-\left[\nabla f(\boldsymbol{x}_k)\right]^{\mathrm{T}}\boldsymbol{p}_k}{\boldsymbol{p}_k^{\mathrm{T}}\underset{\sim}{H}\boldsymbol{p}_k}. \tag{13.3.27}$$

由于 $\boldsymbol{x}^*$ 是 $f(\boldsymbol{x})$ 的极小值点，故对二次函数应有

$$\nabla f(\boldsymbol{x}^*)=\underset{\sim}{H}\boldsymbol{x}^*+\boldsymbol{b}=\boldsymbol{0}.$$

将式(13.3.24)两边左乘 $\boldsymbol{p}_0^{\mathrm{T}}\underset{\sim}{H}$ ，注意 $\boldsymbol{p}_0^{\mathrm{T}}\underset{\sim}{H}\boldsymbol{p}_j=\boldsymbol{0}\quad(j=1,\cdots,n-1)$, 得到

$$\begin{aligned}&\boldsymbol{p}_0^{\mathrm{T}}\underset{\sim}{H}\boldsymbol{x}^*=\boldsymbol{p}_0^{\mathrm{T}}\underset{\sim}{H}\boldsymbol{x}_0+\alpha_0\boldsymbol{p}_0^{\mathrm{T}}\underset{\sim}{H}\boldsymbol{p}_0,\\&\boldsymbol{p}_0^{\mathrm{T}}\underset{\sim}{H}\boldsymbol{x}^*+\boldsymbol{p}_0^{\mathrm{T}}\boldsymbol{b}-\boldsymbol{p}_0^{\mathrm{T}}\underset{\sim}{H}\boldsymbol{x}_0-\boldsymbol{p}_0^{\mathrm{T}}\boldsymbol{b}=\alpha_0\boldsymbol{p}_0^{\mathrm{T}}\underset{\sim}{H}\boldsymbol{p}_0,\end{aligned}$$

注意式(13.3.26)及 $\nabla f(\boldsymbol{x}^*)=\boldsymbol{0}$, 则得

$$-\boldsymbol{p}_0^{\mathrm{T}}\nabla f(\boldsymbol{x}_0)=\alpha_0\boldsymbol{p}_0^{\mathrm{T}}\underset{\sim}{H}\boldsymbol{p}_0,$$

亦即

$$\alpha_0=\frac{-\boldsymbol{p}_0^{\mathrm{T}}\nabla f(\boldsymbol{x}_0)}{\boldsymbol{p}_0^{\mathrm{T}}\underset{\sim}{H}\boldsymbol{p}_0}.$$

与式(13.3.27)对比可知，α_0 就是从 $\boldsymbol{x}_0$ 出发沿共轭方向 $\boldsymbol{p}_0$ 求二次函数 $f(\boldsymbol{x})$ 的极小值点的最优步长 λ_0^*.

记

$$\boldsymbol{x}_k=\boldsymbol{x}_0+\alpha_0\boldsymbol{p}_0+\cdots+\alpha_{k-1}\boldsymbol{p}_{k-1},$$

于是

$$\boldsymbol{x}^*=\boldsymbol{x}_k+\alpha_k\boldsymbol{p}_k+\cdots+\alpha_{n-1}\boldsymbol{p}_{n-1},$$

两边左乘 $\boldsymbol{p}_k^{\mathrm{T}}\underset{\sim}{H}$，注意 $\boldsymbol{p}_k^{\mathrm{T}}\underset{\sim}{H}\boldsymbol{p}_j=\boldsymbol{0}\ (j=k+1,\cdots,n-1)$, 得到

$$\boldsymbol{p}_k^{\mathrm{T}}\underset{\sim}{H}\boldsymbol{x}^*=\boldsymbol{p}_k^{\mathrm{T}}\underset{\sim}{H}\boldsymbol{x}_k+\alpha_k\boldsymbol{p}_k^{\mathrm{T}}\underset{\sim}{H}\boldsymbol{p}_k,$$

作类似于上面的推导，得

$$\alpha_k=\frac{-\boldsymbol{p}_k^{\mathrm{T}}\nabla f(\boldsymbol{x}_k)}{\boldsymbol{p}_k^{\mathrm{T}}\underset{\sim}{H}\boldsymbol{p}_k},\qquad k=0,1,\cdots,n-1. \tag{13.3.28}$$

与式(13.3.27)比较可知，α_k 就是从迭代点 $\boldsymbol{x}_k$ 出发沿共轭方向 $\boldsymbol{p}_k$ 求二次函数 $f(\boldsymbol{x})$ 的极小值点的最优步长 λ_k^*.

由此得出结论：欲求式(13.3.23)所示的二次函数 $f(\boldsymbol{x})$ 的极小值点，若有了彼此 $\underset{\sim}{H}$ -共轭的 n 个方向 $\boldsymbol{p}_0,\boldsymbol{p}_1\cdots,\boldsymbol{p}_{n-1}$, 可从任何初始点 $\boldsymbol{x}_0$ 出发，分别沿这 n 个共轭方向作一维搜索，求出 n 个最优步长即为系数 $\alpha_k(k=0,1,\cdots,n-1)$, 代入式(13.3.24)，即求得极小值点 $\boldsymbol{x}^*$，这就是共轭方向法的要点. 由于 α_k 可以为 0，所以最多作 n 次一维搜索就可解得 $f(\boldsymbol{x})$ 的极小值点.

当 $f(\boldsymbol{x})$ 不是二次函数时，在所有迭代点 $\boldsymbol{x}_k$，利用二次函数 $\varphi_k(\boldsymbol{x})$ ($f(\boldsymbol{x})$ 的泰勒展开取到二次项)作为 $f(\boldsymbol{x})$ 的近似

$$f(\boldsymbol{x})\approx\varphi_k(\boldsymbol{x})=f(\boldsymbol{x}_k)+(\boldsymbol{x}-\boldsymbol{x}_k)^{\mathrm{T}}\nabla f(\boldsymbol{x}_k)+\frac{1}{2}(\boldsymbol{x}-\boldsymbol{x}_k)^{\mathrm{T}}\nabla^2 f(\boldsymbol{x}_k)(\boldsymbol{x}-\boldsymbol{x}_k),$$

求 $\varphi_k(\boldsymbol{x})$ 的极小值作为新的迭代点，这一过程可用共轭方向法完成，与式(13.3.23)对比知，这时式中的 $\underset{\sim}{H}$ 就成为目标函数的黑塞矩阵. 每迭代一个点便依上式更换一个二次函数，直到满足迭代中止判据

$$\|\boldsymbol{x}_{k+1}-\boldsymbol{x}_k\|<\varepsilon \quad \text{或} \quad \|\nabla f(\boldsymbol{x}_{k+1})\|<\varepsilon$$

为止，$\boldsymbol{x}_{k+1}$ 取为近似极小值点.

前面已述，共轭方向的选取有很大的任意性，用不同方式产生共轭方向就得到共轭方向法的不同方案．产生一组共轭方向的最简单方法是利用 n 维坐标空间中的 n 个坐标单位向量 $\boldsymbol{e}_i(i=1,2,\cdots,n)$ 作为一组线性无关的向量

$$\begin{aligned}
\boldsymbol{e}_1 &= (1,0,0,\cdots,0,0),\\
\boldsymbol{e}_2 &= (0,1,0,\cdots,0,0),\\
&\vdots\\
\boldsymbol{e}_n &= (0,0,0,\cdots,0,1).
\end{aligned}$$

令 $\boldsymbol{d}_i=\boldsymbol{e}_i$，代入式(13.3.22)构成一组 n 个共轭向量 $\boldsymbol{p}_1,\cdots,\boldsymbol{p}_n$. 这种方案的缺点是需要用到黑塞矩阵，所以对于一般的目标函数，每迭代一次要计算一次二阶导数矩阵，这一缺点与牛顿法一样未得到克服.

我们可以只利用式(13.3.23)所示的目标函数 $f(\boldsymbol{x})$ 的梯度来构造一组共轭方向，以避免黑塞矩阵的繁杂计算．这种方案既用到目标函数梯度，又用到共轭方向，故称为**共轭梯度法**．具有代表性的共轭梯度法是 1964 年弗莱彻和吕伍斯(Fletcher，Reeves)提出的方案.

设已求得二次函数 $f(\boldsymbol{x})$ 在 $\boldsymbol{x}_0$ 和 $\boldsymbol{x}_1$ 点的梯度 $\boldsymbol{g}_0=\nabla f(\boldsymbol{x}_0)$ 和 $\boldsymbol{g}_1=\nabla f(\boldsymbol{x}_1)$，由式(13.3.26)易得

$$\boldsymbol{g}_1-\boldsymbol{g}_0=\underset{\sim}{H}(\boldsymbol{x}_1-\boldsymbol{x}_0). \tag{13.3.29}$$

任何与 $\Delta\boldsymbol{g}=\boldsymbol{g}_1-\boldsymbol{g}_0$ 正交的矢量 $\boldsymbol{p}$ 与 $\Delta\boldsymbol{x}=\boldsymbol{x}_1-\boldsymbol{x}_0$ 是 $\underset{\sim}{H}$-共轭的，因为

$$\boldsymbol{p}^{\mathrm{T}}(\boldsymbol{g}_1-\boldsymbol{g}_0)=\boldsymbol{p}^{\mathrm{T}}\underset{\sim}{H}(\boldsymbol{x}-\boldsymbol{x}_0)=0. \tag{13.3.30}$$

利用这一性质，可以无须二阶导数矩阵 $\underset{\sim}{H}$ 的知识，而依靠梯度的变化来得到共轭方向.

共轭梯度法的迭代过程可描述如下．从任一初始点 $\boldsymbol{x}_0$ 出发，第一次搜索方向是 $\boldsymbol{x}_0$ 点的最速下降方向即 $\boldsymbol{p}_0=-\boldsymbol{g}_0$．沿该方向按最优梯度法找到的极小值点记为 $\boldsymbol{x}_1$，即

$$\boldsymbol{x}_1-\boldsymbol{x}_0=\lambda_0\boldsymbol{p}_0. \tag{13.3.31}$$

在 $\boldsymbol{x}_1$ 点梯度记为 $\boldsymbol{g}_1$．按共轭梯度法，下一搜索方向 $\boldsymbol{p}_1$ 应与 $\boldsymbol{p}_0$ 彼此 $\underset{\sim}{H}$-共轭，$\boldsymbol{p}_1$ 可由 $\boldsymbol{p}_0$ 和 $\boldsymbol{g}_1$ 的线性组合构成

$$\boldsymbol{p}_1 = -\boldsymbol{g}_1 + \alpha_0 \boldsymbol{p}_0. \tag{13.3.32}$$

由共轭条件应有

$$\boldsymbol{p}_1^{\mathrm{T}} \underset{\sim}{H} \boldsymbol{p}_0 = \boldsymbol{0},$$

代入式(13.3.31)，即为

$$\boldsymbol{p}_1^{\mathrm{T}} \underset{\sim}{H} (\boldsymbol{x}_1 - \boldsymbol{x}_0) = \boldsymbol{0}.$$

将式(13.3.32)代入并注意式(13.3.29)，有

$$(-\boldsymbol{g}_1 + \alpha_0 \boldsymbol{p}_0)^{\mathrm{T}} \underset{\sim}{H} (\boldsymbol{x}_1 - \boldsymbol{x}_0) = (-\boldsymbol{g}_1 - \alpha_0 \boldsymbol{p}_0)^{\mathrm{T}} (\boldsymbol{g}_1 - \boldsymbol{g}_0) = 0.$$

由式(13.3.25)知

$$\boldsymbol{g}_{k+1}^{\mathrm{T}} \boldsymbol{p}_k = 0,$$

令 $k = 0$ 并代入前式，求得

$$\alpha_0 = \frac{\boldsymbol{g}_1^{\mathrm{T}} \boldsymbol{g}_1}{\boldsymbol{g}_0^{\mathrm{T}} \boldsymbol{g}_0}. \tag{13.3.33}$$

该式与式(13.3.32)一起构成了新的共轭方向 $\boldsymbol{p}_1$. 类似的推导可产生所有 n 个共轭方向，一般性的公式是

$$\begin{aligned} &\boldsymbol{p}_0 = -\boldsymbol{g}_0, \\ &\boldsymbol{p}_{k+1} = -\boldsymbol{g}_{k+1} + \alpha_k \boldsymbol{p}_k, \\ &\alpha_k = \frac{\boldsymbol{g}_{k+1}^{\mathrm{T}} \boldsymbol{g}_{k+1}}{\boldsymbol{g}_k^{\mathrm{T}} \boldsymbol{g}_k}, \qquad k = 0,1,\cdots,n-2. \end{aligned} \tag{13.3.34}$$

这样产生的 n 个方向中的任一个与其余 n–1 个方向彼此都 $\underset{\sim}{H}$ -共轭.

可以证明，如果取 $\boldsymbol{p}_0 \neq -\boldsymbol{g}_0$，对于一个二次函数的目标函数，弗莱丘-吕伍斯共轭梯度法有时 n 步之内不能达到极小值点，这时应将 n 次搜索后到达的变量点 $\boldsymbol{x}_n$ 作为新的初始值 $\boldsymbol{x}_0$，用共轭梯度法进行新的一周期 n 次搜索，才能收敛到极小值点，否则有可能无休止地迭代下去.

对于非二次函数，可用

$$\alpha_k = \frac{\boldsymbol{g}_{k+1}^{\mathrm{T}} \boldsymbol{g}_{k+1} - \boldsymbol{g}_{k+1}^{\mathrm{T}} \boldsymbol{g}_k}{\boldsymbol{g}_k^{\mathrm{T}} \boldsymbol{g}_k} \tag{13.3.35}$$

代替式(13.3.34)中的系数α_k.

共轭梯度法因为也是共轭方向法，所以也有二次截止的性质. 它的优点是不必计算二阶导数矩阵，因而节省了计算机存储和计算工作量；它的收敛速度虽不如牛顿法但比最优梯度法快，计算量比梯度法大但小于牛顿法. 共轭梯度法的程序框图见图 13.7.

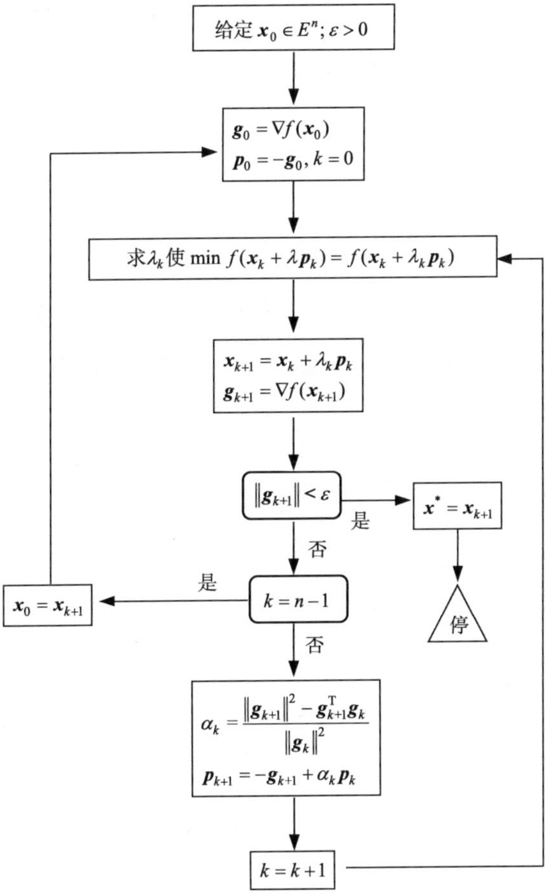

图 13.7　共轭梯度法程序框图

13.3.4　变尺度法

变尺度法在 1959 年由戴维登(Davidon)首先提出，1963 年为弗莱彻和鲍威尔(Powell)所简化，所以也称为 DFP 方法. 它与共轭梯度法一样，是为了克服梯度法收敛慢、牛顿法计算量大的缺点而提出的.

记得牛顿法的迭代公式是

$$\boldsymbol{x}_{k+1} = \boldsymbol{x}_k + \lambda_k \boldsymbol{p}_k,$$

其中 $\boldsymbol{p}_k$ 是牛顿搜索方向，它可表示为

$$\boldsymbol{p}_k = -\left[\nabla^2 f(\boldsymbol{x}_k)\right]^{-1} \nabla f(\boldsymbol{x}_k) \equiv -\left[\underset{\sim}{H}(\boldsymbol{x}_k)\right]^{-1} \boldsymbol{g}(x_k).$$

变尺度法针对牛顿法要计算黑塞矩阵的逆矩阵 $\left[\underset{\sim}{H}(\boldsymbol{x}_k)\right]^{-1}$ 这个缺点，利用一个 $n \times n$ 矩阵 $\underset{\sim}{A}_k$ 来逼近 $\left[\underset{\sim}{H}(\boldsymbol{x}_k)\right]^{-1}$，即取搜索方向为

$$\boldsymbol{p}_k = -\underset{\sim}{A}_k^{\mathrm{T}} \boldsymbol{x}_k. \tag{13.3.36}$$

$\underset{\sim}{A}_k$ 称为**方向矩阵**，要求满足迭代关系

$$\underset{\sim}{A}_{k+1} = \underset{\sim}{A}_k + \Delta \underset{\sim}{A}_k, \tag{13.3.37}$$

因此，若能给出初始矩阵 $\underset{\sim}{A}_0$ 及 $\Delta \underset{\sim}{A}_k$ 的表式，就建立了 $\underset{\sim}{A}_k$ 的迭代公式.

这里我们不加证明地给出 DFP 方法中 $\Delta \underset{\sim}{A}_k$ 的表式如下：

$$\Delta \underset{\sim}{A}_k = \underset{\sim}{B}_k - \underset{\sim}{C}_k,$$

$$\underset{\sim}{B}_k = \frac{\Delta \boldsymbol{x}_k (\Delta \boldsymbol{x}_k)^{\mathrm{T}}}{(\Delta \boldsymbol{x}_k)^{\mathrm{T}} \Delta \boldsymbol{g}_k},$$

$$\underset{\sim}{C}_k = \frac{\underset{\sim}{A}_k \Delta \boldsymbol{g}_k (\underset{\sim}{A}_k \Delta \boldsymbol{g}_k)^{\mathrm{T}}}{\Delta \boldsymbol{g}_k^{\mathrm{T}} \underset{\sim}{A}_k \Delta \boldsymbol{g}_k}, \tag{13.3.38}$$

其中 $\Delta \boldsymbol{g}_k = \boldsymbol{g}_{k+1} - \boldsymbol{g}_k$，$\Delta \boldsymbol{x}_k = \boldsymbol{x}_{k+1} - \boldsymbol{x}_k$; $\boldsymbol{x}_{k+1}$ 是从 $\boldsymbol{x}_k$ 出发进行一维搜索确定最优步长 λ_k 后求得的下一迭代点，即

$$\min_{\lambda} f(\boldsymbol{x}_k + \lambda \boldsymbol{p}_k) = f(\boldsymbol{x}_k + \lambda_k \boldsymbol{p}_k) = f(\boldsymbol{x}_{k+1});$$

$\underset{\sim}{B}_k$ 和 $\underset{\sim}{C}_k$ 都是 $n \times n$ 维矩阵. 一般地 $\underset{\sim}{A}_k$ 的初始矩阵 $\underset{\sim}{A}_0$ 取为单位矩阵 $\underset{\sim}{I}_n$，于是

$$\begin{aligned} \underset{\sim}{A}_{k+1} &= \underset{\sim}{A}_k + \Delta \underset{\sim}{A}_k = \underset{\sim}{A}_{k-1} + \Delta \underset{\sim}{A}_{k-1} + \Delta \underset{\sim}{A}_k + \cdots \\ &= \underset{\sim}{A}_0 + \sum_{i=0}^{k} \Delta \underset{\sim}{A}_i = \underset{\sim}{I}_n + \sum_{i=0}^{k} B_i - \sum_{i=0}^{k} C_i. \end{aligned} \tag{13.3.39}$$

由以上所述，得到 DFP 变尺度法的迭代步骤如下：

(1) 给定初始点 $\boldsymbol{x}_0 \in E^n$，误差控制常数 ε.

(2) 令 $0 \Rightarrow k$，$\underset{\sim}{A}_0 = \underset{\sim}{I}_n$.

(3) 求 $\boldsymbol{g}_k=\nabla f(\boldsymbol{x}_k)$, $\boldsymbol{p}_k=-\underset{\sim}{A}_k\boldsymbol{g}_k$.

(4) 沿 $\boldsymbol{p}_k$ 进行一维搜索确定最优步长 λ_k 和下一迭代点 $\boldsymbol{x}_{k+1}$

$$\min_{\lambda} f(\boldsymbol{x}_k+\lambda\boldsymbol{p}_k)=f(\boldsymbol{x}_k+\lambda_k\boldsymbol{p}_k)=f(\boldsymbol{x}_{k+1}).$$

(5) $\Delta\boldsymbol{x}_k=\boldsymbol{x}_{k+1}-\boldsymbol{x}_k$, $\boldsymbol{g}_{k+1}=\nabla f(\boldsymbol{x}_{k+1})$, $\Delta\boldsymbol{x}_k=\boldsymbol{x}_{k+1}-\boldsymbol{x}_k$, 若 $\|\Delta\boldsymbol{x}_k\|<\varepsilon$, 或 $\|\boldsymbol{g}_{k+1}\|<\varepsilon$, 则求出最优解 $\boldsymbol{x}^*\approx\boldsymbol{x}_{k+1}$, 迭代停止；否则进行下一步.

(6) 若 $k=n$，则 $\boldsymbol{x}_{k+1}\Rightarrow\boldsymbol{x}_0$, 转向(2)；否则进行下一步.

(7) 按式(13.3.38)和式(13.3.39)求出 $\underset{\sim}{A}_{k+1}$，令 $k+1\Rightarrow k$, 返回(3).

可以证明，变尺度法有以下性质：

(1) 若矩阵 $\underset{\sim}{A}_k$ 为正定，则 $\underset{\sim}{A}_{k+1}$ 也为正定.

(2) 对于式(13.3.23)所表示的二次(目标)函数 $f(\boldsymbol{x})$ 有

(a) 在最优点方向矩阵 $\underset{\sim}{A}_k$ 收敛于 $f(\boldsymbol{x})$ 的二阶导数矩阵的逆阵 $\left[\underset{\sim}{H}(\boldsymbol{x})\right]^{-1}$.

(b) 相连的两次迭代中的搜索方向是 $\underset{\sim}{H}$ -共轭的，即 DFP 法既是阻尼牛顿法，又是共轭梯度法，因此具有二次截止性质，即在 n 次迭代内收敛到极小值点.

对于一般的目标函数，可在每个迭代点用二次函数作为近似，这时矩阵 $\underset{\sim}{A}_k$ 亦能很快收敛.

由于变尺度法也是共轭梯度法，如同 13.3.3 节所述，在 n 次迭代后，如果尚未收敛到极小值点，应将变量点 $\boldsymbol{x}_n\Rightarrow\boldsymbol{x}_0$, 重新开始新的周期的迭代，这就是迭代步骤(6)存在的原因.

变尺度法的收敛速度介于梯度法与牛顿法之间，并且在一般情况下优于共轭梯度法. 它兼有共轭梯度法和牛顿法两者的优点，是无约束极小化最通用的有效方法之一.

20 世纪 60 年代后期大量使用 DFP 方法发现，对某些问题它的解在稳定性方面存在一些问题. 1970 年，布鲁登(Broyden)，弗莱彻(Fletcher)，戈德史汀(Goldstein)，香农(Shannon)等导出了更稳定的算法，简称 BFGS 变尺度法，它的迭代公式为

$$\begin{aligned}\underset{\sim}{A}'_{k+1}=\underset{\sim}{A}_{k+1}+\frac{1}{(\Delta\boldsymbol{x}_k)^{\mathrm{T}}\Delta\boldsymbol{g}_k}&\left\{\frac{\boldsymbol{z}_k^{\mathrm{T}}\Delta\boldsymbol{g}_k}{(\Delta\boldsymbol{x}_k)^{\mathrm{T}}\Delta\boldsymbol{g}_k}\Delta\boldsymbol{x}_k(\Delta\boldsymbol{x}_k)^{\mathrm{T}}\right.\\&\left.-\Delta\boldsymbol{x}_k(\boldsymbol{z}_k)^{\mathrm{T}}-\boldsymbol{z}_k(\Delta\boldsymbol{x}_k)^{\mathrm{T}}\right\}+\frac{\boldsymbol{z}_k(\boldsymbol{z}_k)^{\mathrm{T}}}{(\boldsymbol{z}_k)^{\mathrm{T}}\Delta\boldsymbol{g}_k},\end{aligned}$$

其中 $\boldsymbol{z}_k=\underset{\sim}{A}_k\Delta\boldsymbol{g}_k$，$\boldsymbol{A}'_{k+1}$ 是 BFGS 变尺度法的迭代矩阵，$\underset{\sim}{A}_{k+1}$ 为 DFP 变尺度法的迭代矩阵. BFGS 法用于高维目标函数有较好的稳定性.

13.4　无约束 n 维极值的直接方法

13.3 节描述的方法都用到目标函数 $f(\boldsymbol{x})$ 的一阶或二阶导数 $\nabla f(\boldsymbol{x}), \nabla^2 f(\boldsymbol{x})$.但实标问题中的目标函数有时很复杂，有的甚至没有明显的解析表达式，只有函数值与变量的对应关系，因而导数难以求得或根本不存在，有时虽然可用数值方法求出一阶、二阶导数，但大大增加了计算工作量. 在这种情形下，利用直接方法比较适宜. 直接方法的优点是对目标函数的解析性质没有太多的要求，因而适用面较宽；反过来正因为它不利用函数的解析性质，难以判断函数的变化趋势，所以收敛速度较慢，计算量往往按变量维数 n 的幂次增加，导致它在高维问题上应用的极大困难.

13.4.1　坐标轮换法

坐标轮换法又称**变量轮换法**，这是一种最古老的多维搜索方案. 对于 n 维目标函数的极小值问题，它的迭代过程是沿着 n 个不同的坐标方向轮换地进行一维搜索. 设初始点表示为 $\boldsymbol{x}_0=\left\{x_0^{(1)}, x_0^{(2)}, \cdots, x_0^{(n)}\right\}$, 首先对一个变量，例如，$x_0^{(1)}$ 进行一维寻优而保持其余 n–1 个变量值不变，找到的第一个极小点令为 $\boldsymbol{x}_1$；然后对第二个变量 $x_0^{(2)}$ 进行一维寻优而保持其余 n–1 个变量值不变，找到第二个极小点，令为 $\boldsymbol{x}_2$；依次对所有 n 个变量作类似的寻优，得到第 n 个极小点为 $\boldsymbol{x}_n$，这就完成了一次迭代. 若 $\|\boldsymbol{x}_n-\boldsymbol{x}_0\|<\varepsilon, \varepsilon$ 为预先给定的误差控制常数，则 $\boldsymbol{x}_n$ 取为近似极小值点，迭代中止；否则令 $\boldsymbol{x}_0=\boldsymbol{x}_n$,重复以上迭代过程. 一维寻优可用 13.2 节中介绍的任何一种方法.

坐标轮换法的收敛速度与目标函数的形状有直接关系. 以二元函数为例，有以下几种情况：

(1) 目标函数等值线为圆或长、短轴平行于坐标轴的椭圆，则两次一维搜索即可达到极小值点. 这种情形如图 13.8(a)所示，图中曲线表示目标函数的等值线，直线段表示一维寻优的搜索方向和步长.

(2) 目标函数等值线为长、短轴不平行于坐标轴的椭圆，则要多于两次的一维搜索才能达到极小值点，见图 13.8(b).

(3) 对于函数等值线如图 13.8(c)所示的目标函数，存在着与坐标轴不相平行的“脊线”，本来沿着脊线方向寻优是比较好的搜索方向，可由少数 n 步一维搜索即达到极小. 但坐标轮换法的一维搜索沿着平行于坐标轴方向进行，因此收敛速度极慢.

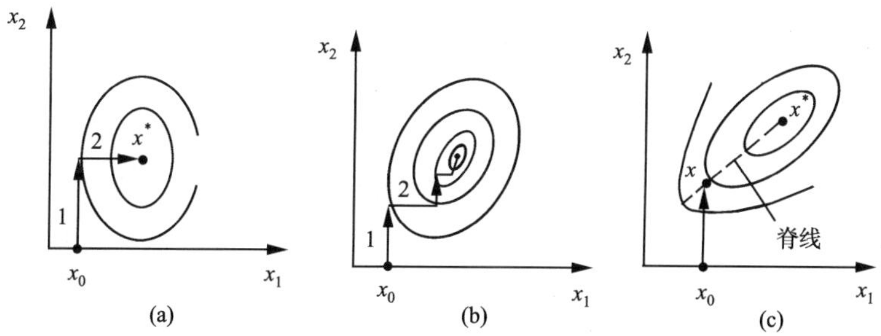

图 13.8

对于 n 维目标函数 $f(x_1,x_2,\cdots,x_n)$，如果共需 m 次迭代能收敛到极小点，每次迭代有 n 个一维搜索，假定每次一维搜索平均要计算 p 次目标函数值，则达到极小值点需计算的目标函数值次数 k 为 $k=mp^n$. 对于高维极小化问题，k 值往往非常大，使得坐标轮换法实际上无法完成.

13.4.2　霍克-吉弗斯模式搜索法

该方法又称**步长加速法**，是霍克-吉弗斯(Hooke-Jeeves)1961 年提出的. 13.4.1 节中我们看到，沿目标函数的脊线方向搜索是到达极小值点的有利方向. 本方法正是近似地沿脊线方向进行搜索的方法，它的基本思想是，进行试验性搜索后发现，沿某个方向移动能使目标函数值减小，则继续沿该方向移动可能是有效的.

模式搜索中包含两类“移动”：**探测移动**和**模式移动**. 前者是为了寻找目标函数的下降方向，后者是沿着该方向寻找极小值点.

设目标函数为 $f(\boldsymbol{x}),\boldsymbol{x}\in E^n$. 给定初始点 $\boldsymbol{x}_0$ 和步长向量 $\boldsymbol{\alpha}=\{\alpha_1,\alpha_2,\cdots,\alpha_n\}^{\mathrm{T}}$，并设 $\boldsymbol{e}_i$ 为 n 维空间中第 i 个坐标轴的单位向量，例如，$\boldsymbol{e}_1=\{1,0,\cdots,0\}^{\mathrm{T}}$，$\boldsymbol{e}_n=\{0,0,\cdots,1\}^{\mathrm{T}}$. 像所有的极小化问题一样，关键是找出从第 k 个迭代点 $\boldsymbol{x}_k$ 到下一个迭代点 $\boldsymbol{x}_{k+1}$ 的公式.

在探测移动中，是用给定的步长向量 $\boldsymbol{\alpha}$ 用坐标轮换法进行搜索. 从 $\boldsymbol{x}_k$ 出发先沿第一个坐标轴方向取试验点 $\boldsymbol{x}_k^{(1)}=\boldsymbol{x}_k\pm\alpha_1\boldsymbol{e}_1$，由条件 $f(\boldsymbol{x}_k^{(1)})<f(\boldsymbol{x}_k)$ 来决定上式右边的正负号；若这样两次试验不能找到使函数值下降的 $\boldsymbol{x}_k^{(1)}$，则令 $\boldsymbol{x}_k^{(1)}=\boldsymbol{x}_k$，第一个坐标轴方向的探测移动完成. 再从 $\boldsymbol{x}_k^{(1)}$ 出发沿 $\boldsymbol{e}_2$ 方向作探测移动，依次进行下去完成 n 个方向的探测移动后求得 $\boldsymbol{x}_k^{(n)}$. 若有 $\boldsymbol{x}_k^{(n)}\neq\boldsymbol{x}_k$，则完成了这一次(第 k 次)迭代的探测移动；反之，若 $\boldsymbol{x}_k^{(n)}=\boldsymbol{x}_k$ 则没有找到目标函数值下降的方向，应该缩小步长令 $\boldsymbol{\alpha}=\beta\boldsymbol{\alpha},\beta$ 为小于 1 的正常数，再进行第 k 次迭代的探测移动，直到完成为止. 如果几次缩小步长，使得 $\|\boldsymbol{\alpha}\|<\varepsilon$ 时仍满足 $\boldsymbol{x}_k^{(n)}=\boldsymbol{x}_k$，则这时 $\|\nabla f(\boldsymbol{x}_k)\|$ 接

近于 0，迭代停止，$\boldsymbol{x}_k$ 取为近似极小点.

现假定第 k 次探测移动成功，即 $\boldsymbol{x}_k^{(n)} \neq \boldsymbol{x}_k$,那么$\boldsymbol{x}_k^{(n)} - \boldsymbol{x}_k$ 可认为是目标函数在 $\boldsymbol{x}_k$ 点附近下降较快的方向，下一步是进行模式移动. 从 $\boldsymbol{x}_k^{(n)}$ 点出发，沿方向 $\boldsymbol{p}_k = \boldsymbol{x}_k^{(n)} - \boldsymbol{x}_k$ 以步长 $\lambda_k=1$ 作一维搜索，求出新的试验点 $\boldsymbol{x}'_{k+1}$：

$$\boldsymbol{x}'_{k+1} = \boldsymbol{x}_k^{(n)} + \lambda_k \boldsymbol{p}_k = 2\boldsymbol{x}_k^{(n)} - \boldsymbol{x}_k.$$

然后从 $\boldsymbol{x}'_{k+1}$ 出发进行探测移动，得到点 $\boldsymbol{x}_{k+1}$. 这时有以下两种情况：

(1) $f(\boldsymbol{x}_{k+1}) < f(\boldsymbol{x}_k^{(n)})$，则第 k 次迭代全部完成，得到新迭代点 $\boldsymbol{x}_{k+1}$.

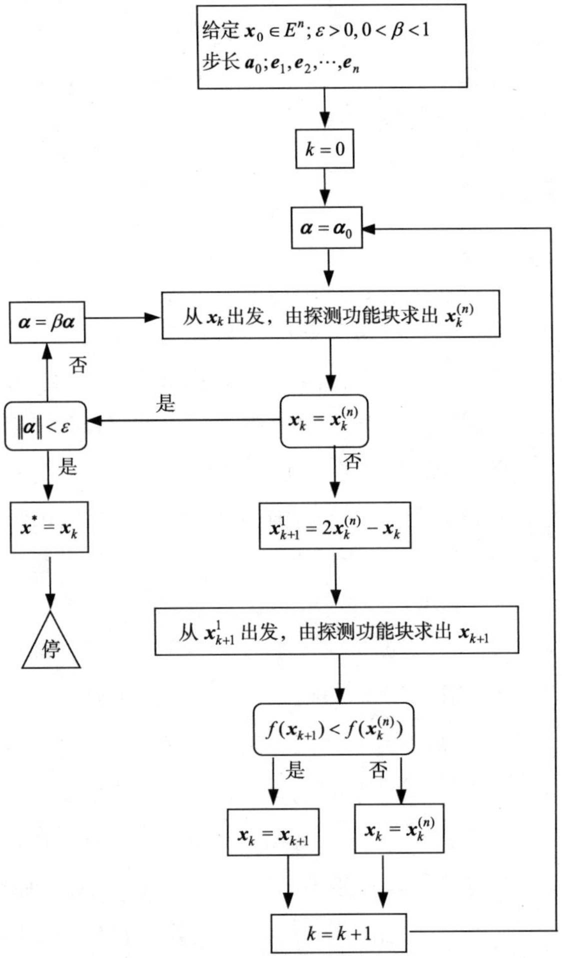

(a)

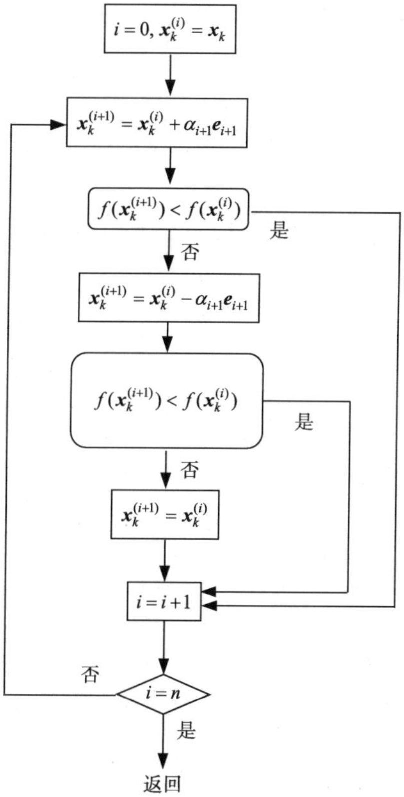

(b)

图 13.9

(a) 模式搜索法程序框图；(b) 探测功能块程序框图

(2) $f(\boldsymbol{x}_{k+1})\geqslant f(\boldsymbol{x}_k^{(n)})$，说明模式移动得到的点不满足目标函数值下降这一要求，因此，重新从$\boldsymbol{x}_k^{(n)}$点出发，减小步长$\boldsymbol{\alpha}$进行探测移动，即在两次探测性移动之间没有作模式移动.

模式搜索法的程序框图如图 13.9 所示.

模式搜索法编制程序容易，计算结果可靠，但需要作大量的函数值计算. 它的收敛速度比较慢，尤其在最优点附近是如此.

13.4.3　罗森布洛克转轴法

罗森布洛克(Rosenbrock)搜索方法的基本步骤如下：从某个初始点 $x_0\in E^n$ 出发，沿 n 维坐标单位向量 $\boldsymbol{e}_i(i=1,2,\cdots,n)$ 进行 n 次一维搜索，得到下一个迭代点 $\boldsymbol{x}_1$，这就是 13.4.1 节描述的坐标轮换法的一次迭代过程，方向 $\boldsymbol{x}_1-\boldsymbol{x}_0$ 是目标函数下降较快的方向. 于是我们构造一组 n 个相互正交的单位向量 $\boldsymbol{p}_1,\boldsymbol{p}_2,\cdots,\boldsymbol{p}_n$ 作为新的“坐标”方向，其中 $\boldsymbol{p}_1=\boldsymbol{x}_1-\boldsymbol{x}_0$，然后沿这组新的“坐标”方向再进行坐标轮换的 n 次搜索，依次迭代下去，直到满足某个迭代中止准则为止. 每进行一次迭代，即每构造一组正交向量，相当于在 n 维空间中将原来的坐标轴作转动，所以这种方法又称为**转轴法**.

由以上叙述可见，转轴法的关键在于找到某种方案，根据第 k 个迭代点 $\boldsymbol{x}_k$，以及由 $\boldsymbol{x}_{k-1}$ 求得的一组单位正交向量 $\boldsymbol{p}_1,\boldsymbol{p}_2,\cdots,\boldsymbol{p}_n$，来算出第 $\boldsymbol{k}$ 次迭代的一组正交单位向量 $\boldsymbol{p}_1',\boldsymbol{p}_2',\cdots,\boldsymbol{p}_n'$，其中 $\boldsymbol{p}_1'$ 必定为

$$\boldsymbol{p}_1'=\frac{\boldsymbol{x}_k-\boldsymbol{x}_{k-1}}{\|\boldsymbol{x}_k-\boldsymbol{x}_{k-1}\|}.$$

可以证明，若 $\boldsymbol{p}_1'$, …, $\boldsymbol{p}_n'$ 是线性无关的 n 个向量，$\underset{\sim}{A}$ 是 $n\times n$ 非奇异矩阵，则运算

$$\boldsymbol{q}_j^{\mathrm{T}}=\boldsymbol{p}_j^{\mathrm{T}}\underset{\sim}{A},\qquad j=1,2,\cdots,n \tag{13.4.1}$$

得到的 n 个向量 $\boldsymbol{q}_1,\cdots,\boldsymbol{q}_n$ 一定是线性无关的. 而由下式表示的格拉姆-施密特(Gram-Schmidt)正交化过程，可由线性无关的 n 个向量 $\boldsymbol{q}_1,\cdots,\boldsymbol{q}_n$ 产生一组 n 个正交单位向量 $\boldsymbol{p}_1',\cdots,\boldsymbol{p}_n'$，

$$\begin{cases}\boldsymbol{p}_1^*=\boldsymbol{q}_1,\\ \boldsymbol{p}_j^*=\boldsymbol{q}_j+\displaystyle\sum_{i=1}^{j-1}\alpha_i\boldsymbol{p}_i^*, & j=2,3,\cdots,n,\\ \alpha_i=\dfrac{-\boldsymbol{q}_j^{\mathrm{T}}\boldsymbol{p}_i}{\left(\boldsymbol{p}_i^*\right)\boldsymbol{p}_i}, & i=1,2,\cdots,j-1,\\ \boldsymbol{p}_j'=\boldsymbol{p}_j^*\big/\left\|\boldsymbol{p}_j^*\right\|, & j=1,2,\cdots,n.\end{cases} \tag{13.4.2}$$

现在设由 $\boldsymbol{x}_{k-1}$ 求得 $\boldsymbol{x}_k$ 的一组单位正交向量(它们是线性无关的)，即式(13.4.1)中的 $\boldsymbol{p}_1,\boldsymbol{p}_2,\cdots,\boldsymbol{p}_n$ 要使式(13.4.2)中的 $\boldsymbol{p}_1',\cdots,\boldsymbol{p}_n'$ 能取作新的坐标方向，则应有

$$\boldsymbol{p}_1^*=\boldsymbol{q}_1=\boldsymbol{x}_k-\boldsymbol{x}_{k-1} \tag{13.4.3}$$

这可通过适当选取式(13.4.1)中的矩阵 $\underset{\sim}{A}$ 来达到

$$\underset{\sim}{A}=\begin{pmatrix}\lambda_1 & & & & \\ \lambda_2 & \lambda_2 & & 0 & \\ \lambda_3 & \lambda_3 & \lambda_3 & & \\ \vdots & \vdots & \vdots & & \\ \lambda_n & \lambda_n & \lambda_n & \cdots & \lambda_n\end{pmatrix}, \tag{13.4.4}$$

这里 $\lambda_1,\lambda_2,\cdots,\lambda_n$ 是从 $\boldsymbol{x}_{k-1}$ 出发，沿 $\boldsymbol{p}_1,\boldsymbol{p}_2,\cdots,\boldsymbol{p}_n$ 作一维寻优达到 $\boldsymbol{x}_k$ 时的最优步长，即

$$\boldsymbol{x}_k-\boldsymbol{x}_{k-1}=\lambda_1\boldsymbol{p}_1+\lambda_2\boldsymbol{p}_2+\cdots+\lambda_n\boldsymbol{p}_n.$$

若 $\boldsymbol{\lambda}_j\neq 0, j=1,2,\cdots,n$，则明显有

$$|\underset{\sim}{A}|=\lambda_1\cdot\lambda_2\cdot\cdots\cdot\lambda_n\neq 0,$$

即满足矩阵 $\underset{\sim}{A}$ 为非奇异的要求．此时，根据式(13.4.1)，有

$$\boldsymbol{p}_1^*=\sum_{i=1}^{n}\boldsymbol{p}_i A_{i1}=\lambda_1\boldsymbol{p}_1+\cdots+\lambda_n\boldsymbol{p}_n=\boldsymbol{x}_k-\boldsymbol{x}_{k-1},$$

因此，条件式(13.4.3)得到满足．

这样，由前一次迭代中的正交单位矢量组 $\boldsymbol{p}_1,\cdots,\boldsymbol{p}_n$ 和从 $\boldsymbol{x}_{k-1}$ 到 $\boldsymbol{x}_k$ 的一维寻优决定的矩阵 $\underset{\sim}{A}$ 式(13.4.4)，可通过式(13.4.1)，式(13.4.2)求得下一次迭代中的正交单位向量组 $\boldsymbol{p}_1',\cdots,\boldsymbol{p}_n'$．

沿一组正交向量 $\boldsymbol{p}_1,\cdots,\boldsymbol{p}_n$ 的一维寻优可按模式搜索法中“探测移动”的方式进行，即若沿 $\boldsymbol{p}_i$ 方向按一定步长搜索的一次移动未能找到使函数值下降的点，可缩小步长后再进行试验，直到试验成功，这时，$\lambda_i\neq 0$．如果沿某个方向 $\boldsymbol{p}_j$ 不可能找到函数值下降的点，则相应于 $\lambda_j=0$，这时算法便会中断，必须进行修正．设 n 个方向中共有 r 个方向 λ_i 等于 0，则新的搜索方向 $\boldsymbol{p}_1',\boldsymbol{p}_2',\cdots,\boldsymbol{p}_n'$ 中保留这 r 个原来的单位向量 $\boldsymbol{p}_i(i=1,2,\cdots,r)$ 不变，其余 $n-r$ 个向量 $\boldsymbol{p}_j(j=1,\cdots,n-r)\lambda_j\neq 0$，按上面描述的步骤正交化．这 r 个原向量和 $n-r$ 个新向量之间彼此也是正交的，可作为下一次迭代中的正交向量组．

如果在第 k 次迭代中，用步长 $\boldsymbol{\alpha}$ 在 n 个正交方向作一维寻优，步长 $\boldsymbol{\alpha}$ 已减小到 $\|\boldsymbol{\alpha}\|<\varepsilon$ 而各个方向都试验失败(未能找到目标函数下降点)，则认为找到了极小值点的近似值 $\boldsymbol{x}_k\approx\boldsymbol{x}^*$．

转轴法的收敛速度比坐标轮换法有较大的改善，特别是对于图 13.8(c)所示存在脊线的目标函数，它的收敛速度是比较快的，解的稳定性也比较好；但对高维

目标函数，其收敛速度下降.

13.4.4 单纯形法

单纯形法1962年由斯潘利(Spendley)，赫克斯特(Hext)，希姆斯沃思(Himsworth)等提出，1965年内尔德(Nelder)，米德(Mead)对它作了改进.

所谓**单纯形**是指 n 维空间中有 $n+1$ 个顶点的凸包，例如，一维空间中有两个顶点的直线段，二维空间中有三个顶点的三角形，三维空间中有四个顶点的四面体等(见图 13.10).

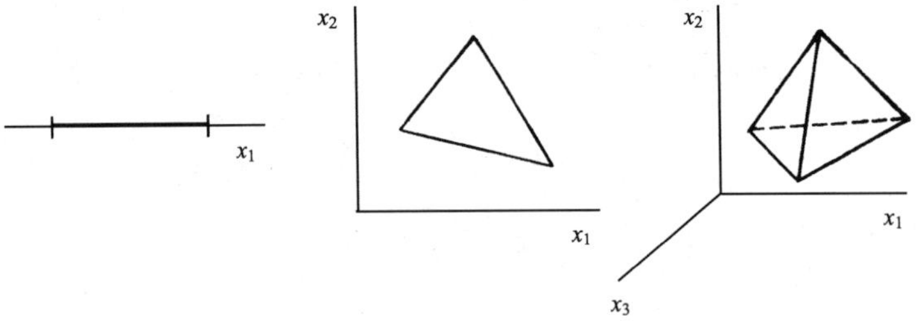

图 13.10 一、二、三维空间中的单纯形

单纯形法的基本思想是，将 n 维空间中一个单纯形的 $n+1$ 个顶点处的目标函数值加以比较，丢掉其中函数值最大的点，并按一定规则进行探测性搜索，寻找出一个函数值较低的新顶点，与其余 n 个保留顶点构成新的单纯形. 如此迭代下去直到满足一定的迭代中止判据为止. 可见，单纯形法包含两方面的问题，首先是初始单纯形的构成，其次是迭代过程.

首先讨论初始单纯形的构成. 以二维问题为例，单纯形是三角形；若三个顶点落在同一直线上，则变成了一维问题，即平面上找极小的问题变成在直线上找极小，这种情形称为**退化**. 退化是我们所不希望的，防止退化的方法是使三个顶点之间边长相等，这样的三个顶点不可能落在同一直线上. 这一概念推广到 n 维空间的一般情形便得到**正规单纯形**的概念，即任何两个顶点间距离都相等的 $n+1$ 个点构成 n 维空间中的正规单纯形. 正规单纯形可以作为初始单纯形. 具体产生方法如下：对于给定初始点 $\boldsymbol{x}_0$ 和边长 a(两个顶点间的距离)，令

$$p=\frac{\sqrt{n+1}+n-1}{n\sqrt{2}}a, \qquad q=\frac{\sqrt{n+1}-1}{n\sqrt{2}}a. \tag{13.4.5}$$

n 维正规单纯形 $n+1$ 个顶点的坐标记为 $\boldsymbol{x}_0,\boldsymbol{x}_1,\cdots,\boldsymbol{x}_n$，那么 $\boldsymbol{x}_j$ 的第 i 个分量 $x_j^{(i)}$ 可由下式求得：

$$\begin{cases} x_j^{(i)} = x_0^{(i)} + q, & i \neq j, \quad i, j = 1, 2, \cdots, n, \\ x_j^{(j)} = x_0^{(j)} + p, & j = 1, 2, \cdots, n. \end{cases} \tag{13.4.6}$$

下面讨论迭代过程，即由已知的 $n+1$ 个顶点 $\boldsymbol{x}_0, \boldsymbol{x}_1, \cdots, \boldsymbol{x}_n$ 构成的单纯形，比较各顶点的函数值，去掉函数值最大的点，按一定规则搜索求出函数值较低的新顶点，与原来保留的 n 个顶点构成新的单纯形. 具体步骤如下：定义

$$f(\boldsymbol{x}_h) = \max\{f(\boldsymbol{x}_0), f(\boldsymbol{x}_1), \cdots, f(\boldsymbol{x}_n)\},$$
$$f(\boldsymbol{x}_l) = \min\{f(\boldsymbol{x}_0), f(\boldsymbol{x}_1), \cdots, f(\boldsymbol{x}_n)\},$$
$$\boldsymbol{x}_m = \frac{1}{n}\left\{\sum_{i=0}^{n} \boldsymbol{x}_i - \boldsymbol{x}_h\right\}.$$

$\boldsymbol{x}_m$ 的几何意义是除掉函数值最高的顶点 $\boldsymbol{x}_h$ 以外的其余 n 个顶点的位置重心. 迭代运算由下述四种运算组成：

(1) **反射**. 令

$$\boldsymbol{x}_{n+1} = \boldsymbol{x}_m + \alpha(\boldsymbol{x}_m - \boldsymbol{x}_h),$$

$\boldsymbol{x}_{n+1}$ 是从 $\boldsymbol{x}_m$ 点出发沿 $\boldsymbol{x}_m - \boldsymbol{x}_h$ 方向($\boldsymbol{x}_h$ 指向 $\boldsymbol{x}_m$)的方向寻找单纯形的新顶点，$\alpha>0$ 是给定的**反射系数**，$\boldsymbol{x}_{n+1}$ 是 $\boldsymbol{x}_h$ 关于 $\boldsymbol{x}_m$ 的反射点. 因为 $\boldsymbol{x}_h$ 是目标函数值最高的一个顶点，所以 $\boldsymbol{x}_m - \boldsymbol{x}_h$ 方向是函数下降的方向，沿该方向搜索可能找出函数值较低的点.

(2) **延伸**. 如果反射成功，即满足

$$f(\boldsymbol{x}_{n+1}) < f(\boldsymbol{x}_l),$$

说明沿 $\boldsymbol{x}_m - \boldsymbol{x}_h$ 方向搜索是正确的，于是可以扩大搜索步长，即将点再沿该方向作延伸，取

$$\boldsymbol{x}_{n+2} = \boldsymbol{x}_m + \gamma(\boldsymbol{x}_{n+1} - \boldsymbol{x}_m),$$

其中 $\gamma>1$ 为给定的**延伸系数**. 若延伸后有

$$f(\boldsymbol{x}_{n+2}) < f(\boldsymbol{x}_{n+1}),$$

则以点 $\boldsymbol{x}_{n+2}$ 代替原顶点 $\boldsymbol{x}_h$；反之，若上式不满足，则以 $\boldsymbol{x}_{n+1}$ 代替原顶点 $\boldsymbol{x}_h$，与保留的原来其余 n 个顶点构成新的单纯形.

(3) **收缩**. 如果反射失败，即 $f(\boldsymbol{x}_{n+1}) > f(\boldsymbol{x}_l)$，则可分成几种情况：

(a) $$f(\boldsymbol{x}_{n+1}) < f(\boldsymbol{x}'_h),$$

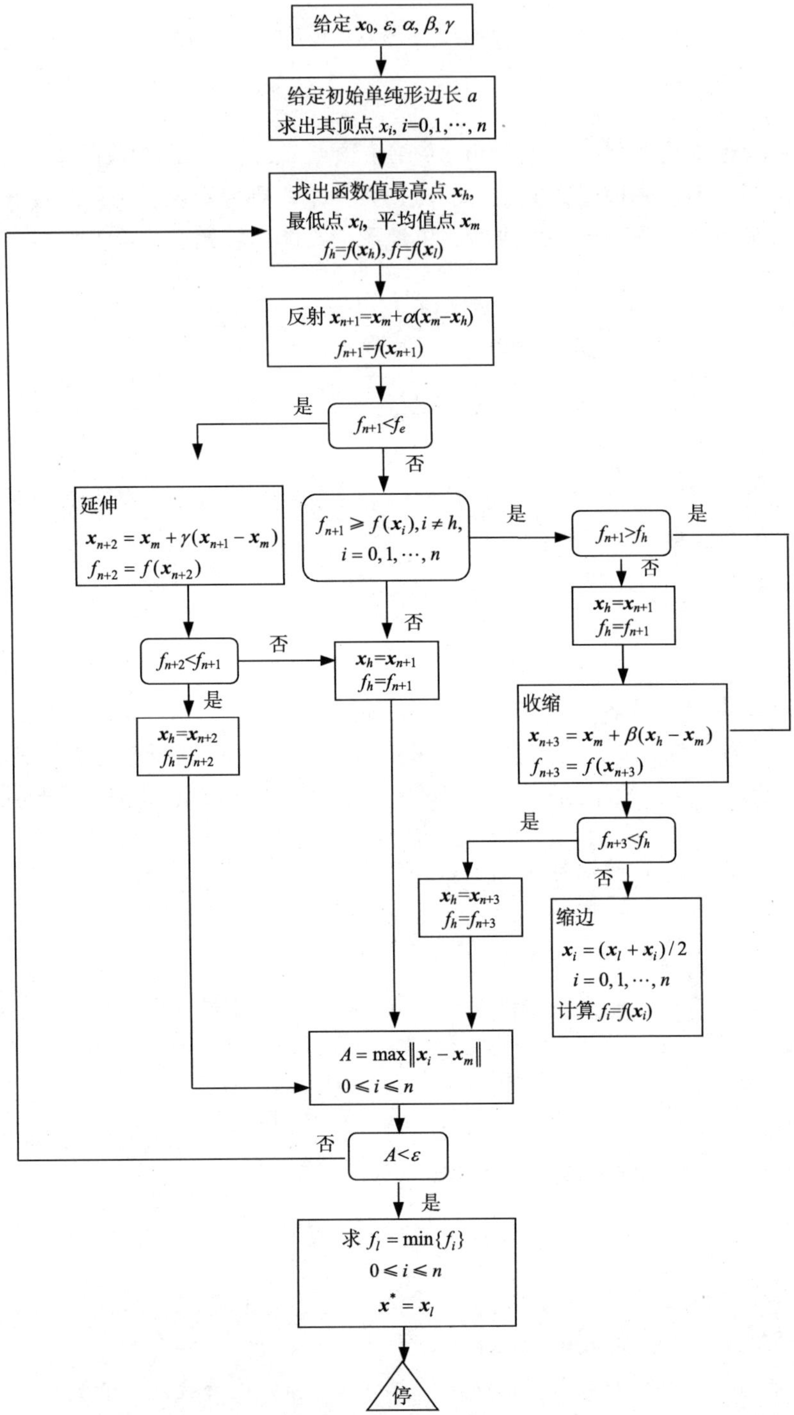

图 13.11　单纯形法程序框图

其中 $\boldsymbol{x}_h'$ 是 $\boldsymbol{x}_0,\boldsymbol{x}_1,\cdots,\boldsymbol{x}_n$ 中函数值仅次于 $f(\boldsymbol{x}_h)$ 的那个顶点．这时以 $\boldsymbol{x}_{n+1}$ 代替原顶点 $\boldsymbol{x}_h$，构成新的单纯形．

(b) $$f(\boldsymbol{x}_{n+1})\geqslant f(\boldsymbol{x}_h'),$$
这时，进行收缩运算．又可分为两种情形：

$$\begin{cases} f(\boldsymbol{x}_{n+1})\leqslant f(\boldsymbol{x}_h),\text{ 则 } & \boldsymbol{x}_{n+3}=\boldsymbol{x}_m+\beta(\boldsymbol{x}_{n+1}-\boldsymbol{x}_m),\\ f(\boldsymbol{x}_{n+1})> f(\boldsymbol{x}_h),\text{ 则 } & \boldsymbol{x}_{n+3}=\boldsymbol{x}_m+\beta(\boldsymbol{x}_h-\boldsymbol{x}_m),\end{cases}$$

其中 $0<\beta<1$ 为给定的收缩系数．上面两式的含义是在 $\boldsymbol{x}_{n+1}(\boldsymbol{x}_h)$ 和 $\boldsymbol{x}_m$ 的连线内搜索新的顶点以代替 $\boldsymbol{x}_h$，如果 $f(\boldsymbol{x}_{n+3})<f(\boldsymbol{x}_h)$，表示收缩成功，以 $\boldsymbol{x}_{n+3}$ 代替 $\boldsymbol{x}_h$ 构成新的单纯形．

(4) 缩边．如果收缩失败，即 $f(\boldsymbol{x}_{n+3})\geqslant f(\boldsymbol{x}_h)$，则应进行缩边，保持点 $\boldsymbol{x}$ 的位置不动，将所有向量 $\boldsymbol{x}_k-\boldsymbol{x}_l(k\neq l,k=0,1,\cdots,n)$ 的长度缩小一半，用

$$\boldsymbol{x}_l+0.5(\boldsymbol{x}_k-\boldsymbol{x}_l)=\frac{1}{2}(\boldsymbol{x}_l+\boldsymbol{x}_k),\qquad k\neq l,k=0,1,\cdots,n$$

代替原来的 $\boldsymbol{x}_k$，然后再进行反射试验．

单纯形法的迭代终止判据可以是

$$|f(\boldsymbol{x}_h)-f(\boldsymbol{x}_l)|<\varepsilon$$

或

$$\max_{0\leqslant k\leqslant n}\|\boldsymbol{x}_k-\boldsymbol{x}_m\|<\varepsilon,$$

这时以函数值最小的顶点 $\boldsymbol{x}_l$ 作为 $\boldsymbol{x}^*$ 的近似．

综合以上所述，可给出图 13.11 所示的单纯形法程序框图．

单纯形法的优点是不必计算目标函数的梯度，也不必按给定方向进行一维寻优，每次迭代只需要计算一到二次函数值．它的收敛速度依赖于参数 α,β,γ 的选择，通常取 $\alpha=1.0$，$\beta=0.5$，$\gamma=2$．一般说来，单纯形法是多维无约束极值问题的直接法中相当有效的一种．

13.5　最小二乘 Q^2 函数和似然函数的极值问题

以上介绍的极小化方法普遍适用于任意目标函数的极小化问题，其中有些方法对目标函数的唯一要求是在极小值点附近能用二次函数来逼近．为了推演更有效的极小化方法，必须充分利用目标函数本身的特定性质．在参数估计中我们看

到，最小二乘 Q^2 函数求极小和似然函数求极大是最小二乘法和极大似然法的核心. 如第八章和第九章所述，似然方程和非线性模型的最小二乘 Q^2 函数极小化的方程往往没有解析解，只能求助于本节所描述的数值迭代方法. 鉴于这两种参数估计方法在概率统计计算中的重要地位，有必要利用 Q^2 函数和似然函数本身的性质，导出更有效的求极值方法.

13.5.1　最小二乘 Q^2 函数极值

最小二乘法的核心问题是对 Q^2 函数求极小值 $Q^2_{\min}$. 在最通常遇到的最小二乘问题中，Q^2 函数一般可表示为函数平方和的形式

$$Q^2(\boldsymbol{x}) = \sum_{l=1}^{m} \varphi_l^2(\boldsymbol{x}). \tag{13.5.1}$$

例如，式(9.1.1)，式(9.1.3)~式(9.1.6)都具有式(13.5.1)的形式，其中 $\boldsymbol{x}$ 为待估计的参数. $Q^2(\boldsymbol{x})$等于极小值 $Q^2_{\min}$ 时的 $\boldsymbol{x}$ 值令为 $\boldsymbol{x}^*$，$\boldsymbol{x}^*$即为参数的最优解. 所以参数的最小二乘估计问题等价于目标函数

$$f(\boldsymbol{x}) \equiv Q^2(\boldsymbol{x}) = \sum_{l=1}^{m} \varphi_l^2(\boldsymbol{x}), \quad \boldsymbol{x} \in E^n, m \geqslant n \tag{13.5.2}$$

的极小化问题，其中 m 为测量值个数，它必须大于等于待估计参数 $\boldsymbol{x} = \{x_1, x_2, \cdots, x_n\}$ 的个数 n. Q^2 函数的极小化可利用牛顿法. 牛顿法的迭代公式中出现目标函数的二阶导数矩阵，而对最小二乘问题，由于目标函数具有平方和的形式，可用 $\varphi_l(\boldsymbol{x})$ 的一阶导数来估计 $f(\boldsymbol{x})$的二阶导数，这就使牛顿法具有更简单的形式，称为**高斯-牛顿法**.

考察 $f(\boldsymbol{x})$的二阶导数矩阵 $\underset{\sim}{G}$，它的 $n \times n$ 个元素为

$$\begin{aligned} G_{ij} &\equiv \frac{\partial^2 f(\boldsymbol{x})}{\partial x_i \partial x_j} = \frac{\partial}{\partial x_i}\frac{\partial}{\partial x_j}\sum_{l=1}^{m}\varphi_l^2 = \frac{\partial}{\partial x_i}\sum_{l=1}^{m} 2\varphi_l \frac{\partial \varphi_l}{\partial x_j} \\ &= \sum_{l=1}^{m} 2\frac{\partial \varphi_l}{\partial x_i}\frac{\partial \varphi_l}{\partial x_j} + \sum_{l=1}^{m} 2\varphi_l \frac{\partial^2 \varphi_l}{\partial x_i \partial x_j} \quad i, j = 1, 2, \cdots, n. \end{aligned}$$

在所谓的**线性化近似**下，上式右边含二阶导数的项比一阶导数项要小，可以忽略，这时，有

$$G_{ij} \approx \sum_{l=1}^{m} 2\frac{\partial \varphi_l}{\partial x_i}\frac{\partial \varphi_l}{\partial x_j}, \qquad i, j = 1, 2, \cdots, n.$$

当矩阵 $\underset{\sim}{G}$ 是非奇异时，它是正定矩阵.

记

$$g_{lj}(\boldsymbol{x})=\frac{\partial\varphi_l}{\partial x_j},\qquad l=1,\cdots,m,\quad j=1,\cdots,n, \tag{13.5.3}$$

即 $\underset{\sim}{\boldsymbol{g}}$ 为 $m\times n$ 矩阵，则有

$$G_{ij}=2\sum_{l=1}^{m}g_{li}g_{lj},\qquad i,j=1,2,\cdots,n,$$

或写为

$$\underset{\sim}{G}=2\underset{\sim}{\boldsymbol{g}}^{\mathrm{T}}\underset{\sim}{\boldsymbol{g}}. \tag{13.5.4}$$

又根据式(13.5.2)，得

$$\frac{\partial f(\boldsymbol{x})}{\partial x_j}=2\sum_{l=1}^{m}\varphi_l(\boldsymbol{x})\frac{\partial\varphi_l(\boldsymbol{x})}{\partial x_j},\qquad j=1,2,\cdots,n,$$

记

$$\boldsymbol{\phi}(\boldsymbol{x})=\{\varphi_1(\boldsymbol{x}),\varphi_2(\boldsymbol{x}),\cdots,\varphi_m(\boldsymbol{x})\}^{\mathrm{T}}, \tag{13.5.5}$$

目标函数的梯度向量可表示为

$$\nabla f(\boldsymbol{x})=2\underset{\sim}{g}^{\mathrm{T}}\boldsymbol{\phi}(\boldsymbol{x}). \tag{13.5.6}$$

将式(13.5.4)，式(13.5.6)代入牛顿法迭代公式(13.3.17)，就得出高斯−牛顿法的迭代公式

$$\boldsymbol{x}_{k+1}=\boldsymbol{x}_k-\left[\underset{\sim}{\boldsymbol{g}}_k^{\mathrm{T}}\underset{\sim}{\boldsymbol{g}}_k\right]^{-1}(\underset{\sim}{\boldsymbol{g}})_k^{\mathrm{T}}\boldsymbol{\phi}(\boldsymbol{x}_k). \tag{13.5.7}$$

高斯-牛顿法用一阶导数矩阵 $\underset{\sim}{\boldsymbol{g}}^{\mathrm{T}}\boldsymbol{\varphi}(\boldsymbol{x})$ 代替牛顿法中 $f(\boldsymbol{x})$的二阶导数矩阵，从而大大减少了计算量. 但如同牛顿法一样，对初始点 $\boldsymbol{x}_0$ 的选择要求比较严格，要求与极小值点 $\boldsymbol{x}^*$相距不太远. 原因在于高斯-牛顿法利用了线性近似，如与极小值点相距很远，线性近似不再有效. 但应当指出，如果 $\varphi_l(\boldsymbol{x})$ 是 $\boldsymbol{x}$ 的线性函数，即 $f(\boldsymbol{x})$ 是 $\boldsymbol{x}$ 的二次函数(这对应于最小二乘法的线性模型)，则二阶导数矩阵元 G_{ij} 中 $\dfrac{\partial^2\varphi_l}{\partial x_i\partial x_j}=0$，这时线性化是严格正确的，对初始迭代点 $\boldsymbol{x}_0$ 就没有特殊的要求.

与牛顿法的修正(阻尼牛顿法)相同，在高斯-牛顿法中，可视

$$\boldsymbol{p}_k = -\left[(\underset{\sim}{g})_k^{\mathrm{T}}(\underset{\sim}{g})_k\right]^{-1}(\underset{\sim}{g})_k^{\mathrm{T}}\boldsymbol{\phi}(\boldsymbol{x}_k) \tag{13.5.8}$$

为搜索方向，利用阻尼牛顿法迭代公式

$$\boldsymbol{x}_{k+1} = \boldsymbol{x}_k + \lambda_k \boldsymbol{p}_k,$$

其中λ_k是使$f(\boldsymbol{x}_k + \lambda \boldsymbol{p}_k)$达到极小的最优步长. 这一修正可进一步改善高斯-牛顿法的收敛速度.

13.5.2 似然函数极值

设总体Y的概率密度$f(y\,|\,\boldsymbol{x})$函数形式为已知，$\boldsymbol{x}=\{x_1,x_2,\cdots,x_n\}$为待估计参数. $\boldsymbol{Y}=\{Y_1,Y_2,\cdots,Y_m\}$为总体$Y$的容量$m$的子样. 极大似然原理告诉我们(见第八章)，当似然函数

$$L(\boldsymbol{Y}\,|\,\boldsymbol{x}) = \prod_{l=1}^{m} f(Y_l\,|\,\boldsymbol{x})$$

或它的对数

$$\ln L(\boldsymbol{Y}\,|\,\boldsymbol{x}) = \sum_{l=1}^{m} \ln f(Y_l\,|\,\boldsymbol{x})$$

取极大值时的参数值$\boldsymbol{x}^*$即为待估计参数的最优估计. 因此，极大似然法相当于使目标函数

$$F(\boldsymbol{x}) = -\sum_{l=1}^{m} \ln fl(\boldsymbol{x}), \qquad \boldsymbol{x}\in E^n \tag{13.5.9}$$

极小化.

现在来考虑这种特定形式函数的二阶导数矩阵$\underset{\sim}{G}$的$n\times n$个元素，显然，

$$\begin{aligned}
G_{ij} = \frac{\partial^2 F(\boldsymbol{x})}{\partial x_i \partial x_j} &= -\frac{\partial}{\partial x_i}\frac{\partial}{\partial x_j}\sum_{l=1}^{m}\ln f_l(\boldsymbol{x}) \\
&= -\frac{\partial}{\partial x_i}\sum_{l=1}^{m}\frac{1}{f_l(\boldsymbol{x})}\cdot\frac{\partial f_l(\boldsymbol{x})}{\partial x_j} \\
&= \sum_{l=1}^{m}\frac{1}{f_l^2(\boldsymbol{x})}\cdot\frac{\partial f_l(\boldsymbol{x})}{\partial x_i}\cdot\frac{\partial f_l(\boldsymbol{x})}{\partial x_j} \\
&\quad -\sum_{l=1}^{m}\frac{1}{f_l(\boldsymbol{x})}\cdot\frac{\partial^2 f_l(\boldsymbol{x})}{\partial x_i \partial x_j}.
\end{aligned}$$

如同高斯-牛顿法中一样，在函数$f_l(\boldsymbol{x})$的线性近似下，二阶导数项比一阶导数项小，可予忽略，因此，有

$$G_{ij} \approx \sum_{l=1}^{m} \frac{1}{f_l^2(\boldsymbol{x})} \frac{\partial f_l(\boldsymbol{x})}{\partial x_i} \frac{\partial f_l(\boldsymbol{x})}{\partial x_j}, \qquad i, j = 1, 2, \cdots, n. \tag{13.5.10}$$

目标函数的一阶导数可由下法求得：显然，

$$\frac{\partial F(\boldsymbol{x})}{\partial x_j} = -\sum_{l=1}^{m} \frac{1}{f_l(\boldsymbol{x})} \frac{\partial f_l(\boldsymbol{x})}{\partial x_j}, \qquad j = 1, \cdots, n.$$

定义 $m \times n$ 矩阵 $\underset{\sim}{\boldsymbol{g}}$ 的元素为

$$g_{lj}(\boldsymbol{x}) = \frac{1}{f_l(\boldsymbol{x})} \frac{\partial f_l(\boldsymbol{x})}{\partial x_j}, \qquad j = 1, \cdots, n, l = 1, \cdots, m. \tag{13.5.11}$$

$$h_j(\boldsymbol{x}) = \sum_{l=1}^{m} g_{lj}(\boldsymbol{x}), \qquad j = 1, \cdots, n. \tag{13.5.12}$$

则目标函数的梯度向量可表示为

$$-\nabla F(\boldsymbol{x}) = \boldsymbol{h}(\boldsymbol{x}) \equiv \left[h_1(\boldsymbol{x}), h_2(\boldsymbol{x}), \cdots, h_n(\boldsymbol{x})\right]^{\mathrm{T}}, \tag{13.5.13}$$

而二阶导数矩阵 $\underset{\sim}{G}$ 可表示为

$$\underset{\sim}{G} = \underset{\sim}{\boldsymbol{g}}^{\mathrm{T}} \underset{\sim}{\boldsymbol{g}}. \tag{13.5.14}$$

若 $\underset{\sim}{G}$ 为非奇异，则总是正定的.

将目标函数 $F(\boldsymbol{x})$的一阶导数和二阶导数的表达式(13.5.13)，式(13.5.14)代入牛顿法的迭代公式(13.3.17)，得到

$$\boldsymbol{x}_{k+1} = \boldsymbol{x}_k + \left[\underset{\sim}{\boldsymbol{g}}_k^{\mathrm{T}} \underset{\sim}{\boldsymbol{g}}_k\right]^{-1} \boldsymbol{h}_k(\boldsymbol{x}). \tag{13.5.15}$$

因此，在线性化近似下，利用 $\underset{\sim}{\boldsymbol{g}}_k^{\mathrm{T}} \cdot \underset{\sim}{\boldsymbol{g}}_k$ (一阶导数运算)代替二阶导数矩阵，减少了计算量，加快了迭代速度.

显然，这里也可利用阻尼牛顿法来改善收敛速度，其步骤与 13.5.1 节末所述的相类似.

13.6 局部极小和全域极小

迄今为止，本章所介绍的极小化方法都是寻找局部极小值的，至于所找到的极小是否为变量域的全域极小，或者除此之外是否还存在其他局部极小，上述方法不能给出任何信息. 如果目标函数有多个局部极小，用前面介绍的方法求出的极小值点不能保证是最接近于初始点的那个局部极小值点. 事实上，在使用这些方法时，通常假定目标函数在待求极小值点的区间内是只含一个极小值点的单峰函数.

因此，当目标函数在待求极小的区间内存在多个极小时，就产生一个问题：我们要求的究竟是什么样的极小值点?通常存在四种情形：

(1) 要求任意一个极小值的位置；

(2) 要求全域极小；

(3) 要求一个特定的极小值点，它是待解问题的物理上正确的解，但不一定是全域极小；

(4) 要求包含全域极小在内的所有局部极小.

可能性(1)是很少遇见的，但最容易处理，因为任何一种极小化算法都可以满足要求.

可能性(2)比较常见，因为许多问题都希望求出“费用”最小的解，这正是典型的全域极小值问题. 虽然有一些寻找全域极小的算法(如文献[76]、[77])，但都没有指出终止迭代的适当判据. 对于变量空间存在上下界，或者寻找一定区域内的全域极小这种特殊情况，下面介绍的**网格法**和**随机搜索法**可以寻找全域极小，它们都属于直接搜索方法.

在实际问题中，可能性(3)最为常见. 这时极小值点 $\boldsymbol{x}^*$ 中某几个分量的近似值往往大体已经知道，而所要寻找的解离这些近似值不远. 我们可以应用下述技巧来保证求出所需要的局部极小：将已知的近似分量值固定，对其余分量进行极小化求出近似最优点，然后从该点出发，对所有分量进行极小化搜索.

可能性(4)这类问题是最困难的，一种可能的方法是在 n 维空间中等间距地设置许多初始点，从这些点出发逐一地搜索局部极小，显然，这是代价极高的做法.

13.6.1 网格法

设目标函数为 $f(\boldsymbol{x}), \boldsymbol{x} \in E^n$ ，假定 $\boldsymbol{x}$ 的取值范围为已知

$$a_i \leqslant x_i \leqslant b_i, \qquad i=1,2,\cdots,n. \tag{13.6.1}$$

网格法就是在上式给定的 n 维区间内打网格，求出所有网格点上目标函数的值并进行比较，选出函数值最小的点. 然后在该点附近的区间加密网格(减小网格点之间的距离)再找出函数值最小的点，如此循环下去，直到相邻网格点之间的距离都小于控制误差ε，函数值最小的位置便是极小点的近似解. 网格可以是等间距的，也可以是不等间距的，以均匀网格较为简便. 为了不使全域极小被遗漏，初始网格不能太稀，网格间距应在计算中根据目标函数的行为加以调整. 显然，对于高维目标函数，网格点数目增长很快. 因而工作量极大，实际上极少采用.

13.6.2　随机搜索法

最简单的随机搜索法称为**随机跳跃法**. 它的基本思想是在式(13.6.1)限定的变量 $\boldsymbol{x}$ 的区域内随机地均匀打点，并比较这些随机点的函数值，取其最小者为极小值点的近似解. 令 r 是[0，1]区间内均匀分布的随机数列，每产生一组 n 个随机数 $r_i(i=1, 2, \cdots, n)$，可得到符合式(13.6.1)条件的 n 维空间中的一个随机点

$$x_i = a_i + (b_i - a_i)r_i, \qquad i = 1, 2, \cdots, n. \tag{13.6.2}$$

共产生 J 组随机点，并比较它们的目标函数值，其最小者对应的随机点坐标可取作近似极小值点. 为了使近似极小值点有比较好的精度，J 值应当足够大，这样便产生 nJ 个随机数. 显而易见，这种方案对于高维目标函数是十分费时的.

采用**随机走步法**可以提高搜索效率. 从给定的初值 $\boldsymbol{x}_0$ 开始迭代过程. 由 $\boldsymbol{x}_k$ 产生 $\boldsymbol{x}_{k+1}$ 的公式是

$$\boldsymbol{x}_{k+1} = \boldsymbol{x}_k + \lambda \boldsymbol{U}_k, \tag{13.6.3}$$

其中λ是给定的初始搜索步长，$\boldsymbol{U}_k$是单位随机向量，它定义为

$$\boldsymbol{U} = \frac{1}{\sqrt{\sum_{i=1}^{n} \eta_i^2}} \begin{pmatrix} \eta_1 \\ \eta_2 \\ \vdots \\ \eta_n \end{pmatrix}, \qquad \|\boldsymbol{U}\| = 1, \tag{13.6.4}$$

其中 η_i 是[−1，+1]区间内均匀分布随机数. 比较 $f(\boldsymbol{x}_{k+1})$ 和 $f(\boldsymbol{x}_k)$，若 $f(\boldsymbol{x}_{k+1}) < f(\boldsymbol{x}_k)$，则第 k 次迭代成功，继续进行第 k+1 次迭代；反之，若 $f(\boldsymbol{x}_{k+1}) \geqslant f(\boldsymbol{x}_k)$，试验失败，则随机地选择新的单位随机向量 $\boldsymbol{U}_k$，直到第 $\boldsymbol{k}$ 次迭代成功为止. 如果经过多次随机向量的选择仍不能取得试验的成功，则应当减小步长，再进行试验.

如果到第 m 次迭代，搜索步长已小于给定的控制常数ε，但经多次随机向量

选择仍不能找到 $\boldsymbol{x}_{m+1}$ 满足

$$f(\boldsymbol{x}_{m+1}) < f(\boldsymbol{x}_m),$$

则 $\boldsymbol{x}_m$ 取为近似极小点.

由以上描述的步骤，可给出图 13.12 所示随机走步法的程序框图.

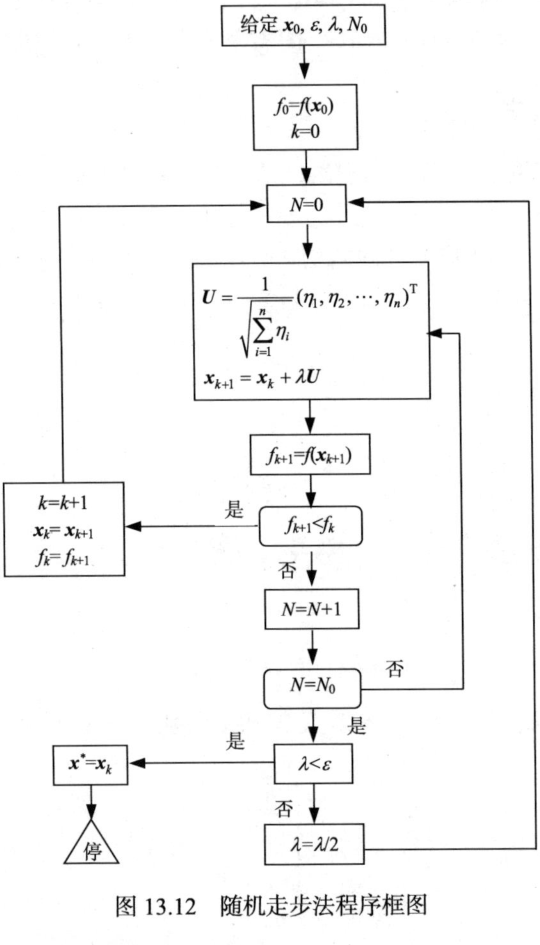

图 13.12　随机走步法程序框图

上述随机走步法采用了固定步长λ, 也可以在搜索过程中改变步长. 如果沿某个随机方向 $\boldsymbol{U}_k$ 的试验是成功的(目标函数值下降)，可以沿该方向加大步长搜索，或者沿该方向求最优步长，即求满足下式的步长λ_k:

$$f(\boldsymbol{x}_{k+1})=f(\boldsymbol{x}_k+\lambda_k\boldsymbol{U}_k)=\min_{\lambda} f(\boldsymbol{x}_k+\lambda\boldsymbol{U}_k),$$

得到下一迭代点$\boldsymbol{x}_{k+1}$，这有助于加快向极小值点收敛的速度.

网格法和随机搜索法都是直接搜索法，因而具有直接方法的优点和缺点，两者相比较，随机搜索法收敛速度比网格法快. 但对于高维目标函数，即使用随机搜索法，计算量仍然极大. 克服这一缺点的途径之一是：首先用随机搜索法确定全域极小值点所在的大致范围，然后在此范围内用收敛速度快的极小化方法求出全域极小的较精确的近似值.

13.7　约束 n 维极值问题

无约束极小化问题的解的容许区域是整个 n 维空间中的任意点，在实际问题中，往往对于解有一定的约束条件. 如本章引言所述，约束 n 维极小化问题可表述为

$$\min f(\boldsymbol{x}) = f(\boldsymbol{x}^*), \qquad \boldsymbol{x} \in E^n, \tag{13.7.1}$$

并满足约束方程

$$h_i(\boldsymbol{x}) = 0, \qquad i = 1, 2, \cdots, l, \quad l < n, \tag{13.7.2}$$

$$g_j(\boldsymbol{x}) \geqslant 0, \qquad j = 1, 2, \cdots, m. \tag{13.7.3}$$

例如，常常遇到下列几种对变量 $\boldsymbol{x}$ 的限制条件：

(1) 简单常数限

$$a_i \leqslant x_i \leqslant b_i, \qquad i = 1, 2, \cdots, n, \quad a_i, b_i \text{ 为常数}.$$

(2) 简单变量限

$$l_i(\boldsymbol{x}) \leqslant x_i \leqslant h_i(\boldsymbol{x}), \qquad i = 1, 2, \cdots, n.$$

(3) 隐含变量限

$$u_i(\boldsymbol{x}) \leqslant v_i(\boldsymbol{x}) \leqslant \omega_i(\boldsymbol{x}), \qquad i = 1, 2, \cdots, m.$$

情形(1)、(2)可视为(3)的特殊情形，而(3)可改写为

$$\omega_i(\boldsymbol{x}) - v_i(\boldsymbol{x}) - u_i(\boldsymbol{x}) \geqslant 0, \qquad v_i(\boldsymbol{x}) - u_i(\boldsymbol{x}) \geqslant 0,$$
$$i = 1, 2, \cdots, m.$$

即具有(13.7.3)的形式.

约束极小化问题的求解途径之一，是对原目标函数 $f(\boldsymbol{x})$ 进行适当的修改，得

到新的目标函数 $F(\boldsymbol{x})$，使得 $F(\boldsymbol{x})$的无约束极小解就是 $f(\boldsymbol{x})$的约束极小解．显然，$F(\boldsymbol{x})$的构成与约束条件有关．以下一些方法在求解约束极值问题中是常见的：(i)利用等式约束方程消去一部分变量；(ii)引入拉格朗日乘子；(iii)通过变量代换消去约束；(iv)引入罚函数.

消去变量法(i)只适用于等式约束．式(13.7.2)所示的 l 个等式约束使得 $\boldsymbol{x}=\{x_1, x_2, \cdots, x_n\}$ n 个变量中的 l 个可以用其余 $n-l$ 个变量来表示，因此问题就化为 $n-l$ 个变量的无约束极小化问题．方法(ii)称为拉格朗日乘子法，引入拉格朗日乘子 $\boldsymbol{\lambda}=\{\lambda_1, \lambda_2, \cdots, \lambda_l\}$，构造新的目标函数

$$F(\boldsymbol{x}, \boldsymbol{\lambda})=f(\boldsymbol{x})+\sum_{i=1}^{l} \lambda_i h_i(\boldsymbol{x}),$$

于是式(13.7.1)、(13.7.2)的等式约束极小化问题化成 $F(\boldsymbol{x}, \boldsymbol{\lambda})$的 $n+l$ 个变量无约束极小化问题．方法(i)、(ii)我们在 9.7 节和 9.8 节中讨论约束最小二乘估计问题时已作过介绍．下面我们讨论方法(iii)、(iv)求解约束极值问题.

13.7.1　变量代换法

该方法的主要思想是将变量 $\boldsymbol{x}$ 变换成新变量 $\boldsymbol{y}$，通过这一变换消除约束．这样，目标函数 $f(\boldsymbol{x})$的约束极小问题化为 $f(\boldsymbol{y})$的无约束极小问题，变量 $\boldsymbol{y}$ 的极小值点 $\boldsymbol{y}^*$对应的变量值 $\boldsymbol{x}^*$即为 $f(\boldsymbol{x})$的约束极小值解．一般，变量代换法仅适用于一些简单的约束问题.

几种简单的约束条件适用的变量代换列举如下：

(1) 约束条件 $0 \leqslant x_i \leqslant \infty, i=1, 2, \cdots, m.$

下列两种变量代换均适用：

$$x_i=y_i^2 \quad 或 \quad x_i=\mathrm{e}^{y_i}.$$

(2) 约束条件 $0 \leqslant x_i \leqslant 1,\ i=1, 2, \cdots, m.$

适用的变量代换是

$$x_i=\sin^2 y_i \ \ 或 \quad x_i=\frac{\mathrm{e}^{y_i}}{\mathrm{e}^{y_i}-\mathrm{e}^{-y_i}}.$$

(3) 约束条件 $a_i \leqslant x_i \leqslant b_i,\ i=1, 2, \cdots, m$　(a_i，b_i 常数).

适用的变量代换是

$$x_i = a_i + (b_i - a_i)\sin^2 y_i.$$

(4) 约束条件 $0 \leqslant x_i \leqslant x_j \leqslant x_k \leqslant \infty$.

适用的变换为

$$x_i = y_i^2, \qquad x_j = y_i^2 + y_j^2, \qquad x_k = y_i^2 + y_j^2 + y_k^2.$$

显然，情况(1)、(2)、(3)中如果对搜索区间作相应的限制就相当于考虑了约束条件，仍可用无约束极小化方法求解.

13.7.2　罚函数法

对于比较复杂的约束，想通过变量代换来消去约束一般是做不到的. 而且在许多情形中，拉格朗日函数关于 $\boldsymbol{x}$ 的极小不存在，因此，拉格朗日乘子法也不可行. 这时需用罚函数法求解. 它的基本思想是将目标函数 $f(\boldsymbol{x})$增广为一个新的函数 $F(\boldsymbol{x}, M)$，称为**罚函数**

$$F(\boldsymbol{x}, M) = f(\boldsymbol{x}) + P(\boldsymbol{x}, M), \tag{13.7.4}$$

使约束极小化问题(13.7.1)~(13.7.3)等价于罚函数 $F(\boldsymbol{x}, M)$的无约束极小化问题，上式中 $P(\boldsymbol{x}, M)$称为罚项，M 称为罚因子.

约束条件(13.7.2)、(13.7.3)相当于规定了问题**解的容许域**. 如果罚函数的选择使得极小值的搜索点列是从容许域外向极小值点逼近，称为**外点法**；反之，搜索点列从容许域内向极小值点逼近，则称为**内点法**.

首先介绍外点法，它的罚函数形式取为

$$F(\boldsymbol{x}, M) = f(\boldsymbol{x}) + M\sum_{i=1}^{l}\left|h_i(\boldsymbol{x})\right|^{\alpha} + M\sum_{j=1}^{m}\left|\min[0, g_j(\boldsymbol{x})]\right|^{\beta}. \tag{13.7.5}$$

上式右边第二项当约束条件(13.7.2)得到满足时等于 0，否则恒大于 0，它是该约束条件的罚项. 右边第三项中 $\min[0, g_i(\boldsymbol{x})]$表示在 $g_j(\boldsymbol{x})$和 0 之间选择小者，即

$$\min[0, g_j(\boldsymbol{x})] = \begin{cases} 0, & g_j(\boldsymbol{x}) \geqslant 0 \quad (\text{满足约束}), \\ g_j(\boldsymbol{x}), & g_j(\boldsymbol{x}) < 0 \quad (\text{不满足约束}). \end{cases}$$

因此，第三项当不满足约束条件(13.7.3)时恒大于 0，为该约束的罚项. 罚因子 M 取为很大的正数，指数 α，β 通常取为 2.

显然，当不满足约束条件时，罚项 $P(\boldsymbol{x}, M)$将很大；仅当满足约束条件时，罚函数 $F(\boldsymbol{x}, M)$才等于原目标函数 $f(\boldsymbol{x})$. 因此，罚项的引入相当于对不遵守约束条

件的惩罚，这样，$f(\boldsymbol{x})$在约束条件下的极小化问题就化为式(13.7.5)的罚函数 $F(\boldsymbol{x}, M)$ 的无约束极小化问题. $F(\boldsymbol{x}, M)$极小化的最优解 $\boldsymbol{x}^*(M)$与罚因子 M 有关，M 值越大，$\boldsymbol{x}^*(M)$越接近于 $f(\boldsymbol{x})$的约束极小化解. 也就是说，$M \to \infty$ 时，$\boldsymbol{x}^*(M)$收敛于 $f(\boldsymbol{x})$的约束极小化解. 在实际的迭代过程中，第一步迭代选择一个罚因子 M 的值，随着迭代次数的增多，罚因子越取越大，当 M 充分大时，最优解 $\boldsymbol{x}^*(M)$趋近于约束极小值点.

如果对不同的约束需要加不同的权因子，则可利用下式的罚函数：

$$F(\boldsymbol{x}, \boldsymbol{M}) = f(\boldsymbol{x}) + \sum_{i=1}^{l} M_i \left|h_i(\boldsymbol{x})\right|^{\alpha} + \sum_{j=1}^{m} M_j \left|\min[0, g_j(\boldsymbol{x})]\right|^{\beta}, \qquad (13.7.6)$$

式中 $\boldsymbol{M}$ 为 $m+l$ 个分量的矢量，每个分量都为正值，它们的数值大小表示不同约束条件的权因子.

外点法的具体迭代步骤如下：

(1) 给定初始点 $\boldsymbol{x}_0$，误差控制常数$\varepsilon>0$；常数 $C>1$，$M_0>0$ (对于加权约束应给出 $M_0^{(i)} > 0, i = 1, 2, \cdots, l + m$)；令 $k=0$.

(2) 从 $\boldsymbol{x}_k$ 出发，对式(13.7.5)或(13.7.6)定义的函数 $F(\boldsymbol{x}_k, \boldsymbol{M}_k)$求出无约束极小值点，作为下一迭代点 $\boldsymbol{x}_{k+1}$.

(3) 若罚项 $P(\boldsymbol{x}_{k+1}, \boldsymbol{M}_k)<\varepsilon$，则 $\boldsymbol{x}_{k+1}$ 为问题的近似解. 否则令 $M_{k+1}=CM_k$，以 $k+1$ 代替 k，返回步骤(2).

由罚项的选择方法可知，当 $\boldsymbol{x}$ 在解的容许域内时，$P(\boldsymbol{x}, \boldsymbol{M})=0$；当 $\boldsymbol{x}$ 在解的容许域外，则有 $P(\boldsymbol{x}, \boldsymbol{M})>0$. 在上述迭代过程中，随着迭代次数 k 和罚因子 $\boldsymbol{M}_k$ 的增大，罚项 $P(\boldsymbol{x}_k, \boldsymbol{M}_k)$由很大的正数逐渐趋近于 0，因而点列 $\boldsymbol{x}_0$，$\boldsymbol{x}_1$，…是在解的容许域外部逼近问题最优解的，这就是称为外点法的原因.

在外点法中，当在某个充分大的 $\boldsymbol{M}_k$ 处终止迭代时，近似最优点 $\boldsymbol{x}_k^*$ 一般只能近似地满足约束条件，但 $\boldsymbol{x}_k^*$ 仍在解的容许域之外. 在某些实际问题中，这样的近似解不能满足要求，而希望近似解必须在解的容许域之内. 达到这一点的合理思路是构造适当的罚函数，使得迭代点在约束条件限定的容许域内部逐渐逼近问题的最优解，这就是**内点法**的基本思想.

设约束极小化问题为

$$\begin{aligned} &\min f(\boldsymbol{x}) = f(\boldsymbol{x}^*), \qquad \boldsymbol{x} \in E^n, \\ &g_j(\boldsymbol{x}) \geqslant 0, \qquad j = 1, 2, \cdots, m. \end{aligned} \qquad (13.7.7)$$

定义罚函数

$$F(\boldsymbol{x},r)=f(\boldsymbol{x})+r\sum_{j=1}^{m}\frac{1}{g_j(\boldsymbol{x})}\equiv f(\boldsymbol{x})+B(\boldsymbol{x},r). \tag{13.7.8}$$

其中 $r>0$ 是罚因子，$B(\boldsymbol{x}, r)$是罚项．如对不同的约束需加不同的权因子，则定义罚函数为

$$F(\boldsymbol{x},\boldsymbol{r})=f(\boldsymbol{x})+\sum_{j=1}^{m}\frac{r_j}{g_j(\boldsymbol{x})}\equiv f(\boldsymbol{x})+B(\boldsymbol{x},\boldsymbol{r}). \tag{13.7.9}$$

由以上三式可知，在约束条件限定的解的容许域内，罚项恒大于 0；当罚项趋近于 0 时，$F(\boldsymbol{x}, \boldsymbol{r})$趋近于原目标函数 $f(\boldsymbol{x})$．同时，在求解 $F(\boldsymbol{x}, \boldsymbol{r})$的无约束极小时，若迭代点列$\{\boldsymbol{x}_k\}$从容许域内趋近约束边界，$g_j(\boldsymbol{x}_k)$趋近于 0，罚项迅速增大，这就有效地阻止了 $\boldsymbol{x}_k$ 越出解的容许域．因此，式(13.7.7)所示的约束极小化问题就化为$F(\boldsymbol{x}, \boldsymbol{r})$的无约束极小化问题，$\boldsymbol{r}\to\boldsymbol{0}$ 时，$F(\boldsymbol{x}, \boldsymbol{r})$的无约束最优解就是约束极小化问题的解．并且由以上所述可知，内点法中迭代的初始点 $\boldsymbol{x}_0$ 必须选在解的容许域内，迭代点列$\{\boldsymbol{x}_k\}$是在容许域内收敛向问题的最优解的．

内点法的具体迭代步骤如下：

(1) 给定初始点 $\boldsymbol{x}_0$，满足 $g_j(\boldsymbol{x}_0)>0\{j=1, 2, \cdots, m\}$；控制常数$\varepsilon>0$，常数 $\boldsymbol{r}_0>0$ $(0<C<1)$；令 $k=0$.

(2) 以 $\boldsymbol{x}_k$ 为初始点，求 (13.7.8)或(13.7.9)中罚函数 $F(\boldsymbol{x}_k, \boldsymbol{r}_k)$的无约束极小，作为下一迭代点 $\boldsymbol{x}_{k+1}$.

(3) 若 $B(\boldsymbol{x}_{k+1},\boldsymbol{r}_k)<\varepsilon$，则 $\boldsymbol{x}_{k+1}$ 为问题(13.7.7)的解，终止迭代；否则令 $r_{k+1}=r_k/C$，以 $k+1$ 代替 k，返回步骤(2).

内点法中罚函数的罚项也可取为约束函数的对数，即罚函数的形式是

$$F(\boldsymbol{x},\boldsymbol{r})=f(\boldsymbol{x})-r\sum_{j=1}^{m}\ln g_j(\boldsymbol{x}),$$

$$F(\boldsymbol{x},\boldsymbol{r})=f(\boldsymbol{x})-\sum_{j=1}^{m}r_j\ln g_j(\boldsymbol{x}), \tag{13.7.10}$$

这称为**对数罚函数法**．当 $g_j(\boldsymbol{x})\to 0_+$，项 $-\ln g_j(\boldsymbol{x})\to\infty$，罚项变得很大，在阻挡迭代点列$\{\boldsymbol{x}_k\}$接近和越过约束方程限定的容许域边界这一方面，$-\ln g_j(\boldsymbol{x})$的作用与$[g_j(\boldsymbol{x})]^{-1}$是相似的．

内点法的优点在于每次迭代点都是容许点，当迭代到一定次数求出问题的近似解，一定落在解的容许域内．但内点法要求初始迭代点位于容许域内部，有时做到这一点是困难的；同时内点法不能处理等式约束．为了弥补这些不足，可以

将内点法和外点法结合起来使用. 当初始点 $\boldsymbol{x}_0$ 给定之后，对等式约束和不被 $\boldsymbol{x}_0$ 满足的那些不等式约束用外点法罚项 $P(\boldsymbol{x}, M)$，而对被 $\boldsymbol{x}_0$ 所满足的那些不等式约束则用内点法罚项 $B(\boldsymbol{x}, r)$，即罚函数定义为

$$F(\boldsymbol{x},r)=f(\boldsymbol{x})+\sum_{i=1}^{l}\left|h_i(\boldsymbol{x})\right|^{\alpha}+\frac{1}{r}\sum_{j\in J_1}\left|\min[0,g_j(x)]\right|^{\beta}$$

$$-r\sum_{j\in J_2}\ln g_j(x) \tag{13.7.11}$$

其中下标集合 J_1，J_2 定义为

$$J_1=\left\{j\,|\,g_j(\boldsymbol{x}_0)\leqslant 0,\quad i=1,\cdots,m\right\},$$
$$J_2=\left\{j\,|\,g_j(\boldsymbol{x}_0)>0,\quad i=1,\cdots,m\right\},$$

$\sum\limits_{j\in J_1}$ 表示对所有属于 J_1 的那些项求和.

这种方法称为**混合罚函数法**，其迭代过程与内点法相同，而初始点 $\boldsymbol{x}_0$ 不必满足 $g_j(\boldsymbol{x}_0)>0$ 的条件.

罚函数法适用范围较广，对于复杂的等式、不等式约束都能较好地处理，使用也很方便. 它的缺点是必须求一系列的无约束极小，计算量很大；同时参数 M_0、r_0、C 的选取对收敛速度有较大的影响.

例 13.1 共振产生的确定

粒子反应

$$\pi^- \mathrm{p}\to\pi^- \mathrm{p}\pi^+\pi^-$$

中实验测定了 $\pi^+\pi^-$ 系统的有效质量谱(有效质量的定义见例 3.2)，测定表明，在 765MeV 和 1260MeV 处事例数出现两个峰，这表明产生了粒子共振 $\rho(765)$ 和 $f(1260)$. 实验测定的质量谱可用下述理论谱描写：

$$q(M,\boldsymbol{\alpha})=\alpha_\rho BW_\rho(M)+\alpha_f BW_f(M)+\alpha_b B(M), \tag{13.7.12}$$

其中 M 是 $\pi^+\pi^-$ 系统的有效质量，$BW_\rho(M)$、$BW_f(M)$ 是描写 ρ 共振和 f 共振的布雷特-维格纳(Breit-Wigner)函数，$B(M)$ 是本底项，这三个函数都是归一化并且已知的. ρ 共振、f 共振和本底项的相对比率 α_ρ、α_f 和 α_b 是待定的未知参数.

由问题的性质可知，参数 α_ρ、α_f 和 α_b 必须满足以下约束：

$$0 \leqslant \alpha_\rho, \alpha_f, \alpha_b \leqslant 1, \qquad \alpha_\rho + \alpha_f + \alpha_b = 1. \tag{13.7.13}$$

其中的等式约束是相对比率的归一化要求. 由该等式约束可消去一个待估计参数，即将三个参数中的一个用其余两个参数来表示，假定利用$\alpha_b = 1 - \alpha_\rho - \alpha_f$消去$\alpha_b$，余下的$\alpha_\rho$、$\alpha_f$为待估计参数. 设用最小二乘法作参数估计，令实验测定值与式(13.7.12)的理论值之间的离差平方和函数(Q^2函数)记为$f(\alpha_\rho, \alpha_f)$，则问题变为求满足约束条件

$$0 \leqslant \alpha_\rho, \alpha_f \leqslant 1, \qquad 0 \leqslant 1 - \alpha_\rho - \alpha_f \leqslant 1 \tag{13.7.14}$$

的函数$f(\alpha_\rho, \alpha_f)$的极小值点α_ρ^*、α_f^*.

利用罚函数内点法求解，为此必须将上式的约束条件改写为式(13.7.7)的形式

$$\begin{cases} \alpha_\rho \geqslant 0, \\ 1 - \alpha_\rho \geqslant 0, \\ \alpha_f \geqslant 0, \\ 1 - \alpha_f \geqslant 0, \\ 1 - \alpha_\rho - \alpha_f \geqslant 0. \end{cases} \tag{13.7.15}$$

式(13.7.14)中的约束条件$1 \geqslant 1 - \alpha_\rho - \alpha_f$等价于$\alpha_\rho + \alpha_f \geqslant 0$，这一要求已由$\alpha_\rho \geqslant 0$和$\alpha_f \geqslant 0$自动满足了. 根据式(13.7.8)，罚函数形式应为

$$F(\boldsymbol{\alpha}, r) = f(\alpha_\rho, \alpha_f) + r\left(\frac{1}{\alpha_\rho} + \frac{1}{1-\alpha_\rho} + \frac{1}{\alpha_f} + \frac{1}{1-\alpha_f} + \frac{1}{1-\alpha_\rho-\alpha_f}\right). \tag{13.7.16}$$

利用无约束极小化方法求得极小值点近似解α_ρ^*、α_f^*，并由式(13.7.13)求得$\alpha_b = 1 - \alpha_\rho^* - \alpha_f^*$. 由此得出了$\rho$共振、$f$共振和本底项三者的相对比率，问题得解.

13.8　参数的误差估计

就参数估计而言，我们对于极小化问题的兴趣不是函数极小值本身，而在于求得使目标函数$f(\boldsymbol{x})$极小化的一组变量(参数值) $x_1^*, x_2^*, \cdots, x_n^*$，这组值就是待估计参数的最优值. 在求得了最优值之后，有待解决的问题是怎样计算这些参数值的不确定性(误差).

如果参数是用极大似然法估计的，根据 8.4.2 节和 8.4.3 节的讨论，当子样容

量 n 很大，似然函数为渐近的多维正态分布或极大似然估计量是充分、有效估计量时，参数 $\boldsymbol{\vartheta}$ 的极大似然估计 $\hat{\boldsymbol{\vartheta}}$ 的方差矩阵有简单的形式(式(8.4.7)和式(8.4.12))

$$V_{ij}^{-1}(\boldsymbol{\vartheta}) = -\left.\frac{\partial^2 \ln L}{\partial \vartheta_i \partial \vartheta_j}\right|_{\boldsymbol{\vartheta}=\hat{\boldsymbol{\vartheta}}},$$

如果是最小二乘估计问题，Q^2 是参数 $\boldsymbol{\vartheta}$ 的二次函数，则有(式(9.9.11))

$$V_{ij}^{-1}(\hat{\boldsymbol{\vartheta}}) = \frac{1}{2}\left(\frac{\partial^2 Q^2}{\partial \vartheta_i \partial \vartheta_j}\right)_{\boldsymbol{\vartheta}=\hat{\boldsymbol{\vartheta}}},$$

而且该式对非线性模型、Q^2 不是 $\boldsymbol{\vartheta}$ 的二次函数的情形式也近似适用. 当使用极小化方法的记号，$\boldsymbol{\vartheta}$ 对应于变量 $\boldsymbol{x}$，$\hat{\boldsymbol{\vartheta}}$ 对应于 $\boldsymbol{x}^*$，目标函数 $f(\boldsymbol{x})$对应于$-\ln L$(极大似然法)和 $Q^2(\boldsymbol{x})$(最小二乘法)，因此有

$$V_{ij}^{-1}(\boldsymbol{x}^*) \propto \left.\frac{\partial^2 f}{\partial x_i \partial x_j}\right|_{\boldsymbol{x}=\boldsymbol{x}^*}. \tag{13.8.1}$$

可见 $\boldsymbol{x}^*$的协方差矩阵的逆阵正好是目标函数的二阶导数矩阵在极小值点 $\boldsymbol{x}^*$处的值. $\boldsymbol{x}^*$的各分量 $x_1^*, x_2^*, \cdots, x_n^*$ 的误差由 $\boldsymbol{x}^*$协方差矩阵各对角元素的平方根表示，这样，问题就归结为求黑塞矩阵的逆在 $\boldsymbol{x}^*$处的值 $\underset{\sim}{H}^{-1}(\boldsymbol{x}^*)$.

对于在算法中已给出黑塞矩阵的极小化方法，如牛顿法、共轭方向法，参数误差的确定就十分简单. 在变尺度法中，当目标函数为二次函数，方向矩阵 $\underset{\sim}{A}(\boldsymbol{x}^*)$ 收敛于 $\underset{\sim}{H}^{-1}(\boldsymbol{x}^*)$；对于一般的非二次目标函数，可在每个迭代点用二次函数作为目标函数的近似，因而 $\underset{\sim}{A}(\boldsymbol{x}^*)$ 也收敛于 $\underset{\sim}{H}(\boldsymbol{x}^*)$ 的逆阵. 这样，参数的误差可由 $\underset{\sim}{A}(\boldsymbol{x}^*)$ 的对角元素求得.

对于无法求出黑塞矩阵的极小化方法，参数误差的确定要寻求别的途径. 记得在极大似然法和最小二乘法中，可利用图像法来确定参数的误差. 即超表面 $\ln L(\boldsymbol{\vartheta})$ 与超平面 $\ln L = \ln L_{\max} - a$ (极大似然法)或超表面 $Q^2(\boldsymbol{\vartheta})$ 与超平面 $Q^2 = Q_{\min}^2 + a$ (最小二乘法)相截所围成的区域对应于一定误差的置信域(8.6 节、9.9 节). 例如，对于一个参数的特定情况，利用极小化方法的记号，最小二乘法中一个标准差的置信区间$[x_1, x_2]$可由下式确定($f(x)=Q^2$)：

$$f(x_1) = f(x_2) = f(x^*) + 1;$$

类似地，对于极大似然法，则是

$$f(x_1)=f(x_2)=f(x^*)+0.5$$

($f(x)=-\ln L(x)$). 这种方法可以推广，用以对一般目标函数的参数最优值作误差估计，即找出满足

$$f(x_1)=f(x_2)=f(x^*)+a \tag{13.8.2}$$

的点 x_1、x_2, 其中常数 a 的选择是使得能给出所需要的置信区间(见 8.6 和 9.9 节的讨论).

在一般情形下，目标函数 $f(x)$ 在极小值 x^* 附近可用二次函数 $\varphi(x)=A+Bx+Cx^2$ 作为近似，这时满足式(13.8.2)的 x_1、x_2 是一元二次方程的两个根，因而容易求出. 如果目标函数比较复杂，在极小值点附近不能用二次函数作为近似，则 x_1、x_2 的确定就不那么简单.

在西欧核子中心(CERN)的计算机程序库极小化程序包 MINUIT 中(参见文献[85])，参数的误差是用下述技巧寻找的：设已求出目标函数 $f(\boldsymbol{x})$的极小值点近似值 $\boldsymbol{x}^*=\{x_1^*,x_2^*,\cdots,x_n^*\}$,对应的函数值 $f(\boldsymbol{x}^*)$记为 f^0，则 x_i^* 的上端误差 $\sigma_{\mathrm{h}}\left(x_i^*\right)$ 和下端误差 $\sigma_{\mathrm{l}}\left(x_i^*\right)$ 由下式确定：

$$\begin{aligned}
&f(x_1^*,\cdots,x_{i-1}^*,x_i^*+\sigma_{\mathrm{h}}(x_i^*),x_{i+1}^*,\cdots,x_n^*)=f^0+a,\\
&f(x_1^*,\cdots,x_{i-1}^*,x_i^*-\sigma_{\mathrm{l}}(x_i^*),x_{i+1}^*,\cdots,x_n^*)=f^0+a,\\
&\qquad i=1,2,\cdots,n.
\end{aligned} \tag{13.8.3}$$

考察图 13.13，图中函数极小值点为 x_i^* (只考虑 x_i 的变化，其余分量皆为极小值点保持不变). 首先给定一个上端误差的初值 $\sigma_{\mathrm{h}}^0\left(x_i^*\right)$，由此确定一条二次曲线(抛物线)

$$f(x_i)=f^0+2(\sigma_{\mathrm{h}}^0)^{-2}\cdot(x_i-x_i^*)^2,$$

它与直线 $f=f^0+a$ 相交于点 B，由 B 点引一条垂直于 x_i 轴的直线与目标函数曲线 $f(x_i)$ 相交于 B'点. 然后可构成一条经过极小值 A 以及 B'的抛物线，它与直线 $f=f^0+a$ 相交于 C，与 C 具有相同 x_i 值的函数点为 C'. 再构成一条通过 $AB'C'$的抛物线，与直线 $f=f^0+a$ 交于 D，相应的函数点为 D'. 然后由 $B'C'D'$构成抛物线，与直线 $f=f^0+a$ 交于 E，相应的函数点为 E'. 如此迭代下去，由最后三个函数点求出一个新函数点，直到求出一个新的函数点 K'，满足

$$\left|f(x_K')-(f^0+a)\right|<\varepsilon$$

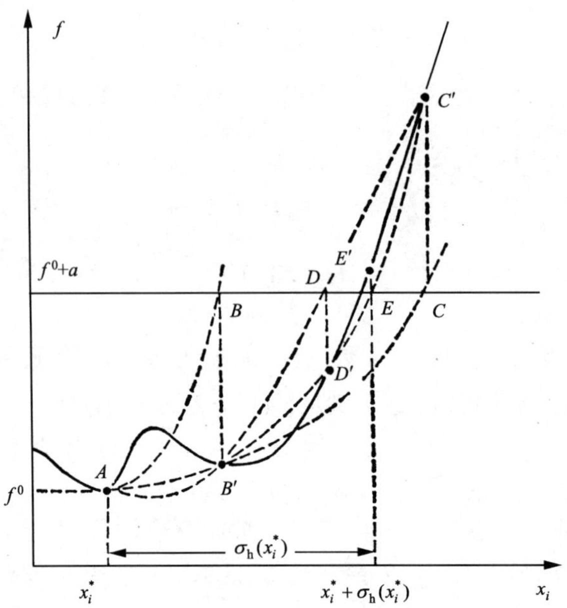

图 13.13 参数误差的确定

为止，ε是某个给定的常数，这时从 A 到 K 之间的距离即为所求的$\sigma_h(x_i^*)$．通过类似的步骤向 x_i 减小的方向可求得$\sigma_1(x_i^*)$．这种方法可以估计目标函数行为相当奇特时的参数误差，但显然计算过程是比较费时的.

第十四章　蒙特卡罗法

14.1　蒙特卡罗法的基本思想

蒙特卡罗法，又称**统计试验法**，是一种采用统计抽样理论近似地求解物理或数学问题的方法. 既可以求解概率问题，也可以求解非概率问题. 蒙特卡罗法在粒子物理与核物理、宇宙线研究、原子能技术、宇航与导弹技术、运筹规划、高维数学问题、多元统计分析等许多领域中得到广泛的应用，已经发展成为内容相当丰富的数学分支. 本章仅限于介绍该方法的基本思想和原理. 有兴趣作深入了解的读者可阅读专门的书籍和文献.

在通常的数理统计方法中，问题的求解是通过真实的随机试验来完成的. 例如，统计假设的检验，利用随机过程的一组实际观测值(随机子样的实现)来推断随机过程总体分布的特征. 但是当利用蒙特卡罗法求解问题时，是利用数学方法来正确地描述和模拟待求解问题的随机过程,是一种数字模拟随机过程的方法. 对于本来不是随机性质的问题，若用蒙特卡罗法求解，则需人为地构造一个概率过程，而这一过程的某个特征量恰好是问题的解. 不是依靠对过程的实际测量，而是以对过程的模拟为基础，这是蒙特卡罗法的基本特征.

因此，利用蒙特卡罗法解决物理或数学问题的基本思想可归结如下：建立与待解问题相似的或相关联的概率模型或概率过程，利用这种相似性把概率模型的某些特征量(如随机事件的概率，随机变量的数学期望)与求解问题的解(如定积分值，微分方程的解)联系起来，然后对概率模型进行随机模拟或统计抽样，这些特征量的估计值就是问题的近似解，估计值的标准差相应于解的误差.

为了说明这些颇为抽象的叙述，我们举一个用蒙特卡罗法计算定积分的例子. 考虑积分

$$I=\int_0^1 g(x)\mathrm{d}x, \qquad 0\leqslant g(x)\leqslant 1. \tag{14.1.1}$$

积分 I 等于 x 在 0 与 1 之间，曲线 $y=g(x)$ 下的面积 G(图 14.1). 为了求得面积 G，设想在正方形 $0\leqslant x\leqslant 1$，$0\leqslant y\leqslant 1$ 内随机地投掷一个点，该点的两个坐标在[0，1]区间内均匀分布，并且互相独立，这样，该点落在正方形内任一位置有相等的可能性. 于是该点落在区域 G 内的概率 p 等于 G 的面积，即等于积分值 I. 如果用某种方法产生两个均匀分布而又相互独立的随机变量 ξ 和 η 的 N 组取样值 (ξ_i, η_i)，$i=1, 2, \cdots$,

N. 对每一组(ξ_i，η_i)，若有

$$\eta_i < f(\xi_i)\ , \tag{14.1.2}$$

则点(ξ_i，η_i)落在区域 G 内，否则落在 G 以外. 设满足不等式(14.1.2)的点数为 n，则由大数定律知道，当 $N\to\infty$的极限情形下，落在区域 G 内的点数 n 与投掷的总点数 N 之比等于概率 p

$$I = p = \lim_{N\to\infty}\frac{n}{N}. \tag{14.1.3}$$

因此，当 N 充分大，n/N 等于积分的近似值.

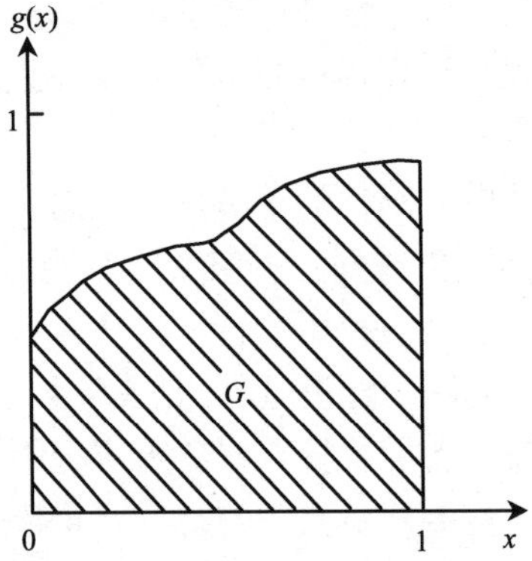

图 14.1

由这一例子可以看到，蒙特卡罗法解题有三个基本步骤：①构造或描述概率过程；②实现对已知概率分布的随机抽样；③建立与问题解对应的估计量.

本例的定积分问题是一个确定性问题，需要人为地构造一个概率过程，就是在 $0\leqslant x\leqslant 1$，$0\leqslant y\leqslant 1$ 的正方形内均匀、随机地投点；描述这一随机过程的是两个独立的[0，1]区间内的均匀分布，它的抽样就是两个服从该分布的随机变量的容量 N 的子样值，与问题解(积分值)对应的估计量即是频率 n/N.

由式(14.1.3)可知，用蒙特卡罗法求出积分近似值的精度随着投点数(抽样数)N 的增大而提高，这一现象对蒙特卡罗法是具有普遍性的. 一般地说，蒙特卡罗法解题的误差随着抽样数的增加而减小.

蒙特卡罗法的理论基础是概率论的一般定理——大数定律，因此，它的应用范围从原则上说几乎不受什么限制. 但它与任何一种统计试验一样，如欲获得充分可靠的结果，需要进行大量的随机试验；同时要使模拟试验接近真实情况，模拟过程本身可能相当复杂，需要很多有关的数据并进行很多次运算. 这样，用蒙

特卡罗法解题的总运算量和数据量可能很大. 只有在电子计算机出现和发展之后，才有现实可能利用蒙特卡罗法实现大量的模拟计算. 因此，蒙特卡罗法解题总是通过计算机实现的.

14.2　随机数的产生及检验

在上一节积分计算中，用到[0，1]区间中均匀分布的两个独立随机变量ξ和η容量 N 的子样值，在蒙特卡罗法计算中，一般称为服从[0，1]区间均匀分布的**随机数列**，其中的每一个体称为**随机数**. 为了求得可靠的结果，子样容量 N 必须很大，这就要求随机数的数量很大，所以用蒙特卡罗法解题时，一大部分计算工作都是随机数的运算. 此外，随机变量的子样是相互独立并随机选取的，随机数列的各随机数应当同样满足独立性和随机性这两个要求.

对于各种待求解的问题，随机模型或随机过程的概率分布显然是各式各样的. 因此要求能产生服从任意概率分布的随机数列. 在后面会看到，服从任意分布的随机数列可以用[0，1]区间均匀分布的随机数列作适当的变换或舍选以后求得. 显然，一个简便、经济、可靠而又品质良好(即满足独立性、随机性要求)的[0，1]区间均匀分布随机数列产生器，是蒙特卡罗法解题的关键之一.

服从一定总体分布的随机数列实际上是该总体的随机子样的实现，而随机子样是与总体同分布的随机变量. 在后面的叙述中，服从一定分布的随机数(列)ξ_i有时也看成服从同一分布的随机变量；类似地，随机数(列)r_i也可视为[0，1]区间均匀分布的随机变量. 究竟表示随机变量还是随机数(列)由问题的叙述可以看清.

14.2.1　随机数的产生

从现在起，我们将[0，1]区间均匀分布的随机数(列)简称为**随机数(列)**，并用r_i标志；服从其他分布的随机数(列)将标明它所服从的分布.

$r_i(i=1, 2, \cdots)$的产生可以利用事先制订好的随机数表，也可以用物理方法(放射性物质的放射性，电子线路的噪声)产生，但它们不适于在电子计算机中实际使用. 实际上广泛采用的是利用数学递推公式的方法，在计算机中产生数列作为随机数列.

随机数列产生的递推公式有如下形式：

$$r_{n+k}=T(r_n,\ r_{n+1},\ \cdots,\ r_{n+k-1}), \tag{14.2.1}$$

T 是某个函数，给定初值 r_1，r_2，…，r_k，按上式可确定 $r_{n+k}(n=1, 2, \cdots)$，构成随机数列. 经常应用的是 $k=1$ 的情况，递推公式简化为

$$r_{n+1} = T(r_n) . \tag{14.2.2}$$

对于给定的初值 r_1，由上式可确定随机数列 $r_{n+1}(n=1, 2, \cdots)$.

递推公式产生的随机数列存在两方面的问题：

(1) 递推公式和初始值 $r_1, \ldots, r_k$ 确定后，整个随机数列就唯一地确定了. 故不满足随机数之间相互独立的要求.

(2) 随机数列是按确定性的算法计算出来的，而且在电子计算机上所能表示的[0，1]区间内的数只是有限多个(由计算机字长所限定). 因此，递推到了一定的次数，同一个数字总会出现第二次，而此后就出现周期性的重复现象. 因此，这样的数列不符合随机性(对均匀分布也就是均匀性)的要求.

由于这两个原因，用数学递推公式产生的随机数通常称为**伪随机数**. 伪随机数的这两个缺点不可能从根本上加以改变. 但只要递推公式选得比较好，随机数的相互独立性可以近似地得到满足，重复的周期又可以足够地长，使得在用蒙特卡罗法解题时，实际使用的随机数列长度小于出现重复的周期长度，这样，第二个问题实际上不存在，保证了随机数列在[0，1]区间内的均匀性. 这种方法的最大优点是占用计算机内存小、产生速度快、可以复算、不受计算机型号的限制，因此是电子计算机产生随机数列的最主要方法.

递推公式产生伪随机数列的方法有好多种，这里只介绍使用较广泛的同余法中的三种，它们能产生周期长、统计性质好的伪随机数列.

1) 乘同余法

递推公式为

$$x_{n+1} \equiv a x_n (\bmod M), \qquad r_{n+1} = \frac{x_{n+1}}{M}, \tag{14.2.3}$$

其中 a 是乘因子，M 为正整数(称为模数)，第一个式子称为模数为 M 的同余式，mod 是 modula 的缩写，该式的含义表示 ax_n 除以 M 后所得的余数等于 x_{n+1}. 给定任意初值 x_0，可算得数列 $x_1, x_2, \cdots$，除以 M 后得到所需要的伪随机数列 $r_1, r_2, \cdots$.

从数列的构造过程可知，每一个 x_n(因而 r_n)最多有 M 个相异值，即

$$0 \leqslant x_n \leqslant M, \qquad 0 \leqslant r_n \leqslant 1 .$$

所以数列$\{r_n\}$的最大容量 $L \leqslant M$. 在计算机中，M 的取值通常是 2^k，k 为字长(二进制数的最大可能有效位数).

乘同余法产生的数列的独立性和分布的均匀性取决于参数 x_0、a 的选择.

2) 乘加同余法

递推公式为

$$x_{n+1} \equiv ax_n + C(\bmod M), \qquad r_{n+1} = \frac{x_{n+1}}{M}, \tag{14.2.4}$$

C 是非负整数. 数列$\{r_{n+1}\}$的最大容量 $L \leqslant M$. 适当选取参数 C 可改善伪随机数列的统计性质.

3) 加同余方法

递推公式为

$$x_{n+2} = x_n + x_{n+1}(\bmod M), \qquad r_{n+2} = \frac{x_{n+2}}{M}. \tag{14.2.5}$$

由任意初始值 x_0、x_1 可产生伪随机数列$\{r_n\}$，n=2，3，….

加同余方法产生的伪随机数列的最大容量在一般情况下来考虑是很困难的. 对于 $M=2^k$，$x_0=x_1=1$ 的特殊情形，最大容量为 $1.5M$.

14.2.2　随机数的统计检验

不管用什么方法产生伪随机数列，它们能否作为随机数列使用，最终要靠统计检验来确定. 检验的内容主要是随机数分布参数是否与理论分布一致，随机数是否有较好的均匀性、独立性和连贯性，它们之间既有一定的差别，又有一定的联系. 例如均匀性检验方法虽然侧重于随机数均匀性的检验，但同时也检验了分布参数、独立性等，其他检验方法也有类似的情形. 检验同一个随机性质可以采用不同的统计检验方法，多做几种统计检验可以保证所产生的随机数有较好的统计性质. 此外，对随机数列的统计检验应当按照问题的性质有所侧重. 如果问题主要要求随机数的均匀性，如一维定积分的计算，则应侧重均匀性的检验；反之，若问题的解容易受 r_i 之间相关性质或出现顺序的影响，则应着重作独立性和连贯性检验.

1) 参数检验

随机数的参数检验是检验所产生的随机数列的分布参数是否与[0，1]区间均匀分布随机变量 r 的相应分布参数一致. 在产生 N 个随机数 r_1，r_2，…，r_N之后，因为它们可看成总体子样的 N 个观测值，故可以构成各阶子样矩(见 6.2 节)

$$\hat{m}_k = \frac{1}{N}\sum_{i=1}^{N} r_i^k, \qquad k = 1, 2, \cdots. \tag{14.2.6}$$

若 H_0 为真，各阶子样矩的期望值和方差的理论值为

$$m_k = \frac{1}{k+1}, \qquad \sigma_{k,N}^2 = \left(\frac{1}{2k+1} - m_k^2\right)\frac{1}{N}. \tag{14.2.7}$$

根据同分布中心极限定理，统计量

$$Z_{k,N} = \frac{\hat{m}_k - m_k}{\sigma_{k,N}} \tag{14.2.8}$$

渐近地服从标准正态分布 $N(0, 1)$. 按照给定的显著性水平检验假设 H_0，就是由累积标准正态分布表查出满足

$$\Phi(Z_{\alpha/2}) = 1 - \alpha/2 \tag{14.2.9}$$

的值 $Z_{\alpha/2}$，当 N 足够大，若观测到的 $Z_{k,N}$ 大于 $Z_{\alpha/2}$，则在显著性水平α上拒绝 H_0；反之，则可以认为原假设成立，即随机数的参数(各阶矩)与[0，1]区间均匀分布随机变量的参数一致.

2) 均匀性检验

检验随机数的均匀性，即随机数列 r_1，r_2，…是否在[0，1]区间均匀分布. 可通过频率分布、累积频率分布的测定值与理论值之间的比较来实现.

(a) 频率检验. 将[0，1]区间划分为 k 个等长的子区间，每个子区间长度为 $1/k$. 设产生了 N 个伪随机数 r_1，r_2，…，r_N. 落在第 j 个子区间内的伪随机数个数记为 $n_j(j=1，2，…，k)$，称为经验频数. 显然

$$\sum_{j=1}^{k} n_j = N$$

成立.

如零假设 H_0 为真，这 N 个随机数(即[0，1]区间均匀分布的容量 N 的子样观测值)落在任一子区间内的概率 p_j 等于子区间的长度

$$p_j=1/k.$$

故落在任一子区间内的随机数个数的理论值(理论频数)为

$$m_j=Np_j=N/k, \qquad j=1，2，…，k.$$

按照 12.4.2 小节的讨论，统计量

$$\chi^2 = \sum_{j=1}^{k} \frac{(n_j - m_j)^2}{m_j} \tag{14.2.10}$$

渐近地服从自由度 $k-1$ 的χ^2 分布. 因此，对于给定的显著水平α，可利用皮尔逊检验来确定随机数列是否满足均匀分布的零假设 H_0.

(b) 累积频率检验. 12.4.5 节介绍的柯尔莫哥洛夫检验法可以用来检验随机数分布的均匀性. 该检验方法利用统计量

$$D_N = \max_{-\infty<x<+\infty} \left|F_N(x) - F_0(x)\right|,$$

其中 $F_n(x)$是随机变量 X 的子样分布函数，$F_0(x)$是零假设的累积分布函数.

在现在的情形中，将所产生的 N 个随机数按数值递增的次序排列

$$r_1,\ r_2,\ \cdots,\ r_N.$$

由 6.1 节的讨论可知，子样分布函数 $F_N(r)$在 r_i 点的数值为

$$F_N(r_i) = i/N\ .$$

这也就是随机数列的累积频率. 而零假设即是[0，1]区间的均匀分布，其累积分布在 r_i 点的数值是

$$F_0(r_i)=r_i.$$

所以令 $n(x)$是 r_1，r_2，…，r_N 中满足

$$r_i<x$$

的随机数个数，则统计量 D_N 可表示为

$$D_N = \max_{0<x<1}\left|\frac{n(x)}{N} - x\right|. \tag{14.2.11}$$

然后用 12.4.5 节介绍的检验方法确定，在给定的显著性水平α下接收还是拒绝零假设 H_0.

3) 独立性检验

(a) 相关系数检验. 设产生了 N 个随机数

$$r_1,\ r_2,\ \cdots,\ r_N\ .$$

各随机数之间相互独立的必要条件是它们的相关系数等于 0. 若前后相距为 j 的随机数之间的相关系数记为ρ_j，按相关系数的定义，ρ_j 的估计量为

$$\hat{\rho}_j = \left[\frac{1}{N-j}\sum_{i=1}^{N-j} r_i r_{j+i} - (\overline{r})^2\right] / s^2, \qquad j = 1,\ 2,\ \cdots, \tag{14.2.12}$$

其中

$$s^2 = \frac{1}{N}\sum_{i=1}^{N}\left(r_i - \frac{1}{2}\right)^2 .$$

对充分大的 N(如 $N-j>50$)，当原假设 H_0：$\rho_j=0$ 为真，统计量

$$u = \hat{\rho}_j\sqrt{N-j} \tag{14.2.13}$$

渐近地服从标准正态分布. 因而 u 可作为随机数列 r_1，r_2，…，r_N 独立性检验的检验统计量.

(b) 联列表独立性检验. 在 12.6 节中我们讨论了二维随机变量的联列表独立性检验，该方法也可用来对随机数的独立性进行检验.

在 xy 平面上将 $0\leqslant x\leqslant 1$，$0\leqslant y\leqslant 1$ 的正方形分成 $J\times K$ 个矩形，用任意一种方法将伪随机数列$\{r_i\}(i=1,2,\cdots,N)$两两组成二维空间上的点列$\{r_{i,1},r_{i,2}\}(i=1,2,\cdots,n)$，$n$ 为小于等于 $N/2$ 的最大整数. 这些点中落入第 j、k 个矩形中的数目记为 n_{jk}，($j=1$，…，J；$k=1$，…，K). 记

$$n_{j\cdot} = \sum_{k=1}^{K} n_{jk},\quad n_{\cdot k} = \sum_{j=1}^{J} n_{jk},$$

可有以下联列表(表 14.1). 显然

$$\sum_{j=1}^{J}\sum_{k=1}^{K} n_{jk} = \sum_{j=1}^{J} n_{j\cdot} = \sum_{k=1}^{K} n_{\cdot k} = n.$$

表 14.1

j \ k	1	2	…	K	合计 $n_{j\cdot}$
1	n_{11}	n_{12}	…	n_{1K}	$n_{1\cdot}$
2	n_{21}	n_{22}	…	n_{2K}	$n_{2\cdot}$
⋮	⋮	⋮		⋮	⋮
J	n_{J1}	n_{J2}	…	n_{JK}	$n_{J\cdot}$
合计 $n_{\cdot k}$	$n_{\cdot 1}$	$n_{\cdot 2}$	…	$n_{\cdot K}$	N

根据 12.6 节的论证，统计量

$$\chi^2 = n\sum_{j=1}^{J}\sum_{k=1}^{K}\frac{\left(n_{jk} - \dfrac{n_{j\cdot}n_{\cdot k}}{n}\right)^2}{n_{j\cdot}n_{\cdot k}} \tag{14.2.14}$$

渐近地服从自由度$(J-1)(K-1)$的χ^2分布. 利用χ^2检验法便可确定在给定显著性水平α上，零假设H_0(相互独立的随机数列)是否被接受.

(c) 多维频率检验. 将伪随机数列r_1，r_2，…，r_N用任意一种方法，每s个随机数组成s维空间上的一个点，构成一个点列$\{r_{i,1}, r_{i,2}, \cdots, r_{i,s}\}(i=1,2, \cdots, n)$，$n$是小于等于$N/s$的最大整数. 把$s$维空间上边长为1的超立方体分成$k$个子区域，令$n_k$为这$n$个点中落入$k$子区域的点数(经验频数). 如果$H_0$为真，即$r_1$，$r_2$，…，$r_N$是[0，1]区间均匀分布的容量$N$的独立随机子样的观测值，那么属于$k$子区域的理论频数为

$$m_k = np_k, \qquad k = 1, 2, \cdots, K,$$

其中p_k为随机数属于k子区域的概率，等于k子区域的“体积”. 此时，统计量

$$\chi^2 = \sum_{k=1}^{k} \frac{(n_k - m_k)^2}{m_k} \tag{14.2.15}$$

渐近地服从自由度$K-1$的χ^2分布，可以用χ^2检验法来检验伪随机数列的独立性假设H_0是否成立.

(d) 多维矩检验. 利用(c)描述的方法将伪随机数列r_1，r_2，…，r_N构成s维空间上的n个点$\{r_{i,1}, r_{i,2}, \cdots, r_{i,s}\}(i=1, 2, \cdots, n)$. 观测值的多维矩(子样多维矩)是

$$\hat{m}_{k_1\cdots k_s} = \frac{1}{n}\sum_{i=1}^{n} r_{i,1}^{k_1} \cdot r_{i,2}^{k_2} \cdot \cdots \cdot r_{i,s}^{k_s}$$

对[0，1]区间均匀分布的容量N的独立子样，多维矩及其方差的理论值为

$$m_{k_1\cdots k_s} = \frac{1}{(k_1+1)(k_2+1)\cdots(k_s+1)}$$

$$\sigma_{k_1\cdots k_s}^2 = \frac{1}{n}\left\{\frac{1}{(2k_1+1)(2k_2+1)\cdots(2k_s+1)} - m_{k_1 k_2\cdots k_s}^2\right\}.$$

根据中心极限定理，统计量

$$Z_{k_1\cdots k_s} = \frac{\hat{m}_{k_1\cdots k_s} - m_{k_1\cdots k_s}}{\sigma_{k_1\cdots k_s}} \tag{14.2.16}$$

渐近地服从标准正态分布$N(0, 1)$. 可用类似于矩检验的方法来决定在给定的显著性水平上接受还是拒绝零假设H_0.

4) 连贯性检验. 随机数的连贯性检验是按照随机数出现的先后顺序，检验它的连贯现象是否异常.

将随机数列 r_1，r_2，…，r_N 按某种规律分成两类，分别称为 a 类和 b 类，属于 a 类的概率为 p，属于 b 类的概率为 $q=1-p$. 例如，$r_i \leqslant p$ 的 r_i 属于 a 类，$r_i > p$ 的 r_i 属于 b 类，即是一种分法. 按随机数出现的先后顺序进行排列：

$$\underbrace{aabbbaaababb\cdots}_{N\text{个}}$$

相连的同类元素构成游程(见 12.7.2 节). 令 m、n 分别为 a、b 类元素的个数，显然 $N=m+n$. 总游程数记为 R，它的分布为

$$p(R=2k)=2\binom{m-1}{k-1}\binom{n-1}{k-1}p^m q^n,$$

$$p(R=2k+1)=\left[\binom{m-1}{k}\binom{n-1}{k-1}+\binom{m-1}{k-1}\binom{n-1}{k}\right]p^m q^n.$$

R 的数学期望和方差为

$$\begin{aligned}&E(R)=p^2+q^2+2Npq,\\&V(R)=4Npq(1-3pq)-2pq(3-10pq).\end{aligned}\tag{14.2.17}$$

当 N 充分大，统计量 Z 渐近地服从标准正态分布

$$Z=[R-E(R)]\big/\sqrt{V(R)}\,.\tag{14.2.18}$$

因此，Z 可作为检验随机数列连贯性的检验统计量.

常用 $p=q=1/2$，这时

$$E(R)=\frac{N}{2}+\frac{1}{2},\qquad V(R)=\frac{N-1}{4}.$$

因此

$$Z=\frac{2R-N-1}{\sqrt{N-1}}\sim N(0,1)\,.\tag{14.2.19}$$

14.3　任意随机变量的随机抽样

随机变量的随机抽样指的是由该变量的总体分布产生简单随机子样. 在用蒙

特卡罗法解题时，经常会遇到具有不同分布的各种随机变量，要求产生对应于该随机变量的随机子样，也即随机数列．这一步骤称为对该随机变量的随机模拟或随机抽样．

上一节我们讨论了随机数的独立性和均匀性(即同分布)检验．下面我们将会见到，任意分布的随机数列可由[0，1]区间均匀分布的随机数列经过变换或舍选得到．只要 r_i 满足均匀且相互独立的要求，则由它所产生的任何分布的随机数列(简单随机子样)相互独立且与总体同分布．

14.3.1　直接抽样方法

1) 离散随机变量

设 X 为离散随机变量，它取值 $x_1, x_2, \cdots, x_n$ 的概率用 $p_1, p_2, \cdots, p_n$ 表示．其累积概率可表示为

$$F(x)=\sum_{x_i<x} p_i,$$

归一性要求

$$F(x \geqslant x_n)=\sum_{i=1}^{n} p_i=1.$$

显然，$F(x)$的取值在[0，1]区间内．

由图 14.2 可见，当 $F(x)$的值在

$$\sum_{i=1}^{i^*-1} p_i, \quad \sum_{i=1}^{i^*} p_i$$

之间，随机变量取值为 x_{i^*}．因此，抽取一个[0，1]区间均匀分布随机数 r，当

$$\sum_{i=1}^{i^*-1} p_i<r \leqslant \sum_{i=1}^{i^*} p_i \tag{14.3.1}$$

成立，则随机变量应取值 x_{i^*}，即

$$\xi=x_{i^*}$$

是随机变量 X 的抽样值．这就是离散随机变量的直接抽样方法．

在具体对某种离散随机变量进行抽样时，p_i 不一定有简单的表达式，而利用分布本身的某些特点往往可得到简单的抽样方法．

下面讨论离散随机变量随机抽样的几个具体例子：

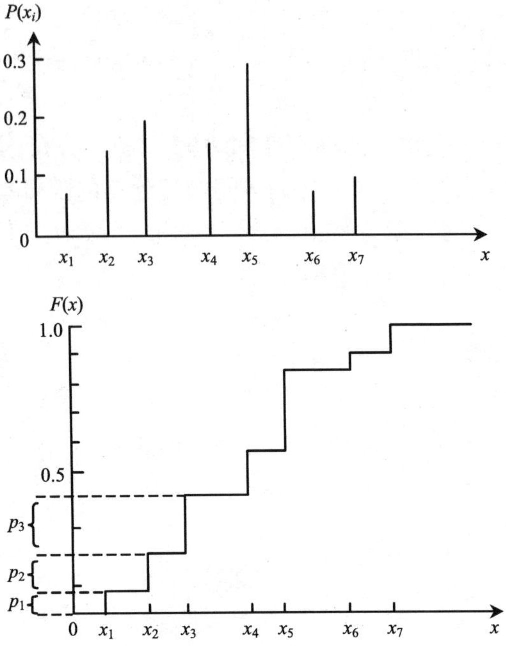

图 14.2　离散随机变量的概率分布和累积分布

(a) 粒子衰变末态的随机抽样. 设粒子 a 有三种衰变方式，每一种衰变方式的概率(称为分支比)如下：

$$a \to b_1 + c_1 \qquad p_1 = 0.5,$$
$$b_2 + c_2 \qquad p_2 = 0.3,$$
$$b_3 + c_3 \qquad p_3 = 0.2,$$

随机抽样的方式为：产生一个随机数 r，若

$0 < r \leqslant 0.5$，　　末态抽样为 $b_1 + c_1$，

$0.5 < r \leqslant 0.5 + 0.3$，　　末态抽样为 $b_2 + c_2$，

$0.5 + 0.3 < r \leqslant 1$，　　末态抽样为 $b_3 + c_3$.

对于存在更多衰变末态的场合可依此类推.

(b) 伯努利试验的抽样. 伯努利试验的结果只有两种：成功和失败. 定义一个随机变量 X，当试验成功，取值 $x=1$；试验失败，取值 $x=0$. 这个变量服从的分布为伯努利分布. 设成功的概率为 p，伯努利分布的随机抽样方法为：产生一个随

机数 r，

$$\begin{aligned} r < p, \qquad \xi = 1, \\ r \geqslant p, \qquad \xi = 0. \end{aligned} \tag{14.3.2}$$

则ξ为服从伯努利分布的抽样值.

(c) 二项分布的抽样. 二项分布是 n 次独立的伯努利试验中，事件 A(试验成功)的次数等于 k 的概率分布，它可表示为

$$p(n,k) = C_n^k p^k (1-p)^{n-k}, \qquad k = 0,1,\cdots,n .$$

当所有的 $p(n, k)(k=0, 1, \dots, n)$为已知或容易计算时，可直接根据式(14.3.1)描述的方法抽样. 但当 n 很大时，求和计算和 $p(n, k)$的计算都很繁杂. 以下方法实现抽样更为简单易行；产生 n 个随机数 r_1，r_2，…，r_n，统计满足

$$r_i < p, \qquad i = 1,2,\cdots,n \tag{14.3.3}$$

的随机数个数ξ，由式(14.3.2)可知，ξ是 n 次伯努利试验中成功的次数，因此，ξ 就是二项分布的抽样值.

(d) 泊松分布的抽样. 泊松分布的概率表达式为

$$P(k; \lambda) = \frac{\lambda^k}{k!} e^{-\lambda}, \qquad k = 0,1,2,\cdots .$$

显然，用式(14.3.1)进行抽样的计算相当繁杂.

根据泊松定理，若进行 n 次独立的伯努利试验，每次试验成功的概率为 p，在 $n\to\infty, p\to 0, np=\lambda$条件下，试验成功为 k 次的概率趋近于均值为λ的泊松分布. 可以根据这一原理来构造泊松分布的抽样过程. 选取足够大的 n，使 $p=\lambda/n$ 相当小，如 $p=\lambda/n\leqslant 0.1$，产生 n 个随机数 r_1，r_2，…，r_n，其中满足

$$r_i < p, \qquad i = 1,2,\cdots,n$$

的个数ξ表示伯努利试验成功的次数，故ξ近似地为泊松分布的抽样值. n 越大，近似程度越好.

2) 连续随机变量(反函数法)

设任意连续随机变量 Y 的概率密度为 $g(y)$，累积分布函数为 $G(y)$，在 4.7 节中已经证明

$$x = G(y) = \int_{-\infty}^{y} g(t)\mathrm{d}t$$

为[0，1]区间中均匀分布的随机变量．若 $G(y)$的反函数存在，上式可写成

$$y=G^{-1}(x).$$

所以若令ξ_i为随机变量 Y 的随机子样(随机数列)，r_i为[0，1]区间均匀分布的随机子样(随机数列)，则应有

$$r_i = G(\xi_i) = \int_{-\infty}^{\xi_i} g(y)\mathrm{d}y, \tag{14.3.4}$$

写成反函数的形式为

$$\xi_i = G^{-1}(r_i). \tag{14.3.5}$$

利用这两个公式可从 r_i 求出任意连续随机变量的随机数列ξ_i. 例如，求区间[a，b]上均匀分布的随机数列ξ_i，根据式(14.3.4)

$$r_i = \int_a^{\xi_i} \frac{1}{b-a}\mathrm{d}y = \frac{\xi_i - a}{b-a},$$

故有$\xi_i=r_i(b-a)+a$.

又如指数分布 $f(x)=\lambda\mathrm{e}^{-\lambda x}(x\geqslant 0)$的随机数$\xi_i$，根据式(14.3.4)，

$$r_i = \int_0^{\xi_i} \lambda \mathrm{e}^{-\lambda x}\mathrm{d}x = 1 - \mathrm{e}^{-\lambda\xi_i},$$

求得

$$\xi_i = -\frac{1}{\lambda}\ln(1-r_i).$$

注意到 r_i与 $1-r_i$都是[0，1]区间均匀分布随机数，故上式可简化为

$$\xi_i = -\frac{1}{\lambda}\ln r_i.$$

14.3.2　直接抽样方法的推广——变换抽样

直接抽样方法的实质在于由[0，1]区间均匀分布随机数 r_i 经过某种变换得到任意分布的随机数．对于连续随机变量，当该变量的分布函数的反函数存在，这个变换就是反函数.

这种方法可以推广到更一般的情况，如已知某个随机变量 X 的概率密度 $f(x)$及其随机数η_i，则任意随机变量的随机数ξ_i可通过对η_i的某种变换求得.

设随机变量

$$Y=Y(X) \tag{14.3.6}$$

是 X 的一一对应的变换，2.3 节已经证明，Y 的概率密度为

$$g(y)=\left|\frac{\mathrm{d}x(y)}{\mathrm{d}y}\right| f(x(y)) .$$

随机变量 Y(或概率分布 $g(y)$)的随机数 ξ_i 可由下式求得：

$$\xi_i=y(\eta_i) \tag{14.3.7}$$

式(14.3.4)和(14.3.5)只是该式的特例．因为若令 X 为[0，1]区间均匀分布的随机变量，$f(x)=1$；任意随机变量 Y 的概率密度令为 $g(y)$，则有

$$g(y)=\left|\frac{\mathrm{d}x(y)}{\mathrm{d}y}\right|, \qquad \mathrm{d}x=g(y)\mathrm{d}y=\mathrm{d}G(y) ,$$

两边求积分，得

$$x=G(y)=\int_{-\infty}^{y} g(y)\mathrm{d}y ,$$

于是有

$$y=G^{-1}(x),$$

对照式(14.3.6)和(14.3.7)即得 $\xi_i=G^{-1}(r_i)$，这正是式(14.3.5).

由式(14.3.7)，可从任一已知分布的随机数 η_i 求出任意连续分布的随机数 ε_i. 例如由 6.3.2 小节知，若 X_1，X_2，…，X_n 为相互独立的标准正态随机变量，则

$$\chi^2=\sum_{i=1}^{n} X_i^2$$

服从 $\chi^2(n)$ 分布．令 δ_i 为服从 $N(0，1)$的随机数，则 $\chi^2(n)$的随机数 ξ 可表示为

$$\xi=\sum_{i=1}^{n} \delta_i^2 .$$

由 $\chi^2(n)$的可加性，即

$$\chi^2(n_1+n_2)=\chi^2(n_1)+\chi^2(n_2)$$

立即可得 $\chi^2(n_1+n_2)$的随机数 ξ_{1+2} 为 $\chi^2(n_1)$、$\chi^2(n_2)$随机数 ξ_1、ξ_2 之和

$$\xi_{1+2}=\xi_1+\xi_2.$$

其他有可加性的分布的随机数有类似的公式.

这种抽样方法对于多维随机变量同样适用. 3.7 节中已经证明，若随机变量 $\boldsymbol{X}=\{X_1,X_2,\cdots,X_n\}$ 的概率密度函数为

$$f(\boldsymbol{x})=f(x_1,x_2,\cdots x_n),$$

随机变量 $\boldsymbol{Y}=\{Y_1,Y_2,\cdots,Y_n\}$ 是 $\boldsymbol{X}$ 的函数

$$Y_i=Y_i(\boldsymbol{X}),\qquad i=1,2,\cdots,n, \tag{14.3.8}$$

则随机变量 $\boldsymbol{Y}$ 的概率密度可表示为

$$g(\boldsymbol{y})=f(\boldsymbol{x})\left|J\left(\frac{\boldsymbol{x}}{\boldsymbol{y}}\right)\right|.$$

若 $\boldsymbol{X}$ 的随机数向量用 $\boldsymbol{\eta}=\{\eta_1,\eta_2,\cdots,\eta_n\}$ 表示，则 $\boldsymbol{Y}$ 的随机数向量 $\boldsymbol{\xi}=\{\xi_1,\xi_2,\cdots,\xi_n\}$ 由下式求出：

$$\xi_i=y_i(\boldsymbol{\eta}),\qquad i=1,2,\cdots,n. \tag{14.3.9}$$

例如，两个相互独立的正态 $N(0,1)$的随机数 ξ_1、ξ_2 可按下式求得：

$$\begin{aligned}\xi_1&=(-2\ln r_1)^{1/2}\cos(2\pi r_2),\\ \xi_2&=(-2\ln r_1)^{1/2}\sin(2\pi r_2).\end{aligned} \tag{14.3.10}$$

证明如下：

将上式中 r_1、r_2、ξ_1、ξ_2 看作随机变量，可解得

$$r_1=\mathrm{e}^{-\frac{\xi_1^2+\xi_2^2}{2}},\quad r_2=\frac{1}{2\pi}\arctan\frac{\xi_2}{\xi_1}.$$

变换的雅可比行列式是

$$J\left(\frac{\boldsymbol{r}}{\boldsymbol{\xi}}\right)=J\left(\frac{r_1,r_2}{\xi_1,\xi_2}\right)=\begin{vmatrix}\dfrac{\partial r_1}{\partial\xi_1} & \dfrac{\partial r_1}{\partial\xi_2}\\ \dfrac{\partial r_2}{\partial\xi_1} & \dfrac{\partial r_2}{\partial\xi_2}\end{vmatrix}$$

$$
=\begin{vmatrix} -\xi_1 e^{-\frac{\xi_1^2+\xi_2^2}{2}} & -\xi_2 e^{-\left(\frac{\xi_1^2+\xi_2^2}{2}\right)} \\ \dfrac{1}{2\pi}\dfrac{-\dfrac{\xi_2}{\xi_1^2}}{1+\left(\dfrac{\xi_2}{\xi_1}\right)^2} & \dfrac{1}{2\pi}\dfrac{\dfrac{1}{\xi_1}}{1+\left(\dfrac{\xi_2}{\xi_1}\right)^2} \end{vmatrix}
$$

$$
=-\frac{1}{2\pi}e^{-\frac{\xi_1^2+\xi_2^2}{2}}=-\left(\frac{1}{\sqrt{2\pi}}e^{-\frac{\xi_1^2}{2}}\right)\cdot\left(\frac{1}{\sqrt{2\pi}}e^{-\frac{\xi_2^2}{2}}\right).
$$

又$\{r_1, r_2\}$的联合概率密度为

$$
f(r_1, r_2)=1,
$$

因此，$\boldsymbol{\xi}$ 的联合概率密度为

$$
g(\boldsymbol{\xi})=f(\boldsymbol{r})\cdot\left|J\left(\frac{\boldsymbol{r}}{\boldsymbol{\xi}}\right)\right|=\frac{1}{\sqrt{2\pi}}e^{-\frac{\xi_1^2}{2}}\cdot\frac{1}{\sqrt{2\pi}}e^{-\frac{\xi_2^2}{2}},
$$

即等于两个 $N(0, 1)$概率密度的乘积. 因此，ξ_1，ξ_2是相互独立的正态 $N(0, 1)$随机数.

14.3.3　舍选抽样方法

对于连续随机变量，直接抽样方法在一些情况下会遇到困难. 第一，许多分布无法用解析函数给出；第二，有些分布函数的反函数不存在或难以求出；第三，反函数虽然可以求出，但运算量太大. 在这些情形下，比较适用的是舍选抽样方法.

舍选法的实质是从随机数列 $r_i(i=1, 2, \cdots)$中按一定的舍选规则选出其中的一部分，使之成为具有给定分布的随机数列.

设随机变量 X 的取值域为$[a, b]$，概率密度 $f(x)$为有界函数，其极大值用 M 表示

$$
f(x)\leqslant M,
$$

则该分布的舍选抽样可用图 14.3 表示.

框图含义如下：η是$[a, b]$区间内均匀分布随机数，考察 $r_2\leqslant f(\eta)/M$ 是否成立. 若成立，则η取为随机变量 X 的随机数ξ；否则，r_i 被舍弃. 重复以上过程可求得 X 的随机数列$\{\xi_i\}$.

该方法的实际内容是在

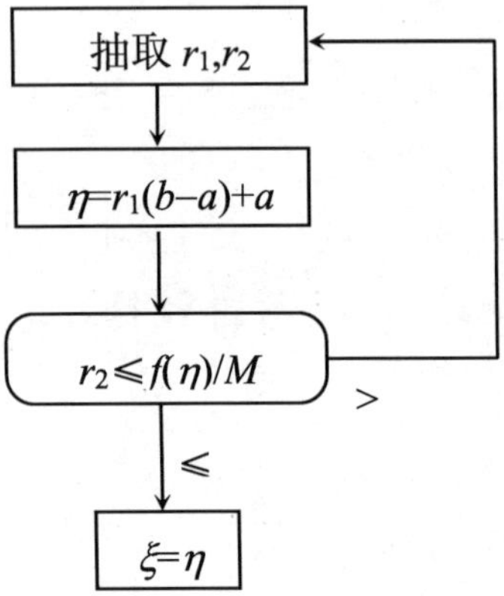

图 14.3

$$A\leqslant x\leqslant b,\qquad 0\leqslant y\leqslant M$$

区域内产生均匀、相互独立的随机点列(η_1, Mr_2)(η_3, Mr_4), …, (η_{2N-1}, Mr_{2N}), 抛弃在$f(x)$曲线之上的所有点，保留曲线$f(x)$下的所有点，从而形成

$$a\leqslant x\leqslant b,\qquad 0\leqslant y\leqslant f(x)$$

区域内均匀的相互独立的随机点列(ξ_1, y_1), (ξ_2, y_2), …, 其中的ξ_1, ξ_2, …便是总体分布$f(x)$的随机子样.

上面假定[a, b]是有限区间. 对于无限区间的情形，可进行截尾处理，即选择有限区间[a, b]，满足

$$\int_a^b f(x)\mathrm{d}x\geqslant 1-\varepsilon.\tag{14.3.11}$$

只要ε足够小，就可以应用上述方法而使计算误差满足要求. 这种对无限区间的截尾处理在本章讨论的各种抽样方法都适用.

我们来讨论舍选抽样的抽样效率. 如果选出某特定分布的一个随机数ξ平均地需要 n 个随机数 r_i，则抽样效率

$$E=\frac{1}{n}.$$

一个好的抽样方法的抽样效率应当尽可能接近于 1. 在舍选法中，假定产生了 n 对 r_1, r_2(共 $2n$ 个 r_i)，其中满足不等式 $r_2\leqslant f(\eta)/M$ 的η的个数 m 与全部η的个数 n 之比，等于曲线 $f(x)$下的面积与总面积$(b-a)M$ 之比(图 14.4)

$$\frac{m}{n}=\frac{\int_a^b f(x)\mathrm{d}x}{(b-a)M}=\frac{1}{(b-a)M}$$

因此，舍选法的抽样效率为

$$E=\frac{m}{2n}=\frac{1}{2M(b-a)}. \tag{14.3.12}$$

显然，$f(x)$的变化越是平缓，M值就越小，抽样效率就越高；反之，若$f(x)$变化很大，而且函数形状窄而尖锐，则M值很大，抽样效率很低. 所以该方法适用于$f(x)$变化不大的随机变量.

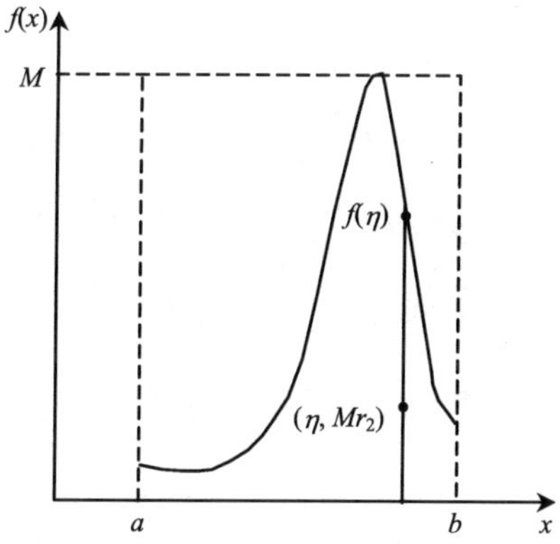

图 14.4

求得一个特定分布的随机数ξ_i所需的计算机平均时间称为抽样费用. 显然抽样费用越小越有利，它是衡量抽样过程合理性的综合指标. 它不仅取决于抽样效率，还取决于产生随机数r的运算时间以及抽样过程中的其他运算. 当产生随机数r的方法固定之后，产生r的运算时间为一常数，抽样费用由其他两个因素决定.

在舍选法中，如果函数$f(x)$的形式很复杂，计算费用也就相应地增大.

14.3.4　利用极限定理抽样

第五章同分布的中心极限定理告诉我们，当$n\to\infty$时，n个独立、同分布随机变量X_1，X_2，…，X_n构成的随机变量Y有如下分布：

$$Y=\frac{\sum_{i=1}^{n}X_i-n\mu}{\sqrt{n}\sigma}\sim N(0,1),$$

其中μ、σ^2是 X 的数学期望和方差．利用这一性质可从随机数 r_i 构成标准正态分布的随机数ξ．由于[0，1]区间均匀分布的随机变量的μ和σ^2分别为

$$\mu=\frac{1}{2},\qquad \sigma^2=\frac{1}{12},$$

因此 $N(0，1)$的随机数可表示为

$$\xi=\left(\sum_{i=1}^{n}r_i-\frac{n}{2}\right)\Big/\sqrt{\frac{n}{12}}. \tag{14.3.13}$$

为了保证精确度，n 应当足够大，一般情形下 $n\geqslant 10$ 时上式的正态近似已经相当好．取 n=12，式(14.3.13)形式特别简单

$$\xi=\sum_{i=1}^{n}r_i-6. \tag{14.3.14}$$

利用以上两个公式产生的随机变量ξ的概率密度与 $N(0，1)$的最大偏离出现在分布两侧尾端，因为 $N(0，1)$的取值域是$(-\infty，\infty)$，而ξ的取值域是有限值

$$-\sqrt{3n}\leqslant\xi\leqslant\sqrt{3n},$$

当 n=12，有$-6\leqslant\xi\leqslant 6$，相当于 $N(0，1)$的±6 个标准差，但是在那里，$N(0，1)$概率密度值已小于 10^{-8}，这表示ξ的概率密度值与标准正态的差别在$\pm6\sigma$处小于 10^{-8}．对于大多数实际应用的场合，这样小的误差是容许的．

由于 $N(\mu，\sigma^2)$的随机变量 Y 与 $N(0，1)$随机变量 X 有简单的关系

$$Y=\mu+\sigma X,$$

根据式(14.3.7)立即可由 X 的随机数ξ_i求得 Y 的随机数η_i

$$\eta_i=\mu+\sigma\xi_i. \tag{14.3.15}$$

同样，德莫佛-拉普拉斯定理证明了正态分布是二项分布的极限情形，即当$n\to\infty$，有

$$\frac{B(n,p)-np}{\sqrt{np(1-p)}}\sim N(0,1),$$

其中 $B(n，p)$为参数 n、p 的二项分布．因此，当 n 充分大，二项分布的随机数η_i近似地可由下式求出(式(14.3.7))：

$$\eta_i = \xi_i \sqrt{np(1-p)} + np, \tag{14.3.16}$$

其中ξ_i是$N(0,\ 1)$的随机数.

凡是存在极限分布的随机变量，其随机数都可以类似的方式由极限分布的随机数求得.

14.3.5 复合分布的抽样方法

在实际问题中遇到的随机变量,它们的概率密度常常不是简单的函数,但有时可表示为若干个已知概率密度的求和，或者乘积等等，称为复合分布．下面的几种抽样方法对于复合分布的抽样是很有用的.

1) 加抽样方法

设随机变量的概率密度 $f(x)$ 可表示为若干个简单概率密度 $f_j(x)$ 之和

$$f(x) = \sum_{j=1}^{n} p_j f_j(x), \tag{14.3.17}$$

其中 $p_j \geqslant 0$, 为了保证 $f(x)$ 的归一性，必须有

$$\sum_{j=1}^{n} p_j = 1.$$

令 η_j 为 $f_j(x)$ 的随机数，则当

$$\sum_{j=1}^{m-1} p_j < r_i \leqslant \sum_{j=1}^{m} p_j \tag{14.3.18}$$

成立时，有

$$\xi_i = \eta_m.$$

即 $f(x)$ 的随机数 ξ_i 取为 $f_m(x)$ 的随机数 η_m．重复以上步骤，即得 $f(x)$ 的随机数列 $\xi_1, \xi_2, \cdots$.

该方法的抽样效率显然取决于 $\eta_j\,(j=1,2,\cdots,n)$ 的抽样效率.

2) 乘抽样方法

设随机变量的概率密度 $f(x)$ 可表示为

$$f(x) = H(x)g(x), \tag{14.3.19}$$

$g(x)$ 是任意概率密度函数，其随机数令为 η_i．由 $f(x)$ 和 $g(x)$ 的非负性知 $H(x)$ 为

非负函数，令 $H(x)$ 的极大值为 M. $f(x)$ 的随机数 ξ_i 抽样方法如图 14.5. 与 14.3.3 节舍选抽样的框图对比可知，本方法的抽样效率取决于两个因素：一个是 η_i 的抽样效率，另一个是 $H(x)$ 的行为，$H(x)$ 变化较小则有较高的抽样效率.

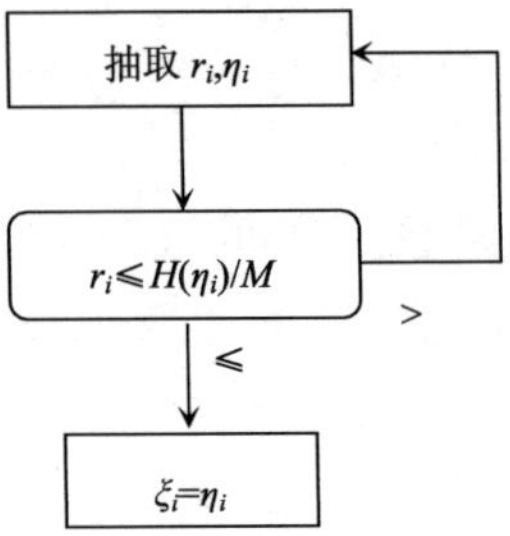

图 14.5

3) 乘加抽样方法

设随机变量的概率密度 $f(x)$ 可表示为

$$f(x)=\sum_{j=1}^{n}H_j(x)g_j(x),$$

$g_j(x)(j=1,2,\cdots,n)$ 为任意概率密度函数，$H_j(x)\geqslant 0(j=1,2,\cdots,n)$.

不失一般性，只考虑 $n=2$ 的情形

$$f(x)=H_1(x)g_1(x)+H_2(x)g_2(x). \tag{14.3.20}$$

将上式改写成

$$\begin{aligned}f(x)&=p_1\frac{H_1(x)g_1(x)}{p_1}+p_2\frac{H_2(x)g_2(x)}{p_2}\\&\equiv p_1g_1'(x)+p_2g_2'(x),\end{aligned}$$

其中

$$p_1\equiv\int_{-\infty}^{\infty}H_1(x)g_1(x)\mathrm{d}x,\qquad p_2\equiv\int_{-\infty}^{\infty}H_2(x)g_2(x)\mathrm{d}x. \tag{14.3.21}$$

由 $f(x)$ 的归一性，即 $\int_{-\infty}^{\infty}f(x)\mathrm{d}x=1$ 可知，必有

$$p_1+p_2=1.$$

首先用加抽样方法确定 $f(x)$ 的随机数 ξ_i 应当取 $g_1'(x)$ 的随机数 η_1' 还是取 $g_2'(x)$ 的随机数 η_2'，然后用乘抽样方法决定 η_1' (或 η_2')的值. 令 M_1、M_2 为 $H_1(x)$、$H_2(x)$的极大值；η_1、η_2 为 $g_1(x)$、$g_2(x)$的随机数，ξ_i 的抽样框图如图 14.6 所示.

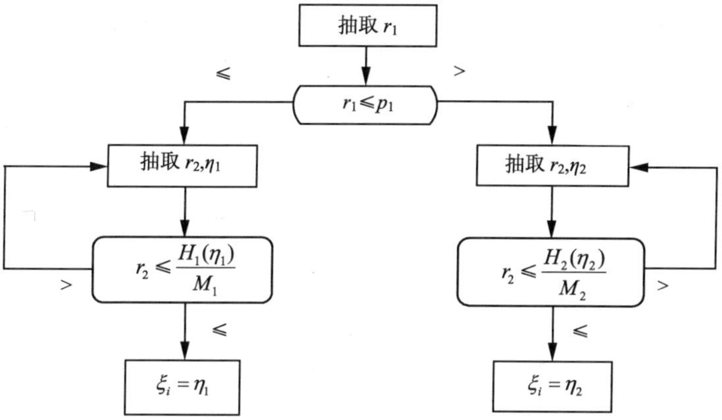

图 14.6

14.3.6　近似抽样方法

实际问题中的概率密度的形式常常非常复杂，有时甚至无法用解析函数的形式给出，而只能用数值或曲线的形式表示. 在这种情形下，就有必要用近似分布来代替原分布，用近似分布的抽样作为原分布抽样的近似. 这种方法的优点首先在于它的普适性，对任意的连续分布均适用. 其次，只要子区间足够小，分点足够多，对于任意分布都可以达到相当好的近似程度. 同时方法也比较简便易行.

设原分布概率密度为 $f(x)(a \leqslant x \leqslant b)$，将区间$[a,b]$分成 n 个子区间，分点为

$$a = x_0 < x_1 < x_2 < \cdots < x_n = b, \tag{14.3.22}$$

分点对应的函数值为

$$f_i = f(x_i), \qquad i = 0,1,2,\cdots,n. \tag{14.3.23}$$

比较简单的方法是将$[a,b]$区间等分，但这样作近似分布与原分布差别较大. 较好的分法是使 $f_0, f_1, \cdots, f_n$ 能充分反映 $f(x)$ 的变化状况，例如 $f(x)$ 变化迅速的区域分点可密一些，$f(x)$ 变化缓慢的区域分点可取得稀一些. 这样，分点近似分布更接近于原分布.

1) 阶梯近似

令

$$p_i = \int_{x_{i-1}}^{x_i} f(x)\mathrm{d}x. \tag{14.3.24}$$

利用阶梯函数 $f_a(x_i)$ 作为原分布概率密度的近似

$$f_a(x_i) = \int_{x_{i-1}}^{x_i} f(x)\mathrm{d}x/(x_i - x_{i-1}), \qquad i = 1, 2, \cdots, n. \tag{14.3.25}$$

每一子区间内原分布和近似分布的积分概率相同(图 14.7). 显然

$$\sum_{i=1}^{n} p_i = \sum_{i=1}^{n} \int_{x_{i-1}}^{x_i} f(x)\mathrm{d}x = \int_{x_0}^{x_n} f(x)\mathrm{d}x = \int_a^b f(x)\mathrm{d}x = 1.$$

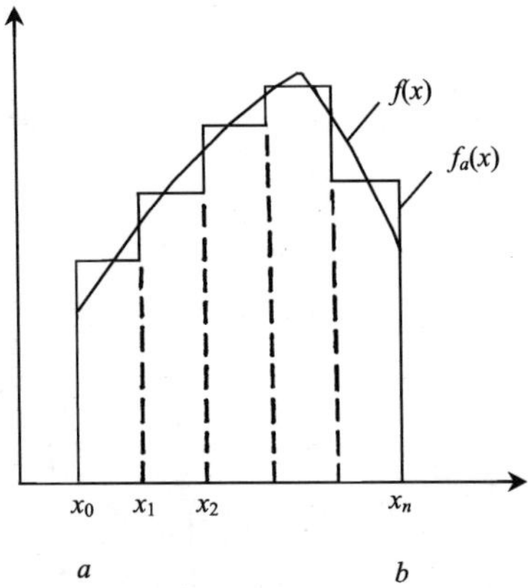

图 14.7 阶梯近似抽样方法

曲线是原分布 $f(x)$，折线是阶梯近似分布 $f_a(x)$

$f_a(x_i)$ 的累积分布函数在分点 x_i 处的值为

$$F_a(x_i) = \sum_{j=1}^{i} p_j, \qquad i = 1, 2, \cdots, n. \tag{14.3.26}$$

近似分布 f_a 是每个子区间中的均匀分布，因而其随机数 ξ_i 可如此选取：选取随机数 r_i，找出满足

$$F_a(x_{j-1}) < r_i \leqslant F_a(x_j) \tag{14.3.27}$$

的分点 x_{j-1} 和 x_j,ξ_i 可表示为

$$\xi_i = x_{j-1} + (x_j - x_{j-1})\frac{r_i - F_a(x_{j-1})}{F_a(x_j) - F_a(x_{j-1})}. \tag{14.3.28}$$

当 n 充分大，ξ_i 近似地可作为原分布 $f(x)$ 的随机数列.

2) 线性近似

原分布的线性近似分布为

$$f_a(x) = C\left\{f_{i-1} + \frac{x - x_{i-1}}{x_i - x_{i-1}}(f_i - f_{i-1})\right\},$$

$$x_{i-1} < x \leqslant x_i, \qquad i = 1, 2, \cdots, n, \tag{14.3.29}$$

其中 C 为归一化因子，使得每一子区间内原分布和近似分布的积分概率相同

$$\int_{x_{i-1}}^{x_i} f_a(x)\mathrm{d}x = \int_{x_{i-1}}^{x_i} f(x)\mathrm{d}x, \qquad i = 1, 2, \cdots, n.$$

这相当于原分布 $f(x)$ 连续函数用折线作为近似.

$f_a(x)$ 的随机数列 ξ_i 的抽样方法如图 14.8 所示.

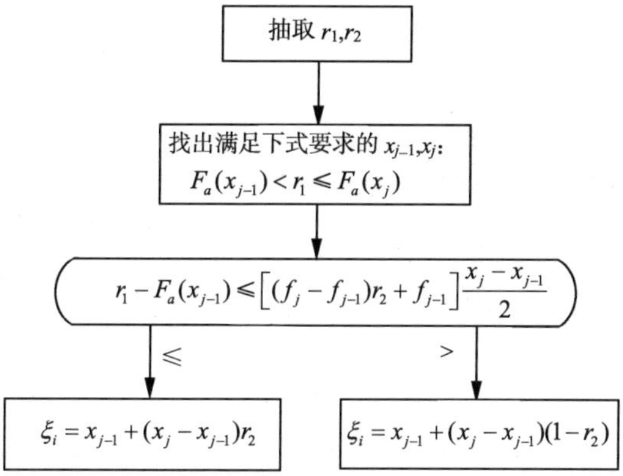

图 14.8　$f_a(x)$的随机数列ξ_i的抽样方法

当 n 充分大，ξ_i 近似地可作为 $f(x)$ 的随机数列.

比上述两种方法更精确的近似方法是二次曲线近似和样条近似，即在各子区间内以二次曲线和样条函数作为原分布 $f(x)$ 的近似，并保证在所有子区间内两者的积分概率相同. 其抽样方法的原则是相同的，这里不再仔细介绍了.

14.3.7　多维分布的抽样

一维分布的许多随机抽样方法可推广运用于多维分布的随机抽样.

例如舍选法运用于多维抽样. 设 n 维概率密度为 $f(\boldsymbol{x})$，$\boldsymbol{x}$ 的取值域为 n 维长方体 $[\boldsymbol{a},\boldsymbol{b}]$，

$$\boldsymbol{a}=\{a_1,a_2,\cdots,a_n\},\qquad \boldsymbol{b}=\{b_1,b_2,\cdots,b_n\}.$$

$f(\boldsymbol{x})$ 的极大值为 M，则 $f(\boldsymbol{x})$ 的随机数 $\boldsymbol{\xi}=\{\xi_1,\xi_2,\cdots,\xi_n\}$ 的舍选法如图 14.9 所示.

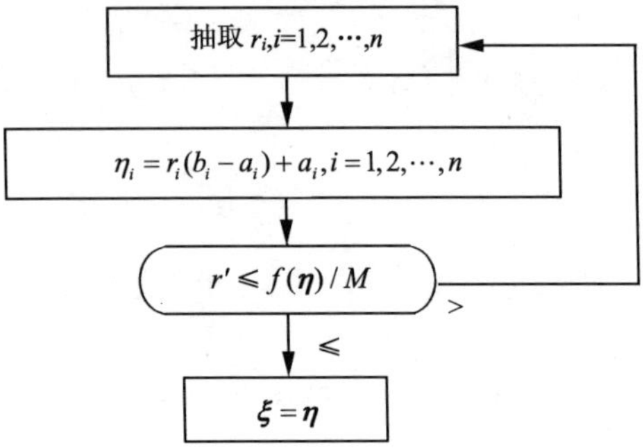

图 14.9

又如乘抽样方法应用于多维分布的抽样. 设多维随机变量概率密度函数 $f(\boldsymbol{x})$ 可表示为

$$f(\boldsymbol{x})=H(\boldsymbol{x})g(\boldsymbol{x}),$$

其中 $g(\boldsymbol{x})$ 为任意多维概率密度函数，其随机数为 $\boldsymbol{\eta}=\{\eta_1,\eta_2,\cdots,\eta_n\}$;$H(\boldsymbol{x})\geqslant 0$ 的极大值令为 M，则 $f(\boldsymbol{x})$ 的随机数 $\boldsymbol{\xi}=\{\xi_1,\xi_2,\cdots,\xi_n\}$ 有如图 14.10 所示的抽样方法.

14.3.6 小节叙述的近似抽样也可以直接推广到多维分布的情形，只需将一维子区间改变为 n 维子区间. 为了计算简单起见，可以将子区间内的积分用近似值代替

$$\int_{\Delta\boldsymbol{x}} f(\boldsymbol{x})\mathrm{d}\boldsymbol{x}\approx f(\boldsymbol{x}^0)\Delta\boldsymbol{x},$$

其中 $\boldsymbol{x}^0$ 是子区间 $\Delta\boldsymbol{x}$ 内的某个点.

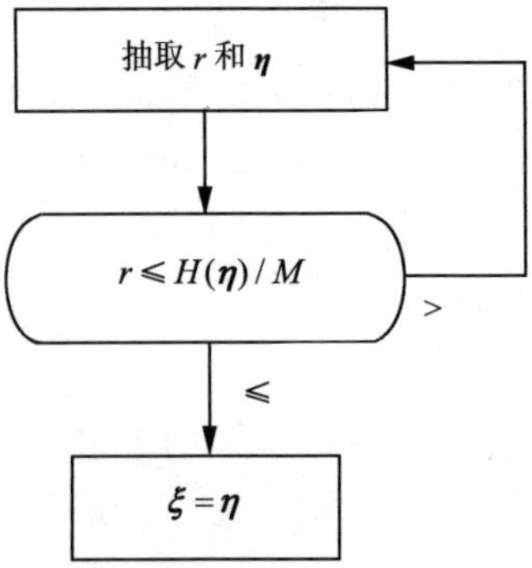

图 14.10

除了这些一维方法的推广之外，多维分布的随机抽样还有所谓的条件密度法，其实质是利用条件概率密度将多维模拟化为一维模拟问题. 任意 n 维概率密度 $f_n(x_1,\cdots,x_n)$ 可表示为

$$f_n(x_1,\cdots,x_n)=f(x_n\mid x_1,\cdots,x_{n-1})\cdot f_{n-1}(x_1,\cdots,x_{n-1}). \tag{14.3.30}$$

右式第一项是 $x_1=x_1,x_2=x_2,\cdots,x_{n-1}=x_{n-1}$ 条件下的条件概率密度，它是一维密度函数；第二项

$$f_{n-1}(x_1,\cdots,x_{n-1})=\int f_n(x_1,\cdots,x_n)\mathrm{d}x_n, \tag{14.3.31}$$

它等于 $f_n(x_1,\cdots,x_n)$ 对其中一个变量 x_n 作积分，是余下的 $n-1$ 个变量的联合概率密度. 反复运用式(14.3.30)，可得

$$\begin{aligned}f_n(x_1,\cdots,x_n)&=f(x_n|x_1,\cdots,x_{n-1})\\&\quad\times f(x_{n-1}|x_1,\cdots,x_{n-2})\cdots f(x_2|x_1)f(x_1).\end{aligned} \tag{14.3.32}$$

该式右面每项都是一维密度函数，其中条件概率密度可从式(14.3.30)的变形求得

$$f(x_n|x_1,\cdots,x_{n-1})=\frac{f_n(x_1,\cdots,x_n)}{f_{n-1}(x_1,\cdots,x_{n-1})}. \tag{14.3.33}$$

由式(14.3.32)可得如下模拟方法：先选出一维概率密度 $f_1(x_1)$ 的随机数 ξ_1，并代入 $f(x_2|x_1)$ 中的 x_1 得到确定的一维概率密度 $f(x_2|\xi_1)$. 再选出分布 $f(x_2|\xi_1)$ 的随机数 ξ_2. 照此方式进行下去即可得到分布 $f_n(x_1,\cdots,x_n)$ 的随机数向量 $(\xi_1,\cdots,\xi_n)$.

表 14.2 我们列出了一些分布的随机数产生的方法. 多数是用直接抽样方法得到的，也有一些使用了其他抽样技巧. 表中列出的随机数产生方法不是唯一的，抽样费用也不一定最省.

表 14.2　具有指定分布的随机数 η 的产生

表中 r,r_i ——[0，1]区间均匀分布随机数；δ_n —— $\chi^2(n)$ 分布随机数；ξ,ξ_i ——标准正态分布 $N(0，1)$随机数

分布	概率密度	变量域	随机数 η
$[a,b]$ 区间均匀分布	$\dfrac{1}{b-a}$	x：$[a,b]$	$r(b-a)+a$
	$\dfrac{1}{\lvert a\rvert}$	x: $[b-a,b]$ $(a>0)$ $[b+a,b]$ $(a<0)$	$ar+b$　(b 任意实数)
	$\lambda\left(1-\dfrac{\lambda}{2}x\right)$　$(\lambda>0)$	$x:[0,2/\lambda]$	$\dfrac{2}{\lambda}\left(1-\sqrt{r}\right)$

续表

分布	概率密度	变量域	随机数 η
	$\frac{c}{(1+bx)^2}$	$x:\left[0,\frac{1}{c-b}\right]$	$\frac{r}{c-br}$
	nx^{n-1}　($n\geqslant 1$ 整数)	$x:[0,1]$	$r^{1/n}$或$\max(r_1,r_2,\cdots,r_n)$
	$\frac{1}{n}x^{\frac{1}{n}-1}$　($n\geqslant 1$ 整数)	$x:[0,1]$	r^n
	$nx^{-(n+1)}$　($n\geqslant 1$ 整数)	$x:[1,\infty)$	$1/\max(r_1,r_2,\cdots,r_n)$ 或 $r^{-1/n}$
	$\frac{2}{\pi\sqrt{1-x^2}}$	$x:[0,1]$	$\sin\pi r$
	$f(x)=\begin{cases}\frac{1}{2} & 0\leqslant x\leqslant 1\\ \frac{1}{2x^2} & 1<x<\infty\end{cases}$	$x:[0,\infty)$	$\frac{r_2}{r_1}$
指数分布	$\lambda e^{-\lambda x}$　($\lambda>0$)	$x:[0,\infty)$	$-\frac{1}{\lambda}\ln r$
截尾指数分布	$\frac{\lambda e^{-\lambda x}}{1-e^{-\lambda x_m}}$　($\lambda>0$)	$x:[0,x_m]$	$-\frac{1}{\lambda}\ln\left\{1-r\left[1-e^{-\lambda x_m}\right]\right\}$
倒数分布	$\frac{1}{x\ln\lambda}$　($\lambda>1$)	$x:[1,\lambda]$	λ^r
柯西分布	$\frac{1}{\pi(1+x^2)}$	$x:(-\infty,\infty)$	$\tan\pi(r-0.5)$
对数分布	$-(\ln x)^n/n!$　($n\geqslant 1$ 整数)	$x:(0,1]$	$\prod_{i=1}^{n+1}r_i$
威布尔分布	$\frac{c}{b}\left(\frac{x-a}{b}\right)^{c-1}\exp\left\{-\left(\frac{x-a}{b}\right)^c\right\}$ $b,c>0,a\geqslant 0$	$x:[a,\infty)$	$a+b(-\ln r)^{1/c}$
圆内均匀分布	$2R/R_0^2$	$R:[0,R_0]$	$R_0\sqrt{r}$ 或 $R_0\max(r_1,r_2)$
环内均匀分布	$2R/\left(R_1^2-R_0^2\right)$	$R:[R_0,R_1]$	$\left[\left(R_1^2-R_0^2\right)r+R_0^2\right]^{1/2}$
球壳内均匀分布	$3R^2/\left(R_1^3-R_0^3\right)$	$R:[R_0,R_1]$	$\left[\left(R_1^3-R_0^3\right)r+R_0^3\right]^{1/3}$
n 维球内均匀分布		$x_i:[0,R_0]$ $i=1,2,\cdots,n$	$\left(\frac{R_0}{R}\xi_1,\frac{R_0}{R}\xi_2,\cdots,\frac{R_0}{R}\xi_n\right),R^2=\sum_{i=1}^{n}\xi_i^2$
β 分布	$\frac{(N+1)!}{n!(N-n)!}x^n(1-x)^{N-n}$　($N>n$)	$x:[0,1]$	产生 $N+1$ 个随机数 r_i，且令 $r_1\leqslant r_2\leqslant\cdots\leqslant r_{N+1}$，则 $\eta=r_{n+1}$
拉普拉斯分布	$\frac{1}{2}\exp\{-\lvert x\rvert\}$	$x:(-\infty,\infty)$	$\ln(r_1/r_2)$
指数函数分布	$\int_1^{\infty}e^{-xy}/y^n dy$　($n\geqslant 1$ 整数)	$x:[0,\infty)$	$-\max(r_1\cdot r_2\cdot\cdots\cdot r_n)\ln r_{n+1}$

续表

分布	概率密度	变量域	随机数 η
瑞利分布	$\frac{x}{\sigma^2}e^{-\frac{x^2}{2\sigma^2}}$	$x:[0,\infty)$	$\sigma\sqrt{-\ln r}$
	$\frac{a^n}{(n-1)!}x^{n-1}e^{-a^x}$　（$n\geqslant 1$ 整数）	$x:[0,\infty)$	$-\frac{1}{a}\ln(r_1,r_2,\cdots,r_n)$
半正态分布	$\sqrt{\frac{2}{\pi}}\exp\left(\frac{-x^2}{2}\right)$	$x:[0,\infty)$	$\sqrt{\frac{\pi}{8}}\ln\frac{1+r}{1-r}$， 随机产生正负号得到 ξ
两维正态分布	$\frac{1}{\sqrt{2\pi}}e^{-\frac{x^2}{2}}\cdot\frac{1}{\sqrt{2\pi}}e^{-\frac{y^2}{2}}$	x y ：$(-\infty,\infty)$	$\eta_1=\sqrt{-2\ln r_1}\cos 2\pi r_2$, $\eta_2=\sqrt{-2\ln r_1}\sin 2\pi r_2$. η_1,η_2 中任意一个，都是一维 $N(0,1)$ 随机数 ξ
标准正态分布	$\frac{1}{\sqrt{2\pi}}e^{-\frac{x^2}{2}}$	$x:(-\infty,\infty)$	$\sqrt{12n}\left(\frac{1}{n}\sum_{i=1}^{n}r_i-\frac{1}{2}\right)$，常取 $n=6,12$.
			$y=\sqrt{-2\ln r}$（当满足 $0.5<r<1$） $\eta=y-\frac{a_0+a_1y+a_2y^2}{1+b_1y+b_2y^2+b_3y^3}$,（误差 $<10^{-4}$） $a_0=2.515517$　$a_1=0.802853$ $a_2=0.010328$ $b_1=1.432788$　$b_2=0.189269$ $b_3=0.001308$
			$\eta=s\left[a_1+s^2\left(a_3+s^2[a_5+s^2(a_7+a_9s^2)]\right)\right]$ $s=\left(\sum_{i=1}^{12}r_i-6\right)\Big/4$　（误差 $<2\times10^{-4}$） $a_1=3.949846138$　$a_3=0.252408784$ $a_5=0.076542912$　$a_7=0.008355968$ $a_9=0.029899776$
正态分布	$\frac{1}{\sqrt{2\pi\sigma^2}}\exp\left\{-\frac{(x-\mu)^2}{2\sigma^2}\right\}$	$x:(-\infty,\infty)$	$\xi\sigma+\mu$
对数正态分布	$\frac{1}{\sqrt{2\pi}\sigma(x-a)}\exp\left\{\frac{[\ln(x-a)+A]^2}{-2\sigma^2}\right\}$	$x:(a,\infty)$	$a+\exp(\sigma\xi-A)$
$\chi^2(n)$ 分布		$x:[0,\infty)$	$\delta_n=\sum_{i=1}^{n}\xi_i^2$. $\delta_{n=2k}=-2\ln(r_1\cdot r_2\cdot\cdots\cdot r_k)$ $\delta_{n=2k+1}=-2\ln(r_1\cdot r_2\cdot\cdots\cdot r_k)+\xi^2$
$\chi^2(n_1+n_2)$ 分布		$x:[0,\infty)$	$\delta_{n1}+\delta_{n2}$
$t(n)$ 分布		$x:(-\infty,\infty)$	$\xi\Big/\sqrt{\frac{\delta_n}{n}}$

续表

分布	概率密度	变量域	随机数 η
$F(m,n)$ 分布		$x:[0,\infty)$	$\dfrac{\delta_m/m}{\delta_n/n}$

14.4　蒙特卡罗法计算积分

计算积分和多重积分是蒙特卡罗法的重要应用领域之一.对于积分边界复杂、被积函数形式复杂的积分，用解析方法往往难以求解，用一般的数值方法也感到困难，蒙特卡罗法总能比较简单地求出其近似解及其误差.

14.4.1　频率法(均匀投点法)

在 14.1 节中已经介绍过均匀投点法求最简单的一维积分的例子,现在讨论

$$I = \int_a^b g(x)\mathrm{d}x. \tag{14.4.1}$$

$g(x)$ 是 $[a,b]$ 区间上非负、有界可积函数，其极大值为 M. 积分值就是图 14.11 中划斜线的面积 A. 抽取 n 对随机数

$$\{\xi_i,\eta_i\},\qquad i=1,2,\cdots,n,$$

其中 ξ_i 是 $[a,b]$ 区间均匀分布的随机数，η_i 是 $[0,M]$ 区间均匀分布的随机数

$$\xi_i = a+(b-a)r_i,\qquad \eta_i = Mr_j, \tag{14.4.2}$$

其中 r_j 是不同于 r_i 的[0,1]区间均匀分布的随机数. 若满足

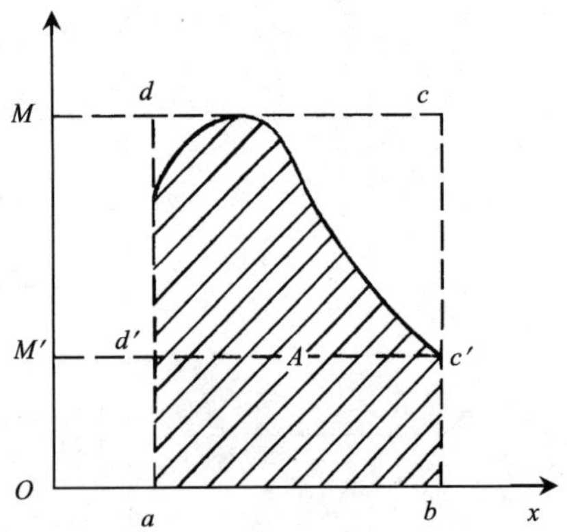

图 14.11

$$g(\xi_i) > \eta_i, \tag{14.4.3}$$

则点 $\{\xi_i,\eta_i\}$ 落在面积 A 内，设共有 m 个点(即 m 对 ξ_i,η_i)落在面积 A 内，全部点数为 n，则不难证明，当 n 充分大时有下列近似公式：

$$I = \int_a^b g(x)\mathrm{d}x \approx \frac{m}{n}M(b-a) \equiv I_n. \tag{14.4.4}$$

因而可算得积分 I 的近似值 I_n.

事实上，该算法相当于在矩形 $a \leqslant x \leqslant b, 0 \leqslant y \leqslant M$ 中均匀、独立地投点，假定点落在面积 A 中为成功，则每次投点成功的概率 p 等于面积 A 与矩形 $abcd$ 面积之比

$$p = \frac{A}{(b-a)M}.$$

同时，由大数定律知

$$\lim_{n\to\infty}\frac{m}{n} = p.$$

故当 n 足够大时，式(14.4.4)成立.

n 次投点可看成 n 次伯努利试验，成功的概率为 p，所以成功的次数 m 服从参数 n，p 的二项分布，其均值和方差分别为

$$E(m) = np, \qquad \sigma^2(m) = np(1-p).$$

从而有

$$\begin{aligned} E(I_n) &= E\left[m\cdot\frac{M(b-a)}{n}\right] = \frac{M(b-a)}{n}E(m) \\ &= M(b-a)p = A = I, \end{aligned}$$

$$\begin{aligned} \sigma^2(I_n) &= \sigma^2\left[m\cdot\frac{M(b-a)}{n}\right] = \frac{M^2(b-a)^2}{n^2}\sigma^2(m) \\ &= M^2(b-a)^2 p(1-p)/n. \end{aligned} \tag{14.4.5}$$

可见，I_n 是积分值 I 的无偏估计量，而积分估计值的误差是

$$\sigma(I_n) = M(b-a)\sqrt{\frac{p(1-p)}{n}}. \tag{14.4.6}$$

因为 p 的真值是不知道的，当 n 充分大时，$p \approx m/n$，于是有

$$\sigma(I_n) \approx \frac{M(b-a)}{n}\sqrt{m\left(1-\frac{m}{n}\right)}. \tag{14.4.7}$$

一个重要的问题是，对于任意的给定正数 ε，怎样才能保证积分计算值 I_n 与真值 I 之差的绝对值 Δ 小于 ε 的概率不小于 $\alpha(0<\alpha<1)$．Δ 可表示为

$$\Delta = |I_n - I| = M(b-a)\left|\frac{m}{n}-p\right|.$$

根据中心极限定理，当 n 充分大，随机变量

$$\frac{m-np}{\sqrt{np(1-p)}} \sim N(0,1).$$

因此，有

$$P(\Delta<\varepsilon) = P\left\{M(b-a)\left|\frac{m}{n}-p\right|<\varepsilon\right\} = P\left\{\frac{|m-np|}{\sqrt{np(1-p)}}<t\right\}$$
$$= \Phi(t)-\Phi(-t) = 2\Phi(t)-1,$$

其中

$$t = \frac{\varepsilon}{M(b-a)}\sqrt{\frac{n}{p(1-p)}}. \tag{14.4.8}$$

于是问题化为求出适当的 t 值，满足

$$\alpha \leqslant P(\Delta<\varepsilon) = 2\Phi(t)-1.$$

对于给定的 α，可从累积标准正态分布表查出满足

$$\alpha = 2\Phi(t_\alpha)-1 \tag{14.4.9}$$

的 t_α 值．令 $t=t_\alpha$，由式(14.4.8)求得

$$\varepsilon_\alpha = t_\alpha M(b-a)\sqrt{\frac{p(1-p)}{n}}. \tag{14.4.10}$$

这表示在置信水平 α 上，积分计算值与真值之差的上限为 ε_α，它与投点数 n 的根号成反比．投点数越多，误差越小．与式(14.4.6)对比，上式也可写成

$$\varepsilon_\alpha = t_\alpha \cdot \sigma(I_n). \tag{14.4.11}$$

反过来,为了在置信水平α上,积分计算值与真值之差小于给定正数ε,应有$t \geqslant t_\alpha$,即投点数n须满足

$$n \geqslant \frac{t_\alpha^2 M^2 (b-a)^2 p(1-p)}{\varepsilon_\alpha^2}. \tag{14.4.12}$$

其中p是未知的，当n充分大时可用m/n作为p的近似值.

上述计算方法的基本思想在14.1节的例子中已经用到过. 由于积分是利用随机变量在一定区域内的频率来计算的，概率模型是一定区域内的均匀投点，故称为均匀投点法或频率法.

我们还可以利用被积函数的性质减小积分估计值的误差. 如果被积函数$g(x)$在积分区域$[a,b]$内存在大于0的极小值M',那么图14.11中$abc'd'$的面积十分容易计算，无须运用蒙特卡罗技巧. 积分可分为两部分

$$\begin{aligned} &I = I' + \int_a^b [g(x) - M']\,\mathrm{d}x \equiv I' + I'', \\ &I' = M'(b-a). \end{aligned} \tag{14.4.13}$$

其中I''可用以上介绍的方法求积. 这时前面求得的结果直接可用，唯一的更动是将原式中的M改为$M-M'$. 由式(14.4.6)知道，积分的误差$\sigma(I_n'')$比$\sigma(I_n)$小.

均匀投点法原则上也适用于多重积分. 例如，求多重积分

$$I = \int_{\boldsymbol{a}}^{\boldsymbol{b}} g(\boldsymbol{x})\mathrm{d}\boldsymbol{x} = \int_{a_1}^{b}\int_{a_2}^{b_1}\cdots\int_{a_l}^{b_l} g(x_1, x_2, \cdots, x_l)\mathrm{d}x_1\mathrm{d}x_2\cdots\mathrm{d}x_l,$$

令$\boldsymbol{\xi} = \{\xi_1, \xi_2, \cdots, \xi_l\}$是$[\boldsymbol{a},\boldsymbol{b}]$区间内均匀分布的随机数，$\eta = Mr$是$[0,M]$区间内均匀分布随机数，$M$是$g(\boldsymbol{x})$在$[\boldsymbol{a},\boldsymbol{b}]$区间内的极大值. 选取$n$组$\{\boldsymbol{\xi},\eta\}$，若其中满足

$$g(\boldsymbol{\xi}) > \eta$$

的共有m组，则当n充分大时，

$$I = \int_{\boldsymbol{a}}^{\boldsymbol{b}} g(\boldsymbol{x})\mathrm{d}\boldsymbol{x} \approx \frac{m}{n} M \prod_{i=1}^{l} (b_i - a_i) \equiv I_n. \tag{14.4.14}$$

I_n可作为积分的近似值. 关于I_n的方差，I_n与积分真值之差小于给定正数ε所要求的 n 值，可用类似于一维的方式进行讨论. 只要将一维公式中的$(b-a)$改为

$\prod_{i=1}^{l}(b_i - a_i)$ 便可应用于多维积分的场合.

实验工作者关心的通常是相对误差，即积分值的误差与积分值之比. 由式 (14.4.5)和(14.4.10)知，在给定置信水平α上，积分的相对误差δ可表示为

$$\delta = t_\alpha \sqrt{\frac{1-p}{pn}} = \frac{t_\alpha}{\sqrt{n}}\left(\frac{1}{p}-1\right)^{1/2}. \tag{14.4.15}$$

该公式对于一维或多维积分都正确. 它说明利用均匀投点法求积分的精度与两个因素有关. 第一是与投点数 n 的平方根成反比，n 越大，精度越好，而且与积分的维数无关. 第二，精度与被积函数 $g(x)$的行为有关，$g(x)$变化越平缓，投点成功的概率 p 越接近于 1，精度越好. 一般说来，如果对于函数的行为无所了解，尤其在高维积分的情形下，投点成功的概率 p 往往很小，这样精度就很差，所以均匀投点法一般地不适合求高维积分.

14.4.2 期望值估计法

任何一个积分都可以表示为某个随机变量的数学期望，因此，可以用该随机变量的子样平均值作为积分的近似值.

设欲求的积分为

$$I = \int_{V_s} g(\boldsymbol{x})\mathrm{d}\boldsymbol{x}, \tag{14.4.16}$$

其中 $\boldsymbol{x} = \{x_1, x_2, \cdots, x_s\}$ 表示 S 维空间的点，V_s 表示积分区域. 令 $f(\boldsymbol{x})$ 为 V_s 上的任一随机变量 ξ 的概率密度函数

$$\int_{V_s} f(\boldsymbol{x})\mathrm{d}\boldsymbol{x} = 1, \tag{14.4.17}$$

则积分 I 可表示为随机变量 $h(\boldsymbol{x}) = g(\boldsymbol{x})/f(\boldsymbol{x})$ 的数学期望

$$I = \int_{V_s} g(\boldsymbol{x})\mathrm{d}\boldsymbol{x} = \int_{V_s} \frac{g(\boldsymbol{x})}{f(\boldsymbol{x})} f(\boldsymbol{x})\mathrm{d}\boldsymbol{x} = E\left[\frac{g(\boldsymbol{x})}{f(\boldsymbol{x})}\right] = E[h(\boldsymbol{x})]. \tag{14.4.18}$$

当从随机变量 ξ 抽取容量为 n 的随机子样 $\xi_1, \xi_2, \cdots, \xi_n$ (即服从分布 $f(\boldsymbol{x})$ 的随机数)，可求得随机变量 $h(\boldsymbol{x})$ 的子样 $h_1, h_2, \cdots, h_n$，

$$h_i = h(\xi_i) = g(\xi_i)/f(\xi_i). \tag{14.4.19}$$

而根据大数定律，当 $n \to \infty$ 时，子样平均

$$\hat{h}=\frac{1}{n}\sum_{i=1}^{n}h_i \tag{14.4.20}$$

的期望值 $E[\hat{h}]$ 与总体 h 的数学期望 $E[h]$ 相等，所以当 n 充分大时，有

$$I=E[h]=E[\hat{h}]\approx\frac{1}{n}\sum_{i=1}^{n}h_i\equiv I_n. \tag{14.4.21}$$

选取 $f(\boldsymbol{x})$ 的最简单方法是 V_s 内的均匀分布

$$f(\boldsymbol{x})=1/V_s,$$

这样，上式简化为

$$I\approx I_n\equiv\frac{V_s}{n}\sum_{i=1}^{n}g(\boldsymbol{\xi}_i), \tag{14.4.22}$$

这里，$\boldsymbol{\xi}_i$ 是 V_s 中均匀分布的随机数列，它们很容易从 $x_1,x_2,\cdots,x_s$ 各自的积分限和随机数 r 求出．对于一维积分的特殊情形，若积分上下限为 b 和 a，则立即有

$$I\approx I_n=\frac{(b-a)}{n}\sum_{i=1}^{n}g(r_i). \tag{14.4.23}$$

容易求得式(14.4.21)积分近似值 I_n 的期望值和方差

$$E(I_n)=E\left[\frac{1}{n}\sum_{i=1}^{n}h_i\right]=E(h)=I,$$

$$V(I_n)=V\left[\frac{1}{n}\sum_{i=1}^{n}h_i\right]=\frac{1}{n^2}\sum_{i=1}^{n}V(h_i)=\frac{1}{n}V_h,$$

其中 V_h 是随机变量 $h(\boldsymbol{x})$ 的方差

$$V_h=\int_{V_s}[h-E(h)]^2f(\boldsymbol{x})\mathrm{d}\boldsymbol{x}=\int_{V_s}(h-I)^2f(\boldsymbol{x})\mathrm{d}\boldsymbol{x}. \tag{14.4.24}$$

根据同分布中心极限定理，当 $n\to\infty$ 时，有

$$\frac{I_n-I}{\sqrt{V_h/n}}\sim N(0,1).$$

利用这一极限性质可以得到积分估计值 I_n 与真值 I 之差 $\varDelta=|I_n-I|<\varepsilon$（$\varepsilon$ 给定正数）

的概率不小于$\alpha(0<\alpha<1)$所要求的条件．这时有

$$\alpha \leqslant P\{|I_n - I| < \varepsilon\} = P\left\{\frac{|I_n - I|}{\sqrt{V_h / n}} < \frac{\varepsilon}{\sqrt{V_h / n}}\right\}$$

$$= \Phi\left(\frac{\varepsilon\sqrt{n}}{\sqrt{V_h}}\right) - \Phi\left(\frac{-\varepsilon\sqrt{n}}{\sqrt{V_h}}\right) = 2\Phi\left(\frac{\varepsilon\sqrt{n}}{\sqrt{V_h}}\right) - 1.$$

对于给定的α，可从累积标准正态分布表查出满足

$$\alpha = 2\Phi(t_\alpha) - 1 \tag{14.4.25}$$

的t_α值，令

$$t_\alpha = \frac{\varepsilon_\alpha \sqrt{n}}{V_n},$$

求得

$$\varepsilon_\alpha = \frac{t_\alpha V_h}{\sqrt{n}}. \tag{14.4.26}$$

这表示当子样容量为 n 时，在置信水平α上，积分估计值I_n与真值 I 之差Δ的上限为ε_α.

反过来，为了在置信水平α上有$\Delta<\varepsilon$，应有$t \geqslant t_\alpha$，因而求出

$$n \geqslant t_\alpha^2 V_h / \varepsilon^2 . \tag{14.4.27}$$

由该式可算得对于给定误差ε所要求的子样容量n.

问题是上面两个公式中的 V_h是未知量，但由式(14.4.24)有

$$V_h = \int_{V_s} (h-I)^2 f(\boldsymbol{x}) \mathrm{d}\boldsymbol{x} = \int_{V_s} h^2 f(\boldsymbol{x}) \mathrm{d}\boldsymbol{x} - I^2 = E(h^2) - I^2$$

$$\approx \frac{1}{n}\sum_{i=1}^{n} h^2(\xi_i) - \left[\frac{1}{n}\sum_{i=1}^{n} h(\xi_i)\right]^2 \equiv \hat{h}^2 - \left(\hat{h}\right)^2.$$

因此，积分近似值的方差为

$$V(I_n) = \frac{1}{n}V_h \approx \frac{1}{n}\left[\hat{h}^2 - \left(\hat{h}\right)^2\right]. \tag{14.4.28}$$

为了使积分的估计值I_n达到某个预定的精度ε，可采用以下步骤.

设已进行了 n 次抽样，对于给定的置信水平 α，利用式(14.4.26)和(14.4.28)求出此时的误差 ε_n． 若 $\varepsilon_n<\varepsilon$，则预定精度已经达到，$I_n=\hat{h}_n$ 即为所需的积分值；若 $\varepsilon_n>\varepsilon$，则需进一步增加抽样次数.

显然，当 n 很大时，利用式(14.4.21)和(14.4.28)计算积分 $I_n=\hat{h}_n$ 及其误差 $V(I_n)$ 是比较费时的，当 $h(\boldsymbol{x})$ 形式复杂时尤其如此. 因此，当抽样次数由 n 增加到 $n+1$，计算 $\hat{h}_{n+1}$ 和 $V(I_{n+1})$ 时若能利用 $\hat{h}_n$ 和 $V(I_n)$ 的值将能大大节省计算机的机时. 下面来推导计算 $\hat{h}_{n+1}$ 和 $V(I_{n+1})$ 的递推公式.

对于积分值 $I_{n+1}=\hat{h}_{n+1}$，有

$$\hat{h}_{n+1}=\frac{1}{n+1}\sum_{i=1}^{n+1}h(\boldsymbol{\xi}_i)=\frac{1}{n+1}\left[\sum_{i=1}^{n}h(\boldsymbol{\xi}_i)+h(\boldsymbol{\xi}_{n+1})\right],$$

故得

$$I_{n+1}\equiv\hat{h}_{n+1}=\frac{1}{n+1}\left[n\hat{h}_n+h(\boldsymbol{\xi}_{n+1})\right]. \tag{14.4.29}$$

而 I_{n+1} 的方差为(见式(14.4.28))

$$V(I_{n+1})=\frac{1}{n+1}\left[\hat{h}_{n+1}^2-\left(\hat{h}_{n+1}\right)^2\right],$$

其中方括号中第一项

$$\begin{aligned}\hat{h}_{n+1}^2&=\frac{1}{n+1}\sum_{i=1}^{n+1}h^2\left(\boldsymbol{\xi}_i\right)=\frac{1}{n+1}\left[h^2(\boldsymbol{\xi}_{n+1})+\sum_{i=1}^{n}h^2\left(\boldsymbol{\xi}_i\right)\right]\\&=\frac{1}{n+1}\left[h^2(\boldsymbol{\xi}_{n+1})+n\hat{h}_n^2\right]\\&=\frac{1}{n+1}\left[h^2(\boldsymbol{\xi}_{n+1})+n^2V(I_n)+n(\hat{h}_n)^2\right],\end{aligned}$$

所以有

$$\begin{aligned}V(I_{n+1})=&\frac{1}{(n+1)^2}[h^2(\boldsymbol{\xi}_{n+1})+n^2V(I_n)\\&+n(\hat{h}_n)^2-(n+1)(\hat{h}_{n+1})].\end{aligned} \tag{14.4.30}$$

这样，就可由新产生的随机数 $\boldsymbol{\xi}_{n+1}$ 对应的函数值 $h(\boldsymbol{\xi}_{n+1}),h^2(\boldsymbol{\xi}_{n+1})$ 以及已有的 $\hat{h}_n$，

$V(I_n)$求得第$n+1$次抽样后的积分估计值$I_{n+1}=\hat{h}_{n+1}$及其方差$V(I_{n+1})$.

14.4.3 重要抽样方法

由式(14.4.26)可知,对于一定的置信水平,积分误差的上界ε_α取决于函数$h(\boldsymbol{x})$的方差V_h和抽样次数$\sqrt{n}$. 相应地可以通过增大抽样次数n和减小方差V_h这两种途径来减小积分的误差. 重要抽样是降低方差V_h的一种常用方法.

随机变量$h(\boldsymbol{x})$的方差为

$$\begin{aligned} V_h &= \int_{V_s}(h-I)^2 f(\boldsymbol{x})\mathrm{d}\boldsymbol{x} = E(h^2)-[E(I)]^2 \\ &= \int_{V_s}\frac{g^2(\boldsymbol{x})}{f^2(\boldsymbol{x})}f(\boldsymbol{x})\mathrm{d}\boldsymbol{x}-I^2. \end{aligned} \tag{14.4.31}$$

现在的问题是怎样选择适当的概率密度$f(\boldsymbol{x})$,使得V_h达到极小.

可以证明,如果选择$f(\boldsymbol{x})$为

$$f(\boldsymbol{x})=\frac{|g(\boldsymbol{x})|}{\int_{V_s}|g(\boldsymbol{x})|\mathrm{d}\boldsymbol{x}} \tag{14.4.32}$$

V_h达到极小值. 特别当$g(\boldsymbol{x})\geqslant 0$时上式相当于

$$f(\boldsymbol{x})=\frac{g(\boldsymbol{x})}{\int_{V_s}g(\boldsymbol{x})\mathrm{d}\boldsymbol{x}}=\frac{g(\boldsymbol{x})}{I}. \tag{14.4.33}$$

代入V_h的表达式,得

$$V_h=\int_{V_s}\frac{g^2(\boldsymbol{x})}{g^2(\boldsymbol{x})}I^2 f(\boldsymbol{x})\mathrm{d}\boldsymbol{x}-I^2=I^2-I^2=0,$$

即方差为零. 这种使V_h方差等于零的技巧称为重要抽样.

但是从式(14.4.32)和(14.4.33)可见,为了能构成重要抽样这样的概率密度函数$f(\boldsymbol{x})$,首先要求出积分值或同等工作量的积分

$$\int_{V_s}|g(\boldsymbol{x})|\mathrm{d}\boldsymbol{x}.$$

因此,零方差重要抽样实际上不可能实行. 但是重要抽样的原则提供了寻找较优的$f(\boldsymbol{x})$的途径. 从式(14.4.33)可知,对于零方差情形,

$$f(\boldsymbol{x}) \propto g(\boldsymbol{x}), \tag{14.4.34}$$

这相当于在 $g(\boldsymbol{x})$ 大的地方(对积分 I 贡献大的区域)，$f(\boldsymbol{x})$ 也选得较大，即抽样点取得密一些；而在 $g(\boldsymbol{x})$ 小的地方，抽样点取得稀一些. 因此，当概率密度函数 $f(\boldsymbol{x})$ 取得近似地正比于被积函数 $g(\boldsymbol{x})$ 时，便能大大减小方差 V_h.

14.4.4　半解析法

这种方法把解析计算方法和概率计算方法结合起来，将待求积分的主要部分用没有误差的解析方法求积，因而大大降低了积分的误差.

设待求积分为

$$I = \int_{V_s} g(\boldsymbol{x})\mathrm{d}\boldsymbol{x},$$

如能找到一个函数

$$g'(\boldsymbol{x}) \approx g(\boldsymbol{x}) \tag{14.4.35}$$

而积分

$$J = \int_{V_s} g'(\boldsymbol{x})\mathrm{d}\boldsymbol{x} \tag{14.4.36}$$

为已知或可解析求解，则有

$$I = J + \int_{V_s} [g(\boldsymbol{x}) - g'(\boldsymbol{x})]\mathrm{d}\boldsymbol{x}.$$

该式表明，只需要对 $\int_{V_s} [g(\boldsymbol{x}) - g'(\boldsymbol{x})]\mathrm{d}\boldsymbol{x}$ 用蒙特卡罗法求解. 令

$$h = \frac{g(\boldsymbol{x}) - g'(\boldsymbol{x})}{f(\boldsymbol{x})} + J, \tag{14.4.37}$$

则随机变量 h 的期望值为

$$\begin{aligned} E(h) &= \int_{V_s} hf(\boldsymbol{x})\mathrm{d}\boldsymbol{x} = \int_{V_s} [g(\boldsymbol{x}) - g'(\boldsymbol{x})]\mathrm{d}\boldsymbol{x} + J \\ &= I - J + J = I. \end{aligned} \tag{14.4.38}$$

即 $E(h)$ 等于积分值. 因此，当 n 充分大时，随机变量 h 的子样平均 $\hat{h}$ 可作为积分 I 的近似值

$$I \approx \hat{h} = \frac{1}{n}\sum_{i=1}^{n}\left[\frac{g(\boldsymbol{\xi}_i)-g'(\boldsymbol{\xi}_i)}{f(\boldsymbol{\xi}_i)}\right]+J, \tag{14.4.39}$$

其中$\boldsymbol{\xi}_i$为$f(\boldsymbol{x})$的随机数.

随机变量h的方差这时为

$$\begin{aligned}V_h &= \int_{V_s}(h-I)^2 f(\boldsymbol{x})\mathrm{d}\boldsymbol{x}\\ &= \int_{V_s}\left[\frac{g(\boldsymbol{x})-g'(\boldsymbol{x})}{f(\boldsymbol{x})}-I+J\right]^2 f(\boldsymbol{x})\mathrm{d}\boldsymbol{x}\\ &= \int_{V_s}\left[\frac{g(\boldsymbol{\alpha})-g'(\boldsymbol{x})}{f(\boldsymbol{x})}\right]^2 f(\boldsymbol{x})\mathrm{d}\boldsymbol{x}-(I-J)^2.\end{aligned} \tag{14.4.40}$$

由于$g(\boldsymbol{x})\approx g'(\boldsymbol{x}), I\approx J$，所以上式右边的两项比$V_h$的一般表达式(14.4.31)中相对应的两项要小得多，从而减小了积分估计值的误差.

例 14.1　蒙特卡罗法计算积分$I=\int_0^1 \mathrm{e}^x\mathrm{d}x$

积分$I=\int_0^1 \mathrm{e}^x\mathrm{d}x$是解析可积的，积分值为$I=1.71828$．我们现在用14.4.1~14.4.4节介绍的四种方法求I的近似值，以比较它们的精度．子样容量统一地取为$n=10$.

对于投点法，立即得到积分近似值公式如下(式(14.4.4))：

$$I_1 = \frac{\mathrm{e}}{n}\sum_{i=1}^{n} g(r_i,\eta_i),$$

其中

$$g(r_i,\eta_i)=\begin{cases}1, & \text{若}\,\mathrm{e}^{r_i}>\eta_i,\\ 0, & \text{若}\,\mathrm{e}^{r_i}\leqslant\eta_i.\end{cases}$$

r_i是[0，1]区间均匀分布随机数，η_i是$[0,e]$区间内均匀分布随机数.

当用期望值估计法求积分，有(式(14.4.22))

$$I_2 = \frac{1}{n}\sum_{i=1}^{n}\mathrm{e}^{r_i}.$$

利用重要抽样方法求积分时需要选择适当的概率密度函数$f(x)$．因为

$$e^x = 1 + x + \cdots,$$

所以选择
$$f(x) = \frac{2}{3}(1+x),$$

其中的乘因子是为了保证 $f(x)$ 在[0，1]积分区间内的归一性. $f(x)$ 的随机数 ξ_i 可由反函数法求出

$$r_i = \int_0^{\xi_i} f(x)\mathrm{d}x = \frac{2}{3}\left(\xi_i + \frac{\xi_i^2}{2}\right),$$

解得

$$\xi_i = -1 \pm \sqrt{1+3r_i}\ .$$

由于 x 的取值在[0，1]区间内，ξ_i 的两个解中只有

$$\xi_i = \sqrt{1+3r_i} - 1$$

符合要求. 计算积分的公式于是为

$$I_3 = \frac{1}{n}\sum_{i=1}^{n}\frac{e^{\xi_i}}{f(\xi_i)} = \frac{3}{2n}\sum_{i=1}^{n}\frac{e^{\xi_i}}{(1+\xi_i)}.$$

最后给出用半解析法计算该积分的公式. 取 $g'(x) = 1 + x, f(x) = 1$ (即[0, 1]区间内均匀分布)，代入式(14.4.39)，得

$$I_4 = \frac{1}{n}\sum_{i=1}^{n}(e^{r_i} - 1 - r_i) + \int_0^1 (1+x)\mathrm{d}x$$

$$= \frac{1}{n}\sum_{i=1}^{n}(e^{r_i} - r_i) + \frac{1}{2}.$$

利用以下 10 个随机数 r_i：

0.86515, 0.90795, 0.66155, 0.66434, 0.56558,

0.12332, 0.94377, 0.57802, 0.69186, 0.03393,

代入 I_1、I_2、I_3、I_4 的表达式 $(n=10)$，求得表 14.3 所列的积分近似值，表中还列出了积分的误差 σ.

表 14.3

计算方法	频率法	期望值法	重要抽样	半解析法
积分近似值 I'	1.359	1.901	1.782	1.798
$I'-I$	−0.359	0.183	0.064	0.080
$V(I')$	0.1718	0.0242	0.00270	0.00437
$\sigma(I')$	0.414	0.156	0.052	0.066

从表 14.3 中数值可以看到，重要抽样和半解析法有较好的精度. 虽然抽取的子样容量$(n=10)$不够大，但求得的误差σ大致上反映了积分近似值与真值的差别.

14.4.5 自适应蒙特卡罗积分

对于式(14.4.16)所示的积分

$$I=\int_{V_s} g(\boldsymbol{x})\mathrm{d}\boldsymbol{x},$$

如果被积函数$g(\boldsymbol{x})$的形式极为复杂，我们对于函数在被积区域V_s中的行为基本上无所了解，则不能运用 14.4.3 和 14.4.4 节所叙述的方法. 虽然仍可用频率法或期望值估计法求积分的近似值，但方差可能很大.

此外，如果被积函数在积分边界上有(可积)奇点，前面叙述的几种方法不能使用. 但是在量子电动力学的计算中经常遇到这种类型的积分.

在出现上述情形时，可应用自适应蒙特卡罗求积分的技巧求出积分近似值及其误差. 它的基本步骤如下：在积分区域V_s内将s根轴划分为若干长度元，于是V_s被划分为一组s维体积元，在每个体积元中通过前面介绍的任一种方法(如期望值估计法)求出被积函数$g(\boldsymbol{x})$的积分值I_i及其方差σ_i^2. 利用I_i和σ_i^2可重新对s根轴作更合理的划分，得到一组新的s维体积元，在这组体积元中求出的积分值具有较小的方差. 如此迭代下去，直到计算得到的积分值的误差小于预先给定的限值便中止迭代.

设积分区域V_s被划分为N个体积元V_i

$$V_s=\sum_{i=1}^{N}V_i.$$

在每个体积元中利用期望值方法计算积分，并选择概率密度函数$f(\boldsymbol{x})$为V_i中的均匀分布，每个体积元中的抽样点数为L_i，因此，整个积分体积V_s中总的抽样点数L为

$$L = \sum_{i=1}^{N} L_i,$$

这样，在 V_i 中抽样点的密度可表示为

$$P_i = \frac{1}{L}\frac{L_i}{V_i}, \qquad i = 1, 2, \cdots, N. \tag{14.4.41}$$

P_i 的这种表示具有归一性，即

$$\sum_{i=1}^{N} P_i V_i = 1.$$

在重要抽样中已经阐明，为了减小积分的误差，在函数值 $g(\boldsymbol{x})$ 大的区域抽样点密度应当大一些，反之则密度应小一些．所以抽样点密度 P_i 应按这样的原则来选择．但在第一次迭代中，因为对函数的行为无所了解，所以选择在每个体积元中有相同的密度 P_i

$$P_i = \frac{1}{V_s},$$

即体积元 V_i 中的抽样点数 L_i 为

$$L_i = \frac{V_i}{V_s} L.$$

这里我们暂时将总抽样点数 L 作为一个固定值，因为 L 的大小决定了求积分所需要的计算机时间.

在每一个体积元中利用期望值估计法求积分值及其方差(式(14.4.22)、(14.4.28))

$$I_i \approx V_i \hat{g}_i, \qquad \sigma_i^2 \approx \frac{V_i^2}{L_i}\left[\hat{g}_i^2 - \left(\hat{g}_i\right)^2\right], \tag{14.4.42}$$

其中 $\hat{g}_i$ 是体积元 V_i 中被积函数的平均值

$$\left.\begin{aligned} \hat{g}_i &= \frac{1}{L_i}\sum_{j=1}^{L_i} g\left(\boldsymbol{\xi}_j\right) \\ \hat{g}_i^2 &= \frac{1}{L_i}\sum_{j=1}^{L_i} g^2\left(\boldsymbol{\xi}_j\right) \end{aligned}\right\} \quad i = 1, 2, \cdots, N. \tag{14.4.43}$$

$\boldsymbol{\xi}_j(j=1,2,\cdots,L_i)$是体积元$V_i$中均匀分布的随机数. 于是积分值$I$及其误差可表示成

$$I=\sum_{i=1}^{N}I_i,\qquad \sigma^2=\sum_{i=1}^{N}\sigma_i^2. \tag{14.4.44}$$

这就得到了积分及其方差的第一次迭代值. 为了将迭代进行下去，可以采取两种不同的途径(总的抽样点数L保持不变)

(1) 固定体积元$V_i(i=1,2,\cdots,N)$不变，调整每个体积元中的抽样点数L_i.

(2) 固定原抽样点数L_i不变，调整体积元V_i的大小.

下面我们仅叙述第一种途径的迭代步骤. 第二种途径比较复杂，这里不予介绍，有兴趣的读者可参阅文献[96]、[97].

在第一次迭代计算I_i和σ_i^2的同时，计算

$$\left.\begin{aligned} K_i &\equiv\int_{V_i}|g(\boldsymbol{x})|\,\mathrm{d}\boldsymbol{x}\approx V_i\,|\hat{g}_i| \\ |\hat{g}_i| &=\frac{1}{L_i}\sum_{j=1}^{L_i}|g(\boldsymbol{\xi}_j)| \end{aligned}\right\}\quad i=1,2,\cdots,N \tag{14.4.45}$$

以及

$$K=\sum_{i=1}^{N}K_i\ ,$$

在下次迭代中，每个体积元中抽样点由原来的L_i改变为L_i'

$$L_i'=\frac{K_i}{K}L. \tag{14.4.46}$$

这样，每个体积元中的抽样点密度成为(式(14.4.41))

$$P_i'=\frac{1}{L}\frac{K_i}{K}\frac{L}{V_i}=\frac{|\hat{g}_i|}{K},\qquad i=1,2,\cdots,N.$$

$|\hat{g}_i|$是$|g(\boldsymbol{x})|$在体积元V_i中的平均值，当V_i足够小，$|\hat{g}_i|\sim|g_i(\boldsymbol{x})|$，因此，近似地有

$$P_i'\approx\frac{|g_i(\boldsymbol{x})|}{\int_{V_s}|g(\boldsymbol{x})|\,\mathrm{d}\boldsymbol{x}}.$$

与式(14.4.32)对比可知，P_i'接近于重要抽样方法中的概率密度$f(\boldsymbol{x})$，这就使积分

估计值的方差大大减小. 如此迭代下去，直至达到所要求的精度为止.

如果相当多次迭代之后尚不能达到所要求的精度，则应考虑增加总的抽样点数目 L.

14.5　蒙特卡罗法应用于粒子传播问题

核物理、基本粒子物理研究的基本问题是原子核和基本粒子的衰变、相互作用，这些过程中的一大部分都具有随机的性质，例如，不稳定核或粒子衰变产生一个或多个末态粒子，这些末态粒子的种类、空间角分布、能量分布，等等，都是随机变量.

一个粒子射入介质时，要经历一系列碰撞或相互作用，其中的每一次碰撞或相互作用都是随机过程，而且下一次碰撞与前一次碰撞是完全独立的. 这一连串的随机过程构成马尔科夫过程.

粒子穿入介质后的状况可以通过物理实验加以测定. 但如果粒子与物质的碰撞或相互作用的规律是清楚的，那么粒子运动的这种马尔科夫过程，完全能够用蒙特卡罗法正确地加以模拟. 通过对粒子的追踪，可以从粒子的初态参数(种类、能量、方向等)得到任何中间态和末态的参数,从而求得对于各种有关问题的答案.

这类涉及粒子的传播、粒子与物质的相互作用的问题可以统称为粒子传播问题，它在基本粒子物理、核物理和宇宙线研究中是具有典型意义的.

粒子传播问题的经典处理方法是利用粒子传播的宏观方程来求得问题的解，例如中子物理中的中子扩散方程. 宏观方程的优点在于对所研究的问题提供比较多的信息，例如给出近似公式、渐近关系等，因而对问题的解有整体的概貌性的了解. 但是对边界条件复杂的问题，利用宏观方程很难处理；更何况牵涉到多种过程的复杂问题，常常无法求得宏观方程.

蒙特卡罗法恰恰相反，只要问题所涉及的相互作用规律已经了解，粒子的追踪是十分简单的，任何复杂的边界条件都可以处理. 由于蒙特卡罗法对过程中的所有粒子都可以逐个追踪，所以它可以给出非常详尽的信息，例如，任何时刻的状态，任何界面上粒子的能量分布、飞行方向分布等，这一优点是其他任何方法不能比拟的. 它的缺点在于只能给出描述问题的特定初态参数值下的具体答案，而不能给出问题解的整体性质.

粒子传播问题中粒子的模拟追踪是根据粒子相互作用的物理规律的概率模型. 反过来，如果对于某一种相互作用的物理规律不了解，我们可以设想描写它的作用规律的模型，利用蒙特卡罗法的计算结果与实验结果的对比来验证模型的正确性. 这种方法在粒子物理的研究中被广泛地采用.

蒙特卡罗法解粒子传播问题的要点可以归结为：①构造物理过程的概率分布

并产生其随机数；②处理边界条件；③对于复杂的、尤其是涉及多分支过程的问题，正确地组织和编写计算机程序.

蒙特卡罗法解粒子追踪问题显然涉及问题本身的物理内容. 为了避免过多地陷进物理本身的讨论，我们以一个简化了的物理实验为例，以说明蒙特卡罗法模拟物理实验的基本思路.

设想如图 14.12 的一个实验装置. 能量单一的准直 γ 光子细束垂直地射入被称为转换体的一块介质. γ 光子与物质的作用基本上是光电效应、康普顿散射和电子对产生，我们只考虑康普顿散射，即光子和原子中的一个电子碰撞，作用结果是光子被散射偏离原来的运动方向、能量降低，而电子得到一部分能量飞离原来所在的原子. 散射光子 γ′和电子 e 的飞出角度、能量有一定的分布. 如果图中的探测器 1(对 γ 光子灵敏)测到散射光子 γ′，探测器 2(对电子灵敏)测到电子 e，那么这两个探测器都有电脉冲输出，符合电路就产生一个输出脉冲，使得门电路打开，探测器 2 的主脉冲(其脉冲幅度正比于电子在探测器中的能量损失)得以通过门电路并被脉冲幅度分析器记录下脉冲幅度. 当许多同样能量的光子射入转换体，就能得到有一定分布的脉冲幅度谱，称为响应谱. 利用一系列不同能量但数量相等的 γ 光子入射得到一系列的响应谱. 如果能量连续、强度未知的 γ 射线射入转换体，得到对应的脉冲幅度谱，则可以用测到的一系列响应谱对它进行分析，求出入射 γ 射线的能量和强度分布.

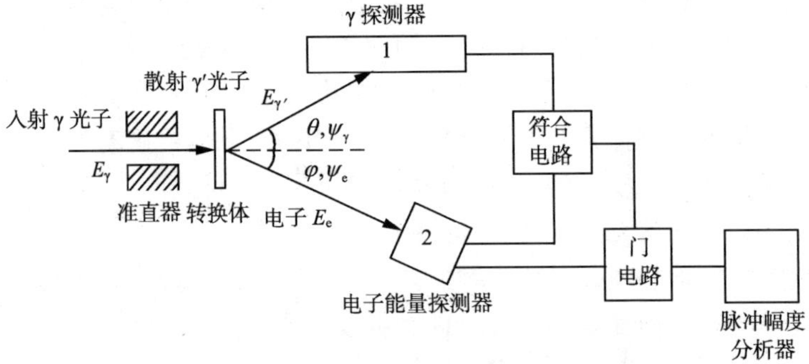

图 14.12　利用康普顿散射原理测量 γ 光子能谱的装置

响应谱自然可以利用实验来测定. 但是一系列不同能量的单能 γ 束是很难得到的. 我们可以通过蒙特卡罗法来模拟整个实验，以求得任意单能 γ 束的响应谱.

当能量 E_γ的光子垂直入射到转换体上，在其中发生康普顿散射的概率为

$$p = 1 - \exp[-\sigma(E_\gamma)\cdot d], \qquad \sigma = \frac{zpN_a}{A}\cdot\sigma_a = C\sigma_a(E_\gamma), \tag{14.5.1}$$

其中 C 是常数,与转换体物质种类有关；σ_a 是转换体物质原子的每个电子的康普

顿散射截面，与 E_γ 有关，可由核数据表查到；d 是转换体厚度.

令康普顿散射后的散射光子和电子的能量分别为 E'_γ 和 E_e，核物理知识告诉我们有下述关系：

$$E'_\gamma=\frac{E_\gamma}{1+\frac{E_\gamma}{0.511}(1-\cos\theta)},\qquad E_e=E_\gamma-E'_\gamma. \tag{14.5.2}$$

令散射光子对原入射光子的角度为 (θ,ψ_γ)，电子对原入射光子的角度为 (φ,ψ_e)，其中 θ、φ 为极角，ψ_γ、ψ_e 为方位角，则存在如下一一对应的关系(图 14.12)：

$$\begin{aligned}&\operatorname{ctg}\varphi=\left(1+\frac{E_\gamma}{0.511}\right)\tan\frac{\theta}{2},\qquad 0\leqslant\theta,\varphi\leqslant\pi,\\&\psi_\gamma=\psi_e+\pi,\qquad 0\leqslant\psi_\gamma,\psi_e\leqslant 2\pi.\end{aligned}\tag{14.5.3}$$

如果其中的一个粒子(如电子)的飞行方向确定了，则另一个的方向随之确定. 假定电子的飞出方向 (φ,ψ_e) 的分布可用 $f(\varphi,\psi_e)$ 表示

$$\int_0^{2\pi}\int_0^{\pi}f(\varphi,\psi_e)\mathrm{d}\varphi\mathrm{d}\psi_e=1.$$

我们的问题是，当 N_0 个能量 E_γ 的光子垂直射到转换体上，脉冲幅度分析器接收到多少个脉冲，它们的幅度分布(谱)如何.

当 N_0 个光子入射，发生康普顿散射的光子数 N 由式(14.5.1)求出

$$N=N_0p=N_0(1-\mathrm{e}^{-\sigma d}).$$

这 N 次散射中，每个散射电子的飞行方向由服从分布 $f(\varphi,\psi_e)$ 的 N 对随机数 $\{\xi_\varphi,\xi_{\psi_e}\}$ 决定，与之对应，散射光子的飞行方向 θ^*,ψ_γ^* 由 ξ_φ,ξ_{ψ_e} 代入式(14.5.3)得出.

如果方向为 $\{\xi_\varphi,\xi_{\psi_e}\}$ 的电子恰好落入探测器 2，与之对应的散射光子又落入探测器 1(假定探测效率都是 100%)，则这是一个可被记录的有效事例. 若共有 n 个有效事例，则脉冲幅度分析器接收到 n 个脉冲.

可以适当选择探测器 2 的形状和大小，使得进入探测器 2 的电子被吸收全部能量，这样探测器 2 的输出脉冲幅度 V 的分布为正态分布，其均值 V_0 与电子能量成正比

$$g(V) \sim \exp\left\{-\frac{1}{2}\left(\frac{V-V_0}{\sigma_V}\right)^2\right\}, \qquad V_0 = bE_\text{e}, \tag{14.5.4}$$

其中 b 是某个常数. 于是，n 个有效事例中的电子能量 E_e 由式(14.5.2)求得

$$E_\text{e} = E_\gamma\left\{1 - \frac{1}{1+\frac{E_\gamma}{0.511}(1-\cos\theta^*)}\right\}.$$

这些电子在探测器 2 中产生的脉冲幅度由服从分布 $g(V)$ 的随机数 ξ_V 确定. 这 n 个 ξ_V 值就是我们要求的脉冲幅度谱，即响应谱. 这样，通过对实验过程中粒子的追踪，得到了实验的“模拟”结果.

如果描述各个物理过程的公式是正确的，在 N_0 很大的情形下，“模拟”的结果将与实验结果相当一致. 由于模拟可以用计算机进行，描述实验的几何和物理参数可以随意改变，因此，蒙特卡罗法模拟有很大的灵活性，特别是由于条件的限制，一些实验测量无法实行时，蒙特卡罗法模拟“实验”的数据更有其特殊的重要性，成为实验设计和实验结果分析的有力工具.

近代核物理、基本粒子物理的大型实验研究，其设备庞大、精细、昂贵，物理过程的相互作用复杂，实验过程延续多年，耗费大量人力和物力，因此，实验设计的优化极其重要，而纯粹的解析方法几乎不能对实验的设计提供较为精确的预测. 同时，对牵涉复杂过程的实验数据，纯粹的解析方法同样不能给以恰当的说明. 因此，蒙特卡罗法模拟成为核物理、基本粒子物理实验中进行实验设计和实验数据分析的最广泛使用、最重要的数学工具.

参 考 文 献

概率和统计

[1] Kendal M, Stuart A. The advanced theory of statistics. London: Charles Griffin & Company Limited, 1963, 1967, 1966, 1, 2, 3

[2] Cramer H. Mathematical methods of statistics. Princeton: Princeton University Press, 1966

[3] Fisher R. Statistical methods for research workers. Edinburgh-London: Oliver and Boyd, 1958

[4] Feller W. An introduction to probability theory and its applications. John Wiley and Sons, 1966, 1968. vol. 1.2

[5] Bradley J. Distribution-free statistical tests. New Jersey: Englewood Cliffs, Prentice-Hall, Inc., 1968

[6] Breiman L. Statistics with a view toward applications. Boston: Houghton Mifflin Company, 1973

[7] Lindley D. Introduction to probability and statistics. London: Cambridge University Press, 1965. vol. 1.2

[8] Mood A, Grayball F, Boes D. Introduction to the Theory of Statistics. New York: McGraw-Hill Book Company, Inc., 1974

[9] Walpole R. Introduction to statistics. New York: Macmillan Publishing Co., Inc., London: Collier Macmillan Publishers, 1982

[10] Hogg R, Craig A. Introduction to mathematical statistics. New York: Macmillan Publishing Co., Inc., 1978

[11] Larsen R, Marx M. An introduction to mathematical statistics and its application. Englewood Cliffs, New Jersey: Prentice-Hall, 1981

[12] Larson H. Introduction to probability theory and statistical inference. New York: John Wiley & Sons, 1982

[13] Neter J et al. Applied statistics. Boston: Allyn and Bacon, Inc., 1982

[14] Rohatgi V. An introduction to probability theory and mathematical statistics. New York: John Wiley & Sons, 1976

[15] Sachs L. Applied statistics: A handbook of techniques. 2nd edition, New York: Springer-Verlag, 1982

[16] Rose C, Smith M D. Mathematical statistics with mathematica. Berlin: Springer, 2002

[17] Lehman E. Nonparametrics: statistical methods based on ranks. San Francisco: Holden Day, Inc., 1975

[18] Kruskal W, Wallis W. The use of ranks in one-criterion variance analysis. J. Amer. Statist. Ass., 1952(47): 583

[19] David F. A χ^2 "smooth" test for goodness-of-fit. Biome-trika, 1947,(34): 299

[20] Wilcoxon F. Individual comparisions by ranking methods. Biometrics Bulletin, 1945(1): 80

[21] Durbin J. Kolmogorov-Smilnov tests when parameters are estimated with applications to tests of exponentiality and tests on spacings, Biometrika, 1975,(62): 5

[22] 复旦大学. 概率论. 北京：人民教育出版社，1979

[23] 中山大学. 概率论与数理统计. 北京：人民教育出版社，1980

[24] 王福保. 概率论及数理统计. 上海：同济大学出版社，1984

[25] 茆诗松等. 高等数理统计. 北京：高等教育出版社，1998

[26] 范金城，吴可法编著. 统计推断导引. 北京：科学出版社，2001

概率和统计在物理学中的应用

[27] Eadie W et al. Statistical methods in experimental physics. Amsterdam-London: North-Holland Publishing Company, 1971

[28] Cooper B. Statistics for experimentalists. Oxford: Pergamin Press, 1969

[29] Bevington P. Data reduction and error analysis for the physical sciences. New York: Mc Graw-Hill Book Company, 1974

[30] Brandt S. Statistical and computational methods in data analysis. 2nd revised edition. Amsterdam: North-Holland Publishing Company, 1976
[31] Frodesen A et al. Probability and statistics in particle physics. Universitetsforlaget, Bergen-Oslo-Tromsϕ, 1979
[32] Martin B. Statistics for physicists. London-New York: Academic Press, 1971
[33] Dowdy S, Weardon S, Chilko D. Statistics for Research. 3th edition, New Jersey: John Wiley & Sons, Inc., 2004
[34] Mickey R M, Dunn O J, Clark V A. Applied Statistics, 3rd edition, New Jersey: John Wiley & Sons, Inc., 2004
[35] Solmits F. Analysis of experiments in particle physics. Ann. Rev. Nucl. Sci., 1964, (14): 375
[36] Green J, Margerison D. Statistical treatment of experimental data. Amsterdam-Oxford-New York: Elsevier Scientific Publishing Company, 1978
[37] Bethea R. et al. Statistical methods for engineers and scientists. New York and Basel: Marcel Dekker, Inc., 1975
[38] Box E. Statistics for experimenters. New York: John Wiley & Sons, 1978
[39] Ogawa J. Statistical theory of the analysis of experimental Designs. New York: Macel Dekker, Inc., 1974
[40] Mandel J. The statistical analysis of experimental Data. New York: John Wiley & Sons, 1964
[41] Walpole R, Myers R. Probability and statistics for engineer and scientists. New York: Macmillan Publishing Co., Inc., 1978
[42] Meyer S. Data analysis for scientists and engineers. New York: John Wiley & Sons, Inc., 1975
[43] Björck A. Least squares methods in physics and engineering. CERN 81-16, Geneva, 1981
[44] Wind H. Function parametrization. CERN 72-21, Geneva, 1972
[45] James F. Determining the statistical significance of experimental results. CERN DD 81-02, Geneva, 1981
[46] Orear J. Notes on statistics for physics(revised). CLNS 82/511, Cornell Univ., Ithaca, 1982
[47] Hudson D. Lectures on elementary statistics and probability. CERN 63-29, Geneva, 1963; Statistic Lectures 2: Maximun Likehood and Least Square Theory, CERN 64-18, Geneva, 1964
[48] Lyons L. Statistics for Nuclear and Particle Physicists. Cambridge: Cambridge University Press, 1986
[49] Cowan G. Statistical data analysis. New York: Oxford University Press Inc., 1998
[50] Brandt S. Data Analysis. 3rd edition, Springer-Verlag New York Inc., 1999
[51] CERN 2000-005(2000)
[52] Proceedings of the Conference "Advanced Statistical Techniques in Particle Physics", Grey College, Durham, UK, 2002
[53] 李惕碚. 实验的数学处理. 北京：科学出版社，1983
[54] 赵特伟. 试验数据的整理与分析. 北京：铁道出版社，1981
[55] Barlow R. arXiv Physics/0406120, 2004
[56] Particle Data Group, Aguilar-Benitez M et al. Phys. Rev. 1992(D45): Part 2
[57] Schmelling M. Phys. Scripta, 1995(51): 676
[58] Ablikim M et al. BES collaboration, Phys. Rev. 2004(D70): 112007
[59] Neyman J. Phil. Trans. Royal Soc. London, Series, 1937(A236): 333, A Selection of Early Statistical Papers on J. Neyman. Berkeley: University of California Press, 1967. 250~289
[60] Feldman G, Cousins R. Phys, Rev. 1998(D57): 3873
[61] Roe B, Woodroofe M. Phys. Rev. 1999(D60): 053009
[62] Conrad J et al. Phys. Rev. 2003(D67): 012002
[63] Bityukov S I et al., Nucl. Instr. Meth. in Phys. Resear. 2000(A452): 518, Proc. of Conf. "Advanced statistical techniques in particle physics", Durham, UK, 2002. 77, I. Narsky, Nucl. Instr. Meth. 2000(A450): 444
[64] Yongsheng Zhu(朱永生). archive: 高能物理与核物理. 2006, 30: 331

数理统计表

[65] Owen D. Handbook of Statistical Tables, Addison-Wesley Publishing Company, Inc., Reading, Massachusetts, 1962
[66] Miller L. Table of percentage points of kolmogor ov statistics, J. Amer Statist. Ass, 1956, (51): 111
[67] Resnikoff G, Lieberman G. Table of the noncentral t-distribution. Stanford University Press, 1957
[68] Verdoren L. Extended tables of critical values for Wilcoxon's test statistic. Biometrika, 1963,(50): 177
[69] Pearson E, Hartley H. Biometrika tables for statisticians. Cambridge, 1970, 1972, 1, 2
[70] 中国科学院数学研究所概率统计室. 常用数理统计表. 北京：科学出版社，1974

最优化方法

[71] James F. Function minimization. CERN 72-21, Geneva, 1972
[72] Kowalik J et al. Methods for unconstrained optimization problems. New York: American Elsevier Publishing Co., Inc., 1968
[73] Dixon L. Non-linear optimization. London: English Universities Press, 1972
[74] Sheppey G. Minimization and curve fltting. CERN 68-5, Geneva, 1968
[75] Davidon W. Variance algorithm for minimization. Comp. J., 1968(10): 406
[76] Nelder J et al. A simplex method for function minimization. Comp. J., 1965,(7): 308
[77] Rosenbrock H. An automatic method for finding the greatest or least value of a function. Comp. J., 1960,(3): 175
[78] Hook R, Jeeves T. Direct search solution of numerical and statistical problems. J. Assoc. Comp. Mach, 1961,(8): 212
[79] Fletcher R, Reeves C. Function minimization by conjugate gradients. Comp. J., 1964,(7): 149
[80] Powell M. An efficient method for finding the minimum of a function of several vari ables without calculating derivatives. Comp. J., 1964,(7): 155
[81] Broyden C. Quasi-Newton methods and the application to function minimization. Math. Compu., 1967,(21): 368
[82] Evans D. et al. Exact treatment of search statistics. Nucl. Instr. Meth., 1967,(56): 289
[83] Gelfand I, Tsetlin M. The principle of nonlocal search in automatic optimization systems. Soviet Phys. Dokl., 1961(6): 192
[84] Goldstein A, Price J. On descent from local minima. Math. Comput., 1971,(25): 569
[85] CERN Program Library. D506 MINUIT. Function Minimization and Error Analysis Geneva, 1981
[86] 希梅尔布劳 D. 张义荣等译. 实用非线性规划. 北京：科学出版社，1981
[87] 席少霖，赵凤治. 最优化计算方法. 上海：上海科学技术出版社，1983
[88] 蔡宣三. 最优化与最优控制. 北京：清华大学出版社，1982
[89] 南京大学数学系计算数学专业. 最优化方法. 北京：科学出版社，1984
[90] 邓乃扬等. 无约束最优化计算方法. 北京：科学出版社，1982
[91] 袁亚湘、孙文瑜编著. 最优化理论与方法. 北京：科学出版社，1997

蒙特卡罗法

[92] Hammersley J et al. Monte Carlo Methods. London: Methuen & Co. Ltd., 1967
[93] Buslenko N et al. The Monte Carlo methods. Oxford: Pergamon Press, 1966
[94] Knuth D. The art of computer programming. Addison-Wesley Publishing Company, Reading, Massachusetts, 1969
[95] James F. Monte Carlo phase space. CERN 68-15, Geneva, 1968

[96] Lautrup B. An adaptive multidimensional integration technique. 2nd Colloquium on Advanced Computing Methods in Theoretical Physics, Marseille, 1971
[97] Dufner A. An adaptive multidimensional numerical integration subroutine. Proc. of the Colloquium on Computational Methods in Theoretical Physics, Marseille, 1970
[98] Zerby C. A Monte Carlo calculation of the response of Gamma ray scintillation counter. Methods in Comput. Phys., 1963(1): 89
[99] Berger M. Monte Carlo calculation of the penetration and diffusion of fast charged particles. Methods in Comput. Phys., 1963(1): 135
[100] CERN Program Library, D114 RIWIAD, Geneva, 1981
[101] 裴鹿成, 张孝泽. 蒙特卡罗方法及其在粒子输运问题中的应用. 北京：科学出版社，1980

概率和统计在粒子物理实验中的应用

[102] Mark-J Collaboration①. Test of quantum electrodynamics at $\sqrt{s}=13$ and 17 GeV. Phys. Rev. Lett., 1979,(42): 1110
[103] Mark-J Collaboration, Discovery of three jet events and a test of quantum chromodynamics at PETRA. Phys. Rev. Lett., 1979,(43): 830
[104] Mark-J Collaboration. Study of electron-positron collisions at center-of-mass energies of 27.4 and 27.7 GeV at PETRA. Phys. Rev. Lett., 1979,(43): 901
[105] Mark-J Collaboration. Test of universality of charged leptons. Phys. Rev. Lett., 1979(43): 1915
[106] Mark-J Collaboration. Search for the production of a new quark flavor at the C. M. system energies between 33 and 35.8 Gev. Phys. Rev. Lett., 1980(44): 1722
[107] Mark-J Collaboration. Physics with high energy electron positron colliding beams with the Mark-J detector. Phys. Rep., 1980,(63): 337
[108] Mark-J Collaboration. Search for top quark and a test of models without top quark at the highest PETRA energies. Phys. Rev. Lett., 1983,(50): 799
[109] Mark-J Collaboration. A summary of experimental results from Mark-J: high energy e^+e^- collisions at PETRA. Phys. Rep., 1984,(109): 131
[110] Zhu Yongsheng(朱永生). Monte Carlo calculation on achievable accuracy of Tau lifetime measurement by using TEC type vertex chamber in e^+e^- interaction at center of mass energy $\sqrt{s}=40$ GeV. Chinese Physics, 1985(5): 100
[111] Mark-J 合作组. 光子、轻子、层子及胶子. 中国科学，1980
[112] Mark-J 合作组. 高能正负电子对撞物理的最新实验结果——Mark-J 实验总结. 物理学进展，1984,(4): 301
[113] 朱永生. 质心系能量 40GeV e^+e^- 反应中，利用时间扩展室测定 τ 粒子寿命可达到精度的蒙特卡罗计算. 高能物理与核物理，1984,(5): 513
[114] BES Collaboration②. Measurement of the mass of the Tao lepton. Phys. Rev. Lett., 1992, (69): 3021
[115] BES Collaboration. A Measurement of J/ψ decay widths. Phys. Lett., 1995, (B355): 374
[116] BES Collaboration. Measurement of the cross section for $e^+e^- \to$Hadrons at center-of-mass energies from 2-5 GeV. Phys. Rev. Lett., 2002, (88): 101802
[117] BES Collaboration. A measurement of $\psi(2S)$ resonance parameters. Phys. Lett., 2002, (B550): 24
[118] BES Collaboration. $\psi(2S)$ two-and three-body hadronic decays. Phys. Rev., 2003, (D67): 052002

① Mark-J Collaboration(Mark-J 合作组)是丁肇中教授领导的粒子物理实验研究组. 本书作者是该组成员之一.
② BES Collaboration (BES 合作组)是中国高能物理研究所和美国、日本等国内外近 20 个研究所和大学组成的国际粒子物理实验研究组。本书作者是该组成员之一。

[119] BES Collaboration. Measurement of $\psi(2S)$ decays into vector-tensor final states. Phys. Rev., 2004, (D69): 072001

[120] BES Collaboration. $\psi(2S)$ decays into J/ψ plus two photons. Phys. Rev., 2004, (D70): 012006

[121] BES Collaboration. Measurements of $\psi(2S)$ decays into $\varphi\pi^0$, $\varphi\eta$, $\varphi\eta'$, $\omega\eta$, and $\omega\eta'$. Phys. Rev., 2004, (D70): 112003

[122] BES Collaboration. Measurement of the final states $\omega\pi^0$, $\rho\eta$, and $\rho\eta'$ from $\psi(2S)$ electromagnetic decays and e^+e^- annihilations. Phys. Rev., 2004, (D70): 112007

附　　表

表 1　二项分布表

$$B(r;n,p)=\binom{n}{r}p^r(1-p)^{n-r}$$

表中只列出 $p \leqslant 0.50$ 的二项分布概率值； $p > 0.50$ 的概率值可由下面的关系式求出：

$$B(r;n,p)=B(n-r;n,1-p).$$

n	r	p: 0.01	0.02	0.03	0.05	0.10	0.15	0.20	0.25	0.30	0.40	0.50
1	0	0.9900	0.9800	0.9700	0.9500	0.9000	0.8500	0.8000	0.7500	0.7000	0.6000	0.5000
	1	0.0100	0.0200	0.0300	0.0500	0.1000	0.1500	0.2000	0.2500	0.3000	0.4000	0.5000
2	0	0.9801	0.9604	0.9409	0.9025	0.8100	0.7225	0.6400	0.5625	0.4900	0.3600	0.2500
	1	0.0198	0.0392	0.0582	0.0950	0.1800	0.2550	0.3200	0.3750	0.4200	0.4800	0.5000
	2	0.0001	0.0004	0.0009	0.0025	0.0100	0.0225	0.0400	0.0625	0.0900	0.1600	0.2500
3	0	0.9703	0.9412	0.9127	0.8574	0.7290	0.6141	0.5120	0.4219	0.3430	0.2160	0.1250
	1	0.0294	0.0576	0.0847	0.1354	0.2430	0.3251	0.3840	0.4219	0.4410	0.4320	0.3750
	2	0.0003	0.0012	0.0026	0.0071	0.0270	0.0574	0.0960	0.1406	0.1890	0.2880	0.3750
	3	0.0000	0.0000	0.0000	0.0001	0.0010	0.0034	0.0080	0.0156	0.0270	0.0640	0.1250
4	0	0.9606	0.9224	0.8853	0.8145	0.6561	0.5220	0.4096	0.3164	0.2401	0.1296	0.0625
	1	0.0388	0.0753	0.1095	0.1715	0.2916	0.3685	0.4096	0.4219	0.4116	0.3456	0.2500
	2	0.0006	0.0023	0.0051	0.0135	0.0486	0.0975	0.1536	0.2109	0.2646	0.3456	0.3750
	3	0.0000	0.0000	0.0001	0.0005	0.0036	0.0115	0.0256	0.0469	0.0756	0.1536	0.2500
	4	0.0000	0.0000	0.0000	0.0000	0.0001	0.0005	0.0016	0.0039	0.0081	0.0256	0.0625

续表

	p	0.01	0.02	0.03	0.05	0.10	0.15	0.20	0.25	0.30	0.40	0.50
n	r											
5	0	0.9510	0.9039	0.8587	0.7738	0.5905	0.4437	0.3277	0.2373	0.1681	0.0778	0.0313
	1	0.0480	0.0922	0.1328	0.2036	0.3281	0.3915	0.4096	0.3955	0.3601	0.2592	0.1563
	2	0.0010	0.0038	0.0082	0.0214	0.0729	0.1382	0.2048	0.2637	0.3087	0.3456	0.3125
	3	0.0000	0.0001	0.0003	0.0011	0.0081	0.0244	0.0512	0.0879	0.1323	0.2304	0.3125
	4	0.0000	0.0000	0.0000	0.0000	0.0005	0.0022	0.0064	0.0146	0.0284	0.0768	0.1563
	5	0.0000	0.0000	0.0000	0.0000	0.0000	0.0001	0.0003	0.0010	0.0024	0.0102	0.0313
6	0	0.9415	0.8858	0.8330	0.7351	0.5314	0.3771	0.2621	0.1780	0.1176	0.0467	0.0156
	1	0.0571	0.1085	0.1546	0.2321	0.3543	0.3993	0.3932	0.3560	0.3025	0.1866	0.0937
	2	0.0014	0.0055	0.0120	0.0305	0.0984	0.1762	0.2458	0.2966	0.3241	0.3110	0.2344
	3	0.0000	0.0002	0.0005	0.0021	0.0146	0.0415	0.0819	0.1318	0.1852	0.2765	0.3125
	4	0.0000	0.0000	0.0000	0.0001	0.0012	0.0055	0.0154	0.0330	0.0595	0.1382	0.2344
	5	0.0000	0.0000	0.0000	0.0000	0.0001	0.0004	0.0015	0.0044	0.0102	0.0369	0.0937
	6	0.0000	0.0000	0.0000	0.0000	0.0000	0.0000	0.0001	0.0002	0.0007	0.0041	0.0156
7	0	0.9321	0.8681	0.8080	0.6983	0.4783	0.3206	0.2097	0.1335	0.0824	0.0280	0.0078
	1	0.0659	0.1240	0.1749	0.2573	0.3720	0.3960	0.3670	0.3115	0.2471	0.1306	0.0547
	2	0.0020	0.0076	0.0162	0.0406	0.1240	0.2097	0.2753	0.3115	0.3177	0.2613	0.1641
	3	0.0000	0.0003	0.0008	0.0036	0.0230	0.0617	0.1147	0.1730	0.2269	0.2903	0.2734
	4	0.0000	0.0000	0.0000	0.0002	0.0026	0.0109	0.0287	0.0577	0.0972	0.1935	0.2734
	5	0.0000	0.0000	0.0000	0.0000	0.0002	0.0012	0.0043	0.0115	0.0250	0.0774	0.1641
	6	0.0000	0.0000	0.0000	0.0000	0.0000	0.0001	0.0004	0.0013	0.0036	0.0172	0.0547
	7	0.0000	0.0000	0.0000	0.0000	0.0000	0.0000	0.0000	0.0001	0.0002	0.0016	0.0078
8	0	0.9227	0.8508	0.7837	0.6634	0.4305	0.2725	0.1678	0.1001	0.0576	0.0168	0.0039
	1	0.0746	0.1389	0.1939	0.2793	0.3826	0.3847	0.3355	0.2670	0.1977	0.0896	0.0313
	2	0.0026	0.0099	0.0210	0.0515	0.1488	0.2376	0.2936	0.3115	0.2965	0.2090	0.1094
	3	0.0001	0.0004	0.0013	0.0054	0.0331	0.0839	0.1468	0.2076	0.2541	0.2787	0.2188
	4	0.0000	0.0000	0.0001	0.0004	0.0046	0.0185	0.0459	0.0865	0.1361	0.2322	0.2734

续表

n	r \ p	0.01	0.02	0.03	0.05	0.10	0.15	0.20	0.25	0.30	0.40	0.50
	5	0.0000	0.0000	0.0000	0.0000	0.0004	0.0026	0.0092	0.0231	0.0467	0.1239	0.2188
	6	0.0000	0.0000	0.0000	0.0000	0.0000	0.0002	0.0011	0.0038	0.0100	0.0413	0.1094
	7	0.0000	0.0000	0.0000	0.0000	0.0000	0.0000	0.0001	0.0004	0.0012	0.0079	0.0313
	8	0.0000	0.0000	0.0000	0.0000	0.0000	0.0000	0.0000	0.0000	0.0001	0.0007	0.0039
9	0	0.9135	0.8337	0.7602	0.6302	0.3874	0.2316	0.1342	0.0751	0.0404	0.0101	0.0020
	1	0.0830	0.1531	0.2116	0.2985	0.3874	0.3679	0.3020	0.2253	0.1556	0.0605	0.0176
	2	0.0034	0.0125	0.0262	0.0629	0.1722	0.2597	0.3020	0.3003	0.2668	0.1612	0.0703
	3	0.0001	0.0006	0.0019	0.0077	0.0446	0.1069	0.1762	0.2336	0.2668	0.2508	0.1641
	4	0.0000	0.0000	0.0001	0.0006	0.0074	0.0283	0.0661	0.1168	0.1715	0.2508	0.2461
	5	0.0000	0.0000	0.0000	0.0000	0.0008	0.0050	0.0165	0.0389	0.0735	0.1672	0.2461
	6	0.0000	0.0000	0.0000	0.0000	0.0001	0.0006	0.0028	0.0087	0.0210	0.0743	0.1641
	7	0.0000	0.0000	0.0000	0.0000	0.0000	0.0000	0.0003	0.0012	0.0039	0.0212	0.0703
	8	0.0000	0.0000	0.0000	0.0000	0.0000	0.0000	0.0000	0.0001	0.0004	0.0035	0.0176
	9	0.0000	0.0000	0.0000	0.0000	0.0000	0.0000	0.0000	0.0000	0.0000	0.0003	0.0020
10	0	0.9044	0.8171	0.7374	0.5987	0.3487	0.1969	0.1074	0.0563	0.0282	0.0060	0.0010
	1	0.0914	0.1667	0.2281	0.3151	0.3874	0.3474	0.2684	0.1877	0.1211	0.0403	0.0098
	2	0.0042	0.0153	0.0317	0.0746	0.1937	0.2759	0.3020	0.2816	0.2335	0.1209	0.0439
	3	0.0001	0.0008	0.0026	0.0105	0.0574	0.1298	0.2013	0.2503	0.2668	0.2150	0.1172
	4	0.0000	0.0000	0.0001	0.0010	0.0112	0.0401	0.0881	0.1460	0.2001	0.2508	0.2051
	5	0.0000	0.0000	0.0000	0.0001	0.0015	0.0085	0.0264	0.0584	0.1029	0.2007	0.2461
	6	0.0000	0.0000	0.0000	0.0000	0.0001	0.0012	0.0055	0.0162	0.0368	0.1115	0.2051
	7	0.0000	0.0000	0.0000	0.0000	0.0000	0.0001	0.0008	0.0031	0.0090	0.0425	0.1172
	8	0.0000	0.0000	0.0000	0.0000	0.0000	0.0000	0.0001	0.0004	0.0014	0.0106	0.0439
	9	0.0000	0.0000	0.0000	0.0000	0.0000	0.0000	0.0000	0.0000	0.0001	0.0016	0.0098
	10	0.0000	0.0000	0.0000	0.0000	0.0000	0.0000	0.0000	0.0000	0.0000	0.0001	0.0010
11	0	0.8953	0.8007	0.7153	0.5688	0.3138	0.1673	0.0859	0.0422	0.0198	0.0036	0.0005

续表

n	r \ p	0.01	0.02	0.03	0.05	0.10	0.15	0.20	0.25	0.30	0.40	0.50
	1	0.0995	0.1798	0.2433	0.3293	0.3835	0.3248	0.2362	0.1549	0.0932	0.0266	0.0054
	2	0.0050	0.0183	0.0376	0.0867	0.2131	0.2866	0.2953	0.2581	0.1998	0.0887	0.0269
	3	0.0002	0.0011	0.0035	0.0137	0.0710	0.1517	0.2215	0.2581	0.2568	0.1774	0.0806
	4	0.0000	0.0000	0.0002	0.0014	0.0158	0.0536	0.1107	0.1721	0.2201	0.2365	0.1611
	5	0.0000	0.0000	0.0000	0.0001	0.0025	0.0132	0.0388	0.0803	0.1321	0.2207	0.2256
	6	0.0000	0.0000	0.0000	0.0000	0.0003	0.0023	0.0097	0.0268	0.0566	0.1471	0.2256
	7	0.0000	0.0000	0.0000	0.0000	0.0000	0.0003	0.0017	0.0064	0.0173	0.0701	0.1611
	8	0.0000	0.0000	0.0000	0.0000	0.0000	0.0000	0.0002	0.0011	0.0037	0.0234	0.0806
	9	0.0000	0.0000	0.0000	0.0000	0.0000	0.0000	0.0000	0.0001	0.0005	0.0052	0.0269
	10	0.0000	0.0000	0.0000	0.0000	0.0000	0.0000	0.0000	0.0000	0.0000	0.0007	0.0054
	11	0.0000	0.0000	0.0000	0.0000	0.0000	0.0000	0.0000	0.0000	0.0000	0.0000	0.0005
12	0	0.8864	0.7847	0.6938	0.5404	0.2824	0.1422	0.0687	0.0317	0.0138	0.0022	0.0002
	1	0.1074	0.1922	0.2575	0.3413	0.3766	0.3012	0.2062	0.1267	0.0712	0.0174	0.0029
	2	0.0060	0.0216	0.0438	0.0988	0.2301	0.2924	0.2835	0.2323	0.1678	0.0639	0.0161
	3	0.0002	0.0015	0.0045	0.0173	0.0852	0.1720	0.2362	0.2581	0.2397	0.1419	0.0537
	4	0.0000	0.0001	0.0003	0.0021	0.0213	0.0683	0.1329	0.1936	0.2311	0.2128	0.1208
	5	0.0000	0.0000	0.0000	0.0002	0.0038	0.0193	0.0532	0.1032	0.1585	0.2270	0.1934
	6	0.0000	0.0000	0.0000	0.0000	0.0005	0.0040	0.0155	0.0401	0.0792	0.1766	0.2256
	7	0.0000	0.0000	0.0000	0.0000	0.0000	0.0006	0.0033	0.0115	0.0291	0.1009	0.1934
	8	0.0000	0.0000	0.0000	0.0000	0.0000	0.0001	0.0005	0.0024	0.0078	0.0420	0.1208
	9	0.0000	0.0000	0.0000	0.0000	0.0000	0.0000	0.0001	0.0004	0.0015	0.0125	0.0537
	10	0.0000	0.0000	0.0000	0.0000	0.0000	0.0000	0.0000	0.0000	0.0002	0.0025	0.0161
	11	0.0000	0.0000	0.0000	0.0000	0.0000	0.0000	0.0000	0.0000	0.0000	0.0003	0.0029
	12	0.0000	0.0000	0.0000	0.0000	0.0000	0.0000	0.0000	0.0000	0.0000	0.0000	0.0002
13	0	0.8775	0.7690	0.6730	0.5133	0.2542	0.1209	0.0550	0.0238	0.0097	0.0013	0.0001
	1	0.1152	0.2040	0.2706	0.3512	0.3672	0.2774	0.1787	0.1029	0.0540	0.0113	0.0016
	2	0.0070	0.0250	0.0502	0.1109	0.2448	0.2937	0.2680	0.2059	0.1388	0.0453	0.0095

续表

n	r \ p	0.01	0.02	0.03	0.05	0.10	0.15	0.20	0.25	0.30	0.40	0.50
	3	0.0003	0.0019	0.0057	0.0214	0.0997	0.1900	0.2457	0.2517	0.2181	0.1107	0.0349
	4	0.0000	0.0001	0.0004	0.0028	0.0277	0.0838	0.1535	0.2097	0.2337	0.1845	0.0873
	5	0.0000	0.0000	0.0000	0.0003	0.0055	0.0266	0.0691	0.1258	0.1803	0.2214	0.1571
	6	0.0000	0.0000	0.0000	0.0000	0.0008	0.0063	0.0230	0.0559	0.1030	0.1968	0.2095
	7	0.0000	0.0000	0.0000	0.0000	0.0001	0.0011	0.0058	0.0186	0.0442	0.1312	0.2095
	8	0.0000	0.0000	0.0000	0.0000	0.0000	0.0001	0.0011	0.0047	0.0142	0.0656	0.1571
	9	0.0000	0.0000	0.0000	0.0000	0.0000	0.0000	0.0001	0.0009	0.0034	0.0243	0.0873
	10	0.0000	0.0000	0.0000	0.0000	0.0000	0.0000	0.0000	0.0001	0.0006	0.0065	0.0349
	11	0.0000	0.0000	0.0000	0.0000	0.0000	0.0000	0.0000	0.0000	0.0001	0.0012	0.0095
	12	0.0000	0.0000	0.0000	0.0000	0.0000	0.0000	0.0000	0.0000	0.0000	0.0001	0.0016
	13	0.0000	0.0000	0.0000	0.0000	0.0000	0.0000	0.0000	0.0000	0.0000	0.0000	0.0001
14	0	0.8687	0.7536	0.6528	0.4877	0.2288	0.1028	0.0440	0.0178	0.0068	0.0008	0.0001
	1	0.1229	0.2153	0.2827	0.3593	0.3559	0.2539	0.1539	0.0832	0.0407	0.0073	0.0009
	2	0.0081	0.0286	0.0568	0.1229	0.2570	0.2912	0.2501	0.1802	0.1134	0.0317	0.0056
	3	0.0003	0.0023	0.0070	0.0259	0.1142	0.2056	0.2501	0.2402	0.1943	0.0845	0.0222
	4	0.0000	0.0001	0.0006	0.0037	0.0349	0.0998	0.1720	0.2202	0.2290	0.1549	0.0611
	5	0.0000	0.0000	0.0000	0.0004	0.0078	0.0352	0.0860	0.1468	0.1963	0.2066	0.1222
	6	0.0000	0.0000	0.0000	0.0000	0.0013	0.0093	0.0322	0.0734	0.1262	0.2066	0.1833
	7	0.0000	0.0000	0.0000	0.0000	0.0002	0.0019	0.0092	0.0280	0.0618	0.1574	0.2095
	8	0.0000	0.0000	0.0000	0.0000	0.0000	0.0003	0.0020	0.0082	0.0232	0.0918	0.1833
	9	0.0000	0.0000	0.0000	0.0000	0.0000	0.0000	0.0003	0.0018	0.0066	0.0408	0.1222
	10	0.0000	0.0000	0.0000	0.0000	0.0000	0.0000	0.0000	0.0003	0.0014	0.0136	0.0611
	11	0.0000	0.0000	0.0000	0.0000	0.0000	0.0000	0.0000	0.0000	0.0002	0.0033	0.0222
	12	0.0000	0.0000	0.0000	0.0000	0.0000	0.0000	0.0000	0.0000	0.0000	0.0005	0.0056
	13	0.0000	0.0000	0.0000	0.0000	0.0000	0.0000	0.0000	0.0000	0.0000	0.0001	0.0009
	14	0.0000	0.0000	0.0000	0.0000	0.0000	0.0000	0.0000	0.0000	0.0000	0.0000	0.0001
15	0	0.8601	0.7386	0.6333	0.4633	0.2059	0.0874	0.0352	0.0134	0.0047	0.0005	0.0000

续表

n	r \ p	0.01	0.02	0.03	0.05	0.10	0.15	0.20	0.25	0.30	0.40	0.50
	1	0.1303	0.2261	0.2938	0.3658	0.3432	0.2312	0.1319	0.0668	0.0305	0.0047	0.0005
	2	0.0092	0.0323	0.0636	0.1348	0.2669	0.2856	0.2309	0.1559	0.0916	0.0219	0.0032
	3	0.0004	0.0029	0.0085	0.0307	0.1285	0.2184	0.2501	0.2252	0.1700	0.0634	0.0139
	4	0.0000	0.0002	0.0008	0.0049	0.0428	0.1156	0.1876	0.2252	0.2186	0.1268	0.0417
	5	0.0000	0.0000	0.0001	0.0006	0.0105	0.0449	0.1032	0.1651	0.2061	0.1859	0.0916
	6	0.0000	0.0000	0.0000	0.0000	0.0019	0.0132	0.0430	0.0917	0.1472	0.2066	0.1527
	7	0.0000	0.0000	0.0000	0.0000	0.0003	0.0030	0.0138	0.0393	0.0811	0.1771	0.1964
	8	0.0000	0.0000	0.0000	0.0000	0.0000	0.0005	0.0035	0.0131	0.0348	0.1181	0.1964
	9	0.0000	0.0000	0.0000	0.0000	0.0000	0.0001	0.0007	0.0034	0.0116	0.0612	0.1527
	10	0.0000	0.0000	0.0000	0.0000	0.0000	0.0000	0.0001	0.0007	0.0030	0.0245	0.0916
	11	0.0000	0.0000	0.0000	0.0000	0.0000	0.0000	0.0000	0.0001	0.0006	0.0074	0.0417
	12	0.0000	0.0000	0.0000	0.0000	0.0000	0.0000	0.0000	0.0000	0.0001	0.0016	0.0139
	13	0.0000	0.0000	0.0000	0.0000	0.0000	0.0000	0.0000	0.0000	0.0000	0.0003	0.0032
	14	0.0000	0.0000	0.0000	0.0000	0.0000	0.0000	0.0000	0.0000	0.0000	0.0000	0.0005
	15	0.0000	0.0000	0.0000	0.0000	0.0000	0.0000	0.0000	0.0000	0.0000	0.0000	0.0000
16	0	0.8515	0.7238	0.6143	0.4401	0.1853	0.0743	0.0281	0.0100	0.0033	0.0003	0.0000
	1	0.1376	0.2363	0.3040	0.3706	0.3294	0.2097	0.1126	0.0535	0.0228	0.0030	0.0002
	2	0.0104	0.0362	0.0705	0.1463	0.2745	0.2775	0.2111	0.1336	0.0732	0.0150	0.0018
	3	0.0005	0.0034	0.0102	0.0359	0.1423	0.2285	0.2463	0.2079	0.1465	0.0468	0.0085
	4	0.0000	0.0002	0.0010	0.0061	0.0514	0.1311	0.2001	0.2252	0.2040	0.1014	0.0278
	5	0.0000	0.0000	0.0001	0.0008	0.0137	0.0555	0.1201	0.1802	0.2099	0.1623	0.0667
	6	0.0000	0.0000	0.0000	0.0001	0.0028	0.0180	0.0550	0.1101	0.1649	0.1983	0.1222
	7	0.0000	0.0000	0.0000	0.0000	0.0004	0.0045	0.0197	0.0524	0.1010	0.1889	0.1746
	8	0.0000	0.0000	0.0000	0.0000	0.0001	0.0009	0.0055	0.0197	0.0487	0.1417	0.1964
	9	0.0000	0.0000	0.0000	0.0000	0.0000	0.0001	0.0012	0.0058	0.0185	0.0840	0.1746
	10	0.0000	0.0000	0.0000	0.0000	0.0000	0.0000	0.0002	0.0014	0.0056	0.0392	0.1222
	11	0.0000	0.0000	0.0000	0.0000	0.0000	0.0000	0.0000	0.0002	0.0013	0.0142	0.0667
	12	0.0000	0.0000	0.0000	0.0000	0.0000	0.0000	0.0000	0.0000	0.0002	0.0040	0.0278

续表

n	r	p = 0.01	0.02	0.03	0.05	0.10	0.15	0.20	0.25	0.30	0.40	0.50
	13	0.0000	0.0000	0.0000	0.0000	0.0000	0.0000	0.0000	0.0000	0.0000	0.0008	0.0085
	14	0.0000	0.0000	0.0000	0.0000	0.0000	0.0000	0.0000	0.0000	0.0000	0.0001	0.0018
	15	0.0000	0.0000	0.0000	0.0000	0.0000	0.0000	0.0000	0.0000	0.0000	0.0000	0.0002
	16	0.0000	0.0000	0.0000	0.0000	0.0000	0.0000	0.0000	0.0000	0.0000	0.0000	0.0000
17	0	0.8429	0.7093	0.5958	0.4181	0.1668	0.0631	0.0225	0.0075	0.0023	0.0002	0.0000
	1	0.1447	0.2461	0.3133	0.3741	0.3150	0.1893	0.0957	0.0426	0.0169	0.0019	0.0001
	2	0.0117	0.0402	0.0775	0.1575	0.2800	0.2673	0.1914	0.1136	0.0581	0.0102	0.0010
	3	0.0006	0.0041	0.0120	0.0415	0.1556	0.2359	0.2393	0.1893	0.1245	0.0341	0.0052
	4	0.0000	0.0003	0.0013	0.0076	0.0605	0.1457	0.2093	0.2209	0.1868	0.0796	0.0182
	5	0.0000	0.0000	0.0001	0.0010	0.0175	0.0668	0.1361	0.1914	0.2081	0.1379	0.0472
	6	0.0000	0.0000	0.0000	0.0001	0.0039	0.0236	0.0680	0.1276	0.1784	0.1839	0.0944
	7	0.0000	0.0000	0.0000	0.0000	0.0007	0.0065	0.0267	0.0668	0.1201	0.1927	0.1484
	8	0.0000	0.0000	0.0000	0.0000	0.0001	0.0014	0.0084	0.0279	0.0644	0.1606	0.1855
	9	0.0000	0.0000	0.0000	0.0000	0.0000	0.0003	0.0021	0.0093	0.0276	0.1070	0.1855
	10	0.0000	0.0000	0.0000	0.0000	0.0000	0.0000	0.0004	0.0025	0.0095	0.0571	0.1484
	11	0.0000	0.0000	0.0000	0.0000	0.0000	0.0000	0.0001	0.0005	0.0026	0.0242	0.0944
	12	0.0000	0.0000	0.0000	0.0000	0.0000	0.0000	0.0000	0.0001	0.0006	0.0081	0.0472
	13	0.0000	0.0000	0.0000	0.0000	0.0000	0.0000	0.0000	0.0000	0.0001	0.0021	0.0182
	14	0.0000	0.0000	0.0000	0.0000	0.0000	0.0000	0.0000	0.0000	0.0000	0.0004	0.0052
	15	0.0000	0.0000	0.0000	0.0000	0.0000	0.0000	0.0000	0.0000	0.0000	0.0001	0.0010
	16	0.0000	0.0000	0.0000	0.0000	0.0000	0.0000	0.0000	0.0000	0.0000	0.0000	0.0001
	17	0.0000	0.0000	0.0000	0.0000	0.0000	0.0000	0.0000	0.0000	0.0000	0.0000	0.0000
18	0	0.8345	0.6951	0.5780	0.3972	0.1501	0.0536	0.0180	0.0056	0.0016	0.0001	0.0000
	1	0.1517	0.2554	0.3217	0.3763	0.3002	0.1704	0.0811	0.0338	0.0126	0.0012	0.0001
	2	0.0130	0.0443	0.0846	0.1683	0.2835	0.2556	0.1723	0.0958	0.0458	0.0069	0.0006
	3	0.0007	0.0048	0.0140	0.0473	0.1680	0.2406	0.2297	0.1704	0.1046	0.0246	0.0031
	4	0.0000	0.0004	0.0016	0.0093	0.0700	0.1592	0.2153	0.2130	0.1681	0.0614	0.0117

续表

n	r \ p	0.01	0.02	0.03	0.05	0.10	0.15	0.20	0.25	0.30	0.40	0.50
	5	0.0000	0.0000	0.0001	0.0014	0.0218	0.0787	0.1507	0.1988	0.2017	0.1146	0.0327
	6	0.0000	0.0000	0.0000	0.0002	0.0052	0.0301	0.0816	0.1436	0.1873	0.1655	0.0708
	7	0.0000	0.0000	0.0000	0.0000	0.0010	0.0091	0.0350	0.0820	0.1376	0.1892	0.1214
	8	0.0000	0.0000	0.0000	0.0000	0.0002	0.0022	0.0120	0.0376	0.0811	0.1734	0.1669
	9	0.0000	0.0000	0.0000	0.0000	0.0000	0.0004	0.0033	0.0139	0.0386	0.1284	0.1855
	10	0.0000	0.0000	0.0000	0.0000	0.0000	0.0001	0.0008	0.0042	0.0149	0.0771	0.1669
	11	0.0000	0.0000	0.0000	0.0000	0.0000	0.0000	0.0001	0.0010	0.0046	0.0374	0.1214
	12	0.0000	0.0000	0.0000	0.0000	0.0000	0.0000	0.0000	0.0002	0.0012	0.0145	0.0708
	13	0.0000	0.0000	0.0000	0.0000	0.0000	0.0000	0.0000	0.0000	0.0002	0.0045	0.0327
	14	0.0000	0.0000	0.0000	0.0000	0.0000	0.0000	0.0000	0.0000	0.0000	0.0011	0.0117
	15	0.0000	0.0000	0.0000	0.0000	0.0000	0.0000	0.0000	0.0000	0.0000	0.0002	0.0031
	16	0.0000	0.0000	0.0000	0.0000	0.0000	0.0000	0.0000	0.0000	0.0000	0.0000	0.0006
	17	0.0000	0.0000	0.0000	0.0000	0.0000	0.0000	0.0000	0.0000	0.0000	0.0000	0.0001
	18	0.0000	0.0000	0.0000	0.0000	0.0000	0.0000	0.0000	0.0000	0.0000	0.0000	0.0000
19	0	0.8262	0.6812	0.5606	0.3774	0.1351	0.0456	0.0144	0.0042	0.0011	0.0001	0.0000
	1	0.1586	0.2642	0.3294	0.3774	0.2852	0.1529	0.0685	0.0268	0.0093	0.0008	0.0000
	2	0.0144	0.0485	0.0917	0.1787	0.2852	0.2428	0.1540	0.0803	0.0358	0.0046	0.0003
	3	0.0008	0.0056	0.0161	0.0533	0.1796	0.2428	0.2182	0.1517	0.0869	0.0175	0.0018
	4	0.0000	0.0005	0.0020	0.0112	0.0798	0.1714	0.2182	0.2023	0.1491	0.0467	0.0074
	5	0.0000	0.0000	0.0002	0.0018	0.0266	0.0907	0.1636	0.2023	0.1916	0.0933	0.0222
	6	0.0000	0.0000	0.0000	0.0002	0.0069	0.0374	0.0955	0.1574	0.1916	0.1451	0.0518
	7	0.0000	0.0000	0.0000	0.0000	0.0014	0.0122	0.0443	0.0974	0.1525	0.1797	0.0961
	8	0.0000	0.0000	0.0000	0.0000	0.0002	0.0032	0.0166	0.0487	0.0981	0.1797	0.1442
	9	0.0000	0.0000	0.0000	0.0000	0.0000	0.0007	0.0051	0.0198	0.0514	0.1464	0.1762
	10	0.0000	0.0000	0.0000	0.0000	0.0000	0.0001	0.0013	0.0066	0.0220	0.0976	0.1762
	11	0.0000	0.0000	0.0000	0.0000	0.0000	0.0000	0.0003	0.0018	0.0077	0.0532	0.1442
	12	0.0000	0.0000	0.0000	0.0000	0.0000	0.0000	0.0000	0.0004	0.0022	0.0237	0.0961
	13	0.0000	0.0000	0.0000	0.0000	0.0000	0.0000	0.0000	0.0001	0.0005	0.0085	0.0518

续表

	p	0.01	0.02	0.03	0.05	0.10	0.15	0.20	0.25	0.30	0.40	0.50
n	r											
	14	0.0000	0.0000	0.0000	0.0000	0.0000	0.0000	0.0000	0.0000	0.0001	0.0024	0.0222
	15	0.0000	0.0000	0.0000	0.0000	0.0000	0.0000	0.0000	0.0000	0.0000	0.0005	0.0074
	16	0.0000	0.0000	0.0000	0.0000	0.0000	0.0000	0.0000	0.0000	0.0000	0.0001	0.0018
	17	0.0000	0.0000	0.0000	0.0000	0.0000	0.0000	0.0000	0.0000	0.0000	0.0000	0.0003
	18	0.0000	0.0000	0.0000	0.0000	0.0000	0.0000	0.0000	0.0000	0.0000	0.0000	0.0000
	19	0.0000	0.0000	0.0000	0.0000	0.0000	0.0000	0.0000	0.0000	0.0000	0.0000	0.0000
20	0	0.8179	0.6676	0.5438	0.2585	0.1216	0.0388	0.0115	0.0032	0.0008	0.0000	0.0000
	1	0.1652	0.2725	0.3364	0.3774	0.2702	0.1368	0.0576	0.0211	0.0068	0.0005	0.0000
	2	0.0159	0.0528	0.0988	0.1887	0.2852	0.2293	0.1369	0.0669	0.0278	0.0031	0.0002
	3	0.0010	0.0065	0.0183	0.0596	0.1901	0.2428	0.2054	0.1339	0.0716	0.0123	0.0011
	4	0.0000	0.0006	0.0024	0.0133	0.0898	0.1821	0.2182	0.1897	0.1304	0.0350	0.0046
	5	0.0000	0.0000	0.0002	0.0022	0.0319	0.1028	0.1746	0.2023	0.1789	0.0746	0.0148
	6	0.0000	0.0000	0.0000	0.0003	0.0089	0.0454	0.1091	0.1686	0.1916	0.1244	0.0370
	7	0.0000	0.0000	0.0000	0.0000	0.0020	0.0160	0.0545	0.1124	0.1643	0.1659	0.0739
	8	0.0000	0.0000	0.0000	0.0000	0.0004	0.0046	0.0222	0.0609	0.1144	0.1797	0.1201
	9	0.0000	0.0000	0.0000	0.0000	0.0001	0.0011	0.0074	0.0271	0.0654	0.1597	0.1602
	10	0.0000	0.0000	0.0000	0.0000	0.0000	0.0002	0.0020	0.0099	0.0308	0.1171	0.1762
	11	0.0000	0.0000	0.0000	0.0000	0.0000	0.0000	0.0005	0.0030	0.0120	0.0710	0.1602
	12	0.0000	0.0000	0.0000	0.0000	0.0000	0.0000	0.0001	0.0008	0.0039	0.0355	0.1201
	13	0.0000	0.0000	0.0000	0.0000	0.0000	0.0000	0.0000	0.0002	0.0010	0.0146	0.0739
	14	0.0000	0.0000	0.0000	0.0000	0.0000	0.0000	0.0000	0.0000	0.0002	0.0049	0.0370
	15	0.0000	0.0000	0.0000	0.0000	0.0000	0.0000	0.0000	0.0000	0.0000	0.0013	0.0148
	16	0.0000	0.0000	0.0000	0.0000	0.0000	0.0000	0.0000	0.0000	0.0000	0.0003	0.0046
	17	0.0000	0.0000	0.0000	0.0000	0.0000	0.0000	0.0000	0.0000	0.0000	0.0000	0.0011
	18	0.0000	0.0000	0.0000	0.0000	0.0000	0.0000	0.0000	0.0000	0.0000	0.0000	0.0002
	19	0.0000	0.0000	0.0000	0.0000	0.0000	0.0000	0.0000	0.0000	0.0000	0.0000	0.0000
	20	0.0000	0.0000	0.0000	0.0000	0.0000	0.0000	0.0000	0.0000	0.0000	0.0000	0.0000

续表

n	r \ p	0.01	0.02	0.03	0.05	0.10	0.15	0.20	0.25	0.30	0.40	0.50
25	0	0.7778	0.6035	0.4670	0.2774	0.0718	0.0172	0.0038	0.0008	0.0001	0.0000	0.0000
	1	0.1964	0.3079	0.3611	0.3650	0.1994	0.0759	0.0236	0.0063	0.0014	0.0000	0.0000
	2	0.0238	0.0754	0.1340	0.2305	0.2659	0.1607	0.0708	0.0251	0.0074	0.0004	0.0000
	3	0.0018	0.0118	0.0318	0.0830	0.2265	0.2174	0.1358	0.0641	0.0243	0.0019	0.0001
	4	0.0001	0.0013	0.0054	0.0269	0.1384	0.2110	0.1867	0.1175	0.0572	0.0071	0.0004
	5	0.0000	0.0001	0.0007	0.0060	0.0646	0.1564	0.1960	0.1645	0.1030	0.0199	0.0016
	6	0.0000	0.0000	0.0001	0.0010	0.0239	0.0920	0.1633	0.1828	0.1472	0.0442	0.0053
	7	0.0000	0.0000	0.0000	0.0001	0.0072	0.0441	0.1108	0.1654	0.1712	0.0800	0.0143
	8	0.0000	0.0000	0.0000	0.0000	0.0018	0.0175	0.0623	0.1241	0.1651	0.1200	0.0322
	9	0.0000	0.0000	0.0000	0.0000	0.0004	0.0058	0.0294	0.0781	0.1336	0.1511	0.0609
	10	0.0000	0.0000	0.0000	0.0000	0.0001	0.0016	0.0118	0.0417	0.0916	0.1612	0.0974
	11	0.0000	0.0000	0.0000	0.0000	0.0000	0.0004	0.0040	0.0189	0.0536	0.1465	0.1328
	12	0.0000	0.0000	0.0000	0.0000	0.0000	0.0001	0.0012	0.0074	0.0268	0.1140	0.1550
	13	0.0000	0.0000	0.0000	0.0000	0.0000	0.0000	0.0003	0.0025	0.0115	0.0760	0.1550
	14	0.0000	0.0000	0.0000	0.0000	0.0000	0.0000	0.0001	0.0007	0.0042	0.0434	0.1328
	15	0.0000	0.0000	0.0000	0.0000	0.0000	0.0000	0.0000	0.0002	0.0013	0.0212	0.0974
	16	0.0000	0.0000	0.0000	0.0000	0.0000	0.0000	0.0000	0.0000	0.0004	0.0088	0.0609
	17	0.0000	0.0000	0.0000	0.0000	0.0000	0.0000	0.0000	0.0000	0.0001	0.0031	0.0322
	18	0.0000	0.0000	0.0000	0.0000	0.0000	0.0000	0.0000	0.0000	0.0000	0.0009	0.0143
	19	0.0000	0.0000	0.0000	0.0000	0.0000	0.0000	0.0000	0.0000	0.0000	0.0002	0.0053
	20	0.0000	0.0000	0.0000	0.0000	0.0000	0.0000	0.0000	0.0000	0.0000	0.0000	0.0016
	21	0.0000	0.0000	0.0000	0.0000	0.0000	0.0000	0.0000	0.0000	0.0000	0.0000	0.0004
	22	0.0000	0.0000	0.0000	0.0000	0.0000	0.0000	0.0000	0.0000	0.0000	0.0000	0.0001
	23	0.0000	0.0000	0.0000	0.0000	0.0000	0.0000	0.0000	0.0000	0.0000	0.0000	0.0000
	24	0.0000	0.0000	0.0000	0.0000	0.0000	0.0000	0.0000	0.0000	0.0000	0.0000	0.0000
	25	0.0000	0.0000	0.0000	0.0000	0.0000	0.0000	0.0000	0.0000	0.0000	0.0000	0.0000
30	0	0.7397	0.5455	0.4010	0.2146	0.0424	0.0076	0.0012	0.0002	0.0000	0.0000	0.0000
	1	0.2242	0.3340	0.3721	0.3389	0.1413	0.0404	0.0093	0.0018	0.0003	0.0000	0.0000

续表

	p	0.01	0.02	0.03	0.05	0.10	0.15	0.20	0.25	0.30	0.40	0.50
n	r											
	2	0.0328	0.0988	0.1669	0.2586	0.2277	0.1034	0.0337	0.0086	0.0018	0.0000	0.0000
	3	0.0031	0.0188	0.0482	0.1270	0.2361	0.1703	0.0785	0.0269	0.0072	0.0003	0.0000
	4	0.0002	0.0026	0.0101	0.0451	0.1771	0.2028	0.1325	0.0604	0.0208	0.0012	0.0000
	5	0.0000	0.0003	0.0016	0.0124	0.1023	0.1861	0.1723	0.1047	0.0464	0.0041	0.0001
	6	0.0000	0.0000	0.0002	0.0027	0.0474	0.1368	0.1795	0.1455	0.0829	0.0115	0.0006
	7	0.0000	0.0000	0.0000	0.0005	0.0180	0.0828	0.1538	0.1662	0.1219	0.0263	0.0019
	8	0.0000	0.0000	0.0000	0.0001	0.0058	0.0420	0.1106	0.1593	0.1501	0.0505	0.0055
	9	0.0000	0.0000	0.0000	0.0000	0.0016	0.0181	0.0676	0.1298	0.1573	0.0823	0.0133
	10	0.0000	0.0000	0.0000	0.0000	0.0004	0.0067	0.0355	0.0909	0.1416	0.1152	0.0280
	11	0.0000	0.0000	0.0000	0.0000	0.0001	0.0022	0.0161	0.0551	0.1103	0.1396	0.0509
	12	0.0000	0.0000	0.0000	0.0000	0.0000	0.0006	0.0064	0.0291	0.0749	0.1474	0.0806
	13	0.0000	0.0000	0.0000	0.0000	0.0000	0.0001	0.0022	0.0134	0.0444	0.1360	0.1115
	14	0.0000	0.0000	0.0000	0.0000	0.0000	0.0000	0.0007	0.0054	0.0231	0.1101	0.1354
	15	0.0000	0.0000	0.0000	0.0000	0.0000	0.0000	0.0002	0.0019	0.0106	0.0783	0.1445
	16	0.0000	0.0000	0.0000	0.0000	0.0000	0.0000	0.0000	0.0006	0.0042	0.0489	0.1354
	17	0.0000	0.0000	0.0000	0.0000	0.0000	0.0000	0.0000	0.0002	0.0015	0.0269	0.1115
	18	0.0000	0.0000	0.0000	0.0000	0.0000	0.0000	0.0000	0.0000	0.0005	0.0129	0.0806
	19	0.0000	0.0000	0.0000	0.0000	0.0000	0.0000	0.0000	0.0000	0.0001	0.0054	0.0509
	20	0.0000	0.0000	0.0000	0.0000	0.0000	0.0000	0.0000	0.0000	0.0000	0.0020	0.0280
	21	0.0000	0.0000	0.0000	0.0000	0.0000	0.0000	0.0000	0.0000	0.0000	0.0006	0.0133
	22	0.0000	0.0000	0.0000	0.0000	0.0000	0.0000	0.0000	0.0000	0.0000	0.0002	0.0055
	23	0.0000	0.0000	0.0000	0.0000	0.0000	0.0000	0.0000	0.0000	0.0000	0.0000	0.0019
	24	0.0000	0.0000	0.0000	0.0000	0.0000	0.0000	0.0000	0.0000	0.0000	0.0000	0.0006
	25	0.0000	0.0000	0.0000	0.0000	0.0000	0.0000	0.0000	0.0000	0.0000	0.0000	0.0001
	26	0.0000	0.0000	0.0000	0.0000	0.0000	0.0000	0.0000	0.0000	0.0000	0.0000	0.0000
	27	0.0000	0.0000	0.0000	0.0000	0.0000	0.0000	0.0000	0.0000	0.0000	0.0000	0.0000
	28	0.0000	0.0000	0.0000	0.0000	0.0000	0.0000	0.0000	0.0000	0.0000	0.0000	0.0000
	29	0.0000	0.0000	0.0000	0.0000	0.0000	0.0000	0.0000	0.0000	0.0000	0.0000	0.0000
	30	0.0000	0.0000	0.0000	0.0000	0.0000	0.0000	0.0000	0.0000	0.0000	0.0000	0.0000

表 2　累积二项分布表

$$F(x;\ n,\ p)=\sum_{r=0}^{x}B(r;\ n,\ p)$$

表中只列出 $p\leqslant 0.50$ 的累积二项分布 $F(x;n,p)$ 值；$p>0.50$ 的累积分布可由下面的关系式求出：

$$F(x;n,p)=1-F(n-x-1;n,1-p),\qquad 0\leqslant x\leqslant n-1.$$

n	x	p: 0.01	0.02	0.03	0.05	0.10	0.15	0.20	0.25	0.30	0.40	0.50
1	0	0.9900	0.9800	0.9700	0.9500	0.9000	0.8500	0.8000	0.7500	0.7000	0.6000	0.5000
	1	1.0000	1.0000	1.0000	1.0000	1.0000	1.0000	1.0000	1.0000	1.0000	1.0000	1.0000
2	0	0.9801	0.9604	0.9409	0.9025	0.8100	0.7225	0.6400	0.5625	0.4900	0.3600	0.2500
	1	0.9999	0.9996	0.9991	0.9975	0.9900	0.9775	0.9600	0.9375	0.9100	0.8400	0.7500
	2	1.0000	1.0000	1.0000	1.0000	1.0000	1.0000	1.0000	1.0000	1.0000	1.0000	1.0000
3	0	0.9703	0.9412	0.9127	0.8574	0.7290	0.6141	0.5120	0.4219	0.3430	0.2160	0.1250
	1	0.9997	0.9988	0.9974	0.9927	0.9720	0.9392	0.8960	0.8438	0.7840	0.6480	0.5000
	2	1.0000	1.0000	1.0000	0.9999	0.9990	0.9966	0.9920	0.9844	0.9730	0.9360	0.8750
	3	1.0000	1.0000	1.0000	1.0000	1.0000	1.0000	1.0000	1.0000	1.0000	1.0000	1.0000
4	0	0.9606	0.9224	0.8853	0.8145	0.6561	0.5220	0.4096	0.3164	0.2401	0.1296	0.0625
	1	0.9994	0.9977	0.9948	0.9860	0.9477	0.8905	0.8192	0.7383	0.6517	0.4752	0.3125
	2	1.0000	1.0000	0.9999	0.9995	0.9963	0.9880	0.9728	0.9492	0.9163	0.8208	0.6875
	3	1.0000	1.0000	1.0000	1.0000	0.9999	0.9995	0.9984	0.9961	0.9919	0.9744	0.9375
	4	1.0000	1.0000	1.0000	1.0000	1.0000	1.0000	1.0000	1.0000	1.0000	1.0000	1.0000
5	0	0.9510	0.9039	0.8587	0.7738	0.5905	0.4437	0.3277	0.2373	0.1681	0.0778	0.0313
	1	0.9990	0.9962	0.9915	0.9774	0.9185	0.8352	0.7373	0.6328	0.5282	0.3370	0.1875
	2	1.0000	0.9999	0.9997	0.9988	0.9914	0.9734	0.9421	0.8965	0.8369	0.6826	0.5000

续表

n	x	p: 0.01	0.02	0.03	0.05	0.10	0.15	0.20	0.25	0.30	0.40	0.50
	3	1.0000	1.0000	1.0000	1.0000	0.9995	0.9978	0.9933	0.9844	0.9692	0.9130	0.8125
	4	1.0000	1.0000	1.0000	1.0000	1.0000	0.9999	0.9997	0.9990	0.9976	0.9898	0.9687
	5	1.0000	1.0000	1.0000	1.0000	1.0000	1.0000	1.0000	1.0000	1.0000	1.0000	1.0000
6	0	0.9415	0.8858	0.8330	0.7351	0.5314	0.3771	0.2621	0.1780	0.1176	0.0467	0.0156
	1	0.9985	0.9943	0.9875	0.9672	0.8857	0.7765	0.6554	0.5339	0.4202	0.2333	0.1094
	2	1.0000	0.9998	0.9995	0.9978	0.9841	0.9527	0.9011	0.8306	0.7443	0.5443	0.3438
	3	1.0000	1.0000	1.0000	0.9999	0.9987	0.9941	0.9830	0.9624	0.9295	0.8208	0.6562
	4	1.0000	1.0000	1.0000	1.0000	0.9999	0.9996	0.9984	0.9954	0.9891	0.9590	0.8906
	5	1.0000	1.0000	1.0000	1.0000	1.0000	1.0000	0.9999	0.9998	0.9993	0.9959	0.9844
	6	1.0000	1.0000	1.0000	1.0000	1.0000	1.0000	1.0000	1.0000	1.0000	1.0000	1.0000
7	0	0.9321	0.8681	0.8080	0.6983	0.4783	0.3206	0.2097	0.1335	0.0824	0.0280	0.0078
	1	0.9980	0.9921	0.9829	0.9556	0.8503	0.7166	0.5767	0.4449	0.3294	0.1586	0.0625
	2	1.0000	0.9997	0.9991	0.9962	0.9743	0.9262	0.8520	0.7564	0.6471	0.4199	0.2266
	3	1.0000	1.0000	1.0000	0.9998	0.9973	0.9879	0.9667	0.9294	0.8740	0.7102	0.5000
	4	1.0000	1.0000	1.0000	1.0000	0.9998	0.9988	0.9953	0.9871	0.9712	0.9037	0.7734
	5	1.0000	1.0000	1.0000	1.0000	1.0000	0.9999	0.9996	0.9987	0.9962	0.9812	0.9375
	6	1.0000	1.0000	1.0000	1.0000	1.0000	1.0000	1.0000	0.9999	0.9998	0.9984	0.9922
	7	1.0000	1.0000	1.0000	1.0000	1.0000	1.0000	1.0000	1.0000	1.0000	1.0000	1.0000
8	0	0.9227	0.8508	0.7837	0.6634	0.4305	0.2725	0.1678	0.1001	0.0576	0.0168	0.0039
	1	0.9973	0.9897	0.9777	0.9428	0.8131	0.6572	0.5033	0.3671	0.2553	0.1064	0.0352
	2	0.9999	0.9996	0.9987	0.9942	0.9619	0.8948	0.7969	0.6785	0.5518	0.3154	0.1445
	3	1.0000	1.0000	0.9999	0.9996	0.9950	0.9786	0.9437	0.8862	0.8059	0.5941	0.3633
	4	1.0000	1.0000	1.0000	1.0000	0.9996	0.9971	0.9896	0.9727	0.9420	0.8263	0.6367
	5	1.0000	1.0000	1.0000	1.0000	1.0000	0.9998	0.9988	0.9958	0.9887	0.9502	0.8555
	6	1.0000	1.0000	1.0000	1.0000	1.0000	1.0000	0.9999	0.9996	0.9987	0.9915	0.9648
	7	1.0000	1.0000	1.0000	1.0000	1.0000	1.0000	1.0000	1.0000	0.9999	0.9993	0.9961

续表

n	x	p: 0.01	0.02	0.03	0.05	0.10	0.15	0.20	0.25	0.30	0.40	0.50
	8	1.0000	1.0000	1.0000	1.0000	1.0000	1.0000	1.0000	1.0000	1.0000	1.0000	1.0000
9	0	0.9135	0.8337	0.7602	0.6302	0.3874	0.2316	0.1342	0.0751	0.0404	0.0101	0.0020
	1	0.9966	0.9869	0.9718	0.9288	0.7748	0.5995	0.4362	0.3003	0.1960	0.0705	0.0195
	2	0.9999	0.9994	0.9980	0.9916	0.9470	0.8591	0.7382	0.6007	0.4628	0.2318	0.0898
	3	1.0000	1.0000	0.9999	0.9994	0.9917	0.9661	0.9144	0.8343	0.7297	0.4826	0.2539
	4	1.0000	1.0000	1.0000	1.0000	0.9991	0.9944	0.9804	0.9511	0.9012	0.7334	0.5000
	5	1.0000	1.0000	1.0000	1.0000	0.9999	0.9994	0.9969	0.9900	0.9747	0.9006	0.7461
	6	1.0000	1.0000	1.0000	1.0000	1.0000	1.0000	0.9997	0.9987	0.9957	0.9750	0.9102
	7	1.0000	1.0000	1.0000	1.0000	1.0000	1.0000	1.0000	0.9999	0.9996	0.9962	0.9805
	8	1.0000	1.0000	1.0000	1.0000	1.0000	1.0000	1.0000	1.0000	1.0000	0.9997	0.9980
	9	1.0000	1.0000	1.0000	1.0000	1.0000	1.0000	1.0000	1.0000	1.0000	1.0000	1.0000
10	0	0.9044	0.8171	0.7374	0.5987	0.3487	0.1969	0.1074	0.0563	0.0282	0.0060	0.0010
	1	0.9957	0.9838	0.9655	0.9139	0.7361	0.5443	0.3758	0.2440	0.1493	0.0464	0.0107
	2	0.9999	0.9991	0.9972	0.9885	0.9298	0.8202	0.6778	0.5256	0.3828	0.1673	0.0547
	3	1.0000	1.0000	0.9999	0.9990	0.9872	0.9500	0.8791	0.7759	0.6496	0.3823	0.1719
	4	1.0000	1.0000	1.0000	0.9999	0.9984	0.9901	0.9672	0.9219	0.8497	0.6331	0.3770
	5	1.0000	1.0000	1.0000	1.0000	0.9999	0.9986	0.9936	0.9803	0.9527	0.8338	0.6230
	6	1.0000	1.0000	1.0000	1.0000	1.0000	0.9999	0.9991	0.9965	0.9894	0.9452	0.8281
	7	1.0000	1.0000	1.0000	1.0000	1.0000	1.0000	0.9999	0.9996	0.9984	0.9877	0.9453
	8	1.0000	1.0000	1.0000	1.0000	1.0000	1.0000	1.0000	1.0000	0.9999	0.9983	0.9893
	9	1.0000	1.0000	1.0000	1.0000	1.0000	1.0000	1.0000	1.0000	1.0000	0.9999	0.9990
	10	1.0000	1.0000	1.0000	1.0000	1.0000	1.0000	1.0000	1.0000	1.0000	1.0000	1.0000
11	0	0.8953	0.8007	0.7153	0.5688	0.3138	0.1673	0.0859	0.0422	0.0198	0.0036	0.0005
	1	0.9948	0.9805	0.9587	0.8981	0.6974	0.4922	0.3221	0.1971	0.1130	0.0302	0.0059
	2	0.9998	0.9988	0.9963	0.9848	0.9104	0.7788	0.6174	0.4552	0.3127	0.1189	0.0327
	3	1.0000	1.0000	0.9998	0.9984	0.9815	0.9306	0.8389	0.7133	0.5696	0.2963	0.1133

续表

n	x \ p	0.01	0.02	0.03	0.05	0.10	0.15	0.20	0.25	0.30	0.40	0.50
	4	1.0000	1.0000	1.0000	0.9999	0.9972	0.9841	0.9496	0.8854	0.7897	0.5328	0.2744
	5	1.0000	1.0000	1.0000	1.0000	0.9997	0.9973	0.9883	0.9657	0.9218	0.7535	0.5000
	6	1.0000	1.0000	1.0000	1.0000	1.0000	0.9997	0.9980	0.9924	0.9784	0.9006	0.7256
	7	1.0000	1.0000	1.0000	1.0000	1.0000	1.0000	0.9998	0.9988	0.9957	0.9707	0.8867
	8	1.0000	1.0000	1.0000	1.0000	1.0000	1.0000	1.0000	0.9999	0.9994	0.9941	0.9673
	9	1.0000	1.0000	1.0000	1.0000	1.0000	1.0000	1.0000	1.0000	1.0000	0.9993	0.9941
	10	1.0000	1.0000	1.0000	1.0000	1.0000	1.0000	1.0000	1.0000	1.0000	1.0000	0.9995
	11	1.0000	1.0000	1.0000	1.0000	1.0000	1.0000	1.0000	1.0000	1.0000	1.0000	1.0000
12	0	0.8864	0.7847	0.6938	0.5404	0.2824	0.1422	0.0687	0.0317	0.0138	0.0022	0.0002
	1	0.9938	0.9769	0.9514	0.8816	0.6590	0.4435	0.2749	0.1584	0.0850	0.0196	0.0032
	2	0.9998	0.9985	0.9952	0.9804	0.8891	0.7358	0.5583	0.3907	0.2528	0.0834	0.0193
	3	1.0000	0.9999	0.9997	0.9978	0.9744	0.9078	0.7946	0.6488	0.4925	0.2253	0.0730
	4	1.0000	1.0000	1.0000	0.9998	0.9957	0.9761	0.9274	0.8424	0.7237	0.4382	0.1938
	5	1.0000	1.0000	1.0000	1.0000	0.9995	0.9954	0.9806	0.9456	0.8822	0.6652	0.3872
	6	1.0000	1.0000	1.0000	1.0000	0.9999	0.9993	0.9961	0.9857	0.9614	0.8418	0.6128
	7	1.0000	1.0000	1.0000	1.0000	1.0000	0.9999	0.9994	0.9972	0.9905	0.9427	0.8062
	8	1.0000	1.0000	1.0000	1.0000	1.0000	1.0000	0.9999	0.9996	0.9983	0.9847	0.9270
	9	1.0000	1.0000	1.0000	1.0000	1.0000	1.0000	1.0000	1.0000	0.9998	0.9972	0.9807
	10	1.0000	1.0000	1.0000	1.0000	1.0000	1.0000	1.0000	1.0000	1.0000	0.9997	0.9968
	11	1.0000	1.0000	1.0000	1.0000	1.0000	1.0000	1.0000	1.0000	1.0000	1.0000	0.9998
	12	1.0000	1.0000	1.0000	1.0000	1.0000	1.0000	1.0000	1.0000	1.0000	1.0000	1.0000
13	0	0.8775	0.7690	0.6730	0.5133	0.2542	0.1209	0.0550	0.0238	0.0097	0.0013	0.0001
	1	0.9928	0.9730	0.9436	0.8646	0.6213	0.3983	0.2336	0.1267	0.0637	0.0126	0.0017
	2	0.9997	0.9980	0.9938	0.9755	0.8661	0.6920	0.5017	0.3326	0.2025	0.0579	0.0112
	3	1.0000	0.9999	0.9995	0.9969	0.9658	0.8820	0.7473	0.5843	0.4206	0.1686	0.0461
	4	1.0000	1.0000	1.0000	0.9997	0.9935	0.9658	0.9009	0.7940	0.6543	0.3530	0.1334
	5	1.0000	1.0000	1.0000	1.0000	0.9991	0.9925	0.9700	0.9198	0.8346	0.5744	0.2905

续表

	p	0.01	0.02	0.03	0.05	0.10	0.15	0.20	0.25	0.30	0.40	0.50
n	x											
	6	1.0000	1.0000	1.0000	1.0000	0.9999	0.9987	0.9930	0.9757	0.9376	0.7712	0.5000
	7	1.0000	1.0000	1.0000	1.0000	1.0000	0.9998	0.9988	0.9944	0.9818	0.9023	0.7095
	8	1.0000	1.0000	1.0000	1.0000	1.0000	1.0000	0.9998	0.9990	0.9960	0.9679	0.8666
	9	1.0000	1.0000	1.0000	1.0000	1.0000	1.0000	1.0000	0.9999	0.9993	0.9922	0.9539
	10	1.0000	1.0000	1.0000	1.0000	1.0000	1.0000	1.0000	1.0000	0.9999	0.9987	0.9888
	11	1.0000	1.0000	1.0000	1.0000	1.0000	1.0000	1.0000	1.0000	1.0000	0.9999	0.9983
	12	1.0000	1.0000	1.0000	1.0000	1.0000	1.0000	1.0000	1.0000	1.0000	1.0000	0.9999
	13	1.0000	1.0000	1.0000	1.0000	1.0000	1.0000	1.0000	1.0000	1.0000	1.0000	1.0000
14	0	0.8687	0.7536	0.6528	0.4877	0.2288	0.1028	0.0440	0.0178	0.0068	0.0008	0.0001
	1	0.9916	0.9690	0.9355	0.8470	0.5846	0.3567	0.1979	0.1010	0.0475	0.0081	0.0009
	2	0.9997	0.9975	0.9923	0.9699	0.8416	0.6479	0.4481	0.2811	0.1608	0.0398	0.0065
	3	1.0000	0.9999	0.9994	0.9958	0.9559	0.8535	0.6982	0.5213	0.3552	0.1243	0.0287
	4	1.0000	1.0000	1.0000	0.9996	0.9908	0.9533	0.8702	0.7415	0.5842	0.2793	0.0898
	5	1.0000	1.0000	1.0000	1.0000	0.9985	0.9885	0.9561	0.8883	0.7805	0.4859	0.2120
	6	1.0000	1.0000	1.0000	1.0000	0.9998	0.9978	0.9884	0.9617	0.9067	0.6925	0.3953
	7	1.0000	1.0000	1.0000	1.0000	1.0000	0.9997	0.9976	0.9897	0.9685	0.8499	0.6047
	8	1.0000	1.0000	1.0000	1.0000	1.0000	1.0000	0.9996	0.9978	0.9917	0.9417	0.7880
	9	1.0000	1.0000	1.0000	1.0000	1.0000	1.0000	1.0000	0.9997	0.9983	0.9825	0.9102
	10	1.0000	1.0000	1.0000	1.0000	1.0000	1.0000	1.0000	1.0000	0.9998	0.9961	0.9713
	11	1.0000	1.0000	1.0000	1.0000	1.0000	1.0000	1.0000	1.0000	1.0000	0.9994	0.9935
	12	1.0000	1.0000	1.0000	1.0000	1.0000	1.0000	1.0000	1.0000	1.0000	0.9999	0.9991
	13	1.0000	1.0000	1.0000	1.0000	1.0000	1.0000	1.0000	1.0000	1.0000	1.0000	0.9999
	14	1.0000	1.0000	1.0000	1.0000	1.0000	1.0000	1.0000	1.0000	1.0000	1.0000	1.0000
15	0	0.8601	0.7386	0.6333	0.4633	0.2059	0.0874	0.0352	0.0134	0.0047	0.0005	0.0000
	1	0.9904	0.9647	0.9270	0.8290	0.5490	0.3186	0.1671	0.0802	0.0353	0.0052	0.0005
	2	0.9996	0.9970	0.9906	0.9638	0.8159	0.6042	0.3980	0.2361	0.1268	0.0271	0.0037
	3	1.0000	0.9998	0.9992	0.9945	0.9444	0.8227	0.6482	0.4613	0.2969	0.0905	0.0176

续表

	p	0.01	0.02	0.03	0.05	0.10	0.15	0.20	0.25	0.30	0.40	0.50
n	x											
	4	1.0000	1.0000	0.9999	0.9994	0.9873	0.9383	0.8358	0.6865	0.5155	0.2173	0.0592
	5	1.0000	1.0000	1.0000	0.9999	0.9978	0.9832	0.9389	0.8516	0.7216	0.4032	0.1509
	6	1.0000	1.0000	1.0000	1.0000	0.9997	0.9964	0.9819	0.9434	0.8689	0.6098	0.3036
	7	1.0000	1.0000	1.0000	1.0000	1.0000	0.9994	0.9958	0.9827	0.9500	0.7869	0.5000
	8	1.0000	1.0000	1.0000	1.0000	1.0000	0.9999	0.9992	0.9958	0.9848	0.9050	0.6964
	9	1.0000	1.0000	1.0000	1.0000	1.0000	1.0000	0.9999	0.9992	0.9963	0.9662	0.8491
	10	1.0000	1.0000	1.0000	1.0000	1.0000	1.0000	1.0000	0.9999	0.9993	0.9907	0.9408
	11	1.0000	1.0000	1.0000	1.0000	1.0000	1.0000	1.0000	1.0000	0.9999	0.9981	0.9824
	12	1.0000	1.0000	1.0000	1.0000	1.0000	1.0000	1.0000	1.0000	1.0000	0.9997	0.9963
	13	1.0000	1.0000	1.0000	1.0000	1.0000	1.0000	1.0000	1.0000	1.0000	1.0000	0.9995
	14	1.0000	1.0000	1.0000	1.0000	1.0000	1.0000	1.0000	1.0000	1.0000	1.0000	1.0000
	15	1.0000	1.0000	1.0000	1.0000	1.0000	1.0000	1.0000	1.0000	1.0000	1.0000	1.0000
16	0	0.8515	0.7238	0.6143	0.4401	0.1853	0.0743	0.0281	0.0100	0.0033	0.0003	0.0000
	1	0.9891	0.9601	0.9182	0.8108	0.5147	0.2839	0.1407	0.0635	0.0261	0.0033	0.0003
	2	0.9995	0.9963	0.9887	0.9571	0.7892	0.5614	0.3518	0.1971	0.0994	0.0183	0.0021
	3	1.0000	0.9998	0.9989	0.9930	0.9316	0.7899	0.5981	0.4050	0.2459	0.0651	0.0106
	4	1.0000	1.0000	0.9999	0.9991	0.9830	0.9209	0.7982	0.6302	0.4499	0.1666	0.0384
	5	1.0000	1.0000	1.0000	0.9999	0.9967	0.9765	0.9183	0.8103	0.6598	0.3288	0.1051
	6	1.0000	1.0000	1.0000	1.0000	0.9995	0.9944	0.9733	0.9204	0.8247	0.5272	0.2272
	7	1.0000	1.0000	1.0000	1.0000	0.9999	0.9989	0.9930	0.9729	0.9256	0.7161	0.4018
	8	1.0000	1.0000	1.0000	1.0000	1.0000	0.9998	0.9985	0.9925	0.9743	0.8577	0.5982
	9	1.0000	1.0000	1.0000	1.0000	1.0000	1.0000	0.9998	0.9984	0.9929	0.9417	0.7728
	10	1.0000	1.0000	1.0000	1.0000	1.0000	1.0000	1.0000	0.9997	0.9984	0.9809	0.8949
	11	1.0000	1.0000	1.0000	1.0000	1.0000	1.0000	1.0000	1.0000	0.9997	0.9951	0.9616
	12	1.0000	1.0000	1.0000	1.0000	1.0000	1.0000	1.0000	1.0000	1.0000	0.9991	0.9894
	13	1.0000	1.0000	1.0000	1.0000	1.0000	1.0000	1.0000	1.0000	1.0000	0.9999	0.9979
	14	1.0000	1.0000	1.0000	1.0000	1.0000	1.0000	1.0000	1.0000	1.0000	1.0000	0.9997
	15	1.0000	1.0000	1.0000	1.0000	1.0000	1.0000	1.0000	1.0000	1.0000	1.0000	1.0000

续表

n	x	p: 0.01	0.02	0.03	0.05	0.10	0.15	0.20	0.25	0.30	0.40	0.50
	16	1.0000	1.0000	1.0000	1.0000	1.0000	1.0000	1.0000	1.0000	1.0000	1.0000	1.0000
17	0	0.8429	0.7093	0.5958	0.4181	0.1668	0.0631	0.0225	0.0075	0.0023	0.0002	0.0000
	1	0.9877	0.9554	0.9091	0.7922	0.4818	0.2525	0.1182	0.0501	0.0193	0.0021	0.0001
	2	0.9994	0.9956	0.9866	0.9497	0.7618	0.5198	0.3096	0.1637	0.0774	0.0123	0.0012
	3	1.0000	0.9997	0.9986	0.9912	0.9174	0.7556	0.5489	0.3530	0.2019	0.0464	0.0064
	4	1.0000	1.0000	0.9999	0.9988	0.9779	0.9013	0.7582	0.5739	0.3887	0.1260	0.0245
	5	1.0000	1.0000	1.0000	0.9999	0.9953	0.9681	0.8943	0.7653	0.5968	0.2639	0.0717
	6	1.0000	1.0000	1.0000	1.0000	0.9992	0.9917	0.9623	0.8929	0.7752	0.4478	0.1662
	7	1.0000	1.0000	1.0000	1.0000	0.9999	0.9983	0.9891	0.9598	0.8954	0.6405	0.3145
	8	1.0000	1.0000	1.0000	1.0000	1.0000	0.9997	0.9974	0.9876	0.9597	0.8011	0.5000
	9	1.0000	1.0000	1.0000	1.0000	1.0000	1.0000	0.9995	0.9969	0.9873	0.9081	0.6855
	10	1.0000	1.0000	1.0000	1.0000	1.0000	1.0000	0.9999	0.9994	0.9968	0.9652	0.8338
	11	1.0000	1.0000	1.0000	1.0000	1.0000	1.0000	1.0000	0.9999	0.9993	0.9894	0.9283
	12	1.0000	1.0000	1.0000	1.0000	1.0000	1.0000	1.0000	1.0000	0.9999	0.9975	0.9755
	13	1.0000	1.0000	1.0000	1.0000	1.0000	1.0000	1.0000	1.0000	1.0000	0.9995	0.9936
	14	1.0000	1.0000	1.0000	1.0000	1.0000	1.0000	1.0000	1.0000	1.0000	0.9999	0.9988
	15	1.0000	1.0000	1.0000	1.0000	1.0000	1.0000	1.0000	1.0000	1.0000	1.0000	0.9999
	16	1.0000	1.0000	1.0000	1.0000	1.0000	1.0000	1.0000	1.0000	1.0000	1.0000	1.0000
	17	1.0000	1.0000	1.0000	1.0000	1.0000	1.0000	1.0000	1.0000	1.0000	1.0000	1.0000
18	0	0.8345	0.6951	0.5780	0.3972	0.1501	0.0536	0.0180	0.0056	0.0016	0.0001	0.0000
	1	0.9862	0.9505	0.8997	0.7735	0.4503	0.2241	0.0991	0.0395	0.0142	0.0013	0.0001
	2	0.9993	0.9948	0.9843	0.9419	0.7338	0.4797	0.2713	0.1353	0.0600	0.0082	0.0007
	3	1.0000	0.9996	0.9982	0.9891	0.9018	0.7202	0.5010	0.3057	0.1646	0.0328	0.0038
	4	1.0000	1.0000	0.9998	0.9985	0.9718	0.8794	0.7164	0.5187	0.3327	0.0942	0.0154
	5	1.0000	1.0000	1.0000	0.9998	0.9936	0.9581	0.8671	0.7175	0.5344	0.2088	0.0481
	6	1.0000	1.0000	1.0000	1.0000	0.9988	0.9882	0.9487	0.8610	0.7217	0.3743	0.1189
	7	1.0000	1.0000	1.0000	1.0000	0.9998	0.9973	0.9837	0.9431	0.8593	0.5634	0.2403

续表

n	x \ p	0.01	0.02	0.03	0.05	0.10	0.15	0.20	0.25	0.30	0.40	0.50
	8	1.0000	1.0000	1.0000	1.0000	1.0000	0.9995	0.9957	0.9807	0.9404	0.7368	0.4073
	9	1.0000	1.0000	1.0000	1.0000	1.0000	0.9999	0.9991	0.9946	0.9790	0.8653	0.5927
	10	1.0000	1.0000	1.0000	1.0000	1.0000	1.0000	0.9998	0.9988	0.9939	0.9424	0.7597
	11	1.0000	1.0000	1.0000	1.0000	1.0000	1.0000	1.0000	0.9998	0.9986	0.9797	0.8811
	12	1.0000	1.0000	1.0000	1.0000	1.0000	1.0000	1.0000	1.0000	0.9997	0.9942	0.9519
	13	1.0000	1.0000	1.0000	1.0000	1.0000	1.0000	1.0000	1.0000	1.0000	0.9987	0.9846
	14	1.0000	1.0000	1.0000	1.0000	1.0000	1.0000	1.0000	1.0000	1.0000	0.9998	0.9962
	15	1.0000	1.0000	1.0000	1.0000	1.0000	1.0000	1.0000	1.0000	1.0000	1.0000	0.9993
	16	1.0000	1.0000	1.0000	1.0000	1.0000	1.0000	1.0000	1.0000	1.0000	1.0000	0.9999
	17	1.0000	1.0000	1.0000	1.0000	1.0000	1.0000	1.0000	1.0000	1.0000	1.0000	1.0000
	18	1.0000	1.0000	1.0000	1.0000	1.0000	1.0000	1.0000	1.0000	1.0000	1.0000	1.0000
19	0	0.8262	0.6812	0.5606	0.3774	0.1351	0.0456	0.0144	0.0042	0.0011	0.0001	0.0000
	1	0.9847	0.9454	0.8900	0.7547	0.4203	0.1985	0.0829	0.0310	0.0104	0.0008	0.0000
	2	0.9991	0.9939	0.9817	0.9335	0.7054	0.4413	0.2369	0.1113	0.0462	0.0055	0.0004
	3	1.0000	0.9995	0.9978	0.9868	0.8850	0.6841	0.4551	0.2631	0.1332	0.0230	0.0022
	4	1.0000	1.0000	0.9998	0.9980	0.9648	0.8556	0.6733	0.4654	0.2822	0.0696	0.0096
	5	1.0000	1.0000	1.0000	0.9998	0.9914	0.9463	0.8369	0.6678	0.4739	0.1629	0.0318
	6	1.0000	1.0000	1.0000	1.0000	0.9983	0.9837	0.9324	0.8251	0.6655	0.3081	0.0835
	7	1.0000	1.0000	1.0000	1.0000	0.9997	0.9959	0.9767	0.9225	0.8180	0.4878	0.1796
	8	1.0000	1.0000	1.0000	1.0000	1.0000	0.9992	0.9933	0.9713	0.9161	0.6675	0.3238
	9	1.0000	1.0000	1.0000	1.0000	1.0000	0.9999	0.9984	0.9911	0.9674	0.8139	0.5000
	10	1.0000	1.0000	1.0000	1.0000	1.0000	1.0000	0.9997	0.9977	0.9895	0.9115	0.6762
	11	1.0000	1.0000	1.0000	1.0000	1.0000	1.0000	1.0000	0.9995	0.9972	0.9648	0.8204
	12	1.0000	1.0000	1.0000	1.0000	1.0000	1.0000	1.0000	0.9999	0.9994	0.9884	0.9165
	13	1.0000	1.0000	1.0000	1.0000	1.0000	1.0000	1.0000	1.0000	0.9999	0.9969	0.9682
	14	1.0000	1.0000	1.0000	1.0000	1.0000	1.0000	1.0000	1.0000	1.0000	0.9994	0.9904
	15	1.0000	1.0000	1.0000	1.0000	1.0000	1.0000	1.0000	1.0000	1.0000	0.9999	0.9978
	16	1.0000	1.0000	1.0000	1.0000	1.0000	1.0000	1.0000	1.0000	1.0000	1.0000	0.9996

续表

n	x \ p	0.01	0.02	0.03	0.05	0.10	0.15	0.20	0.25	0.30	0.40	0.50
	17	1.0000	1.0000	1.0000	1.0000	1.0000	1.0000	1.0000	1.0000	1.0000	1.0000	1.0000
	18	1.0000	1.0000	1.0000	1.0000	1.0000	1.0000	1.0000	1.0000	1.0000	1.0000	1.0000
	19	1.0000	1.0000	1.0000	1.0000	1.0000	1.0000	1.0000	1.0000	1.0000	1.0000	1.0000
20	0	0.8179	0.6676	0.5438	0.3585	0.1216	0.0388	0.0115	0.0032	0.0008	0.0000	0.0000
	1	0.9831	0.9401	0.8802	0.7358	0.3917	0.1756	0.0692	0.0243	0.0076	0.0005	0.0000
	2	0.9990	0.9929	0.9790	0.9245	0.6769	0.4049	0.2061	0.0913	0.0355	0.0036	0.0002
	3	1.0000	0.9994	0.9973	0.9841	0.8670	0.6477	0.4114	0.2252	0.1071	0.0160	0.0013
	4	1.0000	1.0000	0.9997	0.9974	0.9568	0.8298	0.6296	0.4148	0.2375	0.0510	0.0059
	5	1.0000	1.0000	1.0000	0.9997	0.9887	0.9327	0.8042	0.6172	0.4164	0.1256	0.0207
	6	1.0000	1.0000	1.0000	1.0000	0.9976	0.9781	0.9133	0.7858	0.6080	0.2500	0.0577
	7	1.0000	1.0000	1.0000	1.0000	0.9996	0.9941	0.9679	0.8982	0.7723	0.4159	0.1316
	8	1.0000	1.0000	1.0000	1.0000	0.9999	0.9987	0.9900	0.9591	0.8867	0.5956	0.2517
	9	1.0000	1.0000	1.0000	1.0000	1.0000	0.9998	0.9974	0.9861	0.9520	0.7553	0.4119
	10	1.0000	1.0000	1.0000	1.0000	1.0000	1.0000	0.9994	0.9961	0.9829	0.8725	0.5881
	11	1.0000	1.0000	1.0000	1.0000	1.0000	1.0000	0.9999	0.9991	0.9949	0.9435	0.7483
	12	1.0000	1.0000	1.0000	1.0000	1.0000	1.0000	1.0000	0.9998	0.9987	0.9790	0.8684
	13	1.0000	1.0000	1.0000	1.0000	1.0000	1.0000	1.0000	1.0000	0.9997	0.9935	0.9423
	14	1.0000	1.0000	1.0000	1.0000	1.0000	1.0000	1.0000	1.0000	1.0000	0.9984	0.9793
	15	1.0000	1.0000	1.0000	1.0000	1.0000	1.0000	1.0000	1.0000	1.0000	0.9997	0.9941
	16	1.0000	1.0000	1.0000	1.0000	1.0000	1.0000	1.0000	1.0000	1.0000	1.0000	0.9987
	17	1.0000	1.0000	1.0000	1.0000	1.0000	1.0000	1.0000	1.0000	1.0000	1.0000	0.9998
	18	1.0000	1.0000	1.0000	1.0000	1.0000	1.0000	1.0000	1.0000	1.0000	1.0000	1.0000
	19	1.0000	1.0000	1.0000	1.0000	1.0000	1.0000	1.0000	1.0000	1.0000	1.0000	1.0000
	20	1.0000	1.0000	1.0000	1.0000	1.0000	1.0000	1.0000	1.0000	1.0000	1.0000	1.0000
25	0	0.7778	0.6035	0.4670	0.2774	0.0718	0.0172	0.0038	0.0008	0.0001	0.0000	0.0000
	1	0.9742	0.9114	0.8280	0.6424	0.2712	0.0931	0.0274	0.0070	0.0016	0.0001	0.0000
	2	0.9980	0.9868	0.9620	0.8729	0.5371	0.2537	0.0982	0.0321	0.0090	0.0004	0.0000

续表

n	x \ p	0.01	0.02	0.03	0.05	0.10	0.15	0.20	0.25	0.30	0.40	0.50
	3	0.9999	0.9986	0.9938	0.9659	0.7636	0.4711	0.2340	0.0962	0.0332	0.0024	0.0001
	4	1.0000	0.9999	0.9992	0.9928	0.9020	0.6821	0.4207	0.2137	0.0905	0.0095	0.0005
	5	1.0000	1.0000	0.9999	0.9988	0.9666	0.8385	0.6167	0.3783	0.1935	0.0294	0.0020
	6	1.0000	1.0000	1.0000	0.9998	0.9905	0.9305	0.7800	0.5611	0.3407	0.0736	0.0073
	7	1.0000	1.0000	1.0000	1.0000	0.9977	0.9745	0.8909	0.7265	0.5118	0.1536	0.0216
	8	1.0000	1.0000	1.0000	1.0000	0.9995	0.9920	0.9532	0.8506	0.6769	0.2735	0.0539
	9	1.0000	1.0000	1.0000	1.0000	0.9999	0.9979	0.9827	0.9287	0.8106	0.4246	0.1148
	10	1.0000	1.0000	1.0000	1.0000	1.0000	0.9995	0.9944	0.9703	0.9022	0.5858	0.2122
	11	1.0000	1.0000	1.0000	1.0000	1.0000	0.9999	0.9985	0.9893	0.9558	0.7323	0.3450
	12	1.0000	1.0000	1.0000	1.0000	1.0000	1.0000	0.9996	0.9966	0.9825	0.8462	0.5000
	13	1.0000	1.0000	1.0000	1.0000	1.0000	1.0000	0.9999	0.9991	0.9940	0.9222	0.6550
	14	1.0000	1.0000	1.0000	1.0000	1.0000	1.0000	1.0000	0.9998	0.9982	0.9656	0.7878
	15	1.0000	1.0000	1.0000	1.0000	1.0000	1.0000	1.0000	1.0000	0.9995	0.9868	0.8852
	16	1.0000	1.0000	1.0000	1.0000	1.0000	1.0000	1.0000	1.0000	0.9999	0.9957	0.9461
	17	1.0000	1.0000	1.0000	1.0000	1.0000	1.0000	1.0000	1.0000	1.0000	0.9988	0.9784
	18	1.0000	1.0000	1.0000	1.0000	1.0000	1.0000	1.0000	1.0000	1.0000	0.9997	0.9927
	19	1.0000	1.0000	1.0000	1.0000	1.0000	1.0000	1.0000	1.0000	1.0000	0.9999	0.9980
	20	1.0000	1.0000	1.0000	1.0000	1.0000	1.0000	1.0000	1.0000	1.0000	1.0000	0.9995
	21	1.0000	1.0000	1.0000	1.0000	1.0000	1.0000	1.0000	1.0000	1.0000	1.0000	0.9999
	22	1.0000	1.0000	1.0000	1.0000	1.0000	1.0000	1.0000	1.0000	1.0000	1.0000	1.0000
	23	1.0000	1.0000	1.0000	1.0000	1.0000	1.0000	1.0000	1.0000	1.0000	1.0000	1.0000
	24	1.0000	1.0000	1.0000	1.0000	1.0000	1.0000	1.0000	1.0000	1.0000	1.0000	1.0000
	25	1.0000	1.0000	1.0000	1.0000	1.0000	1.0000	1.0000	1.0000	1.0000	1.0000	1.0000
30	0	0.7397	0.5455	0.4010	0.2146	0.0424	0.0076	0.0012	0.0002	0.0000	0.0000	0.0000
	1	0.9639	0.8795	0.7731	0.5535	0.1837	0.0480	0.0105	0.0020	0.0003	0.0000	0.0000
	2	0.9967	0.9783	0.9399	0.8122	0.4114	0.1514	0.0442	0.0106	0.0021	0.0000	0.0000
	3	0.9998	0.9971	0.9881	0.9392	0.6474	0.3217	0.1227	0.0374	0.0093	0.0003	0.0000
	4	1.0000	0.9997	0.9982	0.9844	0.8245	0.5245	0.2552	0.0979	0.0302	0.0015	0.0000

续表

n	x	p: 0.01	0.02	0.03	0.05	0.10	0.15	0.20	0.25	0.30	0.40	0.50
	5	1.0000	1.0000	0.9998	0.9967	0.9268	0.7106	0.4275	0.2026	0.0766	0.0057	0.0002
	6	1.0000	1.0000	1.0000	0.9994	0.9742	0.8474	0.6070	0.3481	0.1595	0.0172	0.0007
	7	1.0000	1.0000	1.0000	0.9999	0.9922	0.9302	0.7608	0.5143	0.2814	0.0435	0.0026
	8	1.0000	1.0000	1.0000	1.0000	0.9980	0.9722	0.8713	0.6736	0.4315	0.0940	0.0081
	9	1.0000	1.0000	1.0000	1.0000	0.9995	0.9903	0.9389	0.8034	0.5888	0.1763	0.0214
	10	1.0000	1.0000	1.0000	1.0000	0.9999	0.9971	0.9744	0.8943	0.7304	0.2915	0.0494
	11	1.0000	1.0000	1.0000	1.0000	1.0000	0.9992	0.9905	0.9493	0.8407	0.4311	0.1002
	12	1.0000	1.0000	1.0000	1.0000	1.0000	0.9998	0.9969	0.9784	0.9155	0.5785	0.1808
	13	1.0000	1.0000	1.0000	1.0000	1.0000	1.0000	0.9991	0.9918	0.9599	0.7145	0.2923
	14	1.0000	1.0000	1.0000	1.0000	1.0000	1.0000	0.9998	0.9973	0.9831	0.8246	0.4278
	15	1.0000	1.0000	1.0000	1.0000	1.0000	1.0000	0.9999	0.9992	0.9936	0.9029	0.5722
	16	1.0000	1.0000	1.0000	1.0000	1.0000	1.0000	1.0000	0.9998	0.9979	0.9519	0.7077
	17	1.0000	1.0000	1.0000	1.0000	1.0000	1.0000	1.0000	0.9999	0.9994	0.9788	0.8192
	18	1.0000	1.0000	1.0000	1.0000	1.0000	1.0000	1.0000	1.0000	0.9998	0.9917	0.8998
	19	1.0000	1.0000	1.0000	1.0000	1.0000	1.0000	1.0000	1.0000	1.0000	0.9971	0.9506
	20	1.0000	1.0000	1.0000	1.0000	1.0000	1.0000	1.0000	1.0000	1.0000	0.9991	0.9786
	21	1.0000	1.0000	1.0000	1.0000	1.0000	1.0000	1.0000	1.0000	1.0000	0.9998	0.9919
	22	1.0000	1.0000	1.0000	1.0000	1.0000	1.0000	1.0000	1.0000	1.0000	1.0000	0.9974
	23	1.0000	1.0000	1.0000	1.0000	1.0000	1.0000	1.0000	1.0000	1.0000	1.0000	0.9993
	24	1.0000	1.0000	1.0000	1.0000	1.0000	1.0000	1.0000	1.0000	1.0000	1.0000	0.9998
	25	1.0000	1.0000	1.0000	1.0000	1.0000	1.0000	1.0000	1.0000	1.0000	1.0000	1.0000
	26	1.0000	1.0000	1.0000	1.0000	1.0000	1.0000	1.0000	1.0000	1.0000	1.0000	1.0000
	27	1.0000	1.0000	1.0000	1.0000	1.0000	1.0000	1.0000	1.0000	1.0000	1.0000	1.0000
	28	1.0000	1.0000	1.0000	1.0000	1.0000	1.0000	1.0000	1.0000	1.0000	1.0000	1.0000
	29	1.0000	1.0000	1.0000	1.0000	1.0000	1.0000	1.0000	1.0000	1.0000	1.0000	1.0000
	30	1.0000	1.0000	1.0000	1.0000	1.0000	1.0000	1.0000	1.0000	1.0000	1.0000	1.0000

表 3　泊松分布表

$$P(r;\mu)=\frac{1}{r!}\mu^r e^{-\mu}$$

r \ μ	0.1	0.2	0.3	0.4	0.5	0.6	0.7	0.8	0.9	1.0
0	0.9048	0.8187	0.7408	0.6703	0.6065	0.5488	0.4966	0.4493	0.4066	0.3679
1	0.0905	0.1637	0.2222	0.2681	0.3033	0.3293	0.3476	0.3595	0.3659	0.3679
2	0.0045	0.0164	0.0333	0.0536	0.0758	0.0988	0.1217	0.1438	0.1647	0.1839
3	0.0002	0.0011	0.0033	0.0072	0.0126	0.0198	0.0284	0.0383	0.0494	0.0613
4	0.0000	0.0001	0.0003	0.0007	0.0016	0.0030	0.0050	0.0077	0.0111	0.0153
5	0.0000	0.0000	0.0000	0.0001	0.0002	0.0004	0.0007	0.0012	0.0020	0.0031
6	0.0000	0.0000	0.0000	0.0000	0.0000	0.0000	0.0001	0.0002	0.0003	0.0005
7	0.0000	0.0000	0.0000	0.0000	0.0000	0.0000	0.0000	0.0000	0.0000	0.0001

r \ μ	1.1	1.2	1.3	1.4	1.5	1.6	1.7	1.8	1.9	2.0
0	0.3329	0.3012	0.2725	0.2466	0.2231	0.2019	0.1827	0.1653	0.1496	0.1353
1	0.3662	0.3614	0.3543	0.3452	0.3347	0.3230	0.3106	0.2975	0.2842	0.2707
2	0.2014	0.2169	0.2303	0.2417	0.2510	0.2584	0.2640	0.2678	0.2700	0.2707
3	0.0738	0.0867	0.0998	0.1128	0.1255	0.1378	0.1496	0.1607	0.1710	0.1804
4	0.0203	0.0260	0.0324	0.0395	0.0471	0.0551	0.0636	0.0723	0.0812	0.0902
5	0.0045	0.0062	0.0084	0.0111	0.0141	0.0176	0.0216	0.0260	0.0309	0.0361
6	0.0008	0.0012	0.0018	0.0026	0.0035	0.0047	0.0061	0.0078	0.0098	0.0120
7	0.0001	0.0002	0.0003	0.0005	0.0008	0.0011	0.0015	0.0020	0.0027	0.0034
8	0.0000	0.0000	0.0001	0.0001	0.0001	0.0002	0.0003	0.0005	0.0006	0.0009
9	0.0000	0.0000	0.0000	0.0000	0.0000	0.0000	0.0001	0.0001	0.0001	0.0002

r \ μ	2.1	2.2	2.3	2.4	2.5	2.6	2.7	2.8	2.9	3.0
0	0.1225	0.1108	0.1003	0.0907	0.0821	0.0743	0.0672	0.0608	0.0550	0.0498
1	0.2572	0.2438	0.2306	0.2177	0.2052	0.1931	0.1815	0.1703	0.1596	0.1494
2	0.2700	0.2681	0.2652	0.2613	0.2565	0.2510	0.2450	0.2384	0.2314	0.2240
3	0.1890	0.1966	0.2033	0.2090	0.2138	0.2176	0.2205	0.2225	0.2237	0.2240
4	0.0992	0.1082	0.1169	0.1254	0.1336	0.1414	0.1488	0.1557	0.1622	0.1680
5	0.0417	0.0476	0.0538	0.0602	0.0668	0.0735	0.0804	0.0872	0.0940	0.1008
6	0.0146	0.0174	0.0206	0.0241	0.0278	0.0319	0.0362	0.0407	0.0455	0.0504
7	0.0044	0.0055	0.0068	0.0083	0.0099	0.0118	0.0139	0.0163	0.0188	0.0216
8	0.0011	0.0015	0.0019	0.0025	0.0031	0.0038	0.0047	0.0057	0.0068	0.0081
9	0.0003	0.0004	0.0005	0.0007	0.0009	0.0011	0.0014	0.0018	0.0022	0.0027
10	0.0001	0.0001	0.0001	0.0002	0.0002	0.0003	0.0004	0.0005	0.0006	0.0008
11	0.0000	0.0000	0.0000	0.0000	0.0000	0.0001	0.0001	0.0001	0.0002	0.0002
12	0.0000	0.0000	0.0000	0.0000	0.0000	0.0000	0.0000	0.0000	0.0000	0.0001

续表

μ / r	3.1	3.2	3.3	3.4	3.5	3.6	3.7	3.8	3.9	4.0
0	0.0450	0.0408	0.0369	0.0334	0.0302	0.0273	0.0247	0.0224	0.0202	0.0183
1	0.1397	0.1304	0.1217	0.1135	0.1057	0.0984	0.0915	0.0850	0.0789	0.0733
2	0.2165	0.2087	0.2008	0.1929	0.1850	0.1771	0.1692	0.1615	0.1539	0.1465
3	0.2237	0.2226	0.2209	0.2186	0.2158	0.2125	0.2087	0.2046	0.2001	0.1954
4	0.1733	0.1781	0.1823	0.1858	0.1888	0.1912	0.1931	0.1944	0.1951	0.1954
5	0.1075	0.1140	0.1203	0.1264	0.1322	0.1377	0.1429	0.1477	0.1522	0.1563
6	0.0555	0.0608	0.0662	0.0716	0.0771	0.0826	0.0881	0.0936	0.0989	0.1042
7	0.0246	0.0278	0.0312	0.0348	0.0385	0.0425	0.0466	0.0508	0.0551	0.0595
8	0.0095	0.0111	0.0129	0.0148	0.0169	0.0191	0.0215	0.0241	0.0269	0.0298
9	0.0033	0.0040	0.0047	0.0056	0.0066	0.0076	0.0089	0.0102	0.0116	0.0132
10	0.0010	0.0013	0.0016	0.0019	0.0023	0.0028	0.0033	0.0039	0.0045	0.0053
11	0.0003	0.0004	0.0005	0.0006	0.0007	0.0009	0.0011	0.0013	0.0016	0.0019
12	0.0001	0.0001	0.0001	0.0002	0.0002	0.0003	0.0003	0.0004	0.0005	0.0006
13	0.0000	0.0000	0.0000	0.0000	0.0001	0.0001	0.0001	0.0001	0.0002	0.0002
14	0.0000	0.0000	0.0000	0.0000	0.0000	0.0000	0.0000	0.0000	0.0000	0.0001

μ / r	4.1	4.2	4.3	4.4	4.5	4.6	4.7	4.8	4.9	5.0
0	0.0166	0.0150	0.0136	0.0123	0.0111	0.0101	0.0091	0.0082	0.0074	0.0067
1	0.0679	0.0630	0.0583	0.0540	0.0500	0.0462	0.0427	0.0395	0.0365	0.0337
2	0.1393	0.1323	0.1254	0.1188	0.1125	0.1063	0.1005	0.0948	0.0894	0.0842
3	0.1904	0.1852	0.1798	0.1743	0.1687	0.1631	0.1574	0.1517	0.1469	0.1404
4	0.1951	0.1944	0.1932	0.1917	0.1898	0.1875	0.1849	0.1820	0.1789	0.1755
5	0.1600	0.1633	0.1662	0.1687	0.1708	0.1725	0.1738	0.1747	0.1753	0.1755
6	0.1093	0.1143	0.1191	0.1237	0.1281	0.1323	0.1362	0.1398	0.1432	0.1462
7	0.0640	0.0686	0.0732	0.0778	0.0824	0.0869	0.0914	0.0959	0.1002	0.1044
8	0.0328	0.0360	0.0393	0.0428	0.0463	0.0500	0.0537	0.0575	0.0614	0.0653
9	0.0150	0.0168	0.0188	0.0209	0.0232	0.0255	0.0281	0.0307	0.0334	0.0363
10	0.0061	0.0071	0.0081	0.0092	0.0104	0.0118	0.0132	0.0147	0.0614	0.0181
11	0.0023	0.0027	0.0032	0.0037	0.0043	0.0049	0.0056	0.0064	0.0073	0.0082
12	0.0008	0.0009	0.0011	0.0013	0.0016	0.0019	0.0022	0.0026	0.0030	0.0034
13	0.0002	0.0003	0.0004	0.0005	0.0006	0.0007	0.0008	0.0009	0.0011	0.0013
14	0.0001	0.0001	0.0001	0.0001	0.0002	0.0002	0.0003	0.0003	0.0004	0.0005
15	0.0000	0.0000	0.0000	0.0000	0.0001	0.0001	0.0001	0.0001	0.0001	0.0002
16	0.0000	0.0000	0.0000	0.0000	0.0000	0.0000	0.0000	0.0000	0.0000	0.0000

续表

r \ μ	5.1	5.2	5.3	5.4	5.5	5.6	5.7	5.8	5.9	6.0
0	0.0061	0.0055	0.0050	0.0045	0.0041	0.0037	0.0033	0.0030	0.0027	0.0025
1	0.0311	0.0287	0.0265	0.0244	0.0225	0.0207	0.0191	0.0176	0.0162	0.0149
2	0.0793	0.0746	0.0701	0.0659	0.0618	0.0580	0.0544	0.0509	0.0477	0.0446
3	0.1348	0.1293	0.1239	0.1185	0.1133	0.1082	0.1033	0.0985	0.0938	0.0892
4	0.1719	0.1681	0.1641	0.1600	0.1558	0.1515	0.1472	0.1428	0.1383	0.1339
5	0.1753	0.1748	0.1740	0.1728	0.1714	0.1697	0.1678	0.1656	0.1632	0.1606
6	0.1490	0.1515	0.1537	0.1555	0.1571	0.1584	0.1594	0.1601	0.1605	0.1606
7	0.1086	0.1125	0.1163	0.1200	0.1234	0.1267	0.1298	0.1326	0.1353	0.1377
8	0.0692	0.0731	0.0771	0.0810	0.0849	0.0887	0.0925	0.0962	0.0998	0.1033
9	0.0392	0.0423	0.0454	0.0486	0.0519	0.0552	0.0586	0.0620	0.0654	0.0688
10	0.0200	0.0220	0.0241	0.0262	0.0285	0.0309	0.0334	0.0359	0.0386	0.0413
11	0.0093	0.0104	0.0116	0.0129	0.0143	0.0157	0.0173	0.0190	0.0207	0.0225
12	0.0039	0.0045	0.0051	0.0058	0.0065	0.0073	0.0082	0.0092	0.0102	0.0113
13	0.0015	0.0018	0.0021	0.0024	0.0028	0.0032	0.0036	0.0041	0.0046	0.0052
14	0.0006	0.0007	0.0008	0.0009	0.0011	0.0013	0.0015	0.0017	0.0019	0.0022
15	0.0002	0.0002	0.0003	0.0003	0.0004	0.0005	0.0006	0.0007	0.0008	0.0009
16	0.0001	0.0001	0.0001	0.0001	0.0001	0.0002	0.0002	0.0002	0.0003	0.0003
17	0.0000	0.0000	0.0000	0.0000	0.0000	0.0001	0.0001	0.0001	0.0001	0.0001
18	0.0000	0.0000	0.0000	0.0000	0.0000	0.0000	0.0000	0.0000	0.0000	0.0000

r \ μ	6.1	6.2	6.3	6.4	6.5	6.6	6.7	6.8	6.9	7.0
0	0.0022	0.0020	0.0018	0.0017	0.0015	0.0014	0.0012	0.0011	0.0010	0.0009
1	0.0137	0.0126	0.0116	0.0106	0.0098	0.0090	0.0082	0.0076	0.0070	0.0064
2	0.0417	0.0390	0.0364	0.0340	0.0318	0.0296	0.0276	0.0258	0.0240	0.0223
3	0.0848	0.0806	0.0765	0.0726	0.0688	0.0652	0.0617	0.0584	0.0552	0.0521
4	0.1294	0.1249	0.1205	0.1162	0.1118	0.1076	0.1034	0.0992	0.0952	0.0912
5	0.1579	0.1549	0.1519	0.1487	0.1454	0.1420	0.1385	0.1349	0.1314	0.1277
6	0.1605	0.1601	0.1595	0.1586	0.1575	0.1562	0.1546	0.1529	0.1511	0.1490
7	0.1399	0.1418	0.1435	0.1450	0.1462	0.1472	0.1480	0.1486	0.1489	0.1490
8	0.1066	0.1099	0.1130	0.1160	0.1188	0.1215	0.1240	0.1263	0.1284	0.1304
9	0.0723	0.0757	0.0791	0.0825	0.0858	0.0891	0.0923	0.0954	0.0985	0.1014
10	0.0441	0.0469	0.0498	0.0528	0.0558	0.0588	0.0618	0.0649	0.0679	0.0710
11	0.0244	0.0265	0.0285	0.0307	0.0330	0.0353	0.0377	0.0401	0.0426	0.0452
12	0.0124	0.0137	0.0150	0.0164	0.0179	0.0194	0.0210	0.0227	0.0245	0.0263
13	0.0058	0.0065	0.0073	0.0081	0.0089	0.0099	0.0108	0.0119	0.0130	0.0142
14	0.0025	0.0029	0.0033	0.0037	0.0041	0.0046	0.0052	0.0058	0.0064	0.0071
15	0.0010	0.0012	0.0014	0.0016	0.0018	0.0020	0.0023	0.0026	0.0029	0.0033
16	0.0004	0.0005	0.0005	0.0006	0.0007	0.0008	0.0010	0.0011	0.0013	0.0014
17	0.0001	0.0002	0.0002	0.0002	0.0003	0.0003	0.0004	0.0004	0.0005	0.0006
18	0.0000	0.0001	0.0001	0.0001	0.0001	0.0001	0.0001	0.0002	0.0002	0.0002
19	0.0000	0.0000	0.0000	0.0000	0.0000	0.0000	0.0001	0.0001	0.0001	0.0001

续表

r \ μ	7.1	7.2	7.3	7.4	7.5	7.6	7.7	7.8	7.9	8.0
0	0.0008	0.0007	0.0007	0.0006	0.0006	0.0005	0.0005	0.0004	0.0004	0.0003
1	0.0059	0.0054	0.0049	0.0045	0.0041	0.0038	0.0035	0.0032	0.0029	0.0027
2	0.0208	0.0194	0.0180	0.0167	0.0156	0.0145	0.0134	0.0125	0.0116	0.0107
3	0.0492	0.0464	0.0438	0.0413	0.0389	0.0366	0.0345	0.0324	0.0305	0.0286
4	0.0874	0.0836	0.0799	0.0764	0.0729	0.0696	0.0663	0.0632	0.0602	0.0573
5	0.1241	0.1204	0.1167	0.1130	0.1094	0.1057	0.1021	0.0986	0.0951	0.0916
6	0.1468	0.1445	0.1420	0.1394	0.1367	0.1339	0.1311	0.1282	0.1252	0.1221
7	0.1489	0.1486	0.1481	0.1474	0.1465	0.1454	0.1442	0.1428	0.1413	0.1396
8	0.1321	0.1337	0.1351	0.1363	0.1373	0.1381	0.1388	0.1392	0.1395	0.1396
9	0.1042	0.1070	0.1096	0.1121	0.1144	0.1167	0.1187	0.1207	0.1224	0.1241
10	0.0740	0.0770	0.0800	0.0829	0.0858	0.0887	0.0914	0.0941	0.0967	0.0993
11	0.0478	0.0504	0.0531	0.0558	0.0585	0.0613	0.0640	0.0667	0.0695	0.0722
12	0.0283	0.0303	0.0323	0.0344	0.0366	0.0388	0.0411	0.0434	0.0457	0.0481
13	0.0154	0.0168	0.0181	0.0196	0.0211	0.0227	0.0243	0.0260	0.0278	0.0296
14	0.0078	0.0086	0.0095	0.0104	0.0113	0.0123	0.0134	0.0145	0.0157	0.0169
15	0.0037	0.0041	0.0046	0.0051	0.0057	0.0062	0.0069	0.0075	0.0083	0.0090
16	0.0016	0.0019	0.0021	0.0024	0.0026	0.0030	0.0033	0.0037	0.0041	0.0045
17	0.0007	0.0008	0.0009	0.0010	0.0012	0.0013	0.0015	0.0017	0.0019	0.0021
18	0.0003	0.0003	0.0004	0.0004	0.0005	0.0006	0.0006	0.0007	0.0008	0.0009
19	0.0001	0.0001	0.0001	0.0002	0.0002	0.0002	0.0003	0.0003	0.0003	0.0004
20	0.0000	0.0000	0.0001	0.0001	0.0001	0.0001	0.0001	0.0001	0.0001	0.0002
21	0.0000	0.0000	0.0000	0.0000	0.0000	0.0000	0.0000	0.0000	0.0001	0.0001

r \ μ	8.1	8.2	8.3	8.4	8.5	8.6	8.7	8.8	8.9	9.0
0	0.0003	0.0003	0.0002	0.0002	0.0002	0.0002	0.0002	0.0002	0.0001	0.0001
1	0.0025	0.0023	0.0021	0.0019	0.0017	0.0016	0.0014	0.0013	0.0012	0.0011
2	0.0100	0.0092	0.0086	0.0079	0.0074	0.0068	0.0063	0.0058	0.0054	0.0050
3	0.0269	0.0252	0.0237	0.0222	0.0208	0.0195	0.0183	0.0171	0.0160	0.0150
4	0.0544	0.0517	0.0491	0.0466	0.0443	0.0420	0.0398	0.0377	0.0357	0.0337
5	0.0882	0.0849	0.0816	0.0784	0.0752	0.0722	0.0692	0.0663	0.0635	0.0607
6	0.1191	0.1160	0.1128	0.1097	0.1066	0.1034	0.1003	0.0972	0.0941	0.0911
7	0.1378	0.1358	0.1338	0.1317	0.1294	0.1271	0.1247	0.1222	0.1197	0.1171
8	0.1395	0.1392	0.1388	0.1382	0.1375	0.1366	0.1356	0.1344	0.1332	0.1318
9	0.1256	0.1269	0.1280	0.1290	0.1299	0.1306	0.1311	0.1315	0.1317	0.1318
10	0.1017	0.1040	0.1063	0.1084	0.1104	0.1123	0.1140	0.1157	0.1172	0.1186
11	0.0749	0.0776	0.0802	0.0828	0.0853	0.0878	0.0902	0.0925	0.0948	0.0970
12	0.0505	0.0530	0.0555	0.0579	0.0604	0.0629	0.0654	0.0679	0.0703	0.0728
13	0.0315	0.0334	0.0354	0.0374	0.0395	0.0416	0.0438	0.0459	0.0481	0.0504
14	0.0182	0.0196	0.0210	0.0225	0.0240	0.0256	0.0272	0.0289	0.0306	0.0324
15	0.0098	0.0107	0.0116	0.0126	0.0136	0.0147	0.0158	0.0169	0.0182	0.0194
16	0.0050	0.0055	0.0060	0.0066	0.0072	0.0079	0.0086	0.0093	0.0101	0.0109
17	0.0024	0.0026	0.0029	0.0033	0.0036	0.0040	0.0044	0.0048	0.0053	0.0058
18	0.0011	0.0012	0.0014	0.0015	0.0017	0.0019	0.0021	0.0024	0.0026	0.0029
19	0.0005	0.0005	0.0006	0.0007	0.0008	0.0009	0.0010	0.0011	0.0012	0.0014
20	0.0002	0.0002	0.0002	0.0003	0.0003	0.0004	0.0004	0.0005	0.0005	0.0006
21	0.0001	0.0001	0.0001	0.0001	0.0001	0.0002	0.0002	0.0002	0.0002	0.0003
22	0.0000	0.0000	0.0000	0.0000	0.0001	0.0001	0.0001	0.0001	0.0001	0.0001
23	0.0000	0.0000	0.0000	0.0000	0.0000	0.0000	0.0000	0.0000	0.0000	0.0000

续表

r \ μ	9.1	9.2	9.3	9.4	9.5	9.6	9.7	9.8	9.9	10.0
0	0.0001	0.0001	0.0001	0.0001	0.0001	0.0001	0.0001	0.0001	0.0001	0.0000
1	0.0010	0.0009	0.0009	0.0008	0.0007	0.0007	0.0006	0.0005	0.0005	0.0005
2	0.0046	0.0043	0.0040	0.0037	0.0034	0.0031	0.0029	0.0027	0.0025	0.0023
3	0.0140	0.0131	0.0123	0.0115	0.0107	0.0100	0.0093	0.0087	0.0081	0.0076
4	0.0319	0.0302	0.0285	0.0269	0.0254	0.0240	0.0226	0.0213	0.0201	0.0189
5	0.0581	0.0555	0.0530	0.0506	0.0483	0.0460	0.0439	0.0418	0.0398	0.0378
6	0.0881	0.0851	0.0822	0.0793	0.0764	0.0736	0.0709	0.0682	0.0656	0.0631
7	0.1145	0.1118	0.1091	0.1064	0.1037	0.1010	0.0982	0.0955	0.0928	0.0901
8	0.1302	0.1286	0.1269	0.1251	0.1232	0.1212	0.1191	0.1170	0.1148	0.1126
9	0.1317	0.1315	0.1311	0.1306	0.1300	0.1293	0.1284	0.1274	0.1263	0.1251
10	0.1198	0.1210	0.1219	0.1228	0.1235	0.1241	0.1245	0.1249	0.1250	0.1251
11	0.0991	0.1012	0.1031	0.1049	0.1067	0.1083	0.1098	0.1112	0.1125	0.1137
12	0.0752	0.0776	0.0799	0.0822	0.0844	0.0866	0.0888	0.0908	0.0928	0.0948
13	0.0526	0.0549	0.0572	0.0594	0.0617	0.0640	0.0662	0.0685	0.0707	0.0729
14	0.0342	0.0361	0.0380	0.0399	0.0419	0.0439	0.0459	0.0479	0.0500	0.0521
15	0.0208	0.0221	0.0235	0.0250	0.0265	0.0281	0.0297	0.0313	0.0330	0.0347
16	0.0118	0.0127	0.0137	0.0147	0.0157	0.0168	0.0180	0.0192	0.0204	0.0217
17	0.0063	0.0069	0.0075	0.0081	0.0088	0.0095	0.0103	0.0111	0.0119	0.0128
18	0.0032	0.0035	0.0039	0.0042	0.0046	0.0051	0.0055	0.0060	0.0065	0.0071
19	0.0015	0.0017	0.0019	0.0021	0.0023	0.0026	0.0028	0.0031	0.0034	0.0037
20	0.0007	0.0008	0.0009	0.0010	0.0011	0.0012	0.0014	0.0015	0.0017	0.0019
21	0.0003	0.0003	0.0004	0.0004	0.0005	0.0006	0.0006	0.0007	0.0008	0.0009
22	0.0001	0.0001	0.0002	0.0002	0.0002	0.0002	0.0003	0.0003	0.0004	0.0004
23	0.0000	0.0001	0.0001	0.0001	0.0001	0.0001	0.0001	0.0001	0.0002	0.0002
24	0.0000	0.0000	0.0000	0.0000	0.0000	0.0000	0.0000	0.0001	0.0001	0.0001

r \ μ	11.0	12.0	13.0	14.0	15.0	16.0	17.0	18.0	19.0	20.0
0	0.0000	0.0000	0.0000	0.0000	0.0000	0.0000	0.0000	0.0000	0.0000	0.0000
1	0.0002	0.0001	0.0000	0.0000	0.0000	0.0000	0.0000	0.0000	0.0000	0.0000
2	0.0010	0.0004	0.0002	0.0001	0.0000	0.0000	0.0000	0.0000	0.0000	0.0000
3	0.0037	0.0018	0.0008	0.0004	0.0002	0.0001	0.0000	0.0000	0.0000	0.0000
4	0.0102	0.0053	0.0027	0.0013	0.0006	0.0003	0.0001	0.0001	0.0000	0.0000
5	0.0224	0.0127	0.0070	0.0037	0.0019	0.0010	0.0005	0.0002	0.0001	0.0001
6	0.0411	0.0255	0.0152	0.0087	0.0048	0.0026	0.0014	0.0007	0.0004	0.0002
7	0.0646	0.0437	0.0281	0.0174	0.0104	0.0060	0.0034	0.0019	0.0010	0.0005
8	0.0888	0.0655	0.0457	0.0304	0.0194	0.0120	0.0072	0.0042	0.0024	0.0013

续表

r \ μ	11.0	12.0	13.0	14.0	15.0	16.0	17.0	18.0	19.0	20.0
9	0.1085	0.0874	0.0661	0.0473	0.0324	0.0213	0.0135	0.0083	0.0050	0.0029
10	0.1194	0.1048	0.0859	0.0663	0.0486	0.0341	0.0230	0.0150	0.0095	0.0058
11	0.1194	0.1144	0.1015	0.0844	0.0663	0.0496	0.0355	0.0245	0.0164	0.0106
12	0.1094	0.1144	0.1099	0.0984	0.0829	0.0661	0.0504	0.0368	0.0259	0.0176
13	0.0926	0.1056	0.1099	0.1060	0.0956	0.0814	0.0658	0.0509	0.0378	0.0271
14	0.0728	0.0905	0.1021	0.1060	0.1024	0.0930	0.0800	0.0655	0.0514	0.0387
15	0.0534	0.0724	0.0885	0.0989	0.1024	0.0992	0.0906	0.0786	0.0650	0.0516
16	0.0367	0.0543	0.0719	0.0866	0.0960	0.0992	0.0963	0.0884	0.0772	0.0646
17	0.0237	0.0383	0.0550	0.0713	0.0847	0.0934	0.0963	0.0936	0.0863	0.0760
18	0.0145	0.0255	0.0397	0.0554	0.0706	0.0830	0.0909	0.0936	0.0911	0.0844
19	0.0084	0.0161	0.0272	0.0409	0.0557	0.0699	0.0814	0.0887	0.0911	0.0888
20	0.0046	0.0097	0.0177	0.0286	0.0418	0.0559	0.0692	0.0798	0.0866	0.0888
21	0.0024	0.0055	0.0109	0.0191	0.0299	0.0426	0.0560	0.0684	0.0783	0.0846
22	0.0012	0.0030	0.0065	0.0121	0.0204	0.0310	0.0433	0.0560	0.0676	0.0769
23	0.0006	0.0016	0.0037	0.0074	0.0133	0.0216	0.0320	0.0438	0.0559	0.0669
24	0.0003	0.0008	0.0020	0.0043	0.0083	0.0144	0.0226	0.0328	0.0442	0.0557
25	0.0001	0.0004	0.0010	0.0024	0.0050	0.0092	0.0154	0.0237	0.0336	0.0446
26	0.0000	0.0002	0.0005	0.0013	0.0029	0.0057	0.0101	0.0164	0.0246	0.0343
27	0.0000	0.0001	0.0002	0.0007	0.0016	0.0034	0.0063	0.0109	0.0173	0.0254
28	0.0000	0.0000	0.0001	0.0003	0.0009	0.0019	0.0038	0.0070	0.0117	0.0181
29	0.0000	0.0000	0.0001	0.0002	0.0004	0.0011	0.0023	0.0044	0.0077	0.0125
30	0.0000	0.0000	0.0000	0.0001	0.0002	0.0006	0.0013	0.0026	0.0049	0.0083
31	0.0000	0.0000	0.0000	0.0000	0.0001	0.0003	0.0007	0.0015	0.0030	0.0054
32	0.0000	0.0000	0.0000	0.0000	0.0001	0.0001	0.0004	0.0009	0.0018	0.0034
33	0.0000	0.0000	0.0000	0.0000	0.0000	0.0001	0.0002	0.0005	0.0010	0.0020
34	0.0000	0.0000	0.0000	0.0000	0.0000	0.0000	0.0001	0.0002	0.0006	0.0012
35	0.0000	0.0000	0.0000	0.0000	0.0000	0.0000	0.0000	0.0001	0.0003	0.0007
36	0.0000	0.0000	0.0000	0.0000	0.0000	0.0000	0.0000	0.0001	0.0002	0.0004
37	0.0000	0.0000	0.0000	0.0000	0.0000	0.0000	0.0000	0.0000	0.0001	0.0002
38	0.0000	0.0000	0.0000	0.0000	0.0000	0.0000	0.0000	0.0000	0.0000	0.0001
39	0.0000	0.0000	0.0000	0.0000	0.0000	0.0000	0.0000	0.0000	0.0000	0.0001
40	0.0000	0.0000	0.0000	0.0000	0.0000	0.0000	0.0000	0.0000	0.0000	0.0000

表 4　累积泊松分布表

$$F(x;\mu)=\sum_{r=0}^{x}P(r;\mu)$$

x \ μ	0.1	0.2	0.3	0.4	0.5	0.6	0.7	0.8	0.9	1.0
0	0.9048	0.8187	0.7408	0.6703	0.6065	0.5488	0.4966	0.4493	0.4066	0.3679
1	0.9953	0.9825	0.9631	0.9384	0.9098	0.8781	0.8442	0.8088	0.7725	0.7358
2	0.9998	0.9989	0.9964	0.9921	0.9856	0.9769	0.9659	0.9526	0.9371	0.9197
3	1.0000	0.9999	0.9997	0.9992	0.9982	0.9966	0.9942	0.9909	0.9865	0.9810
4	1.0000	1.0000	1.0000	0.9999	0.9998	0.9996	0.9992	0.9986	0.9977	0.9963
5	1.0000	1.0000	1.0000	1.0000	1.0000	1.0000	0.9999	0.9998	0.9997	0.9994
6	1.0000	1.0000	1.0000	1.0000	1.0000	1.0000	1.0000	1.0000	1.0000	0.9999
7	1.0000	1.0000	1.0000	1.0000	1.0000	1.0000	1.0000	1.0000	1.0000	1.0000

x \ μ	1.1	1.2	1.3	1.4	1.5	1.6	1.7	1.8	1.9	2.0
0	0.3329	0.3012	0.2725	0.2466	0.2231	0.2019	0.1827	0.1653	0.1496	0.1353
1	0.6990	0.6626	0.6268	0.5918	0.5578	0.5249	0.4932	0.4628	0.4337	0.4060
2	0.9004	0.8795	0.8571	0.8335	0.8088	0.7834	0.7572	0.7306	0.7037	0.6767
3	0.9743	0.9662	0.9569	0.9463	0.9344	0.9212	0.9068	0.8913	0.8747	0.8571
4	0.9946	0.9923	0.9893	0.9857	0.9814	0.9763	0.9704	0.9636	0.9559	0.9473
5	0.9990	0.9985	0.9978	0.9968	0.9955	0.9940	0.9920	0.9896	0.9868	0.9834
6	0.9999	0.9997	0.9996	0.9994	0.9991	0.9987	0.9981	0.9974	0.9966	0.9955
7	1.0000	1.0000	0.9999	0.9999	0.9998	0.9997	0.9996	0.9994	0.9992	0.9989
8	1.0000	1.0000	1.0000	1.0000	1.0000	1.0000	0.9999	0.9999	0.9998	0.9998
9	1.0000	1.0000	1.0000	1.0000	1.0000	1.0000	1.0000	1.0000	1.0000	1.0000

x \ μ	2.1	2.2	2.3	2.4	2.5	2.6	2.7	2.8	2.9	3.0
0	0.1225	0.1108	0.1003	0.0907	0.0821	0.0743	0.0672	0.0608	0.0550	0.0498
1	0.3796	0.3546	0.3309	0.3084	0.2873	0.2674	0.2487	0.2311	0.2146	0.1991
2	0.6496	0.6227	0.5960	0.5697	0.5438	0.5184	0.4936	0.4695	0.4460	0.4232
3	0.8386	0.8194	0.7993	0.7787	0.7576	0.7360	0.7141	0.6919	0.6696	0.6472
4	0.9379	0.9275	0.9162	0.9041	0.8912	0.8774	0.8629	0.8477	0.8318	0.8153
5	0.9796	0.9751	0.9700	0.9643	0.9580	0.9510	0.9433	0.9349	0.9258	0.9161
6	0.9941	0.9925	0.9906	0.9884	0.9858	0.9828	0.9794	0.9756	0.9713	0.9665
7	0.9985	0.9980	0.9974	0.9967	0.9958	0.9947	0.9934	0.9919	0.9901	0.9881
8	0.9997	0.9995	0.9994	0.9991	0.9989	0.9985	0.9981	0.9976	0.9969	0.9962
9	0.9999	0.9999	0.9999	0.9998	0.9997	0.9996	0.9995	0.9993	0.9991	0.9989
10	1.0000	1.0000	1.0000	1.0000	0.9999	0.9999	0.9999	0.9998	0.9998	0.9997
11	1.0000	1.0000	1.0000	1.0000	1.0000	1.0000	1.0000	1.0000	0.9999	0.9999
12	1.0000	1.0000	1.0000	1.0000	1.0000	1.0000	1.0000	1.0000	1.0000	1.0000

续表

x \ μ	3.1	3.2	3.3	3.4	3.5	3.6	3.7	3.8	3.9	4.0
0	0.0450	0.0408	0.0369	0.0334	0.0302	0.0273	0.0247	0.0224	0.0202	0.0183
1	0.1847	0.1712	0.1586	0.1468	0.1359	0.1257	0.1162	0.1074	0.0992	0.0916
2	0.4012	0.3799	0.3594	0.3397	0.3208	0.3027	0.2854	0.2689	0.2531	0.2381
3	0.6248	0.6025	0.5803	0.5584	0.5366	0.5152	0.4942	0.4735	0.4532	0.4335
4	0.7982	0.7806	0.7626	0.7442	0.7254	0.7064	0.6872	0.6678	0.6484	0.6288
5	0.9057	0.8946	0.8829	0.8705	0.8576	0.8441	0.8301	0.8156	0.8006	0.7851
6	0.9612	0.9554	0.9490	0.9421	0.9347	0.9267	0.9182	0.9091	0.8995	0.8893
7	0.9858	0.9832	0.9802	0.9769	0.9733	0.9692	0.9648	0.9599	0.9546	0.9489
8	0.9953	0.9943	0.9931	0.9917	0.9901	0.9883	0.9863	0.9840	0.9815	0.9786
9	0.9986	0.9982	0.9978	0.9973	0.9967	0.9960	0.9952	0.9942	0.9931	0.9919
10	0.9996	0.9995	0.9994	0.9992	0.9990	0.9987	0.9984	0.9981	0.9977	0.9972
11	0.9999	0.9999	0.9998	0.9998	0.9997	0.9996	0.9995	0.9994	0.9993	0.9991
12	1.0000	1.0000	1.0000	0.9999	0.9999	0.9999	0.9999	0.9998	0.9998	0.9997
13	1.0000	1.0000	1.0000	1.0000	1.0000	1.0000	1.0000	1.0000	0.9999	0.9999
14	1.0000	1.0000	1.0000	1.0000	1.0000	1.0000	1.0000	1.0000	1.0000	1.0000

x \ μ	4.1	4.2	4.3	4.4	4.5	4.6	4.7	4.8	4.9	5.0
0	0.0166	0.0150	0.0136	0.0123	0.0111	0.0101	0.0091	0.0082	0.0074	0.0067
1	0.0845	0.0780	0.0719	0.0663	0.0611	0.0563	0.0518	0.0477	0.0439	0.0404
2	0.2238	0.2102	0.1974	0.1851	0.1736	0.1626	0.1523	0.1425	0.1333	0.1247
3	0.4142	0.3954	0.3772	0.3594	0.3423	0.3257	0.3097	0.2942	0.2793	0.2650
4	0.6093	0.5898	0.5704	0.5512	0.5321	0.5132	0.4946	0.4763	0.4582	0.4405
5	0.7693	0.7531	0.7367	0.7199	0.7029	0.6858	0.6684	0.6510	0.6335	0.6160
6	0.8786	0.8675	0.8558	0.8436	0.8311	0.8180	0.8046	0.7908	0.7767	0.7622
7	0.9427	0.9361	0.9290	0.9214	0.9134	0.9049	0.8960	0.8867	0.8769	0.8666
8	0.9755	0.9721	0.9683	0.9642	0.9597	0.9549	0.9497	0.9442	0.9382	0.9319
9	0.9905	0.9889	0.9871	0.9851	0.9829	0.9805	0.9778	0.9749	0.9717	0.9682
10	0.9966	0.9959	0.9952	0.9943	0.9933	0.9922	0.9910	0.9896	0.9880	0.9863
11	0.9989	0.9986	0.9983	0.9980	0.9976	0.9971	0.9966	0.9960	0.9953	0.9945
12	0.9997	0.9996	0.9995	0.9993	0.9992	0.9990	0.9988	0.9986	0.9983	0.9980
13	0.9999	0.9999	0.9998	0.9998	0.9997	0.9997	0.9996	0.9995	0.9994	0.9993
14	1.0000	1.0000	1.0000	0.9999	0.9999	0.9999	0.9999	0.9999	0.9998	0.9998
15	1.0000	1.0000	1.0000	1.0000	1.0000	1.0000	1.0000	1.0000	0.9999	0.9999
16	1.0000	1.0000	1.0000	1.0000	1.0000	1.0000	1.0000	1.0000	1.0000	1.0000

续表

x \ μ	5.1	5.2	5.3	5.4	5.5	5.6	5.7	5.8	5.9	6.0
0	0.0061	0.0055	0.0050	0.0045	0.0041	0.0037	0.0033	0.0030	0.0027	0.0025
1	0.0372	0.0342	0.0314	0.0289	0.0266	0.0244	0.0224	0.0206	0.0189	0.0174
2	0.1165	0.1088	0.1016	0.0948	0.0884	0.0824	0.0768	0.0715	0.0666	0.0620
3	0.2513	0.2381	0.2254	0.2133	0.2017	0.1906	0.1800	0.1700	0.1604	0.1512
4	0.4231	0.4061	0.3895	0.3733	0.3575	0.3422	0.3272	0.3127	0.2987	0.2851
5	0.5984	0.5809	0.5635	0.5461	0.5289	0.5119	0.4950	0.4783	0.4619	0.4457
6	0.7474	0.7324	0.7171	0.7017	0.6860	0.6703	0.6544	0.6384	0.6224	0.6063
7	0.8560	0.8449	0.8335	0.8217	0.8095	0.7970	0.7841	0.7710	0.7576	0.7440
8	0.9252	0.9181	0.9106	0.9027	0.8944	0.8857	0.8766	0.8672	0.8574	0.8472
9	0.9644	0.9603	0.9559	0.9512	0.9462	0.9409	0.9352	0.9292	0.9228	0.9161
10	0.9844	0.9823	0.9800	0.9775	0.9747	0.9718	0.9686	0.9651	0.9614	0.9574
11	0.9937	0.9927	0.9916	0.9904	0.9890	0.9875	0.9859	0.9841	0.9821	0.9799
12	0.9976	0.9972	0.9967	0.9962	0.9955	0.9949	0.9941	0.9932	0.9922	0.9912
13	0.9992	0.9990	0.9988	0.9986	0.9983	0.9980	0.9977	0.9973	0.9969	0.9964
14	0.9997	0.9997	0.9996	0.9995	0.9994	0.9993	0.9991	0.9990	0.9988	0.9986
15	0.9999	0.9999	0.9999	0.9998	0.9998	0.9998	0.9997	0.9996	0.9996	0.9995
16	1.0000	1.0000	1.0000	0.9999	0.9999	0.9999	0.9999	0.9999	0.9999	0.9998
17	1.0000	1.0000	1.0000	1.0000	1.0000	1.0000	1.0000	1.0000	1.0000	0.9999
18	1.0000	1.0000	1.0000	1.0000	1.0000	1.0000	1.0000	1.0000	1.0000	1.0000

x \ μ	6.1	6.2	6.3	6.4	6.5	6.6	6.7	6.8	6.9	7.0
0	0.0022	0.0020	0.0018	0.0017	0.0015	0.0014	0.0012	0.0011	0.0010	0.0009
1	0.0159	0.0146	0.0134	0.0123	0.0113	0.0103	0.0095	0.0087	0.0080	0.0073
2	0.0577	0.0536	0.0498	0.0463	0.0430	0.0400	0.0371	0.0344	0.0320	0.0296
3	0.1425	0.1342	0.1264	0.1189	0.1118	0.1052	0.0988	0.0928	0.0871	0.0818
4	0.2719	0.2592	0.2469	0.2351	0.2237	0.2127	0.2022	0.1920	0.1823	0.1730
5	0.4298	0.4141	0.3988	0.3837	0.3690	0.3547	0.3406	0.3270	0.3137	0.3007
6	0.5902	0.5742	0.5582	0.5423	0.5265	0.5108	0.4953	0.4799	0.4647	0.4497
7	0.7301	0.7160	0.7017	0.6873	0.6728	0.6581	0.6433	0.6285	0.6136	0.5987
8	0.8367	0.8259	0.8148	0.8033	0.7916	0.7796	0.7673	0.7548	0.7420	0.7291
9	0.9090	0.9016	0.8939	0.8858	0.8774	0.8686	0.8596	0.8502	0.8405	0.8305
10	0.9531	0.9486	0.9437	0.9386	0.9332	0.9274	0.9214	0.9151	0.9084	0.9015
11	0.9776	0.9750	0.9723	0.9693	0.9661	0.9627	0.9591	0.9552	0.9510	0.9467
12	0.9900	0.9887	0.9873	0.9857	0.9840	0.9821	0.9801	0.9779	0.9755	0.9730
13	0.9958	0.9952	0.9945	0.9937	0.9929	0.9920	0.9909	0.9898	0.9885	0.9872
14	0.9984	0.9981	0.9978	0.9974	0.9970	0.9966	0.9961	0.9956	0.9950	0.9943
15	0.9994	0.9993	0.9992	0.9990	0.9988	0.9986	0.9984	0.9982	0.9979	0.9976
16	0.9998	0.9997	0.9997	0.9996	0.9996	0.9995	0.9994	0.9993	0.9992	0.9990
17	0.9999	0.9999	0.9999	0.9999	0.9998	0.9998	0.9998	0.9997	0.9997	0.9996
18	1.0000	1.0000	1.0000	1.0000	0.9999	0.9999	0.9999	0.9999	0.9999	0.9999
19	1.0000	1.0000	1.0000	1.0000	1.0000	1.0000	1.0000	1.0000	1.0000	1.0000

续表

x \ μ	7.1	7.2	7.3	7.4	7.5	7.6	7.7	7.8	7.9	8.0
0	0.0008	0.0007	0.0007	0.0006	0.0006	0.0005	0.0005	0.0004	0.0004	0.0003
1	0.0067	0.0061	0.0056	0.0051	0.0047	0.0043	0.0039	0.0036	0.0033	0.0020
2	0.0275	0.0255	0.0236	0.0219	0.0203	0.0188	0.0174	0.0161	0.0149	0.0138
3	0.0767	0.0719	0.0674	0.0632	0.0591	0.0554	0.0518	0.0485	0.0453	0.0424
4	0.1641	0.1555	0.1473	0.1395	0.1321	0.1249	0.1181	0.1117	0.1055	0.0996
5	0.2881	0.2759	0.2640	0.2526	0.2414	0.2307	0.2203	0.2103	0.2006	0.1912
6	0.4349	0.4204	0.4060	0.3920	0.3782	0.3646	0.3514	0.3384	0.3257	0.3134
7	0.5838	0.5689	0.5541	0.5393	0.5246	0.5100	0.4956	0.4812	0.4670	0.4530
8	0.7160	0.7027	0.6892	0.6757	0.6620	0.6482	0.6343	0.6204	0.6065	0.5925
9	0.8202	0.8096	0.7988	0.7877	0.7764	0.7649	0.7531	0.7411	0.7290	0.7166
10	0.8942	0.8867	0.8788	0.8707	0.8622	0.8535	0.8445	0.8352	0.8257	0.8159
11	0.9420	0.9371	0.9319	0.9265	0.9208	0.9148	0.9085	0.9020	0.8952	0.8881
12	0.9703	0.9673	0.9642	0.9609	0.9573	0.9536	0.9496	0.9454	0.9409	0.9362
13	0.9857	0.9841	0.9824	0.9805	0.9784	0.9762	0.9739	0.9714	0.9687	0.9658
14	0.9935	0.9927	0.9918	0.9908	0.9897	0.9886	0.9873	0.9859	0.9844	0.9827
15	0.9972	0.9969	0.9964	0.9959	0.9954	0.9948	0.9941	0.9934	0.9926	0.9918
16	0.9989	0.9987	0.9985	0.9983	0.9980	0.9978	0.9974	0.9971	0.9967	0.9963
17	0.9996	0.9995	0.9994	0.9993	0.9992	0.9991	0.9989	0.9988	0.9986	0.9984
18	0.9998	0.9998	0.9998	0.9997	0.9997	0.9996	0.9996	0.9995	0.9994	0.9993
19	0.9999	0.9999	0.9999	0.9999	0.9999	0.9999	0.9998	0.9998	0.9998	0.9997
20	1.0000	1.0000	1.0000	1.0000	1.0000	1.0000	0.9999	0.9999	0.9999	0.9999
21	1.0000	1.0000	1.0000	1.0000	1.0000	1.0000	1.0000	1.0000	1.0000	1.0000

x \ μ	8.1	8.2	8.3	8.4	8.5	8.6	8.7	8.8	8.9	9.0
0	0.0003	0.0003	0.0002	0.0002	0.0002	0.0002	0.0002	0.0002	0.0001	0.0001
1	0.0028	0.0025	0.0023	0.0021	0.0019	0.0018	0.0016	0.0015	0.0014	0.0012
2	0.0127	0.0118	0.0109	0.0100	0.0093	0.0086	0.0079	0.0073	0.0068	0.0062
3	0.0396	0.0370	0.0346	0.0323	0.0301	0.0281	0.0262	0.0244	0.0228	0.0212
4	0.0940	0.0887	0.0837	0.0789	0.0744	0.0701	0.0660	0.0621	0.0584	0.0550
5	0.1822	0.1736	0.1653	0.1573	0.1496	0.1422	0.1352	0.1284	0.1219	0.1157
6	0.3013	0.2896	0.2781	0.2670	0.2562	0.2457	0.2355	0.2256	0.2160	0.2068
7	0.4391	0.4254	0.4119	0.3987	0.3856	0.3728	0.3602	0.3478	0.3357	0.3239
8	0.5786	0.5647	0.5507	0.5369	0.5231	0.5094	0.4958	0.4823	0.4689	0.4557
9	0.7041	0.6915	0.6788	0.6659	0.6530	0.6400	0.6269	0.6137	0.6006	0.5874
10	0.8058	0.7955	0.7850	0.7743	0.7634	0.7522	0.7409	0.7294	0.7178	0.7060
11	0.8807	0.8731	0.8652	0.8571	0.8487	0.8400	0.8311	0.8220	0.8126	0.8030
12	0.9313	0.9261	0.9207	0.9150	0.9091	0.9029	0.8965	0.8898	0.8829	0.8758
13	0.9628	0.9595	0.9561	0.9524	0.9486	0.9445	0.9403	0.9358	0.9311	0.9261
14	0.9810	0.9791	0.9771	0.9749	0.9726	0.9701	0.9675	0.9647	0.9617	0.9585
15	0.9908	0.9898	0.9887	0.9875	0.9862	0.9848	0.9832	0.9816	0.9798	0.9780
16	0.9958	0.9953	0.9947	0.9941	0.9934	0.9926	0.9918	0.9909	0.9899	0.9889
17	0.9982	0.9979	0.9977	0.9973	0.9970	0.9966	0.9962	0.9957	0.9952	0.9947
18	0.9992	0.9991	0.9990	0.9989	0.9987	0.9985	0.9983	0.9981	0.9978	0.9976
19	0.9997	0.9997	0.9996	0.9995	0.9995	0.9994	0.9993	0.9992	0.9991	0.9989
20	0.9999	0.9999	0.9998	0.9998	0.9998	0.9998	0.9997	0.9997	0.9996	0.9996
21	1.0000	1.0000	0.9999	0.9999	0.9999	0.9999	0.9999	0.9999	0.9998	0.9998
22	1.0000	1.0000	1.0000	1.0000	1.0000	1.0000	1.0000	1.0000	0.9999	0.9999
23	1.0000	1.0000	1.0000	1.0000	1.0000	1.0000	1.0000	1.0000	1.0000	1.0000

续表

x \ μ	9.1	9.2	9.3	9.4	9.5	9.6	9.7	9.8	9.9	10.0
0	0.0001	0.0001	0.0001	0.0001	0.0001	0.0001	0.0001	0.0001	0.0001	0.0000
1	0.0011	0.0010	0.0009	0.0009	0.0008	0.0007	0.0007	0.0006	0.0005	0.0005
2	0.0058	0.0053	0.0049	0.0045	0.0042	0.0038	0.0035	0.0033	0.0030	0.0028
3	0.0198	0.0184	0.0172	0.0160	0.0149	0.0138	0.0129	0.0120	0.0111	0.0103
4	0.0517	0.0486	0.0456	0.0429	0.0403	0.0378	0.0355	0.0333	0.0312	0.0293
5	0.1098	0.1041	0.0986	0.0935	0.0885	0.0838	0.0793	0.0750	0.0710	0.0671
6	0.1978	0.1892	0.1808	0.1727	0.1649	0.1574	0.1502	0.1433	0.1366	0.1301
7	0.3123	0.3010	0.2900	0.2792	0.2687	0.2584	0.2485	0.2388	0.2294	0.2202
8	0.4426	0.4296	0.4168	0.4042	0.3918	0.3796	0.3676	0.3558	0.3442	0.3328
9	0.5742	0.5611	0.5479	0.5349	0.5218	0.5089	0.4960	0.4832	0.4705	0.4579
10	0.6941	0.6820	0.6699	0.6576	0.6453	0.6329	0.6205	0.6080	0.5955	0.5830
11	0.7932	0.7832	0.7730	0.7626	0.7520	0.7412	0.7303	0.7193	0.7081	0.6968
12	0.8684	0.8607	0.8529	0.8448	0.8364	0.8279	0.8191	0.8101	0.8009	0.7916
13	0.9210	0.9156	0.9100	0.9042	0.8981	0.8919	0.8853	0.8786	0.8716	0.8645
14	0.9552	0.9517	0.9480	0.9441	0.9400	0.9357	0.9312	0.9265	0.9216	0.9165
15	0.9760	0.9738	0.9715	0.9691	0.9665	0.9638	0.9609	0.9579	0.9546	0.9513
16	0.9878	0.9865	0.9852	0.9838	0.9823	0.9806	0.9789	0.9770	0.9751	0.9730
17	0.9941	0.9934	0.9927	0.9919	0.9911	0.9902	0.9892	0.9881	0.9870	0.9857
18	0.9973	0.9969	0.9966	0.9962	0.9957	0.9952	0.9947	0.9941	0.9935	0.9928
19	0.9988	0.9986	0.9985	0.9983	0.9980	0.9978	0.9975	0.9972	0.9969	0.9965
20	0.9995	0.9994	0.9993	0.9992	0.9991	0.9990	0.9989	0.9987	0.9986	0.9984
21	0.9998	0.9998	0.9997	0.9997	0.9996	0.9996	0.9995	0.9995	0.9994	0.9993
22	0.9999	0.9999	0.9999	0.9999	0.9999	0.9998	0.9998	0.9998	0.9997	0.9997
23	1.0000	1.0000	1.0000	1.0000	0.9999	0.9999	0.9999	0.9999	0.9999	0.9999
24	1.0000	1.0000	1.0000	1.0000	1.0000	1.0000	1.0000	1.0000	1.0000	1.0000

x \ μ	11.0	12.0	13.0	14.0	15.0	16.0	17.0	18.0	19.0	20.0
0	0.0000	0.0000	0.0000	0.0000	0.0000	0.0000	0.0000	0.0000	0.0000	0.0000
1	0.0002	0.0001	0.0000	0.0000	0.0000	0.0000	0.0000	0.0000	0.0000	0.0000
2	0.0012	0.0005	0.0002	0.0001	0.0000	0.0000	0.0000	0.0000	0.0000	0.0000
3	0.0049	0.0023	0.0011	0.0005	0.0002	0.0001	0.0000	0.0000	0.0000	0.0000
4	0.0151	0.0076	0.0037	0.0018	0.0009	0.0004	0.0002	0.0001	0.0000	0.0000
5	0.0375	0.0203	0.0107	0.0055	0.0028	0.0014	0.0007	0.0003	0.0002	0.0001
6	0.0786	0.0458	0.0259	0.0142	0.0076	0.0040	0.0021	0.0010	0.0005	0.0003
7	0.1432	0.0895	0.0540	0.0316	0.0180	0.0100	0.0054	0.0029	0.0015	0.0008
8	0.2320	0.1550	0.0998	0.0621	0.0374	0.0220	0.0126	0.0071	0.0039	0.0021

续表

x \ μ	11.0	12.0	13.0	14.0	15.0	16.0	17.0	18.0	19.0	20.0
9	0.3405	0.2424	0.1658	0.1094	0.0699	0.0433	0.0261	0.0154	0.0089	0.0050
10	0.4599	0.3472	0.2517	0.1757	0.1185	0.0774	0.0491	0.0304	0.0183	0.0108
11	0.5793	0.4616	0.3532	0.2600	0.1848	0.1270	0.0847	0.0549	0.0347	0.0214
12	0.6887	0.5760	0.4631	0.3585	0.2676	0.1931	0.1350	0.0917	0.0606	0.0390
13	0.7813	0.6815	0.5730	0.4644	0.3632	0.2745	0.2009	0.1426	0.0984	0.0661
14	0.8540	0.7720	0.6751	0.5704	0.4657	0.3675	0.2808	0.2081	0.1497	0.1049
15	0.9074	0.8444	0.7636	0.6694	0.5681	0.4667	0.3715	0.2867	0.2148	0.1565
16	0.9441	0.8987	0.8355	0.7559	0.6641	0.5660	0.4677	0.3751	0.2920	0.2211
17	0.9678	0.9370	0.8905	0.8272	0.7489	0.6593	0.5640	0.4686	0.3784	0.2970
18	0.9823	0.9626	0.9302	0.8826	0.8195	0.7423	0.6550	0.5622	0.4695	0.3814
19	0.9907	0.9787	0.9573	0.9235	0.8752	0.8122	0.7363	0.6509	0.5606	0.4703
20	0.9953	0.9884	0.9750	0.9521	0.9170	0.8682	0.8055	0.7307	0.6472	0.5591
21	0.9977	0.9939	0.9859	0.9712	0.9469	0.9108	0.8615	0.7991	0.7255	0.6437
22	0.9990	0.9970	0.9924	0.9833	0.9673	0.9418	0.9047	0.8551	0.7931	0.7206
23	0.9995	0.9985	0.9960	0.9907	0.9805	0.9633	0.9367	0.8989	0.8490	0.7875
24	0.9998	0.9993	0.9980	0.9950	0.9888	0.9777	0.9594	0.9317	0.8933	0.8432
25	0.9999	0.9997	0.9990	0.9974	0.9938	0.9869	0.9748	0.9554	0.9269	0.8878
26	1.0000	0.9999	0.9995	0.9987	0.9967	0.9925	0.9848	0.9718	0.9514	0.9221
27	1.0000	0.9999	0.9998	0.9994	0.9983	0.9959	0.9912	0.9827	0.9687	0.9475
28	1.0000	1.0000	0.9999	0.9997	0.9991	0.9978	0.9950	0.9897	0.9805	0.9657
29	1.0000	1.0000	1.0000	0.9999	0.9996	0.9989	0.9973	0.9941	0.9882	0.9782
30	1.0000	1.0000	1.0000	0.9999	0.9998	0.9994	0.9986	0.9967	0.9930	0.9865
31	1.0000	1.0000	1.0000	1.0000	0.9999	0.9997	0.9993	0.9982	0.9960	0.9919
32	1.0000	1.0000	1.0000	1.0000	1.0000	0.9999	0.9996	0.9990	0.9978	0.9953
33	1.0000	1.0000	1.0000	1.0000	1.0000	0.9999	0.9998	0.9995	0.9988	0.9973
34	1.0000	1.0000	1.0000	1.0000	1.0000	1.0000	0.9999	0.9998	0.9994	0.9985
35	1.0000	1.0000	1.0000	1.0000	1.0000	1.0000	1.0000	0.9999	0.9997	0.9992
36	1.0000	1.0000	1.0000	1.0000	1.0000	1.0000	1.0000	0.9999	0.9998	0.9996
37	1.0000	1.0000	1.0000	1.0000	1.0000	1.0000	1.0000	1.0000	0.9999	0.9998
38	1.0000	1.0000	1.0000	1.0000	1.0000	1.0000	1.0000	1.0000	1.0000	0.9999
39	1.0000	1.0000	1.0000	1.0000	1.0000	1.0000	1.0000	1.0000	1.0000	0.9999
40	1.0000	1.0000	1.0000	1.0000	1.0000	1.0000	1.0000	1.0000	1.0000	1.0000

表 5　标准正态分布概率密度表

$$\phi(x)=\frac{1}{\sqrt{2\pi}}\exp\left(-\frac{x^2}{2}\right),\qquad 0\leqslant x\leqslant 4.99$$

	0.00	0.01	0.02	0.03	0.04	0.05	0.06	0.07	0.08	0.09
0.0	0.39894	0.39892	0.39886	0.39876	0.39862	0.39844	0.39822	0.39797	0.39767	0.39733
0.1	0.39695	0.39654	0.39608	0.39559	0.39505	0.39448	0.39387	0.39322	0.39253	0.39181
0.2	0.39104	0.39024	0.38940	0.38853	0.38762	0.38667	0.38568	0.38466	0.38361	0.38251
0.3	0.38139	0.38023	0.37903	0.37780	0.37654	0.37524	0.37391	0.37255	0.37115	0.36973
0.4	0.36827	0.36678	0.36526	0.36371	0.36213	0.36053	0.35889	0.35723	0.35553	0.35381
0.5	0.35207	0.35029	0.34849	0.34667	0.34482	0.34294	0.34105	0.33912	0.33718	0.33521
0.6	0.33322	0.33121	0.32918	0.32713	0.32506	0.32297	0.32086	0.31874	0.31659	0.31443
0.7	0.31225	0.31006	0.30785	0.30563	0.30339	0.30114	0.29887	0.29659	0.29431	0.29200
0.8	0.28969	0.28737	0.28504	0.28269	0.28034	0.27798	0.27562	0.27324	0.27086	0.26848
0.9	0.26609	0.26369	0.26129	0.25888	0.25647	0.25406	0.25164	0.24923	0.24681	0.24439
1.0	0.24197	0.23955	0.23713	0.23471	0.23230	0.22988	0.22747	0.22506	0.22265	0.22025
1.1	0.21785	0.21546	0.21307	0.21069	0.20831	0.20594	0.20357	0.20121	0.19886	0.19652
1.2	0.19419	0.19186	0.18954	0.18724	0.18494	0.18265	0.18037	0.17810	0.17585	0.17360
1.3	0.17137	0.16915	0.16694	0.16474	0.16256	0.16038	0.15822	0.15608	0.15395	0.15183
1.4	0.14973	0.14764	0.14556	0.14350	0.14146	0.13943	0.13742	0.13542	0.13344	0.13147
1.5	0.12952	0.12758	0.12566	0.12376	0.12188	0.12001	0.11816	0.11632	0.11450	0.11270
1.6	0.11092	0.10915	0.10741	0.10567	0.10396	0.10226	0.10059	0.09893	0.09728	0.09566
1.7	0.09405	0.09246	0.09089	0.08933	0.08780	0.08628	0.08478	0.08329	0.08183	0.08038
1.8	0.07895	0.07754	0.07614	0.07477	0.07341	0.07206	0.07074	0.06943	0.06814	0.06687
1.9	0.06562	0.06438	0.06316	0.06195	0.06077	0.05959	0.05844	0.05730	0.05618	0.05508
2.0	0.05399	0.05292	0.05186	0.05082	0.04980	0.04879	0.04780	0.04682	0.04586	0.04491
2.1	0.04398	0.04307	0.04217	0.04128	0.04041	0.03955	0.03871	0.03788	0.03706	0.03626
2.2	0.03547	0.03470	0.03394	0.03319	0.03246	0.03174	0.03103	0.03034	0.02965	0.02898
2.3	0.02833	0.02768	0.02705	0.02643	0.02582	0.02522	0.02463	0.02406	0.02349	0.02294
2.4	0.02239	0.02186	0.02134	0.02083	0.02033	0.01984	0.01936	0.01888	0.01842	0.01797

续表

	0.00	0.01	0.02	0.03	0.04	0.05	0.06	0.07	0.08	0.09
2.5	0.01753	0.01709	0.01667	0.01625	0.01585	0.01545	0.01506	0.01468	0.01431	0.01394
2.6	0.01358	0.01323	0.01289	0.01256	0.01223	0.01191	0.01160	0.01130	0.01100	0.01071
2.7	0.01042	0.01014	0.00987	0.00961	0.00935	0.00909	0.00885	0.00861	0.00837	0.00814
2.8	0.00792	0.00770	0.00748	0.00727	0.00707	0.00687	0.00668	0.00649	0.00631	0.00613
2.9	0.00595	0.00578	0.00562	0.00545	0.00530	0.00514	0.00499	0.00485	0.00470	0.00457
3.0	0.00443	0.00430	0.00417	0.00405	0.00393	0.00381	0.00370	0.00358	0.00348	0.00337
3.1	0.00327	0.00317	0.00307	0.00298	0.00288	0.00279	0.00271	0.00262	0.00254	0.00246
3.2	0.00238	0.00231	0.00224	0.00216	0.00210	0.00203	0.00196	0.00190	0.00184	0.00178
3.3	0.00172	0.00167	0.00161	0.00156	0.00151	0.00146	0.00141	0.00136	0.00132	0.00127
3.4	0.00123	0.00119	0.00115	0.00111	0.00107	0.00104	0.00100	0.00097	0.00094	0.00090
3.5	0.00087	0.00084	0.00081	0.00079	0.00076	0.00073	0.00071	0.00068	0.00066	0.00063
3.6	0.00061	0.00059	0.00057	0.00055	0.00053	0.00051	0.00049	0.00047	0.00046	0.00044
3.7	0.00042	0.00041	0.00039	0.00038	0.00037	0.00035	0.00034	0.00033	0.00031	0.00030
3.8	0.00029	0.00028	0.00027	0.00026	0.00025	0.00024	0.00023	0.00022	0.00021	0.00021
3.9	0.00020	0.00019	0.00018	0.00018	0.00017	0.00016	0.00016	0.00015	0.00014	0.00014
4.0	0.00013	0.00013	0.00012	0.00012	0.00011	0.00011	0.00011	0.00010	0.00010	0.00009
4.1	0.00009	0.00009	0.00008	0.00008	0.00008	0.00007	0.00007	0.00007	0.00006	0.00006
4.2	0.00006	0.00006	0.00005	0.00005	0.00005	0.00005	0.00005	0.00004	0.00004	0.00004
4.3	0.00004	0.00004	0.00004	0.00003	0.00003	0.00003	0.00003	0.00003	0.00003	0.00003
4.4	0.00002	0.00002	0.00002	0.00002	0.00002	0.00002	0.00002	0.00002	0.00002	0.00002
4.5	0.00002	0.00002	0.00001	0.00001	0.00001	0.00001	0.00001	0.00001	0.00001	0.00001
4.6	0.00001	0.00001	0.00001	0.00001	0.00001	0.00001	0.00001	0.00001	0.00001	0.00001
4.7	0.00001	0.00001	0.00001	0.00001	0.00001	0.00001	0.00000	0.00000	0.00000	0.00000
4.8	0.00000	0.00000	0.00000	0.00000	0.00000	0.00000	0.00000	0.00000	0.00000	0.00000
4.9	0.00000	0.00000	0.00000	0.00000	0.00000	0.00000	0.00000	0.00000	0.00000	0.00000

表 6　标准正态分布累积分布函数表

$$\Phi(x)=\frac{1}{\sqrt{2\pi}}\int_{-\infty}^{x}\exp\left(-\frac{t^2}{2}\right)\mathrm{d}i,\qquad 0\leqslant x\leqslant 4.99.\qquad \Phi(-x)=1-\Phi(x).$$

	0.00	0.01	0.02	0.03	0.04	0.05	0.06	0.07	0.08	0.09
0.0	0.50000	0.50399	0.50798	0.51197	0.51595	0.51994	0.52392	0.52790	0.53188	0.53586
0.1	0.53983	0.54380	0.54776	0.55172	0.55567	0.55962	0.56356	0.56749	0.57142	0.57535
0.2	0.57926	0.58317	0.58706	0.59095	0.59483	0.59871	0.60257	0.60642	0.61026	0.61409
0.3	0.61791	0.62172	0.62552	0.62930	0.63307	0.63683	0.64058	0.64431	0.64803	0.65173
0.4	0.65542	0.65910	0.66276	0.66640	0.67003	0.67364	0.67724	0.68082	0.68439	0.68793
0.5	0.69146	0.69497	0.69847	0.70194	0.70540	0.70884	0.71226	0.71566	0.71904	0.72240
0.6	0.72575	0.72907	0.73237	0.73565	0.73891	0.74215	0.74537	0.74857	0.75175	0.75490
0.7	0.75804	0.76115	0.76424	0.76730	0.77035	0.77337	0.77637	0.77935	0.78230	0.78524
0.8	0.78814	0.79103	0.79389	0.79673	0.79955	0.80234	0.80511	0.80785	0.81057	0.81327
0.9	0.81594	0.81859	0.82121	0.82381	0.82639	0.82894	0.83147	0.83398	0.83646	0.83891
1.0	0.84134	0.84375	0.84614	0.84849	0.85083	0.85314	0.85543	0.85769	0.85993	0.86214
1.1	0.86433	0.86650	0.86864	0.87076	0.87286	0.87493	0.87698	0.87900	0.88100	0.88298
1.2	0.88493	0.88686	0.88877	0.89065	0.89251	0.89435	0.89617	0.89796	0.89973	0.90147
1.3	0.90320	0.90490	0.90658	0.90824	0.90988	0.91149	0.91309	0.91466	0.91621	0.91774
1.4	0.91924	0.92073	0.92220	0.92364	0.92507	0.92647	0.92785	0.92922	0.93056	0.93189
1.5	0.93319	0.93448	0.93574	0.93699	0.93822	0.93943	0.94062	0.94179	0.94295	0.94408
1.6	0.94520	0.94630	0.94738	0.94845	0.94950	0.95053	0.95154	0.95254	0.95352	0.95449
1.7	0.95543	0.95637	0.95728	0.95818	0.95907	0.95994	0.96080	0.96164	0.96246	0.96327
1.8	0.96407	0.96485	0.96562	0.96638	0.96712	0.96784	0.96856	0.96926	0.96995	0.97062
1.9	0.97128	0.97193	0.97257	0.97320	0.97381	0.97441	0.97500	0.97558	0.97615	0.97670
2.0	0.97725	0.97778	0.97831	0.97882	0.97932	0.97982	0.98030	0.98077	0.98124	0.98169
2.1	0.98214	0.98257	0.98300	0.98341	0.98382	0.98422	0.98461	0.98500	0.98537	0.98574
2.2	0.98610	0.98645	0.98679	0.98713	0.98745	0.98778	0.98809	0.98840	0.98870	0.98899
2.3	0.98928	0.98956	0.98983	0.99010	0.99036	0.99061	0.99086	0.99111	0.99134	0.99158
2.4	0.99180	0.99202	0.99224	0.99245	0.99266	0.99286	0.99305	0.99324	0.99343	0.99361

续表

	0.00	0.01	0.02	0.03	0.04	0.05	0.06	0.07	0.08	0.09
2.5	0.99379	0.99396	0.99413	0.99430	0.99446	0.99461	0.99477	0.99492	0.99506	0.99520
2.6	0.99534	0.99547	0.99560	0.99573	0.99585	0.99598	0.99609	0.99621	0.99632	0.99643
2.7	0.99653	0.99664	0.99674	0.99683	0.99693	0.99702	0.99711	0.99720	0.99728	0.99736
2.8	0.99744	0.99752	0.99760	0.99767	0.99774	0.99781	0.99788	0.99795	0.99801	0.99807
2.9	0.99813	0.99819	0.99825	0.99831	0.99836	0.99841	0.99846	0.99851	0.99856	0.99861
3.0	0.99865	0.99869	0.99874	0.99878	0.99882	0.99886	0.99889	0.99893	0.99896	0.99900
3.1	0.99903	0.99906	0.99910	0.99913	0.99916	0.99918	0.99921	0.99924	0.99926	0.99929
3.2	0.99931	099934	0.99936	0.99938	0.99940	0.99942	0.99944	0.99946	0.99948	0.99950
3.3	0.99952	0.99953	0.99955	0.99957	0.99958	0.99960	0.99961	0.99962	0.99964	0.99965
3.4	0.99966	0.99968	0.99969	0.99970	0.99971	0.99972	0.99973	0.99974	0.99975	0.99976
3.5	0.99977	0.99978	0.99978	0.99979	0.99980	0.99981	0.99981	0.99982	0.99983	0.99983
3.6	0.99984	0.99985	0.99985	0.99986	0.99986	0.99987	0.99987	0.99988	0.99988	0.99989
3.7	0.99989	0.99990	0.99990	0.99990	0.99991	0.99991	0.99992	0.99992	0.99992	0.99992
3.8	0.99993	0.99993	0.99993	0.99994	0.99994	0.99994	0.99994	0.99995	0.99995	0.99995
3.9	0.99995	0.99995	0.99996	0.99996	0.99996	0.99996	0.99996	0.99996	0.99997	0.99997
4.0	0.99997	0.99997	0.99997	0.99997	0.99997	0.99997	0.99998	0.99998	0.99998	0.99998
4.1	0.99998	0.99998	0.99998	0.99998	0.99998	0.99998	0.99998	0.99998	0.99999	0.99999
4.2	0.99999	0.99999	0.99999	0.99999	0.99999	0.99999	0.99999	0.99999	0.99999	0.99999
4.3	0.99999	0.99999	0.99999	0.99999	0.99999	0.99999	0.99999	0.99999	0.99999	0.99999
4.4	0.99999	0.99999	1.00000	1.00000	1.00000	1.00000	1.00000	1.00000	1.00000	1.00000
4.5	1.00000	1.00000	1.00000	1.00000	1.00000	1.00000	1.00000	1.00000	1.00000	1.00000
4.6	1.00000	1.00000	1.00000	1.00000	1.00000	1.00000	1.00000	1.00000	1.00000	1.00000
4.7	1.00000	1.00000	1.00000	1.00000	1.00000	1.00000	1.00000	1.00000	1.00000	1.00000
4.8	1.00000	1.00000	1.00000	1.00000	1.00000	1.00000	1.00000	1.00000	1.00000	1.00000
4.9	1.00000	1.00000	1.00000	1.00000	1.00000	1.00000	1.00000	1.00000	1.00000	1.00000

表 7　χ^2 分布的上侧 α 分位数 χ_α^2 表

$$F(\chi_\alpha^2; v) = \int_0^{\chi_\alpha^2(v)} f(y; v) \mathrm{d}y = 1 - \alpha,$$

其中 $f(y; v)$ 为自由度 v 的 χ^2 分布的概率密度.

v \ F	0.005	0.010	0.025	0.050	0.100	0.200	0.250	0.500
1	0.00004	0.00016	0.00098	0.00393	0.0158	0.064	0.102	0.455
2	0.0100	0.0201	0.0506	0.103	0.211	0.446	0.575	1.386
3	0.0717	0.115	0.216	0.352	0.584	1.005	1.213	2.366
4	0.207	0.297	0.484	0.711	1.064	1.649	1.923	3.357
5	0.412	0.554	0.831	1.145	1.610	2.343	2.675	4.351
6	0.676	0.872	1.237	1.635	2.204	3.070	3.455	5.348
7	0.989	1.239	1.690	2.167	2.833	3.822	4.255	6.346
8	1.344	1.646	2.180	2.733	3.490	4.594	5.071	7.344
9	1.735	2.088	2.700	3.325	4.168	5.380	5.899	8.343
10	2.156	2.558	3.247	3.940	4.865	6.179	6.737	9.342
11	2.60	3.05	3.82	4.57	5.58	6.99	7.58	10.34
12	3.07	3.57	4.40	5.23	6.30	7.81	8.44	11.34
13	3.57	4.11	5.01	5.89	7.04	8.63	9.30	12.34
14	4.07	4.66	5.63	6.57	7.79	9.47	10.17	13.34
15	4.60	5.23	6.26	7.26	8.55	10.31	11.04	14.34
16	5.14	5.81	6.91	7.96	9.31	11.15	11.91	15.34
17	5.70	6.41	7.56	8.67	10.08	12.00	12.79	16.34
18	6.26	7.01	8.23	9.39	10.86	12.86	13.68	17.34
19	6.84	7.63	8.91	10.12	11.65	13.72	14.56	18.34
20	7.43	8.26	9.59	10.85	12.44	14.58	15.45	19.34
21	8.03	8.90	10.28	11.59	13.24	15.44	16.34	20.34
22	8.64	9.54	10.98	12.34	14.04	16.31	17.24	21.34
23	9.26	10.20	11.69	13.09	14.85	17.19	18.14	22.34
24	9.89	10.86	12.40	13.85	15.66	18.06	19.04	23.34
25	10.52	11.52	13.12	14.61	16.47	18.94	19.94	24.34
26	11.16	12.20	13.84	15.38	17.29	19.82	20.84	25.34
27	11.81	12.88	14.57	16.15	18.11	20.70	21.75	26.34
28	12.46	13.56	15.31	16.93	18.94	21.59	22.66	27.34
29	13.12	14.26	16.05	17.71	19.77	22.48	23.57	28.34
30	13.79	14.95	16.79	18.49	20.60	23.36	24.48	29.34
40	20.70	22.16	24.43	26.51	29.05	32.34	33.66	39.34
50	27.99	29.71	32.36	34.76	37.69	41.45	42.94	49.34
60	35.53	37.48	40.48	43.19	46.46	50.64	52.29	59.33
70	43.27	45.44	48.76	51.74	55.33	59.90	61.70	69.33
80	51.17	53.54	57.15	60.39	64.28	69.21	71.14	79.33
90	59.19	61.75	65.64	69.12	73.29	78.56	80.62	89.33
100	67.32	70.06	74.22	77.93	82.36	87.94	90.13	99.33

续表

v \ F	0.750	0.800	0.900	0.950	0.975	0.990	0.995
1	1.323	1.642	2.706	3.841	5.024	6.635	7.879
2	2.773	3.219	4.605	5.991	7.378	9.210	10.597
3	4.108	4.642	6.251	7.815	9.348	11.345	12.838
4	5.385	5.989	7.779	9.488	11.143	13.277	14.860
5	6.626	7.289	9.236	11.071	12.833	15.086	16.750
6	7.841	8.558	10.645	12.592	14.449	16.812	18.548
7	9.037	9.803	12.017	14.067	16.013	18.475	20.278
8	10.219	11.030	13.362	15.507	17.535	20.090	21.955
9	11.389	12.242	14.684	16.919	19.023	21.666	23.589
10	12.549	13.442	15.987	18.307	20.483	23.209	25.188
11	13.70	14.63	17.28	19.68	21.92	24.73	26.76
12	14.85	15.81	18.55	21.03	23.34	26.22	28.30
13	15.98	16.98	19.81	22.36	24.74	27.69	29.82
14	17.12	18.15	21.06	23.68	26.12	29.14	31.32
15	18.25	19.31	22.31	25.00	27.49	30.58	32.80
16	19.37	20.47	23.54	26.30	28.85	32.00	34.27
17	20.49	21.61	24.77	27.59	30.19	33.41	35.72
18	21.60	22.76	25.99	28.87	31.53	34.81	37.16
19	22.72	23.90	27.20	30.14	32.85	36.19	38.58
20	23.83	25.04	28.41	31.41	34.17	37.57	40.00
21	24.93	26.17	29.62	32.67	35.48	38.93	41.40
22	26.04	27.30	30.81	33.92	36.78	40.29	42.80
23	27.14	28.43	32.01	35.17	38.08	41.64	44.18
24	28.24	29.55	33.20	36.42	39.36	42.98	45.56
25	29.34	30.68	34.38	37.65	40.65	44.31	46.93
26	30.43	31.79	35.56	38.89	41.92	45.64	48.29
27	31.53	32.91	36.74	40.11	43.19	46.96	49.65
28	32.62	34.03	37.92	41.34	44.46	48.28	50.99
29	33.71	35.14	39.09	42.56	45.72	49.59	52.34
30	34.80	36.25	40.26	43.77	46.98	50.89	53.67
40	45.62	47.27	51.81	55.76	59.34	63.69	66.77
50	56.33	58.16	63.17	67.50	71.42	76.16	79.49
60	66.98	68.97	74.40	79.08	83.30	88.38	91.95
70	77.58	79.72	85.53	90.53	95.03	100.43	104.22
80	88.13	90.41	96.58	101.88	106.63	112.33	116.32
90	98.65	101.06	107.57	113.15	118.14	124.12	128.30
100	109.14	111.67	118.50	124.34	129.56	135.81	140.17

表 8　t 分布的上侧 α 分位数 t_α 表

$$F(t_\alpha;\nu)=\int_{-\infty}^{t_\alpha(\nu)} f(y;\nu)\mathrm{d}y=1-\alpha,$$

其中 $f(y;\ \nu)$ 为自由度 ν 的 t 分布的概率密度.

$$F(-t;\nu)=1-F(t;\nu).$$

$\nu=\infty$ 相应于标准正态分布.

ν \ F	0.60	0.70	0.80	0.90	0.95	0.975	0.990	0.995	0.999	0.9995
1	0.325	0.727	1.376	3.078	6.314	12.706	31.821	63.657	318.31	663.62
2	0.289	0.617	1.061	1.886	2.920	4.303	6.965	9.925	22.327	31.598
3	0.277	0.584	0.978	1.638	2.353	3.182	4.541	5.841	10.215	12.924
4	0.271	0.569	0.941	1.533	2.132	2.776	3.747	4.604	7.173	8.610
5	0.267	0.559	0.920	1.476	2.015	2.571	3.365	4.032	5.893	6.869
6	0.265	0.553	0.906	1.440	1.943	2.447	3.143	3.707	5.208	5.959
7	0.263	0.549	0.896	1.415	1.895	2.365	2.998	3.499	4.785	5.408
8	0.262	0.546	0.889	1.397	0.860	2.306	2.896	3.355	4.501	5.041
9	0.261	0.543	0.883	1.383	1.833	2.262	2.821	3.250	4.297	4.781
10	0.260	0.542	0.879	1.372	1.812	2.228	2.764	3.169	4.144	4.587
11	0.260	0.540	0.876	1.363	1.796	2.201	2.718	3.106	4.025	4.437
12	0.259	0.539	0.873	1.356	1.782	2.179	2.681	3.055	3.930	4.318
13	0.259	0.538	0.870	1.350	1.771	2.160	2.650	3.012	3.852	4.221
14	0.258	0.537	0.868	1.345	1.761	2.145	2.624	2.977	3.787	4.140
15	0.258	0.536	0.866	1.341	1.753	2.131	2.602	2.947	3.733	4.073
16	0.258	0.535	0.865	1.337	1.746	2.120	2.583	2.921	3.686	4.015
17	0.257	0.534	0.863	1.333	1.740	2.110	2.567	2.898	3.646	3.965
18	0.257	0.534	0.862	1.330	1.734	2.101	2.552	2.878	3.610	3.922
19	0.257	0.533	0.861	1.328	1.729	2.093	2.539	2.861	3.579	3.883
20	0.257	0.533	0.860	1.325	1.725	2.086	2.528	2.845	3.552	3.850

续表

F / v	0.60	0.70	0.80	0.90	0.95	0.975	0.990	0.995	0.999	0.9995
21	0.257	0.532	0.859	1.323	1.721	2.080	2.518	2.831	3.527	3.819
22	0.256	0.532	0.858	1.321	1.717	2.074	2.508	2.819	3.505	3.792
23	0.256	0.532	0.858	1.319	1.714	2.069	2.500	2.807	3.485	3.767
24	0.256	0.531	0.857	1.318	1.711	2.064	2.492	2.797	3.467	3.745
25	0.256	0.531	0.856	1.316	1.708	2.060	2.485	2.787	3.450	3.725
26	0.256	0.531	0.856	1.315	1.706	2.056	2.479	2.779	3.435	3.707
27	0.256	0.531	0.855	1.314	1.703	2.052	2.473	2.771	3.421	3.690
28	0.256	0.530	0.855	1.313	1.701	2.048	2.467	2.763	3.408	3.674
29	0.256	0.530	0.854	1.311	1.699	2.045	2.462	2.756	3.396	3.659
30	0.256	0.530	0.854	1.310	1.697	2.042	2.457	2.750	3.385	3.646
40	0.255	0.529	0.851	1.303	1.684	2.021	2.423	2.704	3.307	3.551
50	0.255	0.528	0.849	1.299	1.676	2.009	2.403	2.678	3.261	3.496
60	0.254	0.527	0.848	1.296	1.671	2.000	2.390	2.660	3.232	3.460
70	0.254	0.527	0.847	1.294	1.667	1.994	2.381	2.648	3.211	3.435
80	0.254	0.527	0.846	1.292	1.664	1.990	2.374	2.639	3.195	3.416
90	0.254	0.526	0.846	1.291	1.662	1.987	2.369	2.632	3.183	3.402
100	0.254	0.526	0.845	1.290	1.660	1.984	2.364	2.626	3.174	3.391
110	0.254	0.526	0.845	1.289	1.659	1.982	2.361	2.621	3.166	3.381
120	0.254	0.526	0.845	1.289	1.658	1.980	2.358	2.617	3.160	3.373
∞	0.253	0.524	0.842	1.282	1.645	1.960	2.326	2.576	3.090	3.291

表 9　*F* 分布的上侧 α 分位数 f_α 表

$$F(f_\alpha; \nu_1, \nu_2) = \int_0^{f_\alpha} f(y; \nu_1, \nu_2)\mathrm{d}y = 1-\alpha,$$

其中 $f(y; \nu_1, \nu_2)$ 为自由度 (ν_1, ν_2) 的 F 分布的概率密度.

表中只列出 $F=0.9$–0.999 的 $f_\alpha(\nu_1, \nu_2)$ 值，$F=0.001$–0.1 的 $f_\alpha(\nu_1, \nu_2)$ 值可由下面的关系式求出：

$$f_{1-\alpha}(\nu_1, \nu_2) = \frac{1}{f_\alpha(\nu_2, \nu_1)}.$$

ν_2	F \ ν_1	1	2	3	4	5	6	7	8	9
1	0.90	39.86	49.50	53.59	55.83	57.24	58.20	58.91	59.44	59.86
	0.95	161.4	199.5	215.7	224.6	230.2	234.0	236.8	238.9	240.5
	0.975	647.8	799.5	864.2	899.6	921.8	937.1	948.2	956.7	963.3
	0.99	4052	4999	5403	5625	5764	5859	5928	5982	6022
	0.995	16211	20000	21615	22500	23056	23437	23715	23925	24091
	0.999	4053*	5000*	5404*	5625*	5764*	5859*	5929*	5981*	6023*
2	0.90	8.53	9.00	9.16	9.24	9.29	9.33	9.35	9.37	9.38
	0.95	18.51	19.00	19.16	19.25	19.30	19.33	19.35	19.37	19.38
	0.975	38.51	39.00	39.17	39.25	39.30	39.33	39.36	39.37	39.39
	0.99	98.50	99.00	99.17	99.25	99.30	99.33	99.36	99.37	99.39
	0.995	198.5	199.0	199.2	199.2	199.3	199.3	199.4	199.4	199.4
	0.999	998.5	999.0	999.2	999.2	999.3	999.3	999.4	999.4	999.4
3	0.90	5.54	5.46	5.39	5.34	5.31	5.28	5.27	5.25	5.24
	0.95	10.13	9.55	9.28	9.12	9.01	8.94	8.89	8.85	8.81
	0.975	17.44	16.04	15.44	15.10	14.88	14.73	14.62	14.54	14.47
	0.99	34.12	30.82	29.46	28.71	28.24	27.91	27.67	27.49	27.35
	0.995	55.55	49.80	47.47	46.19	45.39	44.84	44.43	44.13	43.88
	0.999	167.0	148.5	141.1	137.1	134.6	132.8	131.6	130.6	129.9

ν_2	F \ ν_1	10	12	15	20	30	40	60	120	∞
1	0.90	60.19	60.71	61.22	61.74	62.26	62.53	62.79	63.06	63.33
	0.95	241.9	243.9	245.9	248.0	250.1	251.1	252.2	253.3	254.3
	0.975	968.6	976.7	984.9	993.1	1001	1006	1010	1014	1018
	0.99	6056	6106	6157	6209	6261	6287	6313	6339	6366
	0.995	24224	24426	24630	24836	25044	25148	25253	25359	25465
	0.999	6056*	6107*	6158*	6209*	6261*	6287*	6313*	6340*	6366*
2	0.90	9.39	9.41	9.42	9.44	9.46	9.47	9.47	9.48	9.49
	0.95	19.40	19.41	19.43	19.45	19.46	19.47	19.48	19.49	19.50
	0.975	39.40	39.41	39.43	39.45	39.46	39.47	39.48	39.49	39.50
	0.99	99.40	99.42	99.43	99.45	99.47	99.47	99.48	99.49	99.50
	0.995	199.4	199.4	199.4	199.4	199.5	199.5	199.5	199.5	199.5
	0.999	999.4	999.4	999.4	999.4	999.5	999.5	999.5	999.5	999.5
3	0.90	5.23	5.22	5.20	5.18	5.17	5.16	5.15	5.14	5.13
	0.95	8.79	8.74	8.70	8.66	8.62	8.59	8.57	8.55	8.53
	0.975	14.42	14.34	14.25	14.17	14.08	14.04	13.99	13.95	13.90
	0.99	27.23	27.05	26.87	26.69	26.50	26.41	26.32	26.22	26.13
	0.995	43.69	43.39	43.08	42.78	42.47	42.31	42.15	41.99	41.83
	0.999	129.2	128.3	127.4	126.4	125.4	125.0	124.5	124.0	123.5

带 * 号的数字需乘以 100.

续表

ν_2	F \ ν_1	1	2	3	4	5	6	7	8	9
4	0.90	4.54	4.32	4.19	4.11	4.05	4.01	3.98	3.95	3.94
	0.95	7.71	6.94	6.59	6.39	6.26	6.16	6.09	6.04	6.00
	0.975	12.22	10.65	9.98	9.60	9.36	9.20	9.07	8.98	8.90
	0.99	21.20	18.00	16.69	15.98	15.52	15.21	14.98	14.80	14.66
	0.995	31.33	26.28	24.26	23.15	22.46	21.97	21.62	21.35	21.14
	0.999	74.14	61.25	56.18	53.44	51.71	50.53	49.66	49.00	48.47
5	0.90	4.06	3.78	3.62	3.52	3.45	3.40	3.37	3.34	3.32
	0.95	6.61	5.79	5.41	5.19	5.05	4.95	4.88	4.82	4.77
	0.975	10.01	8.43	7.76	7.39	7.15	6.98	6.85	6.76	6.68
	0.99	16.26	13.27	12.06	11.39	10.97	10.67	10.46	10.29	10.16
	0.995	22.78	18.31	16.53	15.56	14.94	14.51	14.20	13.96	13.77
	0.999	47.18	37.12	33.20	31.09	29.75	28.84	28.16	27.64	27.24
6	0.90	3.78	3.46	3.29	3.18	3.11	3.05	3.01	2.98	2.96
	0.95	5.99	5.14	4.76	4.53	4.39	4.28	4.21	4.15	4.10
	0.975	8.81	7.26	6.60	6.23	5.99	5.82	5.70	5.60	5.52
	0.99	13.75	10.92	9.78	9.15	8.75	8.47	8.26	8.10	7.98
	0.995	18.63	14.54	12.92	12.03	11.46	11.07	10.79	10.57	10.39
	0.999	35.51	27.00	23.70	21.92	20.81	20.03	19.46	19.03	18.69
7	0.90	3.59	3.26	3.07	2.96	2.88	2.83	2.78	2.75	2.72
	0.95	5.59	4.74	4.35	4.12	3.97	3.87	3.79	3.73	3.68
	0.975	8.07	6.54	5.89	5.52	5.29	5.12	4.99	4.90	4.82
	0.99	12.25	9.55	8.45	7.85	7.46	7.19	6.99	6.84	6.72
	0.995	16.24	12.40	10.88	10.05	9.52	9.16	8.89	8.68	8.51
	0.999	29.25	21.69	18.77	17.19	16.21	15.52	15.02	14.63	14.33
8	0.90	3.46	3.11	2.92	2.81	2.73	2.67	2.62	2.59	2.56
	0.95	5.32	4.46	4.07	3.84	3.69	3.58	3.50	3.44	3.39
	0.975	7.57	6.06	5.42	5.05	4.82	4.65	4.53	4.43	4.36
	0.99	11.26	8.65	7.59	7.01	6.63	6.37	6.18	6.03	5.91
	0.995	14.69	11.04	9.60	8.81	8.30	7.95	7.69	7.50	7.34
	0.999	25.42	18.49	15.83	14.39	13.49	12.86	12.40	12.04	11.77
9	0.90	3.36	3.01	2.81	2.69	2.61	2.55	2.51	2.47	2.44
	0.95	5.12	4.26	3.86	3.63	3.48	3.37	3.29	3.23	3.18
	0.975	7.21	5.71	5.08	4.72	4.48	4.32	4.20	4.10	4.03
	0.99	10.56	8.02	6.99	6.42	6.06	5.80	5.61	5.47	5.35
	0.995	13.61	10.11	8.72	7.96	7.47	7.13	6.88	6.69	6.54
	0.999	22.86	16.39	13.90	12.56	11.71	11.13	10.70	10.37	10.11
10	0.90	3.29	2.92	2.73	2.61	2.52	2.46	2.41	2.38	2.35
	0.95	4.96	4.10	3.71	3.48	3.33	3.22	3.14	3.07	3.02
	0.975	6.94	5.46	4.83	4.47	4.24	4.07	3.95	3.85	3.78
	0.99	10.04	7.56	6.55	5.99	5.64	5.39	5.20	5.06	4.94
	0.995	12.83	9.43	8.08	7.34	6.87	6.54	6.30	6.12	5.97
	0.999	21.04	14.91	12.55	11.28	10.48	9.92	9.52	9.20	8.96
11	0.90	3.23	2.86	2.66	2.54	2.45	2.39	2.34	2.30	2.27
	0.95	4.84	3.98	3.59	3.36	3.20	3.09	3.01	2.95	2.90
	0.975	6.72	5.26	4.63	4.28	4.04	3.88	3.76	3.66	3.59
	0.99	9.65	7.21	6.22	5.67	5.32	5.07	4.89	4.74	4.63
	0.995	12.23	8.91	7.60	6.88	6.42	6.10	5.86	5.68	5.54
	0.999	19.69	13.81	11.56	10.35	9.58	9.05	8.66	8.35	8.12

续表

ν_2	F \ ν_1	10	12	15	20	30	40	60	120	∞
4	0.90	3.92	3.90	3.87	3.84	3.82	3.80	3.79	3.78	3.76
	0.95	5.96	5.91	5.86	5.80	5.75	5.72	5.69	5.66	5.63
	0.975	8.84	8.75	8.66	8.56	8.46	8.41	8.36	8.31	8.26
	0.99	14.55	14.37	14.20	14.02	13.84	13.75	13.65	13.56	13.46
	0.995	20.97	20.70	20.44	20.17	19.89	19.75	19.61	19.47	19.32
	0.999	48.05	47.41	46.76	46.10	45.43	45.09	44.75	44.40	44.05
5	0.90	3.30	3.27	3.24	3.21	3.17	3.16	3.14	3.12	3.10
	0.95	4.74	4.68	4.62	4.56	4.50	4.46	4.43	4.40	4.36
	0.975	6.62	6.52	6.43	6.33	6.23	6.18	6.12	6.07	6.02
	0.99	10.05	9.89	9.72	9.55	9.38	9.29	9.20	9.11	9.02
	0.995	13.62	13.38	13.15	12.90	12.66	12.53	12.40	12.27	12.14
	0.999	26.92	26.42	25.91	25.39	24.87	24.60	24.33	24.06	23.79
6	0.90	2.94	2.90	2.87	2.84	2.80	2.78	2.76	2.74	2.72
	0.95	4.06	4.00	3.94	3.87	3.81	3.77	3.74	3.70	3.67
	0.975	5.40	5.37	5.27	5.17	5.07	5.01	4.96	4.90	4.85
	0.99	7.87	7.72	7.56	7.40	7.23	7.14	7.06	6.97	6.88
	0.995	10.25	10.03	9.81	9.59	9.36	9.24	9.12	9.00	8.88
	0.999	18.41	17.99	17.56	17.12	16.67	16.44	16.21	15.99	15.75
7	0.90	2.70	2.67	2.63	2.59	2.56	2.54	2.51	2.49	2.47
	0.95	3.64	3.57	3.51	3.44	3.38	3.34	3.30	3.27	3.23
	0.975	4.76	4.67	4.57	4.47	4.36	4.31	4.25	4.20	4.14
	0.99	6.62	6.47	6.31	6.16	5.99	5.91	5.82	5.74	5.65
	0.995	8.38	8.18	7.97	7.75	7.53	7.42	7.31	7.19	7.08
	0.999	14.08	13.71	13.32	12.93	12.53	12.33	12.12	11.91	11.70
8	0.90	2.54	2.50	2.46	2.42	2.38	2.36	2.34	2.32	2.29
	0.95	3.35	3.28	3.22	3.15	3.08	3.04	3.01	2.97	2.93
	0.975	4.30	4.20	4.10	4.00	3.89	3.84	3.78	3.73	3.67
	0.99	5.81	5.67	5.52	5.36	5.20	5.12	5.03	4.95	4.86
	0.995	7.21	7.01	6.81	6.61	6.40	6.29	6.18	6.06	5.95
	0.999	11.54	11.19	10.84	10.48	10.11	9.92	9.73	9.53	9.33
9	0.90	2.42	2.38	2.34	2.30	2.25	2.23	2.21	2.18	2.16
	0.95	3.14	3.07	3.01	2.94	2.86	2.83	2.79	2.75	2.71
	0.975	3.96	3.87	3.77	3.67	3.56	3.51	3.45	3.39	3.33
	0.99	5.26	5.11	4.96	4.81	4.65	4.57	4.48	4.40	4.31
	0.995	6.42	6.23	6.03	5.83	5.62	5.52	5.41	5.30	5.19
	0.999	9.89	9.57	9.24	8.90	8.55	8.37	8.19	8.00	7.81
10	0.90	2.32	2.28	2.24	2.20	2.16	2.13	2.11	2.08	2.06
	0.95	2.98	2.91	2.85	2.77	2.70	2.66	2.62	2.58	2.54
	0.975	3.72	3.62	3.52	3.42	3.31	3.26	3.20	3.14	3.08
	0.99	4.85	4.71	4.56	4.41	4.25	4.17	4.08	4.00	3.91
	0.995	5.85	5.66	5.47	5.27	5.07	4.97	4.86	4.75	4.64
	0.999	8.75	8.45	8.13	7.80	7.47	7.30	7.12	6.94	6.76
11	0.90	2.25	2.21	2.17	2.12	2.08	2.05	2.03	2.00	1.97
	0.95	2.85	2.79	2.72	2.65	2.57	2.53	2.49	2.45	2.40
	0.975	3.53	3.43	3.33	3.23	3.12	3.06	3.00	2.94	2.88
	0.99	4.54	4.40	4.25	4.10	3.94	3.86	3.78	3.69	3.60
	0.995	5.42	5.24	5.05	4.86	4.65	4.55	4.44	4.34	4.23
	0.999	7.92	7.63	7.32	7.01	6.68	6.52	6.35	6.17	6.00

续表

v_2	F \ v_1	1	2	3	4	5	6	7	8	9
12	0.90	3.18	2.81	2.61	2.48	2.39	2.33	2.28	2.24	2.21
	0.95	4.75	3.89	3.49	3.26	3.11	3.00	2.91	2.85	2.80
	0.975	6.55	5.10	4.47	4.12	3.89	3.73	3.61	3.51	3.44
	0.99	9.33	6.93	5.95	5.41	5.06	4.82	4.64	4.50	4.39
	0.995	11.75	8.51	7.23	6.52	6.07	5.76	5.52	5.35	5.20
	0.999	18.64	12.97	10.80	9.63	8.89	8.38	8.00	7.71	7.48
13	0.90	3.14	2.76	2.56	2.43	2.35	2.28	2.23	2.20	2.16
	0.95	4.67	3.81	3.41	3.18	3.03	2.92	2.83	2.77	2.71
	0.975	6.41	4.97	4.35	4.00	3.77	3.60	3.48	3.39	3.31
	0.99	9.07	6.70	5.74	5.21	4.86	4.62	4.44	4.30	4.19
	0.995	11.37	8.19	6.93	6.23	5.79	5.48	5.25	5.08	4.94
	0.999	17.81	12.31	10.21	9.07	8.35	7.86	7.49	7.21	6.98
14	0.90	3.10	2.73	2.52	2.39	2.31	2.24	2.19	2.15	2.12
	0.95	4.60	3.74	3.34	3.11	2.96	2.85	2.76	2.70	2.65
	0.975	6.30	4.86	4.24	3.89	3.66	3.50	3.38	3.29	3.21
	0.99	8.86	6.51	5.56	5.04	4.69	4.46	4.28	4.14	4.03
	0.995	11.06	7.92	6.68	6.00	5.56	5.26	5.03	4.86	4.72
	0.999	17.14	11.78	9.73	8.62	7.92	7.43	7.08	6.80	6.58
15	0.90	3.07	2.70	2.49	2.36	2.27	2.21	2.16	2.12	2.09
	0.95	4.54	3.68	3.29	3.06	2.90	2.79	2.71	2.64	2.59
	0.975	6.20	4.77	4.15	3.80	3.58	3.41	3.29	3.20	3.12
	0.99	8.68	6.36	5.42	4.89	4.56	4.32	4.14	4.00	3.89
	0.995	10.80	7.70	6.48	5.80	5.37	5.07	4.85	4.67	4.54
	0.999	16.59	11.34	9.34	8.25	7.57	7.09	6.74	6.47	6.26
16	0.90	3.05	2.67	2.46	2.33	2.24	2.18	2.13	2.09	2.06
	0.95	4.49	3.63	3.24	3.01	2.85	2.74	2.66	2.59	2.54
	0.975	6.12	4.69	4.08	3.73	3.50	3.34	3.22	3.12	3.05
	0.99	8.53	6.23	5.29	4.77	4.44	4.20	4.03	3.89	3.78
	0.995	10.58	7.51	6.30	5.64	5.21	4.91	4.69	4.52	4.38
	0.999	16.12	10.97	9.00	7.94	7.27	6.81	6.46	6.19	5.98
17	0.90	3.03	2.64	2.44	2.31	2.22	2.15	2.10	2.06	2.03
	0.95	4.45	3.59	3.20	2.96	2.81	2.70	2.61	2.55	2.49
	0.975	6.04	4.62	4.01	3.66	3.44	3.28	3.16	3.06	2.98
	0.99	8.40	6.11	5.18	4.67	4.34	4.10	3.93	3.79	3.68
	0.995	10.38	7.35	6.16	5.50	5.07	4.78	4.56	4.39	4.25
	0.999	15.72	10.66	8.73	7.68	7.02	7.56	6.22	5.96	5.75
18	0.90	3.01	2.62	2.42	2.29	2.20	2.13	2.08	2.04	2.00
	0.95	4.41	3.55	3.16	2.93	2.77	2.66	2.58	2.51	2.46
	0.975	5.98	4.56	3.95	3.61	3.38	3.22	3.10	3.01	2.93
	0.99	8.29	6.01	5.09	4.58	4.25	4.01	3.84	3.71	3.60
	0.995	10.22	7.21	6.03	5.37	4.96	4.66	4.44	4.28	4.14
	0.999	15.38	10.39	8.49	7.46	6.81	6.35	6.02	5.76	5.56
19	0.90	2.99	2.61	2.40	2.27	2.18	2.11	2.06	2.02	1.98
	0.95	4.38	3.52	3.13	2.90	2.74	2.63	2.54	2.48	2.42
	0.975	5.92	4.51	3.90	3.56	3.33	3.17	3.05	2.96	2.88
	0.99	8.18	5.93	5.01	4.50	4.17	3.94	3.77	3.63	3.52
	0.995	10.07	7.09	5.92	5.27	4.85	4.56	4.34	4.18	4.04
	0.999	15.08	10.16	8.28	7.26	6.62	6.18	5.85	5.59	5.39

续表

ν_2	F \ ν_1	10	12	15	20	30	40	60	120	∞
12	0.90	2.19	2.15	2.10	2.06	2.01	1.99	1.96	1.93	1.90
	0.95	2.75	2.69	2.62	2.54	2.47	2.43	2.38	2.34	2.30
	0.975	3.37	3.28	3.18	3.07	2.96	2.91	2.85	2.79	2.72
	0.99	4.30	4.16	4.01	3.86	3.70	3.62	3.54	3.45	3.36
	0.995	5.09	4.91	4.72	4.53	4.33	4.23	4.12	4.01	3.90
	0.999	7.29	7.00	6.71	6.40	6.09	5.93	5.76	5.59	5.42
13	0.90	2.14	2.10	2.05	2.01	1.96	1.93	1.90	1.88	1.85
	0.95	2.67	2.60	2.53	2.46	2.38	2.34	2.30	2.25	2.21
	0.975	3.25	3.15	3.05	2.95	2.84	2.78	2.72	2.66	2.60
	0.99	4.10	3.96	3.82	3.66	3.51	3.43	3.34	3.25	3.17
	0.995	4.82	4.64	4.46	4.27	4.07	3.97	3.87	3.76	3.65
	0.999	6.80	6.52	6.23	5.93	5.63	5.47	5.30	5.14	4.97
14	0.90	2.10	2.05	2.01	1.96	1.91	1.89	1.86	1.83	1.80
	0.95	2.60	2.53	2.46	2.39	2.31	2.27	2.22	2.18	2.13
	0.975	3.15	3.05	2.95	2.84	2.73	2.67	2.61	2.55	2.49
	0.99	3.94	3.80	3.66	3.51	3.35	3.27	3.18	3.09	3.00
	0.995	4.60	4.43	4.25	4.06	3.86	3.76	3.66	3.55	3.44
	0.999	6.40	6.13	5.85	5.56	5.25	5.10	4.94	4.77	4.60
15	0.90	2.06	2.02	1.97	1.92	1.87	1.85	1.82	1.79	1.76
	0.95	2.54	2.48	2.40	2.33	2.25	2.20	2.16	2.11	2.07
	0.975	3.06	2.96	2.86	2.76	2.64	2.59	2.52	2.46	2.40
	0.99	3.80	3.67	3.52	3.37	3.21	3.13	3.05	2.96	2.87
	0.995	4.42	4.25	4.07	3.88	3.69	3.58	3.48	3.37	3.26
	0.999	6.08	5.81	5.54	5.25	4.95	4.80	4.64	4.47	4.31
16	0.90	2.03	1.99	1.94	1.89	1.84	1.81	1.78	1.75	1.72
	0.95	2.49	2.42	2.35	2.28	2.19	2.15	2.11	2.06	2.01
	0.975	2.99	2.89	2.79	2.68	2.57	2.51	2.45	2.38	2.32
	0.99	3.69	3.55	3.41	3.26	3.10	3.02	2.93	2.84	2.75
	0.995	4.27	4.10	3.92	3.73	3.54	3.44	3.33	3.22	3.11
	0.999	5.81	5.55	5.27	4.99	4.70	4.54	4.39	4.23	4.06
17	0.90	2.00	1.96	1.91	1.86	1.81	1.78	1.75	1.72	1.69
	0.95	2.45	2.38	2.31	2.23	2.15	2.10	2.06	2.01	1.96
	0.975	2.92	2.82	2.72	2.62	2.50	2.44	2.38	2.32	2.25
	0.99	3.59	3.46	3.31	3.16	3.00	2.92	2.83	2.75	2.65
	0.995	4.14	3.97	3.79	3.61	3.41	3.31	3.21	3.10	2.95
	0.999	5.58	5.32	5.05	4.78	4.48	4.33	4.18	4.02	3.85
18	0.90	1.98	1.93	1.89	1.84	1.78	1.75	1.72	1.69	1.66
	0.95	2.41	2.34	2.27	2.19	2.11	2.06	2.02	1.97	1.92
	0.975	2.87	2.77	2.67	2.56	2.44	2.38	2.32	2.26	2.19
	0.99	3.51	3.37	3.23	3.08	2.92	2.84	2.75	2.66	2.57
	0.995	4.03	3.86	3.68	3.50	3.30	3.20	3.10	2.99	2.87
	0.999	5.39	5.13	4.87	4.59	4.30	4.15	4.00	3.84	3.67
19	0.90	1.96	1.91	1.86	1.81	1.76	1.73	1.70	1.67	1.63
	0.95	2.38	2.31	2.23	2.16	2.07	2.03	1.98	1.93	1.88
	0.975	2.82	2.72	2.62	2.51	2.39	2.33	2.27	2.20	2.13
	0.99	3.43	3.30	3.15	3.00	2.84	2.76	2.67	2.58	2.49
	0.995	3.93	3.76	3.59	3.40	3.21	3.11	3.00	2.89	2.78
	0.999	5.22	4.97	4.70	4.43	4.14	3.99	3.84	3.68	3.51

续表

v_2	F \ v_1	1	2	3	4	5	6	7	8	9
20	0.90	2.97	2.59	2.38	2.25	2.16	2.09	2.04	2.00	1.96
	0.95	4.35	3.49	3.10	2.87	2.71	2.60	2.51	2.45	2.39
	0.975	5.87	4.46	3.86	3.51	3.29	3.13	3.01	2.91	2.84
	0.99	8.10	5.85	4.94	4.43	4.10	3.87	3.70	3.56	3.46
	0.995	9.94	6.99	5.82	5.17	4.76	4.47	4.26	4.09	3.96
	0.999	14.82	9.95	8.10	7.10	6.46	6.02	5.69	5.44	5.24
21	0.90	2.96	2.57	2.36	2.23	2.14	2.08	2.02	1.98	1.95
	0.95	4.32	3.47	3.07	2.84	2.68	2.57	2.49	2.42	2.37
	0.975	5.83	4.42	3.82	3.48	3.25	3.09	2.97	2.87	2.80
	0.99	8.02	5.78	4.87	4.37	4.04	3.81	3.64	3.51	3.40
	0.995	9.83	6.89	5.73	5.09	4.68	4.39	4.18	4.01	3.88
	0.999	14.59	9.77	7.94	6.95	6.32	5.88	5.56	5.31	5.11
22	0.90	2.95	2.56	2.35	2.22	2.13	2.06	2.01	1.97	1.93
	0.95	4.30	3.44	3.05	2.82	2.66	2.55	2.46	2.40	2.34
	0.975	5.79	4.38	3.78	3.44	3.22	3.05	2.93	2.84	2.76
	0.99	7.95	5.72	4.82	4.31	3.99	3.76	3.59	3.45	3.35
	0.995	9.73	6.81	5.65	5.02	4.61	4.32	4.11	3.94	3.81
	0.999	14.38	9.61	7.80	6.81	6.19	5.76	5.44	5.19	4.99
23	0.90	2.94	2.55	2.34	2.21	2.11	2.05	1.99	1.95	1.92
	0.95	4.28	3.42	3.03	2.80	2.64	2.53	2.44	2.37	2.32
	0.975	5.75	4.35	3.75	3.41	3.18	3.02	2.90	2.81	2.73
	0.99	7.88	5.66	4.76	4.26	3.94	3.71	3.54	3.41	3.30
	0.995	9.63	6.73	5.58	4.95	4.54	4.26	4.05	3.88	3.75
	0.999	14.19	9.47	7.67	6.69	6.08	5.65	5.33	5.09	4.89
24	0.90	2.93	2.54	2.33	2.19	2.10	2.04	1.98	1.94	1.91
	0.95	4.26	3.40	3.01	2.78	2.62	2.51	2.42	2.36	2.30
	0.975	5.72	4.32	3.72	3.38	3.15	2.99	2.87	2.78	2.70
	0.99	7.82	5.61	4.72	4.22	3.90	3.67	3.50	3.36	3.26
	0.995	9.55	6.66	5.52	4.89	4.49	4.20	3.99	3.83	3.69
	0.999	14.03	9.34	7.55	6.59	5.98	5.55	5.23	4.99	4.80
25	0.90	2.92	2.53	2.32	2.18	2.09	2.02	1.97	1.93	1.89
	0.95	4.24	3.39	2.99	2.76	2.60	2.49	2.40	2.34	2.28
	0.975	5.69	4.29	3.69	3.35	3.13	2.97	2.85	2.75	2.68
	0.99	7.77	5.57	4.68	4.18	3.85	3.63	3.46	3.32	3.22
	0.995	9.48	6.60	5.46	4.84	4.43	4.15	3.94	3.78	3.64
	0.999	13.88	9.22	7.45	6.49	5.88	5.46	5.15	4.91	4.71
26	0.90	2.91	2.52	2.31	2.17	2.08	2.01	1.96	1.92	1.88
	0.95	4.23	3.37	2.98	2.74	2.59	2.47	2.39	2.32	2.27
	0.975	5.66	4.27	3.67	3.33	3.10	2.94	2.82	2.73	2.65
	0.99	7.72	5.53	4.64	4.14	3.82	3.59	3.42	3.29	3.18
	0.995	9.41	6.54	5.41	4.79	4.38	4.10	3.89	3.73	3.60
	0.999	13.74	9.12	7.36	6.41	5.80	5.38	5.07	4.83	4.64
27	0.90	2.90	2.51	2.30	2.17	2.07	2.00	1.95	1.91	1.87
	0.95	4.21	3.35	2.96	2.73	2.57	2.46	2.37	2.31	2.25
	0.975	5.63	4.24	3.65	3.31	3.08	2.92	2.80	2.71	2.63
	0.99	7.68	5.49	4.60	4.11	3.78	3.56	3.39	3.26	3.15
	0.995	9.34	6.49	5.36	4.74	4.34	4.06	3.85	3.69	3.56
	0.999	13.61	9.02	7.27	6.33	5.73	5.31	5.00	4.76	4.57

续表

ν_2	F \ ν_1	10	12	15	20	30	40	60	120	∞
20	0.90	1.94	1.89	1.84	1.79	1.74	1.71	1.68	1.64	1.61
	0.95	2.35	2.28	2.20	2.12	2.04	1.99	1.95	1.90	1.84
	0.975	2.77	2.68	2.57	2.46	2.35	2.29	2.22	2.16	2.09
	0.99	3.37	3.23	3.09	2.94	2.78	2.69	2.61	2.52	2.42
	0.995	3.85	3.68	3.50	3.32	3.12	3.02	2.92	2.81	2.69
	0.999	5.08	4.82	4.56	4.29	4.00	3.86	3.70	3.54	3.38
21	0.90	1.92	1.87	1.83	1.78	1.72	1.69	1.66	1.62	1.59
	0.95	2.32	2.25	2.18	2.10	2.01	1.96	1.92	1.87	1.81
	0.975	2.73	2.64	2.53	2.42	2.31	2.25	2.18	2.11	2.04
	0.99	3.31	3.17	3.03	2.88	2.72	2.64	2.55	2.46	2.36
	0.995	3.77	3.60	3.43	3.24	3.05	2.95	2.84	2.73	2.61
	0.999	4.95	4.70	4.44	4.17	3.88	3.74	3.58	3.42	3.26
22	0.90	1.90	1.86	1.81	1.76	1.70	1.67	1.64	1.60	1.57
	0.95	2.30	2.23	2.15	2.07	1.98	1.94	1.89	1.84	1.78
	0.975	2.70	2.60	2.50	2.39	2.27	2.21	2.14	2.08	2.00
	0.99	3.26	3.12	2.98	2.83	2.67	2.58	2.50	2.40	2.31
	0.995	3.70	3.54	3.36	3.18	2.98	2.88	2.77	2.66	2.55
	0.999	4.83	4.58	4.33	4.06	3.78	3.63	3.48	3.32	3.15
23	0.90	1.89	1.84	1.80	1.74	1.69	1.66	1.62	1.59	1.55
	0.95	2.27	2.20	2.13	2.05	1.96	1.91	1.86	1.81	1.76
	0.975	2.67	2.57	2.47	2.36	2.24	2.18	2.11	2.04	1.97
	0.99	3.21	3.07	2.93	2.78	2.62	2.54	2.45	2.35	2.26
	0.995	3.64	3.47	3.30	3.12	2.92	2.82	2.71	2.60	2.48
	0.999	4.73	4.48	4.23	3.96	3.68	3.53	3.38	3.22	3.05
24	0.90	1.88	1.83	1.78	1.73	1.67	1.64	1.61	1.57	1.53
	0.95	2.25	2.18	2.11	2.03	1.94	1.89	1.84	1.79	1.73
	0.975	2.64	2.54	2.44	2.33	2.21	2.15	2.08	2.01	1.94
	0.99	3.17	3.03	2.89	2.74	2.58	2.49	2.40	2.31	2.21
	0.995	3.59	3.42	3.25	3.06	2.87	2.77	2.66	2.55	2.43
	0.999	4.64	4.39	4.14	3.87	3.59	3.45	3.29	3.14	2.97
25	0.90	1.87	1.82	1.77	1.72	1.66	1.63	1.59	1.56	1.52
	0.95	2.24	2.16	2.09	2.01	1.92	1.87	1.82	1.77	1.71
	0.975	2.61	2.51	2.41	2.30	2.18	2.12	2.05	1.98	1.91
	0.99	3.13	2.99	2.85	2.70	2.54	2.45	2.36	2.27	2.17
	0.995	3.54	3.37	3.20	3.01	2.82	2.72	2.61	2.50	2.38
	0.999	4.56	4.31	4.06	3.79	3.52	3.37	3.22	3.06	2.89
26	0.90	1.86	1.81	1.76	1.71	1.65	1.61	1.58	1.54	1.50
	0.95	2.22	2.15	2.07	1.99	1.90	1.85	1.80	1.75	1.69
	0.975	2.59	2.49	2.39	2.28	2.16	2.09	2.03	1.95	1.88
	0.99	3.09	2.96	2.81	2.66	2.50	2.42	2.33	2.23	2.13
	0.995	3.49	3.33	3.15	2.97	2.77	2.67	2.56	2.45	2.33
	0.999	4.48	4.24	3.99	3.72	3.44	3.30	3.15	2.99	2.82
27	0.90	1.85	1.80	1.75	1.70	1.64	1.60	1.57	1.53	1.49
	0.95	2.20	2.13	2.06	1.97	1.88	1.84	1.79	1.73	1.67
	0.975	2.57	2.47	2.36	2.25	2.13	2.07	2.00	1.93	1.85
	0.99	3.06	2.93	2.78	2.63	2.47	2.38	2.29	2.20	2.10
	0.995	3.45	3.28	3.11	2.93	2.73	2.63	2.52	2.41	2.29
	0.999	4.41	4.17	3.92	3.66	3.38	3.23	3.08	2.92	2.75

续表

ν_2	F \ ν_1	1	2	3	4	5	6	7	8	9
28	0.90	2.89	2.50	2.29	2.16	2.06	2.00	1.94	1.90	1.87
	0.95	4.20	3.34	2.95	2.71	2.56	2.45	2.36	2.29	2.24
	0.975	5.61	4.22	3.63	3.29	3.06	2.90	2.78	2.69	2.61
	0.99	7.64	5.45	4.57	4.07	3.75	3.53	3.36	3.23	3.12
	0.995	9.28	6.44	5.32	4.70	4.30	4.02	3.81	3.65	3.52
	0.999	13.50	8.93	7.19	6.25	5.66	5.24	4.93	4.69	4.50
29	0.90	2.89	2.50	2.28	2.15	2.06	1.99	1.93	1.89	1.86
	0.95	4.18	3.33	2.93	2.70	2.55	2.43	2.35	2.28	2.22
	0.975	5.59	4.20	3.61	3.27	3.04	2.88	2.76	2.67	2.59
	0.99	7.60	5.42	4.54	4.04	3.73	3.50	3.33	3.20	3.09
	0.995	9.23	6.40	5.28	4.66	4.26	3.98	3.77	3.61	3.48
	0.999	13.39	8.85	7.12	6.19	5.59	5.18	4.87	4.64	4.45
30	0.90	2.88	2.49	2.28	2.14	2.05	1.98	1.93	1.88	1.85
	0.95	4.17	3.32	2.92	2.69	2.53	2.42	2.33	2.27	2.21
	0.975	5.57	4.18	3.59	3.25	3.03	2.87	2.75	2.65	2.57
	0.99	7.56	5.39	4.51	4.02	3.70	3.47	3.30	3.17	3.07
	0.995	9.18	6.35	5.24	4.62	4.23	3.95	3.74	3.58	3.45
	0.999	13.29	8.77	7.05	6.12	5.53	5.12	4.82	4.58	4.39
40	0.90	2.84	2.44	2.23	2.09	2.00	1.93	1.87	1.83	1.79
	0.95	4.08	3.23	2.84	2.61	2.45	2.34	2.25	2.18	2.12
	0.975	5.42	4.05	3.46	3.13	2.90	2.74	2.62	2.53	2.45
	0.99	7.31	5.18	4.31	3.83	3.51	3.29	3.12	2.99	2.89
	0.995	8.83	6.07	4.98	4.37	3.99	3.71	3.51	3.35	3.22
	0.999	12.61	8.25	6.60	5.70	5.13	4.73	4.44	4.21	4.02
60	0.90	2.79	2.39	2.18	2.04	1.95	1.87	1.82	1.77	1.74
	0.95	4.00	3.15	2.76	2.53	2.37	2.25	2.17	2.10	2.04
	0.975	5.29	3.93	3.34	3.01	2.79	2.63	2.51	2.41	2.33
	0.99	7.08	4.98	4.13	3.65	3.34	3.12	2.95	2.82	2.72
	0.995	8.49	5.79	4.73	4.14	3.76	3.49	3.29	3.13	3.01
	0.999	11.97	7.76	6.17	5.31	4.76	4.37	4.09	3.87	3.69
120	0.90	2.75	2.35	2.13	1.99	1.90	1.82	1.77	1.72	1.68
	0.95	3.92	3.07	2.68	2.45	2.29	2.17	2.09	2.02	1.96
	0.975	5.15	3.80	3.23	2.89	2.67	2.52	2.39	2.30	2.22
	0.99	6.85	4.79	3.95	3.48	3.17	2.96	2.79	2.66	2.56
	0.995	8.18	5.54	4.50	3.92	3.55	3.28	3.09	2.93	2.81
	0.999	11.38	7.32	5.79	4.95	4.42	4.04	3.77	3.55	3.38
∞	0.90	2.71	2.30	2.08	1.94	1.85	1.77	1.72	1.67	1.63
	0.95	3.84	3.00	2.60	2.37	2.21	2.10	2.01	1.94	1.88
	0.975	5.02	3.69	3.12	2.79	2.57	2.41	2.29	2.19	2.11
	0.99	6.63	4.61	3.78	3.32	3.02	2.80	2.64	2.51	2.41
	0.995	7.88	5.30	4.28	3.72	3.35	3.09	2.90	2.74	2.62
	0.999	10.83	6.91	5.42	4.62	4.10	3.74	3.47	3.27	3.10

续表

ν_2	F \ ν_1	10	12	15	20	30	40	60	120	∞
28	0.90	1.84	1.79	1.74	1.69	1.63	1.59	1.56	1.52	1.48
	0.95	2.19	2.12	2.04	1.96	1.87	1.82	1.77	1.71	1.65
	0.975	2.55	2.45	2.34	2.23	2.11	2.05	1.98	1.91	1.83
	0.99	3.03	2.90	2.75	2.60	2.44	2.35	2.26	2.17	2.06
	0.995	3.41	3.25	3.07	2.89	2.69	2.59	2.48	2.37	2.25
	0.999	4.35	4.11	3.86	3.60	3.32	3.18	3.02	2.86	2.69
29	0.90	1.83	1.78	1.73	1.68	1.62	1.58	1.55	1.51	1.47
	0.95	2.18	2.10	2.03	1.94	1.85	1.81	1.75	1.70	1.64
	0.975	2.53	2.43	2.32	2.21	2.09	2.03	1.96	1.89	1.81
	0.99	3.00	2.87	2.73	2.57	2.41	2.33	2.23	2.14	2.03
	0.995	3.38	3.21	3.04	2.86	2.66	2.56	2.45	2.33	2.21
	0.999	4.29	4.05	3.80	3.54	3.27	3.12	2.97	2.81	2.64
30	0.90	1.82	1.77	1.72	1.67	1.61	1.57	1.54	1.50	1.46
	0.95	2.16	2.09	2.01	1.93	1.84	1.79	1.74	1.68	1.62
	0.975	2.51	2.41	2.31	2.20	2.07	2.01	1.94	1.87	1.79
	0.99	2.98	2.84	2.70	2.55	2.39	2.30	2.21	2.11	2.01
	0.995	3.34	3.18	3.01	2.82	2.63	2.52	2.42	2.30	2.18
	0.999	4.24	4.00	3.75	3.49	3.22	3.07	2.92	2.76	2.59
40	0.90	1.76	1.71	1.66	1.61	1.54	1.51	1.47	1.42	1.38
	0.95	2.08	2.00	1.92	1.84	1.74	1.69	1.64	1.58	1.51
	0.975	2.39	2.29	2.18	2.07	1.94	1.88	1.80	1.72	1.64
	0.99	2.80	2.66	2.52	2.37	2.20	2.11	2.02	1.92	1.80
	0.995	3.12	2.95	2.78	2.60	2.40	2.30	2.18	2.06	1.93
	0.999	3.87	3.64	3.40	3.15	2.87	2.73	2.57	2.41	2.23
60	0.90	1.71	1.66	1.60	1.54	1.48	1.44	1.40	1.35	1.29
	0.95	1.99	1.92	1.84	1.75	1.65	1.59	1.53	1.47	1.39
	0.975	2.27	2.17	2.06	1.94	1.82	1.74	1.67	1.58	1.48
	0.99	2.63	2.50	2.35	2.20	2.03	1.94	1.84	1.73	1.60
	0.995	2.90	2.74	2.57	2.39	2.19	2.08	1.96	1.83	1.69
	0.999	3.54	3.31	3.08	2.83	2.55	2.41	2.25	2.08	1.89
120	0.90	1.65	1.60	1.55	1.48	1.41	1.37	1.32	1.26	1.19
	0.95	1.91	1.83	1.75	1.66	1.55	1.50	1.43	1.35	1.25
	0.975	2.16	2.05	1.94	1.82	1.69	1.61	1.53	1.43	1.31
	0.99	2.47	2.34	2.19	2.03	1.86	1.76	1.66	1.53	1.38
	0.995	2.71	2.54	2.37	2.19	1.98	1.87	1.75	1.61	1.43
	0.999	3.24	3.02	2.78	2.53	2.26	2.11	1.95	1.76	1.54
∞	0.90	1.60	1.55	1.49	1.42	1.34	1.30	1.24	1.17	1.00
	0.95	1.83	1.75	1.67	1.57	1.46	1.39	1.32	1.22	1.00
	0.975	2.05	1.94	1.83	1.71	1.57	1.48	1.39	1.27	1.00
	0.99	2.32	2.18	2.04	1.88	1.70	1.59	1.47	1.32	1.00
	0.995	2.52	2.36	2.19	2.00	1.79	1.67	1.53	1.36	1.00
	0.999	2.96	2.74	2.51	2.27	1.99	1.84	1.66	1.45	1.00

表 10.1~表 10.4 表示似然比顺序求和方法求得的信号区间内信号泊松事例数期望值μ的置信区间$[\mu_1,\mu_2]$. 其中，n_0和 b 是信号区间内观测到的事例总数和已知平均本底事例数(0~15).

表 10.1　置信水平 68.27%

n_0 \ b	0.0	0.5	1.0	1.5	2.0	2.5	3.0	3.5	4.0	5.0
0	0.00 1.29	0.00 0.80	0.00 0.54	0.00 0.41	0.00 0.41	0.00 0.25	0.00 0.25	0.00 0.21	0.00 0.21	0.00 0.19
1	0.37 2.75	0.00 2.25	0.00 1.75	0.00 1.32	0.00 0.97	0.00 0.68	0.00 0.50	0.00 0.50	0.00 0.36	0.00 0.30
2	0.74 4.25	0.44 3.75	0.14 3.25	0.00 2.75	0.00 2.25	0.00 1.80	0.00 1.41	0.00 1.09	0.00 0.81	0.00 0.47
3	1.10 5.30	0.80 4.80	0.54 4.30	0.32 3.80	0.00 3.30	0.00 2.80	0.00 2.30	0.00 1.84	0.00 1.45	0.00 0.91
4	2.34 6.78	1.84 6.28	1.34 5.78	0.91 5.28	0.44 4.78	0.25 4.28	0.00 3.78	0.00 3.28	0.00 2.78	0.00 1.90
5	2.75 7.81	2.25 7.31	1.75 6.81	1.32 6.31	0.97 5.81	0.68 5.31	0.45 4.81	0.20 4.31	0.00 3.81	0.00 2.81
6	3.82 9.28	3.32 8.78	2.82 8.28	2.32 7.78	1.82 7.28	1.37 6.78	1.01 6.28	0.62 5.78	0.36 5.28	0.00 4.28
7	4.25 10.30	3.75 9.80	3.25 9.30	2.75 8.80	2.25 8.30	1.80 7.80	1.41 7.30	1.09 6.80	0.81 6.30	0.32 5.30
8	5.30 11.32	4.80 10.82	4.30 10.32	3.80 9.82	3.30 9.32	2.80 8.82	2.30 8.32	1.84 7.82	1.45 7.32	0.82 6.32
9	6.33 12.79	5.83 12.29	5.33 11.79	4.83 11.29	4.33 10.79	3.83 10.29	3.33 9.79	2.83 9.29	2.33 8.79	1.44 7.79
10	6.78 13.81	6.28 13.31	5.78 12.81	5.28 12.31	4.78 11.81	4.28 11.31	3.78 10.81	3.28 10.31	2.78 9.81	1.90 8.81
11	7.81 14.82	7.31 14.32	6.81 13.82	6.31 13.32	5.81 12.82	5.31 12.32	4.81 11.82	4.31 11.32	3.81 10.82	2.81 9.82
12	8.83 16.29	8.33 15.79	7.83 15.29	7.33 14.79	6.83 14.29	6.33 13.79	5.83 13.29	5.33 12.79	4.83 12.29	3.83 11.29
13	9.28 17.30	8.78 16.80	8.28 16.30	7.78 15.80	7.28 15.30	6.78 14.80	6.28 14.30	5.78 13.80	5.28 13.30	4.28 12.30
14	10.30 18.32	9.80 17.82	9.30 17.32	8.80 16.82	8.30 16.32	7.80 15.82	7.30 15.32	6.80 14.82	6.30 14.32	5.30 13.32
15	11.32 19.32	10.82 18.82	10.32 18.32	9.82 17.82	9.32 17.32	8.82 16.82	8.32 16.32	7.82 15.82	7.32 15.32	6.32 14.32
16	12.33 20.80	11.83 20.30	11.33 19.80	10.83 19.30	10.33 18.80	9.83 18.30	9.33 17.80	8.83 17.30	8.33 16.80	7.33 15.80
17	12.79 21.81	12.29 21.31	11.79 20.81	11.29 20.31	10.79 19.81	10.29 19.31	9.79 18.81	9.29 18.31	8.79 17.81	7.79 16.81
18	13.81 22.82	13.31 22.32	12.81 21.82	12.31 21.32	11.81 20.82	11.31 20.32	10.81 19.82	10.31 19.32	9.81 18.82	8.81 17.82
19	14.82 23.82	14.32 23.32	13.82 22.82	13.32 22.32	12.82 21.82	12.32 21.32	11.82 20.82	11.32 20.32	10.82 19.82	9.82 18.82
20	15.83 25.30	15.33 24.80	14.83 24.30	14.33 23.80	13.83 23.30	13.33 22.80	12.83 22.30	12.33 21.80	11.83 21.30	10.83 20.30

n_0 \ b	6.0	7.0	8.0	9.0	10.0	11.0	12.0	13.0	14.0	15.0
0	0.00 0.18	0.00 0.17	0.00 0.17	0.00 0.17	0.00 0.16	0.00 0.16	0.00 0.16	0.00 0.16	0.00 0.16	0.00 0.15
1	0.00 0.24	0.00 0.21	0.00 0.20	0.00 0.19	0.00 0.18	0.00 0.17	0.00 0.17	0.00 0.17	0.00 0.17	0.00 0.16
2	0.00 0.31	0.00 0.27	0.00 0.23	0.00 0.21	0.00 0.20	0.00 0.19	0.00 0.19	0.00 0.18	0.00 0.18	0.00 0.18
3	0.00 0.69	0.00 0.42	0.00 0.31	0.00 0.26	0.00 0.23	0.00 0.22	0.00 0.21	0.00 0.20	0.00 0.20	0.00 0.19
4	0.00 1.22	0.00 0.69	0.00 0.60	0.00 0.38	0.00 0.30	0.00 0.26	0.00 0.24	0.00 0.23	0.00 0.22	0.00 0.21
5	0.00 1.92	0.00 1.23	0.00 0.99	0.00 0.60	0.00 0.48	0.00 0.35	0.00 0.29	0.00 0.26	0.00 0.24	0.00 0.23
6	0.00 3.28	0.00 2.38	0.00 1.65	0.00 1.06	0.00 0.63	0.00 0.53	0.00 0.42	0.00 0.33	0.00 0.29	0.00 0.26
7	0.00 4.30	0.00 3.30	0.00 2.40	0.00 1.66	0.00 1.07	0.00 0.88	0.00 0.53	0.00 0.47	0.00 0.38	0.00 0.32
8	0.31 5.32	0.00 4.32	0.00 3.32	0.00 2.41	0.00 1.67	0.00 1.46	0.00 0.94	0.00 0.62	0.00 0.48	0.00 0.43
9	0.69 6.79	0.27 5.79	0.00 4.79	0.00 3.79	0.00 2.87	0.00 2.10	0.00 1.46	0.00 0.94	0.00 0.78	0.00 0.50
10	1.22 7.81	0.69 6.81	0.23 5.81	0.00 4.81	0.00 3.81	0.00 2.89	0.00 2.11	0.00 1.47	0.00 1.03	0.00 0.84
11	1.92 8.82	1.23 7.82	0.60 6.82	0.19 5.82	0.00 4.82	0.00 3.82	0.00 2.90	0.00 2.12	0.00 1.54	0.00 1.31
12	2.83 10.29	1.94 9.29	1.12 8.29	0.60 7.29	0.12 6.29	0.00 5.29	0.00 4.29	0.00 3.36	0.00 2.57	0.00 1.89
13	3.28 11.30	2.38 10.30	1.65 9.30	1.06 8.30	0.60 7.30	0.05 6.30	0.00 5.30	0.00 4.30	0.00 3.37	0.00 2.57
14	4.30 12.32	3.30 11.32	2.40 10.32	1.66 9.32	1.07 8.32	0.53 7.32	0.00 6.32	0.00 5.32	0.00 4.32	0.00 3.38
15	5.32 13.32	4.32 12.32	3.32 11.32	2.41 10.32	1.67 9.32	1.00 8.32	0.53 7.32	0.00 6.32	0.00 5.32	0.00 4.32
16	6.33 14.80	5.33 13.80	4.33 12.80	3.33 11.80	2.43 10.80	1.46 9.80	0.94 8.80	0.47 7.80	0.00 6.80	0.00 5.80
17	6.79 15.81	5.79 14.81	4.79 13.81	3.79 12.81	2.87 11.81	2.10 10.81	1.46 9.81	0.94 8.81	0.48 7.81	0.00 6.81
18	7.81 16.82	6.81 15.82	5.81 14.82	4.81 13.82	3.81 12.82	2.89 11.82	2.11 10.82	1.47 9.82	0.93 8.82	0.43 7.82
19	8.82 17.82	7.82 16.82	6.82 15.82	5.82 14.82	4.82 13.82	3.82 12.82	2.90 11.82	2.12 10.82	1.48 9.82	0.84 8.82
20	9.83 19.30	8.83 18.30	7.83 17.30	6.83 16.30	5.83 15.30	4.83 14.30	3.83 13.30	2.91 12.30	2.12 11.30	1.31 10.30

表 10.2　置信水平 90%

n_0 \ b	0.0	0.5	1.0	1.5	2.0	2.5	3.0	3.5	4.0	5.0
0	0.00 2.44	0.00 1.94	0.00 1.61	0.00 1.33	0.00 1.26	0.00 1.18	0.00 1.08	0.00 1.06	0.00 1.01	0.00 0.98
1	0.11 4.36	0.00 3.86	0.00 3.36	0.00 2.91	0.00 2.53	0.00 2.19	0.00 1.88	0.00 1.59	0.00 1.39	0.00 1.22
2	0.53 5.91	0.03 5.41	0.00 4.91	0.00 4.41	0.00 3.91	0.00 3.45	0.00 3.04	0.00 2.67	0.00 2.33	0.00 1.73
3	1.10 7.42	0.60 6.92	0.10 6.42	0.00 5.92	0.00 5.42	0.00 4.92	0.00 4.42	0.00 3.95	0.00 3.53	0.00 2.78
4	1.47 8.60	1.17 8.10	0.74 7.60	0.24 7.10	0.00 6.60	0.00 6.10	0.00 5.60	0.00 5.10	0.00 4.60	0.00 3.60
5	1.84 9.99	1.53 9.49	1.25 8.99	0.93 8.49	0.43 7.99	0.00 7.49	0.00 6.99	0.00 6.49	0.00 5.99	0.00 4.99
6	2.21 11.47	1.90 10.97	1.61 10.47	1.33 9.97	1.08 9.47	0.65 8.97	0.15 8.47	0.00 7.97	0.00 7.47	0.00 6.47
7	3.56 12.53	3.06 12.03	2.56 11.53	2.09 11.03	1.59 10.53	1.18 10.03	0.89 9.53	0.39 9.03	0.00 8.53	0.00 7.53
8	3.96 13.99	3.46 13.49	2.96 12.99	2.51 12.49	2.14 11.99	1.81 11.49	1.51 10.99	1.06 10.49	0.66 9.99	0.00 8.99
9	4.36 15.30	3.86 14.80	3.36 14.30	2.91 13.80	2.53 13.30	2.19 12.80	1.88 12.30	1.59 11.80	1.33 11.30	0.43 10.30
10	5.50 16.50	5.00 16.00	4.50 15.50	4.00 15.00	3.50 14.50	3.04 14.00	2.63 13.50	2.27 13.00	1.94 12.50	1.19 11.50
11	5.91 17.81	5.41 17.31	4.91 16.81	4.41 16.31	3.91 15.81	3.45 15.31	3.04 14.81	2.67 14.31	2.33 13.81	1.73 12.81
12	7.01 19.00	6.51 18.50	6.01 18.00	5.51 17.50	5.01 17.00	4.51 16.50	4.01 16.00	3.54 15.50	3.12 15.00	2.38 14.00
13	7.42 20.05	6.92 19.55	6.42 19.05	5.92 18.55	5.42 18.05	4.92 17.55	4.42 17.05	3.95 16.55	3.53 16.05	2.78 15.05
14	8.50 21.50	8.00 21.00	7.50 20.50	7.00 20.00	6.50 19.50	6.00 19.00	5.50 18.50	5.00 18.00	4.50 17.50	3.59 16.50
15	9.48 22.52	8.98 22.02	8.48 21.52	7.98 21.02	7.48 20.52	6.98 20.02	6.48 19.52	5.98 19.02	5.48 18.52	4.48 17.52
16	9.99 23.99	9.49 23.49	8.99 22.99	8.49 22.49	7.99 21.99	7.49 21.49	6.99 20.99	6.49 20.49	5.99 19.99	4.99 18.99
17	11.04 25.02	10.54 24.52	10.04 24.02	9.54 23.52	9.04 23.02	8.54 22.52	8.04 22.02	7.54 21.52	7.04 21.02	6.04 20.02
18	11.47 26.16	10.97 25.66	10.47 25.16	9.97 24.66	9.47 24.16	8.97 23.66	8.47 23.16	7.97 22.66	7.47 22.16	6.47 21.16
19	12.51 27.51	12.01 27.01	11.51 26.51	11.01 26.01	10.51 25.51	10.01 25.01	9.51 24.51	9.01 24.01	8.51 23.51	7.51 22.51
20	13.55 28.52	13.05 28.02	12.55 27.52	12.05 27.02	11.55 26.52	11.05 26.02	10.55 25.52	10.05 25.02	9.55 24.52	8.55 23.52

n_0 \ b	6.0	7.0	8.0	9.0	10.0	11.0	12.0	13.0	14.0	15.0
0	0.00 0.97	0.00 0.95	0.00 0.94	0.00 0.94	0.00 0.93	0.00 0.93	0.00 0.92	0.00 0.92	0.00 0.92	0.00 0.92
1	0.00 1.14	0.00 1.10	0.00 1.07	0.00 1.05	0.00 1.03	0.00 1.01	0.00 1.00	0.00 0.99	0.00 0.99	0.00 0.98
2	0.00 1.57	0.00 1.38	0.00 1.27	0.00 1.21	0.00 1.15	0.00 1.11	0.00 1.09	0.00 1.08	0.00 1.06	0.00 1.05
3	0.00 2.14	0.00 1.75	0.00 1.49	0.00 1.37	0.00 1.29	0.00 1.24	0.00 1.21	0.00 1.18	0.00 1.15	0.00 1.14
4	0.00 2.83	0.00 2.56	0.00 1.98	0.00 1.82	0.00 1.57	0.00 1.45	0.00 1.37	0.00 1.31	0.00 1.27	0.00 1.24
5	0.00 4.07	0.00 3.28	0.00 2.60	0.00 2.38	0.00 1.85	0.00 1.70	0.00 1.58	0.00 1.48	0.00 1.39	0.00 1.32
6	0.00 5.47	0.00 4.54	0.00 3.73	0.00 3.02	0.00 2.40	0.00 2.21	0.00 1.86	0.00 1.67	0.00 1.55	0.00 1.47
7	0.00 6.53	0.00 5.53	0.00 4.58	0.00 3.77	0.00 3.26	0.00 2.81	0.00 2.23	0.00 2.07	0.00 1.86	0.00 1.69
8	0.00 7.99	0.00 6.99	0.00 5.99	0.00 5.05	0.00 4.22	0.00 3.49	0.00 2.83	0.00 2.62	0.00 2.11	0.00 1.95
9	0.00 9.30	0.00 8.30	0.00 7.30	0.00 6.30	0.00 5.30	0.00 4.30	0.00 3.93	0.00 3.25	0.00 2.64	0.00 2.45
10	0.22 10.50	0.00 9.50	0.00 8.50	0.00 7.50	0.00 6.50	0.00 5.56	0.00 4.71	0.00 3.95	0.00 3.27	0.00 3.00
11	1.01 11.81	0.02 10.81	0.00 9.81	0.00 8.81	0.00 7.81	0.00 6.81	0.00 5.81	0.00 4.81	0.00 4.39	0.00 3.69
12	1.57 13.00	0.83 12.00	0.00 11.00	0.00 10.00	0.00 9.00	0.00 8.00	0.00 7.00	0.00 6.05	0.00 5.19	0.00 4.42
13	2.14 14.05	1.50 13.05	0.65 12.05	0.00 11.05	0.00 10.05	0.00 9.05	0.00 8.05	0.00 7.05	0.00 6.08	0.00 5.22
14	2.83 15.50	2.13 14.50	1.39 13.50	0.47 12.50	0.00 11.50	0.00 10.50	0.00 9.50	0.00 8.50	0.00 7.50	0.00 6.55
15	3.48 16.52	2.56 15.52	1.98 14.52	1.26 13.52	0.30 12.52	0.00 11.52	0.00 10.52	0.00 9.52	0.00 8.52	0.00 7.52
16	4.07 17.99	3.28 16.99	2.60 15.99	1.82 14.99	1.13 13.99	0.14 12.99	0.00 11.99	0.00 10.99	0.00 9.99	0.00 8.99
17	5.04 19.02	4.11 18.02	3.32 17.02	2.38 16.02	1.81 15.02	0.98 14.02	0.00 13.02	0.00 12.02	0.00 11.02	0.00 10.02
18	5.47 20.16	4.54 19.16	3.73 18.16	3.02 17.16	2.40 16.16	1.70 15.16	0.82 14.16	0.00 13.16	0.00 12.16	0.00 11.16
19	6.51 21.51	5.51 20.51	4.58 19.51	3.77 18.51	3.05 17.51	2.21 16.51	1.58 15.51	0.67 14.51	0.00 13.51	0.00 12.51
20	7.55 22.52	6.55 21.52	5.55 20.52	4.55 19.52	3.55 18.52	2.81 17.52	2.23 16.52	1.48 15.52	0.53 14.52	0.00 13.52

表 10.3　置信水平 95%

n_0 \ b	0.0	0.5	1.0	1.5	2.0	2.5	3.0	3.5	4.0	5.0
0	0.00 3.09	0.00 2.63	0.00 2.33	0.00 2.05	0.00 1.78	0.00 1.78	0.00 1.63	0.00 1.63	0.00 1.57	0.00 1.54
1	0.05 5.14	0.00 4.64	0.00 4.14	0.00 3.69	0.00 3.30	0.00 2.95	0.00 2.63	0.00 2.33	0.00 2.08	0.00 1.88
2	0.36 6.72	0.00 6.22	0.00 5.72	0.00 5.22	0.00 4.72	0.00 4.25	0.00 3.84	0.00 3.46	0.00 3.11	0.00 2.49
3	0.82 8.25	0.32 7.75	0.00 7.25	0.00 6.75	0.00 6.25	0.00 5.75	0.00 5.25	0.00 4.78	0.00 4.35	0.00 3.58
4	1.37 9.76	0.87 9.26	0.37 8.76	0.00 8.26	0.00 7.76	0.00 7.26	0.00 6.76	0.00 6.26	0.00 5.76	0.00 4.84
5	1.84 11.26	1.47 10.76	0.97 10.26	0.47 9.76	0.00 9.26	0.00 8.76	0.00 8.26	0.00 7.76	0.00 7.26	0.00 6.26
6	2.21 12.75	1.90 12.25	1.61 11.75	1.11 11.25	0.61 10.75	0.11 10.25	0.00 9.75	0.00 9.25	0.00 8.75	0.00 7.75
7	2.58 13.81	2.27 13.31	1.97 12.81	1.69 12.31	1.29 11.81	0.79 11.31	0.29 10.81	0.00 10.31	0.00 9.81	0.00 8.81
8	2.94 15.29	2.63 14.79	2.33 14.29	2.05 13.79	1.78 13.29	1.48 12.79	0.98 12.29	0.48 11.79	0.00 11.29	0.00 10.29
9	4.36 16.77	3.86 16.27	3.36 15.77	2.91 15.27	2.46 14.77	1.96 14.27	1.62 13.77	1.20 13.27	0.70 12.77	0.00 11.77
10	4.75 17.82	4.25 17.32	3.75 16.82	3.30 16.32	2.92 15.82	2.57 15.32	2.25 14.82	1.82 14.32	1.43 13.82	0.43 12.82
11	5.14 19.29	4.64 18.79	4.14 18.29	3.69 17.79	3.30 17.29	2.95 16.79	2.63 16.29	2.33 15.79	2.04 15.29	1.17 14.29
12	6.32 20.34	5.82 19.84	5.32 19.34	4.82 18.84	4.32 18.34	3.85 17.84	3.44 17.34	3.06 16.84	2.69 16.34	1.88 15.34
13	6.72 21.80	6.22 21.30	5.72 20.80	5.22 20.30	4.72 19.80	4.25 19.30	3.84 18.80	3.46 18.30	3.11 17.80	2.47 16.80
14	7.84 22.94	7.34 22.44	6.84 21.94	6.34 21.44	5.84 20.94	5.34 20.44	4.84 19.94	4.37 19.44	3.94 18.94	3.10 17.94
15	8.25 24.31	7.75 23.81	7.25 23.31	6.75 22.81	6.25 22.31	5.75 21.81	5.25 21.31	4.78 20.81	4.35 20.31	3.58 19.31
16	9.34 25.40	8.84 24.90	8.34 24.40	7.84 23.90	7.34 23.40	6.84 22.90	6.34 22.40	5.84 21.90	5.34 21.40	4.43 20.40
17	9.76 26.81	9.26 26.31	8.76 25.81	8.26 25.31	7.76 24.81	7.26 24.31	6.76 23.81	6.26 23.31	5.76 22.81	4.84 21.81
18	10.84 27.84	10.34 27.34	9.84 26.84	9.34 26.34	8.84 25.84	8.34 25.34	7.84 24.84	7.34 24.34	6.84 23.84	5.84 22.84
19	11.26 29.31	10.76 28.81	10.26 28.31	9.76 27.81	9.26 27.31	8.76 26.81	8.26 26.31	7.76 25.81	7.26 25.31	6.26 24.31
20	12.33 30.33	11.83 29.83	11.33 29.33	10.83 28.83	10.33 28.33	9.83 27.83	9.33 27.33	8.83 26.83	8.33 26.33	7.33 25.33

n_0 \ b	6.0	7.0	8.0	9.0	10.0	11.0	12.0	13.0	14.0	15.0
0	0.00 1.52	0.00 1.51	0.00 1.50	0.00 1.49	0.00 1.49	0.00 1.48	0.00 1.48	0.00 1.48	0.00 1.47	0.00 1.47
1	0.00 1.78	0.00 1.73	0.00 1.69	0.00 1.66	0.00 1.64	0.00 1.61	0.00 1.60	0.00 1.59	0.00 1.58	0.00 1.56
2	0.00 2.28	0.00 2.11	0.00 1.98	0.00 1.86	0.00 1.81	0.00 1.77	0.00 1.74	0.00 1.72	0.00 1.70	0.00 1.67
3	0.00 2.91	0.00 2.69	0.00 2.37	0.00 2.17	0.00 2.06	0.00 1.98	0.00 1.93	0.00 1.89	0.00 1.82	0.00 1.80
4	0.00 4.05	0.00 3.35	0.00 3.01	0.00 2.54	0.00 2.37	0.00 2.23	0.00 2.11	0.00 2.04	0.00 1.99	0.00 1.95
5	0.00 5.33	0.00 4.52	0.00 3.79	0.00 3.15	0.00 2.94	0.00 2.65	0.00 2.43	0.00 2.30	0.00 2.20	0.00 2.13
6	0.00 6.75	0.00 5.82	0.00 4.99	0.00 4.24	0.00 3.57	0.00 3.14	0.00 2.78	0.00 2.62	0.00 2.48	0.00 2.35
7	0.00 7.81	0.00 6.81	0.00 5.87	0.00 5.03	0.00 4.28	0.00 4.00	0.00 3.37	0.00 3.15	0.00 2.79	0.00 2.59
8	0.00 9.29	0.00 8.29	0.00 7.29	0.00 6.35	0.00 5.50	0.00 4.73	0.00 4.03	0.00 3.79	0.00 3.20	0.00 3.02
9	0.00 10.77	0.00 9.77	0.00 8.77	0.00 7.77	0.00 6.82	0.00 5.96	0.00 5.18	0.00 4.47	0.00 3.81	0.00 3.60
10	0.00 11.82	0.00 10.82	0.00 9.82	0.00 8.82	0.00 7.82	0.00 6.87	0.00 6.00	0.00 5.21	0.00 4.59	0.00 4.24
11	0.17 13.29	0.00 12.29	0.00 11.29	0.00 10.29	0.00 9.29	0.00 8.29	0.00 7.34	0.00 6.47	0.00 5.67	0.00 4.93
12	0.92 14.34	0.00 13.34	0.00 12.34	0.00 11.34	0.00 10.34	0.00 9.34	0.00 8.34	0.00 7.37	0.00 6.50	0.00 5.70
13	1.68 15.80	0.69 14.80	0.00 13.80	0.00 12.80	0.00 11.80	0.00 10.80	0.00 9.80	0.00 8.80	0.00 7.85	0.00 6.96
14	2.28 16.94	1.46 15.94	0.46 14.94	0.00 13.94	0.00 12.94	0.00 11.94	0.00 10.94	0.00 9.94	0.00 8.94	0.00 7.94
15	2.91 18.31	2.11 17.31	1.25 16.31	0.25 15.31	0.00 14.31	0.00 13.31	0.00 12.31	0.00 11.31	0.00 10.31	0.00 9.31
16	3.60 19.40	2.69 18.40	1.98 17.40	1.04 16.40	0.04 15.40	0.00 14.40	0.00 13.40	0.00 12.40	0.00 11.40	0.00 10.40
17	4.05 20.81	3.35 19.81	2.63 18.81	1.83 17.81	0.83 16.81	0.00 15.81	0.00 14.81	0.00 13.81	0.00 12.81	0.00 11.81
18	4.91 21.84	4.11 20.84	3.18 19.84	2.53 18.84	1.63 17.84	0.63 16.84	0.00 15.84	0.00 14.84	0.00 13.84	0.00 12.84
19	5.33 23.31	4.52 22.31	3.79 21.31	3.15 20.31	2.37 19.31	1.44 18.31	0.44 17.31	0.00 16.31	0.00 15.31	0.00 14.31
20	6.33 24.33	5.39 23.33	4.57 22.33	3.82 21.33	2.94 20.33	2.23 19.33	1.25 18.33	0.25 17.33	0.00 16.33	0.00 15.33

表 10.4　置信水平 99%

n_0 \ b	0.0	0.5	1.0	1.5	2.0	2.5	3.0	3.5	4.0	5.0
0	0.00 4.74	0.00 4.24	0.00 3.80	0.00 3.50	0.00 3.26	0.00 3.26	0.00 3.05	0.00 3.05	0.00 2.98	0.00 2.94
1	0.01 6.91	0.00 6.41	0.00 5.91	0.00 5.41	0.00 4.91	0.00 4.48	0.00 4.14	0.00 4.09	0.00 3.89	0.00 3.59
2	0.15 8.71	0.00 8.21	0.00 7.71	0.00 7.21	0.00 6.71	0.00 6.24	0.00 5.82	0.00 5.42	0.00 5.06	0.00 4.37
3	0.44 10.47	0.00 9.97	0.00 9.47	0.00 8.97	0.00 8.47	0.00 7.97	0.00 7.47	0.00 6.97	0.00 6.47	0.00 5.57
4	0.82 12.23	0.32 11.73	0.00 11.23	0.00 10.73	0.00 10.23	0.00 9.73	0.00 9.23	0.00 8.73	0.00 8.23	0.00 7.30
5	1.28 13.75	0.78 13.25	0.28 12.75	0.00 12.25	0.00 11.75	0.00 11.25	0.00 10.75	0.00 10.25	0.00 9.75	0.00 8.75
6	1.79 15.27	1.29 14.77	0.79 14.27	0.29 13.77	0.00 13.27	0.00 12.77	0.00 12.27	0.00 11.77	0.00 11.27	0.00 10.27
7	2.33 16.77	1.83 16.27	1.33 15.77	0.83 15.27	0.33 14.77	0.00 14.27	0.00 13.77	0.00 13.27	0.00 12.77	0.00 11.77
8	2.91 18.27	2.41 17.77	1.91 17.27	1.41 16.77	0.91 16.27	0.41 15.77	0.00 15.27	0.00 14.77	0.00 14.27	0.00 13.27
9	3.31 19.46	3.00 18.96	2.51 18.46	2.01 17.96	1.51 17.46	1.01 16.96	0.51 16.46	0.01 15.96	0.00 15.46	0.00 14.46
10	3.68 20.83	3.37 20.33	3.07 19.83	2.63 19.33	2.13 18.83	1.63 18.33	1.13 17.83	0.63 17.33	0.13 16.83	0.00 15.83
11	4.05 22.31	3.73 21.81	3.43 21.31	3.14 20.81	2.77 20.31	2.27 19.81	1.77 19.31	1.27 18.81	0.77 18.31	0.00 17.31
12	4.41 23.80	4.10 23.30	3.80 22.80	3.50 22.30	3.22 21.80	2.93 21.30	2.43 20.80	1.93 20.30	1.43 19.80	0.43 18.80
13	5.83 24.92	5.33 24.42	4.83 23.92	4.33 23.42	3.83 22.92	3.33 22.42	3.02 21.92	2.60 21.42	2.10 20.92	1.10 19.92
14	6.31 26.33	5.81 25.83	5.31 25.33	4.86 24.83	4.46 24.33	4.10 23.83	3.67 23.33	3.17 22.83	2.78 22.33	1.78 21.33
15	6.70 27.81	6.20 27.31	5.70 26.81	5.24 26.31	4.84 25.81	4.48 25.31	4.14 24.81	3.82 24.31	3.42 23.81	2.48 22.81
16	7.76 28.85	7.26 28.35	6.76 27.85	6.26 27.35	5.76 26.85	5.26 26.35	4.76 25.85	4.26 25.35	3.89 24.85	3.15 23.85
17	8.32 30.33	7.82 29.83	7.32 29.33	6.82 28.83	6.32 28.33	5.85 27.83	5.42 27.33	5.03 26.83	4.67 26.33	3.73 25.33
18	8.71 31.81	8.21 31.31	7.71 30.81	7.21 30.31	6.71 29.81	6.24 29.31	5.82 28.81	5.42 28.31	5.06 27.81	4.37 26.81
19	9.88 32.85	9.38 32.35	8.88 31.85	8.38 31.35	7.88 30.85	7.38 30.35	6.88 29.85	6.40 29.35	5.97 28.85	5.01 27.85
20	10.28 34.32	9.78 33.82	9.28 33.32	8.78 32.82	8.28 32.32	7.78 31.82	7.28 31.32	6.81 30.82	6.37 30.32	5.57 29.32

n_0 \ b	6.0	7.0	8.0	9.0	10.0	11.0	12.0	13.0	14.0	15.0
0	0.00 2.91	0.00 2.90	0.00 2.89	0.00 2.88	0.00 2.88	0.00 2.87	0.00 2.87	0.00 2.86	0.00 2.86	0.00 2.86
1	0.00 3.42	0.00 3.31	0.00 3.21	0.00 3.18	0.00 3.15	0.00 3.11	0.00 3.09	0.00 3.07	0.00 3.06	0.00 3.03
2	0.00 4.13	0.00 3.89	0.00 3.70	0.00 3.56	0.00 3.44	0.00 3.39	0.00 3.35	0.00 3.32	0.00 3.26	0.00 3.23
3	0.00 5.25	0.00 4.59	0.00 4.35	0.00 4.06	0.00 3.89	0.00 3.77	0.00 3.65	0.00 3.56	0.00 3.51	0.00 3.47
4	0.00 6.47	0.00 5.73	0.00 5.04	0.00 4.79	0.00 4.39	0.00 4.17	0.00 4.02	0.00 3.91	0.00 3.82	0.00 3.74
5	0.00 7.81	0.00 6.97	0.00 6.21	0.00 5.50	0.00 5.17	0.00 4.67	0.00 4.42	0.00 4.24	0.00 4.11	0.00 4.01
6	0.00 9.27	0.00 8.32	0.00 7.47	0.00 6.68	0.00 5.96	0.00 5.46	0.00 5.05	0.00 4.83	0.00 4.63	0.00 4.44
7	0.00 10.77	0.00 9.77	0.00 8.82	0.00 7.95	0.00 7.16	0.00 6.42	0.00 5.73	0.00 5.48	0.00 5.12	0.00 4.82
8	0.00 12.27	0.00 11.27	0.00 10.27	0.00 9.31	0.00 8.44	0.00 7.63	0.00 6.88	0.00 6.18	0.00 5.83	0.00 5.29
9	0.00 13.46	0.00 12.46	0.00 11.46	0.00 10.46	0.00 9.46	0.00 8.50	0.00 7.69	0.00 7.34	0.00 6.62	0.00 5.95
10	0.00 14.83	0.00 13.83	0.00 12.83	0.00 11.83	0.00 10.83	0.00 9.87	0.00 8.98	0.00 8.16	0.00 7.39	0.00 7.07
11	0.00 16.31	0.00 15.31	0.00 14.31	0.00 13.31	0.00 12.31	0.00 11.31	0.00 10.35	0.00 9.46	0.00 8.63	0.00 7.84
12	0.00 17.80	0.00 16.80	0.00 15.80	0.00 14.80	0.00 13.80	0.00 12.80	0.00 11.80	0.00 10.83	0.00 9.94	0.00 9.09
13	0.10 18.92	0.00 17.92	0.00 16.92	0.00 15.92	0.00 14.92	0.00 13.92	0.00 12.92	0.00 11.92	0.00 10.92	0.00 9.98
14	0.78 20.33	0.00 19.33	0.00 18.33	0.00 17.33	0.00 16.33	0.00 15.33	0.00 14.33	0.00 13.33	0.00 12.33	0.00 11.36
15	1.48 21.81	0.48 20.81	0.00 19.81	0.00 18.81	0.00 17.81	0.00 16.81	0.00 15.81	0.00 14.81	0.00 13.81	0.00 12.81
16	2.18 22.85	1.18 21.85	0.18 20.85	0.00 19.85	0.00 18.85	0.00 17.85	0.00 16.85	0.00 15.85	0.00 14.85	0.00 13.85
17	2.89 24.33	1.89 23.33	0.89 22.33	0.00 21.33	0.00 20.33	0.00 19.33	0.00 18.33	0.00 17.33	0.00 16.33	0.00 15.33
18	3.53 25.81	2.62 24.81	1.62 23.81	0.62 22.81	0.00 21.81	0.00 20.81	0.00 19.81	0.00 18.81	0.00 17.81	0.00 16.81
19	4.13 26.85	3.31 25.85	2.35 24.85	1.35 23.85	0.35 22.85	0.00 21.85	0.00 20.85	0.00 19.85	0.00 18.85	0.00 17.85
20	4.86 28.32	3.93 27.32	3.08 26.32	2.08 25.32	1.08 24.32	0.08 23.32	0.00 22.32	0.00 21.32	0.00 20.32	0.00 19.32

表 11 似然比顺序求和方法求得的正态总体期望值μ置信水平 68.27%，90%，95%，99% 的置信区间[μ_1，μ_2]. x_0是总体的实验观测值. 表中所有数字均以正态总体标准偏差σ为单位

x_0	68.27% C.L.	90% C.L.	95% C.L.	99% C.L.
−3.0	0.00 0.04	0.00 0.26	0.00 0.42	0.00 0.80
−2.9	0.00 0.04	0.00 0.27	0.00 0.44	0.00 0.82
−2.8	0.00 0.04	0.00 0.28	0.00 0.45	0.00 0.84
−2.7	0.00 0.04	0.00 0.29	0.00 0.47	0.00 0.87
−2.6	0.00 0.05	0.00 0.30	0.00 0.48	0.00 0.89
−2.5	0.00 0.05	0.00 0.32	0.00 0.50	0.00 0.92
−2.4	0.00 0.05	0.00 0.33	0.00 0.52	0.00 0.95
−2.3	0.00 0.05	0.00 0.34	0.00 0.54	0.00 0.99
−2.2	0.00 0.06	0.00 0.36	0.00 0.56	0.00 1.02
−2.1	0.00 0.06	0.00 0.38	0.00 0.59	0.00 1.06
−2.0	0.00 0.07	0.00 0.40	0.00 0.62	0.00 1.10
−1.9	0.00 0.08	0.00 0.43	0.00 0.65	0.00 1.14
−1.8	0.00 0.09	0.00 0.45	0.00 0.68	0.00 1.19
−1.7	0.00 0.10	0.00 0.48	0.00 0.72	0.00 1.24
−1.6	0.00 0.11	0.00 0.52	0.00 0.76	0.00 1.29
−1.5	0.00 0.13	0.00 0.56	0.00 0.81	0.00 1.35
−1.4	0.00 0.15	0.00 0.60	0.00 0.86	0.00 1.41
−1.3	0.00 0.17	0.00 0.64	0.00 0.91	0.00 1.47
−1.2	0.00 0.20	0.00 0.70	0.00 0.97	0.00 1.54
−1.1	0.00 0.23	0.00 0.75	0.00 1.04	0.00 1.61
−1.0	0.00 0.27	0.00 0.81	0.00 1.10	0.00 1.68
−0.9	0.00 0.32	0.00 0.88	0.00 1.17	0.00 1.76
−0.8	0.00 0.37	0.00 0.95	0.00 1.25	0.00 1.84
−0.7	0.00 0.43	0.00 1.02	0.00 1.33	0.00 1.93
−0.6	0.00 0.49	0.00 1.10	0.00 1.41	0.00 2.01
−0.5	0.00 0.56	0.00 1.18	0.00 1.49	0.00 2.10
−0.4	0.00 0.64	0.00 1.27	0.00 1.58	0.00 2.19
−0.3	0.00 0.72	0.00 1.36	0.00 1.67	0.00 2.28
−0.2	0.00 0.81	0.00 1.45	0.00 1.77	0.00 2.38
−0.1	0.00 0.90	0.00 1.55	0.00 1.86	0.00 2.48
0.0	0.00 1.00	0.00 1.64	0.00 1.96	0.00 2.58
0.1	0.00 1.10	0.00 1.74	0.00 2.06	0.00 2.68
0.2	0.00 1.20	0.00 1.84	0.00 2.16	0.00 2.78
0.3	0.00 1.30	0.00 1.94	0.00 2.26	0.00 2.88
0.4	0.00 1.40	0.00 2.04	0.00 2.36	0.00 2.98
0.5	0.02 1.50	0.00 2.14	0.00 2.46	0.00 3.08
0.6	0.07 1.60	0.00 2.24	0.00 2.56	0.00 3.18
0.7	0.11 1.70	0.00 2.34	0.00 2.66	0.00 3.28

续表

x_0	68.27% C.L.	90% C.L.	95% C.L.	99% C.L.
0.8	0.15 1.80	0.00 2.44	0.00 2.76	0.00 3.38
0.9	0.19 1.90	0.00 2.54	0.00 2.86	0.00 3.48
1.0	0.24 2.00	0.00 2.64	0.00 2.96	0.00 3.58
1.1	0.30 2.10	0.00 2.74	0.00 3.06	0.00 3.68
1.2	0.35 2.20	0.00 2.84	0.00 3.16	0.00 3.78
1.3	0.42 2.30	0.02 2.94	0.00 3.26	0.00 3.88
1.4	0.49 2.40	0.12 3.04	0.00 3.36	0.00 3.98
1.5	0.56 2.50	0.22 3.14	0.00 3.46	0.00 4.08
1.6	0.64 2.60	0.31 3.24	0.00 3.56	0.00 4.18
1.7	0.72 2.70	0.38 3.34	0.06 3.66	0.00 4.28
1.8	0.81 2.80	0.45 3.44	0.16 3.76	0.00 4.38
1.9	0.90 2.90	0.51 3.54	0.26 3.86	0.00 4.48
2.0	1.00 3.00	0.58 3.64	0.35 3.96	0.00 4.58
2.1	1.10 3.10	0.65 3.74	0.45 4.06	0.00 4.68
2.2	1.20 3.20	0.72 3.84	0.53 4.16	0.00 4.78
2.3	1.30 3.30	0.79 3.94	0.61 4.26	0.00 4.88
2.4	1.40 3.40	0.87 4.04	0.69 4.36	0.07 4.98
2.5	1.50 3.50	0.95 4.14	0.76 4.46	0.17 5.08
2.6	1.60 3.60	1.02 4.24	0.84 4.56	0.27 5.18
2.7	1.70 3.70	1.11 4.34	0.91 4.66	0.37 5.28
2.8	1.80 3.80	1.19 4.44	0.99 4.76	0.47 5.38
2.9	1.90 3.90	1.28 4.54	1.06 4.86	0.57 5.48
3.0	2.00 4.00	1.37 4.64	1.14 4.96	0.67 5.58
3.1	2.10 4.10	1.46 4.74	1.22 5.06	0.77 5.68

表 12　柯尔莫哥洛夫检验临界值 $D_{n,\alpha}^{(+)}$ 表

$$P\left\{D_n^{(+)} > D_{n,\alpha}^{(+)}\right\} \leqslant \alpha$$

$D_{n,\alpha}^{+}$	$\alpha=0.10$	0.05	0.025	0.01	0.005
$D_{n,\alpha}$	$\alpha=0.20$	0.10	0.05	0.02	0.01
n=1	0.90000	0.95000	0.97500	0.99000	0.99500
2	0.68377	0.77639	0.84189	0.90000	0.92929
3	0.56481	0.63604	0.70760	0.78456	0.82900
4	0.49265	0.56522	0.62394	0.68887	0.73424
5	0.44698	0.50945	0.56328	0.62718	0.66853
6	0.41037	0.46799	0.51926	0.57741	0.61661
7	0.38148	0.43607	0.48342	0.53844	0.57581
8	0.35831	0.40962	0.45427	0.50654	0.54179
9	0.33910	0.38746	0.43001	0.47960	0.51332
10	0.32260	0.36866	0.40925	0.45662	0.48893
11	0.30829	0.35242	0.39122	0.43670	0.46770
12	0.29577	0.33815	0.37543	0.41918	0.44905
13	0.28470	0.32549	0.36143	0.40362	0.43247
14	0.27481	0.31417	0.34890	0.38970	0.41762
15	0.26588	0.30397	0.33760	0.37713	0.40420
16	0.25778	0.29472	0.32733	0.36571	0.39201
17	0.25039	0.28627	0.31796	0.35528	0.38086
18	0.24360	0.27851	0.30936	0.34569	0.37062
19	0.23735	0.27136	0.30143	0.33685	0.36117
20	0.23156	0.26473	0.29408	0.32866	0.35241
21	0.22617	0.25858	0.28724	0.32104	0.34427
22	0.22115	0.25283	0.28087	0.31394	0.33666
23	0.21645	0.24746	0.27490	0.30728	0.32954
24	0.21205	0.24242	0.26931	0.30104	0.32286
25	0.20790	0.23768	0.26404	0.29516	0.31657
26	0.20399	0.23320	0.25907	0.28962	0.31064
27	0.20030	0.22898	0.25438	0.28438	0.30502
28	0.19680	0.22497	0.24993	0.27942	0.29971
29	0.19348	0.22117	0.24571	0.27471	0.29466
30	0.19032	0.21756	0.24170	0.27023	0.28987
31	0.18732	0.21412	0.23788	0.26596	0.28530
32	0.18445	0.21085	0.23424	0.26189	0.28094
33	0.18171	0.20771	0.23076	0.25801	0.27677
34	0.17909	0.20472	0.22743	0.25429	0.27279
35	0.17659	0.20185	0.22425	0.25073	0.26897

续表

$D^+_{n,\alpha}$	$\alpha=0.10$	0.05	0.025	0.01	0.005
$D_{n,\alpha}$	$\alpha=0.20$	0.10	0.05	0.02	0.01
36	0.17418	0.19910	0.22119	0.24732	0.26532
37	0.17188	0.19646	0.21826	0.24404	0.26180
38	0.16966	0.19392	0.21544	0.24089	0.25843
39	0.16753	0.19148	0.21273	0.23786	0.25518
40	0.16547	0.18913	0.21012	0.23494	0.25205
41	0.16349	0.18687	0.20760	0.23213	0.24904
42	0.16158	0.18468	0.20517	0.22941	0.24613
43	0.15974	0.18257	0.20283	0.22679	0.24332
44	0.15796	0.18053	0.20056	0.22426	0.24060
45	0.15623	0.17856	0.19837	0.22181	0.23798
46	0.15457	0.17665	0.19625	0.21944	0.23544
47	0.15295	0.17481	0.19420	0.21115	0.23298
48	0.15139	0.17302	0.19221	0.21493	0.23059
49	0.14987	0.17128	0.19028	0.21277	0.22828
50	0.14840	0.16959	0.18841	0.21068	0.22604
51	0.14697	0.16796	0.18659	0.20864	0.22386
52	0.14558	0.16637	0.18482	0.20667	0.22174
53	0.14423	0.16483	0.18311	0.20475	0.21968
54	0.14292	0.16332	0.18144	0.20289	0.21768
55	0.14164	0.16186	0.17981	0.20107	0.21574
56	0.14040	0.16044	0.17823	0.19930	0.21384
57	0.13919	0.15906	0.17669	0.19758	0.21199
58	0.13801	0.15771	0.17519	0.19590	0.21019
59	0.13686	0.15639	0.17373	0.19427	0.20844
60	0.13573	0.15511	0.17231	0.19267	0.20673
61	0.13464	0.15385	0.17091	0.19112	0.20506
62	0.13357	0.15263	0.16956	0.18960	0.20343
63	0.13253	0.15144	0.16823	0.18812	0.20184
64	0.13151	0.15027	0.16693	0.18667	0.20029
65	0.13052	0.14913	0.16567	0.18525	0.19877
66	0.12954	0.14802	0.16443	0.18387	0.19729
67	0.12859	0.14693	0.16322	0.18252	0.19584
68	0.12766	0.14587	0.16204	0.18119	0.19442
69	0.12675	0.14483	0.16088	0.17990	0.19303
70	0.12586	0.14381	0.15975	0.17863	0.19167

续表

$D^+_{n,\alpha}$	$\alpha=0.10$	0.05	0.025	0.01	0.005
$D_{n,\alpha}$	$\alpha=0.20$	0.10	0.05	0.02	0.01
71	0.12499	0.14281	0.15864	0.17739	0.19034
72	0.12413	0.14183	0.15755	0.17618	0.18903
73	0.12329	0.14087	0.15649	0.17498	0.18776
74	0.12247	0.13993	0.15544	0.17382	0.18650
75	0.12167	0.13901	0.15442	0.17268	0.18528
76	0.12088	0.13811	0.15342	0.17155	0.18408
77	0.12011	0.13723	0.15244	0.17045	0.18290
78	0.11935	0.13636	0.15147	0.16938	0.18174
79	0.11860	0.13551	0.15052	0.16832	0.18060
80	0.11787	0.13467	0.14960	0.16728	0.17949
81	0.11716	0.13385	0.14868	0.16626	0.17840
82	0.11645	0.13305	0.14779	0.16526	0.17732
83	0.11576	0.13226	0.14691	0.16428	0.17627
84	0.11508	0.13148	0.14605	0.16331	0.17523
85	0.11442	0.13072	0.14520	0.16236	0.17421
86	0.11376	0.12997	0.14437	0.16143	0.17321
87	0.11311	0.12923	0.14355	0.16051	0.17223
88	0.11248	0.12850	0.14274	0.15961	0.17126
89	0.11186	0.12779	0.14195	0.15873	0.17031
90	0.11125	0.12709	0.14117	0.15786	0.16938
91	0.11064	0.12640	0.14040	0.15700	0.16846
92	0.11005	0.12572	0.13965	0.15616	0.16755
93	0.10947	0.12506	0.13891	0.15533	0.16666
94	0.10889	0.12440	0.13818	0.15451	0.16579
95	0.10833	0.12375	0.13746	0.15371	0.16493
96	0.10777	0.12312	0.13675	0.15291	0.16408
97	0.10722	0.12249	0.13606	0.15214	0.16324
98	0.10668	0.12187	0.13537	0.15137	0.16242
99	0.10615	0.12126	0.13469	0.15061	0.16161
100	0.10563	0.12067	0.13403	0.14987	0.16081
$\geqslant 100$	$\frac{1.07}{\sqrt{n}}$	$\frac{1.22}{\sqrt{n}}$	$\frac{1.36}{\sqrt{n}}$	$\frac{1.52}{\sqrt{n}}$	$\frac{1.63}{\sqrt{n}}$

表 13　游程检验的临界值 R_α表

$$\sum_{R=2}^{R_\alpha} p(R) \leqslant \alpha < \sum_{R=2}^{R_\alpha+1} p(R)$$

$R_{0.025}$

m \ n	2	3	4	5	6	7	8	9	10	11	12	13	14	15	16	17	18	19	20
2																			
3																			
4																			
5			2	2															
6		2	2	3	3														
7		2	2	3	3	3													
8		2	3	3	3	4	4												
9		2	3	3	4	4	5	5											
10		2	3	3	4	5	5	5	6										
11		2	3	4	4	5	5	6	6	7									
12	2	2	3	4	4	5	6	6	7	7	7								
13	2	2	3	4	5	5	6	6	7	7	8	8							
14	2	2	3	4	5	5	6	7	7	8	8	9	9						
15	2	3	3	4	5	6	6	7	7	8	8	9	9	10					
16	2	3	4	4	5	6	6	7	8	8	9	9	10	10	11				
17	2	3	4	4	5	6	7	7	8	9	9	10	10	11	11	11			
18	2	3	4	5	5	6	7	8	8	9	9	10	10	11	11	12	12		
19	2	3	4	5	6	6	7	8	8	9	10	10	11	11	12	12	13	13	
20	2	3	4	5	6	6	7	8	9	9	10	10	11	12	12	13	13	13	14

$R_{0.005}$

m \ n	2	3	4	5	6	7	8	9	10	11	12	13	14	15	16	17	18	19	20
2																			
3																			
4																			
5																			
6				2	2														
7				2	2	3													
8			2	2	3	3	3												
9			2	2	3	3	3	4											
10			2	3	3	3	4	4	5										
11			2	3	3	4	4	5	5	5									
12		2	2	3	3	4	4	5	5	6	6								
13		2	2	3	3	4	5	5	5	6	6	7							
14		2	2	3	4	4	5	5	6	6	7	7	7						
15		2	3	3	4	4	5	6	6	7	7	7	8	8					
16		2	3	3	4	5	5	6	6	7	7	8	8	9	9				
17		2	3	3	4	5	5	6	7	7	8	8	8	9	9	10			
18		2	3	4	4	5	6	6	7	7	8	8	9	9	10	10	11		
19		2	3	4	4	5	6	6	7	8	8	9	9	10	10	10	11	11	
20		2	3	4	4	5	6	7	7	8	8	9	9	10	10	11	11	11	12

续表

$R_{0.05}$

m \ n	2	3	4	5	6	7	8	9	10	11	12	13	14	15	16	17	18	19	20
2																			
3																			
4			2																
5		2	2	3															
6		2	3	3	3														
7		2	3	3	4	4													
8	2	2	3	3	4	4	5												
9	2	2	3	4	4	5	5	6											
10	2	3	3	4	5	5	6	6	6										
11	2	3	3	4	5	5	6	6	7	7									
12	2	3	4	4	5	6	6	7	7	8	8								
13	2	3	4	4	5	6	6	7	8	8	9	9							
14	2	3	4	5	5	6	7	7	8	8	9	9	10						
15	2	3	4	5	6	6	7	8	8	9	9	10	10	11					
16	2	3	4	5	6	6	7	8	8	9	10	10	11	11	11				
17	2	3	4	5	6	7	7	8	9	9	10	10	11	11	12	12			
18	2	3	4	5	6	7	8	8	9	10	10	11	11	12	12	13	13		
19	2	3	4	5	6	7	8	8	9	10	10	11	12	12	13	13	14	14	
20	2	3	4	5	6	7	8	9	9	10	11	11	12	12	13	13	14	14	15

$R_{0.010}$

m \ n	2	3	4	5	6	7	8	9	10	11	12	13	14	15	16	17	18	19	20
2																			
3																			
4																			
5				2															
6			2	2	2														
7			2	2	3	3													
8			2	2	3	3	4												
9		2	2	3	3	4	4	4											
10		2	2	3	3	4	4	5	5										
11		2	2	3	4	4	5	5	5	6									
12		2	3	3	4	4	5	5	6	6	7								
13		2	3	3	4	5	5	6	6	6	7	7							
14		2	3	3	4	5	5	6	6	7	7	8	8						
15		2	3	4	4	5	5	6	7	7	8	8	8	9					
16		2	3	4	4	5	6	6	7	7	8	8	9	9	10				
17		2	3	4	5	5	6	7	7	8	8	9	9	10	10	10			
18		2	3	4	5	5	6	7	7	8	8	9	9	10	10	11	11		
19	2	2	3	4	5	6	6	7	8	8	9	9	10	10	11	11	12	12	
20	2	2	3	4	5	6	6	7	8	8	9	10	10	11	11	11	12	12	13

表 14 斯米尔诺夫检验临界值 $D^{(+)}_{n,n;\alpha}$ 表

$$P\left\{D^{(+)}_{n,n} > D^{(+)}_{n,n;\alpha}\right\} \leqslant \alpha$$

$D^{+}_{n,n;\alpha}$	$\alpha = 0.10$	0.05	0.025	0.01	0.005
$D_{n,n;\alpha}$	$\alpha = 0.20$	0.10	0.05	0.02	0.01
n=3	2/3	2/3			
4	3/4	3/4	3/4		
5	3/5	3/5	4/5	4/5	4/5
6	3/6	4/6	4/6	5/6	5/6
7	4/7	4/7	5/7	5/7	5/7
8	4/8	4/8	5/8	5/8	6/8
9	4/9	5/9	5/9	6/9	6/9
10	4/10	5/10	6/10	6/10	7/10
11	5/11	5/11	6/11	7/11	7/11
12	5/12	5/12	6/12	7/12	7/12
13	5/13	6/13	6/13	7/13	8/13
14	5/14	6/14	7/14	7/14	8/14
15	5/15	6/15	7/15	8/15	8/15
16	6/16	6/16	7/16	8/16	9/16
17	6/17	7/17	7/17	8/17	9/17
18	6/18	7/18	8/18	9/18	9/18
19	6/19	7/19	8/19	9/19	9/19
20	6/20	7/20	8/20	9/20	10/20
21	6/21	7/21	8/21	9/21	10/21
22	7/22	8/22	8/22	10/22	10/22
23	7/23	8/23	9/23	10/23	10/23
24	7/24	8/24	9/24	10/24	11/24
25	7/25	8/25	9/25	10/25	11/25
26	7/26	8/26	9/26	10/26	11/26
27	7/27	8/27	9/27	11/27	11/27
28	8/28	9/28	10/28	11/28	12/28
29	8/29	9/29	10/29	11/29	12/29
30	8/30	9/30	10/30	11/30	12/30
31	8/31	9/31	10/31	11/31	12/31
32	8/32	9/32	10/32	12/32	12/32
34	8/34	10/34	11/34	12/34	13/34
36	9/36	10/36	11/36	12/36	13/36
38	9/38	10/38	11/38	13/38	14/38
40	9/40	10/40	12/40	13/40	14/40
对 n>40 的近似	$\frac{1.52}{\sqrt{n}}$	$\frac{1.73}{\sqrt{n}}$	$\frac{1.92}{\sqrt{n}}$	$\frac{2.15}{\sqrt{n}}$	$\frac{2.30}{\sqrt{n}}$

表 15　斯米尔诺夫检验临界值 $D_{m,n;\alpha}^{(+)}$ 表

$$P\left\{D_{m,n}^{(+)} > D_{m,n;\alpha}^{(+)}\right\} \leqslant \alpha$$

表中 $N_1=\min(m, n)$, $N_2=\max(m,n)$

$D_{m,n;\alpha}^{+}$		$\alpha=0.10$	0.05	0.025	0.01	0.005
$D_{m,n;\alpha}$		$\alpha=0.20$	0.10	0.05	0.02	0.01
$N_1=1$	$N_2=9$	17/18				
	10	9/10				
$N_1=2$	$N_2=3$	5/6				
	4	3/4				
	5	4/5	4/5			
	6	5/6	5/6			
	7	5/7	6/7			
	8	3/4	7/8	7/8		
	9	7/9	8/9	8/9		
	10	7/10	4/5	9/10		
$N_1=3$	$N_2=4$	3/4	3/4			
	5	2/3	4/5	4/5		
	6	2/3	2/3	5/6		
	7	2/3	5/7	6/7	6/7	
	8	5/8	3/4	3/4	7/8	
	9	2/3	2/3	7/9	8/9	8/9
	10	3/5	7/10	4/5	9/10	9/10
	12	7/12	2/3	3/4	5/6	11/12
$N_1=4$	$N_2=5$	3/5	3/4	4/5	4/5	
	6	7/12	2/3	3/4	5/6	5/6
	7	17/28	5/7	3/4	6/7	6/7
	8	5/8	5/8	3/4	7/8	7/8
	9	5/9	2/3	3/4	7/9	8/9
	10	11/20	13/20	7/10	4/5	4/5
	12	7/12	2/3	2/3	3/4	5/6
	16	9/16	5/8	11/16	3/4	13/16
$N_1=5$	$N_2=6$	3/5	2/3	2/3	5/6	5/6
	7	4/7	23/35	5/7	29/35	6/7
	8	11/20	5/8	27/40	4/5	4/5
	9	5/9	3/5	31/45	7/9	4/5
	10	1/2	3/5	7/10	7/10	4/5
	15	8/15	3/5	2/3	11/15	11/15

续表

$D^{+}_{m,n;\alpha}$		$\alpha=0.10$	0.05	0.025	0.01	0.005
$D_{m,n;\alpha}$		$\alpha=0.20$	0.10	0.05	0.02	0.01
	20	1/2	11/20	3/5	7/10	3/4
$N_1=6$	$N_2=7$	23/42	4/7	29/42	5/7	5/6
	8	1/2	7/12	2/3	3/4	3/4
	9	1/2	5/9	2/3	13/18	7/9
	10	1/2	17/30	19/30	7/10	11/15
	12	1/2	7/12	7/12	2/3	3/4
	18	4/9	5/9	11/18	2/3	13/18
	24	11/24	1/2	7/12	5/8	2/3
$N_1=7$	$N_2=8$	27/56	33/56	5/8	41/56	3/4
	9	31/63	5/9	40/63	5/7	47/63
	10	33/70	39/70	43/70	7/10	5/7
	14	3/7	1/2	4/7	9/14	5/7
	28	3/7	13/28	15/28	17/28	9/14
$N_1=8$	$N_2=9$	4/9	13/24	5/8	2/3	3/4
	10	19/40	21/40	23/40	27/40	7/10
	12	11/24	1/2	7/12	5/8	2/3
	16	7/16	1/2	9/16	5/8	5/8
	32	13/32	7/16	1/2	9/16	19/32
$N_1=9$	$N_2=10$	7/15	1/2	26/45	2/3	31/45
	12	4/9	1/2	5/9	11/18	2/3
	15	19/45	22/45	8/15	3/5	29/45
	18	7/18	4/9	1/2	5/9	11/18
	36	13/36	5/12	17/36	19/36	5/9
$N_1=10$	$N_2=15$	2/5	7/15	1/2	17/30	19/30
	20	2/5	9/20	1/2	11/20	3/5
	40	7/20	2/5	9/20	1/2	
$N_1=12$	$N_2=15$	23/60	9/20	1/2	11/20	7/12
	16	3/8	7/16	23/48	13/24	7/12
	18	13/36	5/12	17/36	19/36	5/9
	20	11/30	5/12	7/15	31/60	17/30
$N_1=15$	$N_2=20$	7/20	2/5	13/30	29/60	31/60
$N_1=16$	$N_2=20$	27/80	31/80	17/40	19/40	41/80
$m,n\to\infty$		$1.07\sqrt{\frac{m+n}{mn}}$	$1.22\sqrt{\frac{m+n}{mn}}$	$1.36\sqrt{\frac{m+n}{mn}}$	$1.52\sqrt{\frac{m+n}{mn}}$	$1.63\sqrt{\frac{m+n}{mn}}$

表 16 威尔科克森秩和检验临界值 W_α 表

$$\sum_{W_{\min}}^{W_\alpha} P(W) \leqslant \alpha < \sum_{W_{\min}}^{W_\alpha+1} P(W)$$

$2\leqslant m\leqslant 25, n\leqslant m$. 六种显著性水平 α 在每个表的第一行以粗体字给出，$\overline{W}$ 的含义见 12.7.5 节.

	$n=1$							$n=2$							
m	**0.001**	**0.005**	**0.010**	**0.025**	**0.05**	**0.10**	$2\overline{W}$	**0.001**	**0.005**	**0.010**	**0.025**	**0.05**	**0.10**	$2\overline{W}$	m
2							4						—	10	2
3							5						3	12	3
4							6					—	3	14	4
5							7					3	4	16	5
6							8					3	4	18	6
7							9				—	3	4	20	7
8						—	10				3	4	5	22	8
9						1	11				3	4	5	24	9
10						1	12				3	4	6	26	10
11						1	13				3	4	6	28	11
12						1	14			—	4	5	7	30	12
13						1	15			3	4	5	7	32	13
14						1	16			3	4	6	8	34	14
15						1	17			3	4	6	8	36	15
16						1	18			3	4	6	8	38	16
17						1	19			3	5	6	9	40	17
18					—	1	20		—	3	5	7	9	42	18
19					1	2	21		3	4	5	7	10	44	19
20					1	2	22		3	4	5	7	10	46	20
21					1	2	23		3	4	6	8	11	48	21
22					1	2	24		3	4	6	8	11	50	22
23					1	2	25		3	4	6	8	12	52	23
24					1	2	26		3	4	6	9	12	54	24
25	—	—	—	—	1	2	27		3	4	6	9	12	56	25

	$n=3$							$n=4$							
m	**0.001**	**0.005**	**0.010**	**0.025**	**0.05**	**0.10**	$2\overline{W}$	**0.001**	**0.005**	**0.010**	**0.025**	**0.05**	**0.10**	$2\overline{W}$	m
3					6	7	21								
4				—	6	7	24			—	10	11	13	36	4
5				6	7	8	27		—	10	11	12	14	40	5
6			—	7	8	9	30		10	11	12	13	15	44	6

续表

	n=3							n=4							
m	0.001	0.005	0.010	0.025	0.05	0.10	$2\overline{W}$	0.001	0.005	0.010	0.025	0.05	0.10	$2\overline{W}$	m
7			6	7	8	10	33		10	11	13	14	16	48	7
8		—	6	8	9	11	36		11	12	14	15	17	52	8
9		6	7	8	10	11	39	—	11	13	14	16	19	56	9
10		6	7	9	10	12	42	10	12	13	15	17	20	60	10
11		6	7	9	11	13	45	10	12	14	16	18	21	64	11
12		7	8	10	11	14	48	10	13	15	17	19	22	68	12
13		7	8	10	12	15	51	11	13	15	18	20	23	72	13
14		7	8	11	13	16	54	11	14	16	19	21	25	76	14
15		8	9	11	13	16	57	11	15	17	20	22	26	80	15
16	—	8	9	12	14	17	60	12	15	17	21	24	27	84	16
17	6	8	10	12	15	18	63	12	16	18	21	25	28	88	17
18	6	8	10	13	15	19	66	13	16	19	22	26	30	92	18
19	6	9	10	13	16	20	69	13	17	19	23	27	31	96	19
20	6	9	11	14	17	21	72	13	18	20	24	28	32	100	20
21	7	9	11	14	17	21	75	14	18	21	25	29	33	104	21
22	7	10	12	15	18	22	78	14	19	21	26	30	35	108	22
23	7	10	12	15	19	23	81	14	19	22	27	31	36	112	23
24	7	10	12	16	19	24	84	15	20	23	27	32	38	116	24
25	7	11	13	16	20	25	87	15	20	23	28	33	38	120	25

	n = 5							n = 6							
m	0.001	0.005	0.010	0.025	0.05	0.10	$2\overline{W}$	0.001	0.005	0.010	0.025	0.05	0.10	$2\overline{W}$	m
5		15	16	17	19	20	55								
6		16	17	18	20	22	60	—	23	24	26	28	30	78	6
7	—	16	18	20	21	23	65	21	24	25	27	29	32	84	7
8	15	17	19	21	23	25	70	22	25	27	29	31	34	90	8
9	16	18	20	22	24	27	75	23	26	28	31	33	36	96	9
10	16	19	21	23	26	28	80	24	27	29	32	35	38	102	10
11	17	20	22	24	27	30	85	25	28	30	34	37	40	108	11
12	17	21	23	26	28	32	90	25	30	32	35	38	42	114	12
13	18	22	24	27	30	33	95	26	31	33	37	40	44	120	13
14	18	22	25	28	31	35	100	27	32	34	38	42	46	126	14
15	19	23	26	29	33	37	105	28	33	36	40	44	48	132	15
16	20	24	27	30	34	38	110	29	34	37	42	46	50	138	16
17	20	25	28	32	35	40	115	30	38	39	43	47	52	144	17
18	21	26	29	33	37	42	120	31	37	40	45	49	55	150	18
19	22	27	30	34	38	43	125	32	38	41	46	51	57	156	19

续表

	n = 5							n = 6							
m	**0.001**	**0.005**	**0.010**	**0.025**	**0.05**	**0.10**	$2\overline{W}$	**0.001**	**0.005**	**0.010**	**0.025**	**0.05**	**0.10**	$2\overline{W}$	m
20	22	28	31	35	40	45	130	33	39	43	48	53	59	162	20
21	23	29	32	37	41	47	135	33	40	44	50	55	61	168	21
22	23	29	33	38	43	48	140	34	42	45	51	57	63	174	22
23	24	30	34	39	44	50	145	35	43	47	53	58	65	180	23
24	25	31	35	40	45	51	150	36	44	48	54	60	67	186	24
25	25	32	36	42	47	53	155	37	45	50	56	62	69	192	25

	n = 7							n = 8							
m	**0.001**	**0.005**	**0.010**	**0.025**	**0.05**	**0.10**	$2\overline{W}$	**0.001**	**0.005**	**0.010**	**0.025**	**0.05**	**0.10**	$2\overline{W}$	m
7	29	32	34	36	39	41	105								
8	30	34	35	38	41	44	112	40	43	45	49	51	55	136	8
9	31	35	37	40	43	46	119	41	45	47	51	54	58	144	9
10	33	37	39	42	45	49	126	42	47	49	53	56	60	152	10
11	34	38	40	44	47	51	133	44	49	51	55	59	63	160	11
12	35	40	42	46	49	54	140	45	51	53	58	62	66	168	12
13	36	41	44	48	52	56	147	47	53	56	60	64	69	176	13
14	37	43	45	50	54	59	154	48	54	58	62	67	72	184	14
15	38	44	47	52	56	61	161	50	56	60	65	69	75	192	15
16	39	46	49	54	58	64	168	51	58	62	67	72	78	200	16
17	41	47	51	56	61	66	175	53	60	64	70	75	81	208	17
18	42	49	52	58	63	69	182	54	62	66	72	77	84	216	18
19	43	50	54	60	65	71	189	56	64	68	74	80	87	224	19
20	44	52	56	62	67	74	196	57	66	70	77	83	90	232	20
21	46	53	58	64	69	76	203	59	68	72	79	85	92	240	21
22	47	55	59	66	72	79	210	60	70	74	81	88	95	248	22
23	48	57	61	68	74	81	217	62	71	76	84	90	98	256	23
24	49	58	63	70	76	84	224	64	73	78	86	93	101	264	24
25	50	60	64	72	78	86	231	65	75	81	89	96	104	272	25

	n = 9							n = 10							
m	**0.001**	**0.005**	**0.010**	**0.025**	**0.05**	**0.10**	$2\overline{W}$	**0.001**	**0.005**	**0.010**	**0.025**	**0.05**	**0.10**	$2\overline{W}$	m
9	52	56	59	62	66	70	171								
10	53	58	61	65	69	73	180	65	71	74	78	82	87	210	10
11	55	61	63	68	72	76	189	67	73	77	81	86	91	220	11
12	57	63	66	71	75	80	198	69	76	79	84	89	94	230	12
13	59	65	68	73	78	83	207	72	79	82	88	92	98	240	13
14	60	67	71	76	81	86	216	74	81	85	91	96	102	250	14
15	62	69	73	79	84	90	225	76	84	88	94	99	106	260	15

续表

	n = 9							n = 10							
m	**0.001**	**0.005**	**0.010**	**0.025**	**0.05**	**0.10**	$2\overline{W}$	**0.001**	**0.005**	**0.010**	**0.025**	**0.05**	**0.10**	$2\overline{W}$	m
16	64	72	76	82	87	93	234	78	86	91	97	103	109	270	16
17	66	74	78	84	90	97	243	80	89	93	100	106	113	280	17
18	68	76	81	87	93	100	252	82	92	96	103	110	117	290	18
19	70	78	83	90	96	103	261	84	94	99	107	113	121	300	19
20	71	81	85	93	99	107	270	87	97	102	110	117	125	310	20
21	73	83	88	95	102	110	279	89	99	105	113	120	128	320	21
22	75	85	90	98	105	113	288	91	102	108	116	123	132	330	22
23	77	88	93	101	108	117	297	93	105	110	119	127	136	340	23
24	79	90	95	104	111	120	306	95	107	113	122	130	140	350	24
25	81	92	98	107	114	123	315	98	110	116	126	134	144	360	25

	n = 11							n = 12							
m	**0.001**	**0.005**	**0.010**	**0.025**	**0.05**	**0.10**	$2\overline{W}$	**0.001**	**0.005**	**0.010**	**0.025**	**0.05**	**0.10**	$2\overline{W}$	m
11	81	87	91	96	100	106	253								
12	83	90	94	99	104	110	264	98	105	109	115	120	127	300	12
13	86	93	97	103	108	114	275	101	109	113	119	125	131	312	13
14	88	96	100	106	112	118	286	103	112	116	123	129	136	324	14
15	90	99	103	110	116	123	297	106	115	120	127	133	141	336	15
16	93	102	107	113	120	127	308	109	119	124	131	138	145	348	16
17	95	105	110	117	123	131	319	112	122	127	135	142	150	360	17
18	98	108	113	121	127	135	330	115	125	131	139	146	155	372	18
19	100	111	116	124	131	139	341	118	129	134	143	150	159	384	19
20	103	114	119	128	135	144	352	120	132	138	147	155	164	396	20
21	106	117	123	131	139	148	363	123	136	142	151	159	169	408	21
22	108	120	126	135	143	152	374	126	139	145	155	163	173	420	22
23	111	123	129	139	147	156	385	129	142	149	159	168	178	432	23
24	113	126	132	142	151	161	396	132	146	153	163	172	183	444	24
25	116	129	136	146	155	165	407	135	149	156	167	176	187	456	25

	n = 13							n = 14							
m	**0.001**	**0.005**	**0.010**	**0.025**	**0.05**	**0.10**	$2\overline{W}$	**0.001**	**0.005**	**0.010**	**0.025**	**0.05**	**0.10**	$2\overline{W}$	m
13	117	125	130	136	142	149	351								
14	120	129	134	141	147	154	364	137	147	152	160	166	174	406	14
15	123	133	138	145	152	159	377	141	151	156	164	171	179	420	15
16	126	136	142	150	156	165	390	144	155	161	169	176	185	434	16
17	129	140	146	154	161	170	403	148	159	165	174	182	190	448	17
18	133	144	150	158	166	175	416	151	163	170	179	187	196	462	18
19	136	148	154	163	171	180	429	155	168	174	183	192	202	476	19

续表

	$n=13$							$n=14$							
m	**0.001**	**0.005**	**0.010**	**0.025**	**0.05**	**0.10**	$2\overline{W}$	**0.001**	**0.005**	**0.010**	**0.025**	**0.05**	**0.10**	$2\overline{W}$	m
20	139	151	158	167	175	185	442	159	172	178	188	197	207	490	20
21	142	155	162	171	180	190	455	162	176	183	193	202	213	504	21
22	145	159	166	176	185	195	468	166	180	187	198	207	218	518	22
23	149	163	170	180	189	200	481	169	184	192	203	212	224	532	23
24	152	166	174	185	194	205	494	173	188	196	207	218	229	546	24
25	155	170	178	189	199	211	507	177	192	200	212	223	235	560	25

	$n=15$							$n=16$							
m	**0.001**	**0.005**	**0.010**	**0.025**	**0.05**	**0.10**	$2\overline{W}$	**0.001**	**0.005**	**0.010**	**0.025**	**0.05**	**0.10**	$2\overline{W}$	m
15	160	171	176	184	192	200	465								
16	163	175	181	190	197	206	480	184	196	202	211	219	229	528	16
17	167	180	186	195	203	212	495	188	201	207	217	225	235	544	17
18	171	184	190	200	208	218	510	192	206	212	222	231	242	560	18
19	175	189	195	205	214	224	525	196	210	218	228	237	248	576	19
20	179	193	200	210	220	230	540	201	215	223	234	243	255	592	20
21	183	198	205	216	225	236	555	205	220	228	239	249	261	608	21
22	187	202	210	221	231	242	570	209	225	233	245	255	267	624	22
23	191	207	214	226	236	248	585	214	230	238	251	261	274	640	23
24	195	211	219	231	242	254	600	218	235	244	256	267	280	656	24
25	199	216	224	237	248	260	615	222	240	249	262	273	287	672	25

	$n=17$							$n=18$							
m	**0.001**	**0.005**	**0.010**	**0.025**	**0.05**	**0.10**	$2\overline{W}$	**0.001**	**0.005**	**0.010**	**0.025**	**0.05**	**0.10**	$2\overline{W}$	m
17	210	223	230	240	249	259	595								
18	214	228	235	246	255	266	612	237	252	259	270	280	291	666	18
19	219	234	241	252	262	273	629	242	258	265	277	287	299	684	19
20	223	239	246	258	268	280	646	247	263	271	283	294	306	702	20
21	228	244	252	264	274	287	663	252	269	277	290	301	313	720	21
22	233	249	258	270	281	294	680	257	275	283	296	307	321	738	22
23	238	255	263	276	287	300	697	262	280	289	303	314	328	756	23
24	242	260	269	282	294	307	714	267	286	295	309	321	335	774	24
25	247	265	275	288	300	314	731	273	292	301	316	328	343	792	25

	$n=19$							$n=20$							
m	**0.001**	**0.005**	**0.010**	**0.025**	**0.05**	**0.10**	$2\overline{W}$	**0.001**	**0.005**	**0.010**	**0.025**	**0.05**	**0.10**	$2\overline{W}$	m
19	267	283	291	303	313	325	741								
20	272	289	297	309	320	333	760	298	315	324	337	348	361	820	20
21	277	295	303	316	328	341	779	304	322	331	344	356	370	840	21

续表

	n = 19							n = 20							
m	**0.001**	**0.005**	**0.010**	**0.025**	**0.05**	**0.10**	$2\overline{W}$	**0.001**	**0.005**	**0.010**	**0.025**	**0.05**	**0.10**	$2\overline{W}$	m
22	283	301	310	323	335	349	798	309	328	337	351	364	378	860	22
23	288	307	316	330	342	357	817	315	335	344	359	371	386	880	23
24	294	313	323	337	350	364	836	321	341	351	366	379	394	900	24
25	299	319	329	344	357	372	855	327	348	358	373	387	403	920	25

	n = 21							n = 22							
m	**0.001**	**0.005**	**0.010**	**0.025**	**0.05**	**0.10**	$2\overline{W}$	**0.001**	**0.005**	**0.010**	**0.025**	**0.05**	**0.10**	$2\overline{W}$	m
21	331	349	359	373	385	399	903								
22	337	356	366	381	393	408	924	365	386	396	411	424	439	990	22
23	343	363	373	388	401	417	945	372	393	403	419	432	448	1012	23
24	349	370	381	396	410	425	966	379	400	411	427	441	457	1034	24
25	356	377	388	404	418	434	987	385	408	419	435	450	467	1056	25

	n = 23							n = 24							
m	**0.001**	**0.005**	**0.010**	**0.025**	**0.05**	**0.10**	$2\overline{W}$	**0.001**	**0.005**	**0.010**	**0.025**	**0.05**	**0.10**	$2\overline{W}$	m
23	402	424	434	451	465	481	1081								
24	409	431	443	459	474	491	1104	440	464	475	492	507	525	1176	24
25	416	439	451	468	483	500	1127	448	472	484	501	517	535	1200	25

	n = 25						
m	**0.001**	**0.005**	**0.010**	**0.025**	**0.05**	**0.10**	$2\overline{W}$
25	480	505	517	536	552	570	1275

表 17　威尔科克森符号秩和检验临界值 W_α 表

n	单侧检验 $\alpha=0.01$	$\alpha=0.025$	$\alpha=0.05$
	双侧检验 $\alpha=0.02$	$\alpha=0.05$	$\alpha=0.10$
5			1
6		1	2
7	0	2	4
8	2	4	6
9	3	6	8
10	5	8	11
11	7	11	14
12	10	14	17
13	13	17	21
14	16	21	26
15	20	25	30
16	24	30	36
17	28	35	41
18	33	40	47
19	38	46	54
20	43	52	60
21	49	59	68
22	56	66	75
23	62	73	83
24	69	81	92
25	77	90	101
26	85	98	110
27	93	107	120
28	102	117	130
29	111	127	141
30	120	137	152

表 18　克鲁斯卡尔-瓦列斯检验临界值 H_α 表

子样数 $J=3$，子样容量 $n_1, n_2, n_3 \leqslant 5$. $P\{H \geqslant H_\alpha\} = \alpha$

子样容量				
n_1	n_2	n_3	H_α	α
2	1	1	2.7000	0.500
2	2	1	3.6000	0.200
2	2	2	4.5714	0.067
			3.7143	0.200
3	1	1	3.2000	0.300
3	2	1	4.2857	0.100
			3.8571	0.133
3	2	2	5.3572	0.029
			4.7143	0.048
			4.5000	0.067
			4.4643	0.105
3	3	1	5.1429	0.043
			4.5714	0.100
			4.0000	0.129
3	3	2	6.2500	0.011
			5.3611	0.032
			5.1389	0.061
			4.5556	0.100
			4.2500	0.121
3	3	3	7.2000	0.004
			6.4889	0.011
			5.6889	0.029
			5.6000	0.050
			5.0667	0.086
			4.6222	0.100
4	1	1	3.5714	0.200
4	2	1	4.8214	0.057
			4.5000	0.076
			4.0179	0.114

子样容量				
n_1	n_2	n_3	H_α	α
4	2	2	6.0000	0.014
			5.3333	0.033
			5.1250	0.052
			4.4583	0.100
			4.1667	0.105
4	3	1	5.8333	0.021
			5.2083	0.050
			5.0000	0.057
			4.0556	0.093
			3.8889	0.129
4	3	2	6.4444	0.008
			6.3000	0.010
			5.4444	0.046
			5.4000	0.051
			4.5111	0.098
			4.4444	0.102
4	3	3	6.7455	0.010
			6.7091	0.013
			5.7909	0.046
			5.7203	0.050
			4.7091	0.092
			4.7000	0.101
4	4	1	6.6667	0.010
			6.1667	0.022
			4.9667	0.048
			4.8667	0.054
			4.1667	0.082
			4.0667	0.102
4	4	2	7.0364	0.006
			6.8727	0.011
			5.4545	0.046
			5.2364	0.052
			4.5545	0.098
			4.4455	0.103

续表

子样容量					子样容量				
n_1	n_2	n_3	H_α	α	n_1	n_2	n_3	H_α	α
4	4	3	7.1439	0.010	5	3	3	7.0788	0.009
			7.1364	0.011				6.9818	0.011
			5.5985	0.049				5.6485	0.049
			5.5758	0.051				5.5152	0.051
			4.5455	0.099				4.5333	0.097
			4.4773	0.102				4.4121	0.109
4	4	4	7.6538	0.008	5	4	1	6.9545	0.008
			7.5385	0.011				6.8400	0.011
			5.6923	0.049				4.9855	0.044
			5.6538	0.054				4.8600	0.056
			4.6539	0.097				3.9873	0.098
			4.5001	0.104				3.9600	0.102
5	1	1	3.8571	0.143	5	4	2	7.2045	0.009
								7.1182	0.010
5	2	1	5.2500	0.036				5.2727	0.049
			5.0000	0.048				5.2682	0.050
			4.4500	0.071				4.5409	0.098
			4.2000	0.095				4.5182	0.101
			4.0500	0.119					
					5	4	3	7.4449	0.010
5	2	2	6.5333	0.008				7.3949	0.011
			6.1333	0.013				5.6564	0.049
			5.1600	0.034				5.6308	0.050
			5.0400	0.056				4.5487	0.099
			4.3733	0.090				4.5231	0.103
			4.2933	0.122					
					5	4	4	7.7604	0.009
5	3	1	6.4000	0.012				7.7440	0.011
			4.9600	0.048				5.6571	0.049
			4.8711	0.052				5.6176	0.050
			4.0178	0.095				4.6187	0.100
			3.8400	0.123				4.5527	0.102
5	3	2	6.9091	0.009	5	5	1	7.3091	0.009
			6.8218	0.010				6.8364	0.011
			5.2509	0.049				5.1273	0.046
			5.1055	0.052				4.9091	0.053
			4.6509	0.091				4.1091	0.086
			4.4945	0.101				4.0364	0.105

续表

子样容量					子样容量				
n_1	n_2	n_3	H_α	α	n_1	n_2	n_3	H_α	α
5	5	2	7.3385	0.010	5	5	4	7.8229	0.010
			7.2692	0.010				7.7914	0.010
			5.3385	0.047				5.6657	0.049
			5.2462	0.051				5.6429	0.050
			4.6231	0.097				4.5229	0.099
			4.5077	0.100				4.5200	0.101
5	5	3	7.5780	0.010	5	5	5	8.0000	0.009
			7.5429	0.010				7.9800	0.010
			5.7055	0.046				5.7800	0.049
			5.6264	0.051				5.6600	0.051
			4.5451	0.100				4.5600	0.100
			4.5363	0.102				4.5000	0.102

示例索引

《现代物理基础丛书·典藏版》书目

1. 现代声学理论基础	马大猷　著
2. 物理学家用微分几何（第二版）	侯伯元　侯伯宇　著
3. 计算物理学	马文淦　编著
4. 相互作用的规范理论（第二版）	戴元本　著
5. 理论力学	张建树　等　编著
6. 微分几何入门与广义相对论（上册·第二版）	梁灿彬　周　彬　著
7. 微分几何入门与广义相对论（中册·第二版）	梁灿彬　周　彬　著
8. 微分几何入门与广义相对论（下册·第二版）	梁灿彬　周　彬　著
9. 辐射和光场的量子统计理论	曹昌祺　著
10. 实验物理中的概率和统计（第二版）	朱永生　著
11. 声学理论与工程应用	何　琳　等　编著
12. 高等原子分子物理学（第二版）	徐克尊　著
13. 大气声学（第二版）	杨训仁　陈　宇　著
14. 输运理论（第二版）	黄祖洽　丁鄂江　著
15. 量子统计力学（第二版）	张先蔚　编著
16. 凝聚态物理的格林函数理论	王怀玉　著
17. 激光光散射谱学	张明生　著
18. 量子非阿贝尔规范场论	曹昌祺　著
19. 狭义相对论（第二版）	刘　辽　等　编著
20. 经典黑洞和量子黑洞	王永久　著
21. 路径积分与量子物理导引	侯伯元　等　编著
22. 全息干涉计量——原理和方法	熊秉衡　李俊昌　编著
23. 实验数据多元统计分析	朱永生　编著
24. 工程电磁理论	张善杰　著
25. 经典电动力学	曹昌祺　著
26. 经典宇宙和量子宇宙	王永久　著
27. 高等结构动力学（第二版）	李东旭　编著
28. 粉末衍射法测定晶体结构（第二版·上、下册）	梁敬魁　编著
29. 量子计算与量子信息原理	Giuliano Benenti　等　著
——第一卷：基本概念	王文阁　李保文　译

30. 近代晶体学（第二版） 张克从 著
31. 引力理论（上、下册） 王永久 著
32. 低温等离子体 B. M. 弗尔曼 И. M. 扎什京 编著
——等离子体的产生、工艺、问题及前景 邱励俭 译
33. 量子物理新进展 梁九卿 韦联福 著
34. 电磁波理论 葛德彪 魏 兵 著
35. 激光光谱学 W. 戴姆特瑞德 著
——第1卷：基础理论 姬 扬 译
36. 激光光谱学 W. 戴姆特瑞德 著
——第2卷：实验技术 姬 扬 译
37. 量子光学导论（第二版） 谭维翰 著
38. 中子衍射技术及其应用 姜传海 杨传铮 编著
39. 凝聚态、电磁学和引力中的多值场论 H. 克莱纳特 著 姜 颖 译
40. 反常统计动力学导论 包景东 著
41. 实验数据分析（上册） 朱永生 著
42. 实验数据分析（下册） 朱永生 著
43. 有机固体物理 解士杰 等 著
44. 磁性物理 金汉民 著
45. 自旋电子学 翟宏如 等 编著
46. 同步辐射光源及其应用（上册） 麦振洪 等 著
47. 同步辐射光源及其应用（下册） 麦振洪 等 著
48. 高等量子力学 汪克林 著
49. 量子多体理论与运动模式动力学 王顺金 著
50. 薄膜生长（第二版） 吴自勤 等 著
51. 物理学中的数学方法 王怀玉 著
52. 物理学前沿——问题与基础 王顺金 著
53. 弯曲时空量子场论与量子宇宙学 刘 辽 黄超光 编著
54. 经典电动力学 张锡珍 张焕乔 著
55. 内应力衍射分析 姜传海 杨传铮 编著
56. 宇宙学基本原理 龚云贵 编著
57. B介子物理学 肖振军 著